"十二五"职业教育国家规划教材
经全国职业教育教材审定委员会审定
全国交通运输职业教育教学指导委员会规划教材
高职工程机械类专业教学资源库配套教材

工程机械底盘构造与维修

主编　高彩霞
主审　于　恒

大连海事大学出版社

图书在版编目(CIP)数据

工程机械底盘构造与维修 / 高彩霞主编. —大连：大连海事大学出版社，2015.11

"十二五"职业教育国家规划教材 全国交通运输职业教育教学指导委员会规划教材 高职工程机械类专业教学资源库配套教材

ISBN 978-7-5632-3252-9

Ⅰ. ①工… Ⅱ. ①高… Ⅲ. ①工程机械—底盘—构造—高等职业教育—教材②工程机械—底盘—维修—高等职业教育—教材 Ⅳ. ①TU60

中国版本图书馆 CIP 数据核字(2015)第 282813 号

出 版 人：徐华东
策　　划：徐华东　时培育
责任编辑：刘长影　孙延彬
封面设计：王　艳
版式设计：孟　冀
责任校对：阮琳涵　张　华　宋彩霞

出 版 者：大连海事大学出版社
地址：大连市凌海路 1 号
邮编：116026
电话：0411 -84728394
传真：0411 -84727996
网址：www.dmupress.com
邮箱：cbs@dmupress.com
印 刷 者：大连住友彩色印刷有限公司
发 行 者：大连海事大学出版社

幅面尺寸：185 mm ×260 mm
印　　张：34.25
字　　数：851 千
印　　数：1 ~2000 册

出版时间：2015 年 11 月第 1 版
印刷时间：2015 年 11 月第 1 次印刷
书　　号：ISBN 978-7-5632-3252-9
定　　价：69.00 元

前　言

随着现代教育技术的发展，建设适合学校教育教学需要的教学资源库成为数字化校园建设和专业建设的一项重要内容。"十二五"期间，教育部把专业教学资源库建设作为加快高等职业教育改革与发展的一项重要举措。资源库建设是示范建设成果应用与推广的需要；是统一标准整合校企优质教学资源共享的需要；是校校、校企合作深化专业建设与课程改革的需要，最终是为了实现培养高素质技能型人才这一目标。

我国已超越美国、日本、欧洲成为全球最大的工程机械市场，但是，行业的发展在某种程度上却受限于人才的培养，工程机械专业人才面临供不应求的局面，人才培养质量也不能满足行业的需求。因此，积极建设工程机械类专业教学资源库，全面提升工程机械专业人才培养质量，满足行业对工程机械专业人才需求是当务之急。全国交通运输职业教育教学指导委员会交通工程机械类专业指导委员会按新机制组织四川交通职业技术学院、湖南交通职业技术学院、云南交通职业技术学院、湖北交通职业技术学院、吉林交通职业技术学院、青海交通职业技术学院、南京交通职业技术学院等院校和上海景格信息科技有限公司等企业共同开发了工程机械类专业教学资源库，本教材为该专业教学资源库配套教材。

为落实《国家中长期教育改革和发展规划纲要(2010—2020 年)》的精神，深化工程机械教育教学改革，提高教育教学质量，推动工程机械教育的发展，作为教学一线的教师，本书编者与相关企业维修技术人员合作，共同编写本教材，真正实现了理论和实践的紧密结合。

本教材的编写打破传统教材的结构框架，构建符合职业教育特点和服务一线人才(高素质、高技能)需求的课程体系，加强以工作过程为导向、工学结合的专业课程改革。教材基于学习情境设计，以学习任务做驱动，以项目为载体，将理论知识与实践操作进行一体化的教学设计，体现了工学结合的本质特征——"学习的内容是工作，通过工作实现学习"，突出学生的综合职业能力培养。

整个学习过程，围绕工作任务聚焦知识和技能，体现行动导向的教学观，学生作为教学过程中的主体，应发挥主观能动性，增强自学能力、决策能力以及动手能力，提升学习的主动性和成就感；教师则是辅导者的角色，以小组合作学习增强了学生的沟通、协调及合作能力。

本书由南京交通职业技术学院高彩霞担任主编，南京工程机械厂于恒担任副主编和主审，参加编写的人员还有南京交通职业技术学院沈旭、陈燕飞。其中，高彩霞编写项目2(任务1～任务8)、项目3、项目7(任务1～任务6)，于恒编写项目1、项目2(任务9～任务10)、项目6、项目7(任务7),沈旭编写项目5,陈燕飞编写项目4。

由于编者学识和水平有限,书中不妥和错误之处难以避免,恳请读者与专家批评、指正。

全国交通运输职业教育教学指导委员会
交通工程机械类专业指导委员会

目　录

绪　论

工程机械在城市建设、交通运输、农田水利、能源开发、近海开发、机场码头和国防建设中，都起着十分重要的作用，尤其是工程量浩大的工程建设项目，没有工程机械的参与是难以完成的。工程机械为现代化建设提供了先进的施工机具和手段，工程机械的现代化必将推动现代化建设的进程，提高基本建设工程的施工质量，加快国民经济建设的步伐。

1　工程机械的发展情况及发展趋势

1.1　国内外工程机械的发展情况

我国的工程机械行业，经历了从无到有、从小到大的发展过程，从第一个五年计划起步，由当初引进苏联的工程机械，逐步发展成为完整的工业体系。尤其是1978年以来，我国的工程机械行业进入了一个高速发展的阶段，推、挖、装、起重、铲土运输、搬运装卸、筑路养路机械等各种产品品种基本齐全，主要产品均形成了系列。经过三十多年的发展，经历了形成阶段、发展阶段、相对饱和阶段和重组阶段，目前我国已能制造挖掘机械、铲土运输机械、工程起重机械、机动搬运机械、凿岩机械与气动工具、路面机械、压实机械与盾构机械等18类工程机械产品。通过引进、吸收和技术改造，我国工程机械的技术水平、生产能力和产品质量有了明显的提高，机械的可靠性和使用寿命明显改善，有些产品的性能和质量已经达到或接近世界先进水平。

随着科学技术的进步和生产建设发展的需要，国外各类工程机械制造和维修技术也在不断发展。其中，美国、德国、日本等国家已在工程机械方面广泛应用新技术，如液压液力技术在工程机械上的应用已达到了普及程度，先进的电子技术和激光技术已使用在工程机械产品上。

1.2　工程机械的发展趋势

随着世界经济和高科技的不断发展，工程机械将向以下几个方面发展：

(1)工程机械继续向大型化和微型化方向发展。大型露天矿的建设和建筑工程规模的扩大以及施工机械化水平的不断提高，要求工程机械向着大型化方向发展，以进一步提高工程机械的作业性能和经济性能。例如，美国各大露天矿所使用的挖掘机斗容量多在10 m^3 以上，其中PH5700型挖掘机斗容量已达46 m^3；德国O & K(奥伦斯泰尔－科佩尔)公司已生产出斗容量为34 m^3 的RK300型全液压挖掘机；日本小松制作所制造的D555A型推土机，总质量

1 200 t,柴油机功率为 735 kW;美国 Dresser(锥斯)公司制造的 V－220 型轮式推土机,发动机功率达到 1 077 kW。

工程机械向大型化发展的同时,也向微型化方向发展。微型机械可以代替人力在狭窄、恶劣的施工条件下进行作业,具有灵活机动、一机多用和价格低廉的特点。如德国 Giesius(格西斯)公司所生产的 Powerfab 125 型步履式挖掘机,它有两个后轮和两只前爪,发动机功率为 3 kW,并带有锤、泵等多种可更换的工作装置。

(2)随着电子技术的迅速发展,尤其是以大规模集成电路、微处理器、微型计算机为代表的现代微电子技术的发展,将使工程机械发展到电子化阶段。利用电子计算机进行产品的辅助设计(CAD)、辅助制造(CAM)、模拟实验(CAS)将被普遍采用,除上述应用外,由于计算机在工程机械产品上的应用(即 CAU)也日趋广泛,如对挖掘机工作进行监控,改善了司机的劳动条件,保证了完好的作业状态,提高了可靠性与使用寿命。德国 DEMAG 公司的大型液压挖掘机上装有电子计算机监控系统,对油的污染度、发动机的完好率、铲斗的满载和生产率等都能随时监测并自动显示;美国的 John Deere762 型链板提升铲运机采用微处理机来进行控制,使机械能够根据作业阻力情况自动选择最佳工作挡位,提高了作业效率。

(3)液压和液力技术在工程机械上得到了广泛的应用和普及。近年来,液压技术的发展突飞猛进,应用范围不断扩大。中、小型工程机械较普遍地采用了液压技术。液压技术从原来的单一传递动力发展到在自动控制领域与电子技术相结合而形成的电液伺服系统;从原来的正常条件下使用的液压装置发展到"特殊环境"中使用的液压装置,如高温、严寒和水下条件下作业的工程机械。今后液压、液力技术在工程机械上的应用将朝着高速、高压、大流量、大功率、动静特性好、重量轻、结构简单、成本低和寿命长等更高的水平发展。

(4)绿色环保是工程机械长期发展的必然要求。绿色施工机械应具备无污染、低排放、低噪声、无泄漏等特点,有利于保护环境。

(5)新技术、新材料、新工艺将被广泛地应用于工程机械中。例如,采用新型复合材料制作桥梁构件;采用激光导向和光电技术,使工程机械的作业质量大大提高;应用微光夜视系统,提高了工程机械的全天候作业能力;应用智能技术和机器人技术,发展机器人工程作业机械和工程作业机器人,用于污染地域作业。所以,随着新技术的应用,必将出现新一代的工程机械。

1.3 工程机械维修发展概况

工程机械维修工程是研究工程机械全系统、全寿命过程中维修保障管理的软科学。其研究范畴是:在工程机械的论证和研制阶段,利用系统工程的方法进行系统综合分析,如性能分析、费用分析、维修保障分析等,权衡优化后形成为设计方案、结构方案、性能指标、可靠性和维修性指标,并以此对机械的论证、研制及生产施加影响,并作为有关维修保障分系统的各项规划和决策依据。在使用阶段,它研究如何进行维修保障和维修资源的计划、组织、控制和决策等管理工作;研究维修数据的收集和统计分析工作;研究如何提高维修和维修保障的质量及效益,并对工程机械的改进提供信息反馈和咨询。

工程机械维修保障决策的一般程序是:

(1)明确问题。即把问题的特征、性质、范围、背景、条件及相关因素等搞清楚。

(2)确定目标。问题是现象,目标的确定是深入分析问题的结果。

(3)采集信息。必要的信息资料是正确决策的前提,决策过程是信息的沟通、综合、分析和反馈的过程。如果这个过程受阻,就会增加决策的盲目性。因此,必须建立有效的信息系统。

(4)建立模型,拟订方案。决策模型是把实际的决策问题加以抽象、简化,但它却能本质地反映问题的性质、形态及内部矛盾结构。再在模型分析的基础上拟订几种可行方案,对每一方案的可行性进行充分的研究和论证。

(5)选择决策。对各方案的利弊加以全面、系统的综合权衡,从中选定最优方案或满意方案。

(6)方案的实施。

(7)检验和反馈。

这一决策程序是一个有机的整体,既有各自的内容,又相互联系、交叉、渗透。例如在选择方案时发现各种方案都不满意,这可能是由目标不恰当或信息不全造成的,则需要重新分析问题,重新收集信息资料。

目前,发达国家均采用"以可靠性为中心的维修分析方法"(RCMA),它按照"以最少的费用保持设备的固有可靠性"的原则,确定设备预防性维修要求的工作过程,它是在制定预防性维修大纲、进行维修分析时所使用的一种方法。RCMA 是维修工程理论应用宝库中至今贯彻全寿命管理思想最好的一种维修保障分析决策方法,为工程机械的可靠使用提供保证。

2 工程机械的组成

工程机械有自行式和拖式两大类,本教材主要介绍自行式工程机械。自行式工程机械按其行驶方式的不同可分为轮式和履带式两种。自行式工程机械虽然种类很多,结构形式各异,但基本上可以划分为动力装置(内燃机)、底盘和工作装置三大部分:

(1)动力装置(内燃机)——通常采用柴油机,其输出的动力经过底盘传动系统传给行驶系统使机械行驶,经过底盘的传动系统或液压传动系统等传给工作装置使机械作业。

(2)底盘——接受动力装置发出的动力,使机械能够行驶或同时进行作业。底盘又是整机的基础,柴油机、工作装置、操纵系统及驾驶室等都装在它上面。底盘通常由传动系统、行驶系统、转向系统和制动系统组成。

传动系统的功用是将发动机输出的动力传给驱动轮,并将动力适时加以变化,使其适应各种工况下机械行驶或作业的需要。轮式机械传动系统主要由主离合器(变矩器)、变速箱、万向传动装置、主传动装置、差速器及轮边减速器等组成。履带式机械传动系统主要由主离合器(变矩器)、变速箱、中央传动装置、转向离合器及最终减速器等组成。

行驶系统的功用是将发动机输出的扭矩转化为驱动机械行驶的牵引力,并支承机械的重量和承受各种力。轮式机械行驶系统主要由车架、悬挂装置、车桥及车轮等组成。履带式机械行驶系统主要由机架、悬架及行驶装置等组成。

转向系统的功用是使机械保持直线行驶及灵活准确地改变其行驶方向。轮式机械转向系统主要由方向盘、转向器、转向传动机构等组成。履带式机械转向系统主要由转向离合器和转向制动器等组成。

制动系统的功用是使机械减速或停车,并使机械可靠地停车而不滑溜。轮式机械制动系统主要由制动器和制动传动机构等组成。履带式机械没有专门的制动系统,而是利用转向制动装置进行制动。

(3)工作装置——是工程机械直接完成各种工程作业任务而进行作业的装置,是机械作业的执行机构。不同类型的工程机械有不同的工作装置,如推土机的推土铲刀、推架等组成的推土装置,装载机的装载铲斗、动臂等组成的装载装置,挖掘机的铲斗、斗杆、动臂等组成的挖掘装置。

随着工程机械的不断发展,工程机械新技术的应用更为普遍,给工程机械的维修带来许多新的问题。底盘是工程机械极为重要、极具共性的组成部分,因此,本书根据工程机械的特点,按照"以点带面"的精神,体现"新、特、齐、详"的特点,以工程机械底盘构造与工作原理、常见故障诊断与排除、典型底盘维修为主干,讲解工程机械的相关知识。

项目1
工程机械底盘总体拆装

概　述

各类工程机械整机均是由各种气、液管路及电气线路连接安装在车架上的各个总成所组成的一个完整系统。每当进行总成维修（或整机大修）时必须对全机进行局部（或全部）拆卸分解，维修结束后再将整机装配完毕并调整、试运转合格，这是维修工作的必备工序。

确定维修的工程机械经验收和外部清洗、放出所有润滑油和冷却液后，方可进行拆卸。在拆卸时，人员应严密组织，合理分工，既不互相影响，又要互相协作；要特别注意安全，严格操作规程和拆卸要求，保证拆卸质量，提高工效，处处注意为维修、装配创造条件。

工程机械的总装与修竣后的检验是确定机械修理质量好坏的重要组成部分。总装配是否符合技术要求，修竣后的检验是否确实，对机械将来的使用性能及安全都有直接影响。因此，维修技术人员要本着向用户负责，对技术精益求精的精神认真做好这一工作。

工程机械的总装，是由总成、合件及连接体组装而成。总装后对各部加以调整，使各部符合技术要求，最后予以检查，确定其是否维修完好，此项检查称为修竣检验。

1　工程机械拆卸的一般要求和注意事项

1.1　拆卸顺序与拆吊注意事项

（1）拆卸顺序

一般先总成后合件、零件，先外部后内部，由局部到全部。对于精密件和怕油污的总成，如高压油泵、喷油器、电器、散热器、水泵、制动机构、离合器片等，应在专业组或专门指定地点拆洗、鉴定和修理，以提高维修质量。

（2）拆吊注意事项

在拆卸各总成机件时，必须认真了解机件各部连接情况，防止盲目地猛拆猛敲，造成机件损坏和变形。起吊各总成机件时，首先要考虑起吊机具的起重能力，认真检查绳索的牢固性，注意机件、设备等各方面的安全性。

1.2　拆卸时应广泛使用专用工具设备

如拆卸齿轮、皮带轮、缸套、滚动轴承、履带推土机转向离合器的大小接盘及驱动轮等，应用合适的拉器或压力机拆卸,这样既能提高作业效率,又能防止机件损坏。若缺乏专用工具设备时,则应根据工作环境与具体拆卸对象,自制工具设备,完成拆卸任务。

1.3 注意装配记号

有许多机件具有严格的装配要求:如曲轴和凸轮轴正时齿轮、喷油泵正时齿轮等,如果装错了就会影响气门开放和喷油、点火正时,甚至造成损坏。

有许多机件是有严格的配合要求:如活塞与气缸、气门与气门导管、成对的齿轮及轴与轴套等,必须按原来的形式成对装配。如果装错了,它们的配合间隙便往往过大、过小,造成松旷以致极早损坏,甚至造成事故。

推土机的驱动轮在制造厂是用60T的压力机压装在驱动轮毂上的,拆卸后须按照原来的位置进行安装,如装错了,将给压装到位增加困难,甚至无法到位。

有些机件系经过长期磨合的配合件,更是绝对不可互换的:例如浮动油封,如果弄混了必然导致漏油。

对于主传动的圆锥齿轮副,则是事先经过选配的偶件,混装了会严重破坏其啮合状况,造成齿轮副过早损坏。

有许多机件具有一定的安装方向:如活塞、活塞环及气盖垫、离合器被动片,以及变速箱齿轮等。如果装错了,就易造成损坏事故,堵塞水道、油道或起不到应有的作用等。

因此,在拆卸时,必须检查并记住它们的装配记号和各部调整垫片的数量和位置。如果没有记号,应自行制作或将成对的配合件按原方向、位置装合在一起,防止与同类机件混合错乱。

1.4 螺栓的拆卸

(1)拆卸各种螺栓、螺帽时,应选用尺寸合适的扳手和套筒,尽量少用或不用活动扳手,以免损坏螺帽及螺栓头部的棱角。

(2)拆卸双头螺栓时,应用螺栓扳手或并帽(即两个螺帽拧在一起,然后拧下面的螺帽)拧出,在一般情况下尽量不用管子钳拆卸,以防损坏螺纹。

(3)在拆卸易于变形的机件时,如气缸盖等,为防止变形而影响配合,应按规定的拆装顺序均匀对称地分数次拧松螺母(螺栓),然后旋出。

(4)对于锈蚀螺栓难以拆卸时的方法:

① 先将螺帽旋进1/4圈,然后旋出。

② 以手锤轻击螺帽,以去其锈皮,然后旋出。

③ 在螺帽及螺栓间加注螺纹松动剂或煤油、汽油,待浸泡半小时后再行旋出。

④ 以喷灯加热螺母然后旋出。

⑤ 如进行上述方法均无效,方可用凿子凿掉、锯掉或用气焊割掉。

(5)对于断在孔内的螺栓取出方法:

① 在折断螺栓尾部开一小槽口,用螺丝刀旋出。

② 在折断螺栓尾部钻一孔眼,再用淬过火的四棱形锥杆的尖端敲入孔内,使锥形的四棱形杆紧贴螺柱,然后旋出,如图1-1(a)所示,或在断螺栓上钻一小于螺栓直径的孔,然后用断螺丝取出器(即反牙丝攻)旋出,如图1-1(b)所示。

③ 如果螺栓断在铸铁件孔内,可用合适的螺母对正放在断螺栓上,根据铸铁和钢质件不

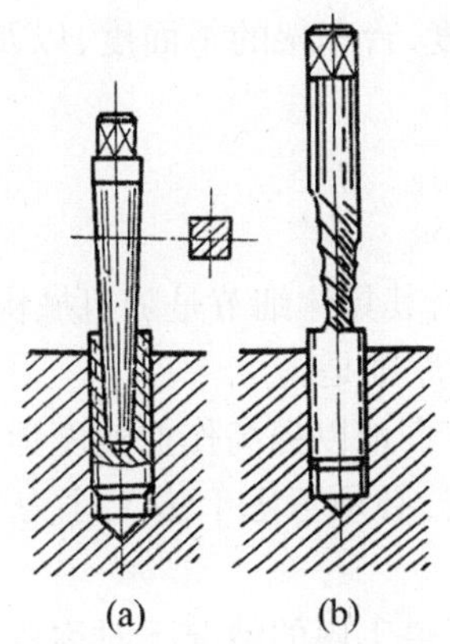

图 1-1 断螺栓的取出方法

易焊接在一起的道理,用电焊把螺母与断螺栓焊接起来,然后趁热拧螺母将螺柱取出。

④ 如用上述方法均无效,即可用钻头钻出后,重新攻丝修复。

1.5 零件的放置

拆下的全部零件应按总成和拆卸顺序整齐地放置在零件架或工作台上,以免脏污、散失,并防止损坏和锈蚀。

拆下的螺栓、螺母,在不影响修理加工的情况下,可装回原位或分别放置。对于键、销、调整垫片和相关零件,应尽可能地联接好放置在一起,或用铁丝、布条捆包在一起,防止丢失,以利装复。

1.6 防止机件、油漆、轮胎等的损坏

拆卸时,必须要在零件配合面上敲打时,应用铜锤或在配合面上垫一软金属块或木块,以防敲击损坏配合面,从而影响机件精度。

对于完好的合件不需修理的,没有必要分解时,则不应拆散,如曲轴齿轮、凸轮轴齿轮、花键配合件、控制阀组和各部滚动轴承等。

拆卸机件或总成时,应尽量注意保护表面的油漆不使其损坏。对于易腐蚀的橡胶件,如轮胎、胶质气管和液压制动皮管、胶皮碗等,切勿黏附油料,以免腐蚀变质。

2 工程机械的总装顺序与要求

工程机械的装配分为部件装配(部装)和总装配(总装)两类。

工程机械的部装就是将分散单独的零件组装成某个独立的总成件;而总装是以车架为基础,将各总成件、组件、连接件装在车架上,组成一台完整机械。

装配前应对要安装的总成、组件及连接体进行检查,要求有良好的技术状态。

在装配中应保持清洁,注意安装顺序,并对某些零件进行辅助加工和选配及进行必要的调整。同时工作中应注意正确使用工具和设备,以保证人身和机件的安全。

在总装过程中,要特别注意总成和组合件相互位置的正确性。如轴承座孔、接盘、半轴及总成等的同轴度、平行度和垂直度等,其中尤为重要的是主要总成的同轴度,如发动机和变速

箱的同轴度，后桥各轴承孔的同轴度，台车架的平面度，以及行走装置各轮在平面配置上的直线度等。

2.1 工程机械总装配原则

履带式机械总装配的工作顺序，其具体细节是随机械构造不同而不完全一样，但主要的顺序则基本相同。确定其工作顺序的原则是：

(1)在保证质量的前提下，有节奏地以提高作业速度为目的，避免返工。

(2)根据结构关系，为便于安装，必须考虑上道工序为下道工序打基础，不能只考虑临近联接关系。

(3)根据人力多少，在不影响下道工序的情况下对称总成可以同时安装。

(4)有部分总成、合体及连接件先装或后装都不影响其他总成装配者，可以根据情况灵活掌握。

任务1 整体拆装轮式工程机械底盘

1 任务要求

知识要求：

(1)了解各类轮式工程机械的组成。

(2)掌握轮式装载机的组成。

能力要求：

掌握轮式装载机的整机拆装过程及注意事项。

2 拆装过程

轮式工程机械的种类很多，有轮式装载机、轮式挖掘机、轮式推土机、平地机、压路机、轮式摊铺机及轮式凿岩钻车等多种类型，其中尤以轮式装载机数量最多、最具代表性。现以ZL50D型装载机（如图1-1-1所示）为主介绍轮式工程机械的整体拆装工艺，对于其他机种的拆装可以此举一反三进行变通。

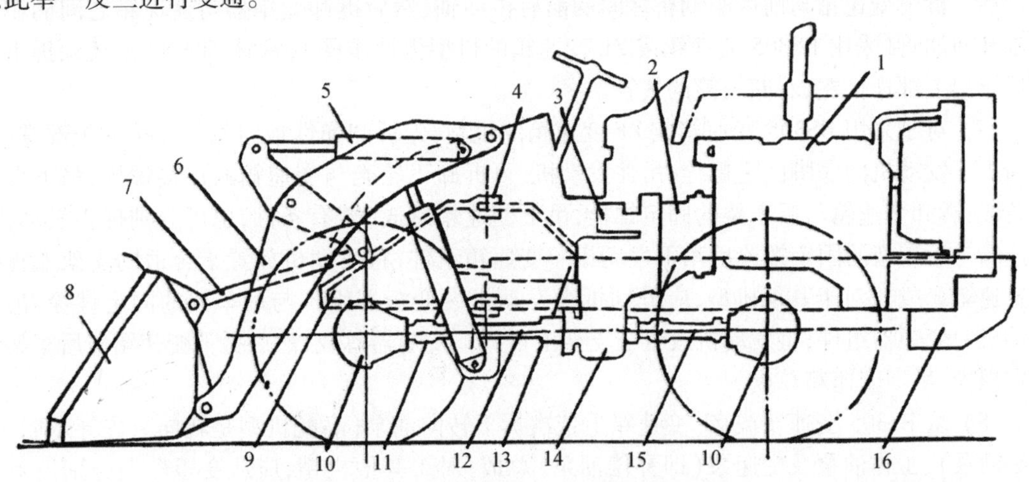

图1-1-1 轮式装载机总体结构示意图

1—柴油机；2—变矩器；3—工作泵；4—铰接销；5—转斗油缸；6—动臂；7—拉杆；8—铲斗；9—车架；10—驱动桥；11—动臂油缸；12—前传动轴；13—转向油缸；14—变速箱；15—后传动轴；16—配重

2.1 轮式装载机整体拆卸的一般顺序及主要内容

(1) 将轮式装载机停放在水平地面上，将动臂及铲斗完全落至地面。熄火后旋松液压油箱加油口盖子，拆除蓄电池，放尽发动机及水散热器内的机油、冷却水(或防冻液)及变速箱、液压油箱、油散热器内的各种油液。

注意：所放油液及防冻液应用合适的容器分别接纳和盛放，避免污染工作环境。

(2) 拆卸排气管、空气滤清器顶罩、引流管(或某些机型外置的空气滤清器总成)，拔开后工作大灯的线束插头，拆卸发动机上部的覆盖件(或机罩)和发动机后罩，拆卸散热器的各连接水管、油管及底脚固定螺栓，先后取下覆盖件(或吊下机罩)、散热器罩及油、水散热器总成。

(3) 拆卸后车架左右两侧的所有挡板，拆下连接发动机的所有接线端子、柴油管、空气压缩机的出气管等，拔开连接驾驶室与后车架的线束插头，拆卸油门控制器的油门拉杆(及某些手动熄火机型的熄火软轴或拉线)，在连接全液压转向器 A、B 油口的两根油管之一做好标记(比如缠一圈胶布或扎一条布带等进行区分，以便装配时准确连接)，然后拆下全液压转向器的所有油管，拆卸连接制动阀的全部气管，将动臂操纵杆置于“浮动”位置后拆下工作装置各操纵杆与分配阀的连接销(高配机型则拆下先导操纵阀的各油管)，拆卸驻车制动器操纵软轴与制动器操纵臂的连接销(或连接螺母)。

(4) 拆卸驾驶室底板与后车架的固定螺栓，吊下驾驶室总成，从驾驶室下部拆下全液压转向器(或旧机型的液压助力方向机、恒流阀与手动式电源总开关)、制动阀、油门控制器(及高配机型的先导操纵阀、切断阀等)，从驾驶室上部拆下照明灯，从驾驶室内拆下驻车制动操纵装置(或紧急和停车制动控制阀)、座椅、电风扇(或空调鼓风机)、收音机(或 CD 播放机)、顶灯等。

(5) 对于液压油箱、柴油箱上置的机型应拆卸固定螺栓后将其从后车架上吊下，柴油箱的进、回油管须向上放置并可靠地固定住，以免柴油漏失。

(6) 拆卸分配阀、稳流阀(及高配机型的合流阀、流量放大阀)和双变系统外部的所有油管、气管，拆下变速箱与前后驱动桥之间的前后传动轴，然后拆卸变矩器与变速箱之间的小传动轴和回油管(采用 BS305 变速箱或 ZF 变速箱的机型无此步骤)，常林 ZLM30 型还须拆下横跨后车架上部连接左、右储气筒的气管。

(7) 对于采用 BS305 变速箱或 ZF 变速箱的机型，先拆卸弹性板与飞轮连接的全部螺栓，然后拆下发动机的底脚固定螺栓，吊住发动机，再拆卸飞轮壳与变速箱的连接螺栓，吊下发动机总成；拆卸变速箱与后车架的固定螺栓，吊下变速箱总成(若有条件，也可分别拆去发动机、变速箱与后车架的固定螺栓后吊下发动机 - 变速箱组件，将发动机放置于合适的支架上再拆下变速箱总成)；对于其他机型，应分别拆去发动机 - 变矩器组件与后车架的固定螺栓，吊下发动机 - 变矩器组件，将发动机放置于支架上再拆下变矩器总成；然后拆下变速箱与后车架的固定螺栓，吊下变速箱总成。

(8) 从 BS305 变速箱或 ZF 变速箱上依次拆下转向油泵(高配机型是转向 - 先导双联泵，即制动泵)、工作油泵及变速泵(即补偿油泵)总成；对于其他机型，应从变矩器上分别拆下上述各油泵总成。

(9) 对于液压油箱、柴油箱侧置的机型应拆卸固定螺栓后将其从后车架上吊下，其他机型则拆下扶梯，而柴油箱后置的机型须用叉车托住柴油箱后拆卸固定螺栓，再将其从后车架上取下,柴油箱的进、回油管须向上放置并可靠地固定住,以免柴油漏失。

(10) 拆卸铲斗与拉杆、动臂的各连接销轴,将铲斗与机身分开。

(11) 拆下转斗油缸的进出软管,吊住转斗油缸,依次拆卸其前后连接销轴,吊下转斗油缸总成,再拆下其进出钢管。

(12) 吊住摇杆,从动臂上拆下摇杆的连接销轴,取下摇杆,再从摇杆上拆下拉杆。

(13) 将动臂吊住,依次拆下其与动臂油缸及前车架的连接销轴,取下动臂。

(14) 拆卸动臂油缸的进出软管,将动臂油缸吊住,拆卸其与前车架的连接销轴(或在前车架上的固定座),吊出动臂油缸总成,再拆下其进出钢管。

(15) 在前后车架上分别拆下前挡板、精滤器、前后制动加力器、左右转向油缸、各类液压油管、气管、电磁式电源总开关、配置干式驱动桥机型的储气筒、油水分离器、压力控制器(或组合式调压阀)、快放阀等气压制动系统各元件。

(16) 根据机型配置的不同,在后车架上分别选装有若干液压元件(如合流阀、切断阀、流量放大阀、停车制动阀块、马达－泵、减压阀、溢流阀、二位三通球阀、双路充液阀、囊式蓄能器组等),此时对应拆下各自机型所选装的液压元件。

(17) 从前后车架上拆卸电路线束及各种灯具、喇叭、继电器等。

(18) 根据不同机型的区别,使用吊车或者叉车吊住(或托住)配重,拆卸配重固定螺栓,从后车架上取下配重。

(19) 松开全部轮胎螺母,依次吊起前后车架,放置于高度合适的支架上,拆卸前驱动桥与前车架连接的螺栓,推出前驱动桥;拆卸后驱动桥与副车架(摆动架)连接的螺栓(或拆卸摆动式后驱动桥与后车架的连接螺栓),推出后驱动桥。

(20) 分别吊住前后驱动桥,拧下轮胎螺母,依次拆下左、右车轮,放尽主减速器及左、右轮边减速器内的油液,对于干式驱动桥须再拆下其两侧的盘式制动器(也可先拆去车轮再拆卸驱动桥)。

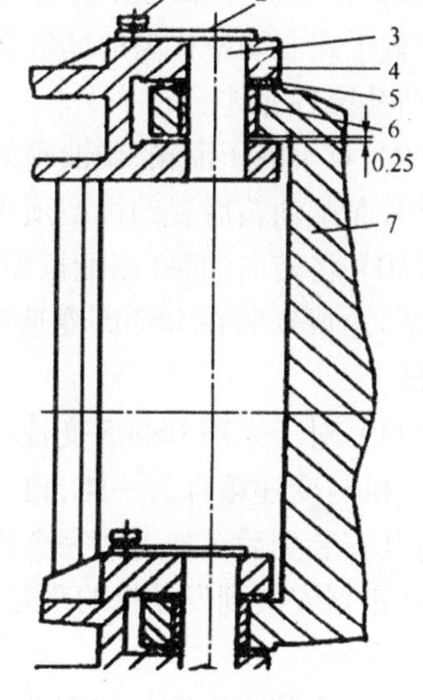

图 1-1-2 ZL50 装载机销套式铰点结构

1—固定螺钉;2—固定板;3—上铰销;4—前车架;5—铜垫圈;6—销套;7—后车架

(21) 吊住前车架,依次拆卸前后车架铰接处的下、上销轴,如图 1-1-2 所示,将前后车架分开。

(22) 拆去前后销轴的黄油管,吊住副车架,敲出前后销轴,取出铜垫片,将副车架吊出放于地面(采用摆动式后驱动桥的机型如常林 ZLM30 型装载机、柳工湿式驱动桥等无此步骤)。

至此,轮式装载机的整体拆卸工作全部结束。

2.2 轮式装载机整体总装配的一般顺序及主要内容

(1) 吊起副车架,对准其与后车架的连接销轴孔眼,根据其在后车架支承槽内的前后位置差合理选择铜垫片的安装位置,且须注意两只铜垫片的位置应能位于分别承受前后两个轴向力的方向。用铜棒分别敲入前后销轴,再装上前后销轴的黄油管及油嘴(采用摆动式后驱动桥的机型如常林 ZLM30 型装载机、柳工湿式驱动桥等无此步骤)。

(2) 吊起前车架,对准其与后车架铰接处的上销轴孔眼,用粗铜棒将上销轴敲入约一半,再调整起吊高度,使下销轴孔眼对正,用铜棒敲入下销轴,最后将上销轴完全敲到位。

(3) 向主减速器及左右轮边减速器内加入足量的重负荷齿轮油,将盘式制动器安装于干式驱动桥的两侧,然后分别吊起前后驱动桥,装上左、右车轮,依次拧上轮胎螺母。

(4) 依次吊起前后车架,移走支架,推入前后驱动桥,安装分别连接前、后驱动桥与前车架、副车架的固定螺栓(摆动式后驱动桥则直接与后车架连接),并以637～735 N·m的力矩予以拧紧,最后拧紧全部轮胎螺母,拧紧力矩529 N·m(也可先将驱动桥安装到前后车架上,再安装全部车轮,最后分别吊起前后车架,移走支架)。

(5) 根据不同机型的区别,使用吊车或者叉车吊住(或托住)配重,装上后车架,再以700 N·m的力矩拧紧配重固定螺栓。

(6) 往前后车架上安装电路线束及各种灯具、喇叭、继电器等。

(7) 根据机型配置的不同,在后车架上分别选装若干相应的液压元件(如停车制动阀块、马达-泵、减压阀、溢流阀、二位三通球阀、双路充液阀、囊式蓄能器组等)。

(8) 在前后车架上分别安装精滤器、前后制动加力器、左右转向油缸、各类液压油管、气管,配置干式驱动桥机型的储气筒、油水分离器、压力控制器(或组合式调压阀)、快放阀等气压制动系统各元件。

(9) 对于液压油箱、柴油箱侧置的机型应将其安装在后车架上,其他机型则在后车架上安装扶梯,而柴油箱后置的机型须用叉车托住柴油箱后将其安装在后车架上。

(10) 将转向油泵(高配机型是转向-先导双联泵,即制动泵)、工作油泵及变速泵(即补偿油泵)总成安装在BS305变速箱或ZF变速箱上;对于其他机型,应将上述各油泵总成装在变矩器上。

(11) 对于采用BS305变速箱或ZF变速箱的机型,先安装飞轮壳与变速箱的连接螺栓,使发动机与变速箱合为一体,再安装弹性板与飞轮连接的螺栓,然后吊起发动机-变速箱组件,将其安装到后车架上并完全固定好;对于其他机型,应先将变速箱安装并固定在后车架上,再将变矩器安装到发动机的飞轮壳上,然后吊起发动机-变矩器组件,将其安装到后车架上并完全固定好。

(12) 安装变速箱与前后驱动桥之间的前后传动轴,M12螺栓的拧紧力矩为11 N·m,M14螺栓的拧紧力矩为17 N·m,然后安装变矩器与变速箱之间的小传动轴和回油管(采用BS305变速箱或ZF变速箱的机型除外),安装分配阀、稳流阀及双变系统外部的所有油管、气管(及高配机型的合流阀、流量放大阀等),常林ZLM30型还须安装横跨后车架上部连接左、右储气筒的气管。

(13) 对于液压油箱、柴油箱上置的机型应将其安装在后车架上部。

(14) 在驾驶室下部安装全液压转向器(或旧机型的液压助力方向机、恒流阀与手动式电源总开关)、制动阀、油门控制器(及高配机型的先导操纵阀、切断阀),在驾驶室上部装上照明灯,在驾驶室内安装驻车制动操纵装置(或紧急和停车制动控制阀)、座椅、电风扇(或空调鼓风机)、收音机(或CD播放机)、顶灯等,吊起驾驶室总成并安装固定到后车架上。

(15) 安装连接发动机的所有线束及接线端子、柴油管、空气压缩机的出气管等,连接驾驶室与后车架的线束插头,连接油门控制器的油门拉杆(及某些手动熄火机型的熄火软轴或拉线),按照拆卸全液压转向器A、B油口的油管前所做的标记正确连接全液压转向器的所有油管，连接制动阀的全部气管，连接工作装置各操纵杆与分配阀的连接销（高配机型则安装先导操纵阀的各油管），安装驻车制动器操纵软轴与制动器操纵臂的连接销（或连接螺母）并正确调整驻车制动器。

（16）安装固定油、水散热器总成，连接散热器的进出水管、油管，安装散热器罩，连接前后工作大灯的线束插头，再安装发动机上部的覆盖件（或机罩），最后安装排气管、空气滤清器顶罩、引流管（或某些机型外置的空气滤清器总成）。

（17）安装动臂油缸的进出钢管，吊启动臂油缸总成，安装其与前车架的连接销轴（或在前车架上的固定座），再连接进出软管。

（18）吊启动臂，依次安装其与前车架及动臂油缸的连接销轴。

（19）在摇杆上安装好拉杆，再吊起摇杆，将其安装在动臂上。

（20）安装好转斗油缸的进出钢管，吊起转斗油缸，将油缸安装到动臂上，再将活塞杆与摇杆上端相连接，再连接进出软管。

（21）安装铲斗与拉杆、动臂的各连接销轴，使铲斗与机身连接。

（22）加入发动机的冷却水（或防冻液）、柴机油，双变系统内加入液力传动油，液压油箱内加入抗磨液压油，制动系统内加入合成型制动液。

（23）排尽发动机燃油系统内的空气。

（24）安装蓄电池，并使之与整车线路正确连接。

（25）启动发动机，两人协同排除制动系统内的空气，消除可能出现的三漏（漏油、漏水、漏气）现象，按照检验标准对整机进行试运转，检测并在必要时调整各项压力值。

（26）试运转结束后安装前车架前部挡板及后车架左右两侧的所有挡板。

至此，轮式装载机的整体装配工作全部完成。

任务2 整体拆装履带式工程机械底盘

1 任务要求

知识要求:

(1)了解各类履带式工程机械的组成。
(2)掌握移山-TY160型履带式推土机的组成。

能力要求:

掌握移山-TY160型履带式推土机的整机拆装过程及注意事项。

2 拆装过程

履带式工程机械的种类很多,有履带式推土机、履带式挖掘机、履带式装载机、履带式摊铺机、履带式凿岩钻车、履带式旋挖钻机等多种类型,其中尤以履带式推土机最具代表性。现以移山-TY160型履带式推土机为主,如图1-2-1所示,介绍履带式工程机械的整体拆装工艺,对于其他机型的拆装可以此举一反三进行变通。

2.1 履带式推土机整体拆卸的一般顺序及主要内容

(1) 将推土机停放在水平地面上,将铲刀及松土器完全落至地面。

(2) 拆卸推土铲

熄火后旋松液压油箱加油口盖子,将铲刀操纵杆置于"浮动"位置,拆开倾斜油缸一侧铲刀支架(撑杆)后端的罩板,拆开并用螺塞堵住铲刀倾斜油缸的两根软管,将软管塞入台车架的孔内(T120/140无此油管),拆卸铲刀油缸与铲刀的连接销轴,完全缩回活塞杆,抬起油缸,将其固定在散热器罩两侧上部的固定销处;

用木头或砖块垫实铲刀左、右支架(撑杆),再拆卸左、右台车架连接铲刀支架(撑杆)的球座盖,倒退推土机,脱离推土铲行驶至开阔场所;

从推土装置上拆下倾斜油缸的护罩及油缸总成(T120/140无此油缸)。配角铲装置的机型可吊住铲刀,拆除斜撑杆,再拆卸中心球座,使铲刀与拱形架分开。

(3) 拆卸松土器

适度提升一点松土器,用吊钩吊住松土齿,抽出连接销轴,逐一取下各松土齿,将松土器横

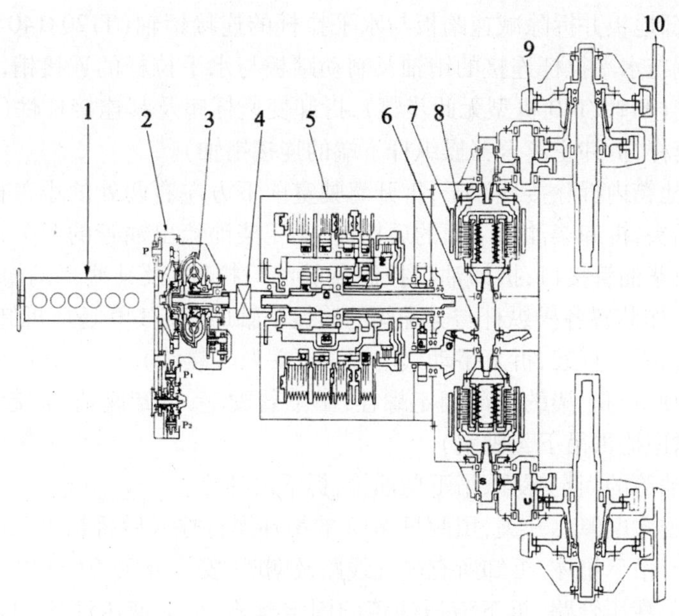

图 1-2-1 移山－TY160 履带式推土机的整机传动系统

1—发动机;2—分动箱;3—液力变矩器;4—万向节;5—变速箱;6—中央传动;7—转向制动器;8—转向离合器;9—终传动;10—履带

梁落至地面,熄火后旋松液压油箱加油口盖子,拆卸松土器油缸的油管并用螺塞堵住,吊住油缸,拆下其前后连接销轴,取下油缸;

吊住松土器横梁,拆卸松土装置的各连接销轴,吊走松土器横梁,取下各拉杆,最后吊住松土器支座,拆卸其固定螺栓,拆下松土器支座(未配置松土器的推土机无此步骤)。

(4) 拆卸履带

① 拧松左、右履带张紧油缸的放油嘴,来回行驶推土机,使履带松弛下来,再用适当分离一侧转向离合器的方法开动推土机,使左、右活动履带销同步转至驱动轮的后下方;

② 拆下或用气割工具割去活动履带销前后两块履带板的螺栓,取下履带板,使用链轨拆装机压出活动履带销(也可用大号割枪加热该销两端的座孔再用大锤敲出履带销),向前开动推土机使两条履带总成摊铺在地面。

(5) 拆卸挡泥罩壳(底壳)

拆除蓄电池,用钢管或树棍从左右台车架外侧伸入推土机底部的前、后挡泥罩壳下,拆下其固定螺栓,再放松钢管或树棍,使罩壳落至地面,然后拖出。

(6) 放尽发动机及水散热器内的冷却水(或防冻液)及变矩器(或湿式主离合器)、变速箱、后桥、终传动装置、液压油箱、油散热器内的各种油液。

注意:所放油液及防冻液应用合适的容器分别接纳和盛放,避免污染工作环境。

(7) 吊住铲刀升降油缸,拆开油管接头,拆卸油缸支座,吊下铲刀油缸。

(8) 吊住油缸横轴,拆卸其左右固定座,吊下横轴。

(9) 拆卸发动机左右侧板、排气管、空气滤清器顶罩(及某些机型的引流管),拔开前后工作大灯的线束插头,拆卸发动机、散热器上部的覆盖件,拆开散热器罩正面的前面罩,拆去连接散热器的各水管、油管等。

(10) 拆卸全部地板并拆除减速踏板与水平拉杆的连接销轴(T120/140 无减速踏板),拆卸转向操纵杆下端与水平拉杆连接的销轴及制动踏板与水平拉杆的连接销,拆卸手制动杆与水平拉杆的连接销(T120/140 机型无此步骤),拆卸变速杆座及其连接杆件(采用机械传动系的机型应拆下变速杆,拆卸主离合器操纵杆下端的连接销轴)。

(11) 在蓄电池箱内拆除接地端子,拆开驾驶室前下方左右两处的小盖板,拔开驾驶室与车架之间的线束插头,拆卸柴油箱下面的后挡板,关闭柴油箱出油管的开关,拆下连接发动机的所有接线端子及柴油管接口,拆卸油门控制器的油门拉杆(及某些手动熄火机型的熄火软轴或拉线),拆下工作装置各操纵杆与分配阀的连接销轴(T120/140 还应拆卸转向操纵杆架的固定螺栓,取下转向操纵杆架,拆下手动式电源总开关及其接线)。

(12) 拆除驾驶室与车架的全部固定螺栓,吊下驾驶室,拆卸座椅(如起重设备的起吊高度有限时应先拆除座椅再吊下驾驶室)。

(13) 拆除柴油箱的固定螺栓,吊下柴油箱,拆下出油管。

(14) 拆下电磁式电源总开关,用两只 M12 的吊环螺钉拧入后桥箱上面的箱体螺孔内,拆卸箱体的固定螺栓,吊下箱体,拆卸所有电气线路及喇叭、安全开关等(T120/140 无此步骤)。

(15) 拆卸全部液压管路,拆下液压油箱的固定螺栓,吊下液压油箱,拆开液压油箱的外壳,拆下液压控制阀总成,取出回油滤芯及安全阀、弹簧(T120/140 的回油滤清器总成独立于液压油箱外部的后侧,应单独拆卸)。

(16) 拔开仪表台与车架连接的线束插头,拆卸仪表台的固定螺栓,吊下仪表台总成。

(17) 拆卸万向节,拆除双变系统的所有外部油管(或主离合器外部的所有连接杆件)、转向及制动系统的各种管路及杆件(对于 T120 机型则拆去主离合器上壳,吊住干式主离合器,拆去与飞轮连接的 5 块弹性连接块和朝上的 3 只飞轮传动销,再拆掉与变速箱连接的接盘螺栓,吊出干式主离合器总成)。

(18) 拆下风扇叶片置于散热器风罩内,拆卸发动机 - 变矩器(或发动机 - 湿式主离合器)组件与车架的连接螺栓,吊下发动机 - 变矩器(或发动机 - 湿式主离合器)组件,放在支架上,再拆下变矩器(或分解湿式主离合器)总成(T120 则为拆卸主离合器下壳与剩余的 2 只飞轮传动销),放出发动机内的机油,拆下各液压油泵并拆卸分动箱总成(T120 无此步骤)。

(19) 拆卸风冷油、水散热器的风罩及底脚固定螺栓,吊下风冷油、水散热器总成。

(20) 拆卸水冷油散热器总成(T120/140 无此部件)。

(21) 拆卸中央传动及转向离合器

拆卸转向系统的转向控制阀、转向粗滤清器与细滤清器总成(T120/140 只有转向增力器),拆卸双变系统的精滤器总成(机械传动的机型无此部件),拆开后桥的所有盖板(检视窗),拆卸制动带的上部连接件,拆下后桥的上盖板,拆卸其左右转向离合器外侧的大接盘螺栓,吊住中央传动和转向离合器组件,再拆下左右轴承盖,吊出中央传动和转向离合器组件;拆卸左右转向离合器内侧的小接盘螺栓,将左右转向离合器与中央传动组件分开(T120/140 则应先吊住转向离合器总成,拆卸其两侧的大小接盘螺栓,吊出转向离合器总成,再拆卸左右小接盘及轴承座并吊出中央传动组件),再从后桥箱内部拆下大接盘。

(22) 拆卸变速箱

吊住变速箱,拆卸变速箱与后桥的固定螺栓,吊下变速箱总成。

(23) 拆卸台车架

用大撬杠从台车架中推出引导轮总成,拆卸左右半轴内端的台车架斜撑轴承瓦盖,再拆卸半轴外端的轴承座,顶起车架用马凳(支架)垫实,吊出左、右台车架。

从台车架中先拆下各托链轮总成、张紧油缸及张紧弹簧组件,再拆下内外挡轨板,拆下各支重轮总成。

(24) 拆卸终减速器

拆卸半轴外端的端盖、轴端螺母、锁紧垫圈、垫片,取下小浮动油封洗净并成对保存好,拆卸驱动轮毂轴承盖及压紧螺母,在驱动轮与轮毂花键处做出装配标记,用专用拉具拉下驱动轮,如图1-2-2所示,若无专用拉具,可用20 t的千斤顶横置顶出驱动轮,取下大浮动油封洗净并成对保存好;

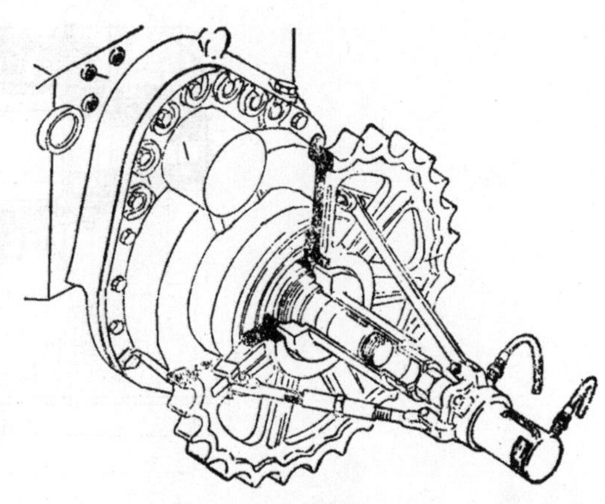

图1-2-2　驱动轮的拆卸

拆下终减速器的外壳,拆下驱动轮毂,取出双联齿轮,拆卸主动齿轮及油封座,再从驱动轮毂上拆下大齿圈。

(25) 拆卸平衡梁

从车架上拆下散热器罩,吊住平衡梁,敲出中心销轴,取下平衡梁及前后防尘密封件。

(26) 如半轴确须更换,才拆下锁母箍,拧出半轴锁母,从车架上压出半轴。

至此,履带式推土机的整体拆卸工作全部完成。

2.2　履带式推土机整体总装配的一般顺序及主要内容

(1) 如更换推土机的半轴,应先压装半轴到位,使半轴外端面与减速壳端面的尺寸达607.5 ±1.0 mm(如图1-2-3中的A),再安装半轴锁母并用锁母箍固定。

(2) 安装平衡梁和散热器罩

将平衡梁吊至车架的安装孔处,装入中心销轴和前后防尘密封件,在车架前部安装上散热器罩。

(3) 安装变速箱

① 检查被动轴小锥形齿轮端平面至变速箱壳体平面的距离,应符合规定:PD120/140主动小圆锥齿轮凸出变速箱后端面83.9 ±0.1 mm;

② 检查变速箱壳体与后桥壳体接触面应平整;

③ 在变速箱壳体上装好O形圈;

④ 吊装变速箱总成,其连接螺栓扭力一般为330 ~380 N · m;

⑤ T120/140在装复时注意主减速器通往变速箱的油管不要碰坏。

(4) 终减速器的安装

① 清洗干净后在终减速器的轴承孔里装入装好轴承的双联齿轮;

② 装上终传动齿圈与齿圈轮毂的固定螺栓,以500 ±50 N · m的力矩拧紧,再将该组件装上半轴,装上轴承盖;

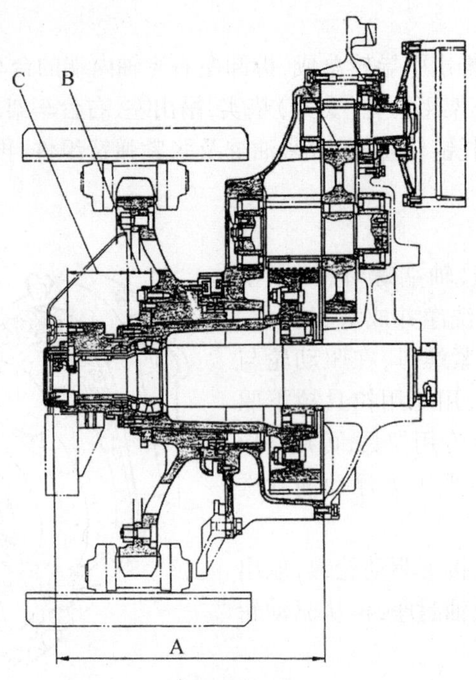

图 1-2-3　半轴及浮动油封的安装要求

③ 检查好终减速器外壳平面及后桥壳体平面，将外壳装在后桥壳体上；

④ 将装好轴承的主动齿轮从内轴承座孔内插入，同时把装好新油封的内轴承座装到轴承座孔里，将大接盘装在主动齿轮花键上，以 600 ± 100 N · m 的力矩拧紧大接盘固定螺母，安装锁板后以 230 ± 80 N · m 的力矩拧紧固定螺栓；同时检查大接盘端面跳动不得大于 0.2 mm，径向跳动不得大于 0.6 mm。

(5) 安装驱动轮

① 更换驱动轮、压紧螺母、浮动油封处的 O 形圈，按技术要求分别在终减速器的外壳及驱动轮毂上安装清洁的成套浮封环；

② 在大浮封环的密封面上涂抹干净的机油，对齐拆卸时做出的标记装上驱动轮，以专用工具压紧驱动轮或选一合适的套管套在半轴上，使其一端顶住轮毂，另一端通过合适的垫板用半轴外端的螺母将轮毂定位，然后旋进压紧螺母，使齿圈轮毂端面与驱动轮轮毂端面的尺寸达到 53 ±0.5 mm(如图 1-2-3 中的 B)，固定压紧螺母(T120/140 装上驱动轮通过压紧螺母以 686 ~ 784 N · m 的扭力将驱动轮固定，同时注意检查轮毂花键端头沉入驱动轮内孔深度应符合标准 8 ±1.5 mm，最小不得少于 2 mm)；

③ 在轴承端盖与轴承座之间安装清洁的小浮封环，在密封面涂抹干净的机油后装上轴承端盖、轴承座、半轴外端的垫片、锁紧垫圈，拧入轴端螺母，使驱动轮毂端面与半轴外座端面的尺寸达 137.7 mm(如图 1-2-3 中的 C)，锁紧螺母，然后装上端盖(T120/140 注意固定螺母处调整台车架左、右位移的调整垫片不能漏装)。

(6) 中央传动(主减速器)的安装

① 安装中央传动与左、右转向离合器连接的小接盘固定螺栓，然后把左右制动带套在转向离合器总成的制动鼓上，将该组件吊入后桥箱内；

② 安装轴承盖并对轴承预紧力进行调整，在大、小圆锥齿轮啮合状态下，在大圆锥齿轮齿顶测定大圆锥齿轮滚动轴承的标准转动扭矩为 15 ~ 20 N·m；

③ 然后调整主减速器圆锥齿轮副的啮合间隙为 0.25 ~ 0.33 mm，方法是将大圆锥齿轮压到底后再退回 2.25 ~ 3 格，最后紧固并锁紧轴承盖。

T120/140 是首先将圆锥齿轮（齿圈）与主减速器轴接盘通过连接螺栓用规定扭力（一般 330 ~ 380 N·m）连接在一起，并锁定好。将轴承分别装于主减速器轴两端轴颈上，而后将减速器轴右端插入右轴承座孔内，并尽量向右位移，直到减速器另一端能对准左轴承座孔，再向左边移至适当位置。分别从两端将装好 O 形圈、铁壳油封及轴承外环的轴承座装在主减速器壁的轴承座孔内，同时装好调整垫片，调好轴承间隙，使大圆锥齿轮的轴向间隙达 0.08 ~ 0.15 mm，初步进行固定后调整主减速器圆锥齿轮副的啮合间隙：PD120、140 新圆锥齿轮啮合间隙在齿的大端处为 0.2 ~ 0.8 mm，再将轴承座两端的螺帽固定和锁止。在减速器轴两端分别装好与转向离合器连接的小接盘，并固定锁好。

（7）安装转向离合器及制动器

① 外移转向离合器制动毂，使其端面靠拢大接盘，再转动大接盘，使大接盘与制动鼓的连接螺栓孔对正，将所有连接螺栓普遍扭到底，再均匀对称扭紧。

注意：禁止用手指触摸的方法来判断大、小接盘螺栓孔眼是否对齐，以防发生工伤事故！

② 安装后桥壳的上盖，安装制动带的上部连接件，装上所有盖板（检视窗）。

T120/140 的转向离合器安装步骤是：

a. 吊起转向离合器，将铆制合格的制动带套装于经检查符合技术要求的转向离合器总成制动鼓上，与转向离合器一起吊装入转向离合器室，吊装时应注意使转向离合器主动毂外端面的大缺口向下，否则装不进。

b. 装好转向离合器轴接盘与中央减速器轴接盘的连接螺栓，并以规定扭力（一般为 330 ~ 380 N·m）拧紧、固定。

c. 外移转向离合器制动毂，使其端面靠拢大接盘，再转动大接盘，使大接盘与制动鼓的连接螺栓孔对正，将所有连接螺栓普遍扭到底，再从车架外壳侧面的孔中用套筒扳手均匀对称扭紧。

d. 装好制动带支架并通过连接销使制动带与摇臂连接在一起。

e. 通过连接拉杆使转向离合器松放环与后桥壳上立轴下端的摇臂初步连接。注意保持转向离合器的自紧状态。

（8）安装转向系统的转向控制阀、转向粗滤清器与细滤清器总成（T120/140 只是安装转向增力器），安装双变系统的精滤器总成（机械传动的机型无此部件）。

T120/140 油压增力器总成的安装步骤是：

① 检查油压增力器与后桥壳上平面的接触面应保持平整，并装好纸垫；

② 将油压增力器两内摇臂同两顶套一起推向前，然后装到后桥壳上平面的立轴上，用螺栓固定在后桥壳上平面上；

③ 装好转向离合器操纵杆及与油压增力器接触的推杆，往转向增力器内加入机油。

（9）安装台车架总成

① 检查两纵梁及斜撑臂应符合台车架的规定技术要求；

② 支重轮、引导轮、托链轮、缓冲装置等各总成分别装于台车架上，保证三者在同一中心

线上；

③ 将两履带平行放于车架两侧的驱动轮下方；

④ 吊装台车轮架，使台车架中部的导向支座套入平衡梁的外端，然后将支重轮落在链轨轨道上；

⑤ 装复斜撑的轴承及轴承盖并固定；

⑥ 将台车架外纵梁后端与半轴外端轴承座固定；

⑦ 吊起（或顶起）车架，抽取支架，再将台车架缓缓落至履带链轨上。

（10）安装水冷油散热器总成（T120/140 无此部件）。

（11）安装风冷油、水散热器总成，将风扇叶片置于散热器风罩内并安装风罩。

（12）安装发动机－变矩器（或发动机－主离合器）组件

① 在发动机飞轮处安装分动箱总成并装上各液压油泵（T120 无此步骤）；

② 在分动箱上安装变矩器（或组装湿式主离合器）总成（T120 则安装 2 只飞轮传动销和主离合器下壳）；

③ 将发动机－变矩器（或发动机－湿式主离合器）组件吊装并固定在车架上；

④ 安装万向节总成。

注意：T120 的发动机－干式主离合器组件因与变速箱之间没有万向节，而是采用法兰盘固定连接的方式，因此其安装步骤如下：

a. 在车架的固定螺栓处放好调整垫片，吊上发动机，插入固定螺栓。

b. 在车架上安装发动机时，应该保持发动机曲轴和其对应的变速箱轴的同轴度，定中心的方法是：如果先安装主离合器后安装发动机时，可在发动机与主离合器连接之前，利用装在主离合器主动盘上的一种具有活动支架、水平指标和垂直指标的专用工具（如图 1-2-4 所示）来定中心。如果先安装发动机后安装主离合器，则利用装在变速箱接盘上的一种具有水平指标和垂直指标的角架来定中心（如图 1-2-5 所示）。

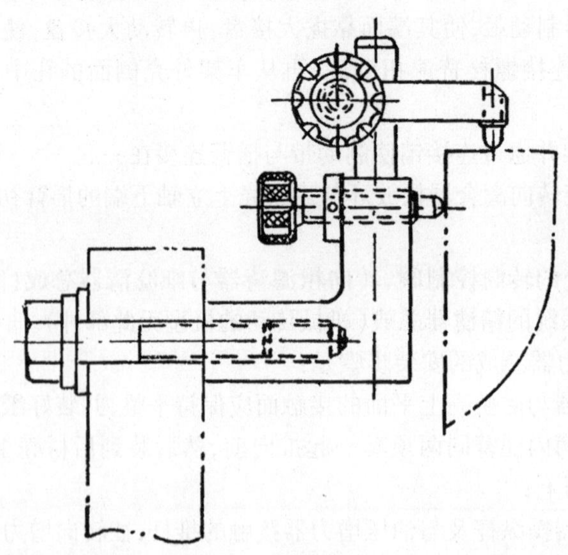

图 1-2-4　T120 推土机的发动机在车架上定位专用工具（一）

具体方法是转动变速箱轴或主离合器主动盘，根据专用测量工具在飞轮水平和垂直方向

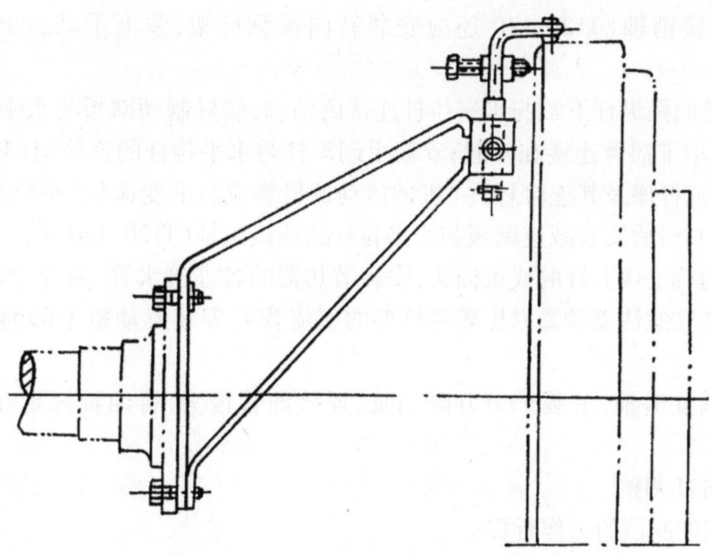

图 1-2-5　T120 推土机的发动机在车架上定位专用工具(二)

测点的间隙值,检查发动机在车架上的安装位置是否正确。其技术要求是发动机曲轴的轴线对变速箱主动轴轴线的偏移量不得超过 0.3 mm,与此对应的飞轮的径向偏移量不得超过 0.6 mm。曲轴轴线与变速箱轴线的倾斜是以飞轮对主离合器主动盘端面间的摆动量来决定的,这一摆动量容许不大于 0.7 mm。根据检查情况,如果两轴的轴线是在垂直平面内产生位移,这时应调整发动机的支承垫片来恢复其同轴度。当发动机在水平面上产生位移时,解决的方法是将后支撑用缩小直径的螺栓固定在车架上。

c. 拧紧发动机地脚固定螺栓,将已装上的 2 只飞轮传动销转至下部,吊入主离合器总成,并用连接螺栓固定在变速箱的输入法兰盘上。

注意:禁止用手指触摸的方法来判断法兰盘螺栓孔眼是否对齐,以防发生工伤事故!

d. 安装剩余的 3 只飞轮传动销,依次装好 5 只弹性连接块,装上主离合器上壳。

(13) 安装双变系统的所有外部油管(或主离合器外部的所有连接杆件)、转向及制动系统的各种管路或杆件。

(14) 安装全部液压管路和电路线束及喇叭、安全开关等;吊装仪表台总成,连接仪表台与车架的线束插头。

(15) 将液压控制阀总成固定在液压油箱上,安装回油滤芯及安全阀、弹簧(T120/140 的回油滤清器总成独立于液压油箱外部的后侧,应单独安装),吊装液压油箱。

(16) 将电磁式电源总开关安装在箱体上,用两只 M12 的吊环螺钉拧入箱体的螺孔内,吊装箱体。

(17) 安装柴油箱的出油管,吊装柴油箱。

(18) 吊装驾驶室,安装座椅(如起重设备的起吊高度许可时可先安装座椅再吊装驾驶室)。

(19) 连接蓄电池箱内的接地端子,拆开驾驶室前下方左右两处的小盖板,连接驾驶室与车架之间的线束插头,连接发动机的所有接线端子及柴油管接口,打开柴油箱出油管的开关,连接油门控制器的油门拉杆(及某些手动熄火机型的熄火软轴或拉线),安装工作装置各操纵杆与分配阀的连接销轴（T120/140 还应安装转向操纵杆架，装上手动式电源总开关及其接线）。

(20) 安装转向操纵杆下端与水平拉杆连接的销轴，装好制动踏板与水平拉杆的连接销，通过连接杆与制动带摇臂连接在一起；安装手制动杆与水平拉杆的连接销（T120/140 机型无此步骤），安装变速杆座及其连接杆件（机械传动的机型应装上变速杆、安装主离合器操纵杆下端的连接销轴），最后安装减速踏板与水平拉杆的连接销轴（T120/140 无减速踏板）。

(21) 连接前后工作大灯的线束插头，安装散热器的各连接水管、油管、风扇叶片等，安装发动机排气管、空气滤清器顶罩（及某些机型的引流管），安装发动机上部的覆盖件、左右侧板等。

(22) 吊装油缸横轴，吊装铲刀升降油缸，连接油管接头，将油缸固定在散热器罩两侧上部。

(23) 进行各部调整

① 调整油门控制器的工作行程；

② 调整减速踏板的工作行程；

③ 调整转向操纵杆的自由行程：

TY160/T160 的转向拉杆中心至仪表盘前部 115 mm；顶杆上的长孔与销轴的间隙为 1 mm；转向操纵杆的自由行程为 198 ~ 208 mm，当行程为 120 mm 时拉动转向阀；

红旗 120 是拧动转向离合器松放圈的球形螺母，使自由行程为 135 ~ 165 mm（如图 1-2-6 所示）；

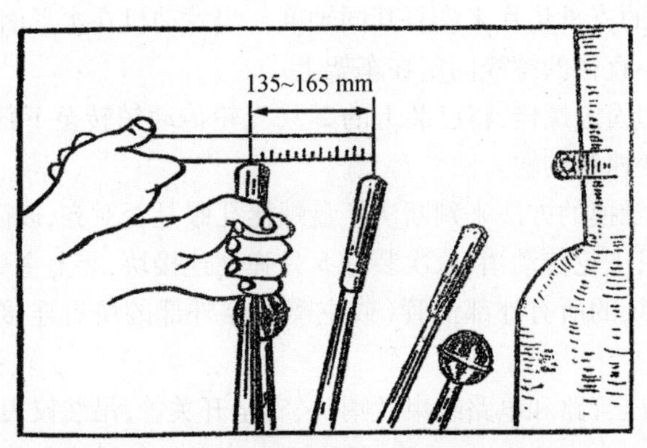

图 1-2-6 转向操纵杆的自由行程

PD120/140 也是拧动转向离合器松放圈的球形螺母，使自由行程为 120 ± 15 mm。

④ 调整制动器：

制动带的调整螺母拧到底后再松退 1.5 圈；制动踏板的中心至地板距离为 190 mm，用手压下 5 mm 后连接销孔；

PD120/140 的方法是拧紧叉形拉杆的调整螺母后松回 6 圈左右，将后桥箱底部的螺栓拧紧后松回 1 圈，此时制动带间隙为 1.4 ~ 1.8 mm，调整水平拉杆的长度，使制动踏板行程在 150 ~ 190 mm范围内。

⑤ 调整主离合器（液力传动的机型无此步骤）：

T160/180 调整主离合器至操纵杆拉到底时感觉很费力，但可越过死点并不回弹，启动发动机后却操纵轻便，当高速运转时，挂3挡并踩死制动踏板，结合主离合器，发动机应在0.8～1.3 s内熄火；

T120应调整至拉动主离合器操纵杆的力在170±25N（PD120在137±19 N、PD140在155±50 N）范围内，并在越过死点时发出特有的"契咔"声。

⑥ 调整惯性制动器（液力传动的机型无此步骤）：

T160/180惯性制动器的螺纹拉杆应露出20 mm，制动带间隙为2 mm；

PD140在主离合器接合时，转动调整拉杆，直至制动片刚好与制动鼓接触为止；接合主离合器，适当转动调整拉杆，使得销子不与离合器壳体干涉即可。

各机型的主离合器操纵杆推到位后，应能使输出轴迅速停止转动。

⑦ 连锁机构的调整（液力传动的机型无此步骤）：

T160/180锁定轴操纵臂在主离合器分离时应垂直向上并向前微倾≤10°，变速杆可任意挂挡；当主离合器结合时应垂直向上并向后约30°，变速杆应锁住无法挂入任何挡位。

PD120/140当主离合器操纵杆在最前位置时，锁定轴的定位销轴杠杆向下偏向后方约13°，可任意挂挡；当主离合器操纵杆在最后方时，定位销轴杠杆偏向前，变速杆应锁住无法挂入任何挡位。

（24）试运转

① 加入发动机的冷却水（或防冻液）及变矩器（或湿式主离合器）、变速箱、后桥、终传动装置、液压油箱内的各种油液；

② 排尽发动机燃油系统内的空气；

③ 安装蓄电池，接好电源线；

④ 启动发动机，消除可能出现的漏油、漏水现象；

⑤ 熄火后检查各油位、水位，必要时予以补充。

（25）安装履带

① 使推土机倒退行驶至驱动轮中心距链轨端部只剩约3节链轨节的位置停下熄火；

② 将撬杠穿入链轨另一端的销孔里，套入钢丝绳，用其他机械（或车辆）将链轨拉至驱动轮的位置并挂在驱动轮齿上，用木头、砖块等将链轨上部垫平，以使链轨两头可以在驱动轮齿上顺利对接（履带总成装复的另一种方法是：将履带前端用木块或千斤质顶起，再将履带后端挂在驱动轮的轮齿上，然后开动推土机，利用本身动力将履带后端驱至前端合拢）；

③ 在接头处放入防尘密封圈，再用链轨拆装机压入履带销（也可以大号割枪加热该链轨销两端的座孔，再用大锤打进履带销），装上履带板，以590～730 N·m的力矩拧紧螺栓；

④ 拧紧张紧油缸的放油嘴，注入润滑脂，使履带逐渐张紧，在张紧过程中须断续往复行驶推土机，防止链轨的松旷部分被机体压在履带下部，从而影响张紧的正确性。履带下垂量在两托链轮之间应为20～30 mm，PD120/140为8～25 mm。

（26）安装底壳（挡泥罩壳）、地板等

① 将前、后挡泥罩壳分别抬（或拖）入左右履带之间，用钢管或树棍从左右台车架外侧伸入罩壳下同时托起，将其安装在车架底部；

② 安装柴油箱下面的后挡板，装上后桥的所有盖板（检视窗），安装全部地板，装好前罩正面的前面罩等。

(27) 安装推土装置

① 在推土装置上安装倾斜油缸总成及油缸护罩(T120/140 无此油缸),配角铲装置的机型可吊住铲刀,安装中心球座,再连接左右斜撑杆,使铲刀与拱形架合为一体;

② 将推土机对准铲刀架开进去,使左右台车架外侧的球头正好进入铲刀支架(撑杆)的球座内(如高低有误,可用吊钩或千斤顶调整),装上球座盖;

③ 熄火后旋松液压油箱加油口盖子,将铲刀操纵杆置于“浮动”位置,连接倾斜油缸的油管,装上罩板;

④ 安装铲刀与升降油缸的连接销轴;

⑤ 抬起铲刀,从推土机的正前方观察铲刀是否居中,若有明显偏差,通过改变水平斜撑杆的长度进行调整。

(28) 安装松土器(未配置松土器的推土机无此步骤)

① 吊起松土器支座,将其固定在推土机的后部;

② 先将各拉杆的一端装在松土器支座上,然后吊起松土器横梁,将各拉杆的另一端销轴装上,再将松土器横梁放落地面;

③ 吊起油缸,先安装缸体的销轴,再装上活塞杆的连接销轴,连接油缸的进出油管;

④ 适度抬起松土器,吊起松土齿,插入横梁中,安装连接销轴;

⑤ 拧紧液压油箱盖。

至此,履带式推土机的整体装配工作全部完成。

任务3 认知全液压工程机械工作原理及底盘构造

1 任务要求

知识要求：

(1)了解全液压工程机械的工作原理。

(2)掌握全液压工程机械的底盘构造。

2 相关理论知识

液压挖掘机及滑移式装载机的底盘全部采用全液压传动的形式；个别厂家生产的履带式推土机如移山、三一重工、利勃海尔等也有全液压传动的机型，但为数极少。现以液压挖掘机为例，介绍全液压工程机械的工作原理与底盘构造，如图1-3-1所示为履带式全液压挖掘机各部件在整机上的位置。

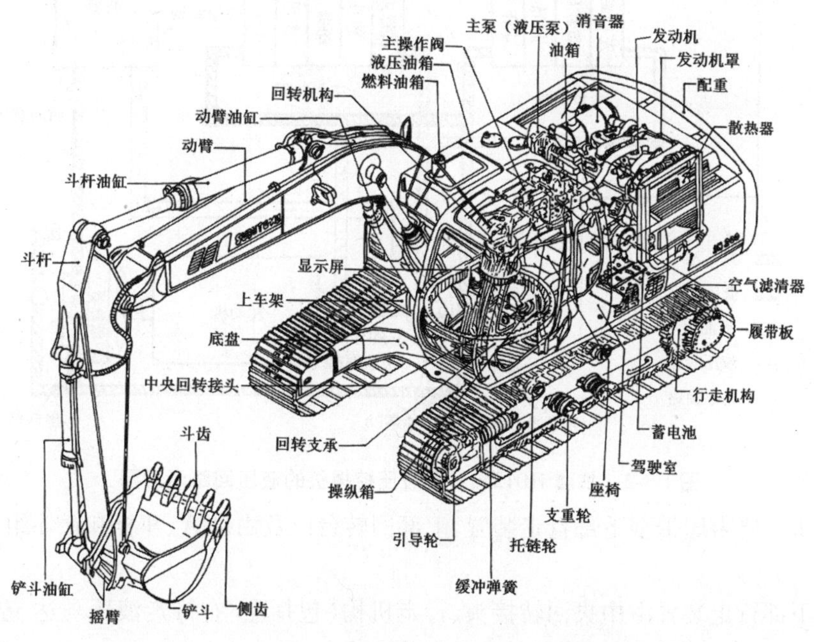

图1-3-1 全液压挖掘机各部件位置简图

2.1 履带式全液压挖掘机的总体描述

全液压传动的机械、车辆是由液体的容积变化来传递动力的。一般由液压泵、控制阀、液压缸及油液马达、各种连接油管等组成。

液压泵如同发电机，控制阀如同电气开关，液压缸及油液马达如同电动机（即马达），油管如同电线。我们知道，当接通开关，发电机发出的电就通过开关流进电动机，使电动机转动。由于液压传动技术出现于电气传动之后，因此"液压马达"一词就是借鉴电气传动而来的。根据传动要求的不同，由液压马达实现旋转运动，而直线运动则由液压缸完成。

柴油机的动力驱动液压泵产生压力油，经过控制阀分配，按需要分别驱动液压马达和液压缸，进行挖掘、行走和回转作业，液压回路如图 1-3-2 所示。

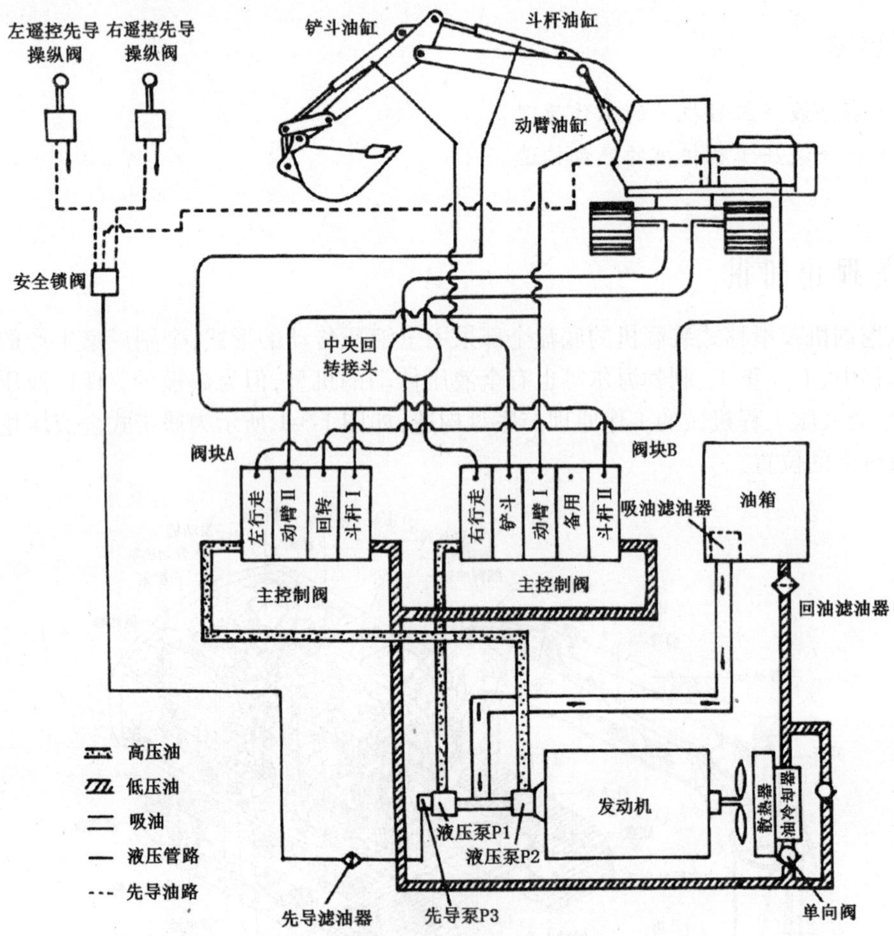

图 1-3-2　加藤 HD1250Ⅶ型液压挖掘机的液压回路示意图

该挖掘机主要由履带型下部行走装置、上部回转台以及由动臂、斗杆和铲斗组成的工作装置组成。

履带型下部行走装置由中央回转接头、行走机构（包括左/右行走液压马达、左/右行走减速器）车架、托链轮、支重轮、左/右驱动轮及履带组成。

上部回转台由发动机、液压泵、控制阀组、回转机构（包括回转液压马达、回转减速器、回转支承)、液压油箱、柴油箱、驾驶室等组成。

2.2 履带式液压挖掘机的工作原理

液压泵 P_1 和 P_2 由发动机驱动。来自液压泵 P_2 的压力油流入控制阀块 A,通过左操纵杆操纵斗杆油缸和回转马达。来自液压泵 P_1 的压力油经控制阀块 B,通过右操纵杆操纵动臂和铲斗油缸。位于中间的两个操纵杆独立地控制左、右行走马达。

为了确保机器顺利、安全工作,本挖掘机的液压回路还包括以下安全设备:

(1) 行走制动阀和停车制动器。其功能是当机器停止行走时作为自动制动器,或者在斜坡上防止机器下滑。

(2) 回转制动阀。当停止回转时,使转台适当地减速停止,防止液压马达由于振动冲击而被损坏。

(3) 主溢流阀。组合在每个控制阀中,防止液压系统由于过载而损坏,包括在回路中限制操作压力的装置。

(4) 过载溢流阀。安装在控制阀的每个出油口上,调节每个油缸过载时产生的高压,如动臂油缸、斗杆油缸和铲斗油缸。

2.2.1 液压泵回路

液压泵由两台同排量的变量柱塞泵 P_1、P_2 和先导泵 P_3 组成。

从液压泵 P_2 排出的压力油进入阀块 A,驱动回转马达、斗杆油缸Ⅰ、动臂油缸Ⅱ和左行走马达。从液压泵 P_1 排出的压力油进入阀块 B,驱动动臂油缸Ⅰ、铲斗油缸、斗杆油缸Ⅱ和右行走马达。

液压泵上的附加先导泵 P_3 的压力油由先导溢流阀调定到规定的压力。先导压力油经过先导管路滤油器、梭阀进入左右两个遥控先导操纵阀。

从遥控先导操纵阀出来的先导压力油,进入主控制阀的压力油室,作为二级先导压力油控制阀芯动作。当每个控制阀的阀芯都处于中位时,从液压泵 P_1 和 P_2 出来的压力油通过每个控制阀的中央通道,使负控制信号溢流阀打开,通过回油滤油器回到液压油箱。

负控制溢流阀在主控制阀的中央旁通油路上建立了一定的压力,使得先导压力油流至液压泵调节器,这样,当主控制阀的每个阀芯都处于中位时,主泵排出的流量可减至最小。

2.2.2 行走回路

该机行走系统的特点是,行走增压回路与直行回路统一。

操作行走操纵杆,通过主阀控制油室和连接机构,使主控制阀阀芯动作。因此,主泵排出的压力油通过中央回转接头进入行走马达。

另一方面,从行走马达回来的油经过中央回转接头和主控制阀,进入油冷却器和回油滤清器,流回液压油箱。

在行走过程中,先导信号油路是关闭的,因此使行走的工作压力上升,以至于行走工作压力可以高于主溢流阀设定的压力。

阀芯动作后,信号油路在向前或向后行走期间开启,在其他情况下,信号油路关闭。只进行行走时先导操纵阀控制主控制阀 A 中的直行滑阀。滑阀在不行走时是关闭的。结果,从液

压泵 P_2 和 P_1 泵出的压力油各自独立地流入铲斗或左/右行走回路。也就是说,挖掘机可以进行独立行走,也可以在复合操作模式下行走。

通过驾驶室内控制板上的高速－低速选择开关,可以选择高速挡(符号为兔形)来增大行走速度。

详细情况是这样的,当开关在高速挡时,电磁阀会自动变化,使先导泵的压力发生变化,而这个先导压力作用在行走马达上。于是,行走马达的斜盘角度发生变化,旋转速度增加。

当发动机停止时或操纵杆回中位时,装备在行走马达内部的停车制动器可以自动起作用。

2.2.3 回转回路

在主回路中,从液压泵 P_2 来的压力油进入主控制阀 A。当其第三联阀芯动作的时候,回转马达运转。回转马达的回油也通过回转控制阀进入油冷却器和回油滤清器,返回液压油箱。

回转马达顶部的制动阀由一个有缓冲功能的溢流阀和一个防气蚀的补油阀组成。

除此之外,该回路还有如下功能:当同时进行回转和斗杆提升作业时,回转先导压力通过回转优先梭阀作用在斗杆降一边直到斗杆Ⅰ的控制阀阀芯回到规定的位置。当斗杆Ⅰ的控制阀阀芯的行程被限制以后,阀芯在很窄的范围内开启,可以保证回转启动压力。因此,可以同时进行斗杆提升和回转作业。

2.2.4 动臂回路

两个动臂油缸由主控制阀 B 上的第三联滑阀和主控制阀 A 上的第二联滑阀控制。当动臂上升时,从液压泵 P_1 和 P_2 来的压力油在外部合流,进入油缸底部,使动臂油缸快速上升。

在动臂上升过程中,由各先导操纵阀产生的先导控制压力油使反向控制压力减小,由此增加了油泵的供油量。

当动臂下降时,从液压泵 P_1 和 P_2 排出的压力油分别流向油缸的有杆腔。在这种情况下,控制动臂Ⅱ的控制阀阀芯只允许油液流出,不允许油液流进。从油缸无杆腔回来的油受到动臂Ⅰ控制阀阀芯的节流限制作用,降低了油缸的速度,油然后回到液压油箱。

动臂Ⅰ的控制阀阀芯两端都装有补油阀和过载溢流阀,以防止产生气蚀和压力冲击。

2.2.5 斗杆回路

斗杆油缸由主控制阀 A 的第四联滑阀和主控制阀 B 的第五联滑阀控制。当斗杆控制阀阀芯处于中位时,斗杆油缸在初始位置。当斗杆操纵手柄向后或向前扳动时,斗杆油缸将伸出(或缩回)。

当斗杆Ⅰ控制阀阀芯动作,使压力油进入斗杆油缸底部时,压力油从油缸有杆腔经过阀芯的限制油口回液压油箱。

当斗杆Ⅱ控制阀阀芯动作,斗杆油缸有杆腔与动臂Ⅰ控制阀的阀芯联通时,压力油从液压泵 P_1 流至主控制阀 B 上的油口 P,通过中心旁通孔,迫使载荷检测(单向)阀打开,通过串联的顺流通道进入油缸的有杆腔,与斗杆Ⅰ控制阀的油汇合。

当操作斗杆Ⅱ控制阀阀芯,使压力油进入斗杆油缸底部无杆腔时,压力油从油口 P 流入无杆腔。另一方面,因为此阀芯限制回油,所以从有杆腔经过斗杆Ⅰ控制阀阀芯回油箱的油液受到了限制或调节。

为了避免同时操作斗杆Ⅱ控制阀的阀芯与逆流阀芯(如铲斗/动臂Ⅰ),中心旁流通道被逆流控制阀芯关闭。因此,油液不能到达斗杆Ⅱ,优先权给了逆流油缸。

2.2.6　铲斗回路

铲斗油缸的动作由主控制阀B上的第二联滑阀控制。当铲斗控制阀芯处于中位时,铲斗油缸在初始位置。向左或向右移动铲斗操纵手柄,铲斗油缸伸出或缩回。

铲斗滑阀两端油口上,也安装有补油阀和过载保护溢流阀。

当铲斗阀芯动作,从液压泵 P_1 流出并经过控制阀的压力油流入铲斗油缸无杆腔时,压力油经过控制滑阀流回油箱。如果调整滑阀阀芯上的限流装置,则可以调整铲斗下降的速度。

为了减轻驾驶员的劳动强度,目前挖掘机已经普遍采用液压先导系统取代操作杠杆来操纵控制阀。同时利用先导系统还可以操控其他的辅助功能,如回转制动的自动解除、精细动作的操控、液压泵的比例控制、强力挖掘的实现、行走速度的转换、自动怠速的切换以及某些动作的优先控制等。

液压先导系统使用先导液压泵 P_3 给先导系统提供压力油,但也有少数机型取消了先导液压泵,如日本小松PC系列挖掘机,从6型机开始,由主液压泵 P_1 中分流出一股油流,经减压阀降压后输入先导系统,减少了维修工作量,降低了制造成本。

随着电子控制技术的发展,越来越多的机型采用电子技术控制液压系统,使得液压挖掘机的操控更加精准,油耗更低;同时由于新机型陆续配装电控共轨柴油机,令挖掘机的电子控制更加完美,整机也更加节能、更加环保。

2.3　全液压挖掘机的底盘结构

2.3.1　行走装置

全液压挖掘机分为履带式与轮胎式两种,以履带式居多。

履带式挖掘机履带行走装置的四轮一带与履带式推土机相同,不同的是车架结构。其车架分为H形和X形两种,如图1-3-3所示,H形车架的前后横梁是相互平行的,而X形车架的前后梁相对底座的四角是对角布置的。

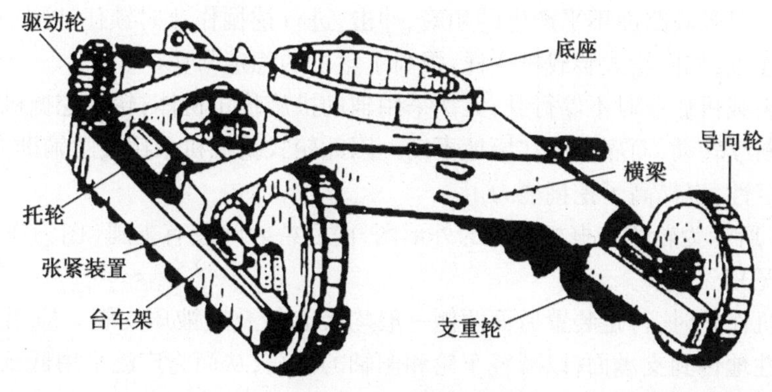

图1-3-3　H形车架

机械传动的履带行走装置,转弯时采取分离一侧转向离合器(一般还加以制动)的办法,使挖掘机朝着切断动力的一侧转弯,如需就地转弯,还要具有特殊的机构。

采用液压传动则简单得多,由安装在两条履带上,分别由两台液压泵供油的行走液压马达(如用一台液压泵供油时,需采用特殊的阀来控制)通过对油路流量的控制,可以很方便地实现转弯或就地转弯,以适应挖掘机在各种场地上工作。

若给左右两只行走液压马达供给不同流量的油液,则挖掘机就向着流量少的一侧偏行,其偏行程度与流量差的大小成正比;

若只给一侧的液压马达供油,则挖掘机以两履带中心距为半径、以不转动的履带中心为圆心做枢轴式转弯,如图 1-3-4(a)所示,这和机械传动的履带行走装置相同;

向两个液压马达反向供油,则两条履带就反向转动,挖掘机即实现原地转弯,如图 1-3-4(b)所示。

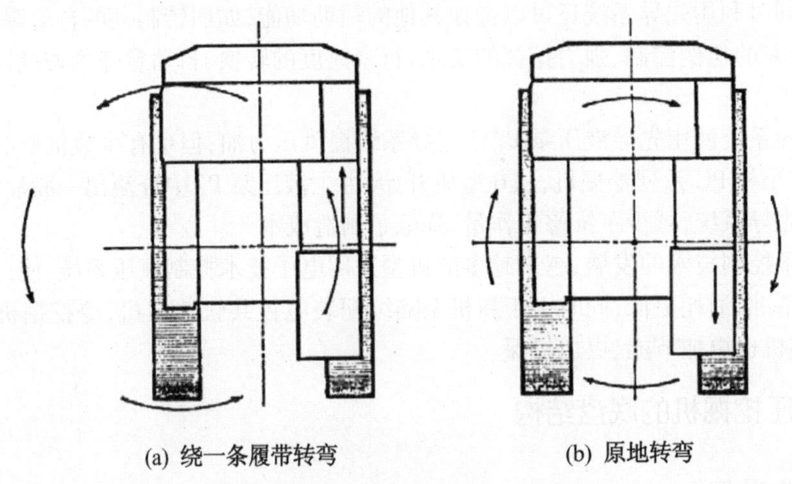

(a) 绕一条履带转弯　　(b) 原地转弯

图 1-3-4　履带式液压挖掘机的转弯情况

轮式挖掘机的行走装置和轮式装载机有以下不同:

(1) 现在轮式装载机的车架均分为前后两部分,为折腰式转向;而轮式挖掘机仍旧采用整体式车架,使用前轮转向。

(2) 轮式装载机的车架没有任何悬架、缓冲装置;而轮式挖掘机具有悬挂油缸(或气缸),在公路行驶中可以吸收路面不平产生的颠簸、冲击,进行挖掘作业时锁住油缸(或气缸),使车架与车轮刚性连接,如同轮式装载机一样,提高了整机的稳定与安全。

(3) 轮式装载机作业时不停行驶,无法采用辅助措施稳定机体;轮式挖掘机由于作业时只是上部回转台断续转动,而底盘停在原地不动。因此轮式挖掘机采用支腿辅助支承底盘,保证整机作业的稳定性,也提高了挖掘能力。

如图 1-3-5 所示为轮式挖掘机底盘的外形图,前后桥之间装有支腿(图为作业时放下支腿支承车体的状况)。

轮式挖掘机作业时,行走装置后面两侧一般均装有折叠式液压支腿。应用支腿可使挖掘机工作载荷刚性地传到支承面,以减轻车轮和车轴的载荷,从而为广泛采用低压轮胎创造了条件,同时,支腿也改善了机械与土壤的附着,提高了稳定性。特别在某些特殊的工况下(如敷设管道工程),要求挖掘机本身无窜动地提升和下降;另外,在开挖沟堑等水平切削力很大的情况下,采用支腿都是十分必要的。

液压支腿(包括液压悬挂装置)的液压回路简单,操作方便、灵活;切断和接合容易,动作迅速可靠。

挖掘机上液压支腿设置的位置、数量和方式是根据机械的作业方法、作业范围、作业量、通过性能和场地条件等各种因素综合考虑而定。配置双支腿的机型较多,另外也有采用四支腿及特殊支腿的。

双支腿分为单油缸双支腿和双油缸双支腿两种,为小型液压挖掘机所普遍采用。

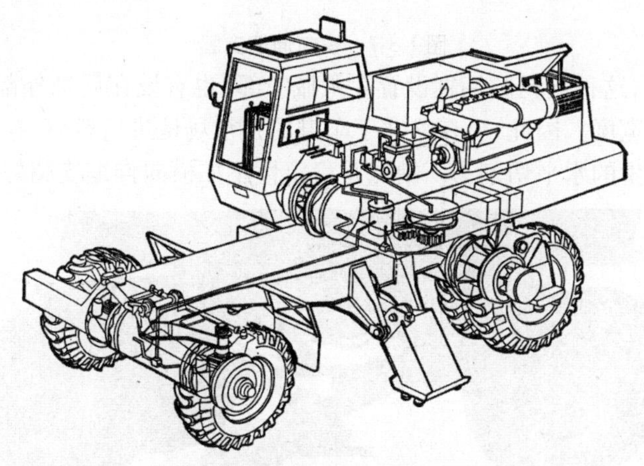

图 1-3-5　轮式挖掘机底盘的外形图

① 单油缸双支腿

单油缸双支腿,是由单个油缸来驱动两侧支腿伸缩的型式。油缸的大腔端头和一侧支腿连接,小腔活塞杆端头则和另一侧支腿连接。当液压泵输出的压力油进入大腔时,两个支腿外伸支撑,如图 1-3-6 所示;反之,油进入小腔则支腿折叠缩回到行走装置宽度以内。

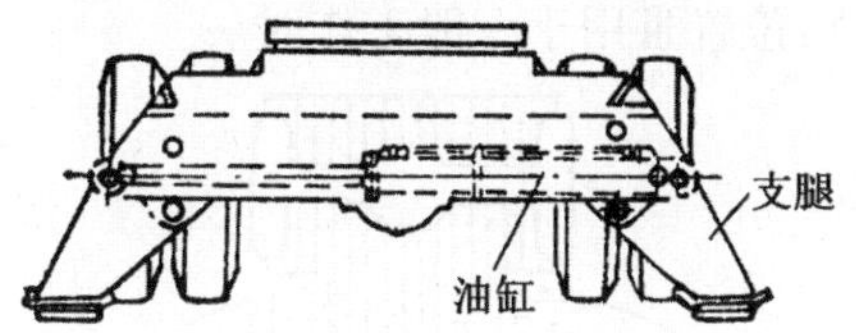

图 1-3-6　单油缸双支腿示意图

单油缸伸缩双支腿结构简单,操作方便。但油缸行程较长,且浮置于箱形长槽中,故动作慢,强度差。这种型式一般用于小型轮胎挖掘机上。国产 74 式Ⅱ型(W_4-60C 型)挖掘机的后部支腿就是这种结构型式。

② 双油缸双支腿

双油缸双支腿,是每个支腿上由单独的油缸驱动。它具有结构紧凑、动作迅速、支撑效能好、强度高、容易布局等优点,尤其在不平路面上工作时效果更好。

双油缸双支腿又可分为横向伸缩支腿、纵向伸缩支腿和活动伸缩支腿三种。

a. 横向伸缩支腿

如图 1-3-7 所示,这种支腿一般均安装在行走装置后部的两侧。横向支撑,扩大了支承界限,提高了机械的侧向稳定性。因此,在轮胎式挖掘机上也用得较多。

b. 纵向伸缩支腿

图 1-3-7　横向伸缩支腿

如图 1-3-8 所示，这种支腿的油缸设置在机械中部（也有设在后轴外部的），支腿支撑到地面后，不超出车身的宽度。因此，可在略宽于车身的狭窄场地进行敷管、挖沟等工作，并能承受正、反铲作业时所产生的水平切削力。缺点是稳定性不如横向伸缩支腿好。

图 1-3-8　纵向伸缩支腿

c. 活动伸缩支腿

国产 74 式Ⅱ型（W_4-60C 型）轮胎挖掘机采用了活动伸缩支腿，如图 1-3-9 所示。根据作业性质的不同，可以手动调整支腿位置，图中位置Ⅰ为运输状态，位置Ⅱ用于起重工作（可以大大增加机械的横向稳定性），位置Ⅲ用于一般工作时。

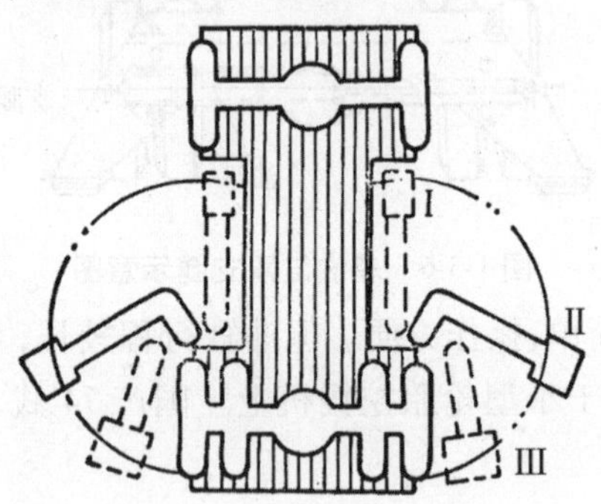

图 1-3-9　活动伸缩支腿

这种活动伸缩支腿，能较好地适应多种作业工况，保证了机械的稳定性。但作业前，需由操作人员先用手动调整位置，因而不大方便且费时间。

2.3.2　回转机构

回转台上承载着发动机、控制阀、驾驶室、回转机构、液压油箱、柴油箱及工作装置等，由回转机构进行驱动。

回转机构由回转液压马达、回转制动器、回转减速器、回转支承等组成，除老式机型外，现在回转制动器均已布置在回转液压马达内部，极大地提高了制动力，也简化了结构，减少了维修工作量。回转系统的结构如图1-3-10所示。

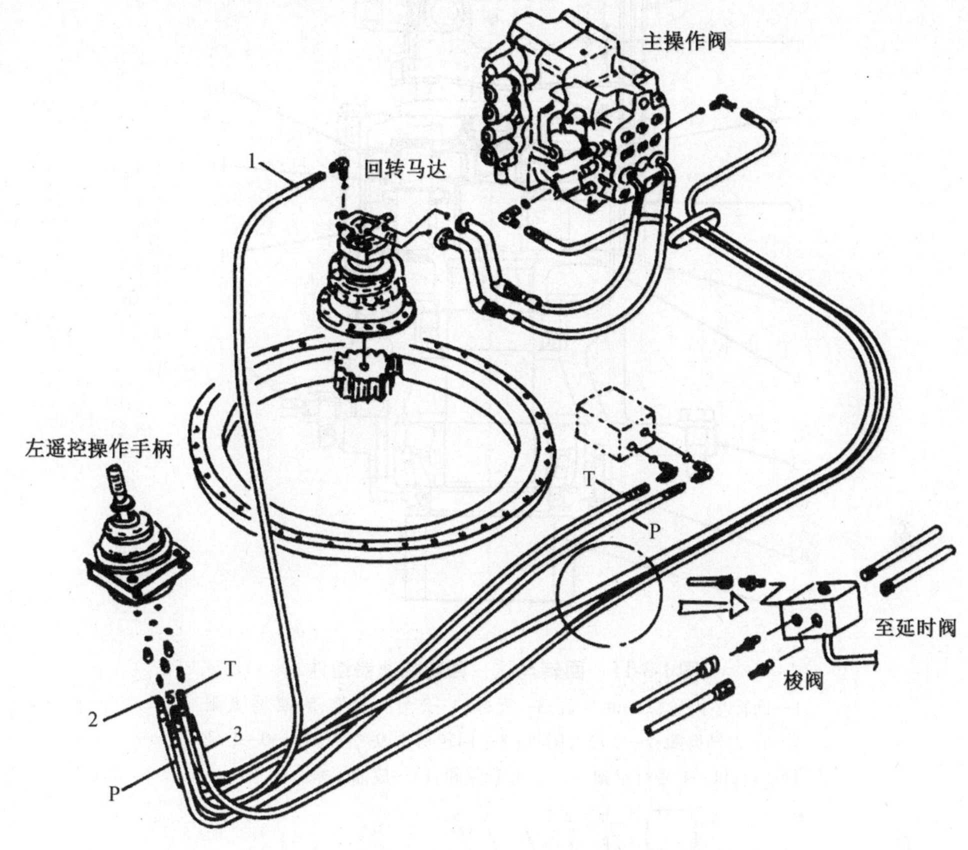

图1-3-10 回转系统的结构

1—从遥控先导操作阀到回转制动器的油路；2—左回转先导控制油路；3—右回转先导控制油路；P—先导齿轮泵供油路；T—先导油回油路

同样，行走机构由行走液压马达、行走制动器、行走减速器、行走变速阀及行走平衡阀（限速阀）组成，现在行走制动器与行走变速阀、行走平衡阀（限速阀）均已布置在行走马达内部，与马达合为一体。

由于低速液压马达启动性能欠佳，挖掘机的回转机构和行走机构现在均采用高速液压马达驱动、行星齿轮减速器减速的方案。行星齿轮减速器具有很大的减速比，所以体积较小，便于布置，甚至可以连同行走马达一起藏在履带驱动轮里，称为内藏式行走马达。

图1-3-11所示为回转马达－回转减速器组件。

图1-3-12所示为行走马达－行走减速器组件。

挖掘机的回转台可以360°无限制地自由旋转，但从回转台通往固定车架的行走系统液压油管就会像拧麻花一样被拧坏。为了避免损坏油管而又保证行走系统正常运转，需要一种既能随回转台自由转动，又可完好传递油液的部件，这种部件就是中央回转接头。

如图1-3-13所示是中央回转接头的剖视图及其在挖掘机上的位置，其阀芯随回转台自由

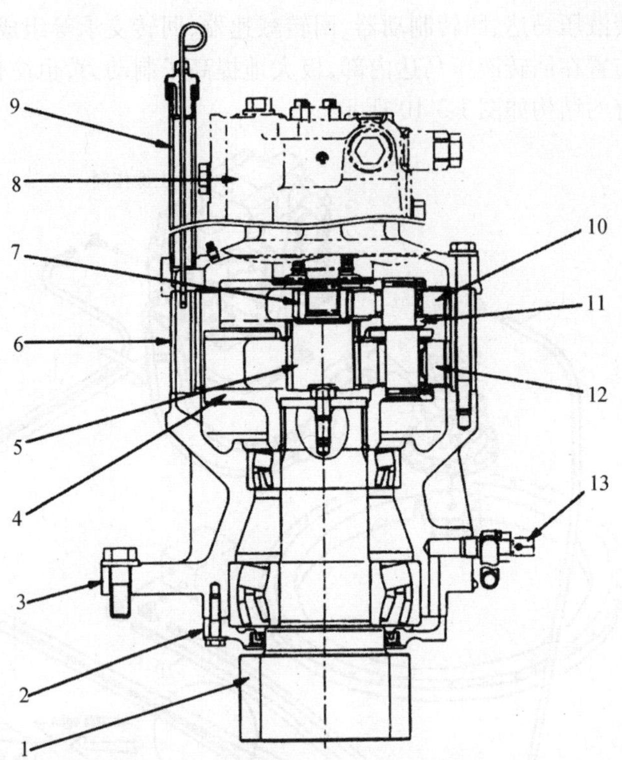

图 1-3-11　回转马达 - 回转减速器组件

1—回转小齿轮；2—油封盖；3—壳体；4—2 号行星架；5—2 号太阳轮；6—1 号齿圈；7—1 号太阳轮；8—回转马达；9—油位计；10—1 号行星轮；11—1 号行星架；12—2 号行星轮；13—放油螺塞

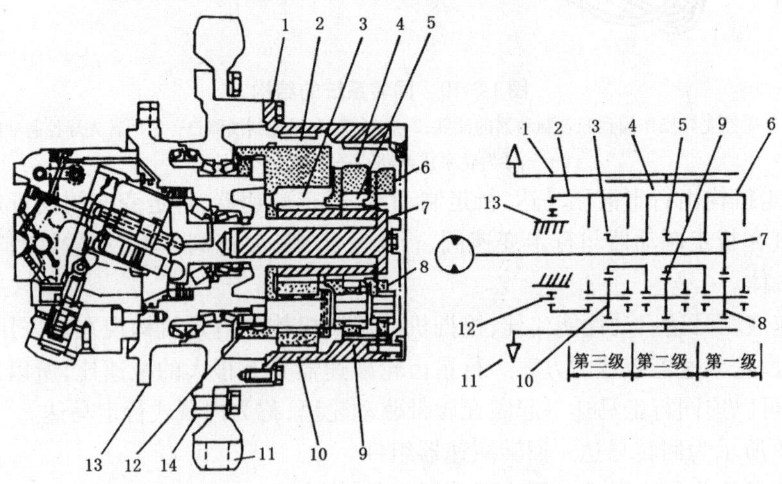

图 1-3-12　行走马达 - 行走减速器组件

1—环形内齿圈；2—第三级行星架；3—第三级太阳轮；4—第二级行星架；5—第二级太阳轮；6—第一级行星架；7—传动轴齿轮；8—第一级行星轮；9—第二级行星轮；10—第三级行星轮；11—驱动轮；12—轮毂；13—行走马达；14—鼓轮

旋转，壳体固定在车架上。控制阀输出的油液进入阀芯，由于壳体内部的各道环形油槽的高度对应着阀芯中相应的油口，这样无论阀芯随回转台转动到何种位置，油液均能顺畅地流进流出。

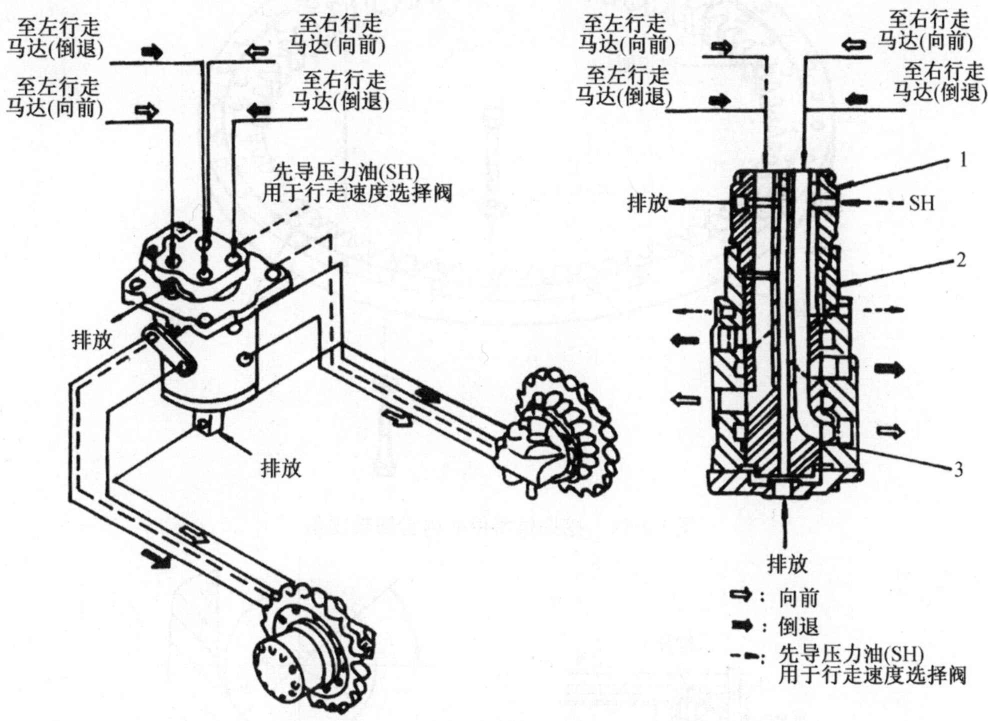

图 1-3-13　中央回转接头

1—阀芯；2—壳体；3—密封件

为了保证安装在车架（下车）上的回转台（上车）可以灵活、自由地旋转，需要一个巨大的滚动轴承进行支承；同时为了便于回转机构驱动回转台，又需要可靠的齿轮传动装置，能够完成上述任务的部件就是回转支承。

回转支承有内齿与外齿两种，外齿的回转支承维护保养方便，但由于挖掘机作业时底盘不免随时会溅上泥水，结果导致外齿与回转减速器的驱动齿轮加速磨损，所以现在的挖掘机均采用内齿的回转支承，而各类起重机因无泥水的困扰，则仍然使用外齿的回转支承。

如图 1-3-14 所示为挖掘机所用的内齿回转支承，可以看出是一个装有内齿圈的滚盘（滚动轴承），内部结构如图 1-3-15 所示。

回转滚盘由内、外座圈，滚动体，间隔体，密封装置，润滑系统及联接螺栓等所组成（滚柱式滚盘也有不用间隔体的）。内座圈或外座圈可以相应加工成内齿或外齿，这样就简化了结构。

滚珠与其圆弧形滚道之间的关系（如图 1-3-16 所示）一般为：

$$r / R \approx 0.96$$

其中：R——滚道弧形半径；

　r——滚珠半径。

滚珠或滚柱在滚道上并非做纯滚动，同时也伴随着滑动。滚柱在平面滚道上滚动时，滚柱的位移产生滑动现象，如采用圆锥形滚柱，则工作时产生的滑动现象较小。

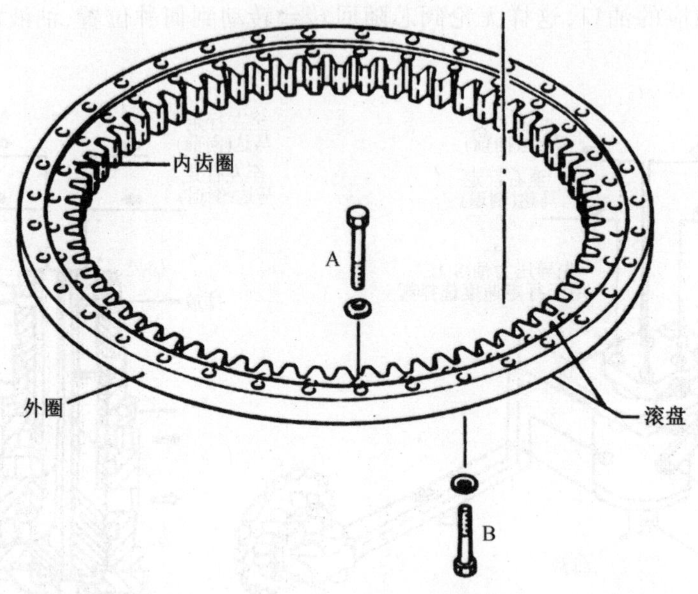

图 1-3-14　挖掘机所用的内齿回转支承

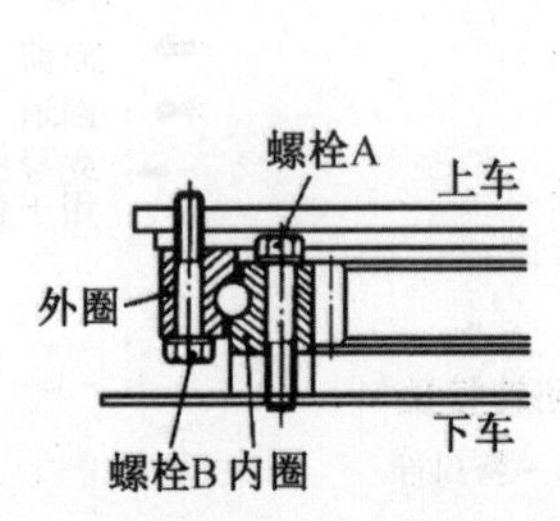

图 1-3-15　内齿回转支承内部结构

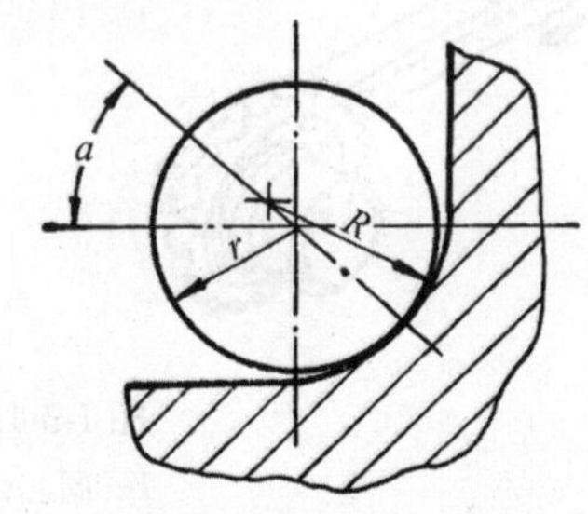

图 1-3-16　滚珠与滚道的关系

根据回转滚盘结构不同可做如下分类：按滚动体型式分，有滚珠式、滚柱式（包括锥形和鼓形滚动体）；按滚动体的排数分，有单排式、双排式和多排式；按滚道型式分，有曲面（圆弧）式、平面式和钢丝滚道式。

（1）单排轻型滚珠滚盘

单排轻型滚珠滚盘，如图 1-3-17 所示，其滚道是圆弧形曲面，滚珠与内外座圈滚道为四点接触，它具有较大的接触角（$\alpha = 60° \sim 70°$）。在承受载荷时，由于接触角 α 是正弦函数关系，所以外力越大，接触角 α 也随之增大。这样可使滚珠本身承受的法向力小一些。

单排轻型滚珠滚盘多数是由内、外圈合成一个整体，滚珠和导向体从内圈或外圈上的圆孔中装进滚道里，然后将装配圆孔堵塞。

这种支承装置的优点是：成本较低、重量轻、结构紧凑。此外，它可以允许在安装中出现微小的误差。

（2）双排滚珠滚盘

双排滚珠滚盘，如图 1-3-18 所示，主要由上、下双排滚珠，内、外座圈（内圈或外圈的结构可做成上、下可分体），间隔体和润滑密封装置等组成。滚珠上、下排列在一整体座圈内。在较大的轴向载荷和倾覆力矩作用下，可以设计成接触角能自由地移动到 90°。因此双排滚珠

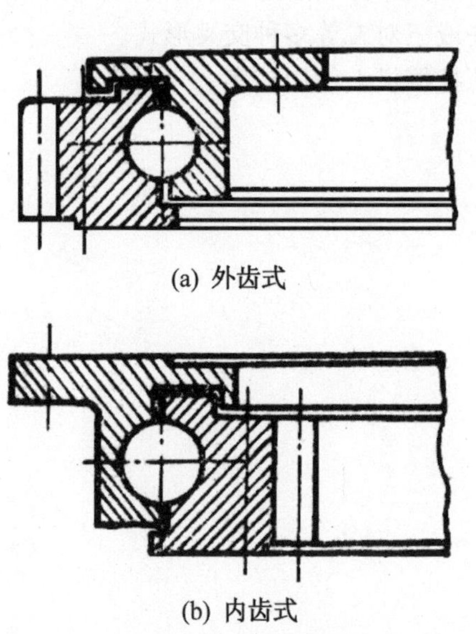
(a) 外齿式

(b) 内齿式

图 1-3-17　单排轻型滚珠滚盘

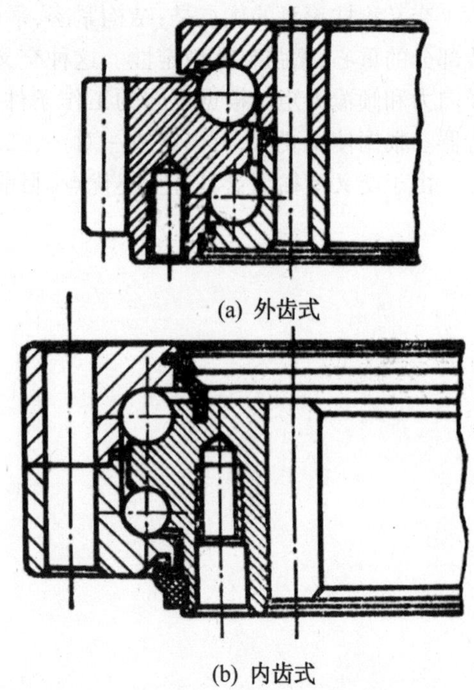
(a) 外齿式

(b) 内齿式

图 1-3-18　双排滚珠滚盘

支承比同样大小和同样滚珠数目的单排轻型滚珠的承载能力要大得多。

（3）交叉滚柱滚盘

交叉滚柱滚盘，如图 1-3-19 所示，大体上与单排轻型滚珠滚盘类似，通常其接触角为 45°，载荷通过圆柱形或圆锥形滚柱传递。相邻滚柱是以轴线交叉排列，所以不但能传递轴向和径向载荷，而且还能传递倾覆载荷。从理论上讲，滚柱与滚道是线接触，滚动接触应力分布于整个滚道面上，这样就延长了滚道面的疲劳寿命。所以它比滚珠滚盘的滚动接触应力集中在一条狭窄带上的情况要好得多。它与同样直径和同样滚动体数目的单排轻型滚珠滚盘比较，其支承能力约可提高一倍。这种支承滚道面是平面，因而在工艺上比较简单，且容易达到加工要求。

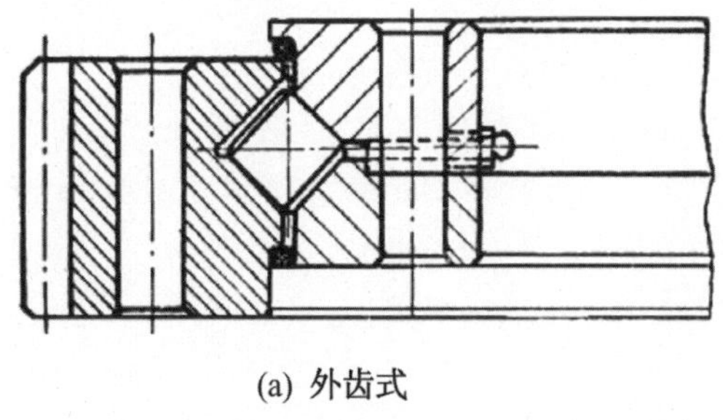
(a) 外齿式

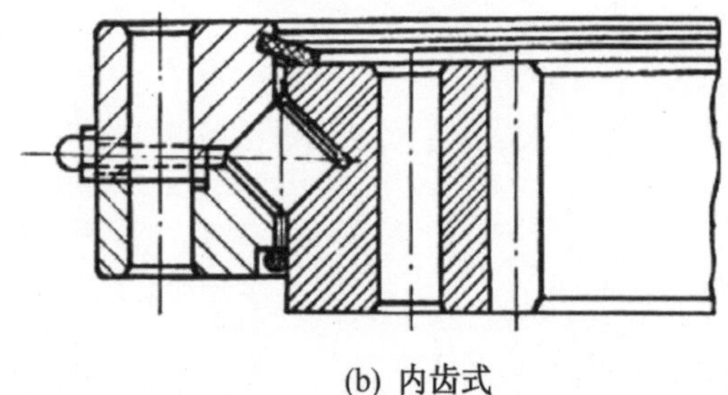
(b) 内齿式

图 1-3-19　交叉滚柱滚盘

交叉滚柱滚盘，对连接构件的刚性及安装精度的要求比滚珠滚盘要高一些；否则，交叉滚柱滚盘承受载荷时，可能造成支持连接构件的变形，使滚柱与滚道出现边缘载荷，而形成了点接触。这样就会过早地划破滚道面，容易产生噪声和降低其使用寿命。

交叉滚柱滚盘的优点是:结构紧凑,平面滚道加工工艺简单,重量轻,高度小,从而降低回转部分的重心,增强整体稳定性。这种交叉滚柱滚盘,承载能力强,能同时承受较大的轴向力、径向力和倾覆力矩。根据不同的工作条件,可做成卧式或立式;带保持器(隔离块)或不带保持器。根据使用要求,可以做成一对一、二对一、三对一或三对二等多种交叉形式。

由于交叉滚柱滚盘具有上述优点,目前在单斗液压挖掘机上使用较多。

任务4　工程机械装配(或修竣)后的检验

1　任务要求

知识要求:

掌握工程机械装配后的检验过程。

能力要求:

掌握工程机械装配后的检验技能。

2　装配检验

对装配(或修竣)机械的鉴定,也只有通过实践检验,才能正确鉴定修理质量好坏。

装配(或修竣)检验,即对总装完毕的机械进行全面的综合性的试验。检验各总成的技术状态是否合乎大修标准;并对试验中发现的故障进行调整、修理排除,达到大修标准。

装配(或修竣)检验,包括运转前的检验、空载和负载运转检验以及运转后的检验。现以履带式推土机为例分述如下:

2.1　运转前的检验

运转前的检查顺序可根据工作方便灵活运用。其检查内容如下:

(1)在运转前应检查是否按规定加足燃油、润滑油和冷却水,各部润滑调整工作是否进行。

(2)检查机械上各部零件是否装配牢固齐全,各部的注油嘴是否畅通,各部螺帽及螺栓是否紧固,应有的锁紧装置是否齐全有效。

(3)驾驶室与车架及仪表板的结合处紧固、密封是否牢靠。门窗开启是否灵活,关闭是否严密。驾驶室前面的挡风玻璃应透明光洁、视线清晰。

(4)散热器罩不得歪斜;前后灯高低要一致,左右两灯应在同一水平线上,灯光要符合要求。

(5)油漆的颜色应均匀,不得有皱纹、裂缝、起泡及流淌现象。刷漆允许有不显著的刷纹。所有喷漆与刷漆都不允许黏附在电镀零件、橡胶、电线、胶木板等上面。

(6)灯光、喇叭等照明信号装置是否齐全有效。

(7)检查机械各调整部位的间隙及行程:

① 制动踏板的行程;

② 转向离合器操纵杆的自由行程;

③ 工作装置各操纵杆在停止及工作位置时距驾驶室壁的距离;

④ 履带的松紧度;

⑤ 风扇皮带的张紧度。

(8)检查液压系统是否漏油,液压泵运转有否噪声,液压缸运行是否平稳。

(9)检查工作装置,结构件经焊修后各连接部件的间隙、销轴与孔眼的配合应符合要求。大修时刀刃、刀角应符合要求。铲刀、松土器装在推土机上不允许左右偏斜,其左右角的高低差在水平位置不允许超过 10 mm。

(10)在运转前、运转中、运转后都要检查或平衡梁两端与垫板平面接合处不应有偏斜现象。

(11)发动机部分,按照发动机修竣检验要求进行检验。

2.2 空载与负载运转检验

(1)空载运转时间:

一挡速度行驶 20 min;

二挡速度行驶 20 min;

三挡速度行驶 15 min;

四挡速度行驶 10 min;

五挡速度行驶 10 min;

倒挡各速度行驶共 25 min;

共计时间 100 min。

(2)在推土机试运转中应检查所有仪表指示数是否正常。当发动机在额定转速时机油压力应在指示范围内;热车时水温表、变矩器油温表均应在标准范围内;仪表指针不得跳动。

(3)机械传动的推土机在试车中每挡至少要分离主离合器 2 ~ 3 次,以检查主离合器的可靠性。当分离主离合器时,发动机与传动装置应无啮合现象,换挡方便。接合时应平稳起步,无打滑发抖现象。

(4)机械变速箱换挡时应轻便灵活,当主离合器接合时,其闭锁机构应保证不自动跳挡。

(5)机械变速箱的变速齿轮在每挡工作中不得有急剧的响声和敲击声,但允许有均匀的正常响声。

(6)变矩器的进出口压力符合要求,在各挡均应能传递发动机输出的扭矩。

(7)动力换挡变速箱的换挡压力符合要求,各挡均能有效传递扭矩,空挡能切断动力。

(8)转向离合器在各挡上都应保证推土机平稳转向。在一、二挡行驶时,左右 360°急转弯,被制动一边的履带不应转动。制动带无打滑和过热现象,制动踏板不应跳动。在其余各挡行驶时都应做 360°左右回转试验各 2 次。制动器应能使推土机在 20°坡度停稳。

(9)转向离合器操纵杆的拉力试验:T120/140 应不超过 5 kg。

(10)主减速器圆锥齿轮副不应有剧烈的响声或敲击声,但允许有一般的均匀响声。

(11)发动机运转时,冷却水温度最高不应超过 90℃。变速箱、后桥及侧减速器等处的润滑油温度不应超过70℃。各部摩擦零件不应有冒烟现象。

(12)在平坦干燥地面上,不使用转向离合器及制动器,推土机应做直线行驶,其自动偏斜应不超过行驶距离的9%。

(13)当推土机做直线行驶时,链轨节的内侧面不允许与驱动轮或引导轮凸缘侧面摩擦,其最小一面的间隙,不得小于两面间隔总和的1/3。

(14)液压系统的压力应符合要求,铲刀、松土器的提升应灵活平稳,并在任何位置都能停住,使用铲刀、松土器顶起机体后应无明显的下沉现象。

(15)推土机应试验各挡行驶时的牵引力。无条件时可做推土作业试验1小时,由小负荷逐渐增加,直到3/4负荷(避免满负荷),观察其动力性能及发动机冒烟情况,判定修理质量是否达到要求。

2.3 运转后的检验

(1)发动机缸盖与缸体结合处及气门室盖、水管、油管连接等处不得有漏油、漏水现象。

(2)变速箱、后桥、终减速器、驱动轮、支重轮、引导轮等处不得有漏油现象。

(3)各部连接螺栓,应检查并紧定。

(4)各部线路固定应牢固。

项目2
工程机械底盘液力机械式传动系统构造与维修

概　述

工程机械底盘是整机的基础，动力装置、工作装置和电气设备均装在它上面。底盘由传动系统、行驶系统、转向系统和制动系统等组成。底盘按传动系统的构造特点不同，一般可分为机械传动式、液力机械传动式、液压传动式和电传动式四种类型；按行驶系统的构造特点不同，可分为轮式和履带式两种。

1　传动系统的功用

将发动机发出的动力传递给驱动车轮，使工程车辆在各种不同的工况下均能正常行驶，并具有良好的经济性和动力性。

1.1　减速增扭

通过传动系统的作用，使驱动轮的转速降低为发动机转速的若干分之一，相应驱动轮所得到的转矩增大到发动机转矩的若干倍。

1.2　变速变扭

由于工程机械的使用条件（如负载大小、道路坡度、路面状况等）会在很大范围内变化，这就要求工程机械牵引力和速度应有足够大的变化范围。为了使发动机能保持在有利转速范围（保证发动机功率较大而燃料消耗率较低的曲轴转速范围）内工作，而工程机械牵引力和速度又能在足够大的范围内变化。

1.3　实现倒车

工程机械在作业时、进入停车场、车库、在窄路上掉头时等，常常需要倒退行驶。然而，发动机是不能反向旋转的，故传动系必须保证在发动机旋转方向不变的情况下，能使驱动轮反向旋转，一般结构措施是在变速箱内加设倒退挡。

1.4　临时切断动力传递

发动机只能在无负荷情况下启动，而且启动后的转速必须保持在最低稳定转速以上，否则可能熄火。所以在工程机械起步之前,必须将发动机与驱动轮之间的传动路线切断,以便启动发动机。此外,在变换传动系统挡位(换挡)以及对工程机械进行制动之前,也都有必要暂时中断动力传递。为此,在发动机与变速箱之间,应装设一个主动和从动部分能分离和接合的机构,这就是离合器。

在工程机械长时间停车时,以及在发动机不熄火、工程机械短时间停车时,或高速行驶的工程机械靠自身惯性进行长距离滑行时,传动系统应能长时间保持在中断传动状态,故变速箱应设有空挡。

1.5　差速作用

当工程机械转弯行驶时,左、右车轮在同一时间内滚过的距离不同,如果两侧驱动轮仅用一根刚性轴驱动,则二者转速相同,因而转弯时必然产生车轮相对于地面滑动的现象,这将造成转向困难、动力消耗增加、传动系内某些零件和轮胎加速磨损。所以,驱动桥内应装有差速器,使左、右两驱动轮能以不同的转速旋转。动力由主传动装置先传到差速器,再由差速器分配给左、右两半轴,最后经轮边减速器(或直接)传到两侧的驱动轮。

2　传动系统的分类与组成

2.1　机械式传动系统

如图2-1所示为轮式工程机械的机械式传动系统示意图。

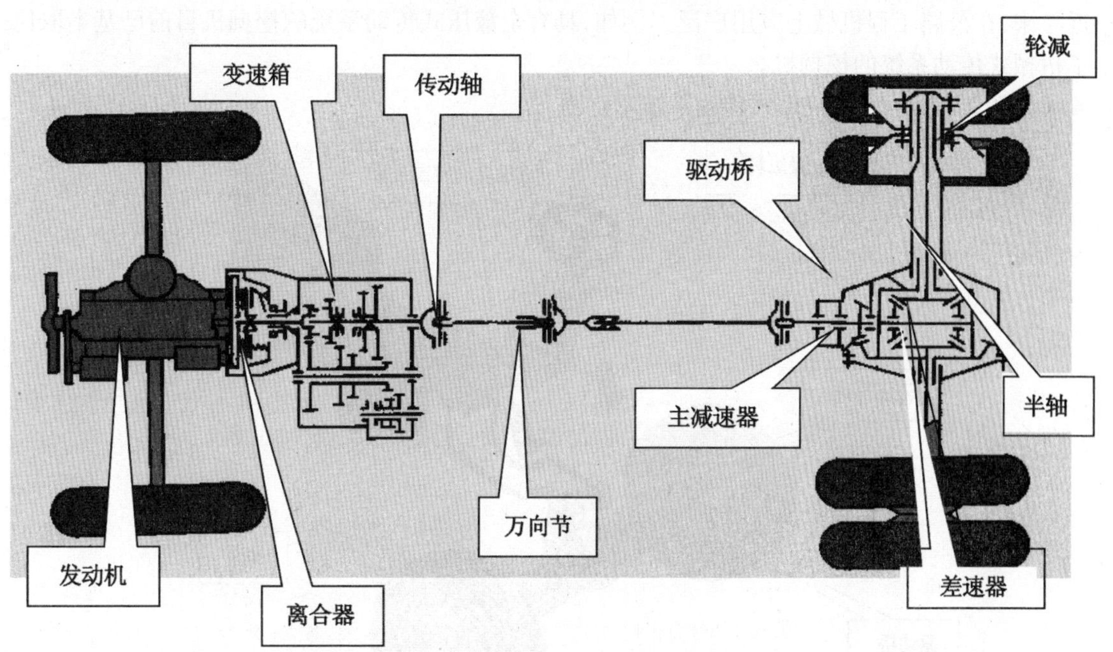

图2-1　轮式工程机械的机械式传动系统示意图

履带式工程机械的机械式传动系统因转向方式与轮式机械不同,故在驱动桥内设置了转向离合器。另外,在动力传至驱动链轮之前,为进一步减速增矩,增设了终传动装置,以满足履带式机械较大牵引力的需求。

2.2 液力机械式传动系统

液力机械式传动系统越来越广泛地应用在工程机械上。

如图 2-2 所示为液力机械式传动系统示意图(变速箱后与机械式相同)。

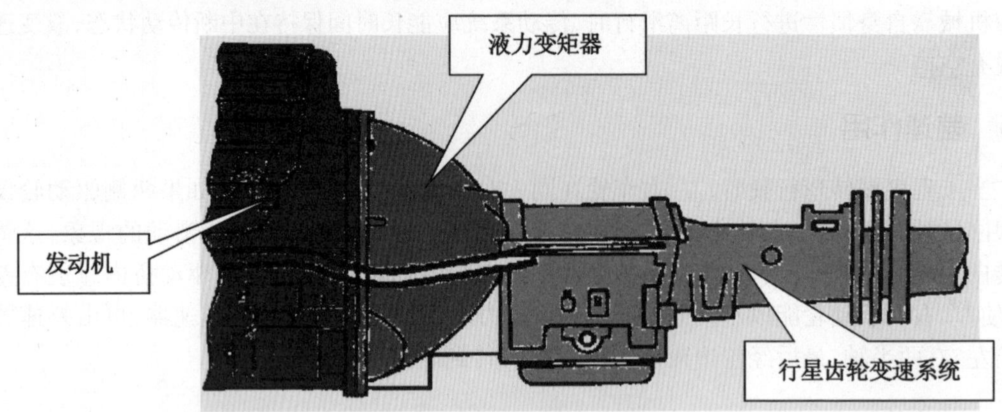

图 2-2 液力机械式传动系统示意图

2.3 全液压式传动系统

由于全液压传动具有结构简单、布置方便、操纵轻便、工作效率高、容易改型换代等优点，近年来，在公路工程机械上应用广泛。例如，具有全液压式传动系统的挖掘机目前已基本取代了机械式传动系统的挖掘机。

如图 2-3 所示为全液压式传动系统示意图。

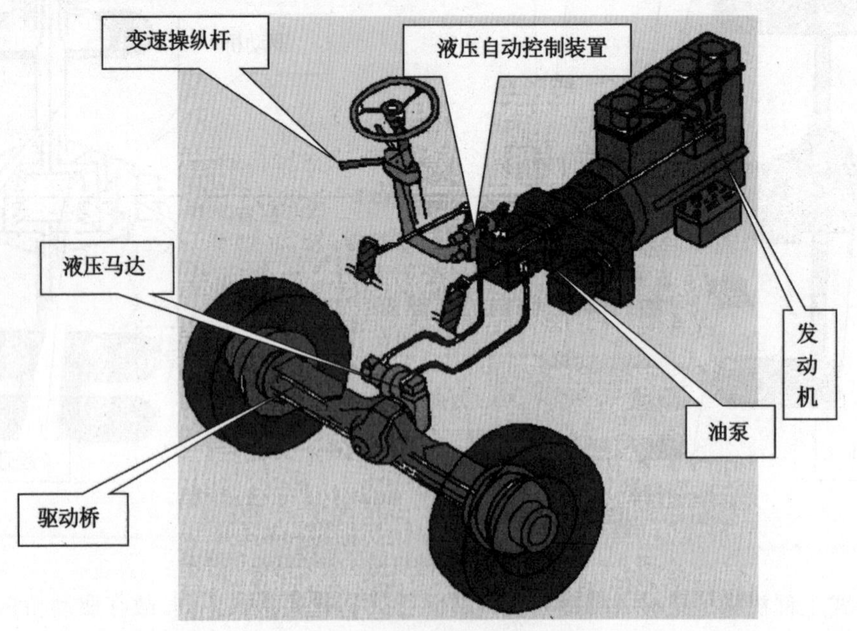

图 2-3 全液压式传动系统示意图

2.4　电传动系统

工程机械中最常见的电力传动系统为电动轮的形式，如图 2-4 所示为电传动系统示意图。

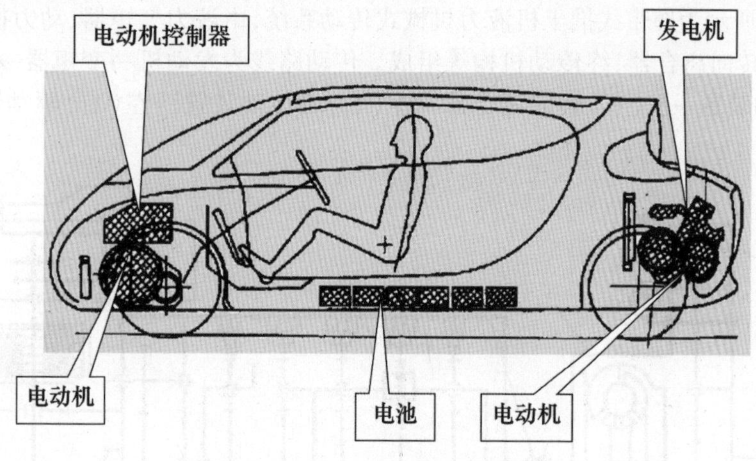

图 2-4　电传动系统示意图

3　液力机械式传动系统

3.1　组成

轮胎式装载机传动系统如图 2-5 所示，其动力传递路线为发动机→液力变矩器→动力换挡变速箱→传动轴→前(后)驱动桥→轮边减速器→车轮。

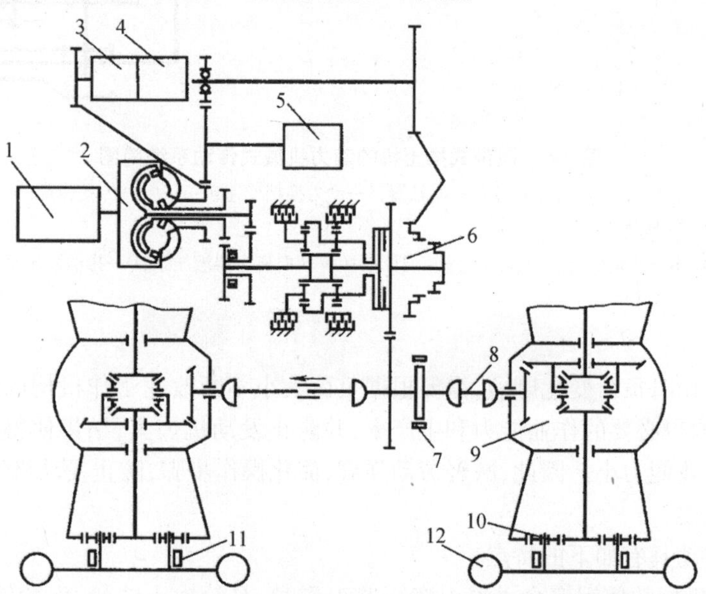

图 2-5　轮胎式装载机传动系统简图

1—发动机；2—液力变矩器；3—变速液压泵；4—工作装置液压泵；5—转向液压泵；6—动力换挡变速箱；7—手制动器；8—传动轴；9—驱动桥；10—轮边减速器；11—脚制动器；12—轮胎

内燃机动力经过液力变矩器传给后面的机械传动装置。因为有液力变矩器这一重要环节，称上述传动系统为液力机械传动，液力变矩器属液力传动，其后的各部分为机械传动。它兼有液力传动和机械传动的优点。

如图 2-6 所示为履带式推土机液力机械式传动系统，由液力变矩器、动力换挡变速箱、中央传动装置、转向离合器、终传动机构等组成。传动路线为发动机→变矩器→动力换挡变速箱→中央传动装置→左(右)转向离合器→左(右)终传动装置→左(右)驱动链轮→左(右)履带。

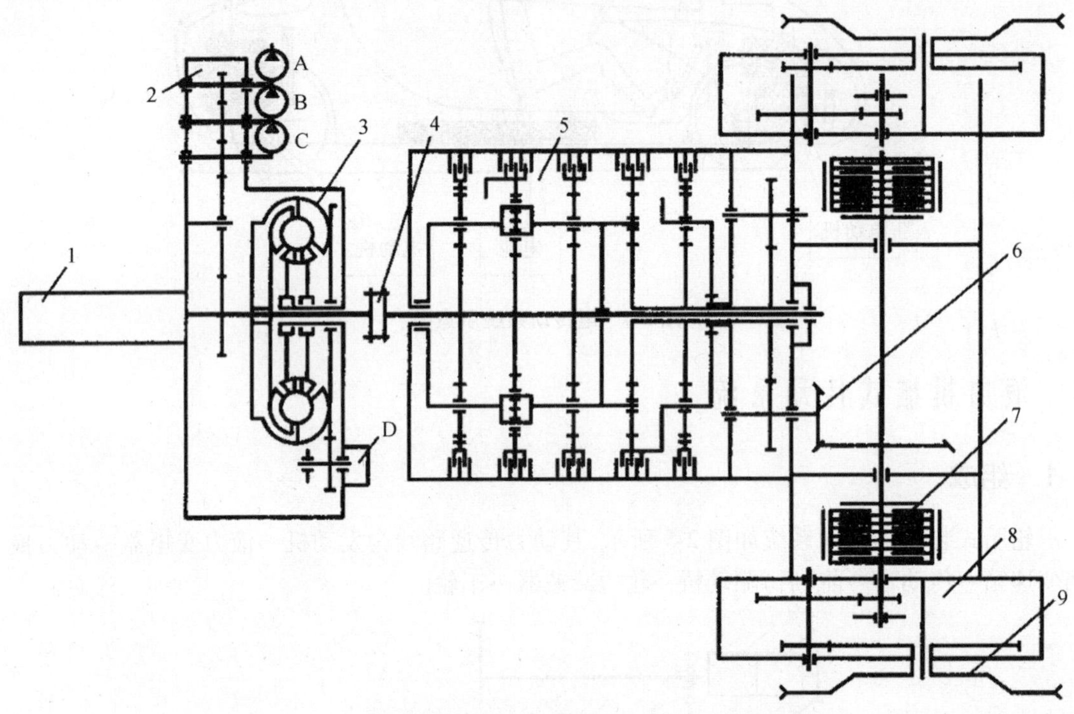

图 2-6　履带式推土机的液力机械式传动系统简图

1—发动机;2—动力输出箱;3—液力变矩器;4—联轴器;5—动力换挡变速箱;6—中央传动装置;7—转向离合器与制动器;8—终传动机构;9—驱动链轮

A—工作装置液压泵;B—变矩器与动力换挡变速箱液压泵;C—转向离合器液压泵;D—排油液压泵

3.2　特点

工程机械工作时负荷变化剧烈，需要根据负荷大小不断改变工作机构的速度或工程机械的运行速度，以取得必要的作业能力和生产率，并防止发动机熄火，结果使得驾驶员劳动强度大、生产力低、作业能力小。因此，减轻劳动强度，简化操作步骤，防止发动机熄火，提高生产效率就显得极其重要。

液力机械传动具有如下的特点：

(1)提高了机械的使用寿命。液力变矩器工作时，泵轮输入能量，涡轮输出能量，两者之间有 2 mm 左右的间隙，相互没有刚性连接，而是通过油液这种介质把它们之间的能量进行交换的。这种可称为柔性的连接，前后没有机械冲击，会起到相互的保护作用，延长了机械的使用寿命。据统计，采用液力机械传动和机械传动相比，发动机寿命增加了 47%，变速箱寿命增加了400%，驱动桥寿命增加了93%。对于载荷变化较剧烈的工程机械，效果更为显著。

(2)使工程机械具有自动适应外载荷的变化(液力变矩器能自动变矩)。柴油机转矩适应性系数较小(仅为1.05～1.20)，故超载能力有限。为了适应机械作业时工作阻力急剧变化的特点及避免超载时发动机熄火，往往不得不提高发动机的功率储备，因而导致在正常工作范围内发动机功率利用程度降低，经济性下降。应用液力变矩器能大大地改善发动机的输出特性，使其在正常载荷条件下发动机处于额定工况下工作；而当载荷增大时，变矩器能自动增大输出转矩并降低输出转速(液力变矩器的最大变矩系数可达2.5以上)，保持发动机的负荷与转速不变或变化很小，因此可充分利用发动机的最大功率工作，大大改善了机械作业时的牵引性能和动力性能。

(3)可简化机械的操纵。因为液力元件本身就相当于一个无级变速箱，其性能扩展了发动机的动力范围，故变速箱的挡位数可以显著减少，简化了变速箱的结构，加之采用动力换挡，因而使机械的操纵简化，减轻了驾驶人员的劳动强度。

(4)提高了机械的起步性能和通过性能。由于变矩器具有自动无级变速的能力，因而起步平稳，并能以任意小的速度稳定行驶，这使机械行驶部分与地面的附着力增加，从而提高机械的通过性能。这对机械在泥泞、沼泽地带行驶或作业都是有利的。

(5)提高了机械的舒适性。采用变矩器后，机械可以平稳起步并在较大速度范围内无级变速，此外还可以吸收和消除冲击和振动，从而提高机械的操纵舒适性。

(6)减少了维修工作。液力传动元件由于工作在油液中，较少出现故障，一般无须经常维修。

(7)液力机械传动系统缺点：液力变矩器工作时，有较大的能量损失，使它的工作效率比机械传动的偏低。一般变矩器的最高效率只能达到0.82～0.92，能量损失较大，油温会升高，还需要液压系统来补充油量和冷却油液。工程机械液力变矩器的工作效率一般都不大于88%。在行驶阻力变化小而连续作业时，由于效率低而增加了燃油消耗量。液力传动系统需要设置供油系统，其液力元件加工精度要求高、价格贵，工作油容易泄漏，这使其结构复杂化，同时增加了成本。

液力传动可使生产率提高30%～50%、驾驶员劳动强度大大降低、发动机不会熄火、可以重载启动、简化变速箱结构、减少挡数、延长机械使用寿命等，因此液力机械式传动系统在工程机械上得到重视和发展。

任务1 检修液力变矩器

1 任务要求

知识要求:

(1)液力变矩器的功用、组成以及原理。

(2)液力变矩器常见故障的现象及原因。

重点掌握内容:液力变矩器的基本结构、故障原因。

能力要求:

(1)液力变矩器正确的拆装、检修程序。

(2)液力变矩器常见故障诊断与维修。

2 任务引入

一台 ZL50 型装载机在作业中变矩器油温持续超过 120℃,并伴有驱动无力、速度降低、变矩器出口压力过低等现象。经维修人员检查油封位置有漏油现象,需要拆分、检修液力变矩器。

3 相关知识

3.1 液力耦合器基本结构及工作原理

图 2-1-1 为液力耦合器的结构示意图,耦合器的主要零件是两个直径相同的叶轮,称为工作轮。主要由泵轮、涡轮组成。

液力耦合器的主要零件是两个直径相同的叶轮(工作轮)。由发动机曲轴通过输入轴驱动的叶轮为泵轮(用 B 表示),与输出轴装在一起的为涡轮(用 T 表示)。叶轮内部制有许多沿圆周方向均匀分布的半圆形的径向叶片,各叶片之间充满工作液体,两轮装合后的相对端面之间约有 2 ~ 5 mm 间隙。它们的内腔共同构成圆形或椭圆形的环状空间(称为循环圆),其内充满着工作液体,液体在此空间内循环流动,称其为循环空间(工作腔)。

如图 2-1-2 所示液力耦合器断面图,泵轮在发动机曲轴的带动下旋转,充满于泵轮叶片间的工作液在离心力的作用下以很高的速度和压力从泵轮的外缘流出,进入涡轮,涡轮在高速液

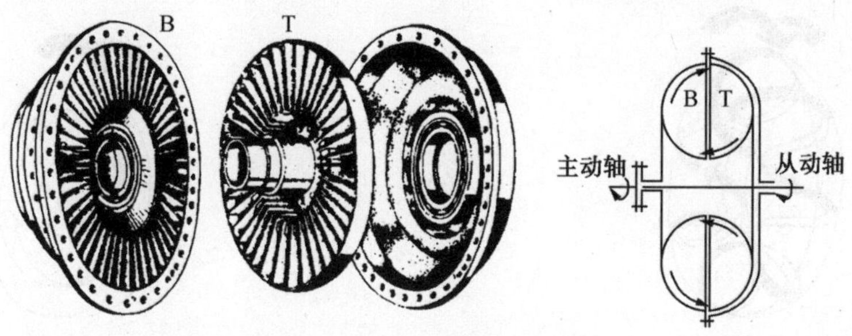

图 2-1-1　**液力耦合器结构简图**

B—泵轮;T—涡轮

流的冲击作用下旋转,进入涡轮的液流速度降低,并沿着涡轮叶片通道流动,同时又与涡轮一起旋转运动,从涡轮流出的液体重新返回泵轮,完成在工作轮之间的不断循环(即液体从泵轮→涡轮→泵轮循环不息)。

如图 2-1-3 所示,工作液体在液力耦合器内的运动有两种流动,即圆周流动和循环流动,圆周运动和泵轮的运动方向一致,也称为环流,由泵轮叶片圆周运动推动工作液体引起,如图 2-1-3(a)所示。循环流动是指工作油液在泵轮、涡轮的叶片槽循环不息的循环运动,也称涡流。这两种运动同时发生,互相复合,合成后的工作液体的路线是一个螺旋环,如图 2-1-3(b)所示。

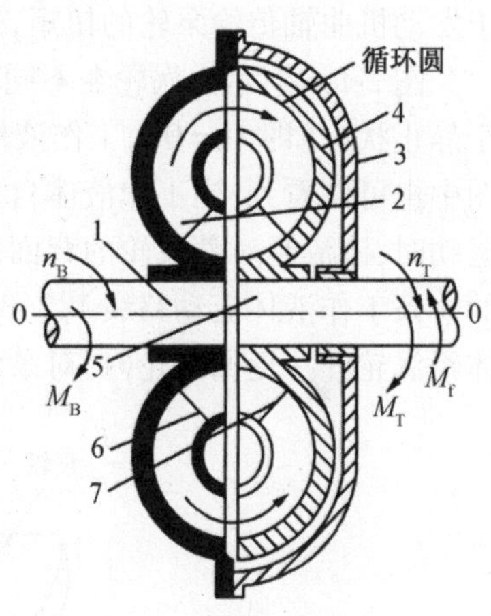

图 2-1-2　**液力耦合器工作断面图**

1—输入轴;2—泵轮;3—罩轮;4—涡轮;5—输出轴;6、7—叶轮的叶片

在循环过程中发动机给泵轮以旋转扭矩,泵轮转动后使工作液体获得动能,在冲击涡轮时,将工作液体的一部分动能传给涡轮,使涡轮带动输出轴旋转,这样液力耦合器便完成了将工作液体的部分动能转换成机械能的任务(如图 2-1-4 及

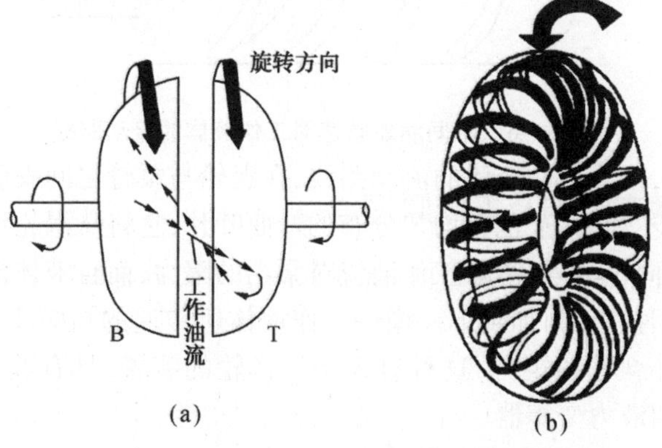

图 2-1-3　**工作液体的螺旋形流动路线**

2-1-5 所示),工作液体的另一部分动能则在工作液体高速流动时,由于冲击、摩擦,消耗能量使油发热而消耗掉。

为了使工作液体流动传递动能,必须使工作液体在泵轮和涡轮之间形成环流运动,因此两

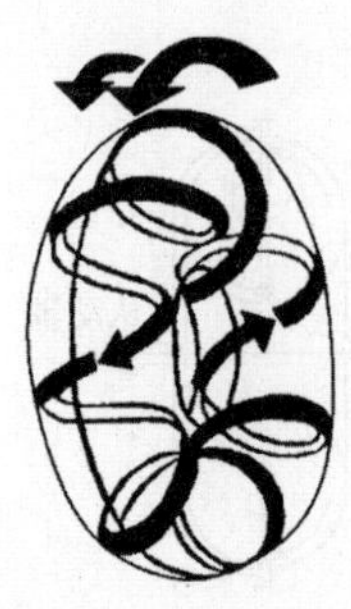

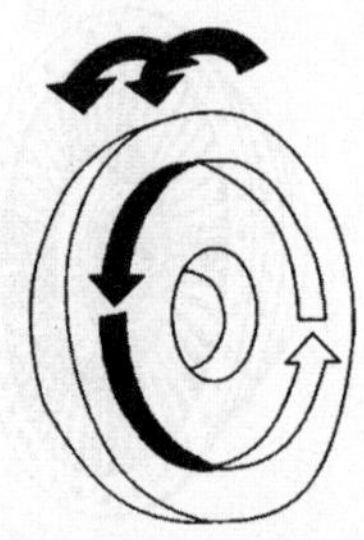

图 2-1-4　涡轮转动时工作液体的螺旋形流动路线　图 2-1-5　泵轮和涡轮转速相同时工作液体的流动路线

工作轮之间转速差越大,工作液体传递的动能也愈大。工作液体所能传给涡轮的最大扭矩等于发动机曲轴传给泵轮的扭矩,这种情况发生在涡轮开始旋转的瞬间。

图 2-1-6 所示为涡轮在不同转速下工作液体的绝对运动流动路线。流动路线 1 为涡轮处于静止状态(即 $n_T=0$),工作液体流出泵轮而进入涡轮时,被静止涡轮叶片所阻挡而降速。从图中也可以看到,当工作液体自压力较高的涡轮中心返回到速度较快的泵轮中心进行再循环运动时,液流是对着泵轮的背面冲击的,因此会阻碍泵轮的旋转。从 3 种不同涡轮转速而得到的 3 条工作液体流动路线 1、2、3 中可以看到,涡轮转速越小(即传递的动力越大时),工作液体经涡轮叶片返回泵轮时,对泵轮产生的运动阻力越大,如路线 1;反之,则越小,如路线 3。

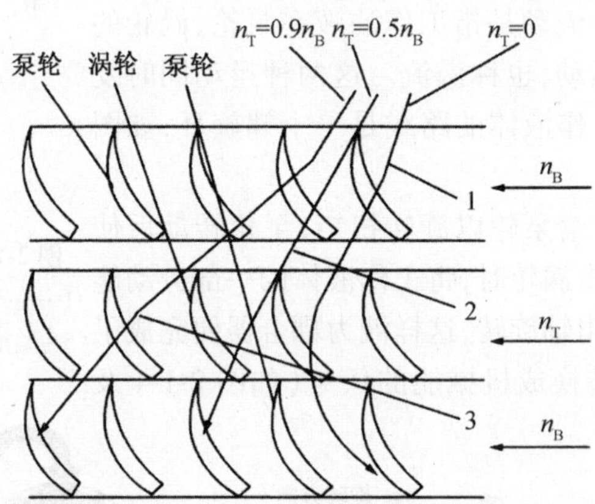

图 2-1-6　不同涡轮转速时工作液体的流动路线

为避免这一现象,改善工作液体的流动路线,在涡轮与泵轮之间安装一个可以改变液流方向的导轮。导轮固定不动,其上也有均匀分布的弯曲叶片,它将从涡轮流出的液流方向改变成有利于进入泵轮的方向,这不仅消除工作液流对泵轮的阻力,而且液体的残余能量冲击导轮叶片时,产生一种反作用扭矩,附加到下一循环工作液体所传递的扭矩中,因而就增大了涡轮所传出的扭矩(可以大于泵轮扭矩)。这种有 3 个工作轮的装置,具有改变涡轮扭矩的功能,故称为变矩器,下面介绍液力变矩器。

3.2　液力变矩器的基本结构与工作原理

3.2.1　液力变矩器的基本结构

液力变矩器也称为变矩器,主要由泵轮 B、涡轮 T 和导轮 D 组成,如图 2-1-7 所示。泵轮 B

与发动机飞轮固定在一起,由发动机带动旋转;涡轮 T 通过轮毂与涡轮轴相连,用以带动负载工作;导轮 D 与机座连接,故固定不动。

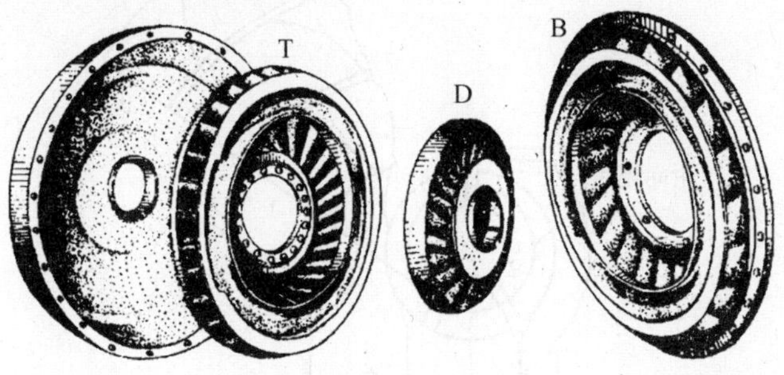

图 2-1-7　变矩器工作轮

泵轮、涡轮、导轮统称为工作轮。各工作轮在内、外环中间都有均匀分布的弯曲叶片,如图 2-1-8 所示,叶片间的空间为液体流动的通道,3 个工作轮的轴截面图形构成循环圆,如图 2-1-9 所示,其液流通道共同组成工作腔。

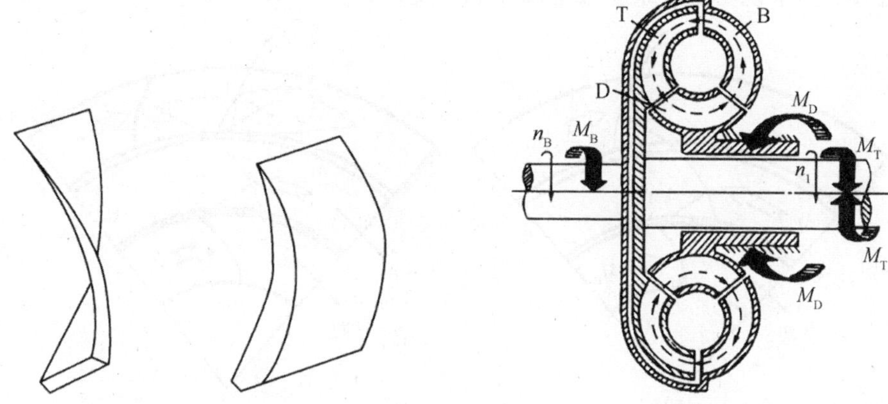

图 2-1-8　变矩器叶片形状

图 2-1-9　变矩器各工作轮扭矩作用关系

变矩器正常工作时,泵轮叶片间的液体在叶片带动下与泵轮一起旋转,产生离心力,液体在离心力的作用下流向泵轮外缘并进入涡轮冲击涡轮叶片,对涡轮产生扭矩;然后又进入导轮并冲击导轮叶片,使导轮承受扭矩;此后液体又进入泵轮进入下一个循环。由此可见,液体在变矩器内的流动情况与在耦合器内的流动基本相似,只是多经过一个固定不动的导轮,因而变矩器传递扭矩的过程与耦合器类似。

3.2.2　液力变矩器的工作原理

与耦合器相比,变矩器在结构上多了一个导轮。导轮不仅能改变液流方向传递转矩,而且使液力变矩器具有不同于液力耦合器的变矩作用,即在泵轮转矩不变的情况下,随着涡轮转速的不同(反映工作机械运行时的阻力)而改变涡轮的输出力矩,这也是变矩器与耦合器的最大不同点。

如图 2-1-10 所示为变矩器工作轮的展开示意图,将循环圆上的中间流线展成一直线,从而使工作轮的叶片角度显示在纸面上,用此展开图来说明变矩器的工作原理。

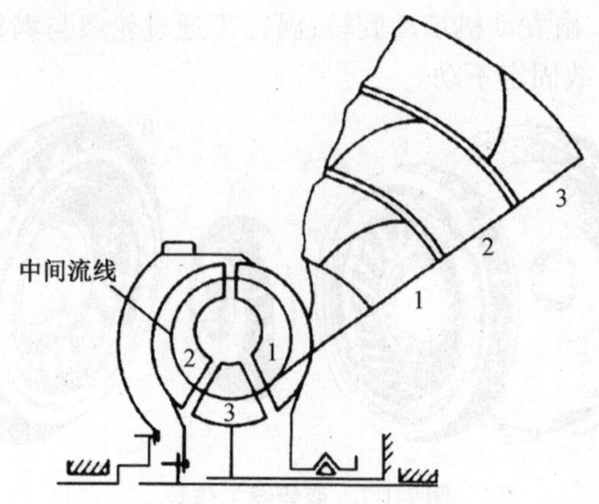

图 2-1-10　液力变矩器的工作轮展开示意图

1—泵轮；2—涡轮；3—导轮

为便于说明原理，设发动机稳定运转即转速 n_1 及负荷不变。取工作腔中的工作液体为隔离体，通过其受力来说明变矩原理，如图 2-1-11 所示。

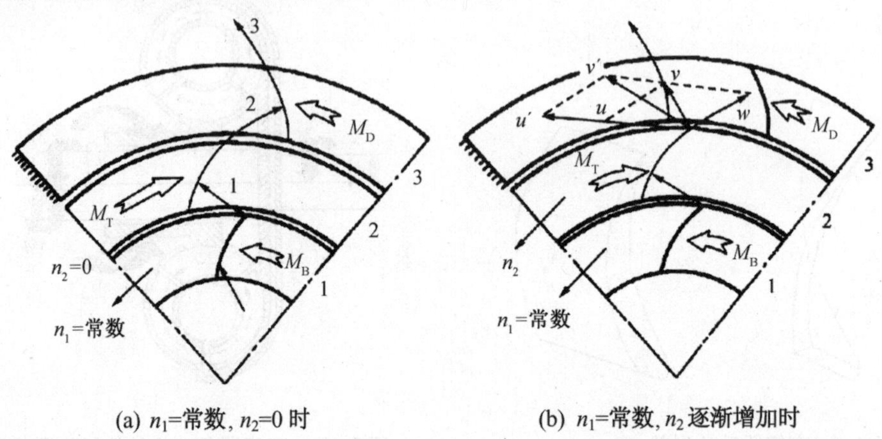

图 2-1-11　液力变矩器的工作轮原理图

机械在启动之前，涡轮的转速 n_2 为 0，此时工况如图 2-1-11(a)所示。油液在泵轮叶片带动下，以一定的绝对速度沿图中箭头 1 的方向冲向涡轮叶片。因为涡轮静止不动，油液将沿着叶片流出涡轮并冲向导轮，液流方向如图中箭头 2 所示。之后油液再从固定不动的导轮叶片沿图中箭头 3 所示方向流回泵轮中。

如图 2-1-11(b)所示，当变矩器输出力矩经传动系统产生的牵引力足以克服机械的启动阻力时，则机械启动并加速行驶。此时涡轮转速 n_2 也逐渐增加，这时液流在涡轮出口处不仅有沿叶片的相对速度 w，还有沿圆周方向的牵连速度 u。因此，冲向导轮叶片的绝对速度 v 应是二者的合成速度；因假设泵轮转速不变，故液流在涡轮出口处的相对速度 w 不变，但因涡轮转速在变化，故牵连速度 u 也在变化。由图可见，冲向导轮叶片的绝对速度 v 将随着牵连速度 u 的增加而逐渐向左倾斜，使导轮所受力矩逐渐减小，故涡轮的力矩也随之减小。

当涡轮转速增大到某一值时，由涡轮流出的液流方向 v 正好沿导轮出口方向冲向导轮时，由于液流流经导轮后其方向不变，故导轮力矩应为 0，于是泵轮力矩与涡轮力矩数值相等。

若涡轮转速继续增大,液流方向继续向左倾,如图中 v' 所示方向,则液流对导轮的作用反向,冲向导轮叶片背面,使导轮力矩方向与泵轮力矩方向相反,则涡轮力矩为泵轮与导轮力矩之差,这时变矩器的输出力矩反而比输入力矩小。

当涡轮转速增大到与泵轮转速相等时,由于循环圆中的油液停止流动,不能传递动力。

由上述可知,当涡轮转速降低时(即机械所受到的外阻力增加时),涡轮力矩将自动增加,这正好满足机械克服外阻力的需要,这就是变矩器自动适应外载荷变化的变矩性能。

液体受到的外力有:从泵轮输入的扭矩 M_B,涡轮受到负载扭矩 M_f(即 $-M_T$)和导轮的作用扭矩 M_D,M_D 为液体对涡轮的作用扭矩,也就是涡轮带动负载工作的输出扭矩。循环工作液体上作用的外扭矩平衡,可列出下列的平衡方程式:

$$M_B+(-M_T)+M_D=0 \text{ 或 } M_T=M_B+M_D$$

M_T 为负,即输出力矩 M_T 是阻力矩,上式表明,涡轮的输出力矩不等于泵轮力矩,而等于泵轮和导轮作用于液体的力矩之和。导轮的作用是改变输出力矩,使得液力变矩器的输出力矩可以大于输入力矩,实现了变矩功能。当然在力矩传递过程中,转矩的增加是通过涡轮转速的降低获得的。

如果导轮自由旋转,即 $M_D=0$,则 $M_T=M_B$,此时变矩器变成了耦合器,因而可以把耦合器看成是变矩器的一个特例。

3.2.3　液力变矩器的类型

液力变矩器的种类较多,由于结构的不同其输出特性差异较大。按各工作轮(泵轮1、涡轮2、导轮3)在循环圆中的排列顺序可分为123型(正转变矩器)和132型(反转变矩器)两种。123型从液流在循环中的流动方向看,导轮在泵轮前,而132型导轮则在泵轮后,如图2-1-12所示。

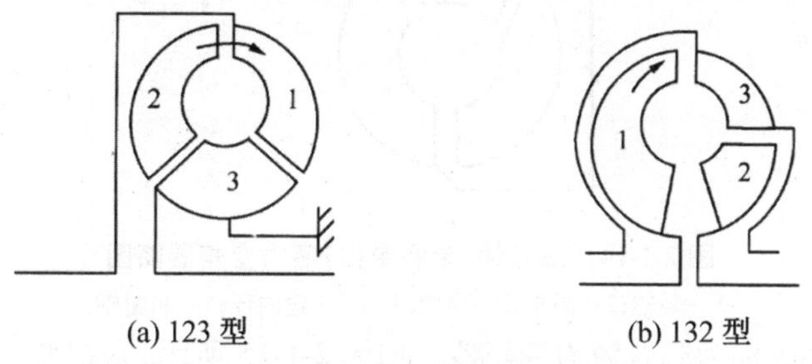

图2-1-12　123型和132型变矩器简图

1—泵轮;2—涡轮;3—导轮

123型变矩器在正常运转条件下,涡轮旋转方向与泵轮一致,故也称为正转变矩器。132型变矩器在正常运转条件下,涡轮旋转方向与泵轮相反,故称之为反转变矩器。

132型变矩器由于导轮位于涡轮前,导轮改变了进入涡轮的液流方向,因而有可能改变涡轮的旋转方向。由于涡轮位于泵轮前,负荷引起涡轮转速的改变直接影响着泵轮的入口条件,所以132型变矩器可透性大。此外,由于液流方向急剧改变,因此这种变矩器效率较低。工程机械中除个别采用132型变矩器外,大多采用123型变矩器。

单级变矩器中,液流在循环圆中只经过一列涡轮和导轮叶片,如图2-1-12所示,它的构造简单,效率值高,但启动变矩系数小,工作范围窄。

多级变矩器的涡轮由几个依次串联的翼栅组成。翼栅是一组按一定规律排列在一起的叶片。图 2-1-13 为二级变矩器简图,每两列涡轮翼栅之间插入导轮翼栅,所以在小的传动比范围内,有高的变矩系数,工作范围也较宽,但构造复杂、价格贵,在中小传动比范围内变矩系数和效率提高不大。因此近年来它的应用范围逐渐缩小,而被液力-机械式变矩传动装置所取代。

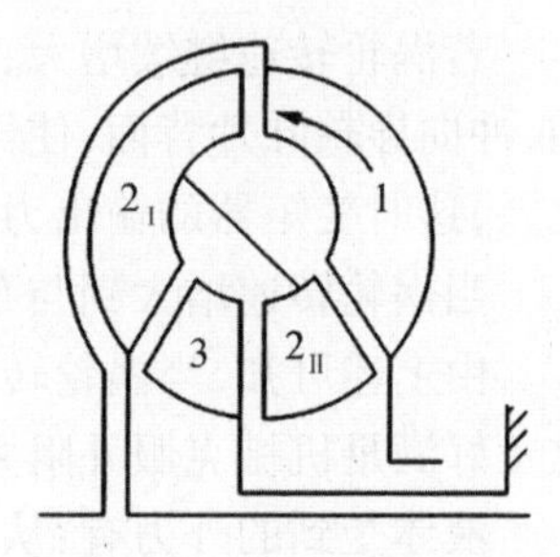

图 2-1-13　二级变矩器简图

1—泵轮;2—涡轮;3—导轮;2_I—第一列涡轮翼栅;2_{II}—第二列涡轮翼栅

按液力变矩器在工作时可组成的工况数可分为单相、二相、三相和四相等。所谓单级指变矩器只有一个涡轮,单相则指只有一个变矩器的工况。如图 2-1-14 所示,这种变矩器结构简单,效率高。为了使发动机容易有载启动和有较大的克服外负载能力,希望启动工况变矩系数较大,故该型号变矩器只适用于小吨位的装卸机械。

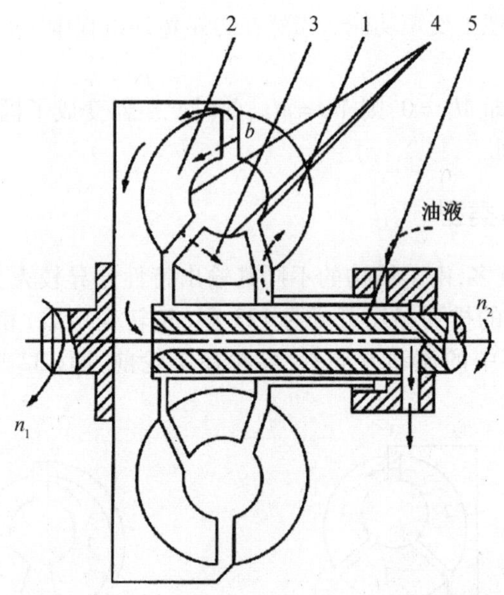

图 2-1-14　三元件(单级单相)液力变矩器简图

1—泵轮;2—涡轮;3—导轮;4—工作轮内环;5—涡轮轴

单级两相变矩器也称为综合液力变矩器。如图 2-1-15 所示,它把变矩器和耦合器的特点综合到一台变矩器上,两相变矩器在整个传动比范围内得到更合理的效率。从变矩器工况过渡到耦合器工况或相反,是液流对导轮翼栅的作用方向不同而自动实现的。

单级三相液力变矩器由一个泵轮、一个涡轮和两个可单向转动的导轮构成。如图 2-1-16 所示,它可组成两个液力变矩器工况和一个液力耦合器工况,所以称之为三相。泵轮由输入轴带动旋转,液流从泵轮进入涡轮,再进入第一级导轮,经第二级导轮,再回到泵轮。当外负荷较大时,涡轮转速较小,导轮被固定,得到第一种变矩器工况。随着外负荷减小,涡轮转速增大,第一级导轮就和涡轮一起转动,而第二级导轮仍不动,这是第二种变矩器工况。

单级四相变矩器如图 2-1-17 所示,把泵轮分割成两个,可以在小传动比下改善效率。主泵轮和发动机连接,副泵轮装在主泵轮上,并通过单向离合器与之相连。两个导轮装在两个相互没有联系的单向离合器上。根据第二导轮流出的液流的方向,副泵轮或者在单向离合器上相对主泵轮自由旋转，或者单向离合器楔紧两个泵轮一起旋转。

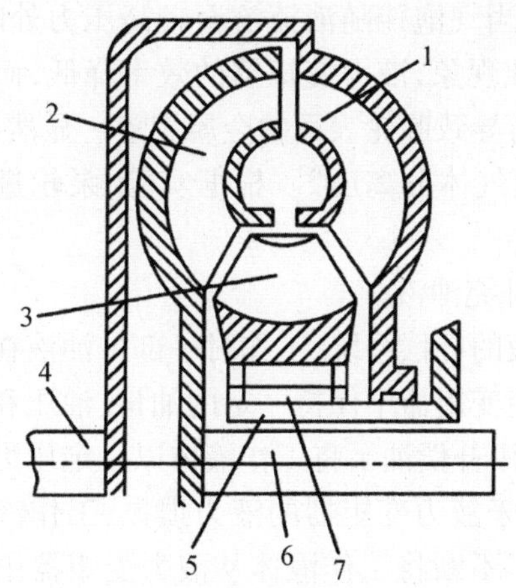

图2-1-15　单级两相液力变矩器

1—泵轮；2—涡轮；3—导轮；4—主动轴；5—壳体；6—从动轴；7—单向离合器

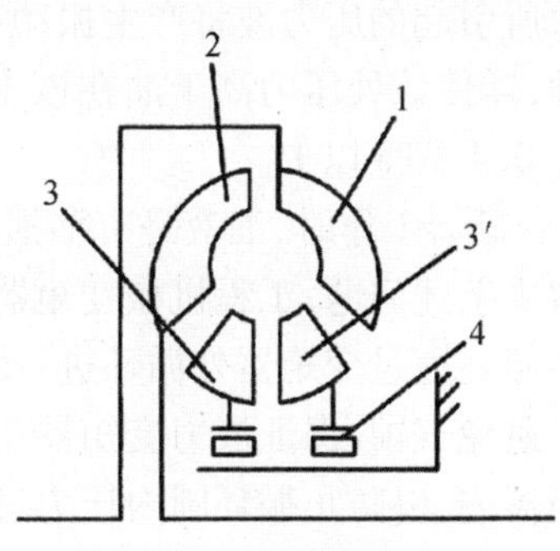

图2-1-16　双导轮液力变矩器简图

1—泵轮；2—涡轮；3、3′—导轮；4—自由轮机构

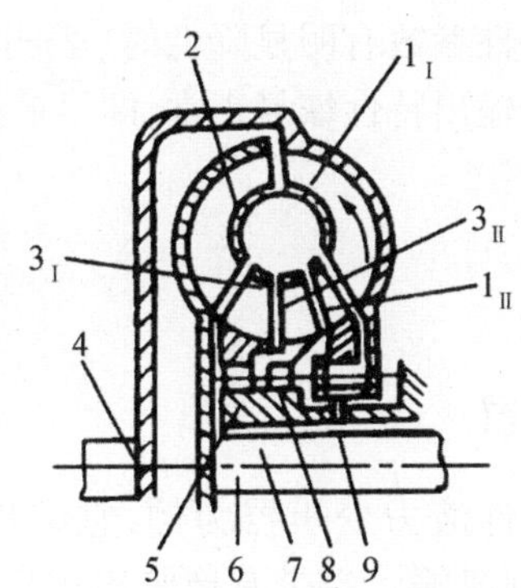

图2-1-17　单级四相液力变矩器

1_{I}—主泵轮；1_{II}—副泵轮；2—涡轮；3_{I}—第一导轮；3_{II}—第二导轮；4—主动轴；5—导轮座；6—从动轴；7、8、9—单向离合器

3.2.4　液力变矩器的补偿泵

液力变矩器在工作的过程中，存在以下几个问题：

(1)液力变矩器在工作时，由于能量的损失，会产生很大的热量，它与液力变矩器传递的功率及效率有关。一般变矩器工作时，平均效率为0.7左右，平均有30%的能量消耗掉。损耗的能量使油及有关零件的温度升高。据实测，变矩器内部油液的温度往往高达100℃以上。如果热量不能及时散出，致使油温太高后，会产生气泡，加速油的氧化，使油很快劣化。而且油温高时，黏度下降，起不到润滑作用，甚至破坏密封，增大漏损。

根据运行和试验显示，受密封材料和润滑要求等的限制，一般变矩器出口油温不允许超过120℃，因而变矩器工作时需要考虑散热和冷却问题。

(2)变矩器中,特别是泵轮进口处,存在着“气蚀”问题。当叶轮流道中最低压力处的油压低于其蒸发压力时,则工作液体将汽化而形成气泡,当气泡伴随液流流至较高压力处时,气泡又将破灭而恢复液态,这种现象称为气蚀。由于气蚀现象,液力变矩器的效率降低,而且由于气泡破灭所引起的压力波将产生振动和噪声,严重时导致叶轮表面的金属剥落。显然,为了不发生气蚀,需使该处压力高于油在该工作温度时的“气体分离压”。根据实验,泵轮进口压力一般应在 0.4 MPa 以上。

(3)变矩器工作时,油液是有漏损的,需要及时补充油液。

为解决上述问题,工程机械变矩器都设置有油液的补偿系统,工作时一部分油液在一定的油压下不停地通过变矩器外循环进行强制冷却,以使变矩器中保持一定的油量、油压和油温。

为了避免气蚀,保证液力变矩器正常工作,需采用补偿油泵将工作液体以一定压力输送到液力变矩器内,以防止循环圆内压力过低。此外,由于液力变矩器的液力损失,工作液体不断被加热而使油温升高。因此,补偿油泵的另一作用是不断将工作液体从液力变矩器中引出进行冷却。

在液力变矩器中,因为泵轮进口处的压力最低,所以产生气蚀现象可能性最大的地方是泵轮进口处的叶片前段上。因此,经补偿油泵的压力油通常由泵轮进口处引入循环圆内,而从涡轮出口处引出进行冷却。泵轮进口处的最小补偿压力由试验确定。其方法是:先将补偿压力逐渐降低,直至液力变矩器输出特性参数有明显降低时(表明已处于气蚀的临界状态),再逐渐提高补偿压力,直到液力变矩器输出特性恢复正常,即得最小补偿压力。一般液力变矩器的补偿压力范围是 0.4 ~0.7 MPa。

3.3 液力变矩器的典型结构

3.3.1 单级三元件液力变矩器

以推土机上使用的单级三元件液力变矩器为例,它结构简单、性能良好。其结构如图 2-1-18 所示。动力从发动机飞轮通过输入端带有橡胶连接齿的罩盘 4 驱动泵轮 9,动力可分为两路,一路为泵轮处液流驱动涡轮 7,涡轮将液能恢复为机械能,并通过涡轮毂 3、涡轮轴 1、齿轮 15、19、输出轴 17 和输出法兰 18 将动力向传动系的动力换挡变速箱输出。一路为泵轮通过泵轮毂 10,齿轮 11、14 和油泵驱动套 12,将动力向油泵 13 输出。

变矩器通过罩盘左端轴颈上的铜套 22 与发动机飞轮中心孔的配合与其同心。罩盘 - 泵轮组件由轴承 21 和 5 支承。涡轮组件由轴承 21 和 16 支承。轴承 16 轴向固定并承受涡轮的轴向力。轴承 21 为滚针轴承,允许长的涡轮轴由于热胀冷缩所引起的轴向游动。为了减小涡轮的轴向力,在涡轮毂上开有两个卸荷孔,使左右两腔连通,以降低左腔的压力。导轮 6 通过导轮座 2 与壳体 8 连接。

固定件间的密封采用 O 形圈。旋转件的密封有两种形式:一种为导轮座与泵轮毂和涡轮轴座间的密封,采用合金铸铁的活塞环,这种密封允许有少量的泄漏(一般不大于 1 ~ 2 L/min);另一种为泵轮毂与隔盘 20 间的密封,采用橡胶骨架密封,不允许渗漏。

变矩器内部被工作液循环流动浸润的运动件,借助工作液润滑,齿轮的润滑则是借甩油或经小孔喷射润滑。位于变矩器左右侧上方的油泵驱动轴承则是从变矩器出口至冷却器以后的油路引出油流进行强制冷却和润滑。

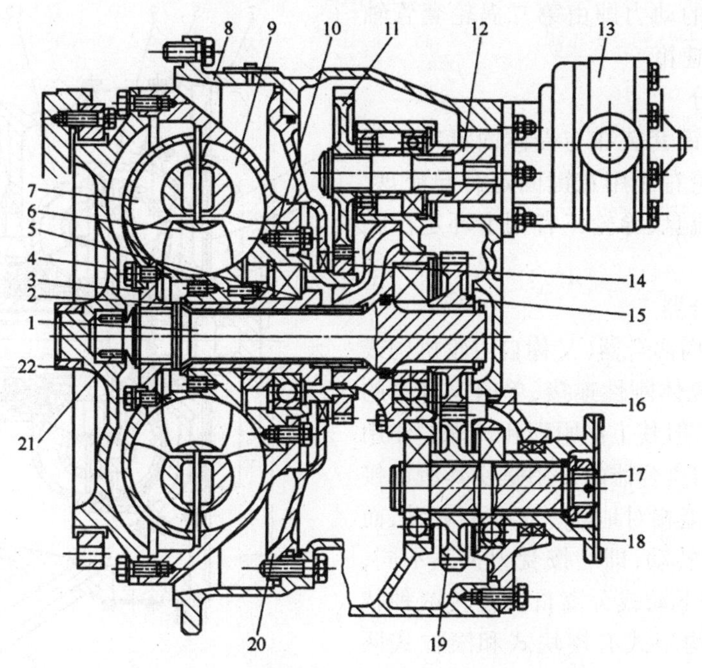

图 2-1-18　单级单相向心涡轮液力变矩器

1—涡轮轴；2—导轮座；3—涡轮毂；4—罩盘；5、16—轴承；6—导轮；7—涡轮；8—壳体；9—泵轮；10—泵轮毂；11、14、15、19—齿轮；12—油泵驱动套；13—油泵；17—输出轴；18—输出法兰；20—隔盘；21—滚针轴承；22—铜套

3.3.2　双涡轮变矩器

双涡轮变矩器是国产轮式装载机中使用较多的一种变矩器，它具有零速变矩比大、高效率区范围宽的特点，因而可减少变速箱的挡数，简化变速箱的结构。通过两个涡轮的单独工作或共同工作，可使装载机低速重载作业时的效率有所提高，且提高低速时的变矩比，比较适合装载机的工况特点，因此，被应用在 ZL30、ZL40 及 ZL50 等装载机上。现以 ZL50 装载机的变矩器为例对双涡轮变矩器进行介绍。

如图 2-1-19 所示，双涡轮变矩器主要由泵轮、导轮、第一涡轮和第二涡轮等组成。变矩器采用内功率分流，这种形式本身就相当于两挡无级自动控制的变速箱（根据负载的变化可自动进行调节），因而可减少变速箱的挡位数，大大简化变速箱的结构。

（1）主动部分

弹性盘的外缘用螺钉与发动机飞轮相连，内缘用螺钉与罩轮连接。与液压泵驱动齿轮连接在一起的泵轮用螺钉与罩轮连在一起。主动部分的左端用轴承支承在飞轮中心孔内，右端用两排轴承支承在与壳体固定在一起的导轮座上。

（2）从动部分

从动部分由第一涡轮及第一涡轮轴、第二涡轮及第二涡轮套管轴组成。第一涡轮（轴流式）以花键套装在第一涡轮轴上。第一涡轮轴右端制有齿轮，第一涡轮输出的动力就是通过该齿轮输入变速箱。第一涡轮轴左端以轴承支承在罩轮内，右端以轴承支承在变速箱壳体的前壁上。第二涡轮（向心式）也以花键套装在第二涡轮套管轴上，第二涡轮套管轴右端也制有齿轮。第二涡轮套管轴的左端用轴承 7 支承在第一涡轮轮毂内，右端用轴承 17 支承在导轮座

13 内,第二涡轮的动力即由第二涡轮套管轴上的齿轮输入变速箱。

(3)固定部分

导轮 6 用花键套装在与壳体固定在一起的导轮座上,导轮右侧用花键固定有导流盘,两滚珠轴承、导流盘、导轮三者用卡环定位在导轮座上。

(4)单向离合器

导轮通过单向离合器(又称自由轮机构或超越离合器)和壳体刚性连接,单向离合器的结构有多种形式,但其工作原理和机构的作用都是相同的,单向离合器的作用是使其所连接的两个元件间只能相对地向一个方向转动,而无法朝相反方向转动,即它按受力关系不同,自动地实现锁定不动或分离自由旋转两种状态,其常见的结构型式有楔块式和滚柱式两种。通常液力变矩器采用滚柱式,而行星齿轮变速箱采用楔块式。当传动比在 $0 \sim i_{\mathrm{m}}$ 内,从动轴力矩大于主动轴,从涡轮流出的液流冲向导轮叶片的工作面。此时,液流力图使导轮朝导轮反旋转方向转动,由于单向离合器的楔紧,而导轮不转。在导轮不转的工况下,变矩器工作,增大转矩,克服变化的负荷。

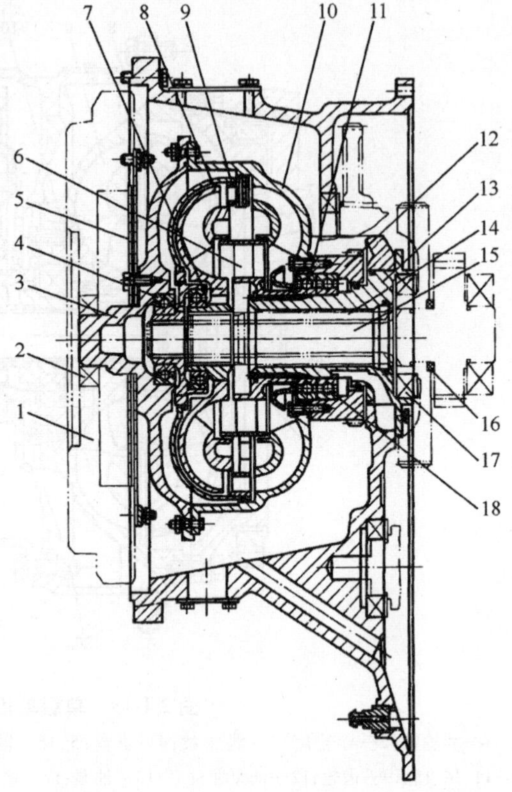

图 2-1-19 ZL50 型装载机双涡轮液力变矩器

1—飞轮;2、4、7、11、17、18—轴承;3—罩轮;5—弹性盘;6—导轮;8—第二涡轮;9—第一涡轮;10—泵轮;12—齿轮;13—导轮座;14—第二涡轮套管轴;15—第一涡轮轴;16—隔离环

当从动轴负荷减小而涡轮转速大大提高时($i > i_{\mathrm{m}}$ 范围),从涡轮流出的液流方向改变,冲向导轮叶片的背面,力图使它朝泵轮旋转方向转动,由于单向离合器的松脱,导轮开始朝泵轮旋转方向自由旋转。此时由于在循环圆中没有不动的导轮存在,不变换转矩,在耦合器工况工作时导轮自由旋转,减小导轮入口的冲击损失,因此效率提高。

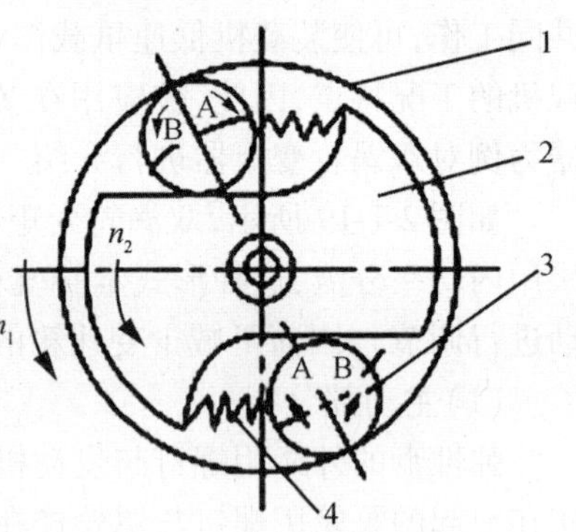

图 2-1-20 滚柱单向离合器工作原理

1—单向离合器外环;2—单向离合器内环;3—滚柱;4—弹簧

图 2-1-20 所示为单向离合器的工作原理示意图。内环上铣有斜面齿槽,故称为内环凸轮。齿槽中装有滚柱,它在弹簧的作用下与内环斜面齿槽、外环的滚道面相接触。若带齿内环和输出轴齿轮一起沿箭头方向转动,并且内环转速 n_2 大于外环的转速 n_1,单向离合器中的滚柱与外环的接触点处作用有摩擦力,该力企图使滚柱沿图 2-1-20 中箭头 A 的方向转动,同时在滚柱与内环斜面的接触点处亦有摩擦力,该力企图阻止滚柱的转动,这样滚柱就朝着压缩弹簧的方向滚动而离开楔紧面,内外环之间不能传递扭矩,单向离合器分离。若外环转速 n_1 大于内环转速 n_2,外环作用在滚柱上的摩擦力企图使滚柱沿

图2-1-20中箭头B的方向转动，而滚柱与内环斜面的接触点处仍有阻止滚柱转动的摩擦力。这样滚柱就朝弹簧伸长、张开的方向滚动，并楔入外环与内环的斜面之间，单向离合器楔紧。

4　任务实施

4.1　准备工作

通过查阅对应的维修手册等相关资料，经过课堂讨论、教师答疑和操作演示，制订修改拆装方案，准备所需仪器、设备和工具。

4.2　操作流程

4.2.1　拆卸(ZL50装载机变矩器为例)

(1)拆去驾驶室和底板总成，断开前后传动轴与变速箱前后输出端的连接，放尽变速箱内的油。

(2)拆去变矩器上方的小盖，撬动飞轮，逐一拆去弹性板与飞轮连接的12只螺母、弹垫，拆去相关的连接油、气管及线路拉杆等。

(3)拆去变速箱左右支承的长螺栓，拆去发动机罩盖和空气滤清器、排气管及引射管，松开发动机前部左右支承的固定螺栓，适当吊高发动机－双变总成，用木块垫实飞轮壳，拆去变矩器与飞轮壳的12只连接螺栓，吊出双变总成，清洗外部污垢；从飞轮上拆下12只双头螺栓。

(4)拆去工作油泵、变速补偿油泵、转向油泵，拆去变矩器与变速箱的连接螺栓和回油软管，将双变总成分开。

(5)分解变矩器总成(如图2-1-19所示变矩器)：

① 平放壳体，撬出一级涡轮输出齿轮，取下平面推力轴承(或调整圈)和向心球轴承；撬出二级涡轮输出齿轮，取下轴承及旋转油封；取下油泵驱动齿轮和轴承及卡环、键等；

② 将变矩器壳体立起分别拆去进出油阀及弹簧、垫片等，拧下8只导轮座螺栓；

③ 平放壳体，使弹性板向上，拆去6只螺栓，取下圆垫板及两张弹性板；

④ 拆开罩轮与泵轮的24只连接螺栓，用专用工具提出罩轮与一、二级涡轮分总成，取下大O形圈；

⑤ 冲出9只弹性销，将一级涡轮从一级涡轮罩壳中取出，从罩轮内拔出一级涡轮壳，翻转180°后轮流分几次从三个小孔中冲出二级涡轮，取出调整垫片(花键垫片)；

⑥ 取下导轮卡环，取出导轮、导油杯及环；

⑦ 拆去泵轮与分动齿轮的锁片与螺栓、压板及调整垫片，用压板工具将泵轮与轴承一起拉出，敲出轴承；取出分动齿轮及轴承，从分动齿轮内取出轴承、密封环；

⑧ 将导轮座轻打出壳体，取出导轮座，从中取出旋转油封及O形圈。

4.2.2　零件检修

(1)变矩器壳体的修理同变速箱壳体

(2)轴承的缺陷与修理

轴承因疲劳而使滚动体及滚道产生点蚀、剥落，因磨损而松旷必须更换。

(3)泵轮、涡轮的缺陷及修理

气蚀不太严重时可继续使用,但应做静平衡实验。泵轮的不平衡力矩不大于 30 gf · cm,二级涡轮的不平衡力矩不大于 20 gf · cm。与轴承配合面磨损可刷镀修复。二级涡轮与 113 轴承配合过盈为 -0.035 mm,允许不修为 -0.03 mm,使用极限为 0.00 mm;一级涡轮毂与 210 轴承间隙为 -0.032 ~ +0.003 mm,允许不修为 +0.01 mm,使用限度为 +0.02 mm,一级涡轮毂与 113 轴承配合为 -0.012 ~ +0.038 mm,允许不修为 +0.04 mm,使用限度为 +0.06 mm,泵轮与 117 轴承配合为 -0.030 ~ +0.025 mm,允许不修为 +0.03 mm,使用限度为 +0.05 mm,罩轮与 210 轴承间隙为 -0.012 ~ +0.041 mm,允许不修为 +0.05 mm,使用限度为 +0.07 mm。

(4)涡轮轴的缺陷与修理

重点检查涡轮轴的轴颈、花键和齿轮的齿面。正常情况下,涡轮轴安装轴承的轴颈,其径向尺寸磨损超过 0.03 mm,圆度、圆柱度误差超过 0.02 mm,或齿轮和花键磨损出现台阶时,应予更换。无配件供应时亦可采用磨削、刷镀、油石打磨等措施修复。

(5)密封件的缺陷与修理

O 形圈、旋转油封、密封环等的缺陷为磨损、老化、变形、失去弹性,修理时应全部无条件更换。

(6)弹性板的缺陷与修理

弹性板的缺陷有变形、开裂、孔磨大、断裂等。主要是和飞轮连接时对接不当而挤压造成的,必须更换。

(7)齿轮的缺陷与修理

齿轮的缺陷有过度磨损、点蚀、缺损、与轴承配合面磨损等。轮齿工作面的斑点小于 20% 齿面可继续使用;磨损不严重的可用油石修整后继续使用;有裂纹、伤痕、缺齿等应更换,更换时应将与之啮合的齿轮一同换掉。

(8)大超越离合器的缺陷与修理

弹簧损坏、滚柱磨损者应更换零件;滚道磨损出现台阶者应更换大超越离合器总成,或采取刷镀等办法恢复尺寸。

(9)螺纹件的缺陷与修理

液力变矩器是高速旋转的元件,对螺纹连接件及其锁紧装置的要求非常严格,要求螺纹连接件的锁紧装置必须可靠、有效。在拆检中,发现螺纹有损伤,必须采取可靠的维修措施。通常,在结构允许时,采用修理尺寸法修复螺纹效果最佳。但是,更换加大螺纹连接件后,必须对液力变矩器进行动平衡试验,以免使变矩器的动平衡受到破坏而承受附加载荷。

4.2.3 装配

(1)按拆卸的相反顺序组装;

(2)加够液力传动油后启动发动机试车,如进油阀是外置可调式的(天工生产的同型号变矩器)应进行进口压力的调整,进口油压应为 0.29 ~0.44 MPa;出口油压应为 0.089 ~0.19 MPa。出口油压过低,说明变矩器内泄过大。

4.2.4 拆装注意事项

(1)拆卸罩轮及一、二级涡轮分总成时不可使用金属棒撬拔,应用专用拉手拉出。

(2)装配轴承时应涂抹干净的机油。

(3)装导轮座时应注意进出油孔位置,进油孔在下,出油孔在上(座孔中部),不能装反。

液力变矩器泵轮和涡轮的结构决定了它们不可能装反,但导轮却有可能被装反。如果导轮被装反了,液压油从涡轮出来就到了导轮的出口处,产生"液压顶牛"现象,使液体的动能消耗在液力变矩器内部而降低了液力变矩器的输出转矩,导致装载机动力不足、高速挡不能起步、油温过高等现象。

(4)保证泵轮与涡轮之间的装配间隙

安装好的泵轮与涡轮间的间隙应为2~3 mm;用手转动泵轮时,泵轮应转动灵活,并且无摩擦声。如装配间隙不足2 mm,则应找出原因并进行修复,否则会影响机械的动力性。

(5)不得漏装卡簧

在液力变矩器中,第一、二导轮,涡轮及轴承等的轴向定位是靠卡簧来实现的。因此,装配时不能漏装其中任何一个卡簧,否则会引起零件的轴向窜动,发生机械摩擦或碰撞,甚至发生严重的机械事故。

(6)保证密封环的厚度和弹性

安装导轮座、涡轮轴上的密封环前,应将密封环放到环槽内,检查其厚度(在环槽内密封环应能灵活转动)和弹性。如果密封环在环槽内转动比较困难,应将其放在铺平的砂布上进行研磨,直到它能在环槽内灵活转动。如转动不灵活,则在液力变矩器装复后密封环会卡死在环槽内,失去其密封性能,从而影响液力变矩器传递扭矩。

(7)装进油阀时应注意进油阀在上,和导轮座上的进油孔位于同一高度(同一油道),出油阀在下;进油阀弹簧长,出油阀弹簧短。

(8)如变矩器的进油阀是外置可调式的,应将进油压力调至0.29~0.44 MPa范围内。

(9)变矩器与变速箱装合时应注意壳体上的两(或三)只定位销必须完好;装合时应涂密封胶、加垫纸,装合后再装入两只油泵驱动轴的后轴承;装变速阀时应注意纸垫的油孔位置。

(10)将双变总成往发动机上连接时应注意务必使12只双头螺栓全部穿进弹性板的孔眼中,不得抵住弹性板,可拨动飞轮旋转一圈进行检查;双头螺栓螺纹是M10×1的细牙,螺纹长度短的一端应拧入飞轮,不可使用其他螺距的螺母,以防损坏螺纹;装弹垫、螺母时应细心操作,千万勿使其失落于变矩器内。

(11)检查液力传动油的品质和清洁度。液力传动油的品质和清洁度应符合规定要求。

4.3 液力变矩器常见故障诊断与排除

4.3.1 液力变矩器的维护

(1)日常维护保养注意事项

液力变矩器的维护与液力变速箱的维护密不可分。油液作为液力变矩器、变速箱的工作介质,还对整个传动装置进行润滑、冷却和操纵。在实际工作中,液力变速箱的故障有70%以上是由油液引起的,因此在日常保养中主要以油液为主线贯穿其中:

① 液力油是液力变矩器的工作液和润滑剂，必须保持清洁，各油路系统和油箱不应有沉淀、油泥、水分或其他有害物质。维护间隔期根据使用和作业工况确定，最好每天或每工作班检查一次油路系统的油位，查看是否有漏油现象。在作业过程中应注意检查变矩器的作业温度。

② 检查油位时，液力传动变速箱处于工作状态，发动机怠速运转 5 min 以上，通常应保持满刻度油位。

③ 一般每工作 1 000 h 应更换一次油，如油中有污物或者因经常超温作业使油变质都应及时更换，可根据油的颜色或气味进行初步判断。每次换油时必须对所有油滤清器进行清洗或更换，在恶劣工况下更应经常检查并及时清洗或更换油滤清器。

④ 如果发现油里出现金属颗粒（通常说明某个部件出现了故障），必须对油路系统所有部件——变速箱、变矩器、油管、油滤清器、冷却器、阀及液压泵等彻底进行清洗检查。

⑤ 变矩器放油时，油应处于温热状态。按下述步骤进行：

a. 管路系统放油，放尽变矩器 - 变速箱外围所有管道内油液；

b. 变速箱放油，首先取下变速箱壳底的油塞，排出系统内的油后再将其装上，然后拆下油滤清器，在煤油、柴油或汽油中用软刷清洗；

c. 变矩器放油，启动发动机使变矩器以低于 1 000 r/min 的转速空转 20 ~ 30 s（注意变矩器运转不要超过 30 s），使变矩器里的油液排到变速箱内，再放尽变速箱内的油液。

⑥ 液力变矩器注油按下述步骤进行：

a. 检查放油塞、油滤清器、油管等是否已更换或安装好；

b. 通过变速箱加油孔注入适量规定牌号的传动油，注意加油口盖通常用作通气帽，应保持干净；

c. 启动发动机，使其怠速运转，变速箱挂空挡，继续注入适量油；

d. 发动机怠速运转 2 min 之后，检查油位，加油至规定油位。

（2）试车检查

在日常使用过程中，既可通过感觉液力变矩器有无异响、车辆行走是否有劲来判断液力变矩器工作是否正常，也可通过下面一些简单的测试检测液力变矩器的性能：

① 检查导轮工作是否正常（指带有单向离合器的导轮）

将发动机油门全部打开，制动液力变速箱输出轴，让变矩器油温升至 110℃，然后松开液力变速箱输出轴，换至空挡，立即检查油温下降速度，温度应在 15 s 之后开始下降。如温度下降速度慢，则表示导轮可能闭锁；如果温度迅速下降，表明导轮工作正常。

② 变矩器零速工况检查（失速试验）

变矩器零速工况是指变矩器输出转速为零时的工作状况。将液力变速箱换至高速挡，发动机油门全开，制动变速箱输出轴（注意零速工况不要超过 30 s，变矩器油温不要超过 120 ℃），检测此时发动机转速并与推荐值进行比较，以帮助判断发动机输出转矩是否正常。

③ 变矩器油压检查

在发动机油门全开的情况下，分别测量变矩器在零速工况及空载工况下主油路（供油泵）压力、变矩器进油压力及变矩器回油压力，所测压力值应在规定的范围内。

④ 变矩器油温检查

在日常作业时，应经常观察变矩器油温指示表。一般变矩器正常工作油温为 70 ~ 95℃，当油温超过100℃时，通常应停机冷却并检查。如遇特殊工况，油温最高不超过120℃且时间不超过5 min。油温过低不能发挥液力变矩器的正常工作效率，油温过高油液易积炭、氧化，从而易引起系统故障。

⑤ 变矩器与变速箱传动系统转矩传递能力的检查

目的是检查传动系统中离合器的工况。变速箱换至低速挡，在前进方向使车辆抵住固定物，发动机油门全开，在空载状况下，驱动轮（或履带）一般应旋转打滑；否则应再检查离合器进油压力，以确定是油路系统故障还是挡位离合器故障。

4.3.2　液力变矩器常见故障与排除

4.3.2.1　油温过高

(1)故障现象

机械工作时油温表显示超过120℃，或用手触摸变矩器时感觉烫手。

(2)原因分析

引起变矩器油温过高的主要原因有：

① 变速箱油位过低或过高；

② 油冷却器冷却效果不良；

③ 油管及冷却器堵塞或太脏；

④ 变矩器在低效率范围内工作时间太长；

⑤ 工作轮的紧固螺钉松动；

⑥ 轴承配合松旷或损坏；

⑦ 综合式液力变矩器因自由轮卡死而闭锁；

⑧ 导轮装配时自由轮机构缺少零件；

⑨ 操作不当。

(3)诊断与排除

液力变矩器油温过高故障的诊断与排除的步骤如下：

① 机械工作时如果油温表显示油温过高，应立即停车。发动机怠速运转，查看冷却系统有无泄漏，水箱水位是否加满。若冷却系统正常，则应检查变速箱油位是否位于油尺两标记之间。若油位太低，应使用同一牌号的油液进行补充；若油位太高，则必须排油至适当油位。

② 如果变速箱油位符合要求，应调整机械，使变矩器在高效区范围内工作，尽量避免在低效区长时间工作。

③ 如果调整机械工作状况后油温仍很高，应检查油管和冷却器的温度。若用手触摸时温度低，说明泄油管或冷却器堵塞或太脏，应将泄油管拆下，检查是否有沉积物堵塞，若有沉积物应予以清除，再装上接头和密封泄油管。

④ 如果触摸冷却器时感觉温度很高，应从变矩器壳体内取出少量油液检查。若油液内有金属时，说明轴承松旷或损坏，导致工作轮磨损，应对其进行分解，更换轴承，并检查泵轮与泵轮毂紧固螺栓是否松动，若松动应予以紧固。

⑤ 如果以上检查项目均正常但油温仍高，应检查导轮工作是否正常。将发动机油门全开，使液力变矩器处于零速工况，液力变矩器出口油温上升到一定值后，再将液力变矩器换入液力耦合器工况，观察油温下降程度。若油温下降速度很慢，则可能是由于自由轮卡死而使导

轮闭锁,应拆解液力变矩器检查。

4.3.2.2　供油压力过低

(1)故障现象

在发动机油门全开时,液力变矩器进口油压小于标准值。

(2)原因分析

液力变矩器供油压力过低可能由以下原因引起:

① 供油量少,油位低于吸油口平面;

② 油管泄漏或堵塞;

③ 流到变速箱的油过多;

④ 进油管或滤网堵塞;

⑤ 液压泵磨损严重或损坏;

⑥ 吸油滤网安装不当;

⑦ 油液起泡沫;

⑧ 进出口压力阀不能关闭或弹簧刚度减小。

(3)诊断与排除

液力变矩器供油压力过低故障的诊断与排除的步骤如下:

① 检查油位是否位于油尺两标记之间。若油位低于最低刻线,应补充油液;若油位正常,应检查进出油管有无漏油处,若有漏油处,应予以排除。

② 如果进出油管密封良好,应检查进出口压力阀的工作情况。若进出口压力阀不能关闭,应将压力阀拆下,检查各零件有无裂纹或伤痕、油路和油孔是否畅通,以及弹簧刚度是否变小,发现问题及时解决。

③ 如果进出口压力阀正常,应拆下油管和滤网进行检查。若有堵塞,应进行清洗并清除沉积物;若油管畅通,则需检修液压泵,必要时更换液压泵。

④ 观察液压油是否起泡沫。如果油起泡沫,应检查回油管的安装情况。若回油管的油低于油池的油位,应重新安装回油管。

4.3.2.3　机械行驶速度过低或行驶无力

(1)故障现象

机械挂挡起步后提高发动机转速,行驶速度不能相应提高或行驶无力。

(2)原因分析

机械行驶速度过低或行驶无力主要是由以下几个原因引起的:

① 液力变矩器内部密封件损坏,使工作腔液流冲击力下降;

② 自由轮机构卡死,造成导轮闭锁;

③ 自由轮磨损失效;

④ 工作轮叶片损坏;

⑤ 进、出口压力阀损坏;

⑥ 液力泵(补油泵)磨损,造成供油不足;

⑦ 液力油油位太低;

⑧ 变速箱内挡位离合器有故障。

(3)诊断与排除

机械行驶速度过低或行驶无力的故障可按下列步骤进行诊断与排除:

① 机械挂挡起步后,如果行驶无力或行驶速度缓慢,应首先检查换挡压力表指示压力是否在正常范围内,如果压力过低,应予以排除。

② 如果压力正常而机械行驶无力,则可能是液力变矩器内部密封件损坏,导致进口压力油大量泄漏,使输出扭矩下降;也可能是自由轮磨损失效或工作轮叶片损坏;还可能是变速箱内挡位离合器存在故障,应具体分析并予以排除。

4.3.2.4　漏油

(1)故障现象

液力变矩器后盖与泵轮结合面、泵轮与轮毂连接处有明显漏油痕迹。

(2)原因分析

漏油故障大体上是由以下几个原因引起:

① 液力变矩器后盖与泵轮连接螺栓松动;

② 后盖与泵轮结合面密封圈损坏;

③ 泵轮与泵轮毂连接螺栓松动;

④ 油封及密封件损坏或老化。

(3)诊断与排除

可按以下步骤对漏油故障进行诊断与排除:

① 启动发动机,如果从液力变矩器与发动机连接处漏油,说明泵轮与泵轮罩连接螺栓松动或密封圈老化,应紧固连接螺栓或更换O形圈。

② 启动发动机,如果从与变速箱连接处甩油,说明泵轮与泵轮毂连接螺钉松动或密封件损坏,或垫圈损坏,应紧固螺栓查看是否还漏油,如果仍漏油,应更换密封圈。

③ 如果漏油部位在加油口或放油口螺塞处,应先检查螺塞的松紧度,如果螺塞太松,应重新紧固。若仍漏油,应检查螺塞螺纹孔是否有裂纹。

4.3.2.5　异常响声

(1)故障现象

液力变矩器工作时,内部发出金属摩擦声或撞击声。

(2)原因分析

有以下几个原因会引起液力变矩器的异常响声:

① 轴承磨损或损坏;

② 工作轮连接松动;

③ 与发动机连接的螺栓松动。

(3)诊断与排除

液力变矩器工作时出现异响,应首先检查它们与发动机的连接螺栓是否松动。如果连接螺栓松动,应紧固并达到规定扭矩;如果连接螺栓紧固,应检查各轴承,若有松旷应进行调整。当调整无效时,应更换新轴承。此外,应检查液压油的数量和质量,必要时添加或更换新油。

经过上述检查,若没有发现异常现象,应检查各工作轮的连接是否松动。如有松动应按规定扭矩拧紧;如连接可靠,则可能是由于异常磨损导致的异响,应分解液力变矩器,查明具体原因并予以排除。

4.3.3 液力变矩器故障诊断实例

液力变矩器可能发生故障主要有油温过高、供油压力过低、机械行驶速度过低或行驶无力、漏油、异响等。

油温过高指机械工作时油温表显示超过 120℃,或用手触摸耦合器(或变矩器)时感觉烫手。

供油压力过低指在发动机油门全开时,液力耦合器或液力变矩器进口油压小于标准值。

机械行驶速度过低或行驶无力表现为机械挂挡起步后提高发动机转速,行驶速度不能相应提高或行驶无力。

漏油指液力变矩器壳体结合面、壳体与液压泵的连接处有明显漏油痕迹。

异常响声指液力耦合器与液力变矩器工作时,内部发出金属摩擦声或撞击声。

一般情况下变矩器是传动系统中最可靠的部件,其故障主要表现在发热上,发热的原因比较复杂,有变矩器内部的原因,也有液压系统外部的原因。首先要分析清楚到底是内部原因还是外部原因,不可轻易拆卸变矩器。原因分析如下:

(1)回油泵滤网堵塞

回油泵滤网虽然是粗滤网,但在油脏时也时常堵塞,以至于回油泵不能将泄入下部油池的油及时抽走,油面越积越高,若马达油封损坏,可将马达淹掉而引起故障。由于液面的升高,罩轮和泵轮在高速旋转中会强烈搅动油液,搅动油液时损失了机械能,转化成油液的热能而发热。这种故障引起的发热,速度较慢,约在 0.5 ~1 h 之后才发热。解决办法也较容易,打开下面后底护板上保养变矩器滤网的小护板,就可以拆卸清洗滤网,滤网是铜丝网,不能用钢丝刷子刷,放入柴油清洗干净继续使用。回油泵自身过度磨损或损坏,也会引起相同的故障。

(2)变矩器内部损坏

变矩器内部损坏,会引起大量漏油,回油泵来不及回油,也造成搅动发热。此种故障引起的发热,速度较快,常在半小时之内即可引起发热。内部损坏的部位,一是旋转密封环,因油脏磨损失效,特别是导轮座上较大的那个旋转密封环在油脏时更易损坏。二是泵轮和罩轮连接螺栓松动,出现缝隙直接漏油。三是泵轮上的放油螺堵脱落漏油。四是三轮组件裂纹等引起大量漏油。此种故障维修工作量大,要整体拆卸和分解变矩器才能排除故障。变矩器的整体拆卸从车体下部进行较为方便。

(1)和(2)两种故障都是因变矩器壳体内积油过多被搅动而引起的发热,故此两种情况下,若从变矩器壳体下面放油,则放出的油比正常情况下多很多,正常情况下只放出 3 L 左右,这两种故障下可放出 1 ~2 桶;有时甚至油面达到启动机的位置,造成启动机安装孔向外渗油或启动机因进油而无法工作。这些都是该故障的特点。

(3)供油不足

供油不足时,一是变矩器因工作效率较低而损失的能量转化成的那部分热量,不能充分被油液循环带出进行冷却而发热;二是供油不足时,变矩器内部会产生油的汽化而生成油气泡,在变矩器循环圆中摩擦或爆破引起油液发热,并伴有噪声发生。供油不足的原因,一是变矩器溢流阀卡死在开位,泄油过多而供油不足。二是因变速箱调压阀阀芯行程不到位,未打开去变矩器的油道而供油不足,此种情况在 TY160 推土机上比较明显,故障率较高,因为 TY160 变矩器的油源只靠变速调压阀来,转向油路不给它供油。还有 TY160 变速调压阀的小活塞张开的供油小孔油路长，也容易堵塞。此种故障的特点是变矩器发热，但放油时仍放出正常的油量。此种故障的发生，要清洗变速调压阀，特别要仔细清除各阀芯上小孔中的脏物。

当然，变速箱和变矩器除了和液压系统有关的故障之外，其本身也会有与液压系统无关的机构故障。如轴承的损坏、齿轮的打牙等，这些故障会伴有机械杂声，放出的油中也会有铁屑等，要注意和液压系统故障的区别。

任务2 检修行星齿轮式动力换挡变速箱

1 任务要求

知识要求：

(1)行星齿轮式动力换挡变速箱的功用、组成以及原理。

(2)行星齿轮式动力换挡变速箱常见故障的现象及原因。

重点掌握内容:行星齿轮式动力换挡变速箱的基本结构、故障原因。

能力要求：

(1)行星齿轮式动力换挡变速箱正确的拆装、检修程序。

(2)行星齿轮式动力换挡变速箱常见故障诊断与维修。

2 任务引入

一台ZL50装载机在行驶过程中,挂挡时不能顺利进入某一挡位,变矩器及液压换挡操纵系统又完好,那问题可能出在挡位离合器上,挡位离合器密封圈损坏、活塞环磨损、摩擦片烧毁、钢片变形均可导致变速箱挂不上挡,这样就需要拆装、检修挡位离合器。

3 相关理论知识

3.1 概述

动力换挡变速箱(器)的工作原理如图2-2-1所示。齿轮a、b用轴承支承在轴上,与轴空转连接,通过相应的换挡离合器可分别将不同挡位的齿轮相固连。与传统的机械式变速箱换挡方式所不同的是,各换挡离合器是在不切断输入变速箱动力的状况下实现分离与接合的,所以称为"动力换挡"。

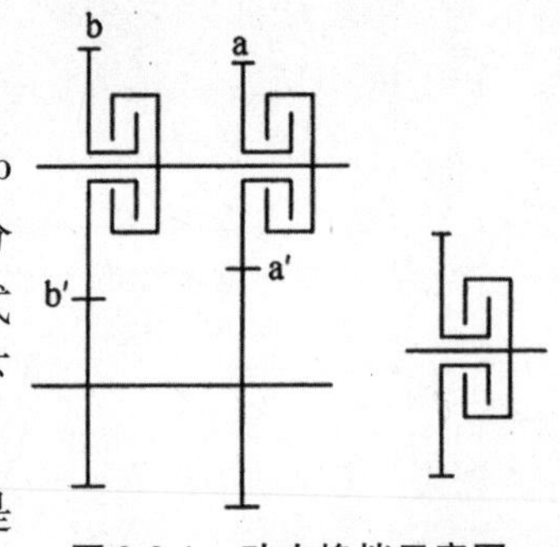

图2-2-1 动力换挡示意图

换挡离合器的分离与结合一般是液压操纵,油液(液力油)是由柴油机带动的油泵供给的。

动力换挡变速箱结构复杂、制造困难、精度高、重量大、体积也比较大,而且由于换挡元件(离合器或制动器)上有摩擦功率损失,传动效率较低。但是,动力换挡变速箱操纵轻便、简单、换挡快、换挡时变速箱输出动力切断的时间可降低到最低限度，能实现在大负荷的情况下不停车换挡，这大大有利于提高工作效率。由于工程机械工作时换挡频繁，迫切需要改善换挡操作。因此，虽然动力换挡变速箱结构复杂、制造困难，但随着制造水平的提高，动力换挡变速箱在工程机械传动系统中应用越来越广泛。

3.2　动力换挡变速箱的类型

(1)行星齿轮式变速箱

变速箱中有的齿轮的轴线在空间旋转(即没有固定的轴线)，这种轴线旋转的齿轮与行星的运动(绕自身轴线的自转和随自身轴线在空间中绕公共轴线的公转)相似，故称为行星轮。装有这种行星轮的变速箱称为行星齿轮式变速箱(简称行星式变速箱)，行星式变速箱只有动力换挡一种方式。

(2)定轴式动力换挡变速箱

变速箱中所有的齿轮都有固定的旋转轴线，这种齿轮轴线均固定的变速箱称为定轴式变速箱。定轴式变速箱的换挡方式可有两种：人力换挡和动力换挡。若采用不切断动力的方式实现换挡的，就称为定轴式动力换挡变速箱。

这两种形式的变速箱在工程机械上均得到较广泛的应用。

3.3　行星式变速箱

行星式变速箱具有结构紧凑、传动比大、传递扭矩能力大等特点，在工程机械上得到了广泛的应用，如ZL40(50)装载机、TY220履带推土机、CL-7铲运机等均采用了此种形式的变速箱，本节将以ZL50装载机与TY220履带推土机的变速箱为例介绍变速箱的结构。

3.3.1　行星变速机构的工作原理

行星式变速箱是由行星排组成的，基本行星排的结构如图2-2-2所示。基本行星排由太阳轮3、行星轮4、行星架2和内齿圈1组成。行星轮装在行星架上，由于行星轮的轴线在空间旋转，它一方面绕本身的轴线自转，同时还可随行星架绕太阳轮公转，与外界连接困难，所以在行星式变速箱中，基本行星排只有三个构件(即太阳轮、行星架、内齿圈)可与外界联系。在行星排传递运动的过程中，行星轮同时与太阳轮和内齿圈啮合，在两者之间只起到传递运动的惰轮作用，对传动比无直接关系。行星齿轮机构动力的传递是通过3个基本构件来实现的。因此，它的传动比也是指基本构件之间的传动比。

行星齿轮机构传动比的计算可根据相对运动原理，把属于周转轮系的行星齿轮机构转化为定轴轮系来进行。设太阳轮、内齿圈和行星架的转速分别是n_1、n_2和n_3，如果给整个机构加上一个与行星架的转速大小相等、方向相反的转速n_3，则各构件间相对运动的关系不变。此时太阳轮的转速为n_1-n_3，内齿圈的转速为n_2-n_3，行星架的转速为$n_3-n_3=0$，即此时行星架停转，整个行星齿轮机构就转化为定轴轮系。

行星架停转时的太阳轮转速(n_1-n_3)与内齿圈转速(n_2-n_3)之比，亦等于它们的齿数之反比(此时行星轮为中间惰轮)。用公式来表示可写成：

$$(n_l-n_3)/(n_2-n_3)=-Z_2/Z_1=-K$$

式中，K是内齿圈齿数Z_2及与太阳轮齿数Z_1的比值，称为行星排特性参数，为保证构件间安装

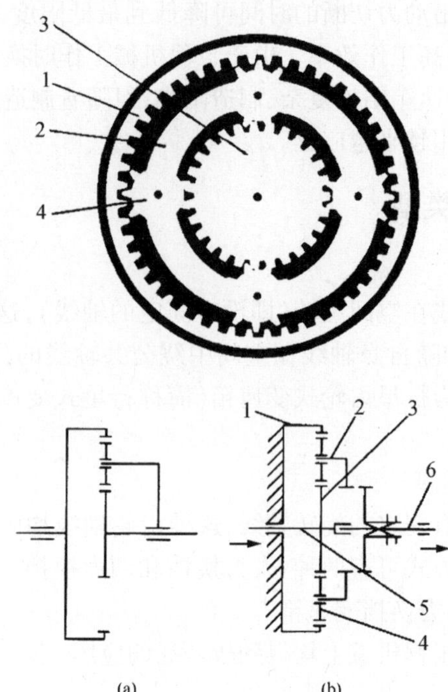

(a)　　(b)

图 2-2-2　单排行星齿轮机构

1—内齿圈;2—行星架;3—太阳轮;4—行星轮;5—主动轴;6—从动轴

的可能,K 的取值范围是 $4/3 \leqslant K \leqslant 4$;“$-$”表示当行星架停转时太阳轮与内齿圈的旋转方向相反。

整理后得到单排行星轮机构的运动方程为

$$n_1 + Kn_2 - (1+K)n_3 = 0$$

行星轮机构 3 个基本构件均可以根据传动要求,将其中任意一个构件固定,使另外两构件分别与传动系中的主动部件和从动部件连接。根据不同的选择可得到 6 个不同传动比的传动方案,如图 2-2-3 所示。

(1)内齿圈固定,太阳轮为主动件,行星架为从动件,两者旋转方向一致,如图 2-2-3(a)所示。此时因内齿圈固定,所以 $n_2=0$,将此式代入运动方程,得:

$$n_1 - (1+K)n_3 = 0$$

传动比:

$$i_{13} = n_1/n_3 = 1+K$$

(2)内齿圈固定,行星架为主动件,太阳轮为从动件,两者旋转方向一致,如图 2-2-3(d)所示。此时因内齿圈固定,所以 $n_2 = 0$,将此式代入运动方程,得:

$$n_1 = (1+K)n_3$$

传动比:

$$i_{31} = n_3/n_1 = 1/(1+K)$$

(3)太阳轮固定,内齿圈为主动件,行星架为从动件,两者旋转方向一致,如图 2-2-3(c)所示。此时因太阳轮固定,所以 $n_1 = 0$,将此式代入运动方程,得:

$$Kn_2 - (1+K)n_3 = 0$$

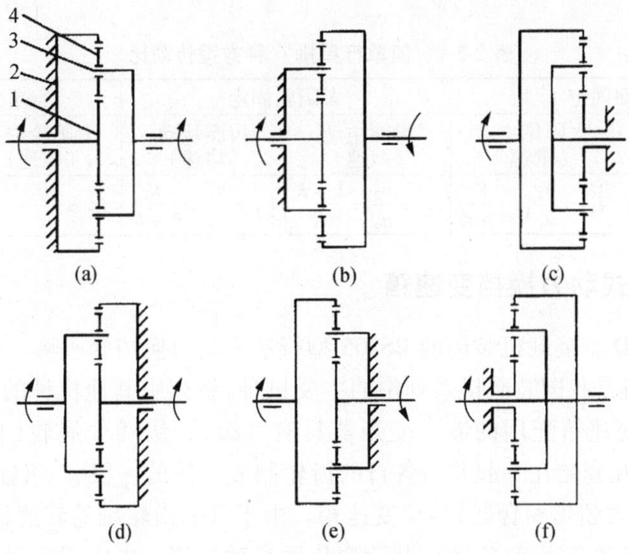

图 2-2-3　单排行星齿轮机构的传动方案

1—太阳轮;2—内齿圈;3—行星架;4—行星轮

传动比:

$$i_{23} = n_2 / n_3 = (1 + K) / K$$

(4) 太阳轮固定,行星架为主动件,内齿圈为从动件,两者旋转方向一致,如图 2-2-3(f) 所示。此时因太阳轮固定,所以 $n_1 = 0$,将此式代入运动方程,得:

$$Kn_2 = (1 + K) n_3$$

传动比:

$$i_{32} = n_3/n_2 = K / (1 + K)$$

(5) 行星架固定,太阳轮为主动件,内齿圈为从动件,两者旋转方向相反,如图 2-2-3(b) 所示。此时因行星架固定,所以 $n_3 = 0$,将此式代入运动方程,得:

$$n_1 + Kn_2 = 0$$

传动比:

$$i_{12} = - n_1/n_2 = - K$$

(6) 行星架固定,内齿圈为主动件,太阳轮为从动件,两者旋转方向相反,如图 2-2-3(e) 所示。此时因行星架固定,所以 $n_3 = 0$,将此式代入运动方程,得:

$$n_1 = - Kn_2$$

传动比:

$$i_{21} = - n_2/n_1 = - 1/K$$

行星齿轮机构中,若任何两个构件连成一体转动,则第三个构件转速必然与前两个构件转速相等,即行星齿轮机构中所有构件之间都没有相对运动,从而形成直接挡传动,传动比 $i = 1$。

如果所有构件都自由转动,则行星齿轮机构完全失去传动的作用。

工程机械所使用的行星齿轮变速箱,一般都是由以上若干个单排行星齿轮机构组成的,其传动比可根据单排行星齿轮机构传动比的计算方法推导出来。简单行星排 6 种方案传动比如

表 2-2-1 所示。

表 2-2-1　简单行星排 6 种方案传动比

传动类型	齿圈固定		太阳轮固定		行星架固定为倒转	
	太阳轮主动（减速）	太阳轮主动（增速）	齿圈主动（减速）	齿圈从动（增速）	太阳轮主动（减速）	齿圈主动（增速）
传动比	$i_{13}=\frac{n_1}{n_3}=1+K$	$i_{31}=\frac{n_3}{n_1}=\frac{1}{1+K}$	$i_{23}=\frac{n_2}{n_3}=\frac{1+K}{K}$	$i_{32}=\frac{n_3}{n_2}=\frac{K}{1+K}$	$i_{12}=\frac{n_1}{n_2}=-K$	$i_{21}=-\frac{n_2}{n_1}=-\frac{1}{K}$

3.3.2　典型行星式动力换挡变速箱

3.3.2.1　ZL50D 型装载机装用的 BS305 型行星式动力换挡变速箱

ZL50D 型装载机是我国装载机系列中的主要机种，系列中其他机种的结构与之相似。如图 2-2-4 所示，与该变速箱配用的液力变矩器具有一级、二级两个涡轮（称双涡轮液力变矩器），分别用两根相互套装在一起并与各自的齿轮制成一体的一级、二级输出齿轮（轴），将动力通过常啮齿轮副（大超越离合器）传给变速箱。由于常啮齿轮副的转速比不同，故相当于变矩器加上一个两挡自动变速箱，它随外载荷变化而自动换挡。再由于双涡轮变矩器高效率区较宽，故可相应减少变速箱挡数，以简化变速箱结构。

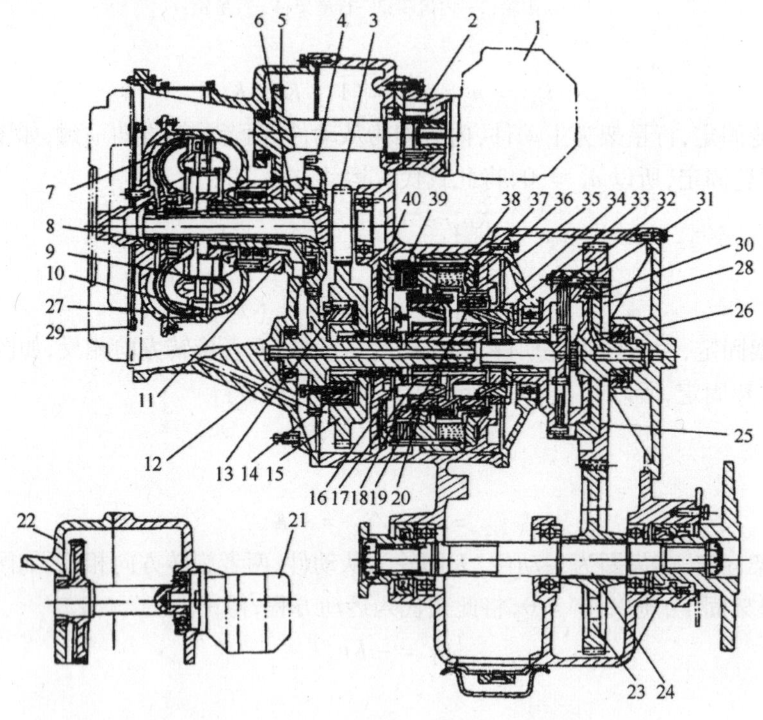

图 2-2-4　ZL50D 型装载机液力机械传动图

1—工作油泵；2—变速油泵；3—一级涡轮输出齿轮；4—二级涡轮输出齿轮；5—变速油泵输入齿轮；6—导轮座；7—二级涡轮；8—一级涡轮；9—导轮；10—泵轮；11—分动齿轮；12—变速箱输入齿轮及轴；13—大超越离合器；14—大超越离合器凸轮；15—大超越离合器外环齿轮；16—太阳轮；17—倒挡行星轮；18—倒挡行星架；19—一挡行星轮；20—倒挡内齿圈；21—转向油泵；22—转向油泵输入齿轮；23—变速箱输出齿轮；24—输出轴；25—输出齿轮；26—二挡输入轴；27—罩轮；28—二挡油缸；29—弹性板；30—二挡活塞；31—二挡摩擦片；32—二挡受压盘；33—倒挡、一挡连接盘；34—一挡行星架；35—一挡油缸；36—一挡活塞；37—一挡内齿圈；38—一挡摩擦片；39—倒挡摩擦片；40—倒挡活塞

ZL50D 型装载机的行星变速箱由两个行星排组成，只有两个前进挡和一个倒挡。输入轴和输入齿轮做成一体，与二级涡轮输出齿轮常啮合；二挡输入轴与二挡离合器摩擦片连成一体。前、后行星排的太阳轮、行星轮、内齿圈的齿数相同。两行星排的太阳轮制成一体，通过花键与输入轴二挡输入轴相连。前行星排齿圈与后行星排行星架、二挡离合器受压盘三者通过花键连成一体。前行星排行星架和后行星排齿圈分别设有倒挡摩擦片、一挡摩擦片。

变速箱后部是一个分动箱，输出齿轮用螺栓和二挡油缸、二挡离合器受压盘连成一体，同变速箱输出齿轮组成常啮齿轮副，后者用花键和前桥输出轴连接。前、后桥输出轴通过花键相连。

ZL50D 型装载机行星变速箱的传动路线如图 2-2-5 所示。该变速箱两个行星排间有两个连接件，故属于二自由度变速箱。因此，只要接合 1 个操纵件即可实现 1 个挡位传动，现有 2 个制动器和 1 个闭锁离合器共可分别实现 3 个挡位传动。

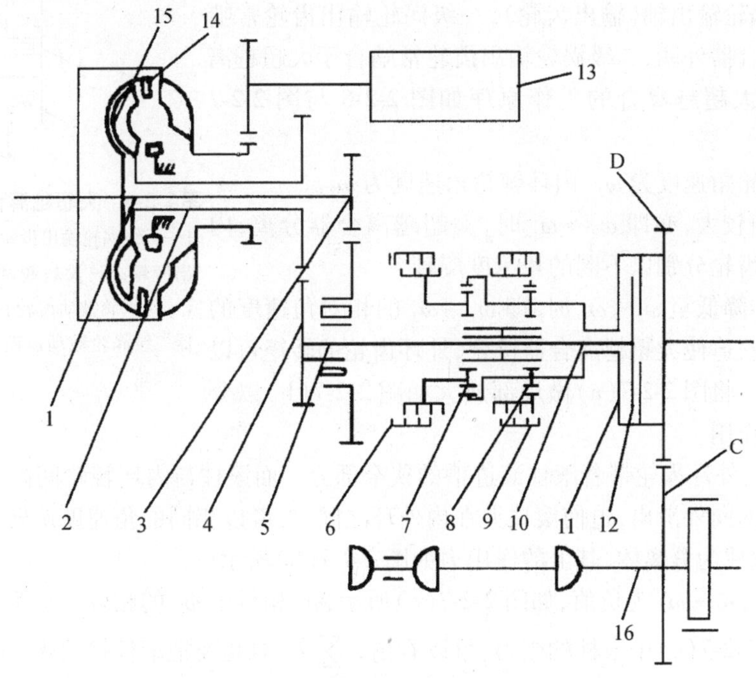

图 2-2-5　ZL50D 型装载机液力机械传动简图

1——级涡轮输出轴；2—二级涡轮输出轴；3——级涡轮输出减速齿轮副；4—二级涡轮输出减速齿轮副；5—变速箱输入轴；6、9—制动器；7、8—齿轮副；10—二挡输入轴；11—二挡受压盘；12—闭锁离合器；13—转向油泵；14——级涡轮；15—二级涡轮；16—输出轴

(1)前进一挡。当接合制动器 9 时，实现前进一挡传动。这时，制动器 9 将后行星排内齿圈固定，而前行星排则处于自由状态，不传递动力，仅后行星排传动。动力由输入轴 5 经太阳轮从行星架、二挡受压盘 11 传出，并经分动箱常啮齿轮副 C、D 传给前、后驱动桥。

由于只有一个行星排参与传动，故速比计算很简单。这里是内齿圈固定，太阳轮主动，行星架从动，属于简单行星排的方案一，由表 2-2-1 即得前进一挡行星排的传动比为 $i_1 = 1 + K$。

因为该变速箱的输入端有两对常啮齿轮副 3、4，由两个涡轮随外载荷的变化，通过不同的常啮齿轮副 3、4 将动力传给变速箱输入轴 5。变速箱的输出端还有分动箱内的一对常啮齿轮

C、D,故变速箱前进一挡总传动比为 $i_1=2.69$。

(2)前进二挡。当闭锁离合器接合时,实现前进二挡。这时闭锁离合器将输入轴、输出轴和二挡受压盘直接相连,构成直接挡,此时行星排传动比 $i_2=1$,故变速箱前进二挡总传动比为 $i_2=0.72$。

(3)倒退挡。当制动器6接合时,实现倒退挡。这时,制动器将前行星排行星架固定,后行星排空转不起作用,仅前行星排传动。因为行星架固定,太阳轮主动,内齿圈从动,属于简单行星排方案五,由表2-2-1得行星排传动比 $i_{倒}=-K$,故得变速箱倒退挡总传动比为 $i_{倒}=-1.98$。

(4)大超越离合器

① 工作原理

大超越离合器的传动如图2-2-6所示,动力经一、二涡轮传递到一、二涡轮输出轴(输出齿轮),一级涡轮输出齿轮常啮合于大超越离合器外圈,二级涡轮输出齿轮常啮合于大超越离合器的内圈。大超越离合的工作原理如图2-2-6与图2-2-7所示:

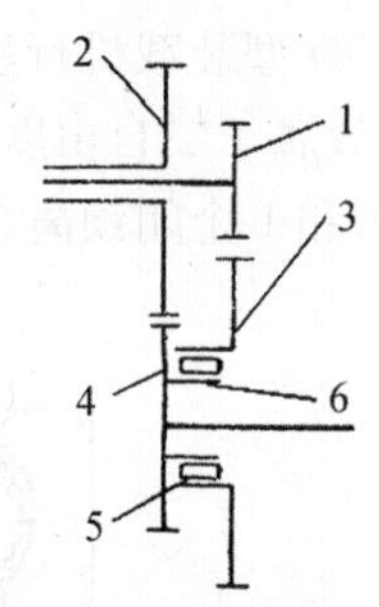

图2-2-6 大超越离合器传动示意图

1—一级涡轮输出齿轮;2—二级涡轮输出齿轮;3—大超越离合器外环齿轮(一级涡轮被动齿轮);4—大超越离合器二级涡轮被动齿轮;5—滚柱;6—内环棘轮

取外环齿轮角速度为 ω_1、内环棘轮角速度为 ω_2。

当 ω_2 数值较大,亦即 $\omega_2>\omega_1$ 时,大超越离合器分离,内环棘轮与外环齿轮分别以不同的角速度旋转。

当 ω_2 逐步降低至 $\omega_2<\omega_1$ 时,即 $\omega_1-\omega_2$ 的相对角速度的方向与 ω_1 同向,迫使大超越离合器接合,外环齿轮的转矩可以传至内环棘轮。将图2-2-7(a)做局部放大如图2-2-7(b)以分析其力的相互作用。

因 $\omega_1>\omega_2$,外环齿轮带着滚柱滚进槽的狭窄部分。而滚柱与内环棘轮间的滑动摩擦阻力又妨碍了滚柱的向外滑出,迫使滚柱夹在内外环之间,二者以相同的角速度旋转。

这时,取滚柱为分离体,其上的作用力如图2-2-7(b)所示。

当 $\omega_2>\omega_1$,$\omega_1-\omega_2$ 为负值,如图2-2-7(c)所示,ω_1 相对于 ω_2 的相对运动为图示之顺时针方向。观察图2-2-7(c)中滚柱的受力,可以看出,$\sum F_x$ 总是要把滚柱挤出来,不能实现传动。

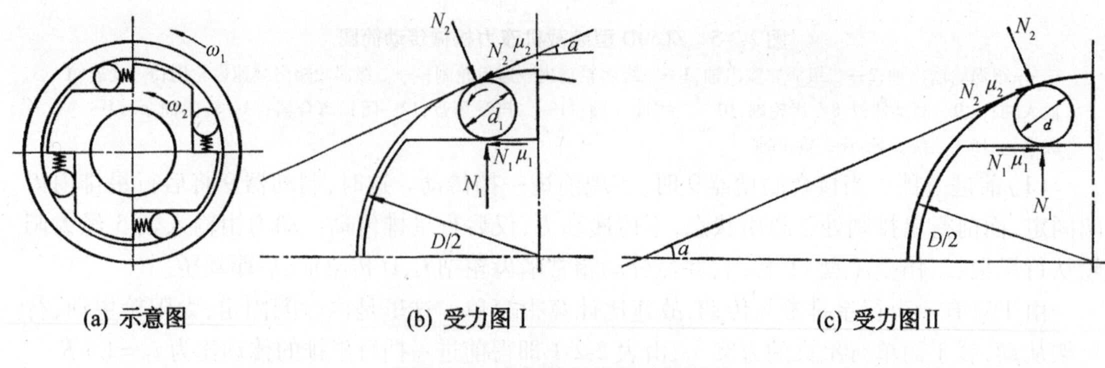

(a) 示意图　(b) 受力图Ⅰ　(c) 受力图Ⅱ

图2-2-7 大超越离合器工作原理

② 功用

车辆在高速轻载时,二级涡轮被动齿轮的转速高于一级涡轮被动齿轮的转速(如图2-2-6

所示)，大超越离合器脱开，一级涡轮空转，二级涡轮单独传递动力。随着阻力增大，则二级涡轮被动齿轮连同二级涡轮转速下降，处于低速重载状态，当二级涡轮被动齿轮的转速下降到低于一级涡轮被动齿轮的转速时，大超越离合器接合，一、二级涡轮被动齿轮形成一体，一级涡轮与二级涡轮一起传递动力，变矩系数增大。

大超越离合器的结合与分离实现了它的自动变速。

③ 结构

大超越离合器的结构如图 2-2-8 所示。它由二级涡轮被动齿轮 7、内环棘轮 6、外环齿轮(一级涡轮被动齿轮)5、滚柱 4、隔离环 3、压盖 2 和弹簧 1 组成。内环棘轮 6 用螺栓固定在二级涡轮被动齿轮 7 上。滚柱 4 则用隔离环 3 装在外环齿轮 5 和内环棘轮 6 之间的楔形槽中，楔形槽的棘齿是在内环棘轮上。由于滚柱和楔形槽的作用，使内环棘轮 6 只能相对于外环齿轮 5 做一个方向的相对运动。换句话说，如图 2-2-8 所示，如果内环棘轮 6 与外环齿轮 5 都是在逆时针方向旋转，只允许内环棘轮 6 转得比外环齿轮 5 快，这时两者各转各的；不允许内环棘轮 6 转得比外环齿轮 5 慢，这时滚柱就挤在楔形槽中，于是外环齿轮 5(图 2-2-6 由一级涡轮带动)帮助带动内环棘轮 6，两者一齐转动，力求不使内环棘轮 6 转速进一步下降。这样就既满足了高速低载时，大超越离合器脱开，一级涡轮空转，二级涡轮经二级涡轮被动齿轮单独传递扭矩的要求，也满足了重载下二级涡轮被动齿轮转速降低，当二级涡轮被动齿轮的转速降到低于一级涡轮被动齿轮的转速时，大超越离合器接合，一级涡轮与二级涡轮一起传递动力的要求。

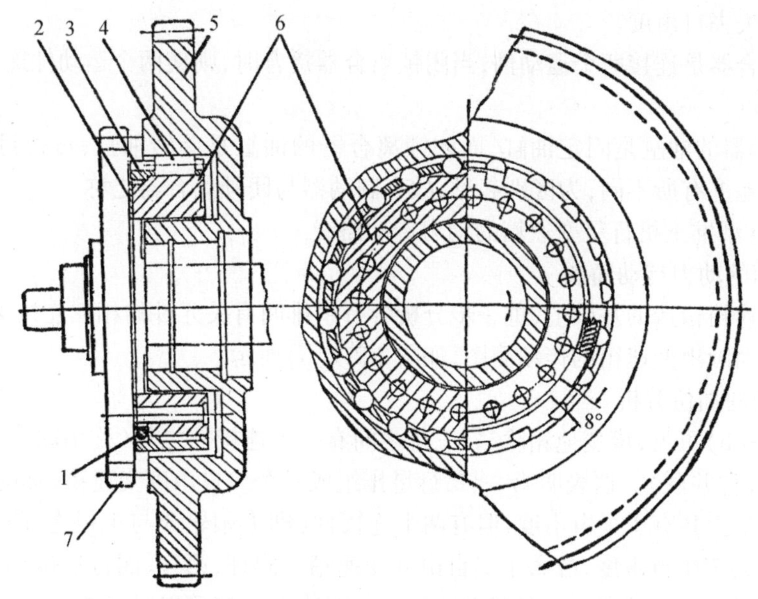

图 2-2-8 大超越离合器的结构

1—弹簧；2—压盖；3—隔离环；4—滚柱；5—外环齿轮(一级涡轮被动齿轮)；6—内环棘轮；7—二级涡轮被动齿轮

3.3.2.2 TY220 型履带推土机行星式动力换挡变速箱

(1) TY220 型行星变速箱的组成和构造

国产 TY220 型履带推土机采用行星式动力换挡变速箱与简单三元件液力变矩器相配合组成液力机械传动。如图 2-2-9(a)所示，该变速箱由 4 个行星排组成，前面第一、二行星排构成换向部分(或称前变速箱),这里行星排Ⅱ是双行星轮行星排,当其内齿圈固定时,则行星架与太阳轮转向相反而实现倒退挡;后面第三、四行星排构成变速部分(或称后变速箱),整个变速箱实际上是由前变速箱与后变速箱串联组合而成的。应用4个制动器与1个闭锁离合器实现3个前进挡与3个倒退挡,通过液压系统操纵进行换挡。

变速箱各行星排结构与连接特点是:输入轴Ⅰ与行星排Ⅱ的太阳轮制成一体,通过滚动轴承支承在箱体前后箱壁的支座上,在其上经花键装有行星排Ⅰ的太阳轮;输出轴以其轴孔套装在输入轴上,在其上通过花键装有行星排Ⅲ、Ⅳ的太阳轮及减速机构的主动齿轮;整个输出轴总成用两个滚动轴承支承定位在后箱壁上;输出轴还通过连接盘以螺栓固连着闭锁离合器的从动鼓;行星排Ⅰ、Ⅱ、Ⅲ的行星架为一体,经一对滚动轴承支承在输入轴和箱壁支座上,行星排Ⅳ的行星架前端通过齿盘外齿与行星排Ⅲ的内齿圈固连,而后端则经销钉、螺栓与闭锁离合器主动鼓相连,并通过滚动轴承支承在输出轴上;闭锁离合器的主动鼓与从动鼓的齿形花键上交错布置着内外摩擦片,在施压活塞与主动鼓间还装有分离离合器的蝶形弹簧。

在各行星排齿圈的外花键齿鼓上,分别装4组多片摩擦制动器的从动片,制动器主动片、施压油缸和活塞压盘等均以销钉与箱体定位。此外在制动器压盘与止推盘间以及主动摩擦片间均装有分离回位螺旋弹簧。以上制动器及闭锁离合器均以油压控制,用制动齿圈或两元件闭锁连接来实现换挡。

制动器与闭锁离合器均属于一种多片式离合器,通过油压推动活塞压紧主、从动片而接合工作。但由于这里的制动器是连接箱体(固定件)与某一运动件,当制动器接合时,则使某运动件被固定而失去自由度。

而闭锁离合器是连接两个运动件,当闭锁离合器接合时,则使两个运动件连成一体运动而失去一个自由度。

另外,制动器的油缸是固定油缸,而闭锁离合器的油缸是旋转油缸,对密封要求更严格。可见两者在功能上有所不同,为区别起见,故有制动器与闭锁离合器之称。

(2)TY220型推土机行星变速箱的动力传动路线

① 变速箱的动力传动简图

在理解变速箱构造的基础上,进一步分析各行星排间有关元件的相互连接关系,然后突出其运动学特征而画出变速箱的传动简图,如图2-2-9(b)所示。

② 变速箱的挡位分析

由图2-2-9(b)可见,该变速箱除二、三排之间有一个连接件之外(称串联),其余各排之间有两个连接件(称并联)。这表明第一、二行星排组成一个二自由度变速箱(称前变速箱),这是因为两个行星排共有4个自由度,但有两个连接件(即太阳轮3与4相连,两行星排的行星架相连),又失去2个自由度,故属于二自由度变速箱。同理,第三、四行星排也是二自由度变速箱(称后变速箱)。可见整个变速箱是由两个二自由度变速箱串联组成。

挡数分析:前变速箱中将第一行星排制动器①接合,使内齿圈13被固定而实现前进挡;当第二行星排制动器②接合,使内齿圈14被固定,则实现倒退挡(由于该行星排是双行星轮结构,内齿圈固定,太阳轮主动,行星架从动,太阳轮和行星架旋转方向相反),即前变速箱是换向部分。

后变速箱中只要接合一个制动器或闭锁离合器即可实现一个挡位,两个制动器与一个闭锁离合器,共可实现三个挡位。可见只要前、后变速箱各接合一个操纵件即可使变速箱成为一自由度而实现某一挡位，故总共可实现前进3个挡与倒退3个挡。

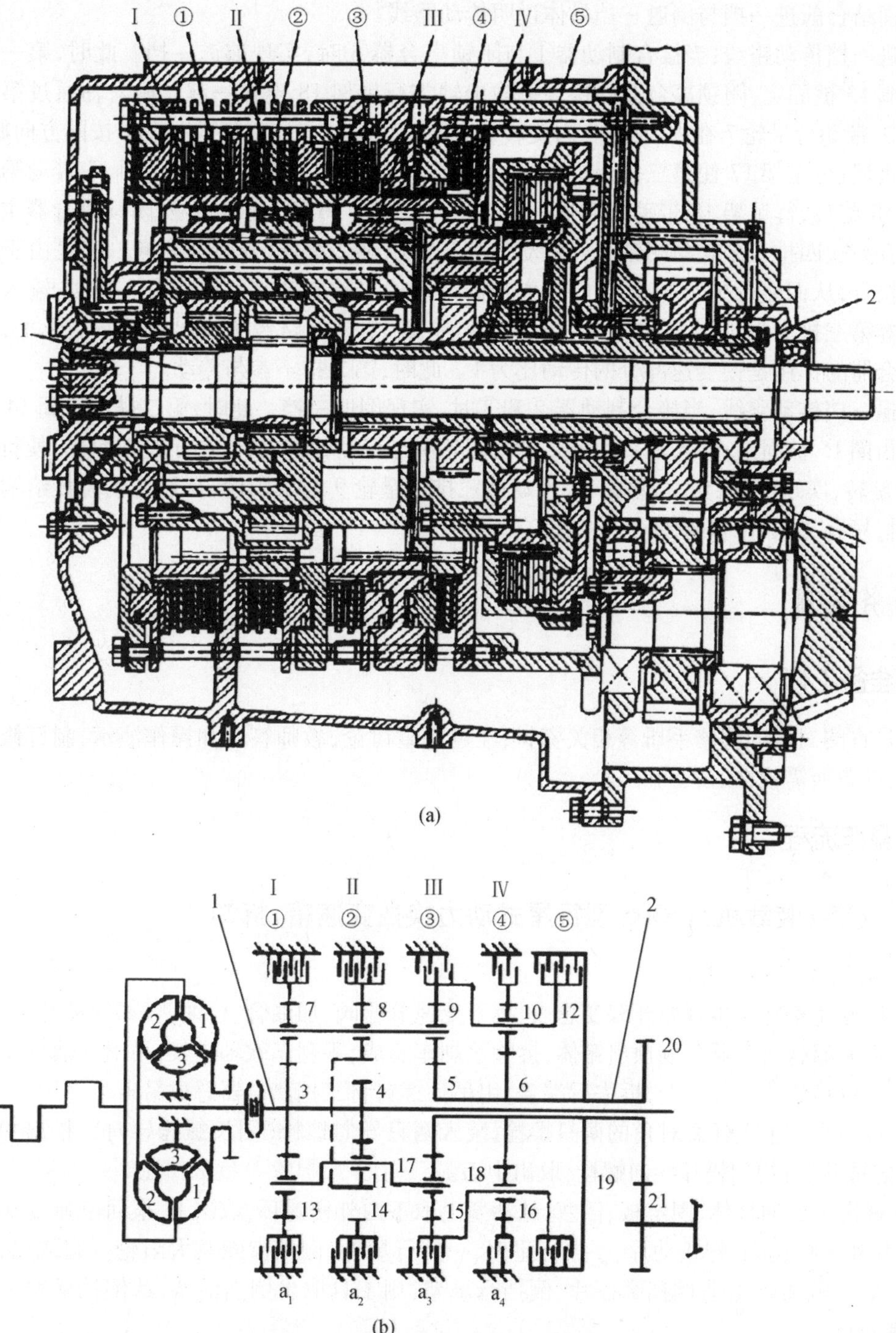

图2-2-9　TY220型履带推土机行星变速箱

1—输入轴；2—输出轴；Ⅰ、Ⅱ、Ⅲ、Ⅳ—各行星排；①、②、③、④—各行星排制动器；3、4、5、6—太阳轮；7、8、9、10、11—行星轮；12—闭锁离合器；13、14、15、16—内齿圈；17、18—行星架；19—轮毂；20—输出轴主动齿轮；21—输出轴被动齿轮

③ 变速箱的动力传动路线

下面结合前进一挡与倒退三挡具体说明传动路线。

前进一挡传动路线:当接合制动器①与闭锁离合器⑤时,实现前进一挡。此时,第一行星排内齿圈 13 被固定,闭锁离合器的接合把输出轴与行星架 18 连在一起。输入轴通过第一排太阳轮 3,带动行星轮 7 在内齿圈 13 内旋转,从而带动第一、二、三排行星架 17 按同方向旋转,实现前进挡;行星架 17 使第三排行星轮 9、内齿圈 15 与太阳轮 5 旋转,内齿圈 15 带动第四排行星架 18 旋转,行星架 18 带动第四排行星轮 10、内齿圈 16 和太阳轮 6 及闭锁离合器主动毂旋转;而第三、四排太阳轮与闭锁离合从动毂都与输出轴 2 相连,其转速相同。这是由于闭锁离合器接合,从而使行星架 18 通过闭锁离合器带动输出轴旋转。可见前进一挡时,输入轴的动力是经第三排太阳轮 5、第四排太阳轮 6 和行星架 18 分三路传至输出轴的。实际上,由于闭锁离合器的作用是使变速部分的传动比为 1。此时,第二排不参与传动。

倒退三挡传动路线:当接合制动器②和③时,实现倒退三挡。此时,第二排内齿圈 14 与第三排内齿圈 15 被固定;输入轴带动第二排太阳轮 4 与行星轮 11 和 8,由于是双星轮,使行星架 17 反向旋转,实现倒退挡。行星架 17 带动第三排行星轮 9 与太阳轮,从而将动力传给输出轴 2。此时,只有二、三排参与传动。

4 任务实施

4.1 准备工作

通过查阅对应的维修手册等相关资料,经过课堂讨论、教师答疑和操作演示,制订修改拆装方案,准备所需仪器、设备和工具。

4.2 操作流程

4.2.1 ZL50 装载机(BS305 型行星式动力换挡变速箱)拆卸

(1)分解变速箱总成

① 按变速箱拆装步骤分开双变总成,拆下变速分配阀、加油管、检油塞(或检油开关)。

② 将大超越离合器总成顶出箱体,拆除手刹车总成,手刹车软轴支架,吊出三轴总成。

③ 平放箱体使后部向上,拆去后端盖,用吊环螺钉将二挡离合器总成吊出。

④ 拆去中盖板上任意对角的两只螺栓,装入两只导向螺栓(用长螺栓导向),松出中盖的其余固定螺栓,再均匀松开导向螺栓,取出中盖。

⑤ 拆出一挡油缸体、固定板、活塞,从活塞上取下内外密封环,取出 15 根回位弹簧,取出 8 张摩擦片和一挡齿圈,把止动片、一挡行星架、一挡行星轮、倒挡齿圈及太阳轮一起取出,敲出圆柱销,取出隔离架、8 张倒挡摩擦片、倒挡行星架,用工具取出倒挡活塞,从倒挡活塞上取下内、外密封环。

⑥ 拉出前输出轴油封座,取出油封及 O 形圈;立起箱体,拆去挂后桥支架,取出调整小轴及拨叉、油封。

⑦ 拆去后输出轴凸缘,拉出油封座,取出油封、O 形圈;拆去前后输出轴卡环,取出后输出轴,拆下轴承、接合滑套、弹簧、钢球等,取出前输出轴、轴承和齿轮;拆下油底壳、滤网和磁铁。

(2)分解大超越离合器总成

①(改型后的)从二级齿轮输入轴上取下调整圈,拆下20只螺母,弹垫,将二级齿轮轴从外环齿轮内顶出,依次取下210轴承、隔离环、210轴承、隔离套、110轴承;

② 从二级齿轮轴前端拉出211轴承;

③ 取下内环齿轮上的大卡环,拽出内环齿轮,取下20只滚柱及40只弹簧及弹簧座和左右挡圈;

④ 拆去外环齿轮上的内卡环及20只螺栓(改型前的拆卸方法类似)。

(3)分解三轴总成

拆去12只连接螺栓、垫圈及锁片,取下输出齿轮、二挡油缸体、两张主动片和一张从动片;拆去二挡油缸体轮毂上的卡环,取下碟形弹簧、二挡活塞、旋转油封、外密封环及三只销子;从受压盘中抽出二挡轴,从轴上拆下二挡外齿圈;从受压盘上取下轴承及6只圆柱销。

(4)分解一挡行星架总成

拆下二挡连接盘上的4只螺栓、弹垫,取下连接盘和止动片,取出8只垫片、8只隔离套,拆出4只行星轴,取下4只行星轮,取出太阳轮,拆下轴承,从二挡连接盘上拆下卡环。

(5)分解手刹车总成

拆下8只螺栓,弹垫,取下手刹车鼓,拆去凸缘螺母、垫圈、O形圈,拔下法兰、O形圈;拆下操纵拉杆、支架,拆下蹄片拉紧弹簧和调整螺杆、螺套,拆下蹄片夹紧螺杆、垫片、弹簧等,取下手刹车蹄片,拆下制动底板。

4.2.2　零部件检修

(1)变速箱壳体的缺陷和修理

变速箱的壳体的缺陷是平面翘曲或不平,可将壳体平面置于平台上用气门砂进行研磨;当翘曲、不平过大时应用磨削加工法修正平面,此时应注意磨削后平面的位置精度,修平后平面的平面度误差应小于0.15 mm。

轴心距误差及轴间平行度超限时,可用孔径加工法修正孔心线位置,并用镶套法恢复孔径尺寸精度。用加工孔的方法修正孔心线位置时,应采用试加工的方法,边加工边测量孔中心线位置,当确认孔中心线位置正确时,再将孔精加工到镶套修理尺寸。

(2)轴承安装孔的修理

轴承安装孔磨损轻微且圆度误差不大时可不予修理,而用电镀轴承外圈法恢复配合精度,当安装孔磨损或圆度误差较大时,应加工后镶套(铸铁套或钢套)修复,镶套时的过盈量可取为0.05~0.15 mm。为使套与壳体之间可靠固定,可采用带凸缘的轴向定位套,并在套与壳体接缝处钻孔、攻丝和拧入止动螺钉。镶套壁厚可取为3~3.5 mm。

壳体孔加工时应注意基准的选择。一般可选用磨损较少的孔径作为加工基准加工壳体上平面,然后再以加工后的上平面为基准加工各孔径。为保证同轴孔间的同轴度及平行轴孔间的平行度,加工时最好使用镗模,也可使用刷镀修复轴线误差和轴承配合松动。

(3)壳体裂纹的修补

当壳体裂纹发生在壁部而不通过轴承安装孔时,可用补板法、粘接法、铸铁焊修法等修复之。当裂纹达至轴承座孔但未贯通时,可用开深坡口用细焊丝分层焊的方法进行焊补;当裂纹贯通轴承座孔时,裂纹将使壳体产生较大变形,不宜用孔加工法进行校正,同时亦为工作可靠起见,应更换壳体。用焊修法修复壳体裂纹后,应检验壳体有无新的变形和新的裂纹。

(4)齿轮的修理

齿面磨损轻微,齿侧间隙增大不到0.10 mm时,可用油石修整齿面。齿面磨损创伤严重时,可堆焊修复或更换。堆焊前应先将齿轮退火并磨去疲劳层。退火时应将齿轮温度随炉温逐渐升高,当升至500℃时保温1 h,然后缓慢升至750℃并保温1.5 h,再缓慢升至820~840℃保温2 h,再随炉冷却。退火后用细焊丝分层堆焊。为保证有足够的焊层厚度(约4 mm)以增加结合强度,应采用单层堆焊,焊层应留有约1 mm的加工余量。焊条可用奥氏体不锈钢焊条。焊后应按齿形要求进行齿形加工,再经渗碳、淬火等热处理工序修复。堆焊修复较麻烦,如不能保证修复质量和修理费用过高时,应更换新齿轮。齿轮轮齿折断较多时,齿轮应予报废。当轮齿个别折断时,可用堆焊法修复。轮齿堆焊时为减少热影响,可将齿轮浸入水中,仅露出施焊部分,并将外露的非施焊部分用浸水石棉遮护。焊后应按技术要求进行加工,并进行局部热处理。

(5)主、从动片的缺陷与修理

主、从动片的缺陷是磨损、翘曲、开裂。因一挡负荷最大,所以尤以一挡主、从动片磨损为甚。翘曲应冷压校平或更换;裂纹或磨损严重应更换。

(6)密封环、O形圈的缺陷与修理

各种内外密封环的缺陷是磨损、老化、断裂;O形圈的缺陷是老化、变形、失去弹性。拆修变速箱时应全部更换,不得再用。

4.2.3 装配

(1)清洗各零件后按相反顺序进行组装(大超越离合器总成除外)。

(2)组装大超越离合器总成:

① 改型后的大超越离合器

在外环齿轮内毂装上卡环,加油后打入110轴承;将内环棘轮向上放在滚柱右挡圈上面,把20只螺栓插入孔内,用皮筋箍在内环棘轮外圆,把2只弹簧及座放入一个棘轮的两只小孔中,压迫弹簧及座,将滚柱塞入弹簧座与皮筋之间;照此方法把其余19只滚柱、弹簧及座依次装上,在内环棘轮的上平面放上滚柱左挡圈,装上卡环;用另一皮筋箍住螺栓,将凸轮机构放入外环齿轮内,除去皮筋;在二级涡轮被动齿轮的轴上加油装入一级涡轮被动齿轮(外环齿轮)内孔,可轻打入轴承内,装上20只弹垫、螺母,检查内外齿轮,应向一个方向转动互不干涉,而朝另一个方向转动必须联动不打滑;加油后轻打装入二级涡轮被动齿轮前端的211轴承;翻转180°后装入隔离套,隔离套的油孔应朝下(二级涡轮被动齿轮方向),加油后敲入210轴承,装入隔离环,敲入另一个210轴承,再套上调整圈。

② 改形前的大超越离合器

装卡环于一级涡轮被动齿轮(外环齿轮)内,加机油后轻打入轴承;内环棘轮内装入20只螺栓,平放在工作台上,套上隔离圈,压盖定位孔对准隔离圈定位孔,用皮筋将隔离圈箍紧,装入24个滚柱;用另一皮筋箍住螺栓。涂油后装入一级涡轮被动齿轮(外环齿轮)内孔,除去皮筋,检查定位孔是否对准;在棘轮的三个槽内装上3只弹簧,装上压盖,压盖的三个爪要压住槽内的3只弹簧;在二级涡轮被动齿轮轴上加油装入外环齿轮内,可轻打入轴承内,装上20个弹垫、螺母,检查两齿轮,应向一个方向转动互不干涉,向另一个方向转动时联动而不打滑;加油后轻打装入211轴承;翻转180°后装入隔离套,油孔向下,加油后将210轴承敲入,装上隔离环、调整垫片再打入另一210轴承,套上调整圈。

(3)变速油压为1.08~1.47 MPa,不得过低或过高。通过增加弹簧处的垫片或缩短固定套长度来增加油压(垫片增加1 mm或固定套缩短1 mm,油压增加0.16 MPa)。由于该变速箱体的倒挡壁较薄,变速油压过大会造成该处箱体开裂,所以变速压力万万不可超出上限!因旧机仪表盘的压力指示往往误差较大,为确保箱体安全,调整压力时应使用计量准确的压力表(电传感的包括传感器)。

(4)变速箱的装配要求

① 变速箱里全部齿轮啮合位置应正确,齿轮的轴向位置误差不得大于1 mm。运动齿轮端面误差摆动不得大于0.15 mm,各轴承孔的磨损不得超过ϕ 0.1 mm。所有零件组装时,都要清洗,并浸液压油。

② 超越离合器组装装配时,轮圈单向转动和内轮转动均应灵活自如,无卡住现象。

③ 离合器主、从动片的靠合面不小于80%,在规定的油压1.078~1.470 MPa时,二挡在184 kg·m的扭矩作用下,一挡在507 kg·m的扭矩作用下,倒挡在690 kg·m的扭矩作用下均不应打滑。当油压为0(离合器分离)及油温40℃时,主、从动片相对滑动阻力矩不能大于5 N·m。

④ 新主动片必须用压力为784 N,转速为300 r/min的两钢片进行磨合,然后放在80℃的油中浸泡6 h后才能装用,油泵吸油管与箱体连接处,在500 mm水银柱压力下不能有漏油现象。离合器弹簧自由长度误差不得大于0.2 mm,压力差不得大于3 N。变速阀杆与孔的间隙不能大于0.025 mm,装合后,拉动阀杆,换挡应轻便,不得有卡住或跳挡现象。当进油口通入1.470 MPa的液压油时,阀杆换至任何挡位,位置应准确,不得有漏油现象。

⑤ 一挡活塞工作行程为2.6~4 mm;二挡活塞工作行程为1.3~2 mm;倒挡活塞工作行程为1.6~2.6 mm。

4.2.4 拆装注意事项

(1)倒挡活塞装入箱体后,其边缘距中盖安装平面须达180 mm,否则表明倒挡活塞并没有安装到位,内外密封环有卡住现象。

(2)装配倒挡离合器时行星架隔离圈下面装一张从动片,隔离圈上面按主动、从动、主动的顺序装上7张离合器片,对齐8张离合器片后装入隔离架;转动隔离架使其对准箱体上的小孔打入圆柱销;一挡行星架隔离圈上按主动、从动、主动的顺序装入5张离合器片,翻转后装入箱体再按从动、主动、从动顺序装上另3张离合器片,对齐8张摩擦片,装上15只弹簧和导向销;一挡油缸体不可漏装O形圈并应按固定板位置装入箱体。

(3)隔离架安装到位后,其边缘顶面距中盖安装平面约55 mm。

(4)安装中盖螺栓前应对称拧入两只长螺栓以导向,再拧入6只螺栓,对角均匀压紧后再取出长螺栓,换上另两只螺栓拧紧。拧紧力矩为147 N·m(15 kg·m)。

(5)后端盖应保证装合后尚有0.3~0.4 mm轴向间隙,太小则装载机行驶困难甚至无法行走。

(6)大超越离合器内的隔离套油孔应朝向二级齿轮,它是20个滚柱的润滑油孔,不得装反。

(7)前后输出轴凸缘螺母拧紧力矩529.2 N·m(54 kg·m)。

(8)变速分配阀安装前应检查纸垫的油孔是否对准油道,否则将影响装载机的行驶;阀底部的单向阀不得漏失,固定螺栓应均匀拧紧,不可过紧,防止阀体变形影响阀杆滑动。

(9)变矩器与变速箱装合时应注意壳体上的两(或三)只定位销必须完好;装合时应加纸垫并涂密封胶,装合后再装入两只油泵驱动轴的后轴承;装变速泵纸垫时应注意对齐油孔位置。

4.3 动力换挡变速箱常见故障诊断与排除

4.3.1 动力换挡变速箱维护

(1)制动器和离合器的油压检查

将主压力阀的堵塞取下装上压力表,在变矩器上装有温度表,用制动器将机械制动,启动发动机,使其转速在1 000 r/min以下运转,当温度达到80~90 ℃时,将变速杆换上二挡,油压应在1.1~1.5 MPa范围内,否则应查明原因,必要时进行调整。

(2)润滑油压的检查

将变矩器至冷却器的油管卸下,装上三通接头,接上油压表,用手制动器将机械制动,使发动机在1 000 r/min下运转,此时油压应保持在0.1~0.2 MPa范围内。

4.3.2 动力换挡变速箱常见故障

(1)变速箱故障:特点是某挡行驶无力,其他挡正常,变速压力正常,油温有时也高,系该挡离合器故障。

(2)变速油路故障:特点是某挡变速压力不足或消失,其他挡正常,系该挡油路中有泄漏之处。

(3)变速泵、调压阀故障:特点是所有挡位均无变速压力,如旋松精滤器进油管却无油流出为变速泵故障;如有大量油喷出而精滤器无油流出系精滤器(包括其旁通阀)堵塞且变速泵性能不佳;如精滤器出油口油流很猛就是调压阀发生故障了。

(4)大超越离合器故障:在坚硬平坦的地面以二挡行驶时无挡位提升的感觉,系大超越离合器咬死。

(5)另外,后盖轴承间隙过小、脚刹车发咬、手刹车太紧、轮减轴承间隙过小等均会导致行驶无力甚至无法行驶,应断开传动轴进行判断区分。

4.3.3 动力换挡变速箱常见故障分析诊断与排除

4.3.3.1 挂不上挡

(1)故障现象

变速箱挂挡时不能顺利进入某一挡位。

(2)原因分析

导致动力换挡变速箱挂不上挡的主要原因有以下几种:

① 挂挡压力过低,使换挡离合器不能良好接合,因而挂不上挡。

② 变速泵工作不良、密封不良,导致系统油液工作压力太低,使换挡离合器打滑,导致挂

不上挡。

③ 液压管路堵塞。随着使用时间的延长，滤油器的滤网或滤芯上附着的机械杂质增多，使过滤截面逐渐减小，液压油流量减小，难以保证换挡离合器的压紧力，使之打滑。

④ 换挡离合器故障。换挡离合器密封圈损坏而泄漏，活塞环磨损、摩擦片烧毁、钢片变形均可导致变速箱挂不上挡。

(3)诊断与排除

动力变速箱挂不上挡故障的诊断与排除的方法、步骤如下：

① 挂挡时如果不能顺利挂入挡位，应首先察看挂挡压力表的指示压力。如果空挡时压力低，可能是变速泵供油压力不足。拔出油尺，检查变速箱内的油面高度。若油位符合标准，则检查变速泵传动零件的磨损程度及密封装置的密封状况，如果变速泵油封及过滤器结合面密封不严，变速泵会吸入空气而导致供油压力降低，此时应拆下过滤器及变速泵进行检修。若变速泵及过滤器良好，则应查看变速压力阀是否失灵、变速操纵阀阀芯是否磨损，将阀拆下按规定要求进行清洗和调整。

② 如果空挡时压力正常，挂某一挡位时压力低，则可能是湿式离合器供油管接头及变速箱轴和离合器的油缸活塞密封圈密封不严而漏油，应拆下变速箱予以更换。

③ 如果发动机转速低时压力正常，转速高时压力降低或压力表指针跳动，一般是油位过低、过滤器堵塞或变速泵吸入空气造成的，应分别检查与排除。

4.3.3.2　挡位不能脱开

(1)故障现象

动力换挡变速箱进行换挡变速时某些挡位脱不开。

(2)原因分析

导致变速时挡位脱不开的主要原因有：

① 换挡离合器活塞环胀死。

② 换挡离合器摩擦片烧毁。

③ 换挡离合器活塞回位弹簧失效或损坏。

④ 液压系统回油路堵塞。

(3)诊断与排除

启动发动机后变换各挡位，检查哪个挡位脱不开，以确定该检修的部位。

拆开回油管接头，吹通回油管路，连接好后再进行检查。如果挡位仍脱不开，必须拆解离合器，检查回位弹簧是否损坏，根据情况予以排除；检查摩擦片烧蚀、翘曲情况，如烧蚀、翘曲严重应更换；检查活塞环是否发卡，如发卡应修复或更换。

4.3.3.3　变速箱工作压力过低

(1)故障现象

压力表显示的变速箱各挡的压力均低于正常值，机械各挡行走均乏力。

(2)原因分析

造成变速箱工作压力过低的原因是：

① 变速箱内油池油位过低。这不仅会导致液力变矩器传动介质减少而造成传力不足，甚至不能传递动力，还会因液压系统内油压降低而使换挡离合器打滑，使机械行走乏力。

② 滤油器的影响。变速箱油泵的前后设有滤网或过滤器，以滤去工作油液中的机械杂

质。随着使用时间的延长,过滤装置上附着的机械杂质增多,使通过截面及油液油量减少,导致变速箱工作压力下降。

③ 调压阀的影响。液压系统内设有调压阀,其作用是使系统工作压力保持在一定范围内,如果调整压力过低或调压弹簧弹力过小时,会使调压阀过早接通回油路,导致变速箱工作压力过低。另外,如果调压阀芯卡滞在与回油路相通的位置,会使液压系统内的压力难以建立,从而变速箱的工作压力也无法建立。

④ 泄漏的影响。如果液压系统管道破漏、接头松动或松脱、变速箱壳体机件平面接口处漏油或漏气,会使系统内的压力降低,变速箱的工作压力相应下降。

⑤ 油泵的影响。如果变速泵使用过久,内部间隙增大,其泵油能力下降,因此系统内工作油液的压力及变速箱工作压力降低。另外,变速泵轴上的密封圈损坏,也会使变速泵泵油能力下降。

⑥ 油温的影响。为使液压系统工作正常,在液压系统内设有散热器,如果散热器性能下降或大负荷工作时间过长等均会使液力油温升高、黏度下降,导致系统内的内泄漏量增大,也会使系统工作压力下降。

(3)诊断与排除

变速箱工作压力过低的故障诊断与排除的步骤如下:

① 检查变速箱内的油位。如果油液缺少,应予以补充。

② 检查泄漏。如果油液泄漏会有明显的油迹,同时变速箱内油位明显降低,应顺油迹查明泄漏原因并予以排除。

③ 如果进、出口管密封良好,应检查离合器压力阀和变矩器进、出口压力阀的工作情况。若变矩器进、出口压力阀不能关闭,应将压力阀拆下,检查各零件有无裂纹或伤痕、油路或油孔是否畅通、弹簧是否产生永久变形而刚度变小。当零件磨损超过磨损极限值时应予以修复或更换。

④ 若压力阀工作正常,拆下进油管和滤网,如有堵塞则应进行清洗,清除沉积物。变速箱油底壳中滤油器严重堵塞,会造成变速泵吸油不足,应适时清洗滤网。

4.3.3.4 个别挡行驶无力

(1)故障现象

机械挂入某挡后变速压力低,机械的行走速度不能随发动机的转速升高而提高。

(2)原因分析

如果机械挂入某挡后行走无力,其主要原因是该挡离合器打滑。造成该挡离合器打滑的原因有:

① 该挡换挡离合器的活塞密封环损坏,导致活塞密封不良,使作用在活塞上的油液压力降低。

② 该挡液压油路严重泄漏。

③ 该挡液压油路某处密封环损坏,导致变速压力降低。

(3)诊断与排除

个别挡行走无力的故障诊断与排除的方法、步骤如下:

① 检查从操纵阀至换挡离合器的油路、结合部位是否严重泄漏,根据具体情况排除故障。

② 拆下并分解该挡换挡离合器,检查各密封圈是否失效、活塞环是否磨损严重,必要时予

以更换。

③ 如果液压系统密封良好,应检查变速箱油液内有无铜屑。若油液内有铜屑,表明是该挡离合器摩擦片磨损过大,导致离合器打滑。

4.3.3.5 自动脱挡或乱挡

(1)故障现象

机械在行驶过程中所挂挡位自动脱离或挂入其他挡位。

(2)原因分析

引启动力换挡变速箱自动脱挡或乱挡故障的原因有以下几个:

① 换挡操纵阀的定位钢球磨损严重或弹簧失效,导致换向操纵阀定位装置失灵。

② 由于长期使用,换挡操纵杆的位置及长度发生变化,杆件比例不准确,使操作位置产生偏差,导致乱挡。

(3)诊断与排除

动力变速箱自动脱挡或乱挡故障的诊断与排除的步骤、方法如下:

① 检查是否为定位装置引起的故障,可通过用手扳动变速杆在前进、后退、空挡等几个位置时的感觉来判定。如果变换挡位时,手上无明显阻力感觉,即为失效,应拆下检查;如果有明显的阻力感觉,则为正常。

② 检查是否为换挡操纵杆引起的故障。先拆去换挡阀杆与换挡操纵杆的连接销,用手拉动换挡滑阀,使滑阀处于空挡位置,再把操纵杆扳到空挡位置,调整合适后再将其连接。

4.3.3.6 异常响声

(1)故障现象

变速箱工作时发出异常响声。

(2)原因分析

引启动力换挡变速箱异常响声有如下几个原因:

① 变速箱内润滑油量不足,在动力传递过程中出现干摩擦。

② 变速箱传动齿轮轮齿打坏。

③ 轴承间隙过大,花键轴与花键孔磨损松旷。

(3)诊断与排除

动力换挡变速箱异常响声故障的诊断与排除的方法、步骤如下:

① 检查变速箱内液压油是否足够,若不足应加足到规定位置。

② 采用变速法听诊。若异常响声为清脆较轻柔的“咯噔、咯噔”声,则表明轴承间隙过大或花键轴松旷。根据异响特征确诊为变速箱故障后必须立即停止工作,然后解体检修。

4.3.4 动力换挡变速箱故障排除实例(以ZL50装载机为例)

变速箱的故障,在没有认真分析之前,切不可随意拆修变速箱,以避免重复劳动和不必要的损失。应进行认真分析,仔细检查,尽量做到判断准确,以便于及时排除故障。因为任何一个部位出现故障,除有其本质内在的因素外,也有其外部的原因,既有许多相似之处,也有各自不同的特征,如果不假思索地拆修,经常会出现失误,造成损失。

(1)故障现象:挂挡后,车不能行驶。如反复轰油门,某个时刻车就突然能行驶。

诊断与排除:挂挡后,车不能行驶,若间断轰油,有时车突然能够行驶,给人的感觉好像离合器突然接合上似的。若检查变速油压表指示压力正常,制动解除灵敏有效,那么出现这种情况,一般可确定是由大超越离合器内环凸轮磨损所致。大超越离合器的功能之一就是当外负荷增加时,迫使变速箱输入齿轮转速逐渐下降,当转速小于大超越离合器外环齿的转速时,滚子就被楔紧,经涡轮传来的动力就经滚子传至大超越离合器的内环凸轮上,从而实现动力输出。但由于内环凸轮与滚子长期工作,相互摩擦,内环凸轮齿的根部常常会被滚子磨出一个凹痕,而滚子在凹痕内不易被楔紧,或者说楔入不上,因此动力始终传不出去,这时给人的感觉就像离合器没接合上一样,即使轰油,车也不动。但断续反复轰油,改变内外环齿的相对位置,又可在某个时刻突然把滚子楔紧,因而又能达到行驶的状态。遇有此种故障,必须分解变速箱,更换大超越离合器内环凸轮,以彻底排除故障。

(2)故障现象:挂挡后,较长时间(10 ~ 20 min,或者更长一点)车都似动非动。不能行驶,待能行驶时,行驶无力。

诊断与排除:这种故障现象多发生在个别挡位,且正常使用的工作挡位中以一挡为多。这是离合器接合不良,一般可断定为挡位离合器发生了故障。

挡位离合器是在操纵变速操纵阀,挂上挡位,接通变速压力油的油路后,压力油进入该挡位油缸,推动活塞压紧离合器的摩擦片而工作的。此时若油缸拉伤泄油、活塞内外密封圈磨损造成泄油、摩擦片本身损坏、活塞与摩擦片的接触平面损伤、油缸工作面损伤等,都可造成该挡活塞对摩擦片的压力不够,而使摩擦片的主、被动片相对打滑,使动力无法输出,所以表现出车辆无法行驶或行驶严重无力。遇到上述故障,首先检查挡位的准确性,因为有时由于挡位不准确就不能完全打开变速操纵阀,这就影响了液力传动油的流量和压力,也表现出上述故障现象。还有像一挡油缸油道油封损坏等也可导致上述故障。

(3)故障现象:挂挡后,无论时间多长,无论如何加油,车都不能行驶。

诊断与排除:发生这种故障时,变速压力油没有压力。这表明变速压力系统有故障。假如接表实验有正常的油压,可检查变速操纵阀中的油路切断阀是否不回位,此时表压为零。在这种情况下,往往出现挂挡不能行驶的现象。若变速操纵阀工作正常,油压也正常,而挂挡后车不能行驶,这时应排除压力油系统的故障,应该注意挡位离合器,一般为行星架隔离环损坏。特别是新车或者是新装修的变速箱发生这类故障时,基本上都是隔离环损坏。行星架上的隔离环损坏后,一般用300 mm以下的板料气割一个大环,然后按其原尺寸车削,直径要比环槽直径大一点,车完后的环下到环槽内,按其实际尺寸裁留并焊接修磨好,其效果良好。

当然,挂挡后车不行驶,应首先查看传动轴是否转动,若传动轴转动,则是减速器发生故障,通常情况下,减速器出现故障伴有异响。

(4)故障现象:挂挡后,车行驶正常,但没有滑行,或滑行时有制动的感觉。

诊断与排除:出现这种故障,若检查减速器无异响且工作正常时,一般可断定是大超越离合器的故障。因为大超越离合器内环凸轮和外环齿楔紧滚子时,才能使变速箱把发动机的动力输出去。而一旦松开油门踏板,在突然降低负荷时,滚子应该立即松脱,从而达到滑行的目的。如滚子不能松脱,车就无法滑行。出现这种故障的原因多为大超越离合器隔离环损坏所致。遇有此种故障,就必须分解大超越离合器检查修理。

综上所述,变速箱常见的四种较大故障,无论是修理还是判断都是比较复杂的,这就需要深入了解变速箱的工作机理、各部件的功能,并本着“由外及里,由表入深,由简到繁”的原则来分析、判断,避免失误。

任务3　检修定轴式动力换挡变速箱

1　任务要求

知识要求：

(1)定轴式动力换挡变速箱的功用、组成以及原理。

(2)定轴式动力换挡变速箱常见故障的现象及原因。

重点掌握内容：定轴式动力换挡变速箱的基本结构、故障原因。

能力要求：

(1)定轴式动力换挡变速箱正确的拆装、检修程序。

(2)定轴式动力换挡变速箱常见故障诊断与维修。

2　任务引入

一台徐工产ZL30E装载机在行驶过程中，挂挡时不能顺利进入某一挡位，变矩器及液压换挡操纵系统又完好，那问题可能出在挡位离合器上，挡位离合器密封圈损坏、活塞环磨损、摩擦片烧毁、钢片变形均可导致变速箱挂不上挡，这样就需要拆装、检修挡位离合器。

3　相关理论知识

3.1　概述

变速箱是通过改变转速比，从而改变传动扭矩比的装置。它与发动机配合工作，保证车辆有良好的动力性能和经济性能。

3.1.1　变速箱的功用与要求

(1)变速箱的功用

① 变速、变扭改变传动比，扩大驱动轮扭矩和转速的变化范围，以适应经常变化的工作条件，同时使发动机在有利的(功率较高而耗油率较低)工况下工作。

② 实现倒车。在发动机旋转方向不变的前提下，使工程机械能实现换向行驶。

③ 切断动力。变速箱挂空挡，在发动机运转的情况下，机械能长时间停车，便于机械的停

车及维护。

(2)工程机械对变速箱的要求

① 具有足够的挡位和合适的传动比,使机械能在合适的牵引力和速度下工作,具有良好的牵引性和燃料经济性以及较高的生产率;

② 变速箱应工作可靠,传动效率高,使用寿命长,结构简单,维修方便;

③ 变速箱应换挡轻便,不允许出现同时挂两个挡或自动脱挡、跳挡现象;

④ 对动力换挡变速箱还要求换挡离合器结合平稳。

3.1.2 变速箱的类型

(1)按传动比变化的方式分类

按传动比变化方式,工程机械的变速箱可分为有级式、无级式和综合式三种。

① 有级式变速箱应用最广泛。它采用齿轮传动,具有若干个定值传动比。

② 无级式变速箱的传动比在一定数值范围内可按无限多级变化,常见的有电力式和液力式(动液式)两种。电力式无级变速箱的变速传动部件是直流串激电动机,液力式无级变速箱的传动部件是液力变矩器。

③ 综合式变速箱是指由液力变矩器和齿轮式有级变速箱组成的液力机械式变速箱,其传动比可在最大值和最小值之间的几个间断范围内做无级变化,目前在重型汽车和工程机械上应用较多。

(2)按换挡操纵的方式分类

① 机械换挡变速箱

通过操纵机构来拨动齿轮或啮合套进行换挡。其工作原理如图 2-3-1 所示。

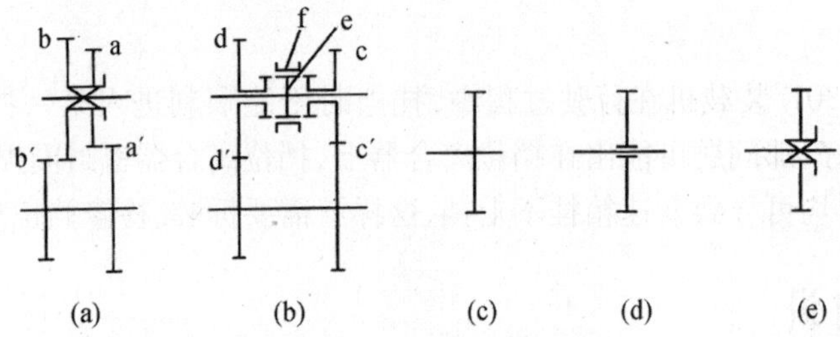

图 2-3-1 机械换挡示意图

在变速箱中齿轮与轴的连接情况有如下几种:

如图 2-3-1(c)所示为固定连接,表示齿轮与轴为固定连接。一般用键或花键连接在轴上,并轴向定位,不能轴向移动。

如图 2-3-1(d)所示为空转连接,表示齿轮通过轴承装在轴上,可相对轴转动,但不能轴向移动。

如图 2-3-1(e)所示为滑动连接,表示齿轮通过花键与轴连接,可轴向移动,但不能相对轴转动。

如图 2-3-1(a)所示为拨动滑动齿轮换挡式。双联滑动齿轮 a、b 用花键与轴相连接,拨动该齿轮使齿轮副 a - a′或 b - b′相啮合,从而改变传动比,即所谓换挡。

如图 2-3-1(b)所示为拨动啮合套换挡式。齿轮 c′、d′与轴相固连;齿轮 c、d 分别与齿轮

c′、d′构成常啮合齿轮副。但因齿轮 c、d 是用轴承装在轴上,属空转连接,不传递动力。啮合套与轴相固连,通过拨动啮合套上的齿圈分别与齿轮 c(或 d)端部的外齿圈相啮合,将齿轮 c(或 d)与轴相固连,从而实现换挡。

② 动力换挡变速箱

图 2-3-2 与图 2-3-1(b)啮合套换挡的相同之处是齿轮和轴之间为空转连接,不同之处是齿轮和轴的结合和分离不是通过啮合套,而是通过离合器,这个离合器的分离和结合一般是用液压操纵的。

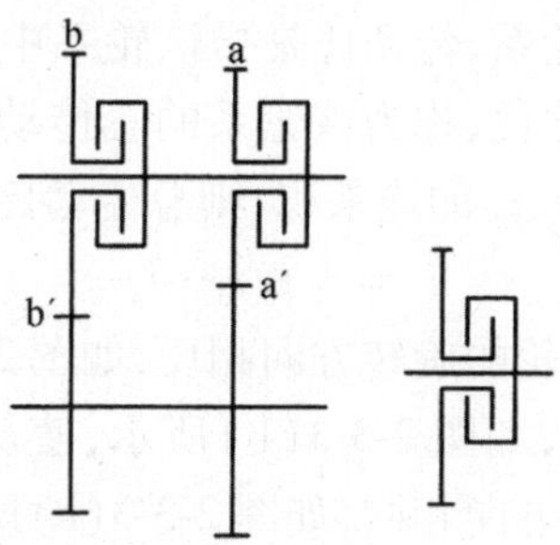

图 2-3-2　动力换挡示意图

液压操纵的压力油由发动机带动的液压泵提供,离合器的结合和分离靠的是发动机的动力,所以称为动力换挡。

机械换挡变速箱结构简单、工作可靠、制造方便、重量轻、传动效率高,但是人力操纵劳动强度大。同时,机械换挡变速箱换挡时,动力切断的时间较长,这些因素影响了机械的作业效率,并使机械在恶劣路面上行驶时通过性差。

动力换挡变速箱结构复杂、体积大、重量重,而且由于换挡元件(离合器或制动器)上有摩擦功率损失,传动效率较低。但是对于动力换挡,操纵轻便简单、换挡快、换挡时动力切断的时间可降低到最低限度,可以实现负荷下不停机换挡,有利于生产率的提高。由于工程机械工作时换挡频繁,迫切需要改善换挡操作。因此,动力换挡变速箱虽然结构复杂、制造困难,但随着制造水平的提高,动力换挡变速箱的应用更加广泛。

(3)按轮系形式分

① 定轴式变速箱

变速箱中所有齿轮都有固定的回转轴线。

② 行星式变速箱

变速箱中有些齿轮的轴线在空间旋转,这样的齿轮叫作行星轮,它在空间有两个运动:绕自身轴线的自转和随自身轴线在空间中绕公共轴线的公转。因此我们叫这类变速箱为行星式齿轮变速箱。

定轴式变速箱的结构比行星式变速箱简单,可用人力换挡,也可用动力换挡;行星式变速箱结构复杂,只有通过动力换挡一种方式进行操纵。两种形式的变速箱在工程机械上均得到较广泛的应用。

3.1.3　变速箱工作原理

现在工程机械上的变速箱,结构都比较复杂,而且形式也不一样,但其齿轮传动原理相同。

齿轮传动时,主动齿轮的各个轮齿依次地拨动从动齿轮各对应的轮齿。若主动齿轮小、从动齿轮大,根据"作用力乘以半径等于扭矩"可知:在作用力相等的条件下,小齿轮半径小扭矩小,大齿轮半径大扭矩大。因此,小齿轮驱动大齿轮转动时,降低了大齿轮的转速,增大了扭矩。主动齿轮的转速 n_1 与从动齿轮的转速 n_2 之比,称为一对啮合齿轮的传动比 i,则传动比为

$$i = n_1/n_2 = z_1/z_2$$

式中,z_1—— 主动齿轮的齿数;

z_2—— 从动齿轮的齿数。

如果是多级齿轮组成的传动轮系,传动比是指该轮系中第一级传动的主动齿轮的转速与最末一级传动的从动齿轮的转速之比,称为该轮系的总传动比。总传动比等于组成该轮系的各对啮合齿轮之传动比 i_1、i_2、i_3、…、i_n 的连乘积,则总传动比为

$$i = i_1 i_2 i_3 \cdots i_n$$

对于外齿啮合的齿轮传动,两轮的旋转方向相反,如图 2-3-3(a)所示。若前进挡为两齿啮合,倒退挡则应增加中间传动齿轮,如图 2-3-3(b)所示,使从动轴的转动方向与前进挡相反。内齿啮合的齿轮传动,两轮的转动方向相同,如图 2-3-3(c)所示。

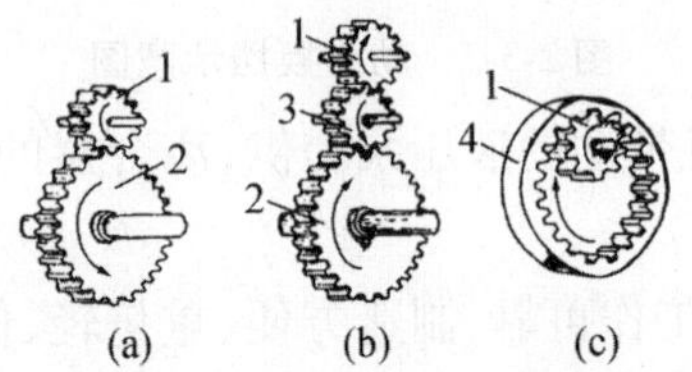

图 2-3-3　齿轮传动的方向

1—主动齿轮;2—从动齿轮;3—传动齿轮;4—从动齿圈

动力换挡变速箱通常与变矩器配合使用,可在不切断动力的情况下(甚至在大负载情况下)进行换挡。

目前工程机械常用的变速箱有如下几种:

① 滑动齿轮人力换挡变速箱;

② 啮合套人力换挡变速箱;

③ 滑动齿轮和啮合套组合式机械换挡变速箱;

④ 直齿轮(或斜齿轮)常啮合动力换挡变速箱;

⑤ 行星齿轮式动力换挡变速箱。

3.2　定轴式动力换挡变速箱的结构

国产徐工 ZL30E 装载机装用的 BS428 型定轴式动力换挡变速箱的结构如图 2-3-4 所示。

BS428 型定轴式变速箱是多轴常啮式动力换挡变速箱。它主要由输入轴总成 5、中间轴总成 6、倒挡轴总成 3、高低挡滑套 9 及其操纵机构以及多对常啮合齿轮等组成。

输入轴总成的右端伸出箱体处装有输入轴法兰,液力变矩器的动力从这里输入变速箱。输入轴总成、倒挡轴总成和中间轴总成与箱体的连接方式相同,它们的两端都用圆锥轴承支承在变速箱体以及大端盖上。在装配时应注意调整圆锥轴承的间隙,以免损坏轴承。输入轴总成、倒挡轴总成和中间轴总成以及输出轴上的齿轮相互啮合,处于常啮合状态。装在输出轴上的高低挡滑套有"高、空、低"三个停留位置,高挡位置对应于高速,低挡位置对应于低速,滑套

处于中间位置时,变速箱无动力输出。变换高低挡滑套时必须在装载机停稳以后,变速箱处于空挡的状态下进行,否则会发生冲击现象。

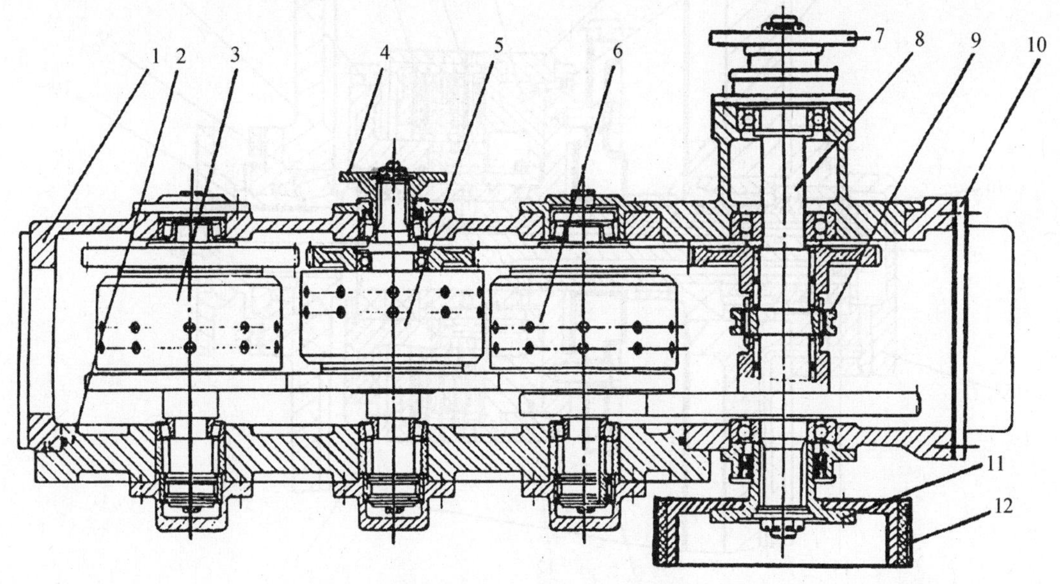

图 2-3-4　BS428 型定轴式动力换挡变速箱结构

1—变速箱体;2—大端盖;3—倒挡轴总成;4—输入轴法兰;5—输入轴总成;6—中间轴总成;7—后输出法兰;8—输出轴;9—高低挡滑套;10—油底壳;11—前输出法兰;12—带式制动器

3.3　液压离合器

BS428 型定轴式变速箱的输入轴总成、中间轴总成和倒挡轴总成的结构基本相似,它们各有一个结构相同的液压离合器作为核心部件,液压离合器的结构如图 2-3-5 所示(以输入轴为例):

液压离合器的离合器壳 3 和齿轮 13 用螺钉固装在一起,齿轮 13 又通过内花键与输入轴连接,构成离合器的主动部分。离合器部分则由活塞 4、主动(外)摩擦片 5、从动(内)摩擦片 6、回位弹簧 11、外端盖以及挡圈等组成。离合器中的主动摩擦片通过外花键与离合器的壳体连接,从动摩擦片则通过内花键与从动齿轮连接。从动齿轮通过轴承支承在输入轴上,并可相对于输入轴转动。

变速箱工作时,来自变速操纵阀的液压油经变速箱箱体的内壁油道和大端盖内的管道流进输入轴 1 中的油道,再经油道进入液压离合器的油缸内,推动离合器活塞右移,压紧主、从动摩擦片 5、6,由于主、从动摩擦片分别与液压离合器的输入轴 1 和从动齿轮 7(输出齿轮)相固连,因此,输入轴就和从动齿轮一起转动,将动力输出。

当压力油被切断时,离心倒空阀 2 自动打开。此时,活塞在弹簧 11 的作用下迅速回位,主、从动离合器片便分离,从动齿轮 7 空转,动力输出停止。

由于离合器刚开始随输入轴旋转,离合器油缸内的液力传动油在离心力的作用下由里向外甩,在油缸沿圆周边缘形成压力,并对活塞产生推力,阻碍离合器的分离。为了卸除旋转油缸的离心压力,在旋转油缸上一般设有自动倒空阀。它装在油缸靠近外径处,其工作原理如图 2-3-6 所示。

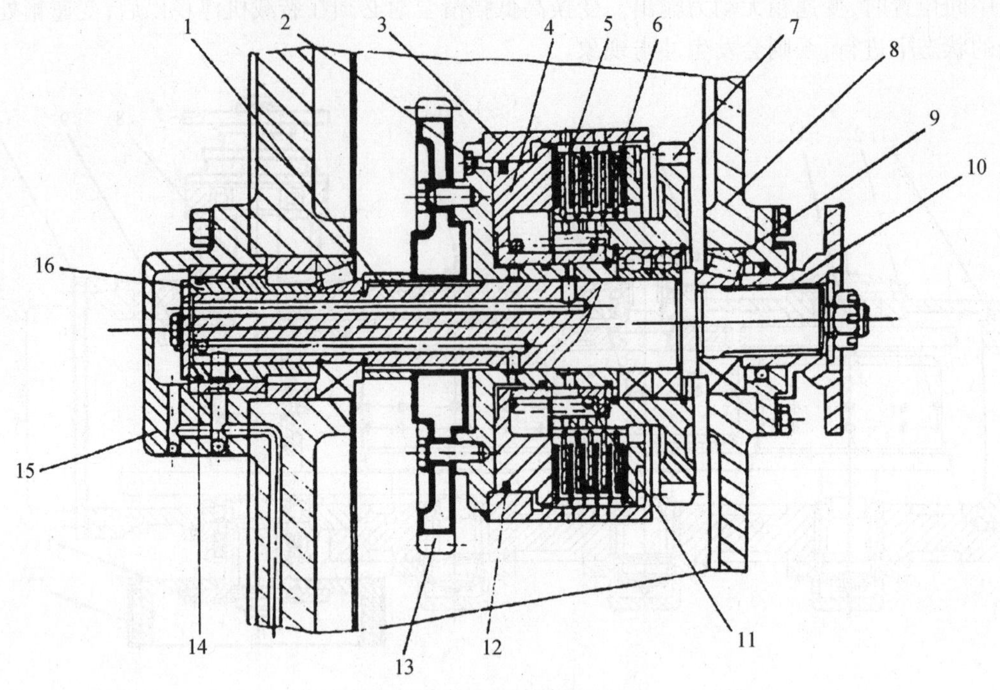

图 2-3-5　液压离合器的结构

1—输入轴；2—离心倒空阀；3—离合器壳；4—活塞；5—主动摩擦片；6—从动摩擦片；7—从动齿轮；8—变速箱体；9—轴承；10—输入法兰；11—回位弹簧；12—封油圈；13—齿轮；14—活塞环；15—进油端盖；16—内封油套

当离合器结合时，压力油通入油缸，油经过球与孔之间的弯道从泄油孔流出。此时，在钢球的前后便产生压力差，在此压力差的作用下，钢球便压向泄油孔，将泄油孔关闭，如图 2-3-6(a)所示，泄油停止，油缸内的油压上升。当离合器分离时，油缸接通回油油路而卸压。此时，钢球在离心力的作用下，向外甩出，如图 2-3-6(b)所示。泄油孔打开，油缸内的油经过球与孔之间的弯道从泄油孔流出。

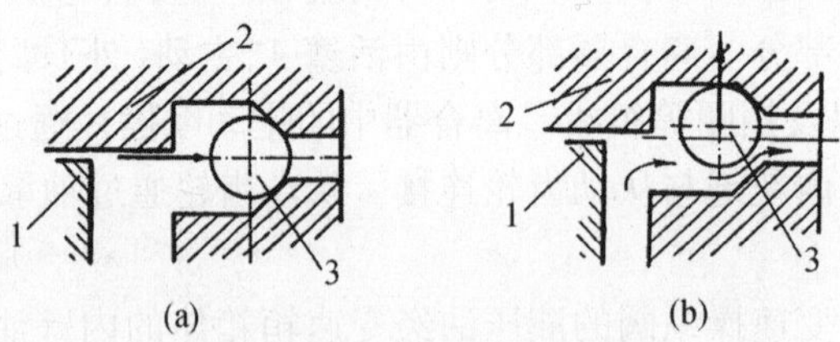

图 2-3-6　自动倒空阀的工作原理

1—活塞；2—离合器油缸；3—钢球

3.4　定轴式动力换挡变速箱的传动原理

BS428 型定轴式动力换挡变速箱的三个换挡离合器组成二前一后的挡位，再与高低挡变速机构配合组成前四后二的挡位。换挡离合器及高低挡变速机构齿轮啮合情况如图 2-3-7 所示。

图中的齿轮在离合器未接通前为空转，并不传递动力。离合器的接通与否，对齿轮的啮合关系没有改变，即所谓的“常啮式”。换挡离合器的接通可实现挡位的变化，其传动简图如图

2-3-8 所示。

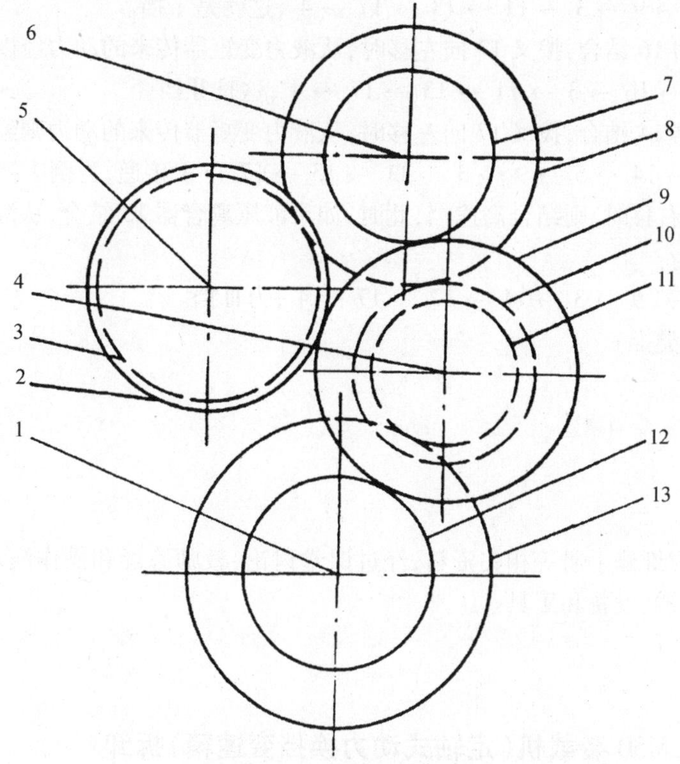

图 2-3-7　BS428 变速箱齿轮啮合情况示意图(从输入端看)

1—输出轴;2—倒挡轴大齿轮;3—倒挡轴小齿轮;4—中间轴;5—倒挡轴;6—输入轴;7—输入轴Ⅰ挡齿轮;8—输入轴Ⅱ挡齿轮;9—中间轴Ⅰ挡齿轮;10—中间轴Ⅱ挡齿轮;11—中间轴低挡齿轮;12—输出轴高挡齿轮;13—输出轴低挡齿轮

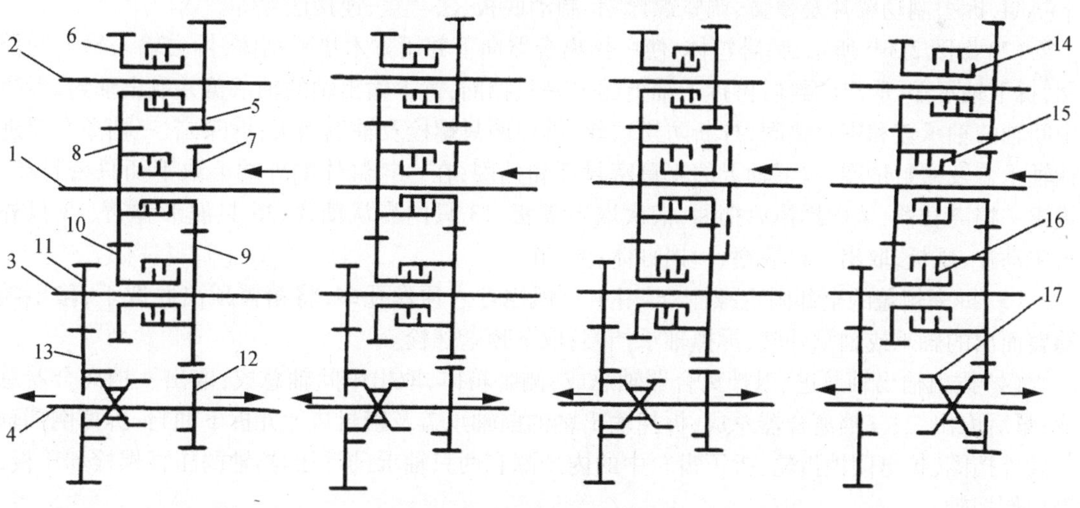

图 2-3-8　BS428 变速箱传动简图

1—输入轴;2—倒挡轴;3—中间轴;4—输出轴;5—倒挡轴大齿轮;6—倒挡轴小齿轮;7—输入轴Ⅰ、Ⅲ挡齿轮;8—输入轴Ⅱ、Ⅳ挡齿轮;9—中间轴Ⅰ、Ⅲ挡齿轮;10—中间轴Ⅱ、Ⅳ挡齿轮;11—中间轴低挡齿轮;12—输出轴高挡齿轮;13—输出轴低挡齿轮;14—倒挡离合器;15—Ⅰ、Ⅲ挡离合器;16—Ⅱ、Ⅳ挡离合器;17—高、低挡滑套

当液压离合器 15 结合，拨叉 17 向左移时，从液力变矩器传来的动力的传递路线为：

1 → 15 → 7 → 9 → 3 → 11 → 13 → 17 → 4 ，这就是Ⅰ挡。

当液压离合器 16 结合，拨叉 17 向左移时，从液力变矩器传来的动力经以下路线传递：

1 → 8 → 10 → 16 → 3 → 11 → 13 → 17 → 4 ，这是Ⅱ挡。

当液压离合器 14 结合，拨叉 17 向左移时，从液力变矩器传来的动力则经以下路线传递：

1 → 8 → 6 → 14 → 5 → 9 → 3 → 11 → 13 → 17 → 4 传递，为倒Ⅰ挡。

当拨叉 17 向右移时，则结合高速挡，此时，如果液压离合器 15 结合，从液力变矩器传来的动力的传递路线为：

1 → 15 → 7 → 9 → 3 → 11 → 12 → 17 → 4 ，为Ⅲ挡。

Ⅳ挡、倒Ⅱ挡类推。

4 任务实施

4.1 准备工作

通过查阅对应维修手册等相关资料，经过课堂讨论、教师答疑和操作演示，制订修改拆装方案，准备所需仪器、设备和工具。

4.2 操作流程

4.2.1 常林 ZLM50 装载机（定轴式动力换挡变速箱）拆卸

（1）拔出油标尺，拆除箱体外部所有的软、硬油管，拆掉油标尺管及座，拆下分配阀、挡位阀及密封垫片，拆下后输出轴的连接法兰，拆去前输出轴的手制动鼓，拆去开口销、开槽螺母和平垫圈，拆去制动蹄片及弹簧、调整螺栓副、制动底板、法兰盖、连接法兰等。

（2）如图 2-3-9 所示，睡卧箱体，使一挡离合器向下并用方木垫平箱体，拆去输入轴上的挡圈，拆下轴承盖，取出油封后再拆下轴上的另一只挡圈；拆下输出轴的轴承盖并取出油封，拆掉中间轴的轴承盖和密封垫圈，拧断防松铁丝，拆掉两只螺栓及轴端挡板；拆除二、三挡离合器进油轴承盖及密封垫圈，取下轴上的 4 只密封环和挡圈；在一挡缸体的外端上取下两只密封环，拔出一挡离合器，从中拆掉后挡圈，依次取下盖板、13 只内齿从动片、26 只波形弹簧、13 只外齿主动片、压板，取出一挡活塞、一挡缸体、前挡圈。

（3）拆去箱盖的全部固定螺栓，再用 4 只螺栓拧入顶丝孔中，将箱盖顶出并取下，敲出随箱盖而出的轴承或轴承外圈，拆掉轴承挡圈；取下顶丝螺栓。

（4）拔出输出轴及进、退挡离合器轴总成；侧卧箱体，取出中间轴总成；取出一挡离合器总成；最后取出二、三挡离合器总成；拆掉输出轴的前轴承盖及密封垫片并拆下油封；拆掉倒挡轴上的外挡圈，拉出倒挡齿轮，拆下齿轮中的内挡圈和两只轴承，拆掉倒挡轴的压板螺栓和压板，敲出倒挡轴。

（5）分解输出轴总成；拆去后端的挡圈和套，分别拆去两端的 O 形圈，拉出轴承，取下隔套，拆下齿轮。

（6）分解中间轴总成：拆下前后轴承，拆下两只齿轮，拔出中间隔套。

（7）分解一挡离合器总成：拆掉轴两端的挡圈和轴承，取下隔套；拔出小齿轮、轴套、大齿

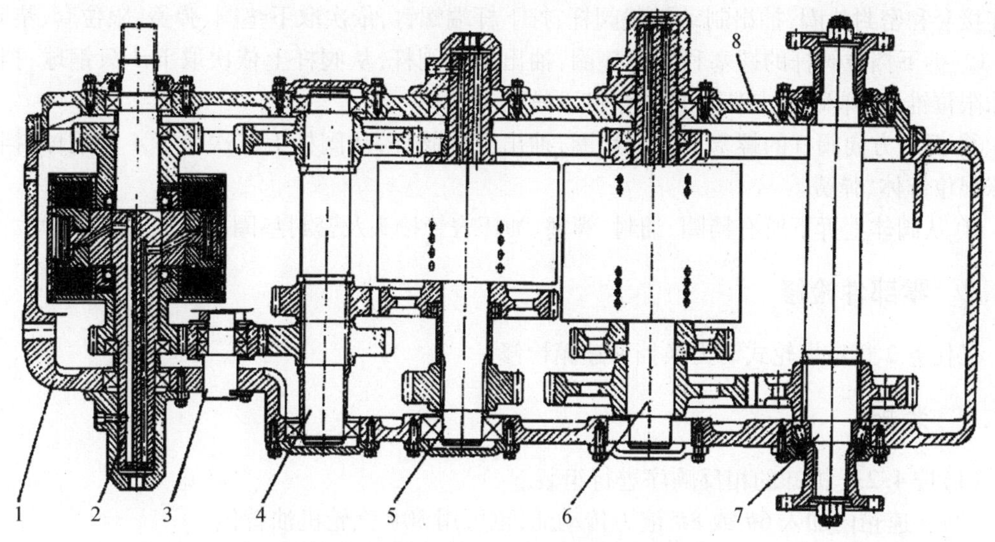

图 2-3-9　ZLM50 定轴式变速箱结构示意图

1—变速箱体;2—前进倒挡总成;3—倒挡轴;4—中间轴总成;5—一挡总成;6—二、三挡总成;7—输出轴总成;8—变速箱盖

轮等;拆掉大挡圈,取下盖板,再依次拆下 13 只外齿主动片、26 只波形弹簧和 13 只内齿从动片,取下压板,取出活塞、单向推力球轴承和大挡圈;最后取出缸体。

(8)分解二、三挡离合器总成:分别依次拆掉轴两端的挡圈和轴承,拆掉轴后端的单向推力球轴承,拔出三挡离合器齿轮并从中取出滚针轴承;拆掉三挡的大挡圈,取下盖板,再依次拆下各 6 只外齿主动片、12 只波形弹簧和 6 只内齿从动片,取下压板,取出活塞、单向推力球轴承和大挡圈;拆掉轴前端的两只齿轮,拆掉单向推力球轴承,拔出二挡离合器齿轮并从中取出两只滚针轴承;拆掉二挡的大挡圈,取下盖板,再依次拆下 11 只外齿主动片、22 只波形弹簧和 11 只内齿从动片,取下压板,取出活塞、单向推力球轴承和大挡圈;最后取出缸体。

(9)分解进、退挡离合器总成:分别依次拆掉轴两端的挡圈和轴承,拔出隔套(前后轴套不一样),拆去单向推力球轴承,再拔出倒挡离合器齿轮并从中取出轴套及滚针轴承;拔出前进挡离合器齿轮并从中取出滚针轴承(没有轴套);再依次拆掉两端的大挡圈、盖板、各 8 只外齿主动片、16 只波形弹簧、8 只内齿从动片、压板及活塞、单向推力球轴承和大挡圈,最后取下缸体。

(10)分解分配阀(同 ZLM30 机型):

① 取下各孔口的 O 形圈,取出可变节流阀的阀套、阀芯、弹簧。

② 拆下液流阀(蓄能器)的阀罩,从阀罩上拆下 O 形圈,取出阀套,从阀套上拆下 O 形圈,依次取出弹簧、阀芯。

③ 拆下减压阀的堵头,从堵头上拆下 O 形圈,再依次取出弹簧座、弹簧、单向阀套和单向阀、液流阀(减压阀)套和阀芯,从单向阀套及液流阀(减压阀)套上拆下各自的阀芯、O 形圈和挡圈。

④ 拆下剩余的堵塞、堵头、O 形圈等。

(11)分解挡位阀(同 ZLM30 机型):

① 取出进气连接盖接口的 O 形圈,拆下进气连接盖、活塞杆导套,取出活塞杆和弹簧,从活塞杆上取下橡皮碗;拆下柱塞套和 O 形圈,从中取出柱塞,从柱塞上取下 O 形圈;拆下制动

杆连接套和密封垫圈,抽出制动卸载阀杆,拧下杆端螺钉,依次取下垫圈、弹簧、限位套、垫圈。

② 拆下挡位阀杆的螺塞和密封垫圈,抽出挡位阀杆,从阀杆上依次取下4只钢球、挡圈、钢球限位锥体、弹簧,再从阀杆内孔中卸下螺堵。

③ 拆下方向阀杆的螺塞和密封垫圈,抽出方向阀杆,从阀杆上依次取下4只钢球、挡圈、钢球限位锥体、弹簧。

④ 从阀体上拆下所有挡圈、油封、螺塞、油压表管接头及密封垫圈。

4.2.2 零部件检修

见任务2行星齿轮式动力换挡变速箱检修。

4.2.3 装配

(1)按4.2.1拆卸的相反顺序进行组装。

(2)变速箱内加入6# 或8# 液力传动油,也可用30# 汽轮机油替代。

4.2.4 拆装注意事项

(1)缸体及轴的油孔在装配前必须保持通畅,不得有异物堵塞的现象;

(2)安装单向推力球轴承时应注意其松紧面,紧圈须装入里端的里侧与外端的外侧,松圈反之;

(3)活塞应拧入两只小螺栓平行地抽出、装入,装入前应在活塞与缸体上涂抹清洁的油液,装入后须左右转动与进出拉动,确信无卡滞方可;

(4)所有挡位离合器的第一片内齿从动片均与活塞压板相邻,最后一片外齿主动片均与盖板相邻;

(5)先压下盖板的某处边缘,塞入挡圈开口的一端后再沿圆周方向顺序安装挡圈;

(6)组装各挡离合器片应使用专用工装,如没有专用工装,应用两根粗铁丝左右拨动内齿,须保证所有内齿均排列整齐且与齿圈保持同轴,然后再用两只总长为18 mm的M10×13六角螺栓通过盖板上的螺孔压紧摩擦片组(没有螺孔的盖板可对称钻孔攻制两只M10的螺孔);

(7)安装离合器活塞时应涂抹清洁的机油;

(8)各轴端的油封环在安装时必须小心仔细,谨防损坏,并在圆周表面涂抹清洁的油液;

(9)装配分配阀和挡位阀时,应在阀杆上涂抹清洁的油液后装入阀体,阀杆在阀体内须能灵活运动,不得有卡滞现象;

(10)组装完毕后,应通入压缩空气进行试验,各离合器活塞必须移动灵活无任何卡滞现象方可。

4.3 定轴式动力变速箱常见故障诊断与排除

见项目2任务2。

任务4　检修变速操纵阀

1　任务要求

知识要求：

(1)变速操纵阀的功用、组成以及原理。

(2)变速操纵阀常见故障的现象及原因。

重点掌握内容：变速操纵阀的基本结构、故障原因。

能力要求：

(1)变速操纵阀正确的拆装、检修程序。

(2)变速操纵阀常见故障诊断与维修。

2　任务引入

装载机在工作的时候，所有挡位均无变速压力，且精滤器出油口油流很猛，这样即可判断变速泵没问题、精滤器也没有被堵，问题出在变速操纵阀上，就要对变速操纵阀进行检修。

3　相关理论介绍

液力机械传动系统的控制有纯液压控制系统和电液控制系统两种型式。无论哪种型式，最终都归结为对变速箱的换挡操纵、液力变矩器循环油液的控制与冷却、变速箱与变矩器中需要润滑的零件的润滑等任务。

3.1　ZL40、ZL50 装载机液力机械传动的液压控制系统

3.1.1　ZL40、ZL50 装载机变速箱－变矩器供油系统的组成与工作原理

ZL40、ZL50 装载机变速箱－变矩器供油系统的工作原理如图 2-4-1、2-4-2 所示：

ZL40、ZL50 装载机传动供油系统主要由变速泵 5、变速操纵阀 9、滤油器 7、散热器(冷却器)1、油箱(由油底壳和箱体组成)及油缸(离合器)等组成。

柴油机带动变矩器泵轮旋转时，通过装在泵轮上的分动齿轮及变速泵轴齿轮 4 驱动变速泵从油底壳吸油。变速泵泵出的压力油经滤油器过滤(当滤清器滤芯阻塞时，旁通阀打开通油)后，进入变速操纵阀。自此，压力油分为两路：一路经调压阀阀杆上的斜孔进入阀杆的左

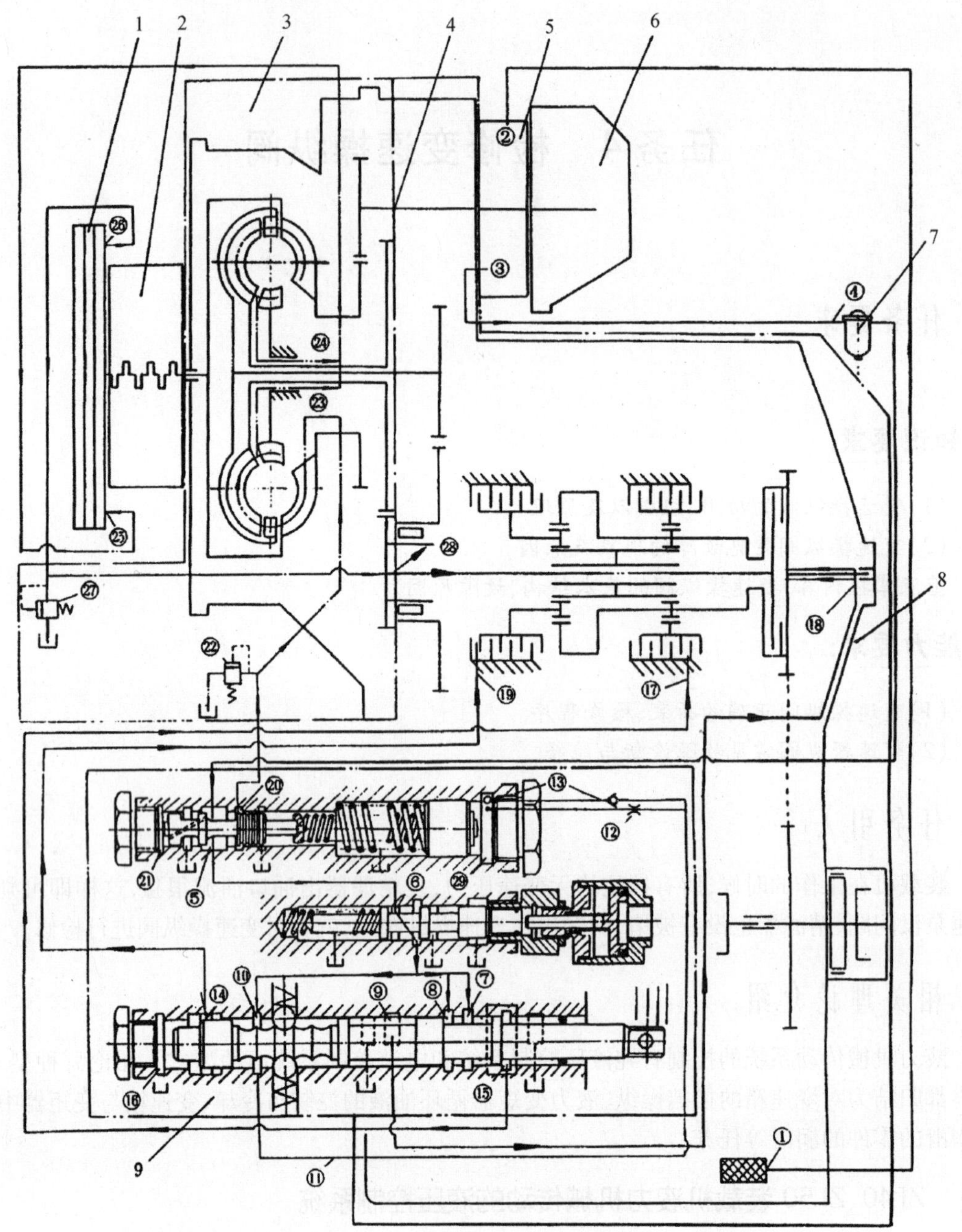

图 2-4-1　ZL40、ZL50 型装载机变速箱－变矩器供油系统原理图

1—散热器；2—柴油机；3—变矩器；4—轴齿轮；5—变速泵；6—工作泵；7—滤油器；8—变速箱；9—变速操纵阀

端㉑，推动阀杆右移，孔口⑤与⑳相通，开始向变矩器供油，并使变矩器工作腔内保持一定的压力。不断进入变矩器的工作油液，一部分在泵轮，一、二级涡轮和导轮间循环流动；另一部分则通过各工作轮间的间隙进入导轮座的出油槽，经孔口㉔、㉕进入散热器（或冷却器）降温后从孔口㉖流出，由出油阀㉗调节后进入润滑油路，去润滑各轴承及大超越离合器。从变矩器流出的油液经软管进入散热装置进行散热，以保持供油系统的正常工作温度。使用中的工作油温

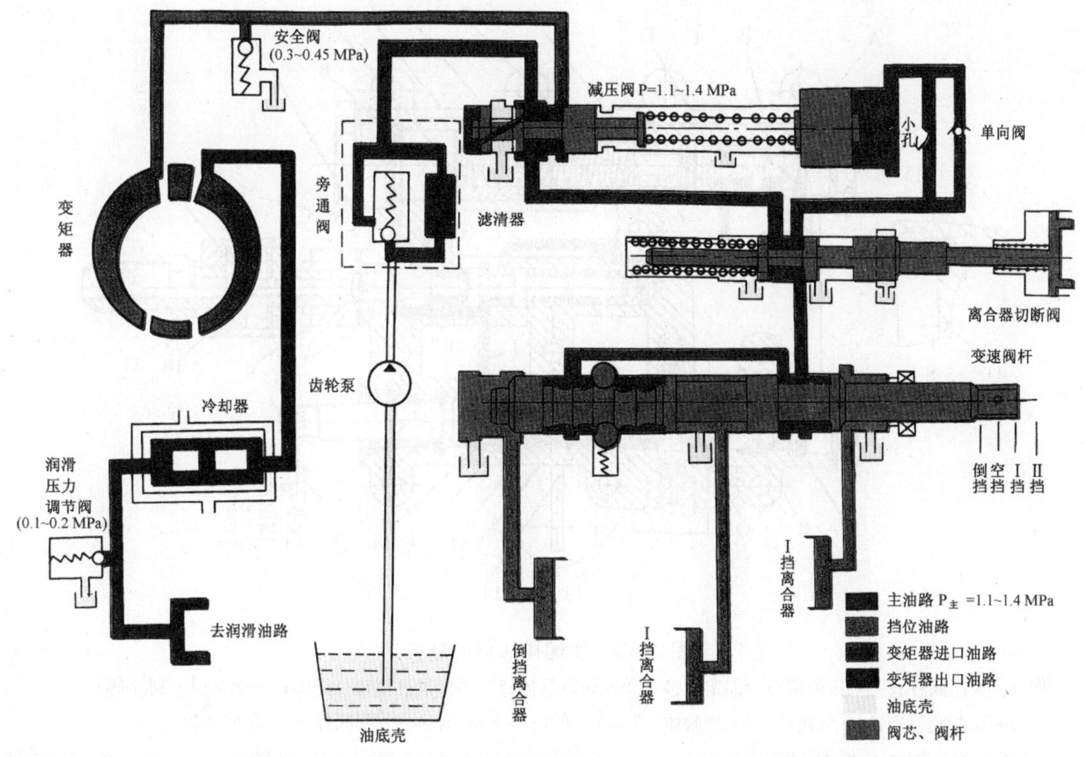

图 2-4-2　ZL40、ZL50 型装载机变速箱—变矩器供油系统油路图

一般保持在 80 ~ 90℃较好,短时间可达 120℃,油温过高会出现装载机动力性显著下降的现象,应立即停机冷却。经过散热后的低压油再回到变矩器,并通过壳体上的孔去润滑超越离合器及各行星排。

第二路至刹车切断阀后分为两路:

一路经调压阀右端的节流孔进入蓄能器柱塞的右端面,通过蓄能器柱塞压缩调压弹簧,进而推动调压阀杆向左移动,减小进入变矩器的油孔开口面积,直至与阀杆左端的油压、调压弹簧的弹力相平衡时为止,此时调压阀调定的是 $P=1.08\sim1.47$ MPa 的换挡压力。

另一路从刹车切断阀进入变速操纵油路,并根据变速阀杆的不同位置进入各挡油缸,完成不同挡位的工作。在该变速油路中,刹车切断阀可根据需要,切断通往变速阀阀杆的油路。

变矩器工作时,工作腔内应保持一定的压力,一般进油口的压力为 0.3 ~ 0.45 MPa,由变矩器的进油压力调节阀调节;出油口的压力一般为 0.1 ~ 0.2 MPa,由变矩器出油阀调节。油压过低,变矩器内部容易产生“气蚀”,致使传动效率下降;压力过高,则会降低其密封性能,增加泄漏,严重时甚至会引起机件损坏。

3.1.2　ZL40、ZL50 装载机变速操纵阀

ZL40、ZL50 装载机变速操纵阀主要由调压阀、分配阀、弹簧蓄能器、切断阀及阀体等组成。变速操纵阀的结构如图 2-4-3 所示,其工作原理分述如下:

(1) 调压阀

调压阀杆 1 左端的压力与调压弹簧 2 的作用力相平衡。弹簧的右端被蓄能器柱塞 5 顶

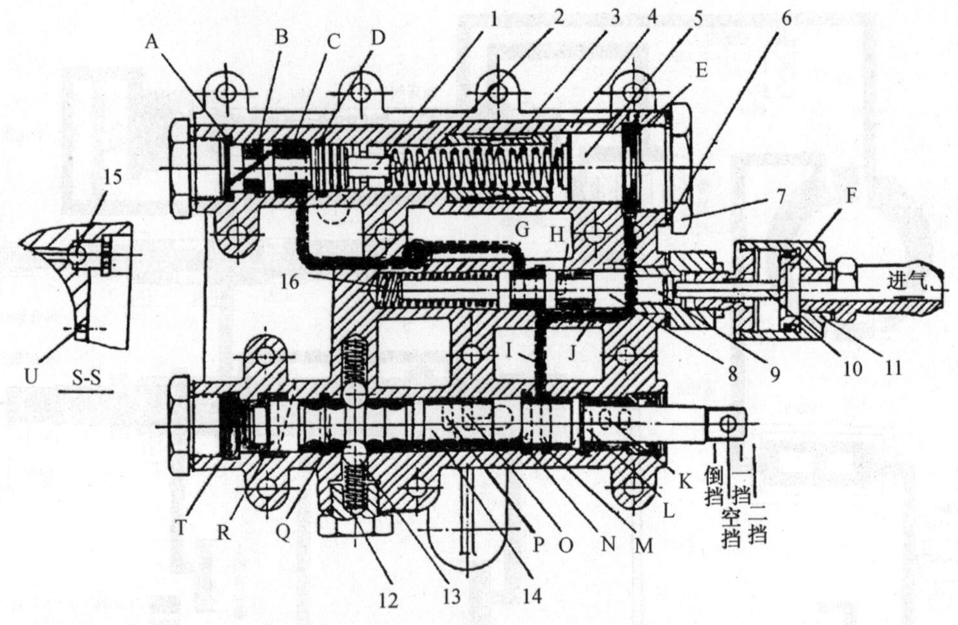

图 2-4-3 变速操纵阀的结构

1—调压阀杆;2—调压弹簧;3—固定套;4—变速操纵阀体;5—蓄能器柱塞;6—垫圈;7—螺塞;8—刹车阀杆;9—切断阀活塞;10—气阀杆;11—气阀体;12、16—弹簧;13—钢球;14—分配阀杆;15—单向节流阀

住,C 腔为变速操纵阀的进油口。A 腔通过调压阀杆上的小孔与 C 腔相通, B 腔与变速箱体上的回油口相通,D 腔与变矩器相通。柴油机启动后,来自变速泵的压力油从 C 腔进入调压阀,并从油道 G 通过切断阀进入 I 腔,通向变速分配阀。与此同时,压力油通过调压阀杆上的节流小孔进入 A 腔,从 A 腔向调压阀杆左端面施压,使调压阀杆右移,打开与 D 腔相通的油道,使变速泵来油的一部分流向变矩器。油道 G 内的油液经油道 J 进入弹簧蓄能器的 E 腔,推动蓄能器柱塞左移,控制调压阀的压力。

固定套 3 是用来防止油压过高而设置的。假如系统油压继续升高,超过规定(调定)值,弹簧蓄能器柱塞则被固定套 3 限制,而 A 腔的压力随着继续升高的油压而升高,推动调压阀杆继续右移,打开 B、C 间的油道,使部分油液流回油底壳,系统压力不再升高,使系统压力保持在规定(调定)范围,调压阀在变速操纵阀中既起调压作用,又起着安全阀的作用。调压阀的调压范围为 1.08 ~1.47 MPa。

(2)分配阀

变速操纵阀杆(分配阀杆)由弹簧 12 及钢球 13 定位,拨动阀杆可使变速箱分别处于空挡、Ⅰ挡、Ⅱ挡和倒挡。L、O、R 腔分别与Ⅰ挡、Ⅱ挡及倒挡油缸相通,K、P、T 腔则与回油口相通。N、M、Q 腔始终与油道Ⅰ相通。各挡位进油口与回油口如表 2-4-1 所示。

表 2-4-1 各挡位进回油口

挡 位	进 油 口	回 油 口
Ⅰ挡	L	K
Ⅱ挡	O	P
倒 挡	R	T

(3)弹簧蓄能器

弹簧蓄能器的作用是保证变速箱离合器摩擦片能迅速而平稳地结合。其E腔通过单向节流阀15的节流孔U及单向阀与压力油道J相通。换挡时,油道I与新结合的油缸相通,在开始结合的瞬间,油道的压力很低。此时,不仅调压阀来的油经油道I进入油缸,而且弹簧蓄能器E腔的压力油,除极小部分由小孔U进入油道J以外,大部分油将单向阀的钢球推开,由油道J经油道I也进入离合器油缸,使蓄能器迅速卸压,同时,由于弹簧的伸长,作用在调压阀杆的压力也减小,使油液流向变矩器的油口关小。这在瞬间加大了进入离合器油缸的油量,使活塞迅速移动,很快消除了离合器摩擦片间的间隙。若接着仍按上述情况继续对油缸充油,就有使离合器骤然结合而造成冲击的趋势。然而,由于弹簧蓄能器内的油已排出,腔中的压力与较小的弹簧力相平衡,在这种情况下,当油流充满离合器油缸之后,I油道的油首先经油道J进入E腔,同时使单向阀关闭,使油只能从节流小孔U进入弹簧蓄能器E腔,逐步压缩弹簧,使压力缓慢上升,从而使换挡平稳,减少冲击。当离合器摩擦片结合后,油道I与E腔的压力随之达到平衡。

(4)切断阀

切断阀由弹簧16、刹车阀杆8、气阀杆10、气阀体11以及切断阀活塞9等组成。正常情况下,油道G与I相通,阀体内的H腔与回油口相通。制动时,从制动阀来的压缩空气进入F腔,推动气阀杆左移,切断阀活塞、刹车阀杆则被推左移,并压缩弹簧16。此时,油道G与油道I被隔断,同时,油道I与H腔相通。工作油缸的油经I、H迅速流回油底壳,从而使变速箱摩擦片分离,不再传递转矩,有助于制动器的制动。制动结束后,F腔的气体经制动阀排入大气。在气阀杆回位弹簧的作用下,回复到原来的位置,油道I与H腔隔断,同时,I与G接通。调压阀来的压力油经G、I进入工作油缸,使离合器摩擦片结合,装载机恢复正常运行。

国产ZL40、ZL50D型行星式变速箱操纵阀的结构基本相同,主要的区别在于调压阀的限位方式(有的采用弹簧限位,有的则采用固定套限位)及切断阀的结构。

3.2　徐工ZL30E装载机变速箱－变矩器供油系统

3.2.1　供油系统的原理及组成

徐工ZL30E装载机液力传动系统的供油原理如图2-4-4所示。该供油系统主要由变速泵、调压阀(组合阀)、变速操纵阀、滤油器、散热装置、油箱(由油底壳和箱体构成)等组成。

当变矩器的泵轮旋转时,通过其上的传动齿轮(又称分动齿轮)驱动变速油泵2从油底壳吸油,变速泵泵出的压力油进入变矩器(组合阀)调压阀。变矩器调压阀由变速箱压力控制阀3、变矩器进口压力阀4等组成。进入的工作油液,在变速压力阀的作用下,首先保证变速操纵阀用油,然后再经变矩器进口压力阀4输往变矩器。变速操纵油压及变矩器进口油压分别由变速压力阀3、变矩器进口压力阀4来控制,其油压分别为1.08～1.47 MPa和0.3～0.49 MPa。当液力变矩器的进口油压超过进口压力阀的调定值时,阀口便打开,液压油溢出,经变矩器流回变速箱(图2-4-4中的淋油)。从变矩器出口压力阀6流出的油液经散热器冷却后流往变速箱润滑系统。

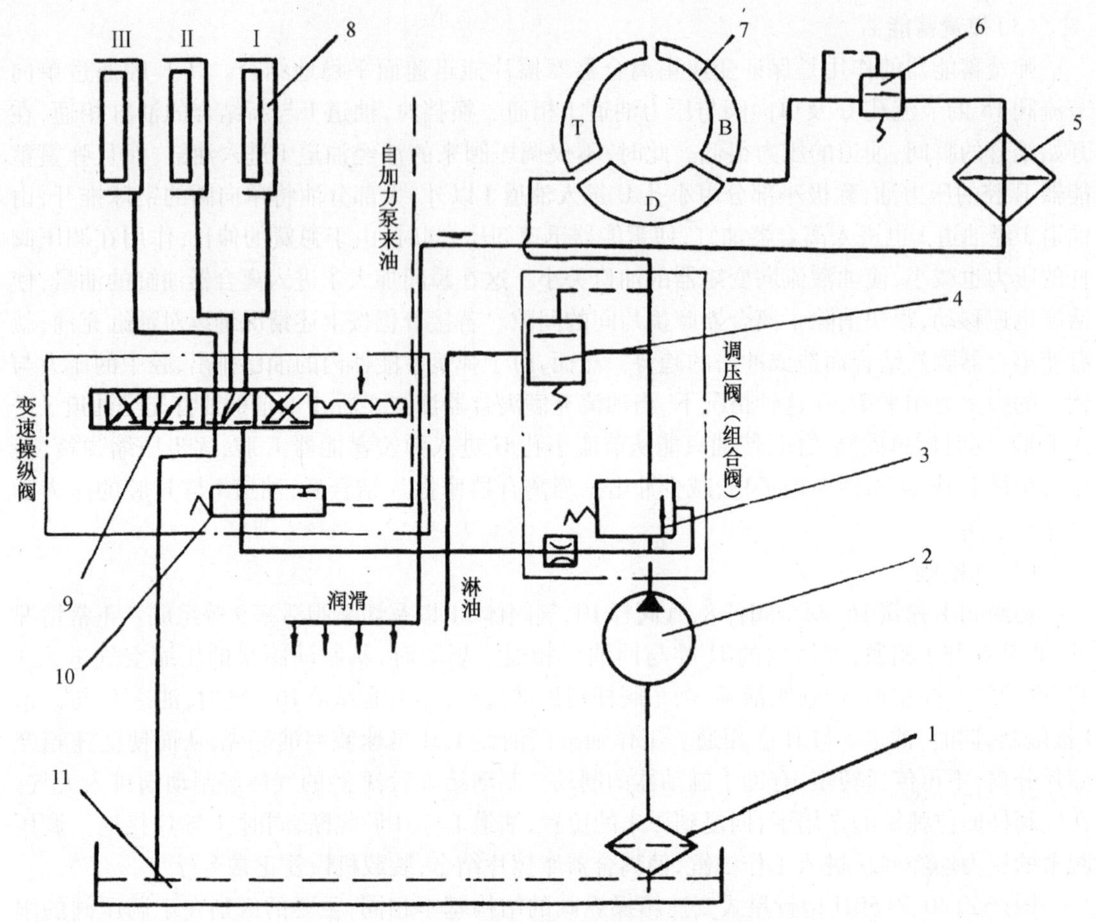

图 2-4-4　ZL30E 型装载机传动系统供油原理图

1—滤油器；2—油泵；3—变速箱压力控制阀；4—变矩器进口压力阀；5—液力传动油散热器；6—变矩器出口压力控制阀；7—变矩器；8—变速箱液压离合器；9—变速阀；10—变速切断阀；11—油底壳

3.2.2　调压阀的组成及工作原理

调压阀(包括溢流阀)主要由阀体4、调压阀阀芯6、调压阀调压弹簧5、溢流阀阀芯9以及溢流阀调压弹簧11等组成,其结构如图2-4-5所示。

变速泵经粗滤器将液力传动油压入变矩器调压阀(组合阀)的A腔,并在A腔分成两路。一路与变速箱上的变速操纵阀相通;另一路经调压阀进入油腔B与变矩器进油口相通。当变速操纵阀处于工作位置(在某一挡位)时,压力油便进入离合器油缸,离合器摩擦片便在油压作用下压紧。进入变速操纵阀的压力油的油压(即阀体内A腔的压力)是由调压阀调压弹簧5调定的,其压力值为1.08～1.47 MPa;而进入变矩器的压力油油压则由溢流阀调压弹簧11调定,其压力值为0.3～0.49 MPa。

调压阀的结构如图2-4-5所示。变速泵提供的压力油进入调压阀的A腔后,通过调压阀芯6上的纵向槽f和阻尼孔h进入左端C腔,阀芯在C腔油液压力和右端弹簧力的作用下处于平衡状态,这时阀杆与阀体上通变矩器油口的开口为X,A、B腔的压力分别在调定的范围内。当A腔压力升高时,C腔的压力随之升高,于是调压阀芯压缩调压弹簧5右移,使油口的

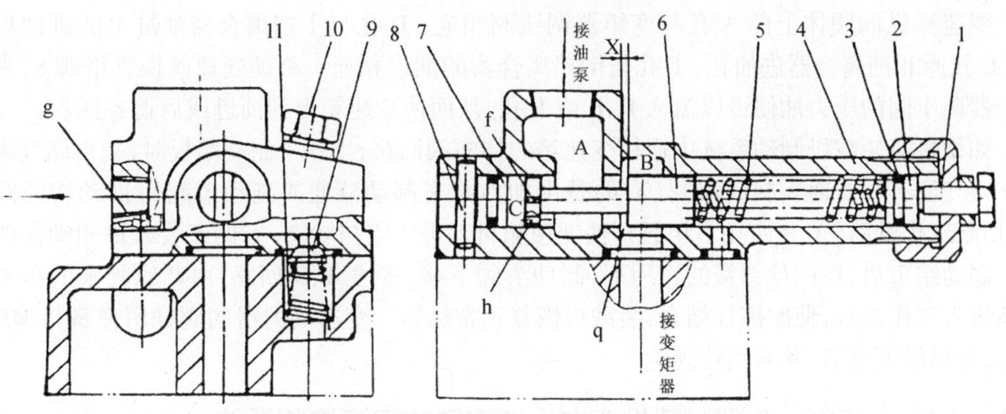

图 2-4-5　调压阀的结构

1—调压螺钉;2、7—挡柱;3—O 形圈;4—阀体;5—调压阀压缩调压弹簧;6—调压阀阀芯;8—挡销;9—溢流阀阀芯;10—压力传感器接头;11—溢流阀调压弹簧

开口量增大。由于开口量的增大,使流阻减小,A 腔的压力下降。同理,当 A 腔压力下降时,与上述过程相反。因此,调压阀因为其开口量 X 能随压力的升降而自动地开大或减小,从而使变速操纵阀的压力保持恒定,以保证变速箱内换挡离合器的正常工作。

3.2.3　徐工 ZL30E 装载机变速操纵阀的组成及工作原理

变速操纵阀主要由变速阀和制动阀等组成,其结构如图 2-4-6 所示。

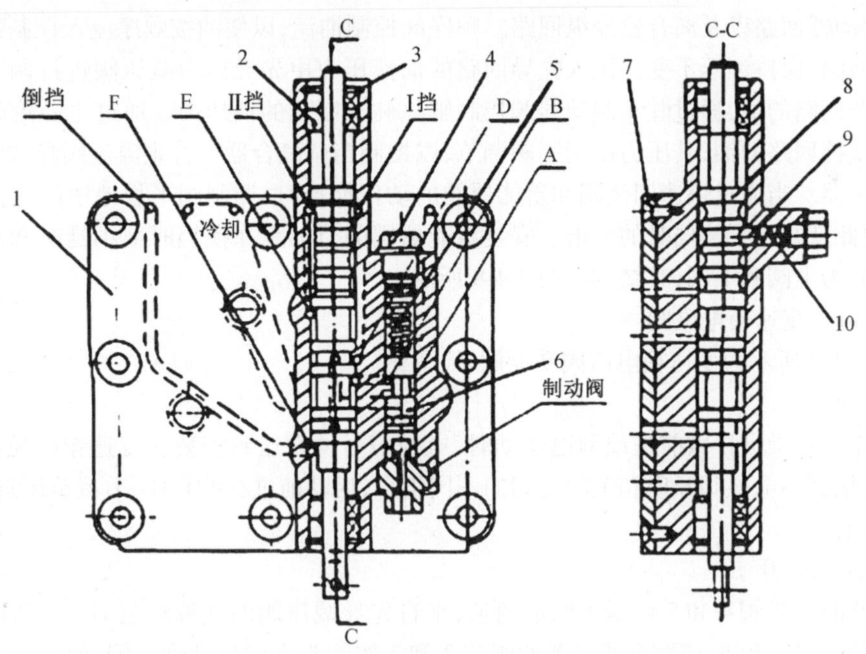

图 2-4-6　变速操纵阀的结构

1—阀体;2—骨架油封;3—挡圈;4—螺塞;5—制动阀回位弹簧;6—制动滑阀;7—底板;8—操纵阀滑阀;9—定位钢球;10—调压弹簧

变速操纵阀阀体上的 A 孔与变矩器调压阀相通，D 孔与Ⅰ挡离合器油缸上的进油口相通，E 孔通Ⅱ挡离合器进油孔，F 孔与倒挡离合器的油口相通。移动变速阀操纵滑阀 8，来自变矩器调压阀的压力油便可以流入 D、E 或 F 孔，从而使变速箱得到前进或后退各挡。

如果接通装载机制动系统中通往变速箱的切断阀回路，当踩下制动踏板时，来自储气罐的压缩空气便有一支通入制动滑阀（有的是由加力泵来制动液通入制动滑阀），推动切断阀阀杆，切断工作油路（A、B 两孔不相通），使变速箱自动进入空挡状态，有助于装载机制动器的制动。制动结束后，在回位弹簧的作用下，制动滑阀下移，接通 A、B 回路，由调压阀来的压力油重新进入工作油缸，使摩擦片结合，装载机恢复正常运转。变速阀的滑阀阀杆用弹簧与钢球 9 定位，操纵轻便灵活，并有挡位感觉。

3.3 小松 WA380－3 型装载机液力机械传动的电液控制系统

液力机械传动系统的控制有液压控制系统和电控系统两种型式。无论哪种型式，最终都归结为对变速箱的换挡操纵、液力变矩器循环油液的控制与冷却、变速箱与变矩器中需要润滑的零件的润滑等任务。

3.3.1 液压控制系统

图 2-4-7 所示为 WA380－3 装载机液力机械传动液压控制系统，该系统主要由油箱、变速泵、滤油器、主溢流阀、变速操纵阀、电磁阀、蓄能器、驻车制动阀等组成。

来自油泵的油通过滤油器进入变速箱控制阀。油通过顺序阀进行分配，然后流入先导回路、驻车制动器回路以及离合器操纵回路。顺序阀控制油流，以使油按顺序流入控制回路和驻车制动器回路，保持油压不变。流入先导回路的油液压力由先导压力减压阀进行调节。流入驻车制动器回路的油，通过驻车制动器阀控制解除驻车制动的油压力。通过主溢流阀流入挡位离合器换挡回路的油，其压力用调制阀调节，以控制挡位离合器。将主溢流阀释放的油提供给液力变矩器。当通过快速回流阀和蓄能器阀的动作换挡时，调制阀平稳地增高挡位离合器的油压，因此就减小了换挡时的冲击。安装蓄能器阀的目的是在换挡时减小延时和冲击。变速操纵阀分为上阀和下阀，其结构如图 2-4-8 所示。

3.3.1.1 变速箱电磁阀

如图 2-4-9 所示为变速箱电磁阀功能图。

(1) 功能

当操作换挡操纵杆做前进或倒退运动时，电控信号便发送到安装在变速箱挡位阀上的 4 个电磁阀，根据各电磁阀开启和关闭之间的不同组合，启动前进/倒退、H－L 或范围选择阀。

(2) 操作

① 电磁阀断开

由于此时电磁阀 4 和 5 切断了回油通道，来自先导减压阀的油液流至 H－L 选择器和范围选择器的端口 a 和 b，使两个选择器的阀芯 2 和 3 按箭头方向移动到右侧，使来自油泵的压力油便流至二挡离合器。

② 电磁阀接通

当操作速度操纵杆时，电磁阀 4 和 5 的回油通道打开，选择器阀芯 2 和 3 端口 a 和 b 处的油便从端口 c 和 d 流回油箱。因此，端口 a 和 b 处的压力下降，两阀芯各自被回位弹簧 6 和 7

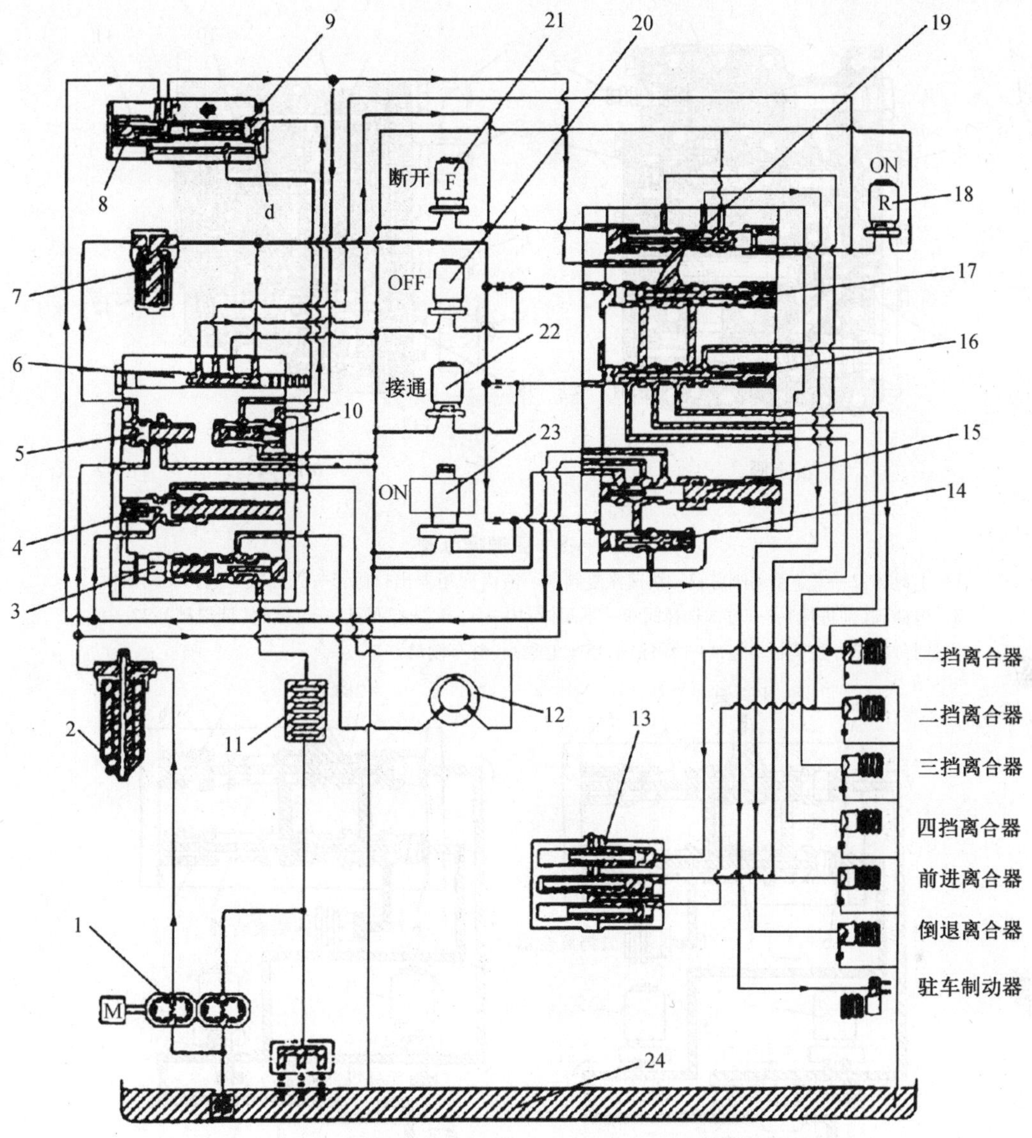

图2-4-7　WA380－3型装载机液力机械传动液压控制系统图

1—变速泵;2—滤油器;3—液力变矩器出口压力阀;4—主溢流阀;5—先导减压阀;6—紧急手动阀;7—先导油过滤器;8—调制阀;9—蓄能器;10 快速复位阀;11—油冷却器;12—液力变矩器;13—蓄能器;14—驻车制动阀;15—顺序阀;16—范围选择阀;17—H－L选择阀;18—电磁阀倒退挡; 19—方向选择阀;20、21、22—电磁阀;23—驻车制动器电磁阀;24—油箱

按箭头方向推动到左侧。结果端口e处的油便流到四挡离合器,使二挡转换到四挡。

电磁阀和挡位离合器的关系见表2-4-2。

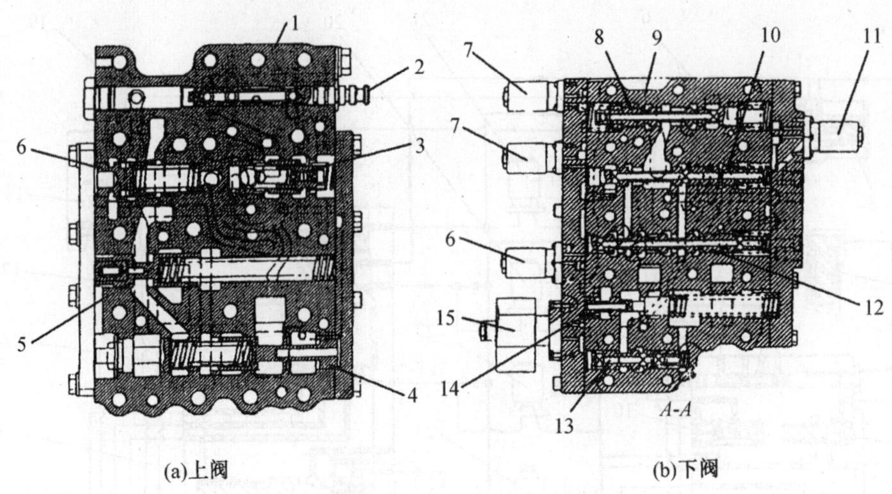

(a)上阀　　(b)下阀

图 2-4-8　变速操纵阀

1—上阀体;2—紧急手动阀芯;3—快速恢复阀;4—液力变矩器出口阀;5—先导减压阀;6—减压阀;7—电磁阀(前进挡);8—方向选择阀;9—下阀体;10—H－L 选择阀;11—电磁阀(倒退挡);12—范围选择阀;13—驻车制动阀;14—顺序阀;15—电磁阀(驻车制动器)

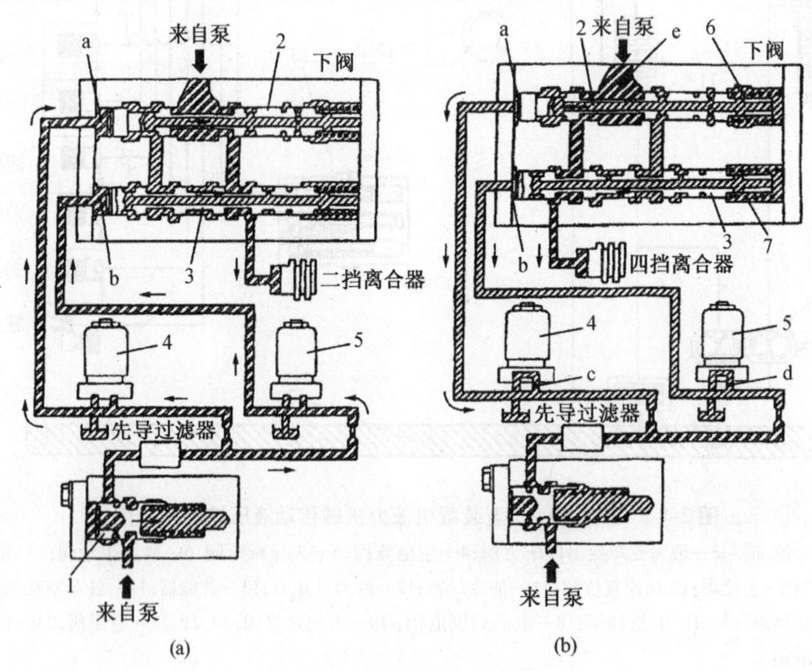

(a)　　(b)

图 2-4-9　变速箱电磁阀功能图

1—先导减压阀;2—H－L 选择器阀芯;3—范围选择器阀芯 ;4、5—电磁阀; 6、7—回动弹簧

表 2-4-2　电磁阀和挡位离合器的关系表

离合器＼电磁阀	前进电磁阀	倒退电磁阀	H－L电磁阀	范围电磁阀
F－1	O			O
F－2	O			
F－3	O		O	
F－4	O		O	O
N				
R－1		O		O
R－2		O		
R－3		O	O	
R－4		O	O	O

O —— 电磁阀开启

3.3.1.2　先导减压阀

先导减压阀将油泵输出的油液减压后变为控制油流，用以控制方向选择阀、范围选择阀及停车制动阀的动作。

3.3.1.3　主溢流阀

主溢流阀用来调节流至挡位离合器回路的换挡压力，并分配离合器回路的油流量。

3.3.1.4　液力变矩器出口阀

液力变矩器出口阀安装在液力变矩器的出口管路中，用来调节液力变矩器的背压。

3.3.1.5　顺序阀

顺序阀用来调节泵的压力，并提供先导油压和停车制动器释放油的压力。如果回路中的压力高于测量的油压水平，压力控制阀便起溢流阀的作用，降低压力以保护液压回路。

3.3.1.6　快速复位阀

为了能使调制阀平衡地升高离合器压力，快速复位阀传送蓄能器中的压力，作用在调制阀滑阀上。当变速箱换挡时，可使回路瞬间进行泄压。

3.3.1.7　方向选择阀

(1)当处于中间状态时，如图2-4-10(a)所示：

电磁阀4和5断开，回油口关闭。油从先导回路通过紧急手动阀中的油孔注入方向阀的端口a和b。

在这种状态中，P_1＋弹簧力＝P_2＋弹簧力，所以阀芯保持平衡。因此端口c处的油无法流至前进或倒退离合器。

(2)当处于“前进”状态时，如图2-4-10(b)所示：

当方向操纵杆处在“前进”位置时，电磁阀4便接通，回油口打开。流入端口a的油液流回油箱，所以P_1＋弹簧力＜P_2＋弹簧力。此时方向阀芯移到左边，端口c处的油流至端口e，然后流入“前进”离合器。

3.3.1.8　H－L选择阀和范围选择阀

如图2-4-11所示为H－L选择阀及范围选择阀工作图：

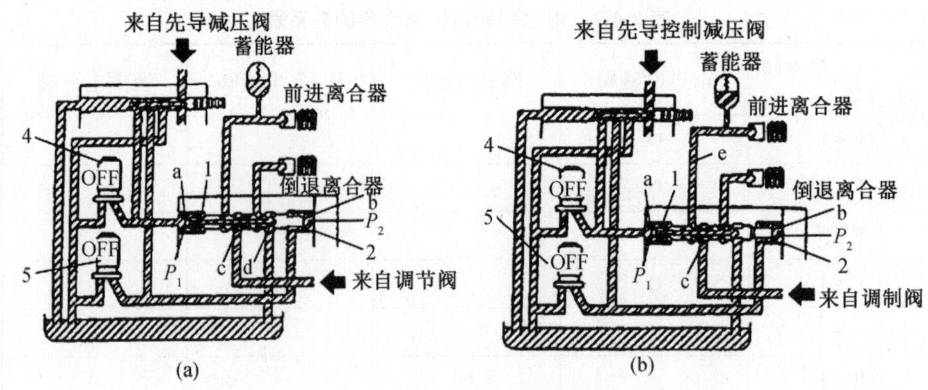

图 2-4-10　方向选择阀工作图

1—减压阀;2—阀芯;4、5—电磁阀

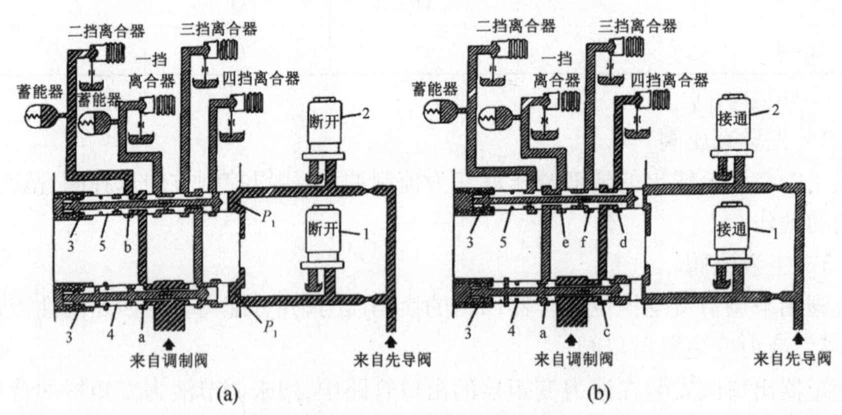

图 2-4-11　H-L 选择阀和范围选择阀

1、2—电磁阀;3—弹簧;4、5—滑阀

(1) 功能

当操作换挡操纵杆时,电信号便发送到与 H-L 选择阀及范围选择阀配对的电磁阀。H-L和范围选择阀根据电磁阀的组合而操作,使其可以选择速度(一挡到四挡)。

(2)操作

① 二挡速度。当电磁阀 1 和 2 断开、回油口关闭时,来自先导回路的油压 P_1 克服 H-L 选择阀 4 及范围选择阀 5 的弹簧 3 的力,使阀芯 4 和 5 向左移动。离合器回路中的油从 H-L 选择阀 4 的端口 a 通过范围选择阀 5 的端口 b,流入二挡离合器。

② 四挡速度。当电磁阀 1 和 2 接通、回油口打开时,来自先导回路的油通过电磁阀 1 和 2 流回油箱,致使 H-L 选择阀 4 和范围选择阀 5 借助弹簧 3 的力向右移动,离合器回路中的油从 H-L 选择阀 4 的端口 c 通过范围选择阀 5 的端口 d 流入四挡离合器。

③ 一挡速度。电磁阀 1 断开,电磁阀 2 接通,离合器回路中的油从 H-L 选择滑阀 4 的端口 c,通过范围选择阀 5 的端口 e,流入一挡离合器。

④ 三挡速度。电磁阀 1 接通,电磁阀 2 断开,离合器回路中的油从 H-L 选择滑阀 4 的端口 a,通过范围选择阀 5 的端口 f,流入三挡离合器。

3.3.1.9　应急手动滑阀

如果电气系统出故障以及前进/倒退电磁阀不能动作时,就要用应急手动阀,使“前进”和

"倒退"离合器工作。

3.3.1.10　调制阀

调制阀由加注阀和蓄能阀组成。它控制流到离合器的油液压力和流量，并提高离合器的压力。

(1)离合器回路的压力降低[如图2-4-12(a)所示]

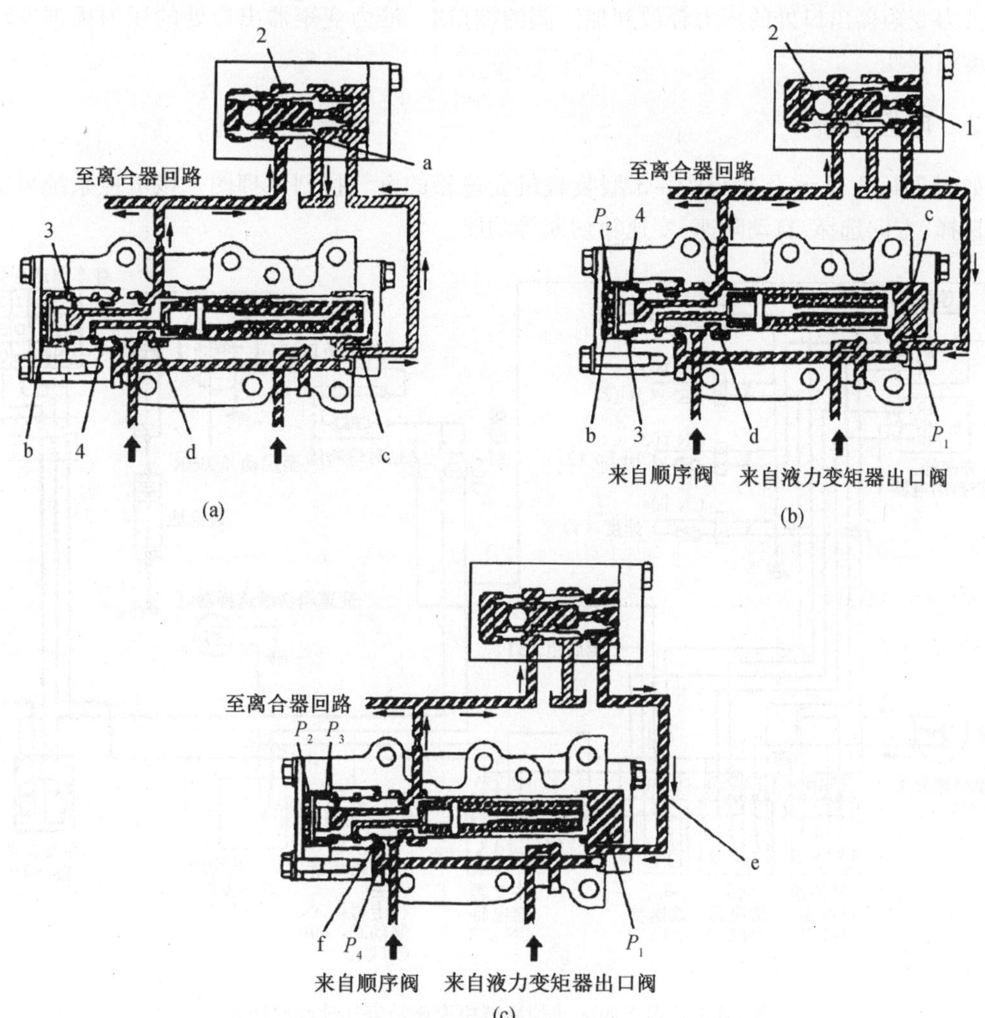

图2-4-12　调制阀功能图

1—调制阀；2—快速复位阀；3—弹簧；4—加注阀

当方向操纵杆从前进转换到倒退时，离合器回路的压力降低，油流入倒退离合器，使快速复位阀2向左移动。这就导致蓄能器中的油从快速复位阀的端口a流回油箱。此时，b室和c室中的压力降低，弹簧的力使加注阀向左移动，端口d打开。

(2)离合器的压力开始升高[如图2-4-12(b)、(c)所示]

当来自顺序阀的油加至离合器活塞时，离合器回路中的压力开始升高。快速复位阀2向右移动，关闭蓄压器中的回油路。此时，已经通过端口d的油便通过加注阀4，然后进入端口

b,使室 b 的压力 P_2 开始升高。此时,蓄压器部分的压力 P_1 和 P_2 之间的关系为 $P > P_1 + P_3$(相当于弹簧张力的油压力)。加注阀向右移动,关闭端口 d,以防止离合器压力突然升高。端口 d 处的油流入离合器回路,由于 $P_2 > P_1 + P_3$,于是油便同时通过快速复位阀的节流孔 e 流入蓄压器的 c 室。压力 P_1 和 P_2 升高,在保持 $P_2 = P_1 + P_3$(相当于弹簧张力的油压力)的关系时,重复这一动作,离合器的压力逐步升高。

液力变矩器出口处的压力释放到加注阀的端口 f。液力变矩器出口处的压力根据发动机的速度而改变。

3.3.2 电控系统

如图 2-4-13 所示为 WA380－3 型装载机变速箱的电气控制原理图。该电控系统可实现速度选择、方向选择、自动降速、变速箱切断等功能。

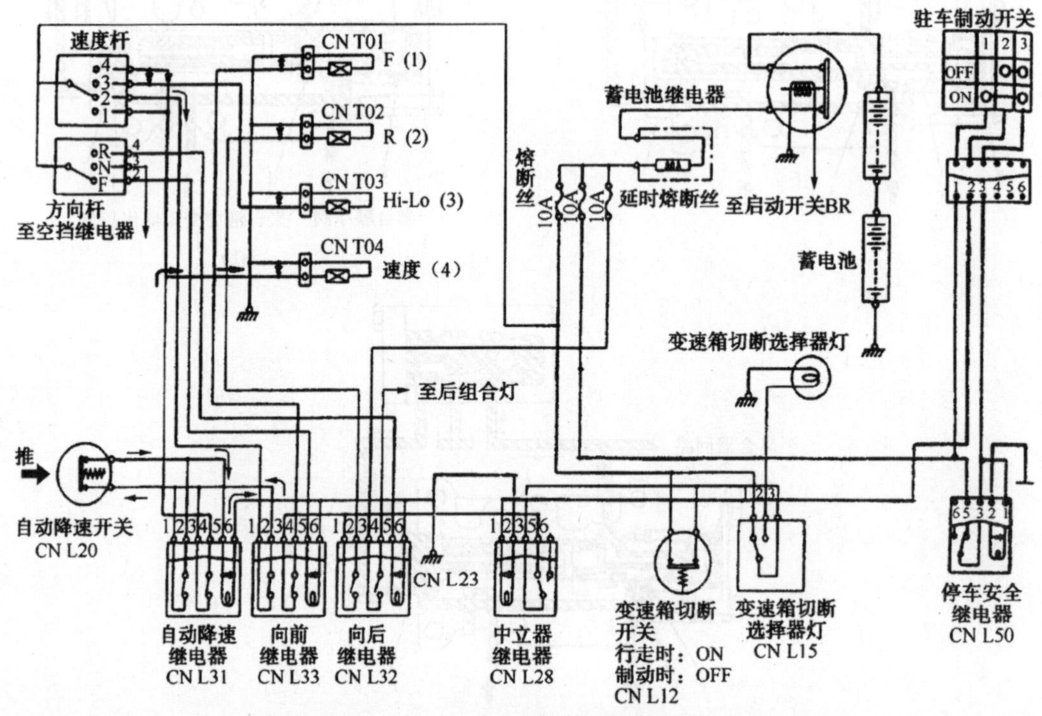

图 2-4-13　WA380－3 型装载机变速箱电气控制原理图

4 任务实施

4.1 准备工作

通过查阅对应的维修手册等相关资料,经过课堂讨论、教师答疑和操作演示,制订修改拆装方案,准备所需仪器、设备和工具。

4.2 操作流程

以 ZL50 装载机的变速操纵阀为例。

4.2.1　变速操纵阀的拆卸

ZL50 装载机的变速操纵阀实物分解如图 2-4-14 所示：

具体步骤：

(1)拆去换挡阀定位弹簧的螺塞，取下垫圈、外弹簧、钢球；拆去阀杆后端螺塞及前端卡环，从后端用铜棒挤出阀杆、挡套、骨架油封；从挡封中拆出 O 形圈，倒出另一钢球、弹簧。

(2)拆下切断阀气缸，拧下阀体，取出 Y 形密封圈阀杆、弹簧；拆下接头体和垫圈，切断阀活塞，从切断阀活塞上取下 O 形圈，抽出阀杆、弹簧。

(3)拆去调压阀前螺塞和垫圈，取出活塞和固定套、大小弹簧、弹簧座；拆去另一端螺塞及垫圈，取出调压阀杆。

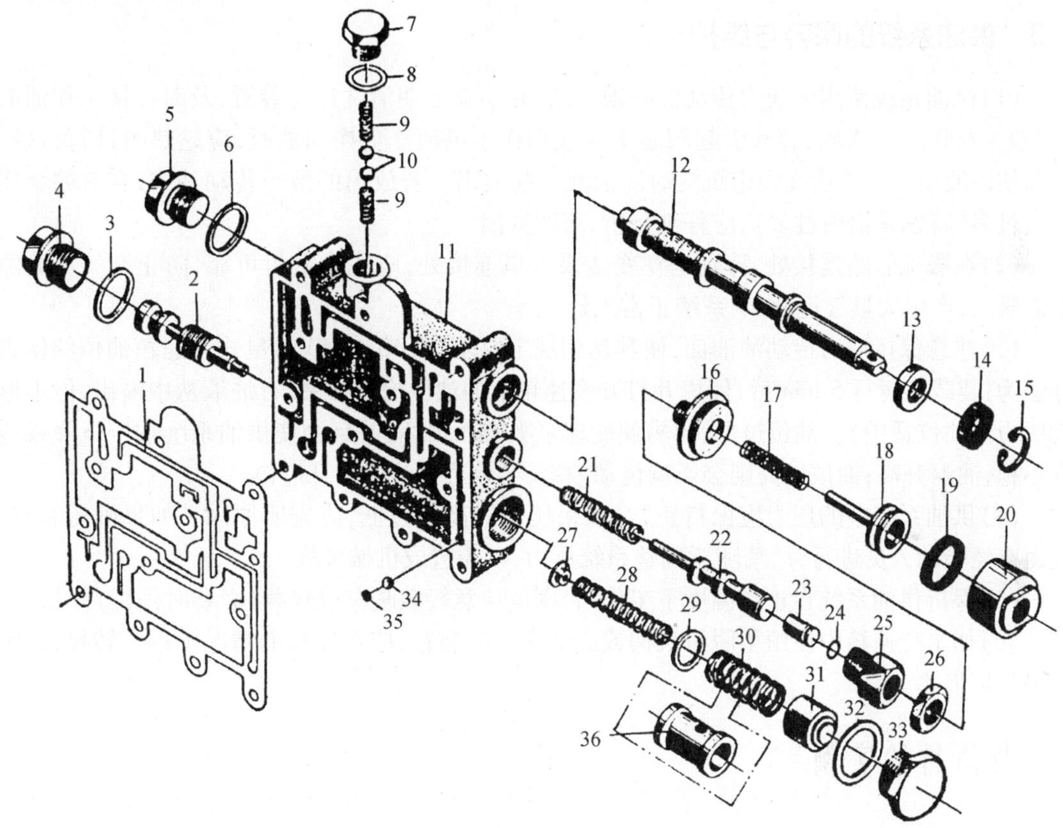

图 2-4-14　变速操纵阀的结构

1—垫片；2—调压阀杆；3、6、8、29、32—垫圈；4、5、7、33—螺塞；9、17、21—弹簧；10—定位钢球；11—阀体；12—分配阀杆；13—挡套；14—骨架油封；15—挡圈；16—切断阀阀座；18、22—切断阀阀杆；19—Y 形密封圈；20—切断阀阀体；23—切断阀活塞；24—O 形圈；25—螺栓；26—锁紧螺母；27—弹簧座；28—调压弹簧；30—限位弹簧；31—滑块；34—钢球；35—圆板；36—固定套

4.2.2　零部件检修

调压阀杆、切断阀杆、分配阀杆与阀体选配研磨，间隙为 0.01 ~0.02 mm。

4.2.3 装配

(1)清洗各零件后按相反顺序进行组装。

(2)装配后分配阀杆换挡应灵活,不允许有卡滞跳挡等现象。

(3)操纵阀装在变速箱上后,用 45 kgf/cm^2 液力油进行试验,变换阀杆挡位时,各相应油路应准确供油,各螺栓及变速箱体的结合面不应有漏油现象。

4.2.4 拆装注意事项

变速分配阀安装前应检查纸垫的油孔是否对准油道,否则将影响装载机的行驶;阀底部的单向阀不得漏失,固定螺栓应均匀拧紧,不可过紧,防止阀体变形影响阀杆滑动。

4.3 供油系统的保养与维护

(1)供油系统使用的液力传动油必须清洁,并要求定期清洗过滤装置,及时更换工作油液(一般为 600 h)。否则,容易引起阀芯卡死或动作不灵活。更换油液时,应趁热时进行,这样可以使油液中所含杂质在尚未沉淀时随油液一起放出。若放出的液力传动油中,含有的金属杂质过多(特别是铝粉过多),应仔细分析,查明原因。

(2)在吸油管路连接处,特别是在变速泵入口连接处,应注意密封可靠,防止空气从缝隙中被吸入,产生大量气泡,影响系统正常工作。

(3)注意保持液力传动油油面,使其达到规定要求(ZL40、ZL50 行星式变速箱油位的检查方法为:装载机运行 5 min 后,停机并打开变速箱上的油位检查开关,有油液从中溢出,但不形成压力为油位适中)。油位过低,容易使变速泵吸空而损坏,并且会使供油系统油压下降或造成不稳,油温升高;油位过高则会影响传动效率,导致工作油液温升过快。

(4)供油系统中的压力应保持正常,如果压力过高或过低,应查明原因。如果确需调整,应由有经验的人员进行,严禁随意调整系统压力,以免造成机械事故。

(5)保持供油系统在正常温度下工作,否则应注意轻载暖车或轻载(必要时停机)冷却。

(6)如果变速箱中使用了脱桥机构或高低速变换装置,应在停机的情况下进行转换,否则容易打坏齿轮。

5 故障排除实例

5.1 故障实例

5.1.1 一台 ZL50 型装载机发动机运转正常,但各挡均无法正常行驶

该机驾驶员反映已有几批修理人员检修过,更换了液力传动油、检修过变速箱,但故障依然存在。

(1)原因分析

既然液力传动油已更换,其油量也符合要求,应首先检查变速压力。由于该机变速压力表已损坏且现场没有检测器材,因此须先检查精滤器、补偿油泵的状况。

(2)诊断排除

拆开精滤器的出油管,启动发动机,精滤器无油流出;再拆开精滤器的进油管接头,有油液流出,说明补偿油泵磨损没有超标。拆洗精滤器,装复后试车,装载机各挡行驶正常。

(3)结论

该机长期没有换油,也没有清洗精滤器,油中的杂质不但完全堵塞了精滤器,而且使旁通阀卡死不能开启,造成油液无法流入变矩器、调压阀与变速阀。

5.1.2　一台 ZL40 型装载机启动后各挡均无法行驶,发动机运转正常

(1)检查

该机变速压力表指示值为零,但液力传动油的数量、油质均符合要求。

(2)原因分析

油质、油量正常,无变速压力,首先应检查精滤器、变速泵,不应盲目调整变速压力。

(3)诊断排除

拆开精滤器的出油管,启动发动机,精滤器无油流出;再拆开精滤器的进油管接头,也无油液流出,拆下补偿油泵出口处的螺塞,往里灌入一瓶油液,启动发动机,变速压力正常,装载机也行驶正常,说明补偿油泵磨损超标。更换油泵后试车,装载机故障消除。

5.1.3　一台 TY160 型推土机行驶无力,发动机运转正常

(1)检查

该机双变系统油量正常、油液品质符合要求。

(2)原因分析

首先应检测变速压力、变矩器进口压力与出口压力,测压口如图 2-4-15 所示。

(3)诊断排除

检测结果表明变速压力正常,可变矩器进口压力与出口压力均低于标准值。拆检变矩器的安全阀及调节阀,发现两阀的阀芯均不同程度卡滞。清洗两阀后重新调整至规定压力值(进口安全阀 0.75 ~ 0.85 MPa;出口调节阀 0.20 ~ 0.3 MPa),试车后该机行驶正常。

5.1.4　一台 TY220 型推土机一挡无法行驶,其他挡位行驶正常,发动机运转正常

(1)原因分析

二、三挡的传动比小于一挡且行驶正常,表明不仅发动机功率正常,变速压力、变矩器进出口压力也正常。一挡无法行驶,原因有三:① 变速油液无法进入一挡离合器;② 一挡离合器损坏;③ 一挡离合器缸体(即箱体隔层)有贯通的裂纹、砂眼。

(2)检测

推土机挂一挡时变速压力消失,而挂二、三挡时变速压力正常。

(3)诊断排除

拆检变速阀(如图 2-4-16 所示),发现变速阀杆右端的堵头脱落,造成挂一挡时油液直接流回变速箱体内,一挡离合器无法接合;由于二、三挡的油路分别从变速阀杆的中部、左端进入各自的挡位离合器,与该堵头无关,所以二、三挡行驶正常。装复堵头后试车,推土机一挡行驶正常。

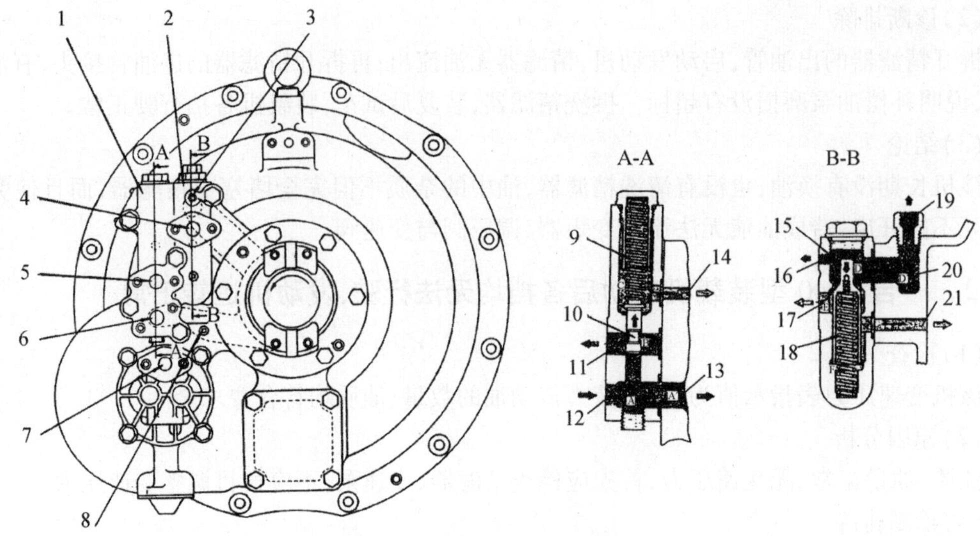

图 2-4-15　TY160 推土机变速箱检测口

1—安全阀;2—调节阀;3—调节阀测压口;4—通往机油冷却器;5—通往变速箱润滑阀;6—来自变速阀控制阀;7—通往变速箱壳体;8、19—油温测试口;9、18—弹簧;10—阀杆;11—通往变速箱润滑阀;12—来自变速箱控制阀;13—通往液力变矩器泵轮;14、21—通往液力变矩器壳体;15—阀杆;16—油压测试口;17—通往液力变矩器冷却器;20—来自液力变矩器涡轮

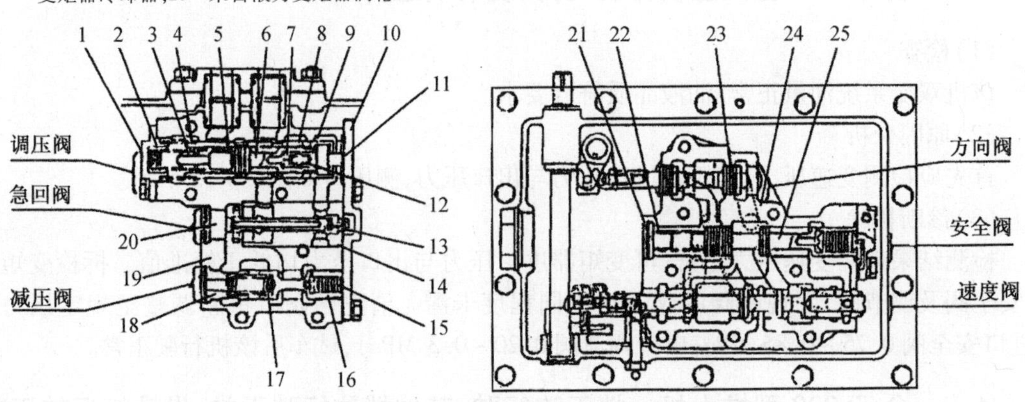

图 2-4-16　TY220 型履带式推土机变速操纵阀

1—盖;2—调杆弹簧;3—座;4—阀套弹簧;5、12—阀杆弹簧;6、25—阀杆; 7、9、13—阀芯;8—滑阀;10—阀端盖;11、20、21—挡块;14—安全阀;15—柱塞;16—减压阀芯;17—减压弹簧;18—弹簧座;19—上阀体;22—弹簧;23—进退阀杆;24—下阀体

5.1.5　一台新的 SD16 型推土机一挡推土无力,其他挡位行驶正常,发动机运转正常

(1)原因分析

二、三挡的传动比小于一挡且行驶正常,表明不仅发动机功率正常,变速压力、变矩器进出口压力也正常。一挡无法行驶,原因有三:① 变速油液无法进入一挡离合器;② 一挡离合器损坏;③ 一挡离合器缸体(即箱体隔层)有贯通的裂纹、砂眼。

(2)检测

推土机挂一挡时变速压力明显降低,而挂二、三挡时变速压力正常。

(3)诊断排除

检查变速阀,一切正常。拆检变速箱,发现箱体隔层因砂眼贯通,形成孔眼。虽然孔眼漏损油液,因新机的补偿油泵供油能力强,可以不断补偿部分漏损的油液,所以推土机能够空车行驶;毕竟油液不断漏失,压力无法达到标定值,推土时因负载太大造成一挡离合器打滑,履带停滞不前。经焊修孔眼,装复试车后推土机工作正常。

5.1.6　一台 ZLM30 型装载机使用多年,一挡铲土渐渐无力

(1)原因分析

经了解该机多年来保养正常,但变速箱一直没有检修过,应系一挡离合器过度磨损所致。

(2)检测

该机变速压力正常、变矩器进出口压力正常、双变之间的小传动轴转速正常,油液中含有铜粉末。

(3)诊断排除

该机的一挡离合器位于变速箱体外部,可以单独解体一挡离合器。拆检后发现离合器片严重磨损并翘曲变形、部分波形弹簧折断。更换新离合器片及波形弹簧后试车,装载机一挡铲土正常,故障消失。

5.1.7　一台 ZL50 型装载机变速箱检修后各挡均无法行驶,但变速压力正常、变矩器进出口压力正常、发动机运转正常

(1)原因分析

该机系双变一体的机型,刚维修过却无法行驶,很可能后盖轴承没有间隙而被压死,这样二挡大齿轮则不能转动,装载机也就无法行驶,因此应先检查后盖轴承间隙是否消失。

(2)检查

拆卸前后传动轴,却无法转动变速箱输出轴,证明分析正确。

(3)诊断排除

拆开变速箱后盖,检测轴承间隙,证明后盖轴承确实压死。经正确加大后盖纸垫厚度后,故障消失,装载机行驶正常。

5.1.8　一台 ZL50 型装载机在平坦坚实的路面行驶时,速度始终不变,发动机运转正常

(1)原因分析

该机变矩器采用两级涡轮输出,在平坦坚实的路面行驶时速度不变,表明大超越离合器咬死后无法自动分离,造成二级涡轮不能独自输出动力。

(2)诊断排除

拆检变速箱后检查大超越离合器,发现滚道磨损严重、部分滚柱损坏。更换新件后在平坦坚实的路面行驶时可以自动加挡,表明故障消除,负荷减轻时大超越离合器可以自动分离,二级涡轮能够单独输出动力。

5.2 双变系统常见故障综合分析

由于某种原因而产生的故障往往可能导致双变系统不止在一个方面表现出异常，所以故障分为单一故障和综合性故障两类。虽然综合性故障检测判断的难度大于单一故障，但综合多方面的异常现象往往又可以断定故障的具体原因。

5.2.1 油温过高

(1) 双变系统油面过低

油面过低表示油量过少，缺油不太多时系统中的循环油量不足，油液散热不良，只是油温过高，并不影响工程机械行驶及作业，但长期使用会导致油液变质加速及密封件提前老化。

缺油过多时补偿油泵因吸油不足而输出大量泡沫、泵油压力严重不足；变矩器效率下降；换挡离合器打滑，此时机械表现为铲土（行驶）无力甚至无法行驶，而打滑产生的热量又反过来加剧了油温的升高，更高的油温使油液黏度下降过多，从而泄漏加大，又促使故障更加严重。

(2) 双变系统油面过高

油面过高表示双变系统内油量过多，过多的油液被变速箱内的旋转部件搅动出许多泡沫，导致补偿油泵吸油不足产生大量泡沫，泵油压力严重不足，变矩器效率下降，换挡离合器打滑，油液散热困难，造成油温过高，其后果与油面过低相同。

注意：双变系统是利用变速箱体作为贮油箱的，使用带有刻度的油标尺或放油开关作为检查油面的手段，一般是以停机熄火 10 min 后的油面为准；但有些双变系统（如常林 PY－195 型平地机）必须以发动机运转后的油面为准。因此实际使用中必须严格按照制造厂家的要求进行检查，以免造成误判。

(3) 油液的品质不良

双变系统油液脏污、变质后，其黏度急剧下降，造成系统严重内泄、系统压力不足导致挡位离合器压紧力不够、变矩器效率下降，结果油温过高、铲土无力或行驶无力。

(4) 双变系统内漏过大

① 变矩器出口压力过低，变矩器、挡位离合器的密封老化损坏，变矩器进、出油阀，变速阀因卡滞或磨损而关闭不严等都会造成内漏。

② 变矩器出口压力过低，变矩器内的油液极易排出，从而空气得以进入，不仅变矩器效率下降，造成铲土或行驶无力，而且变矩器元件会产生气蚀现象提前损坏。

③ 变矩器的密封老化损坏，使得变矩器内油液泄漏、效率下降，导致铲土（行驶）无力、油温升高。

④ 挡位离合器的密封老化损坏，使得离合器压紧力下降而造成打滑现象，导致铲土（行驶）无力、油温升高。

⑤ 变矩器进、出油阀因卡滞或磨损而关闭不严，油液从极细小的缝隙中泄出，变矩器进、出口压力下降，使得变矩器效率下降，造成铲土（行驶）无力、油温升高。

⑥ 变速阀因卡滞、磨损而关闭不严，油液从极细小的缝隙中泄出，结果压力下降、挡位离合器打滑，造成铲土（行驶）无力、换挡油温升高。

5.2.2 铲土(行驶)无力或无法行驶

这是液力传动系统最常见的故障,众多原因均可导致工程机械车辆在铲土(行驶)时履带、车轮不转,爬坡无力,严重时甚至无法行驶。

注意:发动机的功率是正常行驶的前提,因此分析该故障前应使发动机的功率能够达到可以满足正常铲土(行驶)的程度。

(1)用油错误

双变系统一般均使用6#或8#液力传动油,油液稀薄似水,无色透明。为了便于识别,提炼后往往加入颜料使其呈透明粉红色。当该油品供应困难时,可以使用厂家规定的代用油料:如厦工ZL50型装载机可用22#汽轮机油代用;常林ZLM系列装载机夏季可用46#、冬季可用32#汽轮机油代用。

某些机型的制造厂家规定使用其指定的油料,如柳工ZL50CX型装载机使用SAE15W-40(Mobil黑霸王1 300)柴油机机油。

移山、小松系列推土机则双变系统与后桥转向系统、最终减速器、机械传动系统的湿式主离合器等均一律要求夏季使用30#柴油机机油、冬季使用20#柴油机机油。

以上油品的特点是不仅冷机时黏度符合使用要求,而且热机温度升高后,其黏度指标基本不变,即黏温特性较好,使用中不易内泄。

注意:由于工程机械的工作装置液压系统均使用抗磨液压油,如双变系统误用液压油等其他油品,会造成工程机械、车辆铲土(推土)无力,严重时行驶无力甚至无法行驶的故障,因此必须严加注意!

(2)油液的品质不良

双变系统油液脏污、变质后,其黏度急剧下降,造成系统严重内泄、系统压力不足导致挡位离合器压紧力不够、变矩器效率下降,结果油温过高、铲土无力或行驶无力。

(3)双变系统内漏过大

① 变矩器出口压力过低,变矩器、挡位离合器的密封老化损坏,变矩器进、出油阀及变速阀因卡滞或磨损而关闭不严等都会造成内漏。

② 变矩器出口压力过低,变矩器内的油液极易排出,从而空气得以进入,不仅变矩器效率下降,造成铲土或行驶无力,而且变矩器元件会产生气蚀现象提前损坏。

③ 变矩器的密封老化损坏,使得变矩器内油液泄漏、效率下降,导致铲土(行驶)无力、油温升高。

④ 挡位离合器的密封老化损坏,使得离合器压紧力下降而造成打滑现象,导致铲土(行驶)无力、油温升高。

⑤ 变矩器进、出油阀因卡滞或磨损而关闭不严,油液从极细小的缝隙中泄出,变矩器进、出口压力下降,使得变矩器效率下降,造成铲土(行驶)无力、油温升高。

⑥ 变速阀因卡滞、磨损而关闭不严,油液从极细小的缝隙中泄出,结果压力下降、挡位离合器打滑,造成铲土(行驶)无力、换挡油温升高。

(4)补偿油泵(变速泵)输出能力下降

油泵磨损后侧隙、端隙增大,其输出流量、压力均不足,挡位离合器无法获得足够的压紧力而打滑,油温也同时升高。

(5)精滤器堵塞

精滤器是油液输出补偿油泵后的第一个环节,为防止精滤器堵塞后影响机械行驶,在其壳体中设计有旁通阀。当旁通阀因卡滞造成流量不足时,变速阀无法获得足够的换挡压力,导致挡位离合器打滑、油温升高。

(6)变速箱换挡压力过低

① 补偿油泵因损坏或磨损而失效,调压阀(进油阀)卡滞、磨损、失效,挡位离合器密封失效,壳体、阀体因铸造缺陷产生的隐性砂眼、裂纹被油压击穿后内漏,缺油、油品变质、用油错误等都会造成换挡压力过低。

② 补偿油泵因损坏或磨损而失效,输出的流量和压力过低,造成挡位离合器压紧力不够、因打滑而发热,油温升高。

③ 换挡压力是由调压阀(常林系列轮式装载机双变系统是由进油阀)调定的,当阀芯卡滞、磨损或弹簧弹力下降过多后,无法建立起足够的换挡压力。

④ 挡位离合器密封失效造成油液漏损,压力维持不了。

⑤ 壳体、阀体因铸造缺陷产生的隐性砂眼、裂纹等被油压击穿后使油液漏损、压力下降。

⑥ 缺油使得补偿油泵吸油不足,输出的流量和压力自然不够。

⑦ 油品错误、变质,使得黏度不足,系统压力自然不够。

(7)变矩器进出口压力过高或过低

变矩器进油阀调定压力过高或阀芯卡滞在关闭位置时,油液补入变矩器困难,使得变矩器传动效率下降;变矩器出油阀调定压力过低或阀芯卡滞在开启位置时,油液排出过多,不仅变矩器传动效率下降,而且空气进入变矩器内部导致气蚀现象产生。

(8)挡位离合器损坏

某挡行驶无力,表明该挡的挡位离合器接合不良(打滑)。原因有摩擦片磨薄或变形、波形弹簧损坏、活塞卡滞、密封件失效等。

(9)制动器释放阀卡滞

制动器释放阀的阀杆卡滞,解除制动后无法恢复挡位离合器的正常供油,因此无法行驶。

(10)脚制动阀卡滞

脚制动阀卡滞后,不仅解除不了车轮制动,而且制动器释放阀的阀杆始终无法回位。

(11)驻车制动器未松开

为防止因制动器释放阀的阀杆卡滞而无法解除制动,柳工目前生产的轮式装载机采用由驻车制动器操纵装置控制的油流,以强制推动释放阀的阀杆及时回位。如驻车制动器没有松开或制动解除开关安装不正确,导致解除制动的油流无法流至释放阀。一旦松开脚制动后,如阀杆卡滞,则因无法接通挡位阀的油路而无法行驶。

(12)变矩器螺塞脱落

TY160 推土机变矩器泵轮上有两个 M 8×1.25 螺塞,其中如有一个脱落,油液便流至变矩器外壳中,变矩器内压力无法建立,动力传递中断。

5.2.3 异响

(1)变矩器轴承损坏

变矩器位置有异响,此时放出的油液中含有金属粉末,磁性粉末表明轴承损坏;白色铝粉末表明轴承损坏后造成工作轮偏摆，导致其碰擦壳体等其他零件。

(2)变速箱轴承损坏

变速箱位置有异响，此时放出的油液中含有金属粉末，磁性粉末表明轴承损坏；黄色铜粉末表明挡位离合器的摩擦片异常损坏。

5.2.4　双变系统漏油

(1)变矩器输出轴漏油

变矩器输出轴油封失效；变矩器轴承损坏，输出轴偏摆造成漏油；变矩器壳体密封件损坏。

(2)变速箱输入轴漏油

变速箱输入轴油封失效；变速箱输出轴油封失效；变速箱壳体密封件损坏。

(3)变速阀漏油

各阀杆端部密封件失效；阀体有砂眼、裂纹；变速阀与变速箱结合面的密封件失效。

(4)补偿油泵漏油

油泵密封件失效；油泵损坏。

(5)精滤器漏油

精滤器密封失效。

(6)管路漏油

管路有裂纹、砂眼；管路接头密封失效。

5.2.5　只能以某一挡位行驶

(1)该挡离合器损坏无法分离。

(2)该挡离合器回油通道堵塞。

5.2.6　BS305 变速箱没有倒挡

BS305 变速箱倒挡壁有裂纹、砂眼，导致倒挡离合器内液压无法建立；变速压力调整过高往往是造成该故障的原因之一。

5.2.7　一挡无法行驶

(1)变速阀堵头脱落

TY160、TY220 推土机变速阀右端的堵头脱落，造成流往一挡离合器的油液直接流入变速箱壳体内，结果导致推土机行驶无一挡。

(2)变速箱壳体内部有裂纹、砂眼

TY160、TY220 推土机变速箱内部有贯通的裂纹或砂眼、造成一挡离合器漏油而无法传递动力。

5.3　双变系统常见故障的简单排除方法

5.3.1　油温过高

(1)按照制造厂家的要求检查双变系统油面，确保油位正确；

(2)检查油液品质,必要时按照制造厂家的要求更换合格油液;

(3)检测变速压力、变矩器进口压力与出口压力。

5.3.2 行驶无力

(1)检查驻车制动器是否完全松开;制动解除开关安装是否正确。

(2)按照制造厂家的要求检查双变系统油面,确保油位正确。

(3)检查油液品质,必要时按照制造厂家的要求更换合格油液。

(4)拆卸制动器释放阀端部的气管,如有气体不断喷出,表明系制动踏板调整不当或脚制动阀失效致其无法回位。

(5)从变速箱内放出少许油液,检查是否含有各种金属粉末,从而帮助分析变矩器、变速箱内部状况。

(6)拆开精滤器的出油管,如油液喷出很猛,表明补偿油泵与精滤器正常;否则应拆开精滤器的进油管,如油液喷出很猛,表明补偿油泵正常,系精滤器堵塞且旁通阀卡死;如油液流出平缓或不出油,向油泵出口灌入适当数量油液,若行驶正常,表明油泵磨损过大;如油泵仍不出油,表明传动油泵的动力中断或油泵完全失效。

(7)检测变速压力,如压力不足,应清洗、调整变速调压阀。

(8)检测变矩器进口压力与出口压力,如压力不足,应清洗、调整之。

5.3.3 异响

分清响声部位,从变速箱内放出少许油液,检查是否含有各种金属粉末,从而帮助分析确定变矩器、变速箱内部状况。磁性粉末表明轴承损坏;白色铝粉末表明轴承损坏后造成工作轮偏摆,导致其碰擦壳体等其他零件;黄色铜粉末表明挡位离合器的摩擦片异常损坏。

5.3.4 换挡压力过低

(1)检查油量、油质;

(2)检测换挡压力;

(3)按5.3.2中(6)的方法检查精滤器是否堵塞;

(4)按5.3.2中(6)的方法检查补偿油泵是否失效;

(5)清洗、调整变速阀。

5.3.5 变矩器进、出口压力过低

(1)清洗、调整变矩器进、出口压力阀;

(2)检查连接油管是否压扁、损坏,必要时予以修复或更换。

5.3.6 双变系统漏油

更换漏油处的密封件。

任务 5　检修万向传动装置

1　任务要求

知识要求:

(1)掌握万向传动装置的功用、组成和应用。
(2)掌握万向节的功用、类型、构造及速度特性。
(3)掌握万向传动装置的布置形式及装配特点。
(4)掌握传动轴与中间支撑的构造。

能力要求:

(1)掌握万向传动装置维修技能。
(2)能对万向传动装置的常见故障进行诊断与维修。

2　任务引入

一台 ZL50 装载机在起步时车身发抖并有撞击声,在增减油门时响声更明显。经维修人员初步诊断原因是万向节轴及滚针磨损松旷或滚针碎断、传动轴花键齿与叉管花键槽磨损过甚或固定螺栓松动等,要想排除故障,需要检修万向传动装置。

3　相关理论知识

3.1　概述

3.1.1　万向传动装置的组成与功用

由于工程车辆总体布置的需要和机械行驶的实际情况,在工程机械和汽车的传动系统中主离合器与变速箱之间或变速箱与驱动桥之间设置万向传动装置。万向传动装置一般由万向节和传动轴组成。其功用主要是用于两根不同轴心或有一定夹角的轴间,以及工作中相对位置不断变化的两轴间传递动力。

3.1.2　万向传动装置在工程机械中的应用

在发动机前置后轮驱动的车辆上,如图 2-5-1(a)所示,常将发动机、离合器和变速箱连成一体安装在车架上，而驱动桥则通过具有弹性的悬架与车架连接。在车辆行驶过程中，由于不平路面引起悬架系统中弹性元件变形，使驱动桥的输入轴与变速箱输出轴相对位置经常变化，所以在变速箱与驱动桥之间必须采用万向传动装置。在两者距离较远的情况下，一般将传动轴分成两段，并加设中间支承。

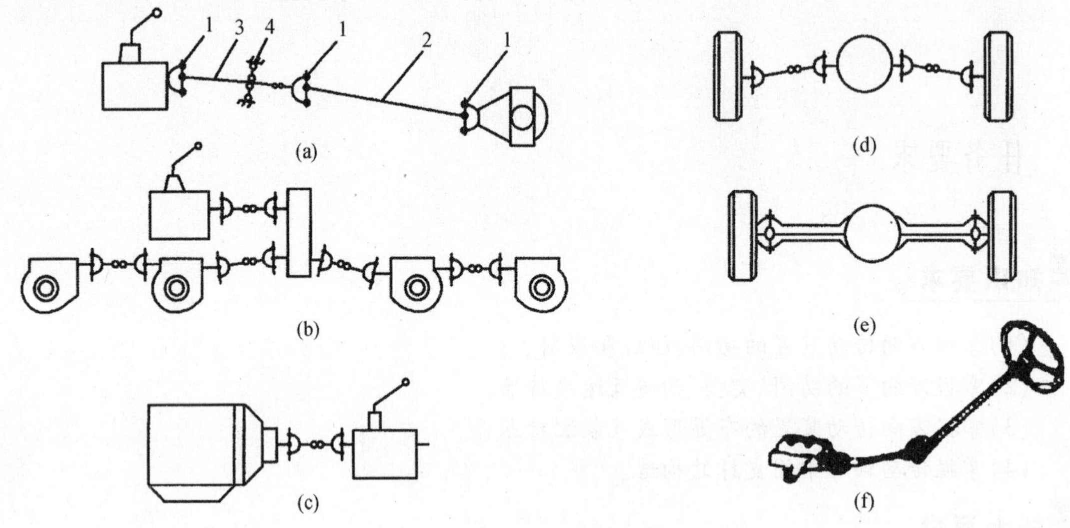

图 2-5-1　万向传动装置的应用

1—万向节；2—传动轴；3—前传动轴；4—中间支承

在多轴驱动的车辆上，在分动器与驱动桥之间或驱动桥与驱动桥之间也需要采用万向传动装置，如图 2-5-1(b)所示。

车架的变形也会造成两传动部件轴线间相互位置的变化，如图 2-5-1(c)所示为在发动机与变速箱之间装用万向传动装置的情况。

在采用独立悬架的车辆上，车轮与差速器之间的位置经常变化，也必须采用万向传动装置，如图 2-5-1(d)所示。

对于既驱动又转向的车桥，也需要解决对经常偏转的车轮的传动问题。因此转向驱动桥的半轴要分段，在转向节处用万向节连接，以适应车辆行驶时半轴各段的交角不断变化的需要，如图 2-5-1(e)所示。

除了传动系统外，在机械的转向操纵机构中也常采用万向传动装置，如图 2-5-1(f)所示。

3.2　万向节

3.2.1　万向节的分类

万向节是实现变角度动力传递的机件，用于需要改变传动轴线方向的部位。按万向节在扭转方向上是否有明显的弹性可分刚性万向节和挠性万向节两类。刚性万向节可分为不等速万向节(常用的为普通十字轴式)、准等速万向节(如双联式万向节)和等速万向节(如球叉式和球笼式)三种。

3.2.2　万向节结构

3.2.2.1　普通万向节

在工程机械与车辆传动系统中用得较多的是普通十字轴万向节，属于不等角速万向节。这种万向节结构简单，工作可靠，两轴间夹角允许大到15°～20°。其缺点是在万向节两轴夹角α不为零的情况下，不能传递等角速转动。

如图2-5-2所示为目前应用最广泛的普通十字轴刚性万向节。为保证较高的传动效率，它允许相邻两轴的轴线交角(安装角度)在15°～20°之间。当工程机械(主要指轮式运输车辆)重载行驶时，其两轴线几乎成一条直线。两个万向节叉(主动叉与从动叉)上的孔分别套装在十字轴的两对轴颈上。当主动叉转动时，从动叉既可随主动叉一起旋转，又可绕十字轴中心在任意方向上摆动。为了减少摩擦损失、提高传动效率，在十字轴颈和万向节叉孔之间装有滚针与套筒组成的滚针轴承。为防止轴承在离心力作用下从万向节叉孔内脱出，套筒用轴承盖与螺钉固定在万向节叉上，并用锁片将螺钉锁紧。为了润滑轴承，十字轴做成中空以贮存润滑油，并由油孔通向各轴颈，润滑油从油嘴注入十字轴内腔。为防止润滑油流出及尘土进入轴承，在十字轴的轴颈上套装着毛毡油封。在十字轴中部还装有安全阀，如果十字轴内腔润滑油压力大于允许值，安全阀即被顶开，润滑油外溢，使油封不致被损坏。这种万向节结构简单，传动效率高，但单个万向节用于两个轴线不重合的轴之间时，不能等速传递运动。虽然主动轴转过一周从动轴也随之转过一周，但在主动轴等速旋转一周时，从动轴的角速度出现两次超前及滞后变化，故称其为不等角速万向节。如图2-5-3所示为普通刚性万向节运动原理图。

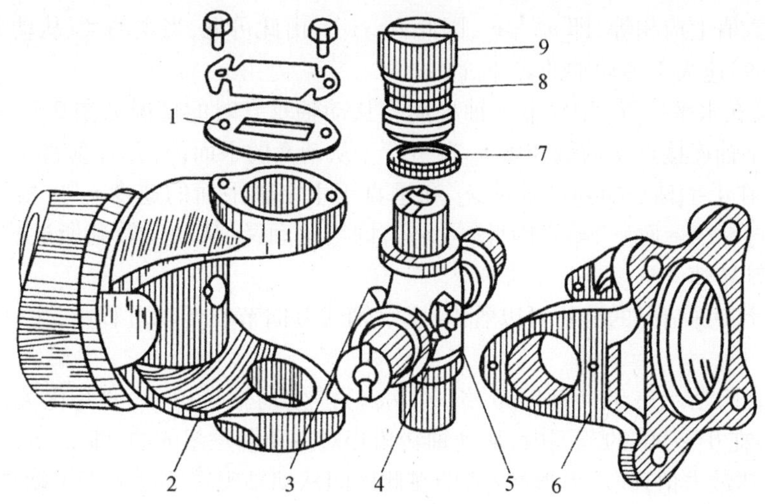

图2-5-2　十字轴刚性万向节

1—轴承盖；2、6—万向节叉；3—油嘴；4—十字轴；5—安全阀；7—油封；8—滚针；9—套筒

(1)主动叉在垂直位置，并且十字轴平面与主动轴垂直时的情况如图2-5-3(a)所示。主动叉与十字轴连接点a的线速度v_a在十字轴平面内；从动叉与十字轴连接点b的线速度v_b在与主动叉平行的平面内，并且垂直于从动轴。点b的线速度v_b可分解为在十字轴平面内的速度v_b'和垂直于十字轴平面的速度v_b''。由速度直角三角形可以看出，在数值上$v_b > v_b'$。十字轴各股相等，即$o_a = o_b$。当万向节传动时，十字轴是绕o转动的，其上a、b两点于十字轴平面

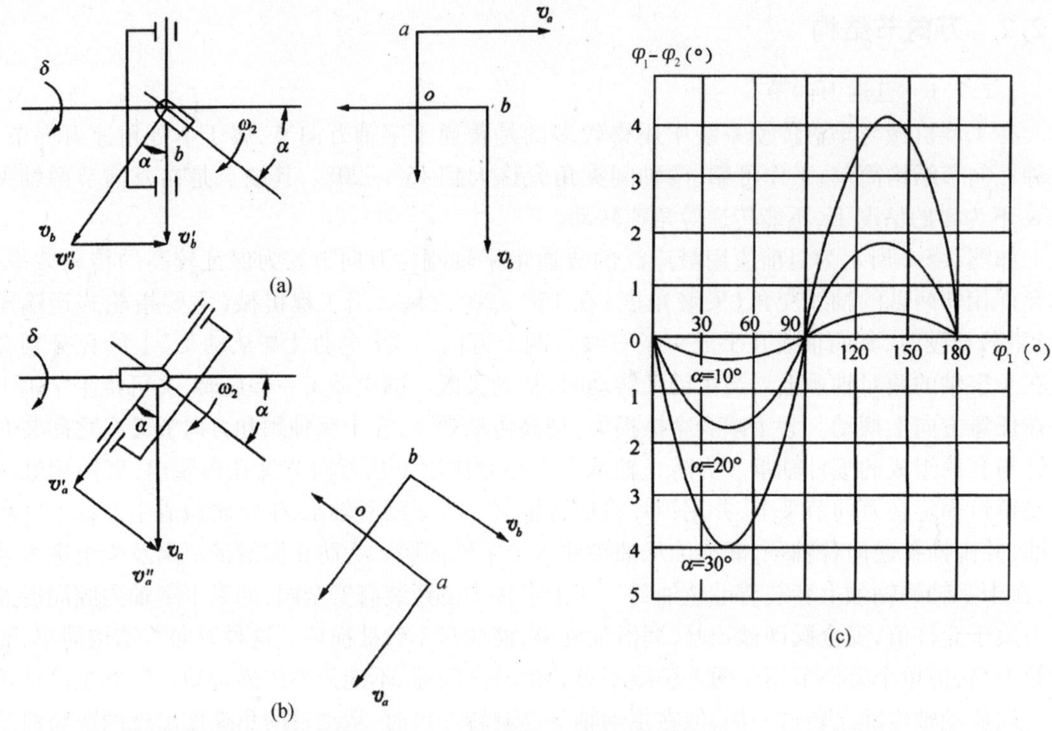

图 2-5-3　普通刚性万向节运动原理图

内的线速度在数值上应相等，即 $v_b'=v_a$，因此 $v_b>v_a$。由此可见，当主动叉、从动叉转到所述位置时，从动轴的转速大于主动轴的转速。

(2)主动叉在水平位置，并且十字轴平面与从动轴垂直时的情况如图 2-5-3(b)所示。此时主动叉与十字轴连接点 a 的线速度 v_a 在平行于从动叉的平面内，并且垂直于主动轴。线速度 v_a 可分解为在十字轴平面内的速度 v_a' 和垂直于十字轴平面的速度 v_a''。根据上述同样道理，在数值上，$v_a>v_a'$。而 $v_a'=v_b$，因此，$v_a>v_b$，即当主动叉、从动叉转到所述位置时，从动轴转速小于主动轴转速。

由上述两个特殊情况的分析可以看出，十字轴式万向节在传动过程中，主动轴、从动轴的转速是不等的。

如图 2-5-3(c)所示表示两轴转角差($\varphi_1-\varphi_2$)随主动轴转角 φ_1 的变化关系图。由图可见，主动轴转角在 0°~90°的范围内，从动轴转角相对主动轴是超前的，即 $\varphi_2>\varphi_1$，并且两角差在 φ_1 为 45°时达最大值，随后差值减小，即在此区间从动轴旋转速度大于主动轴旋转速度，且先加速后减速。当主动轴转到 90°时，从动轴也同时转到 90°。φ_1 从 90°~180°，从动轴转角相对主动轴是滞后的，即 $\varphi_2<\varphi_1$，并且两角差值在 $\varphi_1=135°$时达最大值，随后差值减小，即在此区间从动轴旋转速度小于主动轴旋转速度，且先减速后加速。当主动轴转到 180°，从动轴也同时转到 180°。后半转情况与前半转相同。因此，如果主动轴以等角速转动，而从动轴则是时快时慢，此即单个十字轴万向节在有夹角时传动的不等速性。必须注意的是，所谓“传动的不等速性”，是指主动轴、从动轴在转动一周中瞬时角速度不等而言。而主动轴、从动轴的平均转速是相等的，即主动轴转过一周，从动轴也转过一周。

由图 2-5-3(c)还可以看出，两轴交角 a 愈大，转角差($\varphi_1-\varphi_2$)愈大，即万向节传动的不等速性愈严重，此现象由上述两个特殊情况下的速度分析也可得到说明。从图2-5-3(a)和图2-5-3(b)可看出，v_a 与 v_b 之差值，实际上就是 v_a 与 v_a'（或 v_b 与 v_b'）之差值在速度直角三角形内，若夹角 α（即主动轴、从动轴的交角）增大，则 v_a 与 v_a'（或 v_b 与 v_b'）的差值就愈大。

由于普通万向节是不等角速传动的，从而使得与其相连的各零件除传递正常扭矩外，还要承受因加速和减速所产生的附加载荷，这将加剧机件的损坏。为了实现等角速传动，以消除不等速的影响，可将两个万向节按图2-5-4所示的排列方式串联安装，即第一个万向节的从动叉与第二个万向节的主动叉以传动轴3相连，并且传动轴两端的万向节叉在同一平面内，输入轴和输出轴与传动轴的夹角相等，即 $\alpha_1=\alpha_2$，这样就可使输出轴2与输入轴1的角速度相等。

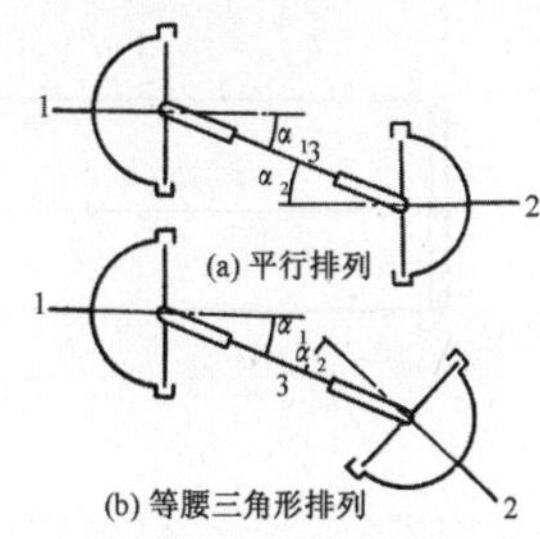

图2-5-4　双万向节的等速排列方式

1—输入轴；2—输出轴；3—中间轴

因此，用两个万向节加一根传动轴就可以实现等角速传动，但必须满足以下两个条件：

① 输入轴和输出轴与传动轴的夹角相等（$\alpha_1=\alpha_2$），

② 传动轴两端的万向节叉在同一平面内。

其排列方式有两种：

① 平行排列——输入轴和输出轴轴线平行，如图2-5-4(a)所示；

② 等腰三角形排列——输入轴和输出轴同传动轴三轴线成等腰三角形，如图2-5-4(b)所示。

实际上，不管用哪一种排列方式，等速传动的后一条件都可通过正确的装配工艺来保证，但前一等速条件对于采用非独立悬架的驱动桥来说，由于在工作中悬架的变形会使驱动桥输入轴与变速箱输出轴之间相对角度和位置经常变化，所以不可能在任何情况下都保证 $\alpha_1=\alpha_2$，也就不能保证在任何情况下都等速传动，而只能使传动的不等速性尽可能小。

必须说明，此处的所谓等速传动是指传动轴两端的输入轴和输出轴而言。对传动轴来说，只要夹角不为零，它就是不等速的，而且不等速程度是随轴间夹角 α 的加大而加大的，与传动轴的排列形式无关。

3.2.2.2　准等速万向节和等速万向节

(1) 准等速万向节

常见的准等速万向节有双联式和三销轴式两种，它们的工作原理与上述双十字轴万向节实现等速传动的原理是一样的。

如图2-5-5所示为双联式万向节的实际结构。在万向节叉6的内端有球头，在万向节叉1内端则压配有导向套，球碗放于导向套内，被弹簧压向球头。在两轴交角为0°时，球头与球碗的中心与两十字轴中心 O_1、O_2 的连线中点重合。当万向节叉6相对于万向节叉1在一定角度范围内摆动时，如果球头与球碗的中心（实际上也是两轴轴线交点）能沿两十字轴中心连线的中垂线移动，就能够满足 $\alpha_1=\alpha_2$ 的条件。但是球头与球碗的中心（实际上就是球头的中心）只能绕万向节叉6上的十字轴中心 O_2 做圆弧运动。如图2-5-6所示，在两轴交角较小时，处在圆弧上的两轴轴线交点离上述中垂线很近，能够使得 α_1 与 α_2 的差值很小，从而保证两轴角速度接近相等，其差值在允许范围内，故双联式万向节是一种准等速万向节。

(2) 等速万向节

等速万向节有球叉式和球笼式两种。

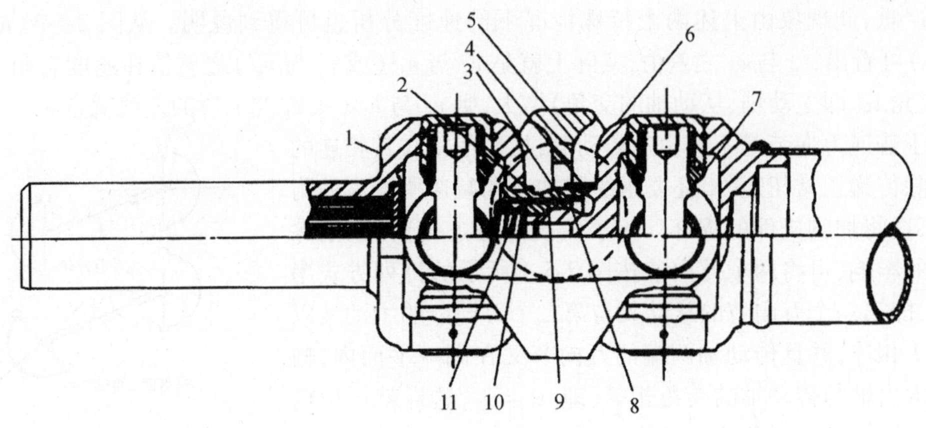

图 2-5-5 双联式万向节

1、6—万向节叉；2—导向套；3—衬套；4—防护圈；5—双联叉；7—油封；8、10—垫圈；9—球碗；11—弹簧

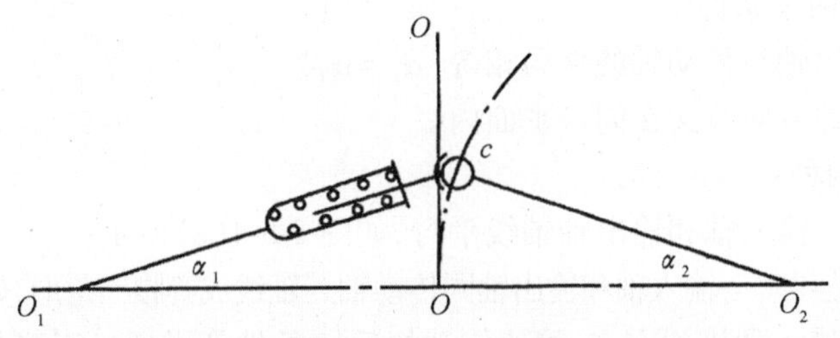

图 2-5-6 双联式万向节分度机构工作原理

O_1—万向节叉 1 上的十字轴中心；O_2—万向节叉 6 上的十字轴中心；O —球头中心；OO — O_1O_2 的中垂线

① 球叉式等速万向节

图 2-5-7 为球叉式等速万向节的工作原理图。万向节的工作情况与一对大小相同的锥齿轮传动相似，其传力点永远位于两轴夹角平分面上。图 2-5-7(a)表示一对大小相同的锥齿轮传动情况，两齿轮接触点 P 位于两齿轮轴线夹角 γ 平分面上；由 P 点到两轴的垂直距离都等于 r。由于两齿轮在 P 点处的线速度是相等的，因而两齿轮的角速度也相等。与此相似，若万向节的传力点 P 在其夹角变化时，始终位于角平分面内，如图 2-5-7(b)所示，则可使两万向节叉保持等角速关系。

球叉式等速万向节就是根据这种工作原理做成的，它的构造如图 2-5-8 所示。主动叉与从动叉分别与内、外半轴制成一体。在主、从动叉上，各有四个曲面凹槽，装合后形成两个相交的环形槽，作为钢球滚道。四个传动钢球放在槽中，中心钢球放在两叉中心的凹槽内，以定中心。

为了能顺利地将钢球装入槽内，在中心钢球上铣出一个凹面，凹面中央有一深孔。当装合时，先将定位销装入从动叉内，放入中心钢球，然后在两球叉槽中放入三个传动钢球，再将中心钢球的凹面对向未放钢球的凹槽，以便放入第四个传动钢球。之后，再将中心钢球的孔对准从动叉孔，提起从动叉使定位销插入球孔内，最后将锁止销插入从动叉上与定位销垂直的孔中，以限制定位销轴向移动，保证中心钢球的正确位置。

球叉式等速万向节工作时，只有两个钢球参加传力，当反转时，则是另外两个钢球参加传力。因此，钢球与曲面凹槽之间的压力较大，易磨损。此外，使用过程中钢球易脱落；曲面凹槽加工较复杂,其优点是结构紧凑、简单。球叉式等角速万向节的主动轴、从动轴间夹角可达32°~33°,较好地满足了转向驱动桥的要求,使用较广泛。

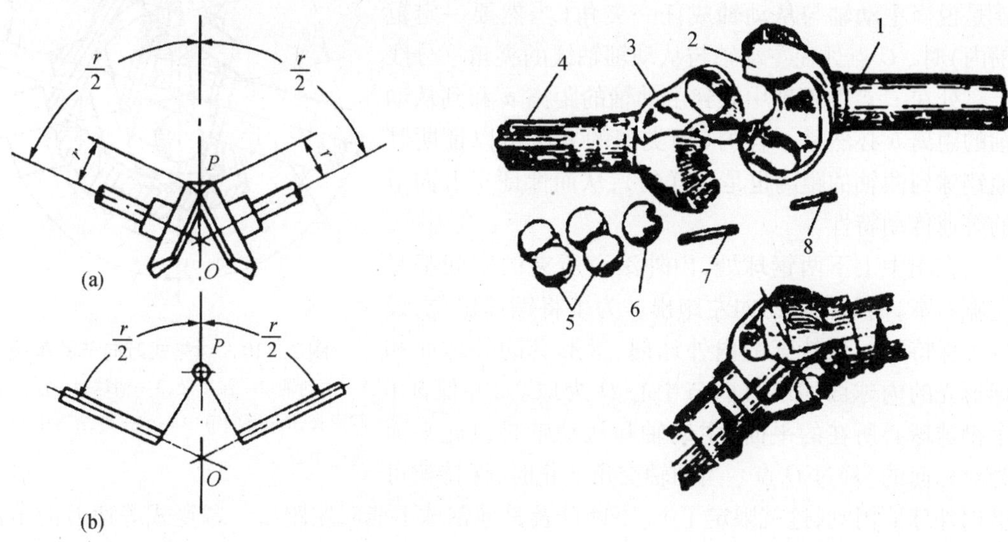

图 2-5-7　球叉式等角速万向节的工作原理图

图 2-5-8　球叉式等角速万向节结构图

1—内半轴;2—主动叉;3—从动叉;4—外半轴;5—传动钢球;6—中心钢球;7—锁止销;8—定位销

② 球笼式等速万向节

球笼式等速万向节的结构如图 2-5-9 所示。星形套以内花键与主动轴相连,其外表面有 6 条弧形凹槽,形成内滚道。球形壳的内表面有相应的 6 条弧形凹槽,形成外滚道。6 个钢球分别装在由 6 组内外滚道所围成的空间里,并被保持架限定在同一个平面内。动力由主动轴及星形套经钢球传至球形壳输出。

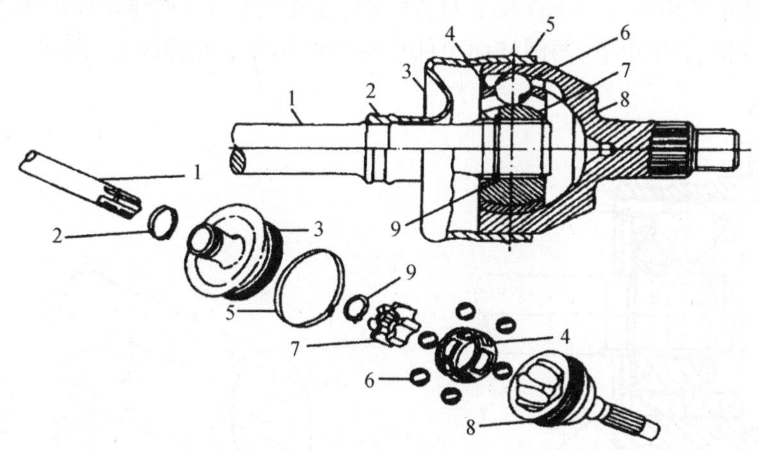

图 2-5-9　球笼式等速万向节

1—主动轴;2、5—钢带箍;3—外罩;4—保持架(球笼);6—钢球;7—星形套(内滚道);8—球形壳(外滚道);9—卡环

球笼式万向节的等速传动原理如图 2-5-10 所示。外滚道的中心 A 与内滚道的中心 B 分别位于万向节中心 O 的两边,与 O 等距离。钢球在内滚道中滚动和钢球在外滚道中滚动时,钢球中心所经过的圆弧半径是一样的。图中钢球中心所处的 C 点正是这样两个圆弧的交点,

所以有 $AC=BC$。又由于有 $AO=BO$，$CO=CO$，这就可以导出 $\triangle AOC$ 全等于 $\triangle BOC$，因而 $\angle AOC=\angle BOC$，也就是说当主动轴与从动轴成任一夹角（当然要一定范围内）时，C 点处在主动轴与从动轴轴线的夹角平分线上。处在 C 点的钢球中心到主动轴的距离 a 和到从动轴的距离 b 必然是一样的（用类似的方法可以证明其他钢球到两轴的距离也是一样的），从而保证了万向节的等速传动特性。

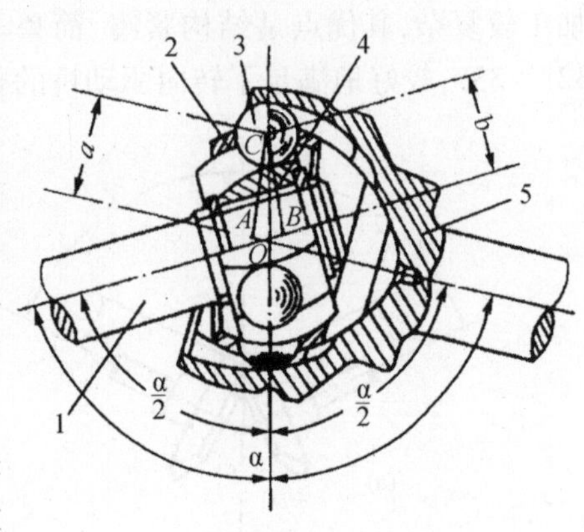

图 2-5-10　球笼式万向节的等速性

1—主动轴；2—保持架；3—钢球；4—星形套；5—球形壳；O—万向节中心；A—外滚道中心；B—内滚道中心

在图中上下两钢球处，内外滚道所夹的空间都是左宽右窄，钢球很容易向左跑出。为了将钢球定位，设置了保持架。保持架的内外球面、星形套的外球面和球形壳的内球面均以万向节中心 O 为球心，并保证 6 个钢球球心所在的平面（主动轴和从动轴是以此平面为对称面的）经过 O 点。当两轴交角变化时，保持架可沿内外球面滑动，这就限定了上、下两球及其他钢球不能向左跑出。球笼式等速万向节内的 6 个钢球全部传力，承载能力强，可在两轴最大交角为 42°的情况下传递转矩，同时其结构紧凑、拆装方便，因而得到广泛应用。

图 2-5-11 所示的伸缩型球笼式等速万向节的内外滚道是直槽的，在传递转矩过程中，星形套可在筒形壳内沿轴向移动，能起到滑动花键的作用，使万向传动装置结构简化。又由于星形套与筒形壳之间轴向相对移动是通过钢球沿内外滚道滚动实现的，滑动阻力比滑动花键的小，所以很适用于断开式驱动桥。

如图 2-5-12 所示，这种万向节的内外滚道各是 6 条直槽，钢球在星形套或筒形壳的 6 条直槽中移动的球心轨迹都可以看作是圆柱面上的 6 条均布的母线，并且两圆柱面的直径是相同的。当从动轴和主动轴不在一条直线上时，两圆柱面相贯交出一个椭圆（就像取暖炉烟筒的弯头那样）。在钢球的作用下，两圆柱面上的母线两两相交于此椭圆上，钢球球心处在椭圆上

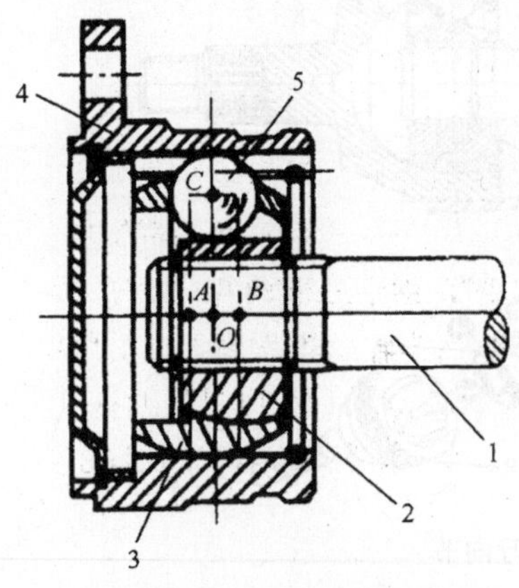

图 2-5-11　伸缩型球笼式等速万向节

1—内半轴；2—星形套；3—球笼；4—筒形壳；5—钢球

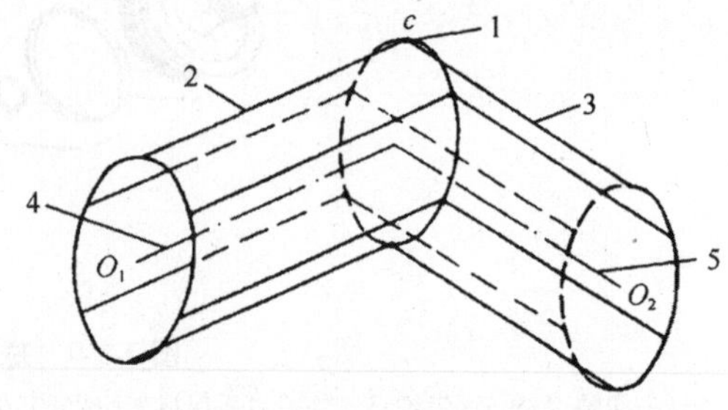

图 2-5-12　伸缩型球笼式等角速万向节工作原理图

1—钢球中心；2、3—内、外滚道中移动的钢球中心轨迹；4、5—主、从动轴轴线

的这些交点上。从动轴轴线和主动轴轴线的交点也在椭圆所在的平面内,实际上就是这一椭圆的中心。钢球(图 2-5-11 中上面的钢球)中心 C 处在从动轴轴线与主动轴轴线交汇点,从而保证万向节做等角速传动。

与一般球笼式等速万向节相类似,在图 2-5-11 中上面的钢球处,内外滚道所夹的空间是左窄右宽;在图 2-5-11 中下面的钢球处,内外滚道所夹的空间是左宽右窄,钢球很容易跑出(其他钢球也有这种问题)。为了将钢球定位,设置了保持架。

这种万向节的输入轴轴线通过保持架的外球面中心 A,输出轴轴线通过保持架的内球面中心 B。A、B 两点处在保持架的轴线上,钢球中心 C 处于线段 AB 的中垂面内,由此决定了钢球中心 C 到 A、B 距离相等。这样的机构保证了:当从动轴轴线从主动轴轴线方向开始转过 θ 角时,保持架轴线对主动轴的转角和从动轴线对保持架轴线的转角均为 $\theta/2$,于是保持架将钢球定位在适当的位置。

③ 自由三枢轴等速万向节

在富康轿车上,驱动轴采用了自由三枢轴等速万向节,如图 2-5-13 所示。这种万向节包括:三个位于同一平面内互成 120°的枢轴(如图 2-5-14 所示),它们的轴线交于输入轴上一点,并且垂直于传动轴;三个外表面为球面的滚子轴承,分别活套在各枢轴上;一个漏斗形轴,在其筒形部分加工出三个槽形轨道。三个槽形轨道在筒形圆周上是均匀分布的,轨道配合面为部分圆柱面,三个滚子轴承分别装入各槽形轨道,可沿轨道滑动。

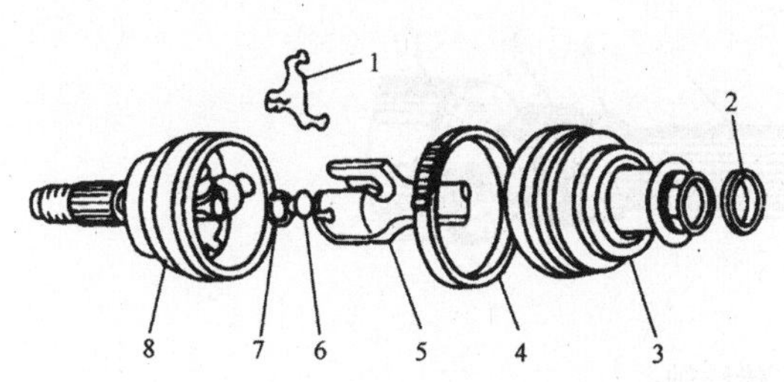

图 2-5-13　自由三枢轴等速万向节

1—锁定三角架;2—橡胶紧固件;3—保护罩;4—保护罩卡箍;5—漏斗形轴;6—止推块;7—垫圈;8—外座圈

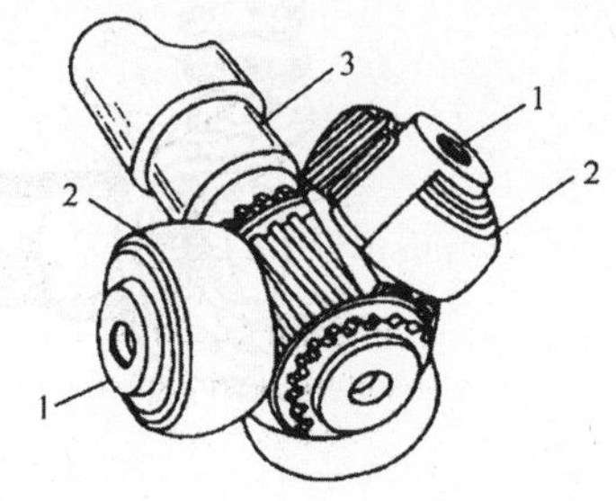

图 2-5-14　自由三枢轴组件

1—枢轴;2—滚子轴承;3—传动轴

从以上装配关系可以看出,每个外表面为球面的滚子轴承能使其所在枢轴的轴线与相应槽形轨道的轴线相交。当输出轴与输入轴交角为 0°时,由于三枢轴的自动定心作用,能自动使两轴轴线重合;当输出轴与输入轴交角不为 0°时,因为外表面为球面的滚子轴承可沿枢轴轴线移动,所以它还可以沿各槽形轨道滑动,这样就保证了输入轴与输出轴之间始终可以传递动力,并且是等速传动(其等速性证明从略)。

3.2.2.3　挠性万向节

如图 2-5-15 所示,挠性万向节由橡胶件将主被动轴交叉连接而成,依靠橡胶件的弹性变形来实现小角度夹角(3° ~5°)和微小轴向位移的万向传动。它具有结构简单、无须润滑、能吸收传动系中的冲击载荷和衰减扭转振动等优点。

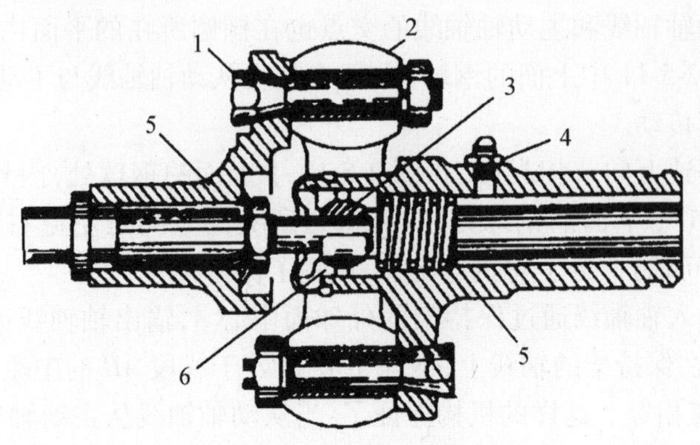

图 2-5-15 挠性万向节

1—连接螺栓;2—橡胶件;3—中心钢球;4—黄油嘴;5—传动凸缘;6—球座

3.3 传动轴

如图 2-5-16 所示,传动轴是万向传动装置的组成部分之一。这种轴一般长度较长,转速高并且由于所连接的两部件(如变速箱与驱动桥)间的相对位置经常变化,因而要求传动轴长度也要相应地有所变化,以保证正常运转。为此,传动轴结构一般具有以下特点:

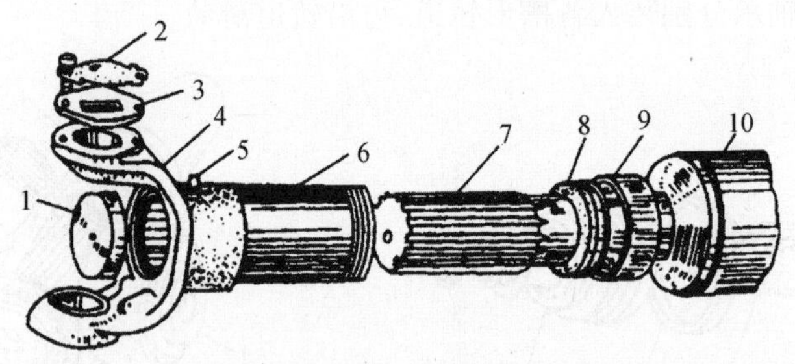

图 2-5-16 传动轴

1—盖子;2—盖板;3—盖垫;4—万向节叉;5—加油嘴;6—伸缩套;
7—滑动花键槽;8—油封;9—油封盖;10—传动轴管

(1)目前广泛采用空心传动轴。这是因为在传递相同转矩情况下,空心轴质量较轻,可节省钢材。

(2)传动轴的转速较高。为了避免离心力引起剧烈振动,故要求传动轴的质量沿圆周均匀分布。为此,通常不用无缝钢管,而是用钢板卷制对焊成圆管轴(因为无缝钢管壁厚不易保证均匀,而钢板厚度均匀)。此外,在传动轴与万向节装配以后,要经过动平衡试验,用加焊小块钢片的办法找平衡。平衡后应在叉和轴上刻上记号,以便拆装时保持原来二者的相对位置。

(3)传动轴上通常有花键连接部分,传动轴的一端焊有花键接头轴,使之与万向节套管叉的花键套管连接,这样传动轴总长度允许有伸缩变化。花键长度应保证传动轴在各种工况下,既不脱开,也不顶死。为了润滑花键,通过油嘴注入润滑脂,用油封和油封盖防止润滑脂外流。有时还加防尘套,以防止尘土进入。传动轴另一端则与万向节叉焊成一体。

为了减少花键轴与套管叉之间的摩擦损失,提高传动效率,有些机械上已采用滚动花键来代替滑动花键,其构造如图 2-5-17 所示。由于花键轴与套管之间用钢球传递动力,当传动轴长度变化时,因钢球的滚动摩擦代替花键齿的滑动摩擦,从而大大减小了摩擦损失。

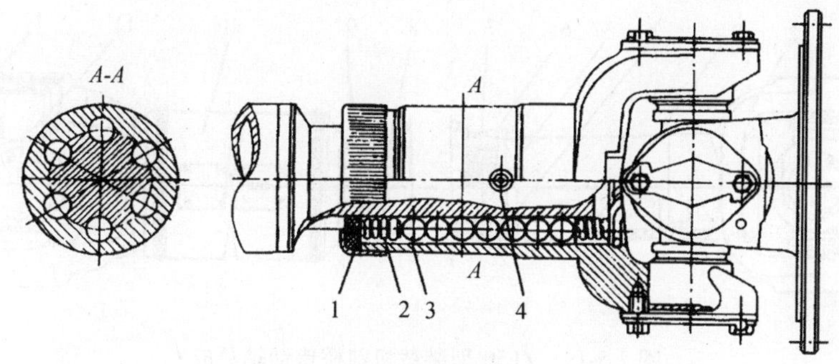

图 2-5-17　**滚动花键传动轴**

1—油封;2—弹簧;3—钢球;4—油嘴

(4)有的工程机械,由于变速箱(或分动箱)到驱动桥主传动器之间距离很长,如果用一根传动轴,因其过长,在运转中容易引起剧烈振动。为此,将传动轴分成两根或三根短的,中间加支承点,如图 2-5-18 所示。

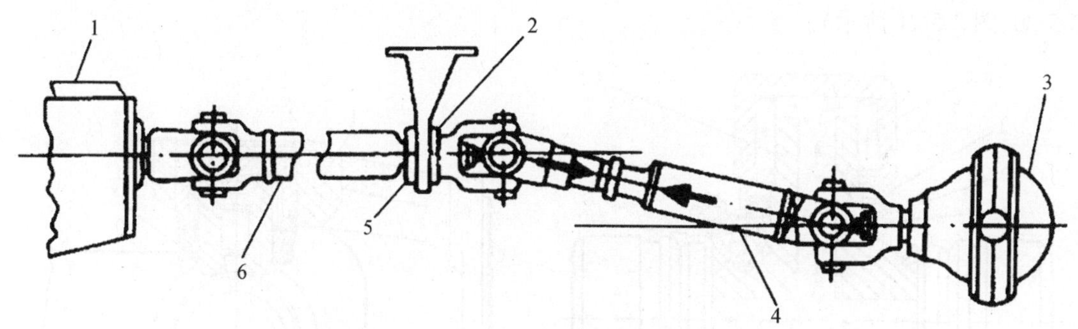

图 2-5-18　**两段传动轴**

1—变速箱;2—中间支承;3—后驱动桥;4—后传动轴;5—球轴承;6—前传动轴

4　任务实施

4.1　准备工作

通过查阅对应的维修手册等相关资料,经过课堂讨论、教师答疑和操作演示,制订修改拆装方案,准备所需仪器、设备和工具。

4.2　操作流程

以 ZL50 型装载机的前传动轴总成为例,结构如图 2-5-19 所示:

4.2.1　ZL50 装载机的前传动轴总成的拆卸

(1)拆去传动轴前后凸缘与变速箱及驱动桥的连接螺栓、锁片。

(2)适当挤压滑动叉,从车上取下传动轴总成。

(3)拆下卡环、橡胶护套,在花键轴和套管轴上做好装配标记,将花键轴总成从套管轴总成中抽出,取出套管轴内的油封和盖。

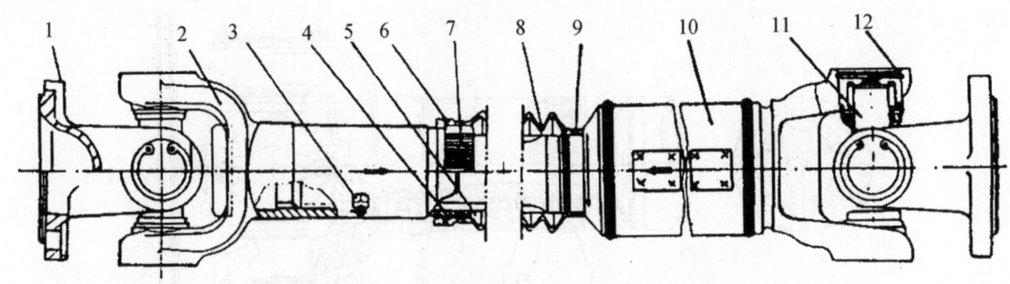

图 2-5-19　ZL50 型装载机前桥传动轴总成

1—突缘叉;2—套管叉总成;3—油嘴;4—油封;5—油封垫片;6—大卡环;7—油封盖;8—花键护套;9—小卡环;10—万向节叉及花键轴总成;11—万向节总成;12—孔用挡圈

(4)拆卸十字轴:拆下节叉上的 4 只卡环,用铜棒敲击节叉端部,使相对一侧的滚针套露出节叉端面一部分,取出滚针套及滚针;再反方向敲击节叉,取出另一端的滚针套和滚针;用同样方法拆出十字轴另两端;将万向节叉分开,从十字轴上取下油封座、油封和挡板(如图 2-5-20、图 2-5-21 所示)。

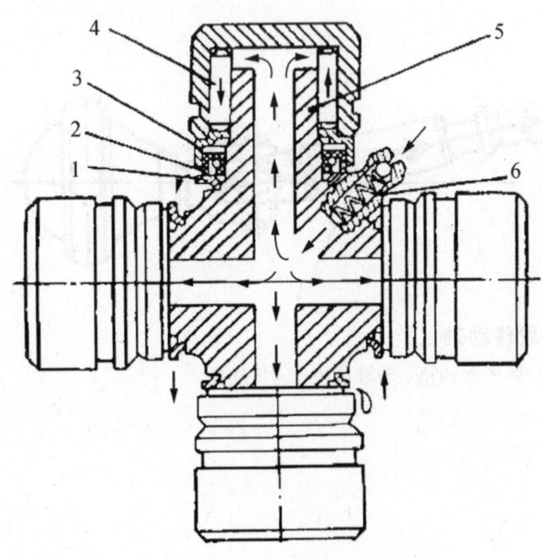

图 2-5-20　十字轴万向节总成

1—油封挡盘;2—油封;3—油封座;4—滚针轴承;5—十字轴;6—油嘴

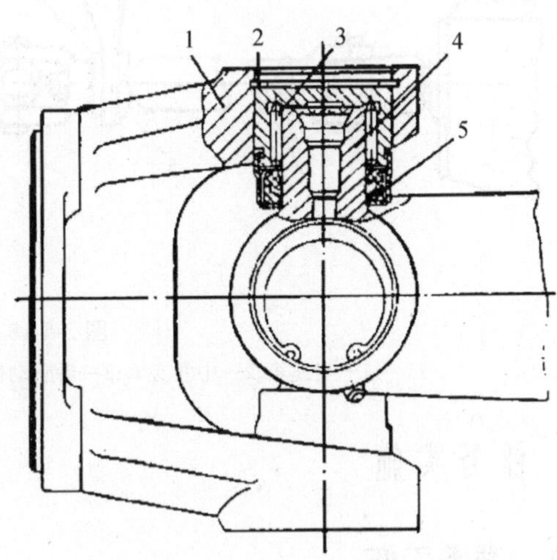

图 2-5-21　滚针轴承的内挡圈定位

1—万向节叉;2—挡圈;3—滚针轴承;4—十字轴;5—油封

4.2.2　零件检修

(1)轴管弯曲,用百分表检查轴的中间位置摆差,超过 2 mm 时应在压床上冷压校正。

(2)轴管凹陷时,应将花键短轴或万向节叉在车床上切下来,在轴管中穿一根较轴管内径细而较长的心棒,在凹陷处局部加温并垫上型锤敲出修复,然后焊上花键轴及万向节叉。

(3)伸缩节花键槽与齿套磨损,一般配合检验,其间隙超过 0.50 mm(用手转动有明显松旷现象)或键槽、键齿磨损超过 0.25 mm 时可用堆焊或更换新件的办法修理。更换新轴时,先在车床上切下旧轴,压入新轴后再焊牢(如图 2-5-22 所示)。修复后的标准配合间隙为 0.03 ~ 0.25 mm。

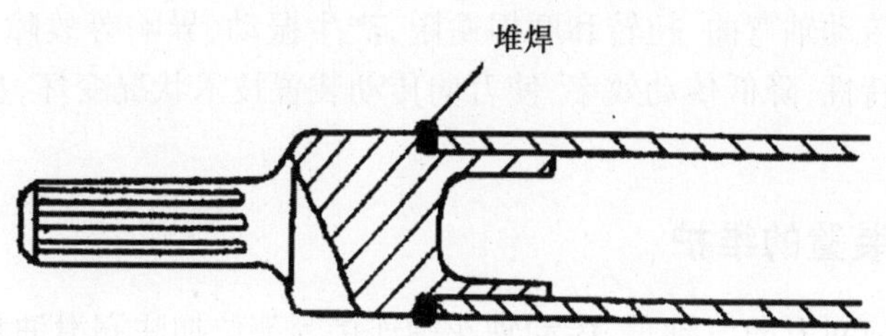

图 2-5-22　传动轴花键轴的焊接

(4)中间传动轴的轴颈与轴承的配合,一般为过盈间隙 0.03 ~0.02 mm。如间隙超过 0.03 mm,以及油封轴颈磨损,超过 0.25 mm 时应堆焊、镶套或镀铬修理,修后检查其同轴度,摆差不得超过 0.20 mm,油封轴颈粗糙度应不高于 Ra 1.6。

(5)十字轴颈磨损起槽深度超过 0.04 mm 应进行修理,方法是堆焊、镀铬后修磨,也可将轴颈缩小换配加粗的滚针,如无加粗滚针,可用尼龙套或铜套装入钢碗代替滚针。但一副十字轴颈应修至同一尺寸,轴颈与轴承的配合不得超过 0.13 mm,标准配合间隙为 0.02 ~ 0.09 mm。

(6)万向节叉孔与钢碗配合间隙为 0 ~0.04 mm,当间隙超过 0.10 mm 时可镀铬修复。当钢碗内径磨损起槽,一般应换新件。

4.2.3　ZL50 装载机的前传动轴总成的装配

(1)按 4.2.1 的相反顺序安装。

(2)分别对各个十字轴注入润滑脂,直至滚针处出现油脂为止。

4.2.4　ZL50 装载机的前传动轴总成的拆装注意事项

(1)当用更换花键轴新轴的方法进行修理时应注意:

① 新轴与轴管应有 0.025 ~0.05 mm 过盈;

② 测量全长使之符合原来尺寸,否则新轴应适当加长;

③ 焊接时最好将轴放在专用架上,先在圆周上点焊数点(先按 180°对面点焊,再按 90°、45°等,越细越好,防止变形而发抖),待冷却后再全部焊接;焊完冷却后检查弯曲度不得超过 2.00 mm,否则应予校正。

(2)防尘套上两只卡箍的锁扣应相对 180°安装以保证不破坏传动轴的平衡。

(3)万向节组装后,不允许十字轴有轴向间隙以及钢碗与叉孔之间相对转动。消除轴向间隙,一般可以通过适当加厚软木垫油封或在钢碗背面加薄铜皮来解决,但必须注意十字轴轴心是否偏离传动轴线,以免造成传动轴转动偏摆,使平衡破坏。

4.3　万向传动装置常见故障诊断与排除

在使用过程中,工程机械轴距长,传动轴制成多节,工作条件恶劣,润滑条件差,行驶在不良的道路上,冲击载荷的峰值往往会超过正常值的一倍以上,万向传动装置不仅要承受较大的转矩和冲击负荷,还要适应车辆在行驶中随着悬架的变形、传动轴与变速箱输入轴及主减速器输出轴之间夹角的不断变化;传动轴的长度也会随着悬架的变形而变化,使伸缩节不断滑磨;万向传动装置在车辆的底部,泥土、灰尘极易侵入各个机件。在这些情况下,万向传动装置会出现各种耗损,造成传动轴弯曲、扭转和磨损逾限,产生振动、异响等故障,破坏万向传动装置的动平衡特性、速度特性,降低传动效率,使万向传动装置技术状况变坏,从而影响机械的动力性和经济性。

4.3.1 万向传动装置的维护

在一级维护中,应对万向节轴承、传动轴花键连接等部位加注润滑油和进行紧固作业。大部分国产机械的传动花键及万向节轴承加注润滑脂,但也有部分机械的万向节轴承应加注齿轮油(如别拉斯 540 型、克拉斯 256 型汽车),直至从安全阀出现新油为止。由于齿轮油的流动性好,在滚针轴承处容易形成油膜,其润滑性能优于润滑脂。但采用齿轮油润滑万向节轴承时,必须注意油封的密封性。若油封漏油,传动轴高速转动时,油会被甩出而造成轴承的干摩擦或半干摩擦,加速轴承磨损。如发现油封损坏,有漏油的迹象时应立即更换。至于各种机械究竟用什么润滑剂润滑,可查阅所属机型的使用维护说明书。除此之外,还应检查凸缘连接螺栓及挠性万向节和十字轴轴承盖板固定螺钉的紧固情况,锁紧装置应牢固可靠,锁片应齐全有效。

二级维护时,应检查传动轴花键连接及传动轴十字轴轴颈和端面对滚针轴承之间的间隙。该间隙超过规定标准时应修复或更换。

在拆卸传动轴时,应从传动轴前端与驱动桥连接处开始,先把与驱动桥凸缘连接的螺栓拧松取下,然后将与中间传动轴凸缘连接的螺栓拧下,拆下传动轴总成。接着,松开中间支承支架与车架的连接螺栓,最后拆下变速箱端的凸缘盘,拆下中间传动轴。同时应做好标记,以确保原位装配,避免破坏传动轴的动平衡性。

4.3.2 万向传动装置的故障诊断与排除

万向传动装置常见的故障有传动轴振动、噪声,起步撞击及滑行异响等。产生这些故障的原因是零件的磨损、动平衡被破坏、材料质量不佳和加工缺陷等。

4.3.2.1 传动轴噪声

(1)故障现象

车辆在行驶过程中,传动轴产生振动并传递给车架和车身,引起振动和噪声,握转向盘的手感觉麻木,其振动一般和车速成正比。

(2)原因及故障诊断

① 传动轴动不平衡。

a. 原因:传动轴上的平衡块脱落;传动轴弯曲或传动轴管凹陷;传动轴管与万向节叉焊接不正或传动轴未进行过动平衡试验和校准;伸缩叉安装错位,造成传动轴两端的万向节叉不在同一平面内,使传动轴失去平衡。

b. 故障诊断与排除方法:检查传动轴管是否凹陷,若有凹陷,则故障由此引起;若无凹陷,则继续检查。检查传动轴管上的平衡片是否脱落,若脱落,则故障由此引起;否则继续检查。检查伸缩叉安装是否正确,若不正确,则故障由此引起;否则继续检查。拆下传动轴进行动平衡试验,若不平衡,则应校准以消除故障;弯曲应校直。

② 传动轴弯曲、扭转变形。

传动轴弯曲、扭转变形也会引起振动和噪声,高速行驶时还有使花键脱落的危险。应检查传动轴直线度误差,若超过极限,应更换或进行校正。

③ 万向节松旷。

a. 原因:凸缘盘连接螺栓松动;万向节主、从动部分游动角度太大;万向节十字轴磨损严重。

b. 故障诊断与排除办法:用榔头轻轻敲击各万向节凸缘盘连接处,检查其松紧度。若太松旷,则故障是由于连接螺栓松动而引起,否则继续检查。用双手分别握住万向节主、从动部分转动,检查游动角度。若游动角度太大,则故障由此引起。

④ 变速箱输出轴花键齿磨损严重。若花键齿磨损严重,超过规定极限值,则应更换相关部件。

⑤ 中间支承松旷、磨损。

a. 原因:滚动轴承缺油烧蚀或磨损严重;中间支承轴承安装方法不当,造成附加载荷而产生异常磨损;橡胶圆环损坏;车架变形,造成前后连接部分的轴线在水平面内的投影不同线而产生异常磨损。

b. 故障诊断与排除方法:给中间支承轴承加注润滑脂,若响声消失,则故障由缺油引起;否则继续检查。松开夹紧橡胶圆环的所有螺钉,待传动轴转动数圈后再拧紧,若响声消失,则故障由中间支承安装方法不当引起。否则,故障可能是由于橡胶圆环损坏,或滚动轴承技术状况不佳,或车架变形等引起。

4.3.2.2 起步撞击和滑行异响

原因及排除方法:

(1)万向节产生磨损或损伤,应更换零件。

(2)变速箱输出轴花键磨损,修理或更换相关零件。

(3)滑动叉花键磨损、损伤,应更换零件。

(4)传动轴连接部位松动,拧紧螺栓即可消除故障。

4.4 万向传动装置故障分析实例(以图2-5-23所示为例)

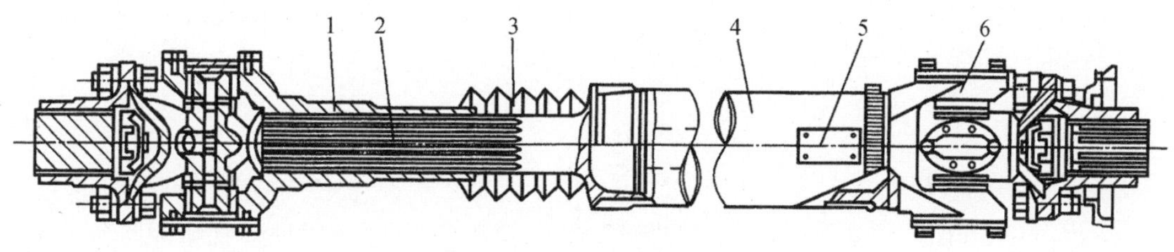

图2-5-23 传动轴

1—万向节套管叉;2—花键接头轴;3—保护套;4—传动轴;5—平衡钢片;6—万向节叉

(1)万向节和花键松旷后的响声

车辆起步时车身发抖并有撞击声,在增减油门时响声更明显,原因是万向节轴及滚针磨损松旷或滚针碎断、传动轴花键齿与叉管花键槽磨损过大或固定螺栓松动。

判断方法是用手左右转动传动轴。若花键齿或键槽磨损松旷,感觉就很明显。

(2)中间轴承发响

车辆行驶中发出一种噪声,车速越快,噪声越大。

主要原因是轴承磨损或缺油润滑不良、轴承装置不对、支架胶皮套损坏及支架胶皮套螺栓过紧或过松。发现中间轴承有响声，应先检查支架胶皮套穿心螺栓是否松动或过紧，以免轴承位置偏斜；如松紧合适，应拆下分解检查，找出原因予以排除。

(3)传动轴不平衡的响声

行驶中听到周期性的响声，车速越高，声音越大，严重时使车身发抖、驾驶室振动、手握方向盘有振麻的感觉。

主要原因是传动轴不平衡，其因素有：传动轴弯曲，传动轴的凸缘和轴管焊接时歪斜，中间支承支架松动、位置偏斜。判断方法是在行驶中高速挡时听传动轴的振摆响声，也可将车辆架起，听、看更清楚，查明原因予以排除。

任务6　调整主传动装置

1　任务要求

知识要求：

(1)掌握主传动装置的结构与工作过程。

(2)掌握主传动装置的调整项目。

(3)掌握主传动装置的常见故障现象与原因。

能力要求：

(1)掌握主传动装置主要零件的维修技能。

(2)掌握主传动装置的装配与调整的方法。

(3)能对主传动装置的常见故障进行诊断与维修。

2　任务引入

一台ZL50装载机在平坦坚实的道路上高速行驶时，当猛丢油门时驱动桥发出“哒哒”的齿轮响声且随着车速的降低而逐渐消失，表明主减速器主、从动齿轮啮合间隙过大，需要对主传动装置进行拆、装、调整或检修。

3　相关理论知识

3.1　轮式驱动桥的概述

轮式驱动桥位于传动系统的末端，是传动轴之后、驱动轮之前的所有传动机构的总称。其主要功用是将传动轴传来的转矩传给驱动轮，使变速箱输出的转速降低、转矩增大，并使两边车轮具有差速功能。此外，驱动桥桥壳还起到承重和传力的作用。

3.1.1　驱动桥的功用

(1)增力减速，使车辆获得合适的牵引力和车速；

(2)改变动力传动方向(通过驱动桥主传动)，使车辆实现移动功能；

(3)提供行车制动功能(通过夹钳或鼓式制动器)；

(4)支承车辆。

3.1.2　轮式驱动桥的特点

(1)轮式工程机械通常采用全轮驱动。由于轮式工程机械经常在工况极为恶劣(荒野、泥泞无路等)的场地行驶或作业,为了能把全部重量都用作附着重量从而获得更大的牵引力,常采用全驱(或叫“前后桥驱动”)方式。

(2)采用低压大轮胎。为了提高轮式工程机械的越野性能和通过能力,常采用低压大直径宽断面轮胎。

(3)驱动桥的传动比大。轮式机械驱动桥的传动比一般在 12 ~ 38(汽车一般仅为 6 ~ 15),即使主减速器采用两级减速也不能达到这样大的传动比,而且如果增大主减速器的传动比,必然造成驱动桥桥壳尺寸或半轴直径的加大,使机械的离地间隙减小,通过性降低,所以设置了轮边减速装置,这样不仅可以减小主传动装置和半轴上传递的扭矩,而且也减小了主传动装置的体积,从而提高了通过性能。

3.1.3　驱动桥的结构

轮式驱动桥主要由桥壳、主传动装置(主减速器、差速器)、半轴、轮边减速器以及轮胎轮辋总成等组成。其结构如图 2-6-1 所示(以 ZL50 装载机前桥为例):

驱动桥安装在车架上,承受车架传来的载荷并将其传递到车轮上。驱动桥的桥壳又是主传动装置、半轴、轮边减速器等的安装支承体。

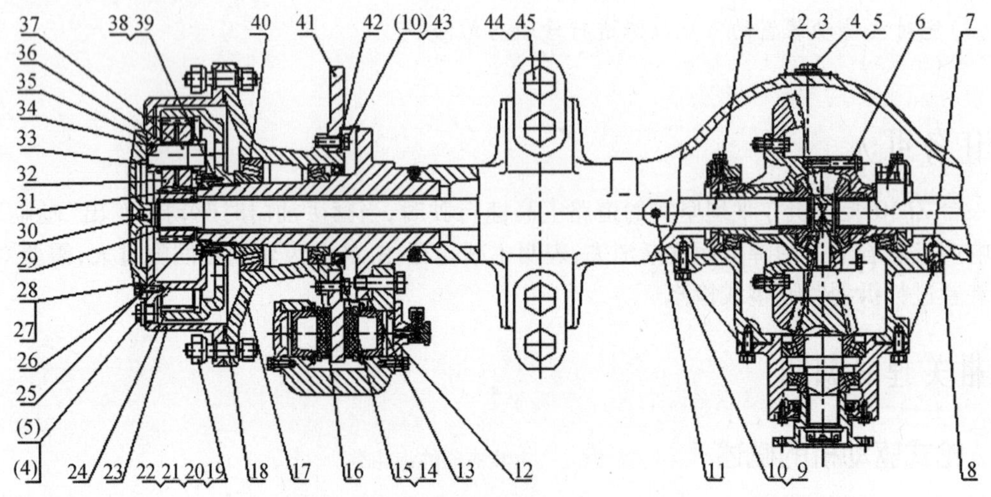

图 2-6-1　驱动桥的结构

1—半轴;2—桥铭牌;3—铆钉;4—螺塞;5—组合密封垫圈;6—主传动总成;7—定位销;8、36—垫片;9、27、43—螺栓;10、22、28、39—垫圈;11—通气塞;12—夹钳总成;13—桥壳体轮边支承;14—密封圈;15、29—挡圈;16—圆锥滚子轴承 32020;17—轮毂;18—O 形圈;19—轮辋螺栓;20—轮辋螺母;21—螺母;23—行星轮架;24—内齿轮;25—太阳轮;26—盖;30—轴;31—圆螺母;32—行星齿轮;33—滚针;34—钢球;35—密封垫;37—行星齿轮轴;38—螺钉;40—圆锥滚子轴承 32219;41—制动盘;42—防尘罩;44—前桥安装螺栓;45—锁紧螺母

注:使用 85W-90 重负荷齿轮油

3.2　主减速器

3.2.1　主减速器的功用

主减速器是将变速箱传来的动力再一次降低转速、增大扭矩(转矩),并将输入轴的旋转轴线(动力的传递方向)改变90°后,经差速器、半轴传给轮边减速器。

主减速器位于驱动桥之内,通常为一对锥齿轮传动。在保证驱动桥有足够传动比的条件下,其径向尺寸应尽可能小,以增大机械的离地间隙(即驱动桥壳最低点离地面的距离),使其有较好的通过性能。在得到同样传动比的条件下,若主减速器主动锥齿轮齿数越少,则从动锥齿轮的尺寸越小。因此可使主减速器结构紧凑,增大机械的离地间隙,但锥齿轮齿数过少,在加工制造时易产生“根切”现象,从而降低锥齿轮的强度。

3.2.2　主减速器的分类

(1)按齿轮类型分类

主减速器可分为直齿锥齿轮、零度圆弧锥齿轮、螺旋锥齿轮、延伸外摆线锥齿轮、双曲线齿轮,如图2-6-2所示。

直齿锥齿轮如图2-6-2(a)所示,制造容易,加工方便,成本低,轴向力小,没有附加轴向力。但其传动比较小,同时参与啮合的齿数较少,齿轮重叠系数小,齿面接触区小,故传动噪声大,且传动不够均匀,在主传动器上使用较少,老式的W-1001挖掘(起重)机就采用这种齿轮。

零度圆弧锥齿轮如图2-6-2(b)所示,由于螺旋角(在锥齿轮的平均半径处,圆弧的切线与过该切点的圆锥母线之间的夹角)等于零,因而可以消除工作时的轴向力。它的轴向力和最少齿数同直齿锥齿轮,传动性能介于直齿锥齿轮和螺旋锥齿轮之间,即同时啮合的齿数比直齿锥齿轮多,传递载荷能力较大,传动较平稳。

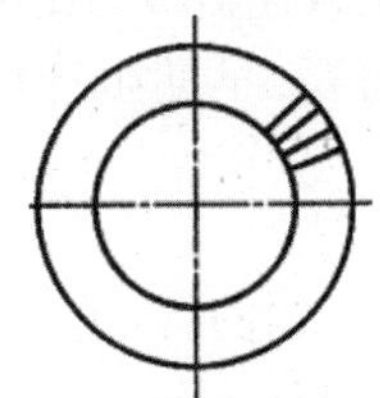

(a) 直齿锥齿轮

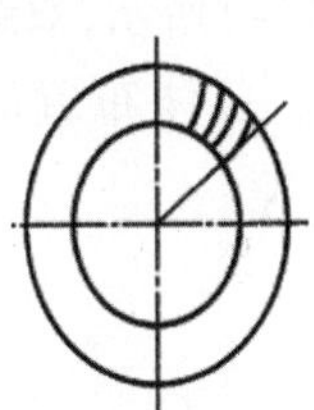

(b) 零度圆弧锥齿轮

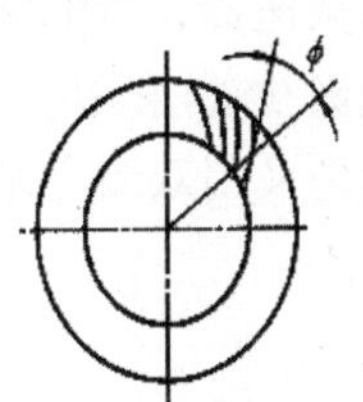

(c) 螺旋锥齿轮

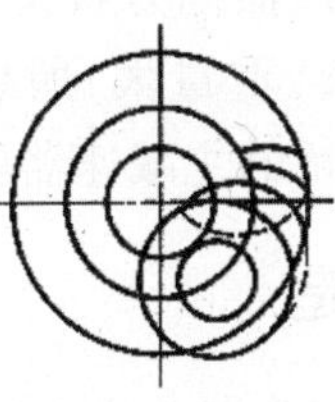

(d) 延伸外摆线锥齿轮

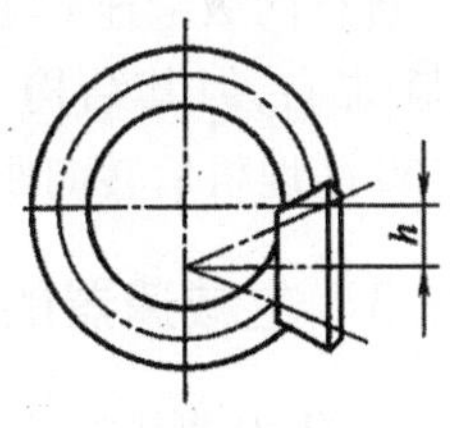

(e) 双曲线齿轮

图2-6-2　主减速器的齿轮类

螺旋锥齿轮(又称格里森Gleason齿)如图2-6-2(c)所示,由于螺旋角不等于零,齿轮副中主动齿轮的齿数可以减少到6个齿,因此在同样传动比下可以减小大齿轮的直径,从而可减小驱动桥的重量和尺寸。另外,由于它属斜齿传动,因而同时啮合工作的齿数比较多,重叠系数大,齿轮的强度较大、传动平稳、噪声小、承载能力高,但是它工作时有附加的轴向力,因此轴向推力大,加重了轴承的载荷,装配时需要进行准确的调整。由于螺旋锥齿轮的优点显著,所以在轮式工程机械上应用较多。如74式挖掘机、CL-7型铲运机、ZL40(50)型装载机等均采用这种齿轮。

延伸外摆线锥齿轮(又称奥利康Oerlikon齿制)如图2-6-2(d)所示,齿线形状为延伸外摆线,其性能和特点与螺旋锥齿轮相似。如北京 BJ370、佩尔利尼 T20 - 203 及太脱拉 815 型汽车就采用了延伸外摆线齿锥齿轮。

双曲线齿轮如图 2-6-2(e)所示,这种齿轮最少齿数可减少到 5 个,啮合平稳性优于螺旋锥齿轮,故噪声最小。另外,它的主、从动齿轮轴线不相交,而偏移一定距离 h,因此在总体布置上可以增大机械离地间隙或降低机械重心,从而提高机械的通过性或稳定性。它的缺点是传动过程中齿面间有相对滑动,传动效率低,因此对润滑要求高,多被中小型汽车采用。为减少摩擦,提高传动效果,在使用中必须采用含极压添加剂的双曲面齿轮油。绝不允许用普通齿轮油代替,否则将使齿面迅速擦伤和磨损,大大降低使用寿命。

(2)按级分类

主减速器还可分为单级主减速器和双级主减速器,如图 2-6-3 所示。

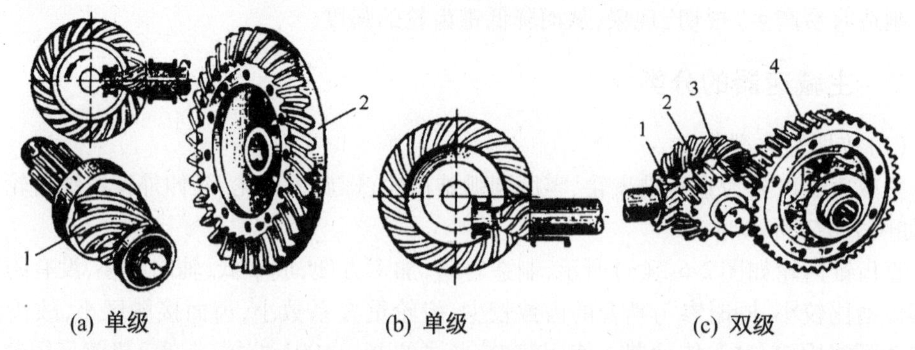

图 2-6-3　主减速器分类

1—主动锥齿轮;2—从动锥齿轮;3—主动圆柱齿轮;4—从动圆柱齿轮

只有一级减速的主减速器称为单级主减速器,如图 2-6-3(a)、(b)所示。单级主减速器结构简单、紧凑、重量轻、传动效率高,最大传动比可达到 7.2 左右,这是广泛被采用的减速方式。

进行两级减速的主减速器称为双级主减速器,如图 2-6-3(c)所示,双级主减速器传动比可达 11 左右,但其结构复杂、重量大,所以极少被采用。为了总体布置的需要,早期生产的 PY160 平地机后转向驱动桥的主减速器就是采用双级主减速器。

3.2.3　主减速器的构造

以 ZL50 型装载机主减速器为例,主减速器主要由主、从动螺旋锥齿轮和其支承装置组成,其结构如图 2-6-4 所示。

主动圆锥齿轮与轴制为一体,通过轴承 12、14、34 以跨置式支承在主传动装置的壳体上。轴的小端压装有圆柱滚子轴承 14,装在壳体的支承孔内,其大端用两个直径大小不同的圆锥滚子轴承 14、34 支承在主传动装置轴承座 6 内,在两轴承间装有隔套 11 和用来调整两轴承预紧度的调整垫片 10。轴的花键部分装着与传动轴相连接的输入法兰 1,并用带槽螺母 3 固定。轴承座 6 和油封盖 5 用螺钉固定在壳体上。轴承座 6 和壳体之间装有调整垫片 8,用于调整主、从动齿轮的啮合位置和啮合间隙。为防止润滑油泄漏,在轴承座 6 外端的垫圈和输入法兰轴颈处装有骨架油封 4,并用油封盖 5 固定。输入法兰上焊有防尘圈,以防止泥水浸入。

从动圆锥齿轮 29 用螺栓固定在差速器壳体 32 上,差速器壳体通过轴承 18 支承在桥壳的轴承座上,两侧拧有调整螺母 17,用以调整轴承的预紧度。由于主、从动圆锥齿轮常啮合,故由传动轴传来的动力经主动锥齿轮、从动锥齿轮传给差速器壳体。

为加强从动锥齿轮的强度，在从动锥齿轮的背面壳体上装有一个止退螺栓，其端面到齿轮背面的间隙应调整到0.2～0.4 mm，以防止重载工作时，从动锥齿轮产生过大的变形而破坏主、从动锥齿轮的正常啮合。

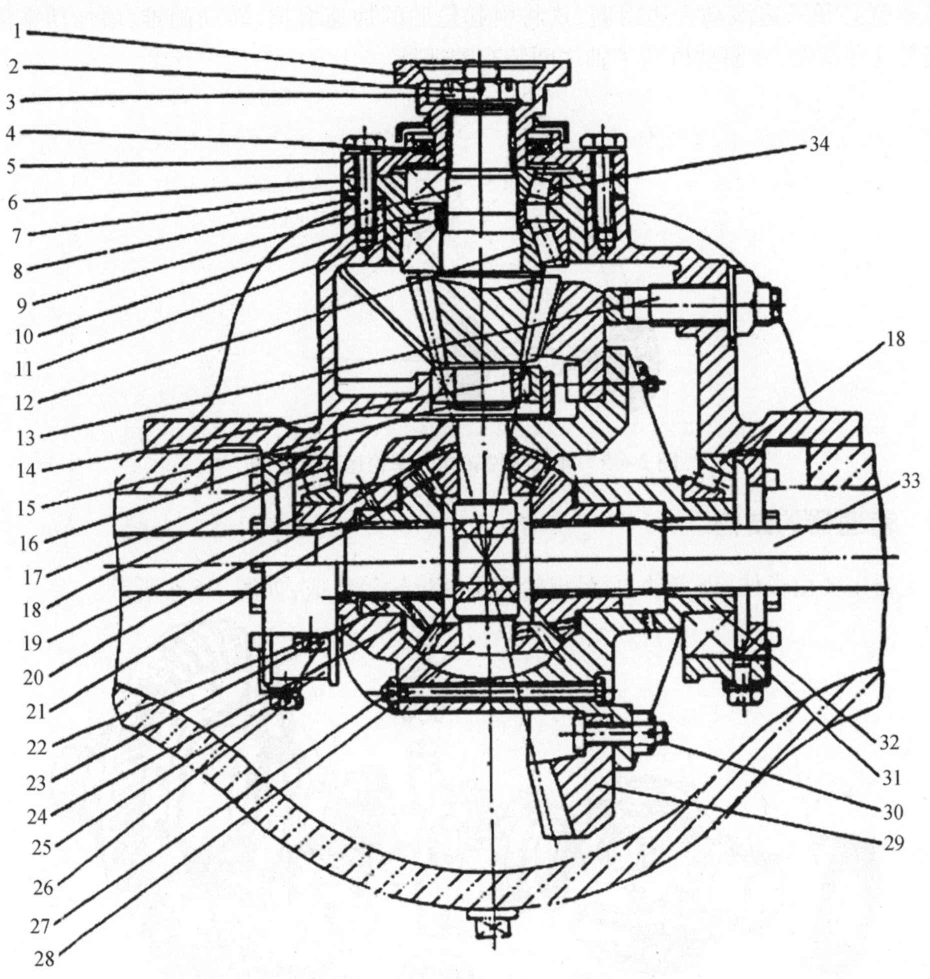

图2-6-4　主传动装置（主减速器＋差速器）

1—输入法兰（凸缘）；2—开口销；3—带槽螺母；4—骨架油封；5—油封盖；6、25—轴承座；7、22、26、27、30—螺栓；8、10—调整垫片；9—主动螺旋锥齿轮；11—隔套；12、18、34—圆锥滚子轴承；13—止退螺栓；14—圆柱滚子轴承；15—挡圈；16—托架；17—调整螺母；18—圆锥滚子轴承；19—差速器左壳；20—止推垫片；21—行星轮；23—半轴齿轮；24—半轴齿轮垫片；28—十字轴；29—从动螺旋锥齿轮；31—锁紧垫片；32—差速器右壳；33—半轴

3.3　差速器

3.3.1　差速器的功用

差速器主要用于保证内外侧车轮能以不同的转速旋转，从而避免车轮产生滑磨现象。如果两车轮用一根轴连接，则两车轮的转速相同。由于在使用中，两车轮所遇情况不一致，当机

械转向时，外侧车轮的转弯半径大于内侧车轮的转弯半径，故外侧车轮的行程大于内侧车轮的行程（如图2-6-5所示）。因此，内、外侧车轮应以不同的转速旋转。当机械直线行驶时，由于轮胎气压不等而导致车轮直径不等，又因为行驶在高低不平的路面上时，也将使内、外侧车轮转速不等。在上述情况下，若将两侧车轮用一根整轴连接，就会产生一侧车轮保持纯滚动，另一侧车轮就必须一边滚动一边滑磨，这将引起轮胎的加速磨损、转向困难、增加功率消耗等。为了避免这种滑磨，在驱动桥两半轴之间装有差速器。

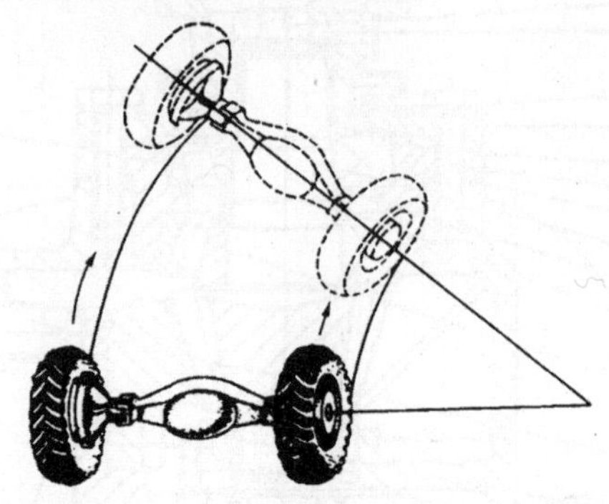

图2-6-5　轮式机械转向时车轮运动示意图

3.3.2　差速器的结构

差速器主要由壳体、十字轴、行星齿轮和半轴齿轮等组成，如图2-6-6所示。

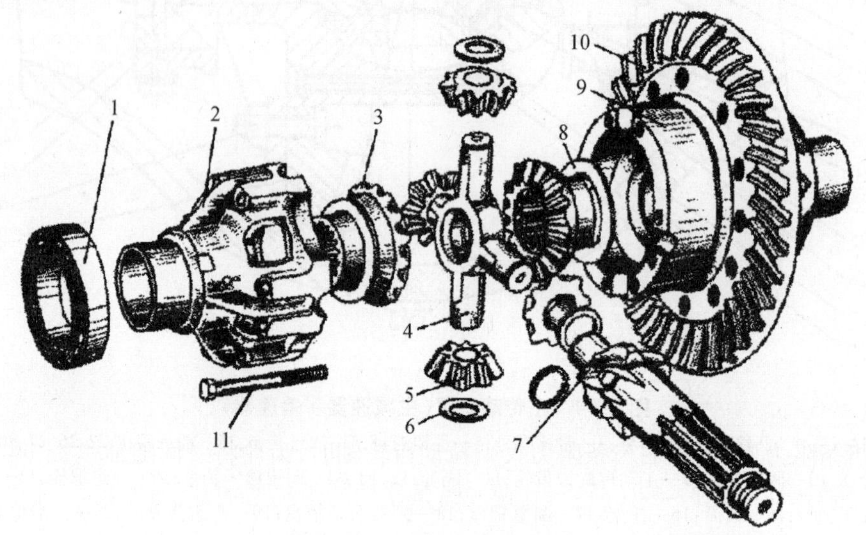

图2-6-6　差速器的结构组成

1—轴承；2、9—差速器壳体；3—半轴齿轮；4—十字轴；5—行星齿轮；6—止推垫片；7—主动锥齿轮；8—半轴齿轮承推垫片；10—从动锥齿轮；11—铰制螺栓

（1）差速器壳体

由左右两半组成，用铰制螺栓11固定在一起。整个壳体的两端以锥形滚柱轴承支承在主传动壳体的支座内，上面用螺钉固定着轴承盖。两轴承的外端装有调整圈，用以调整轴承的紧度，并能配合主动圆锥齿轮轴承座与壳体之间的调整垫片，调整主、从动锥形齿轮的啮合间隙

和啮合印痕。为防止松动,在调整圈外缘齿间装有锁片,锁片用螺钉固定在轴承盖上。

(2)十字轴

十字轴的4个轴颈分别装在差速器壳的轴孔内,其中心线与差速器的分界面重合。从动齿轮固定在差速器壳体上,这样当从动齿轮转动时,便带动差速器壳体和十字轴一起转动。

(3)行星齿轮

4个行星齿轮分别活动地装在十字轴轴颈上,2个半轴齿轮分别装在十字轴的左右两侧,与4个行星齿轮常啮合,半轴齿轮的延长套内表面制有花键,与半轴内端部用花键连接,这样就把十字轴传来的动力经4个行星齿轮和2个半轴齿轮分别传给左右半轴。行星齿轮背面做成球面,以保证更好地定中心以及和半轴齿轮正确地啮合。

行星齿轮和半轴齿轮在转动时,其背面和差速器壳体会造成相互磨损。为减少磨损,在它们之间装有止推垫片,当垫片磨损后,只需更换垫片即可,这样既延长了主要零件的使用寿命,也便于维修。另外,差速器工作时,齿轮又和各轴颈及支座之间有相对的转动,为保证它们之间的润滑,在十字轴上铣有平面,并在齿轮的齿间钻有小孔,供润滑油循环进行润滑。在差速器壳上还制有窗孔,以确保桥壳中的润滑油能出入差速器。

3.3.3　差速器的工作原理

机械沿平路直线行驶时,两侧车轮在同一时间内驶过的路程相同。此时,差速器壳与两半轴齿轮转速相等,行星齿轮不自转,而是随差速器壳一起转动(公转)。这时差速器不起差速作用,两侧车轮以相同的转速旋转。

机械转弯时,内侧车轮阻力增大,行驶路程较短,转速慢。外侧车轮行驶的路程较长,转速快。这时,与两半轴齿轮相啮合的行星齿轮,由于遇到的阻力不等,便开始自转,两半轴齿轮便产生一定的转速差,从而实现了内外侧车轮以不同的转速旋转。

(1)差速器产生转速差的原理

如图2-6-7所示,两齿条相当于展开的左右半轴齿轮,与两齿条相啮合并能在轴上转动的齿轮相当于行星齿轮。

拉动齿轮轴相当于差速器带动行星齿轮。此时,若两齿条阻力相等,齿轮轴将通过齿轮带动齿条一起移动且距离相等,如图2-6-7(b)所示。这时齿轮只是随轴一起移动,而不会自转,这就和机械在平路上直线行驶时,两车轮阻力相等差速器不起差速作用一样,此时,差速器的转速 n_0 与左右半轴齿轮转速 n_1 和 n_2 相等,即 $n_0=n_1=n_2$,也就有 $2n_0=n_1+n_2$。

如两齿条阻力不等(设右齿条阻力大),拉动齿轮轴时,齿轮将一面随轴移动,同时按箭头所示方向绕轴转动,如图2-6-7(c)所示,使左齿条移动的距离增加,所增加数 B 的值等于右齿条移动距离所减小的数值,即有 $A+B+A-B=2A$。

这说明两车轮阻力不等时,差速器可以使两车轮以不同的转速旋转,但两者之和等于差速器壳转速的两倍。当机械向右转弯时,内侧车轮反映在行星齿轮上的阻力是内轮大于外轮。这时行星齿轮的运动就发生了类似图2-6-7(c)所示的情况,即行星齿轮不但带动两半轴齿轮转动,而且还绕十字轴颈自转,使两边半轴转速不等,而两车轮也就以不同的转速沿路面纯滚动而无滑磨。这就是差速器的差速原理。

如按住右齿条使之不动,即阻力无限大,拉动齿轮轴时,齿轮将沿着右齿条滚动,带动左齿条加速移动,左齿条移动的距离等于齿轮轴的两倍,如图2-6-7(d)所示。当机械左侧车轮陷

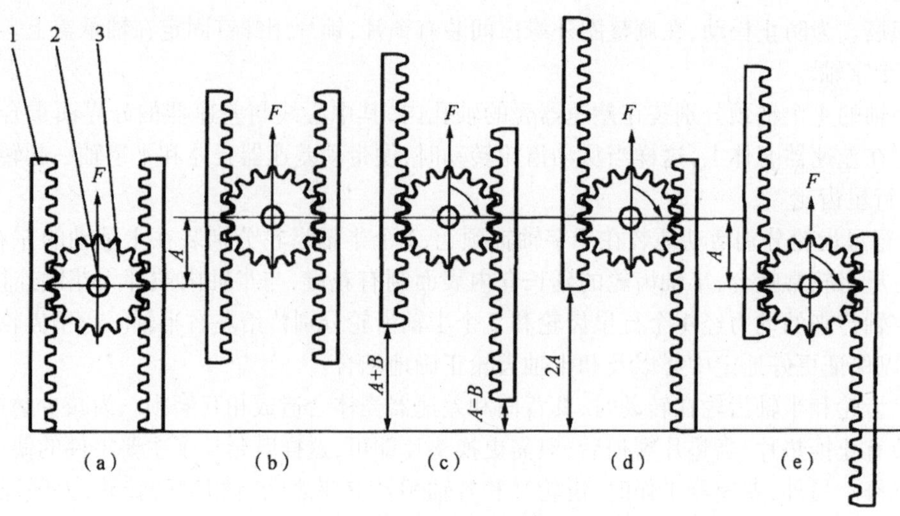

图 2-6-7　差速器工作原理示意图

1—齿条;2—轴;3—齿轮

入泥坑时,因附着力减小不能使机械前进,就会发生类似图 2-6-7(d)所示的情况,即右侧车轮的转速为 0,而陷入泥坑的左侧车轮则以高速旋转,旋转的速度相当于差速器壳转速的两倍。

如将齿轮轴按住不动,而移动一个齿条时,齿轮则只绕轴自转,另一个齿条就会以相反的方向移动一个相等的距离。这种情况一般不会发生,只有在单独使用中央制动器紧急制动或拖车等瞬间,传动轴不转,两车轮附着力不同而使机械发生偏转,如图 2-6-7(e)所示。

综上所述情况可以看出,两齿条移动距离之和始终等于齿轮轴移动距离的两倍,也就是说左右两半轴齿轮的转速之和等于差速器壳转速的两倍。因此在机械转弯行驶或其他行驶情况下,都可以借行星齿轮以相应转速自转,使两侧车轮以不同的转速在地面上滚动,从而避免车轮的滑磨。

(2)差速器中的扭矩分配

上述差速器中,由主传动器传来的扭矩,经差速器壳、十字轴和行星齿轮传给两侧半轴齿轮。如图 2-6-8 所示,行星齿轮相当于一个等臂杠杆,而两个半轴齿轮的半径也是相等的。因此当行星齿轮没有自转时,总是将扭矩平均分配给左右两半轴齿轮。

当在转弯或其他情况下,使行星齿轮发生自转时,两半轴齿轮将以不同转速转动。假设当车辆右转弯时,则左半轴转速 n_1 大于右半轴转速 n_2,行星齿轮将按图 2-6-8 上实线圆弧箭头的方向绕十字轴轴颈自转,行星齿轮孔与十字轴轴颈间以及齿轮背部与差速器壳之间都产生摩擦。行星齿轮所受摩擦力矩与其转速方向相反,如图 2-6-8 上虚线圆弧箭头所示。此摩擦力矩使行星齿轮分别对左、右半轴齿轮附加作用了大小相等、方向相反的两个圆周力 F_1 和 F_2,使传到转得快的左半轴上的扭矩 M_1 减小,而 F_2 却使传到转得慢的右半轴上的扭矩 M_2 增加。因此,当左、右两驱动车轮存在转速差时,差速器分配给转得慢的车轮以较大的扭矩。左、右车轮上的扭矩之差等于差速器内的摩擦力矩。

目前广泛使用的普通行星齿轮式差速器,其内摩擦力矩很小,故实际上可以认为无论左、右驱动车轮转速是否相等,而扭矩总是平均分配的,此即差速器具有“差速不差力”的特点。例如当轮式工程机械一个驱动轮接触到滑溜路面(泥泞或冰雪路面)时,虽然另一车轮是在好的路面上,往往车辆仍不能前进。此时在滑溜路面上的车轮在原地滑转,而在好路面上的车轮

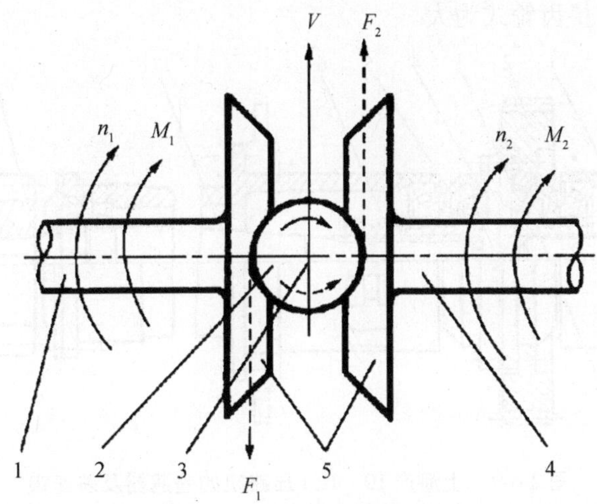

图 2-6-8　差速器中的扭矩分配

1—左半轴;2—行星齿轮;3—十字轴;4—右半轴;5—半轴齿轮

静止不动,这是因为在滑溜路面上的车轮与路面之间附着力很小,路面只能对半轴作用很小的反作用扭矩。虽然另一车轮与好路面间的附着力较大,但因普通行星齿轮式差速器平均分配扭矩的特点,使这一车轮分配到的扭矩只能与传到滑转的驱动车轮上的扭矩相等,以至于总的牵引力不足以克服行驶阻力,车辆不能前进。

为了克服普通差速器的上述缺陷,可改用各种形式的防滑差速器(如强制锁止式差速器)。当一侧驱动车轮打滑时,让普通差速器不起作用,而把扭矩传给不滑转的驱动车轮,以充分利用这一车轮的附着力来驱动车辆行驶。

3.3.4　强制锁止式差速器(差速锁)

差速锁是使差速器不再起差速的一个机构。三钢轮压路机在作业或行驶中,常会遇到一个后轮下面撞上石头或陷入泥坑,使表面光滑的压路机后钢轮发生打滑现象,此时若将差速锁接合,可以帮助压路机克服后轮打滑现象,使压路机越过障碍物。

三轮二轴式钢轮压路机的驱动后半轴上都安装有差速器及其锁死装置(差速锁),以便压路机转弯时,可使后钢轮以不同的速度转动,而在工作中遇有一个驱动轮打滑时,又可使两后轮失去差速作用,以共同的速度自行驶出打滑地域。

国产三轮二轴式压路机上采用的差速器有两种基本型式,即:圆锥行星齿轮式和圆柱行星齿轮式。上海工程机械厂、徐州工程机械厂生产的二轴式三钢轮压路机的差速器属于前一种形式。洛阳矿山机器厂生产的二轴式三钢轮压路机的差速器采用后一种形式。

上海产 3Y10/12 型压路机上的差速器与差速锁同汽车上的基本相同(如图 2-6-9 所示)。这种压路机的后轮轴是固定不转的,左右后轮可在轴上自由转动。当压路机在弯道上行驶时,左右后半轴经差速器的作用,再通过最终传动,可使左右后轮分别以不同速度驱动。

差速锁只是一个简单的(爪形离合器)锁套 6。此锁套以内花键装在同一根半轴上,外有环槽。拨叉就套在该环槽内。拨动拨叉就可使它沿半轴做轴向移动。锁套的内端面有凸爪,它与差速器壳相应端面的凸爪组成一个爪形离合器。当它分离时左右后半轴可差速,接合时则锁死差速作用。这种装置在制造和调整上比较简单,但这种差速器在传递相同扭矩的情况下,其尺寸要比圆柱行星齿轮式为大。

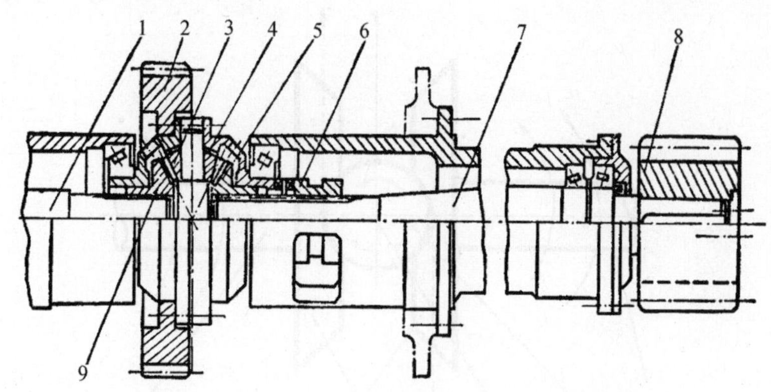

图 2-6-9　上海产 10～12 t 压路机的差速器及差速锁

1、7—半轴;2—差速齿圈;3—行星齿轮;4—差速器外壳;5、9—半轴齿轮;6—差速锁套;8—传动小齿轮

差速锁死装置只能在一只后轮打滑时才允许使用,正常行驶时不得使用,以免损坏路面。

徐工产 3Y18/21 型三钢轮压路机的差速器如图 2-6-10 所示,大齿轮 1 与两个差速器半壳

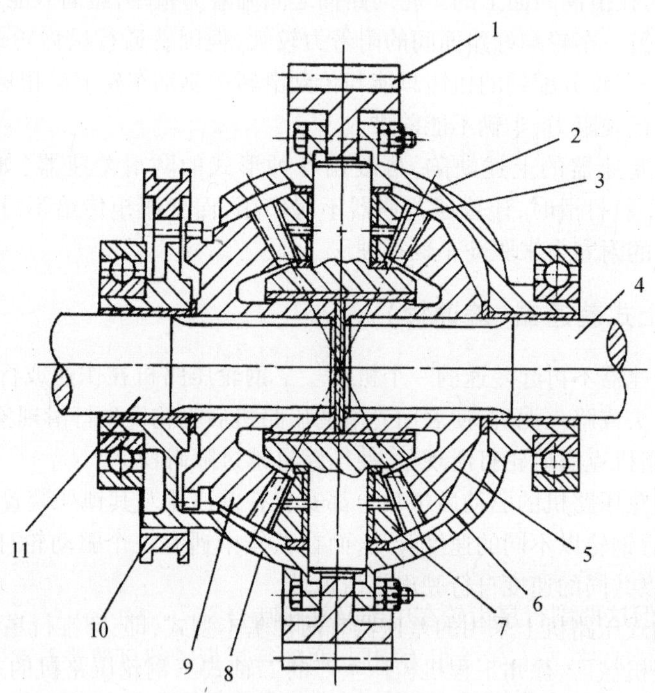

图 2-6-10　徐工产 3Y18/21 型三钢轮压路机的差速器

1—大齿轮;2、8—差速器半壳;3、7—行星齿轮;4、11—半轴;5、9—半轴齿轮;6—齿轮座;8—差速器壳;10—内齿圈(差速锁接合机构)

2 及 8 固定在一起,行星齿轮 3 及 7 装在齿轮座 6 上,6 装在差速器上与差速器一起旋转。半轴齿轮 5 及 9 通过花键与半轴 4 及 11 联接。动力由换向齿轮传给大齿轮 1,使差速器壳及齿轮座随 1 一起旋转,两个行星齿轮做公转,带动半轴齿轮 5 及 9 做同方向的等速旋转,使压路机做直线运动;当压路机向右转弯时,右边的后轮所受阻力较左边的大,阻力通过半轴 4 传给半轴齿轮 5。这时行星齿轮 3 及 7 在公转的同时,还做自转,使半轴齿轮 9 比 5 转得快,使两个

后轮起差速。同样，在向左转时左边的后轮转得慢些。

内齿圈10与差速器壳联接，能在差速器壳上滑动，当滑动齿圈使其内齿与半轴齿轮9的外齿啮合，9与8便联成一体，同速旋转，使行星齿轮3及7不能自转，故半轴齿轮9和5不能差速，只能等速旋转，使差速器失去作用。

如图2-6-11所示为差动(差速锁)操纵机构，手柄1固定在变速箱体上，扳动手柄时，通过拉杆2转动摇臂6，使轴3转动，通过固定在轴上的摇臂4，拨动拨叉5，拨叉5卡在差速器内齿圈10(如图2-6-10所示)的槽里，使齿圈移动，脱开或接合差速器。

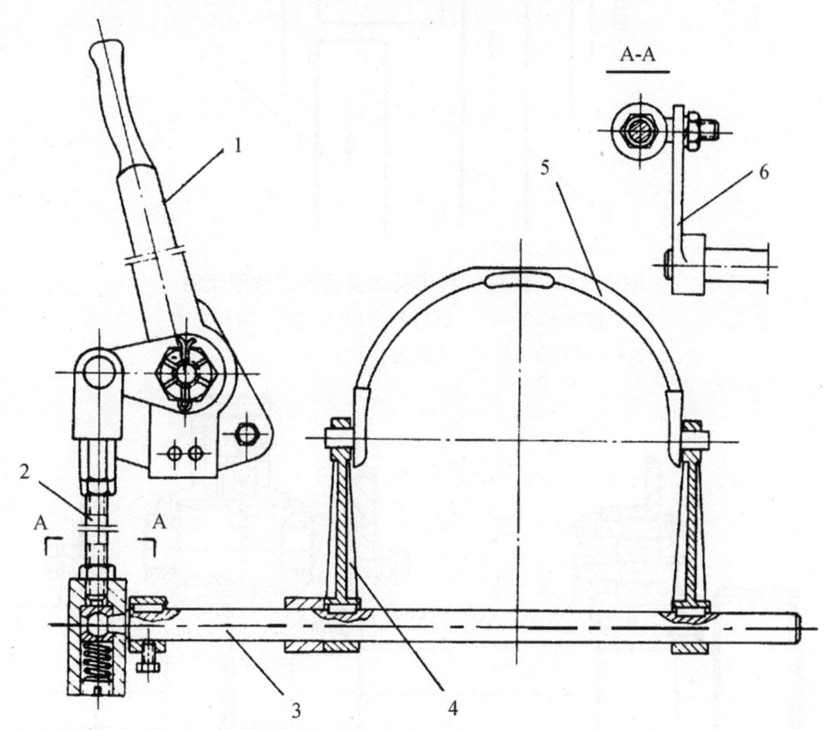

图2-6-11　差动(差速锁)操纵机构

1—手柄；2—拉杆；3—轴；4、6—摇臂；5—拨叉

如图2-6-12所示为圆柱行星齿轮式差速器工作原理图。在差速器壳上装着第一副与第二副行星齿轮各4个。第一副行星齿轮2与左差速齿轮5相啮合。第二副行星齿轮3与右差速齿轮4相啮合。但这两副行星齿轮在中部又互相啮合。

当压路机直线行驶时，左右轮受阻力相同，两副行星齿轮都只随着差速器壳1一起旋转并起着销轴作用，分别带着左右差速齿轮和左右半轴以同速旋转。

当压路机左右后轮受阻力不同，例如在弯道上内后轮受阻力较大时，则两副行星齿轮既随壳体公转，又绕其轮轴自转，但它们自转的方向相反。于是就使受阻力较大的右差速齿轮4受一反向的转速，使它减速。与此同时，受阻力较小的左差速齿轮5，则另外得到一顺速，使它增速。于是左右两后轮产生差速。

这种差速情况与其他差速器相同，一边所减之速等于另一边所增之速。这种差速器的结构如图2-6-13所示。洛阳矿山机器厂产的三钢轮压路机上配合这种差速器的差速锁是另外装在最终传动装置上的(如图2-6-14所示)。

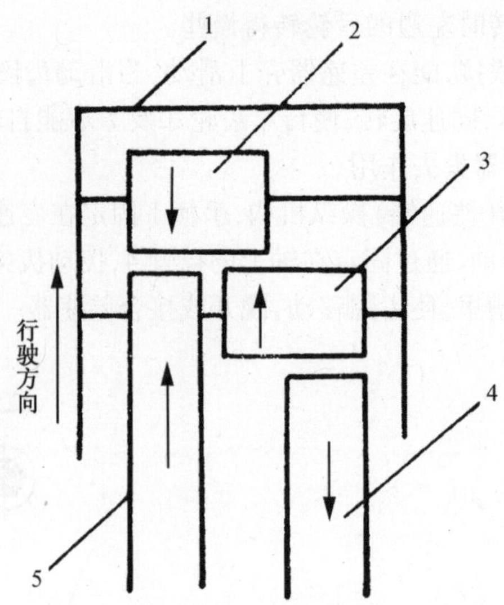

图 2-6-12　圆柱行星齿轮式差速器工作原理图

1—差速器壳；2—第一副行星齿轮；3—第二副行星齿轮；4—右差速齿轮；5—左差速齿轮

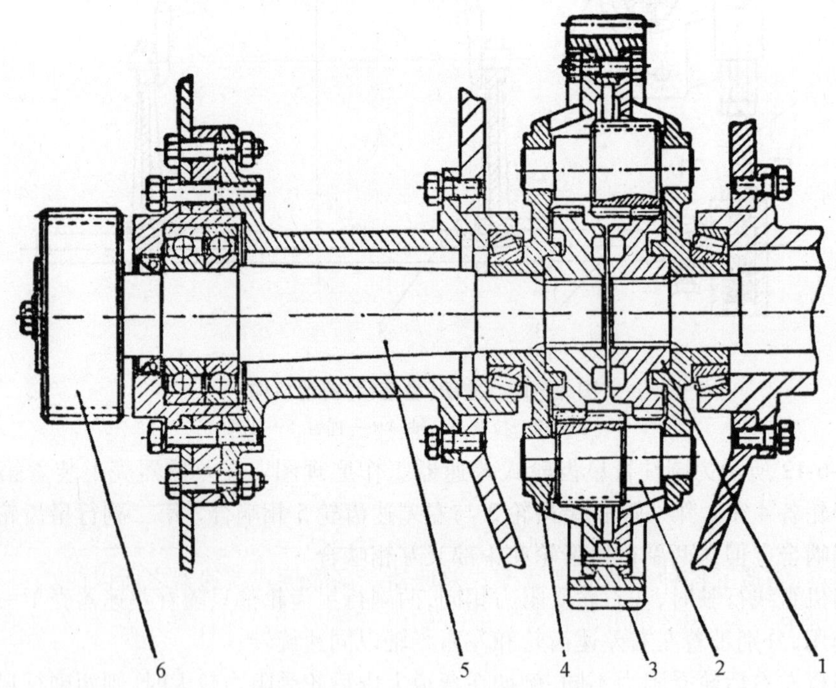

图 2-6-13　圆柱行星齿轮式差速器

1—差速齿轮；2—行星齿轮；3—差速齿圈；4—差速器壳；5—半轴；6—小齿

如图 2-6-14 所示，差速锁由分离齿轮 10、轴套 9、滑键 8 以及相应的操纵手柄 11、滑杆 7 与拨叉 6 等组成。

压路机最终传动的从动大齿轮 2 除了有外齿做传动外，还具有内齿。左边的大齿轮内齿与固装（用平键）于轮轴上的连接齿轮 4 常啮合，可使轮轴连同该后轮一起随着旋转。右大齿

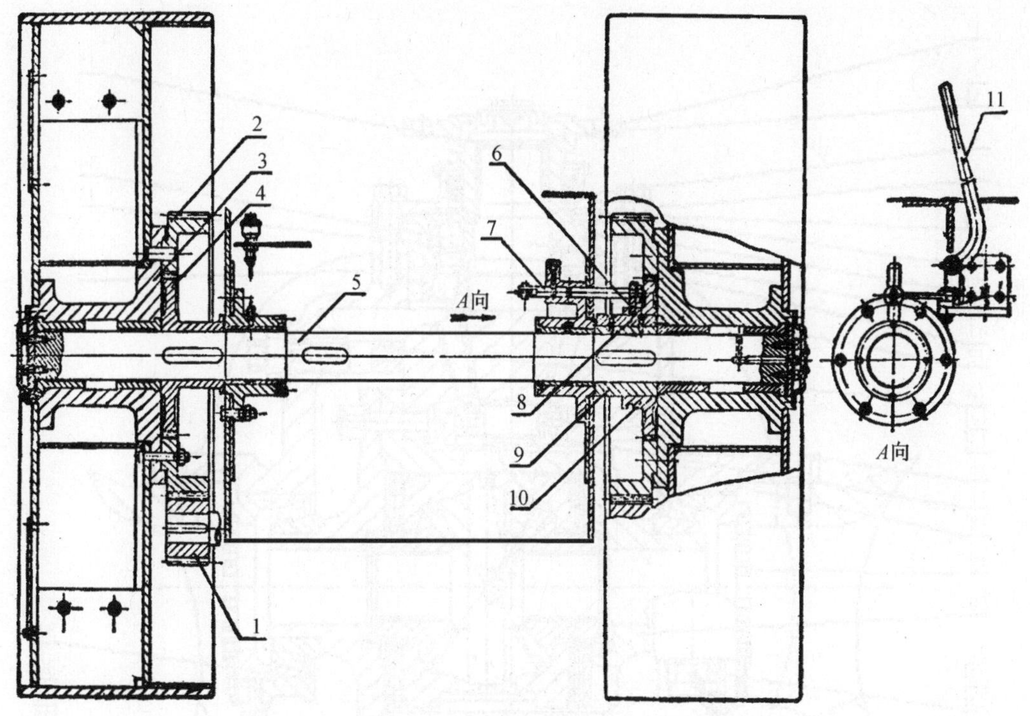

图 2-6-14　洛阳矿山三钢轮压路机的后轮及差速锁

1—驱动小齿轮;2—从动大齿轮;3—后轮毂;4—连接齿轮;5—后轮轴;6—拨叉;7—滑杆;8—滑键;9—轴套;10—分离齿轮;11—操纵手柄

轮的内齿可与分离齿轮 10 啮合或分离。此分离齿轮装在轴套 9 上,可在轴套上沿导向滑键 8 做轴向移动。它的移动是由操作手柄 11 通过滑杆 7 与拨叉 6 的拨动来实现的。

当分离齿轮与右从动大齿轮分离时,左后轮与后轴仍为一体一起旋转,而右后轮则在后轴上滑转,于是左右后轮可在弯道上差速行驶。当分离齿轮与右后从动大齿轮啮合时,由于连接齿轮 4 与分离齿轮 10 都已与左右从动大齿轮啮合,从而使得左右后轮与后轴整个连成一体,两后轮的转动受到互相制约,于是就失去差速作用。

3.3.5　高摩擦式差力差速器(防滑差速器)

为了充分利用汽车的牵引力,保证扭矩在驱动车轮间的不等分配,并避免上述强制锁止式差速器的缺点,创造了各种类型的高摩擦式差速器。高摩擦式差速器之所以能够实现对左、右驱动车轮的扭矩不等分配,是由于它具有较大的内摩擦力矩。应用最广泛的高摩擦式差速器有带有摩擦元件的圆锥齿轮式和凸轮滑块式差速器,前者为轮式工程机械常用的类型,下面以柳工装载机前驱动桥主传动所选装之高摩擦式差力差速器的结构(如图 2-6-15 所示)为例进行介绍。

为了增加差速器的内摩擦力,在普通的圆锥齿轮差速器的结构中装置摩擦元件,就形成了带有摩擦元件的圆锥齿轮防滑差速器。它是一种高摩擦式自锁限滑差速器。

限滑差速器的内部结构如图 2-6-16 所示。

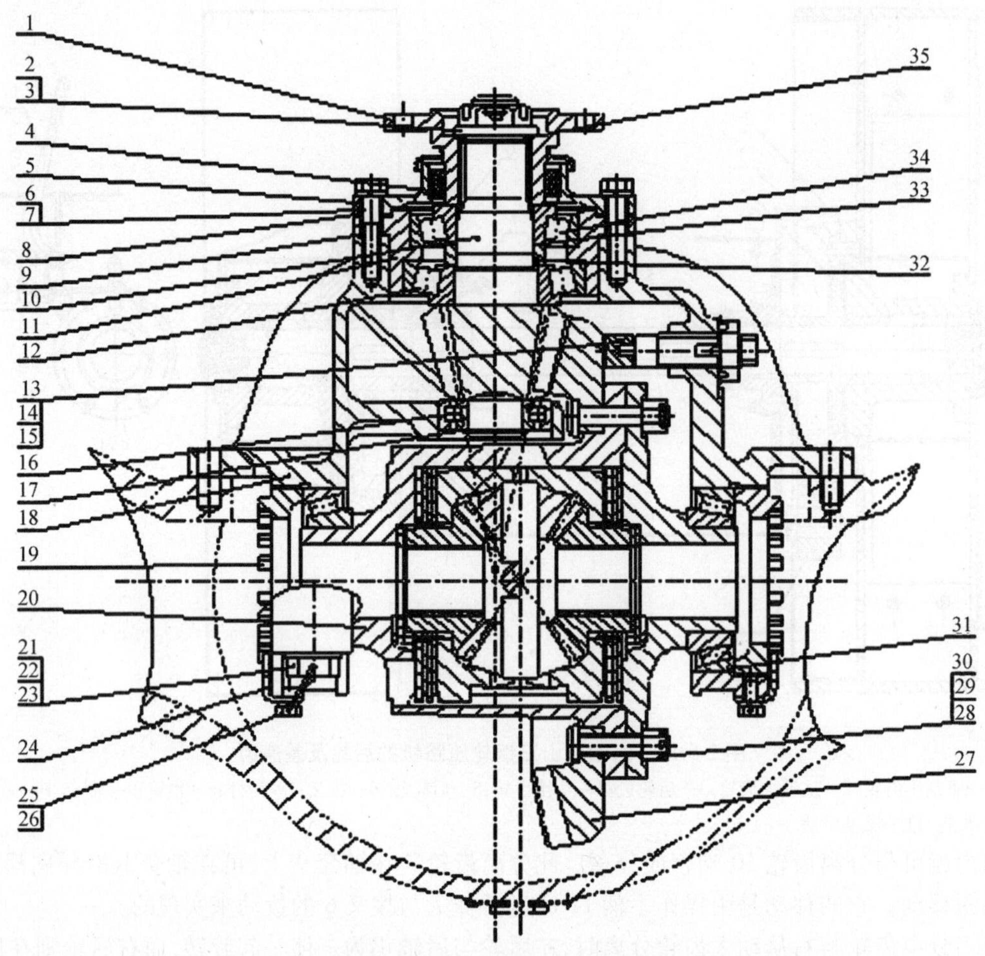

图 2-6-15 柳工装载机前驱动桥主传动所选装的高摩擦式差力差速器

1—输入法兰；2—带槽螺母；3、30—销；4—油封；5—密封盖；6、21、25、28—螺栓；7、22、26—垫圈；8—垫密片；9—调整垫片；10—前桥主动螺旋锥齿轮；11—轴承套；12—圆锥滚子轴承 31312；13—止退螺栓；14、29—螺母；15、24—锁紧片；16—NSK 圆柱滚子轴承；17—挡圈；18—托架总成；19—调整螺母；20—DL1600 差速器；23—铁丝；27—前桥大螺旋锥齿轮；31—圆锥滚子轴承 32216；32—轴套；33—垫片；34—圆锥滚子轴承 31311；35—O 形圈

(1)结构特点

① 以两根相互垂直的行星轮轴代替十字轴；

② 每侧的半轴齿轮后面装有一组摩擦片。

(2)限滑原理

① 装载机直线行驶时，两边车轮转速相同，左右半轴均匀分配全部扭矩；

② 装载机转弯时，因左右车轮转速差较小不起限滑作用，此时和普通差速器一样工作；

③ 当一侧车轮滑转时，该侧半轴齿轮的高速离心力通过行星轮推动承压环，压紧其外侧的摩擦片组，使其半轴齿轮和差速器壳结为一体以传递全部扭矩。

这种差速器结构简单、工作平稳，目前在平地机、装载机、压路机等工程机械上得到广泛应用。

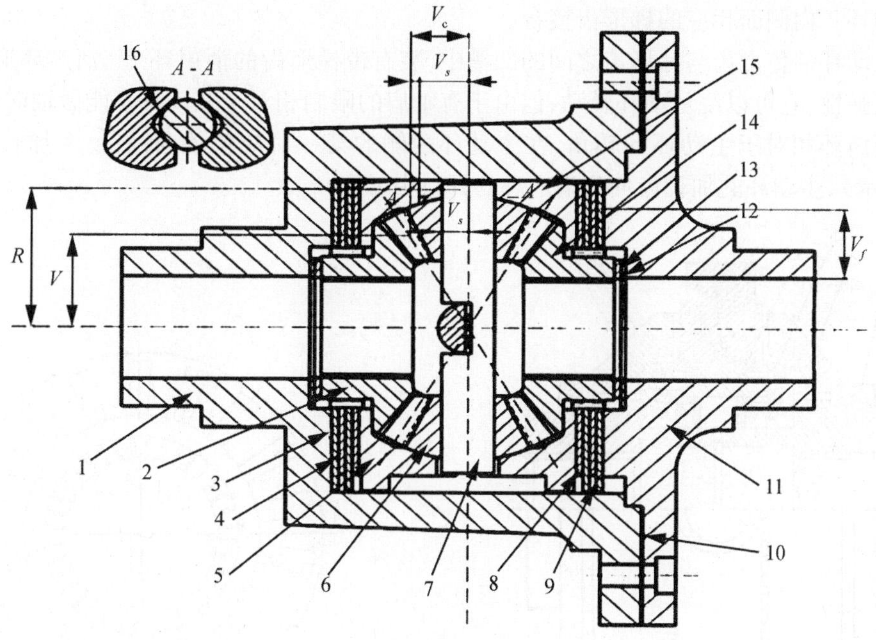

图 2-6-16　高摩擦式圆锥齿轮防滑差速器

1—差速器左壳;2—左半轴齿轮;3—左主动摩擦片;4—左从动摩擦片;5—左承压环;6—行星齿轮;7—行星轮轴;8—右从动摩擦片;9—右主动摩擦片;10—调整垫片;11—差速器右壳;12—止推垫片;13—末端垫片;14—右半轴齿轮;15—右承压环;16—V 形斜面

3.3.6　牙嵌式自由轮式差速器(防滑差速器)

牙嵌式自由轮式差速器与高摩擦式差速器的主要区别在于,它不像高摩擦式差速器那样根据左右驱动车轮与地面的附着情况或附着力矩,按比例地将力矩分配给左右半轴,而是根据左右车轮的转速差来工作。自由轮式差速器使左右半轴扭矩互无影响,每一个驱动车轮的牵引力可以在它与道路的附着力变化范围之内变化。当汽车转弯时,自由轮式差速器自动地将快转驱动轮的半轴与差速器分开,并将全部扭矩都传给慢转驱动车轮,以保证左右车轮能正常滚动而无滑动。

如图 2-6-17 所示,由于这款牙嵌式自由轮式差速器工作可靠、使用寿命长、工作时无声及制造也不困难等优点,在现代汽车及工程机械中已被广泛地应用。

如图 2-6-17 所示,主动环 7 固定在差速器左、右壳之间,随差速器壳一起转动。主动环是一个带有十字轴的牙嵌圈,在它的两个侧面制有径向排列的牙嵌——沿圆周均匀分布的许多倒梯形(角度很小)断面的径向传动齿,两侧的传力齿应严格地一一对应。相应的左、右从动环 2 的内侧面也有相同的传力齿。制成倒梯形齿的目的在于防止在传递扭矩过程中从动环与主动环自动脱出。弹簧 3 推压左、右从动环,力图使主、从动环处于接合状态。花键毂 1 的内外均有花键,外花键与从动盘相连接,而内花键则与半轴相连接。主动环 7 的孔内装有中心环 6,主动环与中心环之间采用滑动配合,因此中心环相对于主动环可以自由转动。但在它们之间有卡环 8 做轴向定位,受卡环 8 的限制,两者之间不能有轴向的相对移动。装配时可先将卡环套到中心环上的开槽处并将它完全挤入槽内,再将中心环装入主动环的孔中,当卡环被推至主动环的开槽处便会自动张开。中心环 6 的两侧有沿圆周分布的许多梯形断面的径向齿,分别与从动环2内侧面相应的梯形齿接合。

在从动环的传力齿与梯形齿之间的凹槽中，装有带梯形齿的消声环5。消声环形似卡环，具有一定弹性，它可以绕从动环转动，但由于有轴肩的限制相对于从动环不能做轴向移动。为了限制消声环相对于主动环的转角，在主动环两侧的某一对应位置，各有一个加长齿（如图2-6-18所示），主动环的加长齿伸到消声环的开口中。

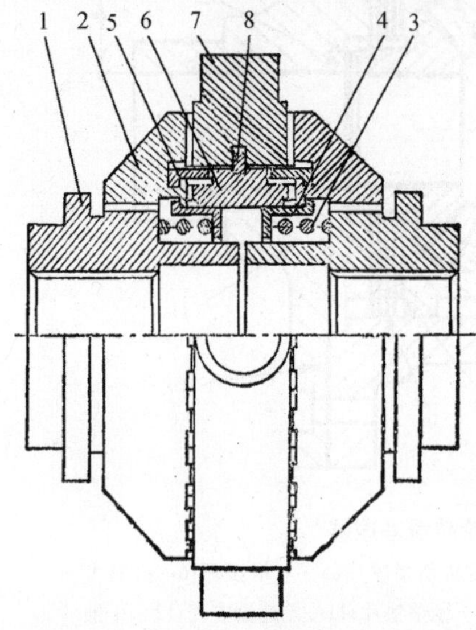

图2-6-17　牙嵌式自由轮差速器

1—花键毂；2—从动环；3—弹簧；4—弹簧座；5—消声环；6—中心环；7—主动环；8—卡环

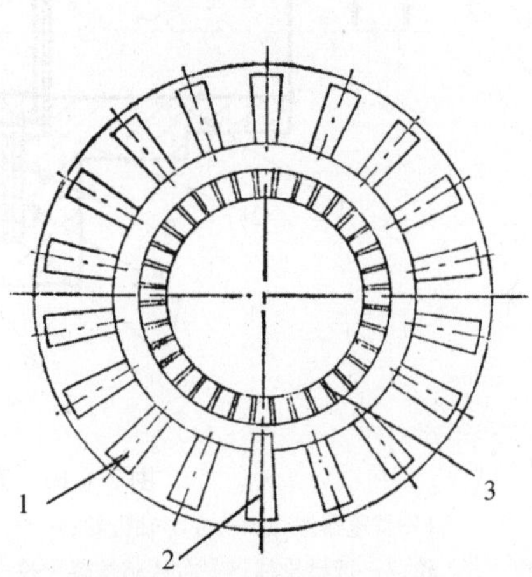

图2-6-18　牙嵌式自由轮差速器的主动环及中心环

1—主动环的传力齿；2—主动环的加长齿；3—中心环上的齿

在不同的行驶过程中，牙嵌式自由轮差速器工作过程如图2-6-19所示：

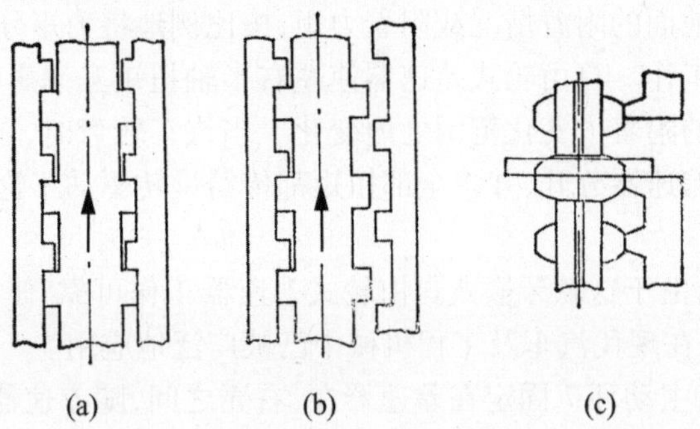

图2-6-19　汽车以不同工况行驶时主动环与从动环之间的传动关系

（1）汽车在发动机动力的驱动下，沿直线向前行驶

牙嵌式自由轮差速器的主动环通过其两侧的传力齿带动左、右从动环、花键毂及半轴一起转动，如图2-6-19（a）所示。此时由主减速器从动齿轮经差速器壳传给主动环的扭矩，按左、右驱动车轮所受阻力的大小分配给左、右半轴。当一侧驱动车轮悬空或进入泥泞、冰雪等路面时，主动环的扭矩可全部或大部分分配给另一侧的驱动车轮。

汽车直线行驶时，牙嵌式自由轮差速器的全部齿均处于接合状态，在弹簧压力作用下，左、右从动环与主动环接合成一个整体，并以同样的转速旋转。

(2)汽车转弯行驶

汽车转弯行驶时,要求差速器起差速作用。但由牙嵌式自由轮差速器的结构特点可知,当动力由差速器壳传来时,慢转车轮一侧的从动环只能被主动环带动一起转动,而不会比主动环或差速器壳转得更慢。因此,差速作用只能靠快转车轮一侧的从动环在快转车轮及其半轴的带动下转得比差速器壳更快来得到。差速器的具体工作过程可用汽车左转弯时的情况来说明。如图 2-6-19(b)所示,左转弯时左驱动车轮有慢转趋势,则左从动环和主动环的传力齿之间会压得更紧,于是主动环带动左从动环、左半轴一起旋转,左轮被驱动;而右轮有快转趋势,即右从动环有相对于主动环快转的趋势,于是两者的传力齿分离,并且由于右从动环的梯形齿沿着中心环的相应齿滑动的结果,使该侧从动环的传力齿不再与主动环上的传力齿接触,于是中断对右轮扭矩的传递。

但是,从动环梯形齿每经轴向力作用,沿齿斜面滑动与主动环分离后,在弹簧力作用下,又会与主动环重新接合。这种分离与接合不断重复出现,由此会引起响声和加重零件的磨损。为了避免这种情况,前已提到在从动环的传力齿与梯形齿之间的凹槽中,还装有一个消声环。其开口对着主动环上的加长齿。在右驱动轮或右从动环的转速高于主动环的情况下,消声环与从动环上的梯形齿一起在中心环上的相应齿上滑动,到齿顶彼此相对,且消声环开口一端被主动环上的加长齿挡住时,如图 2-6-19(c)所示,从动环便被消声环顶住而保持在离主动环最合适的位置,轴向往复运动不再发生。消声环保证了差速器的无声工作,并大大地减少了冲击和磨损。

当从动环转速减低到等于主动环的转速时,靠环槽与消声环之间的摩擦力带动消声环反向退回,从动环在弹簧推力作用下又重新与主动环接合。

牙嵌式自由轮差速器能在必要时使汽车变成由单侧车轮驱动,其锁紧系数为无限大,明显提高了汽车的通过能力。装用牙嵌式自由轮差速器的驱动桥的桥壳应有较好的直线度和足够的刚度,否则在重载情况下桥壳的变形会使左右半轴及左右从动环的轴线不重合,这样就破坏了主、从动环传力齿的正确啮合,出现抖动和冲击现象。

由于牙嵌式自由轮差速器的摩擦不如高摩擦式差速器或普通圆锥齿轮差速器那样严重,因此对润滑油的要求不像上述差速器那样严格,也不会发生像上述差速器那样有时因润滑不良而出现的擦伤和烧结现象。

4 任务实施

4.1 准备工作

通过查阅对应维修手册等相关资料,经过课堂讨论、教师答疑和操作演示,制订修改拆装方案,准备所需仪器、设备和工具。

4.2 操作流程

4.2.1 主传动装置的拆卸

以前桥为例(以 ZL50 型装载机为例,由于前后驱动桥除主减速器圆锥齿轮副旋向不同外,其余结构完全一样),结构图如图 2-6-4 所示。

拆卸顺序：

(1)从托架上拆下止退螺栓和铜套及锁紧螺母；

(2)翻转桥壳90°使主减速器输入法兰朝天，拆去主减外壳一圈螺栓，用螺栓和吊环螺母吊住主减速器输入法兰，利用顶丝孔用螺栓向外顶出主传动装置总成，然后吊出；若不便拆驱动桥时，可以平行取出主减速器；

(3)做好差速器左右轴承盖与托架之间的装配标记，然后拆去铅丝、锁片，拆掉差速器左右轴承盖，取下调整螺母、圆锥滚子轴承及差速器总成；

(4)检查核对差速器壳组装标记(如模糊不清应重做标记)，拆开差速器壳，取出十字轴、行星齿轮、半轴齿轮及各自的垫片；

(5)做好大圆锥齿轮和差速器壳的装配标记，拆下大圆锥齿轮；

(6)从托架(主减外壳)上拆下主动圆锥齿轮总成；

(7)拆下轴头卡环及小轴承；将轴承套夹在台钳上拆下输入法兰(凸缘)压紧螺母及垫片、O形圈等，抽出输入法兰(凸缘)；

(8)拆下油封盖，取出油封；用拉具拉出轴承套和27310轴承，取出隔套，拆下27311轴承。

4.2.2 零部件检修

(1)所有轴、花键、螺纹部分的缺陷及修理

所有轴、花键、螺纹部分是否有裂纹、刻痕、凹陷、点蚀以及过量的磨损，必要时更换。

(2)齿轮的缺陷及修理

齿轮的缺陷不仅有齿面磨损，还有麻点缺损、裂纹等，这是因为在交变载荷下工作，使轮齿接触面处形成局部应力集中，产生点蚀并逐渐扩大，以至于造成颗粒或小片状的脱落，即疲劳剥落所致。

齿轮有麻点、裂纹及过度磨损等应予更换，当更换差速器齿轮或主减齿轮之一时，应将与其相啮合的齿轮一起更换，以免新旧齿轮啮合不良，产生噪声及加速磨损。尤其是主减齿轮副，在生产厂是按齿隙、接触点和噪声选配成对的，如只换其中一只，将无法调出理想的啮合印痕。

齿轮如有毛刺、擦伤，应用油石修整，对于个别轮齿局部崩缺，可采用局部修复法。其工艺如下：

焊前将断齿齿轮清洗干净，再用软轴砂轮磨去残缺的疲劳层，然后采用双层堆焊。即先用直径3.2 mm的上焊41J焊条堆焊齿根，焊层堆至全高的1/3，其宽度比原来宽些，以便给焊后加工留有余量，使用电流120～135 A。再用上焊56 J或55 J堆焊齿面及端部，其电流大小根据焊条直径选取，如直径4 mm的焊条，选用电流110～150 A，为了减少齿轮受热影响，可将未焊部位浸入水中，与堆焊齿相邻的齿可用石棉覆盖。焊后用软轴砂轮手工磨削，按照样板边磨边检查，直至合格为止。

这种修复方法的优点是不需热处理，修复时间短，成本低，但焊材的硬度和耐磨性较母材差些。

主传动螺旋锥齿轮副与差速器行星齿轮副必须成对更换，因为它们是加工后经过选配的，目的是保证啮合位置装配正确时其啮合间隙也同时达标。另外，新、旧齿轮的混合使用将会产生载荷集中现象。

(3)主减速器壳体与差速器壳体的缺陷及修理

主减壳体常用可锻铸铁或铸铁制造,它是主减和差速器的安装基础,其主要缺陷是轴承座孔磨损,其次有时会产生裂纹。

轴承座孔磨损后会使轴承与孔间配合松旷,为此可用孔径镶套法或轴承外径镀铬法(或刷镀其他金属)修复。镶套时,衬套壁厚可取为2.5~3.0 mm,压入时的过盈量可取为0.05~0.11 mm,为压装可靠,防止松动,压入衬套后,可在套与壳体接缝处的圆周上钻三个均布孔,如图2-6-20所示,然后将孔堵焊,使衬套与壳体固定牢靠。最后将内孔搪至标准尺寸。镶套后要检查主减速器主、被动齿轮轴孔间的位置精度,一般要求两轴线的不交度不大于0.025~0.04 mm,垂直度误差不大于0.05/100~0.06/100,大齿轮左右两轴承孔的同轴度不大于ϕ0.12 mm。壳体安装定位端面与输入轴孔中心线的垂直度不大于0.04/100~0.06/100。

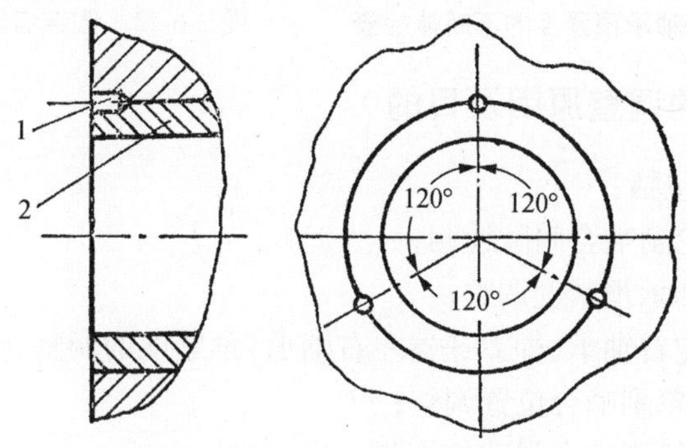

图2-6-20　轴承座孔修复示意图

1—填焊钻孔;2—衬套

主减速器壳体产生较短裂纹且未达到轴承座孔时,可焊修,当裂纹达到轴承座孔时,往往会引起主减壳体较大变形,且不易保证焊后不再开裂,故应予报废换新。

差速器壳体一般用可锻铸铁或用合金钢锻造,其主要缺陷为球面部分磨损、半轴齿轮支承端面磨损、半轴齿轮轴颈座孔磨损、滚动轴承内圈支承轴颈磨损、十字轴孔磨损等。

与半轴齿轮相配的壳体孔,因磨损而使配合间隙大于0.25 mm时,可用镶套法修复,镶套壁厚可取为2.0~2.5 mm,修后应检查左右半壳及半轴齿轮安装孔的同轴度。

球面及半轴齿轮支承端面的磨损,可按修理尺寸搪削球面及车削端面,然后配装加厚的球面垫片及半轴齿轮端面垫片。搪削球面时用成型搪刀,搪刀半径按修理尺寸确定。车削半轴齿轮支承面时,按差速器壳分开面的深度控制。各端面与所在孔的垂直度,以其端面测量跳动量,不应大于0.05 mm。

十字轴孔磨损后,可刷镀孔径进行修复。但应注意使孔中心线与轴中心线位置正确,十字轴与壳体孔的标准配合间隙约为0~0.05 mm。十字轴间的垂直度及十字轴与半轴齿轮轴间的垂直度一般应小于0.05/100。

与滚动轴承配合的轴颈磨损使配合间隙大于0.04 mm时可镀轴颈进行修复。轴颈相对分开面的跳动不应大于0.08 mm。

差速器壳体产生裂纹时,一般应予报废。

(4)检查所有的轴承是否烧坏、脱皮、点蚀、剥落、凹痕,转动不灵、隔离架损坏、响声不正常等,必要时更换;油封应换新件。在用车辆的主动圆锥齿轮轴承预紧度及圆锥齿轮啮合间隙可按图 2-6-21 与图 2-6-22 所示方法进行检测。

(5)检查止退螺栓上的铜套的磨损,其底部厚度小于 3 mm 时,应予更换。

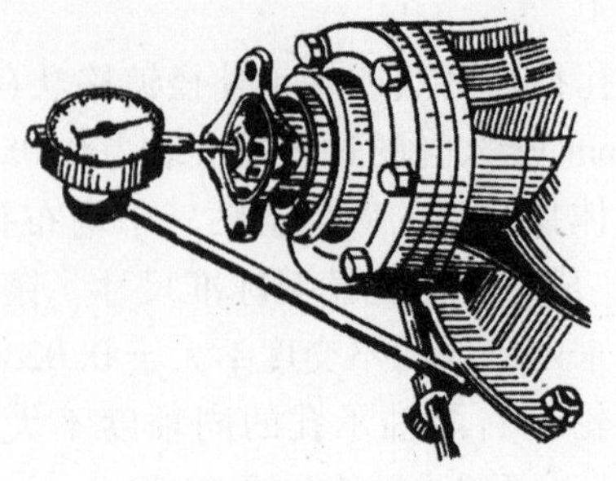

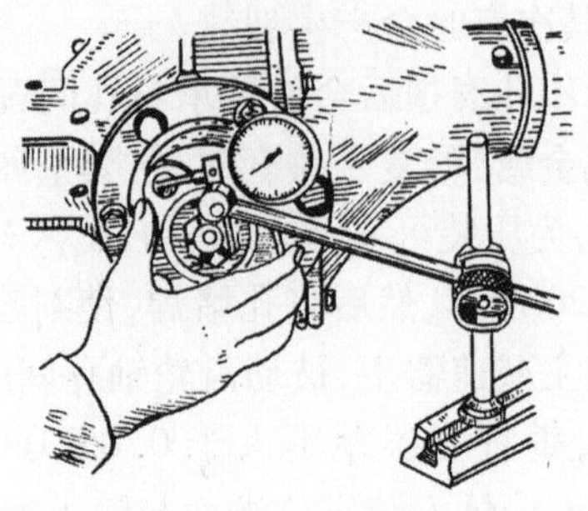

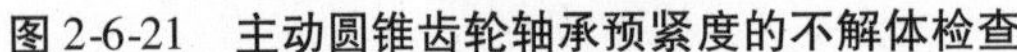

图 2-6-21　主动圆锥齿轮轴承预紧度的不解体检查

图 2-6-22　圆锥齿轮啮合间隙的不解体检查

4.2.3　主传动装置的调整原因及目的

主传动装置的调整包括:

(1)差速器行星齿轮副啮合间隙检测;

(2)主动圆锥齿轮轴承预紧度调整;

(3)从动圆锥齿轮左右轴承(即差速器左右轴承)预紧度的调整;

(4)主、从动圆锥齿轮副啮合位置调整;

(5)主、从动圆锥齿轮副啮合间隙的检测;

(6)从动圆锥齿轮止退螺栓间隙的调整。

4.2.3.1　轴承预紧度的调整原因及目的

主动圆锥齿轮轴承装配预紧度是装配轴承时,在消除了轴承间隙的基础上,再给予轴承一定的压紧力。这是必要的,因为圆锥齿轮在传递扭矩时要产生轴向力,在这个力的作用下,轴承便有轴向移动的趋势,使一个轴承加载产生弹性变形,而另一个轴承中则出现间隙。这不仅使轴承本身加速磨损,而且破坏齿轮的正确啮合,加速损坏。因此主传装置轴承安装时往往不仅不要间隙,而且应有适当的预紧度,使轴承座圈与滚子之间存在一定应力。这样,原来在轴向力作用下要出现间隙的轴承,便不会出现间隙或间隙很小。相应地齿轮因轴向位移大大减小,故啮合情况改善,寿命亦可相应延长。轴承预紧度应选择适当,一般以在高速挡时没有轴向间隙而在低速挡满载时略有间隙为宜。预紧力不可过大,也不可过小。

轴承预紧力过小将产生类似没有预紧力一样的危害;轴承预紧力过大将使传动效率降低,并加速轴承磨损。在使用过程中如发现圆锥主动齿轮轴承间隙大于 0.05 mm、圆锥从动齿轮轴承间隙大于 0.1 mm(可用微分表检查),就应进行调整。对于在用车辆、工程机械,可以拆掉传动轴,通过前后推拉输入法兰(凸缘),用百分表测量轴承间隙,如图 2-6-21 所示。一般调整轴承预紧度的方法因车型不同分为两种,即改变调整垫片厚度和旋进旋出调整螺母。

4.2.3.2　主从动圆锥齿轮的啮合位置、间隙的调整原因及目的

圆锥齿轮副在出厂前检验时已经将其选配好,是成对供应的。也就是其啮合位置调整合适时,啮合间隙也正好合适。随着使用时间的延长,齿轮副的磨损增加,其啮合间隙必然逐渐增大,而左右移动从动圆锥齿轮有时会破坏已调整好的齿轮啮合位置,这说明该齿轮副已经磨损了,这时应以啮合位置为准,旧齿轮副啮合间隙的变大是允许的,但以不发生冲击和噪声为

极限。如间隙超过使用极限(0.5 或 0.55 mm)时必须更换新件,否则会因轮齿间产生撞击而打坏齿轮!无论是齿轮副间隙超标还是只损坏一只齿轮,或者仅损坏一个轮齿,都必须成对更换齿轮副。车辆高速行驶中如松开油门后感觉底盘有“哒哒”的响声并且逐渐消失,就说明该车的主传动器圆锥齿轮副间隙已经很大了,需要检修更换。

圆锥齿轮啮合间隙的不解体检查方法如图 2-6-22 所示。

4.2.4　主减速器的装配与调整

重要螺栓拧紧力矩及调整参数见表 2-6-1。

(1)差速器总成(如图 2-6-4 所示)的装配与调整

组装时,应将零件的摩擦表面涂以润滑油,然后将半轴齿轮止推垫圈、半轴齿轮、行星齿轮、行星齿轮止推垫圈及十字轴装入差速器壳内。检查行星齿轮与半轴齿轮的啮合间隙,如图 2-6-23 所示,差速器半轴齿轮和行星齿轮的啮合间隙为 0.1 mm,应用手轻便转动无卡滞。

(2)主动圆锥齿轮总成(如图 2-6-4 所示)的装配与调整

① 用软金属棒或榔头通过套筒把圆锥滚子轴承 12 的外圈装入轴承座 6 中,必须装到底,不歪斜;

② 用上述方法把圆柱滚子轴承 14 和靠近主动小螺旋锥齿轮的一个圆锥滚子轴承 12 的内圈,隔离架(连滚子)装到主动圆锥齿轮的轴颈上,套上轴套 11 和调整垫片 10;

③ 装上轴承座 6,将外面的圆锥滚子轴承 34 的内圈、隔离架等压入;

④ 套入输入法兰 1,拧紧带槽螺母 3;

主动圆锥齿轮轴承预紧度的调整:在未装油封的情况下,以规定的锁紧力矩拧紧输入法兰(凸缘)外的带槽螺母后,按住凸缘,用拉力计沿切线方向拉动轴承套(或将轴承套夹在台钳上,用拉力计沿切线方向拉动凸缘),将此时拉力计的读数与原厂规定值进行比对。具体方法如图 2-6-24 所示。如拉力值过大或过小,应用增减轴承隔套 11 处调整垫片 10 的方法予以调整,直至符合要求为止。应当注意:如果原厂提供的数值为扭矩,此时应换算成力值。

图 2-6-23　差速器齿轮间隙检查示意图

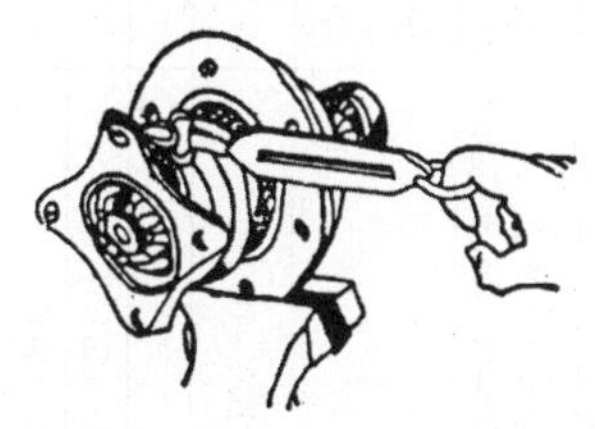

图 2-6-24　拉力测量示意图

⑤ 装上挡圈 15。

(3)从动圆锥齿轮总成(如图 2-6-4 所示)的装配与调整

① 对准装配标记,将从动螺旋锥齿轮 29 紧固在差速器右壳 32 上,应使用新的螺栓 30 和螺母,其拧紧力矩为 135 ±20 N · m。

必须注意:从动圆锥齿轮与差速器壳的固定螺栓孔是配对精铰的,所以装配时必须按照安装标记进行组装,否则会因螺孔偏差而导致铰制螺栓插入困难。有些车型供应的从动圆锥齿轮,其固定螺栓孔是粗制孔,原厂要求换件时必须配对精铰,如东方红系列推土机。

表 2-6-1　主传动装置调整参数

	ZL50C(柳工)	ZLM50G－3(常林)	ZL40(山特)	ZL50(山特)	ZL40(柳工)	ZL40B(柳工)
槽形螺母拧紧力矩(N·m)	558～735		343～392	343～392	558～735	558～735
角齿轴承预紧力(N·m)	1.47～2.6	1～3.5	以3.43～392 N·m拧紧凸缘时,转矩39.2～49 N·m,最后以450.8 N·m拧紧凸缘		1.47～2.6	1.47～2.6
盆齿螺栓拧紧力矩(N·m)	135±20		196	196	98～196	135±20
盆角齿间隙(mm)	0.305～0.405,极限0.5	0.25～0.35	0.2～0.35	0.2～0.35	0.2～0.4,极限0.55	0.305～0.405,极限0.5
盆角齿位置		沿齿长及齿高方向均>60%,并在齿面中部	沿齿长约30～50%、高度为齿高约50%,偏小头,印痕中心距小头20～25		沿齿长及齿高方向均>50%,沿齿高方向居中齿长方向近小端	
行星齿轮间隙(mm)	0.203～0.279	0.1～0.2	0.1,无卡死现象	0.1,无卡死现象	0.1～0.4	0.203～0.279
半轴伞齿轮背隙(mm)						
差速器左右半壳螺栓(mm)	135±20		117.6	117.6	78.4～98	135±20
盆齿调整螺母紧螺栓(N·m)	700～800				274.4～294	274～294
盆齿限位螺栓铜套	0.125～0.5				盆齿最大偏摆点0.25～0.3	0.125～0.5
盆齿旋向			前桥右旋,后桥左旋	前桥右旋,后桥左旋		
角齿旋向					前桥左旋,后桥右旋	
行星齿轮、半轴齿轮垫片					后端差>0.13时全部更换	
差速器轴承预紧度	输入法兰上测量预紧力矩为2.9～3.9					
差速器轴承轴向间隙			0.03～0.05	0.03～0.05		
制动盘拧紧力矩(N·m)	98～147		156.8	156.8	98～147	98～147
轮毂圆螺母拧紧力矩(N·m)	637～667		拧到底退1/10圈,轴向间隙控制在0.1 mm		637～667	637～667
轮毂转动力矩(N·m)	新轴承14.7～24.5,旧轴承降低40%～60%,然后松转圆螺母半圈,转动轮毂并同时拧紧圆螺母,此时拧紧力矩为196～245	拧紧后松回1/10圈			新轴承14.7～24.5,旧轴承降低40%～60%,然后松转圆螺母半圈,转动轮毂并同时拧紧圆螺母,此时拧紧力矩为196～245	
止退螺栓轴向间隙			拧到底退回1/4圈		0.25～0.30,铜套底部厚度<3时更换	

② 用软金属套筒将两边圆锥滚子轴承18的内圈、隔离架等压入,注意装到底,不歪斜。

(4)主传动总成(如图2-6-4所示)的装配与调整

① 将轴承预紧度调整完毕的主动圆锥齿轮总成装入托架16中,注意对准油槽通道。

② 将装有从动圆锥齿轮的差速器总成装入托架16中,放入两边的调整螺母17并使其螺纹平顺对合,按照装配标记装上轴承座25,交错地稍为拧紧螺栓22。

③ 拧入两边的调整螺母17,使之平齐压紧轴承。

④ 从动圆锥齿轮轴承预紧度的调整:用拉力计拉动凸缘,测定差速器轴承的预紧度大小,并通过差速器左右轴承调整螺母或调整垫片进行调整;对于差速器轴承须有间隙的机型(如山特ZL40、ZL50装载机),应将装有从动圆锥齿轮的差速器总成装入托架中,拧紧左右调整螺母,往复推拉从动圆锥齿轮,用百分表在其背后进行测量,并通过转动调整螺母或增减调整垫片的厚度进行调整,使间隙符合原厂要求。

⑤ 主、从动圆锥齿轮啮合位置的调整:将红(或蓝)印油涂在主动圆锥齿轮的齿面上,转动凸缘(同时给从动圆锥齿轮施加适当的反向力),使其从动轮轮齿表面沾上印痕,观察其印痕以判断齿轮副啮合状况。正确的啮合印痕应为前进受力面(凸面)的印痕接触区沿齿长、齿高方向均不少于50%,沿齿高方向位置适中,沿齿长方向,位置稍近小端(由于车辆在行驶特别是作业时传递的负荷很大,因零件变形的缘故,圆锥齿轮的啮合位置将向大端偏移,为减少检测误差,故检查圆锥齿轮的啮合印痕时,应在转动主动圆锥齿轮的同时必须给从动圆锥齿轮施加适当的反向力,这样印痕就会向大端适量移动,部分接近传递负荷时的位置。在此基础上各制造厂家要求印痕再适当偏向小端,有的甚至规定距离小端若干毫米,其目的就是当传递全部负荷时印痕可以回到齿宽的中间位置)。当啮合位置不正确时根据印痕的位置,分别用移动主、从动圆锥齿轮的方法进行调整。根据齿轮种类的不同,其方法也不尽相同,使用最多的格力森(Gleason)齿的调整口诀是"大进从,小出从,顶进主,底出主",即印痕在轮齿的[大]端,须向内移[进从]动齿轮;如印痕在轮齿的[小]端,须向外移[出从]动齿轮;若印痕在轮齿的[顶]部,应向内移[进主]动齿轮;如印痕在轮齿的[底]部,应向外移[出主]动齿轮。

移动主动圆锥齿轮是通过增减轴承套下面的调整垫片来实现的,这样不会破坏已调整好的轴承预紧度。减少垫片,主动圆锥齿轮靠近从动圆锥齿轮;增加垫片,主动圆锥齿轮远离从动圆锥齿轮。

移动从动圆锥齿轮根据机型的不同,其方法亦不相同,大多数采用左右调整螺母的机型,当旋松某一侧的螺母一格,再立即拧紧对面的螺母一格,齿轮即向该侧微量移动,这样不会破坏已经调整好的从动圆锥齿轮左右轴承的间隙。注意每次须一格一格的少量移动,否则因部件过重会造成移动困难;少量机型采用垫片调整的结构,如常林ZLM30装载机,只须取出一侧轴承座内若干厚度的垫片再放入对面的轴承座处,齿轮就向该侧移动,这样做同样不会破坏已经调整好的从动圆锥齿轮左右轴承的间隙。

具体调整方法如表2-6-2所示。

调整时应以前进工作面为主,照顾后退工作面。

其中,顶部或底部接触情况超过正常程度时,是无法调整的,要更换主、从动齿轮副或托架16。这一调整是通过增减调整垫片8和旋动调整螺母17进行的。接触区的调整对使用性能和寿命影响极大,须认真仔细进行。

表 2-6-2　圆锥齿轮副齿轮啮合位置的调整方法

从动圆锥齿轮齿面接触区	调 整 方 法	齿轮移动方向
凸面　凹面 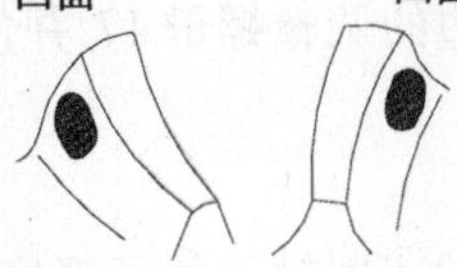	把从动圆锥齿轮向主动圆锥齿轮方向移动；如果间隙过小，则将主动圆锥齿轮向外移动，如果间隙过大，就需要更换这一对齿轮副	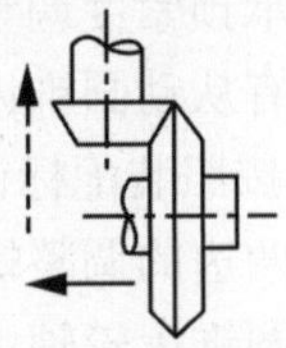
凸面　凹面 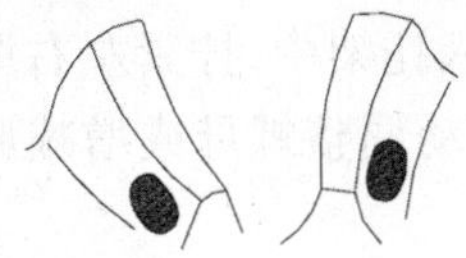	把从动圆锥齿轮向离开主动圆锥齿轮的方向移动；如果间隙过大，则将主动圆锥齿轮向内移动	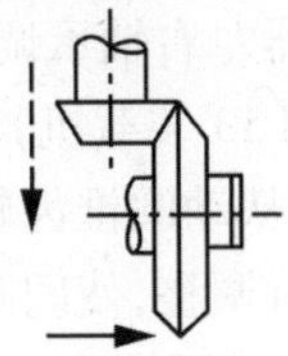
凸面　凹面 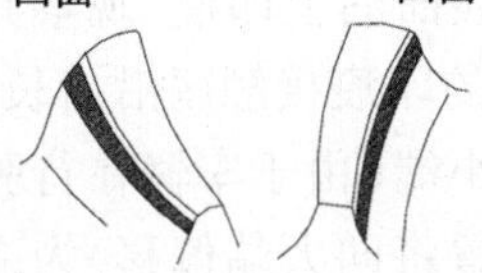	把主动圆锥齿轮向从动圆锥齿轮方向移动；如果间隙过小，则将从动圆锥齿轮向外移动	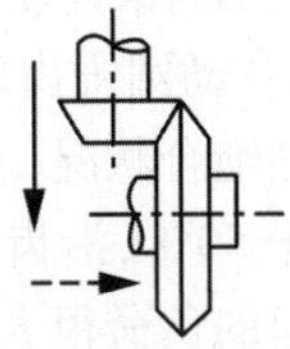
凸面　凹面 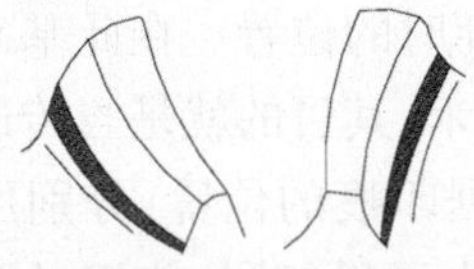	把主动圆锥齿轮向离开从动圆锥齿轮的方向移动；如果间隙过大，则将从动圆锥齿轮向内移动	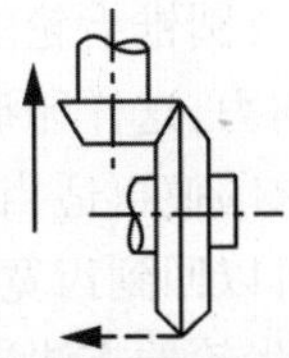

注：实线箭头是调整啮合位置，虚线箭头是微调啮合间隙。

⑥ 主、从动圆锥齿轮啮合间隙的测量及微调：卡住主动齿轮，左右转动从动齿轮，用百分表在轮齿侧面测量齿轮副的啮合间隙（亦可用保险丝放入齿轮啮合处，转动齿轮后测量压扁处的最小厚度）。百分表上测得的间隙应为 0.2～0.35 mm，使用限度为 0.4 mm，如间隙值不对，应通过旋松一边的轴承调整螺母，同时等量地旋入另一边的调整螺母（或抽出一边若干厚度的调整垫片，加入另一边轴承处）的方法移动从动齿轮进行调节。具体测量方法如图 2-6-25 所示。

⑦ 拆下输入法兰 1，依次装上垫密片和油封盖 5（连同骨架油封 4）、输入法兰 1，重新拧紧带槽螺母 3。

⑧ 装上锁紧垫片 31，使之锁在调整螺母 17 上，若不是正好对准缺槽，可稍为旋紧 17，卡入槽内。

⑨ 拧上螺栓 26，其拧紧力矩为 700～800 N · m，穿入保险丝，使之相互固定。

⑩ 调整从动螺旋锥齿轮 29 和止退螺栓 13 的铜套间的间隙：先确定从动螺旋锥齿轮 29 的最大偏摆点，使之和铜套相对，使其间隙为 0.2～0.4 mm（此时止退螺栓 13 与铜套之间应无轴向间隙），调整好后，拧紧止退螺栓 13 的锁紧螺母，并锁紧固定之，如图 2-6-26 所示。

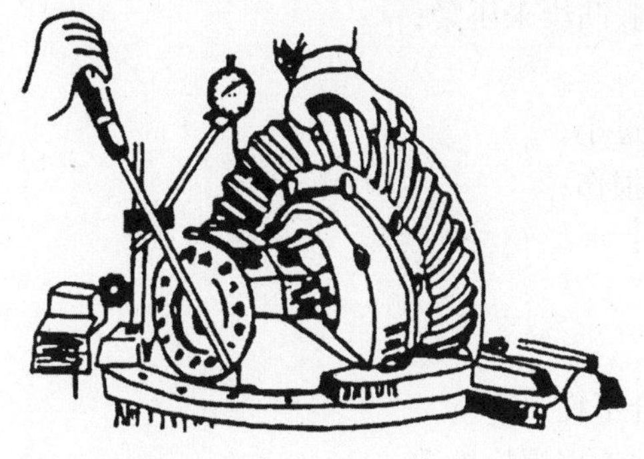

图 2-6-25　啮合间隙的测量

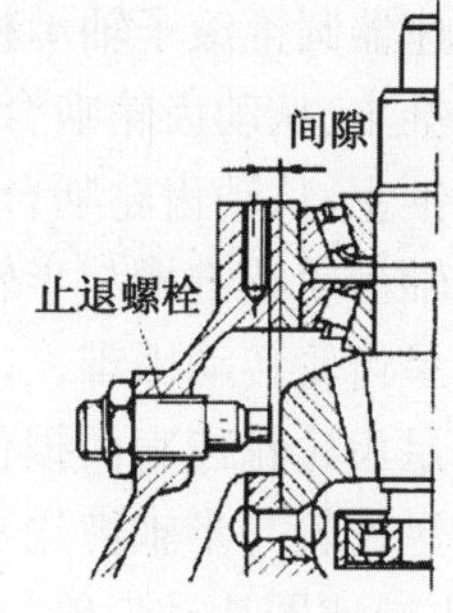

图 2-6-26　止退螺栓的间隙调整

4.2.5　主传动装置拆装注意事项

(1)若桥壳支架无翻转功能,拆装主减速器总成前可将桥壳平放在地面并垫实,从侧面装取主减总成。

(2)应按如下顺序组装调试主减总成:

① 组装调试主动圆锥齿轮的轴承预紧度。

② 调整好从动圆锥齿轮总成左右支承 7515 轴承的轴向预紧度(间隙)。

③ 在托架上进行齿轮副啮合位置的检查调整。当需要移动大圆锥齿轮的轴向位置时,为了不破坏已经调好的 7515 轴承轴向间隙,每旋松一侧的调整螺母几格,应同样相应地旋进另一侧调整螺母几格;调整完毕后应压紧轴承盖并用锁片、铅丝等锁紧。

④ 用百分表或软金属进行齿轮啮合间隙的检查。

⑤ 调整止退螺栓与大圆锥齿轮的间隙。

(3)装有圆锥滚子轴承的部件在安装时,当压紧螺母拧紧后,须向同一个方向连续转动装有圆锥滚子轴承的部件 5 圈以上,再边转动边拧紧,直到螺母拧紧为止,再按照要求反向松退出所需间隙。

(4)装油封时唇口应涂抹少量清洁的机油。

(5)前后驱动桥结构完全一样,仅主减速圆锥齿轮副旋向不同,前桥从动圆锥齿轮(盆齿)旋向为右旋(顺时针);后桥从动圆锥齿轮(盆齿)旋向为左旋(逆时针)。不可装错,否则影响齿轮寿命。

4.3　主传动装置常见故障诊断与排除

4.3.1　驱动桥主传动装置异响

4.3.1.1　故障现象

(1)挂挡行驶时,驱动桥有异响,而脱挡滑行时异响减弱或消失;

(2)挂挡行驶和脱挡滑行,驱动桥均有异响;

(3)转弯行驶时,驱动桥有异响,而直线行驶时无异响。

4.3.1.2　故障原因

(1)减速器内润滑油油量不足、变稀或变质;

(2)圆锥主动齿轮轴承磨损、调整不当、凸缘未压紧;

(3)差速器圆锥滚子轴承松旷、损坏;

(4)圆锥主、从动齿轮啮合间隙过大、过小;

(5)圆锥主、从动齿轮啮合不良、轮齿损伤;

(6)半轴齿轮花键槽与半轴配合松旷;

(7)行星齿轮转动困难;

(8)行星齿轮轮齿表面损伤、折断;

(9)行星齿轮与半轴齿轮不配套、啮合不良;

(10)主减速器从动齿轮与差速器壳的连接螺栓松动。

4.3.1.3 故障诊断与排除

(1)停车检查

① 首先拧下减速器加油螺塞,检查润滑油液面及润滑油质量。若润滑油液面过低,应添加规定标号的润滑油。若润滑油变稀或变质,应更换润滑油。

② 将驱动桥架起或用支腿、工作装置(铲斗、铲刀、松土器等)撑起驱动桥,启动发动机,挂上挡,急剧改变发动机的转速,察听驱动桥的响声来源,根据响声来源判断响声部位。

③ 将发动机熄火,变速箱置于空挡位置,用手握住传动轴后端万向节来回转动,检查主减速器齿轮的啮合情况,若感觉到松旷量很大,说明齿轮啮合间隙过大,应调整。

(2)路试检查

① 在行驶中,反复改变车速,若车速越高响声越大,脱挡滑行时响声减弱或消失,说明主减速器轴承磨损松旷,齿轮啮合不良,应拆检主减速器,视情况予以调整或更换。

② 若在滑行时,响声不减弱或不消失,说明主减速器主动圆锥齿轮轴承、差速器轴承松旷或主、从动圆锥齿轮轮齿损坏、啮合间隙过小,应调整或更换。

③ 若在急剧改变车速时,驱动桥有明显的金属撞击声,说明主减速器齿轮啮合间隙过大或半轴与半轴齿轮花键啮合松旷,应调整或更换。

(3)改变行驶方向检查

① 直线行驶无异响,低速转弯时车身略有抖动,则差速器壳固定螺栓严重松动,应立即停车紧固或更换。

② 直线行驶无异响,转弯时有异响,说明行星齿轮转动困难,行星齿轮轮齿表面损伤、折断、行星齿轮与半轴齿轮不配套、啮合不良、十字轴折断等,应检修或更换。

4.3.2 驱动桥主传动装置漏油

4.3.2.1 故障现象

(1)驱动桥输入法兰(凸缘)处漏油;

(2)驱动桥壳体或衬垫处漏油;

(3)油口螺塞处漏油。

4.3.2.2 故障原因

(1)加油口、放油口螺塞松动或损坏;螺塞密封垫损坏或缺失;

(2)油封磨损、硬化、装反,油封与轴颈不同轴,油封轴颈磨成沟槽;

(3)接合平面变形、加工粗糙,密封衬垫太薄、硬化或损坏,紧固螺钉松动或损坏;

(4)通气孔堵塞,润滑油油量过多或变稀、变质;

(5)桥壳有铸造缺陷或裂纹。

4.3.2.3　故障诊断与排除

(1)检查驱动桥壳

① 清洁驱动桥与减速器外部,检查壳体是否有裂纹或铸造缺陷,若有,应更换壳体;

② 检查通气塞是否畅通,若堵塞,应清洗、疏通;

③ 拧下减速器加油螺塞,查看润滑油油量和润滑油质量:

a. 若有油流出,说明润滑油油量过多,应放出多余的润滑油至规定位置;

b. 若润滑油变质或变稀,应更换润滑油。

(2)检查输入法兰(凸缘)是否漏油,若漏油,说明油封损坏、凸缘与油封接合部位磨损过大(磨出沟槽)或凸缘锁紧螺母松动,应更换或紧固。

(3)检查驱动桥各接合部位是否漏油,若漏油,说明接合部位的衬垫损坏或紧固螺栓、螺母松动,应更换或紧固。

(4)若发现轮边支承轴(哈巴头)处漏出润滑油,说明半轴油封损坏,应及时更换。

4.3.3　驱动桥主传动装置过热

4.3.3.1　故障现象

行驶一段路程后,用手探试驱动桥壳中部或主减速器壳,有无法忍受的烫手感觉。

4.3.3.2　故障原因

(1)润滑油量不足、变稀或变质;

(2)主减速器齿轮啮合间隙或行星齿轮与半轴齿轮啮合间隙过小;

(3)行星齿轮及半轴齿轮止推垫片过紧或主减速器止退螺栓背隙过小;

(4)轴承过紧或油封过紧。

4.3.3.3　故障诊断与排除

检查驱动桥中各部分的受热情况。

(1)局部过热

① 油封处过热,则故障由油封过紧引起;

② 轴承处过热,则故障由轴承损坏或调整不当引起;

③ 油封和轴承处均不过热,则故障由止推垫片或止退螺栓背隙过小引起。

(2)普遍过热

① 检查润滑油油量,若油面过低,应加至规定位置,否则检查润滑油品质。

② 若润滑油品质不符合要求,应更换;若润滑油品质符合要求,应检查主减速器齿轮啮合间隙的大小。

③ 松开驻车制动器,变速箱置于空挡,轻轻转动主减速器的输入法兰(凸缘盘):若转动角度太小,则故障由主减速器齿轮啮合间隙太小引起;若转动角度正常,则故障由行星齿轮与半轴齿轮啮合间隙太小引起。

任务7　检修干式驱动桥的轮边减速器

1　任务要求

知识要求：

(1)掌握干式驱动桥轮边减速器的结构与工作过程。
(2)掌握干式驱动桥轮边减速器的调整项目。
(3)掌握干式驱动桥轮边减速器的常见故障现象与原因。

能力要求：

(1)掌握干式驱动桥轮边减速器主要零件的维修技能。
(2)掌握干式驱动桥轮边减速器的装配与调整的方法。
(3)能对干式驱动桥轮边减速器的常见故障进行诊断与维修。

2　任务引入

一台装载机在平坦坚实的道路上行驶时，感觉车轮处有响声，而且车速越高响声越大，脱挡滑行时响声减弱或消失。这说明轮边减速器轴承磨损松旷，齿轮啮合不良，应拆检轮边减速器，视情况予以调整或更换。

3　相关理论知识

如图2-7-1所示为干式驱动桥，由于前一任务对主传动装置的结构已做介绍，下面主要介绍轮式驱动桥其他组件的结构。

3.1　半轴

半轴是在差速器与轮边减速器之间传递动力的实心轴，其内端通过花键与差速器的半轴齿轮相连，而外端则与驱动轮的轮毂相连。半轴与驱动轮的轮毂在桥壳上的支承形式决定了半轴的受力状况。工程机械都采用全浮式半轴支承形式，而半浮式半轴支承结构简单，广泛应用于承受弯矩较小的各种小型汽车上。

全浮式半轴是一根两端制有花键的实心轴，其内端花键与半轴齿轮的花键孔套接，外端与轮边减速器太阳轮的花键孔套接，并用挡板和弹簧卡圈固定，轮毂通过两个锥形滚柱轴承支承

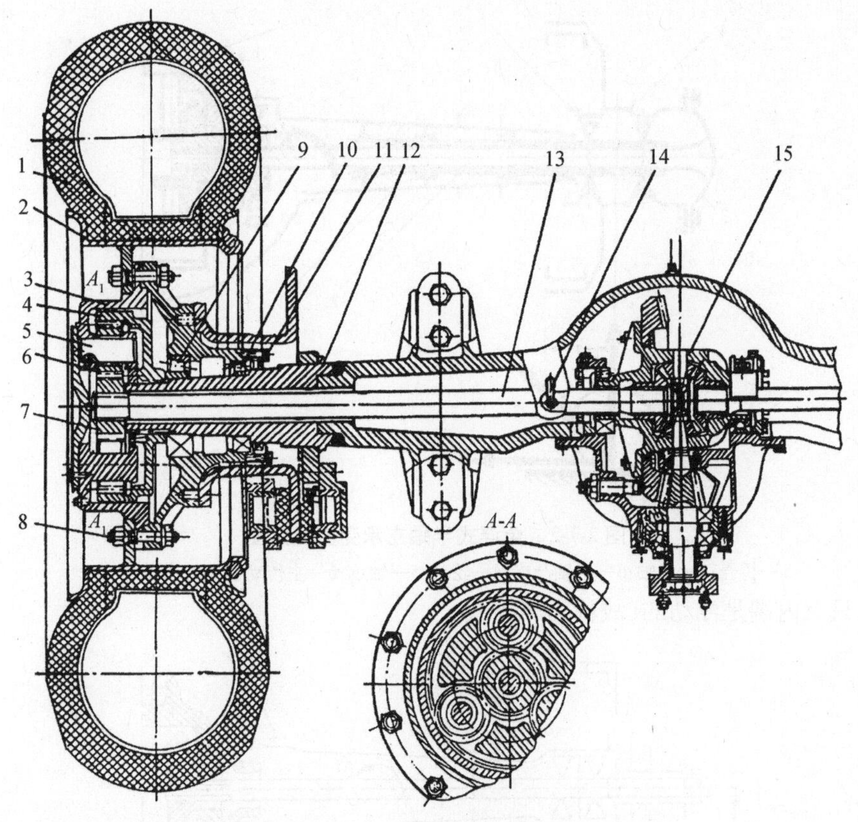

图 2-7-1　ZL50 型装载机干式驱动桥的结构

1—轮胎;2—轮辋总成;3—行星轮架;4—内齿圈;5—行星轴;6—行星轮;7—太阳轮;8—轮辋螺母;9、10—轴承;11—油封;12—轮边支承轴;13—半轴;14—透气孔;15—主传动装置

在桥壳上,半轴与桥壳没有直接接触,这种结构使得半轴的两端只承受转矩而不承受任何反力和弯矩。为了防止半轴在侧向力作用下发生轴向窜动,在与轮边减速器太阳轮结合的端部,用支柱(或钢球)限位。装配后应调整其间隙,一般为 1 ~2 mm。

若没有轮边减速器,半轴的支承形式如图 2-7-2 所示,机械的重量及作用在车轮上的反作用力和弯矩,均由轮毂通过轴承直接传给桥壳。

全浮式半轴支承的受力如图 2-7-2 所示,图上标出了路面对驱动轮的作用力:垂直反力 Z、切向反力 X 和侧向反力 Y。垂直反力 Z 和侧向反力 Y 将造成使驱动桥在横向面(垂直于机械纵轴线的平面)内弯曲的力矩(弯矩);切向反力 X,一方面造成对半轴的反扭矩,另一方面也造成使驱动桥在水平面内弯曲的弯矩,反扭矩直接由半轴承受。而 X、Y、Z 三个反力以及由它们形成的弯矩便由轮毂通过两个轴承传给桥壳,完全不经半轴传递。在内端,作用在主减速器从动齿轮上的力及弯矩全部由差速器壳直接承受,与半轴无关。因此这样的半轴支承形式,使半轴只承受扭矩,而两端均不承受任何反力和弯矩,故称为全浮式支承形式。所谓“浮”即指卸除半轴的弯矩而言。

为防止轮毂连同半轴在侧向力作用下发生轴向窜动,轮毂内的两个圆锥滚子轴承的安装方向必须使它们能分别承受向内和向外的轴向力。轴承的预紧度通过调整螺母调整。

半浮式半轴支承形式如图 2-7-3 所示,半轴除传递扭矩外,其外端还承受垂直反力 Z 所形

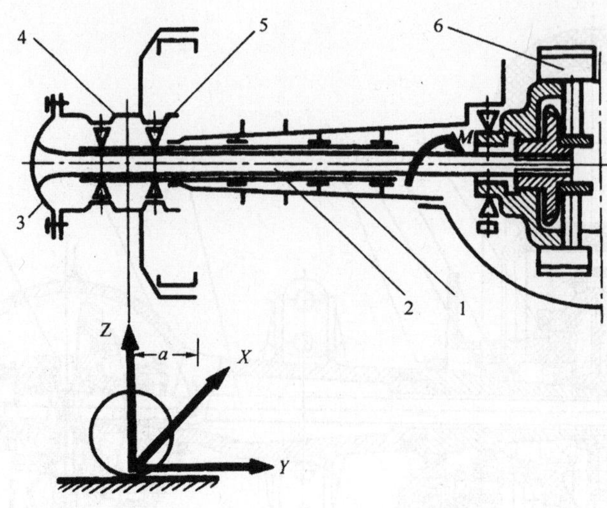

图 2-7-2 全浮式半轴支承受力示意图

1—桥壳；2—半轴；3—半轴凸缘；4—轮毂；5—轴承；6—主传动器从动齿轮

成的弯矩，只有内端是浮动的，故称为半浮式。

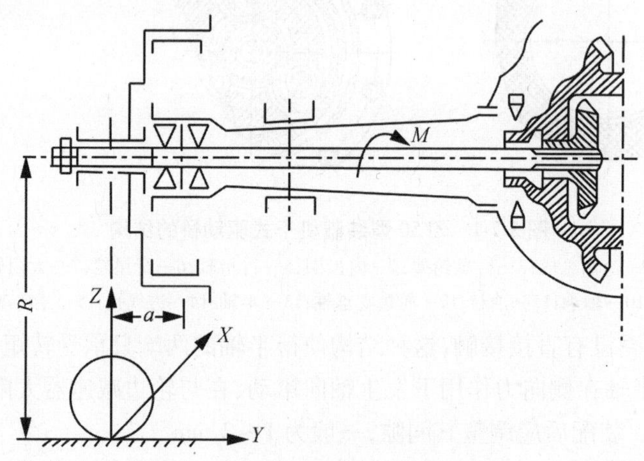

图 2-7-3 半浮式半轴支承受力示意图

图 2-7-4 所示为红旗牌 CA7560 型高级轿车的驱动桥的半轴。其半轴外端是锥形的，锥面上加工有纵向键，最外端有螺纹。轮毂有相应的锥形孔与半轴配合，用键连接，并用螺母固紧。半轴轴承直接支承在桥壳凸缘内。显然，此时作用在车轮上的各反力都必须经过半轴传给桥壳。半轴内端不承受弯矩，而外端却承受全部弯矩，故为半浮式。

半浮式支承中，半轴与桥壳间的轴承一般只用一个，为使半轴和车轮不致被向外的侧向力拉出，该轴承必须能承受向外的轴向力。另外，在差速器行星轴的中部浮套有止推块（如图 2-7-4所示），半轴内端正好能顶靠在止推块的平面上，因而不致在朝内的侧向力作用下向内窜动。

半轴本身的结构除上述两种最常见的形式外，还受到驱动桥结构形式的影响。在转向驱动桥中，半轴应断开并用等速万向节连接。在断开式驱动桥中，半轴也应分段并用万向节和滑动花键或伸缩型等速万向节连接。

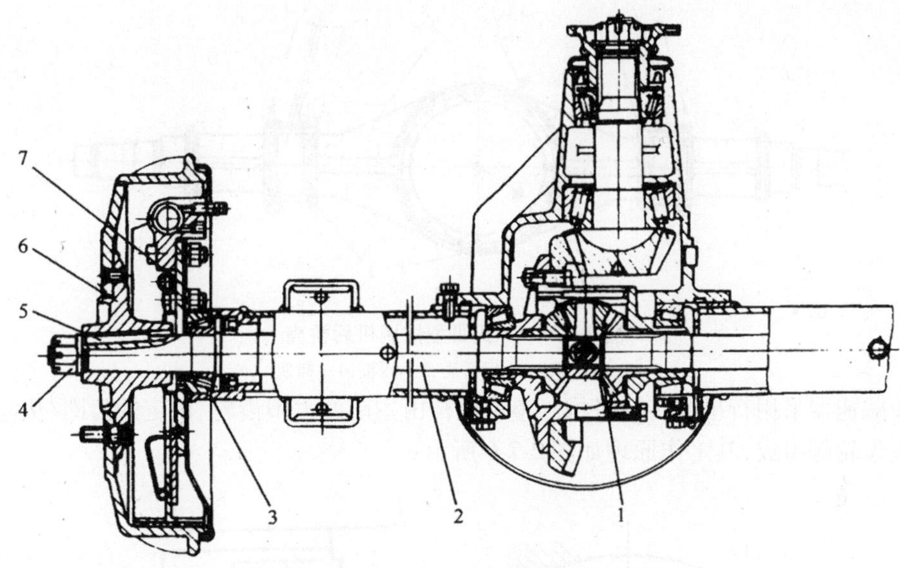

图 2-7-4　半浮式半轴支承形式

1—止推块;2—半轴;3—圆锥滚子轴承;4—锁紧螺母;5—键;6—轮毂;7—桥壳凸缘

3.2　桥壳

驱动桥壳的功用是支承并保护主减速器、差速器和半轴等,使左右驱动车轮的轴向相对位置固定;支承车架及其上的各总成重量;工程机械行驶时,承受由车轮传来的路面反作用力和力矩,并经悬架传给车架。驱动桥壳应有足够的强度和刚度,重量轻,便于主传动器的拆装和调整。

由于桥壳的尺寸比较大,制造较困难,故其结构形式在满足使用要求的前提下,要尽可能简单,以便于制造。

驱动桥壳可分为整体式桥壳和分段式桥壳两类。整体式桥壳具有较大的强度和刚度,且便于主传动器的装配、调整和维修,因此普遍应用于各类工程机械上。

74 式Ⅲ型挖掘机的桥壳即为整体式桥壳,如图 2-7-5 所示,桥壳的两边各用螺栓与车架支承座固定。桥壳上的凸缘盘用于固定制动器底板;两端花键用来安装轮边减速器齿圈支架。主传动装置和差速器装在桥壳内,并用螺钉将主传动壳体固定在桥壳上。桥壳上设有加检油孔,平时用螺塞封闭。上面有通气孔,底部装有放油螺塞。

有些工程机械及重型车辆,常使用刚度更大的全封闭式整体铸造桥壳。

ZL50 型装载机的桥壳是分左、中、右 3 段制造的,3 段装配在一起后再焊接成一个整体。分段式桥壳便于制造,检修时不需将整个驱动桥拆下,故维修方便。

3.3　轮边减速器

轮边减速器是传动系统中最后一个增扭、减速机构。它可以加大传动系统的减速比,满足整机的行驶和作业要求;同时由于可以相应减小主传动器和变速箱的速比,因此降低了这些零部件传递的转矩,减小了它们的结构尺寸。所以,目前大多数轮式工程机械驱动桥装有轮边减速器。

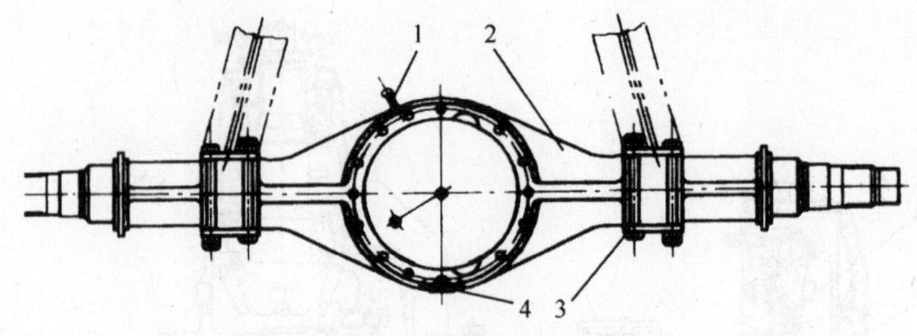

图 2-7-5 74 式Ⅲ型挖掘机后桥壳

1—通气塞;2—后桥壳;3—压板;4—螺塞

轮边减速器采用行星式传动机构。整个机构由主动的太阳齿轮、固定的齿圈、从动的行星架和行星齿轮等组成,其工作原理如图 2-7-6 所示:

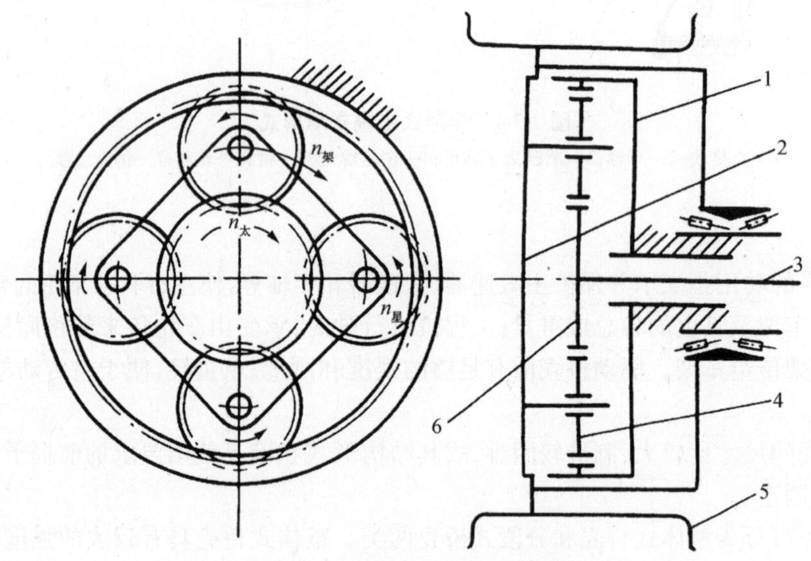

图 2-7-6 轮边减速器的工作原理

1—齿圈;2—行星架;3—半轴;4—行星轮;5—轮辋;6—太阳轮

太阳齿轮与半轴用花键连成一体,齿圈通过花键固定在驱动桥桥壳两端头的轮边支承轴上,它是固定不动的。与太阳轮和齿圈相啮合的行星齿轮,通过滚柱轴承和行星齿轮轴安装在行星架上。行星架和轮辋则由轮辋螺栓固定成一体,因此,轮辋和行星架一起转动。

从主传动器传来的动力通过半轴、太阳轮传给行星轮,使行星轮沿着固定不动的内齿圈滚动,并带动行星架和驱动轮旋转。

为了改善太阳轮和行星轮的啮合条件,使啮合载荷分布均匀,半轴没有固定的支承,成为浮动状态。

轮边减速器的润滑系统是独立的,在行星架的端盖上设有油位检查孔和螺塞。而在行星架端面上设有加油孔和螺塞。

3.4 轮胎 - 轮辋总成

轮式工程机械的轮胎 - 轮辋总成是主要的行走部件,其功用是:支承整机的质量;缓和由路面传来的冲击力；通过轮胎与路面间存在的附着力来产生驱动力和制动力等。

轮式工程机械一般采用低压、宽基轮胎，其断面尺寸大、弹性好、接地比压小；在软基路面上行驶或作业时，轮胎下陷小、附着力大、牵性及通过性好；在凹凸不平的路面上行驶或作业时，能使轮式工程机械具有良好的缓冲、减振性能。

3.4.1　轮辋

轮辋由轮辋体、挡圈及锁圈等组成。轮胎装入轮辋后由轮辋体及挡圈限位并由锁圈锁紧。盘式车轮中用以连接轮毂和轮辋的钢质圆盘称为轮盘，轮盘大多数是冲压制成的。对于负荷较重的重型机械的车轮，其轮盘与轮辋通常是做成一体的，以便加强车轮的强度与刚度。

如图2-7-7所示为装载机通用车轮的构造。轮胎由右向左装于轮辋之上，以挡圈抵住轮胎右壁，后以锁圈嵌入槽口，用以限位。轮盘与轮辋焊为一体，由螺栓将轮毂、行星架、轮盘（轮辋）紧固为一体，动力由行星架传给轮毂、轮辋和轮胎。

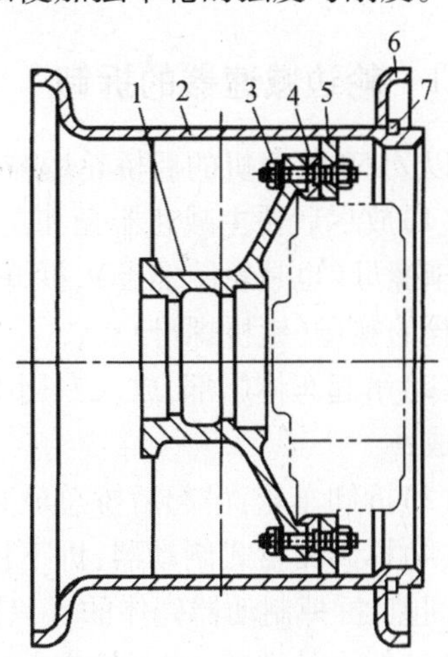

图2-7-7　装载机的盘式车轮

1—轮毂；2—轮辋；3—轮辋螺栓；4—轮边减速器行星架；5—轮盘；6—挡圈；7—锁圈

3.4.2　轮胎

（1）轮胎的分类

① 轮胎根据用途可分为五大类，即：G——路面平整用；L——装载、推土用；C——路面压实用；E——土石方与木材运输用；ML——矿石、木材运输与公路车辆用。以轮式装载机为例：轮式装载机一般使用L型轮胎。L型轮胎根据胎面花纹特征，用数字加以区分，可分为L-2、L-3、L-4、L-5等。

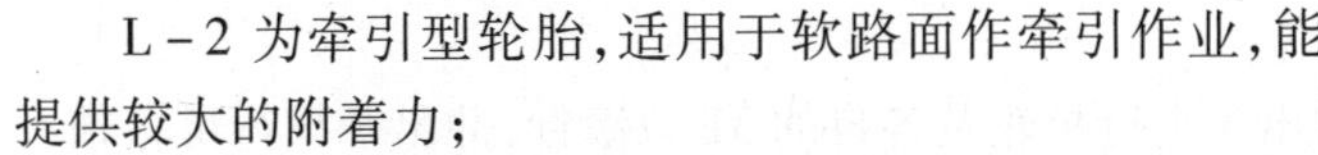

L-2为牵引型轮胎，适用于软路面作牵引作业，能提供较大的附着力；

L-3为块形标准深花纹轮胎，能增加接地面积，提高轮胎在硬路面上的附着力；

L-4为块形加深花纹轮胎，适用于低速运行工况，得到更长的使用寿命；

L-5为块形超深花纹轮胎，只适用于低速运行工况，会得到很长的使用寿命。

② 根据轮胎的断面尺寸可分为标准胎、宽基胎和超宽基胎三种。其中，标准轮胎的断面高度H与宽度B之比：$H/B\approx98\%$；宽基轮胎的断面高度H与宽度B之比：$H/B\approx82\%$；超宽基轮胎断面高度H与宽度B之比：$H/B\approx65\%$。轮式装载机上使用的轮胎多为宽基轮胎。

③ 根据轮胎的充气压力可分为高压轮胎、低压轮胎和超低压轮胎三种。一般气压为0.5～0.7 MPa的轮胎为高压轮胎；气压为0.15～0.45 MPa的轮胎为低压轮胎；气压小于0.15 MPa的轮胎为超低压轮胎。轮式装载机上使用的轮胎为低压轮胎。

④ 根据轮胎帘线的排列方式可分为斜交胎、带束斜交胎、子午线胎三种。

（2）轮胎标记

轮胎标记根据充气压力的不同而不同。低压轮胎的标记$B-d$（其中，B为轮胎断面宽度，d为轮胎内径）。其中“-”表示低压，例如：23.5-25即轮胎断面宽为23.5英寸，轮胎内径为25英寸的低压轮胎。高压轮胎的标记为$D\times B$（其中，D为轮胎外径）。其中“×”表示高压，例如 34×7 即表示外径为 34 英寸,断面宽度为 7 英寸的高压轮胎。

4 任务实施

4.1 准备工作

通过查阅对应的维修手册等相关资料,经过课堂讨论、教师答疑和操作演示,制订修改拆装方案,准备所需仪器、设备和工具。

4.2 操作流程

4.2.1 轮边减速器的拆卸

以 ZL50 装载机的后桥轮边减速器(如图 2-7-1 所示)为例:

(1)放尽后桥主减速器壳和左右轮边减速器壳内的齿轮油,拆去后传动轴,拧松左右后轮的轮辋螺母(也是轮胎螺母),拆开后桥壳中部三通油管的进油接头,拆去左右各 4 个桥壳固定螺栓的螺母(锁桥螺母);

(2)吊起车体尾部,放入专用支架垫实后车架;抽出 8 只桥壳固定螺栓,向车后方推出后桥总成;

(3)拆卸车轮:吊起后桥总成装到支架上,拆去左右车轮;

(4)拆卸钳盘式制动器:拆下桥壳上的制动油管,撬压制动片,使其与制动盘之间出现明显的间隙,拆掉制动器壳体的 4 只固定螺母,从桥壳上取下制动器总成;

(5)拆去外端盖(注意检查盖内侧中心的钢球是否存在),撬出半轴,并将其抽出后桥,从其上拆下卡环和太阳轮;

(6)拆下锁定螺钉,旋出中心圆螺母,拆去 10 只轮胎螺栓,取下行星齿轮减速器和大 O 形圈;

(7)拆下齿圈,拆掉卡环、垫片,拿出 3 个行星轮及各自的 31 只滚针,冲出 3 只行星轮轴;

(8)各组的行星轮、轴及各组滚针应按组分别保存,不得混淆。

注:(1)~(4)是拆后驱动桥,(5)~(8)是拆卸轮边减速器。

4.2.2 零部件检修

(1)驱动桥壳的缺陷与修理

桥壳是驱动桥的基础零件,产生变形或损伤时将影响其他零件的安装精度。其主要缺陷是弯曲、裂纹等。驱动桥壳的弯曲是由于载荷过大、时效不当以及焊接修理后的变形等原因造成的。利用半轴套管的不同轴度可以检查桥壳的弯曲。ZL50 装载机桥壳通过测量两端安装轮毂轴承的轴颈间的同轴度进行检验,一般支承桥壳两端内轴颈、外轴颈的径向跳动量应小于 0.30~0.50 mm。

桥壳变形后应进行校正,变形较小时可冷压校正,变形较大时应热压校正。热压校正时应注意加热部位及加热温度,加温部位一是选在对变形影响较大的部位,二是选在非重要部位,三是选在不易产生应力集中的部位,加热温度一般为 300~400℃,最高不得超过 700℃,以防因材料组织改变而影响其强度与刚度。

桥壳裂纹可用磁力损伤等无损探伤法进行检验，由于桥壳较大，可将探伤机探头引出对桥壳进行分段检验。无探伤设备时，也可用敲击听声音法或渗油法进行检验。裂纹检查时不必在所有部位上进行，而应着重在可能产生应力集中与可能出现裂纹的部位上进行。

桥壳的裂纹应用高强度低氢型焊条进行焊修，如图 2-7-8 所示。为了加强焊接强度，减少焊接应力和变形，焊接时应采取一定的工艺措施：

① 应在裂纹端部钻直径 5 mm 的止裂孔；

② 沿裂纹开成 60°～90°的深为壁厚 1/2～1/3 的坡口；

③ 采用直流反接分段焊，而每焊 20～30 mm 后，敲击焊缝消除内应力，当温度降至 50～60℃时再焊下一段；

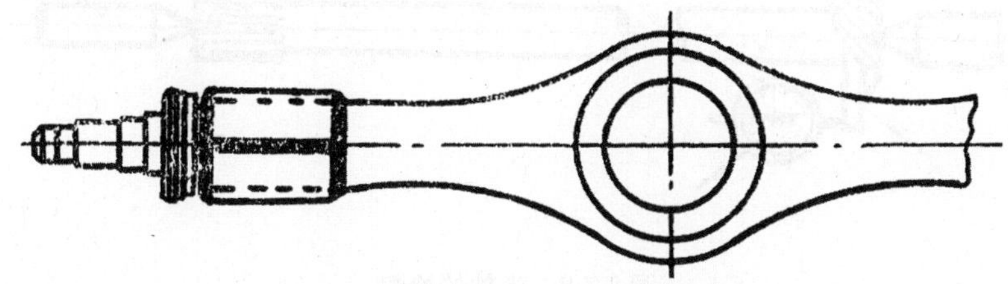

图 2-7-8　后桥壳裂纹用加强板焊修

④ 为增加修复强度，可如图 2-7-8 所示在重要裂纹处增焊 4～6 mm 厚的外板(加外板时应注意使其与桥壳中心对称)。当裂纹严重，使桥壳产生严重变形时则应报废。裂纹焊修后应对焊缝进行探伤并检查有无焊接变形情况。

桥壳两端轴颈磨损后可镀铁修复，与油封配合处轴颈磨损后也可镶套修理。

(2)轮边减速器壳体的缺陷及修理

轮减壳体的主要缺陷为与行星轮轴相配合的孔因磨损而使配合间隙松旷，此处配合一般属于过渡配合，为 -0.008～+0.029 mm，当配合间隙大于 0.04 mm 时应予以修复，否则会影响行星轮的正常工作。当孔径磨损较小时，可用电镀与之相配的行星轮轴的方法恢复配合，当孔径磨损较大时，可用镶套法修复孔径，镶套后加工孔径时应注意孔中心位置精度。

壳体与滚锥轴承配合孔松旷时，可用镶套法修复孔径。

(3)制动盘的缺陷及修理

制动盘的缺陷为产生沟槽、厚度磨薄等，尤其是当使用劣质刹车片时磨损更为严重。制动盘磨损后可车削两工作表面并磨光，应注意两工作表面的平行度及与安装面的平行度。

(4)半轴的缺陷与修理

半轴常见的损坏有杆部弯曲、扭曲、花键部分磨损、扭转和断裂等，如图 2-7-9 所示。

半轴弯曲的检查可在平台上用塞尺测量，当弯曲大于 0.5 mm 时应进行冷压校直。施力点应在中间，因为弯曲最大部位通常在中间。

半轴花键齿宽磨损不应超过 0.2 mm，否则应堆焊修复或更换。为使原有键齿基体金属在铣削时不被切掉而削弱键齿强度，施焊前应在键齿端部做出标记，如图 2-7-10 所示。

半轴如有裂纹，或花键扭转、断裂时，一般不予修理，应更换新件。

(5)轮边减速器的缺陷及修理

缺陷是轮减齿轮磨损严重，当加速或减速时会产生清脆的敲击声；滚针磨损；行星齿轮内孔与轴磨损等。

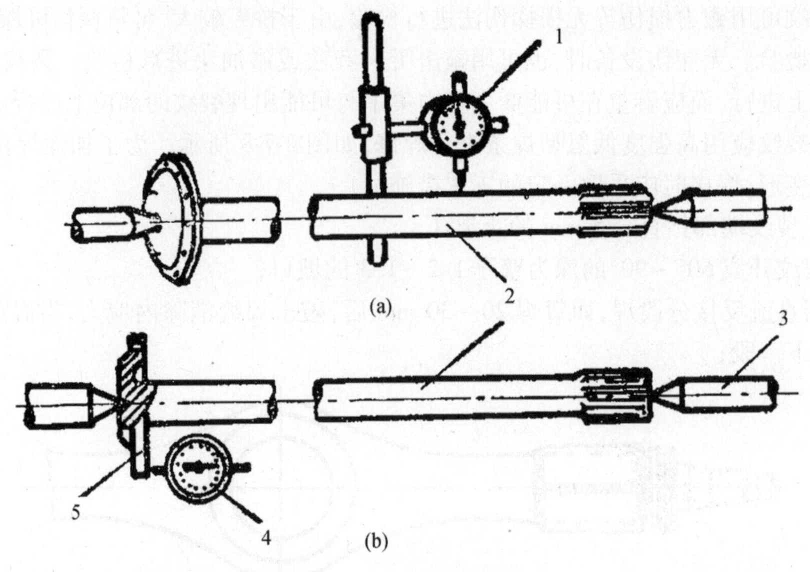

图 2-7-9　半轴的检测

1、4—百分表；2—半轴；3—顶尖；5—半轴凸缘

齿轮磨损应更换，滚针应用着色法检查接触情况：沿齿高接触面应大于 45%，沿齿长接触面应大于 60%。更换滚针时，须对所用滚针进行分组选配，使同一组内的滚针直径误差不超过 0.005 mm，圆柱度和圆度不大于 0.0015 mm，滚针、齿轮内孔与行星轴径向啮合间隙是 0.015 ~ 0.03 mm。

应注意检查端盖内侧中心的钢球是否完好，如有损坏、遗失，应用粘接法补上新钢球。

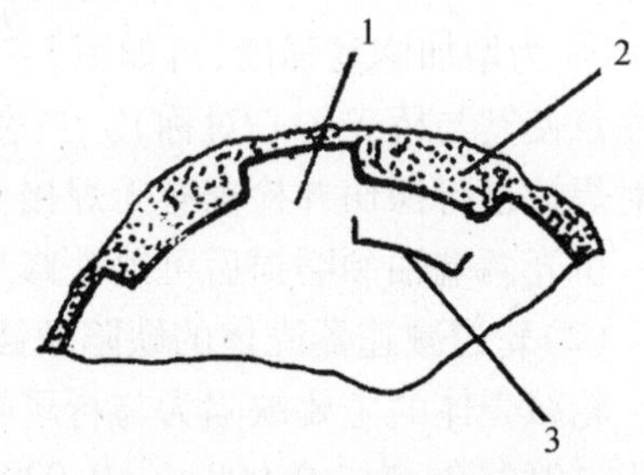

图 2-7-10　半轴键齿堆焊

1—半轴键齿；2—堆焊层；3—焊前所做标记

(6) 驱动桥总间隙检查

后桥经长期使用后，必然会引起减速器的齿轮和轴承、差速器的齿轮和轴承、半轴与行星齿轮的承推垫圈等的磨损，而使各部间隙增大。而当数量的变化到达一定值以后，必然会引起质的变化。因此在使用过程中应定期地进行维护修理。因后桥各部的间隙，在主动圆锥齿轮转动时，必须先克服各部机件的总间隙后才能使车轮转动，也就是后桥的各部总间隙可以在后轮上得到反映。所以在一般情况下，无须逐个检查后桥各部的间隙。

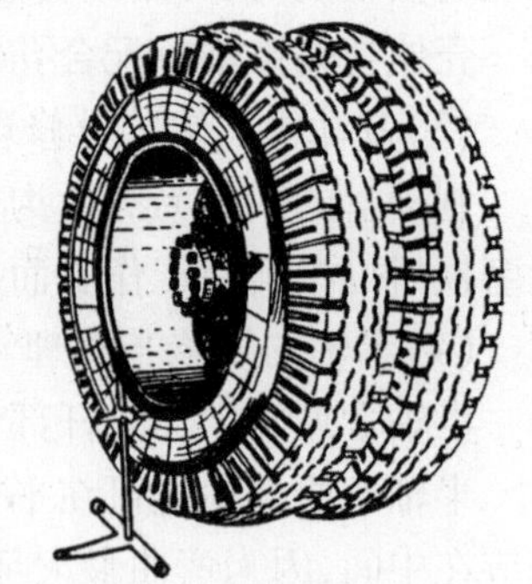

图 2-7-11　后桥总间隙的检查

后桥的检查方法是：先将主动齿轮固定，不使它转动（拉上手刹车即可），而后顶起一边的后轮，按图 2-7-11 所示的方法用一指针在轮辋边缘，将车轮向一边转动到极限位置，此时指针所指位置做一记号，然后将车轮向另一边转动到极限位置，再做一记号，两极点间的距离就是后桥的总间隙。如大于 45 mm 时，应予分别检查各部，进行必要的调整。检查调整的方法与修理时的检查基本相同。

4.2.3　轮边减速器装配

按照轮边减速器拆卸的相反顺序进行,重要螺栓拧紧力矩如表2-6-1所示。

轮边减速器的轴承预紧度的调整参考项目1任务6中的主从动圆锥齿轮的轴承预紧度的调整。

4.2.4　轮边减速器拆装注意事项

(1)装油封时唇口应涂抹少量干净的机油。

(2)各组行星轮、行星轮轴及各组的滚针拆卸时应单独摆放,不要弄混。安装时亦须使同组的轮、轴、滚针装在一起。

(3)轮减外端盖中心的钢球不能漏失,否则半轴将磨坏端盖。

(4)半轴齿轮和行星齿轮及其垫片装配时必须涂抹齿轮油。

(5)轮式工程机械的前后驱动桥结构完全一样,仅主减齿轮副前后桥旋向相反:变速箱若为奇数轴传递时,前桥从动(盆)齿旋向为右旋顺时针,后桥从动(盆)齿旋向为左旋逆时针;变速箱若为偶数轴传递时,前桥从动(盆)齿旋向为左旋逆时针,后桥从动(盆)齿旋向为右旋顺时针。不可装错,否则影响齿轮寿命。

4.3　轮边减速器常见故障诊断与排除

4.3.1　轮边减速器异响

4.3.1.1　故障现象

(1)挂挡行驶时,轮边减速器有异响,而脱挡滑行时异响减弱或消失;

(2)挂挡行驶和脱挡滑行,轮边减速器均有异响。

4.3.1.2　故障原因

(1)轮边减速器内润滑油油量不足、变稀或变质;

(2)轮边减速器的圆锥滚子轴承磨损、间隙调整不当;

(3)太阳轮与半轴花键槽配合松旷;

(4)行星齿轮转动困难;

(5)太阳轮、行星齿轮、齿圈的轮齿表面损伤、折断;

(6)行星齿轮与太阳轮不配套、啮合不良;

(7)行星齿轮与齿圈不配套、啮合不良;

(8)行星齿轮轴的滚针碎裂、折断;

(9)半轴外端面与轮边减速器端盖定位堵间隙过大或端盖中心的钢球失落。

4.3.1.3　故障诊断与排除

(1)停车检查

① 首先拧下轮边减速器加油螺塞,检查润滑油液面及润滑油质量。若润滑油液面过低,应添加规定标号的润滑油。若润滑油变稀或变质,应更换润滑油。

② 将驱动桥架起或用支腿、工作装置(铲斗、铲刀、松土器等)撑起驱动桥,启动发动机,挂上挡,急剧改变发动机的转速,察听轮边减速器的响声方位,根据响声方位判断响声来自哪个

车轮。

③ 将发动机熄火，拉紧驻车制动器，来回转动车轮，检查轮边减速器齿轮的啮合情况，若感觉到松旷量很大，说明齿轮啮合间隙过大，应检修更换齿轮、齿圈。

④ 用撬杠轴向推拉轮边减速器，若有间隙感觉，表明圆锥滚子轴承松旷，应予以调整。

⑤ 若车轮转动困难或发出异响，表明圆锥滚子轴承装配过紧或轴承损坏。

(2)路试检查

① 在行驶中，反复改变车速，若车速越高响声越大，脱挡滑行时响声减弱或消失，说明轮边减速器轴承磨损松旷，齿轮啮合不良，应拆检轮边减速器，视情况予以调整或更换；

② 若在急剧改变车速时，轮减有明显的金属撞击声，说明齿圈、齿轮啮合间隙过大或半轴与太阳轮花键啮合松旷，应予以更换。

4.3.2 轮边减速器漏油

4.3.2.1 故障现象

(1)轮边支承轴(哈巴头)处漏油；

(2)轮边减速器壳体或衬垫处漏油；

(3)油口螺塞处漏油。

4.3.2.2 故障原因

(1)加油口、放油口螺塞松动或损坏；螺塞密封垫损坏或缺失。

(2)油封磨损、硬化、装反，油封与轴颈不同轴，油封轴颈磨成沟槽。

(3)接合平面变形、加工粗糙，密封衬垫太薄、硬化或损坏，紧固螺钉松动或损坏。

(4)通气孔堵塞，润滑油油量过多或变稀、变质。

(5)轮边减速器壳体有铸造缺陷或裂纹。

(6)若发现轮边支承轴(哈巴头)处漏出润滑油，说明半轴油封损坏，应及时更换。

4.3.2.3 故障诊断与排除

(1)检查轮边减速器壳体。

① 清洁轮边减速器外部，检查壳体是否有裂纹或铸造缺陷，若有，应更换壳体。

② 检查通气塞是否畅通，若堵塞，应清洗、疏通。

③ 拧下轮边减速器加油螺塞，查看润滑油油量和润滑油质量：

a. 若有油流出，说明润滑油油量过多，应放出多余的润滑油至规定位置；

b. 若润滑油变质或变稀，应更换润滑油。

(2)检查轮边支承轴是否漏油，若漏油，说明油封损坏、制动盘与油封接合部位磨损过大或圆锥滚子轴承的锁紧螺母松动，应更换或紧固。

(3)检查轮边减速器各接合部位是否漏油，若漏油，说明接合部位的衬垫损坏或紧固螺栓、螺母松动，应更换或紧固。

4.3.3 轮边减速器过热

4.3.3.1 故障现象

行驶一段路程后，用手探试轮边减速器壳体，有无法忍受的烫手感觉。

4.3.3.2 故障原因

(1)润滑油量不足、变稀或变质;

(2)轮边减速器齿轮啮合间隙过小;

(3)行星齿轮与止推垫片装配过紧;

(4)轴承过紧或油封过紧;

(5)半轴外端面与轮边减速器端盖定位堵间隙过小。

4.3.3.3 故障诊断与排除

检查轮边减速器各部分的受热情况。

(1)局部过热

① 油封处过热,则故障由油封过紧引起,但有的机型如 ZLM30 型装载机,其位置受限于制动盘不便测量,应使用远红外测温仪进行检测;

② 轴承处过热,则故障由轴承损坏或调整不当引起,其往往受限于制动盘或制动鼓而无法测量,但可以通过转动车轮进行判断,其特征是制动盘或制动鼓的圆周不过热;

③ 制动盘或制动鼓圆周过热,则故障由制动拖滞引起,特征为行驶无力,应检修车轮制动器或制动系统;

④ 轮边减速器外端盖中心过热,表明系因定位堵与半轴间隙太小所引起;

⑤ 油封和轴承处均不过热,制动器也不拖滞,轮边减速器端盖中心也不过热,则故障因行星齿轮止推垫片装配过紧所致。

(2)普遍过热

① 检查润滑油油量,若油面过低,应加至规定位置,否则检查润滑油品质;

② 若润滑油品质不符合要求,应更换;若润滑油品质符合要求,应检查轮边减速器齿轮啮合间隙的大小;

③ 拉紧驻车制动器,轻轻转动车轮:若转动角度太小,则故障由轮边减速器齿轮啮合间隙太小引起。

4.3.4 半轴断裂

4.3.4.1 故障现象

单驱动桥驱动的轮式车辆突然无法行驶,但传动轴依然转动;双驱动桥驱动的轮式车辆可以行驶,但切断其中某个驱动桥的传动后,车辆无法行驶。

4.3.4.2 故障原因

半轴折断。

4.3.4.3 故障诊断与排除

对于配备差速锁的单驱动桥驱动的轮式车辆,接合上差速锁(即锁定差速器)后,如车辆可以行驶,表明半轴折断;对于双驱动桥驱动的轮式车辆,用工作装置顶起前桥或解除前桥驱动后无法行驶,表明后桥半轴折断;如用工作装置顶起后桥或拆下后桥传动轴后无法行驶,则表明前桥半轴折断。

由于驱动桥内装有左、右半轴,应当从驱动桥左右两端分别取出完好的半轴和断半轴的外侧一段,再从完好半轴一侧用直径合适且长度足够的金属棒捅出另一侧残留在桥壳内部的断半轴内侧一段;也可用长金属棒连接电焊机的电缆,使用电焊的方法使金属棒的端部与半轴的断口熔为一体，然后在外部拉动金属棒取出断半轴，此种方法尤为适用于半轴因材质缺陷而断成几截的场合以及十字轴中心无孔或采用一字轴的差速器。

任务8　更换湿式驱动桥防滑差速器及轮边减速器的摩擦片

1　任务要求

知识要求：

(1)掌握湿式驱动桥的结构。

(2)掌握防滑差速器与湿式制动器的工作原理。

能力要求：

(1)掌握湿式驱动桥的拆装过程及技巧。

(2)掌握湿式驱动桥的装配与调整的方法。

(3)能对湿式驱动桥的常见故障进行诊断与维修。

2　任务引入

一台装载机在行驶时，感觉车轮处有响声，而且车速越快响声越大，脱挡滑行时响声减弱或消失。这说明轮边减速器轴承磨损松旷，齿轮啮合不良，应拆检轮边减速器，视情况予以调整或更换。

3　相关理论知识

湿式驱动桥(以前桥为例)总成在干式驱动桥的基础上，将普通差速器换为防滑差速器，并加湿式制动器组成。其外形区别如图2-8-1与图2-8-2所示。

3.1　湿式驱动桥的优点

(1)易于维护；

(2)工作寿命长；

(3)离地间隙高；

(4)多片湿式制动器耐磨。

多片湿式制动器的优点：

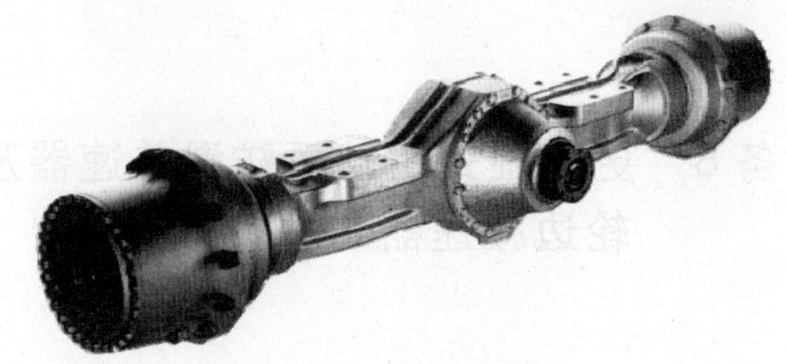

图 2-8-1　湿式驱动桥外形

图 2-8-2　干式驱动桥外形

① 承载能力强，可靠性高；

② 全封闭可有效防止泥沙、尘土和油污，不受外界环境的影响；

③ 多片盘式制动，制动力矩稳定，保证行车的安全；

④ 制动器散热效果好；

⑤ 维护检修方便，维护和检修时，只需打开轮边的端盖，不用拆下车辆的车轮。

3.2　湿式驱动桥的工作原理

湿式驱动桥的结构如图 2-8-3 所示，由于在任务 6 中的 3.3.5 已经讲解了防滑差速器的工作原理，本任务就只讲湿式制动器的工作原理。

当踩下脚制动器后，制动液压油从蓄能器通过管路进入轮边减速器活塞 54 上下油腔间，高压的液压油推动活塞前进，活塞压紧对偶钢片 37 和摩擦片 38。其中：摩擦片 38 与摩擦片支承 50 用花键联接在一起，摩擦片支承随着左半轴 1 转动而转动，是转动件；对偶钢片 37 与内齿圈 47 用花键联接在一起，内齿圈是静止不动的，所以对偶钢片是静止不动的。

当对偶钢片和摩擦片被压紧后，对偶钢片和摩擦片之间产生摩擦力矩。不旋转的钢片就对旋转着的摩擦片作用一个摩擦力矩 M，其方向与车轮旋转的方向相反。摩擦片将该力矩通过摩擦片支承、半轴、太阳轮、行星齿轮、行星轮架、轮毂、轮辋，最后传到轮胎。

摩擦片将该力矩传到轮胎后，由于轮胎与路面间的附着作用，轮胎即对路面作用一个向前的圆周力 P_1，同时路面对轮胎作用一个向后的反作用力，即制动力 P_2。制动力 P_2 由车轮经过驱动桥传给车架，迫使行驶中的工程机械减速，以至停止。

当松开制动踏板后，活塞腔的高压液压油回到蓄能器，回位弹簧将活塞拉回原位，对偶钢

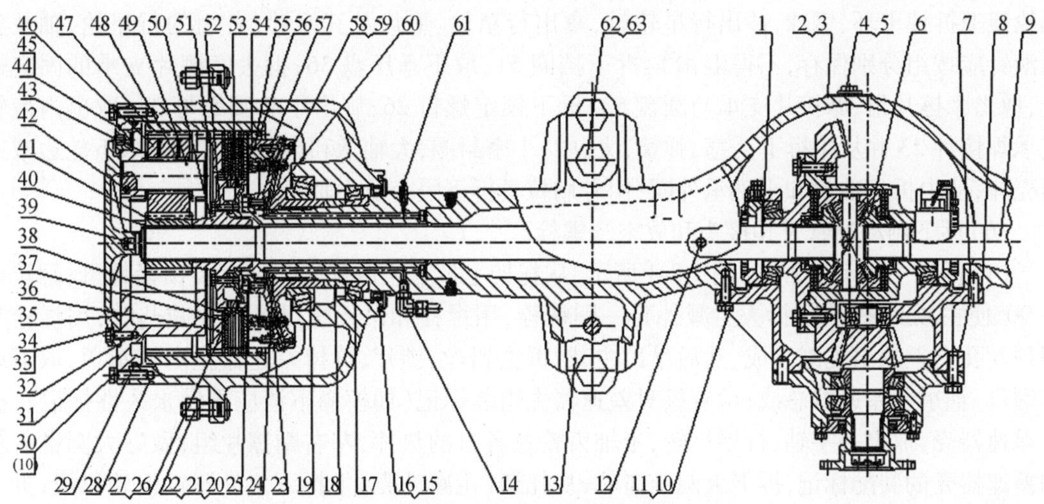

图 2-8-3　柳工装载机的湿式驱动桥结构简图

1—左半轴；2—桥铭牌；3—铆钉；4、44—螺塞；5、10、22、27、34、45—垫圈；6—主传动总成；7—定位销；8、32、43—垫片；9—右半轴；11、20、30、33、52、62—螺栓；12—通气塞；13—桥壳轮边支承；14—直角接头；15—油封；16—卡环；17、19—圆锥滚子轴承；18—轴套；21—螺母；23—内齿轮支承焊接件；24、29、60—O 形圈；25—圆螺母；26—螺钉；28—轮毂；31—行星轮架；35—端盖；36—承压盘；37—对偶钢片；38—摩擦片；39—轴；40、51、56—挡圈；41—太阳轮；42—钢球；46—行星轮；47—内齿圈；48—滚针；49—行星轮轴；50—摩擦片支承；53—圆盘；54—活塞；55、57—密封圈；58—弹簧；59—钢丝挡圈；61—放气嘴；63—锁紧螺母

片和摩擦片分开，摩擦力矩 M 和制动力 P_2 消失，制动作用即停止。

4　任务实施

4.1　准备工作

通过查阅对应的维修手册等相关资料，经过课堂讨论、教师答疑和操作演示，制订修改拆装方案，准备所需仪器、设备和工具。

4.2　操作流程

4.2.1　湿式驱动桥的拆卸

(1)放尽后桥主减速器壳内的齿轮油和左右轮边减速器壳内的液压油，拆去后传动轴，拧松左右后轮的轮辋螺母(也是轮胎螺母)，拆开后桥壳中部三通油管的进油接头，拆去左右各 4 个桥壳固定螺栓的螺母(锁桥螺母)。

(2)吊起车体尾部，放入专用支架垫实后车架；抽出 8 只桥壳固定螺栓，向车后方推出后桥总成。

(3)拆卸车轮：吊起后桥总成装到支架上，并拆去轮胎螺栓，取下左右车轮。

(4)拆下桥壳上的制动油管。

(5)拆卸左右轮边减速器总成：如图 2-8-3 所示，拆去外端盖(注意检查盖内侧中心的限位螺堵及调整垫片)，撬出半轴，并将其抽出后桥，从其上拆下卡环和太阳轮；拆卸行星架，从行星轮架上拆掉卡环、钢球，冲出行星轮轴，拿出行星轮、垫片及其滚针（各组的行星轮、轴及各组滚针应按组分别保存，不得混淆）；拆下挡圈 51，取下承压盘 36；拆去摩擦片支承的固定螺栓，取出摩擦片组、摩擦片支承与圆盘 53；拆下锁定螺钉 26，旋出中心圆螺母 25，取出内齿轮支承焊接件 23 并从中拆下活塞，弹簧，大、中、小密封圈，大轴承和齿圈，大挡圈；取下轮边减速器壳体，从中拆下油封和小轴承外圈；用专用拉具拆下隔套及小轴承。

(6)拆下制动油管及其接头和放空气螺栓。

(7)拆卸主传动装置：如图 2-8-4 所示，从托架上拆下止退螺栓和铜套及锁紧螺母；翻转桥壳 90°使主减凸缘朝天，拆去主减外壳一圈螺栓，用螺栓和吊环螺母吊住主减凸缘，用螺栓利用顶丝孔向上顶出主减总成，然后吊出主减；拆去铅丝、锁片，拆掉差速器左右轴承盖，取下调整螺母、轴承及差速器总成；检查核对差速器壳组装标记（如模糊不清应重做永久性标记），拆开差速器壳，取出一字轴、行星齿轮、半轴齿轮及各自的垫片、左右摩擦片组；做好大圆锥齿轮和差速器壳的装配标记，拆下大圆锥齿轮；从托架（主减外壳）上拆下主动圆锥齿轮总成；拆下轴头卡环及小轴承；将轴承套夹在台钳上拆下凸缘压紧螺母及垫片、O 形圈等，抽出凸缘；拆下油封盖，取出油封；用专用拉具拉出外轴承，取出隔套，最后拆下内轴承。

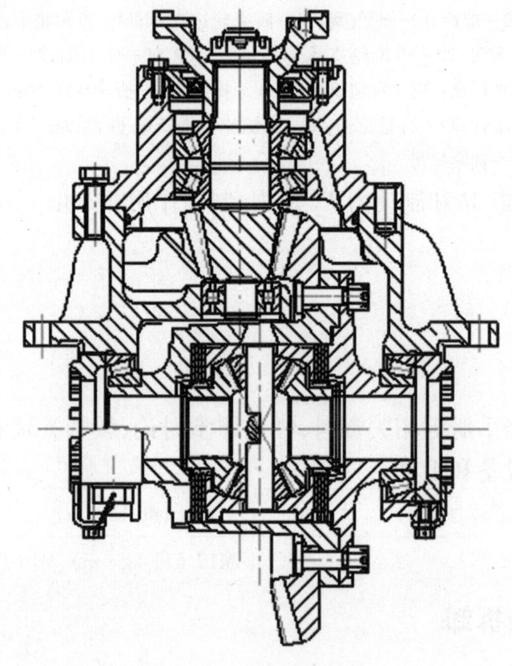

图 2-8-4　主传动装置（带防滑差速器）

4.2.2　零部件检修

湿式驱动桥与干式驱动桥相比，一是在差速器内多了两组摩擦片和承压盘，十字轴改成各自独立的一字轴；二是在左右轮边减速器内均增加了湿式制动器。因此，与干式驱动桥相同的内容见检修内容任务 7 中的 4.2.2 部分，下面介绍防滑差速器及湿式制动器的零部件检修。

(1)防滑差速器的缺陷及修理

防滑差速器的缺陷为内齿铜摩擦片磨损过度、翘曲、碎裂等；外齿钢片的缺陷为翘曲、开裂等；承压盘的缺陷为平面磨出沟槽、外圆拉伤造成在差速器壳体内卡滞；一字轴磨损、断裂。

翘曲的钢片、铜片可矫正后使用，磨损过度及碎裂的摩擦片应予更换；承压盘外圆的拉伤可用磨削或车削的方法进行修复；承压盘平面的沟槽可以车削加工并磨光后继续使用，但前提是必须保证半轴齿轮在轴向移动到位前可以压紧摩擦片组，否则必须更换；一字轴断裂必须更换；一字轴磨损可堆焊车削再进行热处理后磨光，否则应更换新件。

(2)湿式制动器的缺陷及修理

制动器的缺陷为活塞及承压盘产生沟槽、厚度磨薄等，尤其是当轮边减速器内缺油时磨损更为严重；制动片翘曲、碎裂、磨损过度；密封圈磨损、老化而失效；弹簧拉力下降失效。

活塞、承压盘磨损后可车削其工作表面并磨光，应注意工作表面的平行度及与安装面的垂直度；翘曲的钢片、铜片可矫正后使用，磨损过度及碎裂的摩擦片应予更换；密封圈应换新件；弹簧失效应予更换。

(3)轮边减速器的缺陷及修理

应注意检查端盖内侧中心的限位螺堵及调整垫片是否完好。如有损坏、遗失，应更换新件并通过增减垫片的厚度以保证半轴的轴向间隙为0.10 mm。

(4)主传动器和轮边减速器内加入重负荷齿轮油。

4.2.3　湿式驱动桥的装配与调整

按拆卸相反的顺序进行组装，重要螺栓拧紧力矩见表2-8-1所示。

表2-8-1　螺栓拧紧力矩

部件名称	拧紧力矩(N·m)
锁桥螺母	637~735 (65~75 kg·m)
制动盘螺栓	156.8 (16 kg·m)
轮胎螺栓	529.2 (54 kg·m)
差速器壳螺栓	117.6 (12 kg·m)
大圆锥齿轮固定螺栓	196 (20 kg·m)
主减凸缘压紧螺母	343~392 (35~40 kg·m)
主减凸缘螺母最终拧紧力矩	450.8 (46 kg·m)
传动轴螺栓	M12 (11 kg·m)、M14 (17 kg·m)

注：主传动装置的调整与任务6中的相同。

4.2.4　拆装注意事项

(1)制动摩擦片不得翘曲、开裂，大中小密封圈及半轴油封必须更换新件；

(2)安装制动片组及承压盘时，应用工具向外拉住齿圈，保证齿圈中部的内挡圈顺利落座；

(3)装配完毕后应使用压缩空气对左右制动器进行试验。

注：与干式驱动桥相同的部分参考任务6、7。

4.3　湿式驱动桥常见故障诊断与排除

与干式驱动桥相同的检修内容见任务6、7中的常见故障诊断与排除，下面只介绍与防滑差速器及湿式制动器有关的故障。

故障现象:限滑功能不良或丧失。

原因:

(1)制动摩擦片磨损过度;

(2)承压盘卡滞;

(3)缺油。

缺油是承压盘卡滞的原因之一,而差速器内金属碎屑过多则是另一原因。当承压盘卡滞在离开制动片的位置时,限滑功能丧失;另外制动摩擦片磨损过度,摩擦系数下降太多同样会导致限滑功能不良甚至完全丧失。

任务9　检修履带式机械的后桥

1　任务要求

知识要求：

(1)掌握履带式机械后桥的结构与工作过程。
(2)掌握履带式机械后桥的调整项目。
(3)掌握履带式机械后桥的常见故障现象与原因。

能力要求：

(1)掌握履带式机械后桥的主要零件的维修技能。
(2)掌握履带式机械后桥的装配与调整的方法。
(3)能对履带式机械后桥的常见故障进行诊断与维修。

2　任务引入

一台履带式推土机行驶中向某一侧转向能力严重不足，这说明该侧的转向离合器分离不清且制动不良，应通过对该侧转向操纵杆的自由行程或转向压力的检测，判断故障的部位与轻重程度，视情况予以必要的调整或检修。

3　相关理论知识

3.1　履带式机械后桥的组成

履带式机械驱动桥主要由中央传动装置、转向制动装置（含转向离合器、转向制动器）、最终减速器（侧传动装置）及桥壳等组成，如图2-9-1所示。

中央传动装置、转向制动装置、最终减速器（侧传动装置）都装在一个整体的桥壳内。

桥壳分隔成三个室：中室内安装中央传动装置，采用干式转向离合器的机型，如T120A、T140等型推土机，其室的前壁有孔与变速箱相通，形成共用油池，油面的高度由变速箱的油尺检查。在连通孔中有一专用油管，保证机械在倾斜位置时中央传动齿轮室内有一定的油量。左、右两室分别装有干式转向离合器及其制动装置，因此室内不应有油污。为防止窜油，在室的两侧壁上均装有油封。三个室底部各有一只放油螺塞，中间的螺塞带有磁铁，可以吸附油液

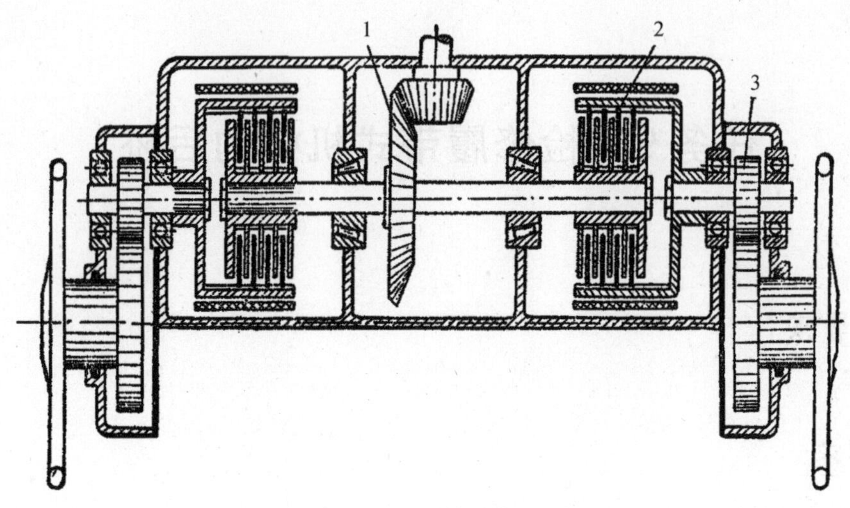

图 2-9-1　履带式机械后桥传动原理图

1—中央传动装置;2—转向制动装置;3—终传动(最终减速器)

中的铁末,用于放出中央传动齿轮室内的齿轮油;左、右两个螺塞用于放出因两侧油封失效而漏入转向离合器室内的齿轮油。

采用湿式离合器的机型,如 T160、T220、T320 等大型推土机,其桥壳为一个整体,室内应加注适量的柴机油,其底部有两只带有磁铁的放油螺塞,位于后桥壳的左右两端,当推土机的机身左右倾斜时,都可以放出后桥壳内的油液。

最终传动装置分别装在后桥壳左、右室的外侧,由侧盖与后桥壳组成最终传动齿轮室,因此又叫侧传动装置或最终减速器。最终减速器的后部有检查加油口及带有油标尺的螺塞,底部有带有磁铁的放油螺塞。

在桥壳的底部装有左、右后半轴,作为整个后桥的支承轴。此轴的左、右两端装在行驶装置的轮架上,此轴同时也作为侧传动装置最后一级从动齿轮和驱动轮的安装支承。

3.2　中央传动装置的功用

中央传动装置的功用是将变速箱传来的动力降低转速、增大扭矩,并将动力的传递方向改变 90°,传给转向离合器。

履带式机械一般都装有侧传动装置作为最后一次减速,所以中央传动装置大多是由一对锥形齿轮组成的单级减速器。目前大、中型履带式机械上均采用螺旋锥齿轮传动装置,它们的结构、调整基本相同。

3.3　中央传动

履带式铲土运输机械(推土机、装载机)的中央传动是由一对圆锥齿轮组成的。主动小圆锥齿轮驱动从动大圆锥齿轮,中心线互成 90°,因此它兼起增大扭矩和改变旋转方向的作用。

图 2-9-2 所示为 T120A 型推土机的中央传动机构。中央传动位于变速箱之后,所承受的负荷比较大,而且锥齿轮传动受力情况也较复杂,不仅有切向力、径向力,还有轴向力,所以要求中央传动的齿轮有较高的承载能力,即轮齿不易折断、齿面不易压坏和不易磨损,这些都与

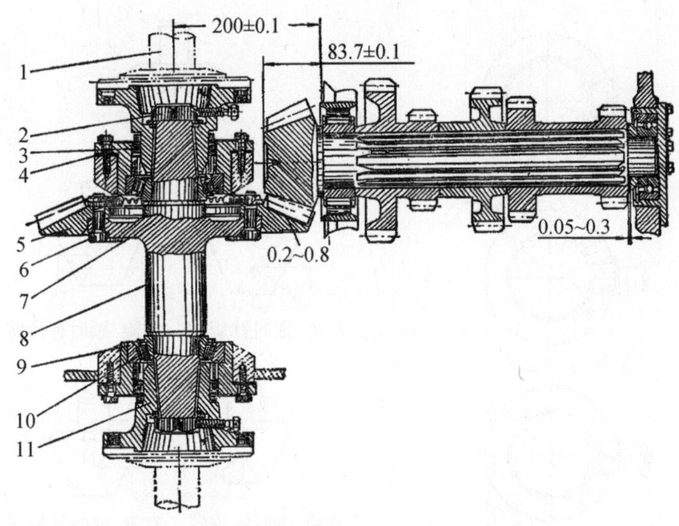

图2-9-2　T120A型推土机的中央传动

1—半轴;2—接盘固定螺帽;3—油封;4—调整垫片;5—大圆锥齿轮;6—螺栓;7—接盘;8—大圆锥齿轮轴;9—轴承座;10—滚柱轴承;11—半轴接盘

齿轮型式有关。此外中央传动的结构尺寸对履带式机械后桥的尺寸、重量等影响较大,所以,要求它在强度允许的条件下尽量减少主动齿轮的齿数,这样可以使其在结构尺寸较小的情况下获得较大的传动比。但小圆锥齿轮的最少齿数不能少过某一界限,否则加工齿轮时会发生根切。而保证不产生根切现象的最少齿数与齿轮型式有关,图2-9-3表示几种中央传动齿轮型式。

(1)直齿圆锥齿轮

直齿圆锥齿轮如图2-9-3(a)所示,它与螺旋圆锥齿轮相比,主要优点是制造、装配调整比较简单,轴向力较小(没有附加轴向力)。但最少齿数较多(最少齿数为12),同时参与啮合的齿数少,传动噪声较大,承载能力不够高。

(2)零度圆弧锥齿轮

零度圆弧锥齿轮如图2-9-3(b)所示,螺旋角$\varphi=0°$,其轮齿强度和啮合平稳性比直齿圆锥齿轮有所提高,最少齿数和轴向力和直齿圆锥齿轮相同。

由于履带式工程机械这一对齿轮高速重载、受力复杂,以上两种结构已很少采用。

(3)螺旋圆锥齿轮

螺旋圆锥齿轮如图2-9-3(c)所示,齿形为圆弧形,允许的最少齿数随螺旋角的增大而减少,最少为5~6个齿,传动中同时参与啮合的齿数较多,故齿轮的承载能力较大、运转平稳、噪声较小。但这种齿轮需要专门机床加工,轴向力较大,要求轴的定位支承更加坚固可靠。

圆弧齿在平均半径处的切线与该切点的圆锥母线之间的夹角φ,称为螺旋角。由于螺旋角的存在,传动过程中除了产生直齿圆锥齿轮所具有的轴向力外,还有附加轴向力。图2-9-4表示产生附加轴向力的投影图。由图可见,附加轴向力的大小取决于螺旋角的大小,方向与轮齿的螺旋方向和齿轮的旋转方向有关。从齿轮的锥顶看去,右旋顺时针旋转或左旋逆时针旋转时,其附加轴向力都朝大端,使合成轴向力增大。右旋逆时针旋转或左旋顺时针旋转时,其附加轴向力朝小端,使合成轴向力减小。因此,螺旋锥齿轮对轴承的支承刚度和轴向定位的可

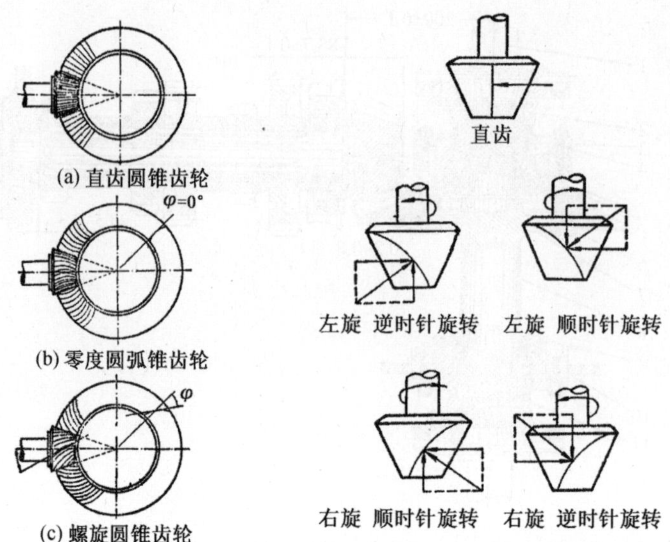

图 2-9-3　中央传动齿轮型式　　　　图 2-9-4　螺旋锥齿轮的附加轴向力

靠性提出更高的要求。

螺旋锥齿轮传动广泛运用在发动机纵向布置的履带式铲土运输机械中，推土机一般采用接近于零度的渐开线型螺旋锥齿轮，其轴向压力小、耐磨性高。

(4)调整

锥齿轮啮合的调整工作十分重要。

锥齿轮中央传动的啮合位置不正确往往是造成噪声大、磨损快、齿面易剥落、轮齿易折断等现象的重要原因。所谓正确啮合就是要保证两个锥齿轮的节锥母线重合，常借齿侧间隙和啮合印痕来判断。安装一对新的锥齿轮时，正确的齿侧间隙为 0.2 ~ 0.5 mm，齿面上齿长方向的啮合印痕不小于齿长的一半，且在高度方向位于齿高的中部，在齿长方向稍靠近小端。齿轮在传递动力承受载荷时，小端齿的变形量较大，故实际工作时的啮合印痕就向大端方向移动，趋向齿长的中间。必须指出，工作中由于齿面磨损(牙齿磨薄)而增大齿侧间隙是正常现象，这时，对于螺旋锥齿轮不需进行重调，因为调了反而影响啮合印痕，破坏正确啮合位置，当磨损到齿侧间隙超过报废值时，应成对地更换新齿轮。

中央传动有轴向力的作用，通常都采用能承受较大轴向力的圆锥滚柱轴承支承。圆锥滚柱轴承具有这样的特点：当轴承有少量磨损时，对齿轮轴向位置的影响却较大，使大小锥齿轮离开原来的啮合位置。因此，使用中调整中央传动，就是为了消除轴承磨损而增大的轴承间隙，使锥齿轮恢复正确的啮合位置。

安装锥齿轮时，应先调整好轴承的安装紧度，然后调整齿轮啮合。为了检查齿侧间隙，可用铅片(比应调整到的间隙稍厚)放在齿轮的非工作齿面间，转动齿轮，然后取出被挤压的铅片，最薄处的厚度便是齿侧间隙。为了检查啮合印痕，可在小齿轮或大齿轮的工作齿面上涂一层红铅油，然后转动齿轮，便可在齿面上显现出啮合印痕。通常不可能一次安装成功，如遇印痕不合要求，可按第四节所述的方法步骤，将小锥齿轮或大锥齿轮做相应移动，然后再次检查。

为了调整锥齿轮的啮合位置、圆锥滚柱轴承的安装预紧度和及时消除圆锥滚柱轴承因磨损而增大的间隙，各种工程机械都有结构措施以保证调整工作。

3.4　中央传动装置的组成

本节分别以T120A、TY160型推土机为例,分析中央传动装置的结构和调整。

T120A型推土机的中央传动装置主要由主动锥齿轮、从动锥齿轮、中央传动轴、轴承、油封和接盘等组成,如图2-9-5所示。

主动锥齿轮与变速箱的从动轴制为一体,这样既有足够的支承强度,又便于调整(其轴向位置通过轴前端所装的调整垫片来调整,见机械变速箱部分的图3-3-10所示内容)。从动锥齿轮以螺栓固定在中央传动轴的接盘上,主从动锥齿轮均为螺旋锥形齿轮。

中央传动轴通过两个锥形滚柱轴承支承在齿轮室两隔壁上,轴的两端以锥形花键安装着接盘,并用螺母紧固。此接盘外侧与转向离合器轴接盘固定,这样能使每个转向离合器拆装时都不影响中央传动装置齿轮副的啮合,简化了拆装工作。为了调整中央传动轴轴向间隙和齿轮的啮合间隙,在轴承座与隔壁之间装有调整垫片6,每侧垫片的总厚度不大于1.5 mm。

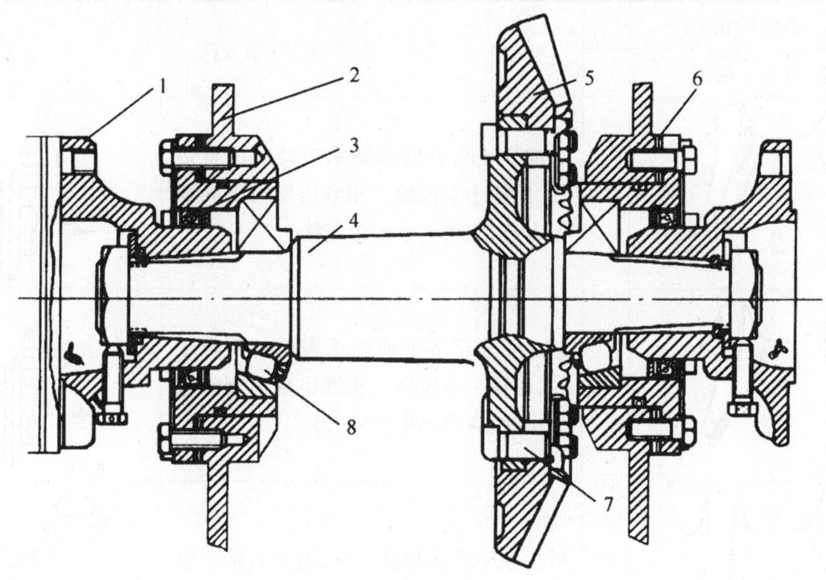

图2-9-5　T120A型推土机中央传动装置

1—接盘;2—驱动桥箱隔壁;3—油封;4—中央传动轴;5—从动锥齿轮;6—调整垫片;7—螺栓;8—轴承

伞齿轮传动装置轮齿侧隙和花键连接的调整:

(1)伞齿轮传动装置轮齿侧隙的调整

磨损后的圆弧伞齿轮齿轮侧隙必须进行调整。通过增减变速箱输出轴前轴承座18(如图3-3-10所示)处的调整垫片19以及大圆弧伞齿轮轴轴承壳端面上的调整垫片6(如图2-9-5所示)进行调整。

如果由于修理而需要更换新的圆弧伞齿轮时,应将大小齿轮成对同时更换。变速箱作为一个独立机构,可完整地从推土机卸下。新齿轮应按下述条件保证啮合的正确性:

① 使变速箱输出轴圆弧伞齿轮的外端面距离变速箱接合平面为83.9±1 mm。检查此尺寸时,应把变速箱输出轴向变速箱前端推到极点,尺寸如不符合上述尺寸时,可增减变速箱输出轴前轴承壳端面的调整垫片19(如图3-3-10所示)来达到。

② 新圆弧伞齿轮轮齿侧隙在齿的大端处为0.2~0.8 mm。侧隙不符合要求时,可变更大

圆弧伞齿轮轴承壳体的调整垫片6(如图2-9-5所示)。此时必须将轴向右推到底,同时将其转动数圈以排除右轴承内的间隙。

当用涂色法检查伞齿轮啮合时,大伞齿轮上粘到的正常啮合印痕:

a. 印痕的长度沿齿宽度不得小于50%,印痕应靠近小端,如图2-9-6所示。

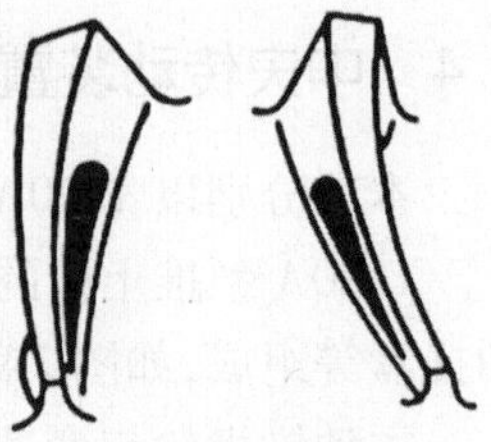

b. 沿齿高印痕的宽度不小于50%,但印痕须分布在齿高的中部。印痕如不符合要求,应按表2-9-1所示的方法进行调整。

图2-9-6 正确的啮合印痕

c. 大圆弧伞齿轮的轴向窜动量应在0.08~0.15 mm范围内。这个窜动量可用后桥箱内轴承壳体端面的调整垫片6(如图2-9-5所示)来调整。

在测量间隙之前,必须将齿轮轴转动数转,以消除滚柱轴承与滚柱端面之间的间隙。

表2-9-1 T120A型推土机啮合印痕的调整方法

印痕形状(前进 后退)		调整方法	
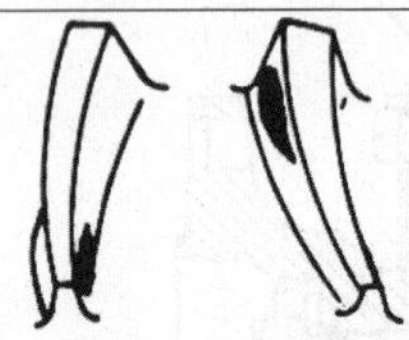	不正确啮合	增加变速箱下轴前轴承盖处的调整垫片,前移小伞齿轮。相继出现齿侧间隙偏大时,应将大伞齿轮左移	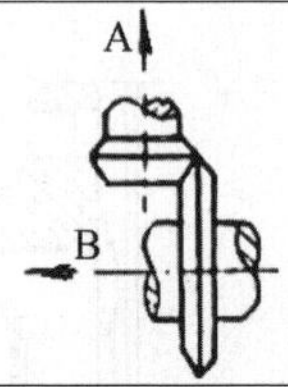 A B
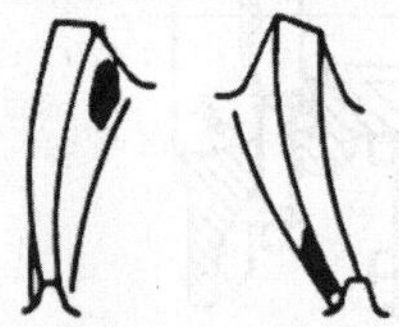	不正确啮合	减少变速箱下轴前轴承盖处的调整垫片,后移小伞齿轮。相继出现齿侧间隙偏小时,应将大伞齿轮右移	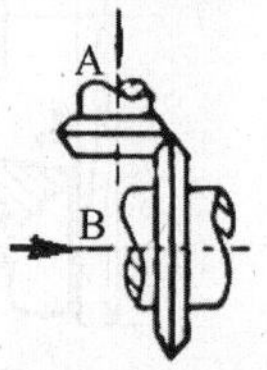 A B
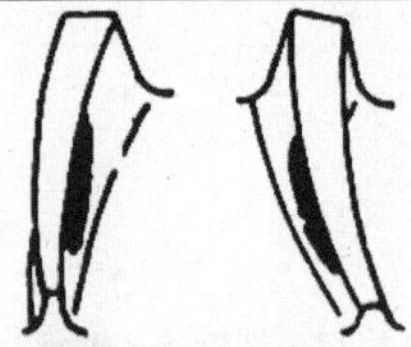	不正确啮合	减少左轴承座调整垫片,增加右轴承座调整垫片,使大伞齿轮右移	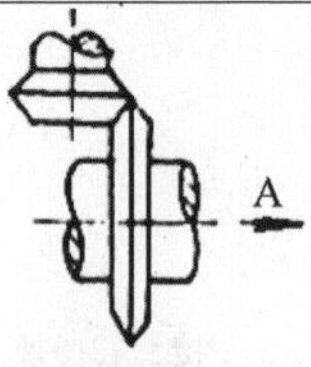 A
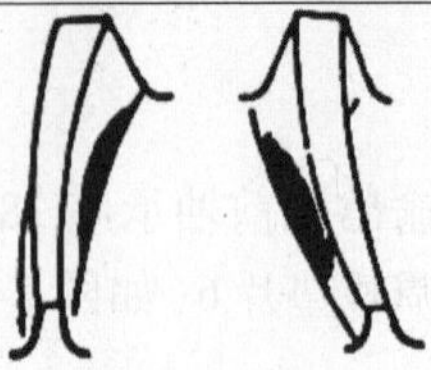	不正确啮合	减少右轴承座调整垫片,增加左轴承座调整垫片,使大伞齿轮左移	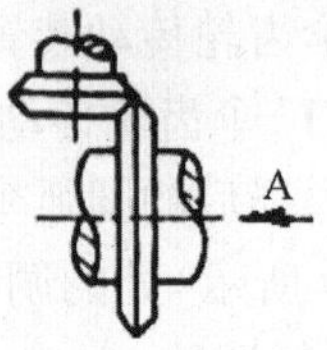 A

(2)锥形花键连轴器结合的检查与调整

推土机每工作约1 000 h后,必须检查大圆弧伞齿轮轴上的过渡接盘和半轴上的内鼓接盘以及最终传动装置主动齿轮上的接盘等处的锥形花键连接是否松动。检查时打开后桥箱上部的检视孔并用撬棒撬动零件,然后观察花键上的零件是否有局部摇动和窜动。

检查内鼓的锥形花键配合时,须在分开转向离合器的情况下进行。

当上述的花键连接松动时,必须取下转向离合器,并拧紧花键连接处,拧紧时用臂长

700 mm的扳手。

采用湿式转向离合器的TY160型推土机的中央传动装置如图2-9-7所示。

来自发动机的动力，通过变速箱后端部输出轴上的小螺旋锥齿轮与大螺旋锥齿轮的啮合，传递给左、右转向离合器。大螺旋锥齿轮用8只铰制螺栓安装在锥齿轮轴上，锥齿轮轴通过两只圆锥滚动轴承和轴承座支承在后桥箱的隔壁中。通过左、右轴承座的调整螺母12对中央传动轴的轴向间隙以及圆锥齿轮副的啮合间隙进行调整。

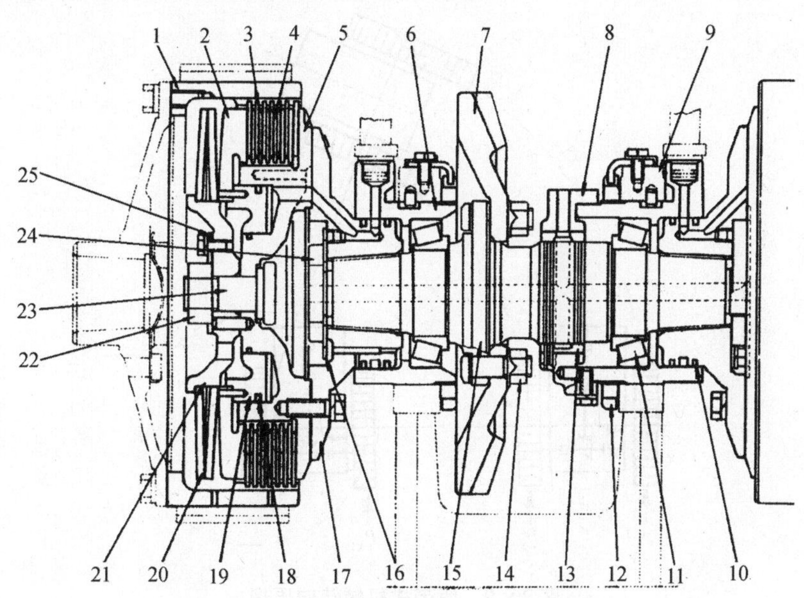

图2-9-7　TY160型推土机的中央传动装置

1—制动鼓；2—压盘；3—从动片；4—主动片；5—内鼓；6—轴承座；7—大螺旋锥齿轮；8—接盘；9—罩；10—密封环；11—圆锥滚动轴承；12—调整螺母；13—衬套；14、22、24—螺母；15—锥齿轮轴；16、25—锁垫；17—小联接盘；18—油封环；19—活塞；20—碟形弹簧；21—法兰盘；23—螺栓

正确的齿轮啮合印痕如图2-9-8所示。

主动圆锥齿轮同样与变速箱的输出轴制成一个整体，采用与T120A变速箱类似的方法使变速箱输出轴的后端面距离变速箱体与后桥壳的结合面116.4 mm；通过旋转调整螺母12，将圆锥大齿轮压到底后再退回2.25～3格（指调整螺母外缘的齿格），此时圆锥齿轮间隙为0.23～0.33 mm。

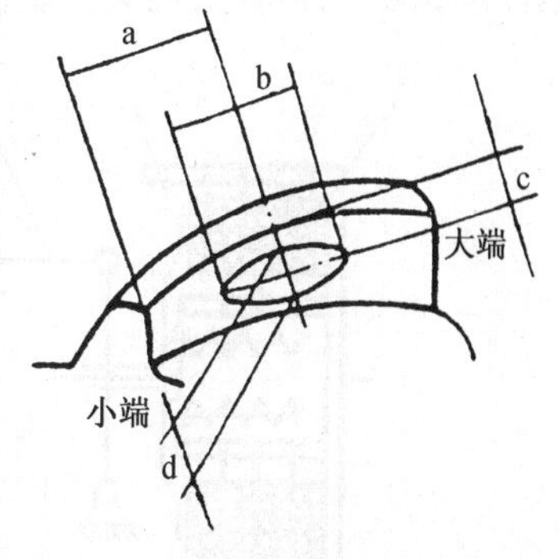

图2-9-8　TY160的正确啮合印痕

a：13～14　　b：16～25.5

c：6.25～10　d：9.5～12.5

3.5　转向制动装置

履带式机械的转向方式与轮胎式机械不同，它不能靠行走机构相对于机体的偏转来实现转向，而是靠转向离合器的分离与结合来改变两侧驱动轮上的驱动力矩来实现转向。

履带式机械转向系统由转向机构和转向操纵机构两部分组成。

履带式机械转向原理如图2-9-9所示。直线行驶时两个转向离合器处于完全接合状态，传动系统均等地向左右两侧的驱动轮传递转矩，两条履带同速转动，机械保持直线行驶；当向一侧转向时，将该侧的转向离合器彻底分离，即切断该侧的动力传递，使该侧驱动力为零。由于两条履带都是装在机架上的，失去动力的履带虽然被机架带动着依然转动，但在地面摩擦力的作用下，其运行速度低于仍旧获得动力的另一条履带，机械就会沿着较大的半径转向，该半径与地面的松软程度及摩擦力成反比；若分离该侧转向离合器的同时，将该侧制动器加以一定程度的制动，转弯半径即大大减小，其减小程度与制动力成反比；如进行完全制动，使驱动轮不能转动，机械就会以一侧履带的接地中心为圆心、以两履带的中心距为半径做枢轴式转向。

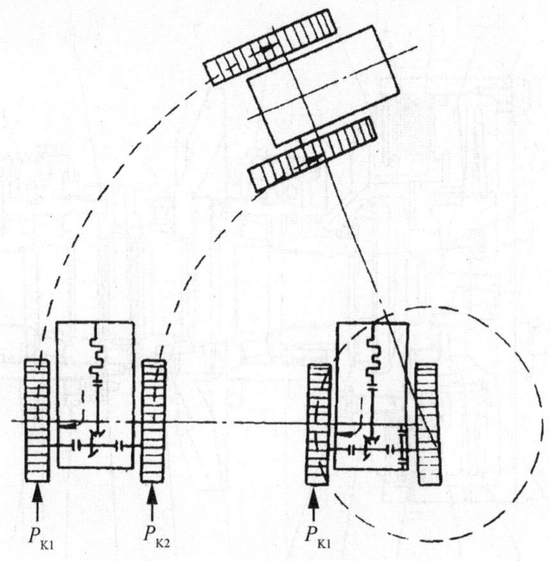

图 2-9-9　履带式机械转向原理

转向制动装置装在中央传动装置和侧传动装置之间，它包括转向离合器、转向制动器及其操纵机构。

转向制动装置是根据履带式机械行驶和作业的需要，减小或切断一侧驱动轮上的驱动扭矩，使两边履带获得不同的驱动力和转速，使机械以任意的转弯半径进行转向，并可与制动器配合作 360°的枢轴式调头。制动器可保证机械在坡道上可靠地停车，如图 2-9-10 所示。

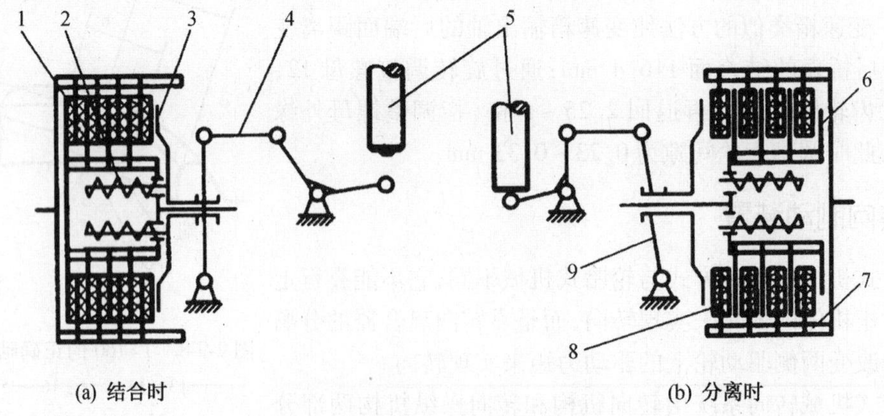

图 2-9-10　转向离合器工作原理

1—主动片；2—弹簧；3—压盘；4—拉杆；5—顶套；6—接盘；7—从动毂；8—从动片；9—松放环

(1) 转向离合器

履带式工程机械的转向离合器应满足能传递经两次减速增矩的动力，通常采用多片式摩擦离合器，其结构、工作原理与主离合器相似。

转向离合器目前在工程机械上大体有两种形式，一种为行星齿轮式，一种为摩擦离合器式。行星齿轮式转向制动装置具有结构紧凑、体积小、使用寿命长的优点，但制造工艺复杂，要求精度高，目前尚未被广泛采用。摩擦离合器式转向制动装置具有使机械直线行驶性能好、零件制造加工容易、成本低等特点，虽体积较大，易损件较多，但能保证达到机械转向的要求。目前履带式工程机械上大多采用多片常接合式摩擦离合器，这是因为它装在中央传动装置之后，所传递的扭矩较大，并且这种离合器接合和分离的动作柔和，使机械转向动作圆滑平顺。

根据工作条件转向离合器可分为干式和湿式。干式转向离合器多用在轻型及中型履带式机械上，湿式转向离合器在重型履带式机械上被广泛采用。

根据操纵形式可分为人力式、助力式和液压式。

人力式操纵的转向离合器，其操纵机构简单，但操纵费力。所以，只用于轻型履带机械上，如东方红农用拖拉机。

助力式操纵的转向离合器操纵轻便，因此多用于中型履带式机械上。助力式有液压助力和弹簧助力两种。T120A 推土机采用的即为液压助力式，它可在转向时把拉动转向操纵杆所需的 343 N 力减小到 49 N。

液压式操纵的转向离合器是通过控制换向阀来改变液流的方向，在液压作用下，使转向离合器分离或结合，可使操纵轻便灵活、维护简便，目前在重型机械上采用较多，如 T160、T220、T320 等型推土机。

根据液压作用的方式可分为单作用式和双作用式两种。若转向离合器的接合靠弹簧的力量，而分离则是靠液压的作用，这就是单作用式，如 T160、T220、T320 等型推土机就是采用这种形式。若转向离合器的分离和结合均是靠液压作用的，就是双作用式。

① 单作用式转向离合器

单作用式转向离合器均为常接合式，即不操纵时依靠弹簧压紧，而分离方式分为人力操纵、液压助力和液压操纵三种。

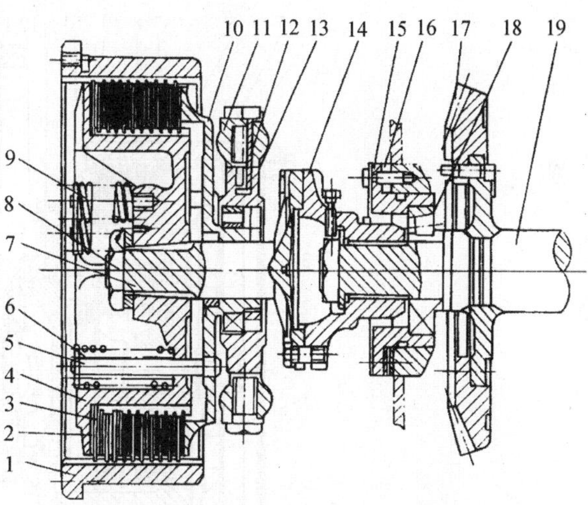

图 2-9-11 T120A 型推土机干式转向离合器

1—从动鼓；2—从动片；3—主动片；4—主动鼓；5—弹簧拉杆；6—弹簧座；7—主动轴（半轴）；8—固定螺母；9—压紧弹簧；10—压盘；11—分离杠杆（松放圈）；12—分离轴承；13—分离轴承座；14—接盘；15—轴承座；16—调整垫片；17—主传动器的从动齿；18—轴承；19—中央横轴

T120A、T140 型推土机采用的干式单作用转向离合器（如图 2-9-11 所示），分离方式为液压助力。主动鼓 4 通过花键与半轴 7 相连，弹簧拉杆 5 上套有内外两只弹簧，靠弹簧座 6 压紧并由锁片将它们固定在弹簧拉杆 5 上。这样的 8 组弹簧通过压盘 10 把主动片与从动片紧紧地压紧在主动鼓 4 上，动力就从中央横轴 19 传递到从动鼓 1，转向离合器处于接合状况。从动鼓的外表面上套有带式制动器,其光滑的圆柱形外表面供制动器制动时使用。主、从动片均为钢片骨架,内外表面铆有石棉塑料的摩擦片,石棉塑料内掺入了铜丝以增加摩擦力和使用寿命。

分离杠杆(松放圈)11 是一个环形杠杆(如图 2-9-11所示),其一端塞入转向离合器室壳体的凹坑中充当支点。当扳动松放圈的另一端向右侧(中央传动室方向)移动时,通过轴承拉动压盘 10 向右,此时主、从动片之间的压紧力消失,动力传递即告中断,转向离合器处于分离状况。

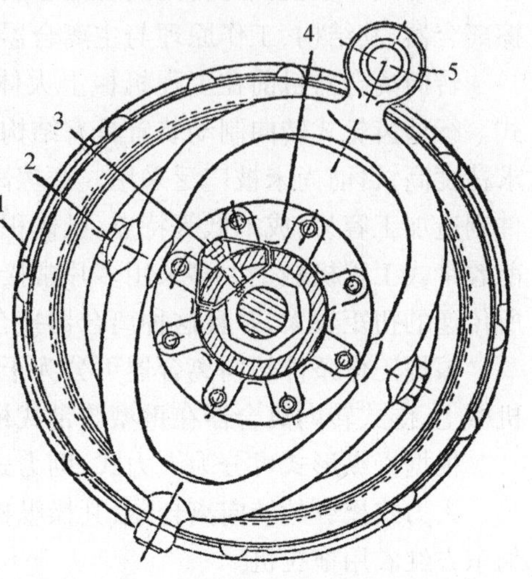

图 2-9-12　转向离合器侧视图

1—从动鼓;2—分离杠杆上销轴;3—齿轮轴螺母止动装置;4—接盘;5—分离杠杆

图 2-9-13 所示为湿式、多片、铜基粉末冶金摩擦衬面、弹簧压紧、油压分离的单作用式转向离合器。

接盘液压缸 13 借锥形花键装在横轴的端部,用螺母和垫片将它紧固。液压缸的接盘与主动鼓 9 用螺钉紧固,主动鼓的外圆柱面上有齿形键,带有内齿的主动片 7 松套在上面,并可以轴向移动,相邻主动片之间又穿插着一片带有粉末冶金摩擦衬面的从动片 6。主动片共 9 片,从动片共 10 片。从动鼓为一圆筒形,其内周也有齿槽,带有外齿的从动片松套在它上面,也可以轴向移动。在最后一片从动片的外面装有外压盘 2。在接盘液压缸内装有带密封环的活塞 11,在弹簧压盘 10 的杆端颈部以半圆键与外压盘 2 连接,当离合器接合时,外压盘可以带着弹簧压盘一起旋转。

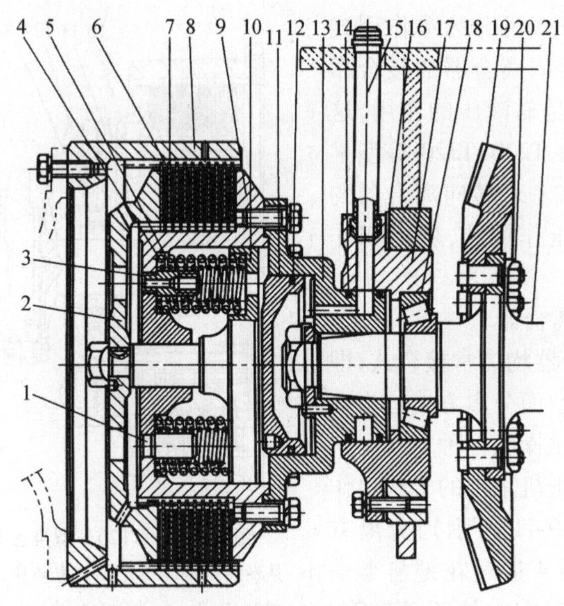

图 2-9-13　单作用式湿式转向离合器

1—弹簧螺杆;2—外压盘;3—弹簧杆;4—大螺旋弹簧;5—小螺旋弹簧;6—从动片;7—主动片;8—从动鼓;9—主动鼓;10—弹簧压盘;11—活塞;12、14—油封环;13—接盘液压缸;15—油管;16—调整垫片;17—轴承座;18—滚锥轴承;19—大锥齿轮;20—螺栓;21—横轴

在外压盘2与主动鼓的凸缘之间夹着主动片与从动片。它们借主动鼓内的16副大、小螺旋弹簧4与5的张力使之常接合。此时由横轴传来的动力经接盘液压缸13、主动鼓9、主动片7与从动片6和从动鼓8,从动鼓接盘一直传至最终传动的主动轴。当液压缸内进入压力油时,活塞被向外推,通过弹簧压盘克服了弹簧张力,使外压盘2外移,离合器即可分离。

压力油是从轴承座的油道进来,经过接盘液压缸的内油道而进入液压缸内,在轴承座与接盘液压缸之间装有油封环14。

这种转向离合器是湿式的,故从动鼓8和外压盘2上都有油孔。16副弹簧螺杆中有4副是中空的,以便进入油液润滑压盘与主、从动鼓之间的配合面以及主、从动片。

由于采用了湿式粉末冶金摩擦片,转向离合器的耐磨性强、散热性好,可以防止摩擦片过热和烧蚀现象,提高了使用寿命。

单作用式靠弹簧压紧传递转矩,靠油压分离,所以油路系统较简单,工作时系统中不建立常压,液压泵消耗的功率少,而且不必加设工作油的冷却系统,因而结构简单、工作可靠,并可保证在低温条件下的拖启动。

② 双作用式转向离合器

图2-9-14所示为铁道部沈阳桥梁厂早期生产的T180型推土机上采用的双作用式液压操纵转向离合器。与前述单作用式液压操纵离合器的区别是,该离合器的接合主要也是依靠液压,弹簧8是考虑到发动机拖启动或液压系统出故障时辅助之用。双作用式转向离合器与单作用式转向离合器在结构上的区别在于将弹簧压盘改成活塞7,把液压缸接盘改为锥形接盘9,主动鼓5的圆孔就是离合器的工作液压缸,为限制分离离合器时的活塞行程,此圆孔做成阶梯形。

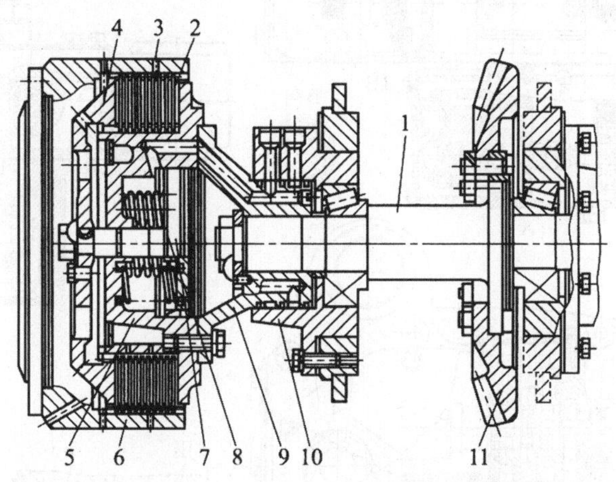

图2-9-14　双作用式液压操纵转向离合器

1—大圆锥齿轮轴;2—从动片;3—主动片;4—外压盘;5—主动鼓;6—从动鼓;7—活塞;8—弹簧;9—锥形接盘;10—轴承座;11—大圆锥齿轮

在主动鼓5中有油道与锥形接盘9斜壁上的油道相通。在压力油经这些油道进入活塞7外侧的油腔时(靠最终传动的一侧),将活塞向内腔推。通过活塞杆及头上的螺母使外压盘4将离合器主、从动片压紧,这时离合器处于接合状态。

活塞7右侧的锥形接盘9内腔为分离离合器时的压力油腔。自大圆锥齿轮轴1中心油道来的压力油进入此腔时,将活塞7向外推,于是外压盘4卸压,转向离合器分离。活塞向外移动的距离只能到达主动鼓5内孔的台阶上为止(此时也已把回油道堵住)。

活塞内、外侧油腔一边进油,另一边则回油。活塞与活塞杆同主动鼓的配合面上都有密封环。活塞杆头部与外压盘是用键和螺母固装的。

当液压系统无压力时,主动鼓内的10副弹簧8仍使离合器以较小的压力常接合,弹簧压紧力较小,只占总压力的25%左右,该压紧力所产生的摩擦力矩只够用于拖启动时传力带动发动机转动。而液压系统出故障时,推土机仍可以空载驶回修理地点,转向制动器制动可使转向离合器打滑,以实现转向。

这种双作用转向离合器省去大弹簧,可大大减少转向离合器的结构尺寸,对于重型推土机较为适用。但是依靠液压使离合器常接合,工作时液压系统中要保持常压,这样液压泵消耗的功率增加了,同时压力油经常处于负荷下,易使油温升高,所以,必须增设良好的油冷却系统,这就增加了推土机结构的复杂性。

(2)操纵阀

转向操纵所用的操纵阀分为两种,液压助力的转向离合器装用的是转向增力器,而液压操纵的转向离合器装用的是转向控制阀,下面分别进行介绍。

① 转向增力器

为了减轻驾驶员的劳动强度,T120、T140型推土机装有分离转向离合器的液压式转向增力器(如图2-9-15所示),可以使转向操纵杆上的操纵力由343 N减小到49 N。

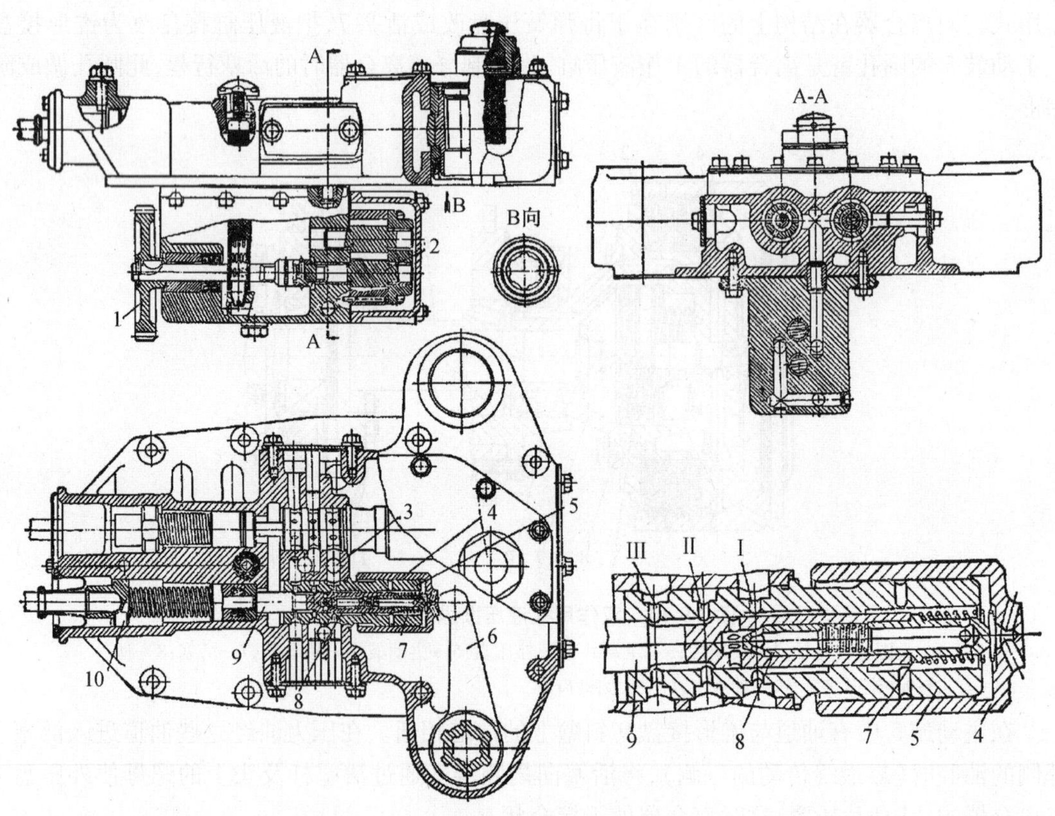

图2-9-15　转向增力器

1—传动齿轮;2—油泵主动齿轮;3—孔道;4—活塞;5—阀座;6—转臂;7—阀头;8—单向阀;9—滑阀;10—导向块

增力装置由上下两部分组成,下部为储油池和油泵,油泵主动齿轮2由变速箱的动力输出轴经传动齿轮1带动,所产生的压力油由垂直孔道3进入上部增力器壳体内。增力器由活塞4、阀座5、分配滑阀9、阀头7、单向阀8、导向块10等主要零件组成。阀座的一端压入增力器壳内,活塞套在阀座伸出端外面,活塞头与分离转向离合器的转臂6接触。阀座的中心孔内安装着阀头、分配滑阀和单向阀。滑阀上有一排径向孔通单向阀。左右增力器的阀座上都有三排径向孔和环槽,第一环槽都与油泵来油道相通。

液压式转向增力器的工作原理如图2-9-16所示。

当推土机直线行驶,转向离合器处在接合位置时,增力器内各阀的位置在弹簧作用下保持"中立"位置,如图2-9-16(a)所示,油泵的来油只能经左阀座的第一环槽到第二环槽,再经中心孔流到第三环槽,然后由右阀座的第二、第三环槽到回油口,最后流回油池。

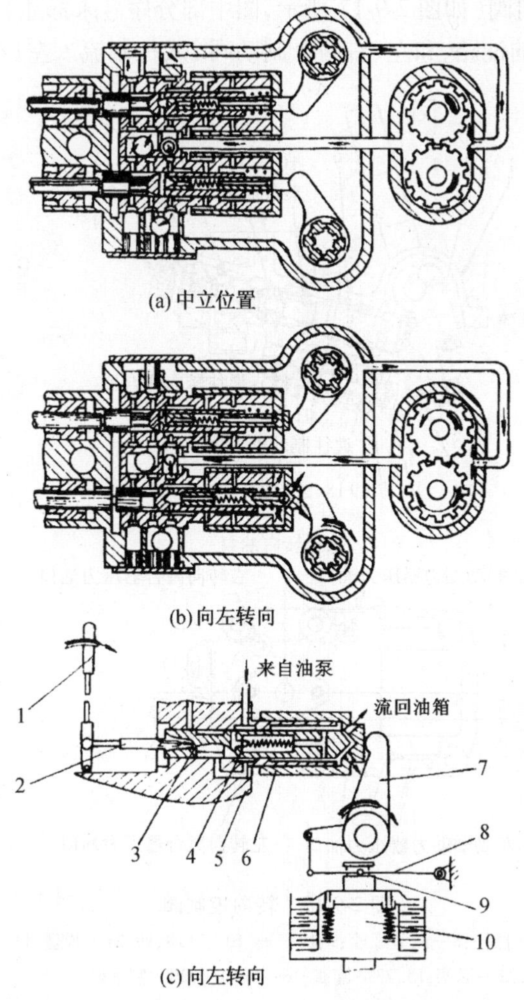

图2-9-16　液压式转向增力器工作原理图

1—操纵杆;2—推杆;3—阀芯;4—单向阀;5—阀体;6—活塞;7—转动臂;8—分离叉;9—分离轴承;10—转向离合器

当要分离左边的转向离合器时,操纵杆通过推杆和导向块使分配滑阀向后移,如图

2-9-16(b)所示,这时,阀头堵住活塞排油口,分配滑阀上的径向孔与油泵来油道相通,阀座第三排径向孔被遮住。油泵的来油只能经分配滑阀的径向孔进入单向阀,将单向阀推离阀座,油流经中心油道和阀头上的径向孔流入活塞内,推动活塞后移。当活塞向后移动时,活塞上被堵住的排油口将逐渐开启,开启的排油口使油泵的来油产生节流,活塞内的油压逐渐降低,当活塞移到一定位置后,便不再后移。只有再继续扳动操纵杆使分配滑阀再继续向后移时,活塞才继续后移到另一位置。

可见,活塞和操纵杆具有随动关系,活塞的移动量与操纵杆的操纵行程成比例。操纵杆放松时,通往活塞的油泵来油被切断,活塞在转向离合器接合过程中返回原位。上述工作过程还可参看图 2-9-16(c)所示。右增力器的工作原理与左增力器相同。

② 单向控制的转向阀

T160 型推土机的转向阀(如图 2-9-17 所示,图中部分序号未标注)包括两个转向阀 12,控制流入左、右转向离合器的油路,和左、右两个制动阀 20,控制流入左、右制动助力器的油路。

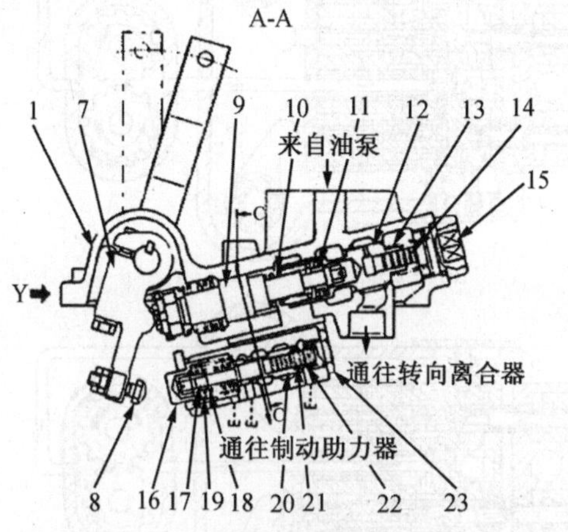

来自转向油泵
右制动助力器压力油口
右转向离合器压力油口
B
A
B
A
左制动助力器压力油口
左转向离合器压力油口

图 2-9-17 转向控制阀

1—转向阀体;7—杠杆;8—调节螺栓;9、17—轴;10、13、18、19、21—弹簧;11—导套;12—转向阀;14、22—活塞;15、23—旋塞;16—导向座;20—制动阀

T160 型推土机转向控制阀的工作原理:

a. 当不拉动转向操纵杆时:

(转向离合器接合,不施加制动)液压油从转向泵流至安全阀 24、转向控制阀腔 A 以及制动助力器。但转向阀和制动助力器的油路被切断,所以回路压力升高,当压力超过安全阀 24 的调定压力 2 MPa 时,安全阀便开启,释放液压油流入机油冷却器(如图 2-9-18 所示)。

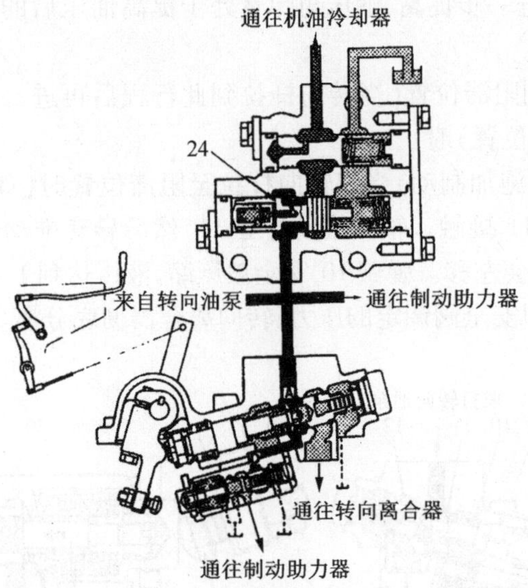

图 2-9-18 不拉动转向操纵杆时

b. 当稍微拉动转向操纵杆时：

（转向离合器半接合，不施加制动）当拉动转向杆时，杠杆 7 沿箭头方向推动压缩弹簧 10。弹簧沿箭头所指方向推动转向阀 12，将腔 B 和腔 G 封闭，而接通腔 A 和腔 B，液压油便流入转向离合器，当转向离合器充满液压油后油压开始升高（如图 2-9-19 所示）。

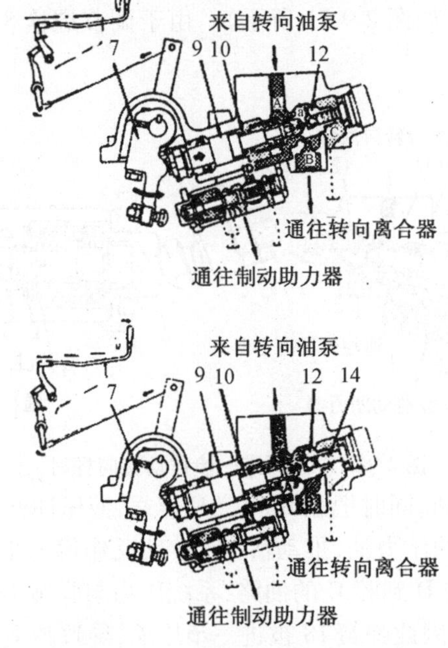

图 2-9-19 稍微拉动转向操纵杆时

通过节流孔 a 流到腔 C 的压力油推动活塞 14，而其反作用力沿箭头方向推动转向阀 12，并压缩弹簧 10 。转向阀 12 便将腔 A 和腔 B 封闭，切断流入腔 B 的液压油，这时阀内的油压与弹簧处于平衡状态。如果进一步拉动转向杆，因此弹簧 10 被进一步压缩，又向右推动转向阀重复上述的动作,油压进一步提高,油压与弹簧处于提高油压后的新的平衡状态,转向离合器便部分分离。

c. 当转向操纵杆拉到阻滞位置(当转向杆拉到此行程后再进一步拉动时,感到需用比以前较大的拉力才能拉动的位置)时:

(转向离合器分离,不施加制动)当把转向杆拉至阻滞位置时(如图 2-9-20 所示),轴 9 沿箭头方向移动,并与导套 11 接触。轴 9 推动导套 11,然后导套推动转向阀 12,所以即使腔 B 压力升高,转向阀 12 也不会左移。弹簧 10 完全被压缩,液压达到 1.89 MPa(完成调节过程)。液压继续升高到 2 MPa,即安全阀调定的压力,转向离合器彻底分离。

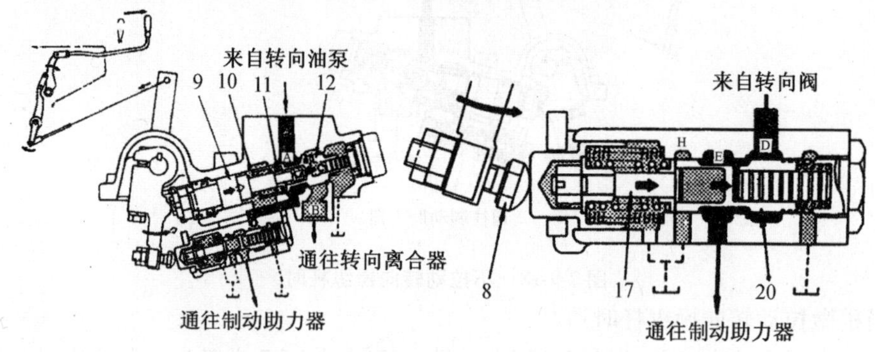

图 2-9-20 当转向操纵杆拉到阻滞位置时

d. 当再进一步拉动转向杆时:

(转向离合器分离,制动回路油压开始升高)因轴 9 与导套 11 相接触,所以腔 A 和腔 B 的开启量与轴 9 的移动量相同(如图 2-9-21 所示)。由于调节螺栓 8 的作用,轴 17 向右移动并推动制动阀 20。

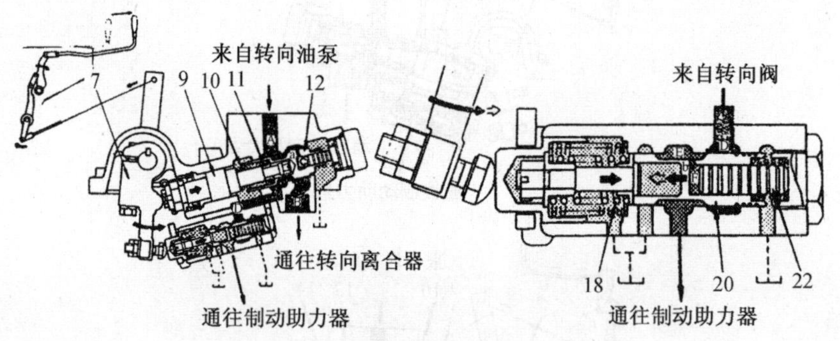

图 2-9-21 当再进一步拉动转向杆时

因此,腔 E 和腔 H 被切断,同时把腔 D 和腔 E 连通,液压油便经腔 E 流入制动助力器。

通过节流孔 b 流入腔 F 的压力油,推动活塞 22,其反作用力推动制动阀 20 左移,并压缩弹簧 18。制动阀 20 切断自腔 D 到腔 E 的油路,系统压力与弹簧 18 的力相平衡。

如果进一步拉动转向杆,因此弹簧 18 被进一步压缩,导致弹簧力提高,处于平衡的油压也随着弹簧压缩力的提高而升高。开始使制动器起制动作用。

e. 当转向操纵杆被拉到底时:

(转向离合器分离,施加制动)轴 9 右移直至限止套 G 和 H 相接触为止,此后,轴 9 不能再向右移动,转向阀 12 像轴 9 一样也不能再进一步移动。由于调节螺栓 8 的推动,轴 17 还可向右移动推动制动阀20(如图2-9-22所示)。

但是,即使当轴9到达行程的终点,轴17还没有到达行程的终点,因此,来自节流孔b流入腔F的压力油推动活塞22,而反作用力推动制动阀20左移,压缩弹簧18,制动阀20切断从腔D到腔E的压力油流。系统压力和弹簧18的力导致平衡,转向杆拉到底时,弹簧18的力达到最大值。与弹簧18的力相平衡的回路压力也达到最大值1.67 MPa,因此完成制动过程,制动带紧抱制动鼓。

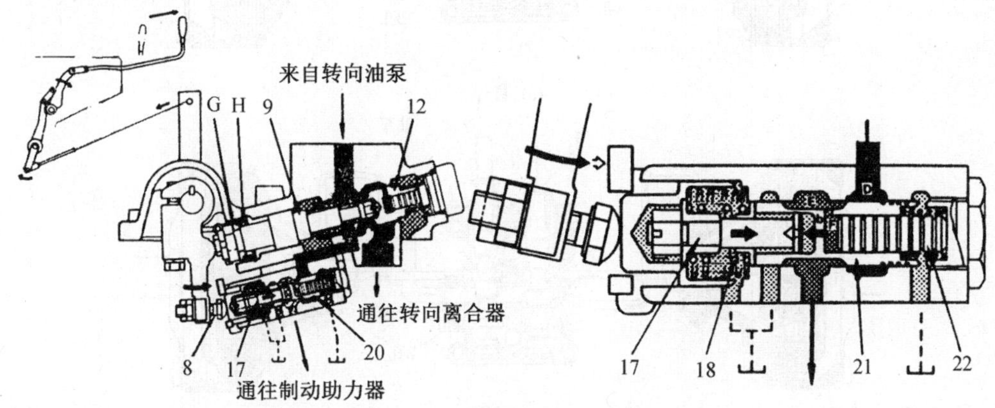

图2-9-22　当转向操纵杆被拉到底时

f. 当放回转向杆时:

(转向离合器接合,不施加制动)轴9、轴17,制动阀20和转向阀12通过各自弹簧力的作用,全部返回它们的原来位置。当这种状况时,转向阀12切断自腔A到腔B的油路,同时连通腔B和腔G,转向离合器内的液压油便经腔B及腔G流回到后桥箱内。

此外,制动阀20切断腔D到腔E的油路,同时接通腔E和腔H,制动助力器内的液压油便经腔E和腔H流回后桥箱内,如图2-9-23所示。

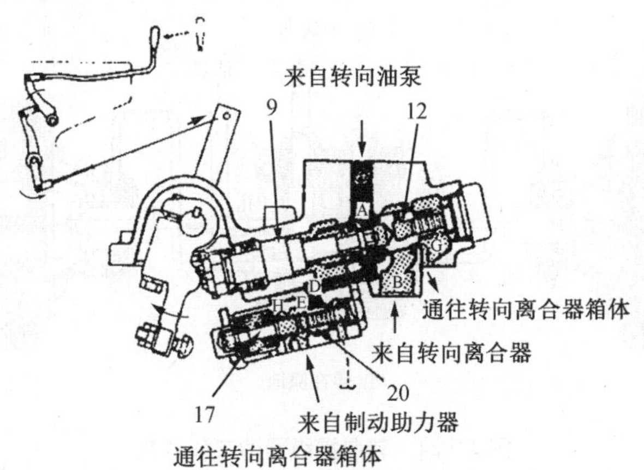

图2-9-23　当放回转向杆时

③ 双向控制的转向操纵阀

沈阳桥梁厂生产的T180型推土机的转向操纵阀为一组合阀,系将左右滑阀和减压阀组合为一体置于后桥箱上,其操纵位置有4个,如图2-9-24所示。

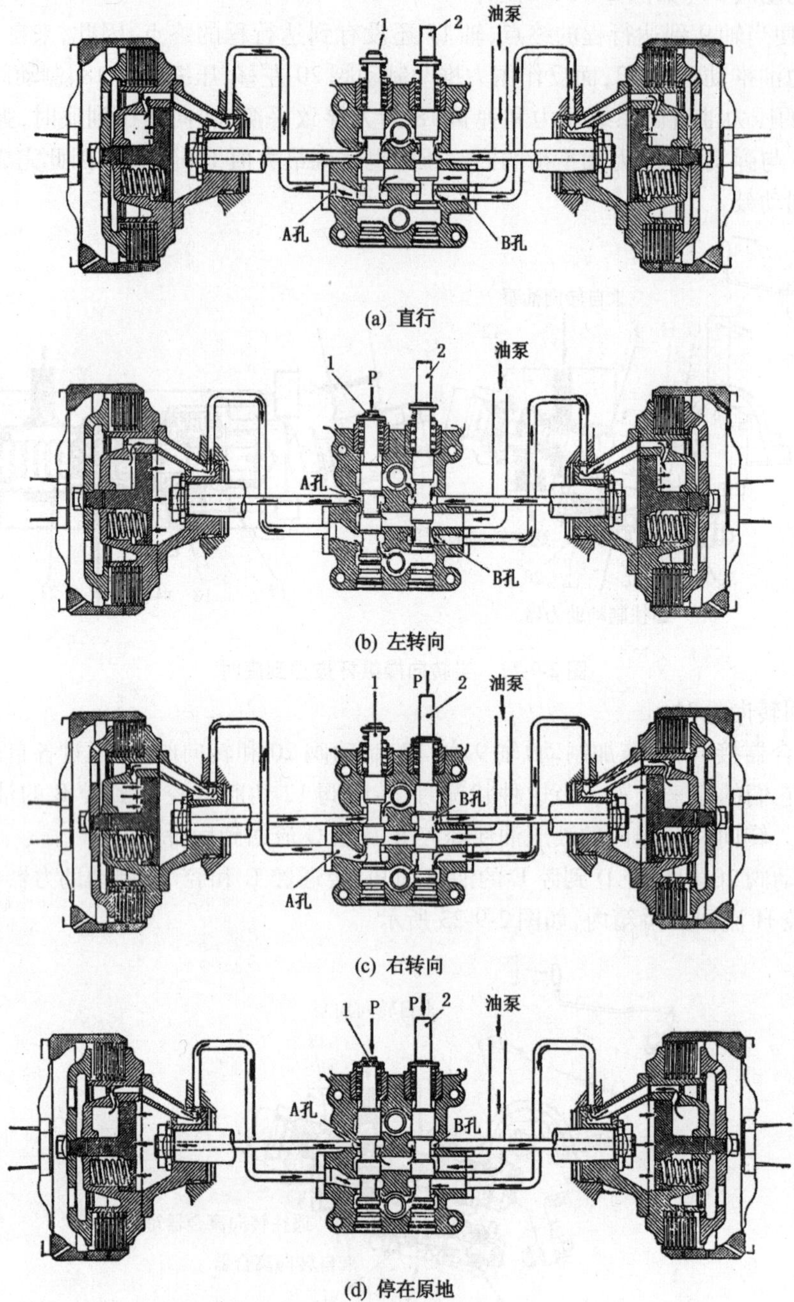

图 2-9-24　转向操纵阀的工作过程

1—左操纵阀;2—右操纵阀

a. 左右转向离合器结合,油液进入路线如图(a)中的箭头所示,机械直行;

b. 左离合器分离、右离合器接合,如图(b)所示,机械向左转弯;

c. 左离合器接合、右离合器分离,如图(c)所示,机械向右转弯;

d. 左右离合器分离,如图(d)所示,机械停留在原地。

（3）转向制动器

履带式制动器是用来配合转向机构转向以及机械在坡道上的停放。履带式机械因可以采用转向离合器的从动鼓作为制动鼓，故广泛采用带式制动器。由于制动带包住制动鼓，所以使得制动器的散热条件不好，并且转轴还受到较大的径向力的作用。

在履带式机械上有三种形式的制动器：单作用式、双作用式、浮动式，如图2-9-25所示。

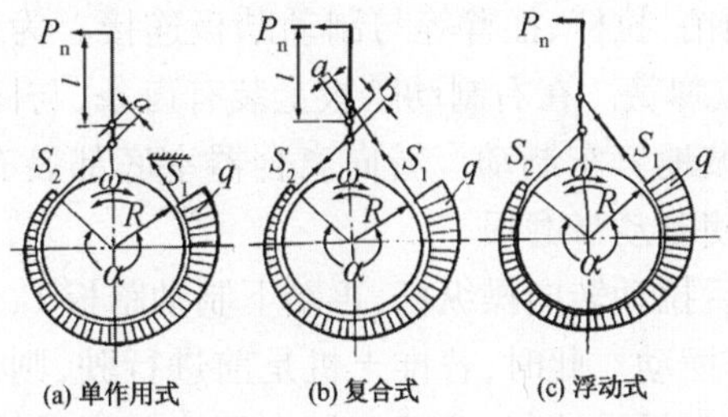

图2-9-25　带式制动器受力简图

单作用式：单端拉紧，使机械正、反向行驶制动时制动力矩不相等，只在机械前进时能自行增力，倒车制动时，制动效果较差，它多用在轻型履带推土机上。

双作用式：也称复合式，操纵时同时双端拉紧。

浮动式：操纵端始终与制动带松边相连，随着制动鼓转动方向的改变，制动带的操纵端也相应地变化，浮动式在机械前进或倒车时同样起"自行增力"作用，制动效果较好，它多用在重型机械上，是目前工程机械用得较多的制动器形式。

根据制动器的结构方式又分为杠杆操纵的干式制动器与杠杆及液压双重操纵的湿式制动器两种。

如图2-9-26所示为T120A推土机采用的浮动式带式制动器，转向制动器一般都采用踏板、拉杆操纵的方式，其特点是结构简单、紧凑，为杠杆操纵式。它主要由制动带11、支架10、双臂杠杆8、支承销9、内拉杆5、外拉杆13、摇臂12、调整螺母6和制动踏板1等组成。转向制动器左、右各一个，可独立工作，用来配合转向离合器使推土机急转向和坡地停车。

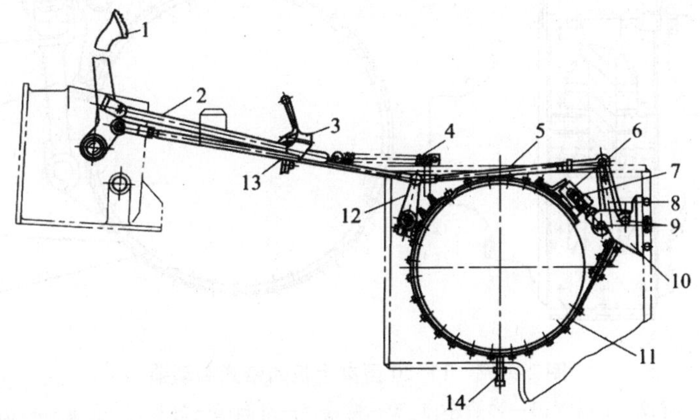

图2-9-26　转向制动器

1—制动踏板；2—制动齿条；3—制动卡爪；4—弹簧；5—内拉杆；6—调整螺母；7—调整螺杆；8—双臂杠杆；9—支承销；10—支架；11—制动带；12—摇臂；13—外拉杆；14—支承调整螺钉

制动带 11 内圆面铆有摩擦片，为便于拆卸或修理起见，它由两部分搭接，用螺栓连接成一个整体。制动带一端焊有带球面孔的连接块，另一端铆有安装支承销 9 的耳环。

支架 10 以螺钉固定在转向离合器室后壁上，双臂杠杆 8 下端两个孔内的支承销，分别支承在支架的上、下钩形槽内，后支承销连接制动带下端，前支承销经调整螺杆 7 连接制动带的上端，调整螺母 6 球形凸面支承在制动带上端的连接块球形座上，靠铆在钢带上的弹簧钢片防松。双臂杠杆 8 上端通过轴销、拉杆、摇臂等与制动踏板连接。为使踏板自动回位，在外拉杆 13 后部与后桥箱间装有回位弹簧。在右制动踏板上装有齿条，与固定在变速机构壳体上的制动卡爪 3 配合使用，可实现坡地停车制动。转向离合器室底部装有支承调整螺钉 14，以防制动带自由状态时过度下垂，使制动带磨损。

当需要急转向时，先向后拉动转向操纵杆，再踏下制动踏板 1，作用力通过外拉杆 13 等连接件使双臂杠杆 8 上端向前摆动。此时，若推土机是前进行驶，则制动鼓为逆时针旋转，作用在制动带上的摩擦力将制动带后端拉起，双臂杠杆 8 则绕前支承销转动，后支承销离开支架，将制动带拉紧，使从动鼓制动，推土机即可向相应的方向急转向。

当放松踏板 1 时，在回位弹簧的作用下，制动器各机件恢复到原来位置，停止急转向。当推土机需要在坡地停车时，可将右踏板踏下，使制动卡爪 3 卡住齿条，不使踏板回位，即可使推土机可靠制动。

图 2-9-27 所示为 TY320 型推土机的湿式带式制动器。制动器可以用脚踏板单独操纵（停车时），也可以用转向离合器的操纵杆联动操纵（转向时）。

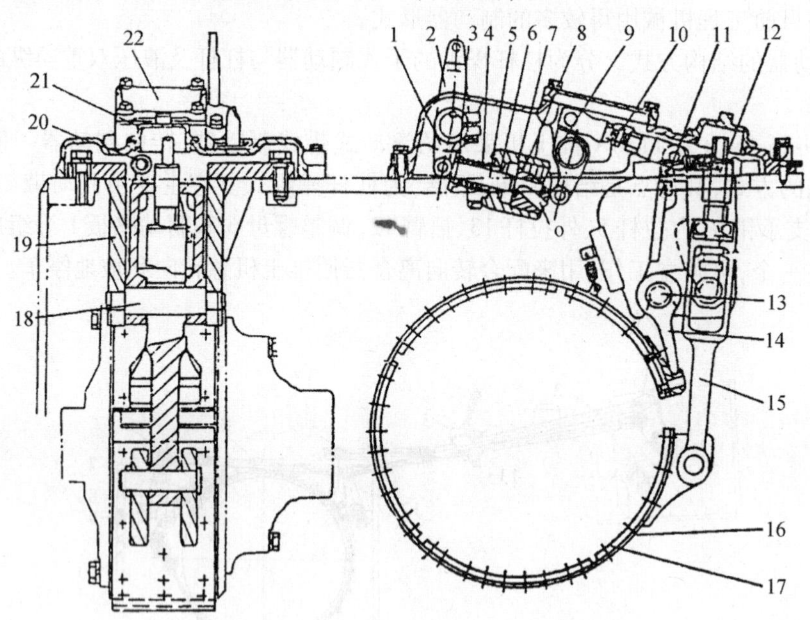

图 2-9-27　TY320 型推土机的带式制动器

1—下摇臂；2—上摇臂；3—弹簧座；4、20—弹簧；5—滑阀；6—衬套；7—油缸；8—活塞；9—滚轮摇臂；10—双头螺栓；11—双臂杠杆；12—调整螺钉；13—前支承销；14—棘爪；15—调整杆；16—制动带；17—摩擦衬片；18—后支承销；19—支承板；21—盖；22—盖板

油缸 7 固定于机体上，上摇臂 2 与驾驶室踏板相连，操纵力由上摇臂经下摇臂推动滑阀 5 向右移动，其端头的锥面便封闭了活塞 8 内腔的泄油孔道 o，制动油液经油缸 7 侧壁进入封闭

的油腔，推动活塞右移，使带式制动器制动。当操纵力去除后，弹簧4、20使滑阀5与活塞8复位，这时，系统油液是经滑阀5与活塞8相配的狭小缝隙通过，然后由油道o排出。因此，当不制动时，系统中总是有少量的油液通过O腔，以润滑制动带。

如上所述，活塞8与滑阀5便组成了液压随动机构，只要推动滑阀5封闭其通道，活塞8必定推动滚轮摇臂9而制动。否则，若停止推动，滑阀5与活塞8便恢复至中立位置，由O腔泄油。这样，用轻微的操纵力，便由高压油产生较大的作用力，从而大大减轻了人的劳动强度。

滚轮摇臂9上端连有双头螺栓10，螺栓的右端又连有双臂杠杆11，而后者的下端通过两个销子与棘爪14、调整杆15相连，后两零件的连接处有两个允许两个销子浮动的凹槽。

当推土机前进行驶而制动时，制动鼓呈逆时针方向旋转，由于摩擦力的原因，制动带的上端必然呈紧边状态，前支承销13被固定于虚线凹槽的底部，双臂杠杆11则必须以前支承销13为支点逆时针旋转，而双臂杠杆右面的浮动端则带动调整杆15拉制动带下端而刹紧制动鼓。

当推土机倒退行驶时，制动鼓顺时针方向旋转。根据上述原理，制动带的下端为紧边，以后支承销18为支点，前支承销13为浮动端拉紧制动带而制动，所以它也是浮动带式制动器。

4　任务实施

4.1　准备工作

通过查阅对应的维修手册等相关资料，经过课堂讨论、教师答疑和操作演示，制订修改拆装方案，准备所需仪器、设备和工具。

4.2　操作流程

4.2.1　拆卸T120A型推土机的后桥：

(1)拆去转向增力器，拆下后桥壳上的3只上盖和后部3只后盖。

(2)拆卸转向操纵机构：松开左、右松放臂夹紧螺栓，向上取出花键轴；拆除左、右松放拉杆。

(3)拆卸内制动机构：拆除左、右制动带的内拉杆和内制动臂，拆掉左、右制动带张紧螺母、叉形拉杆、拉臂轴及双头拉臂；拆掉左、右制动带架；分解制动带后将其全部取出。

(4)拆卸转向离合器总成：用绳索兜住转向离合器被动鼓并吊好，将变速箱挂入前进一挡或后退一挡，结合离合器，分次转动飞轮或主离合器，将大、小接盘连接螺栓和锁片逐一拆除，吊出转向离合器(若变速箱事先已拆除可用千斤顶顶履带板。若履带也已拆开，可将左、右半轴的内外轴承盖打开，用千斤顶将后桥壳顶高至驱动轮轮齿下端高于链轨上平面，分次转动驱动轮以拆除大小接盘螺栓)。

(5)分解转向离合器总成：拆除中心锁片、大螺母、销和挡垫，用专用工具拆除8副弹簧锁瓣，取出8组弹簧，将主、从动鼓从短半轴上取下，取出主、从动片；拆去大、小卡环和锁帽等，将松放圈、轴承及轴承座分解完毕(如图2-9-28所示)。

(6)拆卸大圆锥齿轮轴：如图2-9-29所示，拆除锁定铁丝和锁定螺栓，用撬杠别住大圆锥齿轮，拆下小接盘内的大螺母及垫，在小接盘和花键轴上做出装配标记，取下左右小接盘；拆下

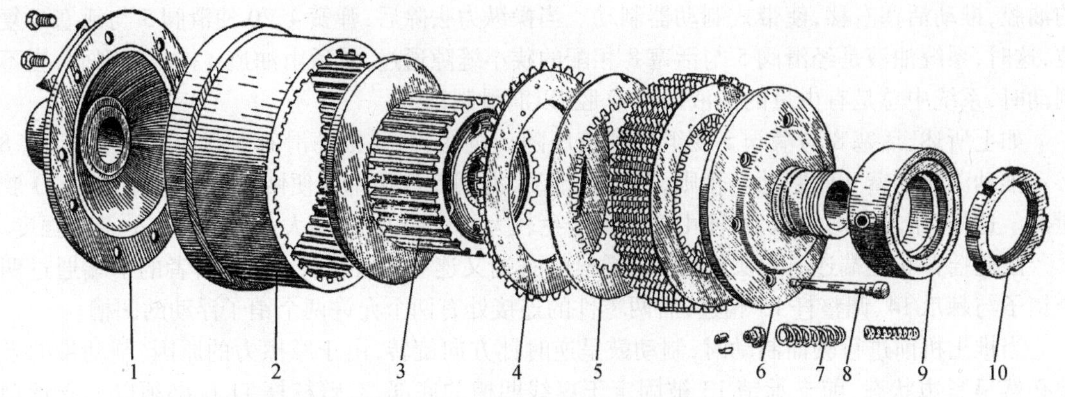

图 2-9-28 干式转向离合器分解图

1—接盘；2—被动鼓；3—主动鼓；4—被动片；5—主动片；6—压盘；7—弹簧；8—螺杆；9—离合套；10—固定螺母

左右轴承座及调整垫片，取下油封及轴承外圈；拆去大圆锥齿轮 10 只固定螺栓及锁片，将轴与伞齿轮分别取出拆下轴承内圈。

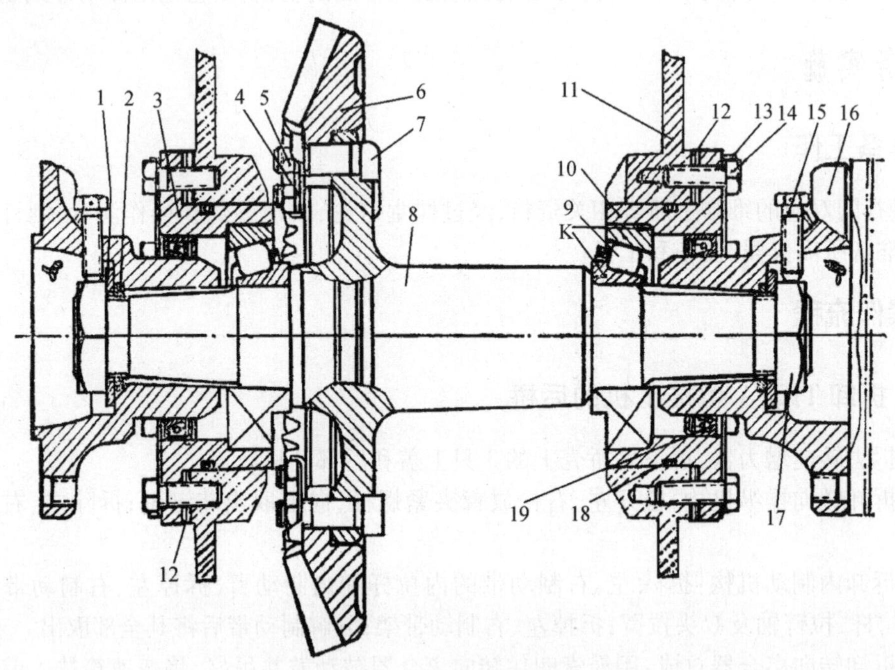

图 2-9-29 T120A 推土机中央传动横轴

1—垫片；2—垫；3—左轴承座；4、13—锁垫；5、17—螺母；6—大锥齿轮；7—螺栓；8—横轴；9—轴承；10—右轴承座；11—隔壁；12—调整垫；14—螺钉；15—止动螺钉；16—接盘；18—O 形密封环；19—油封

4.2.2 T120A 型推土机后桥的修理

4.2.2.1 后桥壳体的修理

（1）壳体变形后一般用机械加工法修正，根据变形位置的不同，应正确选择加工定位基准，如当横轴孔与最终传动主动轴孔同轴度不超限，而与前平面间平行度超限时，则可以横轴孔为基准修正前平面；当横轴孔与前平面平行度不超限而与最终传动主动轴孔同轴度超限时，

则应以横轴孔为基准,加工最终传动主动轴孔,如图 2-9-30 所示。

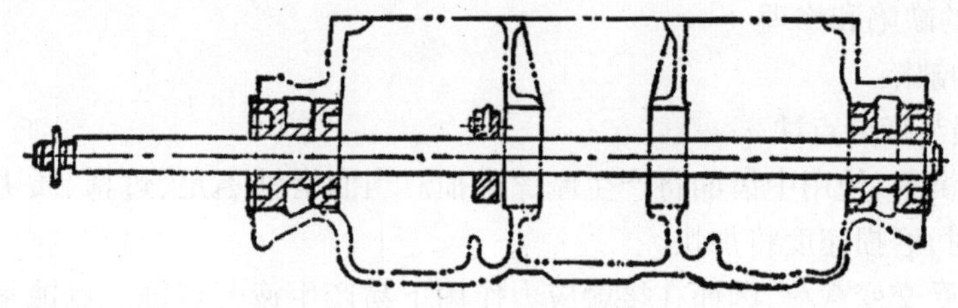

图 2-9-30　横轴孔搪削

(2)壳体裂纹的修复

由于后桥壳体受力复杂、负荷沉重,故不宜用胶补、栽丝或补丁法修补裂纹,应用焊接法修复。钢制壳体一般用电焊修补,铸铁壳体可用加热减应法气焊或加固处理后电焊,焊前应将裂纹夹紧,以减小壳体变形,如图 2-9-31 所示。

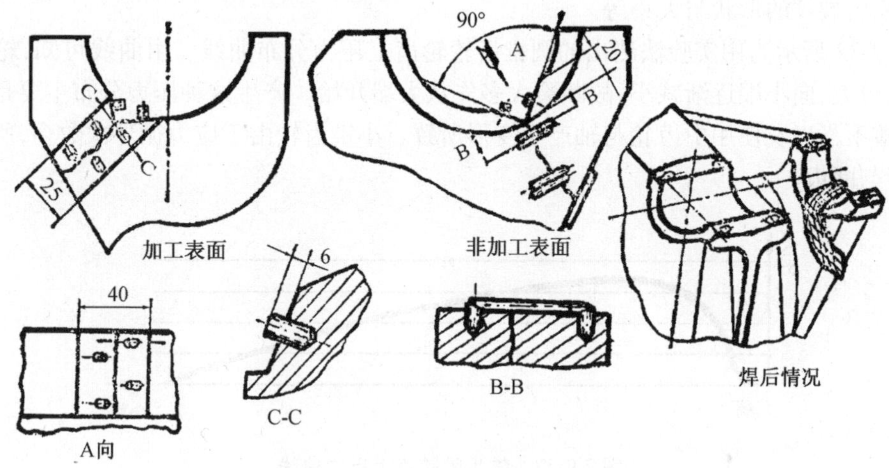

图 2-9-31　后桥壳体支座断裂的焊补

(3)安装孔磨损的修理

安装孔磨损较少时,可用机械加工去除几何形状误差,然后对与之相配的零件外径进行电镀或刷镀以恢复其配合;孔磨损较大时,可用镶套法修理,镶套可用 40 号钢,镶配过盈量可取 0.03 ~ 0.05 mm。钢制壳体亦可对孔径进行焊补后加工。

定位销孔磨损时应进行修整或加大,加大的孔应更换加大尺寸的定位销。加工孔径时应注意满足形位误差要求。

(4)后桥壳体检修技术要求

① 纵梁及后桥壳体不允许有裂纹。

② 两纵梁必须平行,其不平行度不得相差 5 mm。

③ 纵梁不允许有扭曲。

④ 后桥安装变速箱平面磨损,其不平度不允许超过 0.5 mm。

⑤ 后桥各轴承孔的磨损应根据轴承壳组装标准,但应注意检查轴承的位移。应依各种车型的设计图纸测量。

4.2.2.2　中央传动主要零件的修理

(1)锥齿轮的缺陷和修理

① 锥齿轮的缺陷

a. 齿面磨损与疲劳点蚀

锥齿轮负荷沉重,使用中齿面将产生摩擦磨损。当润滑油不足、过稀、质劣时及啮合面积不足、位置不当时,磨损速度将加快。

由于轮齿承受交变载荷,因而在接触应力作用下易产生疲劳点蚀。点蚀常以齿高中部和大端开始,逐渐扩至齿顶、齿根和小端。润滑油过稀、齿面不光时会加速疲劳点蚀。一般节锥附近短条状的轻微点蚀尚可工作 2 000 h 左右,当产生成片点蚀时即应修复。

b. 轮齿断裂

轮齿断裂多发生在齿的根部,且常从大端开始向小端扩展,致使整个牙齿折断。影响断裂的主要因素为:轮齿上弯曲应力,材料的疲劳强度与断裂韧性,以及润滑油质量、结构刚度、冲击载荷、原始裂纹的形状与大小等。

图 2-9-32 所示为用实验法测出的圆锥齿轮轮齿上压力分布曲线。由曲线可知,轮齿上的应力大端较大,向小端逐渐减小,故断裂大多先从大端开始。产生这种压力分布主要是锥齿轮安装、调整不当以及使用中齿轮与轴产生变形所致。小锥齿轮由于应力循环次数多,所以更易产生疲劳与断齿。

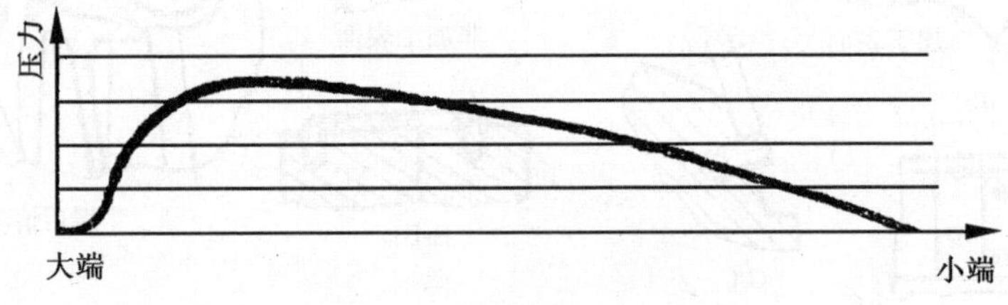

图 2-9-32　锥齿轮轮齿上压力曲线

② 锥齿轮的修理

锥齿轮齿的大端齿厚磨掉约 1 mm,齿面疲劳点蚀超过齿长的 1/4 时应予修复。一般可采用堆焊法修复,加工时应注意大小锥齿轮的成对性。焊修前后的处理及焊修工艺与变速箱齿轮相同。螺旋锥齿轮应用铣刀盘在专用设备上铣齿。

断齿较多或齿面严重磨损时应予更换。为确保啮合正确、减少噪声,锥齿轮应成对更换。

大齿圈与横轴配合间隙大于 0.06 mm 时应修理横轴以恢复配合;螺栓连接孔配合间隙大于 0.10 mm 时应用修理尺寸法修复。

(2)横轴的缺陷与修理

横轴的主要缺陷为变形与配合面的磨损。

① 横轴变形的校正

横轴的弯曲检查要求为:与齿圈配合的外圆相对于轴承安装轴颈的径向跳动量应小于 0.05 mm,与齿圈配合的端面跳动应小于 0.10 mm。

横轴变形超限时可用冷压校正。

② 配合表面磨损的修复

横轴的配合表面有:与齿圈配合的外径及螺栓连接孔径;与滚动轴承配合的外径;与转向

离合器主动鼓或接盘配合的花键。

与齿圈配合的外径及螺栓孔产生磨损，主要是由于螺栓未按规定扭矩扭紧或工作中产生松动所致。外径磨损会影响外径与轴颈间的同轴度，修理时可先磨削外径，使其同轴度在要求范围内，然后镀铬或镀铁修复。螺栓孔磨损后可按加大尺寸进行修理。

轴颈与滚动轴承配合松动时可镀铬或镀铁修复。

花键磨损后的影响及修理方法与变速箱花键轴相同。但应注意T120横轴端花键为锥形渐开线齿形。

(3)轴承座与滚动轴承的缺陷和修理。

滚动轴承的滚柱、滚道疲劳点蚀时应更换新件。内外径配合松动时可镀铬或镀铁，以恢复原配合。轴承座的缺陷是：外径磨损、与滚动轴承配合的内孔松旷，东方红802轴承座调整螺纹损坏等。

内外径磨损时均可镀铁恢复配合，但加工时须注意内外圆的同轴度。东方红802轴承座调整螺纹损坏时，可堆焊并重新车制螺纹。

(4)接盘的修理

T120横轴两端装有接盘(亦称联轴节、小接盘)，其主要缺陷是：花键孔磨损与变形，与油封配合处磨损，与主动鼓半轴配合的外圆产生微量磨损等。

花键孔损坏后可镶套修复，即将花键孔搪大并压装一新钢套，如图2-9-33所示，最后将钢套内孔加工成锥形花键，如图2-9-34所示。镶套最小壁厚应为7～8 mm，与接盘间过盈量为0.02～0.06 mm。为传力可靠起见除焊接接缝外，尚应在接缝圆周上各压装3～4个固定销钉。销钉与孔配合的过盈量为0.03～0.08 mm。接盘花键孔加工可在具有分度头的插床或刨床上进行，加工时应将接盘倾斜某一角度。

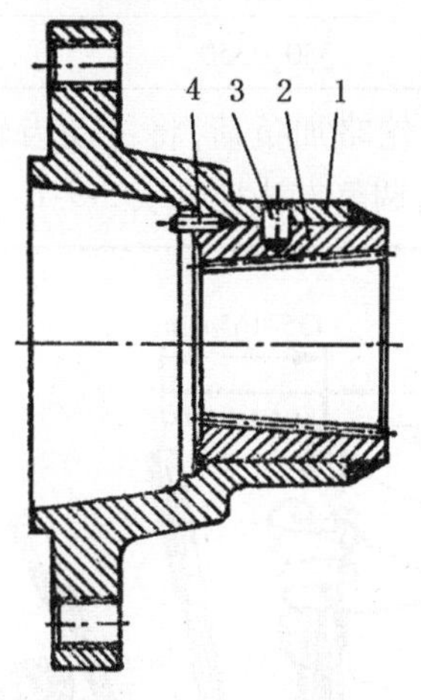

图2-9-33 接盘的镶套修理

1—接盘；2—镶套；3—圆周销钉；4—接缝销钉

图2-9-34 接盘花键孔刨削加工

接盘上与油封及半轴配合处磨损后可镀铬或镀铁修复。修理时应注意与孔径的同轴度，为此可将接盘装在横轴上，在横轴安装轴承的外径跳动量小于0.05 mm时，接盘与半轴配合的定位外圆和定位端面以及与油封配合的外圆跳动应小于0.08 mm，否则应先加工，使其误差在要求范围内再电镀。

为了拆卸后能与横轴装回原位,以保证位置精确,应在接盘花键毂与横轴花键端铳打安装记号,如图 2-9-35 所示。

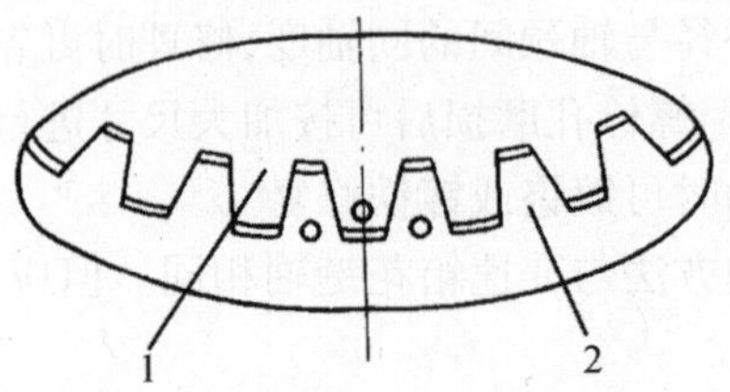

图 2-9-35　横轴与接盘安装记号

1—横轴;2—接盘

4.2.3　装配 T120A 型推土机的后桥

按拆卸时的相反顺序进行装配,重要螺栓的拧紧力矩如表 2-9-2 所示。

表 2-9-2　T120A 推土机驱动桥重要螺栓拧紧力矩

名 称	拧紧力矩(N·m)
最终传动驱动盘(大接盘)固定螺母	350 ~ 410
伞齿轮轴接盘(小接盘)固定螺母	240 ~ 280
转向离合器内毂固定螺母	360 ~ 420
半轴轴头螺母	980 ~ 1 200
齿圆螺栓紧固螺母	260 ~ 310
半轴轴头锁母	1030 ~ 1 176
从动伞齿轮固定螺母	330 ~ 350

(1)将主动圆锥小齿轮涂上红铅油,对从动圆锥大齿轮略加负荷,将主动齿轮向前推到底,消除轴承间隙;转动小齿轮,检查粘到大齿轮上的印痕,调整方法详见表 2-9-1。

(2)制动带调整螺母 6(如图 2-9-26 所示)拧紧后松退 6 圈左右,此时踏板行程在 150 ~ 190 mm 内,同时将制动带底部的支承调整螺栓 14(圆度螺栓)拧到底后退回 1 圈。

(3)如果修理作业中,上海 120 的油压增力器的顶杆长度改变了,必须做如下调整:改变顶杆长度,使转向离合器各操纵手柄头由最前方位置到开始使油压增力器阀芯移动时的自由行程等于 40 ~ 50 mm(限于操纵杆活络连接部的间隙正常时)。

135~165 mm

图 2-9-36　转向操纵杆的自由行程

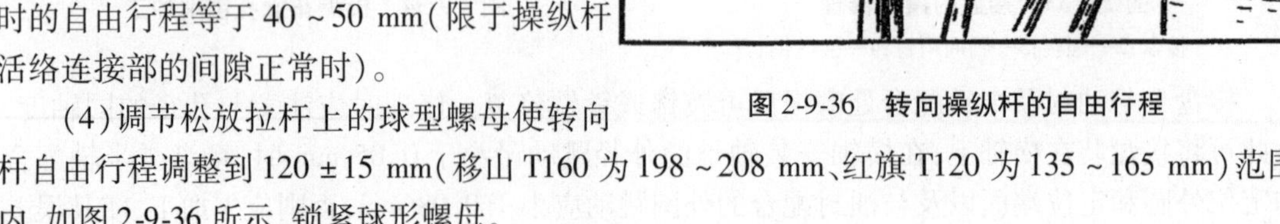

(4)调节松放拉杆上的球型螺母使转向杆自由行程调整到 120 ± 15 mm(移山 T160 为 198 ~ 208 mm、红旗 T120 为 135 ~ 165 mm)范围内,如图 2-9-36 所示,锁紧球形螺母。

(5)在中央传动室内加入重负荷齿轮油。

4.3　履带式机械后桥的常见故障诊断与排除

4.3.1　履带式后桥的维护

(1)T120、T140 型推土机中央传动齿轮室润滑油的检查与更换

中央传动齿轮室中润滑油油面高度以油面高度检查口或油尺刻度为准。天气热时,油面可与油面高度检查口齐平;天气冷时可低于油面高度检查口 10 ~15 mm。工作中因润滑油消耗使油面高度低于标准时,应及时添加。当季节变化和润滑油脏污时,应更换新油。换油应在机械工作结束后、润滑油尚未冷却时进行,以保证废油放得最快最彻底,同时可以使箱壁及底面上沉积的杂质放出,以减少清洗用油的消耗。放油后,用相当于后桥容积 1/3 的清洗油(混合 5% 机油的煤油)加入中央传动室进行清洗。为了清洗彻底,让中央传动齿轮以不同转速运转 1 ~2 min 后放出清洗油,并清除磁性螺塞上的铁屑和污垢,然后注入规定品种的齿轮油至标准油面高度。此外对后桥的油量应在每班前检查,对温度升高及渗漏情况应在班后检查。

T160 以上的机型因结构方面的差异,换油时不能用清洗油进行清洗。

(2)后桥漏油的检查与紧固

后桥常发生漏油的部位是轴孔处和接合处。后桥漏油是由于油封状态不良(老化、磨损、破裂)或密封垫损坏、壳体破裂所引起。放油螺塞处漏油是由于垫片状态不良(过厚、过薄、破裂)或螺纹损坏所引起。后桥漏油应在每天班前班后擦净外壳仔细检查,必要时紧固、维修或更换零件。

(3)主传动器各机件的检查与调整

锥齿轮啮合的调整工作十分重要。中央传动锥齿轮的啮合位置不正确往往是造成噪声大、磨损快、齿面易剥落、轮齿易折断等现象的原因。所谓正确啮合就是要求两个锥齿轮的节锥母线重合,节锥顶点交于一点。啮合印痕不小于齿长之半,且在高度方向位于齿高的中部,在齿长方向的中间偏向小端。齿轮在传递动力承受载荷时,小端齿的变形量较大,故实际工作时的啮合印痕即移向齿长的中部。当磨损到齿侧间隙超过极限值时,应成对地更换齿轮。

中央传动有轴向力的作用,通常都采用能承受较大轴向力的滚锥轴承支承。滚锥轴承具有这样的特点:轴承有少量磨损,即会对齿轮轴向位置产生较大的影响,使大小锥齿轮离开原来的啮合位置。因此,在使用过程中调整中央传动,就是为了消除因轴承磨损而增大的轴承间隙,使锥齿轮恢复正确的啮合位置。为了恢复主传动齿轮的正确啮合位置,需调整主从动齿轮的轴向位置,但主动齿轮的轴向位置只有在拆散后重新安装(大修或成对更换)时才进行调整,平时技术维护中只检查和调整从动锥齿轮的轴向间隙,而且在调整时应保证原来的啮合位置和啮合间隙不变。因为从动锥齿轮的轴向间隙过小时在工作中会发热,严重时还会烧损轴承;反之则工作中产生冲击噪声,有时还会破坏锥齿轮副的正常啮合位置,从而使齿轮过早磨损。此轴向间隙的调整方法随机械结构的不同而有所不同。中央传动的调整是其安装中的一道重要工序。下面以 T120A 型推土机为例介绍中央传动的调整方法:

① 横轴轴向间隙的检查与调整。调整横轴轴向间隙靠改变轴承座的位置来实现。

② 卸下燃油箱、增力器和转向离合器,清除后桥箱上的污垢,并用煤油清洗中央传动室。

③ 装上检查轴向间隙的夹具和百分表,并将表的触头顶在从动锥齿轮的背面。

④ 用手扳动从动锥齿轮,使横轴转动几圈,以消除锥形滚子轴承外圈和滚子间的间隙。

⑤ 先用撬杆使从动锥齿轮带动横轴向左移动至极端位置,将百分表大指针调零。再将横轴推至极右位置,百分表摆差即为横轴轴向间隙。其上正常值应为0.10~0.20 mm,不符合要求时应进行调整。

⑥ 如果轴向间隙因轴承磨损而过大,可在左、右两轴承座下各抽出相同数量的垫片,其厚度等于要求减小间隙数值的1/2。这样就可保持从动锥齿轮原来的啮合位置基本不变。

(4)锥齿轮啮合间隙的检查与调整

轴向间隙调整好后,用压铅丝法检查其啮合间隙。检查时将铅丝(比所需间隙稍厚或稍粗)放在轮齿间,并转动齿轮使铅丝进入齿轮啮合表面而被挤压,然后取出被挤压的铅片,测量最薄处的厚度,即为齿侧间隙。一般新齿轮副啮合间隙为0.20~0.80 mm,且在同一对齿轮上沿圆周各点间隙的差值不得大于0.20 mm。对于用旧的齿轮副来说,其最大可允许啮合侧隙为2.50 mm,超过此值应更换新件。

若不符合以上要求时,可将一侧轴承座下的调整垫片抽出并加到另一侧(两边垫片的总数仍不变,以保证横轴轴承间隙不变)进行调整。抽出左边垫片加到右边时,侧隙增大。反之,则减小。

T160型、T140型、D80-15型、T220型等推土机的此项调整工作与T120型相同,数据稍有差别。

(5)主传动器锥齿轮啮合印痕的调整

中央传动的使用寿命与传动效率在很大程度上取决于锥齿轮啮合的正确性。正确的啮合印痕是避免早期磨损和事故性损坏、减小噪声、增大传动效率的重要保证。

啮合印痕的检验方法是:在一个圆锥齿轮齿面上涂以红铅油,转动齿轮1~2圈,在另一个圆锥齿轮的齿面上即留下了啮合印痕。检查啮合印痕应以前进挡啮合面为主,适当照顾后退挡位。正确的啮合印痕应在齿面中部偏向小端(但距小端端面应大于5 mm),前进挡时啮合面积应大于齿面的50%,后退挡时应大于齿面的25%。印痕长应大于齿长的一半,印痕应在齿高中部。印痕允许间断成两部分,但每段长度不得小于12 mm,断开间距不得大于12 mm。印痕大小及位置不当时,可通过移动大小锥齿轮来改变轴向位置。当小锥齿轮轴向位置安装正确时,一般情况下调整大锥齿轮轴向位置即可满足要求。当调整大锥齿轮不能满足啮合印痕时才调整小锥齿轮。调整大锥齿轮轴向位置的方法与调整啮合间隙的方法相同。小锥齿轮的轴向位置可通过增减变速箱第二轴前端轴承座与变速箱壳体间垫片的厚度进行调整。

当用以上方法调整不出合适的啮合印痕时,则往往是由于后桥壳变形、齿轮轴变形等造成的,需更换或维修有关零件。

4.3.2 履带式后桥的常见故障与排除

(1)后桥(驱动桥)壳体变形

履带式推土机的后桥壳为铸钢件,后桥壳体变形后,影响后桥总成的正常工作,其中最主要的影响有:

① 由于后桥壳体前平面与横轴线不平行度增大,引起中央传动锥齿轮啮合性能变坏,加速中央传动零件的损坏。

② 由于横轴轴孔与最终传动主动轴轴孔同轴度被破坏,引起转向离合器与最终传动齿轮、轴承的早期损坏。因为壳体变形引起转向离合器主、从动鼓轴心线产生相对偏移时,将有

摩擦功损失和功率损失,其大小与偏移量成正比。摩擦功增加,将引起转向离合器发热,加速摩擦片损坏,因此转向离合器急剧发热往往是主、从动盘间不同轴的表象,功率损失将降低车辆的动力性与经济性。由于偏移量引起主、从动盘间相对滑动,从动盘转速会低于主动盘,使履带行驶速度降低,结果使车辆产生自动跑偏。因偏心所引起的轴承上的附加作用力将和摩擦片间所传递的摩擦力一样大,此附加力加速了轴承等零部件的磨损和损坏。

由于后桥壳体变形对机械使用性能的恶劣影响,所以大修时应对后桥壳体变形进行认真的检查。检查方法与变速箱壳体相似。检查横轴轴孔与最终传动主动轴孔的同轴度(如图2-9-37所示)时,可以横轴孔为基准装以定位套、心轴及百分表,转动心轴,表针偏摆量大小即反映同轴度的偏差。横轴孔与前平面间平行度的检验,与变速箱体相同,两横轴支承孔不同轴度标准应小于0.05 mm;横轴孔与最终传动主动轴孔不同轴度标准应小于0.10 mm(最大允许0.70 mm);前平面与横轴孔不平行度标准对T120A型推土机来说,要求小于0.12/300。

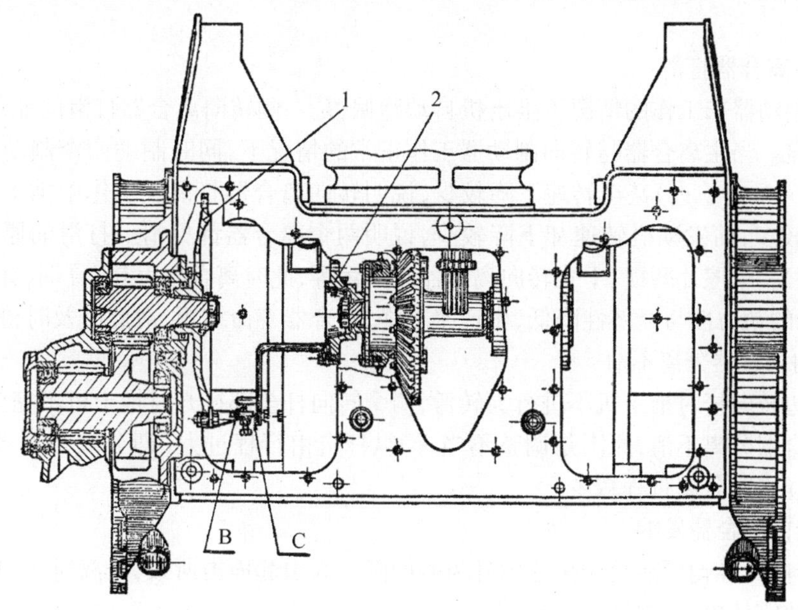

图2-9-37　T120A型推土机横轴与最终传动主动轴同轴度的检验

1—最终传动主动轴圆盘;2—半轴接盘

(2)后桥壳体裂纹

后桥壳体裂纹常发生在壳壁、横轴支承隔板、后轴支座以及焊接件焊缝等处。产生裂纹会促使壳体变形和破坏零部件间位置精度。修理时应着重检查这些部位。

(3)各轴承、轴承座安装孔与定位销孔的磨损

各轴承、轴承座安装孔磨损的特点、原因、检验方法等与变速箱体相同。定位销孔有时会因连接松动而微量磨损。

(4)半轴与最终减速器内壁相配合的孔磨损

因半轴弯曲、台车梁后端变形或台车架斜撑轴承座变形、扭曲所造成,需同时检验与校正。

(5)纵梁翘曲变形

后桥壳体的左右前端安装有两根纵梁,用以承载发动机。当推土机经常快速越过深沟、坟坑时易使纵梁翘曲变形。

(6)中央传动异响

中央传动异响主要发生在齿间与轴承处。齿轮响主要由于齿轮、轴承磨损过大,齿面加工精度低、啮合间隙与啮合印痕调整不当、壳体形位误差超限等引起。啮合间隙过小会引起“嗡嗡”声,间隙过大会引起撞击声。啮合间隙不均是齿轮本身有缺陷。齿轮啮合印痕不对,除调整不当外,尚因使用中壳体、齿轮轴、齿轮变形以及轴承磨损所致。

轴承异响是由于轴承磨损、安装过紧、轴承歪斜、壳体与轴变形等引起。横轴锥轴承间隙不对也可能因调整不当造成。

(7)中央传动室发热

中央传动齿轮室发热是由于齿轮啮合间隙过小,轴承安装过紧、歪斜、滚动体内有杂物,润滑油不足或油质较差等引起。轴承引起发热时,轴承处温升会过高。有时亦可能因转向离合器与制动器工作不正常,其摩擦热引起整个后桥箱发热,可由中央传动室与转向离合器室的温差加以判断。

(8)转向离合器打滑

在转向制动器未工作的情况下推土机自动跑偏,是一侧转向离合器打滑的征象,在负荷情况下尤为明显。当主离合器与转向制动器工作正常的情况下,同时制动两个制动器时发动机不熄火(要求 3 s 内熄火)甚至转速下降较少,说明转向离合器打滑。工作中推土机阻力增大时车速降低较多,而发动机转速却下降较少,说明两个离合器都打滑。打滑的原因同主离合器,如调整不当、摩擦片磨损、干式转向离合器有油污等,此时离合器发热、冒烟、有臭味等现象出现,使车辆的动力性与经济性降低,生产率下降,离合器寿命缩短,对此应及时检修排除。

(9)转向离合器分离不清

拉动一边转向杆时推土机不进行大转弯,两个转向杆全部拉开时推土机不完全停止行驶,说明转向离合器分离不清,原因是调整不当,操纵杆自由行程过大(即分离行程太小)或各铰链处严重磨损引起分离行程减少。

(10) 转向离合器发响

起步、转向时异响可能是摩擦片内外齿侧间隙过大引起撞击所致,分离时发响也可能是分离不清或某些零件松动、损坏。

(11)转向离合器发热

发热是由于离合器分离不清、操作不当(经常处于半分离状态)、主从动鼓偏心超限、制动器分离不彻底等而产生大量摩擦热的结果。

(12)转向制动器的常见故障

制动性能不好,推土机不能急转向,或转向时发出“吱吱”的响声。其主要原因是制动带摩擦片磨损、调整不当(踏板行程大)或干式制动器粘有油污等,对此应进行调整或清洗。钢带断裂属不正常损坏,大多为操作不当(如制动过猛)所致。

4.3.3 履带式后桥的故障诊断实例

(1)履带自动跑偏

① 故障现象

一台 T120 型推土机直线行驶中自动向左偏转,而右转向时行驶无力。

② 故障检查

检查转向操纵杆的自由行程,发现左转向杆没有自由行程。

③ 故障分析

左转向杆没有自由行程,左转向离合器处于半接合状况,主、从动片之间压紧力不够,动力始终不能完全传递给左侧履带,导致直线行驶时推土机自动向左偏转;而右转向时由于右侧履带的动力传递已经切断,仅靠左侧履带进行驱动。而此时左转向离合器接合不良,不能完全传递动力,结果造成右转向时行驶无力。

④ 维修过程

重新调整转向操纵杆的自由行程,试车后有所好转,表明左转向离合器磨损过度,需解体检修。经过拆检左转向离合器,发现主、从动片磨损过度,更换全部主、从动片后,故障排除。

(2)履带只能直行和左转向,推土时履带始终向左偏转,右转向时两履带全都停止转动

① 故障现象

一台 TY160 推土机大修之后只能直行和左转向,推土时履带始终向左偏转,而右转向时,履带就自动停止运行。

② 故障检查

检测转向系统的压力,发现直线行驶时左转向压力为 1.8 MPa,已达转向时的压力值。

③ 故障分析

直行时左转向压力已达转向离合器的分离值,此时左履带的动力传递始终处于中断状况,直行时推土机完全是由右侧履带单独驱动的,左侧履带因受机架带动也向前转动;推土作业时因土壤阻力较大,失去动力的左履带就无法转动,所以推土机向左偏转;右转向时右侧履带的动力传递被切断,此时两条履带均失去动力,结果履带就停止转动。由于该机刚刚大修完毕,极可能是装配时左转向操纵杆系统失调所致。

④ 维修过程

拆下座位和地板,检查地板下面的左转向水平拉杆,发现拉杆长度不对,转向杆在自由状态下始终拉动左转向阀,使左转向离合器处于分离状况。重新调整拉杆长度后,故障排除。

任务10 检修最终减速器

1 任务要求

知识要求:

(1)掌握最终减速器的结构与工作过程。

(2)掌握最终减速器的调整项目。

(3)掌握最终减速器的常见故障现象与原因。

能力要求:

(1)掌握最终减速器主要零件的维修技能。

(2)掌握最终减速器的装配与调整的方法。

(3)能对最终减速器的常见故障进行诊断与维修。

2 任务引入

一台履带式推土机在行驶时,感觉驱动轮处有异常响声。这说明最终减速器轴承或齿轮损坏,应拆检最终减速器,视情况予以维修或更换零件。

3 相关理论知识

3.1 履带式机械传动的最终传动(侧传动装置)的功用及分类

侧传动装置位于转向离合器的外侧,因它是传动系统中最后一个动力传力装置,所以也称最终减速器。其功用是再次降低转速、增大扭矩,并将动力经驱动轮传给履带使机械行驶。侧传动装置传动比较大,可以减轻中央传动装置和转向离合器的载荷。

侧传动一般分单级齿轮传动和双级齿轮传动。在重型推土机上多采用双级齿轮传动。双级齿轮传动通常有两种形式:

(1)双级外啮合齿轮传动

双级外啮合齿轮传动的优点是结构简单、使用可靠,目前大多数推土机都采用这种形式。

(2)双级行星齿轮传动

它一般是第一级为圆柱齿轮减速,第二级为行星齿轮减速。其优点是结构尺寸小、传递动力较大，但结构复杂，制造和调整的要求都比较高。因此，目前只在某些重型履带式推土机上采用这种形式，如快速履带式推土机上采用的即是这种形式。

3.2　双级外啮合齿轮传动式侧传动装置

T120A、TY160、T220 等型推土机上的侧传动装置都是采用这种形式。它主要由最终减速器和驱动轮组成，如图 2-10-1 所示。

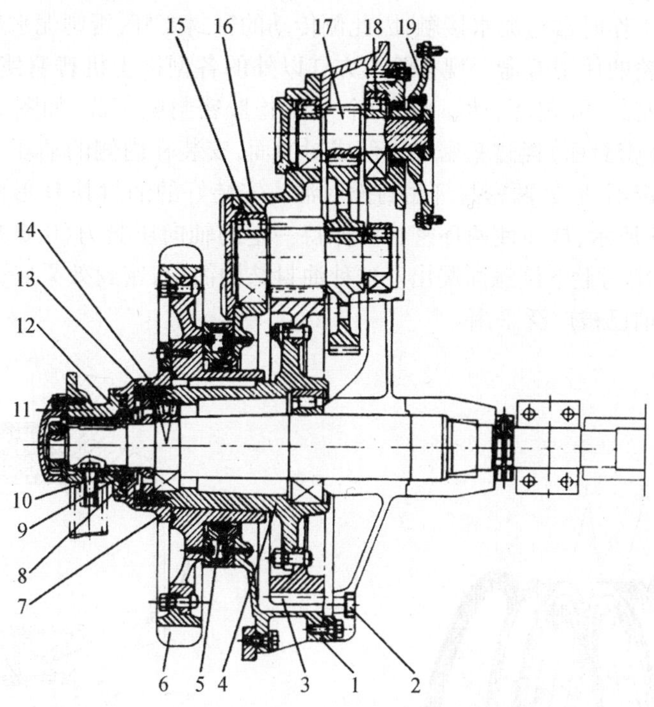

图 2-10-1　T120A 推土机的侧传动装置

1—齿罩；2—放油塞；3—齿圈；4—轮毂；5—浮动油封；6—驱动轮；7—调整螺母；8—半轴外瓦；9—圆柱销；10、12—轴承壳；11—半轴；13、15、17—轴承；14—轮毂螺母；16—双联齿轮；18—主动轮；19—驱动盘

（1）最终减速器

最终减速器包括壳体、齿轮、轴承和轮毂等机件。壳体固定在转向离合器室外侧壁上，其上有加油口和放油口，壳体内通过轴承装有主动齿轮、双联齿轮和从动齿轮。主动齿轮与轴制为一体，轴内端花键部分伸入转向离合器室内，其上固定着接盘。主动齿轮与双联大齿轮常啮合，双联小齿轮与从动大齿轮常啮合，从动大齿轮用螺栓固定在轮毂上。为了保证主动齿轮和双联齿轮正常的轴向游隙，在主动齿轮轴承座与壳体之间和双联齿轮外侧盖与壳体之间装有调整垫片。齿轮和轴承靠飞溅润滑，为防润滑油漏入转向离合器室，在主动齿轮轴轴承座内装有油封。

（2）驱动轮

驱动轮主要包括轮体（驱动轮）、半轴、轴承、轴承座、调整圈和浮动油封等。轮体压装在轮毂的花键上，并用螺母固定。轮毂两端通过锥形滚柱轴承支承。内端轴承装在后桥壳上，外端轴承通过轴承外壳装在半轴轴承座大端孔中。轴承壳与半轴轴承座间装有导向销，其上还装有调整圈。轴承的间隙可通过拧动调整圈来调整，调整圈用卡铁固定。半轴轴承座为半剖式,用夹紧螺杆将轴承壳固定。半轴轴承座小端以半圆键固定在半轴外端,小端外圆套装着端轴承。端轴承座装在端轴承上,并用螺钉固定于轮架后端部,它与轮架间有定位销。半轴装在后桥壳体上,并用螺母锁紧。为防止两轴承座等机件外移,在半轴外端装有挡板和螺母,外侧用带有油嘴的端盖密封。这样,当推土机在不平地面上行驶时,可使轮架绕端轴承摆动一个角度,以减小振动,保证推土机行驶平稳。

(3)油封

侧传动装置在工作时常与泥水接触,因此侧传动的密封要好,否则泥水易于侵入和造成漏油而影响轴承和齿轮的使用寿命。现在除东方红以外的各型推土机普遍使用端面浮动油封。此密封由两个金属密封环(定环、动环)和两个 O 形橡胶密封圈组成,如图 2-10-2 所示。两个密封环的接触端面(密封面)经过精密加工形成封油面,安装在内侧的动环,随轮毂一起转动,而外侧的定环则固定不动,靠两密封环密封面封油。安装好的油封其 O 形橡胶圈处于弹性变形状态,如图 2-10-3 所示,从而使两环密封面保持一定的轴向压紧力(0.6 MPa),同时也避免润滑油从 O 形橡胶圈的上下接触面漏出。这种油封结构简单,密封效果好,使用寿命长,维护保养方便,因此,目前已被广泛采用。

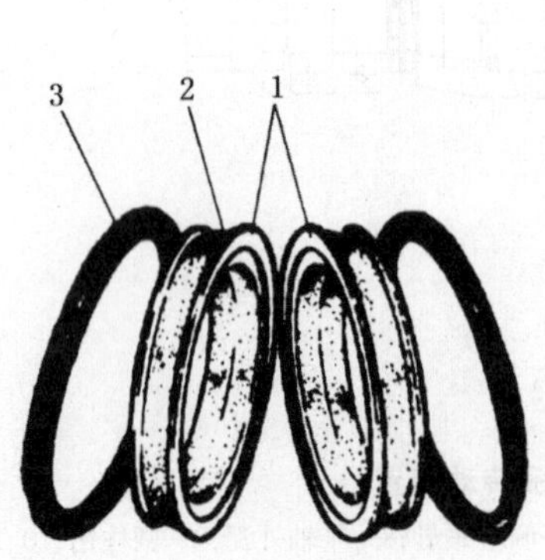

图 2-10-2　浮动油封组件

1—密封面;2—定环;3—O 形橡胶圈

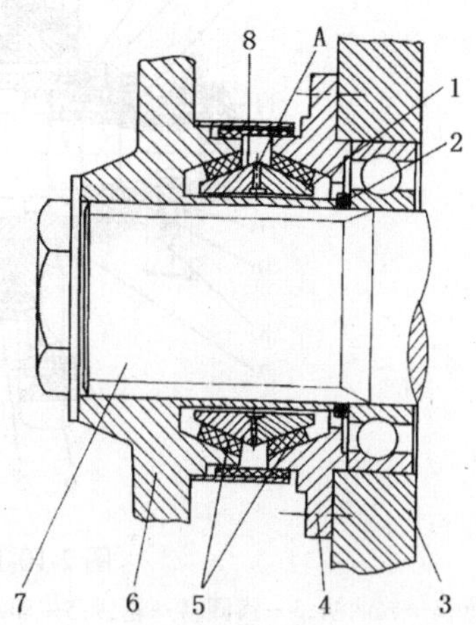

图 2-10-3　端面浮动的安装位置

1—定环;2—密封圈;3—箱体;4—油封;5—O形橡胶圈;6—轮毂;7—旋转轴;8—动环;A—密封面

3.3　双级行星齿轮传动式侧传动装置

早期的宣化 T2－120 型推土机的侧传动装置如图 2-10-4 所示。该型推土机的侧传动装置采用的是行星齿轮传动式,它为二级综合减速,第一级仍为外啮合齿轮减速,与双级外啮合齿轮传动的第一级相同。第二级为行星齿轮减速,行星齿轮机构主要由太阳轮、行星轮、行星架、齿圈等组成。

太阳轮固定在第一级减速齿轮的从动轴上。3 个行星齿轮通过轴承、行星齿轮轴装在行星架上,行星架固定在驱动轮的轮毂上。齿圈与壳体固定在一起。

动力经一级减速齿轮传给太阳轮时,经行星齿轮带动行星架和驱动轮转动。

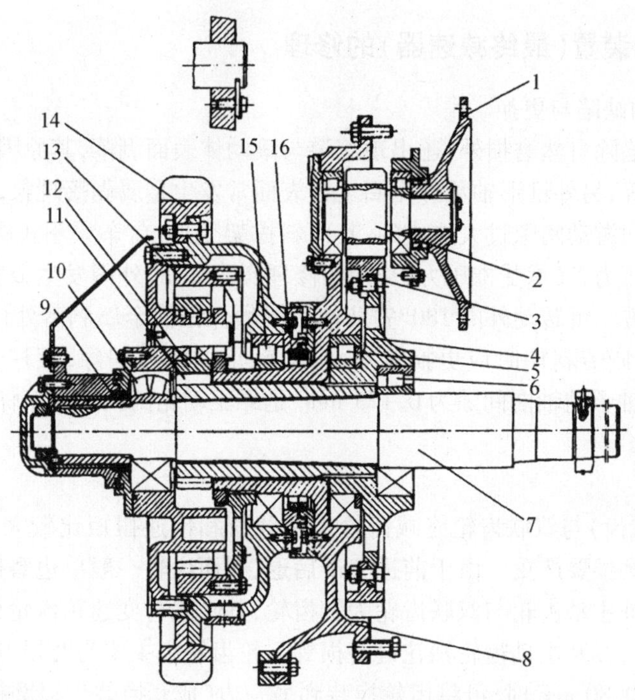

图 2-10-4　宣化 T2 - 120 型推土机的行星齿轮式侧传动装置

1—接盘;2—主动轴;3、13—齿圈;4—从动轮毂;5、6、10、15—轴承;7—半轴;8—壳体;9、16—浮动油封;11—太阳轮;12—行星齿轮;14—驱动轮

4　任务实施

4.1　准备工作

通过查阅对应的维修手册等相关资料,经过课堂讨论、教师答疑和操作演示,制订修改拆装方案,准备所需仪器、设备和工具。

4.2　操作流程

4.2.1　拆卸 T120A 型推土机的最终减速器

如图 2-10-1 所示,拆去半轴外端的轴承盖,拆掉锁片、轴端螺母,取出外轴承座、衬套、外浮封环及 O 形圈等;拆掉锁板,拆掉锁紧大螺母和轮毂端盖并在链轮和轮毂上做好装配标记,将后桥壳顶高至驱动轮下端高出台车架上端,用专用工具拉出或用大锤敲出驱动链轮,继而拆下 9 块齿块;取下内浮动油封及 O 形圈,拆下减速器外壳上的两只小端盖,再拆去减速器外壳,用撬杠卡在减速齿轮中,拆去大接盘固定螺母和锁片并在大接盘毂和小减齿轴端做好装配标记,拉出大接盘;用专用工具拉出轮毂,拆下大齿圈和内外齿轮;抽出双联齿轮,取下轴承;拆去小减齿油封壳,取出油封;抽出小减齿,取下轴承。

4.2.2 最终传动装置(最终减速器)的修理

(1)滚动轴承的缺陷与更换

滚动轴承的缺陷除自然磨损外,还出现滚道与滚动体表面剥落,其原因是轴承安装在壳体中歪斜或润滑不良等,另外锥形轴承外座圈工作表面常发生金属剥落现象,原因是由于半轴承弯曲或锥形轴承轴向游动间隙过大造成的,其次斜撑架变形,台车梁不正等引起外圈偏斜,由于该外圈既承受正压力,又承受推压力,长期的修理实践证明,外圈发生金属剥落,都出现在外圈前下方 1/4 的地方。可转动外圈 180°安装使用但须保证使金属剥落处位于上方后 1/4 处。滚动体和滚道严重疲劳剥伤时应更换轴承,对于轴承的配合间隙,滚柱轴承允许不修时为 0.3 mm, 锥形滚柱轴承的轴向间隙为 0.125 mm,是靠驱动轮的调整圈来保证的。

(2)齿轮的检修

① 主动齿轮

主动齿轮(小减齿)与双联齿轮终减齿轮承受载荷和传递扭矩比较大,由于长期使用,因此比其他部位齿轮磨损要严重。由于前进大于后退,因而齿轮一般单边磨损较为严重,甚至产生裂纹或剥落。另外主动齿轮与双联齿轮为轴齿轮,其缺陷与变速箱齿轮相同,表现为齿轮缺陷、与轴承配合松旷,以及主动齿轮轴花键磨损等。轮齿缺陷主要为磨损、疲劳剥伤与断齿。

当齿厚磨去约 0.80 mm 时,可将齿轮换装到另一边(成套换装),以磨损较轻的齿面工作。齿面两边都磨损使齿厚减少 1.50～2.00 mm 的,应更换新件或焊补齿面修理。当齿面产生小于齿长 1/3 的条状剥伤时可继续使用;当剥伤超过齿长 1/3 或较宽时应焊修齿面。齿端产生小于齿长 1/6 的掉块时可继续使用,产生大于 1/6 的掉块时应堆焊。有裂纹的齿轮可根据裂纹大小和部位确定修补或报废,焊接前应在裂纹处加工成 V 形槽或削去倒棱(坡口)。

与轴承配合表面产生 0.02 mm 以上间隙时可镀铬或镀铁修复。磨损严重时亦可焊修,修后轴颈与齿轮节圆同轴度应小于 0.05 mm。

主动齿轮轴花键的修复与横轴花键或转向离合器半轴花键相同。

② 从动齿轮

从动齿轮由齿圈与轮毂组成。轮齿的缺陷与主动齿轮相同。轮毂的缺陷为轮缘会产生裂纹,齿圈与轮毂配合面、螺栓孔磨损,轮毂轴颈磨损,轮毂花键磨损、变形等。

T120 型推土机的轮缘裂纹或开裂时可用焊接法修复,由于开裂后的轮缘会引起变形,所以焊前应用螺旋拉紧器将裂纹拉合,如图 2-10-5 所示。焊接时可开成 8～10 mm 宽的 90°V 形槽。为了增加连接强度,可在齿圈轮缘左右两内面各加焊一直径为 16～18 mm 的钢环,焊接后车削与轮毂配合的一面。当齿圈相邻几个齿严重损坏时,可用镶焊齿扇法修复,镶焊时最主要应保证齿扇的位置精度。为此:

a. 齿扇必须包括两个螺栓孔;

b. 去掉旧齿扇时应用拉紧器将齿扇缺口两端拉住;

c. 焊接齿扇时应将齿圈与欲焊齿扇装夹在轮毂上,并保证公法线长度相等,即 $t_1 = t_2 = t$,如图 2-10-6 所示;

d. 保证齿扇节圆跳动在公差以内;

e. 为增加连接强度,齿扇焊接后应在轮毂左右两内面加焊钢环。

螺栓孔磨损可用加大尺寸法修理。轮毂与齿圈配合的表面磨损后可镀铬、镀铁、堆焊、加

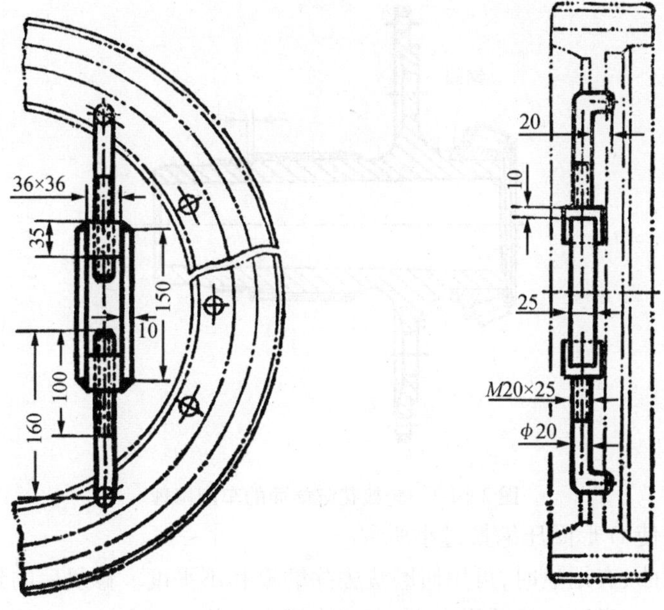

图 2-10-5　齿圈开裂的拉紧

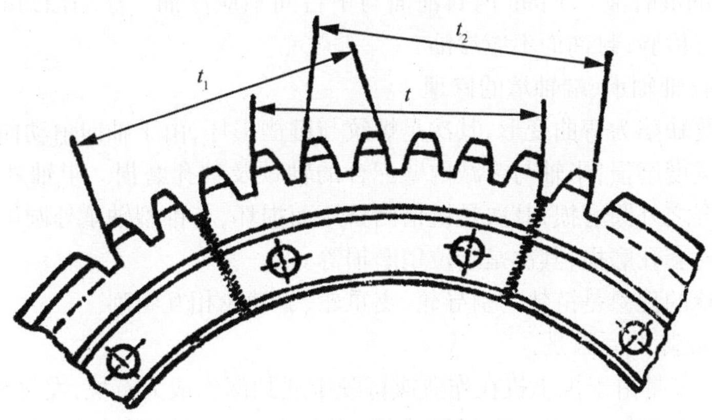

图 2-10-6　齿圈镶齿扇修理

压钢圈等修复，并加工至要求尺寸。此时应注意修后外圈与轮毂轴径的同轴度及端面与轴颈垂直度的要求。

T120A 从动轮毂锥形花键产生磨损时，可拧紧其端部大螺母后继续使用，但此时轮毂花键端面必须沉入驱动轮端面 2 mm 以上（标准值为 8 mm），否则须将花键端车去一段长度（图 2-10-7），以满足大于 2 mm 的要求。这时由于轮毂内移过多，一方面改变了内外浮封环的安装尺寸，加速油封损坏和产生漏油；另一方面易使驱动轮不在支重轮、引导轮的纵向中心面内，引起推土机跑偏和啃轨。为此，可在里边轴承内圈和轮毂间加一钢圈，此钢圈不能过宽，否则又易使齿圈外圆和壳体相擦。花键严重损坏时可堆焊后重新铣制。

轮毂轴颈磨损后可镀铁或堆焊修理。

（3）浮动油封的缺陷与修理。

最终传动浮动油封的主要缺陷是漏油。漏油多发生在封油面处，如封环平面翘曲不平，封油面产生磨痕，O 形圈老化压力降低等。后者可能是 O 形圈压力下降或损坏、老化失去弹性，

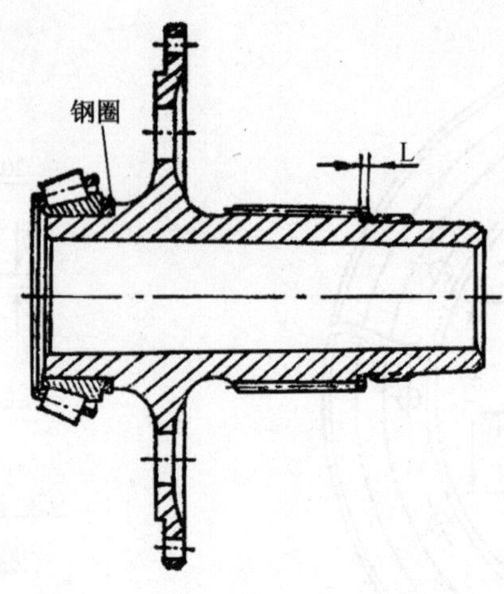

图 2-10-7　轮毂花键端面的车削修理

也可能因安装不当使 O 形圈压缩量过小所致。

封环接合面翘曲、有划痕时，可用研磨法去除磨痕和不平度。修复后的封环或新件应做封油性能试验：将封油面靠贴在检验平台上，在工作压力下往封环内注入变压器油（或 80% 工作机油与 20% 柴油的混合液），3 min 内封油面与平台间不应渗油。浮动油封封油面也可对置，内灌变压器油进行检验，封油面不应渗油。

（4）长半轴、长轴轴承、端轴承的修理

长半轴的主要缺陷为弯曲变形，其次是螺纹与键槽损坏，由于轴向窜动而产生锥面磨损较少见。键与键槽宽度磨损，半轴与终减内壁配合的轴颈及轴孔磨损。半轴外轴承主要缺陷是与外轴承衬套配合之外圆磨损，其次是键槽因挤压而损坏，与锥型轴承外圆配合松动等。外轴承座主要缺陷是衬套孔磨损，其次是定位销磨损等。

上述缺陷导致的现象是链轨与引导轮、支重轮、驱动轮相互啃削。

① 产生这些故障的原因是：

a. 半轴弯曲，多是由于推土机在作业或行驶中遇到深沟或大石块，发生撞击引起；

b. 半轴与终减内壁配合的孔及轴颈磨损，多是由于固定螺帽松动，推土机前进或后退遇到负荷及地面阻力造成；

c. 半轴与外端轴承座配合的轴颈及孔磨损，多是由于正压力及地面起伏不平造成单面磨损；

d. 键与键槽宽度磨损主要是负荷太大或推土机与障碍物撞击，发生剪磨造成。

② 半轴弯曲的检验：

a. 在车架上以终减内壁台阶为基点用大型直角尺在半轴上下、左右检查半轴轴线与直尺的距离差；

b. 专用检查工具检查，如图 2-10-8 所示：百分表架套在轴的根部，表脚触在半轴端部，转动一周表针摆动范围即为弯曲跳动量；

c. 在顶针架上或车床上用千分表检查半轴弯曲全长超过 0.5 mm、端部弯曲超过 2 mm 时，应拆下用油压机进行冷压校正。

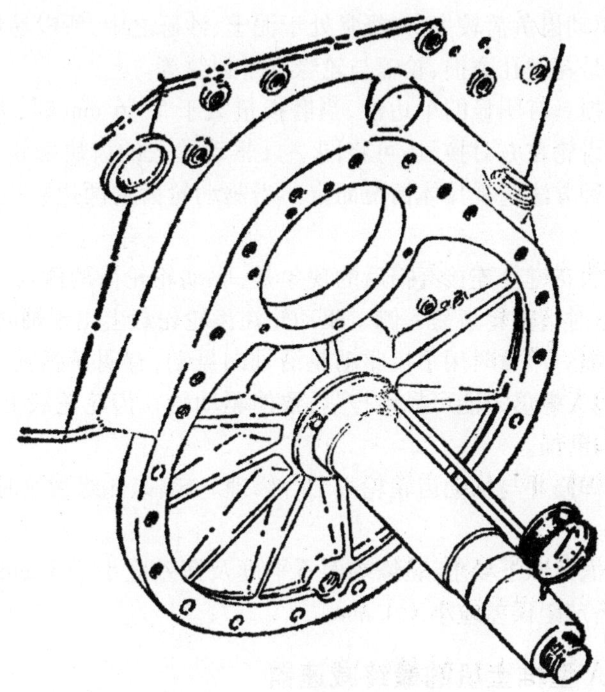

图 2-10-8　长半轴弯曲检验

③ 半轴拆卸步骤：

a. 卸下锁紧螺母的锁环，拧下锁紧螺母。

b. 将专用螺杆拧在半轴外端头部螺纹上。

c. 将钢管套在半轴上，钢管一端顶在终减内壁上。

d. 将螺母拧在螺杆上，拧紧螺母半轴即可压出。有时可能发生螺杆与半轴一起转动的现象。为防止发生此现象，必须在螺杆端部的孔中插一铁棒，防止半轴与螺杆一起转动。

无上述设备时，可将半轴外端轴承座装在半轴上，用螺帽固定，而后同时用两个千斤顶，一端顶在轴承座上，一端支撑在终减内壁上，同时压动千斤顶，即可将半轴压出。

装复半轴时，涂抹二硫化钼后，一边用锁紧螺帽往里压半轴，同时用大锤轻敲半轴的端头（为防止螺纹损坏，应将螺母拧在螺纹上，使螺母与螺纹平齐），直到压得坚固可靠符合标准要求为止。半轴伸出终减内壁平面长度为 474 mm。

螺纹损坏时可焊后重新加工，键槽及键宽大于 0.2 mm 可修整重铣，配制加宽的键或制作阶梯键。损坏严重时可在其他方向重铣新槽。安装滚动轴承的轴颈松旷后可镀铁或堆焊修复。半轴与外端轴承座配合的轴颈及孔磨损超过极限间隙 1.5 mm，应光磨轴颈，重新制配轴套，保证恢复正常间隙 0.05 ~ 0.2 mm。

半轴与终减内壁配合的轴颈及孔磨损不大于 0.5 mm 时，可采用扭紧、锁紧螺母的办法处理。若大于 0.5 mm，可用专用工具搪削镶套处理。半轴外轴与衬套配合间隙大于 1.5 mm 时可用堆焊法修复外轴承或更换轴承衬套以恢复配合（标准间隙 0.05 ~ 0.21 mm）。外轴承座定位销磨损后应更换新件。

(5) 驱动轮的修理。

驱动轮是履带底盘工作最沉重的机件之一，常见缺陷主要是驱动齿磨损，使牙型改变和变尖,齿宽变窄。由于驱动齿负荷较大,又经常处于泥土、沙砾之中,所以易形成严重的干摩擦磨损与磨料磨损。其次是花键孔磨损、轮辐与轮缘产生裂纹等。

驱动轮轮齿的磨损具有明显的单边性,当磨损量大于5~6 mm时,大修时可将两边的驱动轮连同轮毂及从动齿轮左右对换,还可将同一只驱动轮上的齿块翻转180°重新安装,以延长使用寿命。采用何种方法应视具体情况而定。当驱动轮齿的两边磨损超过齿厚的一半时,应更换新齿块。

驱动轮与齿轮轮毂花键套连接磨损后的现象是:驱动轮轮齿两侧与链轨相互啃磨。前进时啃削轮齿一侧,后退时啃削轮齿另一侧。驱动轮在齿轮轮毂上出现轴向游动间隙,加速油封的坏损,造成漏油、磨损。严重时用手扳驱动轮沿轴向晃动,有明显感觉。其主要原因是由于修理时,紧固驱动轮的大螺母未能可靠地拧紧,致使驱动轮在齿轮轮毂上的配合松弛,产生间隙,加速花键连接处的磨损。

花键孔磨损后可焊修并与从动齿轮轮毂配合修理。轮辐、轮缘裂纹时可焊修,其方法与从动齿轮裂纹修理相同。

驱动轮修复后应满足以下要求:轮缘端面不平度及摆差应小于3 mm,齿底相对内孔径向跳动应小于3 mm。齿节距误差应小于1 mm。

4.2.3 装配T120A型推土机的最终减速器

按照拆卸时的相反顺序进行装配,应特别注意以下几点:

(1)安装驱动轮时应使驱动轮毂外端面距最终减速器壳体外端面131 ±1 mm;外轴承座内端与轮毂轴承盖之间距离3 ±1 mm,以确保外浮封环压紧不漏油。

(2)双联齿轮轴承间隙为0.4~1.0 mm,用增减小端盖处的调整垫片进行调整。

(3)安装浮封环时,应保持两接触面间的清洁并涂抹少量机油。

4.3 最终减速器的常见故障诊断与排除

4.3.1 最终减速器的维护

最终传动的技术维护,主要是紧紧固定驱动轮的螺母及调整轴承间隙、检查后轮毂油封及润滑油油面等。下面以T120型推土机最终传动装置的检查与调整为例予以介绍。

(1)最终传动装置的维护

最终传动装置的润滑油应按技术维护规程定期进行更换。更换最终传动装置齿轮室的齿轮油时,应在推土机熄火后趁齿轮油尚热时立即进行。放油时先将齿轮室外壳下部的放油塞拧下,使旧齿轮油放完为止,然后再将放油塞拧上。

清洗时,先将齿轮室后部的注油口螺塞拧下,并由此注入煤油,然后开动推土机,在无负荷下用低速前进及后退运转5 min,再按放旧油的方法放出清洗油,同时仔细清除放油塞上杂质,再将放油塞拧上。注入新齿轮油,使油面高度达到量尺上刻度线,最后将注油口盖拧紧。维护时,对左右两侧的最终传动装置应同时进行。加油完毕后应仔细检查齿轮室外壳螺栓螺母的紧固情况和有无油液渗漏。

(2)最终传动装置驱动轮轮毂轴向间隙的检查与调整

最终传动装置驱动轮轮毂轴向间隙标准值为0.125 mm。间隙过大或过小都会加速轴承和齿轮的损坏,引起驱动轮在行驶中轴向摆动量增大,加速啮合处的磨损和端面油封的损坏,使最终传动产生漏油现象。因此,须定期检查调整。具体调整方法与步骤如下:拆开履带,并松开半轴外轴套的夹紧螺栓,取下驱动轮轴承调整螺母的锁止片。用约 1 500 N·m 的转矩将调整螺母拧到极点,即将轴承间隙完全消除,然后退回一个齿(即 1/4 圈)。用撬杠把驱动轮向外撬,以消除半轴外瓦和调整螺母之间的间隙。调整后,装上调整螺母的锁止片,并拧紧半轴外轴套的夹紧螺栓,装复其他附件。

(3)最终传动装置驱动链轮油封漏油的检查和调整

T140 型、T180 型、T220 型等推土机最终传动装置的维护和润滑与 T120 型完全相同,最终传动装置驱动轮轮毂轴向间隙是靠驱动轮外端轴头螺母下的调整垫片进行调整的,油封一般均采用浮动油封,工作寿命长。如果产生漏油现象时,可拆开更换 O 形圈,研磨动环与定环端面后重新装复。TL－160 型推土机的最终传动第一级为圆柱齿轮减速,第二级为行星齿轮减速,其维护项目及方法与 T180 型基本相同。

4.3.2　最终减速器的常见故障与排除

各齿轮牙齿(包括花键齿)磨损和剥落;各轴承及孔的磨损;油封磨损或漏油;轴承损坏;半轴弯曲等。当油封(尤其是驱动轮内外油封)漏油后如未及时更换或加油,减速器在缺乏润滑的条件下工作,各齿轮及轴承将严重发热,齿面开裂剥落及轴承损坏后滚柱脱出落入齿轮啮合处卡死齿轮,造成履带无法转动,或打坏轮齿,严重时该侧履带将失去动力无法行驶。轴承孔磨损是由于油太脏或缺油后轴承发热卡死所造成的。漏油主要发生在油封处,有时也发生在最终减速壳体与后桥壳体结合面处。油封处漏油多为油封损坏失效所致,有时亦为安装不当引起,当安装不正确、密封面产生划痕或不平、弹簧或 O 形圈失去弹性都会使油封性能下降而漏油。壳体结合面处漏油是由于壳体变形、垫片损坏、连接螺钉松动等造成的。

4.3.2.1　异响

(1)故障现象

履带式推土机行驶时最终减速器发出“嘎嘎”的异常响声,如未能及时发现,当轮齿完全打光后响声也就消失。

(2)故障原因

因缺油或轴承损坏造成齿轮打坏,另外齿轮制作不良也会自行损坏,坏齿轮转动时发出异响。

(3)故障排除

更换损坏的零件,清洗后重新装配最终减速器,注意浮动油封安装时的清洁度以及驱动轮装配的尺寸,确保浮动油封密封有效。

4.3.2.2　漏油

(1)故障现象

最终减速器壳体接合面处漏油、壳体螺栓孔漏油、壳体裂纹处漏油、内外浮动油封处漏油。

(2)故障原因

壳体结合平面变形、密封垫失效、螺栓孔的螺纹损坏、壳体裂纹以及浮动油封失效等。

(3)故障排除

修磨壳体的接合平面、更换密封垫、修复螺纹孔、焊修或更换壳体、修换浮动油封及 O

形圈。

4.3.2.3　驱动轮爬齿

(1)故障现象

行驶中驱动轮的轮齿顶端强行越过链轨销,发出“嘎嘎”的声响,爬齿时履带被顶得完全张紧。

(2)故障原因

履带过度松弛、驱动轮的轮齿或齿块过度磨损,这和自行车链条爬齿的道理相同,极易造成脱轨。

(3)故障排除

更换过度磨损的驱动轮或齿块、及时张紧因磨损而松弛的履带,如张紧油缸失效,应及时检修,恢复其张紧功能。

4.3.2.4　驱动轮脱轨

(1)故障现象

驱动轮从链轨中完全脱出。

(2)故障原因

履带过度松弛、台车架变形、车架变形、驱动轮安装位置错误等造成四轮一带的中心不在相同位置。

(3)故障排除

张紧履带、校正台车架及车架、按照正确位置安装驱动轮。

4.3.3　最终减速器故障诊断实例

(1)故障现象

一台彭浦 PD140 型推土机驾驶员报修称,该机只能向左侧转向,如拉动右侧转向操纵杆,推土机就停止运行。

(2)现场检查

左右转向离合器操纵杆的自由行程均符合要求,故障现象表明动力可以完全传递至右侧驱动轮,而左侧动力传递中断,可能原因一是左侧转向离合器失效;二是最终减速器里的轴承损坏、主动齿轮或双联齿轮的轮齿全部打掉。拆开左转向离合器室后方的检视口盖板,挂挡后将右转向操纵杆拉到底,再接合主离合器,此时推土机无法行驶,但从检视口可以看到转向离合器运行正常;熄火后拆下最终减速器壳体外侧的双联齿轮轴承座(如图 2-10-1 所示),发现轴承已损坏,外侧齿轮的轮齿全部打掉,动力传递在此中断。

(3)故障分析

当轴承损坏后,相互啮合的齿轮轴线无法保持平行,齿轮啮合状况急剧恶化,加之脱落的轴承滚动体及保持架的碎片随时可能打坏轮齿,此时最终减速器发出的异响没有被驾驶员及时察觉,碎片、滚柱夹在相互啮合的轮齿间挤压,造成双联齿轮的轮齿全部打光,直至推土机左侧驱动轮的动力传递完全中断,推土机无法右转向,这才引起驾驶员的注意。

(4)维修过程

拆开左半轴的瓦盖,拆卸履带,顶起左后部机体,拆下驱动轮及最终减速器壳体,更换损坏的轴承及双联齿轮。装复加油后恢复使用。

项目3
工程机械底盘机械式传动构造与维修

概　述

1　机械式传动系统的组成

机械式传动系统的组成如图2-1所示。

(1)主离合器

主离合器位于内燃机和变速箱之间,由驾驶员操纵,可以根据机械运行作业的实际需要,切断或接通内燃机传给变速箱等总成的动力。

(2)变速箱(手动)

驾驶员通过操纵变速箱,改变机械的行驶速度或改变机械的行驶方向。

(3)万向传动装置

由于变速箱动力输出轴与传动系统其他装置的动力输入轴不在同一直线上,而且动力输入轴和输出轴的相对位置在机械行驶过程中是变化的,所以需要用万向传动装置连接并传递动力。万向传动装置包括万向节和传动轴。

(4)主传动器

主传动器由一对或两对齿轮组成,它进一步降低转速、增大转矩。同时,还将万向传动装置传递来的动力方向改变90°后,传给差速器。

(5)差速器

工程机械在行驶过程中,因弯道等原因,会出现在同一行驶时间内左、右驱动轮所滚过的路程不相等的现象。为此,把驱动左、右轮的驱动轴做成两段,形成两根半轴,由差速器把两半轴连接起来,实现左、右驱动轮不等速滚动,保证机械正常行驶。

(6)终传动(轮边减速器)

终传动是将差速器传来的动力进一步减速增矩以后传给驱动轮(链轮),以满足工程机械行驶和各种作业的需要。

2　机械式传动系统的优缺点

机械式传动系统的优点是传动效率高,结构简单,制造方便,工作可靠。不得已时还可以分合离合器利用高速运转的发动机的惯性产生冲击力帮助掘削。

其缺点是传动系统受到附加的冲击，动载荷大，易引起零部件不正常地过早损坏。作业时因阻力变化急剧而起步换挡、调节油门、分合离合器等动作频繁，司机比较劳累，且经常分合的元件也易磨损。

机械式传动系统只在内燃机与万向传动装置之间的动力传递方式与液力式传动系统不同，其他都是相同的，所以本项目只介绍不同点。

任务1　调整干式主离合器及小制动器

1　任务要求

知识要求:

(1)掌握主离合器的功用及分类。
(2)掌握主离合器的结构与工作过程。
(3)掌握干式主离合器及小制动器的常见故障现象与原因。

能力要求:

(1)掌握干式主离合器及小制动器主要零件的维修技能。
(2)掌握干式主离合器及小制动器的装配与调整的方法。
(3)能对干式主离合器及小制动器的常见故障进行诊断与维修。

2　任务引入

一台T120A推土机在主离合器运转时发出“哗哗”的响声,根据此现象判断可能是由于主离合器的轴承松旷或缺油造成的,加油后,此现象还存在,排除缺油,就应拆检主离合器,视情况对轴承予以维修或更换。

3　相关理论知识

3.1　概述

前已述及,主离合器是根据工程机械的实际需要,由驾驶员操纵,实现分离和接合的。

3.1.1　主离合器的功用

(1)临时切断动力,便于变速箱换挡(以防止变速箱换挡时齿轮产生啮合冲击);
(2)能将内燃机动力和传动系统柔和地接合,使工程机械平稳起步而不产生冲击力;
(3)便于发动机在完全无载的情况下启动;
(4)当外界负荷剧增时,可利用离合器打滑作用起过载保护;
(5)利用离合器的分离,可使工程机械短时间驻车;

(6)通过对主离合器的半联动操纵,使工程机械微动或慢动。

3.1.2 主离合器要求

(1)离合器分离应彻底,以保证平顺换挡;

(2)离合器接合要柔顺,以保证机械起步及行驶平稳;

(3)离合器应具有足够的传递动力的能力,既能传递内燃机产生的最大转矩,以保证机械具有良好的动力性,又能防止传动系统的零部件过载;

(4)离合器中摩擦副的摩擦系数要高,耐磨、耐高温,具有较长的使用寿命;

(5)离合器散热性能要好,使其工作性能稳定、可靠;

(6)离合器的操作要轻便,调整简便,以减小驾驶员的劳动强度;

(7)离合器从动部分的零件质量要小,以便迅速换挡;离合器各零件质量应均匀,结构和布置要对称,以保证整个离合器(以至内燃机)具有较高的动平衡精度,使机械(特别是传动系统)运转平稳。

3.1.3 主离合器分类

离合器的类型较多,有摩擦式、液力式和电磁式等。摩擦式离合器结构简单,工作可靠,所以工程机械多采用这种形式的离合器。摩擦式离合器可根据以下情况分类。

(1)根据摩擦盘数,可分为单盘、双盘和多盘式离合器。

单盘式离合器有 2 个摩擦面。它的优点是结构简单、分离彻底、散热良好、调整方便、从动部分转动惯量小。

双盘式离合器有 4 个摩擦面。它的优点是接合较平顺、摩擦力大、可传递较大的扭矩。

多盘式离合器从动部分惯量大,不易分离彻底。一般只有在传递扭矩大,同时结构尺寸受到限制的机械上采用。

(2)根据压紧机构的类型可分为弹簧压紧式和杠杆压紧式。

弹簧压紧式离合器平时一直处于接合状态,故又称为常结合式。它只需要单向操纵,一般由脚控制,这种离合器操纵方便,便于机械在行驶时进行变速换挡。轮式机械多采用这种离合器。

杠杆压紧式离合器既可以稳定地处于结合状态,又可以稳定地处于分离状态,故又称为非常结合式。此离合器接合和分离需要双向操纵,一般由手操纵杆进行控制,这种离合器能可靠地处于分离位置。若机械需要短时间停车,只需分离离合器即可,而不需将变速杆放入空挡。履带式机械多采用这种离合器。

(3)根据摩擦盘的工作条件可分为干式和湿式。

干式离合器结构简单,制造容易,但使用中操纵要正确,该离合器磨损较快,需经常进行调整,否则易发生故障,并使磨损加剧,缩短寿命。

湿式离合器的摩擦盘是在油浴中工作的,强制循环的工作液体对其进行润滑及冷却,所以磨损较小。摩擦面材料是用粉末冶金烧结而成,因而它单位面积所允许承受的压力较高,耐磨性好,可使用较长时间不需调整,使用寿命长(一般比干式长 3 ~4 倍),但需要增加压紧力来补偿。为了操纵轻便,一般都装有液压助力器。湿式离合器结构较复杂,但其优点突出,目前在工程机械中得到了广泛的应用。

(4)按照操纵机构方式可分为机械式、液压式、气动式3种,其中机械式和液压式操纵机构又常和各种形式的助力器配合使用。助力器有弹簧助力、液压助力和气动助力等形式。

3.2　离合器的工作原理

工程机械应用最广泛的是根据摩擦原理设计而成的离合器,称为摩擦离合器。摩擦离合器一般由摩擦副、压紧与分离机构、操纵机构等组成,如图3-1-1所示。

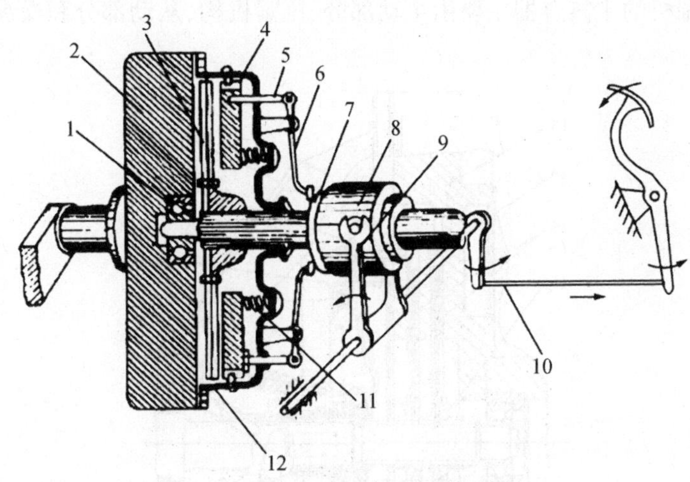

图3-1-1　摩擦离合器结构简图

1—离合器轴;2—飞轮;3—从动盘;4—压盘;5—分离拉杆;6—分离杠杆;7—分离轴承 8—分离套筒;9—分离拨叉;10—拉杆;11—压紧弹簧;12—离合器盖

摩擦副包括主动摩擦盘和从动摩擦盘。从图3-1-1中可以看出,这种摩擦离合器是直接利用内燃机飞轮的外端面作主动盘,从动盘通过花键和离合器轴相连,既可带动离合器轴一起旋转,又能沿离合器轴做轴向移动。离合器轴前端靠滚动轴承支承在飞轮中心凹孔中。

压紧与分离机构包括压盘、压紧弹簧、分离拉杆、分离杠杆等,它们都安装于离合器盖上,离合器盖用螺钉固紧在飞轮上。因而,压紧与分离机构是随飞轮一起旋转的。同时,压盘又可在压紧弹簧或分离拉杆的作用下做轴向移动。

操纵机构包括分离轴承、分离套筒、分离拨叉、拉杆及离合器脚踏板等。因压紧弹簧装配时有预紧力,在此预紧力作用下,借助压盘将从动盘紧紧地压在飞轮的外端面上。此时离合器处于"接合"状态,内燃机动力由飞轮经从动盘、离合器轴传至变速箱。

驾驶员踩下离合器脚踏板时,分离拉杆向右移动,分离拨叉推动分离滑套,分离轴承左移,使分离杠杆内端受压。当操纵力大于压紧弹簧预紧力时,分离杠杆外端通过分离拉杆将压盘向右拉,压缩压紧弹簧,直至使压盘、从动盘及飞轮表面间出现0.5 mm的间隙为止,此时离合器处于"分离"状态,内燃机的动力传递被切断。

从以上分析可以看出,这种离合器是靠压紧弹簧的预紧力传递动力的,当驾驶员不操纵时处于"接合"状态(由此而称其为常合式弹簧压紧摩擦离合器),传递转矩的大小取决于弹簧压紧力、摩擦副平均直径、摩擦系数等因素。"分离"状态时,主、从动摩擦副之间必须保持一定的间隙。

3.3 主离合器的典型结构

3.3.1 弹簧压紧双盘干式离合器

以74式Ⅲ型挖掘机的主离合器为例(其为弹簧压紧双盘干式离合器)进行分析。

3.3.1.1 结构分析

74式Ⅲ型挖掘机的主离合器主要由主动部分、压紧机构、从动部分和操纵机构等组成,如图3-1-2所示。

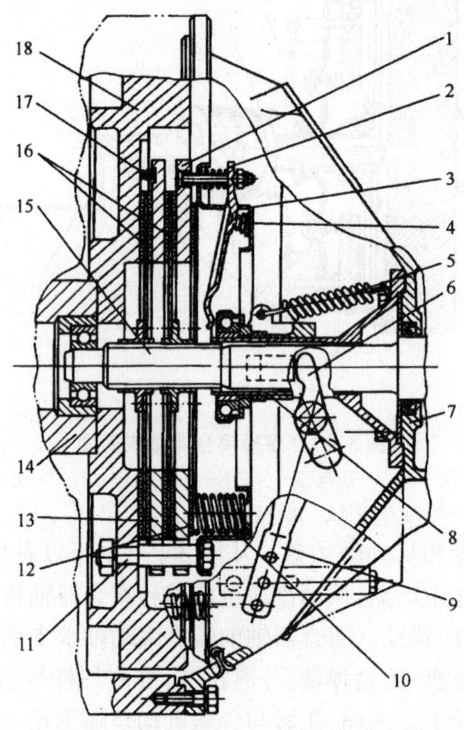

图3-1-2 74式Ⅲ型挖掘机主离合器

1—压盘;2—分离臂;3—离合器盖;4—支承弹簧;5—回位弹簧;6—分离叉;7—壳体;8—分离套;9—拉臂;10—压紧弹簧;11—传动销;12—隔热环;13—主动盘;14—曲轴;15—离合器轴;16—从动盘;17—分离弹簧;18—飞轮

(1)主动部分与压紧机构

主动部分与压紧机构主要由传动销、主动盘、压盘、离合器盖、压紧弹簧和分离臂等组成。6个传动销压装在飞轮上,并用螺母固定。主动盘和压盘套装在传动销上,可做轴向移动。离合器盖用螺钉固定在传动销的端部。6个分离臂的中部均制有凹槽,用以卡装在离合器盖的窗口内,并以此作为工作时的支点。分离臂外端用螺栓和压盘连接在一起,这样当向左压分离臂内端时,压盘便随之右移。分离臂外端的螺栓还可以用来调整分离臂内端工作面的高度。为防止离合器转动时分离臂发生振动,在分离臂中部和分离臂固定螺栓上装有支承弹簧。12个压紧弹簧的两端分别支承在离合器盖的凸台和压盘的隔热环上,隔热环用螺钉固定在压盘上。为防止主动盘在离合器分离时与前从动盘接触而造成离合器不能彻底分离,故在飞轮与主动盘之间装有3个锥形分离弹簧,并在离合器盖上旋装有3个限位螺钉,限位螺钉内端穿过压盘上的专用孔，以便在离合器分离时限制主动盘后移量。但在离合器结合后，其端部与压盘之间应有一定间隙（1～1.25 mm）。发动机在工作时，上述所有部件跟随飞轮一起旋转。

（2）从动部分

从动部分由前、后两个从动盘和离合器轴（即变速箱主动轴）组成。每个从动盘都由从动盘毂、钢片和摩擦片组成，其中从动盘毂和钢片、钢片和摩擦片均铆接在一起。从动盘毂通过内花键套装在变速箱主动轴的前部花键上，并可轴向移动。从动盘毂两端是不对称的，在安装时应使短的部分相对，否则离合器将不能正常工作。从动盘毂用铆钉与钢片铆接，钢片上开有6条径向槽，用以防止受热后翘曲变形。在钢片的两侧用铆钉铆有摩擦片，两个从动盘分别处于飞轮、主动盘、压盘之间，由压紧弹簧将它们相互压紧在一起。

（3）操纵机构

操纵机构用于操纵离合器的结合或分离。操纵机构有两种形式：一种是钢绳操纵机构，一种是杠杆操纵机构。后者因为工作可靠，调整方便，故应用较多，例如74式Ⅲ型挖掘机等均采用杠杆操纵机构。

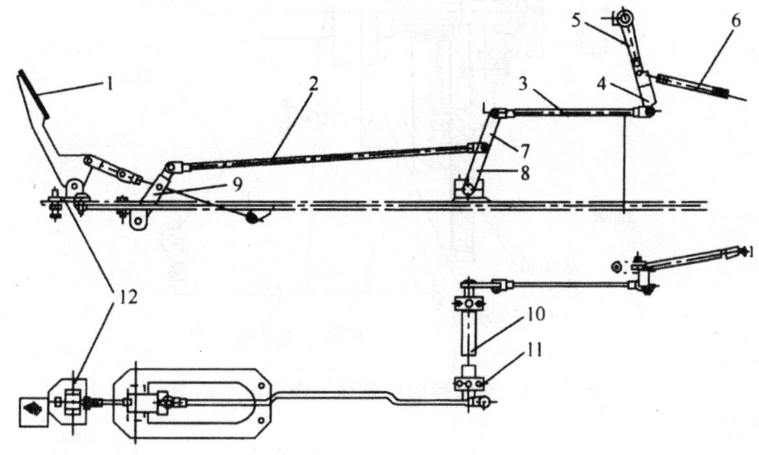

图3-1-3 杠杆操纵机构

1—踏板；2—长拉杆；3—短拉杆；4—弯臂；5—拉臂；6—回位弹簧；7—长臂；8—短臂；9—摇臂；10—横轴；11—轴座；12—支承座

杠杆式操纵机构主要由踏板、横轴、长拉杆、短拉杆、长臂、短臂、弯臂等组成，如图3-1-3所示，横轴用两个轴承支承，在其两端分别固装着长、短臂。通过长、短拉杆把摇臂与弯臂连接在一起，弯臂用螺栓与拉臂固定。

3.3.1.2 工作原理

（1）接合状态

如图3-1-4所示，离合器在接合状态时，压紧弹簧将压盘、从动盘、飞轮互相压紧。发动机的转矩经飞轮及压盘通过摩擦面的摩擦力矩传到从动盘，再经从动轴向传动系统输出。

离合器除了在结构与尺寸上保证传递最大转矩外，设计时还考虑到离合器在使用过程中因摩擦系数的下降、摩擦件磨损变薄和弹簧本身的疲劳致使弹力下降等因素的影响，造成离合器所能传递的最大转矩下降，因此离合器所能传递的最大转矩 M_c 应适当地高于发动机的最大转矩 $M_{c\max}$，其间的关系为

$$M_c = Z P_{\sum} \mu R_c = \beta M_{c\max}$$

式中，Z—— 摩擦片数；

P_{Σ} —— 压盘对摩擦片的总压紧力；

μ—— 摩擦系数；

R_c—— 摩擦片的平均摩擦半径；

β—— 后备系数，轿车及轻型货车 $\beta = 1.25 \sim 1.75$；中型及重型货车 $\beta = 1.60 \sim 2.25$；带拖挂的重型货车及牵引车 $\beta = 2.0 \sim 4.0$。但后备系数也不宜过高，以便在紧急制动时，能通过滑磨来防止传动系统过载。

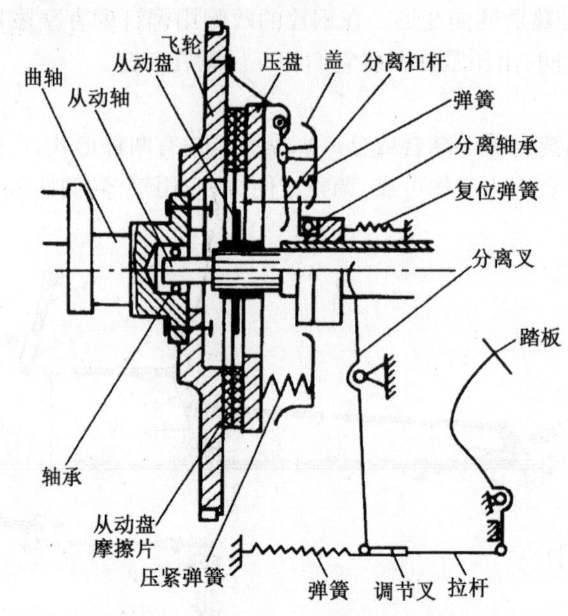

图 3-1-4　离合器的组成和工作原理示意图

(2)分离过程

踩下离合器踏板时，拉杆拉动分离叉外端向右(后)移动，分离叉内端则通过分离轴承推动分离杠杆的内端向前移动，分离杠杆外端便拉动压盘向后移动，使其在进一步压缩压紧弹簧的同时，解除对从动盘的压力。于是离合器的主、从动部分处于分离状态而中断动力的传递。

(3)接合过程

当需要恢复动力传递时，缓慢地抬起离合器踏板，分离轴承减小对分离杠杆内端的压力，压盘便在压紧弹簧作用下逐渐压紧从动盘，并使所传递的转矩逐渐增大。当所能传递的转矩小于车辆起步阻力时，车辆不动，从动盘不转，主、从动摩擦面间完全打滑；当所能传递的转矩达到足以克服车辆开始起步的阻力时，从动盘开始旋转，车辆开始移动，但仍低于飞轮的转速，即摩擦面间仍存在着部分打滑现象。再随着压力的不断增加和车辆的不断加速，主、从动部分的转速差逐渐减小，直到转速相等、滑磨现象消失、离合器完全接合为止，接合过程即结束。由此可知，车辆平稳起步是靠离合器逐渐接合过程中滑磨程度的变化来实现的。

接合后，在复位弹簧的作用下，踏板回到最高位置，分离叉内端回至最右位置。分离轴承则在复位弹簧的作用下离开分离杠杆，向右紧靠在分离叉上。

(4)压盘的传动、导向和定心方式

压盘是离合器主动部分的重要组成零件之一，工作过程中既要接受离合器盖传来的动力，又要在分离与接合过程中轴向移动。为了将离合器盖的动力顺利传递给压盘,并保证压盘只做沿轴线方向的平动而不发生歪斜,通常压盘的传动、导向和定心方式有:传动片式、凸台窗孔式、传动块式和传动销式。

3.3.2 单片非常合式摩擦离合器(杠杆压紧干式主离合器)

如图3-1-5所示为国产T120型推土机用单片非常合式摩擦离合器。由主动部分、从动部分、压紧分离机构和小制动器组成。

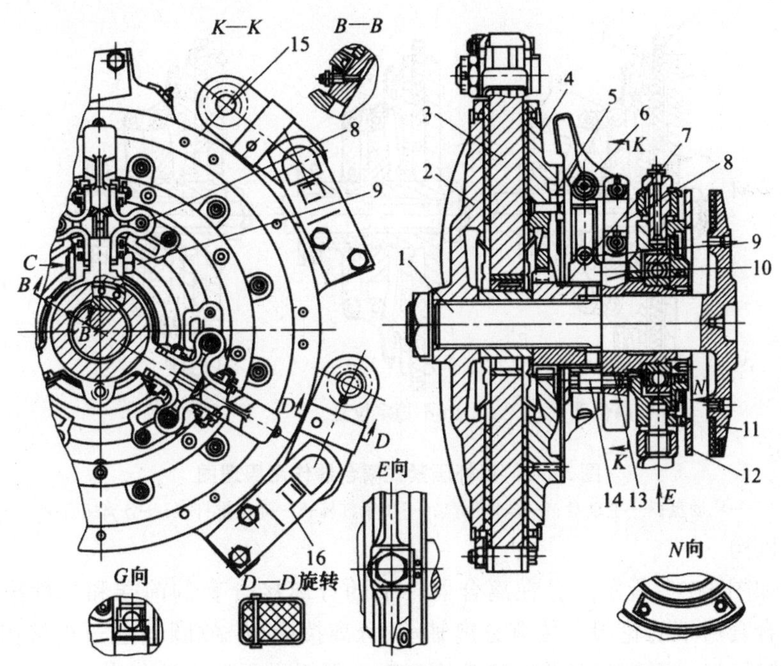

图3-1-5 T120型推土机的杠杆压紧干式主离合器

1—离合器轴;2—从动盘;3—主动盘;4—从动压盘;5—片弹簧;6—压紧杠杆;7—压盘毂;8—弹性推杆;9—锁紧螺栓;10—支架;11—摩擦衬片;12—制动盘;13—分离接合套;14—导向销;15—驱动销;16—弹性连接块的连接片

(1)主动部分

主动盘3位于从动盘2和从动压盘4之间,并用滚柱轴承支承在离合器轴1上。主动盘外缘有5个凸耳,通过弹性连接块与飞轮上的驱动销15相连。

(2)从动部分

从动部分包括从动盘2、从动压盘4和离合器轴1。在从动盘与从动压盘的端面上分别铆有摩擦衬片。从动盘2与离合器轴用花键直接连接;从动压盘4由内齿圈套在压盘毂7的外齿上,压盘毂7与离合器轴花键连接,并由螺母压紧在轴上,所以从动压盘4既可做轴向移动,也可带动离合器轴一同旋转。离合器轴后端的连接盘与变速箱输入轴的连接盘用螺钉相连、止口定位,因此,离合器轴是悬臂轴。弹性连接块连接允许曲轴中心线与变速箱中心线微有不同心或偏移倾斜现象。

(3)压紧分离机构

压紧分离机构包括支架10、压紧杠杆6、弹性推杆8和分离接合套13等。支架10用螺纹固定在压盘毂7上,再用锁紧螺栓9箍紧锁定。三个压紧杠杆6用销轴安装在支架上。弹性推杆 8 的外端和内端用销钉分别与压紧杠杆 6 和分离接合套 13 相连。导向销 14 使分离接合套 13 与支架 10 一起旋转。

这种离合器的工作原理如图 3-1-6 所示。分离结合套前移,离合器即接合。当弹性推杆处在垂直位置,如图 3-1-6(b)所示,压紧杠杆向里的摆动量最大,压紧力亦最大;但这个位置不稳定,稍有振动就容易分离。因此,正确接合位置应越过垂直位置稍有倾斜如图 3-1-6(c)所示。此外,压紧杠杆的压紧端还特意加重加长,旋转时的离心力有利于压紧机构保持在接合位置;松放时过程则相反。

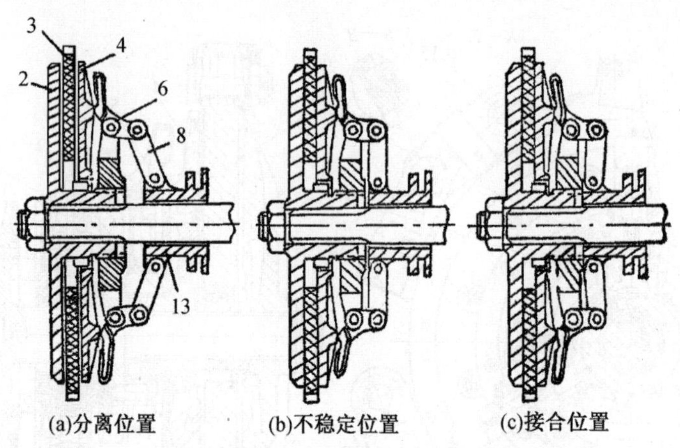

图 3-1-6 杠杆压紧式离合器作用原理图

2—从动盘;3—主动盘;4—从动压盘;6—压紧杠杆;8—弹性推杆;13—分离接合套

(4)操纵机构

操纵机构如图 3-1-7 所示。套在离合器轴上的分离接合套的前端和弹性推杆铰接在一起。在分离接合套后端的轮毂上装有分离轴承、分离拨圈(松放圈),通过连接销与分离轴承外座圈相连,然后,经一系列杆件将分离拨圈和离合器操纵手柄连接起来。

(5)小制动器(惯性制动器)

工程机械一般作业速度都较低,当离合器分离、变速箱挂入空挡时,机械就会很快停下来。而此时离合器输出轴因惯性力矩作用,仍以较高的转速旋转,这就给换挡带来了困难,容易出现打齿现象或延迟换挡时间。为此,特在离合器输出轴上设置一个小制动器。当离合器分离时,用小制动器迫使离合器轴迅速停止转动以利于变换挡位。

杠杆压紧式即使采用弹性推杆,但与弹簧压紧式相比,仍然弹性小、刚度大,故随着摩擦衬片磨损,压紧力迅速下降,需要经常调整。如图 3-1-5 所示,调整时松开锁紧螺栓 9,拧动支架 10。调整正确时,操纵杆上的力为 137 ± 19 N,并在弹性推杆过垂直位置(死点)时发出特有的清脆“契咔”声。调整后将支架 10 用锁紧螺栓 9 重新锁紧。

显然,为保证离合器具有足够的压紧力,这种调整必须及时进行。为减少调整次数,有些非常合式摩擦离合器采用了“补偿弹簧”结构,如图 3-1-8 所示。在压盘和调整圈之间,安装补偿弹簧,用以弥补压紧力的减小。如果摩擦衬片的磨损量过大,超过了弹簧的补偿能力,才需进行调整。

除了注意经常将主离合器调整合适外,作业时每天应对主动盘滚柱轴承、分离接合套滚珠轴承以及分离接合套和离合器轴之间的滑动面上加注润滑脂润滑。

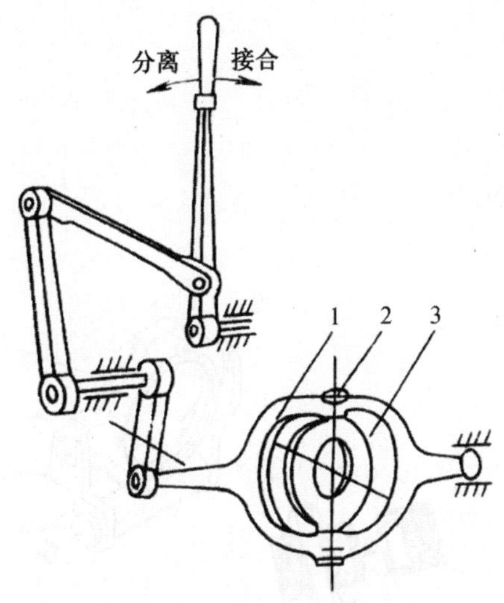

图3-1-7 操纵机构示意图

1—分离拨圈;2—连接销;3—分离轴承外座圈

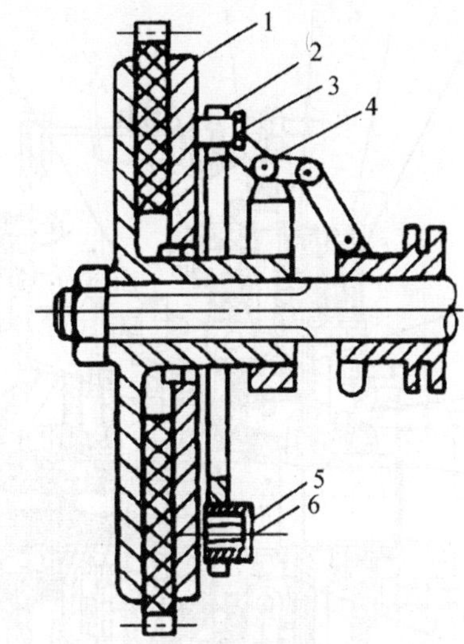

图3-1-8 具有补偿弹簧的非常合式摩擦离合器

1—压盘;2—调整圈;3—螺钉;4—压杆;5—弹簧座;6—补偿弹簧

3.3.3 多片湿式非常合摩擦主离合器

前面介绍的摩擦离合器,摩擦副均在干摩擦状态下工作。这种干式离合器结构简单,分离彻底,但能传递的转矩较小,散热条件较差,并且在使用中必须经常保持摩擦面干燥、清洁。所以,干式离合器一般用于中小功率、以运输为主的工程机械中。对于重型、大功率的工程机械(如重型履带推土机等),因所需传递的转矩很大,普遍采用多片湿式非常合摩擦离合器。

多片湿式非常合摩擦离合器一般具有2~4个从动盘,其摩擦副浸在油液中。由于油液具有清洗、润滑和冷却的作用,所以湿式离合器摩擦副的磨损小、寿命长,使用中无须经常进行调整。又因为摩擦片多用粉末冶金(一般为铜基粉末冶金)烧结而成,承压能力强,加之采用多片,故可传递较大的转矩。

如图3-1-9与图3-1-10所示,为T160型推土机用多片湿式非常合摩擦离合器结构示意图。

该多片式摩擦离合器是利用外圆周有外齿的两片主动齿片2和内圆周有内齿的三片从动齿片1的表面摩擦力,来接通或切断主离合器之后传动系统的动力。

主动齿片的外齿与飞轮的内齿相啮合,因此总是随着发动机一起转动。从动齿片的内齿与齿轮21相啮合,齿轮与主离合器轴20用花键联接,主离合器分离时则主离合器轴不转动,即不传递动力。压紧主动齿片和从动齿片,主动齿片的扭矩就传送到从动齿片,主离合器接合;如果消除压紧力,主离合器就分离。

如图3-1-9所示主离合器处于接合状态。当在座椅上向前推动主离合器操纵杆时,移动套19向后移动,使压盘3不压紧从动齿片1和主动齿片2,因此主离合器分离。

(1)从动齿片

从动齿片是由高摩擦系数的粉末冶金制成的,强制润滑摩擦表面,保证使用寿命和防止主离合器过热。与石棉材料相比,用这种材料做成的摩擦衬片,具有承受比压高、高温下耐磨性好、摩擦系数稳定、使用寿命长等优点,但其质量较大,且成本较高。在粉末冶金片的外表面上

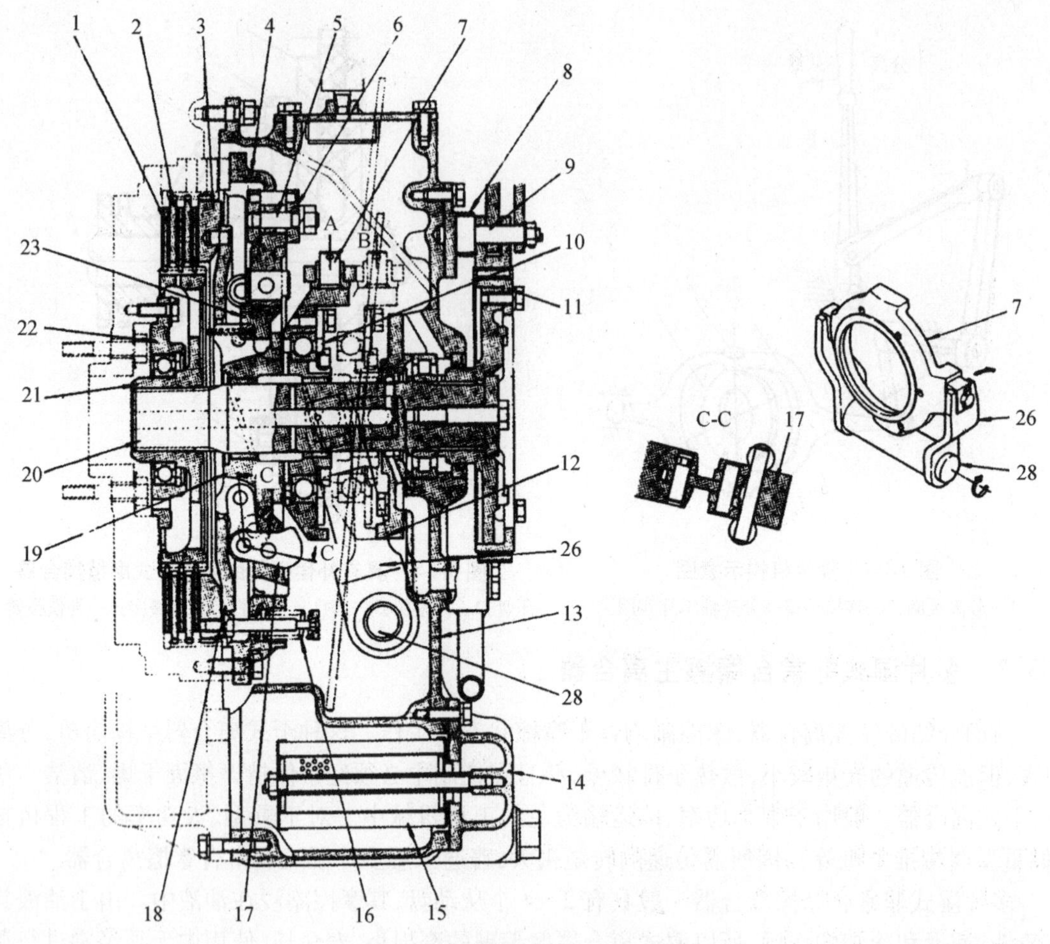

图 3-1-9 T160 型推土机的湿式主离合器

1—从动齿片；2—主动齿片；3—压盘；4—离合器托架；5—固定座；6—锁板；7—分离座；8—弹簧；9—制动带轴；10—挡板；11—惯性制动鼓；12—轴承盖；13—离合器壳体；14—法兰盘；15—滤芯；16—分离弹簧；17—重锤杠杆；18—施压盘（后压盘）；19—移动套；20—主离合器轴；21—齿轮；22—轴承壳；23—调整盘；26—拨叉；28—拨叉轴；A—接合位置；B—分离位置

开有油槽，润滑油通过油槽对摩擦片进行润滑、冷却和清除杂质（磨削物）。2 片锰钢片内侧圆周方向上均布有 6 个蝶形弹簧（如图 3-1-11 所示），保证离合器接合时柔和、平稳。

（2）偏心机构

另一方面，为使从动片与主动片压紧，使用了偏心机构（工作原理如图 3-1-12 所示）。随着发动机功率和主离合器负载的增加，压紧力也应增加，以防止打滑。偏心系统利用了曲柄杠杆机构和离心力，在不需要增加主离合器操作力的情况下，以提供足够的压力使摩擦表面不致打滑。

移动图 3-1-12 中的拨叉 3 使移动套 1 在主离合器轴 2 上滑动。滚轮 6 与连板 4 和重锤杠杆 5 在 B 点连接在一起，滚轮压紧施压盘 7。

重锤杠杆 5 与调整盘在 C 处铰接。离合器托架用螺栓装在飞轮上，所以 1 和 4 至 8 各零件总是随发动机一起转动。

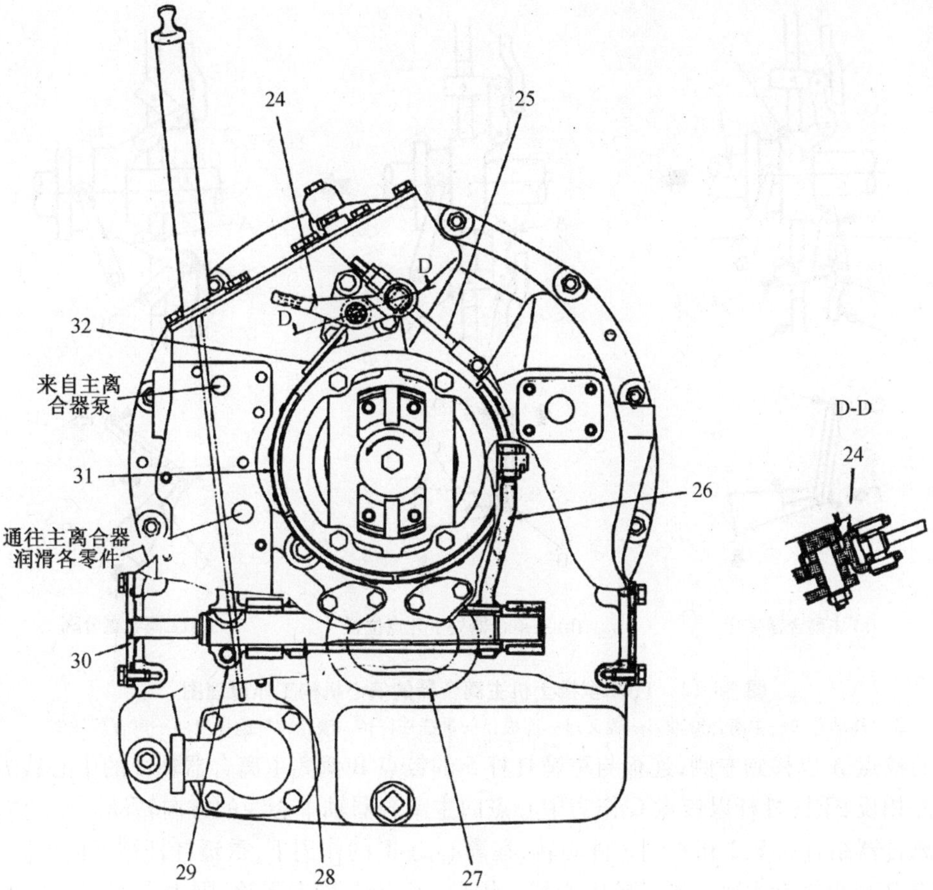

图 3-1-10 T160 型主离合器后视图

24—制动叉杆;25—螺杆;26—拨叉;27—油管;28—拨叉轴;29—连杆;30—盖;31—摩擦衬带;32—制动带

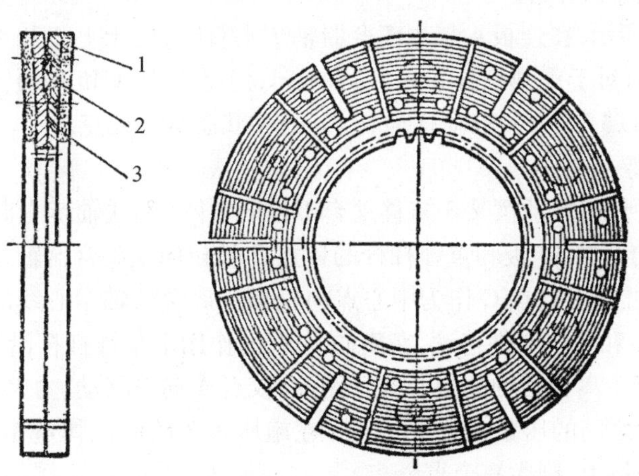

图 3-1-11 从动齿片结构

1—铜基粉末冶金片;2—蝶形弹簧;3—锰钢片

① 主离合器接合

如图 3-1-12(a)所示,拨动拨叉 3 将移动套 1 推向左侧(朝向发动机飞轮)同时移动套与

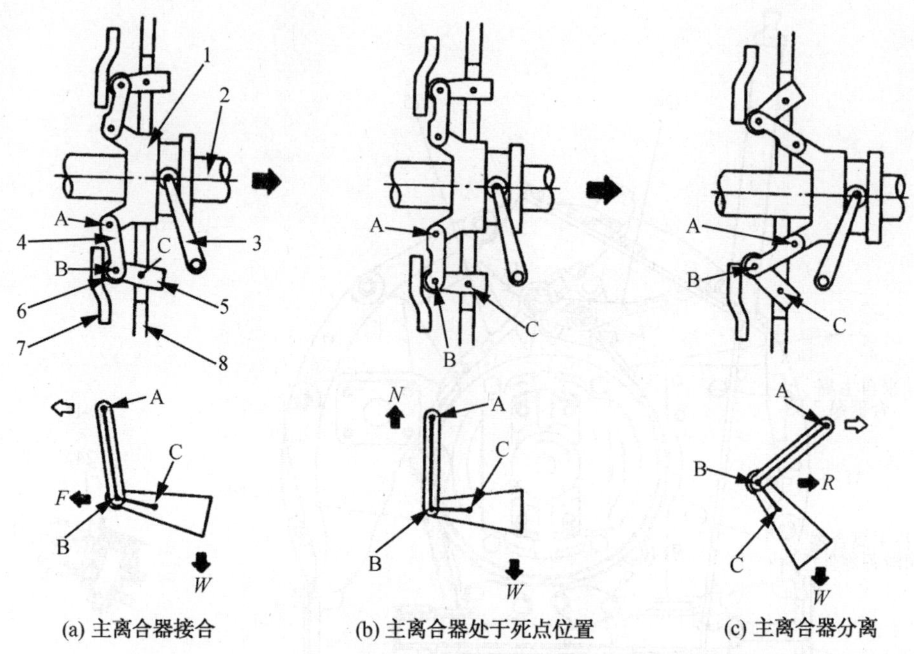

(a) 主离合器接合　　(b) 主离合器处于死点位置　　(c) 主离合器分离

图 3-1-12　T160 型推土机主离合器的偏心机构工作原理图

1—移动套;2—主离合器轴;3—拨叉;4—连板;5—重锤杠杆;6—滚轮;7—施压盘;8—离合器托架

连板 4 的铰点 A 也移到左侧,连板与重锤杠杆 5 的铰点 B 偏离主离合器轴 2 的中心线方向。

与此相反,重锤杠杆以铰点 C 作为中心点向主离合器轴中心线的方向转动。

主离合器结合后 1、2 和 4 到 8 件旋转,在离心力 W 的作用下,重锤杠杆被推向"↓"方向。并且铰点 B 也更靠近主离合器轴的中心线。因此,铰点 A 靠近飞轮,则力 F 沿箭头"←"方向作用在施压盘上以压紧主动齿片和从动齿片,在此情况下主离合器接合。

② 主离合器处于死点位置

如图 3-1-12(b)所示,在连板 4 与主离合器轴 2 垂直时,由于 1、2 和 4 到 8 件的旋转所产生的离心力 W 的方向对于重锤杠杆 5 是"↓"方向,但是由于 A 和 B 两铰点的连线垂直于主离合器轴,所以力 N 以"↑"方向推动移动套 1。这种状态称为死点。

③ 主离合器分离

如图 3-1-12(c)所示,拨动拨叉 3 将移动套 1 推向右侧(朝联轴节方向),同时移动套 1 与连板 4 的铰点 A 移向右侧,连板和重锤杠杆的铰点 B 被拉向主离合器轴 2 的中心线方向。

与此相反,重锤杠杆以铰点 C 作为中心点向偏离主离合器轴中心线的方向转动。如果主离合器在此情况下,1 和 4 向 8 件移动,在离心力 W 的作用下重锤杠杆沿"↓"方向被推动,并且铰点 B 也更靠近于主离合器轴的中心线。因此,铰点 A 向右移动,力 R 沿"→"方向作用,使主动齿片和从动齿片之间的压紧力减少到零。在施压盘 7 的回位弹簧作用下,主动齿片与从动齿片之间不再有摩擦力,则主离合器分离。

主离合器的调整:

随着主动齿片及从动齿片的磨损,将出现主离合器打滑的现象。主离合器打滑意味着主动齿片与从动齿片之间压紧力的减少,因而,采取使重锤杠杆 5 的铰点 C 与施压盘 7 相接近的方法恢复足够大的压力,则需将锁紧螺母及锁板取下,把安装在离合器托架 8 上的调整盘向飞轮方向拧进，直至主离合器的操纵杆拉至死点位置时无法越过而发动机启动后可以轻易越过死点时为止。检验标准为启动发动机后高速运转，挂3挡并踩死制动踏板，结合主离合器至熄火的时间应为0.8～1.3 s。

(3)主离合器操纵杠杆装置与液压助力器

图3-1-13表示主离合器操纵杆与主离合器助力器以及变速箱间的杠杆装置。当把主离合器向分离位置推动时，所有的连杆和操纵杆都沿"←"所指方向移动，使主离合器分离，并给予惯性制动；在此状况下变速箱的连锁机构不起作用可进行换挡。

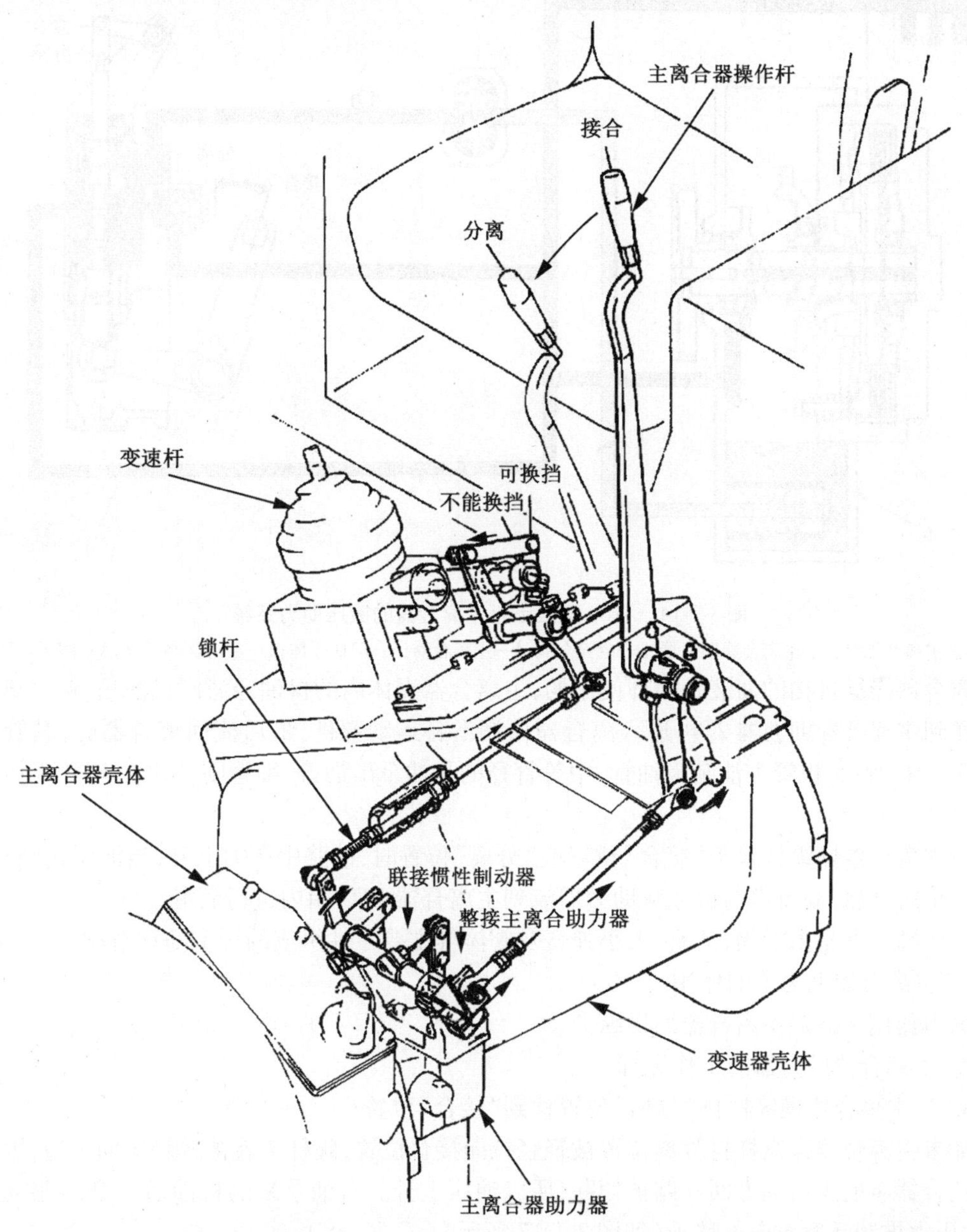

图3-1-13　T160型推土机的主离合器操纵装置

因140马力以上的推土机功率较大，离合器传递的转矩大，而且离合器摩擦副间所需的压紧力就比较大,不但需要采用湿式主离合器,所以需要有较大的离合器操纵力。为减小驾驶员的劳动强度,减轻离合器的操纵力,在离合器操纵机构中设置了液压助力系统。

液压助力系统如图 3-1-14 所示,其原理图如图 3-1-15 所示,系统由铜丝滤网、主离合器泵、主离合器助力器及主安全阀等组成。主离合器泵为齿轮油泵,主安全阀是直动型的溢流阀。

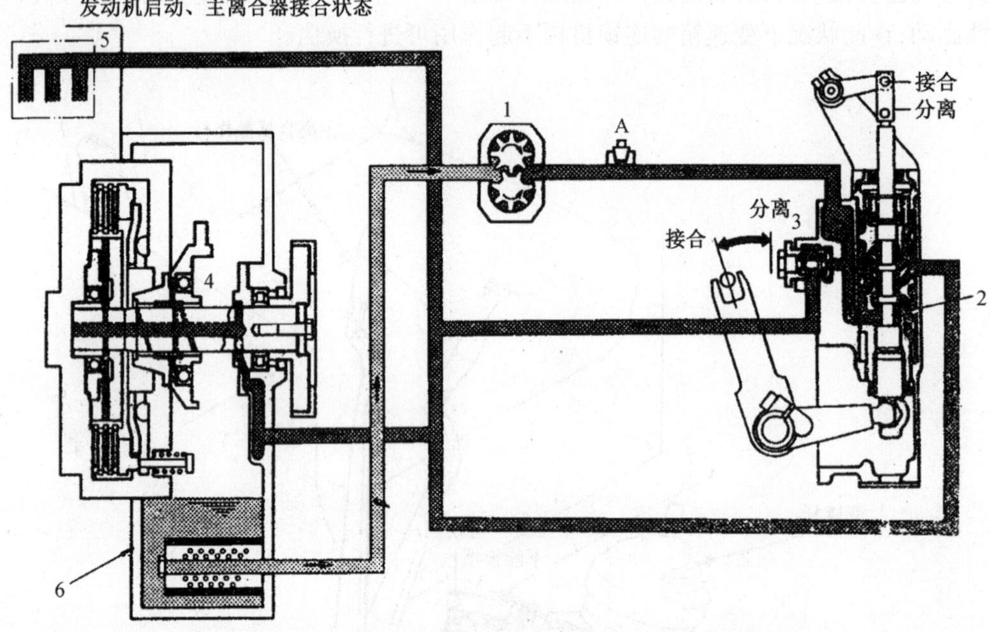

图 3-1-14 T160 型推土机主离合器的液压助力系统

1—主离合器泵;2—主离合器助力器;3—主安全阀;4—主离合器;5—PTO 壳体;6—主离合器壳体;A—测压口

离合器操纵机构的油液是循环使用的,主离合器壳体内的机油经滤网过滤后,被主离合器泵 1 送到主离合器助力器 2,再进入离合器内润滑各运动部件,最后流回离合器壳,其管路图如图 3-1-16 所示,粗管为油泵吸油管,中等管径的是油泵出油管,细管则是通往 PTO 壳体的润滑油管。

当主离合器操纵杆置于“接合”位置或“分离”位置时,油路中压力上升,当油压达到3 MPa 时主安全阀开启,溢流出的机油从助力器流到主离合器 PTO 箱内进行润滑。

液压助力器是由滑阀、活塞、大小弹簧及阀体等主要零件组成的一个随动滑阀。

① 主离合器助力器的作用

助力器用来减轻主离合器的操纵力。

② 主离合器助力器的工作原理

a. 当主离合器操纵杆自“分离”位置移到“接合”位置:

如果主离合器操纵杆自分离位置被轻轻拉向接合位置,阀杆 7 就被轻轻拉向上边,因此来自主离合器泵的压力油之回油路被切断,所以油压上升。自油泵来的机油通过 B、D 腔进入 F 腔,液压力推动活塞 6 向上移动(如图 3-1-17 所示)。

当活塞 6 向上移动时,主离合器进入接合位置,此时在活塞 6 和阀杆 7 之间形成一缝隙;来自油泵的压力油由此缝隙泄出,油压下降,活塞 6 停止移动(如图 3-1-18 所示)。

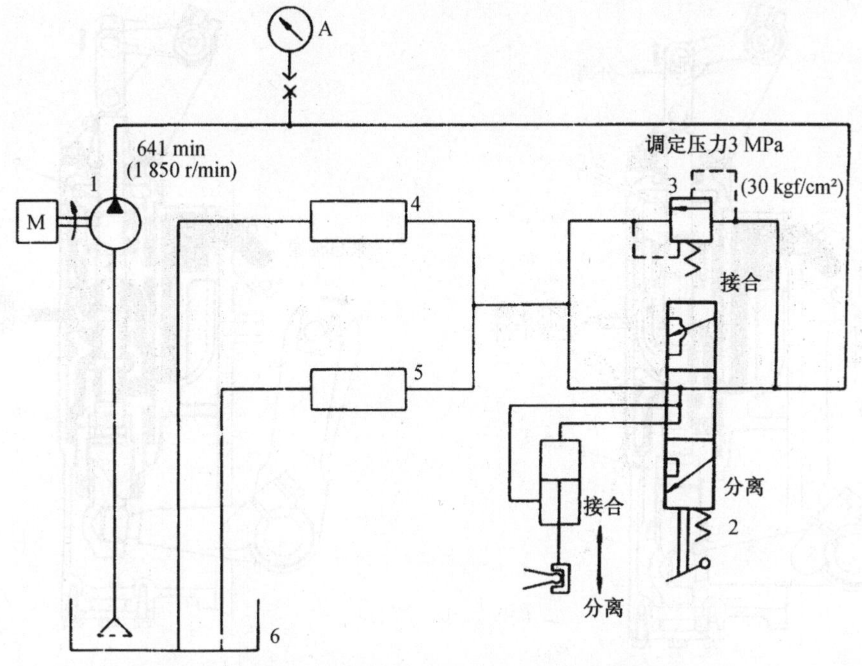

图 3-1-15　T160 型推土机主离合器液压助力系统原理图

1—主离合器泵;2—主离合器助力器;3—主安全阀;4—主离合器;5—PTO 壳体;6—主离合器壳体;A—测压口

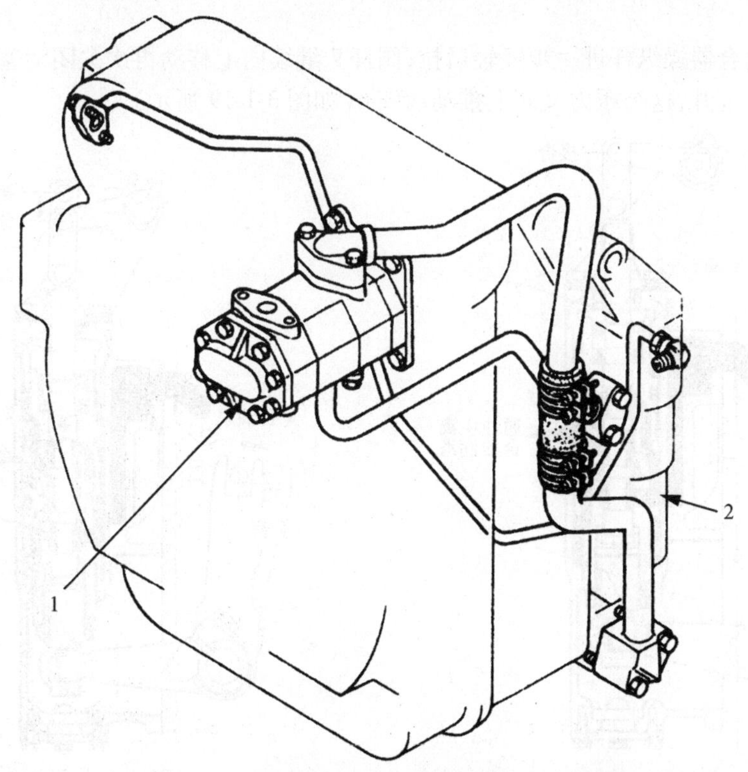

图 3-1-16　T160 型推土机主离合器助力系统管路

1—主离合器泵;2—主离合器助力器

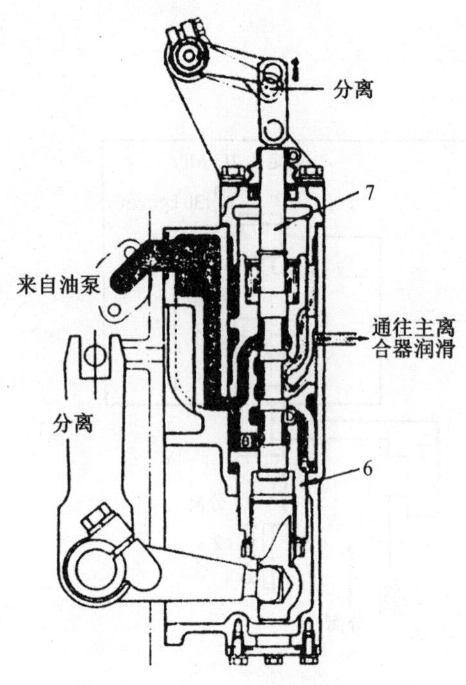

图 3-1-17 助力器接合动作之一

6—活塞;7—阀杆

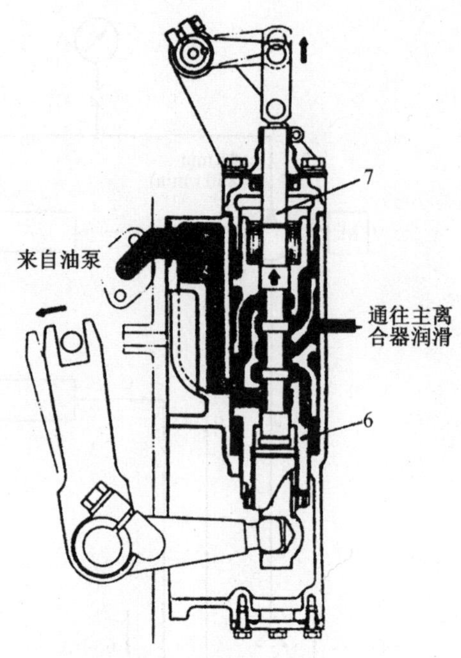

图 3-1-18 助力器接合动作之二

6—活塞;7—阀杆

然后,主离合器操纵杆进一步轻轻后拉,阀杆 7 继续向上移动再次关闭活塞 6 和阀杆 7 之间的缝隙,油压上升,这个压力又向上推动活塞 6(如图 3-1-19 所示)。

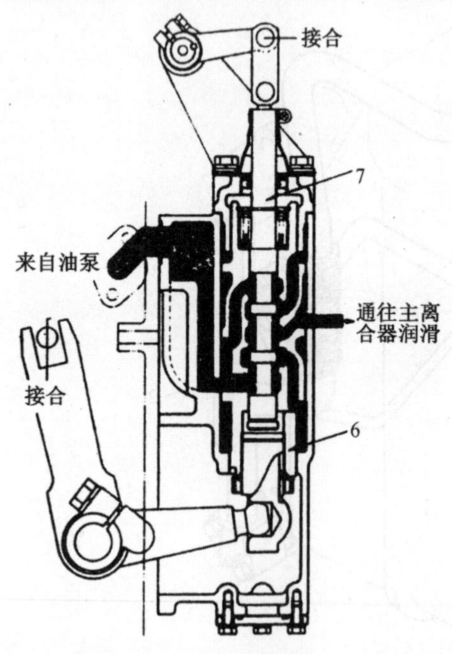

图 3-1-19 助力器接合动作之三

6—活塞;7—阀杆

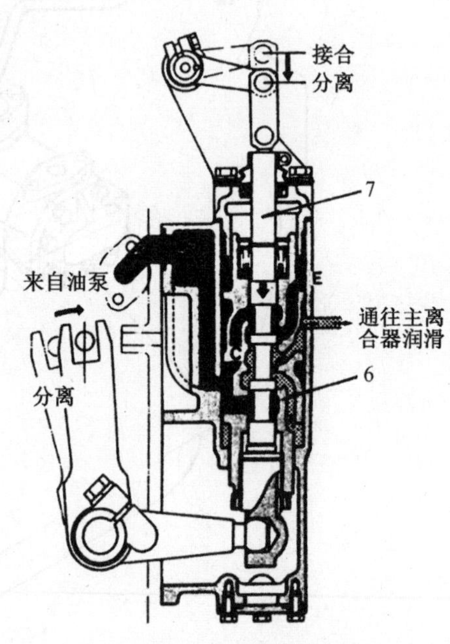

图 3-1-20 助力器分离动作

6—活塞;7—阀杆

活塞6和阀杆7的这种运动在很短时间内重复进行，因此活塞6逐渐向上移动。活塞6随阀杆7移动。因此，主离合器可以用一个很轻的操作力来控制。

b. 当主离合器操纵杆从“接合”位置移向“分离”位置：

当阀杆7向下移动时，来自主离合器泵的液压油之回路被切断，因此油压上升。压力油通过C腔进入E腔推动活塞6向下移动（如图3-1-20所示）。

活塞6和阀杆7以上面已经说明过的相反方向动作，把主离合器推向分离位置。

③ 主安全阀

主安全阀用来防止油路中的压力过分升高，如果压力超过3 MPa，阀芯14便被打开，压力油通过G腔流回主离合器壳体（如图3-1-21所示）；

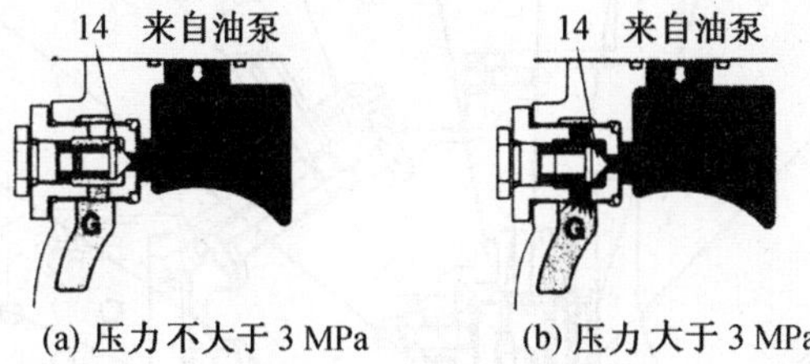

(a) 压力不大于3 MPa　(b) 压力大于3 MPa

图3-1-21　T160型推土机主离合器助力系统的主安全阀

（4）惯性制动器

因为推土机的行驶阻力很大，如主离合器被分离，变速箱放到空挡位置，推土机就立即停止，变速箱的输出轴也随着停止转动。然而，由于惯性的作用，即使切断动力，主离合器轴还会继续转动，用联轴节联接的变速箱输入轴也随着转动。

如果这样转动着的输入轴上各齿轮要与静止的输出轴上的某个齿轮进行换挡啮合将会引起齿轮噪声及箱内部的齿轮损坏。为防止发生这样的故障，在主离合器后部装有抱带式惯性制动器（如图3-1-10所示）。

惯性制动器与位于驾驶员座位旁的主离合器操纵杆联动，如果主离合器操纵杆向前推时，首先主离合器分离，进一步向前推操纵杆时，则固定在主离合器轴20（如图3-1-22所示）上的

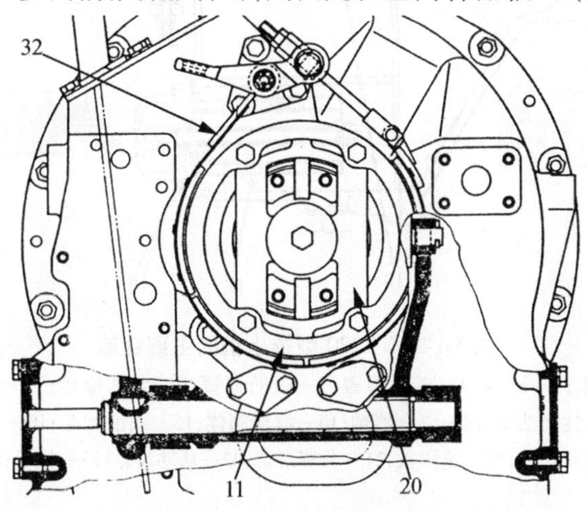

图3-1-22　T160型推土机的惯性制动器

11—制动鼓；20—主离合器轴；32—制动带

制动鼓 11 被制动带 32 抱住，阻止了主离合器轴由于惯性引起的转动，保证变速箱换挡齿轮平稳地啮合。

国内拥有量很大的 T220、T320 型推土机与 T160 在结构原理上基本一致，如图 3-1-23 至图 3-1-27 所示为 T220 型推土机的主离合器及其辅助元件。

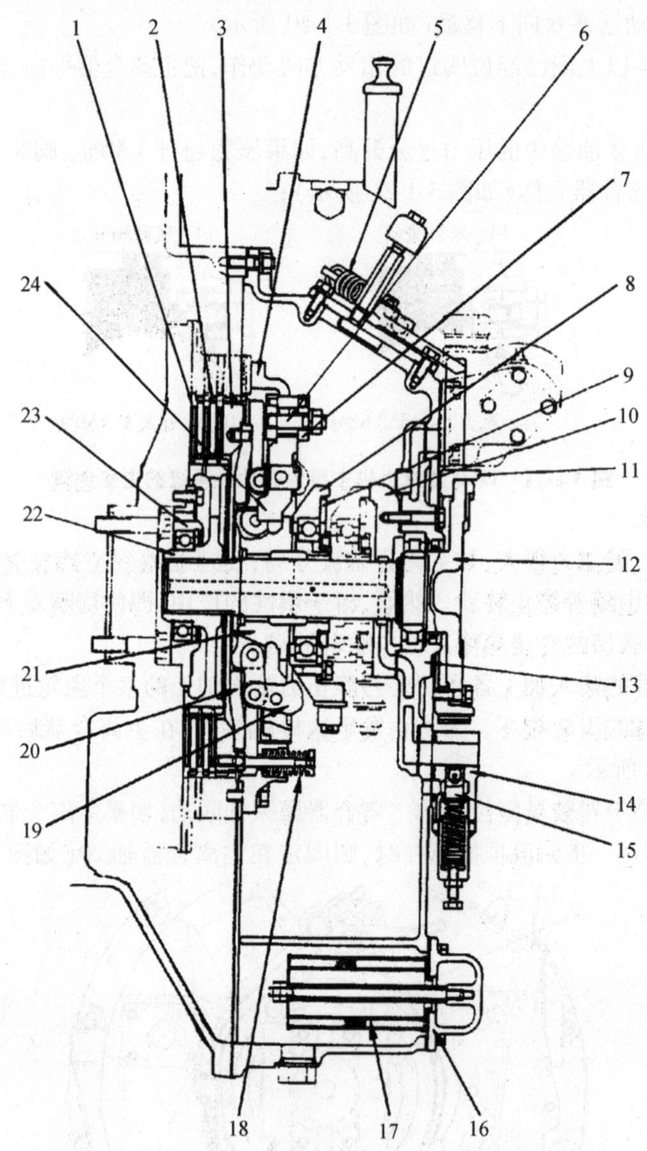

图 3-1-23　T220 型推土机的主离合器

1—从动盘；2—主动板；3—压盘；4—离合器盖；5—回动弹簧；6—夹紧螺栓；7—夹板；8、13—轴承座；9、10—轴承盖；11—惯性制动轮；12—离合器轴；14—润滑阀体；15—润滑阀芯；16—滤油器盖；17—滤芯；18—分离弹簧；19—重锤杠杆；20—施压盘；21—分离滑套；22—从动齿轮；23—轴承；24—调整盘

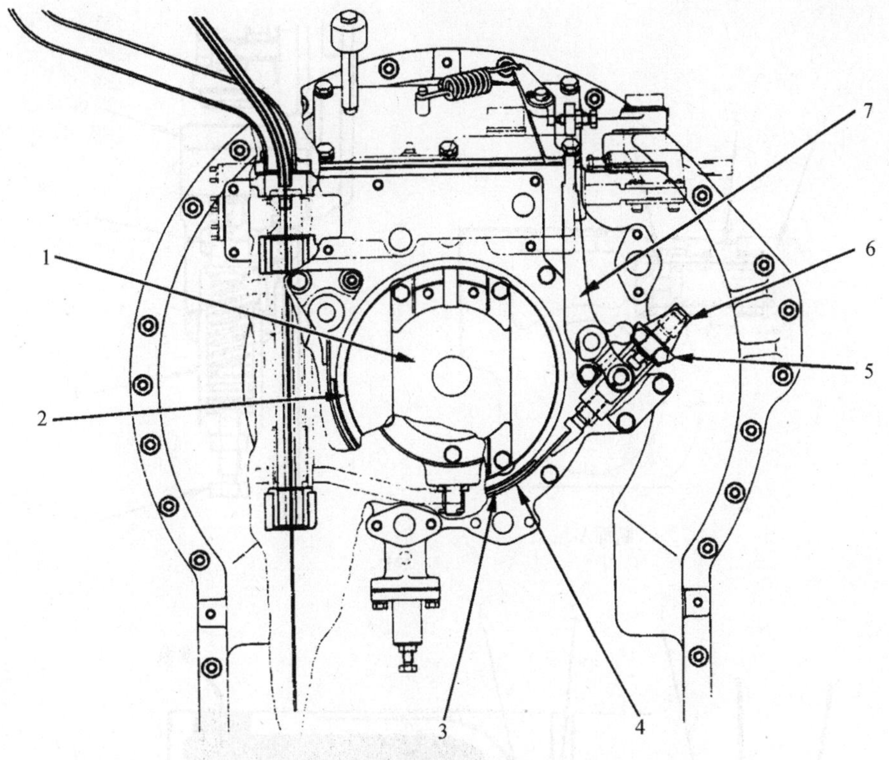

图3-1-24　T220型推土机主离合器的惯性制动器

1—主离合器轴；2—惯性制动轮；3—制动衬带；4—制动钢带；5—锁板；6—调整螺栓；7—传动杆

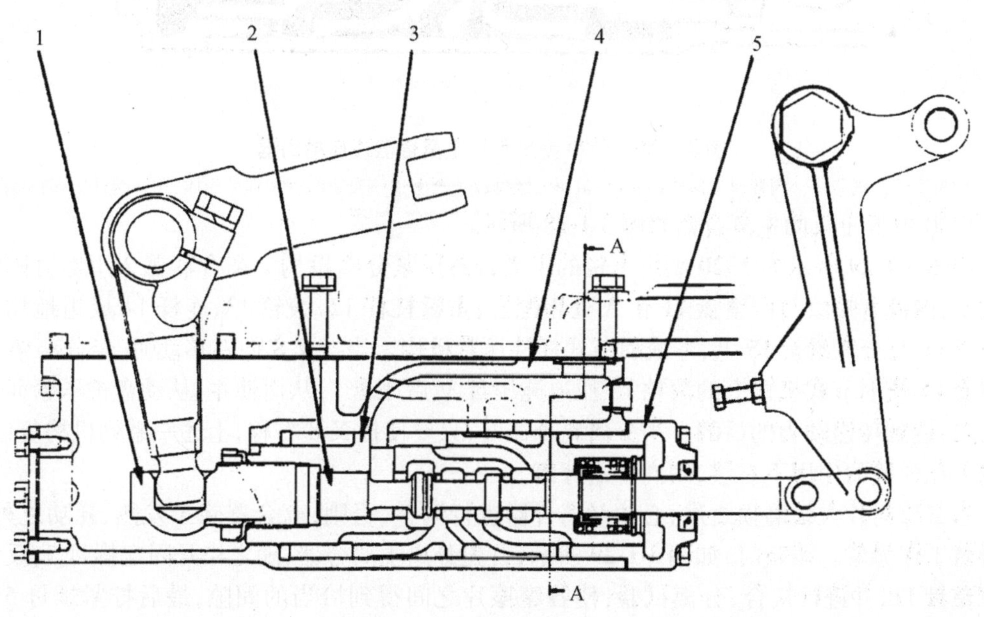

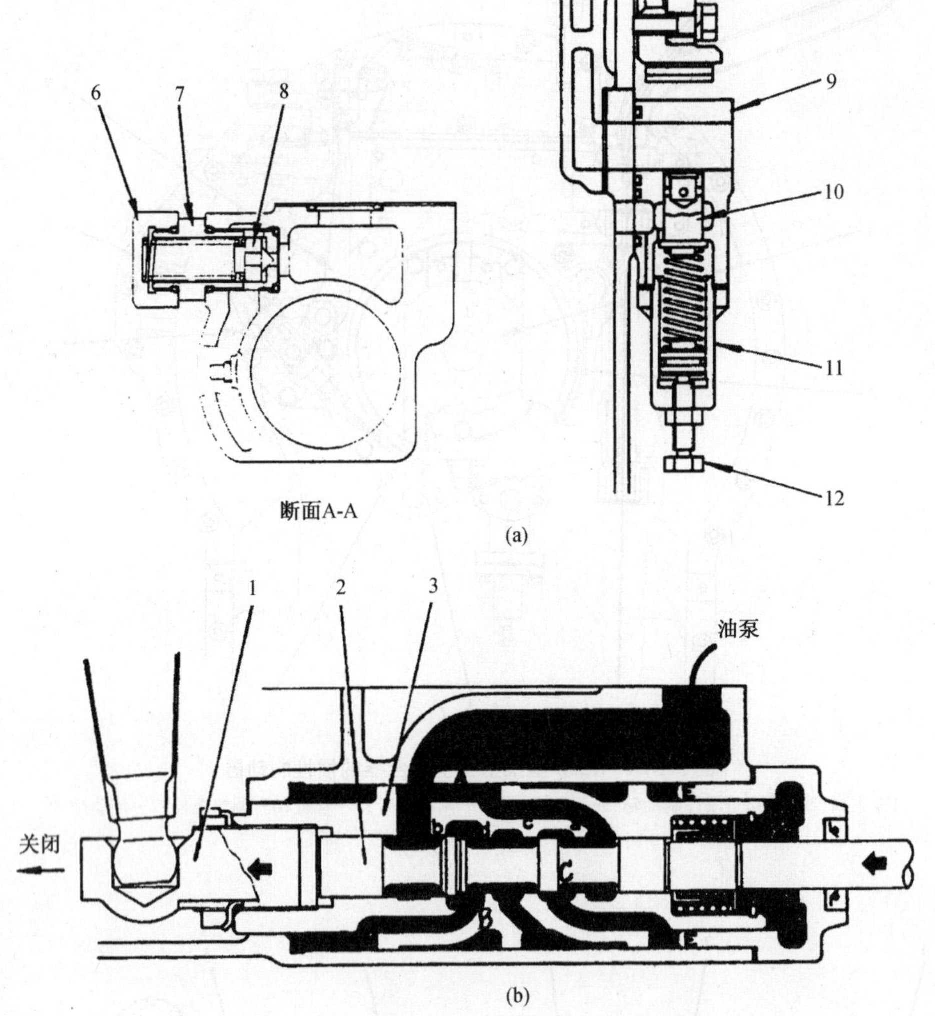

(a)

(b)

图 3-1-25　T220 型推土机主离合器液压助力器

1—球头座;2—阀芯;3—阀套;4—阀体;5、11—盖;6—螺母;7—阀座;8—安全阀;9—润滑阀体;10—阀;12—调整螺栓

T320 型推土机的主离合器如图 3-1-28 所示。

如图 3-1-29 所示为 T320 型推土机的主离合器压紧分离机构。离合器盖 2 用螺钉固定在飞轮上,内部有螺纹与调整盘 11 在 A 处相配合,重锤杠杆 12、滚轮 13、连杆 14 成组地均布在调整盘 11 与分离滑套 15 上,形成肘节式杆件压紧机构。当拨叉 8 向左移动时,经分离架 7、分离滑套 15 使肘节式机构上的滚轮 13 压迫施压盘 3、后压盘 1,从而使主、从动盘被压紧而产生摩擦力,达到传递动力的目的。当分离离合器时,只要使拨叉 8 右移,上述一系列机构复位,后压盘 1 在弹簧的作用下右移,则离合器分离。

当摩擦衬片大量磨损之后,必须对离合器进行调整,否则,离合器除了发热、耗功之外,还将导致工作异常。调整时,如图 3-1-29 所示,首先分离主离合器,随之松开固定螺母 5,反复旋转调整盘 11,并进行接合、分离试验,使各摩擦片之间得到恰当的间隙,最后拧紧螺母 5。这时,离合器壳与调整盘 11 的螺纹处(A 处),便产生较大的摩擦力,从而使两者固为一体,调整完毕。

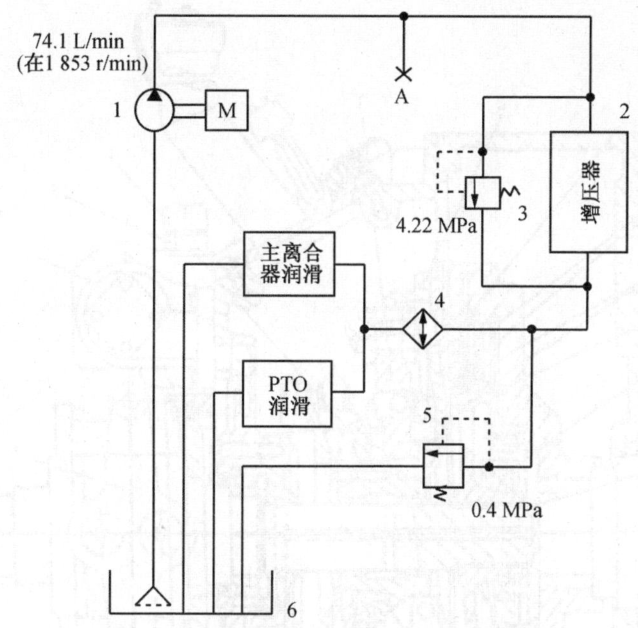

图 3-1-26　T220 型推土机主离合器液压原理图

1—主离合器泵;2—助力器(增压器);3—安全阀;4—油冷却器;5—润滑溢流阀;6—飞轮壳;A—测压口

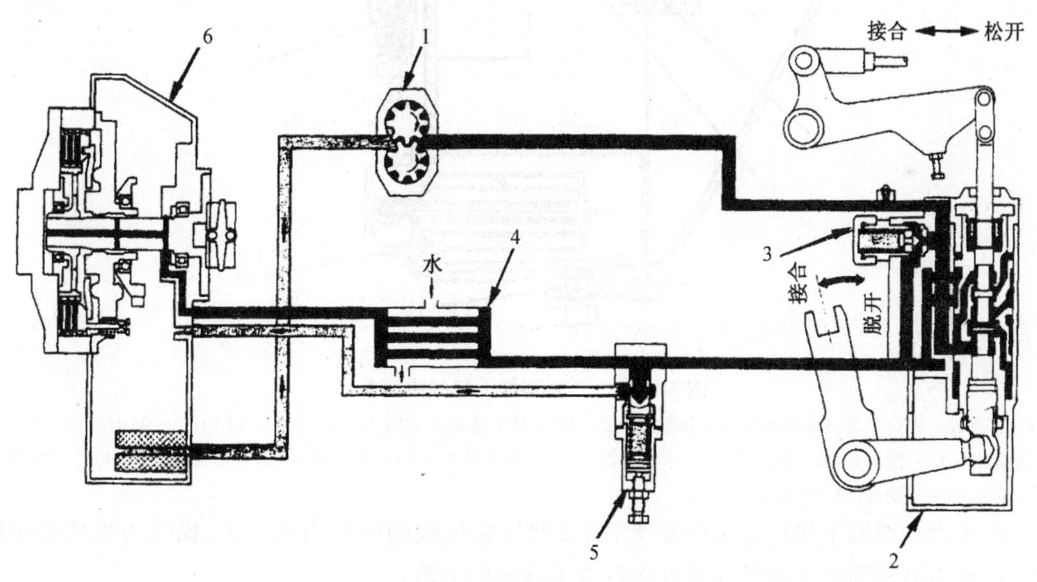

图 3-1-27　T220 型推土机的主离合器液压助力系统

1—主离合器泵;2—主离合器助力器;3—主安全阀;4—油冷却器;5—润滑阀;6—飞轮壳

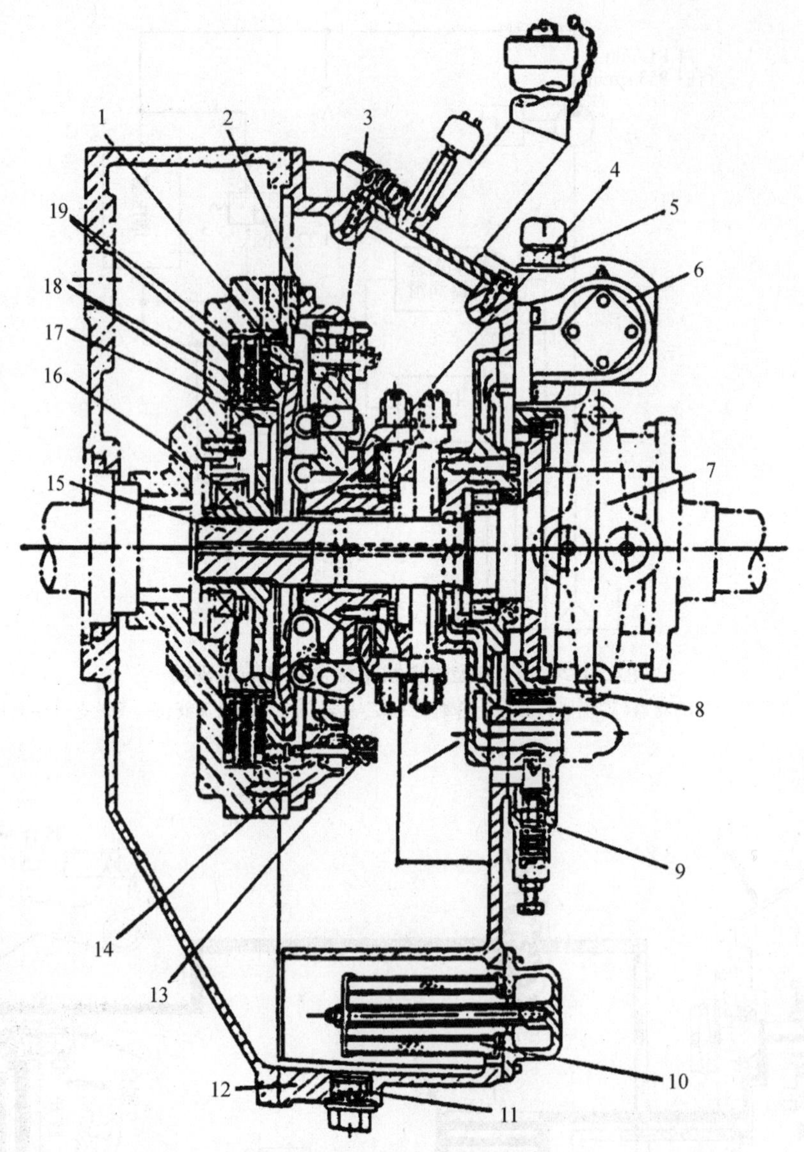

图 3-1-28　T320 型推土机的主离合器

1—压盘;2—离合器盖;3—高速环;4—分离滑套;5—助力器安全阀;6—助力器底盖;7—万向节;8—制动盘;9—冷却器减压阀;10—滤油器;11—放油塞;12—主离合器壳;13—分离弹簧;14—螺栓;15—主离合器轴;16—轴承座;17—从动轮毂;18—从动盘;19—主动盘

由于大功率推土机传递的转矩大,离合器压紧机构的压紧力也很大,操纵力当然必须增大。因此为减轻驾驶员的劳动强度而设置了液压助力器。

T320 型推土机主离合器液压助力系统原理图见图 3-1-30。

液压助力器位于离合器的上方(如图 3-1-31 所示)是一个液压随动机构。图中拨叉摇臂 2 的上端与图 3-1-29 中的分离架 7 相连,摇臂的右端与驾驶室的操纵手柄相连,中间部分便是随动滑阀部分。

阀体(即油缸)固定于离合器的壳体上,位于阀体中的活塞在油压的推动下可以左右移动。阀杆又位于活塞的中心,中部有两个凸台,用来启闭 A、B、C、D 四个阀口,以达到离合器的接合和分离。阀体与活塞构成 H、O、P、Q 四个油腔,H 腔与进油口相接,O 腔与回油口相连,Q、P 两腔便是推动活塞左右移动的油腔。大、小弹簧 7、6 用来保持阀杆位于中立位置。

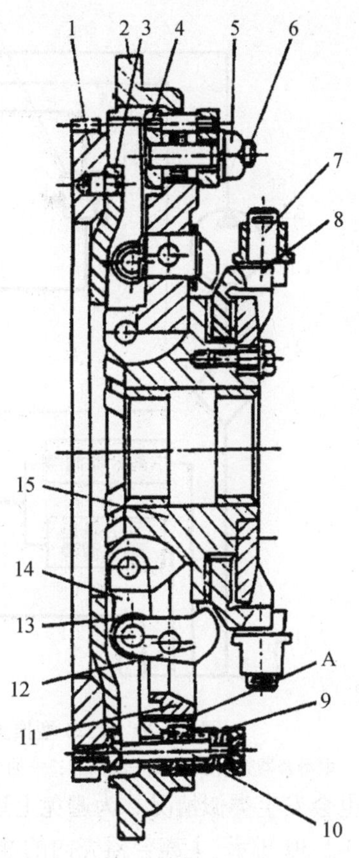

图 3-1-29　T320 型推土机的主离合器压紧、分离机构

1—后压盘;2—离合器盖;3—施压盘;4—固定板;5—固定螺母;6—固定螺栓;7—分离架;8—拨叉;9—分离弹簧;10—螺栓;11—调整盘;12—重锤杠杆;13—滚轮;14—连杆;15—分离滑套;A—螺纹连接处

当驾驶员不操纵摇臂时[见图 3-1-31(b)],由于大、小弹簧的平衡作用,总是使阀杆上的两个凸台不关闭 A、B、C、D 任一阀口,于是进油腔 H 与回油腔 O 畅通无阻,油液即可顺利地由进油口流向油箱,这个位置称为离合器的中立位置。当离合器在接合或分离过程中,只要驾驶员停止操纵摇臂,大、小弹簧便立即使离合器处于中立位置。

当接合离合器时,如图 3-1-31(a)所示,操纵摇臂逆时针旋转,则阀杆右移,小弹簧受压缩,阀杆上的两个凸台正好关闭 B、D 阀口,这时,Q 腔与回油腔 O 相通,P 腔与进油腔 H 相通。由于后者处于封闭状态,油压随之建立,必然推动活塞右移,直到阀口 B 开启充分的间隙,H、O 腔接通,P 腔建立不起压力为止,离合器便处于中立位置。这一过程,小弹簧的复位作用也帮助离合器处于中立位置。如此原理,阀杆移动多少,活塞也跟踪多少,这种动作称为随动,最后导致拨叉摇臂使离合器接合,阀杆便停止运动,于是离合器的接合过程完毕。这种机构使驾驶员只需用轻微的操纵力操纵阀杆,液压油便产生较大的推力推动活塞,从而减轻了驾驶员的劳动强度。

离合器分离时,如图 3-1-31(c)所示,只要推入阀杆,大、小弹簧受压缩,阀杆上的两个凸台关闭阀口 A、C,于是 P 腔与回油腔 O 接通,Q 腔与进油腔 H 相通。根据上述随动原理,Q 腔建立起油压,迫使活塞左移,推动拨叉摇臂旋转,则离合器分离。这一过程,大、小弹簧也帮助离合器回到中立位置。

当液压油路失灵或发动机停止运转时,油路提供不了高压油,助力器将不起作用,此时,离合器的接合、分离仍可以用机械传动方式操纵,只不过大大增加了驾驶员的操纵力而已。

在液压助力器的壳内设有安全阀(图中未示出),若大、小弹簧失效,主离合器接合后,离合器操纵杆仍保持在接合位置,助力器中的阀杆将使阀口保持在关闭状态,封闭了油泵的排油通道,结果使油泵出口处油压迅速升高,这将导致液压助力器或油泵损坏。若分离主离合器

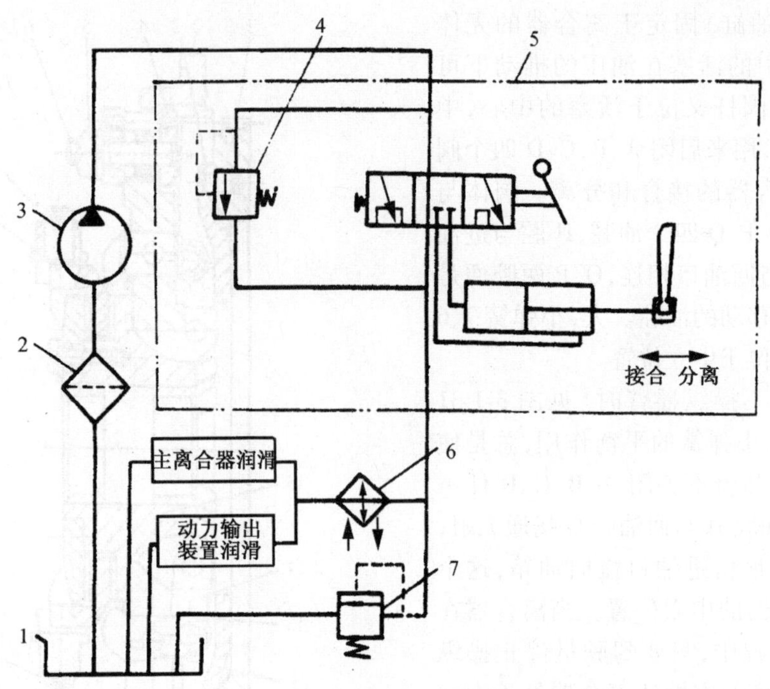

图 3-1-30 T320 型推土机的主离合器液压助力系统原理图

1—主离合器壳(油箱);2—滤油器;3—油泵;4—安全阀;5—液压助力器;6—冷却器;7—润滑溢流阀

时,同理,也会发生类似情况。为避免上述现象发生,故在液压助力器上设置了安全阀。

如图 3-1-30 所示,主离合器壳内的油液在油泵 3 的作用下,经滤油器 2 吸入油泵,即可产生高压油输出到液压助力器 5,用以操纵离合器。之后,经冷却器 6 冷却,分成两路分别送入主离合器和动力输出装置的各润滑点,最后都流回主离合器壳(油箱)1。

3.3.4 非常合式(干式)摩擦离合器的工作原理

非常合式(干式)摩擦离合器与常合式摩擦离合器相比,有两个明显的特点:

(1)摩擦副的正压力是由杠杆系统施加的,故又称其为杠杆压紧式摩擦离合器;

(2)驾驶员不操纵时,离合器既可处于接合状态,又可处于分离状态,便于驾驶员对其他操纵元件进行操作,这对工程机械操作是十分必要的。

非常合式(干式)摩擦离合器的工作原理如图 3-1-32 所示。

摩擦副包括主动盘和前从动盘、后从动盘。主动盘上的外花键和飞轮上的内花键相连,既可随飞轮一起旋转,又能做轴向移动。前从动盘用键和离合器轴紧固连接,并利用前端螺母定位,防止其产生轴向移动。在其轮毂的后端外圆上,分别铣有花键和螺纹。后从动盘通过内花键套装在轮毂的外花键上,而压紧与分离机构则拧在轮毂的螺纹上。

压紧与分离机构包括以螺纹拧在前从动轮毂上的十字架、加压杠杆、弹性推杆等。

当利用操纵杆使分离滑套向左移动时,弹性推杆使加压杠杆向内收紧,使加压杠杆的凸起处将后从动盘向左推移,直至将后从动盘及主动盘与前从动盘压紧。

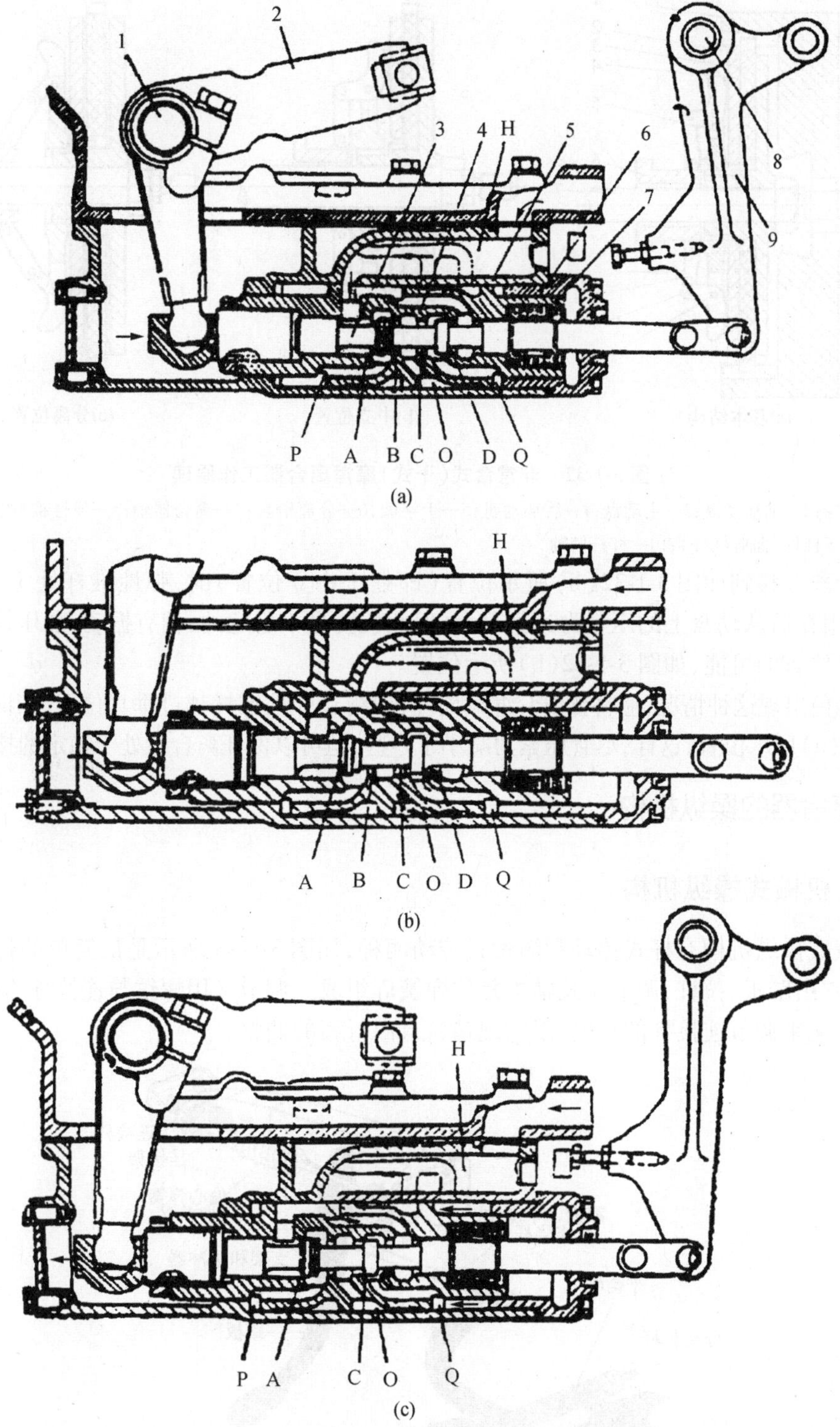

图 3-1-31　T320 型推土机主离合器的液压助力器

1、8—轴；2—拨叉摇臂；3—阀杆；4—活塞；5—阀体；6—小弹簧；7—大弹簧；9—摇臂

H—进油腔；O—回油腔；P、Q—活塞左、右油腔；A、B、C、D—阀口

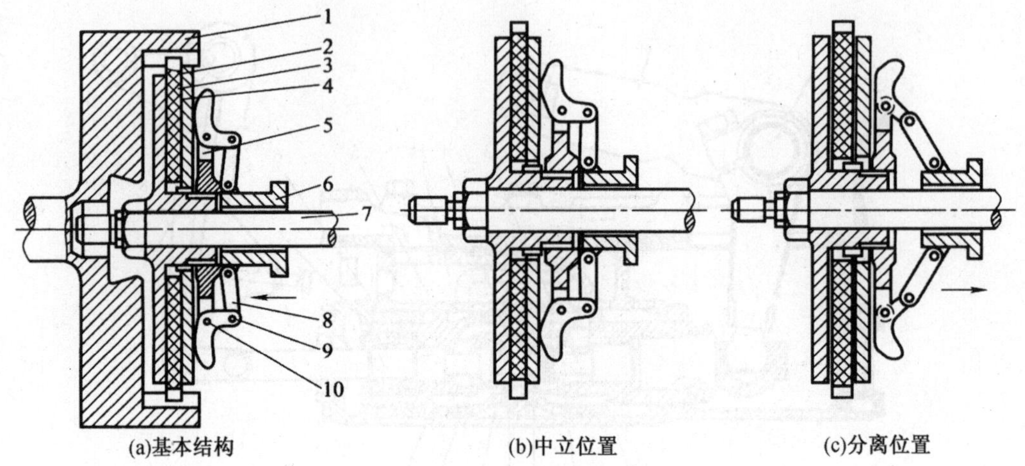

图 3-1-32　非常合式(干式)摩擦离合器工作原理

1—飞轮;2—前从动盘;3—主动盘;4—后从动盘;5—十字架;6—分离滑套;7—离合器轴;8—弹性推杆(耳簧);9—加压杠杆(曲臂杠杆);10—杠杆销轴

当分离套移到如图 3-1-32(b)所示位置(即处于中立位置)时,弹性推杆处于垂直位置。此时,作用在后从动盘上的压紧力达到最大,但此位置是不稳定的,稍有振动,加压杠杆就有退回到分离位置的可能,如图 3-1-32(b)所示位置。

为避免出现这种情况,应将分离套继续向左推移,让弹性推杆越过垂直位置,稍向后倾斜如图 3-1-32(a)所示位置,这样,尽管压紧力减小了一些,但可以保证离合器处于稳定的接合位置。

3.4　离合器的操纵机构

3.4.1　机械式操纵机构

机械式操纵机构有杆式传动和绳索式传动两种,如图 3-1-33 所示是最简单的杆式传动操纵机构,它由踏板、拉杆、调节叉及踏板复位弹簧等组成。调节叉用螺纹与连接杆连接,从而可通过调节叉来调节连接杆的长度,以实现踏板自由行程的调整。

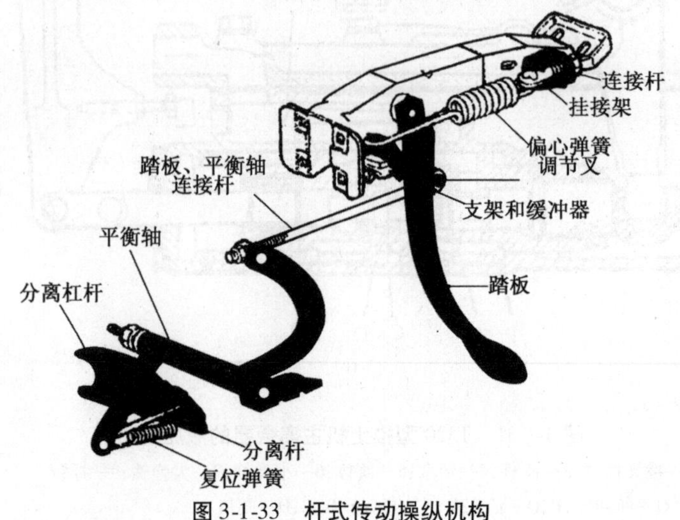

图 3-1-33　杆式传动操纵机构

图3-1-34所示的绳索式传动操纵机构可消除位移和变形等缺点,且可在一些杆式传动布置比较困难的情况下采用,多用于微、轻型汽车。

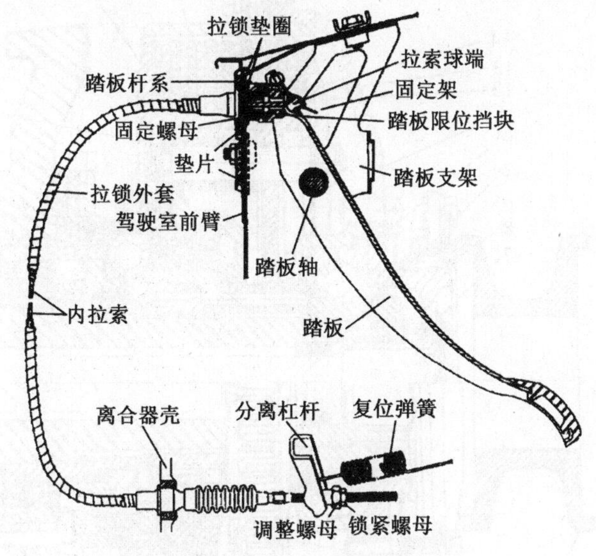

图3-1-34 绳索式操纵机构

3.4.2 弹簧压紧液压助力多盘干式离合器

74式轮式推土机的主离合器采用弹簧压紧液压助力多盘干式的结构形式,它前面与齿轮传动箱连接,后面与变速箱连接,如图3-1-35所示。

3.4.2.1 结构

如图3-1-35所示,主离合器由主动部分、从动部分、分离机构和操纵装置组成。

(1)主动部分

主动部分由连接齿轮及接合盘、主动毂、主动摩擦片、球轴承及毡垫盖等组成。

连接齿轮和接合盘制成一体,在连接齿轮毂内制有花键,风扇联动装置的主动轴插入其中。为防止轴窜出,在连接齿轮外端装有轴盖。接合盘上有两个甩油孔,用以将进入接合盘内的润滑脂甩出。主动毂用螺栓与接合盘连接,毂内制有齿槽,外周制有启动齿圈,启动发动机时,启动电动机的启动齿轮与它啮合,以带动主动毂转动。

主动摩擦片(9片)制有外齿,与主动毂内的齿槽啮合。主动毂支承球轴承装在变速箱主动轴上,内圈顶住从动毂,并用螺母固定,螺母用锁紧垫圈锁紧。毡垫盖套在轴承外圈上,用螺栓与接合盘相连,从而把主动部分支承在变速箱主动轴上,并使主、从动部分很好地对中,另一方面当主离合器分离或打滑时,主动部分可在变速箱主动轴上空转,毡垫盖上装有毡垫,毡垫与从动毂接触,以防止轴承内的润滑脂流到摩擦片上。

(2)从动部分

从动部分由从动毂、从动摩擦片、压盘、压缩轮盘、弹簧销和压紧弹簧等组成。

从动毂内制有花键槽,套在变速箱主动轴的花键上,在从动毂与变速箱手动轴密封衬套之间装有调整垫片,用以在安装主离合器时,调整分离弹子间隙。从动毂外周制有齿槽及凸边,齿槽与从动摩擦片内齿啮合,凸边用以支承摩擦片,并兼起摩擦面的作用。从动毂中部制有

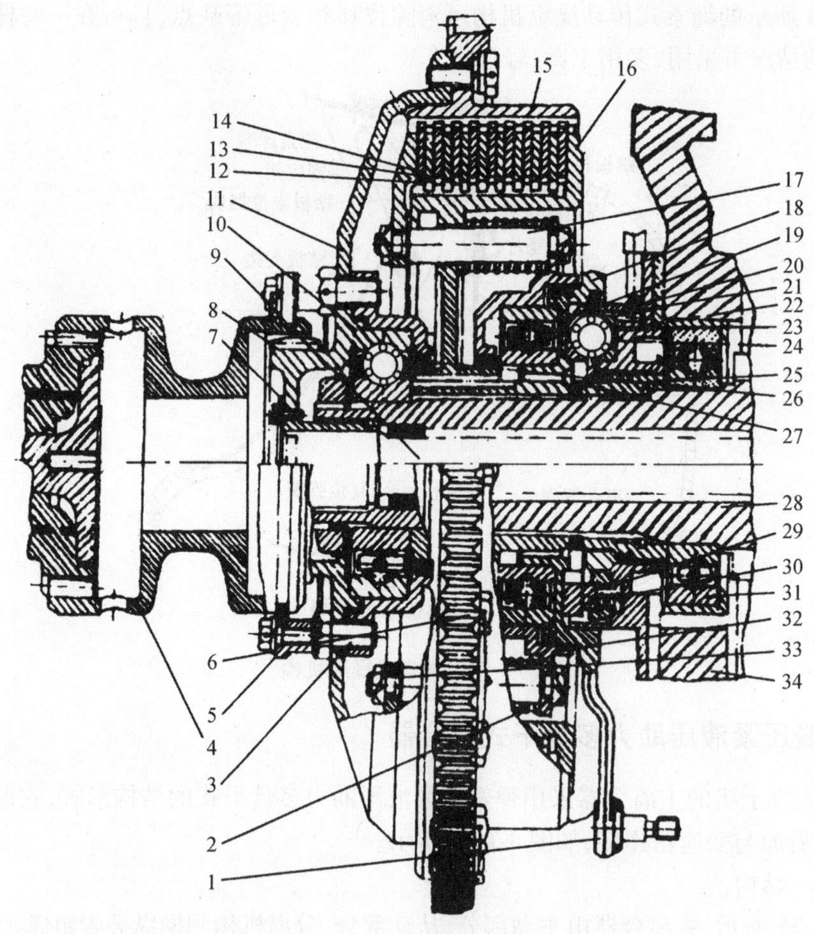

图 3-1-35　74 式轮式推土机主离合器

1—活动盘拉臂;2—压紧弹簧;3—连接螺栓;4—联轴器;5—定位锁片;6—启动齿圈;7—轴盖;8—连接齿轮; 9—风扇联动装置主动轴;10—主动毂支承球轴承;11—接合盘;12—压盘;13—从动摩擦片;14—主动摩擦片;15—主动毂;16—从动毂;17—弹簧销;18—活动盘;19—活动盘分离环;20—注油接管;21—固定盘分离环;22—固定盘;23—球轴承;24—分离弹子;25—密封衬套;26—毡垫盖;27—调整垫片;28—变速箱主动轴;29—套筒;30—套筒弹簧;31—主动轴支承轴承;32—压缩轮盘;33—调整垫片;34—变速箱箱体

18 个圆孔,弹簧销从其中穿过。从动毂上制有 3 道轴向油道,以沟通分离弹子与球轴承之间的油道,从动摩擦片(8 片)制有内齿,与从动毂的外齿槽啮合。

弹簧销两端用螺栓分别固装着压盘和压缩轮盘,中间穿过压紧弹簧和从动毂,从而将主、从动摩擦片压紧。在压盘与每根弹簧销台肩之间装有调整垫片(垫片厚度为 0.5 mm),它可以调整分离弹子的间隙。

(3)分离机构

分离机构由固定盘、活动盘、向心球轴承、分离弹子、顶压装置(由 29 和 30 组成)等组成。

固定盘与变速箱主动轴支承轴承的固定套一起用螺栓固定在变速箱箱体上,并起轴承盖的作用,固定盘上铆有分离环,并焊有注油接管。分离环上有 3 个带斜度的弹子槽和 3 个钻孔。注油接管与固定在变速箱上的注油管相连,用以向主离合器分离装置及轴承内加注润滑脂。在固定盘内缘的环形槽内,装有密封毡垫。

活动盘套在从动毂上，其上铆有分离环，环内也有3个带斜度的弹子槽，但倾斜方向与固定盘分离环上的斜槽方向相反。活动盘的外缘有两道环槽，槽内装环形密封环，密封环与压缩轮盘配合，防止球轴承内的润滑脂外溢。活动盘内缘环形槽内装有密封毡垫，防止分离装置内的润滑脂外溢。活动盘拉臂，借连接销与操纵装置相连。

向心球轴承套在活动盘毂上，外圈装在压缩轮盘毂内，用于分离主离合器时，将分离装置的推力传给压缩轮盘，并可保证活动盘不随压缩轮盘转动。

分离弹子共有3个，装在活动盘与固定盘的弹子槽内。主离合器结合时，分离弹子与弹子深槽保持一定的间隙，此间隙叫弹子间隙。当活动盘逆时针转动时，弹子由深槽滚向浅槽，弹子间隙消失后，继续转动活动盘，弹子便推动活动盘、压缩轮盘、弹簧销和压盘做轴向移动，使主离合器分离。

顶压装置共有3个，装在固定盘分离环的钻孔内，套筒的平面借弹簧的张力压向活动盘，有利于保持钢球间隙。

(4)操纵装置

操纵装置为液压助力式，主要由操纵杆系和液压助力系统组成。

① 操纵杆系

操纵杆系由踏板、空心轴、前拉杆、中拉杆、横轴、后拉杆、助力弹簧等组成，如图3-1-36所示。

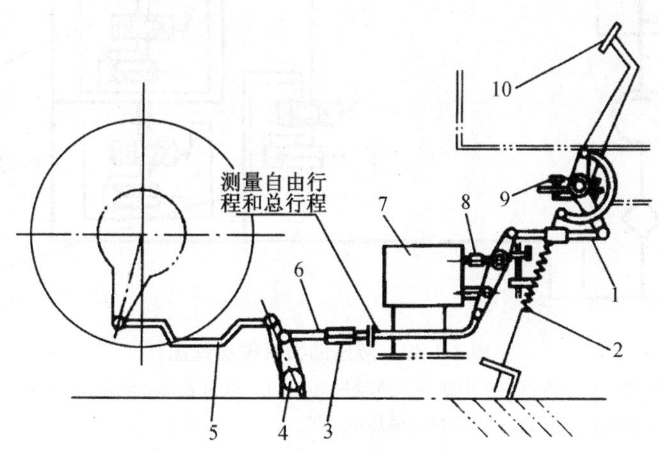

图3-1-36　主离合器操纵杆系

1—前拉杆；2—助力弹簧；3—调整螺母；4—横轴；5—后拉杆；6—中拉杆；7—液压助力器；8—调整螺栓；9—空心轴；10—踏板

踏板固定在空心轴的平板上。空心轴以两边的滚针轴承支承在脚制动器踏板轴上。空心轴中部有注油螺塞，用以向轴承加注润滑脂。为防止润滑脂外溢，轴承外端装有毡垫。空心轴上焊有闭锁杠杆、平板和拉臂。闭锁杠杆在踏下制动器踏板并固定时，就被制动器踏板固定器的齿条挡住，而使主离合器踏板踏不下去，用以防止机械在制动的情况下起步。平板上有5个螺栓孔，用来固定和调整踏板在平板上的位置。平板前端上、下各有一限位螺栓，用来限制踏板的位置和拉杆的总行程。

中拉杆前端与助力器拉臂相连，后端与横轴左端的拉臂相连。拉杆中部有调整接头，用来在使用中调整自由行程。后拉杆一端与横轴上的拉臂相连，另一端与活动盘拉臂相连。后拉杆上有调整接头叉,用来在使用中调整自由行程。

助力装置由钩板、助力弹簧、支架和调整螺栓组成,用来帮助驾驶员分离主离合器,并使踏板处于最后位置。钩板与空心轴上拉臂相连,另一端挂助力弹簧。弹簧通过调整螺栓和螺母固定在支架上,调整螺栓可调整弹簧的长度,使助力装置正常工作。

② 液压助力系统

液压助力系统主要由助力器、齿轮泵(YBC30/80)、精滤器(YL-3)、液动顺序阀(XY-B63B)、单向阀(L-63B)等组成。

液压助力系统的作用在于借助油液压力作用把操纵离合器结合或分离所需的作用力减小,使操纵轻便灵活。液压助力系统原理图如图 3-1-37 所示。

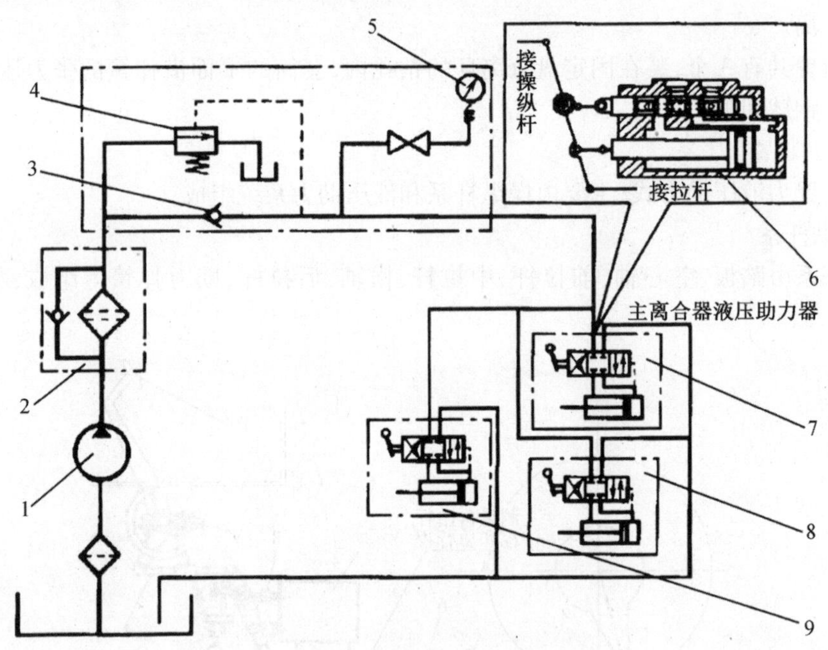

图 3-1-37 液压助力系统原理图

1—齿轮泵;2—精滤器;3—单向阀;4—液动顺序阀;5—压力表;6—液压助力器;7—主离合器;8—右转向液压助力器;9—左转向液压助力器

3.4.2.2 工作情况

(1)结合

如图 3-1-38(a)所示,松开主离合器踏板时,主离合器弹簧伸长,推动压缩轮盘、球轴承向变速箱方向移动,迫使活动盘回转,分离弹子由浅槽滚向深槽。弹簧张力通过弹簧销带动压盘,压紧主、从动摩擦片。踏板回到最高位置时,弹子间隙恢复,主离合器完全结合,发动机动力即经齿轮传动箱、主离合器传给变速箱。

(2)分离

如图 3-1-38(b)所示,踩下主离合器踏板时,通过操纵装置带动活动盘拉臂向前转动,分离弹子由深槽滚向浅槽,先使弹子间隙消失,而后推动活动盘、球轴承、压缩轮盘、弹簧销,使压盘向齿轮传动箱方向做轴向移动,弹簧被压缩,压盘松开摩擦片,主、从动摩擦片之间产生间隙,主离合器分离,动力被切断。

(3)过载打滑

当推土机运动速度或负荷急剧变化(如撞击障碍物等)时,作用在主离合器上的扭矩大于它的摩擦力矩,主离合器便产生滑磨(即打滑),从而保证了传动系统和发动机各机件不致因过载而损坏。

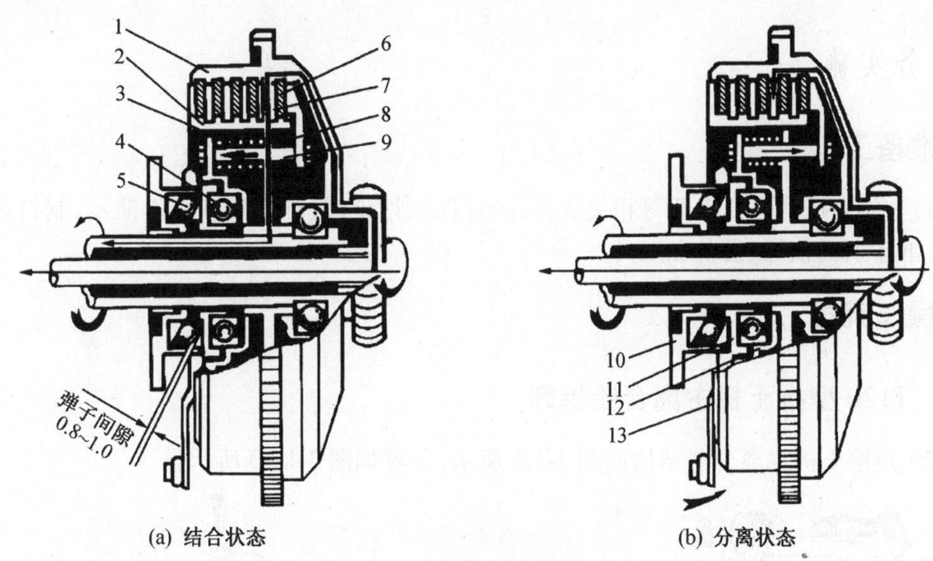

(a) 结合状态　(b) 分离状态

图 3-1-38　主离合器的工作情形

1—从动毂;2、8—弹簧;3—球轴承;4—分离弹子;5—主动摩擦片;6—从动摩擦片;7—压板;9—固定盘;10—活动盘;11—压缩轮盘;12—调整垫片;13—活动盘拉臂

3.4.3　助力式操纵机构

为了尽可能减小作用于离合器踏板上的力,减轻驾驶员的劳动强度,在离合器的操纵机构中采用弹簧助力式操纵机构。

如图 3-1-39 所示,助力弹簧的两端分别挂在固定于支架和三角板上的两个支承销上,三角板可以绕其销轴转动,当离合器踏板完全放松,离合器处于接合位置时,助力弹簧的轴线位于三角板销轴的下方。

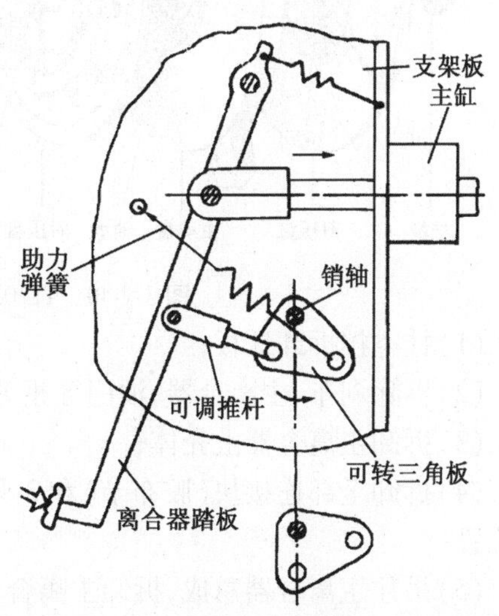

图 3-1-39　离合器操纵机构弹簧助力装置

当踩下踏板时,通过可调推杆推动三角板绕其销轴逆时针转动。这时,助力弹簧的拉力对销轴的力矩实际上是阻碍踏板和三角板运动的反力矩,该反力矩随着离合器踏板下移而减小,当三角板转到使弹簧轴线通过销轴中心时,弹簧反力矩为零。踏板继续下移到使助力弹簧拉力对三角板轴销的力矩方向转为与踏板力对踏板轴的力矩方向一致时,就能起到助力作用。在踏板处于最低位置时,这一助力作用最大。助力弹簧的助力作

用由负变正的过程是可以允许的,因为在踏板的前一段行程中,要消除自由间隙,离合器压紧弹簧的压缩力还不大,总的阻力也在允许范围内,在踏板后段行程中,压紧弹簧的压缩量和相应的作用力继续增大到最大值。在离合器彻底分离以后,为了变速箱换挡或制动,往往需要将踏板在最低位置保持一段时间,由此导致驾驶员疲劳,因而最需要助力作用。

4 任务实施

4.1 准备工作

通过查阅对应的维修手册等相关资料,经过课堂讨论、教师答疑和操作演示,制订修改拆装方案,准备所需仪器、设备和工具。

4.2 操作流程

4.2.1 T120 型推土机主离合器拆卸

T120 型推土机主离合器结构如图 3-1-5 所示,分解如图 3-1-40 所示。

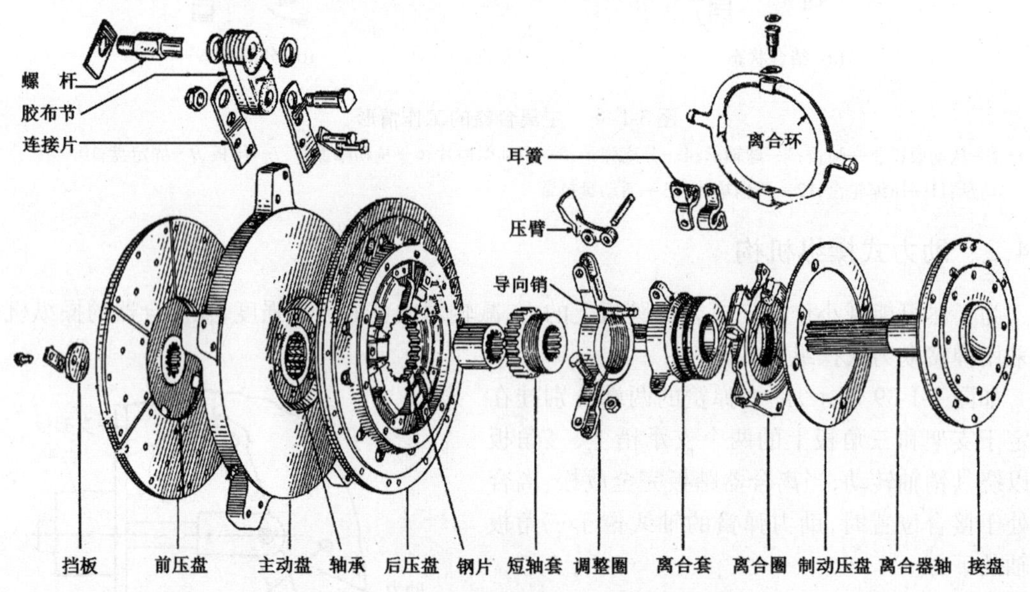

图 3-1-40 T120 型推土机主离合器结构分解图

(1)挂空挡拆卸地板;

(2)拆除刹车、主离合器、油门等相关的连接杆系;

(3)拆卸主离合器上壳体;

(4)拆卸全部连接块(胶布节)和 3 只飞轮传动销,并将拆去传动销的飞轮部位转到向上的位置;

(5)吊住主离合器总成,拆卸主离合器轴与变速箱主轴的连接螺栓(连接盘);

(6)将主离合器总成吊出,置于平地上;

(7)拆卸轴头大螺帽,取出前压盘及主动盘,抽出主离合器轴;

(8)拆下压爪,松开凸轮架(调整圈)上的夹紧螺栓,拔出导向销,旋掉凸轮架,取出后压盘及短轴套;

(9)拆卸松放圈,拆下制动盘和轴承壳端盖和圆螺母,取出轴承。

(10)磨去铆钉头部,拆卸主动盘内孔 35914 轴承与中盘内套,更换毡垫和密封环,检查轴承;

(11)分解松放圈,更换毡油封,检查 216 轴承;

(12)检修从动盘;

(13)检修离合器轴;

(14)检修凸轮架和弹性推杆(耳簧)及其他零件。

4.2.2 零部件检修

4.2.2.1 主动盘

(1)缺陷

两工作表面产生磨损、划痕、烧伤与龟裂;摩擦表面不平、翘曲与变形、驱动耳折断、轴承安装孔磨损等。

(2)检验标准及修复方法

① 当两工作表面磨损不严重,如有轻微烧伤和擦痕时可用油石磨光。当磨损和擦痕严重,形成深 0.50 mm 以上沟纹、0.30 mm 以上不平度以及产生烧伤或枝状裂纹时,应先粗磨或车削表面,然后精磨或精车后用砂纸打光。车、磨修理时应注意以下几点:

a. 摩擦表面应与回转中心垂直,两摩擦表面应互相平行,不垂直度与不平行度一般应不大于 0.10 mm;

b. 修磨表面粗糙度应为 Ra1.6,不平度应小于 0.10 mm;

c. 车磨量应尽量少,以增加修磨次数。磨削后主动盘的厚度一般不允许减少 4 mm(上海 120A 主动盘标准厚度为 34 mm,允许修磨极限尺寸为 29.66 ~ 30 mm),磨削后主动盘两侧应高出驱动耳厚度不小于 1 mm,否则需将驱动耳厚度磨薄,以免摩擦片和主动盘表面结合不良。

② 主动盘如有深的裂纹应予报废,主动盘驱动耳断裂可用铸铁焊条气焊修复。修复后应检查主动盘平衡情况,其静平衡要求小于 30 g · cm。

③ 轴承座孔磨损,其间隙大于 0.06 mm 时可用镶套、电镀及电击法加工来恢复其配合。如采用镶套法时,钢套厚度为 5 ~ 6 mm,钢套应用稳定螺钉固定,然后按滚柱轴承外座圈的外径尺寸搪孔;采用电镀法时应镀轴承外径。轴承本身径向间隙大于 0.50 mm 时应更换新轴承。如无备件,在不得已的情况下,可用铸铁改制滑动轴承代用,但应注意车制油槽,以便润滑。

4.2.2.2 从动盘

(1)缺陷

摩擦片表面磨损、硬化、烧伤、破裂、沾有油污,摩擦片铆钉松动、铆钉露头;从动盘翘曲变形、花键孔磨损。

(2)检验标准及修复方法

从动盘体为铸铁件,盘体翘曲变形时可车削或磨削修理,最大车削量为 2 mm。后从动盘上的高碳钢或高锰钢压环与压爪接触处产生磨痕时可用油石修光或砂轮磨平。摩擦片厚度应为5.5 mm,当厚度只剩3 mm或铆钉头低于摩擦表面不足0.5 mm时应更换摩擦片;当摩擦片表面磨损较均匀、厚度足够、铆钉头低于表面0.50 mm以上时,可用锉修或磨修的方法修整摩擦表面,去除硬化层。当摩擦片烧焦、破裂时应更换新片,更换步骤如下:

① 去除旧片可用钻孔法去除旧铆钉。

② 用汽油清洗铸铁盘体,当不平度不小于0.2 mm时应用修磨法予以校平。

③ 在摩擦片上钻铆钉孔。为使盘体孔与摩擦片钻出孔重合,可用手虎钳将摩擦片与盘体夹持在一起,选用与盘体孔相适应的钻头按盘体上各孔的位置,将摩擦片孔钻透。再用与铆钉头直径相应的平头锪钻锪好埋头孔,埋头孔的深度应为摩擦片厚度的3/5~2/3,不可过深或锪通。

④ 铆合扇形摩擦片。常用铆钉为平头半空心铆钉(当为锥形坑孔时用锥形头铆钉),材料为紫铜或铝合金。铆合时可用气压或液压铆钉机或手工冲铆,铆合时应注意以下技术要求:

a. 为防止积累误差影响各盘体孔与摩擦片孔的同轴度,可先铆好扇形摩擦片的四角;

b. 铆后摩擦片与盘体间的不贴合间隙应小于0.20 mm;

c. 铆后摩擦片不应有裂纹、凹陷、凸起、缺口和油污;

d. 铆后应检查整个从动盘的厚度,如太厚或不平应用砂轮将其磨薄磨平。

摩擦片也可不铆接而用粘接法更换,粘接的摩擦片厚度可得到最大限度的利用,使用较为可靠。粘接前将摩擦片、钢片用砂布打磨,去除氧化层和锈,清洗除油去尘。涂胶前再用丙酮或乙酸乙酯擦洗,晾干后涂胶。可采用J-04、新光204等粘接剂,应严格按所使用型号粘接剂的粘接要求进行粘接。如采用新光204单组分粘接剂时当均匀而薄地刷完第一层胶时,应待15~25 min,第一层胶晾干后再刷第二层胶。如果第一层胶未干就刷第二层胶,第一层胶会凸起;如刷胶不顺一个方向,胶层也易凸起。一般刷三层胶厚度即合适。待晾干到不粘手后再贴合(注意装配位置),然后装上专用夹具(每片之间应用纸隔开,以免固化时多余胶液溢出,将几片粘在一起)加压,一般为0.1~0.2 MPa,加温固化。

加温分两个阶段为好。第一阶段加温到60 ℃,保温0.5~1 h,这时粘接剂已成液体,向工件表面浸润,同时在弹簧压力下,胶液向四周流动扩散,使其胶层与工作表面之间的间隙或局部没有粘接剂的地方充满胶液,而使胶层与工件整个粘接表面全部接触,保证粘接面积与粘接强度,第二阶段由60 ℃逐渐升温至160~180 ℃并保温2 h随炉冷却(如温度很高取出,由于温差太大造成应力集中)取出,固化后胶层的颜色呈金黄色为好。

4.2.2.3　前从动盘毂与主离合器轴、后从动盘毂与后盘齿毂、后盘齿毂与主离合器轴

(1)缺陷

因磨损而使花键松旷。

(2)检验标准及修复方法

盘毂、后盘齿毂与离合器轴的花键配合间隙为0.100~0.355 mm。当间隙大于0.80 mm或齿宽磨损0.50 mm以上时,应修复或更换新件。检查键齿磨损可用标准花键轴或将盘毂套入花键轴上未磨损部位,以观察齿侧间隙(因花键孔修复工艺麻烦,故多更换新件)。

4.2.2.4　主离合器轴

(1)缺陷

花键损坏、滑动轴颈磨损、轴弯曲等。

(2)检验标准及修复方法

花键磨损可检查配合的齿侧间隙,亦可用标准花键套或新盘毂套在花键轴上检查齿侧磨损,该间隙标准值为0.100～0.355 mm,使用极限0.80 mm。在保证配合间隙不大于0.80 mm的情况下,磨损后可焊修齿侧,然后按未磨损部位铣出标准花键;轴与分离滑套的配合间隙应为0.065～0.165 mm,当配合间隙大于0.50 mm时,可用镀铬、振动堆焊或镶套法(如图3-1-41所示)修复。镶套时套与轴间过盈量可取为0.01～0.07 mm,并将套加热至150～200 ℃后压装在轴上。轴上小制动器部分修理与从动盘修理相同。

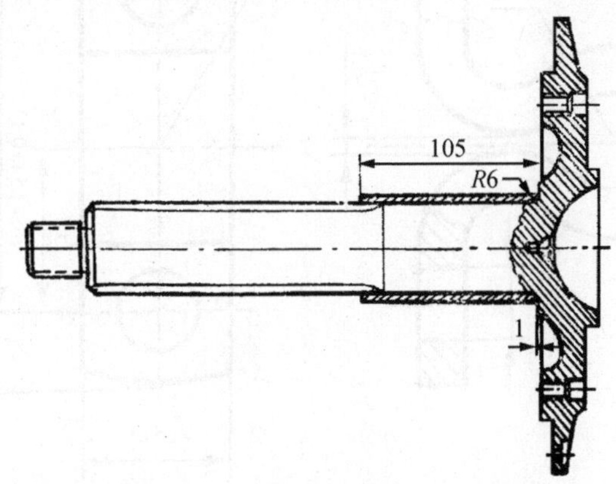

图3-1-41　离合器轴轴颈的镶套修理

4.2.2.5　耳簧(弹性推杆或蝶簧)

(1)缺陷

弹力减弱、孔心距偏短、支撑孔磨损、耳簧折断等。

(2)检验标准及修复方法

耳簧弹力降低后可采用热处理法恢复其弹力,即将耳簧加热至780～810 ℃,在油中淬火,再加热至450～475 ℃进行回火。

耳簧孔心距偏短时可用热变形法恢复原来的孔心距。其方法是:将耳簧加热至780～800 ℃进行高温退火,并在此温度下用楔子打入耳簧环口之间,将孔心距增大,然后再按上述方法进行淬火与回火。撑大销孔中心距时应注意使两个销孔的中心线平行。

耳簧销孔配合间隙大于0.50 mm时,可用修理尺寸法修复,其标准直径为12～12.12 mm,磨损后第一次可钻铰到13～13.12 mm,第二次可钻铰到14～14.12 mm,更换加大尺寸销轴以恢复配合(标准间隙为0.016～0.035 mm)。由于耳簧较硬,钻铰孔前应进行高温退火,修后再重新淬火与回火。标准耳簧尺寸如图3-1-42所示。

4.2.2.6　压爪

(1)缺陷

承压圆弧面与销孔磨损。

(2)检验标准及修复方法

圆弧面磨损后圆弧半径增大、圆弧面至前孔距离将变短,销孔磨损具有单边性质。压爪磨损较少时可用油石修整圆弧面,去除磨痕和不平;当磨损量大于1 mm时,用硬质合金或旧弹簧钢丝焊补(以增加耐磨性),再按样板修磨成型,如图3-1-43所示。压爪与凸轮架(调整圈)相连的销孔正常间隙为0.15～0.20 mm,而与耳簧连接的销孔间隙应为0.016～0.153 mm。

若大于0.40 mm,应用补焊法或加大换销法修复,也可用镶套法修理。镶套材料可用45号钢,壁厚2~3 mm,过盈量为0.04~0.08 mm,使用补焊法时应先退火再焊堵旧孔。修后各压爪质量允差不大于15 g,以免离心力不平衡引起抖动。

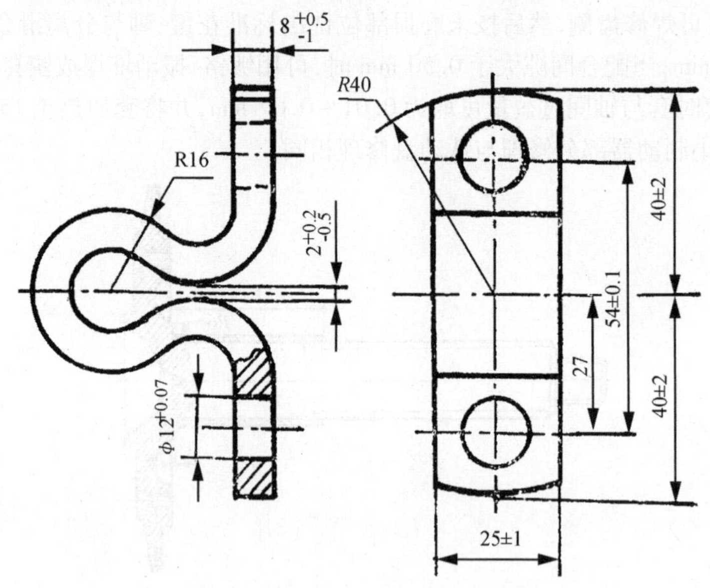

图3-1-42　主离合器标准耳簧

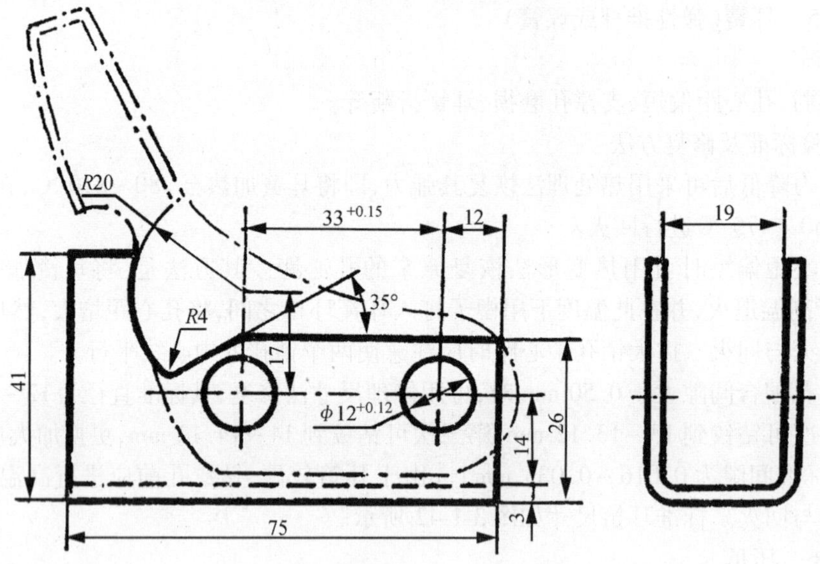

图3-1-43　用样板检查压爪圆弧形状

4.2.2.7　弹簧片

(1)缺陷

与短轴套(后盘齿毂)相贴合处易于磨损,磨损过大时造成分离不彻底并加速摩擦片的磨损。

(2)检验标准及修复方法

磨损后应成组更换。在小修或缺乏材料时可将弹簧片颠倒使用(重钻一孔),如图3-1-44

所示。

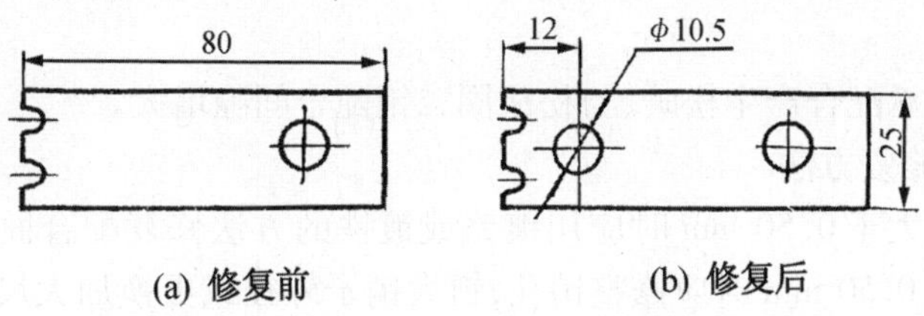

图 3-1-44 弹簧片修复简图

4.2.2.8 凸轮架(即调整圈,又称压爪支架)

(1)缺陷

主要是支撑销孔磨损,其次是与分离滑套接触的端面产生磨损。销孔偏磨后会使压爪外移、摆度减少。端面磨损后会使闭锁行程增大导致接合终了压力下降。

(2)检验标准及修复方法

销孔磨损后可用与压爪销孔相同的方法修理,但应注意:一个支架上各销孔直径应相同,且应在同一个回转半径上;端面磨损大于0.75 mm时可将支架前后换向使用。如果两边磨损均超过0.75 mm时可先堆焊,然后车削至标准轴向尺寸,凸轮架标准尺寸如图3-1-45所示。

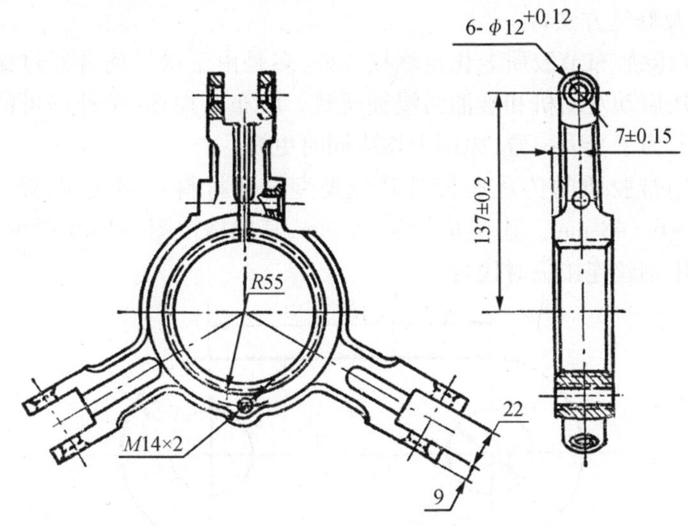

图 3-1-45 主离合器标准凸轮架

4.2.2.9 分离滑套

(1)缺陷

支撑耳簧的销孔磨损、前端面磨损、与主离合器轴配合孔产生磨损、与分离轴承配合处过盈消失、与油封配合处磨损等。

(2)检验标准及修复方法

内孔磨损使配合间隙大于0.50 mm时,应按修理尺寸法修复内孔或轴颈(修理间隔尺寸可取为1.00~1.50 mm),用镶套法修复与之相配的零件。滑套孔镶套时可将孔镗大7 mm。为便于加工,镗前应先高温退火。支撑耳簧孔磨损后的修理与压爪支架孔相同;前端面磨损后的处理也与压爪支架相同；与分离轴承、油封配合处磨损后可用镀铬或镀铁修复。

4.2.2.10　分离轴承座（轴承壳）

（1）缺陷

分离轴承座与轴承配合产生松旷、与松放圈二销配合间隙增大。

（2）检验标准及修复方法

与轴承配合间隙大于0.50 mm时应用镀铬或镀铁的方法修复配合面，恢复配合；与松放圈二销配合间隙大于0.50 mm时应修整销孔，镀大销子外径或更换加大尺寸的销子恢复配合（标准间隙为0.07～0.31 mm）。

4.2.2.11　松放圈（又称分离拨圈、分离杠杆）

（1）缺陷

球头磨损。

（2）检验标准及修复方法

球头磨损后更换新球头。球头与松放圈配合间隙为0.10～0.42 mm，与固定座套配合间隙为0.14～0.42 mm，与分离内杠杆配合的销轴磨损后可镀铬或镶套修理。

4.2.2.12　连接块

（1）缺陷

断裂。

（2）检验标准及修复方法

胶布节的损坏，除胶布节胶质老化自然损坏外，多是由于操纵离合器过猛，受到冲击负荷过多，以牵引的方法启动发动机和被油污浸蚀所致。胶布节损坏、条件许可的情况下，一般不管损坏一个或两个，为了受力一致，原则上均应同时更换。

若无新品，可用带胶质的传送皮带及其他类型就便材料自制代替，胶布节每片厚度为8 mm，总厚度为8×6=48 mm。连接孔径为26 mm，其规格按图3-1-46所示制作并检查。在紧急情况下，也可用钢丝连接临时代替。

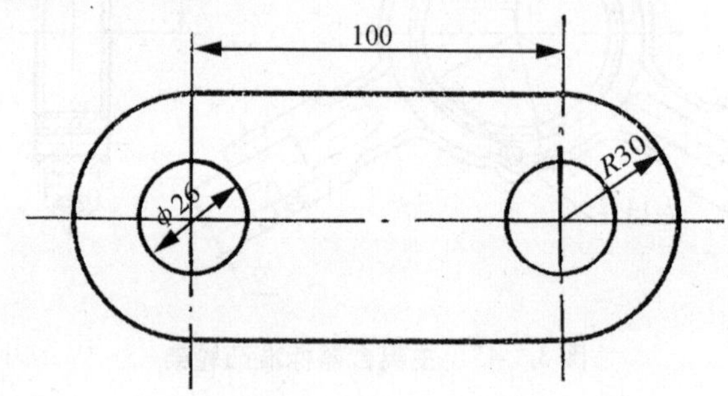

图3-1-46　胶布节样板

4.2.3　T120型推土机主离合器的装配

（1）按相反步骤进行装配；

（2）使用专用套筒工具松开凸轮架夹紧螺栓，转动凸轮架，使主离合器操纵杆的拉力在137±19 N之间越过死点，并发出特有的“楔咔”声；

（3）调整主离合器操纵拉杆的长度，使主离合器彻底分离时惯性制动器能够完全接合；

(4)将变速箱换挡联锁机构的定位销轴拉杆置于横向偏后约13°(此时锁定轴处于非锁定位置),将主离合器彻底分离,此时调整连接拉杆的长度使之能够顺利连接联锁机构,如图3-1-47所示。

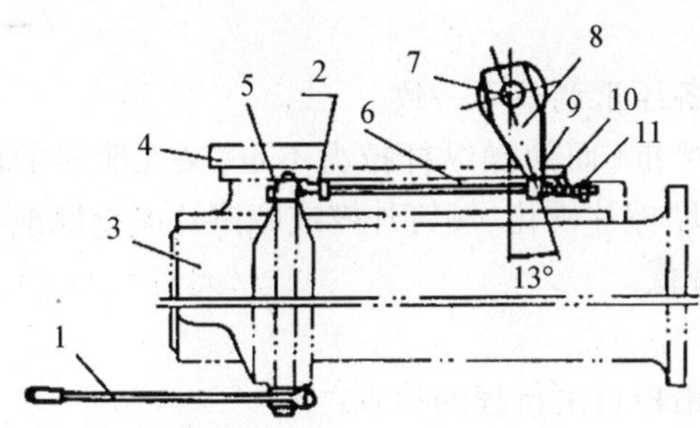

图3-1-47　联锁装置

1—操纵杆;2—调整螺母;3—变速箱;4—变速机构;5—短杠杆;6—拉杆;7—定位锁轴;8—定位销轴杠杆;9—杠杆座;10—拉杆弹簧;11—冠形螺母

4.2.4　T120型推土机主离合器的拆装注意事项

(1)拆完连接块后拆卸主离合器与变速箱主轴(连接盘)的连接螺栓时,应用吊绳将主离合器总成绑好吊住并使连接螺栓不承受弯矩。这样拆卸作业不仅安全可靠,而且螺栓和螺孔的螺纹也不会损坏。

(2)可用钢管绳索等物将紧绳器或手拉葫芦吊于驾驶室内作业。总成吊出后应将其拉出驾驶室门外视情况置于地面或履带上进行分解。

(3)装主离合器上壳时松放圈的油嘴应朝上,两端球头应分别套入内杠杆套和松放圈套内。

(4)安装连接块时,应使其工作时承受拉力。如果装反,工作时将使连接块很快损坏。

(5)连接块如有损伤,须5块同时更换。如只换其中一或两块,将因应力集中而使新连接块很快损坏。

4.3　离合器的维护

离合器一级维护时,应检查离合器踏板的自由行程。二级维护时,还要检查分离轴承复位弹簧的弹力,如有离合器打滑、分离不彻底、接合不平顺、分离时发响发抖等故障发生,还要对离合器进行拆检,以及更换从动盘、中压盘、复位弹簧及分离轴承等附加作业项目。

对不同机型应根据用户手册推荐的行驶里程按离合器维护项目进行。

4.4　常见故障诊断与排除

4.4.1　离合器打滑

(1)故障现象

离合器打滑是指离合器不能将发动机的扭矩和转速可靠地传给传动系统。其表现为:

① 机械起步困难;

② 机械的行驶速度不能随发动机的转速提高而提高;

③ 机械行驶或作业阻力增大时,机械不走而离合器发出焦煳臭味。

(2)原因分析

① 调整不当和工作表面状况的变化。

② 压紧弹簧弹力减弱。

③ 踏板无自由行程或各压爪调整不一致。

④ 摩擦片和压盘磨损严重(而使操纵杆拉力不足,又无明显的两个阶段)造成离合器过松。摩擦片表面沾有油污、摩擦片硬化、铆钉外露或摩擦片严重烧蚀都会引起离合器工作表面状况的变化而使摩擦系数降低。

(3)诊断与排除

① 常结合式主离合器踏板自由行程的检查:

离合器在结合状态下,测量分离轴承距分离杠杆内端的间隙应不小于2~2.5 mm,或将直尺放在踏板旁,先测出踏板完全放松时最高位置的高度,再测出踩下踏板感到有阻力时的高度,两者之差即为离合器踏板的自由行程。若检查出踏板自由行程为零时,应查看离合器分离杠杆内端是否在同一平面内,当个别分离杠杆调整不当或弯曲变形时,会影响踏板自由行程的检查,应进行处理。若踏板无自由行程,应按规定要求进行调整。

② 非常合式主离合器杠杆最大压紧力的调整:

机械工作时若出现离合器打滑,扳动离合器操纵杆,手感很轻,说明离合器打滑多是由于杠杆压紧机构的最大压紧力减小所致,应予以调整。

a. 将变速操纵杆置于空挡位置。

b. 扳动离合器操纵杆,使其处于分离状态。

c. 拆下离合器罩的检视孔盖,拨转加压杠杆的十字架(干式)或离合器托架(湿式),使其夹紧螺栓处于易放松的位置。

d. 将变速操纵杆置入任一挡位,以阻止离合器轴的转动。

e. 松开夹紧螺栓,转动十字架(干式)或离合器托架(湿式),旋入则杠杆最大压紧力增加,旋出则减小。将离合器调整到机械全负荷工作时不打滑为止(具体标准分别见前面有关T120、T160机型的相应内容)。

f. 调整完毕后拧紧夹紧螺栓。

③ 摩擦片的检查。摩擦片检查的具体步骤如下:

a. 拆下离合器检视孔盖,观察离合器有无甩出的油迹。若有油迹,则会使摩擦副的摩擦系数减小而引起离合器打滑。此时应拆下离合器,用汽油或碱水清洗油污并加热干燥。

b. 若摩擦片厚度小于规定值,如铆钉头低于表面不足0.5 mm,或摩擦片产生烧焦破裂时,应更换摩擦片。

c. 若摩擦片厚度足够,但表面硬化,应进行修磨,消除硬化层,并增加其表面粗糙度,以恢复摩擦副的摩擦系数。

④ 压紧弹簧的检查。经过以上检查和处理后离合器打滑现象仍未消除,则可能是压紧弹簧弹力减小所造成的,应更换压紧弹簧。

4.4.2　离合器分离不彻底

(1)故障现象

离合器分离不彻底是指踩下离合器踏板或扳动离合器操纵杆使离合器分离时,动力传递未完全切断的现象。其表现为挂挡困难,或挂挡时变速箱内发出齿轮撞击声。

(2)原因分析

① 弹性钢片磨损过度、失灵;

② 主动盘和被动盘翘曲严重;

③ 安装连接块的厚度不一致或安装不正确;

④ 离合器轴与曲轴不同心所致;

⑤ 常合式踏板自由行程过大、三爪失调、非常合式操纵杆无自由行程也会出现离合器分离不清。

(3)诊断与排除

① 常合式主离合器。其故障诊断与排除的步骤和方法如下:

a. 检查踏板自由行程,方法同前所述。若自由行程过大,可能是引起离合器分离不彻底的原因,应进行调整。

b. 检查分离杠杆内端。打开离合器检视孔,观察分离杠杆内端的高度是否在同一平面内,若出现高低不一现象,应进行调整。

c. 双片式离合器限位螺钉的检查。检查离合器限位螺钉端头距中间压盘的间隙是否符合规定,若不符合则应进行调整(如图 3-1-48 所示)。

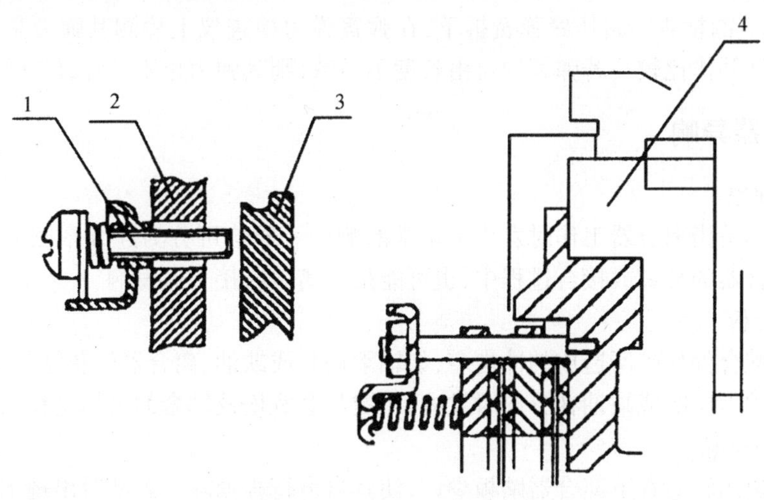

图 3-1-48　双片式离合器限位螺钉

1—限位螺钉;2—压盘;3—中间主动盘;4—飞轮

d. 检查离合器摩擦(衬)片的厚度。离合器新换摩擦(衬)片后分离不彻底,可能是由于摩擦(衬)片过厚所导致的,应调整离合器的分离距离。如果经过上述检查与调整后离合器仍分离不彻底,其原因可能是摩擦片翘曲变形、破裂或分离弹簧失效等,应做进一步分析。

② 非常合式主离合器。其故障诊断与排除的步骤及方法如下:

a. 如果机械停机时分离正常,停放过久后出现离合器分离不彻底,且驾驶员扳动操纵杆费力,说明离合器分离不彻底大多是由锈蚀导致的,应予以排除。

b. 如果机械刚维修后出现离合器分离不彻底,则说明是因为离合器杠杆压紧机构的十字架调整不当导致的,应重新调整。

4.4.3 离合器发抖

(1)故障现象

离合器发抖即离合器接合不平顺,是指发动机向传动系统输出较大扭矩时,离合器传递动力不连续。机械起步时尽管逐渐放松离合器踏板,仍不能平顺起步,并伴有机身发抖或机械突然闯出。

(2)原因分析

① 非常合式压爪磨损不均、常合式弹簧弹力不均、三爪失调;

② 从动盘翘曲、歪斜和变形、从动盘毂铆钉松动、从动盘钢片断裂、转动件不平衡。

(3)诊断与排除

离合器发抖故障的诊断与排除的步骤及方法:

① 检查分离杠杆内端与分离轴承的间隙是否一致。若不一致,说明分离杠杆内端不在同一平面内,应进行调整;反之,可检查发动机前后支架及变速箱的固定情况。如果以上检查均正常,说明离合器发抖可能是由于机件变形或平面度误差过大导致的,应分解离合器检查测量。

② 从动盘的检查。从动摩擦片的端面跳动量应不大于0.8 mm,平面度约1 mm,若不符合要求,应进行修磨。

③ 压紧弹簧的检查。将压紧弹簧拆下,在弹簧弹力检查仪上检测其弹力是否一致,也可测量弹簧的高度并作比较。若弹簧的自由长度不一致,则其弹力也不一样,应予以更换。

4.4.4 离合器异响

(1)故障现象

离合器异响是指离合器工作时发出不正常的响声。异响可分为连续摩擦响声或撞击声,可以出现在离合器的分离或接合过程中,也可能是分离后或接合后发响。

(2)原因分析

其主要是配合件松旷所造成的冲击声,如轴承松旷或缺油、离合器轴花键与套以及松放轴套的磨损等。轴承松旷或缺油在分离时发响,花键与套及松放轴套的磨损是在结合时发响。

(3)诊断与排除

发动机怠速运转时踩下离合器踏板少许,使其自由行程消除。若此时出现干摩擦响声,说明分离轴承缺少润滑油,注入润滑油后再次试验。若有效则为轴承松旷,若无效再踩下踏板少许,并略提高发动机转速,如果异响增大,说明分离轴承损坏,应予以更换。

任务2　更换湿式主离合器摩擦片

1　任务要求

知识要求:

(1)掌握湿式主离合器的调整项目。

(2)掌握湿式主离合器的常见故障现象与原因。

能力要求:

(1)掌握湿式主离合器主要零件的拆装、维修技能。

(2)掌握湿式主离合器的装配与调整的方法。

(3)能对湿式主离合器的常见故障进行诊断与维修。

2　任务引入

一台移山T160推土机扳动主离合器操纵杆使主离合器分离时,出现挂挡困难或挂挡时变速箱内发出齿轮撞击声的现象,这说明主离合器主动盘和被动盘翘曲严重或是调整不当使操纵杆无自由行程,会造成主离合器分离不清。需要拆、检修主离合器,视情况予以调整或更换。

3　相关理论知识

见本项目任务1的相关理论知识。

4　任务实施

4.1　准备工作

通过查阅移山T160型推土机维修手册中对应主离合器等相关资料,经过课堂讨论、教师答疑和操作演示,制订修改拆装方案,准备所需仪器、设备和工具。

4.2 操作流程

4.2.1 移山 T160 型推土机主离合器的拆卸

移山 T160 型推土机主离合器的安装如图 3-1-9 与图 3-1-10 所示。

(1)拆下后下护板;

(2)放出主离合器内的润滑油;

(3)挂空挡拆卸驾驶室地板,拆除主离合器、变速杆、减速油门等相关的连接杆系;

(4)拆卸万向节;

(5)拆卸主离合器助力器的相关油管,拆下助力器总成;

(6)拆下主离合器检查盖,对称拧入两只 $M10$ 的吊环螺钉,通过另一短吊绳用手拉葫芦吊住主离合器外壳;

(7)拆卸主离合器外壳的连接螺栓、螺母,向变速箱方向移动外壳至手可以伸入为止;

(8)用手伸入外壳内拆下定位盘 12 的 4 只 $M10$ 固定螺栓,使外壳与主离合器分开,利用手拉葫芦将其缓缓放至地面,拆卸滤清器、分离叉轴、分离架叉、衬套、轴承、油封等;

(9)抽出主离合器轴;

(10)在主离合器托架上做好定位标记,然后用吊绳吊住托架,拆卸其上的 12 只 $M12$ 螺栓,取下托架和移动套总成;

(11)依次取下各主、从动片(两张主动片、三张从动片);

(12)拆去锁圈的 3 只 $M10$ 的螺栓,取下从动齿轮和轴承壳,拆下轴承。

(13)分解托架和移动套总成,拆下施压盘、托架、移动套、轴承、重锤杠杆及销轴等零件;

(14)拆下工作油泵的中介传动齿轮,拆卸介轮轴。

4.2.2 零部件检修

(1)更换所有油封、橡胶密封件,清洗助力器和滤清器,如滤网破损应予以更换;

(2)检查主、从动片,如厚度超标或烧蚀应更换,如有翘曲应矫正或更换;

(3)用从动齿轮及飞轮分别检查主、从动片内、外齿的磨损量,如超标应更换新片;

(4)检查施压盘及飞轮的工作面及厚度,如形成 0.24 mm 以上不平度以及产生烧伤或枝状裂纹时,在厚度允许的情况下应先粗磨或车削表面,然后再精磨或精车后用砂纸打光,否则应予以更换;

(5)用样板或新的主、从动片分别检查从动齿轮及飞轮的齿隙,如仍超标应更换超标件;

(6)检查压盘复位弹簧的弹力,如超标应予更换;

(7)检查各轴承,如松旷、点蚀应予以更换;

(8)各轴、孔的花键槽松旷应予堆焊加工或更换;

(9)检查惯性制动带的厚度,超标应重铆新带或更换新件;

(10)检查惯性制动鼓的磨损情况,必要时可以车削修复,但最小直径应不小于 237 mm;

(11)清洗检测双联油泵各零件,如磨损未超标,应更换密封件,装复后进行压力试验,合格后方可使用,否则应修理或更换新件。

具体检修标准如下：

① 齿片、齿轮、轴等检修标准如表 3-2-1 所示。

表 3-2-1　齿片、齿轮、轴等检修标准　　单位：mm

<table>
<tr><td>序号</td><td>检 查 项 目</td><td colspan="5">标准</td><td>处理意见</td></tr>
<tr><td rowspan="3">1</td><td rowspan="2">主动片厚度</td><td colspan="2">基本尺寸</td><td colspan="3">允许极限</td><td rowspan="2">更换</td></tr>
<tr><td colspan="2">6.5</td><td colspan="3">6.0</td></tr>
<tr><td>主动片的变形</td><td colspan="2">0~0.2</td><td colspan="3">0.3</td><td>修正或更换</td></tr>
<tr><td rowspan="2">2</td><td>摩擦片厚度</td><td colspan="2">7.0</td><td colspan="3">5.5</td><td>更换</td></tr>
<tr><td>摩擦片摩擦面的变形</td><td colspan="2">0~0.3</td><td colspan="3">0.5</td><td>修正或更换</td></tr>
<tr><td>3</td><td>主动片和摩擦片的总厚</td><td colspan="2">34.0</td><td colspan="3">29.0</td><td>更换</td></tr>
<tr><td rowspan="2">4</td><td>压盘的厚度</td><td colspan="2">22.0</td><td colspan="3">20.0</td><td>更换</td></tr>
<tr><td>压盘的变形</td><td colspan="2">0~0.03</td><td colspan="3">0.24</td><td>修正或更换</td></tr>
<tr><td rowspan="2">5</td><td rowspan="2">飞轮的内齿与主动片的齿数</td><td colspan="2">标准间隙</td><td colspan="3">间隙极限</td><td rowspan="2">更换</td></tr>
<tr><td colspan="2">0.30~0.55</td><td colspan="3">1.0</td></tr>
<tr><td>6</td><td>摩擦片内齿与齿轮的齿数</td><td colspan="2">0.37~0.63</td><td colspan="3">1.0</td><td>镀硬质铬</td></tr>
<tr><td rowspan="3">7</td><td rowspan="3">主离合器轴与套的间隙</td><td rowspan="2">基本尺寸</td><td colspan="2">公差</td><td rowspan="2">标准间隙</td><td rowspan="2">允许间隙</td><td rowspan="3">换套</td></tr>
<tr><td>轴</td><td>孔</td></tr>
<tr><td>60</td><td>-0.25
-0.30</td><td>+0.074
0</td><td>0.25~
0.374</td><td>0.5</td></tr>
<tr><td>8</td><td>联轴节与油封接触面的外径</td><td>85</td><td>0
-0.087</td><td></td><td></td><td></td><td rowspan="2">更换</td></tr>
<tr><td>9</td><td>重锤杠杆宽与调整盘的间隙</td><td>50</td><td>-0.10
-0.15</td><td>+0.10
0</td><td>0.10~
0.25</td><td>1.0</td></tr>
<tr><td rowspan="2">10</td><td rowspan="2">输出端联轴节相对于变速箱输入轴的端面跳动、径向跳动</td><td colspan="2">项目</td><td colspan="3">允许极限</td><td rowspan="2">修正</td></tr>
<tr><td colspan="2">端面跳动、径向跳动</td><td colspan="3">1.0(φ140 处) 1.7</td></tr>
<tr><td rowspan="3">11</td><td rowspan="3">压盘复位弹簧</td><td colspan="2">基本尺寸</td><td colspan="3">允许极限</td><td rowspan="3">更换</td></tr>
<tr><td>自由长度</td><td>安装长度</td><td>安装荷重</td><td>自由长度</td><td>安装荷重</td></tr>
<tr><td>64.0</td><td>50.0</td><td>387 N
(39.5 kgf)</td><td>61.2</td><td>310 N
(31.6 kgf)</td></tr>
<tr><td>12</td><td>联轴节挡板固定螺栓紧固扭矩</td><td colspan="5">176 ± 20 N · m(18 ± 2 kgf · m)</td><td rowspan="2">再紧固</td></tr>
<tr><td>13</td><td>调整盘螺母的紧固扭矩</td><td colspan="5">88 ± 10 N · m(9 ± 1 kgf · m)</td></tr>
</table>

② 惯性制动器检修标准如表 3-2-2 所示。

表 3-2-2 惯性制动器检修标准 单位:mm

序号	检查项目	标准					处理意见
1	惯性制动带及摩擦片组件厚度	基本尺寸			允许极限		摩擦片间互换或更换
		7.6			6.0		
2	惯性制动鼓的外径	240			237		
3	拨叉轴与套的间隙	基本尺寸	公差		标准间隙	允许极限	更换
			轴	孔			
		34	−0.040 −0.060	+0.064 +0.025	0.065~0.124	0.15	
4	拨叉轴与套的间隙	27	−0.020 −0.041	+0.021 0	0.020~0.062	0.15	

③ 主离合器、转向双联油泵检修标准如表 3-2-3 所示。

表 3-2-3 主离合器、转向双联油泵检修标准 单位:mm

序号	检查项目	标准		处理意见
1	泵体与齿轮的侧隙	标准间隙	允许间隙	更换
		0.075~0.085	0.120	
2	轴承与轴的间隙	0.055~0.079	0.150	
3	前盖固定螺栓的紧固扭矩	108±15 N·m(11±1.5 kgf·m)		再紧固

④ 主离合器助力器检修标准如表 3-2-4 所示。

表 3-2-4 主离合器助力器检修标准 单位: mm

序号	检查项目	标准					处理意见
1	活塞与架盖的间隙	基本尺寸	公差		标准间隙	允许间隙	更换
			轴	孔			
		60	−0.03 −0.05	+0.019 0	0.030~0.069	0.1	
2	阀体与活塞的间隙	76	−0.02 −0.03	+0.03 0	0.02~0.06	0.1	
3	活塞与阀杆的间隙	25	−0.03 −0.04	+0.021 0	0.030~0.061	0.1	
4	接头与球体的间隙	30	−0.2 −0.3	+0.2 +0.1	0.3~0.5	1.0	
5	阀杆复位弹簧(大)	基本尺寸			允许极限		
		自由长度	安装长度	安装荷重	自由长度	允许荷重	
		50.0	32	54 N (5.5 kgf)	46.4	43 N (4.4 kgf)	
6	阀杆复位弹簧(小)	53.7	27.8	210 N (21.4 kgf)			
7	安全阀弹簧	27.2	20	58 N (5.9 kgf)	26.4	55 N (5.6 kgf)	
8	制动带复位弹簧	42.4	40.0	43 N (4.4 kgf)	41.9	34 N (3.5 kgf)	

续表

序号	检查项目	标准	处理意见
9	接头相对活塞的尺寸	37.6 ±0.5	调整
10	接头的固定螺母紧固扭矩	270 ±172 N · m(27.5 ±17.5 kgf · m)	再紧固
11	安全阀的塞子紧固扭矩	98 ±10 N · m(10 ±1 kgf · m)	
12	安全阀的阀座紧固扭矩	402 ±128 N · m(41 ±13 kgf · m)	

4.2.3　移山 T160 型推土机主离合器的装配

(1)按相反步骤装配主离合器；

(2)加入 CD20#柴机油后，启动发动机，接合主离合器，检测助力系统的压力值，当主离合器接合时系统压力应为 3 MPa，如不符合要求，应通过增减垫片对安全阀进行调整；

(3)用梅花扳手分别松开调整盘边缘对称的两只压板的 M14 夹紧螺母 1(如图 3-2-1 所示)，用大撬杠撞击调整盘进行调整，完毕后应以 90 N · m 的力矩拧紧压板螺母方可进行试车。

调整标准为：熄火时拉动主离合器操纵杆能够刚刚接近死点但无法越过，而发动机启动后主离合器操纵杆可以轻松越过死点并保持在此位置。

检验标准为：使发动机高速运转，变速箱置于 3 挡，踏死制动踏板，结合主离合器后发动机应能在 0.8 ~1.3 s 内熄火；

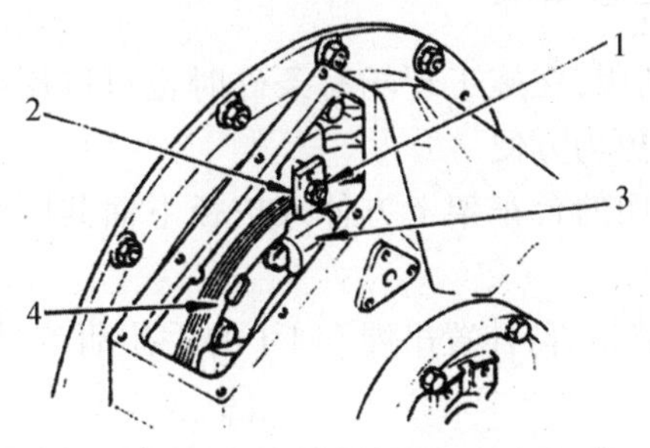

图 3-2-1　T160 型推土机主离合器调整示意图

1—夹紧螺母；2—锁板；3—重锤杠杆；4—调整盘

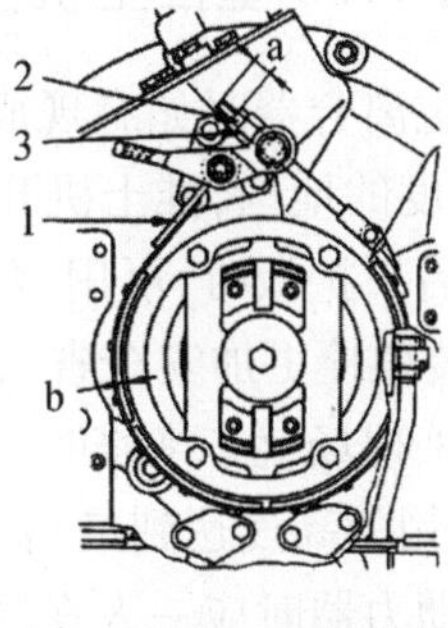

图 3-2-2　T160 型推土机惯性制动器调整示意图

1—制动带；2—锁紧螺母；3—调整螺母

(4)启动发动机并高速运转，变速箱置空挡，测定主离合器操纵杆，从后完全向前推到底(接合→分离)时，主离合器轴至停转时所需的时间标准值为 2.5 ~3.5 s。如有差别，须按如下方法调整惯性制动器，如图 3-2-2 所示：

① 主离合器调整后，启动发动机并锁住制动踏板，把主离合器接合上，将发动机停止。

② 拧松锁紧螺母 6，转动调整螺母 7 进行调整。

★ 调整螺母拧入时制动带 5 被拉紧而间隙变小，反之变大。

★ 标准尺寸：a =20 mm

标准间隙：b =2 mm

(5)断开联锁杆，将主离合器彻底分离，此时一边挂任一挡位，一边转动锁定轴，当可以挂入挡位时，调整联锁杆的长度使之能够顺利连接锁定轴，如图 3-2-3 所示。

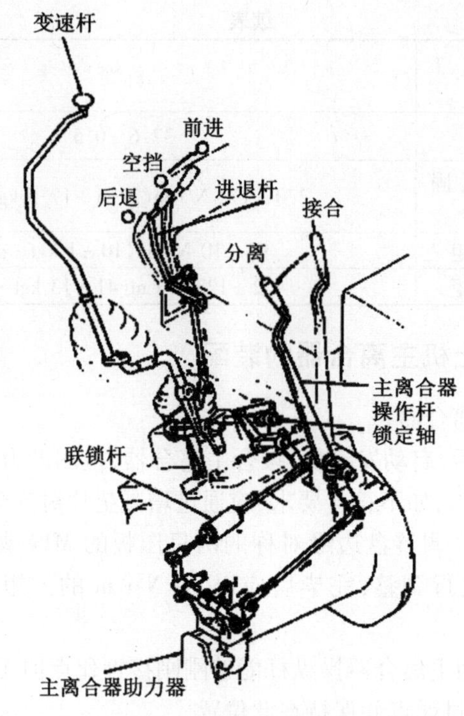

图 3-2-3 联锁机构调整示意图

4.2.4 移山 T160 型推土机主离合器拆装的注意事项

(1)拆装主离合器时如有现成的地沟可以加以利用;在施工现场有条件时也可以用挖掘机挖一适当深度的地沟,推土机开上地沟后进行拆装更为方便。

(2)拆装后下护板时,可用钢管或树棍分别从两侧的台车架上方伸入护板下面共同将其抬起,这样拆装螺栓更加安全省力。

(3)在施工现场就车维修时,可在驾驶室顶部横置钢管,挂置吊绳和 1 t 的手拉葫芦,尽量收紧吊绳使吊钩的高度达到最高。

(4)拆装助力器时应一人在地板上方用绳子拎着,另一人在车下拆装外部的固定螺栓;当安装壳体内部的 3 只 $M10$ 螺母、弹垫时,注意切不可将其掉入壳体内。

(5)吊钩的位置必须垂直于推土机纵轴线上,拆卸时吊点适当偏后一些,这样便于外壳脱开,也便于伸手拆卸定位盘螺栓;装配时吊点则应适当偏前一些,以利于外壳就位。

(6)取出从动齿轮和轴承壳时如困难,可以使用拉马将其拉出。

(7)装主离合器外壳时分离架叉两端槽口应分别套入分离座的两个滑块内。

(8)安装定位盘时,千万注意必须使油孔向下,否则会因油路堵塞而烧坏各轴承。

(9)装配后务必调整主离合器与惯性制动器。

4.3　主离合器常见故障

4.3.1　打滑

主要原因是：

(1)调整不当和工作表面状况的变化；

(2)重锤销孔与销轴磨损间隙增大导致压紧力减弱；

(3)摩擦片和压盘磨损严重(而使操纵杆拉力不足，又无明显的两个阶段)造成离合器过松。摩擦片严重烧蚀、变形都会引起离合器工作表面状况的变化而使摩擦系数降低。

4.3.2　分离不清

主要原因：

(1)重锤销孔与销轴磨损间隙增大导致压紧力减弱；

(2)主动盘和被动盘翘曲严重；

(3)调整不当使操纵杆无自由行程也会出现离合器分离不清。

4.3.3　发响

主要是配合件松旷所造成的冲击声，如轴承松旷或缺油、离合器轴花键与套以及分离叉架与轴套的磨损等。花键与从动盘、制动盘及分离叉架与轴套的磨损是在结合时发响。

4.3.4　发抖

从动盘翘曲、歪斜和变形、转动件不平衡。

任务3 检修机械换挡(手动)变速箱

1 任务要求

知识要求:

(1)掌握机械换挡(手动)变速箱的结构与工作过程。

(2)掌握机械换挡(手动)变速箱的调整项目。

(3)掌握机械换挡(手动)变速箱维修工艺。

(4)掌握机械换挡(手动)变速箱的常见故障现象与原因。

能力要求:

(1)掌握机械换挡(手动)变速箱的拆装技能。

(2)掌握机械换挡(手动)变速箱主要零件的维修技能。

(3)掌握机械换挡(手动)变速箱的装配与调整的方法。

(4)能对机械换挡(手动)变速箱的常见故障进行诊断与维修。

2 任务引入

一台上海 T120A 型推土机,在行驶或工作中,变速杆由挡位中自行回到空挡位置,造成突然停车。而且这种情况多出现在推土机的一、二挡上。此时说明是跳挡故障。造成跳挡的主要原因是:拨叉与拨叉轴固定螺栓松动、拨叉轴的 V 形槽与锁销磨损过度、拨叉和齿轮环槽磨损、齿轮端面磨损及轴承径向间隙过大等,应及时拆装检查,排除故障。

3 相关理论知识

3.1 变速传动机构

3.1.1 平面三轴式变速箱

这类变速箱的特点是输入轴与输出轴布置在同一轴线上,可以获得直接挡,由于输入轴、输出轴和中间轴处在同一平面内,故称为平面三轴式变速箱。如图 3-3-1 所示为平面三轴五挡变速箱结构简图。

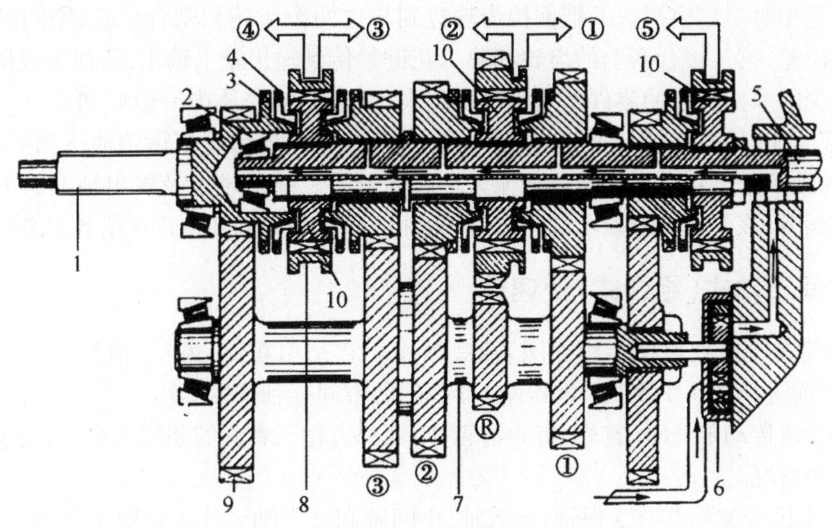

图 3-3-1　平面三轴五挡变速箱结构简图

1—输入轴；2—轴承；3—接合齿圈；4—同步环；5—输出轴；6—油泵；7—中间轴；8—接合套；9—中间轴常啮合齿轮；10—花键毂

此变速箱有 5 个前进挡和 1 个倒挡，主要由壳体、输入轴、输出轴、中间轴、倒挡轴、各轴上齿轮及操纵机构等部分组成。

第一轴和第一轴常啮合齿轮为一个整体，是变速箱的动力输入轴。输入轴前部花键插于离合器从动盘毂中。

在中间轴上制有(或固装有)6 个齿轮，作为一个整体而转动。最左面的齿轮与输入轴常啮合齿轮相啮合。动力从离合器输入到变速箱输入轴后，经过这一对常啮合齿轮传到中间轴各齿轮上。向后依次称各齿轮为中间轴三挡、二挡、倒挡、一挡和五挡齿轮。

在输出轴上，通过花键固装有三个花键毂，通过轴承安装有输出轴各挡齿轮。其中从左向右，在第一和第二花键毂之间装有三挡和二挡齿轮，在第二和第三花键毂之间装有一挡和五挡齿轮，分别与中间轴上各相应挡齿轮相啮合。在三个花键毂上分别套着带有内花键的接合套，并设有同步机构。通过接合套的前后移动，可以使花键毂与相邻齿轮上的接合齿圈连接在一起，将齿轮动力传给输出轴。其中在第二个接合套上还制有倒挡齿轮。输出轴前端插入第一轴常啮合齿轮的中心孔，两者之间设有轴承。输出轴后端是变速箱的输出端。

该变速箱的动力传动路线是：动力由离合器传给输入轴，经常啮合齿轮传至中间轴，中间轴上各挡齿轮又带动输出轴上相应各挡齿轮转动。未挂挡时，各接合套都位于花键毂中央，输出轴上各挡齿轮都在轴上空转，输出轴不输出动力，变速箱处于空挡状态。当变速箱操纵机构将输出轴上某一挡齿轮的接合齿圈按图 3-3-1 所示的方向拨动与其邻近的花键毂接合时，已传到中间轴齿轮的动力经过中间轴和输出轴上的这一对齿轮、接合套及花键毂传到输出轴上，变速箱便处于该挡工作状态。当最左边的花键毂通过接合套与第一轴常啮合齿轮的接合齿圈接合时，来自输入轴的动力直接传到输出轴上，这时变速箱的传动效率最高，这一挡位称为直接挡，亦即四挡。五挡为超速挡，变速箱处于超速挡工况时传动比小于 1。在路况良好且机械不需要频繁加减速的情况下，使用超速挡能让发动机工作在最经济的工况附近。倒挡齿轮通过轴承套在倒挡轴上(图中未画出)。当第二啮合套位于中间位置时，其上边的齿轮正好与中间轴倒挡齿轮相对。用换挡拨叉把倒挡齿轮拨到与这两个齿轮相啮合位置,中间轴上的动力就会经倒挡齿轮、第二接合套上的齿轮和第二花键毂传到输出轴上输出,从而实现倒挡。

为了减少因摩擦引起的零件磨损和功率损失,变速箱的壳体内一般要加入一定容量的齿轮油,以保证变速箱润滑良好。当变速箱工作时,浸在油内的齿轮把齿轮油飞溅到各处,润滑各齿轮、轴和轴承的工作面。为了保证输入轴和输出轴之间的轴承及输出轴上的滑动或滚针轴承的良好润滑,该变速箱专设了油泵,将齿轮油经输出轴内的油道输送给各个轴承。

3.1.2 空间三轴式(组合式)变速箱

T220 履带推土机变速箱结构如图 3-3-2 所示。它是由箱体、齿轮、轴和轴承等零件组成的,具有 5 个前进挡和 4 个倒挡,采用啮合套换挡的空间三轴式变速箱。

在分析变速传动部分时,首先,应弄清箱体、轴和齿轮三者间的装配关系,以便了解各挡传动路线和工作情况。

T220 推土机变速箱共有 3 根轴:输入轴、中间轴和输出轴。这 3 根轴呈空间三角形布置,以保证各挡齿轮副的传动关系。

输入轴:前端有万向接盘,由此接盘通过万向节与主离合器相连;后端伸出箱体外,伸出端上有花键,作功率输出用。前进挡主动齿轮和倒挡主动齿轮通过花键固装在输入轴上,五挡主动齿轮通过双金属衬套滑动轴承支承在花键套上,花键套通过花键固装在轴上。啮合套毂通过花键固装在轴上,其啮合齿上套着啮合套。

中间轴:前进挡从动齿轮、倒挡从动齿轮和一、二、三、四挡主动齿轮都通过双金属滑动轴承支承在轴的花键套上,轴上还有 3 个啮合套。

输出轴:输出轴和主动螺旋锥齿轮制成一体。一、二、三、四、五挡从动齿轮通过花键固装在轴上。前进挡双联齿轮通过两个轴承装在轴上。该轴的轴向位置可用调整垫片来进行调整,以保证主传动的螺旋锥齿轮的正确啮合。

3 根轴都是前端用双列球面滚柱轴承支承,后端用滚柱轴承支承。前端支承可防止轴向移动;后端支承允许轴向移动,以防止受热膨胀而卡死。采用双列球面滚柱轴承还可以自动调心,允许内、外圈有较大的偏斜(小于 2°),对轴线偏差起补偿作用。

双列球面滚柱轴承通过轴承座装在前盖上,这样装配较方便。3 根轴的后端滚柱轴承的外圈分别通过卡簧或销钉加上紧固螺钉做固定。前盖和箱体上的轴承孔都是通孔,利于加工。

所有轴上的定位隔套,通过键或花键与轴连接,以防止轴套相对轴转动。

变速箱体采用前盖可卸式筒状结构,以改善箱体的工艺。前盖和箱体通过止口定芯,用一个销钉在圆周方向定位,用螺钉固定。

T220 推土机变速箱传动路线分析如图 3-3-2(b)所示。从变速箱变速传动的特点来看,T220 型推土机变速箱属于组合式变速箱,其传动部分由换向与变速两部分组成。

换向部分工作原理:当操纵机构的换向杆推到前进挡位置时,即拨动中间轴上的啮合套 A 左移与前进从动齿轮 Z_{11} 啮合,这时动力由前进主动齿轮 Z_1 经输出轴上齿轮 Z_5、Z_4 传至中间轴上齿轮 Z_{11},实现前进。当换向杆推到倒挡位置时,拨动啮合套 A 右移与倒挡齿轮 Z_{12} 啮合。此时由倒挡主动齿轮 Z_2 与中间轴上倒挡齿轮 Z_{12} 啮合传动而实现倒退挡。

变速部分工作原理:通过变速杆拨动中间轴上的啮合套 C 右移(或左移)与齿轮 Z_{16}(或 Z_{15})相啮合而实现一、二挡传动比。当拨动啮合套 B 右移(或左移)与齿轮 Z_{14}(或 Z_{13})相啮合

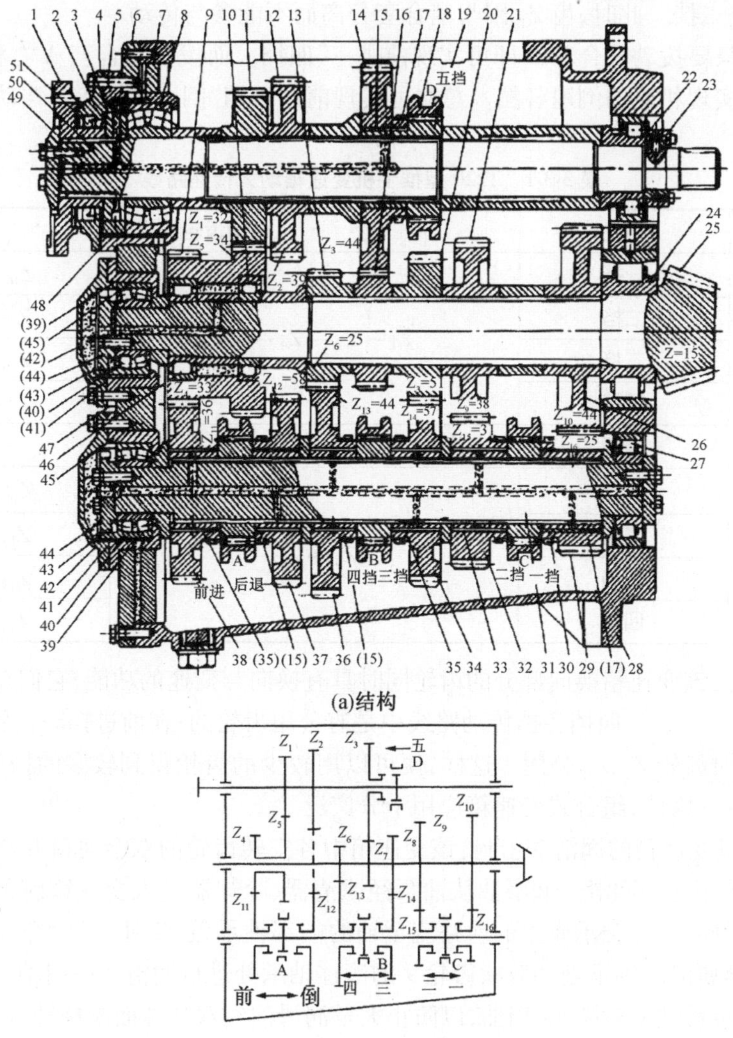

(a)结构

图 3-3-2 T220 型推土机变速箱构造

1—万向接盘;2—挡板;3、7、39、41、43、48—密封圈;4—轴承压盖;5、45—轴承座;6—前盖;8、40—双列球面滚柱轴承;9—双联齿轮;10、22、24、27、46—滚柱轴承;11—前进挡主动齿轮;12—倒挡主动齿轮;13—四挡从动齿轮;14—五挡主动齿轮;15、30、33、35—花键套;16—五挡从动齿轮;17—双金属滑动轴承;18—啮合套;19—啮合套毂;20—三挡从动齿轮;21—二挡从动齿轮;23—定位螺母;25—主动螺旋锥齿轮;26—一挡从动齿轮;28—箱体;29—一挡主动齿轮;31—中间轴;32—二挡主动齿轮;34—三挡主动齿轮;36—四挡主动齿轮;37—倒挡从动齿轮;38—前进挡从动齿轮;42—轴承盖;44—挡油盘;47—调整垫片;49—固定板;50—输入轴;51—油封

而实现三、四挡传动比;通过拨动输入轴上啮合套 D 左移与齿轮 Z_3 啮合即可实现前进五挡。因五挡不经过中间轴齿轮,动力直接由输入轴经齿轮 Z_3、Z_7 而传至输出轴,故五挡只有前进挡(也称高速挡)。

例如前进一挡的传动路线为:将换向杆推到前进位置,拨动啮合套 A 与齿轮 Z_{11} 啮合,再将变速杆推到一挡位置,使啮合套 C 与一挡齿轮 Z_{16} 啮合,使齿轮 Z_{16} 与 Z_{10} 参与传动。这时,动力从输入轴通过齿轮 Z_1、Z_5、Z_4、Z_{11}、Z_{16}、Z_{10} 传至输出轴。

若要换前进二挡,则只要拨动啮合套 C 左移与齿轮 Z_{15} 啮合,则二挡齿轮副 Z_{15} 与 Z_{14} 参与传动而实现前进二挡。此时,齿 Z_{16} 因与啮合套分离而不能参与传动。

与之类似,只要拨动啮合套 B 即可实现前进三、四挡。而拨动啮合套 A 右移,再拨动啮合套 B 或 C,即可实现相应的倒退各挡。总共可实现前进 5 挡、倒退 4 挡。各挡动力传动路线列于表 3-3-1 中。

表 3-3-1　T220 型推土机变速箱动力传递路线

<table>
<tr><th>方向</th><th>挡位</th><th colspan="2">传动齿轮的组合</th></tr>
<tr><td rowspan="5">前进</td><td>一挡</td><td rowspan="4">$Z_1 \to Z_5 \to Z_4 \to Z_{11}$</td><td>$Z_{16} \to Z_{10}$</td></tr>
<tr><td>二挡</td><td>$Z_{15} \to Z_9$</td></tr>
<tr><td>三挡</td><td>$Z_{14} \to Z_8$</td></tr>
<tr><td>四挡</td><td>$Z_{13} \to Z_6$</td></tr>
<tr><td>五挡</td><td colspan="2">$Z_3 \to Z_7$</td></tr>
<tr><td rowspan="4">倒退</td><td>一挡</td><td rowspan="4">$Z_2 \to Z_{12}$</td><td>$Z_{16} \to Z_{10}$</td></tr>
<tr><td>二挡</td><td>$Z_{15} \to Z_9$</td></tr>
<tr><td>三挡</td><td>$Z_{14} \to Z_8$</td></tr>
<tr><td>四挡</td><td>$Z_{13} \to Z_6$</td></tr>
</table>

由上表可见,该变速箱换向部分的齿轮同时具有换向与变速的功能,它们在除五挡以外的前进(或倒退)一、二、三、四挡各挡传动路线中是有公用齿轮的:在前进挡时齿轮 Z_1、Z_5、Z_4、Z_{11} 公用;而倒退挡时齿轮 Z_2、Z_{12} 公用。这样,便可以用较少的齿轮得到较多的挡位,使变速箱的结构较简单紧凑。因此,组合式变速箱应用十分广泛。

T220 推土机变速箱的润滑和密封:该变速箱中各空转齿轮的双金属衬套滑动轴承和前盖上的 3 个轴承采用强制润滑。润滑油从油泵经滤清器、冷却器进入变速箱前盖。经前盖上的孔道流到各轴承座,又经轴承座上的通路流至轴的端部轴承盖 42 处,然后经各轴中心油路流至各齿轮的双金属滑动轴承处和双联齿轮 9 的滚柱轴承处进行润滑。中间轴和输出轴前端有挡油盘 44 和合金铸铁密封圈 43 挡油,以防止大量润滑油经双列球面滚柱轴承而流失(回变速箱底部)。挡油盘上设有节流小孔,适量的润滑油可经此小孔去润滑双列球面滚柱轴承。3 根轴后端的滚柱轴承和所有齿轮,都是通过飞溅的润滑油来润滑。为了防止变速箱漏油,所有可能外泄的静止结合面都用 O 形橡胶密封圈来密封。前端伸出箱体外的输入轴用自紧橡胶油封来密封。花键与万向节接盘连接处用 O 形橡胶密封圈和橡胶垫来防止漏油。

综上所述, T220 推土机变速箱采用啮合套换挡,常啮合斜齿轮,故换挡操作轻便、传动平稳、噪声较小。采用强制润滑,效果较好,可延长使用寿命。因此,这种类型的变速箱是应用较广泛的机械式变速箱。

3.2　变速操纵机构

变速操纵机构包括换挡机构与锁止装置,其功能是保证按需要顺利可靠地进行换挡。

对操纵机构的要求一般是:

(1)保证工作齿轮正常啮合;

(2)不能同时换入两个挡;

(3)不能自动脱挡;

(4)在离合器接合时不能换挡;

(5)要有防止误换到最高挡或倒挡的保险装置。

对于每一种机械的变速箱的操纵机构,应根据不同的作业和行驶条件来决定对它的要求,不一定都包括上述各点。

3.2.1 换挡机构

换挡机构如图3-3-3(a)所示,主要由变速杆1、换向滑杆6、拨叉7等组成。变速杆用球头支承在支座内,由弹簧将球头压紧在支座内;球头受销子限制不能随意旋转,以防止变速杆转动。拨叉用螺钉固定在滑杆上;滑杆上有V形槽,可由锁定销5锁定在某一位置上;滑杆端有凹槽4,变速杆下端可插入其中进行操纵。换挡时,操纵变速杆通过滑杆和拨叉拨动滑动齿轮

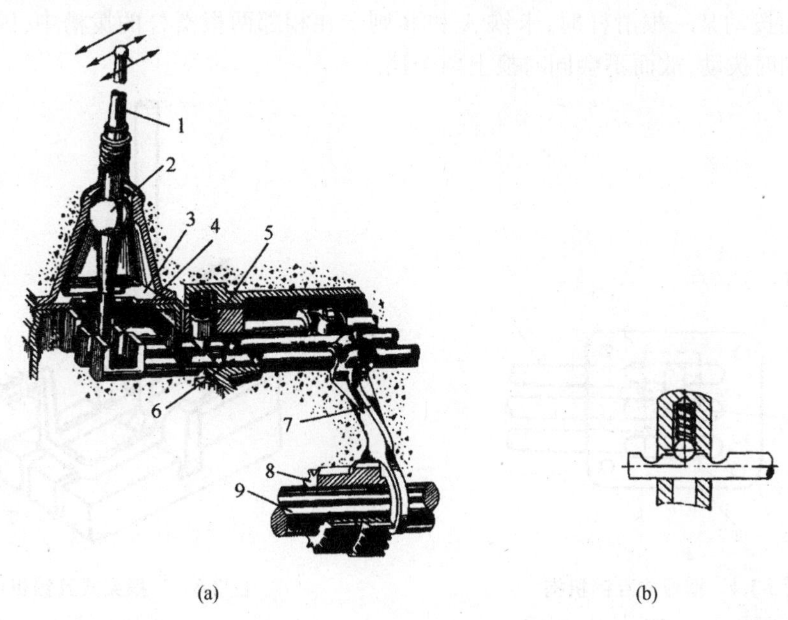

图3-3-3 变速箱操纵机构

1—变速杆;2—球头;3—框板式互锁机构;4—换向滑杆凹槽;5—锁定销;6—换向滑杆;7—拨叉;8—滑动齿轮;9—变速箱轴

8以实现换挡。每根滑杆可以控制两个不同挡位,根据挡位的数目确定滑杆数目。

3.2.2 锁止装置

对变速箱操纵机构的要求,主要由锁止装置来实现。锁止装置一般包括锁定机构、互锁机构、联锁机构以及防止误换到最高挡或倒挡的保险装置。

3.2.2.1 锁定(自锁)机构

锁定机构用来保证变速箱内各齿轮处在正确的工作位置,在工作中不会自动脱挡。如图3-3-3(a)所示,在每根滑杆上铣有3个V形槽,具有V形端头的锁定销在弹簧压力下嵌在V形槽中,锁定了滑杆的位置,以防止自动脱挡。

当拨动滑杆换挡时,V形槽的斜面顶起锁定销,然后滑杆移动直至锁定销再次嵌入相邻的V形槽中。V形槽之间的距离保证了滑杆在换挡移动时的距离,从而保证了工作挡齿轮的正

常啮合位置。滑杆上的3个V形槽实现了两个挡和一个空挡的位置。

锁定销也可采用钢球,但在滑杆上应制出半圆球形的凹坑,如图3-3-3(b)所示。

3.2.2.2 互锁机构

互锁机构用来防止同时拨动两根滑杆而同时换上两个挡位。常用的互锁机构有框板式和摆架式。

框板式互锁机构,如图3-3-4所示,它是一块具有"王"字形导槽的铁板,每条导槽对准一根滑杆。由于变速杆下端只能在导槽中移动,从而保证了不会同时拨动两根滑杆,也就不会同时换上两个挡。

摆架式互锁机构,如图3-3-5所示,是一个可以摆动的铁架,用轴销悬挂在操纵机构壳体内。变速杆下端置于摆架中间,可以做纵向运动。摆架两侧有卡铁A和B,当变速杆下端在摆架中间运动而拨动某一根滑杆时,卡铁A和B则卡在相邻两根滑杆的拨槽中,因而防止了相邻滑杆也被同时拨动,故而不会同时换上两个挡。

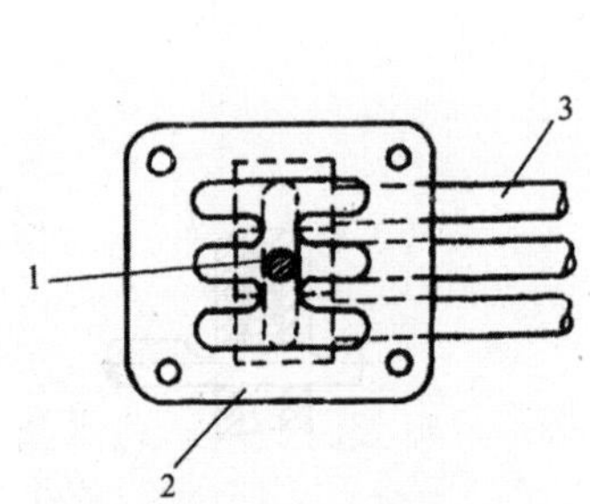

图3-3-4 框板式互锁机构

1—变速杆;2—导向框板;3—滑杆

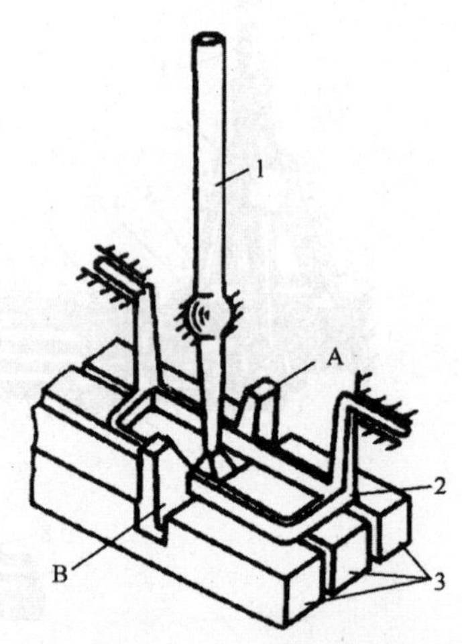

图3-3-5 摆架式互锁机构

1—变速杆;2—摆架;3—滑杆;A、B—卡铁

3.2.2.3 联锁机构

联锁机构,如图3-3-6所示,用来防止离合器未彻底分离时换挡。在离合器踏板上用拉杆连接着摆动杠杆,摆动杠杆固定在可以转动的联锁轴上。联锁轴上沿轴向制有槽,当离合器踏板完全踩下,也就是离合器分离时,通过拉杆推动联锁轴,使其上的槽正好对准锁定销的上端。此时锁定销才可能被顶起,换挡滑杆才可能被拨动,实现换挡,如图3-3-6(a)所示。

当离合器接合时,如图3-3-6(b)所示,联锁轴上的槽将转过去,而用其圆柱面顶住锁定销的上端,使插入滑杆上V形槽的锁定销不能向上移动,这时换挡滑杆也就不能被拨动,自然就不能换挡。

如图3-3-7所示,T220型推土机变速箱的操纵机构是由变速杆、换向杆、一二挡滑杆、三四挡滑杆、换向滑杆、五挡滑杆及4个拨叉等零件组成。通过变速杆或换向杆操纵拨叉拨动相应的啮合套进行换挡。3个变速拨叉由变速杆拨动,而另一个换向拨叉则由换向杆拨动。变速杆与换向杆的换挡位置如图3-3-8所示。

操纵机构中装有4个锁定销用来定位,以防止自动跳挡;采用保险卡(即摆架)作为互锁机构,以防止同时换上两个排挡。

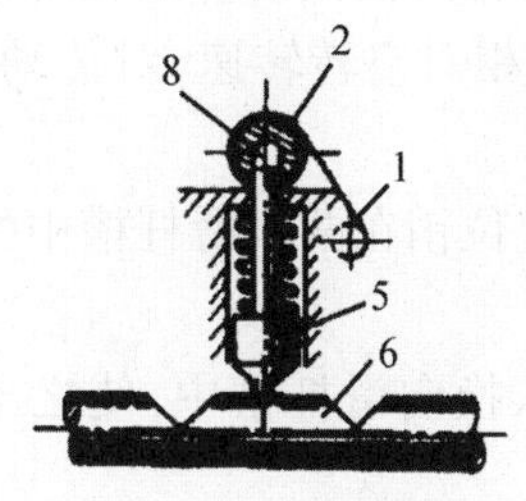

(a) 离合器分离时

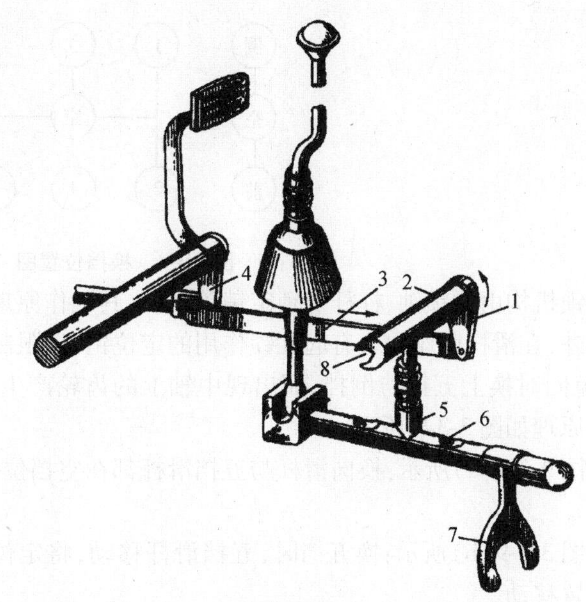

(b) 离合器接合时

图 3-3-6　变速箱联锁机构

1—摆动杠杆；2—联锁轴；3—拉杆；4—离合器踏板；5—锁定销；6—换挡滑杆；7—拨叉；8—槽

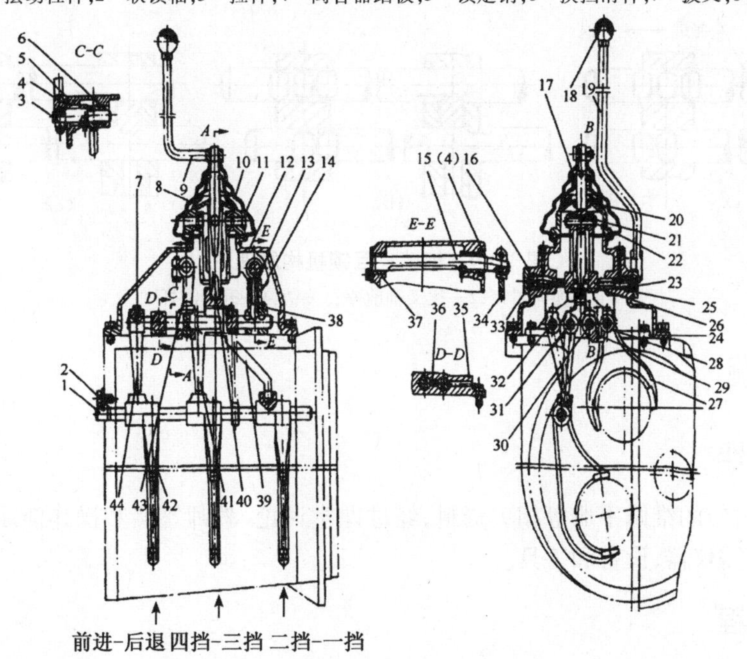

图 3-3-7　T220 推土机变速箱操纵机构

1—拨叉轴；2、16—O 形圈；3—轴；4—油封；5、6—滚针轴承；7—定位螺钉；8—盖；9—变速杆；10—衬套；11—螺栓；12—拨叉室；13—锁定销；14、17、23—弹簧；15—联锁轴；18—换向手柄；19—换向杆；20—拨叉室上盖；21、22、36—销；24—拨叉轴后座；25—止动销；26—保险卡；27—五挡拨叉；28—五挡滑杆；29—换向叉头；30—换向滑杆；31—三四挡滑杆；32—一二挡滑杆；33—塞；34—联锁杠杆；35—滑杆前座；37—联锁衬套；38—限位板；39—一二挡拨杆；40—拨杆；41—三四挡拨杆；42—拨叉；43—换向拨叉头；44—拨叉头

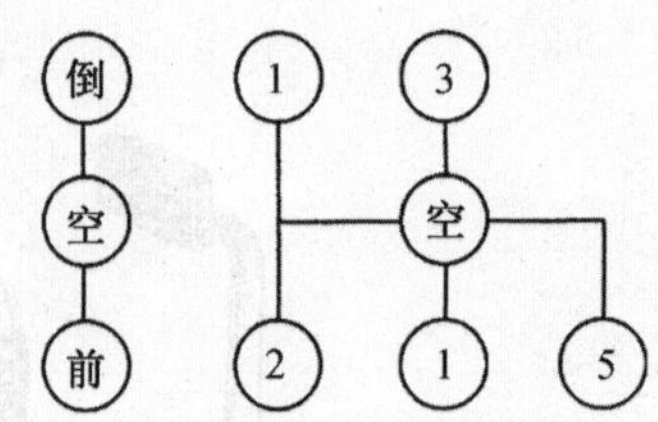

图 3-3-8　换挡位置图

联锁机构由联锁轴、杠杆及锁定销等组成，其工作原理同前。

另外，在滑杆前座中装有起互锁作用的定位销，以限制五挡滑杆与倒挡滑杆的相对移动位置，避免同时换上五挡与倒挡，而出现中轴上的齿轮产生过高的相对空转转速，对传动不利。其作用原理如图 3-3-9 所示。

如图 3-3-9(a)所示：换向滑杆与五挡滑杆都在空挡位置时，定位销在两根滑杆槽中的相对位置。

如图 3-3-9(b)所示：换五挡时，五挡滑杆移动，将定位销顶入换向滑杆槽中，使之不能向倒挡位置移动。

如图 3-3-9(c)所示：换倒挡时，换向阀杆移动，将定位销顶入五挡滑杆槽中，使之不能向五挡位置移动。

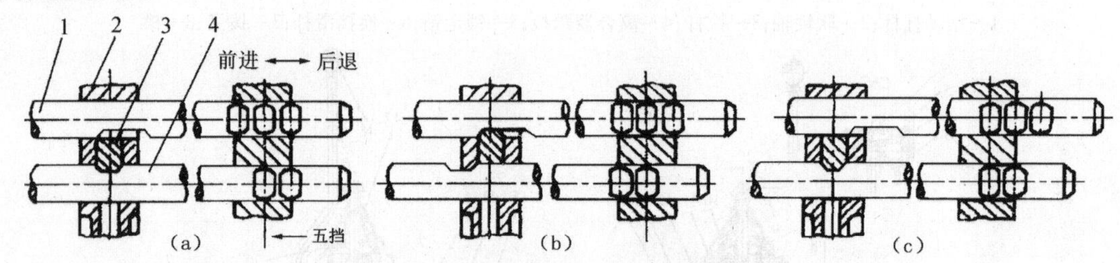

图 3-3-9　锁销式互锁机构原理图

1—换向滑杆；2—拨叉轴前座；3—销；4—五挡滑杆

4　任务实施

4.1　准备工作

通过查阅对应的维修手册等相关资料，经过课堂讨论、教师答疑和操作演示，制订修改拆装方案，准备所需仪器、设备和工具。

4.2　操作流程

4.2.1　机械换挡变速箱的拆卸

以上海 120A 型推土机变速箱为例，结构图如图 3-3-10 所示：

(1)先拆下变速操纵机构，拆卸变速杆、进退杆、联锁轴、锁销、弹簧、拨叉、拨叉轴及限制器等。

(2)拆卸输入轴(第一轴)：取下轴后端卡环，取出转向增力器油泵驱动齿轮；再取下内卡

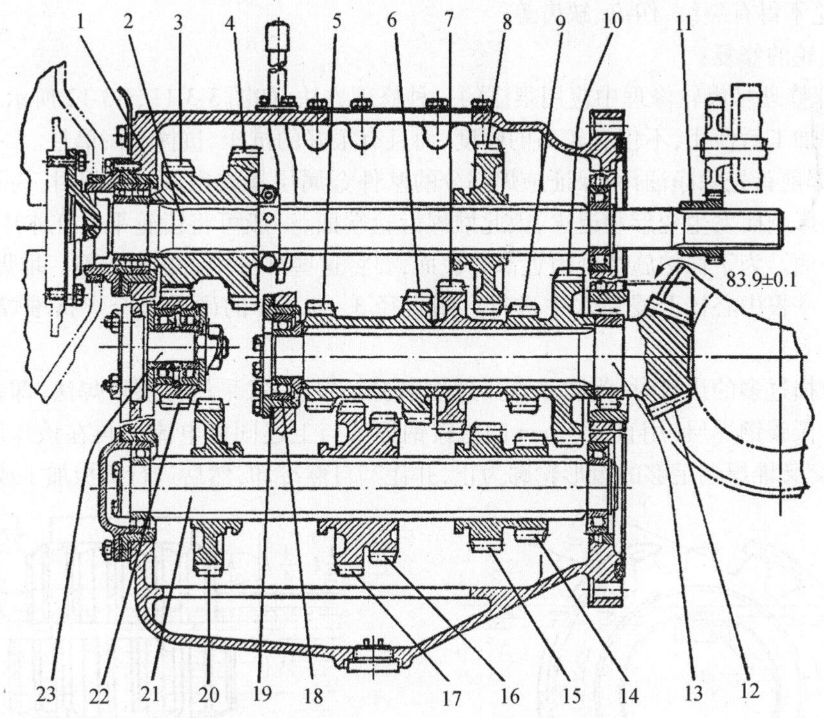

图 3-3-10　T120A 型推土机变速箱结构示意图

1—变速箱壳;2—第一轴;3—前进主动齿轮;4—后退主动齿轮;5—四挡被动齿轮;6—三挡被动齿轮;7—二挡被动齿轮;8—五挡主动齿轮;9—五挡被动齿轮;10—一挡被动齿轮;11—转向增力器油泵驱动齿轮;12—小螺旋锥齿轮;13—第二轴;14—一挡主动齿轮;15—二挡主动齿轮;16—三挡主动齿轮;17—四挡主动齿轮;18—轴承座;19—调整垫片;20—中间轴主动齿轮;21—中间轴;22—惰轮;23—惰轮轴

环和轴承卡环;拆去轴前端油封壳的锁紧铅丝和5只螺栓,取下轴上的夹箍,用专用工具顶出或用铜棒向前方敲出输入轴。依次取出五挡滑动齿轮和倒挡齿轮及常啮合齿轮。

(3)拆卸中间轴:拆去前端盖,拆开轴前、后端锁紧垫片,分别拧下前后端大螺母,用铜棒或专用工具向前方打或顶出中间轴,依次取出一、二挡和三、四挡滑动齿轮及换向齿轮。

(4)拆卸过桥齿轮轴:先拆开大螺母,再拆开前端盖的5只螺母及专用保险锁片,拧动专用工具将过桥齿轮轴压出,取出过桥齿轮、轴承及垫板等。

(5)输出轴(第二轴)的拆卸:先拆开轴前端保险锁片,拆去两只螺栓及压板,拆下轴承壳固定螺栓和调整垫片,用专用工具将输出轴顶出,依次取出一、五、二、三、四挡固定齿轮。

4.2.2　零部件检修

4.2.2.1　齿轮的检修

对于齿轮的损伤除外部检测外,还可用样板或新旧齿轮对比检查。

(1)对齿轮的具体要求是:

① 轮齿厚度磨损限度为0.3 mm,齿宽的最大磨损限度为齿全宽的20%,最大允许齿隙0.5 mm;

② 轮齿工作面的斑点不超过齿面20%可继续使用,磨损成阶梯形,但不严重时可用油石修磨后继续使用;

③ 齿轮不得有裂纹、伤痕、缺齿等。

(2) 齿轮的修复:

① 堆焊修理是齿轮修理中应用很广的一种修理方法,如图 3-3-11、3-3-12 所示。齿轮用硬质合金堆焊加工后使用,不仅有较高的硬度,而且有很好的抗压、抗撞和耐磨性。

方法:焊前首先除净油污,保证施焊部分的基件金属层暴露出来。堆焊时,为了防止未焊部分因受热影响而发生变形和退火,因此堆焊齿轮端面,一般可将齿轮平放在水中,被堆焊的齿端露在外面。为了保护施焊处附近部分表面,要将这些部分用石棉纸遮蔽。堆焊齿厚时,可将齿轮穿在一根中心棒上浸在水中进行。用直径 3 ~ 4 mm 的硬质合金焊条堆焊,选择电流 120 A。

焊接缺损过多的齿身时,为防止焊接过程中引起裂纹,常采用分层堆焊法,即在硬合金的焊层上铺焊低碳钢焊层(用直径 3 mm 的低碳钢焊条与上述同样电流),再在该焊层上铺焊硬合金,反复交叉堆焊到足够的齿形轮廓为止,并让其自然冷却,然后进行机械加工或手工加工。

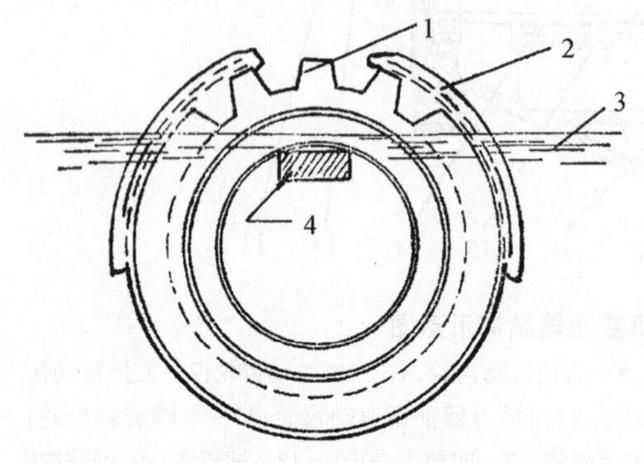

图 3-3-11　堆焊齿厚

1—堆焊的断齿;2—石棉板;3—水;4—支承杆

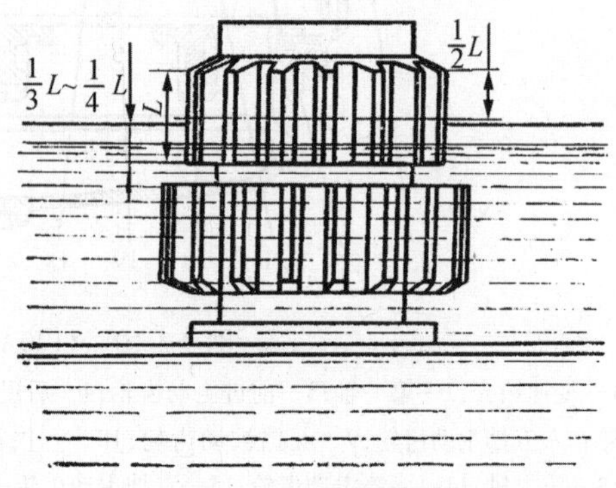

图 3-3-12　堆焊齿轮端面

② 局部更换:有的齿轮局部磨损严重,在材料缺乏的情况下,可切去磨损的部分,制作一个新件焊接上使用。

③ 翻转使用:有的齿轮,如上海 120A 第一轴主动齿轮、中间轴进退齿轮、惰轮等,则可翻转 180°后进行必要的加工即可使用。

4.2.2.2　轴的检修

变速箱轴在工作过程中承受着变化的扭矩、弯曲力矩,键齿部分还承受挤压、冲击和滑磨等作用力,因此常见的主要损坏有轴颈的磨损、键齿的磨损等。

(1)轴颈与轴承的配合间隙为 0.02 ~ 0.03 mm;各轴颈表面允许有不大于轴颈表面 20% 的小斑点。轴颈磨损其间隙超过 0.04 mm 时,可在轴颈或轴承内圈内表面镀铬或挂轴承合金修复。在条件许可的情况下,应更换新轴承。若没有新轴承,同时无电镀条件,任务又紧迫时,把轴颈用电击打毛暂时代用,如轴弯曲变形可冷压校正(如图 3-3-13 所示)。

(2)各花键轴上不允许有横向裂纹,花键厚度磨损不超过 0.5 ~ 1 mm,花键侧隙不得超过 1.5 mm,上海 120A 的标准间隙为 0.15 ~ 0.35 mm,否则应堆焊、加工热处理恢复之。

(3)花键轴断裂不易修复,为工作可靠起见应予换新。但如果在直径相差较大的阶梯轴拐角处断裂时,则可采用如图 3-3-14 所示的方法修复,焊接时采用高强度低氢型焊条,圆角加工应圆滑,半径不应过小。

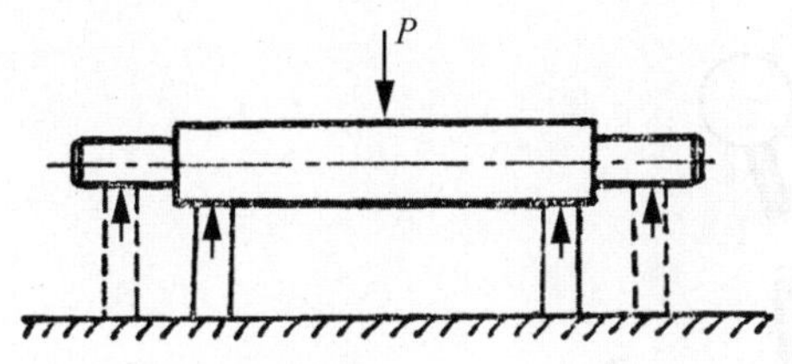

图 3-3-13　齿轮轴校正的支承部位

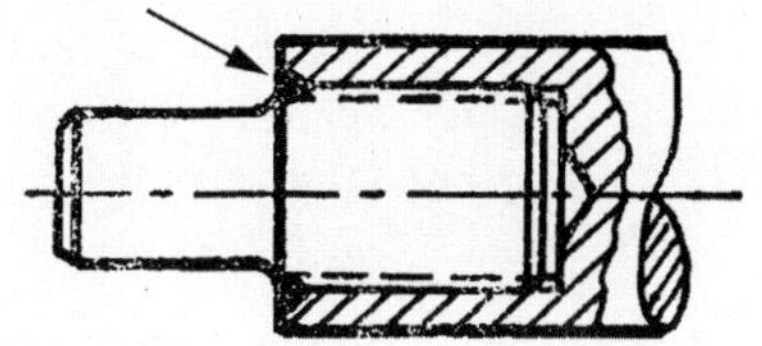

图 3-3-14　断轴的修复

4.2.2.3　轴承的检修

变速箱各轴承的配合间隙为 0.09 ~ 0.20 mm，经使用磨损后，其轴向间隙不得超过 0.5 mm、径向间隙不得超过 0.25 mm，否则应换新品，在无备件的情况下，可修复使用。

4.2.2.4　变速机构零件的检修

如图 3-3-15 所示，变速机构的各零件由于工作频繁，故主要的损坏现象是磨损和弯曲变形。

(1) 变速杆

变速杆变形时可进行冷校恢复，其球节、定位销、下端球头磨损严重时造成变速箱乱挡的可能性增大，故应予以检查和修理。

其可采用新旧对比或互相配合的方法检查。球铰配合面磨损后可用油石修光。上海 120 A 球铰磨损，使配合间隙增大后，可用减少半座间垫片法恢复配合。球铰磨损量大于 1 mm 时，可用中碳钢焊条堆焊，然后加工成球形并进行热处理。十字铰销轴磨损后可镀铬，或换新件或更换与销轴相配的衬套。变速杆下端拨头磨损轻微时可用油石修光修圆，磨损量大于 3 mm（上海 120A 变速杆下端头标准尺寸为 $16^{-0.43}$ mm），拨头与拨叉轴槽口磨损超过 4.5 mm（上海 120A 拨叉槽口标准尺寸为 $17.5^{+0.23}$ mm 准标，间隙为 1.50 ~ 2.16 mm）时应堆焊，修磨成形及热处理，以恢复球节与座、定位销与销孔、球头与拨叉轴槽口之间的正常配合。上海 120A 变速杆下拨头淬硬深度应大于 0.60 mm，硬度为 HB 302 ~ 363，与拨槽配合间隙为 1 ~ 2.5 mm。

(2) 变速拨叉

拨叉变形可利用虎钳等进行冷校正。拨叉应牢固地装在拨叉轴上，拨叉不应与滑动齿轮的环形槽有卡滞现象，其间隙标准为 0.3 ~ 0.7 mm（拨叉下端标准尺寸为 $10^{-0.10}_{-0.20}$ mm，齿轮环槽标准尺寸为 $10^{+0.50}_{+0.20}$ mm），磨损超过 1.5 mm 时应进行焊修，以达到正确配合（其中：上海 120 A 硬度为 HB 302 ~ 418）。拨叉、拨槽磨损较轻时用油石修复。

(3) 拨叉轴、锁销及拨叉轴上 V 形槽的磨损等均会造成跳挡、乱挡等故障

拨叉轴亦称变速轨，常用 15 号钢、20Mn 等材料制造，渗碳或氰化处理至 HRC 52 以上。拨叉轴应灵活地在孔中滑动，不得有卡阻现象，轴的直线度上海 120 要求小于 0.20 mm，东方红 802 要求小于 0.05 mm，可放在平板上检查，其不直度超标后应冷压校正恢复。当叉轴直径与锁定轴孔配合间隙磨损超过 0.35 mm（正常配合间隙为 0.025 ~ 0.169 mm），应更换或镀铬修复。锁定销的锥面与拨叉轴上的 V 形槽应相互吻合，其每面的磨损量应不大于 0.8 ~ 1 mm，锁定轴上与锁定销结合处的磨损量在直径上不应超过 0.5 mm，否则应用中碳钢焊补，然后加工外圆与槽口。槽口间尺寸允差对上海 120 为 0.20 mm，因各挡齿轮厚度不同，所以槽间距亦不同。

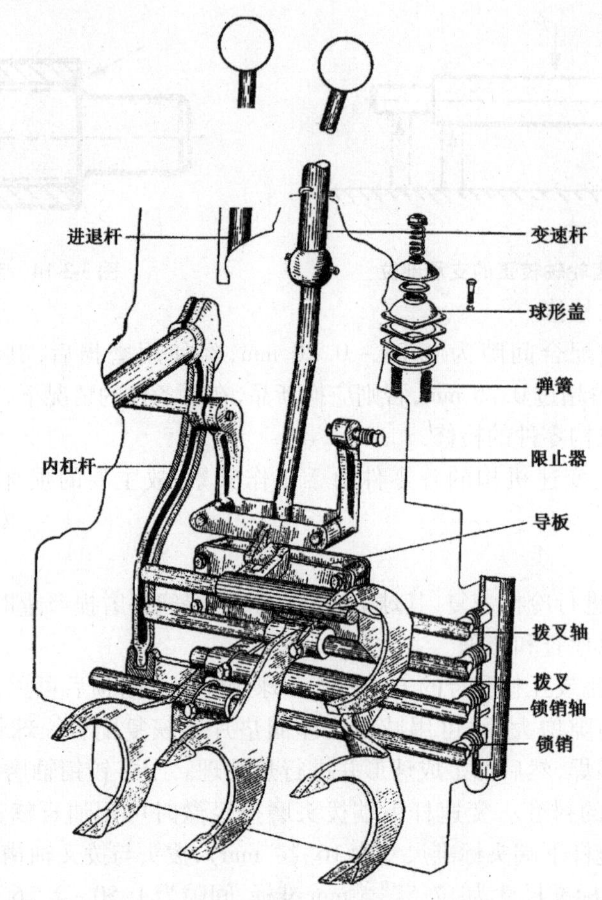

图 3-3-15 变速机构结构示意图

(4)其他零件的修理

联锁轴常用 40Cr 制造,硬度为 HRC 41 以上,其缺陷及修复方法与拨叉轴相似。上海 120 变速互锁限位爪磨损后可焊修。

4.2.2.5 变速箱体的检修

(1)变速箱体的缺陷

① 箱体产生变形

箱体产生变形后将破坏孔与孔、孔与平面间的位置精度,其中最主要的是同一根轴前后轴承孔的同轴度及第一轴、第二轴、中间轴三轴孔间的平行度。其次是箱体后端面与孔心线的垂直度。箱体形位误差过大会促使齿轮和轴承发响,其中最主要的形位误差是轴心距及轴间平行度。孔心距过大时会使齿侧间隙增大,轮齿间撞击能力增大,响声亦大;孔心距过小时齿侧间隙过小,轮齿间因挤压而产生响声。轴间不平行度过大时,啮合的二齿轮回转平面不相重合,啮合印痕不对,滑动增加,响声增大。

箱体形位误差过大,一是制造与修理加工时不符合技术要求;二是箱体刚度差,使用中产生变形;三是时效处理不当,在内应力作用下产生变形。变形后的最大影响是传递扭矩的不均匀性增大,齿轮轴向分力增大。箱体变形后轴孔间中心距将增大,圆柱齿轮传动的中心距允差均为 0.05 mm。

如图3-3-16所示,箱体变形大小可用检验心轴及百分表进行检测。两心轴外侧间的距离减去两心轴半径和即为中心距,两端中心距之差即为平行度,但这种测量只有当两个心轴轴线在同一平面内时才准确。测量端垂直度时可将百分表固定于心轴伸出箱体端面的部分上,转动一周,表针摆动量即为所测圆周上不垂直度大小。测量上平面与轴线间不平行度时可在上平面放置一横梁,在横梁中部心轴上安放百分表,使触头触及心轴上表面,横梁由一端移至另一端时,表针摆动大小即反映了上平面相对轴心线不平行度以及上平面本身不平度与翘曲量。

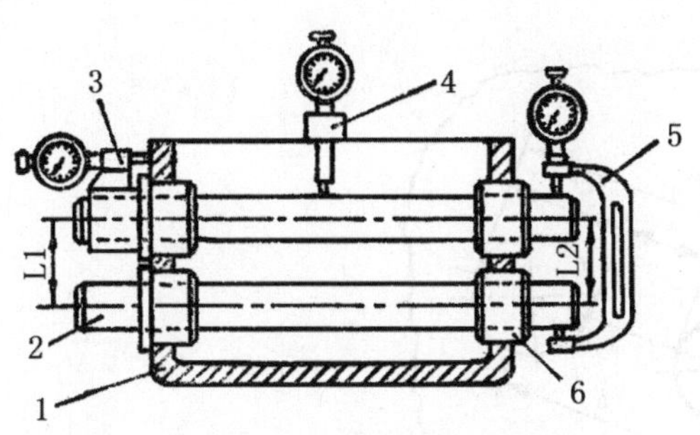

图3-3-16 箱体变形的检验

1—箱体;2—辅助心轴;3、4—百分表;
5—百分表架;6—衬套

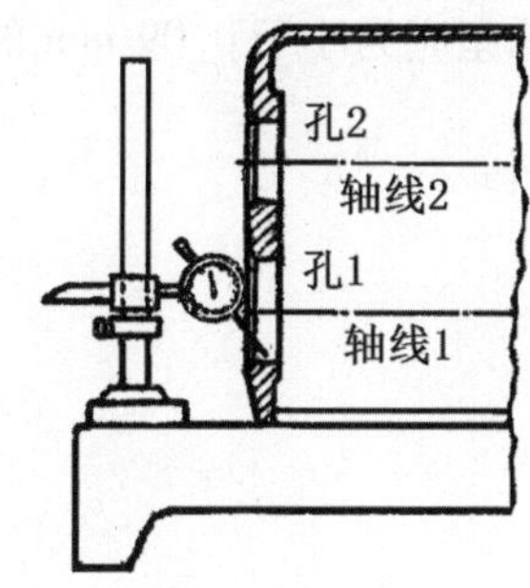

图3-3-17 箱体孔心距的间接测量

如图3-3-17所示,无定位套与心轴时亦可进行间接测量,即将箱体上平面倒置于平台之上,用高度游标尺及百分表测量同轴线两端孔的下缘高度,其高度差即为上平面相对孔心线的不平行度。用同样方法测量上下轴孔高度时,即可测出上下孔间在垂直方向的距离 L_1,再将箱体旋转90°放置并同样测量,可得在另一垂直方向上的距离 L_2,由 L_1、L_2 即可算出实际中心距 L,即 $L=\sqrt{(L_1^2+L_2^2)}$。用此法测算出箱体另一端的孔心距,由两端孔心距之差,即可知孔心线间不平行度的大小。用厚薄规塞试箱体上平面与平台间的间隙时,可知箱体上平面的翘曲量及不平行度。

② 轴承安装孔或轴承座安装孔的磨损

轴承与轴承座安装孔一般不易产生磨损,当轴承间进入脏物使滚动阻力增大时,轴承外圈可能相对座孔产生转动,引起孔径磨损;轴承座固定螺栓松动而使座产生轴向振动时,也会引起安装孔的磨损。一般轴承安装孔配合间隙大于0.05 mm,轴承座安装孔配合间隙大于0.10 mm时,应予以修复,否则会影响齿轮轴的工作稳定性。

③ 箱体裂纹

箱体裂纹多为制造缺陷,有时亦为工作时受到过大外力所致。检验裂纹可用无损探伤法。简单方法是箱体内盛以煤油,静置5 min后观察有无外渗。亦可用敲击法判断,但不易查找出裂纹的部位。

(2)变速箱体的修理

① 箱体变形的修正

上平面翘曲、不平度较小时,可将其倒置于研磨平台上用气门砂研磨修正;翘曲较大时应用磨削加工修正,此时应以孔心线找准,以保证磨后两者间的平行度,当孔心距及孔心线间平行度超限时,可用搪孔加工法进行修正,搪后进行镶套并最后加工,以恢复各孔间位置精度。

② 轴承与轴承座安装孔的修理

磨损较少时，可用机加工法去除锥度椭圆度，用电镀轴承外座圈或轴承座外圆法恢复配合。

孔磨损较大时可用镶套法修复孔径，镶入时过盈量可取0.005～0.025 mm。为可靠固定起见，应在套与箱体孔接缝处钻孔、攻丝，扭入止动螺钉。钢套壁厚约3.5 mm，其孔径最后加工尺寸应保证与轴承或轴承座的正确配合及各孔面间的位置精度。一般与轴承为过渡配合，与轴承座应为小于0.09 mm的间隙配合。

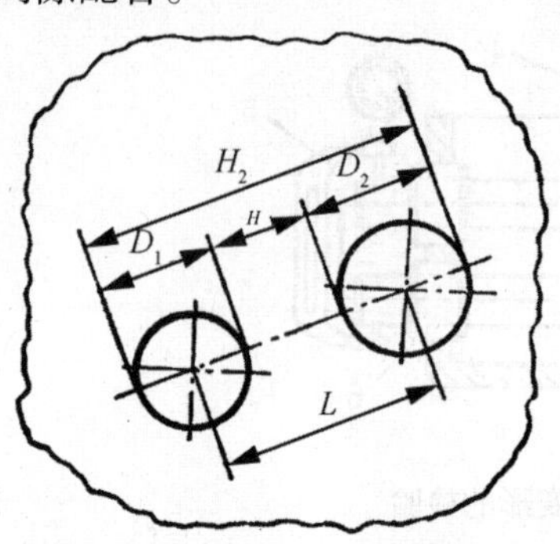

图3-3-18　箱体孔中心距的测量

孔径加工时应注意基准的正确选择，一般可选用磨损较少的孔径为基准加工上平面，然后再以上平面为基准加工各孔径。为保证孔间中心距同轴度及平行度，可用精加工搪模在搪床或改装的车床上搪削。无搪模时亦可在卧式搪床上试加工及测量，用计算法算出中心距及不平行度，并根据计算结果调整搪杆相对孔的位置，再行搪孔，直至中心距及平行度在要求范围内，再加工至要求的孔径尺寸。孔中心距测量示意图如图3-3-18所示，孔中心矩L为：

$$L = H_1 + \frac{D_1 + D_2}{2} \text{或} L = H_2 + \frac{D_1 + D_2}{2}$$

③ 箱体裂纹的修复

箱体裂纹发生在箱壁但不连通轴承座孔时，可用铸铁焊修法、补钉法、粘接法等修补。焊修时，在焊前应将裂纹处开成V形槽，为防止裂纹的延伸，最好在裂纹两端钻上孔，焊接时应注意在裂纹的周围用还原火焰加温，防止在裂纹外冷热不均而发生更大的裂纹。

当裂纹连通轴承或轴承座安装孔时，为工作可靠起见以更换新件为宜。

4.2.3　机械换挡变速箱的装配

(1)清洗零件后按拆卸时相反的步骤进行组装。

(2)通过增减输出轴前端轴承座处的调整垫片22(如图3-3-10所示)，使输出轴后端面(主动圆锥齿轮端面)伸出箱体后端面达83.9±0.1 mm。

(3)变速箱内加入重负荷齿轮油。

(4)在试验台上进行磨合，无试验台时可装在推土机上和后桥一起磨合。

4.2.4　注意事项

(1)注意正确的装配顺序，先装里面的轴，后装靠近箱体开窗的轴，上海120的惰轮轴与第二轴等。

(2)注意各齿轮的位置关系及齿轮正反方向：

① 多数变速箱固定齿轮与滑动齿轮装在不同轴上，如固定齿轮大多装于第二轴，滑动齿轮大多装于中间轴或第一轴；

② 双联滑动齿轮两倒圆齿端向背，与之相啮合的 2 齿轮间开挡大于 2 倍齿轮宽，倒圆齿端相对。

(3)注意各轴与齿轮的轴向伸长余隙。为防止轴受热后伸长引起弯曲，各轴应有轴向伸长余隙，此余隙一般为 0.10 ~0.40 mm。上海 120 第二轴上齿轮较多，各齿轮靠至后轴承后，最前边齿轮轮毂端面与轴上隔套间应有 0.05 ~0.30 mm 的间隙。

(4)注意滚动轴承的安装。应将轴承加热到 100 ℃左右后套装轴上，以防止损坏过盈量。轴与轴承装入箱体时最好用压力机压入，防止打坏轴承或使轴承产生歪斜。

(5)注意齿轮与轴的灵活性。组装后齿轮与轴应转动灵活，滑动齿轮应滑动无阻。对不更换及不修理的齿轮与轴，应使其装回原位(包括齿间的位置关系)。

(6)齿轮啮合应正确：

① 啮合位置正确，滑动变速齿轮啮合后齿端面不齐度应小于 1.50 ~2.00 mm，固定啮合齿轮端面不齐度应小于 0.50 mm；

② 啮合间隙正确，在齿轮圆周三个位置上测量时，间隙差不应大于 0.05 mm，上海 120 齿侧间隙为 0.20 ~1.00 mm。检查时可用碾压铅丝法(测其厚度)或百分表测量法(固定一齿轮，将百分表触在另一摆动齿轮的齿面上，表针摆动范围即为侧隙)；

③ 啮合印痕正确，印痕应在节圆附近，印痕面积应大于齿面的 65%。

(7)齿端间隙应正确。齿轮在空挡位置时，齿轮端面间距离应大于 2 mm。

(8)第二轴轴向位置应正确。为使中央传动锥齿轮易于调整，变速箱第二轴轴向位置应正确，此位置以第二轴锥齿轮端面距变速箱体后端面间距离大小加以限制，上海 120A 为 83.9 ±0.10 mm，通过增减第二轴前轴承座与箱体间垫片的厚度进行调整。

(9)拨叉轴移动应灵活无阻，但有三个明显的固定位置，各拨叉槽口应对齐。

(10)互锁装置应可靠，某一拨叉轴不在空挡而其他拨叉轴位于中间位置时，拨叉应拨不动。

(11)安装输入轴前端油封壳时应注意使壳体上的缺口朝向右上方，否则在推土机上装取连接主离合器的 8 只螺栓将很不方便(备注：PD120/140、移山 120、红旗 120 等型推土机与上海 120A 推土机相同)。

4.3 机械换挡变速箱的维护

4.3.1 机械换挡变速箱操纵机构的调整

4.3.1.1 联锁装置的调整

机械换挡变速箱联锁装置能否正常工作，直接影响到推土机的使用操作，若无法挂(换)挡或工作中有自动脱挡或跳挡等不正常现象时，应马上按下述方法进行调整：

(1)将主离合器操纵杆推向最前方，完全分离主离合器，拆下驾驶室地板；

(2)从主离合器操纵杆系中拆下右侧的短杠杆 5 与连接叉 2 的销轴(如图 3-3-19 所示)，使锁定轴的摇臂置于横向偏后约 13°(T120，如图 3-3-20 所示)或从垂线位置偏后不大于 10°

（T160，如图 3-1-13 所示），然后一边来回转动摇臂，一边移动变速杆至可以顺利挂入某一挡位为止；

（3）松开连接叉的锁紧螺母，调整拉杆 6 的长度，用轴销将其与短杠杆 5 准确连接在一起；

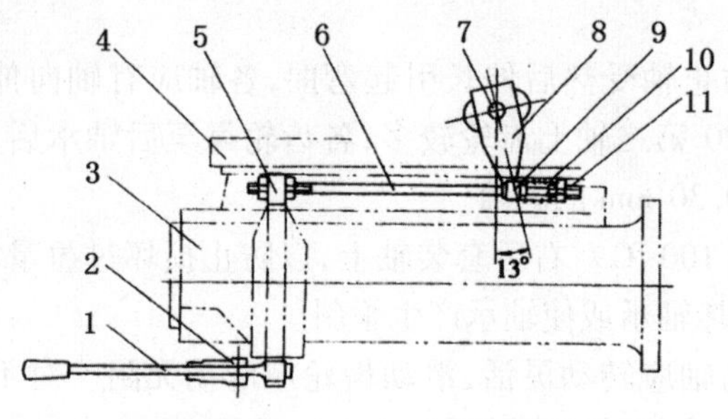

图 3-3-19　联锁装置

1—主离合器操纵杆；2—连接叉（调整螺母）；3—变速箱；4—变速机构；5—短杠杆；6—拉杆；7—定位销轴；8—锁定轴摇臂；9—杠杆座；10—缓冲弹簧；11—调整螺母

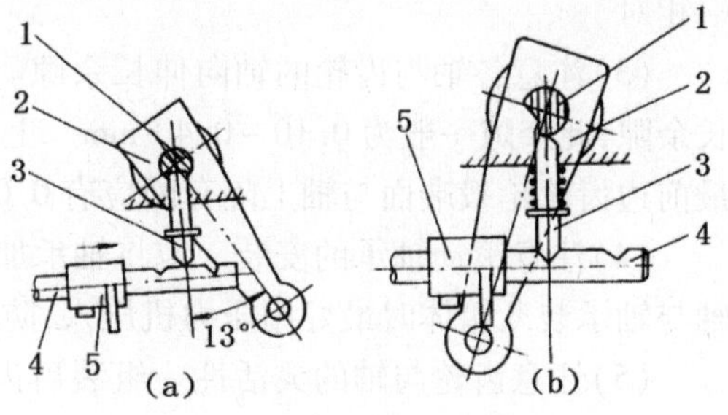

图 3-3-20　联锁机构工作情况

（a）允许变速位置（b）锁定位置

1—锁定轴；2—锁定轴摇臂；3—锁销；4—拨叉轴；5—拨叉

（4）使主离合器结合和分离，通过变速换挡的操纵来检查调整是否合适；

（5）拧紧连接叉的锁紧螺母，将轴销用开口销锁好，装复驾驶室地板。

4.3.1.2　使用中注意事项

（1）机械未停稳，禁止进行变速，变速时应将主离合器彻底分离，尽量避免齿轮产生撞击；

（2）机械起步要平稳，以免齿轮突然受冲击而损坏；

（3）机械用五挡行驶时，必须将进退杆挂上任意挡，保证变速箱各部正常润滑。

4.3.1.3　检查和保养

（1）经常检查各部连接、紧固情况，查看是否有松动和漏油现象；

（2）定期检查润滑油的数量和质量；

（3）每工作 1 000 h，或结合换季保养更换润滑油，更换时要清洗变速箱（此法仅限于 T120、T140 等采用干式转向离合器的机型）。其方法如下：推土机工作结束后，停于平坦地面，趁热放尽变速箱和中央传动箱内的旧油（变速箱与中央传动箱相通），并拧上放油塞。从加油口注入 43 L 煤油，分离转向离合器（在转向操纵杆前下方垫上方木，使之固定在分离位置），然后启动发动机。将变速杆置于一挡位置，进退杆挂任意挡，结合主离合器，使齿轮旋转溅起清洗油，以冲洗变速箱和中央传动装置。待运转 5 ~ 8 min 后，停止发动机工作，放尽清洗油，注入43.7 L新齿轮油至规定油面（冬季使用 20 # 齿轮油、夏季使用 30 # 齿轮油）。T160 以上机型均采用湿式转向离合器，变速箱与包括中央传动、左右转向离合器在内的后桥箱相通，应每 1 000 h更换变速箱以及后桥箱内的润滑油，并清洗粗滤器，加入 75 L 新润滑油（冬季使用 CD 级 20 # 柴机油、夏季使用 CD 级 30 # 柴机油），平时每 250 h 更换精滤芯。

4.4　机械换挡变速箱常见故障诊断与排除

4.4.1　自动脱挡

自动脱挡也叫跳挡，是指机械在正常使用情况下，未经人力操纵，变速杆连同齿轮（或啮合套)自动跳回空挡位置,使动力传递中断。

自动脱挡对机械安全使用危害很大,尤其在坡道上行驶时,产生自动脱挡后不易重新挂挡而造成溜车,引起严重事故。

产生自动脱挡的原因是:

(1)齿轮(或啮合套)轴向分力过大

① 齿面偏磨。变速箱齿轮在频繁的换挡与传力过程中会使齿面偏磨,尤其在换挡过程中,先接合的齿端齿面相对滑动距离及摩擦时间较长,故磨损较大;后接合的齿端齿面相对滑动距离及摩擦时间则较短,故磨损较小,从而使齿面形成斜度,使啮合齿之间的相互作用力产生较大的轴向分力。齿轮磨损越严重、外负荷越大,则轴向分力越大。当轴向分力超过锁定力及摩擦力时即自动脱挡。变速箱使用时间过长、缺油、油质较差、强行换挡等都会加剧齿面的偏磨。

② 变速箱壳形位误差过大。试验表明,当变速箱壳体各轴线间的平行度误差过大时,会使齿轮产生很大的轴向分力,当此轴向分力的方向与齿轮自动脱挡力方向一致时,即会促成自动脱挡。变速箱壳体时效处理不好、加工精度差、结构或材料刚度低、维修使用不当,都会使其轴线平行度误差超限。

③ 其他原因。变速箱轴刚度差、齿轮与花键轴配合间隙过大、齿侧间隙过大等,也会使齿轮歪斜、传动中出现冲击等,从而产生较大的轴向推力。

(2)锁定机构失效

汽车变速箱自锁机构多为弹簧顶压钢球或锁定销结构。当弹簧变软、折断或钢球(或锁定销)与滑轨锁定槽边缘磨损较大时,其自锁力将大大降低,在较大齿轮轴向力作用下容易自动脱挡。推土机等工程机械变速箱除自锁机构外,大多数设有与主离合器联动的刚性联锁机构,锁定力很大,因此一般不会产生自动脱挡。但当联锁机构损坏(如锁定销折断或锁定销与滑轨锁定槽边缘磨损过大)以及联锁操纵失效(如联锁轴相对于摆动杠杆产生自由转动)时,会使锁定力降低,在主离合器接合状态下仍有可能产生自动脱挡。

(3)滑轨未被锁定或齿轮啮合位置不当

变速杆变形、拨叉变形、拨叉与拨叉槽轴向间隙过大、拨叉与滑轨连接松动等,均可使变速杆在相应挡位下齿轮或滑轨未进入正常啮合位置或锁定位置,或滑轨虽被锁定,而齿轮轴向旷动量较大,在较大动载荷作用下,轴向力易超过锁定力而跳回空挡。

4.4.2 挡位错乱

挡位错乱亦称乱挡。

(1)故障现象

① 实挂挡位与欲挂挡位不符;

② 同时挂入两个挡位;

③ 挂不上欲挂的挡位;

④ 只能挂入某一挡位;

⑤ 挂挡后不能退出。

变速箱乱挡后,机械无法正常工作。当同时挂入两个挡位时,轻者使发动机熄火,重者损坏齿轮,使轴变形,造成严重机械事故。变速箱乱挡的根本原因是变速齿轮或滑轨与变速杆间位置不正确,或两者间运动不协调。

(2)原因分析

① 变速杆变形或拨头过度磨损

若变速杆侧向变形,当变速手柄位于某一挡位时,变速杆下端拨头可能位于另一挡位变速轨凹槽中,引起乱挡。当拨头磨损严重或沿变速方向变形时,变速手柄至极限位置后变速拨头可能脱出滑轨拨槽,形成挂不上挡,或挂上某一挡后摘不下挡。当变速杆中间球铰磨损使变速杆上移时,会加速这种故障的发生。

② 滑轨互锁机构失效

为了防止同时挂入两个挡,一般变速箱都设有互锁机构。长期使用后,互锁机构零件会产生磨损,如74式(W_4-60C)轮式挖掘机的互锁钢球与滑轨间磨损、互锁销磨损、滑轨与导孔配合松旷等,即变速滑轨内边间的距离大于两钢球直径之和,造成互锁失灵。另外,互锁钢球磨损过大或装用不符合尺寸要求的钢球,也会造成这种故障。T120、T140、T320等型推土机变速箱均采用摆架式互锁装置,所以不易产生同时移动两个齿轮的故障。

③ 变速拨叉与滑轨连接松脱

变速拨叉与滑轨连接松脱时,变速齿轮不受变速杆及滑轨的控制,容易产生窜位、脱挡,或同时挂入两个挡位的现象。

发现变速箱有乱挡现象,应仔细找出原因,及时排除,不可鲁莽从事以防损伤机件,必要时应将变速箱拆开进行全面检验,予以修理后再装复使用。

4.4.3 变速杆抖动

(1)故障现象

机械挂上挡后工作时,变速杆不断抖动,说明有不正常力作用于变速杆下端。变速杆发抖使驾驶员很不舒适,有时还会打手,加剧跳挡现象的发生。

(2)原因分析

① 拨叉脚侧面与拨叉槽侧面不平行或间隙过小,齿轮或接合套回转时不断触动拨叉脚,通过滑轨传至变速杆使变速杆抖动。

② 齿轮或接合套拨叉槽与其回转中心不垂直,或齿轮与轴配合松旷(啮合套与花键轴配合松旷),齿轮或啮合套回转时其拨叉槽轴向摆动,触动拨叉脚,使变速杆抖动。

③ 变速杆中间球铰松旷或撑持弹簧折断及定位销松旷,使变速杆失去回位能力而抖动。

④ 锁定机构失效,变速滑轨定位不稳,齿轮轴向摆动力较易反映在变速杆上。

4.4.4 变速箱异响

(1)故障现象

变速箱在正常情况下会有均匀和谐的响声,这是由于传动件的传动、齿轮间摩擦、轴承转动等引起的。变速箱磨合后此响声会变小。当响声不均匀,响声较大、尖刺、断续、沉重时,即为变速箱异响。异响往往也是其他故障的表征。

(2)原因分析

① 轴承异响

变速箱滚动轴承长期使用后会因磨损而增大轴向间隙与径向间隙,滚动体与滚道表面易产生疲劳点蚀,缺油时也易产生烧伤。故在高速下会因滚动体与滚道间的冲撞而产生细碎、连续的"哗哗"响声。变速箱内缺油或润滑油过稀、过稠、品质不好等,也会造成轴承异响。空挡时响,而分离离合器后响声消失,一般为第一轴前、后轴承或常啮合齿轮响。如挂入任何挡都响,多为第二轴后轴承响。轴承异响是轴承间隙增大的表征,除会加速轴承、齿轮、变速轴的损坏外,高速回转时还易使齿轮轴产生摇摆和扭振。

② 齿轮异响

牙齿响是齿轮正常啮合间隙的破坏引起的噪声,主要是由于齿轮牙齿的严重磨损、两齿轮中心距发生变化、轴承松旷等原因造成的,另外由于使用保养不当,如换挡过猛或操作不按要领,以及润滑不良等都会造成牙齿的烧蚀、磨损成锥形,疲劳剥落产生斑点或成片撕裂,以至牙齿表面淬硬层被磨掉,均会使啮合间隙变大,传动不平稳,产生噪音,而且使磨损加剧。个别牙齿断齿会产生间断响声。

对于因正常磨损间隙变大的齿轮,在工作中如有轻微的均匀响声,仍可继续使用;若有周期性不正常的响声,应拆下检验,进行必要的修理或更换。

③ 其他原因异响

变速箱内缺油,润滑油过稀、过稠或品质不好,齿间及轴承金属间直接摩擦,响声增大;箱壁内无筋光面过大会引起共鸣,放大异响;变速箱内掉入异物,某些紧固螺钉松动,齿牙打坏,轴上零件窜动;里程表软轴或里程表齿轮发响等。

4.4.5　换挡困难

(1)故障现象

换挡困难主要表现为挂不上挡,或挂上挡后摘不下挡。变速箱出现该故障后使机械无法正常工作。

(2)原因分析

① 齿轮磨损和花键被脏物卡住,使滑动齿轮不能沿轴向移动,使齿轮啮合困难。

② 滑轨弯曲、锈死或为杂物所阻,移动不灵。

③ 联锁机构调整不当,离合器分离时变速滑轨处于锁定位置。

④ 变速箱轴承磨损,使轴与轴之间的平行度改变,造成齿轮的互相啮合困难。

⑤ 锁定销或钢球、互锁机构等被脏物所阻而移动不灵时,也会造成换挡困难。

⑥ 闭锁机构锈死,拉杆脱落,角度调整不当。因为角度调整不当,会出现在离合器分离时锁销轴的L形槽未对准锁销,圆柱部分仍压紧锁销,为此应重新调整。

4.4.6　变速箱发热

(1)故障现象

变速箱发热是指其温度超过60 ℃以上。变速箱温度过高是其他故障的表征,且会缩短润滑油的使用寿命。

(2)原因分析

① 当变速箱轴承安装过紧、转动不灵或内外圈转动、保持架损坏等会使轴承发热增加;

② 齿轮啮合间隙过小,啮合位置不正确,齿面滑移增多,挤压力增大,会使齿轮摩擦热增加;

③ 润滑油不足或品质不好时,运动件的润滑条件变坏,摩擦热增加,从而使变速箱温度过高。

4.4.7 漏油

(1)故障现象

变速箱漏油是指其周围出现齿轮油,而其箱内油量减少。

(2)原因分析

① 变速箱漏油一般是由于润滑油选用不当;

② 侧盖太松;

③ 密封垫损坏或遗失;

④ 油封损坏或遗失;

⑤ 箱体破裂。

项目 4
工程机械底盘轮式行驶系统构造与维修

概　述

1　工程机械底盘行驶系统的功用

工程机械传动系统在解决了发动机的特性与使用要求之间的矛盾后,还必须设置一套将所有部件连成一体,并把从传动系统接受的扭矩转化为驱动力,促使工程机械运动的机构,这套机构称为行驶系统。其主要功用为:

(1)接受传动系统传来的发动机转矩,并将其转化为使机械行驶(或作业)的牵引力;

(2)将机械的各组成部分构成一个整体,承受全机的总重量;

(3)传递并承受路面作用于车轮(履带)上的各个方向的反力及转矩,保证机械正确行驶或作业;

(4)吸收振动、缓和冲击,轮式行驶系统还要与转向系统协调配合工作,控制机械的正确行驶方向。

2　工程机械底盘行驶系统的分类

工程机械的行驶系统可分为轮式机械行驶系统和履带式机械行驶系统两类。

(1)轮式机械行驶系统

轮式机械行驶系统由于采用了弹性较好的充气橡胶轮胎,应用了悬挂装置,因而具有良好的缓冲、减振性能,而且行驶阻力小。故轮式机械行驶速度高,机动性好。尤其随着轮胎性能的提高以及超宽基超低压轮胎的应用,轮式机械的通过性能和牵引力都比过去有了较大的提高。近年来采用轮式机械行驶系统的机械已日益增多,轮式机械在工程机械中的比例也越来越大。

轮式机械行驶系统与履带式行驶系统相比,它的主要缺点是附着力小,通过性能较差。

(2)履带式机械行驶系统

履带式行驶系统与轮式机械行驶系统相比,它的支承面大,接地比压小(一般在 0.05 MPa 左右),所以在松软土壤上的下陷深度不大,滚动阻力小,而且大多数履带板上都制有履齿,可以深入土内。因此,它比轮式行驶系统的牵引性能和通过性能好。

但履带式行驶系统的结构复杂,质量大,而且没有像轮胎那样的缓冲作用,易使零部件磨损,所以它的机动性差,一般行驶速度较低,并且易损坏路面,机械转移作业场地困难。

由于轮式机械行驶系统和履带式行驶系统各自有比较突出的优点,所以两种行驶系统在工程机械上的应用都比较广泛。

3 轮式机械行驶系统的功用和组成

3.1 轮式机械行驶系统的功用

它支承整机的重量和载荷,保证机械行驶和进行各种作业。此外,它还可减少作业机械的振动并缓和作业机械受到的冲击。

3.2 轮式机械行驶系统的组成

轮式行驶系统如图 4-1-1 所示,通常由车架、车桥、悬架和车轮等组成。车架通过悬架连接着车桥,而车轮则安装在车桥的两端。

对于行驶速度较低的轮式工程机械,为了保证其作业时的稳定性,一般不装悬架,而将车桥直接与车架连接,仅依靠低压的橡胶轮胎缓冲减振。因此缓冲性能较装有弹性悬架者差。

对于行驶速度高于 40 ~ 50 km/h 的工程机械,则必须装有弹性悬架装置。悬架装置有用弹簧钢板制作的(如起重机),也有用气 - 油为弹性介质制作的。后者的缓冲性能较好,但制造技术要求高。

任务 1　车架的保养维修

1　任务要求

知识要求:

(1)了解车架的功用、类型。

(2)掌握车架的结构。

能力要求:

掌握车架的检修方法。

2　任务引入

一台装载机在进行时,发现车架扭曲,经分析可能是由于超负荷和紧急制动、违章高速冲进料堆以及机械事故等原因造成的,必须对车架进行检修。

3　相关理论知识

3.1　车架的功用和要求

车架是全机的骨架,全机的零、部件都直接或间接地安装在它上面。

车架受力比较复杂,如图 4-1-1 所示的各种力以及行驶与作业中的冲击,最后都传到车架上。因此,必须具有足够的强度和刚度,才能保证整机的正常工作。车架的结构形状必须满足整机布置和整机性能的要求。

3.2　车架的类型和结构

不同的机种,有不同的作业对象和作业方式,因此车架的结构型式也不相同。但根据车架的共同构造与特点可将车架分为铰接式(折腰式)和整体式两大类。

3.2.1　铰接式车架

铰接式车架由于其转弯半径小,前、后桥的结构可以相同,工作装置容易对准工作面等优点,在压实机械和铲土运输机械中得到了广泛的应用。

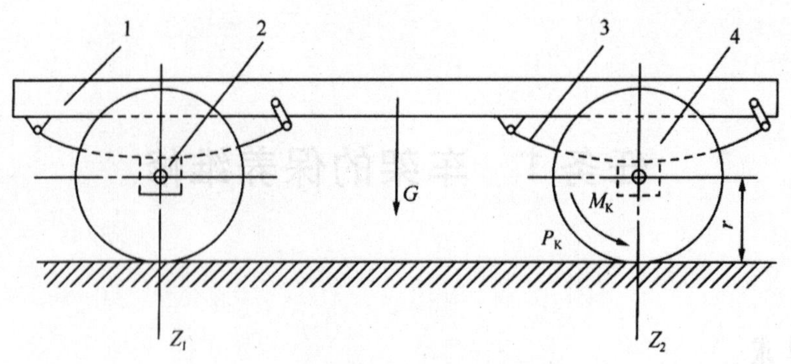

图 4-1-1　轮式行驶系统的受力示意图

1—车架;2—车桥;3—悬架;4—车轮

如图 4-1-2 所示为轮式装载机铰接式车架。后车架和前车架用上、下两个铰销连成一体,前、后车架以铰销为铰点形成“折腰”。前车架通过相应的销座装有动臂、动臂油缸、转向油缸等。后车架的各相应支点则固定有发动机、变矩器、变速箱、驾驶室等零部件。有的机型取消了摆动架,其摆动机构安装在驱动桥壳的中点,以实现行驶在崎岖路面时四轮同时着地,机架上部尽可能地处于垂直位置,使机械具有好的稳定性和平顺性。

前、后车架由钢板、槽钢焊接而成,受力大的部位则用加强筋板、加厚尺寸等措施来进行加固。

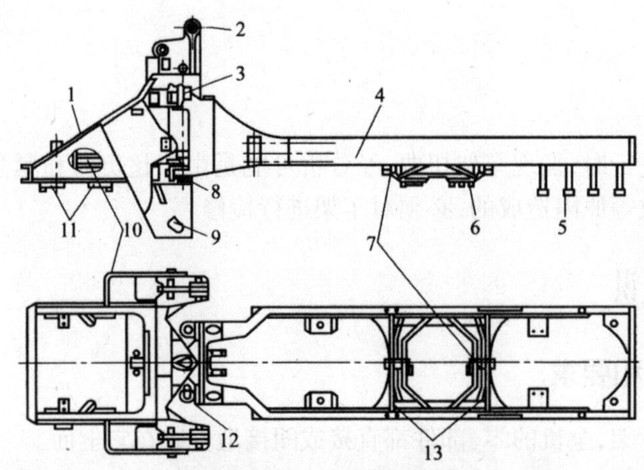

图 4-1-2　ZL50 型装载机车架

1—前车架;2—动臂铰点;3—上铰销;4—后车架;5—螺栓;6—副车架;7—水平销轴;8—下铰销;9—动臂油缸铰销;10—转向油缸前铰点;11—限位块;12—转向油缸后铰点;13—横梁

前、后车架铰接点的形式有 3 种,即销套式、球铰式、滚锥轴承式。

(1)销套式

如图 4-1-3 所示,前、后车架由上、下两个相同的铰点组成。两铰点距离布置得越远,则车辆行驶在不平路面上时每个铰点的受力越小。就每个铰点而言,销套压入后车架,然后将上铰销插入孔内以形成铰点。为防止上铰销相对于前车架转动,将固定板焊于上铰销的端头,再用固定螺钉固定。这样,回转面将总在上铰销和销套之间,便于磨损后更换。为防止前、后车架铰销孔端面磨损,装有铜垫圈。以上两对摩擦面都注有润滑脂。ZL20、ZL30 装载机都是采用这种结构,其特点是结构简单,工作可靠。但上、下两铰点轴孔的同轴度要求较高,所以两铰点的距离不能太大。

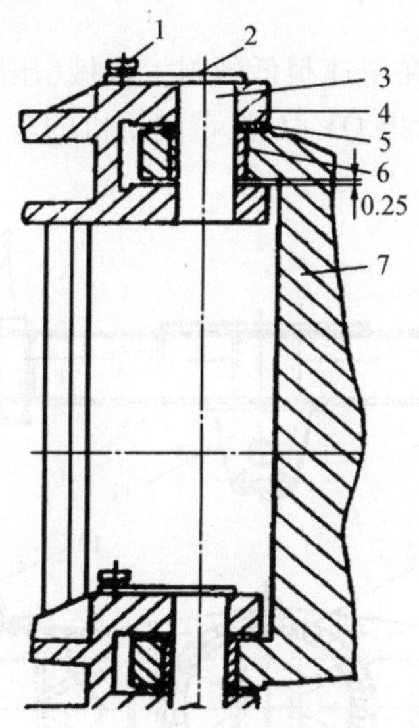

图 4-1-3　销套式铰点结构

1—固定螺钉;2—固定板;3—上铰销;4—前车架;5—铜垫圈;6—销套;7—后车架

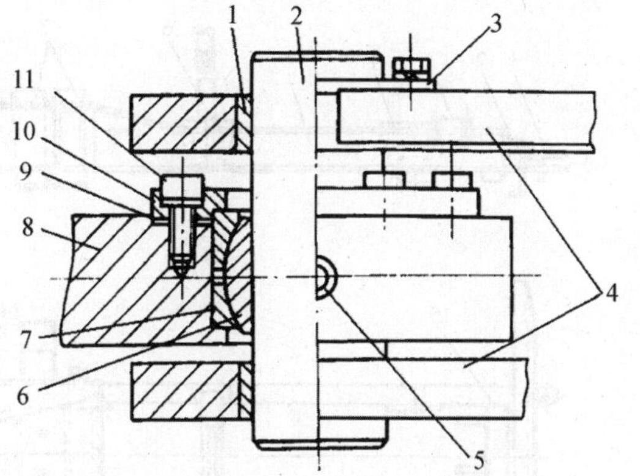

图 4-1-4　球铰式上铰点结构

1—销套;2—铰销;3—锁板;4—后车架;5—油嘴;6—球头;7—球碗;8—前车架;9—调整垫片;10—压盖;11—螺钉

(2)球铰式

如图 4-1-4 所示,采用关节轴承(6、7 组成),受力良好,同轴度要求较低,可增加上下铰销之间的距离,减少铰销受力,ZL40 以上机型采用。

(3)滚锥轴承式

如图 4-1-5 所示结构,前后偏转更加灵活,但是结构复杂,成本较高。

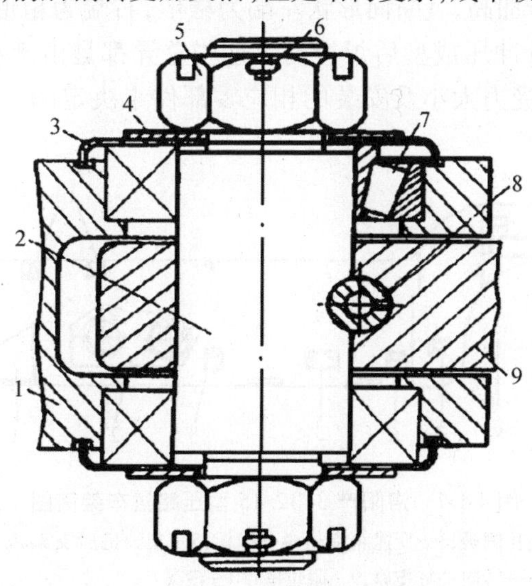

图 4-1-5　滚锥轴承式结构

1—前车架;2—铰销;3—盖;4—垫圈;5—螺母;6—开口销;7—滚锥轴承;8—弹性销;9—后车架

3.2.2 整体式车架

整体式车架通常用于车速较高的施工机械与车辆。在车速很低的施工机械(压路机)上，整体车架也得到广泛应用。如图4-1-6和图4-1-7分别示出QY-16汽车起重机的车架和洛阳产3Y12/15型压路机车架的简图。

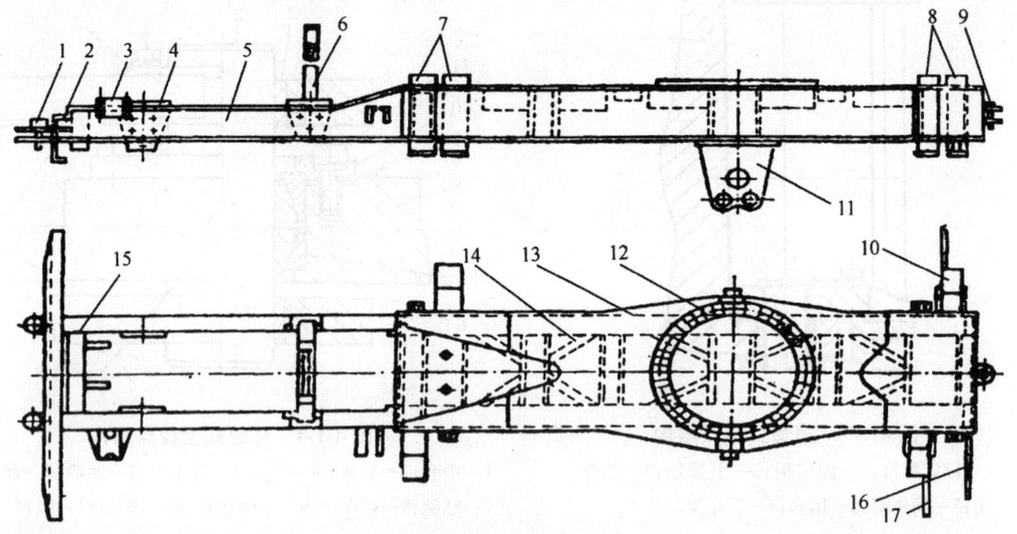

图4-1-6 QY-16汽车起重机车架

1—前拖钩;2—保险杠;3—转向机支座;4—发动机支座板;5—纵梁;6—吊臂支架;7、8—支腿架;9—牵引钩;10—右尾灯架;11—平衡轴支架;12—圆垫板;13—上盖板;14—斜梁;15—第一横梁;16—左尾灯架;17—牌照灯架

QY-16汽车起重机的车架是一个完整的框架，由2根纵梁和7根横梁焊接而成。纵梁根据受力不同，从左至右逐步加高，其断面形状左端为槽形，右端为箱形。整个纵梁有采用全部钢板焊接的，也有采用部分冲压成型后焊接的。这些差异都是由于右端承载较大所造成的。横梁的形状与位置是根据受力大小及安装的相应零部件来决定的。如X形斜梁主要是为加强机构的强度和刚度而设。

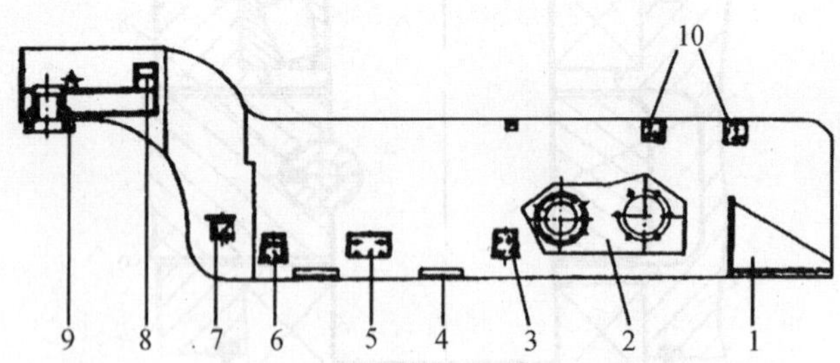

图4-1-7 洛阳产3Y12/15型压路机车架简图

1—蓄电池箱;2—座孔侧板;3—变速箱支架;4—撑板;5—柴油机后支架;6—柴油机前支架;7—冷却水箱支架;8—转向油缸支座;9—限位座;10—横梁

压路机的机身和车架是由槽钢、角钢和钢板焊接而成的箱型钢结构件，用以作为安装压路机全部机件的骨架。

4　任务实施

本节内容见项目4任务4。

任务2　检查调整前轮定位

1　任务要求

知识要求：

(1)掌握转向驱动桥的构造。

(2)掌握转向轮定位的定义、功用、原理。

能力要求：

掌握车轮定位的检测、调整方法。

2　任务引入

一台轮胎式挖掘机在行驶的过程中，发现转向完毕后转向轮不能自动回正，分析：最大的可能是转向节变形了，需要维修或更换转向节。

3　相关理论知识

3.1　车桥

车桥是一根刚性的实心或空心梁，车轮即安装在它的两端。车桥与车架相连以支承机器的重量，并将车轮上所受的各种外力传给车架。车桥与车架的连接形式，即谓悬架。

车桥可分为驱动桥、转向驱动桥、转向桥、支承桥四种。这里着重介绍转向桥，它兼有支承作用，一般用于整体式车架。

如图 4-2-1 所示为汽车的转向桥，其功用是利用铰链装置使车轮可以偏转一定角度，以实现汽车的转向。转向桥除承受垂直反力，还承受制动力和侧向力以及这些力造成的力矩。

整体车架的轮胎式工程机械的转向桥与汽车转向桥的结构基本相同，它们主要由前轴、转向节和轮毂等部分组成。

下面对汽车的转向桥加以说明。前梁用钢材锻成，其断面为工字形，前梁的两端各有一个加粗部分，呈拳状，其上有通孔，主销即插入此孔内，并用带有螺纹的楔形锁销将主销固定在孔内，使之不能转动。转向节具有销孔的两耳即通过主销与梁的拳部相连。转向节销孔内压入青铜衬套，衬套上的油槽与上面端部是切通的，用装在转向节上的注油嘴注入润滑脂。在转向

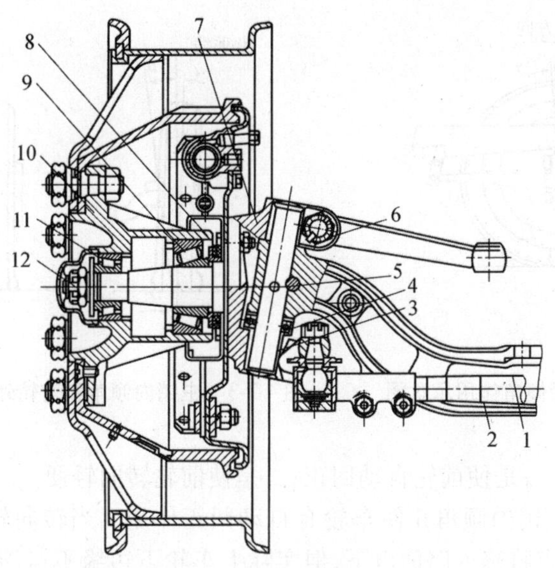

图 4-2-1　转向桥

1—前桥工字梁；2—横拉杆；3—主销；4—止推轴承；5—楔形锁销；6—调整垫片；
7—转向节；8—油封；9、11—圆锥滚子轴承；10—轮毂；12—调整螺母

节下耳与拳之间装有止推轴承。转向节上耳装着转向节臂，它与转向纵拉杆相连接；而在下耳则装着与转向横拉杆相连接的梯形臂。车轮轮毂即通过两个滚锥轴承支承在转向节外端的轴颈上，轴承的预紧度可用调整螺母加以调整；轮毂内侧装着油封，轮毂外边用罩盖住。

3.2　转向轮定位

转向轮通常不与地面垂直，而是略向外倾，其前端略向内收拢；转向节主销也不是垂直安装在前轴上，而是其上端略向内和向后倾斜。所有这四项参数统称为转向轮定位。

(1)主销后倾

主销后倾的作用是：保持汽车直线行驶的稳定性，并力图使转弯后的前轮自动回正。

如图 4-2-2 所示，主销后倾角 γ，即主销在纵向平面内向后倾斜一角度 γ。当主销有后倾角 γ 时，主销轴线与路面交点 a 将位于车轮与地面接触点 b 的前面。当车辆直线行驶时转向轮偶然受到外力作用而稍有偏转时（如图 4-2-2 中箭头方向所示），将使车辆行驶方向向右偏离。这时由于车辆要保持直线行驶的惯性作用使车辆有侧向滑移趋势，于是在车轮与路面接触点 b 处便受到路面对车轮的侧向反作用力 Y，反力 Y 对车轮形成绕主销轴线作用的力矩 YL，其转向正好与车轮偏转方向相反，在此力矩作用下将使车轮回复到原来的中间位置（即车轮自动回正），从而保持车辆稳定地直线行驶，故此力矩称为稳定力矩。此力矩值不能过大，太大了则驾驶员操纵转向费力；此力矩的大小取决于力臂 L 的数值，故主销后倾角 γ 也不宜过大，一般 γ 角不宜超过 3°；在某些情况下（例如采用低压胎，由于轮胎接触面后移），γ 角可以减小到接近于零，甚至为负值。

此外，当钢板弹簧因承受载荷不同而挠度发生改变时，主销后倾角也将相应地改变。在使用和维修时，车架变形、钢板弹簧疲劳等都将使主销后倾角发生变化。

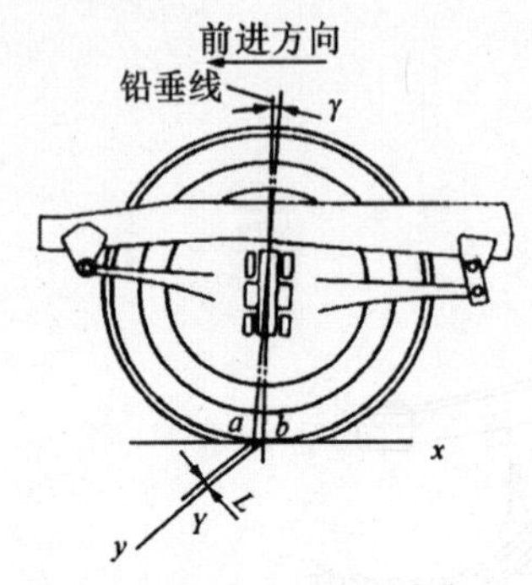

图 4-2-2　主销后倾角作用示意图

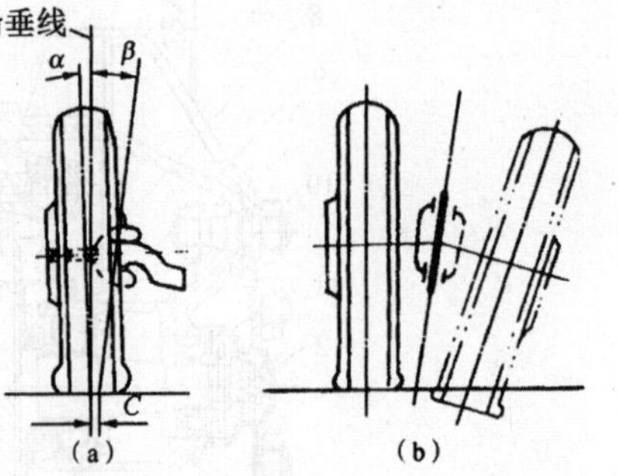

图 4-2-3　主销内倾角和前轮外倾角作用示意图

(2)主销内倾

主销内倾角的作用一是使前轮自动回正;二是使前轮转向轻便。

如图 4-2-3 所示,主销内倾角 β 使车轮有自动回正作用。当转向轮在外力作用下偏转一角度时,此时车轮最低点将陷入路面以下,但实际上车轮下边缘不可能陷入路面以下,而是将转向轮连同整车前部向上抬起一定高度。这样,车辆的重量将迫使转向轮回到原来的直驶位置,这就是前轮自动回正的原因。此外,主销内倾还使主销轴线延长线与路面交点到车轮中心平面的距离 C 减小,如图 4-2-3(a)所示,使操作车轮偏转所需克服的转向阻力矩减少,从而可以减小驾驶员加在转向盘上的力,使转向操纵轻便,同时还可以减小转向轮传到转向盘上的冲击力。

内倾角越大或前轮转角越大,则汽车前部抬起就越高,前轮的自动回正作用就越加强烈,但是转向时转动方向盘费力(即外力要大),转向轮的轮胎磨损增加;反之,内倾角小或前轮转向角小时,前轮的自动回正作用也就越弱。

一般内倾角在 5° ~8°之间为宜,C 为 40 ~60 mm。

综上所述,主销后倾和内倾都有使车辆转向自动回正、保持直驶位置的作用。所不同的是:主销后倾的回正作用与车速有关,而主销内倾的回正作用几乎与车速无关。因此,高速时后倾的回正作用大,而低速时则主要靠内倾起回正作用。此外,直行时前轮偶尔遇到冲击而偏转时,也主要依靠主销内倾起回正作用。

(3)前轮外倾

车轮外倾的作用在于提高前轮工作的安全性和转向操纵轻便性。

转向轮(前轮)安装后与地面并不垂直,而是保持着如图 4-2-3 所示的 α 倾角。这是因为主销与衬套之间、轮毂轴承等处都存在着间隙,如果空车时轮胎与地面垂直,则满载负荷后必然消除间隙,造成轮胎内倾,加速轮胎内缘的磨损。同时由此而引起的附加轴向力,必然又增加轮毂轴承以及紧固轴承螺母的负荷,加速它们的磨损,严重时会造成车轮飞脱的危险。当车轮预留有外倾角时,就能防止上述不良影响,因此,在设计时就使空载的车轮保持 α 角,当满载后车轮则接近于垂直地面的纯滚动状态。

车轮外倾还具有使转向操纵轻便的作用。同时也能使车轮与拱形路面相适应,这对于行驶安全是有利的。这是由于车轮外倾与主销内倾相配合,使车轮的着地点与主销沿长线和地面交点的距离 C 减小,从而减小了转向操纵时的阻力矩。

前轮外倾角大时,虽然对安全和操纵有利,但是过大的外倾角将使轮胎横向偏磨增加,油耗增多,一般 α 角取 1°左右。

车轮外倾角是由转向节的结构决定的,当转向节安装到车桥上后,其转向节轴相对于水平面向下倾斜,从而使车轮安装后出现外倾。

(4)前轮前束

前轮前束的作用是:减小或消除车辆前进中,因前轮外倾和纵向阻力致使前轮前端向外滚开所造成的不良后果。

由于车轮外倾,当两车轮前进时,都有试图向外分开的趋势。因为前轮有了外倾后,当它向前滚动时就类似滚锥绕着锥尖滚动,其轨迹不再是直线向前,而是逐渐向外偏斜,但受车桥和转向横拉杆的约束,又不能任意向外偏斜,而只能是边向外滚边向内滑动,其结果是轮胎横向偏磨增加,轮毂轴承载荷增大。

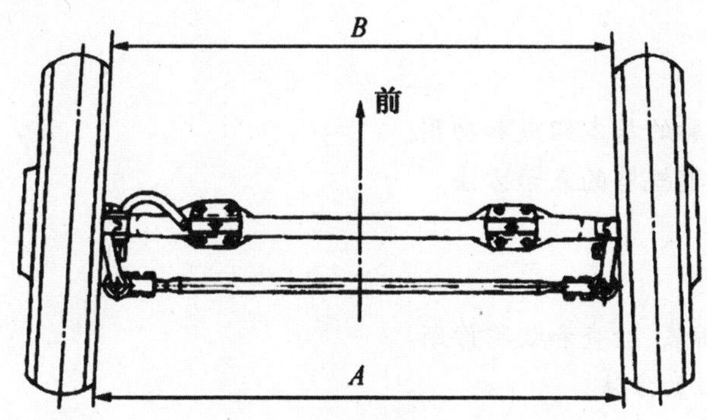

图 4-2-4　前轮前束示意图

因此,在装配完调整时,就使转向轮保持着两轮前边缘距离 B 小于后边缘距离 A,如图 4-2-4所示,称为转向轮(前轮)前束。这样,车轮向前滚动的轨迹要向内偏斜,用以校正由于车轮外倾所带来的问题,只要前束和外倾配合适当,轮胎滚动的偏斜方向就会互相抵消,轮胎内外偏磨的现象也就会减小,使车轮瞬时接近于正前方的纯滚动状态,从而减轻轮胎表面的磨损。如果前束过大或过小,轮胎偏磨仍会增加。

前轮前束可通过改变转向横拉杆的长度进行调整,一般车辆的前束值都小于 8 ~ 12 mm。检查调整时根据规定的测量位置和测量方法使两轮的前后距离之差符合要求。

4　任务实施

本节内容见项目 4 任务 4。

任务3　更换轮胎

1　任务要求

知识要求：

(1)掌握车轮、轮胎的基本组成和功用。

(2)掌握轮胎、轮辋规格的表示方法。

能力要求：

(1)掌握轮胎的拆装、检查和故障诊断。

(2)掌握轮胎换位的方法。

2　任务引入

一台装载机在平坦坚实的道路上行驶时，感觉车轮处有响声，而且车速越高响声越大，脱挡滑行时响声减弱或消失。这说明轮边减速器轴承磨损松旷，齿轮啮合不良，应拆检轮边减速器，视情况予以调整或更换。

3　相关理论知识

3.1　车轮

车轮由轮毂、轮辋以及这两元件间的连接部分所组成。

按连接部分的构造不同，车轮可分为盘式与辐式两种，而盘式车轮采用最广。盘式车轮中用以连接轮毂和轮辋的钢质圆盘称为轮盘，轮盘大多数是冲压制成的。对于负荷较重的重型机械的车轮，其轮盘与轮辋通常是做成一体的，以便加强车轮的强度与刚度。

轮辋分为平式与锥度两种，如图4-3-1所示，锥度轮辋中部为圆锥形，并用斜底垫圈6插入挡圈7内，再用锁圈8限位。平式轮辋如图4-3-1(b)及图4-3-2所示的中部呈圆柱形，国产装载机使用的通用车轮均采用平式轮辋，只有挡圈和锁圈，不需要斜底垫圈。

如图4-3-1(a)所示为锥度轮辋的车轮构造。轮胎由右向左装于锥度轮辋之上，以挡圈抵住轮胎右壁，插入斜底垫圈，最后以锁圈嵌入槽口，用以限位。轮盘与轮辋焊为一体，由螺栓将轮毂、行星架、轮盘紧固为一体，动力是由行星架传给车轮和轮胎的。

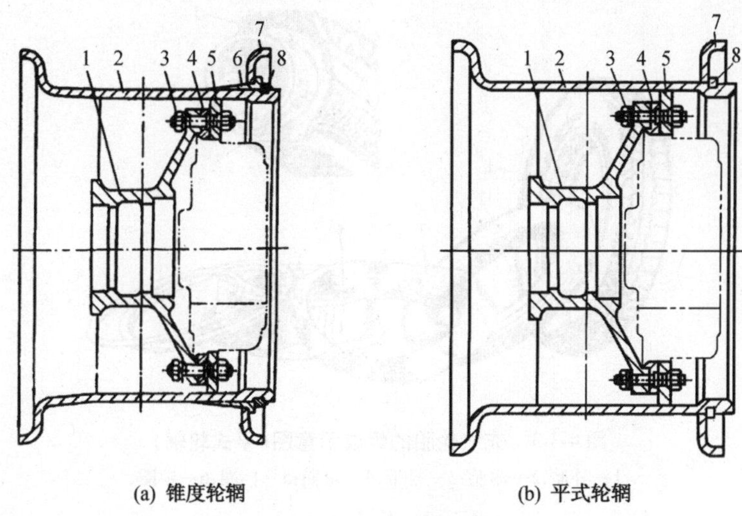

图 4-3-1　车轮结构示意图

1—轮毂;2—轮辋;3—轮毂螺栓;4—轮边减速器行星架;5—轮盘;6—斜底垫圈;7—挡圈;8—锁圈

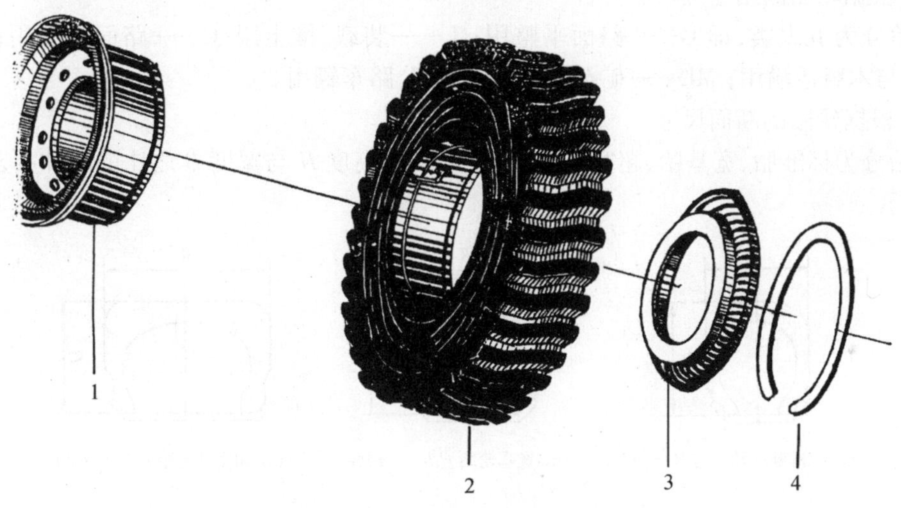

图 4-3-2　平式轮辋的车轮

1—轮辋;2—轮胎;3—挡圈;4—锁圈

3.2　轮胎

机械在行驶或进行作业时,由于路面不平将引起很大的冲击和振动。轮式机械装有充气的橡胶轮胎,因为橡胶和空气的弹性(主要是空气的弹性)能起一定的缓冲作用,从而减轻冲击和振动带来的有害影响。

3.2.1　组成

充气橡胶轮胎由内胎 2、外胎 1 和衬带 3 所组成,如图 4-3-3 所示。内胎是一环形橡胶管,内充一定压力的空气。外胎是坚固而富有弹性的外壳,用以保护内胎不受外部损害。衬带 3 用来隔开内胎,使它不和轮辋及外胎上坚硬的胎圈直接接触,免遭擦伤。

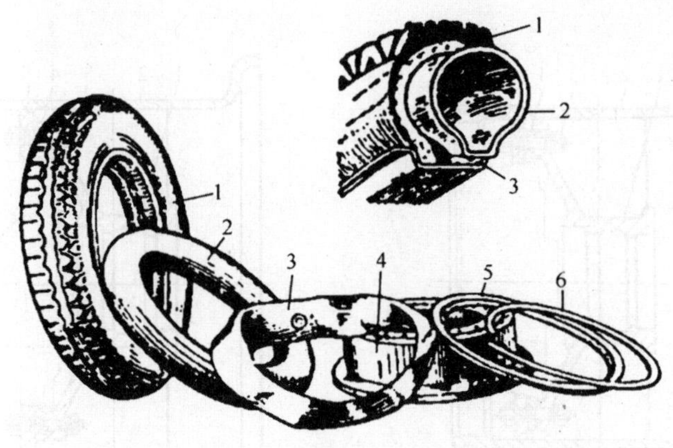

图 4-3-3　充气轮胎的组成示意图(平式轮辋)

1—外胎;2—内胎;3—衬带;4—轮辋;5—挡圈;6—锁圈

3.2.2　分类

(1)根据轮胎的用途

轮胎分为五大类,即 G——路面平整用; L——装载、推土用;C——路面压实用; E——土、石方与木材运输用; ML——矿石、木材运输与公路车辆用。

(2)根据轮胎的断面尺寸

轮胎分为标准胎、宽基胎、超宽基胎三种,其断面高度 H 与宽度 B 之比的具体要求,如图 4-3-4 所示。

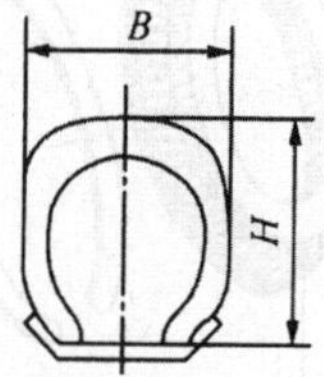

(a) 标准断面轮胎 $H/B\approx 98\%$

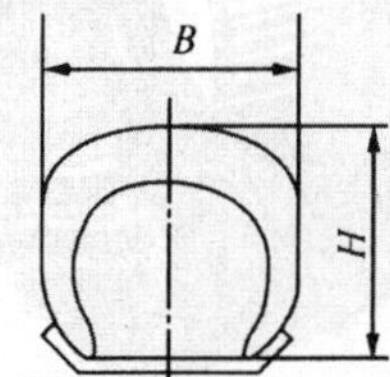

(b) 宽基轮胎 $H/B\approx 81\%$

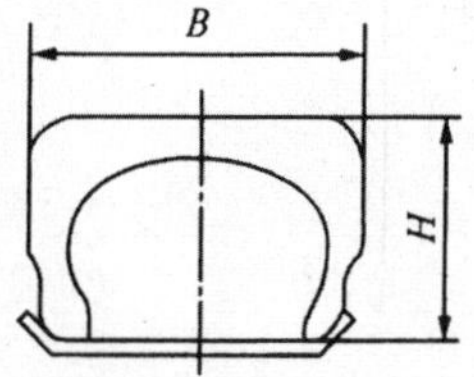

(c) 超宽基轮胎 $H/B\approx 65\%$

图 4-3-4　轮胎断面形状分类

(3)根据轮胎的充气压力

轮胎分为高压胎、低压胎、超低压胎三种。气压为0.5～0.7 MPa 者为高压胎,气压为0.15～0.45 MPa 者为低压胎,气压小于0.15 MPa者为超低压胎。

轮胎由于充气压力不同而标记也不同,如图 4-3-5所示。低压胎标记为 $B-d$(其中:B 为轮胎的胎面宽,d 为轮胎内径,"－"表示低压),例如:17.5－25 表示轮胎断面宽为 17.5 in,轮胎内径为 25 in。高压胎标记为 $D\times B$(其中:D 为轮胎的外径,B 为轮胎的胎面宽,"×"

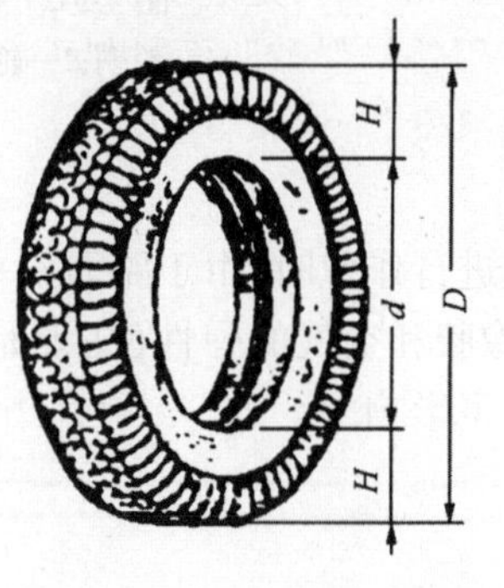

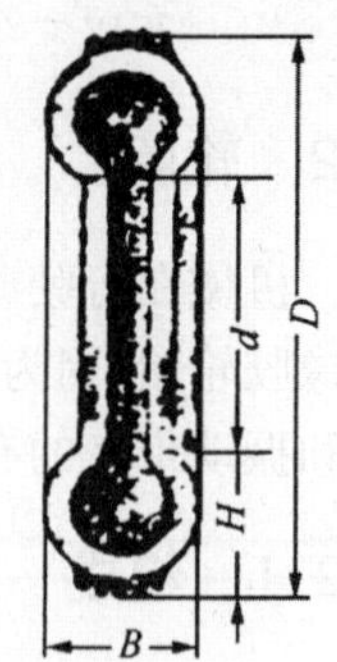

图 4-3-5　轮胎的尺寸标记

表示高压)，例如：34×7 表示轮胎外径为 34 in，胎面宽为 7 in。

(4)根据轮胎帘线的排列形式

轮胎可分为斜交胎(普通胎)、子午胎、带束斜交胎。

① 斜交胎

斜交胎在发达国家的汽车上一般不再采用，而由于斜交胎的侧壁不易受损，这是它的最大优点，因此在道路很不好的地区仍有采用。

斜交轮胎基本上由胎体、胎面(胎冠)、侧壁和胎圈等组成，其结构形状(图中带有气门嘴)如图 4-3-6 所示。轮胎的胎体，是轮胎的承载骨架，它一般至少由两层挂胶的帘线(帘布)构成。帘线与轮胎的中心平面成一角度 ξ，称为胎冠角，如图 4-3-6 所示，一般为 48°~54°。帘线材料视轮胎承载强度的要求，可以用人造丝、尼龙或钢丝等做成。轮胎的两侧根部，在帘线的末端处各有一钢丝环，将帘线折起将它包住形成胎圈。在车轮总成中，轮胎和车轮轮辋之间的连接，靠的就是胎圈和轮辋胎圈座之间的摩擦。因此，胎圈和轮辋之间的摩擦连接必须牢靠，才能确保传递很大的制动力矩和驱动转矩。如果说，轮胎里面没有内胎，那么胎圈必须和轮辋有良好的气密性。

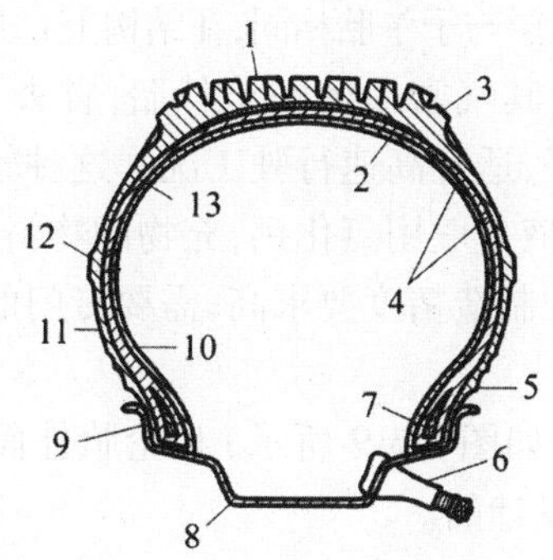

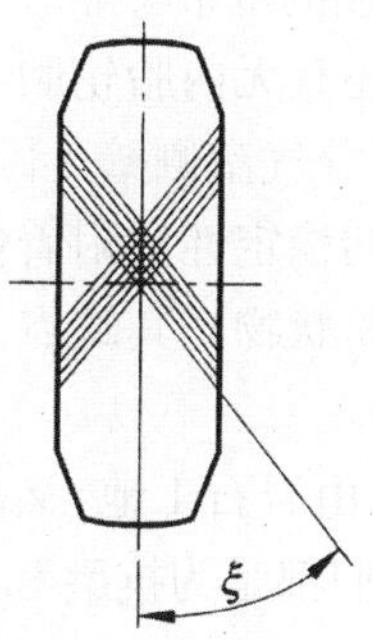

图 4-3-6　斜交胎结构及斜交胎帘线布置

1—胎面；2—衬带；3—胎肩；4—弯曲区；5—安装特征线；6—气门嘴；7—胎圈芯；8—车轮轮辋体；9—轮辋轮缘；10—密封层；11—胎侧橡胶；12—边条

胎体的最外面是胎面(胎冠)，它以一定的花纹形状和地面接触，有一些轮胎在胎体之上、胎面之下有一中间结构(缓冲层)作为加强之用。胎面的侧面为胎肩，胎肩以下就连到轮胎的侧面——胎壁，胎肩和胎壁只是起保护胎体的作用。轮胎滚动时它们只会引起弯曲变形，不会被磨损。所以它们用的材料和胎面材料不一样。胎壁上有防擦条保护胎壁，防止和路缘石直接相擦。轮胎上还有安装线，可以由此看清轮胎在车轮上的安装是否正确到位。

② 子午胎

子午胎也就是子午线轮胎，如图 4-3-7 所示。帘布层的各层帘线方向与轮胎圆周成 90°排列，并从一侧胎边穿过胎面到另一侧胎边，帘线分布像地球子午线，故得名子午线轮胎。这样的帘布层结构，使得帘线受力与变形方向一致，因此，承载能力大而层数少。带束层采用钢丝帘线，其方向与圆周成 10°~20°，它的作用是使胎面具有足够的刚性，像刚性环带一样紧紧地箍在胎体上。

子午胎的优点是质量轻、弹性大、减振性好、附着性能好、滚动阻力小、承载能力大、行驶中胎温低、耐磨性能与耐刺扎性能好、使用寿命长。

子午胎的缺点是胎侧变形大易产生裂口、侧向稳定性差、成本高(因为对制造工艺、精度、设备的要求高，所以造价高）。

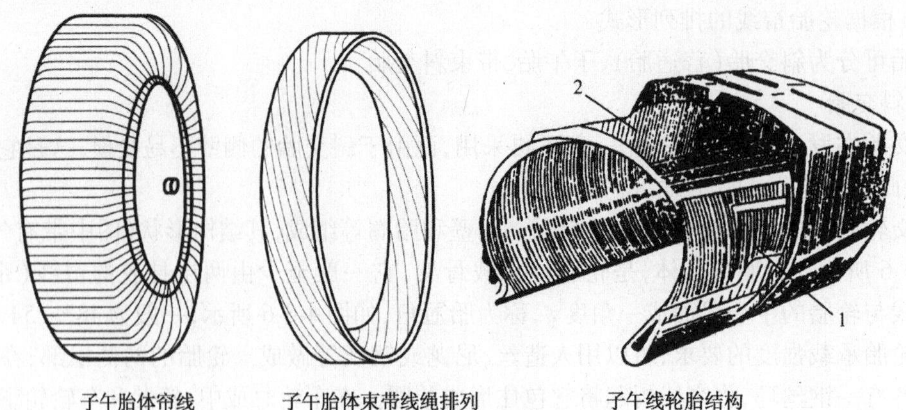

子午胎体帘线　　子午胎体束带线绳排列　　子午线轮胎结构

图 4-3-7　子午线轮胎结构示意图

1—帘布层；2—带束层

③ 带束斜交轮胎

带束斜交轮胎的帘布层排列与斜交胎相同，带束层与子午胎相同，在结构上它介于两者之间。

除此之外，还有无内胎轮胎，如图 4-3-8 所示，其气密层密贴于外胎，省去了内胎与衬带，利用轮辋作为部分气室侧壁。因此，其散热性能好，适宜高速行驶工况。这种轮胎可以充水或充物，增加整机的稳定性和附着性能，充水的水溶液一般用氯化钙，充物的物料一般用硫酸钡、石灰石、粘土等粉状物。其缺点是对密封和轮辋的制造精度要求高，需要专门的拆卸工具和补胎技术。

为了适应矿山岩石工地，又出现了履带轮胎（如图 4-3-9 所示）和轮胎外面包有保护链的“链网轮胎”，它们都是为抗磨和提高附着性能而设计的。

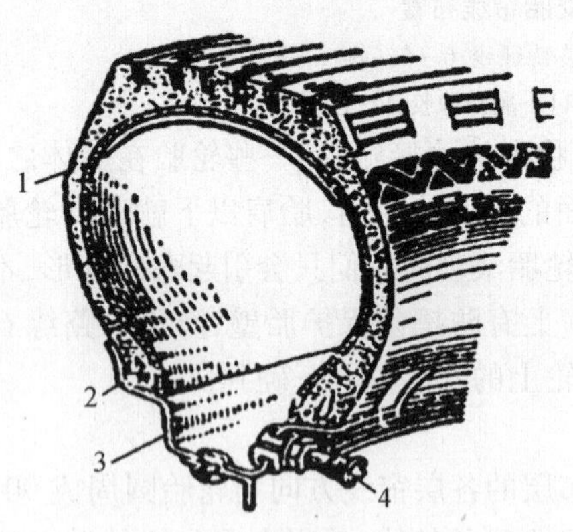

图 4-3-8　无内胎轮胎断面结构示意图

1—气密层；2—密封胶层；3—轮辋；4—气门嘴

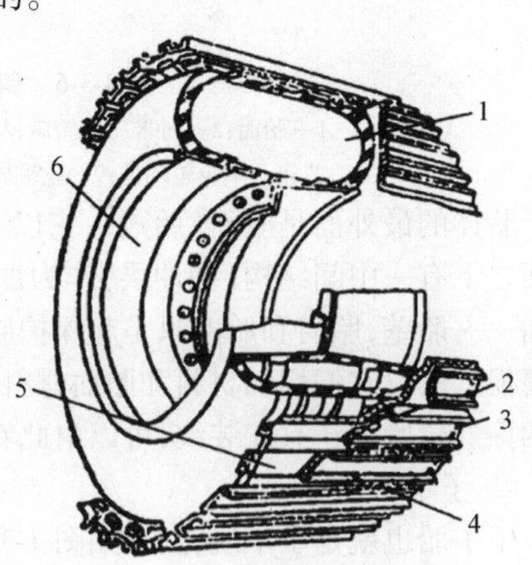

图 4-3-9　履带轮胎示意图

1—轮胎；2—中心螺栓；3—连接螺栓；4—履带板；5—安装带；6—轮辋

3.2.3　轮胎胎面花纹

轮胎胎面的花纹形状对轮胎的防侧滑性、操纵稳定性、牵引附着性等使用性能和作业性能都有明显的影响。现以装载机(推土机)所用的 L 型轮胎为例介绍轮胎花纹,如图 4-3-10 所示。

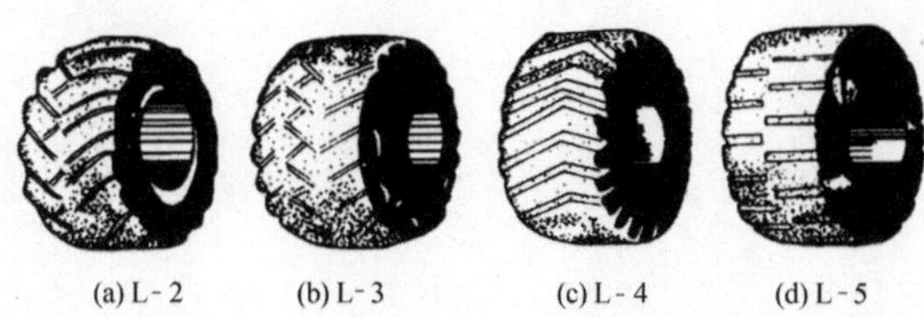

(a) L-2　(b) L-3　(c) L-4　(d) L-5

图 4-3-10　L 型轮胎

L－2 为牵引型轮胎,花纹呈“八”字形,花纹块与沟的面积之比为 1∶1,易于嵌入土壤增加牵引力,易于自行清理土壤。安装方向是:人站在轮胎后,面朝前进方向,观其花纹正好是“八”字形。这种轮胎适用在松软地面作业、高速行驶的场所。

L－3 为块状标准花纹,花纹块与沟的面积之比为 2∶1,抗刺扎能力强。适用于岩石路面作业。

L－4、L－5 为块状加深和超深花纹,其花纹深度逐次增加,胎面厚度也逐次加厚。若以 L－3的花纹深度为 100% 作为基准,则 L－4、L－5 型的花纹深度分别为 150% 和 250% 。由于胎面橡胶加厚,所以其耐磨能力也依次加强,但散热能力却依次降低。因此,L－4、L－5 型轮胎适用于岩石工地、短途运输、低速行驶的场合。

不同类型的工程机械所配用的轮胎的胎面花纹形状也各不相同。表 4-3-1 给出了机械种类与花纹形式的对应关系。

表 4-3-1　工程机械轮胎花纹型式与机械种类的对应关系

用 途	所配机械种类	轮胎分类编号	花纹型式	作业类型
土石方及木材运输	铲运机、自卸卡车、越野汽车、越野载重车等	E－1	条形	短途运输,即一个作业循环不超过 5 km,最高速度为 48 km/h
		E－2	牵引形	
		E－3	块形	
		E－4	块形、加深花纹	
路面平整	平地机	G－1	条形	最高速度为 40 km/h
		G－2	牵引形	
		G－3	块形	
		G－4	块形、加深花纹	
推土、装载	推土机、装载机、挖掘机、搅拌机、叉车等	L－2	牵引形	作业速度为 8 km/h
		L－3	块形	
		L－4	块形、加深花纹	
		L－5	块形、加深花纹	
路面压实	压路机	C－1	光轮面	作业速度为 8 km/h
		C－2	条形或小块形花纹	

4 任务实施

本节内容见项目4任务4。

任务4　悬挂(架)的保养维修

1　任务要求

知识要求:

(1)掌握悬挂(架)的功用、组成以及原理。
(2)掌握悬挂(架)的故障种类、现象及产生原因。

能力要求:

(1)掌握悬挂(架)的正确拆装、检修程序。
(2)能对悬挂(架)常见故障进行诊断与维修。

2　任务引入

一辆混凝土搅拌车停放在平坦地面上时,车身倾斜,有时行驶的情况下方向会自动跑偏且有异响。经检查车辆两侧车轮的气压一致,两前轮轮胎磨损也一致,那问题应该出现在悬架上,要对悬架进行检修。

3　相关理论知识

悬架是用于连接车架与车桥(或车轮)并传递作用力的结构。弹性悬架还可以缓和并衰减振动和冲击,使车辆获得良好的行驶平顺性。悬架通常由弹性元件、导向装置和减振装置组成。弹性悬架的结构类型很多,按导向装置的不同型式可分为独立悬架和非独立悬架两大类。前者与断开式车轴联用,后者与整体式车轴联用。按弹性元件的不同,又可分为钢板弹簧悬架、扭杆弹簧悬架和油气弹簧悬架等。

3.1　钢板弹簧悬架

钢板弹簧悬架是目前应用最广泛的一种弹性悬架结构型式。如图4-4-1所示为加装副簧的钢板弹簧悬架。它的弹簧叶片既可作弹性元件缓和冲击,又可作导向装置传递作用力。因此具有结构简单、维修方便、寿命长等优点。

钢板弹簧一般是由很多曲率半径不同、长度不等、宽度一样、厚度相等或不等的弹簧钢片叠加而成的。在整体上近似于等强度的弹性梁,中部通过U形螺栓(也称骑马螺栓)和压板与

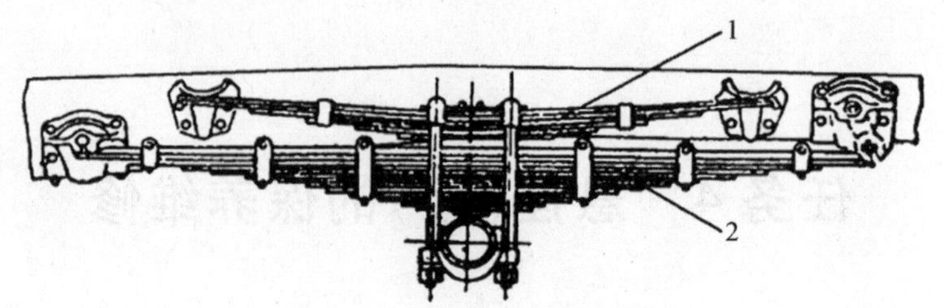

图 4-4-1　加副簧的钢板弹簧悬架

1—副簧;2—主簧

车桥刚性固定,其两端用销子铰接在车架的支架上。

3.2　扭杆弹簧悬架

如图 4-4-2 所示为一种扭杆弹簧悬架的结构,它用扭杆做弹性元件。扭杆弹簧是一段具有扭转弹性的金属杆,其断面一般为圆形,少数为矩形或管形。它的两端可以做成花键、方形、六角形或带平面的圆柱形等,以便将一端固定在车架上,另一端通过摆臂固定在车轮上。扭杆用铬钒合金弹簧钢制成,表面经过加工后很光滑。为了保护其表面,通常涂以沥青和防锈油漆或者包裹一层玻璃纤维布,以防碰撞、刮伤和腐蚀。扭杆具有预扭应力,安装时左、右扭杆不能互换,为此,在左、右扭杆上刻有不同的标记。

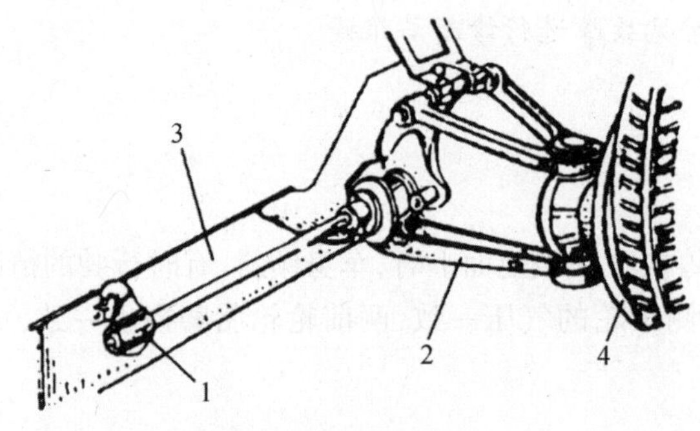

图 4-4-2　扭杆弹簧悬架

1—扭杆;2—摆臂;3—车架;4—车轮

当车轮跳动时,摆臂绕着扭杆轴线摆动,使扭杆产生扭转弹性变形,借以保证车轮与车架的弹性连接。扭杆弹簧悬架结构紧凑、弹簧自重较轻、维修方便、寿命长。但是制造精度要求高,需要有一套较复杂的扭杆套等连接件。因此,目前尚未获得普遍采用。

3.3　油气弹簧悬架

在密封的容器中充入压缩气体和油液,利用气体的可压缩性实现弹簧作用的装置称油气弹簧。油气弹簧以惰性气体(氮气)作为弹性介质,用油液起传力介质和衰减振动的作用。

如图 4-4-3 所示为安装在 SH380 型矿用自卸汽车上的油气弹簧悬架的油气弹簧。它由球形气室和液力缸筒两部分组成。球形气室固定在液力缸的上端,其内的油气隔膜将气室内腔分隔成两部分:一侧为气室,经充气阀向内充入高压氮气,构成气体弹簧;另一侧为油室与液力缸连通,其内充满减振油液,相当于液力减振器。液力缸由液力缸筒、活塞和阻尼阀座等组成。

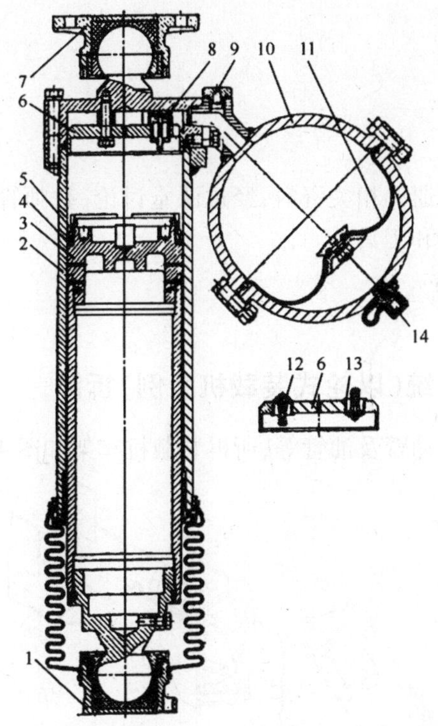

图 4-4-3　油气弹簧

1—下接盘;2—液力缸筒;3—活塞;4—密封圈;5—密封圈调整螺母;6—阻尼阀座;7—上接盘;8—加油阀;9—加油塞;10—球形气室;11—油气隔膜;12—压缩阀;13—伸张阀;14—充气阀

活塞装在套筒上,套筒下端通过下接盘与车桥连接。液力缸上端通过上接盘与车架相连。

缸盖内装有阻尼阀座,其上有6个均布的轴向小孔,对称相隔地装有两个压缩阀、两个伸张阀和两个加油阀。在阀座中心和边缘各有一个通孔。

静止时加油阀是开启的,从加油孔注入的油液可流入液力缸。

当载荷增加时,车架与车桥靠近,活塞上移使其上方容积减少,迫使油液经压缩阀、加油阀和阻尼阀座中心孔及其边缘上的小孔进入球形室,推动隔膜向氮气一方移动,从而使氮气压力升高,弹簧刚性增大,车架下降减缓。当外界载荷等于氮气压力时,活塞便停止上移,这时车架与车桥的相对位置不再变化,车身高度也不再下降。

当载荷减小时,油气隔膜在氮气压力作用下向油室一方移动,使油液压开伸张阀,经阀座上的中心孔及其边缘小孔流回液力缸,推动活塞下移,从而使弹簧刚性减小,车架上升减缓。当外部载荷与氮气压力相平衡时,活塞停止下移,车身高度也不再上升。

由于氮气贮存在定容积的密封气室之内,氮气压力随外载荷的大小而变化,故油气弹簧具有可变刚性的特性。

当油液通过各个小孔和单向阀时,产生阻尼力,故液力缸相当于液力减振器。在单向阀上装用不同弹力的弹簧可以产生不同的阻尼力,从而可改变油气弹簧的缓冲和减振作用。

4 任务实施

4.1 准备工作

通过查阅对应的维修手册等相关资料，经过课堂讨论、教师答疑和操作演示，制订修改拆装方案，准备所需仪器、设备和工具。

4.2 操作流程

4.2.1 轮式车辆行驶系统（以轮式装载机为例）拆卸

事先应拆去前车架上的动臂及油管等，所拆装载机车架如图 4-4-4 所示：

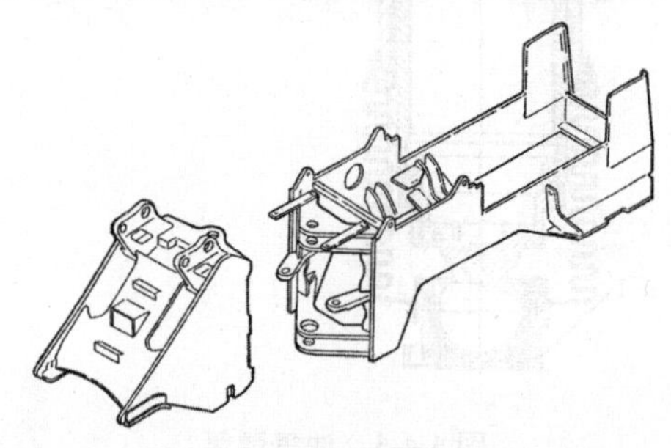

图 4-4-4 铰接式装载机的车架示意图

(1)分别吊起机体前后端，用专用支架垫起后车架前后端；拆卸车轮，拆除前后驱动桥。

(2)拆卸前车架：拆去上、下铰接销的润滑油管，吊住前车架，拆去下铰接销的上部压板和下部垫板，向上敲出下铰接销；拆去上铰接销的上部压板，向下敲出上铰接销，将前车架吊出放于地面。

(3)拆卸配重：用钢丝绳兜住配重，拆去 6 只配重螺栓，吊出配重放于地面并垫好。

(4)拆除后车架上的关节轴承压紧法兰，拆除关节轴承。

(5)拆除副车架（摆动架）：拆去前后销轴的润滑油管，吊住副车架，敲出前后销轴，取出铜垫片，将副车架吊出放于地面后敲出前后铜套。

(6)拆卸轮胎：平放轮胎，放尽轮胎内压缩气体，用小撬杠拆去轮辋锁圈并撬出挡圈，吊出轮胎，拆下橡胎垫带，抽出内胎，取出气门芯。

4.2.2 零部件检修

4.2.2.1 车架的检修

(1)使用拉线法（如图 4-4-5 所示）及直尺、角尺（如图 4-4-6 所示）检查前后车架是否变形、扭曲，用拉线法检验纵梁弯曲时，拉线和梁间距离即为弯曲量。用卷尺或铁丝在车架的四个角对角斜拉，量出两对角线的长度 L_1 和 L_2。检验 L_1 和 L_2 尺寸差及两线相交处线间距离即可知车架左右方向歪斜及对角的翘曲。一般要求 L_1 和 L_2 尺寸差不大于 2 mm，线间距离不大于 4 mm。也可将车架平放在平台上用水准器来检查车架的扭曲，也可利用车架中的横梁按如图 4-4-7 所示的方法进行检测。

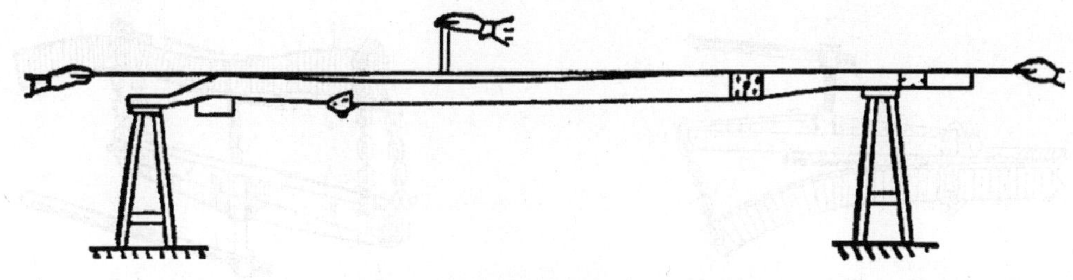

图4-4-5　用拉线法检查车架示意图

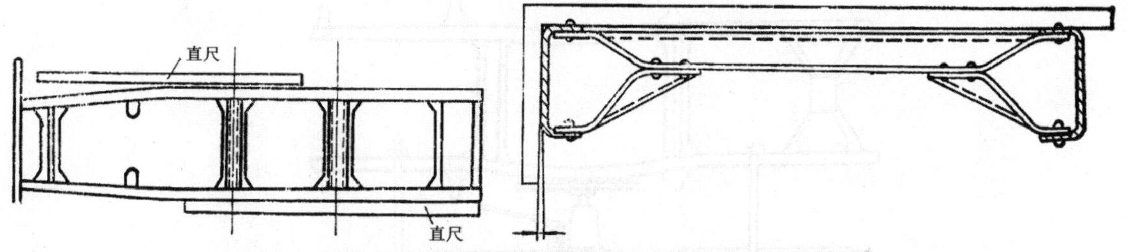

图4-4-6　用直尺和角尺检查车架示意图

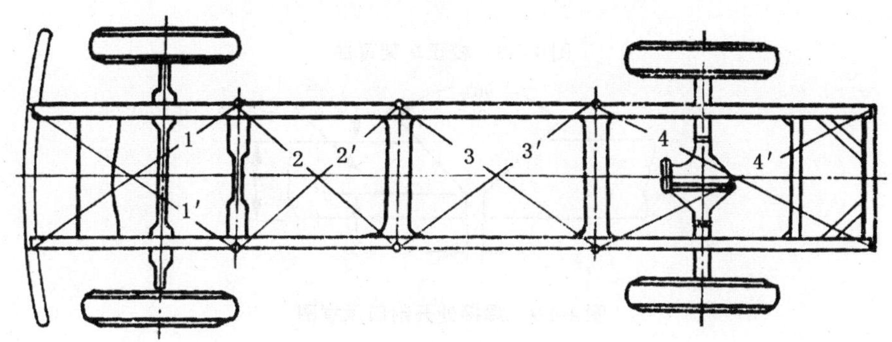

图4-4-7　车架扭斜检查示意图

(2)用钢丝刷除尽车架上的铁锈、污物,仔细检查构件有无开裂、脱焊之处。

(3)如图4-4-8所示,用大型压力机或螺旋加压机构冷校车架。若变形太大,应割开焊缝,校直构件后再重新焊接,最好在专用工装上定位点焊完毕后再满焊,重要部位或因强度不足而产生裂纹时应加焊补板,采用单面补板时应在另一面焊接裂纹,采用双面补板时只焊补板而不焊裂纹。焊裂纹前应先在裂纹前后端部钻止裂孔,再在裂纹处开V形剖口(如图4-4-9所示),最后施焊,所用焊条应为低氢型高强度焊条。

由于车架的断裂发生部位不同,裂纹长短不同,不能千篇一律地同样对待:

① 通常在车架受力不大的部位,发生较短的裂纹,采用角铁补板的方法来修理,如图4-4-10所示。

修理方法如下:

a. 在进行修理前,应先进行车架的校正,使其恢复原样,必要时可先用支架、垫块、夹头或特种夹具做暂时固定。

b. 详细检查裂纹的界限。先用钢丝刷清裂纹,并在裂纹末端钻 $\varphi 5$ mm 的孔,开凿 90°V 形槽。

c. 填焊裂纹:用直流电反接短弧(焊条直径 φ 4 mm,电流 210 ~ 240 A,此为参考数据,应

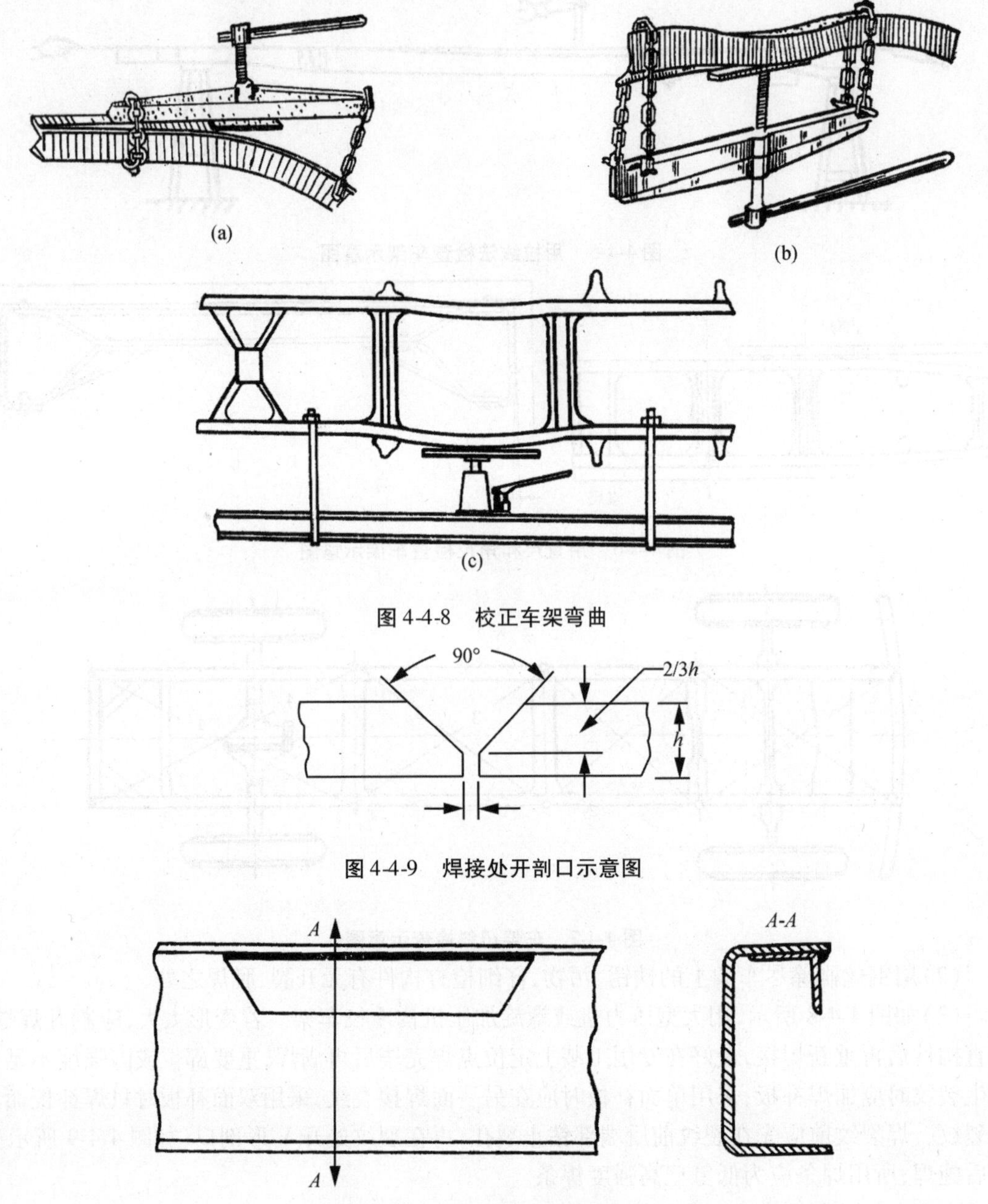

图 4-4-8　校正车架弯曲

图 4-4-9　焊接处开剖口示意图

图 4-4-10　角铁补板的焊接

根据不同情况灵活采用)。焊接时应从钻孔一端开始,并在 V 形槽的另一面也进行焊补。焊补厚度应不超过焊件平面 1 ~2 mm,焊后进行修平。

d. 焊补加强板:加强角铁可用厚度为 4 ~5 mm,长度不小于 600 mm,宽为 80 mm 的钢板弯制而成,如图 4-4-11 所示。角铁与纵梁焊接时,内面为断续的焊缝,外沿则为连续焊缝。

在车架受力不大的部位,发生较长的裂纹,可采用三角补板的方法修理,如图 4-4-12 所示。补板厚度应稍小于纵梁钢板厚度。

② 当车架的裂纹已扩展到整个纵梁横断面,或虽未达到整个横断面,但在纵梁的最大受

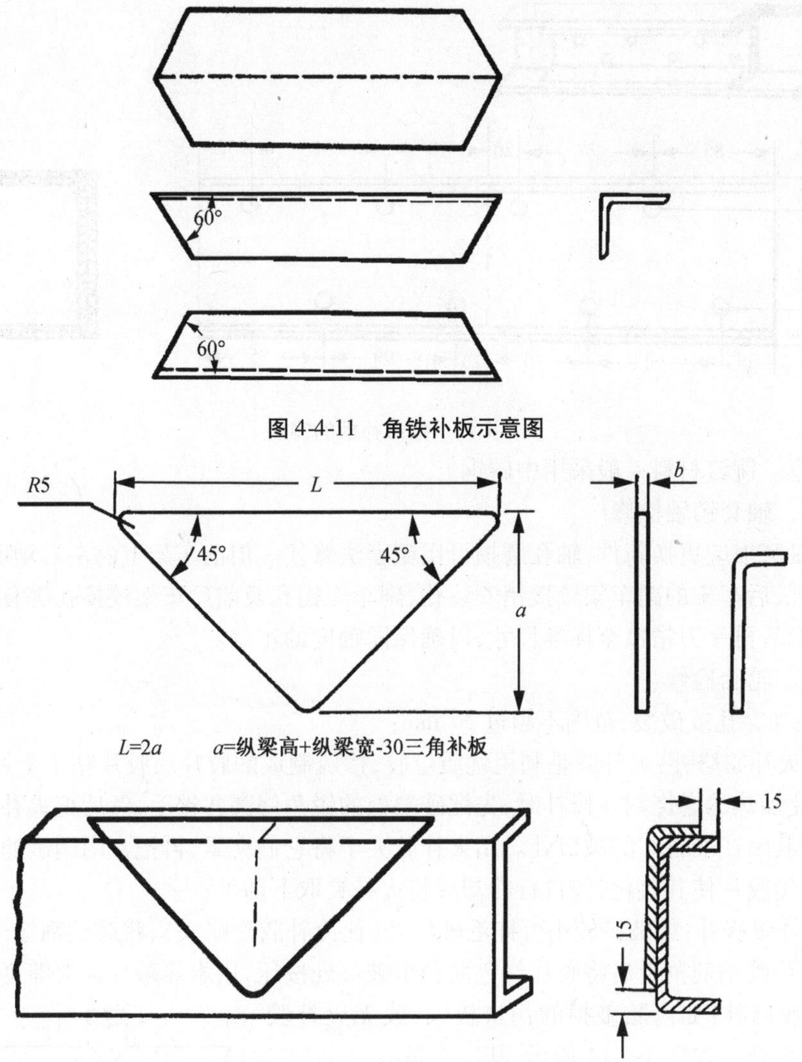

图 4-4-11　角铁补板示意图

图 4-4-12　三角补板的焊接示意图

力部位时,就应采用槽形补板铆接修理,如图 4-4-13 所示。

先将裂纹处焊补,焊接顺序应从裂纹的中部向两端施焊。补板的长度视裂纹产生的部位而定,受力较小的地方应不短于 390 mm,受力大的地方应不短于 660 mm。槽形补板与纵梁的结合通常采用铆接方法,这样一方面有利于二次修理,另一方面可以避免因槽形加强板的焊缝附近产生应力集中,而导致破裂的缺陷。铆钉的直径应与该机型所用的铆钉相近似,铆钉长度可参考下一内容。铆钉的排列如图 4-4-13 所示。

(4)车架铆钉松动的检查与铆修

车架的铆钉有无松动,可用小锤敲击根据声响加以判定。如发现铆钉松动,应更换铆钉重新铆合。换用新铆钉,直径应略小于铆孔 1 ~2 mm;铆钉头的直径应不小于铆钉杆直径的 1.5 倍;铆钉杆长度等于铆钉直径的 1.3 ~1.7 倍加铆接物总厚度。例如纵、横梁各厚 6.00 mm,铆钉直径为 10 mm,则铆钉杆长度为 10 ×(1.3 ~1.7) +6 +6 =25 ~29 mm。重铆前检查铆钉孔是否扩大或变形,否则应将孔钻大,选用加粗的铆钉;铆接的两结合面必须修平;铆钉一般加热

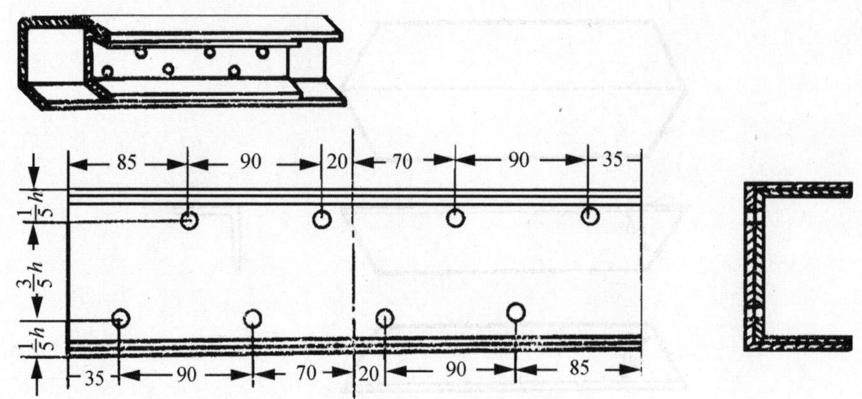

图 4-4-13　槽形补板的铆接

至樱红色为宜。铆钉材料一般采用中碳钢。

4.2.2.2　轴套销轴检修

轴套销轴磨损应更换新件,轴孔磨损可用镶套法修复。但前车架上的左右动臂支承踵、左右油缸安装孔、后车架的副车架铰接销安装孔、副车架销孔及前后车架铰接孔等有同轴度要求处一定要镶套后再一刀精镗至标准尺寸,以确保同轴度的正确。

4.2.2.3　轮胎检修

(1)内胎如穿孔或破裂,范围不超过 20 mm:

① 可用火补胶修补:火补胶是利用优质生胶,掺硫制成的胶片。胶片贴于金属盒底,盒内装有用来硫化加热的燃烧剂。修补时,先把破裂处的锐角修圆并锉毛,然后把火补胶表面的保护层撕去,将其贴在准备好的破口处。用火补胶夹子将它们夹紧,再把盒内硝纸的一角撬起点燃,热量即传给胶片使其硫化,待自行冷却后将火补夹取下即可;

② 用冷补胶修补:如破口较小可锉毛破口处(比冷补胶片略大),将胶粘剂涂于锉毛处,揭下冷补胶片,待胶粘剂稍干后将胶片红色面贴于破口处按压,用木棒敲打数次即可;

③ 用生胶修补:如内胎破损的伤口较大,或无火补胶时,可用生胶修补。如图 4-4-14 所示,其工艺是:

a. 将破口处锉毛,如破口面积较大,应将其修圆,然后剪修锉毛一块与破口相适应的内胎皮填上。

b. 在锉毛的破口处涂上生胶水。如破口较大,应涂两到三次,但每次涂时,必须在上一次胶水风干后进行。

c. 待胶水风干后,剪一块面积比破口略大的生胶,用汽油将表面擦拭干净后贴附在破口上,生胶的厚度以 2 ~ 3 mm为最好,过厚时,可在火上烘烤薄。

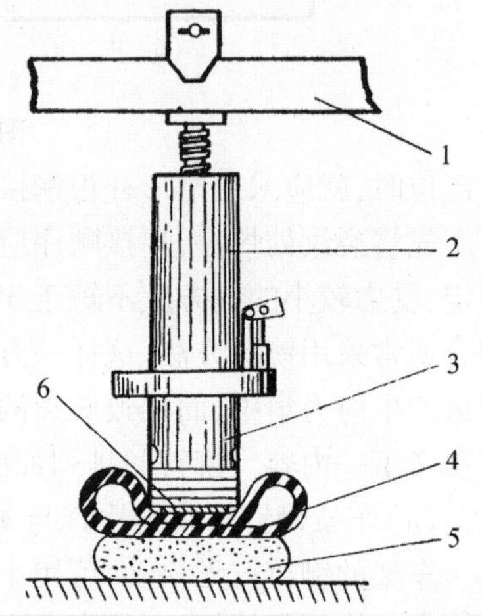

图 4-4-14　用旧活塞加热硫化内胎

1—支撑物;2—千斤顶;3—旧活塞;4—内胎;5—沙口袋;6—生胶

d. 加温至 140 ℃,保温 10 ~ 20 min 使生胶硫化。加温的方法很多,最简便的是用铁板或平顶旧活塞。用旧活塞加温的方法是将沙口袋垫在内胎的下面,内胎的上面放一只平顶旧活塞并用千斤顶压紧,其压力不能过大,过大会使补片过薄。然后在活塞内加入 50 ~ 60 mL 汽油(一般加到低于活塞油环槽的回油孔 2 ~ 4 mm 即可),并在铁板加温时，即用一块20～30 mm厚的铁板，将铁板烧至140 ℃后放在生胶上，同样也用千斤顶压紧。判断铁板温度时，可用滴水试验法，若温度适当，滴在铁板上的水珠只发响而不滚动。有条件时可用电加热的专用夹具进行修补。

e. 待铁板或活塞冷却后，取下内胎打气检查修补质量。

(2)气嘴根部漏气的修补：气嘴根部漏气，有时是气嘴的紧固螺帽松动引起的，因此，应将螺帽确实拧紧。如气门嘴根部仍然漏气，可按下述方法修补：

① 旋下气嘴的固定螺帽，将气嘴顶入胎内。

② 将气嘴口锉毛。将此处原有线层锉掉，直到露出底胶。

③ 剪三块直径约20、30、50 mm的帆布和一块直径约60 mm的生胶，在帆布的中央开一个小洞，洞的大小应与气嘴上端直径一致。

④ 在帆布的两面及气嘴口锉毛处涂上生胶水。帆布上涂3～4次，使其有足够的生胶；气嘴口涂两次即可。

⑤ 待胶水风干后，将帆布以先小后大的顺序铺在气嘴口上，使帆布上的洞口正对气嘴口，然后在帆布的洞口处放一纸团，最后放上生胶。

⑥ 加温硫化。因补丁较厚，需要硫化的时间长，所以如用活塞加温，应在汽油烧干后，停留一会，再加一次或两次汽油。补好后，用剪刀在中间弄一小口，取出纸团，将气嘴装回原处，上紧螺帽。当气嘴破口过大，底胶开裂较长时，用这种方法修补质量不易保证，因此最好是把原气嘴口补死，另开气嘴口，并用上述方法补上帆布。

⑦ 气嘴损坏的更换：气嘴如有折断等损坏，应予更换。更换时可在气嘴的附近开一小洞，松开紧固螺帽后将气嘴顶入内胎并从新开的小洞取出，新气嘴也从此洞装入，待把新气嘴装好后再将新开的小洞用火补胶或生胶补好。由于外胎的修理需要专用设备，且工艺复杂，一般由专业人员维修。如外胎的胎侧被异物划割出贯通的豁口，可在豁口两边钻孔，用废旧外胎锯一块补丁也钻出相应的孔眼贴在豁口表面，用螺栓、螺母、加大平垫穿入固定之，同时在外胎内侧的相应部位加垫相应的垫皮，以防止螺栓头部磨坏内胎。垫皮可用旧汽车外胎裁制。

(3)轮胎螺栓损坏应换新件。

4.2.2.4　车轮的检修

(1)轮辋的检修

大修时应检查轮辋有无铆钉松动或焊接裂纹，检查轮毂螺栓周围有无裂纹、生锈、腐蚀或过度磨损。轮辋及挡圈锁圈生锈可用砂布除锈并涂漆保护。轮辋裂纹、螺栓孔定位锥面过度磨损、变形超限均应更换新件。

(2)车轮的检修

大修时应检查车轮轮盘有无铆钉松动或焊接裂纹。如车轮有生锈或腐蚀，可用砂布除锈并在暴露金属的表面上涂漆保护。裂纹的产生是由于车轮过载所致，一般应换新件。

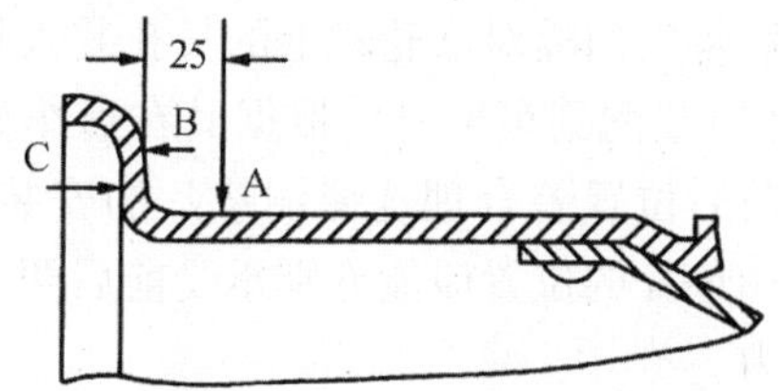

图4-4-15　车轮偏摆的测量

A—垂直偏摆的测量点；B、C—水平偏摆的测量点

车轮偏摆不但会造成车辆高速行驶时摆振，且使车轮本身产生疲劳破坏。为了检查车轮偏摆，可将车轮与轮毂装配，安装在车桥上，用一个百分表使伸缩杆置于如图4-4-15所示的位置，转动车轮，观察指针的偏离，检查垂直和水平偏

差,其允许使用极限为4 mm。

(3)车轮的平衡

① 车轮的静平衡。当车轮外径与宽度的比值大于或等于5,不论其工作转速高低,都只需要进行静平衡。检验静平衡时可将车桥支起,通过转车轮用观察法检查。

② 车轮的动平衡。车轮的动平衡在动平衡检验仪上检查。

③ 车轮平衡的校正

若车轮处于不平衡状态,可在车轮适当位置加上一个质量块,使该质量块和不平衡量所产生的离心力大小相等、方向相反,车轮达到静平衡。动平衡的校正一般通过加两个质量形成力矩去平衡原有动不平衡量。

4.2.3 轮式车辆行驶系统装配

按相反顺序组装,重要部分螺栓拧紧力矩见表4-4-1所示。

表4-4-1 螺栓拧紧力矩

部件名称	拧紧力矩
锁桥螺母	637~735 N·m(65~75 kg·m)
传动轴螺栓 M12	11 kg·m
传动轴螺栓 M14	17 kg·m
配重螺栓	700 N·m
轮胎螺栓	529 N·m(54 kg·m)

4.2.4 轮式车辆行驶系统拆装注意事项

(1)长期未拆卸的轮胎其外胎与轮辋粘得很紧,拆卸非常困难。可在拆卸前放出部分气体,前后行驶装载机,待外胎与轮辋分离后再拆卸车轮,就可以较方便地从轮辋上将外胎剥离下来。

(2)组装轮胎时轮缘及锁环一定要完全安装到位,不得有任何马虎,以确保充气时的安全。

(3)内胎放入外胎前要戴上手套用手摸清外胎内部有无异物,并在内壁洒上滑石粉。装入内胎时要用手理顺内胎,防止内胎折叠、卷曲;装上垫带后将气门嘴对准轮辋上的长孔装入轮辋内。

(4)装配副车架时应根据其在后车架支承槽内的前后位置差合理选择铜垫片的安装位置,且两只铜垫片的位置应能分别承受前后两个方向的轴向力。

(5)安装前车架时,如上铰接销敲入关节轴承约一半后就不容易再敲入时,可调整起吊高度后敲入下铰接销,这时再继续敲入上铰接销就比较顺利了,其结构如图4-4-16所示。

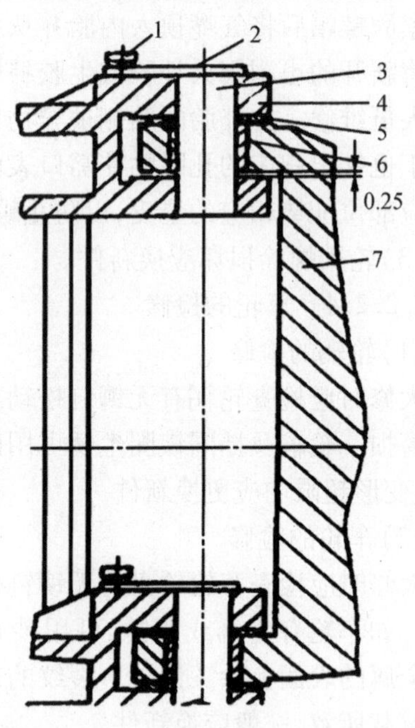

图4-4-16 ZL50型装载机销套式铰点结构

1—固定螺钉;2—固定板;3—上铰销;4—前车架;5—铜垫圈;6—销套;7—后车架

(6)生胶水的配制:将补胎用的生胶剪成小碎块放入容器中,加入8倍的汽油浸泡,放置2~4天后即成。为了加速生胶的溶解,在放置过程中,应经常搅拌。配置好胶水的黏度,用毛刷蘸起时,能有较长的拉丝为合适。在使用中如发现黏度变大,可加入汽油调稀。因胶水是用生胶和汽油配置而成的,所以没有胶水时,可在生胶上多涂些汽油,直到生胶表面发黏即可。

(7)修补气嘴根部漏气时,如使用活塞加热,应在汽油烧干后停留一会再加汽油,目的是降低活塞的温度使之低于汽油的燃点,以确保安全;否则,汽油加进炽热的活塞时会瞬间引燃,这样易引发人身伤害,极其危险,千万要注意。

(8)加热时所用的活塞应选用平顶的汽油机活塞,直径在100 mm左右为宜。

4.3　常见故障诊断与排除

4.3.1　轮式车辆行驶系统的技术维护

4.3.1.1　车轮轮胎的技术维护

保证轮胎正常的气压是轮胎正常运行的主要条件,气压过低或过高都将导致轮胎使用寿命缩短。为此应经常用轮胎气压表检验轮胎气压,正常的气压不得与标准气压相差5%。在运行中,如轮胎发热应停止行驶使其冷却,同时应特别注意防止汽油或机油沾到轮胎上。车辆停放时,禁止将轮胎放气,长期停放的车辆,应使车轮架起,不使轮胎着地。

轮胎的日常维护工作主要是经常检查气压和注意轮胎的选用与装配,并按规定行驶里程进行轮胎换位。在日常维护中还应及时清除轮胎间夹石和花纹中的石子和杂物等。

(1)轮胎的选用和装配

① 轮胎的选用。为了使同一台轮式机械上的轮胎达到合理使用,在没有特殊的规定时,应装用同一尺寸类型的轮胎。如装用新胎,最好用同一厂牌整套的新胎,或按前、后桥来整套更换。如装用旧胎,应选择尺寸、帘布层数相同、磨损程度相近的轮胎。后桥并装双胎的,直径不可相差10 mm,大直径的应装在外挡,以适应路面拱形,使后轮各胎负荷均匀。装换的轮胎如为人字花纹或在胎侧上标有旋转方向的,应依照规定的方向装用。此外,轮胎的花纹种类还须与路面相适应,如雪泥花纹胎面(人字或M形花纹)适用于崎岖山路或泥泞的施工地段。

② 轮胎的装配。轮胎在滚动时将产生离心力,它的方向是从轮胎中心沿半径向外,如轮胎周围每处重量都相等即轮胎是平衡的,则离心力也平衡;如果轮胎平衡误差大,就会因离心力不平衡而引起剧烈的偏转。因此,对于装好的车轮应进行动平衡试验,其平衡度误差应不大于1 000 g·cm,这对高速行驶的车辆尤为重要。对于双胎并装的后轮,为减小其平衡度误差,气阀应相对排列。经过修补后的轮胎,若外胎内垫有较大帘布层或补洞250 mm(大型胎)以上的,不宜装在车辆前轮上,以免引起驾驶操纵困难。

(2)轮胎的换位与拆装

① 轮胎的换位。轮胎在使用过程中,因安装部位和承受负荷的不同,其磨损情况也不一样。为使轮胎磨损均匀,安装在车辆上的所有轮胎,应按技术维护规定及时地进行轮胎换位。轮胎换位如图4-4-17所示。轮胎的换位方法一旦选定就应坚持,且须注意轮胎的检查和拆装工作(工程机械车辆不是在平直的路面上行驶,由于工况很恶劣,各轮胎的破损情况几乎一样,不需要换位,而是直接更换轮胎)。

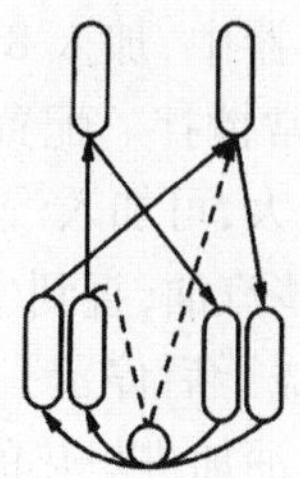
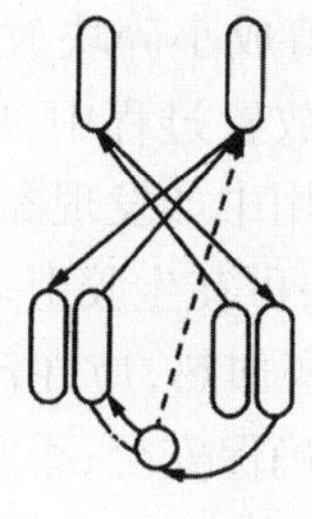
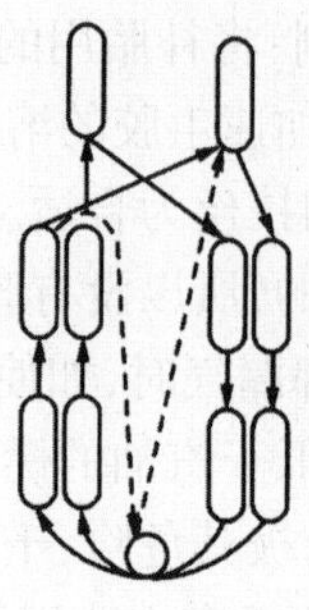

图 4-4-17　轮胎换位

② 轮胎检查和拆卸注意事项：

轮胎的拆卸应在清洁、干燥、无油污的地面上进行。

拆装轮胎时，应用专用工具（如手锤、撬胎棒等），不允许用大锤敲击或用其他尖锐的用具拆胎。

轮辋应该完好，轮辋及内外胎的规格应相符。

内胎装入外胎时，应在外胎内表面、内胎外表面及垫带上涂一层干燥的滑石粉，内、外胎之间应保持清洁，不得有油污，更不得夹入沙粒等。

气门嘴的位置应在气门嘴孔的正中。

安装定向花纹的轮胎时，花纹的方向不得装反。

双胎并装时，两胎的气门嘴应错开 180°。轮胎充气时，应注意安全，并将轮辋装锁圈的一面朝下，最好用金属罩将轮胎罩住。

4.3.1.2　悬架的维护

(1)钢板弹簧的维护

在轮式车辆二级维护时，应拆检和润滑钢板弹簧总成。钢板弹簧虽不是精密零件，但装配或使用不当，也会直接影响正常工作或损坏其他机件。日常维护和一级维护时，只需对钢板弹簧销进行润滑，不必进行拆卸检查和润滑。

装配钢板弹簧时应注意以下问题：

① 装配前应检查并更换有裂纹的钢板，用钢丝刷清除钢板片污物和锈斑，涂一层石墨钙基润滑脂。

② 中心孔与中心螺栓的直径差不得大于 1.5 mm，否则易引起钢片间的前后窜动，影响行驶稳定性。

③ 钢板夹子的铆钉如有松动，应予以重铆，夹子与钢板两侧应有 2 mm 左右的间隙，以保证自由伸张，夹子上的铁管应与弹簧片间有一定的间隙。装螺栓和套管时，其螺母应靠轮胎一侧，以免螺栓退出时刮伤轮胎。

④ 装好后的钢板弹簧，各片间应彼此贴合，不应有明显的间隙。

⑤ 前、后钢板弹簧销与孔的间隙不得超过 1.5 mm。

⑥ 在紧固 U 形螺栓螺母时，应先均匀拧紧前 U 形螺栓螺母（按车辆行驶方向），然后再均匀拧紧后 U 形螺栓螺母。

⑦ 在钢板弹簧盖板中间装有橡胶缓冲块。

钢板弹簧的使用检查内容有：

① 钢板是否断裂或错开，钢板夹子是否松动，钢板弹簧在弹簧座上的位置是否正确，缓冲块是否损坏，钢板弹簧销润滑情况及衬套磨损情况等。如不合要求，应立即解决所存在的问题。

② 检查前、后钢板弹簧U形螺栓有无松动。如有松动应在重载下及时拧紧。一般钢板弹簧的U形螺栓应反复紧固2次以上，扭力要符合所属车型的规定。

(2)油气悬挂的维护

油气悬挂的维护内容包括充气、加油及悬挂缸的高度调整等。具体方法及要求因结构形式不同而异。维护时根据所属机型的使用说明书进行。

(3)橡胶悬挂的维护

德国产福恩K-75型汽车、美国产尤克里特R105型汽车、意大利产S300-361型汽车均采用橡胶悬挂。

橡胶悬挂的维护非常简单，通常不需要什么特殊的维护。当检查到上部缓冲垫(空车)或下部缓冲垫(重车)的橡胶垫出现裂纹或破裂时，应更换整个缓冲垫总成。

从车辆上拆下悬挂总成时，要举升翻斗嵌入安全钢绳，取下减振器，拧下上、下螺母，用起重机或千斤顶支起车架直到放出下部缓冲垫并向上退出下部缓冲垫(加载)。要向发动机方向移动，退出上部缓冲垫(空车)。

把悬挂总成安装到车辆上时，要使车架保持在抬起位置，从上部安装下部缓冲垫总成，从前侧安装上部缓冲垫(空车)，用螺钉固定上部缓冲垫(空车)。降下车架，在下部缓冲垫(加载)上安装带相连垫板的螺钉，安装螺栓和支承钢筋并安装减振器。

(4)筒式减振器的维护(以下规范适用于克拉斯256型汽车筒式减振器)

当车辆每行驶4 000 km后，对筒式减振器的维护应进行以下的工作：从车辆上取下减振器，垂直放置，并将其下头夹在虎钳上，把带活塞杆的活塞向上拉到头，并以60~80 N·m的转矩拧紧贮油室螺母。为检查减振器的工作，必须用手抽动减振器。正常的减振器用手抽动时是平稳的并有一些阻力，拉的时候大一些，压的时候小一些。

有故障的减振器将有自由行程并可能咬住。减振器有自由行程说明工作液不足。

当沿活塞杆流出工作油液、拧紧贮油室螺母仍不能制止时，应更换油封。安装油封时锐边应朝下。筒式减振器经修复后，再装配时要注意，在减振器工作缸筒上、下部以及活塞杆上按顺序装复原有零件，检查活塞或活塞环与工作缸壁相配合表面是否密合。装配油封时，应注意方向，并注意拧紧贮油缸螺母的力矩。

4.3.2　轮式车辆行驶系统的常见故障诊断与排除

4.3.2.1　车桥的故障诊断(74式挖掘机)

前桥、转向系统的故障使车辆的操纵稳定性与操纵轻便性变差。

常见故障有：前轮摆动、前轮跑偏、转向盘沉重或转向盘振抖等，同时引起轮胎的异常磨损。影响汽车操纵性能，造成前桥、转向系统故障的因素很多，故障部位的判断也很困难，在判断故障时，要同时把轮胎磨损的特征也作为依据。首先要考虑前桥造成故障的原因，还要检查前轮轮胎的气压、气压差和胎面磨损的差异，前轮的平衡性能；左、右悬架的弹力，前轴(支撑梁)和车架的变形；前、后桥的轴距以及平行度误差等诸因素。

(1)车轮的影响

首先,按照原厂规定检查调整轮胎的气压。轮胎的气压过高,其偏离角减小,轮胎产生的稳定力矩减小,自动回正能力减弱;轮胎的气压过低,侧向弹性增强,使偏离角增大,稳定力矩过大,车辆回正能力过强,转向后回正过猛,使转向车轮摆动剧烈,转向盘抖动。由此可见,轮胎气压过高或过低,都会引起前轮摆动或前轮跑偏,破坏汽车操纵稳定性。

然后,检验车轮的平衡性能。轮辋变形,轮毂、轮辋、制动鼓和轮胎制造以及修理、装配的误差,质量不均匀等因素,破坏了车轮组件的平衡性能,在高速时会引起严重的角振动(共振),造成前轮摆动。因此,更换车轮组件中的任一零件或修补轮胎后均应对车轮重新进行动平衡试验。维护过程中,车轮上的平衡块不能丢失也不能移位。

(2)前桥配合松旷的影响

前桥配合部位松旷,会影响前轮定位的准确性,有人称其为“前轮定位效应”;同时,也使转向振动系统的刚度及阻尼作用降低,造成汽车前轮摆动或前轮跑偏,也可能引起转向盘沉重以及转向盘振抖等故障。

转向盘的振动方式分两类:一类是在某一车速范围内产生的高频率振抖,这是由于各部配合松旷以及转向传力机构刚度不足所产生的共振而引起的转向盘振抖;另一类是车速越快振抖越烈,有时还会出现前轮在路面上滚动产生的有较明显节奏的拍击声,引起此类振抖的关键因素是前轮平衡性能过差。只要认真排除如轮辋变形等造成前轮不平衡的因素,必要时进行车轮动平衡试验,故障就可消除。

一般先检查转向盘的自由转动量。若自由转动量过大,在检查、调整轮毂轴承间隙之后,拆下转向器摇臂,固定摇臂轴,再一次检查转向器的自由转动量。若自由转动量仍然过大,则检查调整转向器传动副的啮合间隙,使转向盘的自由转动量符合规定,然后装好摇臂轴并检查转向盘的自由转动量。重新装好摇臂轴之后,转向盘的自由转动量仍然过大,说明转向传动机构的配合部位,或者转向节、独立悬架的摆臂、支撑杆(稳定杆)或推力杆配合松旷,应逐一检查调整。随着行驶里程的增加,各配合零件磨损增大,就会造成配合松旷而影响车辆操纵的稳定性和轻便性,所以,在各级维护中,必须认真做好此项检查调整工作。

(3)前轮定位的影响

车辆操纵的稳定性主要取决于前轮定位的准确程度,车辆二级维护时,在侧滑试验台上检测车辆的侧滑量的基础上,用光学水准前轮定位仪检查调整前轮定位。

① 前轮定位与轮胎磨损的关系。如果胎冠在整个圆周上出现从外侧依次向内的台阶形磨损,侧滑量为正值且大于5 m/km,说明前束值过大;若胎冠圆周上出现依次由内侧向外侧的台阶形磨损,侧滑量为负值且大于5 m/km,说明前束值过小。

独立悬架会出现侧滑量符合标准,但轮胎外侧依然发生胎面边缘圆周形磨损,甚至在车辆转弯时,轮胎与路面会产生较明显的摩擦声,转弯后转向盘自动回正能力差。这是由于前轮外倾过大,造成严重的过度转向引起的。如果轮胎内侧发生胎面边缘圆周形磨损,这是前轮外倾过小,造成过度的转向不足、前轮急剧摆动而引起的。

非独立悬架应调整前束,使侧滑量符合标准;独立悬架必须先调整前轮外倾角至原厂规定值,使前束和前轮外倾相适应。

② 前轮自动跑偏。

前轮跑偏有3种情况:

第一种是汽车中、高速行驶时放松转向盘之后，前轮急剧跑偏，驾驶员往往必须握紧转向盘约束前轮跑偏。造成前轮急剧跑偏的主要原因是两侧前轮主销后倾差异过大，主销后倾大的一侧，路面反力形成的车轮回正能力过于强烈，使前轮急剧向主销后倾小的一侧偏转，形成前轮急剧自动跑偏的故障。独立悬架先按原厂规定检查调整主销后倾角，然后检查调整前轮外倾角，直至侧滑量符合规定，即可排除前轮剧烈跑偏的故障。

第二种是车辆直线行驶中，放松转向盘，前轮逐渐跑偏，此故障往往在较低车速时就会出现，产生前轮逐渐跑偏的主要原因是两侧前轮外倾差异过大，外倾角大的前轮所产生的绕主销回转力矩必然大于外倾角小的前轮所产生的回转力矩，使汽车行驶方向向外倾角大的一侧跑偏，应在保持主销后倾角正确的前提下调整前轮外倾以排除故障。

第三种前轮跑偏的原因是前轮外倾值和前束值都大，使车辆在平直路面直行时，稍打转向盘，前轮就会急速跑偏，转向盘出现飘浮感，有人也称为转向盘“发飘”。调整前轮定位时，先将两前轮外倾角调整好，然后再检查侧滑量，按侧滑量的正负再调整前束值，待侧滑量合格后，故障即可排除。

③ 前轮摆动。汽车行驶中，驾驶员未转动转向盘，但两前轮忽左忽右地摆动，使汽车忽左忽右地“蛇行”，并伴有转弯后转向回正能力很差，转向盘“发飘”感明显，此种故障称为前轮摆动。引起前轮摆动的主要原因是转向节主销后倾和主销内倾角过小，前桥、转向系统配合松旷而引起的前束值过大。独立悬架先消除配合松旷，然后检查调整主销后倾和主销内倾或车轮外倾，再调整前束以排除故障。

④ 转向沉重。驾驶员在转向时，转动转向盘的圆周力过大，转向反应迟钝，而且转向回位性能差。这类故障的产生，除各部位配合过紧或卡死等原因外，还与主销后倾有关。

双侧均转向沉重，但双侧转向回正性能都好。该故障是由于两侧主销后倾角均过大，造成前轮回正力矩过大，引起转向沉重但回位迅速，严重时转向盘出现“发飘”感。如果两侧主销后倾角差异过大，甚至一侧主销后倾角为负，另一侧主销后倾角为正，就会造成单侧转向沉重，而另一侧转向回正能力很差。

(4) 前轴、车架变形的影响

非独立悬架的前轴变形，独立悬架支撑架、摆臂、稳定杆与支撑架变形，车架的变形，杆件长度不符原厂规定等，都会产生“前轮定位效应”，破坏车辆操纵的稳定性和轻便性。当消除前桥、转向系统配合松旷、配合过紧、调整前轮定位、调整轮胎气压、车轮平衡之后，车辆侧滑量仍然过大，仍不能恢复车辆操纵的稳定性，即可检测前轴、车架等零部件是否变形，必要时进行拆检或修理。

4.3.2.2 车轮常见故障诊断

车轮常见故障为轮毂轴承过松或过紧。

轮毂轴承过松，会造成车轮摆振及行驶不稳，严重时还能使车轮甩出。此时，可将车轮支起，用手横向摇晃车轮，即可诊断出车轮轴承是否松旷。一旦发现轴承松旷，必须立即修理。

轮毂轴承过紧，会造成汽车行驶跑偏。全部轮毂轴承过紧时，会使汽车滑行距离明显下降。轮毂轴承过紧会使车辆经过一段行驶后，轮毂处温度明显上升，有时甚至使润滑脂溶化而容易甩入制动鼓内。将车轮支起后，转动车轮明显感到费力沉重。

4.3.2.3 轮胎常见故障诊断

在轮式车辆行驶系统中，车架有铰接式和整体式两大类，铰接式应用较多，如轮式装载机及轮式推土机。而整体式车架通常用于车速较高的施工机械与车辆，如轮式挖掘机。因此，轮胎的常见故障也不同。

(1)低速轮式车辆轮胎损坏

轮胎早期损坏的原因很多，由于轮式装载机车速不太高，又是单胎设置，因而与高速车辆有所不同。

① 气压过低

气压过低的轮胎因变形过大在行驶中轮胎的内部温度可升高到1 000 ℃以上。由于橡胶在高温下抗拉强度、耐磨性和粘接力都将有显著降低，因而使轮胎产生下列损坏：

a. 帘线松散脱胶：如图4-4-18所示，因轮胎的变形增大，内壁帘线间的摩擦增加，加上橡胶在高温下粘接力的降低，则使帘线层局部脱胶或帘线折断，严重时将使轮胎碾烂；

图4-4-18　因气压不足而产生的帘线松散脱胶

b. 线层与胶面剥离：造成的原因同上，其现象是在胎肩部位出现鼓包；

c. 加速胎面磨损：由于橡胶在高温下耐磨性降低，加速了胎面的磨损；

d. 内壁破裂：如图4-4-19所示，行驶中遇到障碍物时，局部变形过大，会使胎体内部破裂，这种局部破裂将逐渐发展，最后导致外胎爆破。

图4-4-19　气压过低驶过石块时损坏

② 气压过高

虽然变形不大，行驶中温度不会升高很多，但由于轮胎承受的应力增大了许多，因此也会产生下列损坏：

a. 线层断裂外胎爆破：气压过高，轮胎承受的应力显著增加，线层容易断裂，当遇冲击负荷时，轮胎还可能爆破；

b. 加速胎面中部磨损：由于轮胎的变形比气压正常时减小了，轮胎与地面的接触面积也就减小了，但轮胎的负荷没有变，因而加速了轮胎中部的磨损。

③ 异物划割

施工现场环境复杂，往往土层中夹有的钢筋断头、石片等异物会划割胎冠、胎侧，造成外胎出现深浅、大小不一的豁口或胶层成片削落，这也是重载时爆胎的原因之一。

(2)高速轮式车辆轮胎故障

发动机使驱动轮转动，从而带动轮胎旋转。这意味着轮胎属于传动系统的一部分。但轮胎还会根据转向器的运动，改变车辆的运动方向，因此，轮胎也属于转向系统的一部分。此外，由于轮胎也用于支撑车重及吸收路面振动，所以，轮胎还是悬架系统的一部分。

基于上述原因，在进行轮胎的故障诊断、排除分析时，一定要记住上述3个系统，即轮胎与车轮、转向、悬架之间的关系。同样重要的是，轮胎的使用和保养不良，也可能导致轮胎本身及相关系统的故障。因此，轮胎故障诊断、排除分析的第一步，便是检查轮胎，应该使用正确，维护恰当。

① 不正常磨损。

a. 胎肩或胎面中间磨损。

b. 内侧磨损或外侧磨损。在过高的车速下转弯，轮胎滑动，产生斜形磨损。这是较常见的轮胎磨损原因之一。驾驶员所能采取的唯一补救措施就是在转弯时降低车速。另外悬架部件变形或间隙过大，会影响前轮定位，造成不正常的轮胎磨损。

c. 前束磨损和后束磨损。

d. 前端和后端磨损。

e. 斑状磨损。

② 振动。

振动可分为车身抖动、转向摆振和转向颤振。

a. 车身抖动。抖动的定义是：车身和转向盘的垂直振动或横向振动，同时伴随着座椅的振动。造成抖动的主要原因是：车轮总成不平衡、车轮偏摆过量及轮胎刚度的均匀性不足。因此，排除这些故障，通常便可消除车身抖动。车速在80 km/h以下时，一般不会感觉到抖动。高于这一车速时，抖动现象便会明显上升，然后在某一速度上达到极点。如果车速在40～60 km/h发生抖动，则一般是由于车轮总成偏摆过量或轮胎缺少均匀性所致。抖动现象与洗衣机排水后的甩干程序所产生的振动相似。

b. 摆振。摆振的定义是：转向盘沿其转动方向出现的振动。造成摆振的主要原因是车轮总成不平衡、偏摆过量或轮胎刚度均匀性不足。因此，排除这些故障，通常便可消除这种摆振。其他可能的原因还有：转向杆系故障、悬架系统间隙过大、车轮定位不当。摆振分为两种：在相对低速下(20～60 km/h)持续出现的振动；只在高于80 km/h的一定车速时才会出现的振动(称为“颤振”)。

③ 行驶沉重。

a. 较低的充气压力会使轮胎与地面的接触面积太大，增加轮胎的行驶阻力；

b. 每种车型都有最适合其预计载荷和使用的推荐轮胎。使用刚度较强的轮胎，会导致行驶沉重。

④ 转向沉重。引起转向沉重有以下几个原因：

a. 充气压力太低，会使胎面的接触面变宽，增加轮胎与路面之间的阻力，从而使转向迟缓；

b. 车轮定位调整不当,也会引起转向沉重;

c. 转向轴颈和转向系统出现故障,同样也会引起转向沉重。

⑤ 正常行驶时,车辆跑偏。这意味着当驾驶员试图使车辆向正前方行驶时,车辆却偏离并向某一侧行驶。当左、右轮胎的滚动阻力相差很大,或绕左、右转向轴线作用的力矩相差很大时,最容易发生这种现象。具体原因如下:

a. 如左、右轮胎的外径不相等,每一轮胎转动一圈的距离便不相同。为此,车辆往往会向左或右改变方向;

b. 如左、右轮胎的充气压力不同,则各轮胎的滚动阻力也会不同,车辆因此往往向左或向右改变方向;

c. 如前束或后束过量,或左、右外倾角或主销后倾角的差别太大,车辆也很可能向某一侧偏斜。

4.3.2.4　车架的常见故障(铰接车架)

铰接车架是整台机械(如装载机)的基体,所有总成都直接或间接地安装在前、后车架上。车架本身的强度和刚度,保证了它能承受行驶中由各总成传来的全部力和力矩,以及作业时由工作装置传来的冲击负荷,并且有一定的使用寿命。但是经长期使用后,特别是超负荷和紧急制动、违章高速冲进料堆以及机械事故等原因,往往会使它发生弯曲、扭曲,甚至断裂,从而改变各总成的相对位置,并使装载机的正常工作遭到破坏。因此,在进行大修或事故检修中对于车架的检验和必要的修理,也是一项不可漏掉的内容。

前后铰接点是检查重点。后车架铰接处的关节轴承损坏、销轴磨损是关节轴承缺油润滑所造成的;前后车架铰接处的孔磨损是铰接销及关节轴承的压紧法兰松动所造成的。

前车架动臂支承踵磨旷是由于销轴固定螺栓失落或折断后销轴在孔内转动所造成的。

车架焊缝开裂,车架断裂扭曲是由于装载机在工作时经常受力不均所造成的。另外事故性损伤也是原因之一。

4.3.2.5　悬架系统的故障

(1)非独立悬架系统常见故障

① 钢板弹簧折断。钢板弹簧折断,尤其是第一片折断,会因弹力不足等原因,使车身歪斜。前钢板弹簧一侧第一片折断时,车身在横向平面内歪斜;后钢板弹簧一侧第一片折断时,车身在纵向平面内歪斜。

② 钢板弹簧弹力过小或刚度不一致。当某一侧的钢板弹簧由于疲劳导致弹力下降,或者更换的钢板弹簧与原弹簧刚度不一致时,会使车身歪斜。

③ 钢板弹簧销、衬套和吊耳磨损过大。此时,会造成车身歪斜(不严重)、行驶跑偏、车辆行驶摆振等故障现象。

④ U 形螺栓松动或折断(或钢板弹簧第一片折断)。此时,会由于车辆移位歪斜,导致车辆跑偏。

(2)独立悬架系统常见故障

独立悬架系统主要由螺旋弹簧、上下摆臂、横向稳定杆及减振器等组成,系统铰接点多,容易出现一些常见故障。

① 故障现象。

a. 异响,尤其在不平路面上转弯时。

b. 车身歪斜,汽车在转弯时车身过度倾斜等。

c. 前轮定位角改变。

d. 轮胎异常磨损。

e. 车辆摆振及行驶不稳。

② 原因分析

a. 螺旋弹簧弹力不足。

b. 稳定杆变形。

c. 上、下摆臂变形。

d. 各铰接点磨损或松旷。

当车辆产生上述现象时,应对悬架系统进行仔细检查,即可发现故障部位及原因。

(3)减振器常见故障

减振器常见的故障为衬套磨损和泄漏。衬套磨损后,因松旷易产生响声。减振器轻微的泄漏是允许的,但泄漏过多,会使减振器失去减振作用。所以,应注意检测其密封性能的好坏,以便及时维修。

项目 5 工程机械底盘履带式行驶系统构造与维修

概 述

履带式机械行驶系统的功用是支持机体并将柴油机经由传动系统传到驱动链轮上的转矩转变成机械行驶和进行作业所需的牵引力。为了保证履带式机械的正常工作,它还起缓和地面对机体冲击振动的作用。

履带式机械行驶系统通常由悬架机构和行走装置两部分组成。悬架机构是用于将机体和行走装置连接起来的部件,它应保证机械以一定速度在不平路面上行驶时具有良好的行驶平顺性和零部件工作的可靠性。行走装置用来支承机体并将发动机经传动系统输出的转矩,利用履带与地面的作用,产生机械行驶和作业的牵引力。

履带式机械行走系统的基本构造如图 5-1 所示,它主要由机架、行走装置和悬架三大部分组成,行走装置由履带 2、驱动轮 1、支重轮 3、托带轮 5、导向轮 9、履带张紧装置 8 和缓冲弹簧 6 等组成。

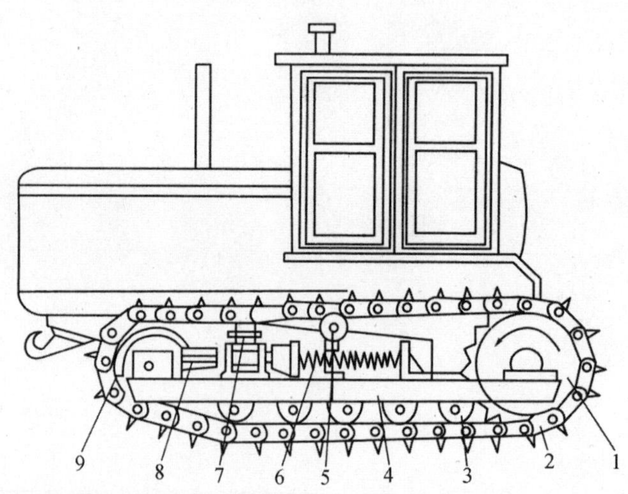

图 5-1 履带式行走系统的组成

1—驱动轮;2—履带;3—支重轮;4—台车架;5—托带轮;6—缓冲弹簧;7—悬架弹簧;8—履带张紧装置;9—导向轮

履带式工程机械的上部质量通过机架传递给台车架4，通过支重轮3、履带2作用于地面。由发动机、传动系统传给驱动轮1的驱动力矩通过履带行走装置转变为驱动力，推动机械运行。履带与其所绕的驱动轮、导向轮、托带轮、支重轮总称为“四轮一带”，是各种履带式工程机械所共有的重要组成零部件，它直接影响到工程机械的工作性能和行走性能。

驱动轮、支重轮、托带轮、导向轮和履带张紧装置都安装在台车架上，形成一个大台车，履带式底盘都有左、右两个履带大台车。

履带式行驶系统有如下特点（与轮式行驶系统相比）：

① 支承面积大，接地比压小。例如，履带推土机的接地比压为2～8 N/cm^2时，而轮式推土机的接地比压一般为20 N/cm^2。因此，履带推土机适合在松软或泥泞场地进行作业，下陷度小，滚动阻力也小，通过性能较好。

② 履带支承面上有履齿，不易打滑，牵引附着性能好，有利于发挥较大的牵引力。

③ 结构复杂，重量大，运动惯性大，减振性能差，零件易损坏。因此，其行驶速度不能太高，机动性差。

任务1 机架及悬架的保养维修

1 任务要求

知识要求:

(1)掌握机架及悬架的结构和工作原理。
(2)掌握机架及悬架的常见故障现象与原因。

能力要求:

(1)掌握机架及悬架主要零件的维修技能。
(2)能对机架及悬架的常见故障进行诊断与维修。

2 任务引入

一台T160型推土机的左引导轮外侧有一定程度的啃轨现象。经现场检查,发现台车架前端向外变形,变形量已不在可调整范围内。要对台车架进行检修。

3 相关理论知识

3.1 机架

3.1.1 机架的功用和要求

机架是机械的基础,是全机的骨架,用来安装所有的部件和总成,使全机成为一个整体,并承受来自机械内外的各种荷载。

机架必须具有足够的强度和刚度,其结构应满足整机布置和整机性能的要求。

3.1.2 机架的类型和构造

履带式机架分为全梁式机架和半梁式机架两种,半梁式机架应用较多。

(1)全梁式机架

如图5-1-1所示为履带式机械全梁式机架,它是一个完整的框架,纵梁下方装有两根横梁。后桥箱用两个支座安装在后轴上,后轴两端安装驱动轮,台车轴安装台车平衡臂,纵梁前端安装履带张紧装置。

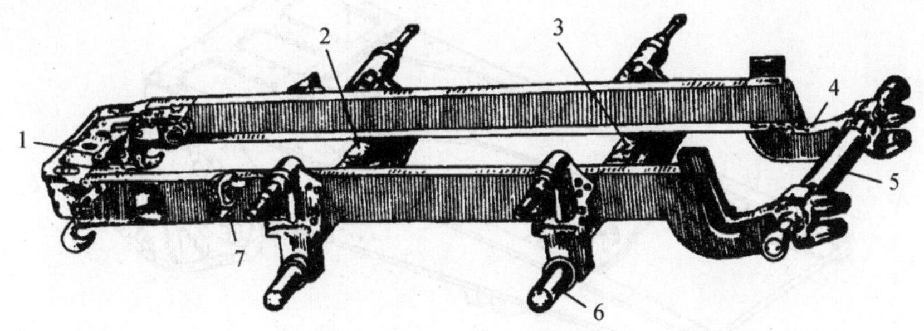

图 5-1-1　全梁式机架

1—前梁;2—前横梁;3—后横梁;4—后桥拖架;5—后轴;6—台车轴;7—纵梁

全梁式机架使部件拆装方便,但重量大,变形后使各部件相对位置发生改变,破坏零部件的正常工作,因此使用较少。

(2)半梁式机架

半梁式机架的一部分是梁架,另一部分是由传动系统壳体所组成的机架,其实际上就是两根纵梁焊接(或螺钉连接)在驱动桥壳上而组成的机架,这种机架应用在履带式推土机上。

如图 5-1-2 和图 5-1-3 所示为履带式机械半梁式机架,它用后桥箱代替机架的后半部,后桥箱用钢板焊接而成,前面有两根箱形断面的大梁,左、右大梁前窄后宽,其前部焊有元宝形横梁,横梁中央用中心销轴与平衡梁铰接。大梁前端用槽形横梁焊接,使整个车架成为封闭的框架。

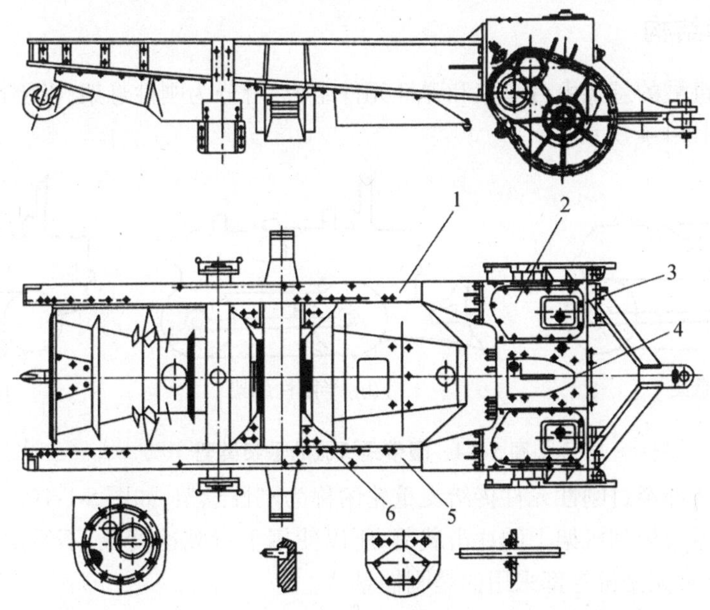

图 5-1-2　半梁式机架

1—右纵梁;2—转向离合器室口;3—后桥箱壳体;4—中央传动室;5—左纵梁;6—悬架装置固定支座

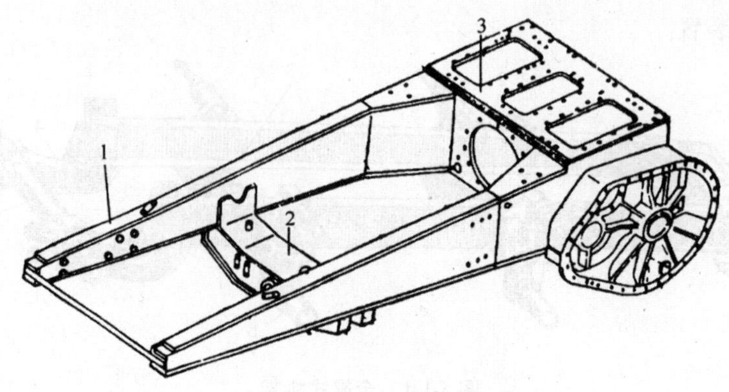

图 5-1-3　TY220 推土机机架(半梁式)

1—纵梁;2—横梁;3—后桥箱

3.2　悬架

3.2.1　功用

悬架是指工程机械机体与行走机构相连接的部件,它由固定支重轮的部件和弹性平衡元件或刚性连接件组成。其功用是将机架上的载荷和自重通过悬架传给支重轮,再通过支重轮传给履带,同时,机械在行驶过程中所受到的地面冲击也经过悬架传到机架上,悬架具有一定的弹性以缓和冲击力,保证机械行驶和作业中的平稳和驾驶员的舒适。

3.2.2　类型和结构

履带式工程机械的悬架由台车架和弹性元件组成,可分为刚性悬架、半刚性悬架和弹性悬架三种类型,如图 5-1-4 所示。

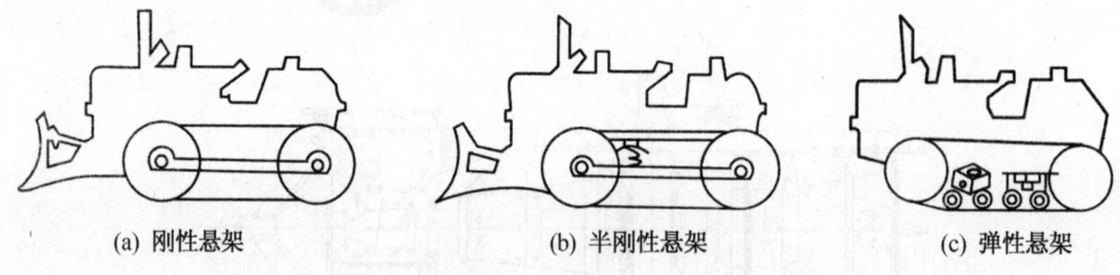

图 5-1-4　履带式机械的悬架类型

机体的重量全部经过刚性元件传给支重轮的称为刚性悬架,如图 5-1-4(a)所示,刚性悬架不能缓和地面经悬架传到机架上的冲击载荷,所以使用于行驶速度低、不经常行走的机械,如履带式装载机、单斗挖掘机等都采用的是刚性悬架。

机体的重量一部分经过弹性元件,另一部分经过刚性元件传递到支重轮的,称为半刚性悬架,如图 5-1-4(b)所示。半刚性悬架主要由台车架和弹性元件组成,半刚性弹簧的台车架是行驶系统中的一个很重要的骨架,支重轮张紧装置等都安装在这个骨架上,它本身的刚度对履带行驶系统的使用可靠性和寿命有很大的影响。若刚度不足,往往会使台车架外撇,引起四轮中心点不在同一垂直平面内,最终导致跑偏、啃轨或脱轨等多种故障。

机体的重量全部经过弹性元件传递到支重轮的，谓之弹性悬架，如图5-1-4(c)所示。对于行驶速度较高的工程机械，通常采用弹性悬架，以便缓和由于高速行驶而带来的各种冲击。

(1)刚性悬架

支重轮和机体完全是刚性连接，无缓冲能力，只用于挖掘机、起重机等不经常移动，以及即使移动，其速度也很低的履带式机械，由于无弹性元件，避免了机体的晃动，在工作中定位精确、稳定性好。

如图5-1-5所示为履带式挖掘机刚性悬架。挖掘机的底座通过前后两横梁与台车架装在一起，支重轮与台车架刚性连接。

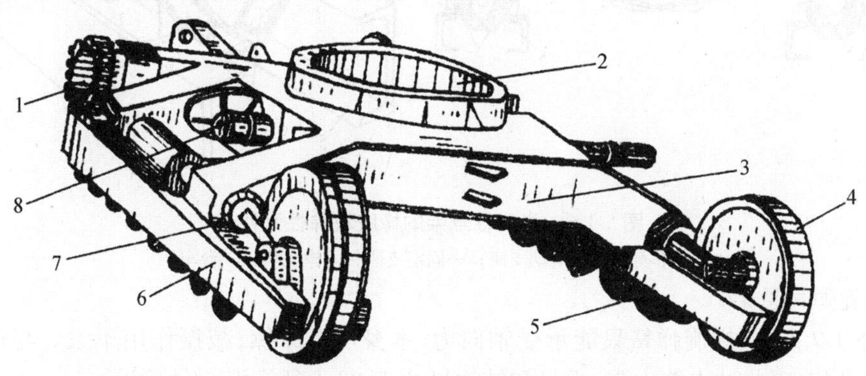

图5-1-5　挖掘机的刚性悬架

1—驱动轮;2—底座;3—横梁;4—导向轮;5—支重轮;6—台车架;7—张紧装置;8—托轮

(2)半刚性悬架

半刚性悬架主要由台车架和悬架弹簧等组成。在台车架上安装着支重轮、张紧机构和张紧轮等。台车架的后部内侧安装有斜撑架，用来承受台车架上的侧向力。台车架是利用它后部的横轴外轴承与斜撑架尾端的轴承安装在横轴上，因此，台车架后端与机体是铰接的。

悬架弹簧的两端放置在两边的台车架上，中央则固定在机体上。因此，台车架前端与机体是弹性连接，这样，两个台车架可各自绕横轴做上下摆动。由于这种悬架一端为刚性连接，另一端为弹性连接，故机体的部分重量通过弹性元件传给支重轮，地面的各种冲击力仅得到部分缓冲，故称为半刚性悬架。

半刚性悬架中的台车架是行驶系统中一个很重要的骨架，支重轮、张紧装置等都要安装在这个骨架上，它本身的刚度以及它与机体间的连接刚度，对履带行驶系统的使用可靠性和寿命有很大影响。若刚度不足，往往会使台车架外撇，引起支重轮在履带上走偏和支重轮轮缘啃蚀履带轨，严重时会引起履带脱落。为此，应采取适当措施来增强台车架的刚度。

半刚性悬架在履带式推土机上广泛采用，弹性元件有橡胶弹簧、钢板弹簧(此悬架用在红旗100型推土机上，已经不生产了，因此不做介绍)和螺旋弹簧等。

① 橡胶弹簧悬架

如图5-1-6所示为推土机的半刚性悬架，它用橡胶块作为弹性元件，橡胶弹簧悬架承载能力大，结构简单，拆装方便，坚固耐用，寿命长，不需特殊的维护，成本较低，但减振性能稍差，履带推土机应用较多。

橡胶弹簧悬架由橡胶块和平衡梁等组成，橡胶块夹在上下支座中间的楔形槽内，上支座的顶面为弧形表面，以保证平衡梁横向摆动时与支座有良好接触，下支座用螺钉固定在台车架上。平衡梁中部与车架横梁铰接,可绕该铰接点做横向摆动,限位面用来限制弹簧的最大变形量。

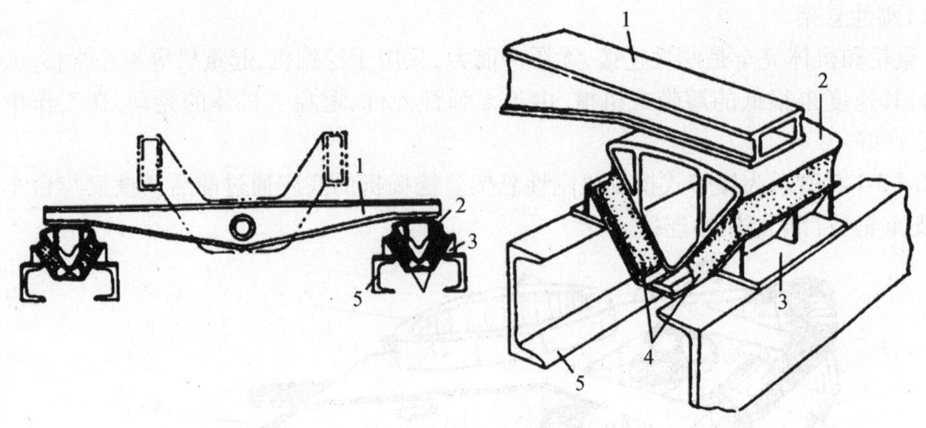

图 5-1-6 半刚性悬架的橡胶块弹性元件

1—横平衡梁;2—活动支座;3—固定支座;4—橡胶块;5—台车架

② 螺旋弹簧悬架

如图 5-1-7 所示,螺旋弹簧只能承受轴向力,本身没有摩擦,减振作用不大。与钢板弹簧相比,它弹性好,吸收冲击能力强,重量和结构尺寸小,且无须润滑,不怕泥污。

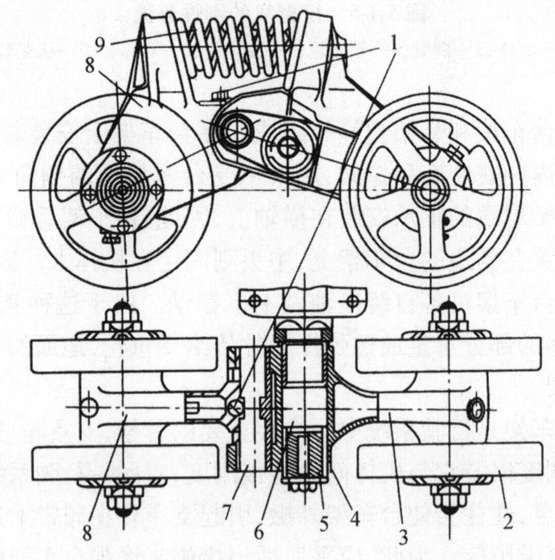

图 5-1-7 螺旋弹簧悬架(平衡式弹性悬架)

1—销子;2—支重轮;3—外平衡臂;4—衬套;5—盖板;
6—台车梁轴;7—空心轴;8—内平衡臂;9—悬架弹簧

(3)弹性悬架

弹性悬架与全梁式车架、多合车架式行走装置相配合,台车架经弹性元件和车架相连,每个支重轮均可独立地上下运动。机体质量全部经弹性元件传给支重轮。其可分为平衡式和独立式两种。

① 平衡式弹性悬架

如图5-1-7所示为推土机(东方红－802DT)的平衡式弹性悬架。台车架由一对互相铰接的空心平衡臂组成。内、外平衡臂的长度不等,短臂靠近履带的中部,长臂在履带左右两侧。台车架通过轴承安装在车架前、后横梁两端伸出的台车轴上,可绕台车轴摆动。悬架弹簧压缩在内、外平衡臂之间,由两根旋向相反的弹簧组成,用来承受推土机重量及缓和地面对机体的冲击。

② 独立式弹性悬架

如图5-1-8所示为独立式弹性悬架,每边履带有四个支重轮,每两个用一根平衡臂铰接,平衡臂安装在台车架两端,可绕安装轴摆动。台车架两端分别用钢板弹簧与机体连接。左、右台车架中间还有一根横向管梁连接以承受横向力。

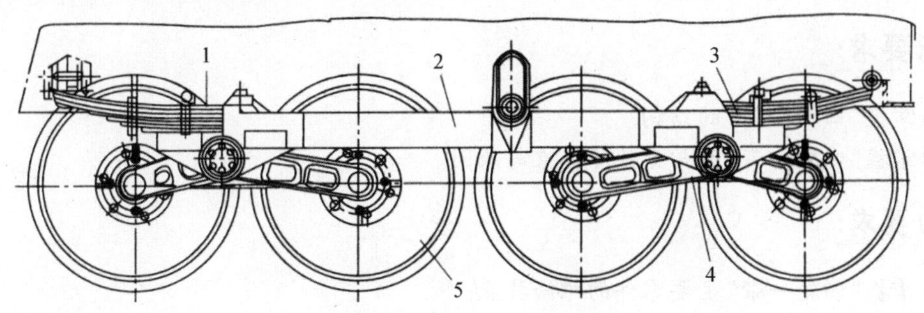

图5-1-8 独立式弹性悬架

1—前弹簧;2—台车架;3—后弹簧;4—平衡臂;5—支重轮

4 任务实施

本节内容见项目5任务3。

任务2　检修“四轮一带”

1　任务要求

知识要求：

(1)掌握“四轮一带”的结构。

(2)掌握“四轮一带”的常见故障现象与原因。

能力要求：

(1)掌握“四轮一带”主要零件的维修技能。

(2)能对“四轮一带”的常见故障进行诊断与维修。

2　任务引入

一台T160型推土机的左引导轮外侧有一定程度的啃轨现象。经现场检查，发现台车架前端向外变形，但变形量尚在可调整范围内。该机可以利用增减引导轮轴两端的调整垫片轴向移动引导轮，以消除一定程度的啃轨现象。

3　相关理论知识

履带式机械的行走装置有结构完全相同的两部分，分别装在机械的两侧，主要由支重轮、托轮、引导轮、驱动轮、缓冲和张紧装置及履带等组成，如图5-2-1所示。

3.1　支重轮

3.1.1　功用

支重轮用螺钉固定在轮架下面，用于支承机械的质量，将质量分布在履带上，并携带上部重量在履带的链轨上滚动，同时还依靠其滚轮凸缘夹持履带链轨，防止履带横向滑脱(脱轨)，保证机械沿履带方向运动，并在转弯时迫使履带在地面上横向滑移。

3.1.2　结构

支重轮的工作条件比较恶劣，经常处于尘土中，有时甚至工作于泥土中，为了减少轴和轴

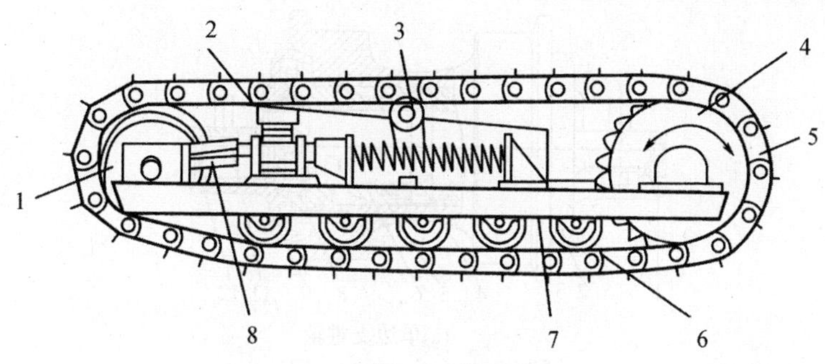

图 5-2-1　履带式行走装置的组成

1—导向轮；2—悬架；3—托轮；4—驱动轮；5—履带；6—支重轮；7—台车架；8—缓冲和张紧装置

承的磨损，轴承的密封性要求必须可靠，既要防止润滑油脂外流，又要防止砂土、泥水进入。

支重轮在工作的过程中，要承受强烈的冲击，需要支重轮的轮缘耐磨，其用锰钢制成，并经热处理提高硬度。

支重轮轮缘的形状取决于履带的结构。当采用组合式履带时，支重轮具有轮缘侧面，对履带起导向和防止横向滑脱的作用，一般制成单边外凸缘和双边内外凸缘，并间隔安装，且单边支重轮数多于双边支重轮数，以减轻机械重量，减小滚动阻力。

推土机类支重轮根据轮体分为单边和双边两种，如图 5-2-2 所示（为 T220 推土机支重轮，T180 推土机的支重轮结构也与此相似）。单边轮只在两个轮缘的内侧或外侧带有凸边，如图 5-2-2（a）所示；双边轮在轮缘的内外两侧都有凸边，如图 5-2-2（b）所示，轮体上的中间凸缘用来承受侧向力，保证推土机运行时履带不致滑脱。单边与双边支重轮孔内结构相同，仅支重轮体不同。

支重轮主要由支重轮体（滚轮）3、轮轴 4、铜套轴承（轴瓦）6、浮动油封 O 形圈 8 和端盖 2、9 等组成。轮轴穿过支重轮体，其中央有凸肩，凸肩的两侧装有轴承。轴承为双合金滑动轴承，它由轴承座与铜套轴承组成。轴承座外边凸缘用螺钉固定在支重轮体的端面。铜衬套以凸缘紧靠在轴的凸肩上，并用销钉与轴承壳连接。这样整个轴承就随支重轮体在其轴上转动。油封用于防止润滑油外漏和泥水污物进入，以有效地保护零件不受损坏。浮动油封的结构简单，它是通过轴向压紧力使 O 形圈变形，进一步使两油封环坚硬而光滑的端面密封。这样，润滑油不会漏出，泥水不会浸入，是一种比较好的密封装置，可保证润滑油长时期在摩擦面上工作，延长了保养周期，一般每隔 6～8 个月换油一次。支重轮通过轴两端的端盖固定在台车架下面。为便于固定和防止轮轴转动及轴向窜动，把内外盖和轴两端制成平面，并在其内平面上制有梯形键槽，此键槽装在台车架梯形键上。轮轴外端装有注油口螺塞，可通过油道注油润滑轴承。

3.2　托轮

3.2.1　功用

托轮也称托链轮或托带轮，托轮通过支架安装在台车架上，其功用是用来将履带上部托起，防止履带下垂量过大，以减小履带在运动中产生的跳动和侧向摆动，防止履带侧向滑脱。靠近驱动轮的托带轮还能减小因驱动轮旋转而将履带沿驱动轮的切线方向甩动时所产生的履

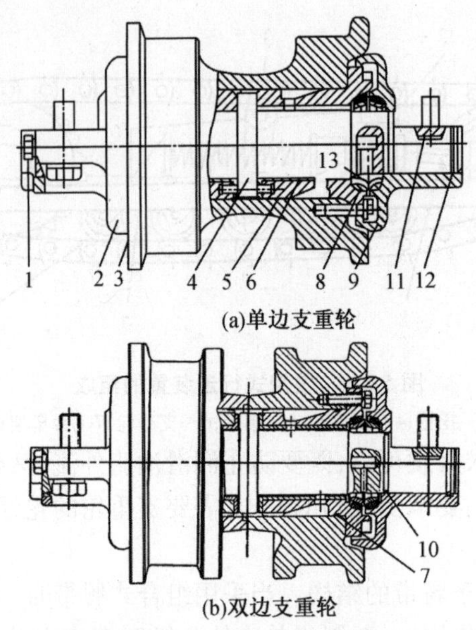

(a)单边支重轮

(b)双边支重轮

图 5-2-2　T220 推土机的支重轮

1—注油口螺塞；2—支重轮外端盖；3—支重轮体(滚轮)；4—轮轴；5—轴承座；6—铜套轴承(轴瓦)；
7、10—O 形圈；8—浮动油封 O 形圈；9—支重轮内端盖；11—梯形键；12—挡圈；13—油封环

带下垂。

托轮的数目不能过多，以减少托轮与履带之间的摩擦损失，每侧履带一般安装 1 ~ 2 个，且安装位置应有利于履带脱离驱动轮的啮合，并平稳而顺利地滑过托轮和保持履带的张紧状态。

3.2.2　结构

托轮与支重轮相比，受力较小，泥水侵蚀的可能性也较少，因此托轮的结构较简单，尺寸较小。托轮常用灰铸铁或 ZG50Mn 铸钢铸造，铸钢件经表面淬火，淬硬层不小于 4 mm，硬度 HRC 大于 53。有些行驶速度很低、在机械使用寿命期内行驶路程并不很长的履带式机械(如沥青混凝土摊铺机)的托轮可用工程塑料制作。

如图 5-2-3 所示为 T220 推土机的托轮总成。其主要由托轮体 10、托轮轴 3、锥柱轴承 11、浮动油封 7、油封盖 6、托轮盖 15、托轮架 2 等组成。

托轮通过锥柱轴承 11 支承在托轮轴 3 上，托轮轴外端拧有锁紧螺母 12，用于调整锥柱轴承 11 的松紧度(轴承间隙)。其润滑密封原理与支重轮相同。托轮轴 3 由托轮架 2 夹持，托轮架由螺钉固定在台车架上。

3.3　导向轮

3.3.1　功用

导向轮也称引导轮或张紧轮，安装在台车架的前部，它主要用来支承履带和引导履带沿正确方向行驶，并借助缓冲装置使履带保持一定的紧度，减小履带在运动中的跳动，从而减小冲击载荷以及额外的功率消耗，并防止履带脱轨。

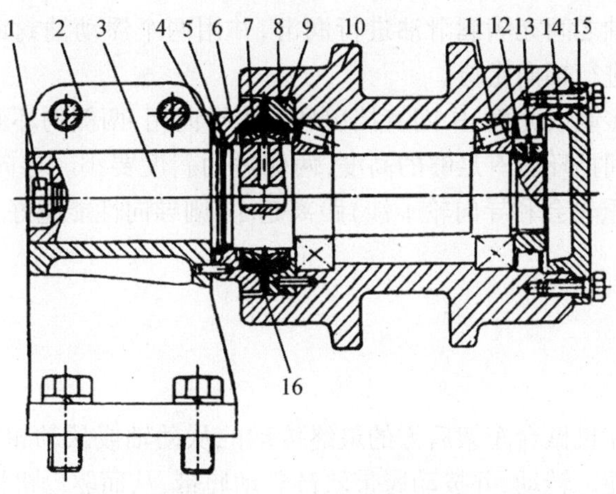

图5-2-3　T220推土机托轮

1—油塞；2—托轮架；3—托轮轴；4—挡圈；5、8、14—O形圈；6—油封盖；7—浮动油封；9—油封座；10—托轮体；11—锥柱轴承；12—锁紧螺母；13—锁圈；15—托轮盖；16—油封环

3.3.2　结构

导向轮轮体材料选用ZG50Mn钢铸造，经表面淬火，淬硬层深度4～6 mm，表面硬度HRC 50～55。

如图5-2-4所示，履带推土机的导向轮的径向断面呈箱形。导向轮通过孔内的两个滑动轴承装在导向轮轴上，导向轮轴的两端固定在右滑架与左滑架上。左、右滑架则通过用支座弹簧合件压紧的座板安装在台车架上的导向板上，同时使滑架的下钩平面紧贴导向板，从而消除了间隙。故滑架可以在台车架上沿导板前后平稳地滑动。

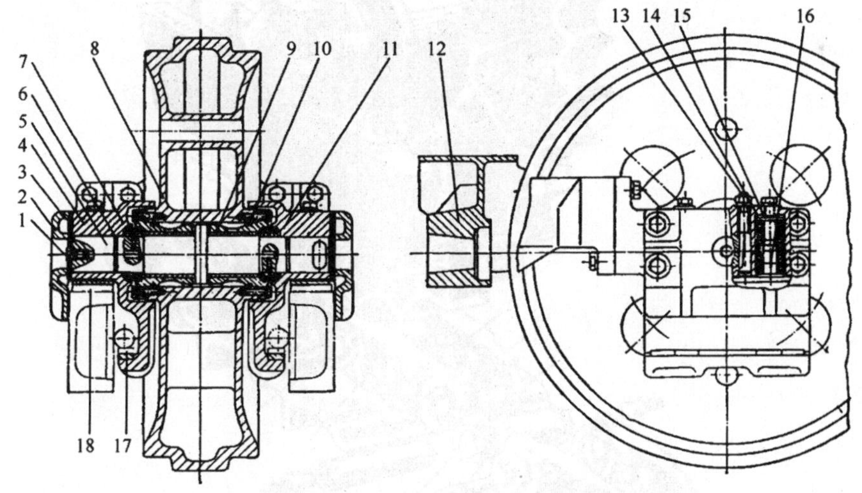

图5-2-4　履带推土机的导向轮

1—油塞；2—支承盖；3—调整垫片；4—左滑架；5—导向轮轴；6、10—O形圈；7—浮动油封；8—导向轮；9—轴承；11—右滑架；12—导向轮支架；13—止动销；14—支座弹簧合件；15—弹簧压板；16—座板；17、18—导向板

支承盖与滑架之间设有调整垫片，以保证支承盖和台车架侧面之间的间隙不大于1 mm。安装支承盖是为了防止导向轮发生侧向倾斜，以免履带脱落。

导向轮与导向轮轴之间充满润滑油进行润滑,并用两个浮动油封或 O 形圈来保持密封。导向轮轴通过止动销进行轴向定位。

导向轮的轮面大多制成光面,中间有挡肩环作为导向用,两侧的环面能支撑轨链起支重轮的作用。导向轮的中间挡环应有足够的高度,两侧边的斜度要小。导向轮与最靠近的支重轮(单边支重轮,双边支重轮会和导向轮干涉)距离越小,则导向性能越好。

3.4 驱动轮

3.4.1 功用

驱动轮多数安装在机械台车架后方的最终传动的从动轴或从动轮毂上,发动机的动力经传动系统传至驱动轮使之转动,并拨动履带轨链驱动履带,从而驱动机械行走。对驱动轮的要求应是与履带啮合正确,传动平稳,并且当履带销套磨损而伸长时,仍能很好地啮合。

3.4.2 结构

驱动轮的结构有多种形式,按轮体结构分有整体式和分体式。整体式驱动轮是将齿圈与轮毂制成一体,如图 5-2-5 所示。

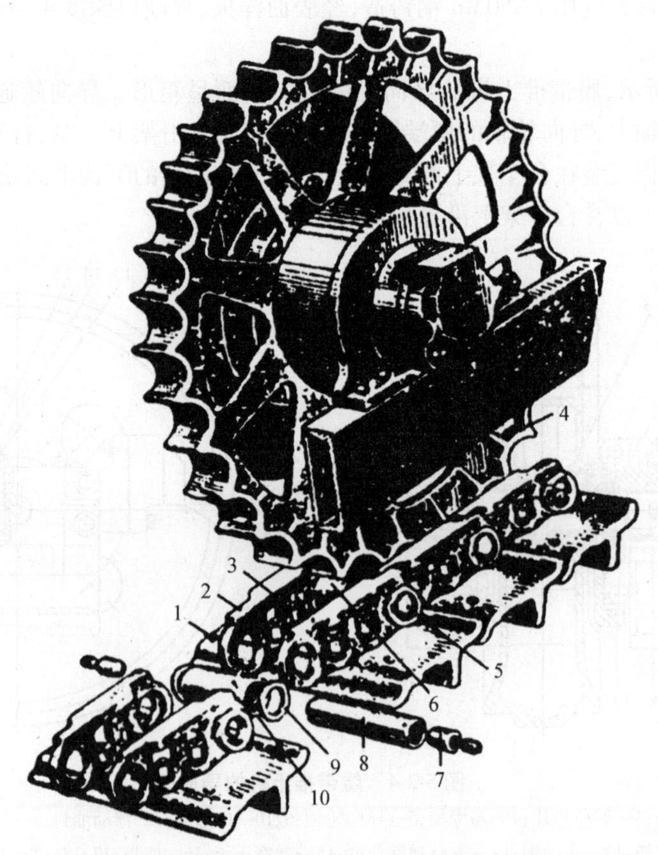

图 5-2-5　TY220 推土机的整体式驱动轮(节销式啮合)

1—履带板;2—左链轨;3—右链轨;4—驱动轮;5—履带销;6、10—销套;7—锥形塞;8—活销;9—锁紧销垫

分体式有两种形式,一种是齿圈做成一个整体,用螺钉和轮毂相连接,如图5-2-6所示;另一种是链轮的轮齿被分割成5~9片齿圈,每个齿圈用3~4个螺钉固定在驱动轮轮毂上,如图5-2-7所示。分体式驱动轮轮齿磨损后不必卸下履带便可更换轮齿,在施工现场修理方便。

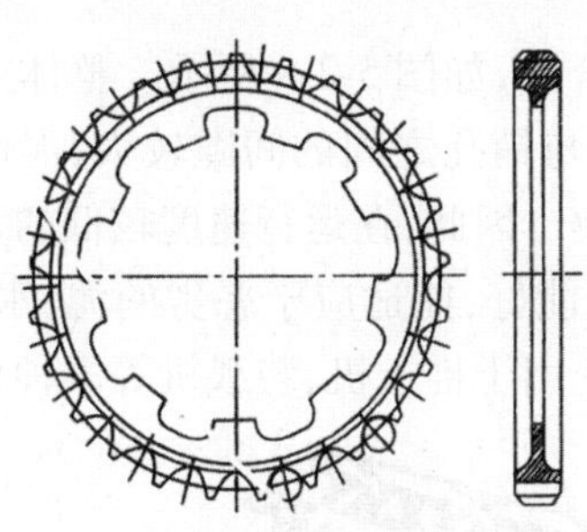

图5-2-6 齿圈式分体驱动链轮

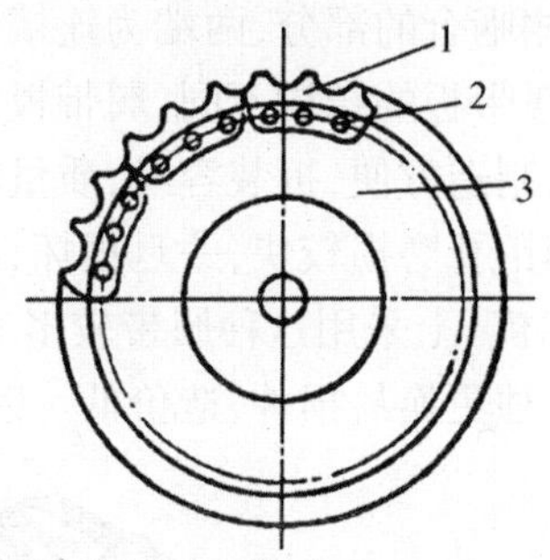

图5-2-7 齿块式分体驱动链轮

1—齿圈节;2—固定螺钉;3—驱动轮毂

驱动轮轮齿工作时受履带销套反作用的弯曲压应力,并且轮齿与销套之间有磨料磨损。因此,驱动轮应选用淬火透性较好的钢材,通常用50Mn、45SiMn,中频淬火,低温回火。

驱动轮与履带的啮合方式有节齿式啮合和节销式啮合两种,驱动轮齿与履带的节销相啮合称为节销式。

在节销式啮合中,可将履带板的节距设计成驱动轮齿节距的两倍。这时,若驱动轮齿数为双数,则仅有一半齿参加啮合,其余一半齿为后备。若驱动轮齿为单数,则其轮齿轮流参加啮合,这就可以延长驱动轮的使用寿命。

其也可以采用具有双排齿的驱动轮,相应地在履带板上也有两个履带销与驱动轮齿相啮合。由于两个齿同时参与啮合,使每个齿上受力减小一半,自然就减轻了轮齿的磨损,延长了驱动轮的使用寿命。但由于其结构较复杂,应用不广泛。

驱动轮齿与履带的凸齿相啮合称为节齿式。节齿式啮合方式多用在采用整体式履带板的重型机械上(如老式的挖掘机)。

3.5 履带

3.5.1 功用

履带既是行走驱动链条,又是行走轨道,用来将整个机械的重量传给地面,并保证机械有足够的牵引力。

履带直接和土壤、砂石等较复杂地面接触,承受很大的拉力,且经常在泥泞或石质、土壤及凹凸不平的地面上工作,工作条件恶劣,受力情况不良,极易磨损,因此,对履带的要求除了具有较好的附着性能、较小的滚动阻力和转向阻力外,还要求它具有足够的强度、刚度和耐磨性,而且重量应当尽可能轻。

履带的磨损主要是履带销和销套之间铰链处的磨损,它使履带节距变长,销套和驱动轮齿面间的啮合点逐渐向齿顶方向外移,最终引起跳齿和掉轨。另外,与驱动轮啮合的销套表面磨损也很严重。

3.5.2 结构

每条履带由几十块履带板和链轨等零件组成。履带的下面为支承面，上面为链轨，中间为与驱动轮相啮合的部分，两端为连接铰链。

根据履带板的结构不同，履带板可分为整体式和组合式，如图 5-2-8 所示。整体式履带板结构简单，制造方便，拆装容易，质量较轻；但由于履带销与销孔之间的间隙较大，泥沙容易进入，使销和销孔磨损较快，一旦损坏，履带板只能整块更换。因此，在运行速度较低的重型机械（例如挖掘机）上采用这种履带较多。组合式履带密封性能好，能适应于恶劣的泥、水、石地带作业，可单独更换易损件，造价低。因此，组合式履带广泛用于推土机、装载机等多种机械上。

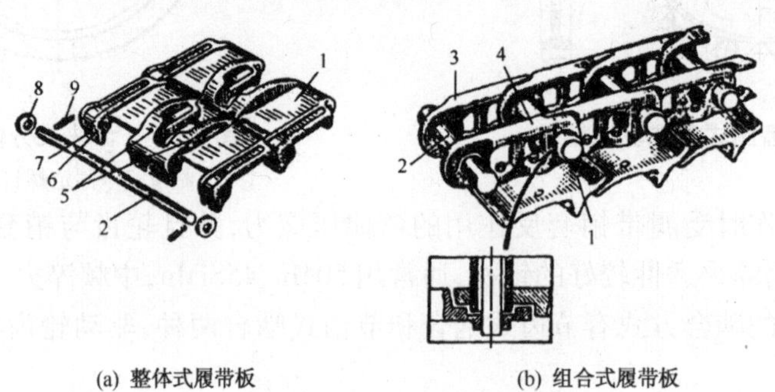

图 5-2-8 整体式与组合式履带板

1—履带板；2—履带销；3—左链轨；4—右链轨；5—导轨；6—销孔；7—节销；8—垫圈；9—锁销

图 5-2-9 所示为 TY220 推土机履带，它由履带板、履带销、销套、左右链轨节等零件组合而成，链轨节是模锻成型，前节的尾端较窄，压入销套；后节的前端较宽，压入履带销。

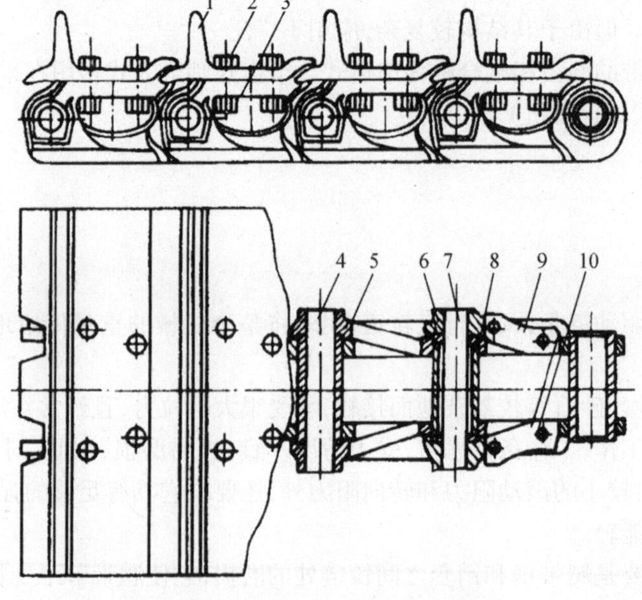

图 5-2-9 TY220 推土机履带的构造

1—履带板；2—履带螺栓；3—螺母；4—履带销；5—销套；6—垫圈；7—主销；8—主销套；9—左轨链节；10—右轨链节

每条履带都由几十块履带板和相同数量的轨链节组成，各节轨链节之间用销轴铰接，履带板1用履带螺栓2固定在轨链节9、10上(在拧紧螺栓时,要有一定的预紧力,从而使履带板和履带节不易滑动和松动,减少螺栓被剪断的可能性。螺栓的预紧力矩有一定的要求,在各种机械说明书中都有拧紧力矩的数值。一般对于新机械或换上新履带时,在使用一个工作日后,要将履带螺栓逐个再拧紧一次,这样就能减少机械在长期使用中履带螺栓的松动),每对轨链节的前销孔压配一个销套5,然后用履带销4与前一对轨链节的后销孔铰接。履带销与前一对轨链节的后销孔为过盈配合,而与后一对轨链节前销孔内的销套为间隙配合。这种结构节距小,绕转性好,行走速度较快,销轴和衬套的硬度较高、耐磨、使用寿命长。

履带板是履带总成的重要组成部分,履带板的形状和尺寸对工程机械的牵引附着性能和其他一些使用性能有很大的影响。根据各种不同的使用工况,履带板的结构形状与尺寸也不相同。如图5-2-10所示为几种常见的履带板。

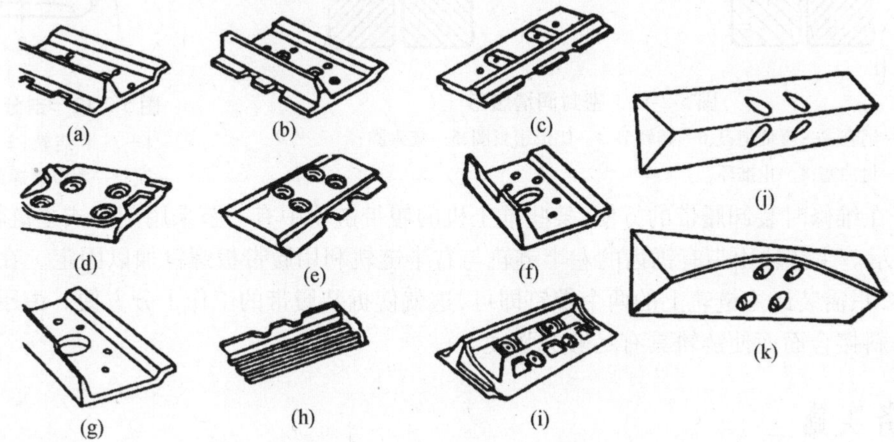

图5-2-10　组合式履带的履带板类型

(a)标准型:有矩形履刺,宽度相当,适用于一般土质地面。

(b)钝角型:切去履刺尖角,可以较深地切入土中。

(c)矮履刺型:矮履刺切入土中较浅,适宜在松散岩石地面。

(d)、(e)平履板型:没有明显履刺,适用于坚硬岩石面上作业。

(f)、(g)中央穿孔Ⅰ、Ⅱ型:Ⅰ型履刺在履带板的端部,中间凹下,Ⅱ型的履刺是中部凸起,适用于雪地或冰上作业。

(h)双履刺或三履刺型:接地面积较大,切入地面较浅,适用于矿山作业。

(i)岩基履板型:用于重型机械上。

(j)、(k)圆弧三角与曲峰式三角履带板型:特别适合湿地或沼泽地作业,接地压力可低到$2\sim3\ N/cm^2$。由于三角形履带板有压实表土的作用,且张角较大,脱土容易,所以即使在泥泞不堪的地面上,也有良好的“浮动性”,不致打滑,使机械具有较好的通过性和牵引性。

普通销和销套之间由于密封不好,泥沙容易浸入,形成“磨料”,加速磨损,而且摩擦系数也大。

因此,近年来研制出“密封润滑履带”,如图5-2-11所示。履带销的孔内以及销与销套的摩擦面之间始终存有稀油,由销端头孔中注入。U形密封圈由聚氨酯材料制成,密贴于销套与链轨节的沉孔端面上。集索圈由橡胶制成,起着类似于弹簧的紧固作用,由于它的压紧力使U形密封圈始终保持着良好的密封状态,无论销套怎样反复相对转动,润滑油不会渗出,泥沙不会浸入，这就是这种履带密封的关键。止推环承受着销套与链轨节的侧向力，保护着密封件不受损坏。该装置改善了润滑，减少了磨损，降低了功率消耗，保证链轨节不因磨损后而伸长以致影响正确的啮合，是一种可取的结构。但其缺点是制造工艺复杂、成本高、密封件容易老化。

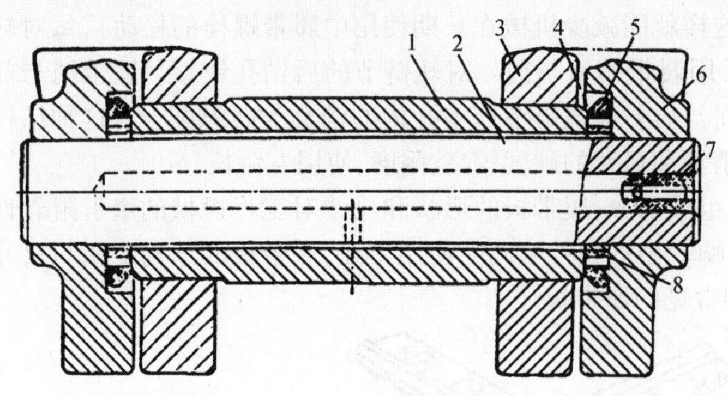

图 5-2-11 密封润滑履带

1—销套；2—履带销；3、6—链轨节；4—U 形密封圈；5—集索圈；7—封油塞；8—止推环

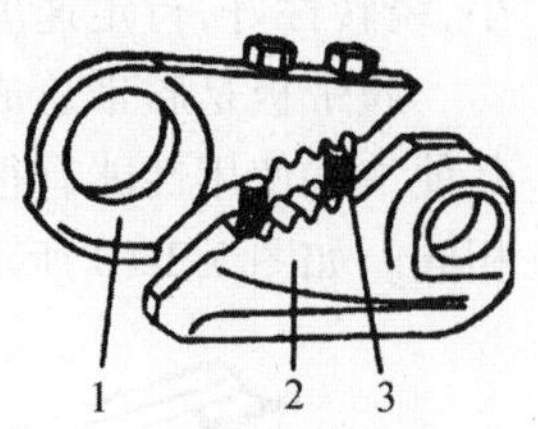

图 5-2-12 剖分式主链轨

1—左半链轨；2—右半链轨；3—履带板螺钉

为了在维修时装卸履带的方便，某些推土机的履带链轨中有一节采用剖分式主链轨，如图 5-2-12 所示。主链轨由带有锯齿的左半链轨与右半链轨利用履带板螺钉加以固定。在需要拆装履带时，只需装卸主链轨上的两个螺钉即可，这就使拆装履带的工作十分方便。由于采用带有锯齿的斜接合面而使链轨具有足够的强度。

4 任务实施

本节内容见项目 5 任务 3。

任务3　调整履带张紧度

1　任务要求

知识要求：

(1)掌握张紧和缓冲装置的结构与工作过程。
(2)掌握张紧和缓冲装置的调整原理。
(3)掌握张紧和缓冲装置的常见故障现象与原因。

能力要求：

(1)掌握张紧和缓冲装置主要零件的维修技能。
(2)掌握张紧和缓冲装置的调整过程。
(3)能对张紧和缓冲装置的常见故障进行诊断与维修。

2　任务引入

一台推土机在直线行驶时,可能会出现跑偏的现象。分析说明是由于左右履带的松紧度不同引起的,造成左右履带松紧度不一样的原因很多,需拆检左右履带张紧和缓冲装置,视情况予以张紧度调整、检修或更换零件。

3　相关理论知识

3.1　功用

每条履带必须装设履带张紧和缓冲装置,其主要功用是使履带保持有一定的紧度,减少履带的下垂和在运动时的跳动。导向轮和张紧装置主要用来引导履带并调节履带的松紧程度,张紧装置的缓冲弹簧在履带行走机构受到冲击时,起到缓冲作用,当导向轮前遇有障碍物或履带卡入石块等硬物而使履带过于张紧时,它能允许导向轮后移,以避免损坏机件,越过障碍物后,导向轮又在缓冲装置弹簧的作用下恢复原位。

3.2 结构

履带张紧和缓冲装置包括张紧度调整机构和张紧弹簧，张紧度调整机构有机械调整式和油压调整式两种。

如图 5-3-1 所示，螺杆式履带张紧装置（机械调整式）主要由张紧缓冲弹簧、张紧螺杆、螺杆托架、固定支座、活动支座、调整螺母和叉臂等组成。

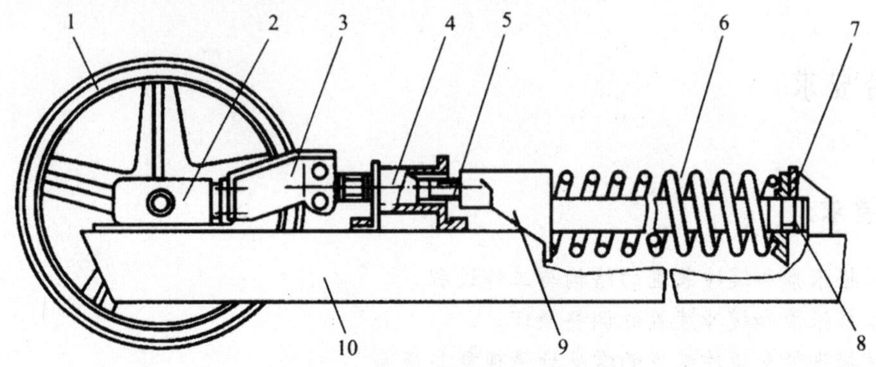

图 5-3-1 机械调整式张紧缓冲装置

1—引导轮；2—滑块；3—叉臂；4—螺杆托架；5—张紧螺杆；6—张紧弹簧；7—固定支座；8—调整螺母；9—活动支座；10—台车架纵梁

张紧螺杆 5 的颈部由左、右叉臂 3 用四只螺钉夹紧，该螺杆的尾部拧在可以前、后移动的活动支座 9 内。拧转张紧螺杆 5 使它伸长或缩短，就可使履带张紧或放松。张紧弹簧 6 为一根大螺旋弹簧，它装在活动支座 9 和固定支座 7 之间。拧转调整螺母 8，可以调整张紧弹簧的预紧力。

螺杆式张紧装置结构简单，但是由于履带推土机行驶系统的工作条件很差，经常在泥水中作业，调整螺杆与弹簧支座的螺纹连接部分易受泥水浸入而易锈蚀，所以实际上转动张紧螺杆是很困难的。因此这种依靠调螺杆来调整履带张紧度的方式已逐渐为液压调整式张紧装置所代替。

液压式履带张紧装置（油压调整式）如图 5-3-2 所示，主要由弹簧、张紧杆、调整油缸、活塞、活塞杆等组成。

这种张紧装置的特点是把张紧螺杆与活动支座的螺纹配合换成一个内部充黄油的液压缸——活塞组合件。油缸的前腔用高压油枪注入黄油使缸体前移，从而使导向轮前移而使履带张紧。注入油缸内的黄油的量的多少决定履带的张紧程度。若履带过紧或需要拆卸履带时，可拧松放油螺塞，挤出黄油，于是履带就可以调松一些。这种张紧装置除使履带有足够的张紧度外，在履带机械行驶于不平道路上或遇到障碍物而受到冲击时，导向轮可向后移动一些，并带动导向轮叉臂、张紧杆、调整油缸、活塞及弹簧前座对张紧弹簧（大小缓冲弹簧）进行压缩，从而达到缓冲的目的。弹簧的预紧力可以由调整螺母进行调整。

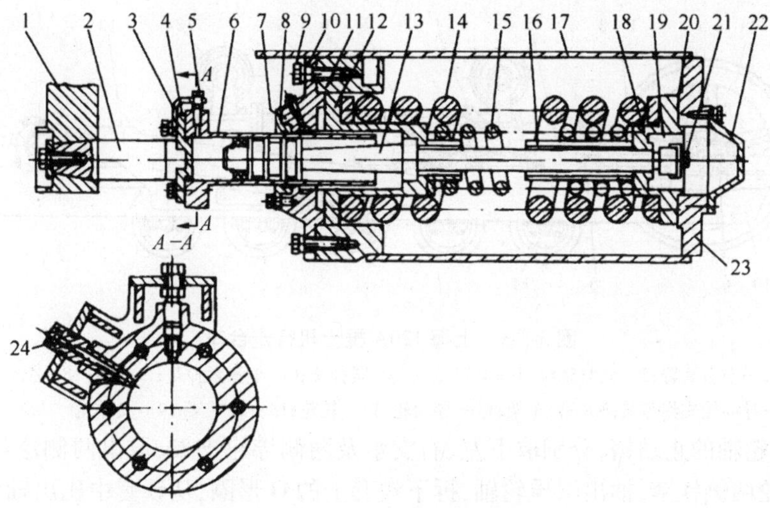

图 5-3-2　T220 推土机液压式履带张紧装置

1—导向轮叉臂;2—张紧杆;3—端盖;4、9—O 形圈;5—放油塞;6—调整油缸;7—活塞;8—压盖;10—前盖;11—铜套;12—弹簧前座;13—活塞杆;14—缓冲大弹簧;15—缓冲小弹簧;16—限位管;17—弹簧箱;18—弹簧后座;19—调整螺母;20—锁垫;21—螺钉;22—后盖;23—后支座;24—注油嘴

4　任务实施

4.1　准备工作

通过查阅对应的维修手册等相关资料,经过课堂讨论、教师答疑和操作演示,制订修改上海 120A 型推土机行驶系统拆装方案,准备所需仪器、设备和工具。

4.2　操作流程

4.2.1　上海 120A 型推土机行驶系统拆卸

如图 5-3-3 所示为上海 120A 型推土机行驶系统:

(1)拧松张紧油缸的油嘴(加注器体),前后直线开动推土机数个来回,放出张紧油缸中的部分黄油,使履带松弛下来。

(2)将履带活销转到驱动轮后部便于敲击处,拆去 2 ~ 3 块履带板,根据实际情况用下列方法之一拆开履带:

① 清理活销中锥形塞内螺纹孔中的泥土,用螺栓旋进拧出锥形塞,用大锤敲击活销另一端将活销冲出;

② 如销端无锥形塞,用锤击打小头端将其敲出;

③ 用链轨拆装机或用乙炔火焰同时红透左右链轨节的销孔,用大锤将履带销冲出。

(3)将上半段履带向前拖出平铺于地面,拆去引导轮横梁与左右支承(滑块)的连接螺钉,用大撬杠撬(推)出引导轮总成。

(4)拆卸导向轮总成:如图 5-3-4 所示,拆下轴两端的支承盖,取出两侧调整垫片;拆掉左、

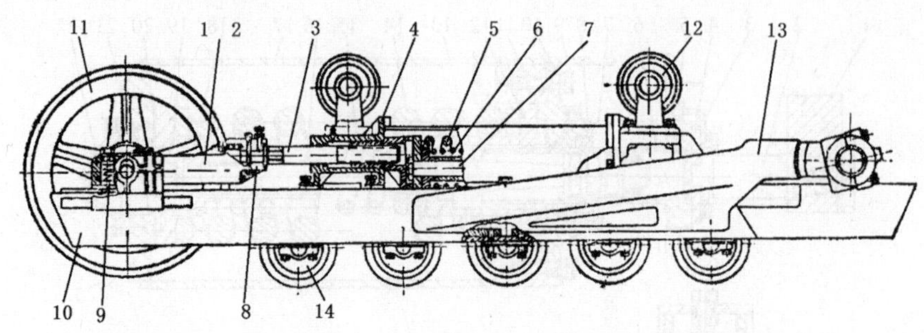

图 5-3-3　上海 120A 推土机行走台车

1、2—左右叉臂；3—调整螺杆；4—支架；5—大张紧弹簧；6—小张紧弹簧；7—螺杆；8—横臂；9—导向轮支撑弹簧；10—台车架；11—导向轮；12—托轮；13—八字架；14—支重轮

右支承与导向轮轴的止动销，分别取下左、右支承及两侧导轮支架，取出两侧浮封环及浮封胶圈；拆除导向轮两侧铁套，抽出引导轮轴，拆下铁套上的 O 形圈，从铁套中压出轴套并拔出销。

（5）拆卸随动轮（托链轮或托轮）：如图 5-3-5 所示，松开托链轮支架上的两只夹紧螺栓，用扁錾锲入支架开缝中，抽出托链轮总成；拆下端盖、O 形圈，拆出锁圈及锁紧螺母，用拉具拉出轮体及外轴承；从轴另一端取下卡环、油封外座、浮封胶圈、浮封环、油封内座及销等；取下内轴承，最后从台车架上拆除托链轮支架。

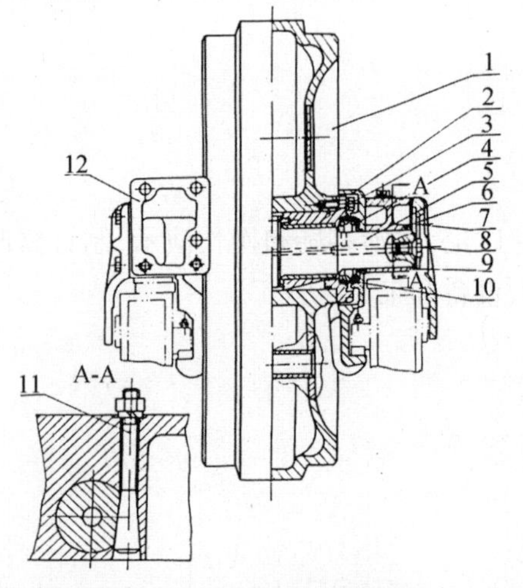

图 5-3-4　导向轮总成

1—引导轮体；2—引导轮支架；3—轴套；4—浮封环；5—引导轮轴；6—右支承；7—支承盖；8—螺塞；9—调整垫；10—浮封胶圈；11—止动销；12—左支承

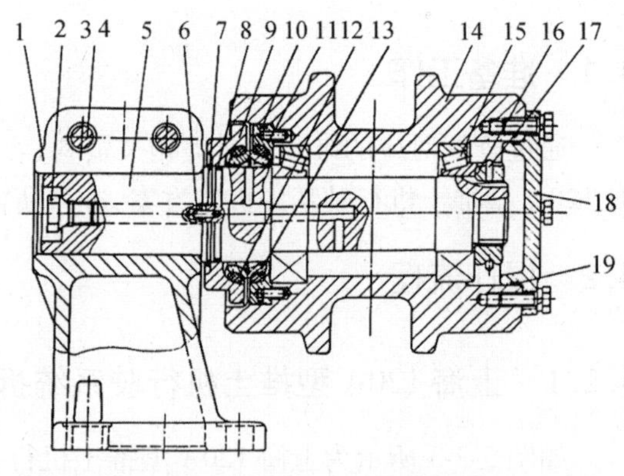

图 5-3-5　随动轮（托链轮、托轮）

1—随动轮支架；2—螺塞；3—螺栓；4—垫圈；5—托轮轴；6—圆柱销；7—挡圈；8、10、19—O 形圈；9—油封外座；11—油封内座；12—浮封胶圈；13—浮封环；14—托轮体；15—轴承；16—锁紧螺母；17—锁圈；18—托轮盖

（6）拆卸张紧机构：如图 5-3-6 所示，拆下前罩和挡泥板，拆下引导轮左、右支承的横梁，拆除张紧油缸压盖固定螺栓，抽出油缸，捅出活塞和顶杆，取下卡环、垫圈、密封环、大垫圈、支承环等；取下压盖和防尘圈；取下加注器体；拆除左（或右）支架，拆掉弹簧后支座的 2 只固定螺栓，将弹簧总成取下；拆除前支座后置于专用工装上分解后取出中心长螺杆、套带、大小弹簧等。

（7）拆卸支重轮总成：如图 5-3-7 所示，拆除支重轮 4 只固定螺栓，顶高台车架，将支重轮移出链轨进行分解；拆去平键，在专用工装上拆除轴两端的挡圈，取下内、外盖和内、外浮封环、

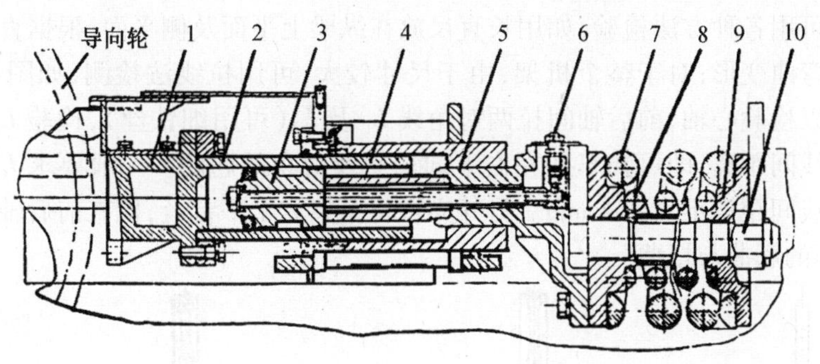

图5-3-6　上海120A推土机张紧机构

1—横梁;2—顶杆;3—盖;4—油;5—活塞;6—加油器;7—连接板;8—托架;9—螺杆;10—大弹簧;11—小弹簧;12—弹簧支座

浮封胶圈等;拆除内外铁套、O形圈等,抽出支重轮轴,从铁套上压出铜套并拔出销。

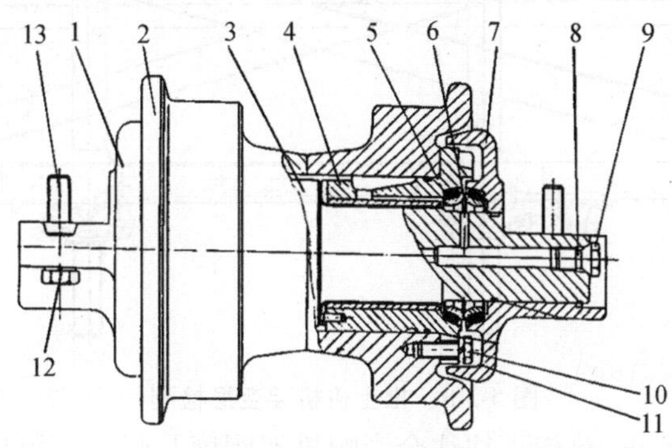

图5-3-7　支重轮总成

1—支重轮内盖;2—支重轮体;3—支重轮轴;4—轴套;5—浮封胶圈;6—浮封环;7—支重轮外盖;8—挡圈;9—螺塞;10、11—O形圈;12—垫圈;13—螺栓

(8)拆卸台车架:卸掉左右滑槽挡板及前横梁,拆下半轴瓦盖,顶高或吊起车体并垫实,吊起台车架向前移动至半轴脱离台车架支承,再向外侧移动台车使之从平衡梁中抽出后即可完全吊出;拆掉轴衬(瓦片)。

(9)拆卸平衡梁:吊住平衡梁,拆去前后端盖、垫片、垫圈等,敲出通轴,取出平衡梁;拆下左右缓冲垫,取下衬套、限位垫;从车架上拆下刚梁座。

4.2.2　行驶系统零部件检修

4.2.2.1　机架的检修

机架的主要损伤是产生弯曲、扭曲等变形,其他损伤是构件产生裂纹或开裂,各支承面、安装面等产生磨损。

机架变形是由于设计不合理、残余内应力作用、机械操作不当、共振、意外碰撞等原因造成的。机架变形易破坏各部件、总成间的位置精度,进而可损坏各部件、总成间的连接件。

机架产生裂纹是由于设计不合理、断面尺寸不足、受不正常负荷(如操作不当引起的冲击载荷、连接松动引起的额外负荷)等引起。

机架各安装面、支承面磨损多是因为连接松动使接触面间产生相对摩擦所致。

机架变形可用各种方法检验,如用长直尺放在纵梁上平面及侧平面,根据直尺与梁间缝隙大小检查梁的弯曲变形;对于整个机架,由于尺寸较大,可用拉线法检测,如图 5-3-8 所示:在前拐轴孔处装以检验心轴,前后轴间拉两对角线 L_1 及 L_2(可用细铁丝),检验 L_1 与 L_2 尺寸差及两线相交处线间距离,即可知车架左右方向歪斜及对角的翘曲。一般要求 L_1 与 L_2 尺寸差不大于 2 mm,线间距离不大于 4 mm。另外亦可将车架放于平台上,检查前后轴距平台间距离差,即可知车架的翘曲与扭曲。

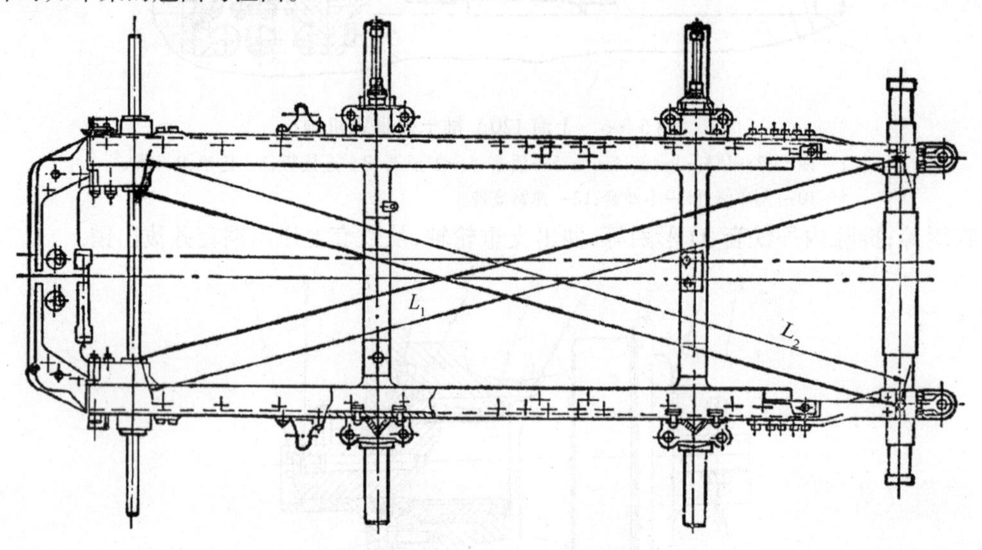

图 5-3-8　推土机机架变形检测

机架变形多用冷压校正,热校正往往会影响机架刚度与强度。可用大型压力机或螺旋加压机构进行校正,如图 5-3-9(a)所示。如图 5-3-9(b)为校正组成机架的工字钢、槽钢等的扭曲。校正时多在机架上进行。当变形较大时,可将构件取下,校正后重新装配。

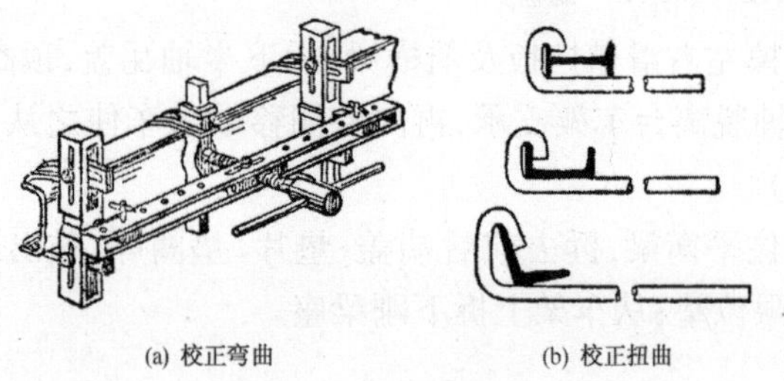

(a) 校正弯曲　　(b) 校正扭曲

图 5-3-9　机架的校正

机架产生裂纹或焊缝开裂时,可用高强度低氢型焊条电焊或气焊。型钢壁厚小于 6 mm 时可单边焊;壁厚为 6 ~ 8 mm 时应双面焊。重要部位或因强度不足而产生裂纹时应加焊补板;采用单面补板时应在另一面焊接裂纹;采用双面补板时,只焊补板而不焊裂纹。

铆接松动时,应去除旧铆钉,铰圆铆钉孔后重新铆接。铆钉直径大于 12 mm 时应用热铆。铆后零件间应贴合牢靠,用敲击法检验铆接质量,声音应如同整块金属一样清脆。

各总成和部件的安装面、定位面磨损后可用堆焊或增焊补板法修复。安装孔磨损后可用加大尺寸、镶套或焊补法修复。此时应注意安装孔的位置精度。

4.2.2.2　台车架的检修

上海 120A 台车架亦称履带架，为箱形全焊接结构，纵梁内后侧焊以铸钢件的斜支撑，形成“八字架”。

台车架是承重受力的部件之一，在受力严重的部位易产生裂纹或焊缝开裂，如图 5-3-10 所示。修理时应用钢丝刷去除锈迹、污垢后对易裂部位进行检查。

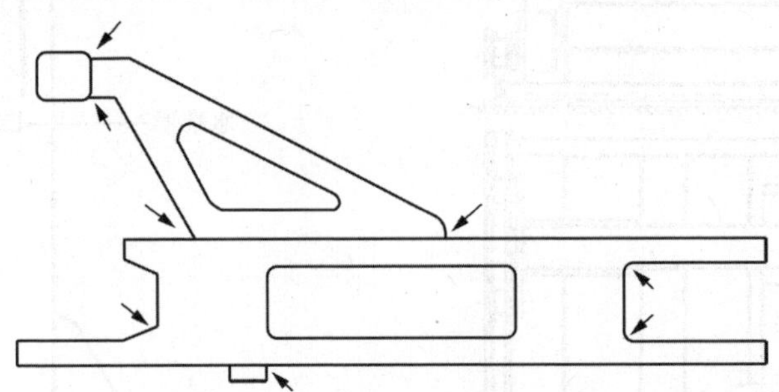

图 5-3-10　台车架裂纹的检验部位

台车架变形将破坏“四轮”的位置精度，引起推土机跑偏和行走装置零件的快速磨损。变形大小可用各种方法检验，专业修理厂多在专用的检验、校正平台上进行，平台上的刻线为常用机型基准线及定位槽，检验方法如下。

(1) 台车梁弯曲的检验

台车架弯曲包括水平平面内弯曲与垂直平面内弯曲，从对使用影响来看后者最为重要，对啃轨、自行跑偏影响很大。垂直面内弯曲检验时可将台车梁侧置平台上（可垫起），测量各处台车与平台间距离，根据各处尺寸差大小即可知其弯曲量，上海 120A 允差为 1 500 mm 不得大于 6 mm，否则应予校正，如图 5-3-11 与图 5-3-12 所示；台车梁弯曲检验时应放在平台上，检查纵梁四角与平台间距离即可知其弯曲大小，上海 120A 弯曲允差为 12 mm，如图 5-3-13、图 5-3-14 与图 5-3-15 所示。

(2) 台车架斜撑变形的检验

台车架斜撑变形时，将破坏斜撑支座与台车梁间的位置精度，其主要精度有：① 斜撑支座轴承孔中心线在垂直方向应与梁的端轴承定位销孔重合，且与纵梁中线垂直，斜撑支座轴承孔中心线距台车梁平面间的距离应正确（上海 120A 为 72 ± 1.0 mm）；② 斜撑支座内端面至台车梁端轴承定位销孔间距离应正确（上海 120A 为 848 ~ 857 mm）。此距离不正确也有可能是纵梁后部侧向变形所致。

如图 5-3-16 所示，检验斜撑变形时，常用中心轴一端插入斜撑支座轴承孔中，检查另一端与台车梁后端的位置关系。在台车梁后端上平面放一直角尺，使刃边通过梁上定位销孔与心轴中心线，可知其重合度；用直尺可测量上平面至心轴中心线间距离及支座内边至梁上定位销孔间距离；用直角尺放在平台上，以刃边靠在心轴两端外径上可得到心轴在平台上的投影，即可检查心轴是否与台车梁纵向中线垂直。

台车梁前叉口易产生变形，变形后一是前叉口向外分开，二是叉口歪斜。叉口分开变形大小可用直尺测量，叉口间尺寸确定；叉口歪斜大小可用测量纵向中线与叉口两边距离进行检查。台车梁纵中心一般刻在平台上。

(3) 无专用检验校正平台时的简便检验（① ~ ⑦为不解体检测）

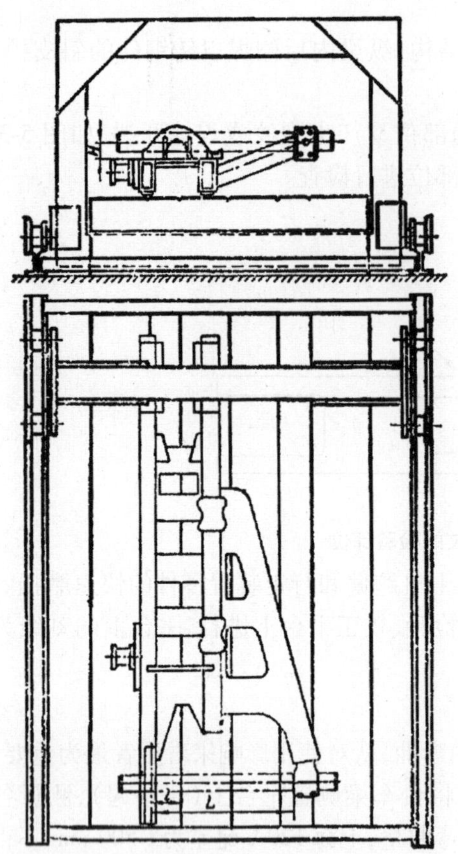

图 5-3-11　台车架在检验校正平台上检验

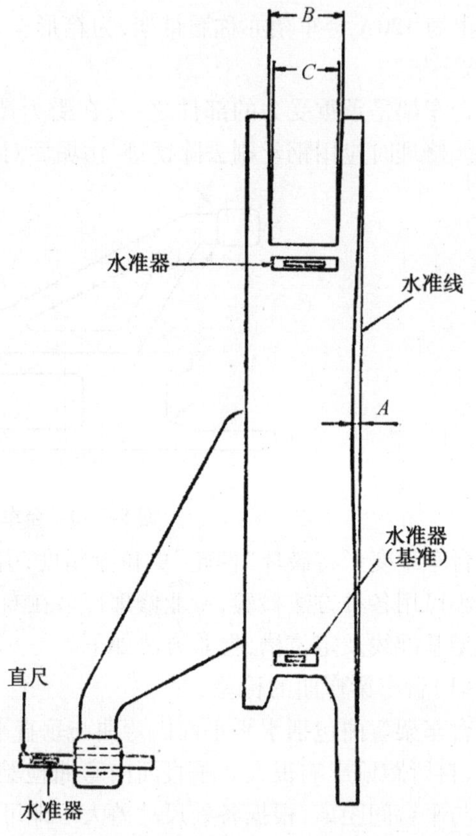

图 5-3-12　用水平仪检验台车架变形

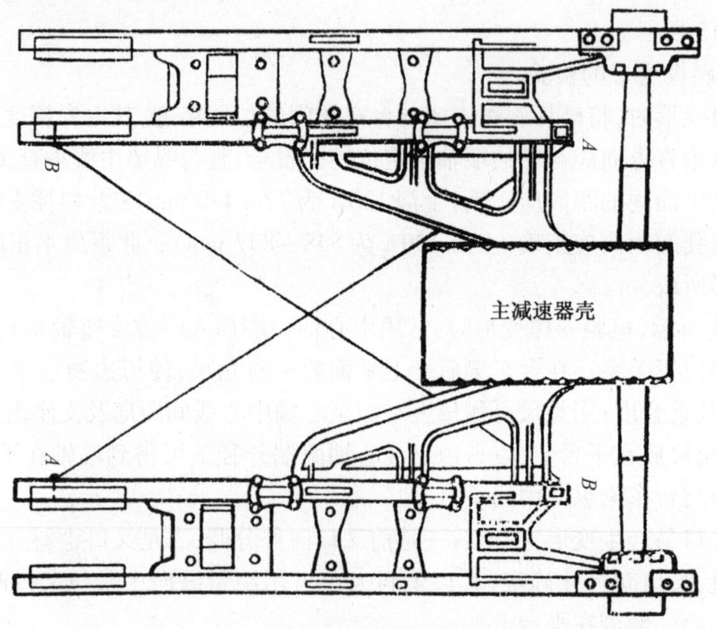

图 5-3-13　支重轮架平行度的测量简图

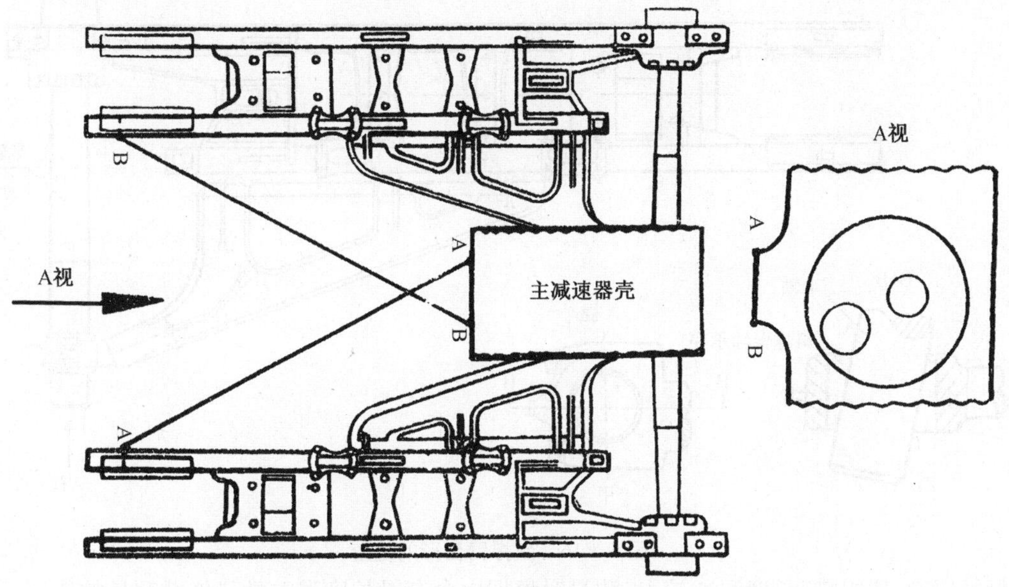

图 5-3-14 支重轮架对称中心线与半轴轴线不垂直度的宏观测量简图

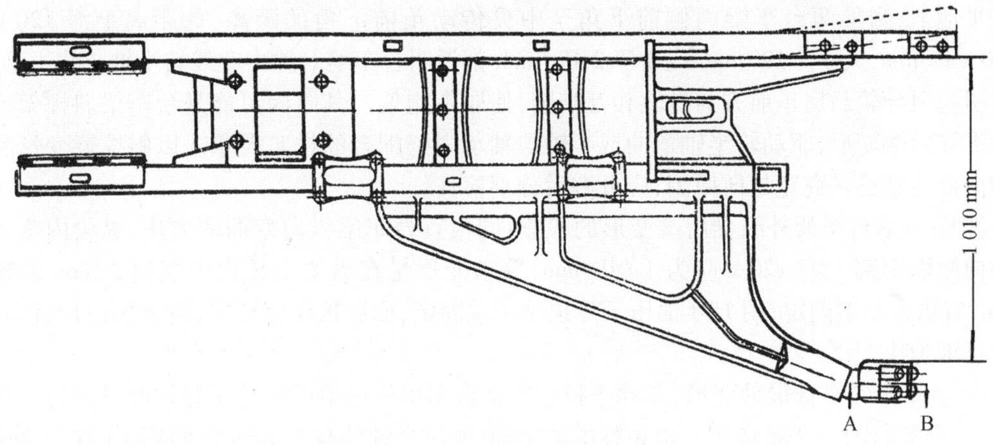

图 5-3-15 外梁纵后端变形检查示意图

无检验平台时，亦可用水准器和拉线法检验变形，将台车架放在平坦地面上：

① 用拉线法检验纵梁弯曲时，拉线与梁间距离即为弯曲量。

② 用水准器检验扭曲的方法为：在台车梁中上平面放一水准器，将一端加垫片，使水准器水平，以此垫片厚度为基准，在梁的前方上平面再放一水准器，同样将其垫平，根据两水准器垫平时的垫片厚度差即可知梁扭曲大小。

③ 斜撑变形也可用水准器检查：在斜撑支座轴承孔中装一心轴或直尺，其上放一水准器，亦将其垫平，通过垫平此水准器的垫片厚度与基准厚度的差别，即可知斜撑的扭曲。

④ 通过台车梁上平面纵向中线延长线与前叉口左右两边距离不同，可知前叉口的变形。

⑤ 通过纵向中线向后延长线与心轴在台车梁上平面上的投影，可知其是否垂直。

⑥ 两台车梁不平等度的检查：将推土机停于平地上，用钢卷尺或细铁丝在两台车梁内侧前下角及后下角之间交错测量，两距离应相等，否则不平等度不能大于 10 mm（两台车梁下角

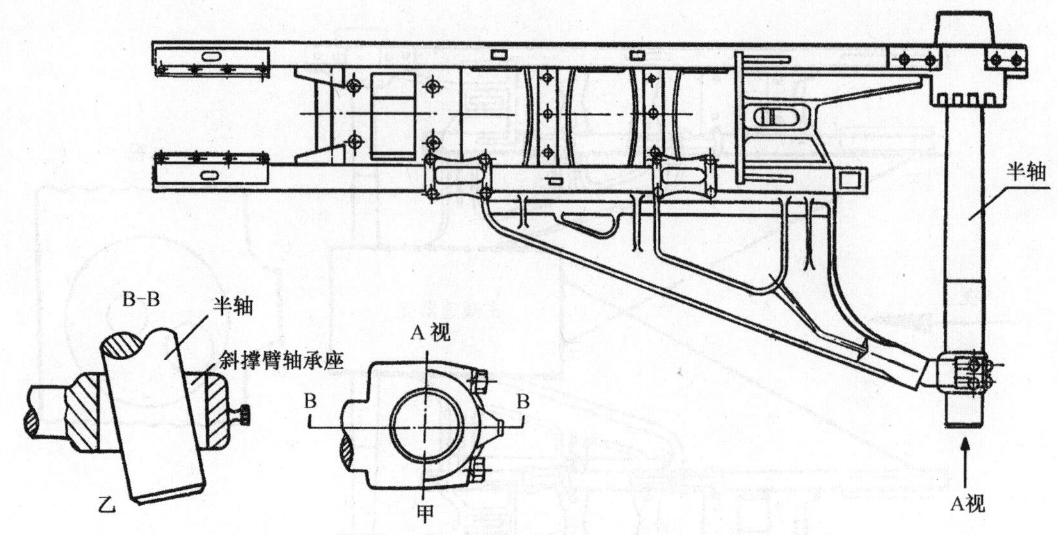

图 5-3-16　斜撑臂变形的检查

是氧气切割，比粗糙，长度误差较大，测量时根据内台车梁长度误差酌量增减测量数值）。

⑦ 台车梁对称中心线（推土机纵向心线）与半轴的轴线间不垂直度的宏观测量：将推土机置于平地上，测量两台车梁内侧前下角至中央传动箱前下角的距离，此距离上海 120A 为 2 180 ± 10 mm，大于 2 190 mm 或小于 2 170 mm 都说明台车梁对称中心线与半轴心线不垂直，必然引起引导轮凸肩正前方与链轨相互啃削，使履带跑偏。其原因可能是台车梁斜撑架或台车架纵梁后端变形，驱动轮半轴弯曲或半轴与轴承内壁配合的松旷严重。以斜撑臂变形和半轴弯曲最为常见。究竟是何原因，应分解后分别检查。

⑧ 分解后台车架外纵梁后端变形的检查：同检查台车梁纵向弯曲的方法，纵梁内侧面与斜撑内侧面距离上海 120A 应为 1 010 mm，要求变形量在纵梁全长内不能超 2 mm；若超过 2 mm，应将台车架固定，用 15 t 油压千斤顶将一端固定，而后顶压变形端，边顶压边检查，直到符合要求为止。

⑨ 台车架斜撑臂最易变形，其检查校正应在台车梁外纵梁后端校正好情况下进行。比较可靠、简便易行的方法是选用一根新标准的半轴，通过半轴外端滑动轴承支座固定在外纵梁后端部，装复检查时取掉衬瓦片装复斜撑轴承盖（不装斜撑轴承盖也可以），装复后观察斜撑轴承座孔表面与半轴头的表面是否平行。四周缝隙应等于衬瓦片厚度。两表面不平行即说明台车架对称中心线与半轴的线不垂直，必然引起履带跑偏，应予校正。其方法是将斜撑轴承臂割下，而后选用新衬瓦片（基本未磨损的旧片也行），装复在标准半轴的头上，盖上瓦盖，拧紧螺栓，再将斜撑轴承臂焊牢即可装复使用。

（4）台车架安装面与配合表面的磨损主要表现为以下几个部位：斜撑轴承孔由于台车架相对于机架上下摆动而与半轴间产生摩擦磨损，配合间隙增大，易破坏台车梁与半轴的垂直度；与端轴承定位配合孔当螺纹连接松动时也易产生磨损；前叉口上下滑动面及左右外侧滑动面因工作中引导轮在变化的阻力作用下产生前后滑动而磨损，磨损后下滑动面与勾板间及引导轴端盖板与叉口侧滑动板的间隙将增大，如图 5-3-17 所示 B 及 C。图中 D 为台车架，B 一般允许增大至 6 mm，C 允许增大至 3 mm。

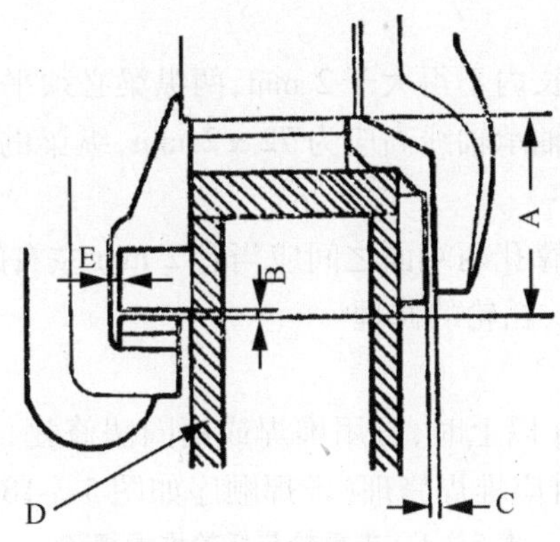

图5-3-17　台车架前部配合间隙

4.2.2.3　台车架的修复

(1)台车架产生裂纹时,应找出纹端并钻以止裂孔,然后进行焊接修理;焊缝开裂,应重新施焊。重要部位裂纹或焊后重新开裂时,应用补板法进行增强补焊,所用焊条应为低氢型高强度焊条。台车梁前端内侧导向板上的垫片磨损厚度小于8 mm,应磨去螺栓,以45#钢制作新垫板,重新装复。纵梁前端上面导向板磨损一般都发生在前端部,磨损严重时可堆焊后磨平恢复之。限制支重轮的梯形断面固定板磨损,一般都发生在棱角部位,磨损严重亦可通过焊后加工恢复,螺纹孔磨损,可从纵梁空腔中抽出螺栓固定板检查,发现分别孔螺纹损坏,可采用加大螺纹孔,加配加大螺栓。多数孔的螺纹损坏,可更换新的螺栓固定板。

(2)台车架变形的校正

台车架变形超限时应进行校正:变形较小时可冷校正,变形较大时应局部加热校正。

校正时加压设备依修配厂条件而别,有条件者可在大型油压机上进行,一般可用螺旋加力机构、千斤顶、龙门架等工具校正。如图5-3-11所示为横跨于检验平台上的龙门架,校正时根据变形部位不同,将台车架固夹于平台上,选择合适加力点,将龙门架移至加力部位,在龙门架与加力点之间用千斤顶进行顶压校正。端轴承定位销孔至台车架纵向中线距离(移山-80、T1-100推土机等为185±2.5 mm)不对时,可校正定位销孔所在部分,相差小于5 mm时也可将旧销孔焊死重新加工出新销孔(此时应注意销孔与斜撑轴承支座间的距离)。校正斜撑变形时,应根据变形方向不同,顶压插入斜撑支座轴孔中的心轴进行校正。当斜撑支座内侧面与端轴承定位销孔间距离不当时,可加热校正斜撑,亦可将支座割下,根据位置精度要求重新焊接。

(3)台车架配合面磨损修理

台车架后端轴承定位销孔磨损后可铰大孔径,更换加大尺寸定位销。

斜撑支座轴承磨损后更换轴承,支承座孔磨损较轻时,可电镀轴承外径,磨损严重时可堆焊后进行机械加工,加工时应注意座孔位置精度。

台车梁前部上下左右导向面磨损,超过2 mm后可更换导板,导板材料常用16 mm,焊接后应保持的厚度约为12 mm。

4.2.2.4　台车架的技术要求(上海120A)

(1)台车架各部不得有裂纹;

(2)台车架前端内侧导向板的垫度及纵梁上面导向板厚度标准为12 mm,磨损最大不得超过 4 mm；

(3)纵梁后端头的变形全长内不得大于 2 mm,两纵梁必须平行；

(4)台车梁上平面距斜撑轴承轴线高应为 72 ± 2 mm,纵梁的内侧面距斜撑轴承内侧面应为1 010 mm；

(5)斜撑轴承与后桥箱支撑孔两端面之间应当有 2 mm 左右的调整间隙。

4.2.2.5 导向轮、支重轮、托轮的修理

(1)轮体的修理

轮体滚道直径磨损 10 mm 以上时,可用堆焊或镶圈法修复,具体参数如表 5-3-1 所示；导向凸缘磨损量达 10 mm 以上时应堆焊修理(堆焊顺序如图 5-3-18 所示)。

表 5-3-1 支重轮与托轮堆焊规范

堆焊零件	堆焊方法		电流(A)	电压(V)	堆焊速度(cm/min)	层间预热温度(℃)
	方法	参数				
支重轮	埋弧焊	筛眼 4 × 48	350 ~ 380	30 ~ 32	60 ~ 80	150 ~ 200
托轮	CO_2 气体保护焊	20 L/min	320 ~ 380	32 ~ 36	30 ~ 60	150 ~ 200

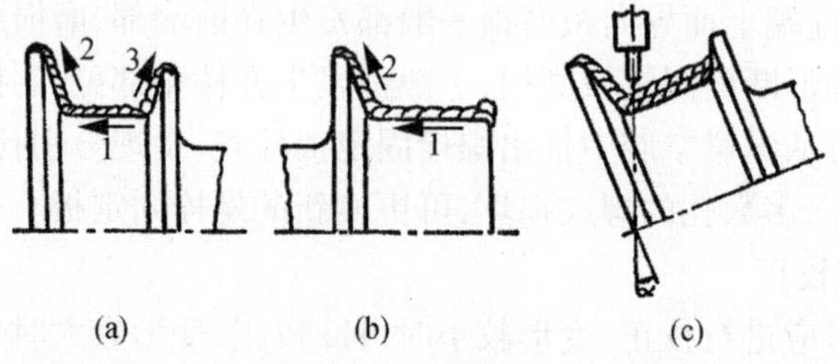

图 5-3-18 支重轮与托轮堆焊顺序示意图

堆焊所用材料应有较好的耐磨、耐冲击性,堆焊方法可手工堆焊也可自动堆焊,以埋弧焊和 CO_2 气体保护焊为好,也可用振动自动堆焊。振动自动堆焊可用高碳钢焊丝。

为了提高耐磨性,修后滚道及导向凸缘应进行热处理,加热方法可用高频加热或火焰表面加热,淬火时可浸水或喷水。

轮体裂纹可用焊补法修理。

修复后装配到台车架上,其滚动面应在同一水平直线上,偏差不得超过 1.5 mm。否则可在轴和台车架之间加垫调整。

(2)轮轴的修理

轮轴的主要缺陷是弯曲、与轴承配合的轴颈及止推端面磨损。

轮轴弯曲跳动量应小于 0.20 mm,否则应校正。校正东方红 802 拐轴应使用专用工装,如图 5-3-19 所示,校正时应用火焰加热至 450 ~ 500℃。轮轴弯曲较大也可用堆焊轴颈并重新加工来恢复其直线度。

与滚动轴承配合的轴颈磨损使配合间隙大于 0.05 mm 时,可用镀硬铬法修复轴颈；与滑动轴承配合的轴颈磨损后配合间隙大于 1 mm 时,可用振动堆焊或埋弧焊修复。由于轴承磨损多属单边性质,所以有些轮轴(如托链轮轴等)可在单边磨损达 0.8 mm 时,转动 180°安装使用(东方红 802 的台车轴,摆动轴,拐轴大、小轴套,平衡臂大、小轴等零件,如果单边磨损量大于 1.5 ~ 2 mm 时,可将它们翻转 180°使用)。根据结构不同,有时允许用镶套法修理。

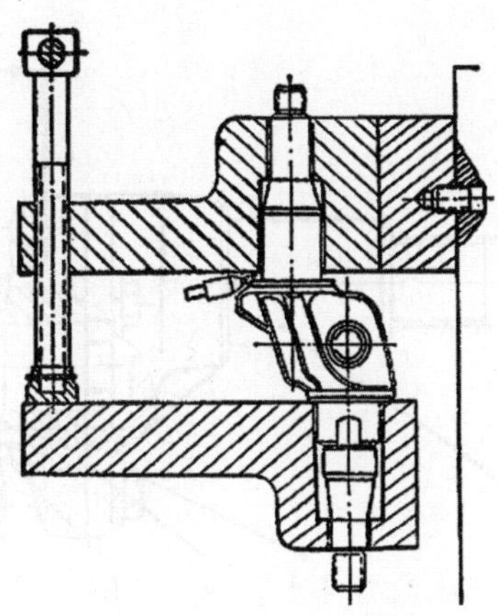

图 5-3-19　东方红 802DT 推土机导向轮轴的校正

(3)轴承的修理

滑动轴承常用青铜、铝合金与尼龙制成。与轮体配合松旷时,镶套轴承可电镀轴承体外径;轴承孔磨损后,可修复轴颈恢复配合或更换新轴承套。尼龙套较耐用,磨损过大应更换。青铜套与轴颈标准配合间隙 0.16 ~ 0.3 mm,铝合金套与轴颈标准配合 0.20 ~ 0.40 mm,尼龙套与轴颈标准配合 0.40 ~ 0.70 mm。轴承配合端面磨损后可将轴承靠向轮体的端面车去一层,使轴承内移,以恢复增大了的轴向间隙。

(4)油封的修理

油封的主要缺陷是损坏或封油面划痕变形引起漏油。油封损坏、老化等应更换,油封面划痕、不平可研磨修复,修后应做封油性能试验。浮封环需成对更换,O 形圈老化、失去弹性应更换。

(5)引导轮支承的修理

引导轮支承与台车架上滑动面配合的表面及与下滑动面配合的勾脚平面磨损量大于 3 ~ 4 mm 时,应堆焊修复。轮轴支座下平面与滑板间产生磨损时,可铣削或刨削支座下平面,但最多去除量应小于 2.5 mm,即加工后轮轴孔下边缘最小壁厚应大于 3 mm。支座弹簧损坏或弹力减弱应换新件。

4.2.2.6　缓冲装置的检修

(1)上海 120A 缓冲弹簧的中心螺杆断裂应换新螺杆。用 11 ~ 15 t 的油压机或专用工装将外弹簧压缩到 650 mm(此时内弹簧为 610 mm),装复中心螺杆,如图 5-3-20 所示。如无大型油压机或专用工装时,可将中心螺栓加长(超过缓冲弹簧自由长度),利用中心螺杆的螺纹将弹簧压缩到标准长度后再将长出的部分切断即可。

(2)缓冲弹簧在特殊情况下也会断裂、弯曲。断裂或弯曲在全长超过 10 mm 都应换新件。当无新件可换时,也可将弹簧折断处磨平,采用加钢垫的方法处理。东方红 802 缓冲弹簧,压缩长度为 260 ~ 265 mm。

(3)液压张紧装置的修理

密封元件磨损后应更换,并同时更换支撑环。

4.2.2.7　履带总成的修理

履带总成超过使用限度一般需更换新总成,只有在材料来源困难、任务紧急的情况下采取

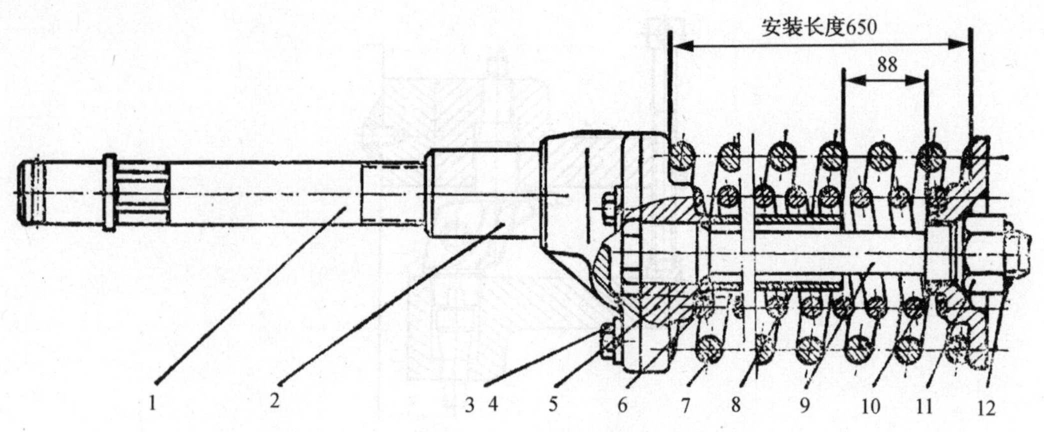

图 5-3-20　上海 120 型推土机张紧装置安装图

1—调整螺杆;2—支座;3、4—螺钉、垫圈;5—托架;6—内弹簧;7—外弹簧;8—管子;9—中心拉杆;10—弹簧座;11—螺母;12—销

修理的办法处理。

4.2.2.8　平衡梁的修理

上海 120A 平衡梁的支撑面磨损后可堆焊或焊补钢板修复,应注意恢复其圆弧度。与轴颈配合孔磨损后应更换新衬套。

4.2.2.9　注意事项

(1)检查履带跑偏时,应先调整好左右转向离合器及左右刹车,再调整好两边履带的垂度,方可进行行驶检验。

(2)检查啃轨时,除先进行上述调整外,还应用拉线法检查台车架外纵梁的弯曲度、两车台梁不平行度、台车梁对称中心线与通过半轴的轴线间不垂直度;解体后进行台车架外纵梁后端变形及斜撑臂变形的检查。

4.2.3　上海 120A 型推土机行驶系统装配

(1)按相反顺序组装,重要螺栓的拧紧力矩见表 5-3-2。

表 5-3-2　上海 120A 型推土机行驶系统重要螺栓拧紧力矩

部件名称	拧紧力矩
托轮轴夹紧螺栓	150 ~ 190 N · m
托轮座固定螺栓	280 ~ 300 N · m
支重轮固定螺栓	280 ~ 300 N · m
履带板螺栓	590 ~ 730 N · m
半轴支承螺栓	270 ~ 330 N · m

(2)引导轮两侧支承盖与台车架之间的间隙为 0.5 ~ 1.0 mm,用减少调整垫片的方法调整。

(3)将推土机停放于较硬的平坦地面上,在履带总成前端下方垫一木块,以一挡低速稍稍向前开动一下推土机,使履带总成的松弛量集中在上部;用直尺安放于两托链轮之间测量直尺和履带板齿之间的最大距离是否为 8 ~ 25 mm。否则需注黄油或放出一些黄油来进行调整。

(4) 对导向轮、支重轮、托轮内加入机油。

4.2.4　上海 120A 型推土机行驶系统拆装注意事项

(1) 松开张紧油缸的加注器体时应缓慢些，同时人要侧身偏离油嘴以确保安全。待黄油停止挤出后再慢慢旋出加注器体。

(2) 如车辆无法行走时，可向后撬挤引导轮，挤出张紧油缸中的部分黄油以松弛履带，并按拆卸步骤第 2 条的方法拆卸履带。

(3) 如采用链轨拆装机拆卸链轨，应适当多拆卸几块履带板以便安装拆装机；旧机履带板螺栓锈蚀严重且螺纹多已损坏，宜用乙炔火焰割去换新螺栓或用气动套筒拆卸。

(4) 浮封环是成对磨合使用的，不得混用。安装浮封环之前要在两接触平面间涂抹干净的机油，并不得有任何杂质沾在平面间。

(5) 引导轮和支重轮的加油塞应朝向外侧安装。

(6) 第一、三、五个支重轮为单边支重轮；第二、四个支重轮为双边支重轮。

4.3　常见故障诊断与排除

行驶系统不仅能把驱动轮的旋转运动变为推土机的直线运动，而且承受着全车重量和地面阻力，以及前进中的冲击负荷作用，因而行驶系统常见故障是：支重轮、托链轮、引导轮的滚道、轮缘及轴承磨损，油封漏油，台车架变形，调整螺杆弯曲，履带跑偏等。其现象表现为：履带不能直线行驶，引导轮、支重轮、驱动轮与链轨互相啃削（啃轨）；履带张紧困难或无法张紧。

4.3.1　车架、台车架的主要缺陷是产生弯曲、扭曲等变形，其他缺陷是构件产生裂纹或开裂，各支承面、安装面等产生磨损

(1) 车架、台车架变形是由于设计不合理、残余应力作用、机械操作不当、共振、意外碰撞等造成的。台车架变形易破坏各总成、部件间的位置精度，损坏各总成、部件间的连接件，如发动机与变速箱同轴度破坏时，将易损坏主离合器连接块。

(2) 车架、台车架裂纹的原因：

① 设计不合理，断面尺寸不足。

② 受不正常负荷，如操作不当引起的冲击载荷，连接松动引起的额外负荷等。

(3) 车架、台车架各安装面、支承面磨损多因连接松动使接触面间产生相对摩擦所致。

4.3.2　轮体主要缺陷是滚道（外圆）及导向凸缘磨损；其次是轮缘产生裂纹，轴承配合孔磨损等

滚道与凸缘的磨损原因是综合性的，其最主要的是摩擦磨损与磨料磨损。工作时滚道及凸缘与链轨间作用有强大的挤压应力，形成很大的微观挤压与干摩擦（既有滚动摩擦，又有滑动摩擦），因而形成强烈的摩擦磨损。由于滚动体经常工作在砂土、泥泞、砾石之中，大量磨料进入轨道与链轨之间，形成强烈的磨料磨损。在零件相对运动时，最硬的磨料将刮伤零件表面并引起零件表面坚硬的脆性组成物（如粗大的碳化物）的脱落，形成严重的磨料磨损。此外滚道还受有低应力磨料磨损以及腐蚀等。三轮之中支重轮磨损最甚，引导轮其次，托链轮又

次之。

滚道磨损严重时易降低轮体刚度与强度,凸缘严重磨损时易引起履带掉落。

4.3.3 张紧缓冲装置的缺陷

(1)调整不当。张紧力不足时会使履带松弛,急转弯时易掉履带,且缓冲量不足,易增加零件间的动载荷;张紧过度时会加速“四轮一带”的磨损。

(2)东方红802调整螺杆的螺纹损坏,无法调整;螺杆弯曲使引导轮歪斜,引起履带跑偏。

(3)上海120A的张紧油缸与活塞配合面磨损,密封元件失效损坏,使张紧润滑脂进入低压腔或外泄,造成张紧装置失效。

(4)缓冲弹簧过量弯曲会引起履带跑偏、弹力下降过多以及断裂时会使缓冲效能降低,并易损坏弹簧中心拉杆。

(5)中心拉杆折断主要是通过障碍时弹簧突然压缩或松弛,使拉杆产生冲击或拉伸载荷所致。

4.4 常见故障实例

(1)一台T160型推土机的左引导轮外侧有一定程度的啃轨现象。经现场检查,发现台车架前端向外变形,但变形量尚在可调整范围内。T160型推土机的引导轮如图5-3-21,该机可以利用增减引导轮轴两端的调整垫片轴向移动引导轮,以消除一定程度的啃轨现象。

取下该引导轮内侧的全部调整垫片,加在外侧,移动量为6 mm,经前后行驶检验,啃轨现象消失。

(2)一台TY160推土机右侧的支重轮、引导轮及托链轮完全脱出链轨,经现场检查,发现系履带张紧油缸失效所致。

检修程序:此时第一步应使履带完全复位,然后再修复张紧油缸,最后按照要求张紧履带,以防止再次脱轨。

修复过程:

① 首先拧松该张紧油缸的注油单向阀,排出油缸内的润滑脂,使履带完全松弛。

② 以自身的推土铲撑起机体前部,用大撬杠将引导轮撬入链轨内;再将机体下部的链轨撬至各支重轮底下,然后抬起推土铲,使机体前部完全着地,此时支重轮全部就位,最后将上部链轨撬到各托链轮上。

③ 拆下张紧油缸,抽出活塞杆,更换全套密封件,装复油缸总成。

④ 将张紧油缸装上台车架,拧紧注油单向阀,注入润滑脂,张紧该侧履带。

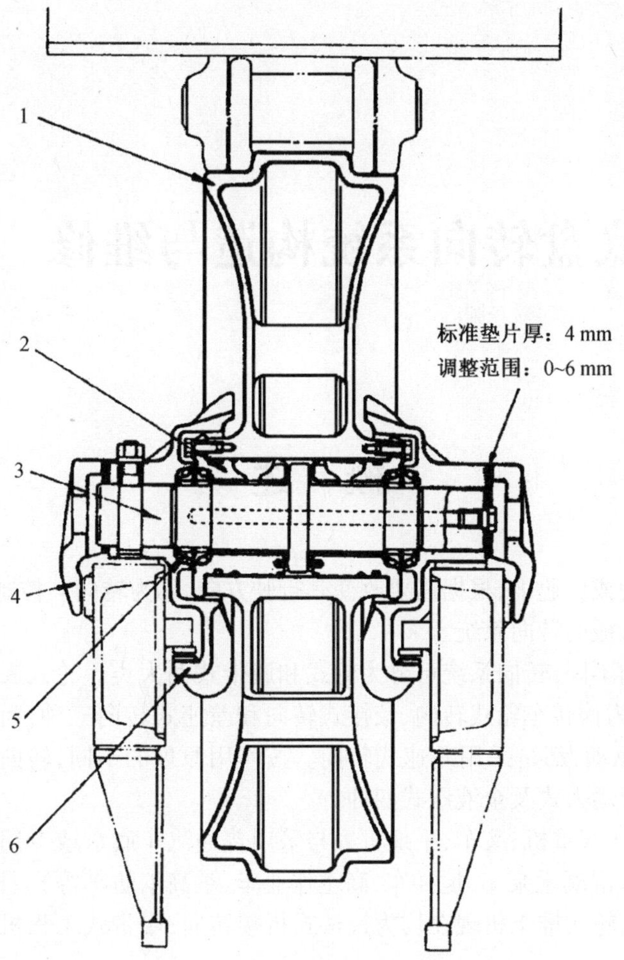

图 5-3-21　T160 型推土机的引导轮

1—引导轮；2—轴衬；3—引导轮轴；4—盖；5—浮动油封；6—托架

项目 6
工程机械底盘转向系统构造与维修

概　述

工程机械在行驶或作业中,根据需要改变其行驶方向,称为转向。控制工程机械转向的一整套机构称为工程机械的转向系统。

根据转向原理的不同,转向系统可分为轮式和履带式两大类。轮式底盘转向系统根据转向方式的不同,可分为偏转车轮式转向、铰接式转向和差速式转向三种;而履带式底盘无论是机械驱动还是液压驱动,都是采用差速式转向。按作用原理的不同,转向系统又可分为机械式、液压助力式、液压动力式及全液压式四种。

轮式挖掘机、轮式起重机、叉车、平地机等与采用普通汽车底盘或专用汽车底盘的工程机械(如汽车式起重机、混凝土泵车、搅拌车、高空作业车、举高消防车等)一样,通过偏转车轮进行转向;轮式装载机、轮式推土机现在均为铰接式折腰转向;履带式工程机械和滑移式装载机均为差速式转向。

1　转向系统的功用

使工程机械根据需要保持稳定地直线行驶或能按要求灵活地改变行驶方向。

1.1　对转向系统的基本要求

转向系统对车辆的使用性能影响很大,直接影响到工程机械的行车安全,偏转车轮式转向系统必须满足下列要求:

(1)转向时各车轮必须做纯滚动而无侧向滑动,否则,将会增加转向阻力,加速轮胎磨损。由图 6-1 可知,只有当所有车轮的轴线在转向过程中都交于一点 O 时,各车轮才能做纯滚动,此瞬时速度中心 O 就称为转向中心。显然两轮偏转角度不等,且内外轮偏转角度应满足下列关系:

$$\cot\alpha = (M + N)/L$$

$$\cot\beta = N/L$$

$$\cot\alpha - \cot\beta = M/L$$

式中,M—— 两侧主销中心距离(略小于转向轮轮距);

N——转向中心至内侧主销的距离（与 M 平行）；

L——前后轮轴距。

（2）操纵轻便。转向时，作用在方向盘上的操纵力要小。

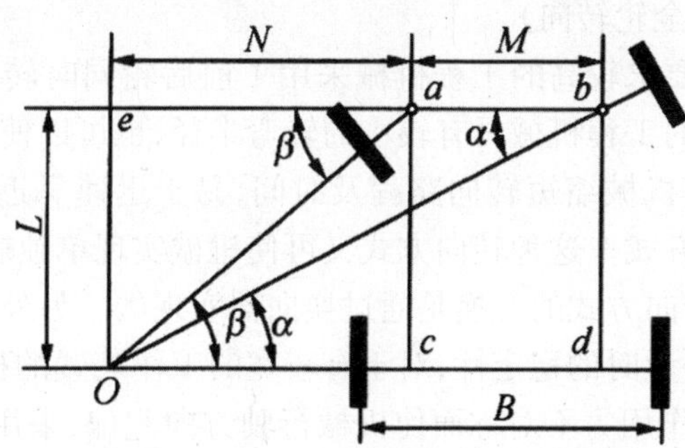

图6-1　偏转车轮式转向示意图

（3）转向灵敏。方向盘转动的圈数不宜过多，以保证转向灵敏。为了同时满足操纵轻便和转向灵敏的要求，由方向盘至转向轮间的传动比应选择合理，比如经常穿梭于狭小库房内的叉车，其传动比应比其他机械、车辆小许多，以确保能在狭小的库房内大角度转向、掉头。由于轮式工程机械的时速不超过100 km/h，根据国标规定，方向盘处于中间位置时，其空行程不允许超过±15°。

（4）工作可靠。转向系统对轮式机械的行驶安全性影响极大，其零件应有足够的强度、刚度和寿命。

（5）传动可逆性。方向盘至转向垂臂间的传动要有一定的传动可逆性，这样，转向轮就有自动回正的可能性，使驾驶员有"路感"。但可逆性不能太大，以免使作用于转向轮上的冲击全部传至方向盘，增加驾驶员的疲劳和不安全感，但对于轮式挖掘机、平地机等工程机械，由于采用全液压转向系统，转向轮无法自动回正，为减轻劳动强度、防止方向盘打手，确保行驶安全，则不应有"路感"。

（6）结构合理。转向系统的调整应尽量少而简便。

1.2　转向系统的类型

根据工程机械转向方式的不同，转向系统可分为五种。

（1）偏转前轮式转向

偏转前轮式转向通过前轮偏转一定的角度来实现机械转向，如图6-2（a）所示。偏转前轮转向时，外侧前轮的转弯半径最大，其经过的距离也最大。在行驶及作业过程中，驾驶员易于利用前轮是否避过障碍物来判断机械的行驶路线，有利于行车安全。例如轮式挖掘机、平地机就采用这种转向方式。

（2）偏转后轮式转向

有不少轮式工程机械，因为前方装有货叉、车厢、装载铲斗等工作装置，如图6-2（b）所示，这时，如果仍然采用偏转前轮式转向，不仅前轮的偏转角会受到工作装置的限制，而且由于前轮载荷增大，转向阻力增加，因而将增加轮胎的磨损，使转向困难，操纵费力。此时为了解决上述矛盾，一些前方安装工作装置的机械（如平衡式叉车、小型翻斗车、早期的正转摇杆式装载机)采用了偏转后轮式转向。偏转后轮转向时,外侧后轮的转弯半径最大,转向时驾驶员不能以前轮的位置来判断机械的行驶方向,故转向操纵比较困难。故而现在的反转摇杆式装载机已摒弃此种转向方式,转而采用铰接式转向。

(3)偏转前后轮转向(全轮转向)

对于有些操纵灵活性要求较高的工程机械采用了前后轮同时转向,如图 6-2(c)所示,这种转向方式可使轴距较长的工程机械具有较小的转弯半径,也可以使前后轮偏转方向一致,而形成斜行,斜行转向能够使机械缩短转向路程及时间,易于迅速靠近或离开作业面, 74 式装载机采用的即是这种转向方式。这种转向方式又可使机械实现单独前轮转向、后轮转向等,共可形成 4 种转向方式,其转向方式的变换是通过换向器实现的。另外,对于在横坡上工作的机械,采用斜行可以提高其作业时的稳定性,对于有较宽的工作装置的机械(如 PY – 160 B 型平地机等),在工作时往往因作用力不对称而使机械行驶方向跑偏,采用斜行能减少或消除这种现象。

(4)铰接(折腰)式转向

在大、中型工程机械上,为了增大机械的牵引力,提高其通过性能及作业率,多采用全轮驱动,但是如果仍采用偏转车轮转向,则其结构将变得很复杂。而将车架制成前后两段并铰接起来,形成活动的关节式连接,当转向时使前车架相对于后车架偏转一定的角度,形成折腰式的情形如图 6-2(d)所示,可以大大缩小转弯半径,使轮式工程机械转向、作业更加灵活方便。因此铰接式转向在轮式工程机械中得以大量的应用,如轮式装载机、推土机、压路机等广泛采用这种转向形式。这是因为铰接式转向具有以下明显的优点:

① 不需转向梯形机构,就能保证各车轮轮轴线的水平投影线交于一点,结构简单,转向时轮胎基本无侧滑。

② 不需要结构复杂的转向驱动桥,简化了传动系统结构。

③ 工作装置装在分段的车架上,如铰接式装载机铲斗装在前车架上,转向时工作装置的方向与该段车架方向一致,这有利于作业时使工作装置迅速对准作业面,从而减少循环路程及时间,提高作业率。例如 ZL40 型铰接式装载机与同类型偏转车轮转向的装载机相比,作业效率约提高 20% 。

④ 铰接式转向具有较小的转向半径,使机械能在较狭小的地方工作,机械的机动性能有所提高。

但铰接式转向因没有前轮定位,其直线行驶稳定性较差,在外阻力不平衡时,常出现左右摇摆现象,转向稳定性也较差。

(5)差速式转向

履带式工程机械均采用差速式转向。它是利用转向机构改变传至驱动轮上的扭矩,使两侧履带以不同的速度行驶而实现转向的。

当机械驱动底盘的履带式装载机、推土机的左右转向离合器接合时,由中央传动传来的扭矩,通过左、右转向离合器同时传给两侧驱动轮,此时履带直线行驶;当驾驶员将某侧转向离合器分离,切断传至该侧驱动轮的扭矩,该侧履带减速,机械便向该侧转向,此时,转弯半径较大。如果切断传至该侧驱动轮的扭矩后,再对该侧驱动轮加以适当的制动,就可使转弯半径减小,甚至可以该侧履带的中心为圆心、以两履带的中心距为半径实现枢轴式转向,如图 6-3(a)所示。

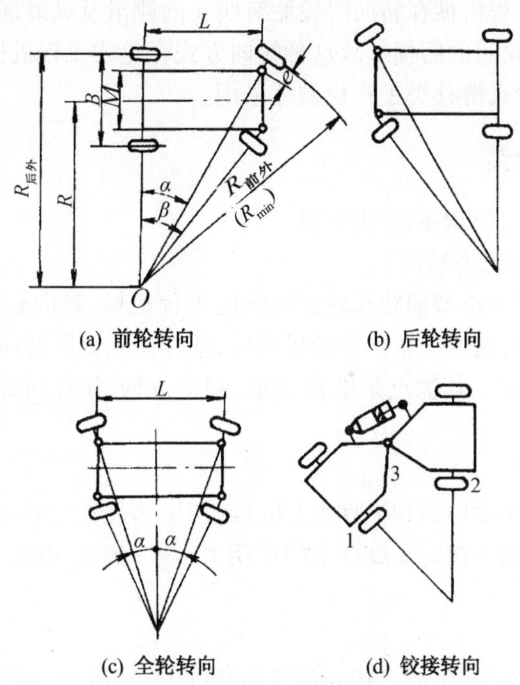

图6-2　轮式底盘转向类型

1—前车架；2—后车架；3—垂直铰接销

而采用液压驱动底盘的履带式挖掘机、轮式滑移装载机、国产三一重工及德国利勃海尔的履带推土机，采用左右行走液压马达驱动各自的履带（或车轮）实现直行；若改变进入某侧行走马达的流量，则利用左、右马达的速度差实现转向，其转弯半径的大小与流量差的大小成反比；当只给一侧行走马达供油时，即以该侧履带的中心为圆心、以两履带的中心距为半径实现枢轴式转向；若向两侧行走马达分别反向供油，因两履带各自反向旋转，则以履带行驶装置的中心（对于挖掘机就是回转中心）为圆心进行原地转向，如图6-3（b）所示。

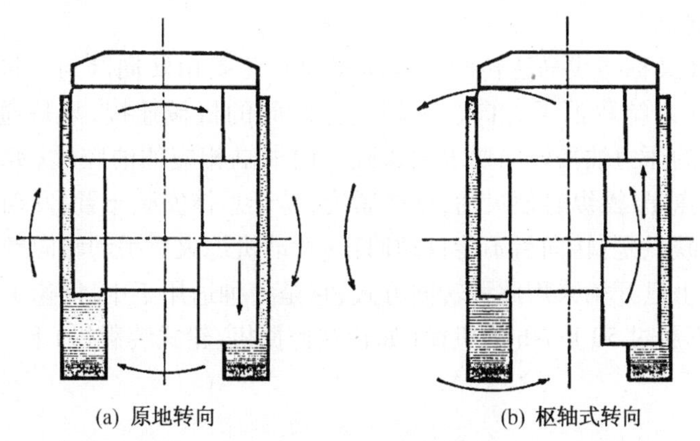

图6-3　履带式液压挖掘机的转弯情况

近年来，差速式转向在某些小型工程机械中得到很快的发展，这种机械能在狭窄的作业区域机动灵活地工作，它采用整体式车架，车桥与车架固定在一起，它依靠左、右两侧车轮的转速差来进行转向，如轮式滑移装载机即采用这种转向方式。

采用差速式转向的工程机械在转向时轮胎有明显的侧滑及纵滑现象,并且转向半径越小,打滑越严重,因此增加了轮胎的磨损。故这种转向方式在轮式工程机械中很少采用,只有需要在狭小空间行驶作业的轮式滑移类工程机械才采用。

1.3 根据操纵方式分类

转向系统根据操纵方式的不同分为三类。

(1)机械式转向(又称人力转向)

机械式转向主要用于中小型偏转车轮式转向的工程机械,转向轮的偏转完全是借助于驾驶员在方向盘上施加的力,通过一系列传动机构后,使转向轮克服转向阻力而实现的。阻力越大,则所需施加的力也越大。其优点是结构简单,制造方便,工作可靠;缺点是转向操纵较费力。

(2)液压助力式转向

中型履带式机械(如 T120A、T140 型推土机)液压助力转向是拉动转向杆,使液压转向增力器工作,放大驾驶员施加于转向操纵杆上的作用力,令一侧转向离合器分离而实现转向(见履带式机械的后桥部分)。

(3)液压动力式转向

液压动力式转向系统是在机械式转向系统的基础上,增设了一套液压助力系统。轮式机械(如轮式推土机)在采用液压动力式转向时,转动方向盘的操纵力已不作为直接迫使车轮偏转的力,而是操纵控制阀进行工作的力,车轮偏转所需的力则由转向油缸产生。液压动力式转向系统的主要优点是操纵轻便,转向灵活,工作可靠,可利用油液阻尼作用吸收、缓和路面冲击,在全液压转向器采用之前安装在 ZL40/ZL50 装载机上,现在广泛应用于采用通用或专用汽车底盘的重型工程机械(汽车起重机、混凝土泵车、混凝土搅拌车)上;缺点是结构复杂,制造成本高。

大型履带式机械(如 T160、T220 型推土机)液压动力转向是拉动转向杆,使液压油通过转向控制阀进入一侧的转向离合器,使其分离而实现转向(见履带式机械的后桥部分)。

(4)全液压式转向

全液压式转向(又称摆线马达转阀式液压转向),主要由转向阀与计量马达(摆线齿轮马达)组成。这种转向系统取消了方向盘和转向轮之间的机械连接,只是通过液压油管连接。两根油管将转向器的压力油按转向要求输送到转向油缸相应的油腔,以实现机械转向。全液压式转向的主要优点是:操纵轻便灵活,结构紧凑,易于总体安装布置,发动机熄火时仍能保证一定的转向性能。缺点是:转向后不能自动回正,发动机熄火后手动转向费力。近几年来在一些大中型工程机械上已开始采用此种转向方式,它是一种适用于中、低速工程机械上的转向系统,一般用在车速不超过 50 km/h 的机械(如轮式挖掘机、轮式装载机)上。

任务1 检修机械转向系统

1 任务要求

知识要求:

(1)掌握机械转向系统的结构与工作过程。

(2)掌握机械转向系统的调整项目。

(3)掌握机械转向系统的常见故障现象与原因。

能力要求:

(1)掌握机械转向系统主要零件的维修技能。

(2)掌握机械转向系统的装配与调整的方法。

(3)能对机械转向系统的常见故障进行诊断与维修。

2 任务引入

一台QY8型汽车起重机在行驶中感觉方向盘转动费力,表明转向系统出现故障。当拆下转向垂臂后转动方向盘仍然费力,证明故障点在转向器内,需要拆卸转向器进行检修。

3 相关理论知识

如图6-1-1所示为机械转向系统,在偏转车轮转向的中小型工程机械上使用。它由转向器和转向传动机构两部分组成。转向时,转动转向盘通过转向轴带动互相啮合的蜗杆和齿扇,使转向垂臂绕其轴摆动,再经转向纵拉杆和转向节臂使左转向节及装在其上的左转向轮绕主销偏转。与此同时,左梯形臂经转向横拉杆和右梯形臂使右转向节及右转向轮绕主销向同一方向偏转。

转向轴、啮合传动副等总称为转向器。转向垂臂、左右梯形臂和转向横拉杆总称为转向传动机构。梯形臂、转向横拉杆及前轴形成转向梯形,其作用是保证两侧转向轮偏转角具有一定的相互关系。

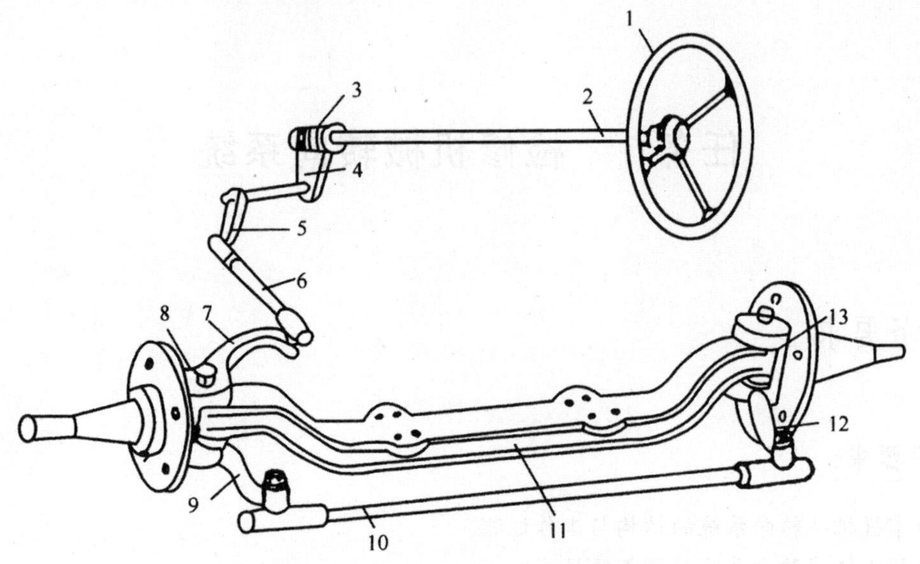

图 6-1-1　偏转车轮式机械转向系统

1—转向盘；2—转向轴；3—蜗杆；4—齿扇；5—转向垂臂；6—转向纵拉杆；7—转向节臂；8—主销；9、12—梯形臂；10—转向横拉杆；11—前轴；13—转向节

3.1　轮式机械转向器及转向操纵机构

3.1.1　转向器的类型及传动效率

(1)功用

转向器的功用是将驾驶员施加于方向盘上的作用力矩放大(速度降低)，传递到转向传动机构，使机械准确地转向。

(2)传动效率

转向器对力矩的放大主要是通过具有一定传动比的传动副来实现的。其传动比等于方向盘转角与转向垂臂相应的摆角之比 i_1，i_1 称为转向器的角传动比。

转向垂臂摆角与转向轮偏转角之比为 i_2，称为转向传动机构的角传动比。方向盘转角与转向轮偏转角之比叫作转向系统的角传动比，用 i 表示，则有

$$i = i_1 + i_2$$

一般地，转向传动机构的角传动比 i_2 较小，在 0.85 ~ 1.3 之间，而转向器的角传动比 i_1 为 16 ~ 32。很明显，转向系统角传动比的大小主要取决于转向器角传动比 i_1。

转向系统角传动比 i 的大小是由正确解决以下两个矛盾的要求得出来的：

① 为了保证行驶安全和迅速改变行驶方向，希望转向器极其灵敏，即当驾驶员转动方向盘时，车轮能尽快地偏转相当大的角度，这就要求传动比小些。

② 为了保证转向时操纵轻便，减少驾驶员的疲劳，又希望转动方向盘的操纵力小些，即传动比要大些；但过大又会使驾驶员在急转弯时转动方向盘的圈数太多，不灵敏。为了能同时满足灵敏与轻便的要求，转向器的角传动比应适当。

(3)类型

工程机械上使用的转向器类型很多,通常可根据其传动的可逆性以及传动副的结构形式来分类。

根据传动的可逆性可分为不可逆式、极限可逆式和可逆式三种。

所谓可逆性指的是转向垂臂上的作用力能不能以及能有多少反传到方向盘上去的性能。以螺旋副的转向器为例,假定作用力从方向盘传到转向垂臂欲使其摆动时为正传动,此时螺旋副的正传动效率为

$$\eta_{正} = \tan\alpha / \tan(\alpha + \theta)$$

式中,α —— 螺旋副的螺旋角;

θ —— 螺旋副的摩擦角。

当作用力反过来从地面作用到车轮、拉杆等,并由转向垂臂反传到方向盘时,欲使方向盘转动为逆传动,则此时螺旋副的逆传动效率为

$$\eta_{逆} = \tan(\alpha - \theta) / \tan\alpha$$

不可逆式转向器,$\alpha < \theta$,$\eta_{逆} = 0$,此时即转向器传动副的螺旋角不大于摩擦角。作用力只能由方向盘传给转向垂臂,而转向垂臂不能将路面的冲击传给方向盘。由于这种转向器逆传动时,螺旋副在冲击载荷作用下不能运动(卡住),所以不论地面有多大冲击,都要由转向器的传动副来承受,因而易造成零件的过载损坏,而且驾驶员操纵无路感,转向轮也不能自动回正,所以一般不采用。

极限可逆式转向器,α 略大于 θ,$0 < \eta_{逆} < \eta_{正}$,方向盘上的作用力能很容易地传到转向垂臂。又因为逆传动效率很低,使得传动副中逆传动时有较大的摩擦损失。因而从地面反传过来的冲击传到方向盘上的力将有明显的减小。这种转向器的零件不会像不可逆式的那样承受很大的路面冲击,从而使其受力状况得到明显改善;同时,在受到路面冲击作用时,也只有一小部分的冲击作用传到方向盘,故减少了驾驶员的疲劳,且有较好的路感,机械也能够自动回正,因此被中型车辆广泛采用。

可逆式转向器,$\alpha > \theta$,正、逆传动的效率都较高,方向盘上的作用力可以很容易地传到转向垂臂,而路面的冲击力也能很容易地经过转向垂臂反传到方向盘上,故偏转后的转向轮自动回正好,驾驶员具有良好的路感,但有明显的"打手现象",易疲劳,故被小型车辆广泛采用。若底盘上装有弹性较好的低压轮胎来吸收部分冲击,或在动力转向的工程机械上,其地面冲击被大大地衰减,因而可逆式转向器近年来也被大型机械车辆广泛采用。

3.1.2　转向器的构造和工作原理

根据传动副的结构形式来分,转向器可分为球面蜗杆滚轮极限可逆式、蜗杆曲柄销式和循环球式三种。下面着重介绍这三种形式的转向器。

3.1.2.1　球面蜗杆滚轮极限可逆式转向器

轮式推土机、CL-7 铲运机和 74 式装载机采用的均是球面蜗杆滚轮极限可逆式转向器。下面以轮式推土机为例对其结构和工作原理进行分析。

(1)结构

轮式推土机转向器主要由球面蜗杆、滚轮、滚轮架、转向器壳体等组成,如图 6-1-2 所示。球面蜗杆与空心的转向轴焊接在一起,蜗杆两端通过滚锥轴承支承,壳体底部通过螺钉固定有

端盖，在端盖与壳体间装有调整垫片，轴承间隙可通过增减垫片 2 进行调整。

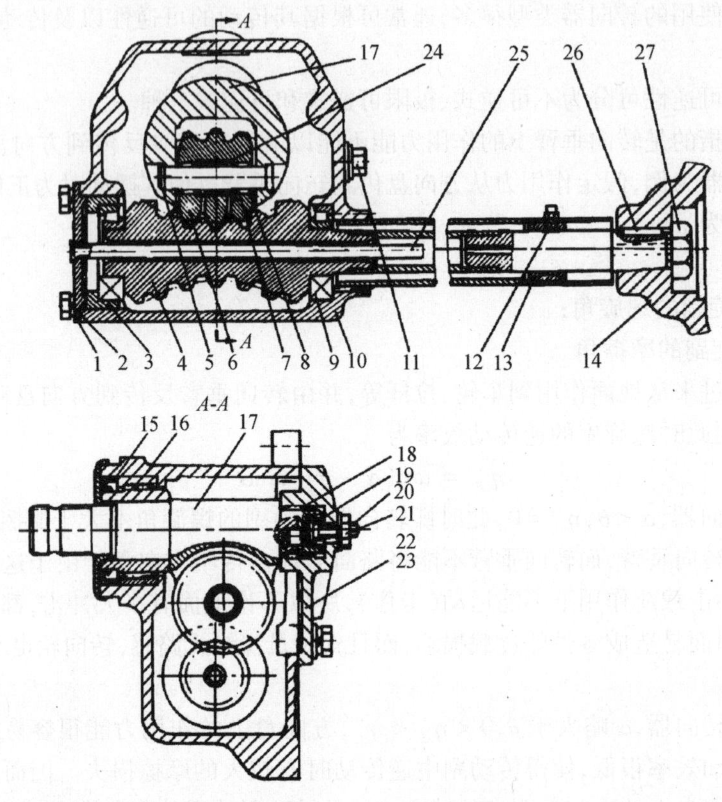

图 6-1-2　球面蜗杆滚轮式转向器

1—端盖；2—调整垫片；3—轴承套；4—蜗杆；5—滚轮轴；6—滚轮；7—滚针轴承；8—垫圈；9—轴承；10—转向器壳体；11—螺塞；12—黄油嘴；13—衬套；14—法兰盘；15—油封；16、18—滚动轴承；17—滚轮架；19—挡圈；20—调整螺钉；21—锁紧螺母；22—垫片；23—侧盖；24—隔套；25—导线管；26—平键；27—螺母

滚轮 6 通过两滚针轴承 7 支承在滚轮轴 5 上，滚轮轴装于滚轮架 17 上，两滚针轴承间有隔套 24，滚轮与滚轮架间装有耐磨垫圈 8，滚轮的球形表面上制有 3 道环状齿，并与蜗杆 4 上的齿相啮合，组成啮合传动副。其优点是同时啮合工作的齿数多，承载能力大，传动效率高。

滚轮架 17 与转向垂臂轴制成一体。垂臂轴通过滚动轴承 16 及 18 支承在转向器壳体 10 和侧盖 23 上。垂臂轴的一端伸出壳体外和转向垂臂相连接，轴承外端装有油封 15 和护罩。侧盖 23 上装有调整螺钉 20 及锁紧螺母 21，调整螺钉拧入侧盖孔中，其端部伸入垂臂轴端部内孔中，并用挡圈 19 和卡环限位。旋入或旋出调整螺钉 20，可调整滚轮 6 与蜗杆 4 的啮合间隙。因为滚轮和蜗杆装配后，在转向垂臂轴的轴线方向上有一定的偏心距，故只要改变垂臂轴的轴向位置，使滚轮离开或接近蜗杆，就可以增大或减小它们之间的间隙。壳体上有检加油口，壳体内的齿轮油应加到和油口相平齐，由螺塞封闭。

转向轴与衬套间的润滑是通过对拧在套管上的黄油嘴 12 注油实现的。

(2)工作原理

转动方向盘，通过转向轴带动球面蜗杆 4 旋转，滚轮 6 在绕滚轮轴 5 自转的同时，又沿蜗杆 4 的螺旋线滚动(公转)，从而带动滚轮架 17 及转向垂臂轴摆动，通过转向传动机构使转向轮偏转。

(3)调整

转向器的调整,主要是调整蜗杆的轴承间隙和蜗杆与滚轮的啮合间隙。这两个间隙过紧会使转向沉重;过松又会使方向盘自由行程过大。因此,过松或过紧都须进行调整。

蜗杆轴承间隙的调整是通过增减转向器壳体和端盖之间的调整垫片2来进行的。增加垫片,轴承间隙变大;减少垫片,间隙变小。调整好后须进行检验,方法是用手转动方向盘时,转动应灵活,用手推拉方向盘时,没有轴向移动的感觉则为调整合适。在有弹簧秤时,可用弹簧秤拉动方向盘外缘,其拉力在3~8 N为合适。

调整蜗杆与滚轮啮合的间隙时,首先拧松侧盖上面的锁紧螺母21,然后转动调整螺钉20。旋进螺钉啮合间隙减小,反之则增大。调好后把锁紧螺母拧紧。

调整后应进行检查。将方向盘从一边极限位置转到另一边极限位置,应转动自如,无沉重感;装上转向垂臂后,用手扳动垂臂应感觉不到有明显的间隙,并可带动方向盘左、右转动,即为合适。同样,也可用弹簧秤拉动方向盘外缘的方法进行检查,其拉力应为10~30 N,否则应重调。

调整时必须注意,因为蜗杆侧面节圆半径比滚轮节圆半径大,所以,当滚轮处于与蜗杆不同位置啮合时,间隙也不同。滚轮位于蜗杆中间时其啮合间隙最小,而向左右转动时,间隙均随之增大。因此在检查和调整啮合间隙时,必须首先使滚轮在蜗杆的中间位置,然后再进行检查、调整。

3.1.2.2　蜗杆曲柄销式转向器

蜗杆曲柄销式转向器属极限可逆式转向器,分为单销式和双销式两种,如图6-1-3所示为双销式转向器,它主要由蜗杆、曲柄、曲柄销、转向器壳体等组成。

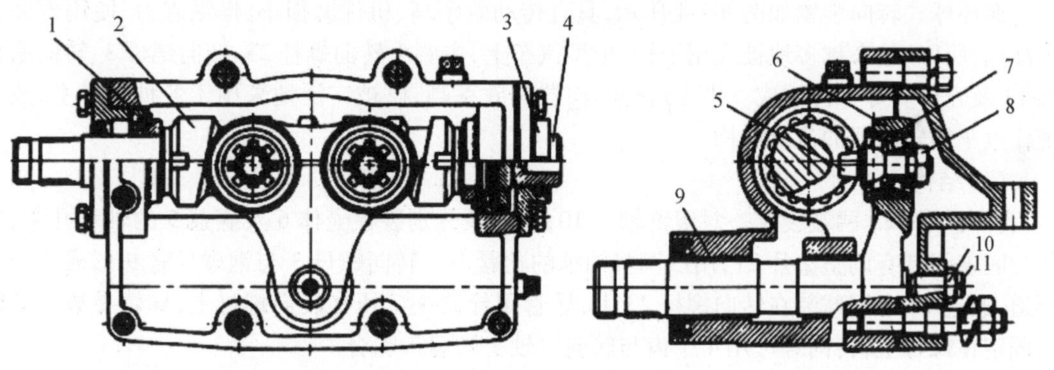

图6-1-3　蜗杆曲柄双销式转向器

1—推力轴承;2—转向蜗杆;3—圆螺母;4—轴承调整螺塞;5—曲柄销;6—曲柄;7—轴承;8—调整螺母;9—衬套;10—锁紧螺母;11—调整螺钉

(1)结构

转向蜗杆2两端通过推力轴承1支承在壳体的两侧座孔内,用端盖将其轴向定位。右端圆螺母3用螺钉固定在壳体上,内拧有轴承调整螺塞4,转动螺塞可以调整两轴承的间隙。两个锥形曲柄销5均用双列锥形滚柱轴承7支承在曲柄6的座孔中,使之可以绕自身轴线转动,以减轻销和曲柄的磨损,并提高传动效率,使转向灵活。调整螺母8用来调整轴承的预紧度,以使曲柄销能自由转动而又无明显的轴向间隙。

曲柄6和转向垂臂轴制成一体,垂臂轴通过衬套9支承在转向器壳体上,伸出壳体的一端通过花键和固定螺母与转向垂臂连接。为防止漏油,垂臂轴与壳体之间装有油封。

转向器壳体固定在车架上,壳体上有检加油口,用螺塞封闭。

曲柄销和蜗杆的啮合间隙可用拧在转向器侧盖上的调整螺钉 11 调整。顺时针旋转调整螺钉,则间隙减小;逆时针旋转调整螺钉,则间隙变大,调好后用锁紧螺母 10 锁紧。

(2)工作原理

转向时,方向盘带动蜗杆 2 转动,使曲柄销 5 在自转的同时,绕着与曲柄 6 制成一体的转向垂臂的轴线做圆弧运动,从而使转向垂臂轴转动,通过转向传动机构使工程机械转向。

曲柄单销式与双销式的区别在于:传动副是由蜗杆与带有曲柄的一个锥形销相啮合组成的。因此,双销式结构能保证曲柄销转到两端位置时,总有一个销能与蜗杆啮合,较之单销式有更大的转角,并避免因曲柄销在转到极限位置时脱出蜗杆而使转向失灵。

(3)调整

蜗杆曲柄销式转向器的调整主要是指蜗杆推力轴承、曲柄销滚锥轴承间隙的调整和曲柄销与蜗杆啮合间隙的调整。

① 蜗杆轴承间隙的调整:通过拧动轴承调整螺塞 4 进行,往里拧,则间隙变小;往外拧,则间隙变大。

② 曲柄销轴承间隙的调整:通过拧动曲柄销端部的调整螺母 8 进行,螺母拧紧,则间隙变小;螺母拧松,则间隙变大。

③ 蜗杆与曲柄销啮合间隙的调整:通过拧动侧盖上的调整螺钉 11 进行,螺钉拧紧,则间隙变小;螺钉拧松,则间隙变大。

3.1.2.3 循环球式转向器

循环球式转向装置如图 6-1-4 所示,具有传动效率高、机件磨损小、操纵省力、使用寿命长等优点,所以,越来越多地被应用于轻、中型汽车上,主要由转向螺杆 23、转向螺母 3、转向垂臂轴 14 及壳体 6 等零件组成。由于这种转向器的效率高,已被广泛地采用于各种汽车上,成为现代汽车用转向器的流行结构。

(1)结构

转向螺杆 23 两端装有一对滚锥轴承 10,其外圈分别装在壳体 6 及底盖 5 的轴承孔中,壳体与底盖间装有调整垫片 21,用以调整轴承的预紧力。转向螺母 3 与钢球导管 9 形成两个循环道,通过 96 个钢球装在转向螺杆 23 上,导管用导管夹 7 压在转向螺母上,导管夹被 3 个螺钉固定在螺母上,转向螺母用 4 个齿与转向臂轴上的扇齿啮合。

转向垂臂轴 14 的一端通过滚针轴承 15 支承在侧盖 19 上,另一端通过两个滚针轴承 13 支承在壳体上,侧盖与壳体之间装有密封垫 4。调整螺栓 17 装在侧盖的螺孔中,端头装在转向臂轴的 T 形槽内,端头与 T 形槽的间隙用调整垫片 18 调整。壳体上装的通气塞 8 兼作加、放油口。转向器用 4 个螺栓固定在托架上。

(2)工作原理

螺杆通过两端的滚锥轴承 10 支承在壳体上,轴承间隙可通过端盖与壳体间的调整垫片 21 进行调整。方形转向螺母 3 的内径略大于转向螺杆 23 的外径,在螺杆和螺母上都加工出断面近似为半圆形的螺旋槽,两者的槽相配合便形成近似为圆形断面的螺旋形滚道。螺母侧面制有圆孔,钢球由此孔装入滚道内,两根钢球导管 9 装在螺母上,每根导管的两端分别插入螺母侧面的圆形孔内,导管内也装满钢球。这样,两根导管和螺母内的螺旋形滚道组成了两个

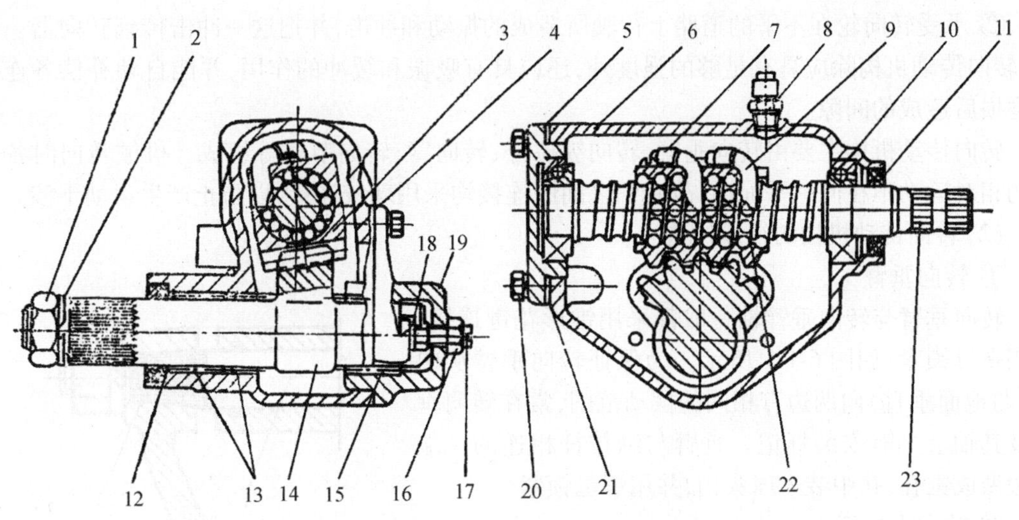

图 6-1-4　循环球式转向器

1—螺母；2—弹簧垫圈；3—转向螺母；4—密封垫；5—底盖；6—壳体；7—导管夹；8—通气塞；9—钢球导管；10—滚锥轴承；11、12—油封；13、15—滚针轴承；14—转向垂臂轴；16—锁紧螺母；17—调整螺栓；18、21—调整垫片；19—侧盖；20—螺栓；22—钢球；23—转向螺杆

各自独立封闭的钢球“流道”。

齿扇与转向垂臂轴制成一体，并与螺母上的齿条相啮合，转向垂臂轴支承在壳体内的衬套上。在转向垂臂轴 14 的端部嵌入调整螺栓 17 的圆柱形端头。调整螺栓拧在侧盖 19 上，并用螺母 16 锁紧。因齿扇的高是沿齿扇轴线而变化的，故转动调整螺栓 17 使转向垂臂轴 14 做轴向移动，即可调整齿条与齿扇的啮合间隙。

当转动方向盘时，转向轴带动转向螺杆 23 转动，通过钢球将力传给转向螺母，螺母就产生轴向移动。并通过齿条带动齿扇及与齿扇制成一体的转向垂臂轴转动，经转向传动机构使转向轮转向。与此同时，由于摩擦力的作用，所有钢球便在螺杆与螺母之间流动，形成“球流”。钢球在螺母内绕行两周后，流出螺母而进入导管，再由导管流回螺母内球道始端，依此循环流动，故称为循环球式转向器。因螺杆、螺母间装有钢球，使滑动摩擦变为滚动摩擦，所以此转向器传动效率高(可达 90% ~95%)、操纵轻便灵活、磨损小、寿命长。此外，循环球式转向器在结构上便于和液压转向助力器设计为一个整体(见液压动力式转向系统部分)，故应用日益广泛。

(3)调整

循环球式转向器的调整有两方面：

① 螺杆轴承间隙的调整：通过增减端盖与壳体间的调整垫片来调整，增加垫片，间隙变大，减少垫片，间隙变小。

② 齿条与齿扇啮合间隙的调整：通过拧动侧盖上的调整螺钉进行调整，往里拧进，间隙变小，往外拧出，间隙变大，调整完毕将锁紧螺母锁紧。

3.1.3　转向传动机构

(1)转向传动机构的功用

① 将经过转向器放大了的转向力矩传给转向车轮，使车轮偏转，达到转向的目的。

② 承受转向轮在不平的道路上行驶所造成的振动和冲击，并把这一冲击传到转向器。所以，转向传动机构除应具有足够的强度外，还应具有吸振和缓冲的作用，并能自动补偿各连接处磨损后造成的间隙。

转向传动机构主要由转向垂臂、转向纵拉杆、转向臂、转向节臂等组成。机械转向时各部件的相对运动不在同一平面内，故它们之间的连接均采用球铰连接，以防止产生运动干涉。

(2)转向传动机构的组成构造

① 转向垂臂

转向垂臂与转向垂臂轴一般都采用锥形花键连接，并用螺母锁紧，如图 6-1-5 所示。为保证转向垂臂从中间(与地面垂直)向两边有相同的摆动范围，常在转向垂臂及其轴上刻有安装标记。垂臂与纵拉杆相连的一端一般做成锥孔，孔中装入球头销，并用螺母锁紧。

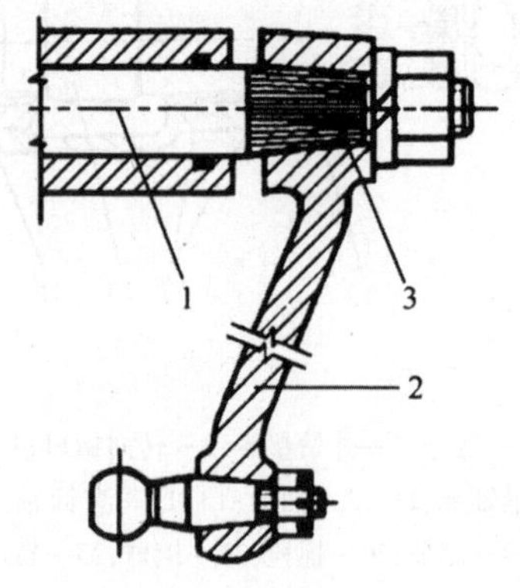

图 6-1-5 转向垂臂

1—转向垂臂轴;2—转向垂臂;3—花键

② 转向纵拉杆

转向纵拉杆主要由球头销、球头碗、弹簧、弹簧座、螺塞、杆身等组成。纵拉杆在转向时既受拉又受压，通常用钢管制成，并尽量呈直线形，其结构如图 6-1-6 所示。

杆身两端略为扩大以便装入球头销 1，其一端与转向垂臂相连，另一端用球头销与转向臂连接。球头销两侧装有球头碗 6，组成球铰。在螺塞 5 和弹簧 2 的作用下，球头碗 6 与球头销 1 靠紧。两个弹簧的压紧方向不同，其作用是：自动补偿球头销磨损后产生的间隙，受到拉伸或压缩冲击时起缓冲作用，以减轻对转向器的冲击载荷。

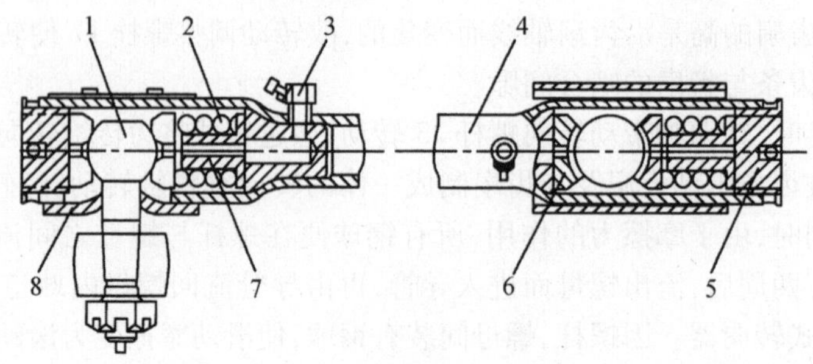

图 6-1-6 转向纵拉杆

1—球头销;2—弹簧;3—黄油嘴;4—杆身;5—调整螺塞;6—球头碗;7—弹簧座;8—防尘罩

转动螺塞可以调节弹簧 2 的预紧力，最大预紧力由弹簧座 7 加以限制。弹簧座可以起到限制弹簧过载的作用，并防止弹簧折断后球头销从管孔中脱出。

另外，有些工程机械因其总体结构布置的需要，纵拉杆不止一个，例如图 6-1-7 所示为轮式推土机的纵拉杆布置图。两个纵拉杆通过摇臂 11 连接，摇臂的摆动受到两个限位螺栓 13 的限制。上纵拉杆通过球头销与转向垂臂相连，下纵拉杆与转向助力器相连，用以控制随动阀的运动。

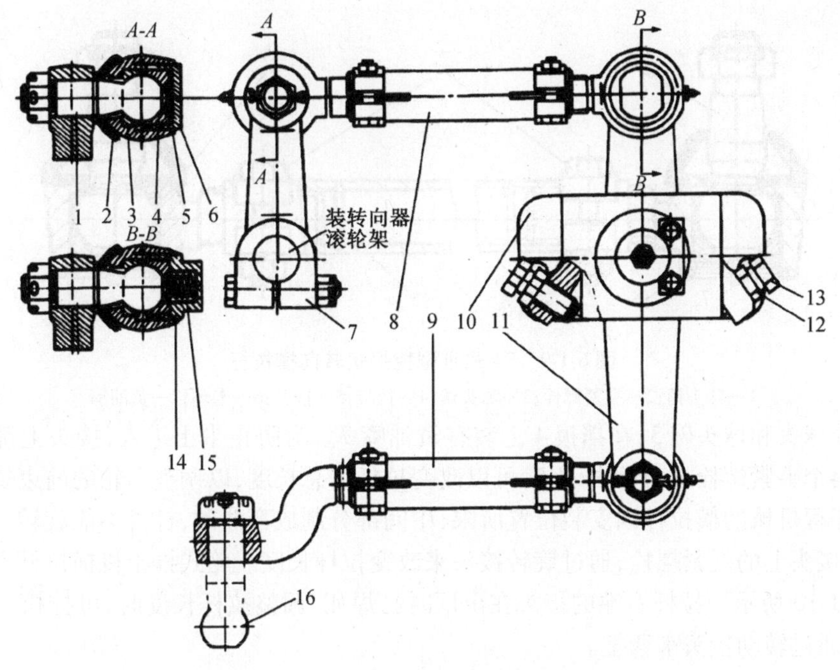

图 6-1-7　轮式推土机的纵拉杆布置图

1、16—球销;2—球铰接头;3—上球座;4—下球座;5—碟形弹簧;6、15—底座;7、8、9—连杆;10—支座;11—摇臂;12—锁紧螺母;13—限位螺栓;14—弹簧

③ 转向臂、转向节臂

转向臂通常是一端与转向节用螺钉连接,另一端通过锥孔和纵拉杆的球头销连接。两个转向节臂也是通过螺钉和转向节连接,另一端通过锥孔和转向横拉杆的球头销相连。有些机械(如74式Ⅲ型挖掘机)将转向臂和转向节臂制成一体,转向臂的中部通过螺钉与转向节连接,两端通过锥孔分别与转向油缸的活塞杆和横拉杆的球头销相连,如图6-1-8所示。

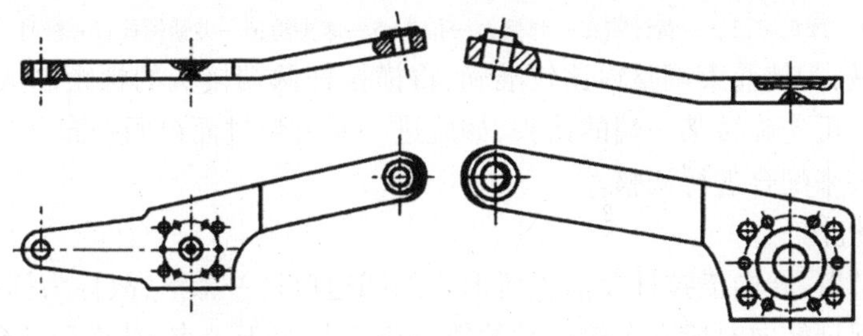

图 6-1-8　转向臂、转向节臂

④ 转向横拉杆

转向横拉杆主要由杆身及球铰接头组成,74式Ⅲ型挖掘机的转向横拉杆如图6-1-9所示。杆身由钢管制成,两端分别制有螺纹。两个接头拧在两端螺纹上,并用夹紧螺栓2紧固。

球头销1的锥形部通过螺母和转向节臂连接固定,球头部伸入接头空腔内,并夹装在上、下球头碗3之间。球头碗下部装有橡胶垫圈和挡板4,并由安装在接头上的卡环6限位。为消除球头和球头碗磨损后产生的间隙,在挡板和橡胶垫圈之间装有调整垫片。这样,因磨损产生的间隙较小时,可由橡胶垫圈自动消除,间隙较大时可通过增加调整垫片来消除。

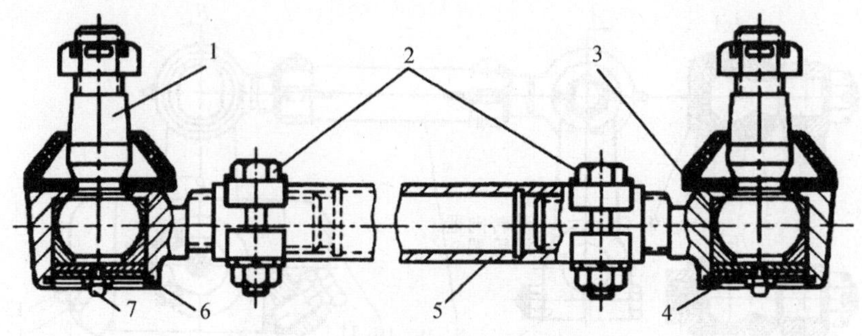

图 6-1-9　74 式Ⅲ型挖掘机转向横拉杆

1—球头销;2—夹紧螺栓;3—球头碗;4—挡板;5—杆身;6—卡环;7—黄油嘴

为润滑球头和球头碗 3,在挡板 4 上装有黄油嘴 7。为防止尘土进入,接头上部装有防尘罩。松开两个夹紧螺栓 2,转动杆身 5,可以改变拉杆的总长度,以调整车轮的前束值。

有些工程机械的横拉杆因安装位置所限,中间部分制成弯曲的,杆身不能旋转。调整前束时,可拧松接头上的夹紧螺栓,通过旋转接头来改变拉杆长度。轮式推土机横拉杆即是这种形式,如图 6-1-10 所示。拉杆右端的接头在出厂时已焊死,调整拉杆长度时,可拧松左边接头的夹紧螺栓,通过转动接头来调整。

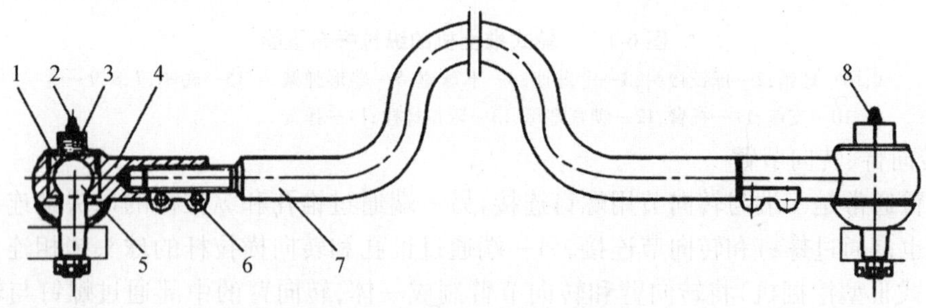

图 6-1-10　轮式推土机横拉杆

1—球头碗;2、8—黄油嘴;3—弹簧;4—接头;5—球头销;6—夹紧螺栓;7—杆身

有些工程机械,为使前束调整得比较准确,将横拉杆两端接头的螺距制成不相等的,一端大,一端小,调整时可先旋转某一端的接头,如旋进一圈就超过而退回一圈又达不到要求时,可旋转另一端的接头来配合进行调整。

⑤ 转向梯形机构

因左右转向节臂、转向横拉杆及前轴所形成的四边形是一梯形,故称为梯形机构。转向梯形机构的作用是保证转向时所有车轮行驶的轨迹中心相交于一点,从而防止机械车辆转弯时产生的轮胎滑磨现象,减少轮胎磨损,延长其使用寿命,还能保证车辆转向准确、灵活。

4　任务实施

4.1　准备工作

通过查阅对应的维修手册等相关资料,经过课堂讨论、教师答疑和操作演示,制订修改拆装方案,准备所需仪器、设备和工具。

4.2　操作流程

4.2.1　QY8 型汽车起重机转向器总成拆卸

该 QY8 型汽车起重机采用的是 CA1092 汽车底盘,其转向装置由方向盘、转向柱总成、循环球式转向器等组成。其中循环球式转向器主要由螺栓、螺母、循环钢球、齿条、齿扇及转向垂臂轴、转向器壳等机件组成,如图 6-1-11 所示。

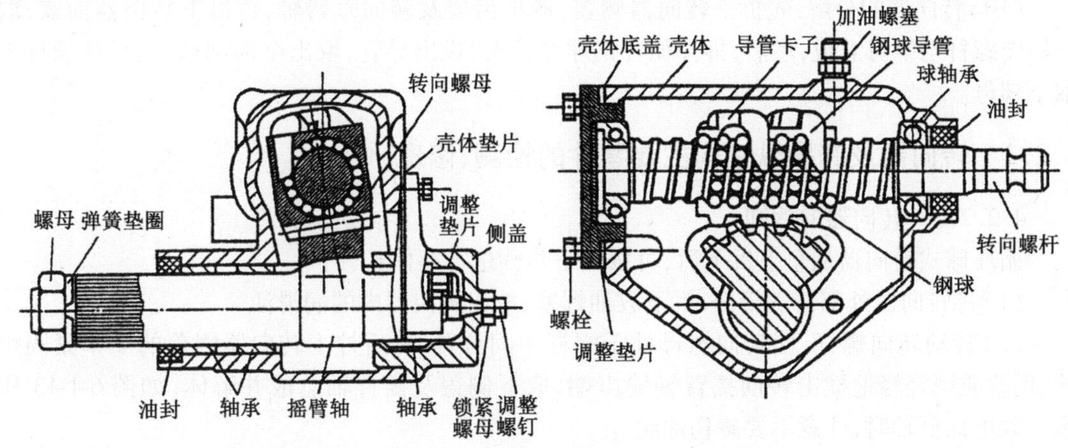

图 6-1-11　CA1092 型汽车循环球式转向装置

转向装置的拆卸结构示意图如图 6-1-12 所示：

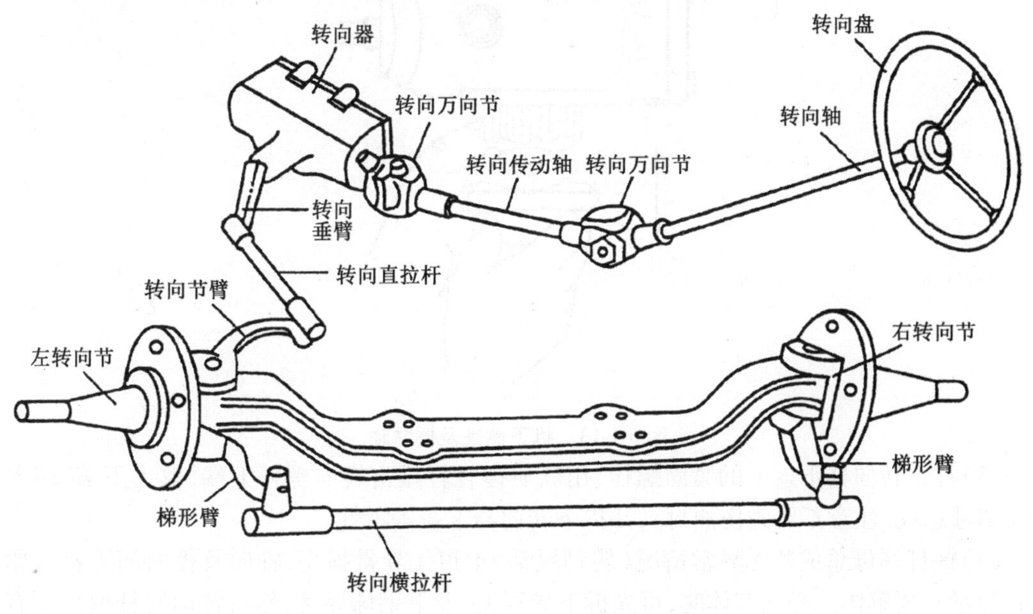

图 6-1-12　CA1092 型汽车转向传动机构

(1)松开转向垂臂紧固螺母,然后从轴上取下转向垂臂；

(2)拆下转向盘中央喇叭按钮,然后松开转向盘紧固螺母,使用拉力器拉下转向盘；

(3)拆下转向万向节与上转向柱连接花键夹紧螺栓;

(4)拆下伸缩万向节与转向螺杆花键固定螺栓;

(5)拆下两个万向节总成;

(6)拆下转向柱套管上支架与仪表板的固定螺栓;

(7)拆下转向柱套管下支架与驾驶室底板的固定螺栓;

(8)拆下上转向柱及套管;

(9)拆下转向器壳体固定螺栓,取下转向器总成;

(10)转向器的分解:先拆下转向器侧盖,取出齿扇及转向垂臂轴,再拆下转向器前盖,取出转向螺杆与螺母总成,然后,拆掉循环钢球导管夹,拔出导管,取出全部钢球,最后从螺杆上取下螺母。

4.2.2 转向器及其操纵机构主要零件的检测、修理

4.2.2.1 转向器的拆卸

循环球式转向器从车上拆下后,可按如下步骤进行解体:

(1)将转向器外部清洗干净,拆下放油螺塞,放出转向器内的润滑油。

(2)转动转向螺杆,使转向螺母处于蜗杆中间位置,然后拧下转向器侧盖的4个紧固螺栓,用软质锤轻轻地撞击转向摇臂轴输出端,取下侧盖及摇臂轴总成并解体,如图6-1-13所示。取出摇臂轴时,注意不要碰伤油封。

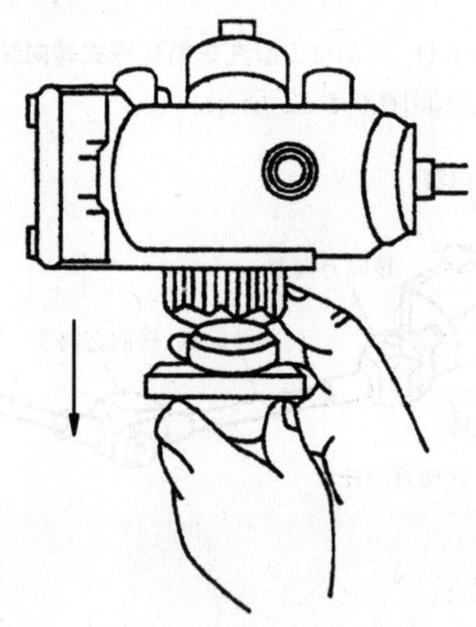

图6-1-13 拆下侧盖及摇臂轴

(3)拧下转向器下盖上的紧固螺栓,用软质锤轻轻敲击转向螺杆上端,取出下盖、转向螺杆及螺母总成(注意不要碰伤油封),并拆下转向器上盖等零件。

(4)螺杆螺母总成若无异常情况(转动灵活、滚道无异常损伤、轴向及径向间隙符合要求等),尽量不要解体。必须解体时,可先拆下导管夹,取下钢球导管,然后转动螺杆取出所有钢球,使螺杆与螺母分离。注意:拆卸时两循环滚道中的钢球应分别放置,并记清其所对应的滚道位置,以防错放。

(5)拆下各油封及密封圈,用压具从转向器壳体中拆下摇臂轴衬套。

4.2.2.2　转向器壳体的检修

(1)转向器壳体的检修

用检视法检查,转向器壳体出现裂纹,应予以更换。用直尺、厚薄规检查,壳体与侧盖结合面的平面度误差大于0.10 mm时,应将其修磨平整。转向器壳体及端盖上各轴承孔磨损严重,摇臂轴与衬套配合松旷(配合间隙应不大于0.10 mm),均应换用新件。

(2)摇臂轴的检修

① 用检视法检查,摇臂轴扇齿表面出现轻微点蚀可用油石修磨后继续使用,点蚀严重应换用新件。轴端螺纹损伤超过2牙可堆焊后重新加工螺纹。

② 磁力探伤检验,摇臂轴出现裂纹应予更换。

(3)转向螺杆、螺母总成的检修

① 用检视法检查转向螺杆及螺母滚道表面、螺母齿面应无金属剥落现象及明显的磨损凹痕。

② 用磁力探伤检验螺杆应无裂纹,否则,应换用新件。将转向螺杆固定,轴向和径向推拉转向螺母,并用百分表检查其配合间隙,间隙大于0.05 mm时,应更换全部钢球(各钢球的直径差不得超过0.01 mm,以保证工作中各钢球均匀受力)。转向螺杆与轴承的配合出现松动时,也应换用新件。

(4)轴承及油封的检修

转向螺杆推力轴承出现点蚀及烧蚀现象或轴承保持架明显变形等,应成套更换。摇臂轴油封及螺杆油封老化或刃口损坏造成漏油时,也应更换。

4.2.3　转向器及其操纵机构的装配与调整

(1)转向螺杆螺母总成的装配与调整

① 将转向螺母套到转向螺杆上,将螺杆平放,边转动螺杆边将钢球装入转向螺母两滚道中(每个滚道放36个钢球)。

② 将其余钢球分装于两个导管中,在导管两端分别涂少量润滑脂(以防钢球掉出),然后插入螺母的导管孔中,并用木锤轻轻敲击使其安装到位。

③ 安放好导管夹,并用螺钉紧固。此时,转向螺母在螺杆滚道全长上应转动灵活,螺母应能从螺杆上端自由匀速下落。

④ 将转向螺杆推力轴承内圈压装到螺杆两端,轴承外围分别压装到转向器上、下盖上。

⑤ 将组装好的转向螺杆总成装入转向器壳体中。

⑥ 装好轴承,将下盖及适当厚度的密封垫片安装到转向器壳体上,并装好转向器上盖及调整垫片。此时,螺杆应转动灵活,且无轴向间隙感:用弹簧秤拉动时,其转动力矩应为0.7～1.2 N·m。螺杆转动不灵活或力矩过大时,应增加上盖处调整垫片的厚度;有轴向间隙或力矩过小时,则减少垫片。

⑦ 在转向螺杆颈部涂少量润滑油后,装复螺杆油封。

(2)摇臂轴的装配与调整

① 将摇臂轴止推垫片套到调整螺钉上,把调整螺钉及适当厚度的调整垫圈依次装入摇臂轴轴端的孔中,并装上锁环,如图6-1-14所示。此时,螺钉的轴向间隙应不大于0.1 mm,否则,应对调整垫圈的厚度进行调整。

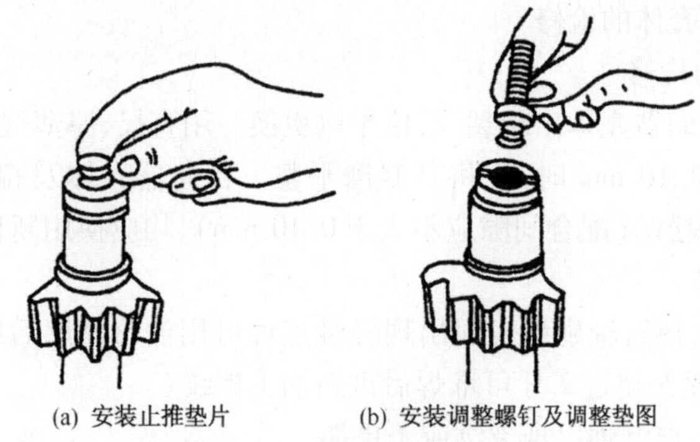

(a) 安装止推垫片　　(b) 安装调整螺钉及调整垫图

图 6-1-14　安装调整螺钉

② 将侧盖拧到调整螺钉上,并在侧盖上装好密封垫片。

③ 密封垫片涂密封胶后,将摇臂轴装入转向器壳体中,并用螺栓将侧盖紧固好。

④ 压装好摇臂轴油封及油封密封圈。

⑤ 转动转向螺杆,使转向器处于中间啮合位置,装上摇臂。此时,在摇臂输出端(距摇臂轴197 mm)用百分表测量,摇臂的自由摆转量应不大于0.15 mm。否则,应调整摇臂轴齿扇与转向螺母啮合间隙,如图 6-1-15 所示。调整螺钉向里拧,啮合间隙减少;反之则增大。调整合适后,拧紧调整螺钉的锁紧螺母。

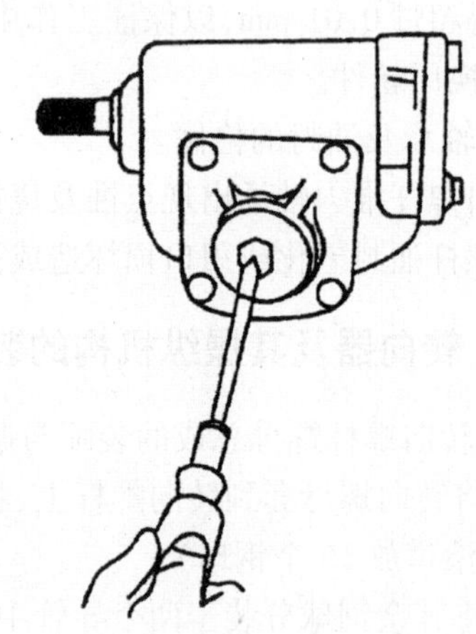

图 6-1-15　循环球式转向器啮合间隙的调整

(3)加注润滑油

从加油口加注硫磷型中负荷(GL－4 级)车辆齿轮油或18 号馏分型双曲线齿轮油至规定油面高度(与加油口下沿平齐),并装好通气塞。

4.2.4　拆装注意事项

注意拆卸时转向摇臂轴与摇臂的装配标记,无装配标记时应做好装配标记。

4.3　机械转向系统的维护保养

4.3.1　清洁

清洁转向器外表及通气塞。

4.3.2　检查

(1)基本检查

① 检查转向器有无漏油现象,若有漏油应查明漏油原因;

② 检查转向器内油面,油面应不低于规定位置(EQ1092 和 CA1092 汽车为不低于检视口下沿 15 mm);

③ 检查转向器的紧固情况，转向器安装应牢固、可靠；

④ 操纵状况：使车辆在各种条件下行驶，检查转向盘操纵力的大小、摆动量、回位状况、稳定性等。

(2)转向盘自由行程的检查

汽车每行驶 12 000 km 左右，应检查转向盘的自由行程，其标准值为：国标 GB 7258—1997 规定机动车转向盘的最大自由转动量从中间位置向左或向右均应不大于10°(最大设计时速不小于100 km/h 的机动车)或15°(最大设计时速不小于100 km/h 的机动车)。

① 将汽车停放在平坦、坚实的路面上，使前轮处于直线行驶位置；

② 将如图 6-1-16 所示的转向参数测量仪安装于转向盘上，将测量仪接好电源；

③ 按下“角测”按钮，向一个方向缓慢转动转向盘直至车轮刚刚开始摆动，停止转动转向盘，仪器显示出转向盘的自由转动角度。将转向盘回正后，可测出另一个方向的自由转动角度。也可将转向盘打到一个车轮即将开始摆动到另一个车轮即将开始摆动的位置，即可测出转向盘自由行程。

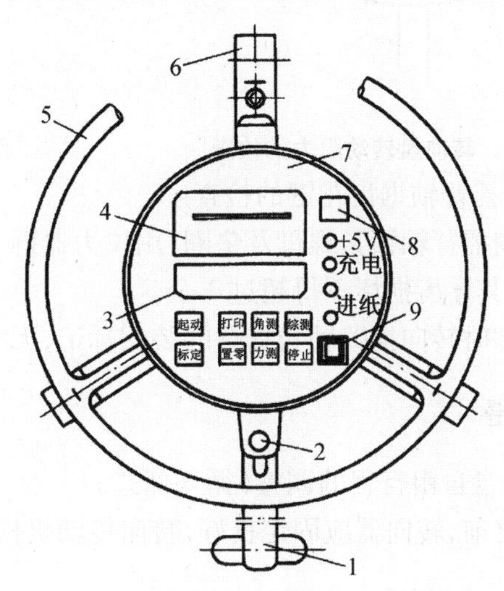

图 6-1-16　转向盘自由行程检测用转向参数测量仪

1—固定杆；2—固定螺钉；3—显示器；4—打印机；5—操纵盘；6—连接叉；7—主轴箱；8—电压表；9—电源开关

(3)转向盘松脱或松旷的检查

用双手握住转向盘，在轴向和径向方向上用力摇动，观察此时转向盘是否移位。由此了解转向盘与转向轴的安装情况，轴承是否松旷等。

(4)转向盘转动阻力检查

转向盘转动阻力可用如图 6-1-17 所示弹簧秤拉动转向盘边缘进行测量，也可用如图 6-1-16所示转向参数测量仪进行检查，测量时顶起前桥，按下“力测”按钮，缓慢地将转向盘由一端尽头转到另一端尽头，即可测出转动力矩 M。再根据转动半径 r，即可求出转向盘边缘上的转动力 F。

$$F = M / r$$

式中：M——转动力矩；

r——转向盘半径。

(5)转向器主传动副啮合间隙的检查

用手握住转向摇臂，用力推拉应无松旷感觉，如图 6-1-18 所示，否则说明转向螺母齿条与转向摇臂轴扇齿(循环球式)或主销与蜗杆(指销式)的啮合间隙过大，应予调整。转动摇臂时灵活自如、无卡滞现象为合适。

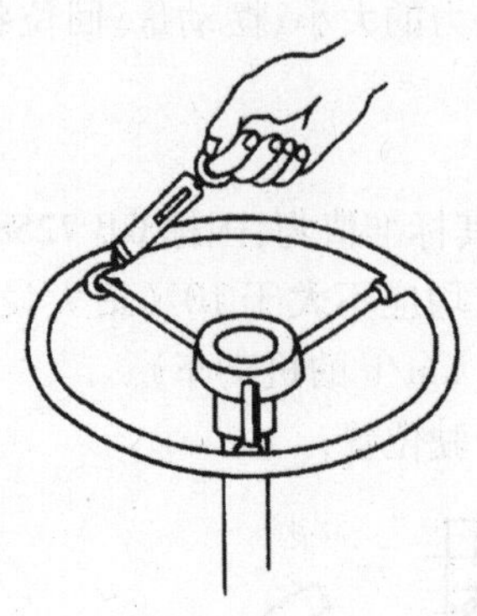
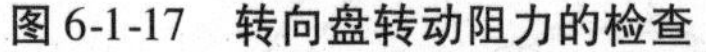

图 6-1-17　转向盘转动阻力的检查

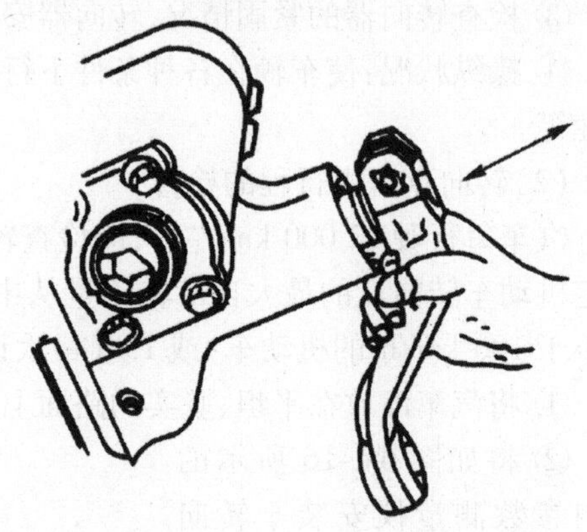

图 6-1-18　转向器主传动副啮合间隙的检查

(6)转向摇臂轴锯齿花键的检查

拆下转向摇臂轴锁紧螺母及垫圈,用拉力器拆下转向摇臂,检查转向摇臂轴端部锯齿花键是否有损坏,其牙齿损坏不得超过 2 个。

注意拆卸时转向摇臂轴与摇臂的装配标记,无装配标记时应做好装配标记。

4.3.3　调整

(1)转向盘自由行程的调整(循环球式)

在调整之前,转向器应固定良好,转向传动机构各连接部位间隙正常,轮毂轴承及转向节间隙正常。

① 松开调整螺钉锁紧螺母,如图 6-1-19 所示;

② 旋入(或旋出)调整螺钉;

③ 左右转动方向盘,重新检查转向盘自由行程,当其自由行程符合规定时,拧紧锁紧螺母。

(2)转向螺杆两端轴承预紧度的调整(循环球式)

增减转向器下盖处的垫片,直到转向螺杆没有轴向间隙,且转动灵活为止,如图 6-1-20 所示。

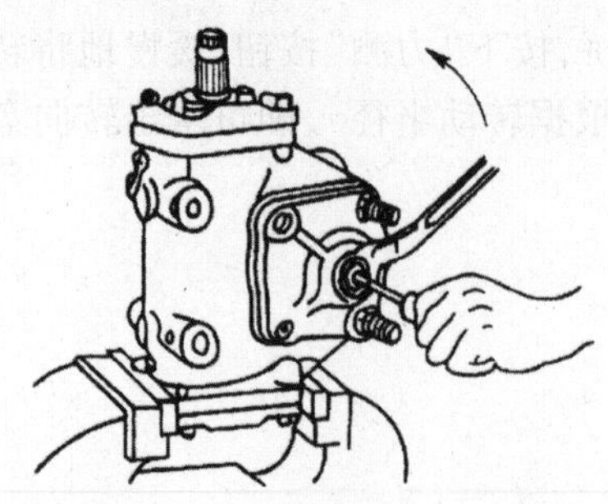

图 6-1-19　转向盘自由行程的调整

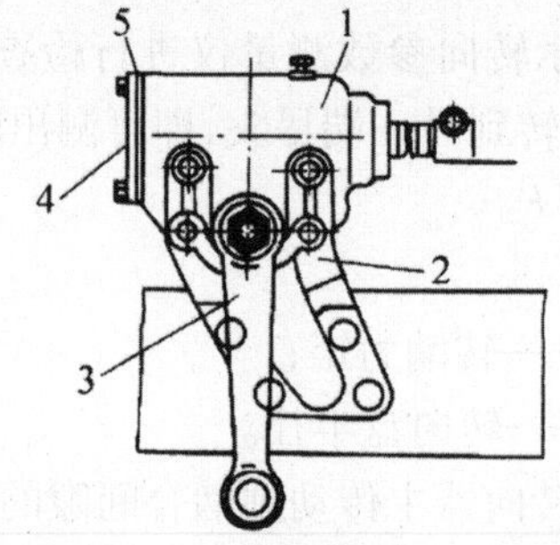

图 6-1-20　转向螺杆轴承预紧度的调整

1—转向器;2—转向器支架;3—转向摇臂;4—转向器下盖;5—调整垫片

(3)蜗杆轴止推轴承预紧度的调整

止推轴承预紧度的调整,应在摇臂轴未装入壳体之前进行。调整使用的专用工具,如图6-1-21所示。

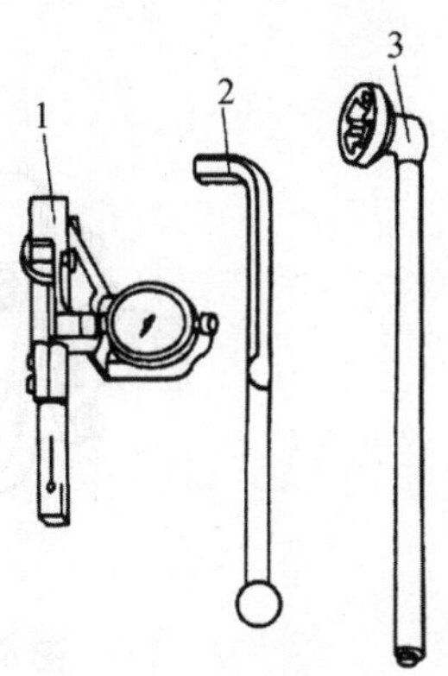

图6-1-21　调整蜗杆轴止推轴承预紧度专用工具

1—力矩检测仪;2—内六角扳手;3—专用扳手

① 用内六角扳手把螺塞拧到底,再退回1/8～1/4圈,使蜗杆轴在输入端具有1.0～1.7 N·m的预紧力矩,如图6-1-22所示。

② 用专用扳手将锁紧螺母拧紧,把调整螺塞锁死,使拧紧力矩为49 N·m,如图6-1-23所示,锁紧调整螺塞时,要保证调整螺塞位置不变。锁紧后应复查输入端扭矩是否符合要求,否则应重新调整。

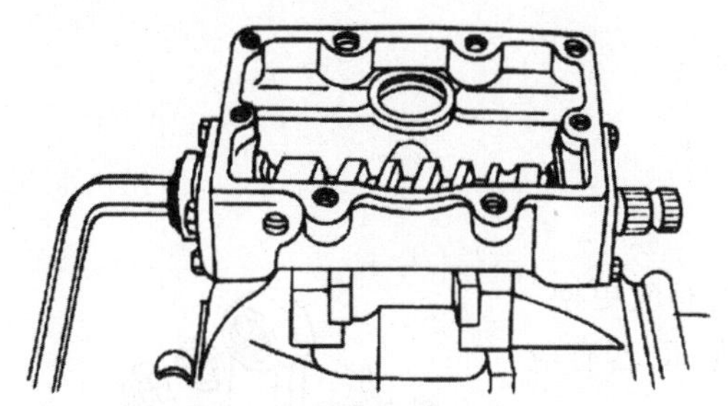

图6-1-22　蜗杆轴止推轴承预紧度的调整(一)

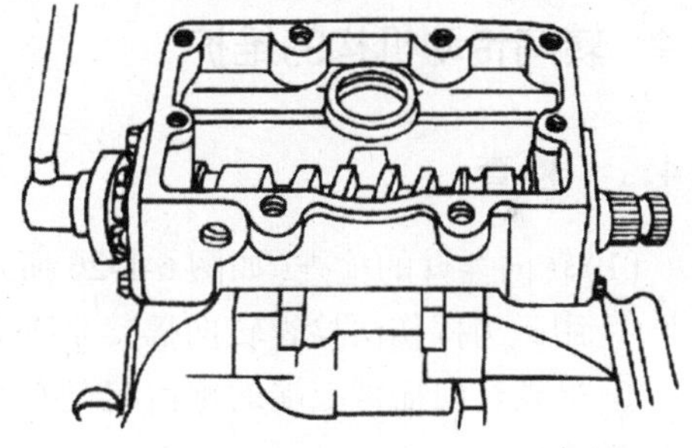

图6-1-23　蜗杆轴止推轴承预紧度的调整(二)

(4)指销轴承预紧度的调整

调整之前,应更换轴承止动垫片。调整时,把主销上的螺母拧紧,使主销能转动自如,且无轴向间隙。调整后,将止动垫片翻起1～2齿,将螺母锁紧,如图6-1-24所示。

(5)指销与蜗杆啮合间隙的调整

① 先松开摇臂轴调整螺钉的锁紧螺母;

② 将蜗杆轴转到转不动位置后,再退回3圈左右,使指销处于蜗杆的中间位置,如图6-1-25所示;

③ 顺时针旋转调整螺钉,同时来回转动蜗杆,直到感觉有阻力为止;

④ 在蜗杆的输入端检查转动力矩,应不大于2.7 N·m;

⑤ 在调整螺钉的周围涂上密封胶,然后拧紧锁紧螺母,拧紧力矩不小于49 N·m;

⑥ 复查蜗杆输入端的转动力矩,如有变化应重新调整,直到符合要求为止。

经验方法:指销处于蜗杆的中间位置,用旋具将调整螺钉拧到底,再退回 1/8 圈。轴向推、拉摇臂轴,应无明显间隙感觉;转动摇臂时,应灵活自如、无卡滞现象。

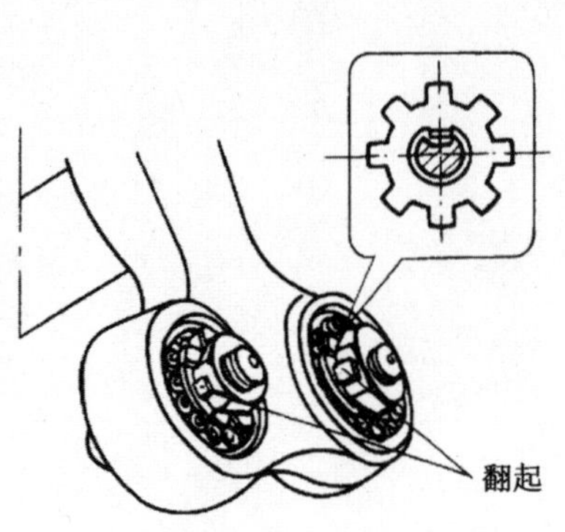

图 6-1-24 指销轴承预紧度的调整

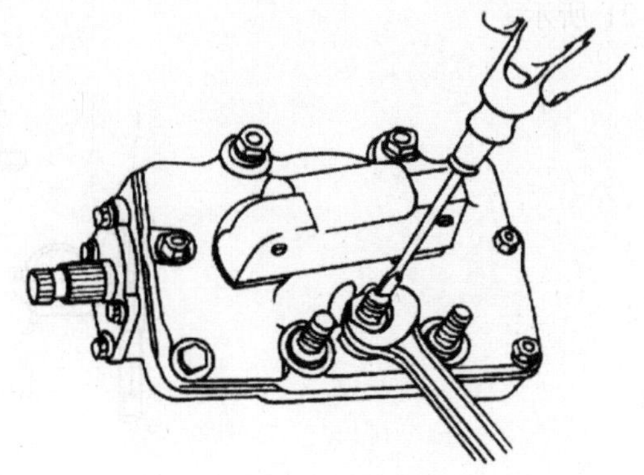

图 6-1-25 指销与蜗杆啮合间隙的调整

4.3.4 转向器的润滑

(1)汽车每行驶 4 000 km 时,应检查转向器润滑油液面,不足时应添加到加油孔下沿。

(2)汽车每行驶 48 000 km 时,应更换转向器润滑油。

润滑油容量如下所述:

EQ1092　1.1 L　GL－4 或 GL－5 齿轮油

CA1092　0.9 L　GL－4 齿轮油

4.4 转向传动机构的维护

4.4.1 检查

(1)转向摇臂的检查(如图 6-1-26 所示)

① 用磁力探伤法检查转向摇臂是否有裂纹,若有应更换。

② 检查转向摇臂上端的锯齿花键有无磨损、损坏,若有应更换。

③ 检查转向摇臂的锁紧螺母,其螺纹不应有损伤,否则应更换。

④ 检查转向摇臂下端和转向拉杆球头销的连接应牢固、可靠,切不可松旷,否则应修复。

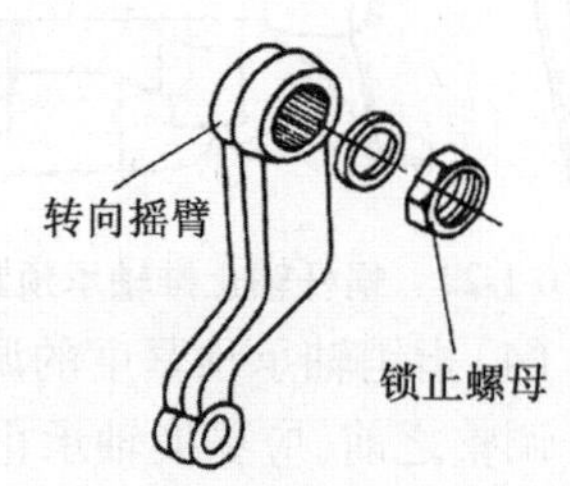

图 6-1-26 转向摇臂的检查

(2)检查转向盘大螺母是否紧固,支承轴承是否完好无松旷,柱管装置是否稳固、支架有无断裂,装置螺栓是否紧固;转向传动轴万向节是否松旷,滑动叉扭转间隙是否不大于 0.30 mm,结合长度是否不小于 60 mm,各横销螺栓是否紧固,弹簧垫是否完好,防尘套是否完好无损。

(3)转向拉杆的检查

① 横拉杆杆体无裂纹、弯曲,其直线度误差一般不应大于 2 mm,否则应校直,直拉杆 8 字孔磨损不超过 2 mm;

② 各螺纹部位不应有损坏，与螺塞配合不松旷，否则应更换；

③ 球头销、球座体及钢碗无裂纹、不起槽；球头销颈部磨损不超过 1 mm，球面磨损失圆不大于 0.50 mm，螺纹完好；弹簧弹力不应减弱，弹簧不应折断；

④ 防尘装置应齐全有效。

(4)转向节臂和梯形臂的检查

① 转向节臂和梯形臂是否有裂纹，若有应更换。

② 两端部的固定与连接部位不应有松动，要求牢固、可靠。

(5)转向节的检查

① 用浸油敲击法或着色法检查转向节是否有裂纹，如图 6-1-27 所示。转向节不应有裂纹，否则应更换。

注意：敲击时不能敲击其配合部位。

② 端部螺纹完好，螺纹损伤不超过 2 牙，与螺母配合应无径向松旷。

③ 转向节轴颈与轴承的配合间隙不超过 0.10 mm。

④ 用塞尺检查转向节与前轴配合端间隙不超过 0.20 mm。

(6)转向节主销与衬套配合间隙的检查

① 方法一

a. 支起前轮，并在前轴上夹持一个百分表，使其触头抵住制动底板下沿，并将百分表调到零位，如图 6-1-28 所示；

b. 轻轻地将前轮落下，此时百分表中读数的一半再乘以主销长度与制动底板直径之比即为配合间隙值，此间隙应不大于 0.20 mm，否则应更换衬套。

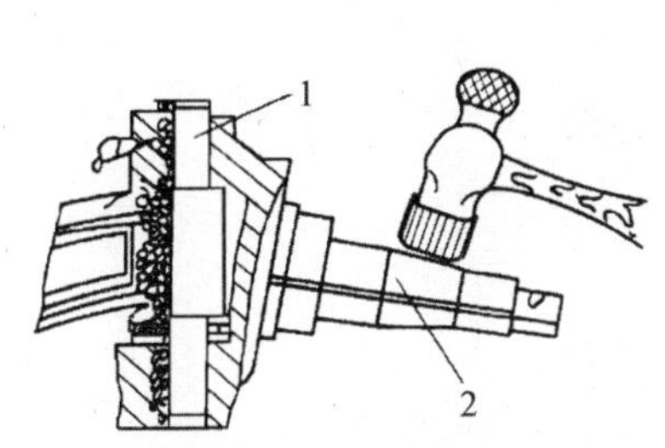

图 6-1-27　转向节的检查

1—转向节主销；2—转向节轴

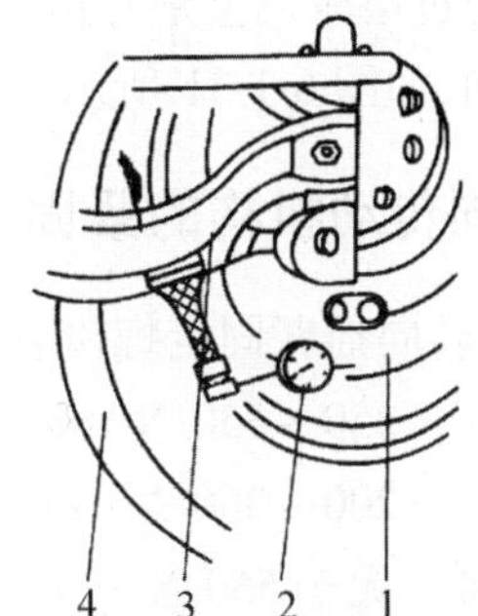

图 6-1-28　转向节主销与衬套配合间隙的检查

1—制动底板；2—百分表；3—前轴；4—前轮

② 方法二

a. 支起车轮，将带磁性表座的百分表触头顶在轮胎下侧面中心；

b. 撬动轮胎，观察百分表指针的摆动量，其摆动量不超过 5 mm(EQ1092 及 CA1092 汽车)，相当于转向节衬套与前轴配合间隙不超过 0.20 mm。

(7)转向臂及横拉杆的检查

① 检查槽形螺母是否松脱，如松脱应予拧紧。同时，也应检查开口销、盖等的装配情况。

② 使转向盘从直行状况向左、向右方向反复转过 60°左右，此时检查横拉杆、转向臂等是否松脱、松旷。

4.4.2 调整

(1)转向拉杆球头销预紧度的调整

① 组装横、直拉杆总成时,注意在球头销、球碗表面涂抹润滑油。

② 组装直拉杆时,用弯头扳手将调整螺塞拧到底后,再退回 1/4 圈左右,并使开口销孔对准,然后穿入开口销锁止螺塞,如图 6-1-29 所示。

③ 组装横拉杆时,将螺塞拧到底,再退回 1/4 ~ 1/2 圈,装上开口销锁止螺塞,如图 6-1-30 所示。

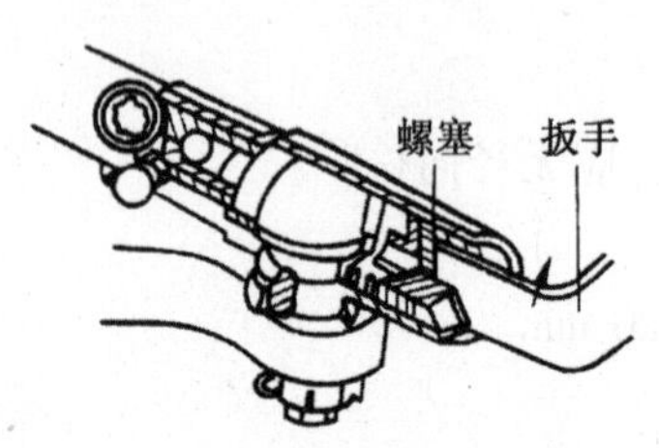

图 6-1-29　转向直拉杆球头销预紧度的调整

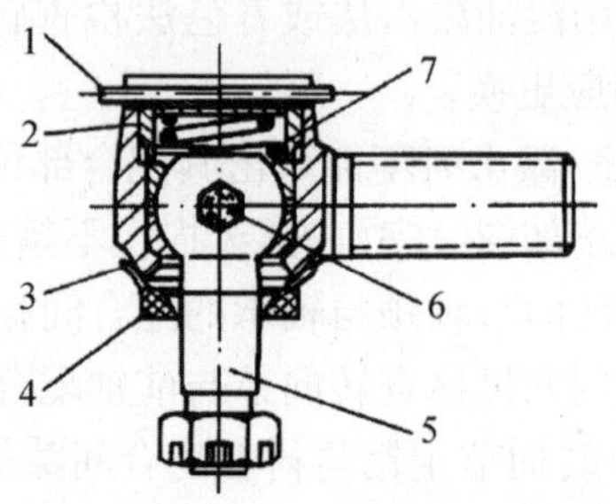

图 6-1-30　转向横拉杆球头销预紧度的调整

1—开口销;2—调整螺母;3—防尘罩;4—密封胶垫;5—球头销;6—润滑嘴;7—弹簧

(2)转向节与前轴轴向间隙的调整

此间隙通过增减调整垫片的厚度来进行。增加调整垫片,轴向间隙减小;减少调整垫片,轴向间隙增加,如图 6-1-31 所示。

4.4.3 转向传动机构的紧固

(1)紧固转向摇臂固定螺母。拧紧力矩如下所示。

EQ1092　250 ~ 350 N · m

CA1092　200 ~ 300 N · m

斯太尔 91　大于 550 N · m

(2)紧固转向拉杆球头销锁紧螺母。拧紧力矩如下所示。

EQ1092　250 ~ 350 N · m

CA1092　150 ~ 250 N · m

斯太尔 91　280 N · m

(3)紧固转向节上臂、左右转向节臂紧固螺母。拧紧力矩如下所示。

EQ1092　350 ~ 450 N · m

CA1092　280 ~ 350 N · m

斯太尔 91　300 N · m

4.4.4 转向传动机构的润滑

(1)转向拉杆球头销、转向传动轴万向节、滑动叉的润滑。

汽车每行驶2 000 ~ 3 000 km加注一次润滑脂，用黄油枪加注润滑脂（冬季用2#锂基润滑脂，夏季用3#锂基润滑脂），至少量新润滑脂挤出为止，如图6-1-32所示。

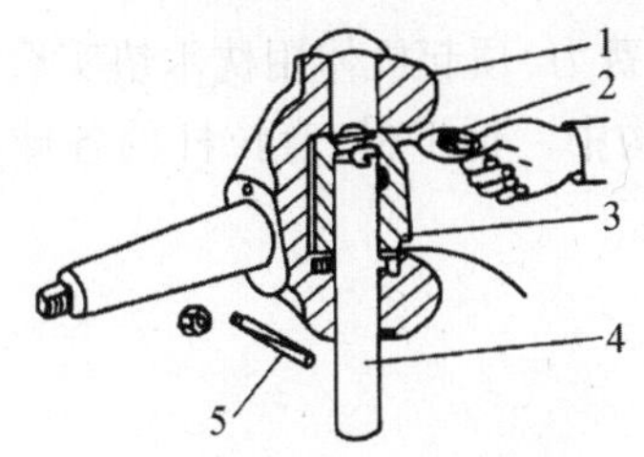

图6-1-31　转向节与前轴轴向间隙的调整

1—转向节；2—调整垫片；3—前轴；4—转向节主销；5—主销锁轴

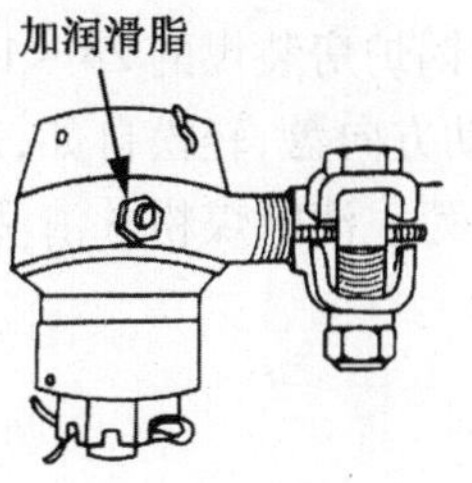

图6-1-32　转向传动机构的润滑

（2）转向节主销的润滑

① 支起前轴，使前轮离开地面。

② 用黄油枪向转向节加注润滑脂（冬季用2#锂基润滑脂，夏季用3# 锂基润滑脂），同时左右转动车轮，至少量新润滑脂挤出为止。

4.5　常见故障诊断与排除

（1）故障现象：汽车在行驶中，转动方向盘渐渐感到沉重费力，转弯后又不能及时回正方向。

故障检查：拆下转向器的加油口螺塞，检查转向器的油面、油质均符合要求；拆下转向垂臂，转动方向盘，故障感觉没有变化。将转向轴与转向器分离，转动方向盘非常轻松。

故障分析：根据检查结果，表明故障部位在转向器，由于是一直正常运行的车辆，并且润滑油量、油质正常，应是转向器内输入轴的轴承损坏所致。

排除方法：拆检转向器，果然输入轴的上、下轴承均已不同程度损坏。经清洗转向器，更换上、下轴承，重新调整轴承预紧度，装复并加入规定标号的齿轮油后，故障排除。

（2）故障现象：汽车在低速行驶时，感到方向不稳，产生前轮摆振。

故障检测：空载试车，故障依旧；检查后轮胎气压，均符合要求；检查前悬架弹簧，没有错位、折断现象且固定良好；检查方向盘自由行程也符合要求；检查横、直拉杆各球头，均不松旷；支起前桥，用手沿转向节轴轴向推拉前轮，感觉存在松旷现象，由另一人观察前轴与转向节连接部位，发现转向节的上、下支承孔与主销之间明显松旷。

故障分析：检测结果表明转向节上、下支承孔里的衬套磨损过度，与主销之间配合间隙过大。

排除方法：更换衬套并根据主销直径进行铰削，恢复正常的配合间隙。装复完毕注入润滑脂后试车，故障排除。

5 故障排除实例

一台给锅炉房装煤的 Z4 - 1.2 型装载机方向盘沉重费力，顶起机体用枕木垫实后，拆下转向垂臂，转动方向盘，轻松自如，表明故障在转向传动机构中。拆下横、直拉杆的各球头，发现均被煤粉塞死。清除煤粉并清洗装复注油后，故障排除。

任务2　检修液压动力转向系统

1　任务要求

知识要求：

(1)掌握液压动力转向系统的结构与工作过程。

(2)掌握液压动力转向系统的调整项目。

(3)掌握液压动力转向系统的常见故障现象与原因。

能力要求：

(1)掌握液压动力转向系统主要零件的维修技能。

(2)掌握液压动力转向系统的装配与调整的方法。

(3)能对液压动力转向系统的常见故障进行诊断与维修。

2　任务引入

一台ZL50型装载机在平坦坚实的道路上行驶时，感觉方向明显跑偏，方向盘必须向另一侧转动一些才能保持直行。这表明动力转向器下部的分配阀阀芯不能自行回到中位，应拆检动力转向器进行维修。

3　相关理论知识

3.1　液压动力转向系统

3.1.1　液压动力转向系统的组成和类型

(1)液压动力转向系统的组成

轮式工程机械由于使用条件十分恶劣，机体沉重，轮胎尺寸较大，经常行驶在施工现场，转向阻力大，工作要求转向频繁，若用机械式转向将难以达到操纵轻便和转向迅速的目的。因此，为减轻驾驶员劳动强度，多数轮式工程机械采用液压动力转向系统。动力转向是以发动机输出动力为能源来增大操纵车轮或车架转向的力。动力转向系统由转向器、分配阀(转向阀)、动力缸(转向油缸)、油箱、油泵和管路等组成，如图6-2-1所示。

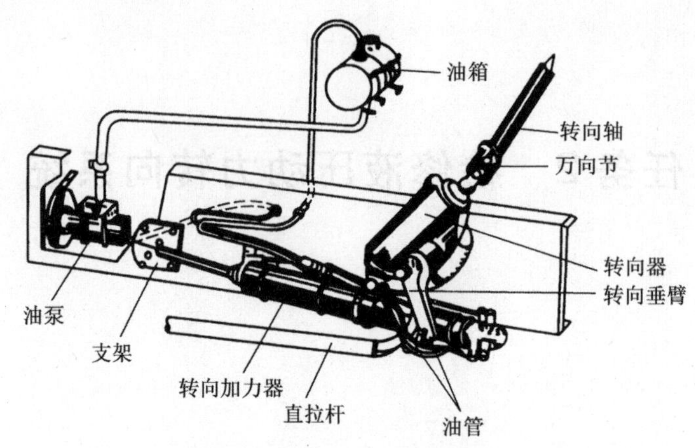

图 6-2-1　动力转向系统组成

动力转向所用高压油由发动机驱动的油泵供给。转向加力器由动力缸和分配阀组成。动力缸内装有活塞,活塞杆的左端固定在车架的支架上。通过转向盘操纵转向器,由转向器控制加力器中的分配阀,使油泵输出的高压油进入动力缸活塞的左腔或右腔,推动活塞移动,通过直拉杆及转向传动机构使转向轮向左或向右偏转。

(2)动力转向系统的类型

① 按动力能源可分为气压式、液压式和全液压式

气压式转向系统工作压力较低(一般不高于 0.7 MPa),部件尺寸大,很少采用。

液压式转向系统工作压力高(一般为 7 ~ 16 MPa),部件尺寸小、结构紧凑、质量轻,转向灵敏,无须额外润滑,能吸收路面冲击,应用较多。

全液压动力转向系统取消了传统的转向器,全部靠液压转向。若发动机熄火或转向油泵失效,靠手动油泵供给液压油,仍可实现人力转向。这种转向系统在工程机械上应用也较多。

② 按液流形式可分为常流式和常压式

常流式动力转向系统的组成如图 6-2-2 所示。常流式是指机械不转向时,系统内工作油是低压。分配阀在中间位置时,从油泵排出的工作油,经分配阀、回油管回到油箱,一直处于常流状态。动力缸活塞左、右腔都与低压回油管连通。

常压式动力转向系统的组成如图 6-2-3 所示。常压式是指机械不转向时,系统内工作油也是高压,分配阀关闭。常压式需要蓄能器,油泵排出的高压油贮存在蓄能器中,达到一定压力后,油泵卸载空转。

③ 按转向器、动力缸、分配阀的相互位置可分为整体式和半整体式

转向器、动力缸、分配阀三者合为一体的称为整体式动力转向器,如图 6-2-4(a)所示。动力缸和转向器分开布置的称为半整体式。半整体式又可分为两种:分配阀装在转向器上的称为半整体式动力转向器,如图 6-2-4(b)所示;分配阀装在动力缸上的称为转向加力器,如图 6-2-4(c)所示。半整体式结构布置比较灵活,可采用现有的转向器,但管路布置比整体式复杂。

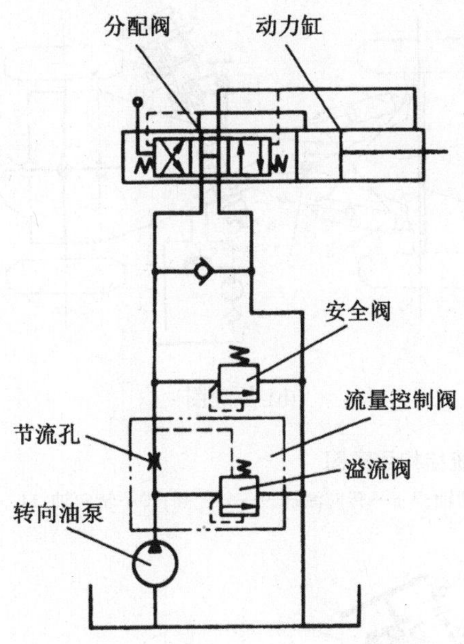

图 6-2-2　常流式液压动力转向系统示意

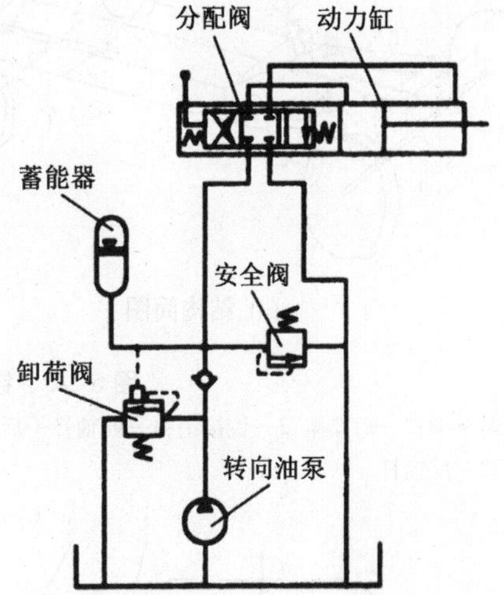

图 6-2-3　常压式液压动力转向系统示意

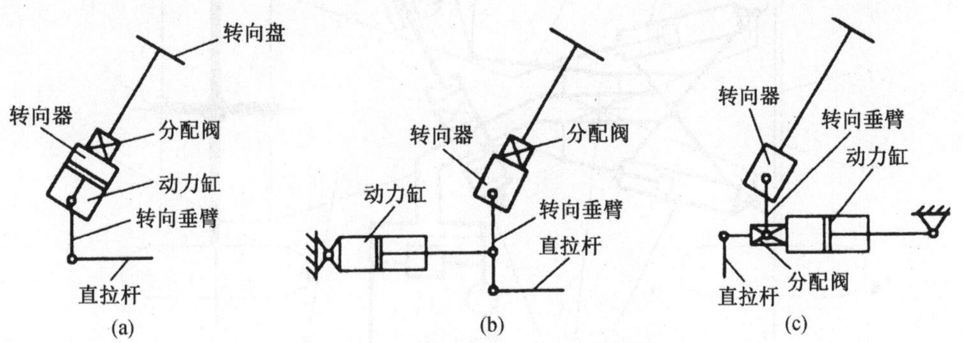

图 6-2-4　整体式和半整体式动力转向器

3.1.2　动力转向器的构造及工作原理

轮式装载机现在均采用铰接式车架实现折腰转向，ZL40(50)型装载机转向系统示意图如图 6-2-5 所示。

3.1.2.1　构造

ZL50 型装载机转向系统主要由转向油泵、方向盘、转向器及随动阀、转向油缸、反馈(随动)杆、流量转换阀、溢流阀等组成，如图 6-2-6 所示。

两个转向油缸对称布置在装载机纵向轴线的两侧，转向器和随动阀固定在一起，并通过螺钉固定在后车架上。

不转向时，方向盘不动，随动阀处于中间位置，油泵输出的压力油经随动阀直接流回油箱。转向时，转动方向盘使随动阀处于工作位置，油泵输出的压力油经随动阀进入左右转向油缸的不同工作腔，分别推动左右活塞杆一个伸出而另一个缩回，使两转向油缸相对铰接点产生相同方向的力矩，驱动前后车架相对偏转而使装载机转向。

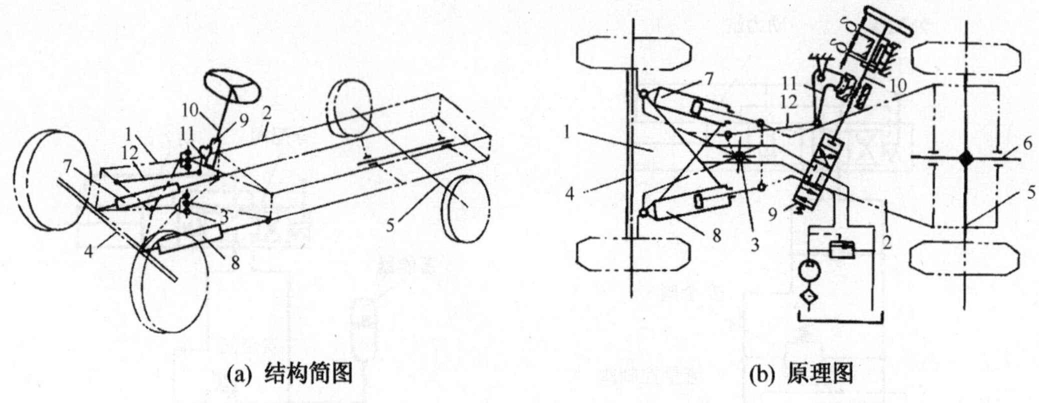

图 6-2-5　铰接式转向系统结构示意图

1—前车架;2—后车架;3—铰接销;4—前轴;5—后轴;6—后桥摆动轴;7、8—转向油缸;9—分配阀;10—转向轴;11—摇臂;12—反馈杆

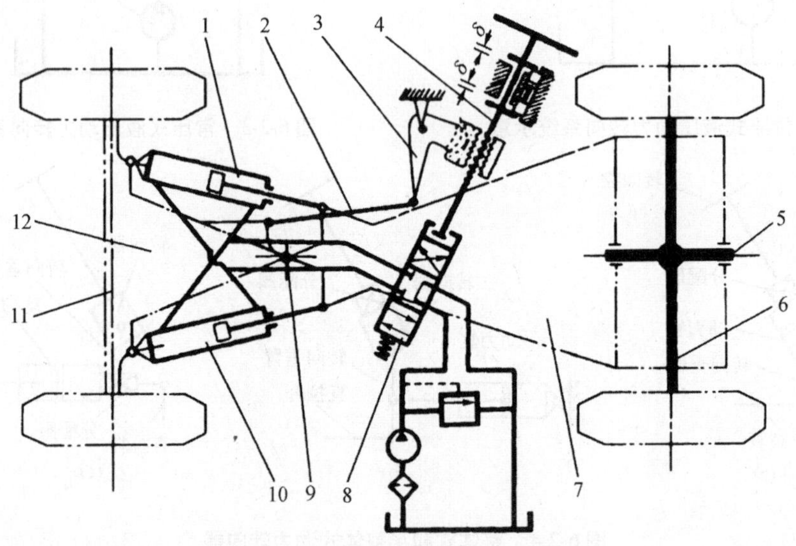

图 6-2-6　ZL50 型装载机转向系统组成

1—右转向油缸;2—反馈杆;3—转向垂臂;4—转向轴;5—后桥摆动轴;6—后桥;7—后车架;8—随动阀;9—铰销;10—左转向油缸;11—前桥;12—前车架

3.1.2.2　转向油缸及反馈杆

(1)转向油缸

转向油缸为双作用式,缸径为 100 mm,活塞行程 345 mm,主要由缸体、缸盖、活塞、活塞杆、密封圈等组成,缸体的端部与前车架铰接,活塞杆的伸出端与后车架铰接。两个转向油缸结构相同。

(2)反馈杆(随动杆)

反馈杆的功用是将车架的偏转程度传给转向器,使随动阀随动,从而消除阀杆与阀体间产生的相对位置偏差。反馈杆主要由摇臂、十字轴总成、弹簧筒、弹簧、螺杆、螺母、接头等组成,如图 6-2-7 所示,摇臂和转向器扇形齿轮轴用细花键连接,接头和前车架铰接。弹簧装在弹簧筒内,并套装在螺杆上,通过螺杆右端的弹簧座、螺母和开口销固定限位。螺杆的左端通过螺纹和接头连接。反馈杆的长度可通过拧转接头调整，正常尺寸为510 mm。

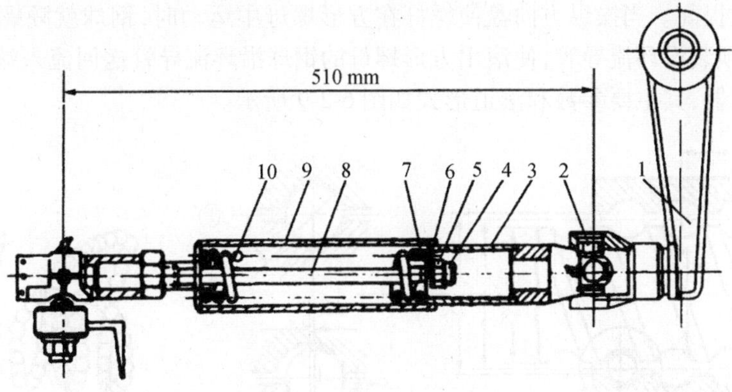

图6-2-7　反馈杆(随动杆)

1—摇臂;2—十字轴总成;3—接筒;4—油嘴;5—螺母;6—垫片;7—弹簧座;8—螺杆;9—弹簧筒;10—弹簧

3.1.2.3　转向器及随动阀

(1)循环球式转向器的结构

转向器为循环球式，主要包括螺杆13、方形螺母3及其上的齿条、扇形齿轮4及循环钢球等，随动阀主要包括阀体6、阀杆7、定中弹簧8、柱塞9、平面止推滚珠轴承5等，如图6-2-8所示，下面对循环球式转向器与随动阀分别进行介绍。

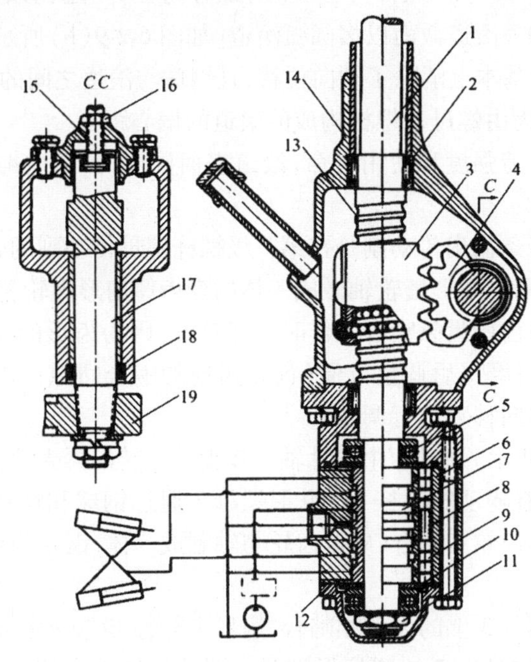

图6-2-8　ZL50型装载机的转向器及随动阀

1—转向轴;2—滚针轴承;3—方形螺母;4—扇形齿轮;5—平面止推滚珠轴承;6—阀体;7—阀杆;8—定中弹簧;9—柱塞;10—挡板;11—固定螺母;12—密封圈;13—螺杆;14—转向器壳体;15—调整螺钉;16—锁紧螺母;17—扇形齿轮轴;18—油封;19—摇臂

循环球式转向器的传动副有两对，一对是螺杆、方形螺母，另一对是齿条、齿扇(扇形齿轮)。

在螺杆方形螺母传动副中加进第三个传动元件——钢球，以滚动摩擦代替滑动摩擦，因而使传动效率大大提高。当操纵方向盘使螺杆在方形螺母中运动时，钢球就顺螺旋槽从一头滚到另一头，故必须装设环流导管，使滚出方形螺母的钢球沿环流导管送回流入端，依此循环，故名循环球式转向器，其主要参数和滚道形式如图 6-2-9 所示。

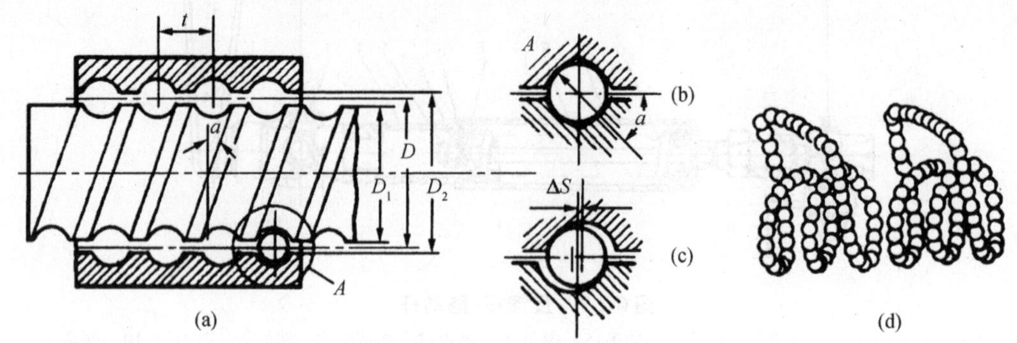

图 6-2-9　滚道断面图

图 6-2-9 中，钢球滚道中心圆直径 D 是重要参数，直接决定传动副的强度和尺寸。钢球直径 d 加大，可以提高承载能力，但也使结构尺寸增加。钢球数量增加也可以提高承载能力，但数量过多会影响钢球流动，使传动效率降低，甚至发生卡死现象。因此常采用多环路方案，每个环路中的钢球数不超过 60 个。螺杆外径 D_1 与螺母内径 D_2 之比以避免摩擦为原则，一般 $D_2 - D_1 = (0.05 \sim 0.07)D$。滚道截面以多圆弧滚道［如图 6-2-9(b)所示］比单圆弧滚道［如图 6-2-9(c)所示］为宜，前者基本上消除了轴向位移，且钢球与滚道之间的间隙可贮存一些杂物，从而使磨损减少（注：ΔS 为由螺母与螺杆构成的滚道的偏心距）。

为了提高传动副的疲劳强度和使用寿命，滚道表面硬度为 HRC64，表面粗糙度应精磨至 Ra 0.8 以下。

此转向器的第二级齿条齿扇传动副是在第一级螺杆螺母传动副的方形螺母的一个外侧面上做成等齿厚的齿条，它和与扇形齿轮轴做成一体的变齿厚扇形齿轮相啮合。

变齿厚扇形齿轮与等齿厚齿条啮合工作时性能良好，因为齿形的几何参数和加工误差对传动工作的影响不敏感，且磨损后调整方便（齿条齿扇的啮合间隙可以由扇形齿轮轴端部的调节螺钉使扇形齿轮轴轴向移动进行调整）。

螺杆 13（如图 6-2-8 所示）通过两个滚针轴承 2 支承在转向器壳体 14 上，上端通过转向轴与方向盘连接，下端套装有随动阀阀杆 7。方形螺母 3 通过钢球和螺杆 13 啮合，方形螺母外缘一侧制成齿条并与扇形齿轮 4 啮合，扇形齿轮与轴制成一体，钢球装在螺杆与方形螺母组成的螺旋形槽内。

扇形齿轮 4 与方形螺母 3 上的齿条相啮合，扇形齿轮轴 17 支承在壳体内的衬套上。在扇形齿轮轴的端部嵌入调整螺钉 15 的圆柱形端头。调整螺钉拧在侧盖上，并用螺母 16 锁紧。因齿扇的高是沿齿扇轴线而变化的，故转动调整螺钉 15 使扇形齿轮轴 17 做轴向移动，即可调整齿条与扇形齿轮齿扇的啮合间隙。

(2)循环球式转向器的工作原理

当转动方向盘时，转向轴带动螺杆 13 转动，通过钢球将力传给方形螺母 3，方形螺母就产生轴向移动。并通过齿条带动扇形齿轮 4 及扇形齿轮轴 17 转动，与此同时，由于摩擦力的作用，所有钢球便在螺杆13与方形螺母3之间流动，形成"球流"，如图6-2-9(d)所示。钢球在方形螺母内绕行两周后，流出方形螺母而进入导管，再由导管流回方形螺母内球道始端，依此循环流动，故称为循环球式转向器。因螺杆、方形螺母间装有钢球，使滑动摩擦变为滚动摩擦，所以此转向器传动效率高(可达90%～95%)、操纵轻便灵活、磨损小、寿命长。此外，循环球式转向器在结构上便于和液压转向助力器(随动阀)设计为一个整体，故应用日益广泛。

(3)循环球式转向器的调整

齿条与齿扇啮合间隙的调整：通过拧动侧盖上的调整螺钉15进行调整，往里拧进间隙变小，往外拧出间隙变大，调整完毕将锁紧螺母16锁紧。

(4)随动阀的结构

随动阀(如图6-2-8所示)阀体6用螺钉固定在转向器壳体14上，上、中、下阀体通过螺杆连接固定在一起，阀体上有和转向油缸两腔、油泵、油箱相通的四个通孔。阀体内圆有七道油环槽。从上往下数，槽一、四、七经暗油道相通后通油箱，槽二、六通转向油缸，槽三、五通油泵。阀杆7是中空的，套装在螺杆13下端的延长部上。阀杆7的上端通过挡板10、止推轴承5顶在螺杆13的凸肩上并靠其限位，下端则由固定螺母11压紧的挡板10、止推轴承5固定限位。阀杆7在阀体6内上下各有2 mm的轴向移动量，最大移动量由两端的挡板10和止推轴承5限位，其中间位置是靠定中弹簧8将柱塞9压紧在阀体6的定位端面上，并与两挡板10刚好接触来保证。为防止转向器内的齿轮油和随动阀内的液压油互相窜通，在上阀体上的内圆装有密封圈，将随动阀与转向器的两腔分开。因而转向器的滚针轴承、钢球、方形螺母、扇形齿轮轴是用齿轮油润滑，而随动阀中的止推轴承、柱塞则通过液压油润滑。

(5)随动阀的工作原理

① 直线行驶

如图6-2-10所示，方向盘不转，阀杆14在定中弹簧15和柱塞13、17的作用下处于中间位置，因此上下推力轴承19、10及其挡板18、9距阀体16上下端面的距离完全相等，从转向油泵来的压力油通过槽④、⑥进入槽⑤，然后流回油箱。槽③、⑦被阀杆的凸肩封闭，既不和高压油槽④、⑥相通，又不和回油槽②、⑧相通，此时转向油缸两腔均处于封闭状态，装载机直线行驶，其油路途径如图6-2-10(b)所示。

② 转向行驶

转动方向盘时由于螺母经齿扇及轴、反馈杆与前车架相连，而此时因阀杆14在中间位置，转向油缸油路未接通，所以前车架不动，故螺母也不动，转动方向盘就迫使螺杆和阀杆14一起沿轴向移动。如向右转动方向盘，螺杆和阀杆便向下移动，通过上挡板18压迫柱塞克服定中弹簧15的张力，至挡板18碰到阀体上定位端面为止。此时，槽③和槽④相通，槽⑦和槽⑧相通，油泵来的压力油进入槽③、槽④并经油管分别进入右转向油缸小腔和左转向油缸大腔，使右转向油缸活塞杆内缩，左转向油缸活塞杆外伸，使前后车架相对偏转，装载机便向右转弯，此时两油缸另一腔的油液经油管、槽⑦、槽⑧流回油箱，车架偏转后，由于反馈杆向后移动，通过摇臂使扇形齿轮带动螺母、螺杆和阀杆上移，直至阀杆重新回到中间位置，将转向油缸的进油和回油通路切断，这时装载机停止转向。只有继续转动方向盘，再次将油路接通，装载机才能转向，可见这里的负反馈联系是靠反馈杆、扇形齿轮和螺母来实现的。向左转动方向盘，油路及方向与上述正好相反，工作原理相同。如图6-2-11所示为转向时随动阀芯的相应位置，6-2-11(a)图为左转向过程，阀芯向上移动，下面的推力轴承及其垫片接触阀体，而上部的推力轴承及其垫片则远离阀体。6-2-11(b)图为右转向过程,阀芯位置正好相反。

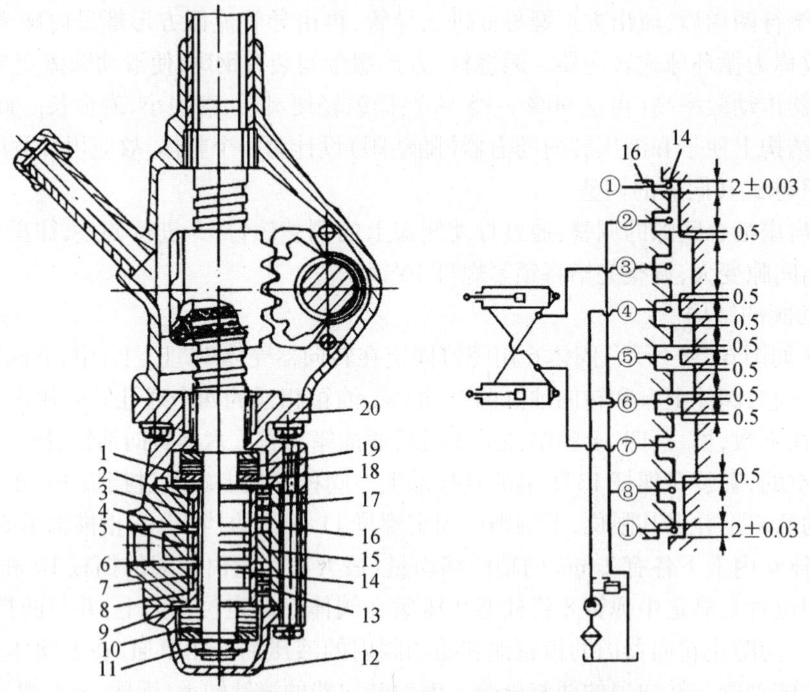

图 6-2-10　ZL50 型装载机滑阀式转向分配阀

1—油腔;2、3、4、5、6、7、8—油槽;9、18—挡板;10、19—推力轴承;11—螺母;12—罩;13、17—柱塞;14—阀杆;15—定中弹簧;16—阀体;20—阀接头; ①~⑧—油槽

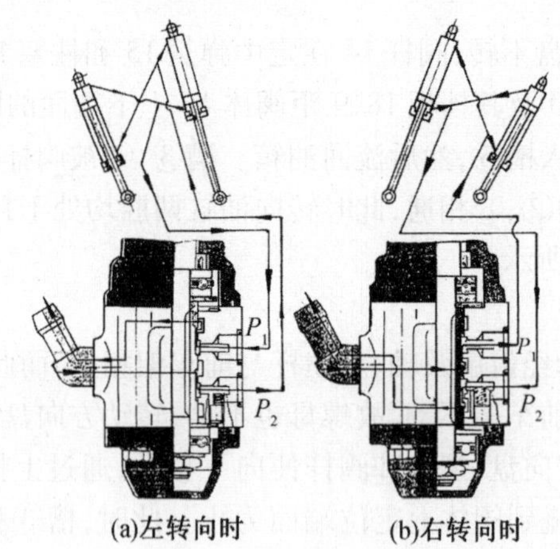

图 6-2-11　转向油路图

为保证阀杆在中间位置时转向油缸封闭得更好,使前后车架不能相对转动并且具有一定的刚性,因此阀杆凸肩两侧都具有一定长度的覆盖量。只有当阀杆移动距离大于覆盖量后,随动阀才能开始作用(此覆盖量也称为“死区”)。它较之没有覆盖量的随动阀在操纵时灵敏度要差一些,即前后车架的转动总是比方向盘的转动要滞后一段很短的时间,方向盘停止转动一段时间后,前后车架的相对转动才能停止。

4　任务实施

4.1　准备工作

通过查阅对应的维修手册等相关资料，经过课堂讨论、教师答疑和操作演示，制订修改拆装方案，准备所需仪器、设备和工具。

4.2　操作流程

4.2.1　拆卸液压助力转向系统

(1)从双变系统上拆下转向油泵。

(2)拆除随动杆，拆去转向器和恒流阀的所有油管，从车上拆下转向器总成。

(3)拆去转向油缸的进出油管，拆下左右转向油缸。

(4)分解转向油缸，拆去挡圈、挡环、钢丝挡圈、抽动活塞杆，连导向套一同拉出缸体；拧出活塞上的 M 8×25 止动螺钉旋出活塞，从上取下支承环、密封环、垫环、O 形圈等；活塞杆上取下导向套，从其上取下 KYC 密封圈、O 形圈、防尘圈；从缸体上拆下关节轴承。

(5)分解恒流阀：如图 6-2-12 所示，从转向器上拆下恒流阀，拆下管接头、密封垫、侧板，从阀体中取出挡圈和节流孔板；取出恒流阀芯、弹簧、螺塞、密封垫等；拆去 M 8×10 螺栓，拧下 M 20×1.5螺塞，取出先导阀座、先导阀芯、弹簧、弹簧座、调压螺杆及锁紧螺母。

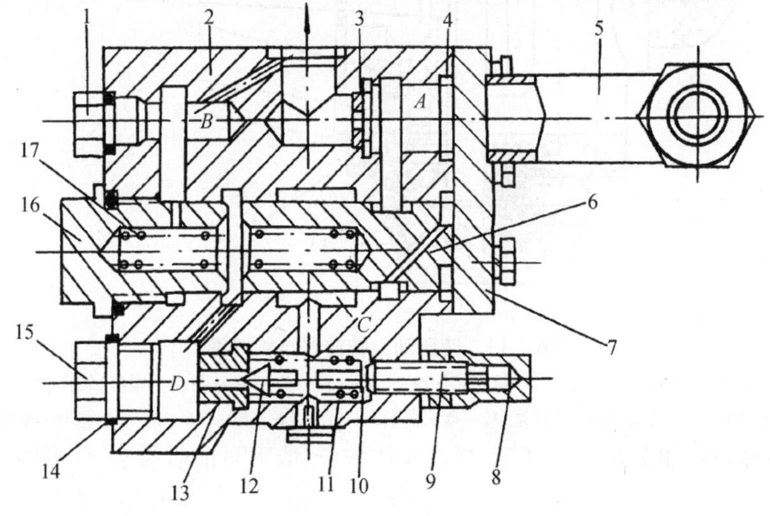

图 6-2-12　恒流阀的结构

1、15、16—螺塞；2—阀体；3—节流孔板；4、14—O 形圈；5—管接头；6—恒流阀芯；7—阀盖；8—锁紧螺母；9—调压螺杆；10—弹簧座；11—先导阀弹簧；12—先导阀阀芯；13—先导阀阀座；17—主阀弹簧

(6)分解转向器总成：如图 6-2-13 所示，从下部拆去转向阀四只 M 10×115 螺栓，取下端盖，抓住方向盘，拆下锁紧螺母 16，取下垫片、轴承 15、圆柱塞 11、定中弹簧 10、阀体 8、油封、O 形圈等；拆开转向器侧盖，倒出机油，取出调整螺栓转向臂轴、轴承、油封等；拆去转向器下盖，取出滚针轴承 5；拆下压板，拆去 4 只导槽，取出 98 只钢球，取下齿条螺母 4；拆去喇叭按钮，拆

下方向盘，抽出轴承、转向轴。

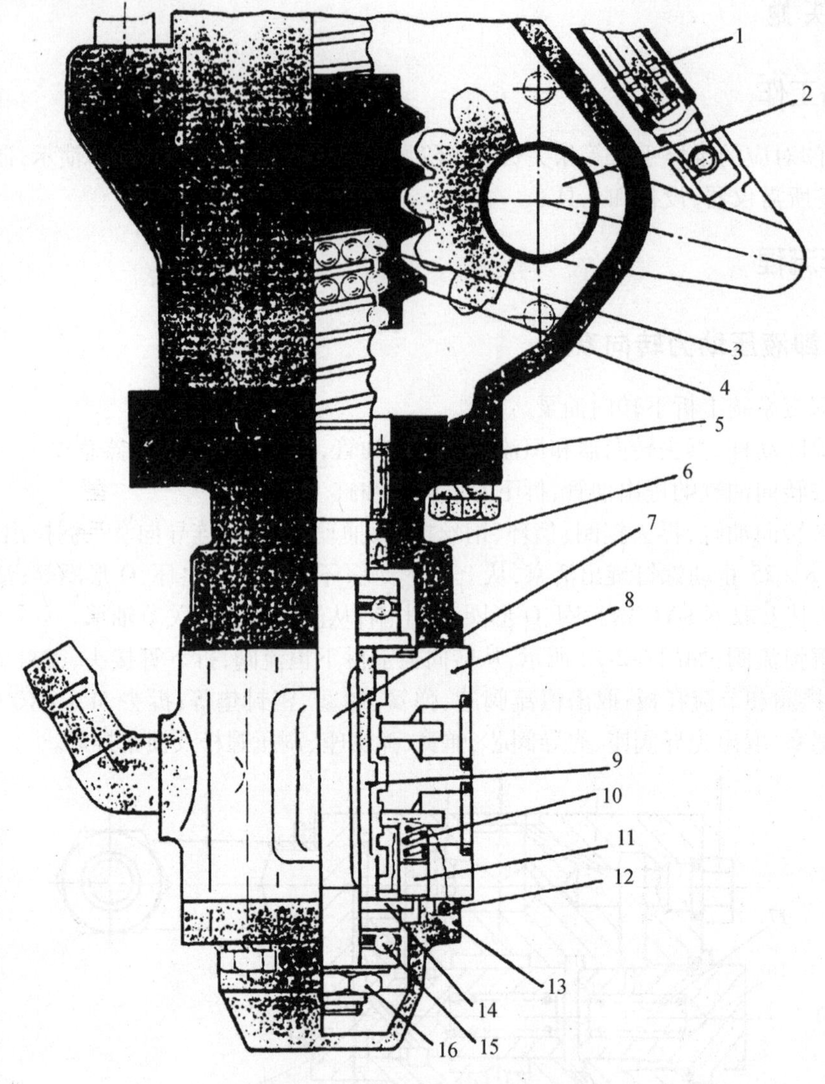

图 6-2-13　液压动力转向器结构简图

1—随动杆总成；2—转向臂轴；3—钢球；4—螺母；5—滚针轴承；6—YX 型密封圈；7—螺杆（转向轴）；8—阀体；9—转向主阀芯；10—定中弹簧；11—圆柱塞；12—O 形圈；13—端盖；14—垫片；15—推力轴承；16—锁紧螺母

(7)分解转向泵：如图 6-2-14 所示，拆去泵体螺栓，取下泵前后端盖、O 形圈，抽出齿轮，拆下油封等。

(8)清洗后按相反顺序组装，在转向器内加入液压油；调整方向盘自由行程。

(9)在前后车架对齐的状况下，将转向臂与随动杆进行连接。

(10)启动发动机，转动方向盘，拧动调压螺杆 9，如图 6-2-12 所示，使车架转动到极限位置时，转向压力为 13.7 MPa，然后拧紧锁紧螺母。

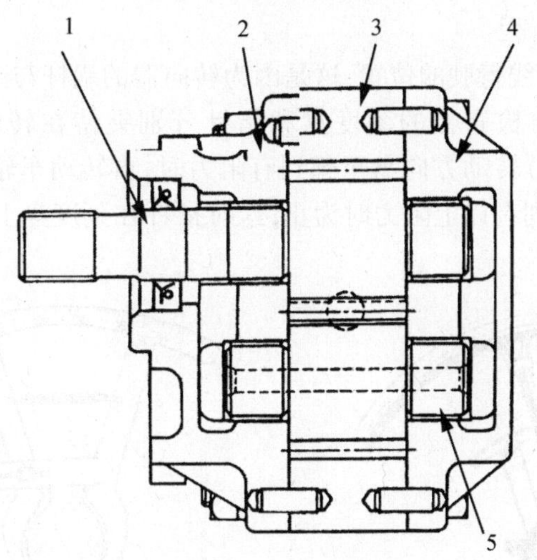

图 6-2-14　转向油泵

1—主动齿轮轴;2—泵前盖;3—泵体;4—泵后盖;5—从动齿轮

4.2.2　装配注意事项

(1)调整方向盘自由行程时应松开转向臂轴(扇形齿轮轴)的锁紧螺母,旋转转向臂轴,使方向盘自由行程在 20°±5°范围内。

(2)安装随动杆前,应转动车架使前后桥平行;转动方向盘,记下总圈数,然后再把方向盘回转到中间位置(总圈数的 1/2 处)连接随动杆,以保证随动杆安装距离为 510 mm;用角度尺测量车架转角,左右各转动 35°时,刚好碰上限位块。

(3)调整转向压力时,应拆下恒流阀体上的测压螺塞,装上过渡接头及压力表,将方向转至极限并保持在此位置,顺时针转动调整螺杆压力增大,反之压力减小。

4.2.3　零部件检修

(1)阀芯

① 41 mm 的圆柱度公差为 0.004 mm;

② 阀芯和阀体选配,间隙为 0.015 ~0.02 mm。

(2)转向油缸

① 活塞行程为 435 mm;

② 安装后试压,在 13 MPa 压力下,密封处不得渗漏,在 10 MPa 压力下,10 min 活塞下腔向上腔漏油量不大于 20 mL。

4.3　动力转向系统常见故障诊断与排除

4.3.1　动力转向系统维护

(1)转向系统工作压力为 13.7 MPa。

(2)转向器齿条螺母总成的滚珠应滚动自如,螺纹杆上的螺纹无脱层及凹陷。

(3)转向系统的调整。

① 检测方向盘自由行程

此时应将车辆处于直线行驶的位置,这是因为转向器的蜗杆与滚轮在不同位置上啮合时,其间隙是不等的。将游隙检查器的刻度盘和指针分别夹持在转向柱管和方向盘上,如图6-2-15所示,然后向左(右)转动方向盘至感到有阻力时,再转动车轮就要偏转,记住指针所指的位置,再反向转动至感到有以上阻力时为止,这时指针在刻度盘上所划过的角度,就是方向盘的游隙。

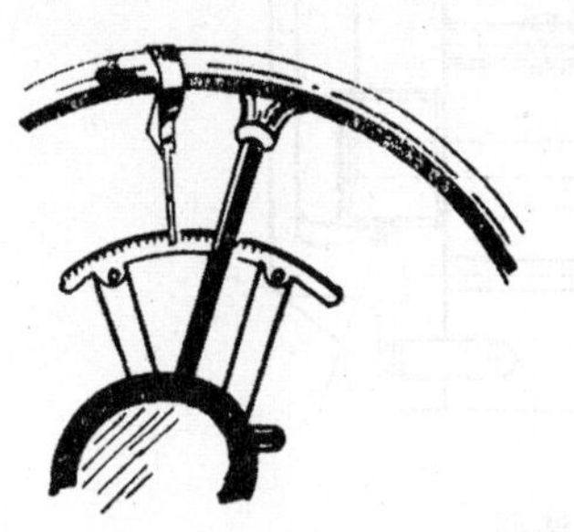

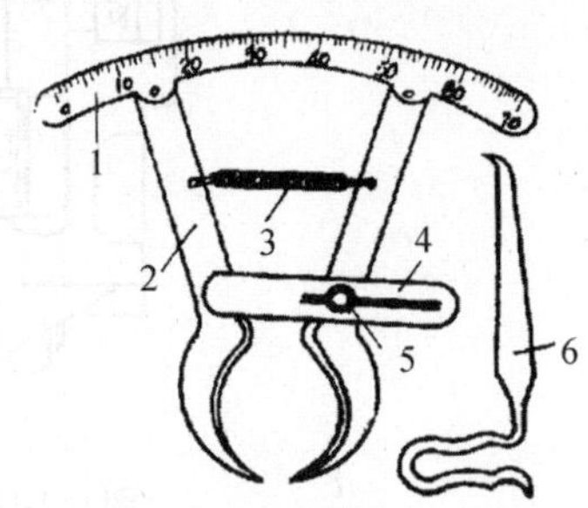

图6-2-15　方向盘游隙检查器及其使用方法

1—刻度盘;2—夹臂;3—弹簧;4—连接板;5—固定螺丝;6—指针

除用上述方法检查外,还可以用另外一种方法检查,即用一根铁丝,一端固定在转向机的管柱上,另一端伸向方向盘的边缘,然后同样转动方向盘。利用铁丝就可以标记出方向盘所转过的这一段弧长,然后测量并换算成角度。

若故障在转向器本身,就应对转向器平面推力轴承紧度和蜗杆与滚轮的啮合间隙进行调整。若故障在转向传动机构(指装有横直拉杆的平地机、轮式挖掘机等机型),就应调整直拉杆球头紧度和检查紧定转向传动装置的各联接部分。另外,轮毂轴承松旷和转向油缸的销轴与孔磨损过多也使方向盘的游动间隙增大,均应予以调整和修复。

② 转向器的调整

其包括转向器上下平面推力轴承间隙和蜗杆与滚轮啮合间隙的调整。平面推力轴承间隙和啮合间隙过小,则使转向沉重;过松,又会使方向盘游隙过大。因此过松和过紧都会直接影响转向装置的正常工作。

平面推力轴承的紧度调整是通过旋转转向器底部的锁紧螺母16(如图6-2-13所示)来进行的。旋出螺母,轴承紧度减小;拧紧螺母,轴承紧度增大。调好后用手转动转向轴,转动应灵活,用手上下推拉转向轴,不得有轴向间隙。

蜗杆与滚轮啮合间隙调整,如图6-2-16所示。

a. 安装时使齿条螺母处于中间位置,摇臂装上后,锁紧固定螺母;

b. 齿条螺母与扇形齿轮中心距的调整方法是,拆下转向臂,将方向盘转动到中间位置,用拉力计测量垂直方向盘辐条的旋转力,如图6-2-17所示,其旋转力为0.5~0.9 kg,顺时针拧动调整螺钉15(如图6-2-8所示),增大方向盘旋转力,逆时针拧动则减小旋转力。

③ 转动方向盘,记下总圈数,然后把方向盘转到中间位置;

④ 转动车架,使前后桥平行;

⑤ 调整随动杆的安装距离(510 mm),然后安装转向臂;

⑥ 车轮左右转向角各为35°。

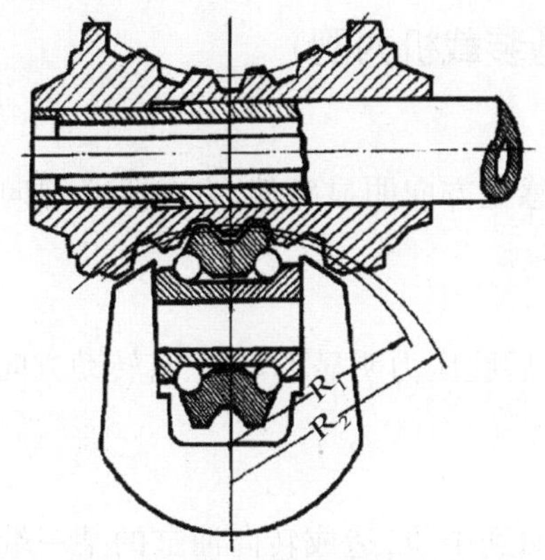

图6-2-16　滚轮与蜗杆的啮合

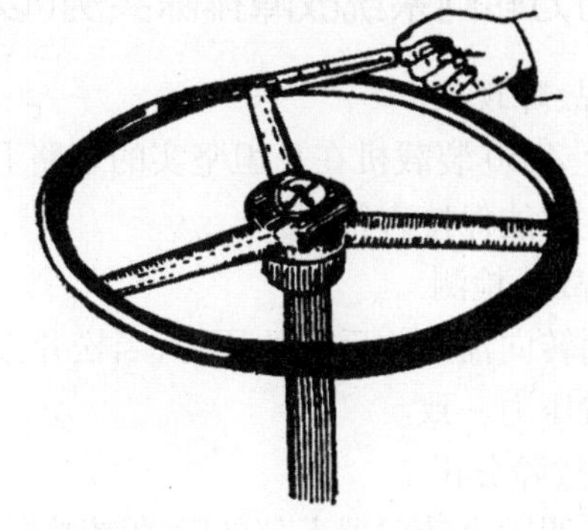

图6-2-17　用拉力计检测方向盘的转动拉力

(4)安全阀的调整:

① 拆下螺塞(如图6-2-12所示)装上25 MPa压力表;

② 发动机转速为1 500 r/min;

③ 向左或向右旋转方向盘到极限位置,压力表读数应在13.7 MPa,调整螺钉顺时针转动压力增加,反之,压力减小;

④ 拆下压力表,装上螺塞。

4.3.2　动力转向系统常见故障分析诊断与排除

(1)转向无力,特别是当装载机重载且车轮陷入松软土壤中时转向困难;

(2)转向费力;

(3)左右转向角不一。

4.3.2.1　转向无力

特别是当装载机重载且车轮陷入松软土壤中时转向困难,其原因有:

(1)转向压力不足,原因是调整不当或调压阀零件损坏或因污物导致先导阀关闭不严或阀芯卡滞,应清洗装配后重新调整转向压力;

(2)缺油,应补充46# 或68# 抗磨液压油;

(3)转向泵损坏或转向泵磨损过大,内漏严重,应检修或更换转向泵;

(4)转向阀内泄,应更换转向阀。

4.3.2.2　转向费力

原因是:

(1)转向器齿轮齿条间隙太小,这是调整不当所致,应重新调整;

(2)转向器内加入的油液黏度太大,当热车时转向变轻,即是此问题,应更换黏度合适的润滑油;

(3)转向器内轴承损坏,应清洗转向器并更换轴承;

(4)转向阀内阀芯卡滞,应清洗互磨灵活后再行装配。

4.3.2.3　左右转向角不一

其是随动杆损坏或随动杆安装错误或转向阀内弹簧损坏所致,应检修、重新安装随动杆或更换转向阀内的弹簧。

4.4 动力转向系统故障排除实例(以 ZL50 型装载机为例)

(1)故障现象

一台 ZL50 装载机在平坦坚实的道路上行驶时,感觉方向明显跑偏,方向盘必须向另一侧转动一些才能保持直行。

(2)故障检测

检测转向油缸前后腔的压力,当松开方向盘时前后腔压力明显不等,只有转动方向盘一些才能保持压力一致。

(3)故障分析

这表明动力转向器下部的随动阀阀芯不能自行回到中位,造成转向油缸的某一端总是不停地进油,原因一是定中弹簧失效或断裂;二是柱塞卡滞,应拆检动力转向器进行维修。

(4)排除方法

拆检随动阀,果然定中弹簧完全折断。清洗随动阀,更换新弹簧后故障消失。

任务3　检修全液压转向系统

1　任务要求

知识要求：

(1)掌握全液压转向器的结构与工作过程。

(2)掌握全液压转向器的调整项目。

(3)掌握全液压转向器的常见故障现象与原因。

能力要求：

(1)掌握全液压转向器主要零件的维修技能。

(2)掌握全液压转向器的装配与调整的方法。

(3)能对全液压转向器的常见故障进行诊断与维修。

2　任务引入

一台装载机在行驶时，松开方向盘后车轮依然继续偏转无法停止。这说明全液压转向器里的弹簧钢片全部折断，阀芯无法自动回位。应立即拆检全液压转向器，更换弹簧钢片组。

3　相关理论知识

3.1　全液压动力转向系统

全液压动力转向系统中没有机械转向器和转向传动装置，而是采用全液压转向器操纵转向油缸以控制工程机械的转向过程。全液压转向器利用行星传动原理把机械传动与计量马达双重功能用一只摆线马达来实现，因此体积小、质量小、操作轻便，同时随动系统的反馈功能是在转向器内完成，因此无须反馈连杆系统，在车速低于50 km/h的工程机械上使用优越性较为突出。

3.1.1　全液压转向系统的基本组成

如图6-3-1所示为全液压转向系统的基本组成。

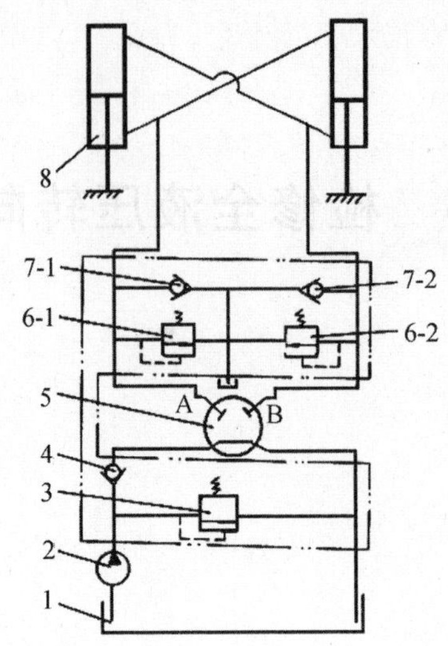

图 6-3-1　全液压转向系统的基本组成

1—液压油箱;2—转向油泵;3—安全阀;4—单向阀;5—全液压转向器;6—双向过载阀;7—补油阀;8—转向油缸

3.1.2　全液压转向系统的工作原理

如图 6-3-2 所示为全液压转向系统的工作原理图,它主要由转向油泵、全液压转向器、计量泵、转向油缸等组成。转阀芯 11 直接装在转向盘 8 下的转向轴上,而阀套(转阀套)则和计量马达 2 的转子轴相连。当不转向时,转阀芯 11 处于中位(图示位置),油泵来油从阀体 P 口进入转阀套 3,经转阀套进转阀芯 11,然后由阀体 O 口流回油箱,这时转向油缸 1 不动作,机械保持原行驶状态。

向右转向时,转向盘 8 向右转,并带动转阀芯 11 一起转动,而转阀套 3 不动,阀被接通左边油路。这时油泵来的油进入阀体 P 口经阀芯通道由 M_A 口进入计量马达,并经 M_B 口及阀芯通道进入转向油缸一腔,而转向油缸另一腔油经 B、O 口流回油箱,通过转向油缸的伸缩运动使机械偏转。

向左转向时,转向盘 8 向左转动,工作原理与向右转时相同。

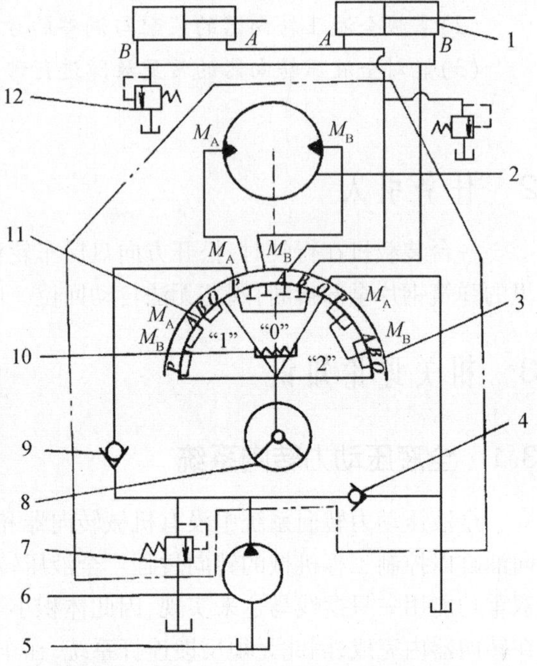

图 6-3-2　全液压转向系统的工作原理图

1—转向油缸;2—计量马达;3—转阀套;4、9—单向阀;5—油箱;6—转向油泵;7—安全阀;8—转向盘;10—定位弹簧;11—转阀芯;12—缓冲阀

计量马达在系统中有两种作用:一是由于油泵来油在进入转向油缸之前先经过计量马达,使马达转子转动,同时也带动转阀套 3 转动,且转动的方向与转向盘转动的方向一致,

因此阀套与阀芯重新处于相对的中位，油不再流入计量马达，车轮停止偏转。即计量马达产生的反馈信号保证了转向油缸的运动始终追随转向盘的转动要求。二是当油泵不能供油（油泵失效或发动机熄火拖行）时，转动转向盘使阀芯转到一定位置后，再继续转动转向盘就可使阀芯、阀套一起转动，即可带动计量马达转子转动使其变为油泵，它可将转向油缸一腔的油液自单向阀吸入，经增压后送入转向油缸另一腔，从而可以实现人力转向（即熄火转向）。

3.1.3 全液压转向器的构造及工作原理

全液压转向器即定量马达（计量马达），将定量的油液输送到液压油缸中，使得液压油缸获得一定的转向角度。全液压转向器可以分为两种：

（1）开式无反应转向器：作用在转向轮上的外力传不到方向盘上，驾驶员无路感。

（2）开式有反应转向器：作用在转向轮上的外力能传到方向盘上，驾驶员有路感。

3.1.3.1 开式无反应转向器（BYZ 型）结构

（1）结构如图 6-3-3 所示。

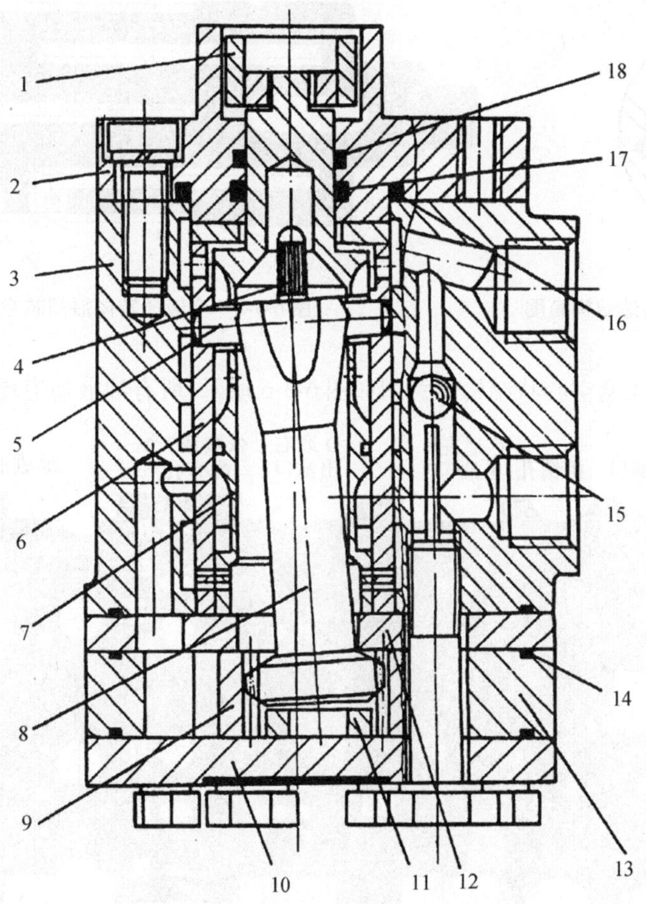

图 6-3-3 全液压转向器的结构

1—连接块；2—前盖；3—阀体；4—弹簧片组；5—拨销；6—阀套；7—阀芯；8—连接轴；9—转子；10—后盖；11—限位柱；12—隔盘；13—定子；14、16、18—O 形圈；15—止回阀钢球；17—X 形圈

全液压转向器的下部是一个计量用的定量马达，由转子 9、定子 13、隔盘 12、后盖 10 及连接轴 8 组成；当松开方向盘时，上部的弹簧片组 4 利用其弹性使阀套 6 回至中位，从而通过拨销 5 操控连接轴 8 使转子 9 回到中位。

(2) 主要组成件结构

① 定量马达(计量马达)结构

定量马达就是内齿轮摆线马达，由定子内齿轮、转子外齿轮、转子中心部位的定量反馈机构连接轴组成，连接轴与内齿轮采用花键连接，并且有一定的安装位置。

定量马达结构简图如图 6-3-4 所示。注意：连接轴记号位置应当对准内齿轮的一个齿尖，与花键连接好齿尖部分，并与外齿轮完全啮合。

② 阀芯

全液压转向器阀芯空心状结构如图 6-3-5 所示，所有油液通道分为短槽(槽 1)、中槽(槽 2)、长槽(槽 3)、环槽及圆孔五种。

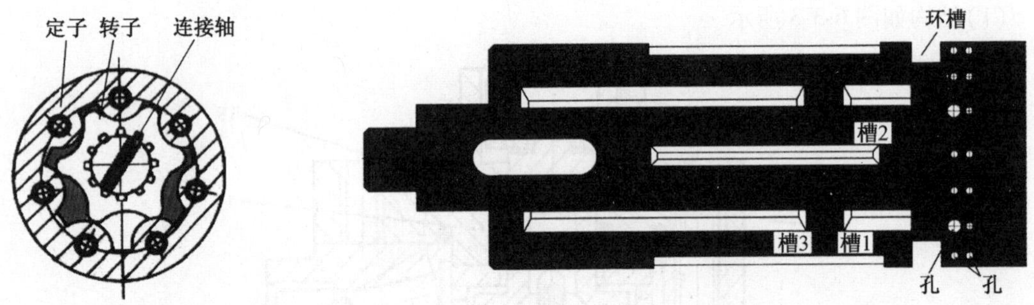

图 6-3-4　定量马达结构简图

图 6-3-5　全液压转向器阀芯空心状结构示意图

③ 阀套

全液压转向器阀套空心状结构示意图如图 6-3-6 所示，所有油液通道均为圆孔。

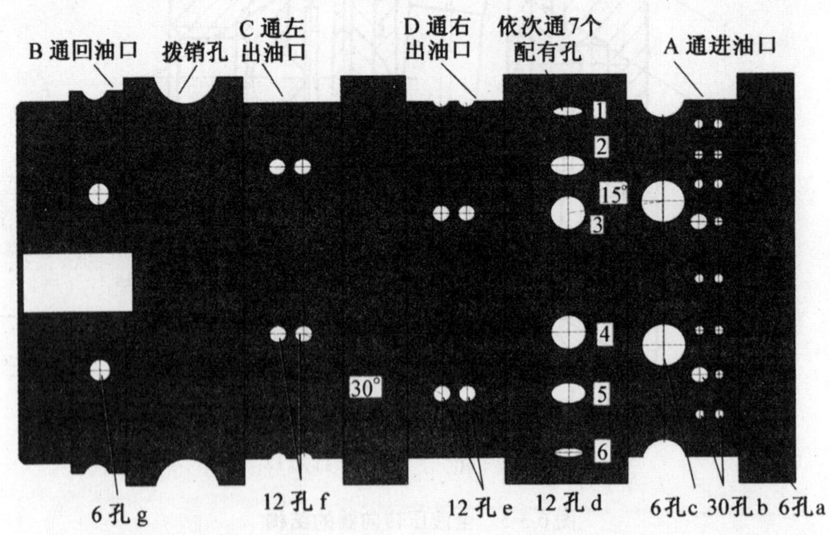

图 6-3-6　全液压转向器阀套空心状结构示意图

④ 连接轴

全液压转向器连接轴实心结构如图6-3-7所示。

图6-3-7 全液压转向器连接轴实心结构图

(3)阀芯与阀套的装配

全液压转向器阀芯与阀套的装配结构如图6-3-8所示。当它们装配在一起,处于中位时,只有最底下的小孔连通。高压油液就从最底下的一排小孔进入中心腔,从孔g和B孔(如图6-3-6所示)处流回油箱。

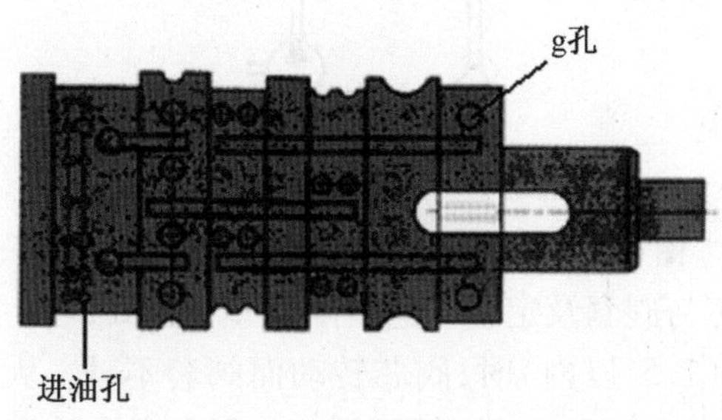

图6-3-8 全液压转向器阀芯与阀套装配结构

当方向盘不动时,全液压转向器阀芯与阀套装配结构示意图如图6-3-9所示。此时,阀芯处于中间位置,油泵卸载。压力油通过进油口P(阀芯与阀套上的a、b小孔正对)进入a和b小孔,通过阀芯内部空间阀芯与拨销空隙,穿越槽3,通过阀套g小孔进入回油道,流回油箱。方向盘不转动时完整的油液流动路线如图6-3-10所示。

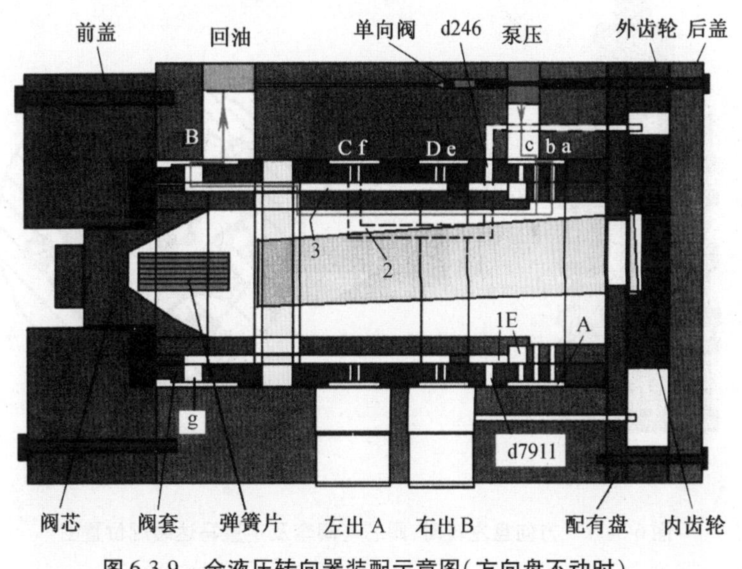

图6-3-9 全液压转向器装配示意图(方向盘不动时)

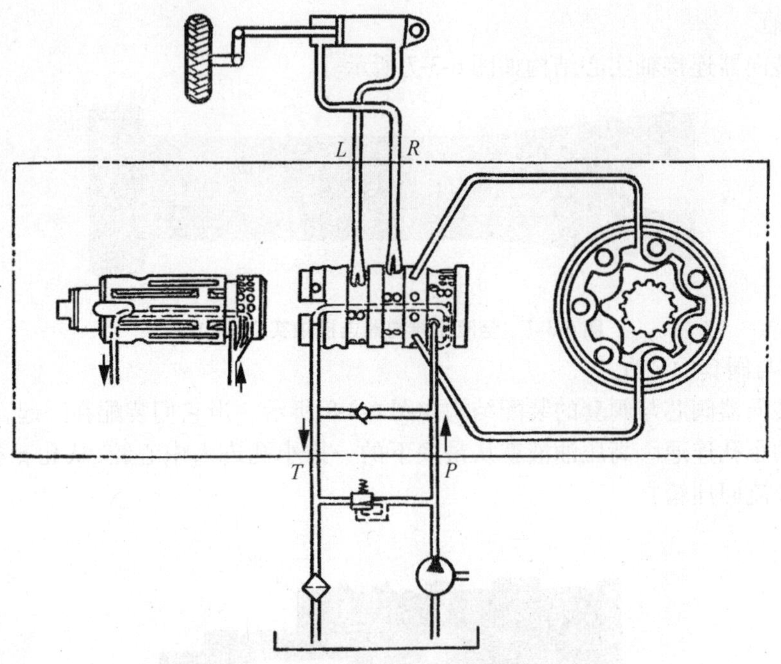

图 6-3-10　方向盘不转动时的油液流动路线

当方向盘左转时，阀芯与阀套及定量马达装配位置如图 6-3-11 所示。

方向盘左转很小角度(7.5°以内)时，阀芯转动而阀套不动。大约转动 2.5°，阀芯与阀套开始关小和打开相关的孔道；4° ~7.5°转角后，阀芯与阀套完全关闭与接通通道。高压油通过红色通道[如图 6-3-11(a)所示]进入马达[如图 6-3-11(b)所示]齿轮腔 A_2、A_3、A_4，推动马达转动。同时，齿间 A_5、A_6、A_7 的油液被压入粉红色通道，进入转向油缸的一腔，推动左转向。油缸另一腔的油液经回油管路进入绿色通道回油箱。随后，阀套在弹簧片组的作用下伺服转动，将相关阀口关闭，实现定量转向。

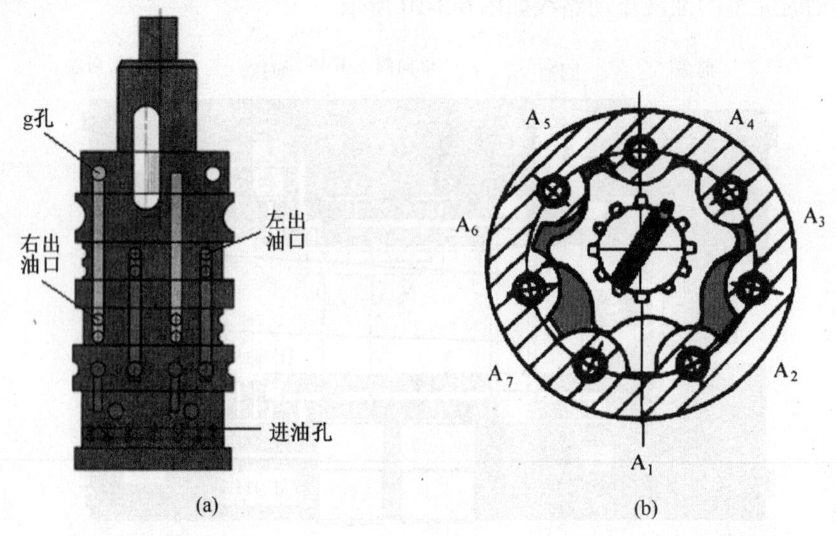

图 6-3-11　方向盘左转时，阀芯与阀套及定量马达装配位置图

方向盘左转时全液压转向器装配示意图见图 6-3-12。

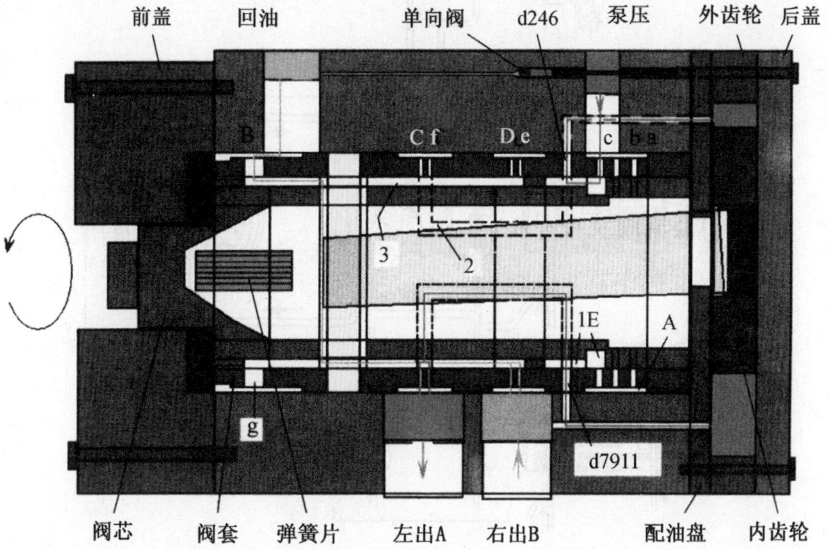

前盖
回油
单向阀
d246
泵压
外齿轮
后盖
B
C f
D e
c
b a
3
2
1E
A
g
d7911
阀芯
阀套
弹簧片
左出A
右出B
配油盘
内齿轮

图 6-3-12　全液压转向器装配示意图(方向盘左转时)

如图 6-3-12 所示,当方向盘左转时,方向盘通过连接块带动阀芯转动,而阀套因为受到拨销、连接轴、齿轮的影响而不转动,这是阀芯与阀套连接的弹簧片受压而变形,阀芯与阀套之间产生一定的转角,转角达到 1.2°时,阀芯与阀套上的 a、b 小孔开始打开,到 6°~7°角时,油口完全打开,压力油通过 c 口、E 槽和纵槽 1,进入 d246,并进入阀体油道进到内外齿轮之间的齿间容积,推动转子齿轮转动,同时对面的齿间容积变小,将齿间油液压到阀体的其他油道。进入 d7911,进入纵槽 2,到左出口,推动油缸伸缩,产生转向。与此同时,转子的内齿轮带动连接轴的齿轮转动,连接轴带动拨销,拨销带动阀套转动,直至转角消失为止,阀芯回到中间位置。同时,B 口回油,通过纵槽 3 进入 g 孔到回油道。

当方向盘右转时,阀芯与阀套的相互位置如图 6-3-13 所示,油液流动路线见图 6-3-14。

g孔
左出
油口
右出
油口
进油孔

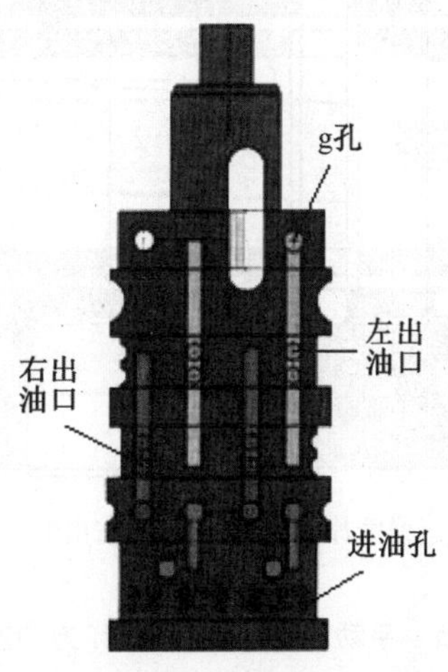

图 6-3-13　方向盘右转时,阀芯与阀套的装配位置图

如图 6-3-15 所示为手动左转向时的装配示意图:当转向油泵没有泵压或发动机故障需要

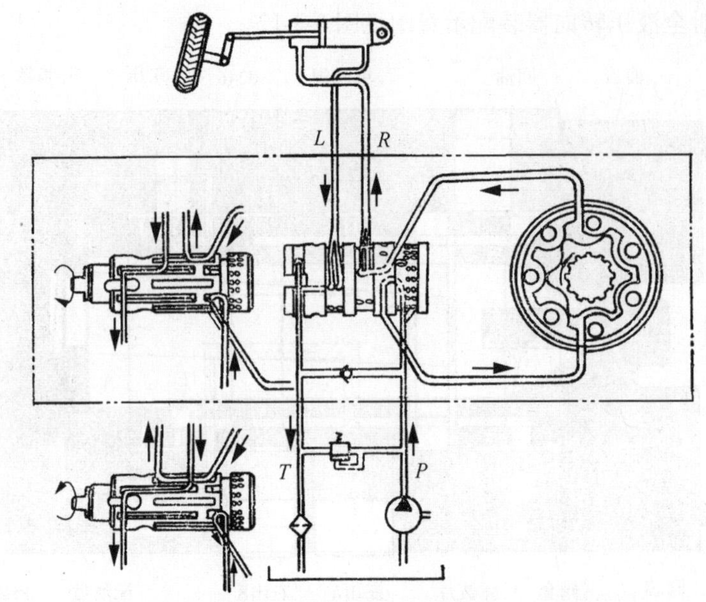

图 6-3-14　方向盘右转时油液流动路线(左下图为左转时)

拖车时,可以采用手动转向(即熄火转向工况),方向盘转动,转动角度比有泵压时要大,此时阀芯、阀套也处于转向状态,此时拨销就带动连接轴转动,连接轴带动转子齿轮转动,这样转子与定子之间就产生了压油和吸油的过程,这时的压油腔与转向油缸的进油腔相通,而吸油腔与转向油缸的回油腔相通,形成了循环油路,齿轮副变成了一个手动泵,推动转向油缸动作,实现转向。图 6-3-16 为手动右转向时的油液流动路线。

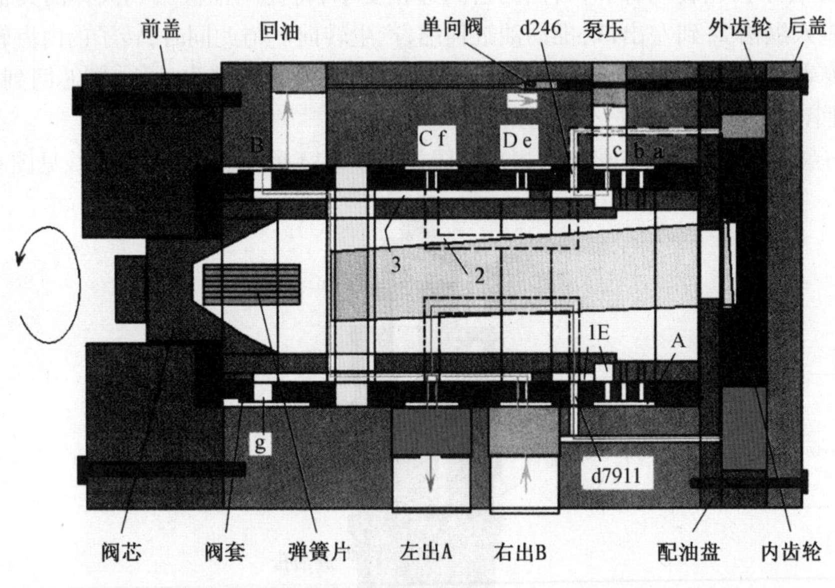

图 6-3-15　手动转向装配示意图(方向左转时)

图中单向阀设置在阀体的泵压进口与回油口之间起止回作用,当转向油泵正常工作时,压力油作用在单向阀底部,单向阀关闭,进、回油口隔断,全液压转向器正常工作;熄火转向时,用

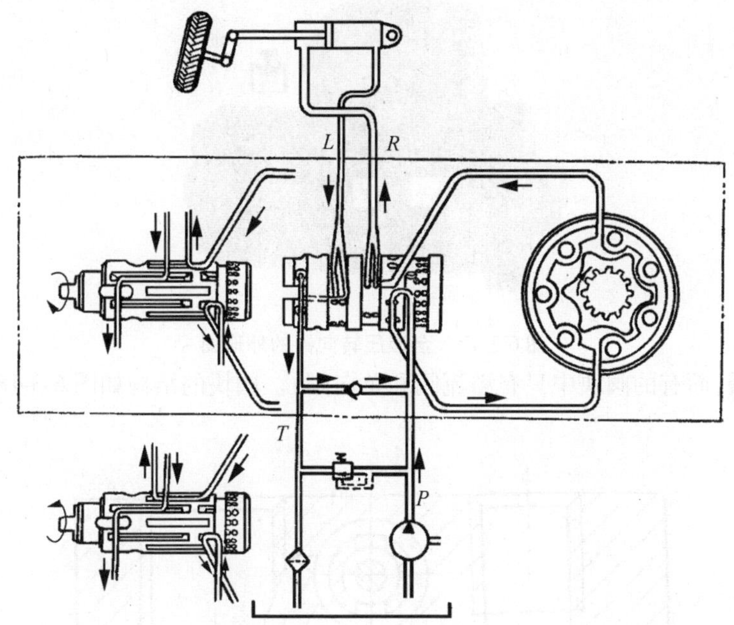

图 6-3-16　手动右转向时的油液流动路线(左下图为手动左转时)

手转动方向盘,手动泵产生的吸力使单向阀打开,此时进、回油口接通,单向阀成为补油阀,使得手动泵得以从转向油缸的回油腔安全吸油,所以该阀又称为止回阀。

(4)全液压转向器的特点

压路机都是安装开式无反应转向器。方向盘不动时,转向轮的转角也不动,因此操纵时不必像驾驶汽车一样频繁地校正方向,否则会使阀芯与阀套之间不断产生转角,少量油液将进入定量马达,供给转向油缸,人为地造成转向轮轮回转向,使得压路机行驶方向不稳,无法完整地压实道路边缘;阀芯与阀套之间的小孔等经常处于半开状态,油液溢流现象频繁交替出现,会使油液温度上升;频繁转动方向盘,也容易造成弹簧片断裂。

全液压转向器的供油量与方向盘的转角成正比,而与方向盘在某一位置停留时间无关。转向器的供油量大小与定量马达的轴向厚度有关,厚度越厚,排量越大。

转子的转动不仅受转动方向盘的操纵力驱动,而且还受马达液压油的驱动,该驱动力将通过连接轴带动转阀同步转动,反映到方向盘上,使得转向更加省力,这叫作随动反馈。这种随动反馈力还将使阀套转动,自动回中位,自动关闭油路,停止供油。

(5)阀块

为保证转向器的正常工作,BZZ 型转向器根据用户要求可以在进回油口与 A、B 油口处安装阀块,如图 6-3-17 所示,配带以下三种阀块,直接安装在转向器阀体的法兰上。

第一种:FKA 型阀块,包括双向缓冲阀、溢流阀和单向阀;

第二种:FKB 型阀块,包括双向缓冲阀和单向阀;

第三种:FKC 型阀块,包括溢流阀和单向阀。

① 阀块的结构

根据转向系统的不同要求,阀块的组合型式也不相同,阀块一般由单向阀、溢流阀(安全阀)、双向缓冲阀以及补油阀等组成(根据主机生产厂家的订货要求,一些阀块中只装有双向

图 6-3-17　全液压转向器的外形图

缓冲阀和单向阀,而有的阀块中只有溢流阀和单向阀)。阀块的结构如图 6-3-18 所示。

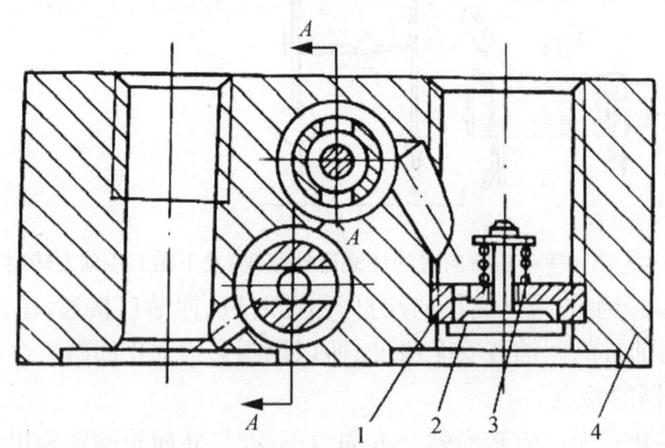

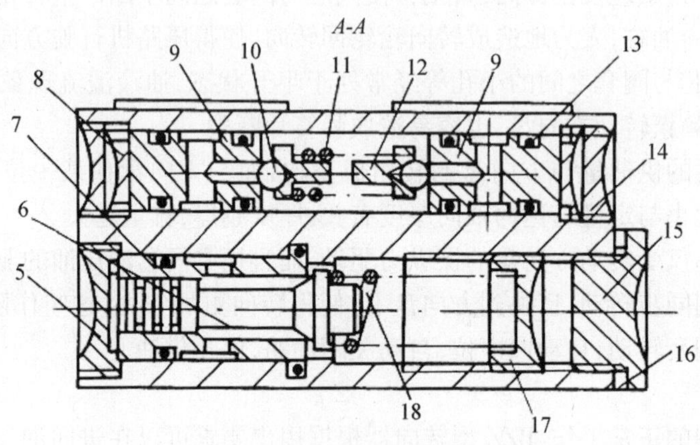

图 6-3-18　阀块的结构

1—单向阀座;2—阀芯;3、11、18—弹簧;4—阀体;5、14—螺堵;6—溢流阀芯;7—溢流阀座;8、17—调节螺塞;9—双向缓冲阀座;10—钢球;12—钢球座;13—O 形圈;15—螺塞;16—密封垫片

a. 单向阀

由阀座 1、阀芯 2 和弹簧 3 等组成,它安装在阀块阀体的进油孔内,从油泵来的高压油经单向阀进入转向器的进油口,其作用是防止油液倒流,致使方向盘自动偏转,造成转向失灵。

因为当负载突然增大时会导致系统压力过高,而过高的负载油液会逆流到泵压管路中,导致转向左右反复抖动。单向阀的开启压力为0.11～0.15 MPa。除此之外,单向阀在无泵压时,关闭了转向器与外油路的连通,防止在手动转向时该处的油液外流。

b. 溢流阀

溢流阀是由溢流阀芯6、溢流阀座7、弹簧18、调节螺塞17及螺塞15等零件组成的一种可调的差动式安全阀,它安装在阀体内与进油孔和回油孔相通的阀孔内。溢流阀的作用是防止泵压过高,用于限定转向系统的最大压力,防止油路过载。当转向油缸在极限位置时,如继续转向,溢流阀打开,油泵卸载,保护了转向系统。溢流阀的调定压力在6.3～10 MPa。

c. 双向缓冲阀

双向缓冲阀是由弹簧、球阀座和钢球等组成的两个定压的直动式安全阀,它安装在阀体上与通向转向油缸左右腔油孔相通的阀孔内并和回油孔相通。双向缓冲阀实际上就是共用一个弹簧的两个溢流阀,用途是防止转向油缸受到外力作用而在系统内造成高压,使得软管以及机构受到损害,确保油路安全,其调整压力在9.5～10.15 MPa。

d. 补油阀

补油阀是由钢球10组成的两个单向阀,安装在阀体内与通往转向油缸左右腔油孔相通,并与双向缓冲阀勾通。当油缸一腔压力高于缓冲阀调定的压力时,缓冲阀卸荷,油缸另一腔的补油阀补油,从而保证了系统不致产生气蚀现象。

止回阀安装在转向器的壳体内,为防止高压进油管出现负压,高压管压力高时,止回阀关闭回油管路;当高压管路出现负压时,止回阀打开,油箱的油液通过回油管进入高压管路,消除负压。

② 阀块的工作原理

阀块的工作原理如图6-3-19所示。单向阀4装在阀块的进油孔内,从转向油泵2来的高压油液经单向阀进入转向器的进油口。根据转向需要,压力油再从转向器的A口或B口进入转向油缸8,推动油缸活塞,实现转向。

安全阀3由阀芯、阀座、调压弹簧和调压螺钉及螺母等组成。它安装在阀体上与进油孔和回油孔相通的阀体内,当转向系统压力超过额定压力时,则安全阀打开,溢出多余油量并降压,以防止系统过载,保护转向油缸、油管等不受损坏;当转向系统压力降至额定压力时,则安全阀关闭,维持正常的工作压力并保护油泵。

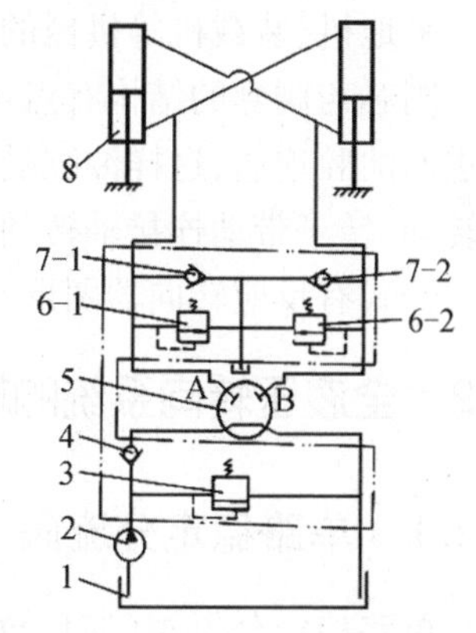

图6-3-19　阀块的工作原理图

1—液压油箱;2—转向油泵;3—安全阀;4—单向阀;5—转向器;6—双向过载阀;7—补油阀;8—转向油缸

在转向过程中,如果转向油缸突然遇到较大外力,会造成转向油缸一腔内瞬时超高压,其压力超过双向过载阀的开启压力时,则双向过载阀6－1或6－2打开,溢流降压,从而避免高压油液对管路的破坏。同时,在转向油缸的另一腔内,则出现负压。这时,补油阀7－1或7－2开启,吸油补入瞬时负压腔,从而避免液压冲击、噪声和气蚀等现象。

当柴油机突然停止工作或转向油泵发生故障时,转向油泵停止供油。这时,单向阀4关闭,以保证压力油在转向器内封闭循环,实现熄火时的人力转向。

(6)开式无反应转向器图形符号

如图 6-3-20 所示：

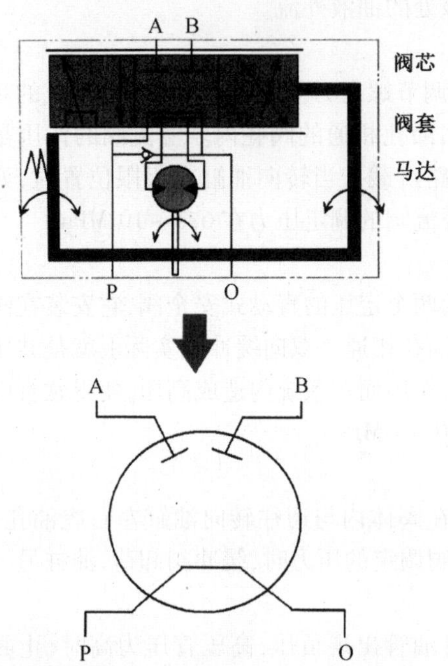

图 6-3-20 开式无反应转向器图形符号

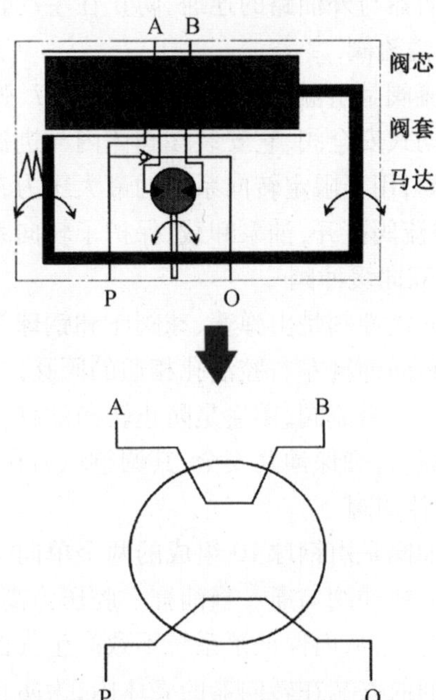

图 6-3-21 开式有反应转向器图形符号

3.1.3.2 开式有反应转向器(BZZ 型)结构

平地机、装载机等机械的转向器就是开式有反应转向器。

阀芯与阀套的结构有点不同,就是在中间位置时,A、B 接口分别经阀套、阀芯与马达齿轮的进回油腔连通,这样油缸受到外力作用时,该油缸受压腔的油液就进入马达压油腔,推动转子转动,转子带动连接轴转动,从而带动阀芯转动,驾驶员手握方向盘就会产生感觉。

开式有反应转向器图形符号如图 6-3-21 所示。

3.2 全液压转向系统的辅助部件

3.2.1 单路稳定分流阀

单路稳定分流阀(简称单稳阀)主要为 BZZ 系列全液压转向器配套,用于全液压转向系统。在转向油泵供油量及系统负荷变化的情况下,通过单稳阀来保证转向器所需的稳定流量,以满足装载机液压转向的要求。单稳阀既可用于独立系统,也可用于共泵分流系统(将一部分液压油提供给工作液压系统,从而简化系统,降低成本)。

单路稳定分流阀主要由阀体、阀芯、弹簧、安全阀以及阻尼塞等零部件组成。其结构型式有分流型和恒流型等,如图 6-3-22 所示。

(1)分流型单路稳定分流阀

分流型单稳阀用于共泵分流系统,其工作原理如图 6-3-22(a)所示。当转向油泵以一定流量供油时,油从 P 口进入阀孔,一部分油通过阀芯的定节流孔 b,如图 6-3-23 所示,变节流孔 a,

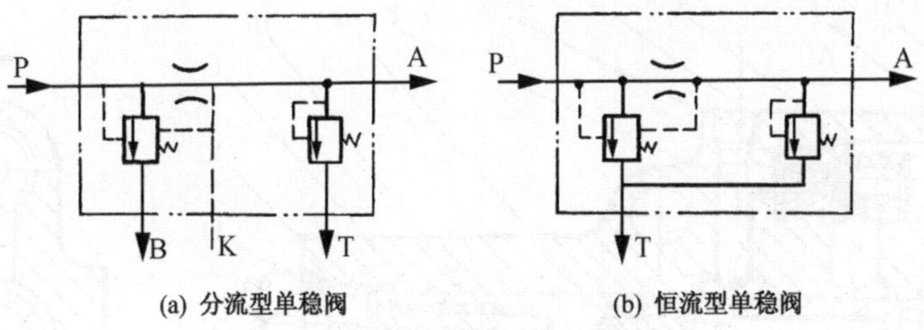

(a) 分流型单稳阀　　(b) 恒流型单稳阀

图 6-3-22　单路稳定分流阀的油路

由 A 口输出,供给转向液压系统使用,该输出油路称为稳定油路。另一部分油通过变节流孔 a 由 B 口输出,供给工作液压系统使用,称为分流油路。当转向系统压力超过安全阀调定的压力时,则安全阀开启卸荷,压力油由 T 口流回油箱。分流型单稳阀的结构如图 6-3-23 所示。

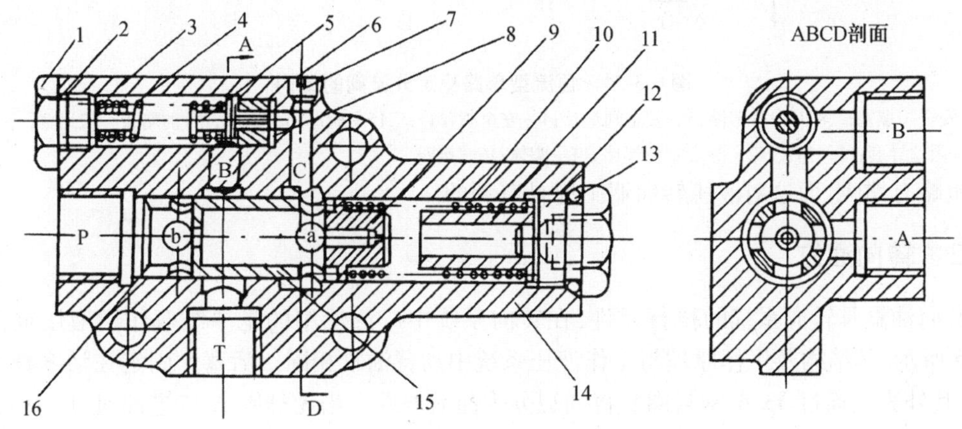

图 6-3-23　分流型单路稳定分流阀的结构

1—安全阀螺塞;2、8、13—O 形圈;3—安全阀垫片;4—安全阀弹簧;5、15—阀芯;6—阀座;7—油堵;9—阻尼塞;10—限位导套;11—弹簧;12—导套定位螺堵;14—阀体;16—挡圈

(2)恒流型单路稳定分流阀

恒流型单稳阀用于独立系统,其工作原理如图 6-3-22(b)所示。从转向泵来的油除供给转向系统外,多余的油及安全阀开启卸荷时溢出的油均从 T 口流回油箱。

恒流型单路稳定分流阀的结构如图 6-3-24 所示。

当 P 口进油流量小于稳定公称流量时,全部压力油通过定节流孔 b、变节流孔 a,再从 A 口供给转向液压系统。此时,变节流口 a 处于全封闭状态。当进油流量超过稳定公称流量时,通过定节流孔的流量增加,定节流孔前后压差也相应增大,破坏了原来的平衡状态,阀芯向右移动,使变节流口 a 的开度变小,提高了定节流孔后面的压力,从而又保持了定节流孔前后压差基本不变,通过定节流孔的流量与原工况时流量的变化也就不大了。即从 A 口输出的流量基本趋于恒流。同时,变节流口 a 开启,将多余压力油从 T 口输出,但因 b 口开启,阀芯弹簧微量压缩以及由于 b 口较大的流速所造成的液动力(与流速方向相反),使定节流孔前后压差有一定的增大。因此,A 口流量会相应地稍有增加,但仍在规定的流量变化率范围之内发生变化。

当转向系统工作时,A 口压力升高,而 B 口无负荷,阀芯向关小变节流孔 b 的方向(向左)移动,关小 b 孔,阀芯在保持原有定节流孔前后压差的情况下平衡。因此,A 口的流量仍保持基本不变,但由于 b 口较大的流速而造成的液动力,使定节流孔前后压差稍有增大,因此,A 口

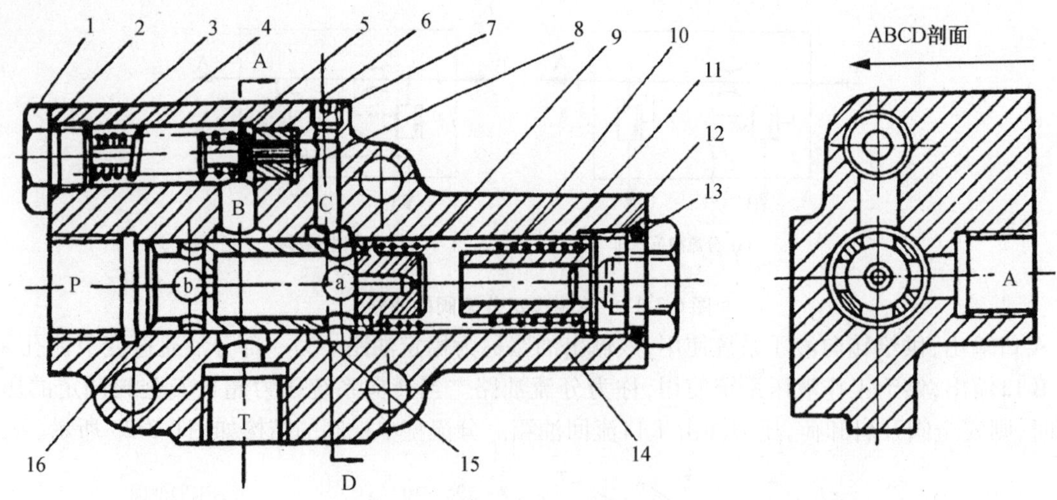

图 6-3-24　恒流型单路稳定分流阀的结构

1—安全阀螺塞;2、8、13—O 形圈;3—安全阀垫片;4—安全阀弹簧;5、15—阀芯;6—阀座;7—油堵;9—阻尼塞;10—限位导套;11—弹簧;12—导套定位螺堵;14—阀体;16—挡圈

流量也略有增大,而这对液压转向器工况是有利的。

3.2.2　转向油缸

转向油缸是转向系统的执行元件,在转向系统中广泛使用的是单级双作用液压缸,如图6-3-25 所示,其结构及工作原理与工作液压系统中动臂油缸相同。活塞 5 固定在活塞杆 15 的后端,其外表面通过 Yx 型密封圈 9 将油缸分为前后两腔。当无杆腔 A 口进油时,压力油就推动活塞杆 15 伸出,有杆腔油液从 B 口经转向器流回油箱。当有杆腔 B 口进油时,无杆腔 A 口回油,活塞杆 15 就缩回油缸。

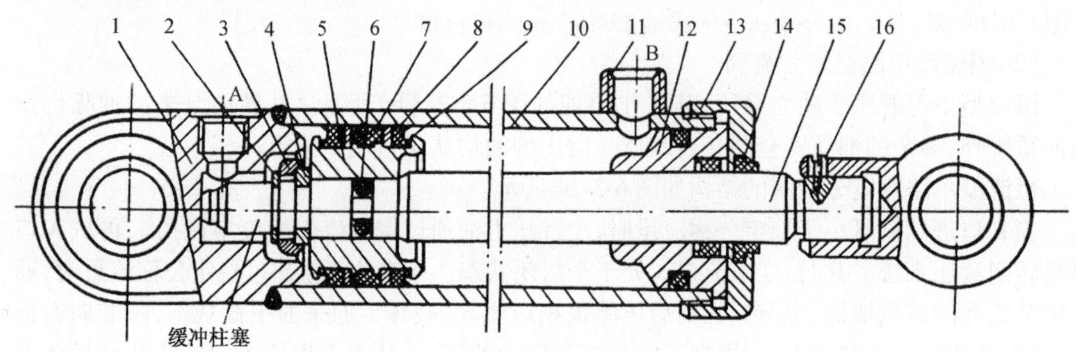

图 6-3-25　单活塞杆转向液压缸结构图

1—后缸盖;2—挡圈;3—套环;4—卡环;5—活塞;6—O 形圈;7—支承环;8—挡块;9—Yx 型密封圈;10—油缸体;11—油口;12—导向套;13—缸头;14—防尘圈;15—活塞杆;16—螺钉

铰接式转向的工程机械采用双转向油缸操控转向,参见图 6-3-19。两只油缸的油缸体与前车架连接,活塞杆与后车架连接,而两只油缸的 A、B 口互相反向连接,即左转向油缸的无杆腔与右转向油缸的有杆腔连接互通,而左转向油缸的有杆腔与右转向油缸的无杆腔连接互通,这样无论哪一腔进油,两只油缸就互为反向伸缩,使前车架相对于后车架进行偏转,实现转向。

3.2.3　转向系统的其他附件

由于全液压转向器的阀体、阀套、阀芯之间为精密配合，对液压油的清洁度有特殊的要求，因此多数转向液压系统中设置有两级过滤装置，一级设在转向油泵吸油管路的前端，为粗滤器，另一级则设置在回油管出口处。

3.3　全液压转向系统的类型

装载机全液压转向系统一般由转向油泵、单路稳定分流阀、转向器、阀块、转向油缸、滤油器以及管路等组成。有些装载机的转向系统中还装有单独的散热装置等，所有这些组成了独立型转向系统。

近年来，一些装载机转向系统中采用了流量放大装置；部分装载机上已开始采用“双(共)泵合分流转向优先的卸荷系统”，转向系统采用全液压转向、流量放大卸荷系统。

3.3.1　独立型转向系统

国产ZL30型装载机采用的就是独立型全液压转向系统，其工作原理如图6-3-26所示。

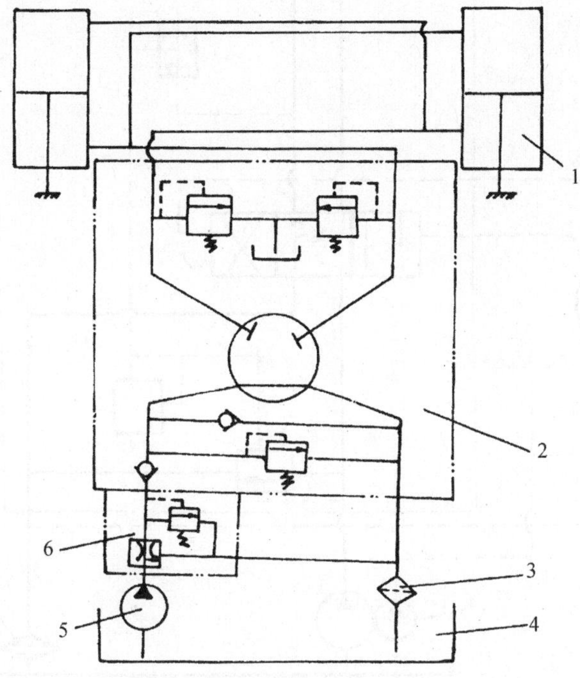

图6-3-26　ZL30装载机转向系统的工作原理(独立型)

1—转向油缸；2—摆线式全液压转向器；3—滤油器；4—液压油箱；
5—转向油泵；6—单路稳定分流阀

ZL30型轮式装载机转向系统采用独立式转向系统，它主要由转向油泵(齿轮泵)、单路稳定分流阀、摆线式全液压转向器、转向油缸、滤油器、液压油箱等组成。

从转向油泵输出的油液，经过单稳阀将稳定流量的液压油输送给转向器。方向盘不转时，油液经转向器通过阀芯内腔流回液压油箱。

转动方向盘,从油泵来的液压油经随动转阀进入转向器的“计量马达”(转子、定子啮合副),推动转子跟随方向盘转动,并将定量油液压入油缸的左腔或右腔,推动车架偏转,实现转向。油缸另一腔则回油。

在转向器上还装有转向组合阀(阀块),它连接在油泵与转向器之间,用来保证转向器及整个转向系统在额定压力下工作。同时,转向组合阀还对转向油缸、连接管路及转向油泵起保护作用。但应当注意:由于阀块中设置了安全阀,所以该系统使用的单稳阀中无安全阀。

3.3.2 流量放大型转向系统

ZL50D 型装载机采用了流量放大型转向系统,其工作原理如图 6-3-27 所示。

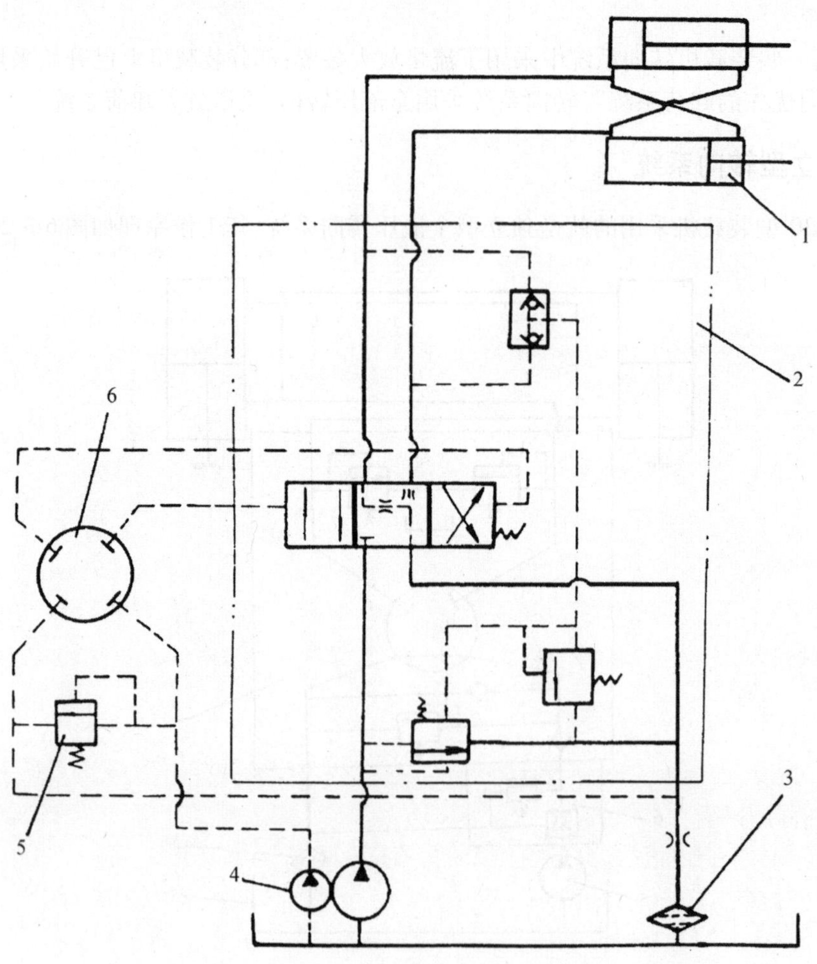

图 6-3-27 ZL50D 装载机转向系统的工作原理(流量放大型)

1—转向油缸;2—流量放大阀;3—滤油器;4—双联泵;5—溢流阀;6—全液压转向器

该系统油路由先导油路和主油路两部分组成。全液压转向器输出的油液作为先导油用以切换流量放大阀,使主油路的油液穿过流量放大阀直接进入转向油缸实现转向。所谓流量放大,是指通过全液压转向器以及流量放大阀,可保证先导油路的流量变化与主油路中进入转向油缸的流量变化具有一定的比例关系,达到低压小流量控制高压大流量的目的。该转向系统操纵轻便、平稳，系统功率利用充分，可靠性高。

(1)流量放大系统的工作原理

方向盘不转时，全液压转向器6的两出油口关闭，从双联泵中小泵来的液压油(先导油)经过控制油路中的溢流阀流回油箱，流量放大阀2的主阀杆在复位弹簧的作用下保持中位，转向油泵(双联泵)5与转向油缸1的油路被断开，主油路经过流量放大阀2中的流量控制阀卸荷回液压油箱。当转动方向盘时，转向器6排出的油与方向盘的转角成正比，先导油进入流量放大阀2后，控制主阀杆的位移，通过控制开口的大小来控制进入转向油缸1的流量。由于流量放大阀2采用了压力补偿，因而进入转向油缸的流量与负载基本无关，只与阀杆上的开口大小有关。停止转向后，进入流量放大阀阀杆一端的先导压力油通过节流小孔与另一端接通流回液压油箱，阀杆两端油压趋于平衡，在复位弹簧的作用下，阀杆回复到中位，从而切断主油路。

(2)流量放大阀的结构与工作原理

流量放大阀主要包括流量放大阀的阀杆12和流量控制阀18两部分。其结构如图6-3-28所示。

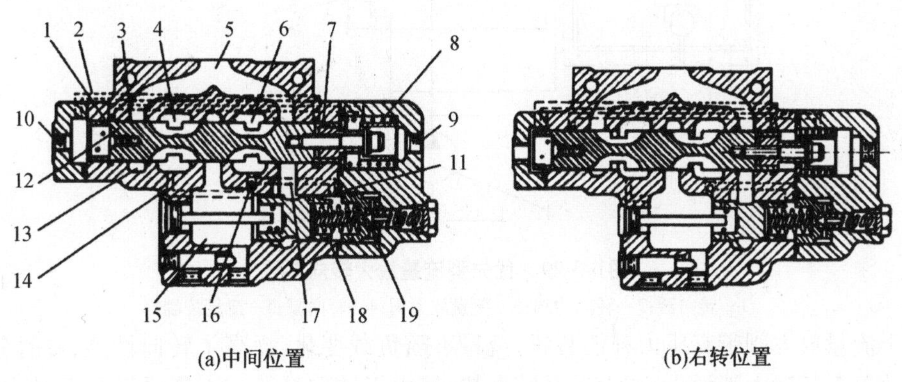

(a)中间位置　　(b)右转位置

图6-3-28　流量放大阀的结构

1、7—计量节流孔；2、3、14、17—通道；4—左转向出口；5—至液压油箱出口；6—右转向出口；8—回位弹簧；9、10—先导油进出口；11—节流孔；12—阀杆；13—回油通道；15—至转向泵出口；16—梭阀；18—流量控制阀；19—先导安全阀

流量放大阀的额定工作压力即安全阀调定压力。当方向盘不转动时，流量放大阀阀杆12在回位弹簧作用下保持在中间位置，如图6-3-28(a)所示，从转向泵来的油推动流量控制阀18右移，打开回油道卸荷回油箱，当油缸受外作用时，部分油通过梭阀16，压力高的来油将作用在先导安全阀19上，如油压超过调定压力，先导安全阀19将起作用。

当操纵方向盘右转向时，如图6-3-28(b)所示，全液压转向器来的油进入阀杆12的弹簧腔9，油压推动阀杆左移，阀杆的移动量与方向盘的转动角度成正比，如果转动慢一些，阀杆移动就少；相反，阀杆移动就多，转向就快。先导油从弹簧腔穿过计量节流孔7、通道2到阀杆另一端，然后回油箱。随着阀杆移动到左边，从转向主泵来的油通过阀杆上的狭槽，分别接通左转向缸的无杆腔和右转向缸的有杆腔，这时，右转向出口的油打开梭阀16，作用于流量控制阀18和先导安全阀19。油压将推动流量控制阀18左移，使得进出口压力差基本保持恒定，控制进入转向缸的流量为一常数。如果油压超过先导安全阀19的调定压力，先导安全阀将开启，使得流量控制阀18弹簧腔内压力下降，进口油压推动流量控制阀右移，将节流孔11开大，整个油压下降，当外力下降，流量控制阀和先导安全阀回到原位。

装载机左转向与右转向完全相似。

该系统由先导油路和主油路组成，先导油路的油量变化与主油路进入转向缸的流量变化成一定的比例，以低压小流量来控制高压大流量，从而使转向操纵轻便灵活。

流量放大型转向系统往往和工作液压系统连接在一起，当不转向时，转向系统的压力油通过优先阀自动流往工作液压系统，以提高铲装能力；而转向时，优先阀自行切换，保证转向泵输出的压力油流往转向油缸，如图 6-3-29 所示。

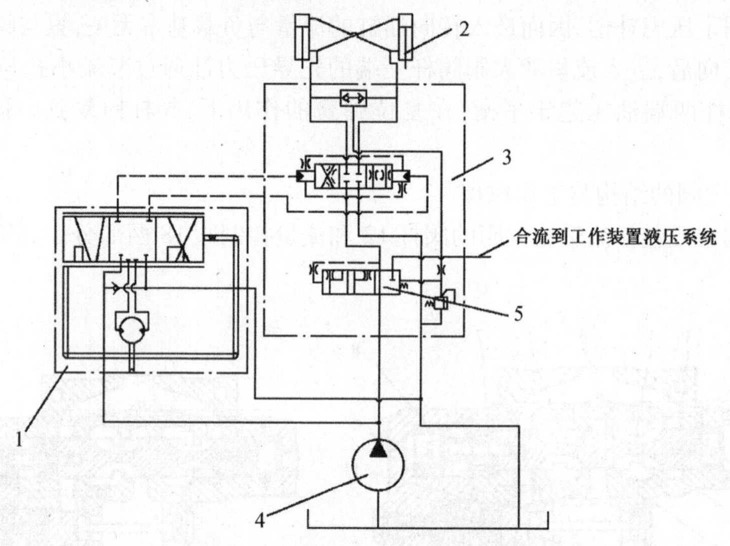

图 6-3-29　优先型流量放大转向系统

1—转向器；2—转向油缸；3—流量放大阀；4—转向泵；5—流量控制阀

由于流量放大阀带有压力补偿装置，流量不随负载变化，提高了转向性能，并且具有一定的节能效果。其动力消耗小，减少了系统发热，但由于转向系统与工作系统相互独立，其转向系统多余的流量只能经流量放大阀中的优先阀返回油箱。

这种转向系统存在的主要缺点：转向器输出的压力油不是直接控制转向缸，而是通过控制流量放大阀去控制转向缸，因此装载机的转向阻力（即道路情况）不能完全在转向盘上体现出来。即使转向已经达到极限位置，转向盘还是可以转动，容易使驾驶员产生错觉。

流量放大阀主阀芯的位移是靠转向器输出的压力油流过主阀芯两端的节流孔产生的压力差完成的，而且主阀芯两端的节流孔有 6 个，这 6 个节流孔所在的轴向位置也各不相同，在加工过程中势必存在形状与位置公差，造成左右转向的不对称。同时主阀芯的位移力是通过节流产生的，油液的温度对转向过程也将产生影响。当温度高时，油液黏度低，流过节流孔的节流损失减小；温度低时，油液黏度高，流过节流孔的节流损失增大。在相同的控制流量下（即相同的转向盘转速），温度不同时，转向速度也不相同，因此该转向系统的转向特性不稳定，有转向滞后、转向发飘的现象。

但由于优先型流量放大转向系统具有一定的节能效果，符合节能、环保的发展趋势，在国内外的新机型中被广泛采用。

4　任务实施

4.1　准备工作

通过查阅对应的维修手册等相关资料，经过课堂讨论、教师答疑和操作演示，制订修改拆装方案，准备所需仪器、设备和工具。

4.2　操作流程

4.2.1　全液压转向系统的拆卸与装配

与液压动力型转向系统不同的是采用全液压转向器与稳定分流阀或流量放大阀取代了液压动力转向器，全液压转向器(包括附加阀块)与稳定分流阀、流量放大阀的拆装如下。

(1)全液压转向器的分解与组装

① 拆下前盖，抽出阀套、阀芯，取出挡环，再用鲤鱼钳从阀芯内抽出弹簧片，拔出拨销，将阀芯从阀套内取出；

② 拆下后盖；取出限位柱、钢球，将定子与转子分开，取下联动轴、隔盘等。

注意：如先从后盖拆起，在取出阀芯阀套等前，必须首先取出钢球，否则容易卡坏阀体，并在拆前盖时注意不要碰伤或划伤阀体的另一端面。

装配顺序：

① 在阀芯中装入连接轴，将阀芯装入阀套内，插入拨销及弹簧片，将组件插入阀体内，放上挡环，装上前盖；

② 在阀体底部安装隔盘、转子、后盖，把钢球放入通往进油口的螺孔内，再将限位柱拧入该螺孔内(连接轴与转子的相对位置见注意事项内的相关内容)。

(2)附加阀块的分解与组装

① 拆卸螺堵，取出溢流阀、弹簧、溢流阀座，从溢流阀座上取下O形圈；

② 从两侧分别拆下螺堵，取出双向缓冲阀座、钢球、钢球座和弹簧，从双向缓冲阀座上取下O形圈；

③ 拆下单向阀、单向阀座及弹簧；

④ 按相反顺序进行组装，溢流阀开启压力调整至9.8 MPa。

(3)分流型单路稳定分流阀的分解与组装

① 拆下安全阀螺塞，取出安全阀垫片、弹簧、阀芯、阀座；

② 拆下螺塞，取出弹簧、限位导套、阻尼塞、阀座，拆下挡圈；

③ 按相反顺序进行组装。

(4)流量放大阀的分解与组装

① 拆下右端盖，取出阀杆总成，从其上拧下螺栓，取下弹簧及弹簧座；

② 在右端盖内取出安全阀、锥阀、弹簧；

③ 从阀体内抽出流量控制阀芯，再从另一端拆下限位销；

④ 按相反顺序进行组装，安全阀开启压力调定为14 MPa。

4.2.2 装配注意事项

(1)液压助力式转向系统

① 调整方向盘自由行程时应松开转向臂轴(扇形齿轮轴)的锁紧螺母,旋转转向臂轴,使方向盘自由行程在20° ±5°范围内。

② 安装随动杆前,应转动车架使前后桥平行;转动方向盘,记下总圈数,然后再把方向盘回转到中间位置(总圈数的1/2 处)连接随动杆,以保证随动杆安装距离为 510 mm;用角度尺测量车架转角,左右各转动 35°时,刚好碰上限位块。

③ 调整转向压力时,应拆下恒流阀体上的测压螺塞,装上过渡接头及压力表,将方向转至极限并保持在此位置,顺时针转动调整螺杆压力增大,反之压力减小。

(2)装配全液压转向器时,应注意以下几点:

① 附加阀块中单向阀处的螺母旋入阀体时,应使单向阀低于阀体平面;

② 拧入双向缓冲阀的螺堵时,应两侧对等相向拧入,否则会造成方向左右轻重不一的故障;

③ 转子与联动轴端面均有冲点标记,装配时应两点相对,如果装错将会使方向盘自转,引起伤人事故。如缺少标记,应使联动轴的拨销 5 对着转子 9 的凹处,如图 6-3-30 所示;

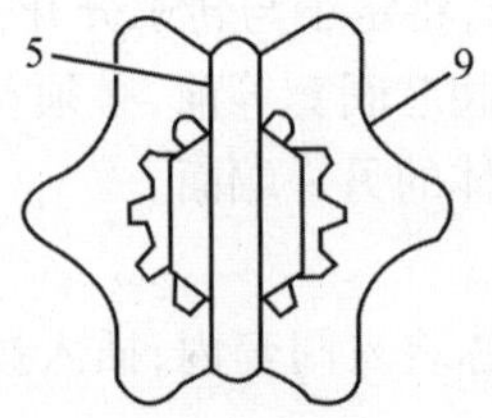

图 6-3-30 转子与联动轴的定位

5—拨销;9—转子

④ 弹簧片对安全转向起重要作用,当拆检时发现损坏的征兆应及时更换,不可随意加上锯条之类物品换上;

⑤ 应检查左右转向是否轻重一致,方向盘回位是否灵活;

⑥ 液压件的配合间隙为0.005 mm,装配时应保持元件清洁,轻拿轻放,不可硬塞硬撬,可边旋转边插入阀芯和阀套;

⑦ 后盖 7 个螺栓紧固时应间隔均匀地分多次逐渐旋紧,拧紧力矩过大或过小都对密封有害,应严格控制在 40 ~50 N · m 范围内;

⑧ 装车前需往油口注入 50 ~100 mL 液压油,左右试转阀芯,如无异常方可装机。

4.3 常见故障诊断与排除

4.3.1 常见故障诊断分析与排除

4.3.1.1 转向失灵

(1)故障现象

转向失灵是指轮式工程机械在转向时,要较大幅度地转动转向盘才能控制行驶方向,使转向轮转向迟缓无力,有时甚至不能转向。

(2)原因分析

① 液压系统堵塞。液压系统若维护不当或使用不当会出现堵塞现象,使系统内的油液流动不畅,影响输入转向动力油缸的流量而导致转向不灵,甚至失灵。

② 液压系统泄漏。液压系统泄漏可分为外泄漏和内泄漏。外泄漏是指液压转向系统因管道破裂或接头松动,工作油液漏出系统外,这不仅使系统内工作油液减少,同时还会使系统压力下降。内泄漏是指在系统内的压力油路通过液压元件的径向配合间隙或阀座与回油路沟通,而使压力油未经执行机构便短路流回油箱。内、外泄漏均会造成液压转向系统内工作压力下降,使推动转向动力油缸活塞的力减小,导致转向不灵,甚至失灵。

③ 转向器片状弹簧折断或弹性不足。转向器的转阀内设有片状弹簧,当转向盘转过一定角度后而不动,由片状弹簧的弹力与转子油泵共同作用,使转阀回复到中间位置,切断转向油路,使转向轮停止转向。当转向器片状弹簧失效时,转向盘不能自动回中间定位,导致转向失灵。

④ 液压转向系统内液压元件部分或完全丧失工作能力,如动力元件液压泵损坏,会影响液压系统内压力,从而导致转向失灵。

⑤ 液压转向系统内流量控制阀的流量和压力调整不当,使压力调整过低,造成转向不灵或失灵。

⑥ 转向阻力过大。如果转向机构的横拉杆、转向节的配合副装配过紧、锈蚀或严重润滑不良,则会造成机械摩擦阻力过大;转向轮与地面摩擦阻力过大等,均会使转向阻力增大,当转向阻力大于动力油缸的推力时,转向轮便不能转向。

(3)诊断与排除

① 检查液压转向系统外观是否有泄漏,如有泄漏,应对症排除。

② 检查流量调节阀,将其调整螺母旋转半圈至一圈后,再测试转向灵敏度。若其恢复正常,说明流量调节阀调整不当;若仍不正常,应检查流量控制阀的阀座是否有杂质或有磨损而关闭不严,使油液瞬时全部返回油箱,而导致转向失灵。

③ 如果是液压油温度高时出现转向失灵,可能是油液黏度不符合要求或液压元件磨损过度,应更换液压油或液压元件。

④ 若转动转向盘时,转向盘不能自动回中间位置,可能是转向器片状弹簧弹力不足或折断,应将转向器分解检查。

⑤ 转动转向盘时压力振摆明显增加,甚至不能转动,可能是转向器传动销折断或变形,应分解转向器进行检查。

⑥ 如果转向盘自转或左右摆动,可能是转子与传动杆相互位置错位而致,应分解转向器予以排除。

⑦ 如果液压转向系统油液显著减少或制动系统有大量油液,则可能是接头密封圈损坏,应予以更换。

⑧ 检查轮式机械的转向阻力是否过大。用手抓住转向横拉杆来回轴向转动,若转不动,表明横拉杆接头装配过紧;将转向油缸的活塞杆与转向节的连接部位拆开,然后用手扳动车轮绕主销转动,若转不动则是主销与衬套装配过紧使转向阻力增大;还应检查轮胎气压是否严重不足,根据检查的原因,对症排除。

4.3.1.2　转向沉重

(1)故障现象

全液压转向的轮式机械突然感到转向沉重或转动方向盘很费力。

(2)原因分析

全液压转向系统转向沉重故障的原因有：

① 油液黏度过大，使油液流动压力损失过多，导致转向油缸的有效压力不足。

② 油箱油位过低。

③ 液压泵供油量不正常，使供油量小或压力低。

④ 转向液压系统内渗入空气。

⑤ 液压转向系统中溢流阀压力低，导致系统压力低。

⑥ 溢流阀被脏物卡住或弹簧失效，密封圈损坏。

⑦ 转向油缸内漏太大，使推动油缸活塞的有效力下降。

(3)诊断与排除

该故障的诊断步骤如下：

① 若快转与慢转转向盘均感觉沉重，并且转向无压力，则可能是油箱液面过低、油液黏度过大或钢球单向阀失效造成的。应首先测量液压油箱油位，并检查液压油的黏度，如果油液黏度过大，应更换黏度合适的液压油。如果油位及油液黏度均正常，则应分解转向器检查单向阀是否有故障，并视情况予以排除。

② 若慢转方向盘轻，快转方向盘感觉沉，则可能是液压泵供油量不足引起的，在油位高度及油液黏度合适时，应检查液压泵工作是否正常，如出现液压泵供油量小或压力低，则应更换液压泵。

③ 若轻载时转向轻，而重载时转向沉重，则可能是转向器中溢流阀压力低于工作压力，或溢流阀被脏物卡住或弹簧失效等导致的，应首先调整溢流阀工作压力，调整无效时分解清洗溢流阀，如弹簧失效、密封圈损坏，应予以更换。

④ 若转动方向盘时，液压缸有时动有时不动，且发出不规律的响声，则可能是转向系统中有空气或转向油缸的内泄漏太大造成的，应打开油箱盖，检察油箱中是否有泡沫。如油中有泡沫，应先检查吸油管路有无漏气处，再检查各管路连接处，并察看转向器到液压泵油管有无破裂，如各连接处均完好，则应排除系统中的空气。如排除空气后，转向油缸仍时动时不动，则应检查油缸活塞的密封情况，必要时要更换其密封元件。

4.3.1.3　自动跑偏

(1)故障现象

所谓自动跑偏，是指轮式工程机械在行驶中自动偏离原来行驶方向的现象。

(2)原因分析

全液压转向的轮式工程机械行驶中自动跑偏的具体原因是：

① 转向器片状弹簧失效或断裂，使转向阀难以自动保证中间位置，从而接通转向油缸某一腔的油路使转向轮得到转向动力而发生自动偏转。

② 转向油缸某一腔的油管漏油。当转向盘静止不动时，转向阀处于中间位置而封闭了转向油缸两腔的油路，油缸活塞两端压力相等，活塞不动，即转向车轮不摆动，呈直线行驶或等半径弯道行驶。如果油缸两腔的某一腔因油管接头松动或破裂而漏油，会使油缸活塞两端油压

不相等,使活塞移动,则转向轮自动跑偏。

③ 左、右转向轮的转向阻力不等,导致轮式工程机械自动跑偏。如果某一侧转向轮由于制动拖滞,轮胎气压不足、轮毂轴承装配预紧度过大等使转向阻力大于另一侧转向轮时,使轮式工程机械行驶时自动跑偏。

(3)诊断与排除

① 观察与转向油缸连接的管路,若有漏出的油迹,应顺油迹查明漏油的原因并予以排除。

② 检查轮胎气压,若轮胎气压严重不足,应予以充足。

③ 用手摸制动鼓或轮毂,若有烫手的感觉,说明该转向轮有制动拖滞或轮毂轴承装配过紧等故障,应予以排除。

④ 转动转向盘,松手后转向盘不自动回弹,表明转向器中片状弹簧可能折断,应分解转向器查明原因并予以排除。

4.3.1.4　转向器漏油

(1)故障现象

转向器阀体、配油盘、定子及后盖结合面等处有明显漏油痕迹。

(2)原因分析

转向器漏油的主要原因有:

① 转向器阀体、配油盘、定子及后盖的配合面间有异物。

② 转向器结合螺栓紧固力不足或不均匀。

③ 转向器内各密封圈损伤或老化。

④ 限位螺钉处垫圈不平。

(3)诊断与排除

转向器漏油故障的诊断与排除的步骤如下:

① 察看漏油痕迹并顺油迹查明漏油部位,如果漏油部位是阀体、配油盘、定子及后盖结合面处,可先用扳手检查结合螺栓的松紧度。若螺栓太松,且拧紧后不再漏油,则故障在此。

② 若螺栓不松,可将后盖上的所有螺栓拧松,然后按交叉的顺序分次拧紧。如不再漏油,说明故障为结合螺栓未按规定顺序拧紧。

③ 若螺栓按规定顺序拧紧后仍漏油,说明结合面间有脏物或接合面不平或密封圈硬化、老化、损坏,此时应分解转向器,如结合面间有脏物,应进行清洗;密封圈有损伤、老化应换新件,并检查限位螺钉处的垫圈,如不平,应磨平或更换垫圈。

4.3.1.5　无人力转向

(1)故障现象

动力转向时转向油缸活塞运动到极端位置驾驶员终点感不明显,人力转向时转向盘转动而液压缸不动。

(2)原因分析

无人力转向故障的原因有:

① 转子泵的转子与定子的径向间隙过大。

② 转子与定子的轴向间隙超过限度。

③ 转向阀的阀芯、阀套与阀体之间的径向间隙超标。

④ 转向器销轴断裂。

⑤ 转向油缸密封圈损坏。

⑥ 液压转向系统连接油管破裂或接头松动。

⑦ 液压管路堵塞。

(3)诊断与排除

无人力转向故障的诊断步骤如下：

① 首先检查液压转向系统的连接管路有无破裂、接头有无松动，如有漏油处，说明管路破裂或接头松动，应更换油管，拧紧接头。

② 若管路完好，可将转向油缸的某一管接头拧松，向左(右)转动转向盘，观察油管接头有无油液流出，如果没有油液流出，说明液压管路有堵塞处，或转子与定子轴向、径向配合间隙超标，或阀芯、阀套与阀体之间的径向间隙超标，此时应拆下并分解转向器，按技术要求检测各部件配合间隙及结合表面，如间隙超过规定，应镀铬、光磨修复，如表面轻微刮伤，可用细油石修磨，如出现沟槽或严重刮伤应更换；如各部件检测值在规定范围内，则应清洁系统油道。

③ 若上述检查完好，则故障可能在转向油缸，应将油缸拆下并分解，检查密封圈是否损坏、活塞杆是否碰伤、导向套筒有无破裂等。视检查结果予以排除。

4.3.1.6　转向盘不能自动回正

(1)故障现象

转向盘在中心位置压力降增加或转向盘停止转动时，转向盘不能自动回正。

(2)原因分析

转向盘不能自动回正的原因是：

① 转向轴与转向阀芯不同轴；

② 转向轴顶死转向阀芯；

③ 转向轴转动阻力过大；

④ 转向器片状弹簧折断；

⑤ 转向器传动销变形。

(3)诊断与排除

转向盘不能自动回正故障的诊断步骤如下：

① 将转向轮顶起，发动机低速运转，转动转向盘，若转向阻力大，可将发动机熄火。两手抓住转向盘上下推拉，如没有任何间隙感觉，且上下拉动很费力，说明转向轴顶死转向阀芯或转向轴与转向阀芯不同轴，应重新装配并进行调整。

② 若经调整后转向盘仍不能自动回正，则可能是片状弹簧折断，或传动销变形，应分解转向器，分别检查。片状弹簧变形、弹性减弱或折断应进行更换，传动销变形应校正或更换，绝不允许用其他零件代替。

4.3.2　故障诊断实例

4.3.2.1　实例一

(1)故障现象

一台 ZL50D 型装载机的全液压转向器检修后无转向动作，方向盘转动轻松无感觉。

(2)故障检查

拆下全液压转向器总成摇晃，没有金属撞击声。

(3)故障分析

检修全液压转向器时漏装止回阀钢球15(如图6-3-3所示),造成油泵输入的压力油直接流回油箱。

(4)故障排除

解体全液压转向器,补装止回阀钢球,装复试车,故障消失。

4.3.2.2　实例二

(1)故障现象

一台ZL30型装载机检修全液压转向器的阀块后,左右转向能力严重不等,只能向一侧转向。

(2)故障分析

检修阀块后出现此故障,表明双向缓冲阀安装错误,弹簧没有保持在中位。

(3)故障排除

拆检双向缓冲阀,重新进行装配。装入左右补油阀钢球10及双向缓冲阀座9(如图6-3-18所示)后,两边对称均匀地拧入调节螺塞8,使双向缓冲阀置于中部,最后装上左右螺堵14。装复后试车,故障消失。

项目 7
工程机械底盘制动系统构造与维修

概　述

工程机械在行驶和作业中,由于外界情况的变化或作业要求,有时需要减速或停车,以保证安全行驶或作业;工程机械停驶后,需要可靠地驻留原地不动;另外,在下长坡时,为防止速度过快需将速度控制在安全范围以内。使行驶中的机械车辆减速甚至停车,使下坡行驶机械的速度保持稳定,以及使已停驶的机械保持原地不动的这些作用统称为制动。

对机械起制动作用的只能是作用在机械上、其方向与机械行驶方向相反的外力。作用在行驶机械上的滚动阻力、上坡阻力、空气阻力都能对机械起制动作用,但这些外力的大小都是随机的、不易控制的,故在机械上必须装设一系列专门的装置,以便驾驶员能根据道路和作业的需要,借以使外界(主要是路面)对机械的某些部分(主要是车轮)施加一定的力,对机械进行一定程度的强制制动。这种可控制的、对机械进行制动的外力称为制动力,这样的一系列专门的装置称为制动系统。

1　制动系统的功用

制动系统的功用是:根据需要强制机械减速或停车,使已停驶的机械能可靠地停留原地,使下长坡的机械能稳定车速。

2　制动系统的分类

(1)按制动能源分

人力制动系统——以驾驶员的动作为制动能源进行制动。

动力制动系统——以发动机的动力转化成气压或液压形成的势能进行制动。

伺服制动系统——兼用人力和发动机动力进行制动。

动能制动系统——将车辆滑行的惯性动能转化成热能进行制动。

(2)按照制动能量的传输方式分

机械式、液压式、气压式、电磁式和复合式(兼用两种或两种以上方式传输能量的,如电液、气液等)。

(3)按制动器的结构形式分

蹄式制动器、盘式制动器、带式制动器、电磁制动器和液力制动器。

(4)按制动系统的功用分

车轮制动系统——用于行车时制动,也称脚制动系统。

中央制动系统——用于停车时制动,偶尔也用于紧急制动。它一般装在传动轴上或车轮轴上,也称手制动系统或驻车制动系统。

辅助制动系统——用于下长坡时制动,一般是装在传动轴上的电磁制动、液力制动或装在发动机排气管上的排气制动。

3　制动系统的组成

供能装置——供给、调节制动所需能量的各种部件,在图7-1中是由驾驶员踩制动踏板提供制动能源的,也可由发动机提供。

控制装置——包括产生制动动作和控制制动效果的各种部件,图7-1中的踏板即是一简单控制装置。

传动装置——将制动能量传输到制动器的各个部件,如图7-1中的制动总泵、油管、制动分泵。

制动器——产生制动力矩的装置,如图7-1中的制动蹄、摩擦片、制动鼓等。

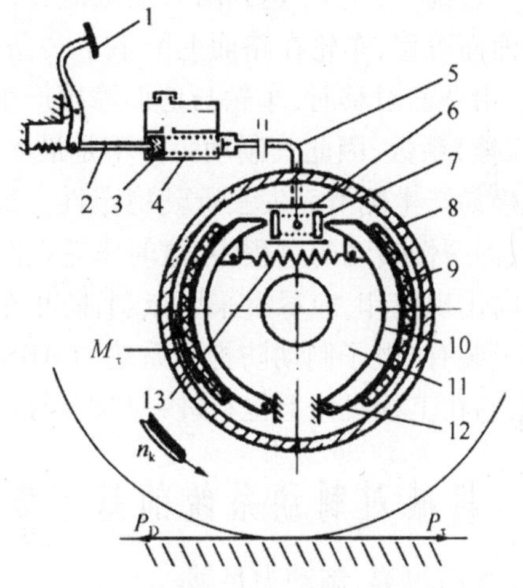

图7-1　制动系统工作原理示意图

1—制动踏板;2—推杆;3—总泵活塞;4—制动总泵;5—油管;6—制动分泵;7—分泵活塞;8—制动鼓;9—摩擦片;10—制动蹄;11—制动底板;12—支承销;13—制动蹄回位弹簧

4　车轮制动系统的工作原理

车轮制动系统的工作原理可以用图7-1来进行说明。其中用来直接产生制动力矩 M_τ 的部分称为制动器,它主要由旋转元件(制动鼓)和固定不旋转元件(如制动蹄、摩擦片等)组成摩擦副。制动时,机械在行驶中的动能转化为摩擦副及轮胎与路面的摩擦热能而散失掉。另一部分称为制动传动机构,它用来将制动力源(来自驾驶员或其他力源)的作用力传给制动器,使摩擦副相互压紧产生制动力矩,其组成有制动踏板、各种杆件及制动总泵、制动分泵等。制动系统的工作原理如下。

在不制动时,固定在车轮轮毂上的圆筒形制动鼓随车轮一起转动。外表面上铆有摩擦片的两个弧形制动蹄,分别铰接在下端两个支承销上。支承销通过制动底板,固定在车桥上构成不旋转元件。在制动蹄回位弹簧的作用下,两制动蹄上端贴紧在支承于制动底板上的制动分泵的活塞上,摩擦片的外圆面与制动鼓的内圆面之间保持一定的间隙,此时,车轮和制动鼓可自由旋转。

当制动时,驾驶员踩下踏板,使总泵活塞将制动总泵中的油液压入制动分泵中,迫使分泵内的活塞向外移动,推动两个制动蹄绕支承销转过某一角度,于是制动蹄向外张开,摩擦片便紧紧压在制动鼓的内圆面上,结果制动蹄对旋转着的制动鼓产生一个制动力矩(摩擦力矩)

M_τ，方向与车轮旋转方向相反。制动力矩使车轮转速下降，由于车轮与路面间有附着作用，使得在车轮与路面接触处产生一个与车辆行驶方向相反的作用力 P_τ，迫使车辆减速以致停车。这一过程称为制动过程，P_τ 称为制动力。

放松踏板后，回位弹簧将制动蹄拉回原来位置，摩擦片与制动鼓之间产生间隙，制动力矩消失，制动被解除。

此外，制动力 P_τ 还会使车辆产生俯倾（即前部下降、后部抬高）现象。故 P_τ 会使前轮垂直载荷增加，后轮垂直载荷减少。显然 P_τ 值越大，这种作用就越大。制动时，P_τ 值随制动器中制动力矩的增大而增大是有限的，这同牵引力一样，不可能超过路面附着力 F 的极限值。即

$$P_\tau \leqslant F = \varphi G_k$$

式中，φ—— 车轮与路面的附着系数；

G_k—— 车轮对路面的垂直载荷。

这说明，当 P_τ 达到附着极限值后，制动力 P_τ 便不会增加了。此时，车轮不再转动，只是沿路面而滑移，车轮在路面上留下了一条黑色的拖印，这称为“抱死”现象。实践证明，车轮“抱死”沿路面滑移时，车轮与地面摩擦产生的高温使胎面着地部分的橡胶稀化，大大降低了附着（摩擦）系数，因此其制动距离不是最短的，结果不仅导致轮胎磨损加快，机械也因附着系数降低极易产生侧滑而失去行驶稳定性。最短的制动距离是发生在车轮即将被“抱死”的临界状态，即缓慢转动的过程中，这时车轮在路面上留下的痕迹是清晰的压印而不是拖印。为防止制动时出现拖印，应尽量采用点刹，防止车轮“抱死”。为避免出现车轮“抱死”现象，现在很多车辆上装有“电子制动防抱死系统”（ABS），大大地提高了制动性能，随着科学技术的进一步发展，它在工程机械上也将进一步得到推广应用。

5　机械对制动系统的基本要求

(1)可靠、制动力足够

能够提供车轮与路面间附着力 F 所允许的足够的制动力 P_τ，即

$$P_\tau \leqslant F = \varphi G_k$$

或

$$M_\tau \leqslant F r_k = \varphi G_k r_k$$

式中：φ—— 车轮和路面间的附着系数；

G_k—— 作用于车轮上的垂直荷重；

M_τ—— 制动器提供的制动力矩；

r_k—— 车轮平均滚动半径。

附着系数 φ 随地面情况、轮胎表面花纹及胎面磨损情况而变化。干路上 φ 值平均在 0.5 ~0.8之间，湿路或砂路上 φ 值降至 0.2 ~0.3。因此，在湿而滑的道路上，制动距离比在干路上大。

在设计计算时，一般可取 $\varphi = 0.6 \sim 0.7$。

对于载重汽车，一般要求在水平干燥的油渣路面或混凝土路面，从车速 30 km/h 到停止的制动距离不大于 10 m。

(2)操纵轻便

操纵制动器所需的力和功不应过大。因此,在重型汽车和工程机械上多采用气压式或气压液压综合式。

制动时施于脚制动器踏板上的力不大于 20 ~ 25 kg,紧急制动时不超过 45 kg,施于手制动器手柄上的力不大于 25 ~ 35 kg。

踏板行程一般不大于 150 ~ 200 mm,手柄行程一般不大于 200 ~ 250 mm。

(3)制动时应保证机械稳定性好

左右制动力应相等以免跑偏,前后轮制动力矩应与前后轮的附着重量成正比或者后轮制动力矩更强大一些,以保证紧急制动时的稳定性及获得最大的制动力。但要考虑具体情况,如果某一工程机械前后轮荷重相差不太大,则为了制造方便也可将制动器作成一样,如 ZL50 装载机、74 式轮胎式推土机等。

(4)制动器散热可靠

温度过高,会使摩擦系数迅速下降,制动力矩急剧降低,衬带加速磨损。

任务1 检修鼓式制动器

1 任务要求

知识要求：

(1)掌握鼓式制动器的结构与工作过程。

(2)掌握鼓式制动器的常见故障现象与原因。

能力要求：

(1)掌握鼓式制动器主要零件的维修技能。

(2)能对鼓式制动器的常见故障进行诊断与维修。

2 任务引入

74式Ⅱ型(W_4-60C型)轮胎式挖掘机，踩下制动踏板进行制动时，制动效果不理想，有时甚至无制动。问题有可能出在因摩擦片磨损严重，而引起间隙过大。如果磨损量超出调整极限时，就需要拆卸车轮制动器，更换摩擦片。

3 相关理论知识

3.1 蹄鼓式制动器分类

蹄式制动器按促动装置可分为：

轮缸式制动器——以液压油缸作为制动蹄的促动装置，也称分泵式制动器。

凸轮式制动器——以凸轮促动制动蹄。

楔式制动器——以楔斜面促动制动蹄。

3.2 蹄鼓式制动器结构

3.2.1 轮缸式制动器

如图7-1-1所示为单缸双活塞制动器。当制动鼓逆时针旋转时，左制动蹄在轮缸活塞的推力P的作用下推开制动鼓1和制动蹄6，使之绕各自支承销旋转紧压在制动鼓上，旋转着的制动鼓即对两制动蹄分别作用着微元法向反力的等效合力 N_1 和 N_2 以及相应的微元切向反力的等效合力 F_1 和 F_2，由于 F_1 对左蹄支承产生力矩的方向与其促动力 P 产生的制动力矩方向相同，故 F_1 使左蹄增加了制动力矩，而右蹄正好相反。其 F_1 对右蹄支承产生的力矩与促动力 P 对右蹄产生的制动力矩方向相反，即减小了右蹄的制动力矩，所以我们把左蹄称为增势蹄（紧蹄），而把右蹄称为减势蹄（松蹄）。当制动鼓反转时，左蹄成为减势蹄，而右蹄成为增势蹄。由于在相同促动力下而左、右蹄的等效合力 N_1 和 N_2 不等（逆时针转时 $N_1 > N_2$，顺时针转时 $N_1 < N_2$），故称这样的制动器为非平衡式制动器。

如图7-1-2所示为双缸双活塞制动器，其特点是无论制动鼓正、反转均能借蹄鼓摩擦力起增势作用，且增势力大小相同，因而称其为平衡式制动器。

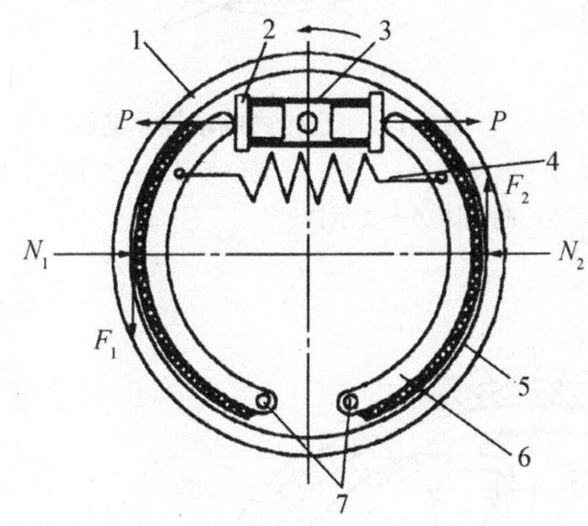

图7-1-1　单缸双活塞

1—制动鼓；2—轮缸活塞；3—制动轮缸；4—复位弹簧；5—摩擦片；6—制动蹄；7—支承销

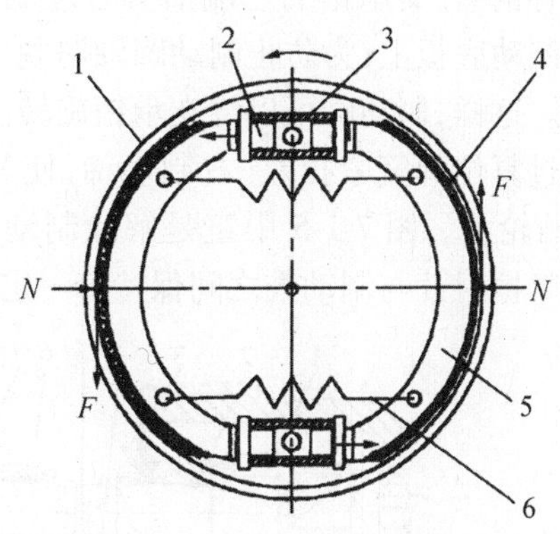

图7-1-2　双缸双活塞制动器

1—制动鼓；2—轮缸活塞；3—制动轮缸；4—摩擦片；5—制动蹄；6—复位弹簧

如图7-1-3所示为双向自动增力式制动器，它仍然是单缸双活塞油缸，但结构不同。它有支承销和顶杆，在这样的结构下，如轮毂顺时针旋转，则前制动蹄和后制动蹄均为增势蹄，但后制动蹄增势大于前制动蹄，反之制动鼓逆时针转动时前制动蹄的增势大于后制动蹄。对运输车辆来说，前进制动远多于倒车制动。故把前进制动时增势较大的蹄摩擦面积做得较大，以使两蹄能磨损均匀。这种制动器的特点是制动力矩增加过猛，制动平顺性较差，且摩擦系数稍有降低，则制动力矩急剧下降。

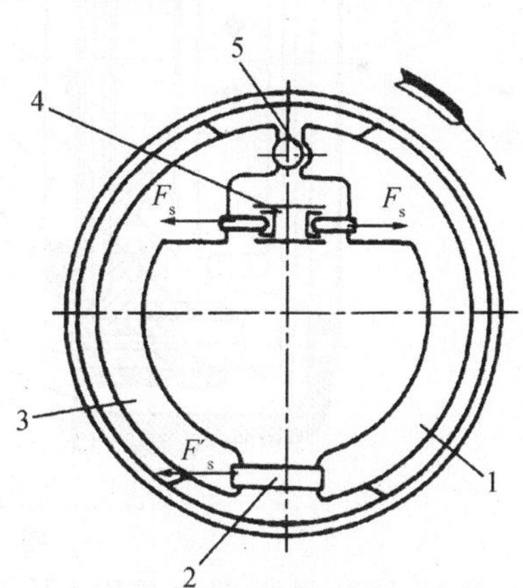

图7-1-3　双向自动增力式制动器示意图

1—前制动蹄；2—顶杆；3—后制动蹄；4—轮缸；5—支承销

3.2.2　凸轮式制动器

如图7-1-4所示为凸轮式制动器，推力 P_1 和 P_2 由凸轮旋转而产生。若制动鼓为逆时针旋转，则左制动蹄为紧蹄，右制动蹄为松蹄。故这种制动器在开始使用时是非平衡式的。由于制动凸轮的中心是固定的，如果凸轮的轮廓加工精确，则凸轮转过任何角度，两制动蹄上相应的点相对于制动鼓的位移量都彼此相等。但由于实际上两边的蹄鼓间隙不可能调整到完全一致，则两蹄对鼓的压紧程度就不相等，原有间隙较小一边的制动蹄对制动鼓的法向压紧力和摩擦力较大，因而产生的制动力矩也较大。但在使用过不长时间之后，受力大的紧蹄必然磨损快，从而两边间隙逐渐趋于相等，由于凸轮两侧曲线形状对中心对称，及两端结构和安装的轴对称，故凸轮顶开两蹄的距离应相等，最终导致 $N_1=N_2$、$F_1=F_2$，使制动器由非平衡式变为平衡式。如果制动鼓反转，道理相同。

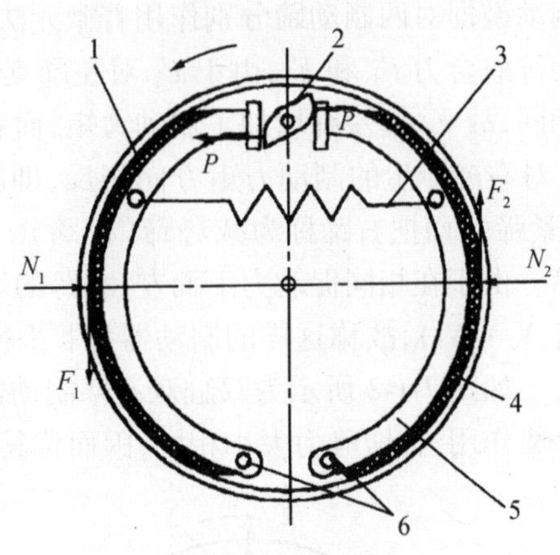

图 7-1-4　凸轮式制动器示意图

1—制动鼓；2—凸轮；3—复位弹簧；4—摩擦片；5—制动蹄；6—支承销

如图 7-1-5 所示为 CL7 型铲运机前制动器，制动鼓与车轮相连。左制动蹄、右制动蹄下端的腹板孔内压入青铜套；支承销的左端活套着左制动蹄，右端固定于制动底板上；为防止制动蹄轴向脱出，装有垫板、锁销。这样，制动蹄可以绕支承销旋转。制动蹄的中部通过复位弹簧紧拉左、右制动蹄，使其上端紧靠在 S 状凸轮上。图 7-1-5 中正是解除制动状态，制动蹄上的摩擦衬片与制动鼓之间保持着一定间隙。

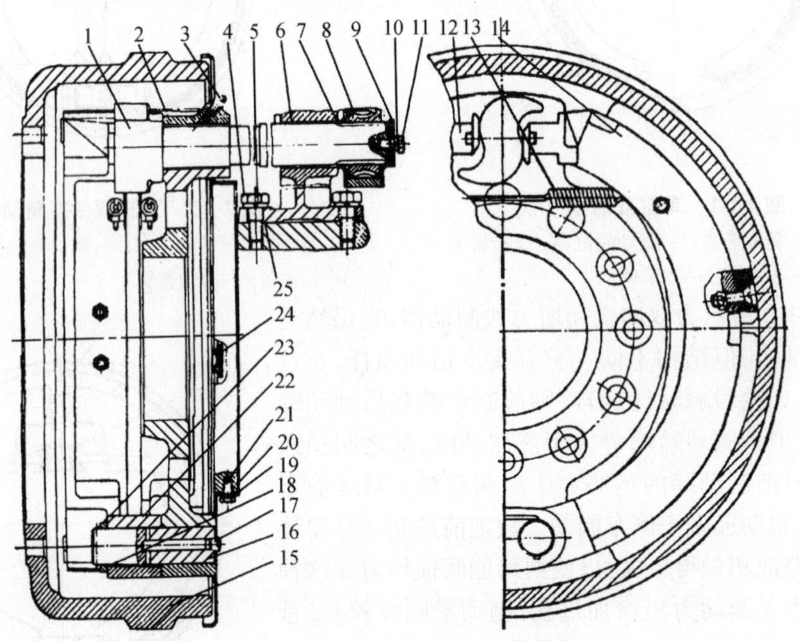

图 7-1-5　CL7 型铲运机前制动器

1—制动凸轮；2—制动底板；3—油嘴；4、11、21—螺钉；5、10、20—弹性垫圈；6—凸轮轴支承架；7—调整臂盖；8—调整壁内蜗轮；9—调整臂端盖；12—左制动蹄；13—复位弹簧；14—右制动蹄；15—制动鼓；16—支承销；17—锥形螺塞；18—垫板；19—挡泥板；22—青铜套；23—锁销；24—橡胶塞；25—凸轮轴支承调整垫片

当制动时，凸轮逆时针旋转，两制动蹄便张开制动。当解除制动时，凸轮返回复位，复位弹簧便使两制动蹄脱离制动鼓。

由于凸轮与轴是制成一体的，故两制动蹄所能绕支承销转过的角度及对制动鼓施加的作用力大小完全取决于凸轮工作表面的几何形状和转角。在调整时不可能将制动蹄与鼓间的间隙达到沿摩擦衬片长度上各相应点处完全一致。因此,制动时即使制动凸轮使两制动蹄张开的转角相等,两蹄对制动鼓的压紧力及其摩擦衬片上所受单位压力也不可能完全一致。故该制动器开始使用时是非平衡式,用过一段较短时间后,单位压力较大的摩擦衬片磨损较大,其与制动鼓间的间隙相应增大,故制动时两蹄对鼓的压力也就逐渐趋于相等,而成为平衡式制动器(指前进时)。

制动器间隙的局部调整装置是位于调整臂下部空腔里的蜗轮、蜗杆机构,如图 7-1-6 所示,调整蜗杆的两端支承在调整臂下部空腔壁孔中且能转动。蜗轮用花键与制动凸轮轴外端连接。制动蜗杆便可在调整臂不动的情况下,带动蜗轮使制动凸轮轴连同凸轮转过某一角度,两制动蹄也随之相应转过一定角度,从而改变了两制动蹄原有位置,达到所需求的间隙量。蜗杆轴一端轴颈上沿周向有若干个凹坑。当蜗杆每转到与凹坑对准的、位于调整臂孔中的钢珠时,钢珠便在弹簧作用下,压入到凹坑里。这样就能保证调好位置的凸轮相对于调整臂的角位置不能自行改变。

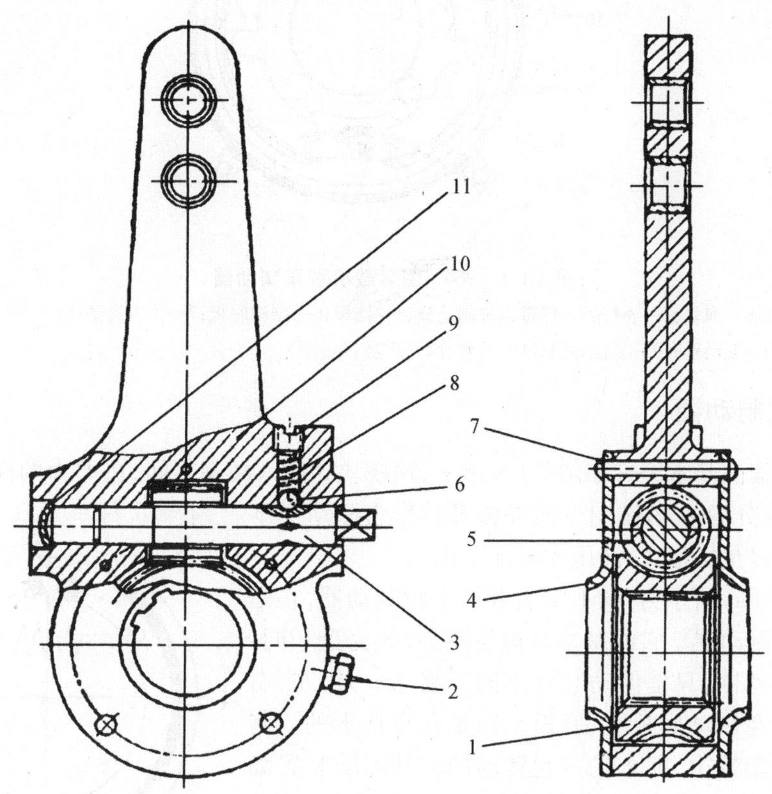

图 7-1-6 CL7 型铲运机前制动器调整臂组件

1—蜗轮;2—锥形蜗塞;3—蜗杆轴;4—调整臂盖;5—蜗杆;6—钢球;7—铆钉;8—弹簧;9—螺塞;10—调整臂;11—堵塞

图 7-1-7 所示为 966F 型装载机的驻车制动器,它属于凸轮、自动增力式制动器,作为停车制动和紧急制动的应急制动。制动鼓属于旋转件,其他零件均为固定件。制动底板的凸缘限制左右制动蹄轴向脱出;传力调整杆两端制有左、右旋反向螺纹,它除了传力之外,并兼有调整制动间隙的作用。当行驶时,气缸中由于压缩空气通过活塞压迫弹簧使凸轮处于如图所示的“解除制动”位置。当紧急制动时,操作系统中的快速放气阀,使气缸中压缩空气迅速泄出,弹

簧推动活塞、连杆与摇臂，使凸轮旋转而推动左、右蹄片实现制动。当压缩空气压力低于规定值时（28 kPa），气压克服不了弹簧的压力而不能松开制动器，机械便不能行驶，这是为了安全起见而采取的必要措施。

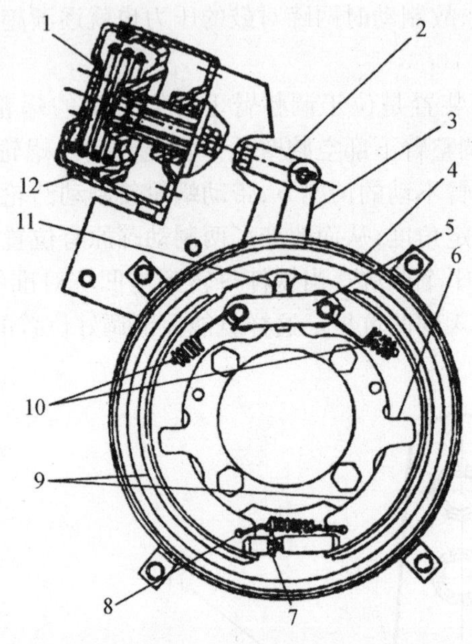

图 7-1-7　966F 型装载机驻车制动器

1、8—弹簧；2—连杆；3—摇臂；4—制动鼓；5—挡板；6—制动底板；7—传力调整杆；9—制动蹄；10—复位弹簧；11—凸轮；12—活塞

3.2.3　楔式制动器

楔式制动器的基本原理如图 7-1-8 所示，用楔块 3 插入两蹄之间，在 F 力的作用下向下移动，迫使两蹄在分力 P 的作用下向外张开。作为制动楔本身的促动力可以是机械式、液压式或气压式。

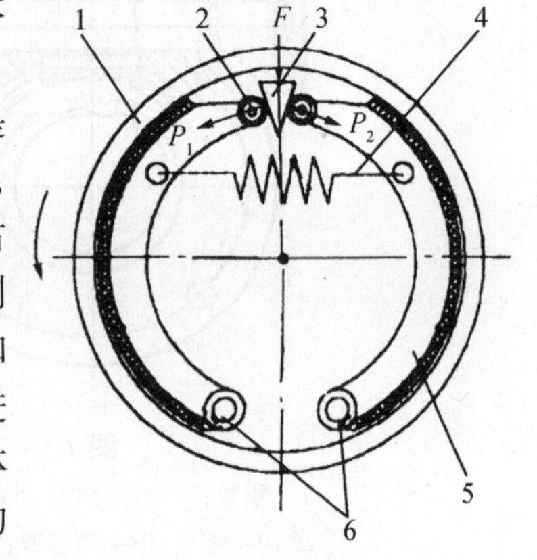

图 7-1-8　楔式制动器示意图

1—制动鼓；2—滚动；3—楔块；4—复位弹簧；5—制动蹄；6—支承销

如图 7-1-9（a）所示为 966F 型装载机车轮制动器，它是液压促动楔式制动器。它的基本结构与图 7-1-8 完全相同，为非平衡式制动器，只是促动装置不同。制动分泵，左、右制动蹄都安装在制动底板上，底板是固定在车桥上的。制动鼓是固连在车轮上，随车轮一起转动的。其促动装置如图7-1-9（b）所示。活塞上腔为压力油缸，压力油由进油口进入；活塞杆的中部套有复位弹簧，它的下端是支承在分泵体上；活塞杆的下端装有两个滚轮，滚轮是压在柱塞楔形槽的斜面上：调整套的外圆面制成螺旋角较小的齿轮，其齿形为锯齿，它与卡销端面的齿相啮合，弹簧迫使卡销始终压在调整套的外齿上。调整套外齿顶圆柱面与柱塞内圆柱面为滑动配合；调节螺钉与调整套是螺纹配合，其螺旋方向与调整套外锯齿旋向相同。

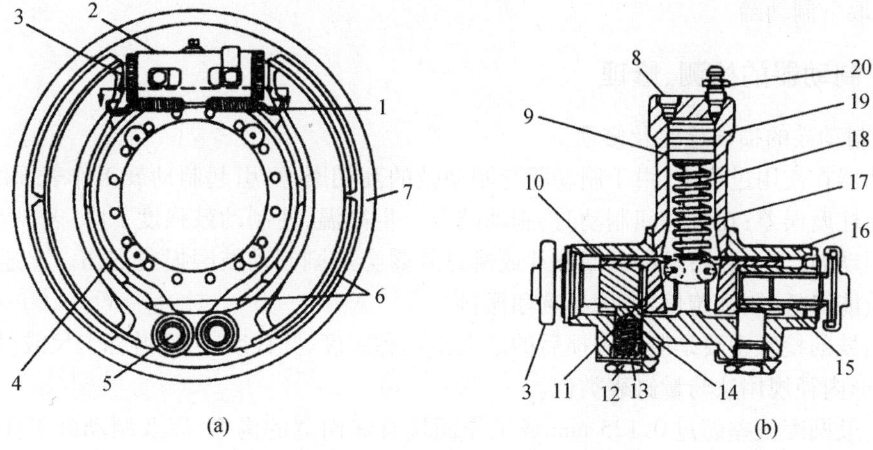

图 7-1-9　966F 型装载机车轮制动器

1—制动蹄复位弹簧;2—制动分泵;3—调节螺钉;4—制动底板;5—支承销;6—制动蹄;7—制动鼓;8—进油口;9—活塞;10—柱塞;11—滚轮;12—固定纵塞;13、17—弹簧;14—卡销;15—调整套;16—分泵体;18—活塞杆;19—缸体;20—放气螺塞

制动时,压力油推动活塞克服弹簧弹力,推动滚轮下行,在楔形槽的斜面的作用下,柱塞通过锯齿斜面压下卡销而外移,实现制动。解除制动时,压力油卸压;在活塞复位弹簧和制动蹄复位弹簧的作用下,各部件回位,制动解除。

当摩擦衬片严重磨损时,调整套的外伸量加大,卡销的端面轮齿将从调整套的原来齿槽跳入下一个相邻齿槽。由于锯齿垂直面的作用,调整套回位时,无法压下卡销,只能在螺纹的作用下自身旋转,从而使不能转动的调节螺钉旋出,这样便自动调整了制动间隙。

车轮制动器虽然与汽车相同,但轻型汽车的间隙自动调整装置很简单,只可单向调整。因汽车行驶以前进为主,为避免间隙越调越小而使车轮卡滞,故设计成只在倒车时起调整作用。而966F 型装载机的这种制动装置虽然较为复杂,但由于装载机的大部分工作时间是在作业现场往复行驶,此时的前进与倒退距离相等,为避免间隙越调越小,只要选择适当的锯齿节距及螺纹螺距,即可避免间隙越调越小,这是此种制动装置的优点。

4　任务实施

4.1　准备工作

通过查阅对应的维修手册等相关资料,经过课堂讨论、教师答疑和操作演示,制订修改拆装方案,准备所需仪器、设备和工具。

4.2　操作流程

4.2.1　74 式(W_4 -60 型)轮胎式挖掘机制动器总成拆卸

(1)拆下车轮;

(2)将螺丝刀插入制动鼓螺纹中并且向上撬楔形块,然后取下制动鼓;

(3)拆下制动蹄稳定弹簧座、弹簧和稳定销;

(4)取下制动蹄。

4.2.2 制动器的检测、修理

(1)制动鼓的损伤检验及修理

制动器在使用过程中,由于制动蹄与制动鼓的互相摩擦,引起制动鼓工作表面磨损,产生圆度和圆柱度误差;在长时间制动时,制动鼓会产生高温,使制动鼓强度下降;若制动过猛,可能导致制动鼓产生裂纹;过硬的摩擦片或铆钉外露会加剧制动鼓磨损或刮伤。上述损伤都会使制动效能降低、制动跑偏、产生异响和振抖。

制动鼓的检验主要是测量磨损后的最大直径和圆度、圆柱度,可用游标卡尺或弓形内径规测量,弓形内径规用法与量缸表类似。

制动鼓圆度误差超过0.125 mm或工作面拉有深而宽的沟槽,以及制动鼓工作表面与轮毂轴线间同轴度误差大于0.10 mm时,应搪削制动鼓。修复后,圆度误差和同轴度误差应不大于0.025 mm,圆柱度误差应不大于0.05 mm,同轴两鼓直径差应不大于1 mm。

搪削制动鼓可在车床或专用搪鼓机上进行。搪削时应以轮毂轴承座孔为定位基准,以保证同轴度要求。搪削后内径增大,为保证强度,设计时已考虑修理时有2~4次(4~6 mm)搪削量,对内径加大超过2 mm的制动鼓,应配用加厚的摩擦片。

(2)制动蹄的损伤检验及修理

制动蹄摩擦片在使用中将因长期剧烈摩擦而磨损,当磨损严重(一般指铆钉头埋进深度减小至0.50 mm以下)以及油污过多、烧焦变质、裂纹等,使摩擦系数下降、制动效能降低时,应更换新片。

制动蹄摩擦片的铆合与铆离合器片相同。为防止在使用中摩擦片断裂和保持散热良好,铆合时制动蹄与摩擦片必须贴紧,摩擦片与制动蹄之间不允许有大于0.12 mm的间隙。为此,所选摩擦片的曲率应与制动蹄相同。铆接时应用专用夹具夹紧,由中间向两端依次铆固。同一车辆,特别是同一车桥车轮,选用的摩擦片材质应相同,以保证制动效能一致。

采用黏结法时,应将摩擦片与制动蹄的相互贴合面彻底除去油污,并将摩擦片按蹄片的曲率切削加工,在两者的贴合面上涂以黏结剂,用夹具夹紧放入烘箱加温固化。

用黏结法除可以黏结新片外,还可用废旧片黏结在已磨损的蹄片上。黏结时需将蹄片先车为正确的几何形状(铆钉不能露出),再按照该圆弧加工欲黏旧片的内弧面。在加工好的清洁的两贴合面上涂胶,同上法固化。

采用铆接时,蹄片上铆钉孔与铆钉须密合,若发现铆钉孔磨损,可焊补后重新钻孔或扩孔后换加大的铆钉。

铆接或黏结的摩擦片外圆应根据制动鼓实际内径(理论分析和使用表明蹄片圆弧半径比鼓圆弧半径大0.3~0.6 mm时制动效能最好)用制动蹄片磨削机或制动蹄片车削机进行加工。如无上述设备,也可用专用夹具在车床上加工。加工后摩擦表面应清洁、平整、光滑,因为毛糙突出部分会剥落成粉末,降低制动效能。为了避免制动时衬片两端与鼓卡滞,两端头要锉成坡形。蹄片与鼓靠合面积应大于衬片总面积的50%,靠合印痕应两端重中间轻,两端靠合面长约各占衬片总长的1/3。

制动蹄修复时,还应检查其支承销孔和与制动凸轮相接触表面的磨损情况。支承销孔磨损过大,与销的配合间隙达0.25~0.40 mm时应进行修复,可采用扩孔镶套或更换衬套的方法。支承销轴的工作面在直径方向磨损达0.1 mm时,应修复或更换。与制动凸轮相接触的平面磨损严重时可采用堆焊修复,焊后加工修整。

4.2.3 装配

更换摩擦片后按拆卸的相反顺序进行安装。

4.2.4 拆装注意事项

(1)拆卸制动蹄片的过程中要小心,不要将活塞推出制动轮缸,并且不要损坏防尘套;

(2)更换新的摩擦片时,要注意不要将摩擦衬片沾上油污等,并且安装制动鼓时,要彻底检查并清洁制动蹄外工作面和制动鼓内工作面;

(3)为便于制动鼓的安装,应调整凸轮,使蹄片处于最小张开位置,蹄轴标记应转在相对靠近位置。蹄片装到轴上时,蹄片轴的工作表面应涂上一薄层2#锂基脂,多余的应除掉。选配一套凸轮调整垫片,使其装入后,保证凸轮能自由转动,且轴向间隙不大于1 mm;

(4)安装好制动器和车轮后,为保证停稳车辆,用力踩制动踏板数次,以便制动摩擦片进入其正常工作位置。

4.3 常见故障诊断与排除

4.3.1 制动不灵或失灵

(1)故障现象

踩下制动踏板,或拉驻车制动杆进行制动时,制动效能不理想,或无制动反应。

(2)原因分析

① 调整不当,如制动系统拉杆过长、摩擦片与制动鼓(或制动盘)之间的间隙过大等。

制动系统的传力拉杆的工作长度是可调的,如果拉杆的工作长度调得过长,引起制动时有效行程减小,使制动器制动力减小,导致制动效能不良,甚至失灵。

制动器摩擦片与制动鼓(或制动盘)的压紧力很大程度上取决于两者之间的间隙。如果间隙调得过大或摩擦片使用过久由磨损引起间隙过大,均会造成制动时自由行程过大,制动的有效行程减小,导致制动器制动力下降,制动不灵或失灵。

② 制动系统传动机件阻力过大,如制动系统各连接的铰接处有锈蚀,造成制动时阻力增大,使施加在踏板上的力过多地消耗在传动机件阻力上,导致制动器制动力下降,而使得制动不灵或失灵。

③ 制动器摩擦系数下降,如摩擦片与制动鼓(或制动盘)之间沾有水或油污,使制动器摩擦系数减小;工程机械行驶在漫长坡时,进行不间断的长时间制动或制动有拖滞,制动器摩擦副产生高热,使摩擦片的黏合剂产生部分气体和液体,这些产物滞留在制动摩擦副工作表面上使之变得滑溜、摩擦系数减小,另外,摩擦片表面常受高温的作用变硬变光滑,也会使摩擦系数减小,制动器制动力也随之减小。

(3)诊断与排除

① 检查制动踏板自由行程。踩动制动踏板,或拉紧操纵杆后,如果摩擦片与制动鼓(或制动盘)未贴紧,说明制动系统拉杆调得过长,应按要求进行调整。

② 如果摩擦片与制动鼓(或制动盘)贴紧但制动效果不好,是由于制动器摩擦系数减小导致的,应检查摩擦片上有无油污、摩擦片是否烧蚀或破裂、铆钉有无外露,应针对具体情况,分别采取清洗、更换摩擦片等方法进行处理。

4.3.2 制动拖滞

(1)故障现象

制动拖滞是指解除制动后,制动器摩擦副仍保持有摩擦,机械行驶感到有阻力,有时能闻到焦煳味。

(2)原因分析

制动拖滞的原因主要有:

① 驻车制动未完全放松;

② 制动间隙调得过小;

③ 制动系统的有关复位弹簧因疲劳而导致弹力减小或折断,造成制动回位不良。

(3)诊断与排除

制动拖滞故障的诊断步骤如下:

① 检查制动踏板的自由行程,若自由行程过小,而且用手摸制动器的外表面感到烫手,说明制动拖滞是由于制动间隙调得过小所致,应予以调整;

② 观察驻车制动杆是否放松到极限位置,如果已松到底,应检查相关的回位弹簧是否过软或折断,视诊断情况予以排除;如果驻车制动杆未放松到极限位置,应使其完全放松。

5 故障排除实例

一台 74 式Ⅱ型(W_4 -60C 型)轮胎式挖掘机后轮制动力低于前轮且制动跑偏,但制动时无漏气声。

分析:此现象表明气压制动系统正常,但后轮制动蹄片间隙大于前轮且左右不一。

检测:果然与分析结果相符,而且后轮制动蹄片表面硬化严重。

处理:砂磨后轮制动蹄片表面,恢复应有的粗糙度;装复后重新调整蹄鼓间隙。试车后故障消失。

任务2 检修盘式制动器

1 任务要求

知识要求:

(1)掌握盘式制动器的结构与工作过程。

(2)掌握盘式制动器的常见故障现象与原因。

能力要求:

(1)掌握盘式制动器主要零件的维修技能。

(2)能对盘式制动器的常见故障进行诊断与维修。

2 任务引入

ZL50型装载机在行驶时,踩下制动踏板后,装载机在制动时偏离原来行驶方向。由于装载机制动器是左右两侧对称布置的,两侧的制动效能应相同,若转向轮两侧的制动效能不同的话,就会出现制动跑偏,差值越大,跑偏越严重。问题有可能出在因摩擦片磨损严重而引起间隙过大。这样就需要局部拆解制动器,更换摩擦片。

3 相关理论知识

3.1 盘式制动器

盘式制动器是以旋转圆盘的两端面作为摩擦面来进行制动的,根据制动件的结构可分为钳盘式制动器和全盘式制动器。

3.1.1 钳盘式制动器

如图7-2-1所示为钳盘式制动器。制动件就像一把钳子,夹住制动盘,从而产生制动力矩。钳盘式制动器又可分为定钳盘式和浮动钳盘式两类。

固定钳盘式制动器如图7-2-2所示,制动钳固定安装在车桥上,既不旋转,也不能沿制动盘轴向移动,因而必须在制动盘两侧都设制动油缸,以便将两侧制动片压向制动盘。

浮钳盘式制动器如图7-2-3所示,制动钳可以相对制动盘轴向滑动,在制动盘内侧设置油

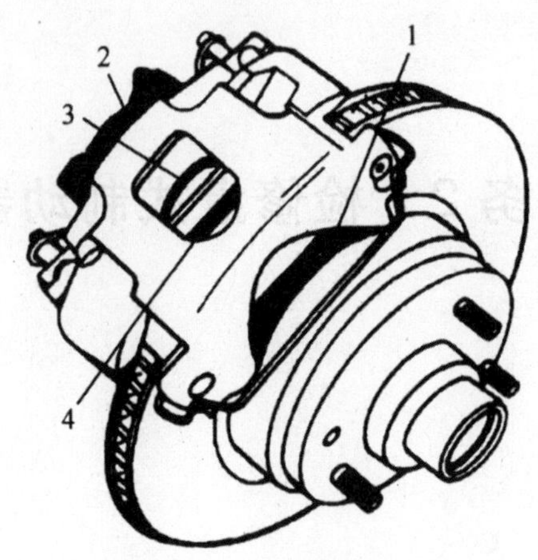

图 7-2-1　钳盘式制动器

1—外蹄;2—制动钳;3—活塞;4—内蹄

缸,而外侧的制动片则附装在钳体上。因为这种结构只有一侧有活塞,故结构简单,质量轻。

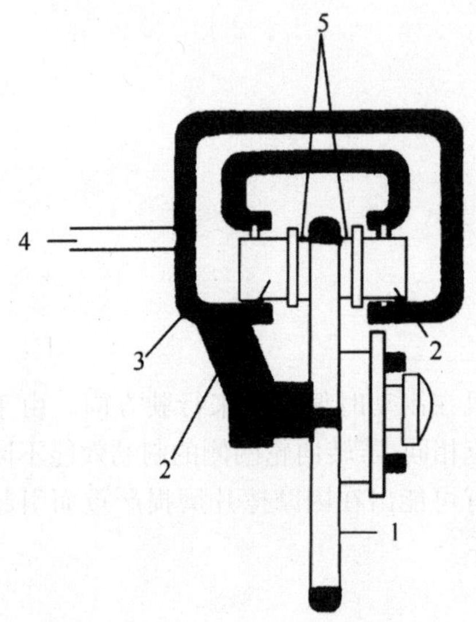

图 7-2-2　固定式制动卡钳结构

1—制动盘;2—活塞;3—制动卡钳;4—液压力;5—摩擦块

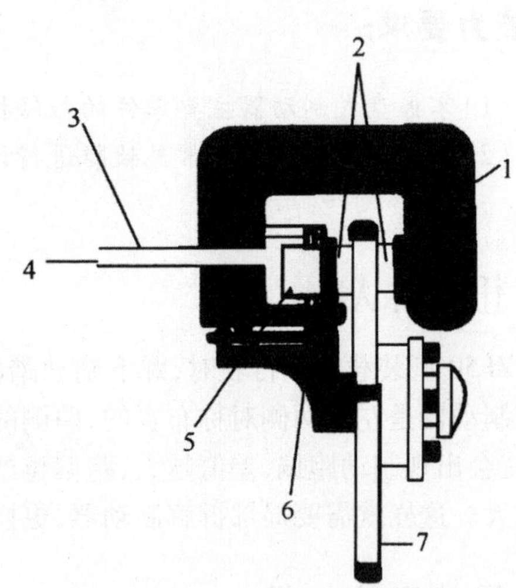

图 7-2-3　简化制动卡钳剖面图

1—制动卡钳;2、5—活塞;3—制动管;4—液压力;6—活塞密封;7—制动盘

对于钳盘式制动器,制动与不制动实际引起制动钳和活塞的运动量非常小,制动力解除时,活塞相对制动钳的回位是靠密封圈来完成的。如图 7-2-4 所示,制动时,活塞密封圈变形弯曲。解除制动时,密封圈变形复原拉回活塞和衬片。如果摩擦衬片磨损,则活塞在液压力的作用下,将向外多移出一段距离压迫制动盘,而回位量不变。这是由于密封圈复原变形量不变。这样,可始终保持摩擦片与制动盘的间隙不变,即有自动调整间隙功能。

为保证制动盘的冷却性能,有的把制动盘做成双层,内布有径向接板,以起离心风扇作用(如图 7-2-5 所示),加强空气流过制动盘以利冷却。

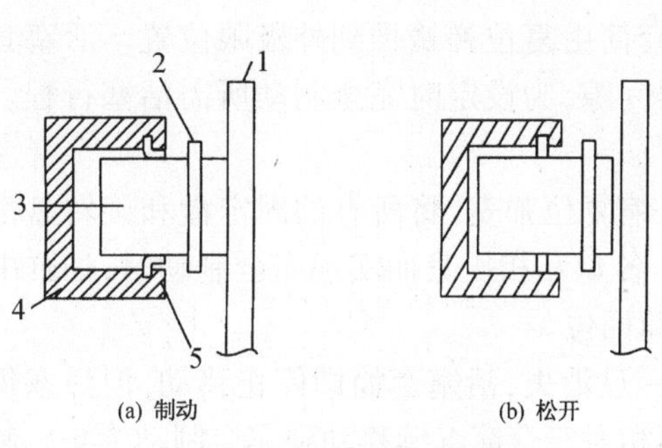

图 7-2-4　制动卡钳活塞密封圈的工作

1—制动盘;2—摩擦块;3—活塞;4—制动钳缸筒;5—密封圈

图 7-2-5　空气流过通风的制动盘

3.1.2　全盘式制动器

全盘式制动器摩擦副的固定元件和旋转元件都是圆盘,其结构原理与摩擦离合器相似,图 7-2-6 所示为梅西尔多片全盘式制动器。

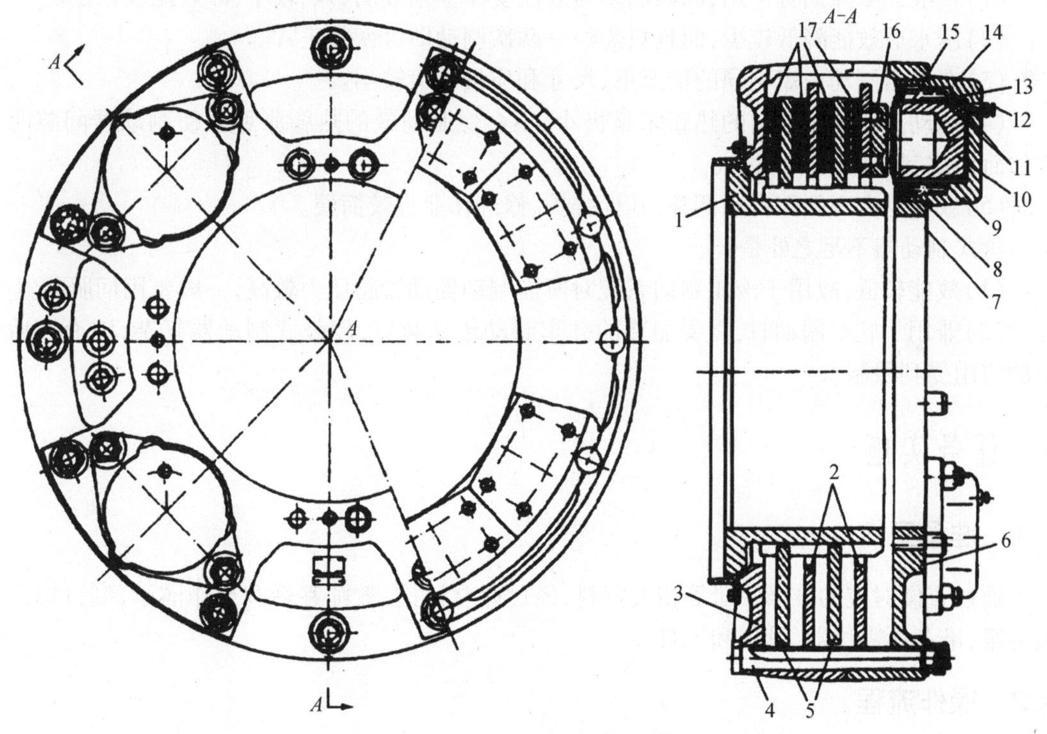

图 7-2-6　梅西尔多片全盘式制动器

1—旋转花键毂;2—固定盘;3—外侧壳体;4—带键螺栓;5—旋转盘;6—内侧壳体;7—调整螺圈套;8—活塞套筒复位弹簧;9—活塞套筒;10—活塞;11—活塞密封圈;12—放气阀;13—套筒密封圈;14—油缸体;15—固定弹簧盘;16—垫块;17—摩擦片

制动器壳体由盆状的外侧壳体和内侧壳体组成,用 12 个带键螺栓连接,而后通过外侧壳体固定于车桥上。每个螺栓上都铣切出一个平键。装配时,两个固定盘以外周缘上的 12 个键槽与 12 个螺栓上的平键做动配合,从而固定了其角位置,但可以轴向自由滑动。两面都铆有

8 块扇形摩擦片的两个旋转盘与旋转花键毂借滑动花键连接。花键毂则固定于车轮轮毂上。

内侧壳体上装有 4 个油缸。不制动时,活塞套筒由复位弹簧推到外极限位置。活塞套筒的台肩与固定弹簧盘之间保有的间隙等于制动器间隙,为设定时完全制动所需活塞行程。带有 3 个密封圈的活塞与套筒做动配合。

制动时,油缸活塞连同套筒在液压作用下,压缩复位弹簧,将所有的固定盘和旋转盘都推向外侧壳体(实际上是一个单面工作的固定盘)。各盘互相压紧而实现完全制动时,油缸中的间隙乃消失。解除制动时,复位弹簧使活塞和套筒回位。

在制动器有过量间隙的情况下制动时,间隙一旦消失,活塞套筒即停止移动,但活塞仍能在液压作用下克服密封圈与套筒间的摩擦阻力而相对于套筒继续移动到完全制动为止。解除制动时,套筒在复位弹簧作用下回复原位,而活塞与套筒的相对位移却不可逆转。于是制动器过量间隙不复存在。

多片全盘式制动器的各盘都封闭在壳体中,散热条件较差。因此有些国家正在研制一种强制液冷多片全盘式制动器。这种制动器完全密封,内腔充满冷却油液。

盘式制动器与蹄式制动器相比,有以下优点:

(1)一般无摩擦助势作用,因而制动器效能受摩擦系数的影响较小,即效能较稳定。

(2)浸水后效能降低较少,而且只需经一两次制动即可恢复正常。

(3)在输出制动力矩相同的情况下,尺寸和质量一般较小。

(4)制动盘沿厚度方向的热膨胀量极小,不会像制动鼓的热膨胀那样使制动器间隙明显增加而导致制动踏板行程过大。

(5)较容易实现间隙自动调整,其他维护、修理作业也较简便。

盘式制动器不足之处是:

(1)效能较低,故用于液压制动系统时所需制动促动管路压力较高,一般要用伺服装置。

(2)兼用于驻车制动时,需要加装的驻车制动传动装置,较鼓式制动器复杂,因而在后轮上的应用受到限制。

4 任务实施

4.1 准备工作

通过查阅对应的维修手册等相关资料,经过课堂讨论、教师答疑和操作演示,制订修改拆装方案,准备所需仪器、设备和工具。

4.2 操作流程

4.2.1 ZL50 装载机盘式制动器总成拆卸

(1)松开轮胎螺母,用千斤顶顶起车轮,拆下轮胎螺母,取下车轮;

(2)用撬杠将活塞推进制动钳体极限位置,取下摩擦片;

(3)从驱动桥上拆下制动钳总成。

4.2.2　零部件检测、修理

(1)全盘式制动器的检修

有些重型轮式车辆由于制动力较大,而采用了全盘式制动器,如贝利埃 T25 型和 SH380 型自卸汽车、美国 988 B 型装载机、郑州 74 型轮胎推土机等即如此。下面以 SH380 型汽车制动器为例介绍其检修方法。

当车辆行驶一定里程后,应检查管接头、制动分泵和放气螺钉等处有无漏油现象;制动器里、外盖上通风口是否被尘土堵塞,以避免积水使内部零件锈蚀。

盘式制动器零件的主要损伤是摩擦片磨损、制动盘变形;固定盘和转动盘花键卡住;分泵活塞和油缸工作表面磨损,活塞皮碗密封不严;分泵自动调整间隙复位机构失灵等。

检查摩擦片的磨损量时,可从外盖上的检查孔中用深度尺来测量,如图 7-2-7 所示。

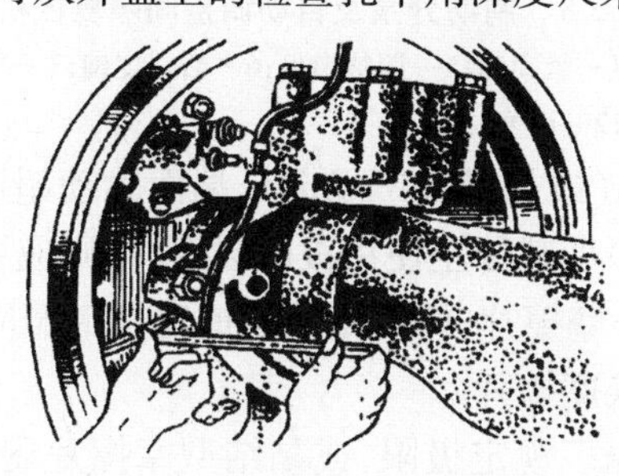

图 7-2-7　摩擦片磨损情况检验

在制动状态时,制动器外盖平面到第一片固定盘之间的距离,当制动器为新摩擦片时约为 40 mm;当摩擦片磨损后,该距离增大到约为 65 mm 时,则应拆卸制动器,检查各组摩擦片的实际磨损情况。如摩擦片磨损到接近于铆钉头时,应予更换。

检查制动器分离是否彻底,可将后桥顶起,放松制动器,从车轮自由转动过程中观察制动器分离是否彻底或是否有卡死现象。如有,应拆卸,仔细检查有关零件。

转动盘表面平整光滑、变形量不大时,可继续使用;摆差大于 0.05 mm 时,应车磨修整。

分泵自动调整间隙复位机构紧固片碎裂或与紧固轴配合紧度不够时,应更换损坏的零件。制动分泵组装后,应重新进行调整。调整时可用专用扳手,旋动调整螺母(如图 7-2-8 所示),使螺母拧到底与弹簧座接触后,再逆时针退回 2.2 圈,使螺母与弹簧座间的间隙为 3 ~ 3.5 mm,此即为制动器摩擦盘分离时的总间隙。

(2)钳盘式制动器的维修

钳盘式制动器冷却好,烧蚀、变形小,制动力矩稳定,维修方便,故大部分轮式机械和汽车采用该种制动器。如 ZL20 型、ZL30 型、ZL40 型、ZL50 型、ZL70 型、ZL90 型等装载机都采用钳盘式制动器。

① 钳盘式制动器的维护

a. 清除制动钳和制动器护罩上的油污积垢,检查并按规定转矩拧紧制动钳紧固螺栓和导向销,支架不得歪斜。

b. 检查液压分泵,不得有任何泄漏,制动后活塞能灵活复位,无卡滞,复位行程一般应达 0.10 ~ 0.15 mm;橡胶防尘罩应完好,不得有任何老化、破裂,否则更换。

c. 检视制动盘,工作面不得有可见裂纹或明显拉痕起槽。若有阶梯形磨损,磨损量超过

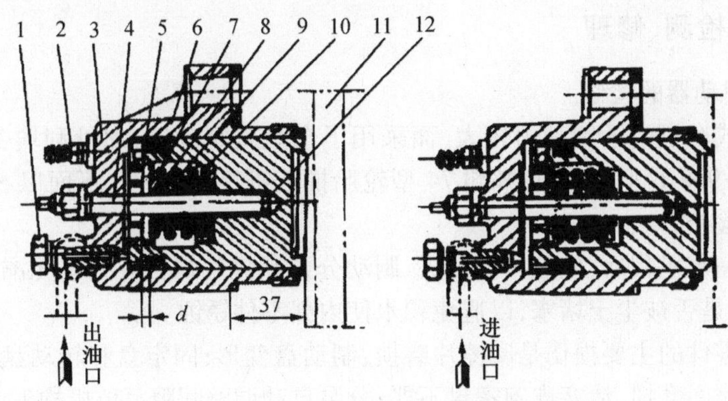

图 7-2-8　制动分泵及自动调整间隙复位机构

1—进油螺钉;2—放气螺钉;3—缸体;4—紧固轴;5—调整螺母;6—活塞皮碗;7—复位弹簧; 8—弹簧座;9—紧固垫片;10—套筒;11—制动器第一片固定盘;12—活塞

0.50 mm、平行度超过 0.07 mm(或超过原厂规定)、端面跳动超过 0.12 mm(或原厂规定)时,应拆下制动盘修磨,如制动盘厚度减薄至使用极限以下时,则应更换新件。

d. 检视摩擦片。检查内外摩擦片,两端定位销或定位卡簧应安装完好,无折断、脱落。

有下列情况之一时,应更换摩擦片。

其一:摩擦片磨损量超过原厂规定极限,或黏结型摩擦片剩余厚度在 2 mm 以下,有铆钉者铆钉头埋进深度小于 1 mm 时。

其二:制动效能不足、下降,应检查摩擦片表面是否析出胶质生成胶膜、析出石墨形成硬膜,如是,也应更换摩擦片。

e. 检查调整轮毂轴向间隙应符合所属车型规定。踩下制动踏板随即放松,车轮制动器应在 0.8 s 内解除制动,用 5 ~ 10 N 的力应能转动制动盘。

② 更换制动摩擦片

旧车更换制动摩擦片时,按以下步骤操作:

a. 顶起车辆并稳固支撑,拆去车轮。

b. 不踩制动踏板,拧松分泵放气螺栓,放出少量制动液。

c. 用扁头楔形工具,榫入分泵活塞与摩擦片间,使分泵活塞压缩后移。

d. 拆卸制动片一端的导向销,取出旧制动摩擦片。

e. 注意检查新制动摩擦片的厚度、外形应符合规定。插入新片,导向销应涂润滑脂后安装并穿好开口销。

f. 制动分泵放气。

g. 踩制动踏板数次,踏板行程和高度应符合规定,制动器应能及时解除制动。转动制动盘,应无明显阻滞。

③ 拆检分泵总成

a. 拆去制动油管,拆下制动钳总成。

b. 用专用工具置于活塞内或以压缩空气从分泵进油口处施加压力,压出分泵活塞。压出时,在活塞出口前垫上木块,防止其撞伤。

c. 用酒精清洗分泵内腔和活塞。

d. 检查分泵内腔的内壁,应无拉痕,若有锈斑可用细砂纸磨去。若有严重腐蚀、磨损或沟槽时,应更换钳体。

e. 检查防尘圈及活塞橡胶密封圈,若有老化、变形、溶胀时,应更换密封圈。

f. 检查活塞表面,应平滑光洁。不准用砂纸打磨活塞表面。

g. 彻底清洗零件,按解体逆顺序装合活塞总成。装合时,矩形密封圈、分泵内腔内壁与活塞表面应涂洁净的锂基乙二醇润滑油或制动液;矩形密封圈应仔细贴合装入环槽。再将活塞压入分泵体,最后装好橡胶防尘罩。

4.2.3 装配

更换摩擦片后按拆卸的相反顺序进行安装。

4.2.4 拆装注意事项

(1)在操作流程中,不要将新的摩擦片工作面、制动盘的工作面沾上油污,以免影响制动效果;也不要沾上沙粒等较硬的杂质,以免制动时拉伤工作面。

(2)更换完摩擦片后,在车辆没有运行之前,要反复踏几次制动踏板,使制动间隙恢复到正常,以免车辆启动运行后第一次制动时,因制动间隙过大而导致制动失效,出现碰撞事故。

4.3 常见故障诊断与排除

见任务1的4.3常见故障诊断与排除。

5 故障排除实例

一台ZL50型轮式装载机制动能力下降,制动时发出刺耳的噪声。

分析:制动时发出噪声,应是制动片磨损过度,制动片金属底板与制动器的活塞表面相互摩擦所产生的。

检查:该机制动气压正常,制动液充足,制动片确实过度磨损,已露出金属底板。

处理:拆下制动片外端的导向销,取出旧制动片,拧开放空气螺栓,用撬杠将制动活塞一一撬回缸筒,放入新制动片,装复导向销,排尽制动钳里的空气,制动能力恢复正常。

任务3 更换气压制动室

1 任务要求

知识要求：

(1)掌握机械式、液压式、气压式制动的结构与工作过程。

(2)掌握上述制动系统的常见故障现象与原因。

能力要求：

(1)掌握机械式、液压式、气压式制动主要零件的维修技能。

(2)能对上述制动系统的常见故障进行诊断与维修。

2 任务引入

74式Ⅱ型(W_4-60C型)挖掘机出现制动跑偏的现象，在找到制动效能不良的车轮后，踩住制动踏板，听察管路和接头无漏气声，而听到制动气室有漏气声，说明制动气室膜片破裂了，需要拆卸制动气室更换膜片。

3 相关理论知识

制动系统的操纵控制机构有机械式、液压式、气压式、气液式四种，本单元介绍前三种。

3.1 机械式制动传动机构

3.1.1 机械式制动传动机构的特点

为使机械停驶后制动器能长期处于制动状态，机械式制动传动机构中一般都装有停车锁定装置，这样即使是驾驶员离车，仍能使机械可靠地保持在原地。此外，机械式制动传动机构中还装有调整装置，通过改变拉杆或钢绳的长度，可以调整制动器的间隙。T120A、T140、T160等型履带式推土机的转向制动器，以及74式Ⅱ型(W_4-60C型)挖掘机的中央制动器、ZL50型装载机的驻车制动器等轮式机械均采用机械式制动传动机构。本节以74式Ⅱ型(W_4-60C型)挖掘机的中央制动器传动机构为例进行分析。

3.1.2　机械式制动传动机构的结构

74式Ⅱ型(W_4-60C型)挖掘机中央制动器的制动传动机构以前采用钢绳式，从1980年开始改为杠杆式，其优点是增强了制动的可靠性。实验证明，利用杠杆操纵机构制动，挖掘机停放在10°以内的坡道上不会滑移。杠杆式制动传动主要由操纵手柄、横轴、拉杆、套管等组成，如图7-3-1所示。

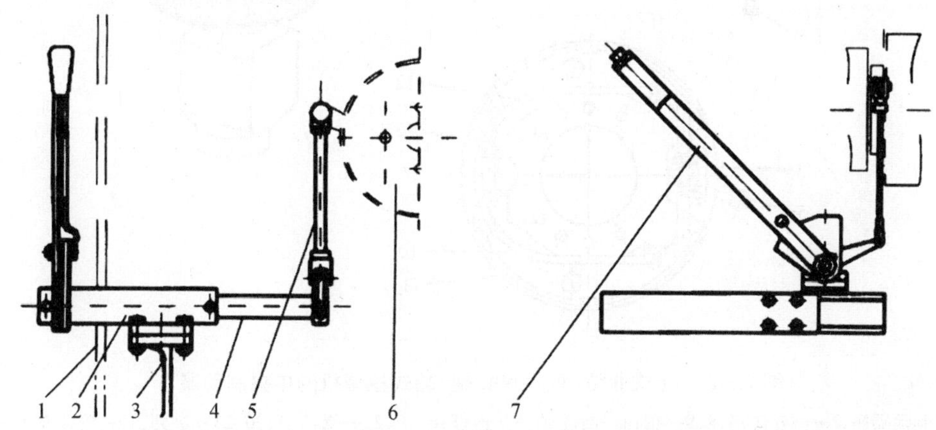

图7-3-1　74式Ⅱ型(W_4-60C型)轮式挖掘机中央制动器的机械式制动传动机构

1—驾驶室右壁；2—套管；3—支架；4—横轴；5—拉杆；6—制动器；7—操纵手柄

套管固定在驾驶室右侧支架上，横轴穿过套管，以铜套支承在套管内，并且可以在套管内转动，横轴左端以螺钉固定着操纵手柄(手柄位于驾驶室右侧壁)，右端固定着摇臂。拉杆两端以叉形接头分别与摇臂、拉臂相连接。为防止横轴左右窜动，在套管两端横轴上装有限位圈。

3.1.3　工作过程

如图7-3-2所示，当向上拉动操纵杆时，通过横轴和拉杆带动拉臂、凸轮克服拉臂回位弹簧(图中未画出)和U形卡簧12的弹力，使凸轮转动一个角度，通过推杆将两制动蹄片10向外顶开，使摩擦片11与制动鼓17紧密接触，将上传动箱从动轴制动。

当放下操纵杆时，拉臂和凸轮在回位弹簧的作用下回位，两制动蹄片也在U形卡簧12的作用下与制动鼓17分离，制动被解除。

3.1.4　调整

手制动器制动蹄片与制动鼓的间隙为0.5～0.6 mm，不符合此间隙时应予调整。调整时可通过改变钢绳套管的长度来实现(杠杆操纵改变拉杆长度)，钢绳操纵的调整方法是：松开操纵杆支架或套管支架上调整螺杆的固定螺帽，拧动调整螺杆，顺时针拧则间隙增大，逆时针拧则间隙缩小，直至间隙正常为止，然后将固定螺母拧紧。

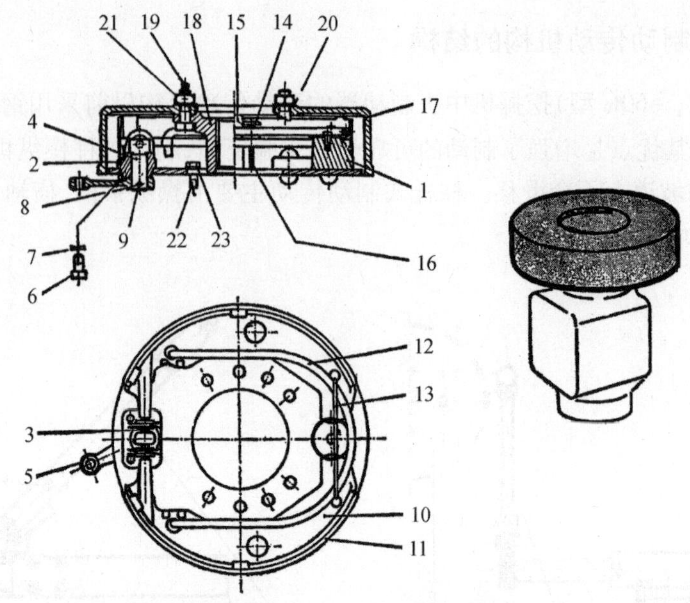

图 7-3-2 74 式Ⅱ型(W_4-60C 型)轮式挖掘机的中央制动器

1—制动器座;2—凸轮座;3、8、9—销;4—凸轮轴;5—连杆;6、19、22—螺栓;7、20、23—垫圈;10—制动蹄片;11—摩擦片;12、13—卡簧;14—弹簧盖;15—弹簧;16—弹簧拉杆;17—制动鼓;18—上花键接头;21—螺母

3.2 液压式制动传动机构

液压式制动传动机构主要是利用专用的制动油液作为传力介质,将驾驶员作用于制动踏板上的力转变为液体的压力,并将其放大后传给制动器,使机械制动。

液压式制动传动机构的优点是结构简单紧凑、工作可靠、制动柔和、润滑良好。缺点是制动效能稍差。

工程机械中采用液压式制动传动机构的有早期生产的 PY-160 平地机。另外,中小型汽车采用液压式制动传动机构较多,如解放 CA1046、东风 EQ1040 等。

以 PY-160 平地机为例进行分析。PY-160 平地机的液压式制动传动机构主要由制动总泵、制动分泵、制动踏板及油管等组成,如图 7-3-3 所示。

3.2.1 制动总泵

(1)结构

制动总泵(也称制动主缸)如图 7-3-4 所示,泵体上部为贮油室,下部为活塞缸。贮油室盖上有加油口,口上拧有带通气孔及挡板的螺塞。活塞缸上有补偿孔和平衡孔与贮油室相通,右端通过油管与制动分泵相通。

活塞 11 装在活塞缸内,为了防止制动液泄漏,活塞左端环槽内装有橡胶密封圈 12,左端装有垫圈并由挡圈 13 限位,活塞中部较细,与缸筒形成环形油室,活塞右端顶部有 6 个小孔 10,被铆在活塞右端面上的六叶形弹性钢片盖住。钢片右面装有橡胶皮碗 9,皮碗圆周上中部有 1 条环形槽,环形槽向前有 6 条纵槽。活塞回位弹簧 8 抵紧皮碗,并将活塞推靠在挡圈上,因而辐状钢片形成单向阀门(即制动液只能由环形油室流向活塞右方,而不能反向流动)。回

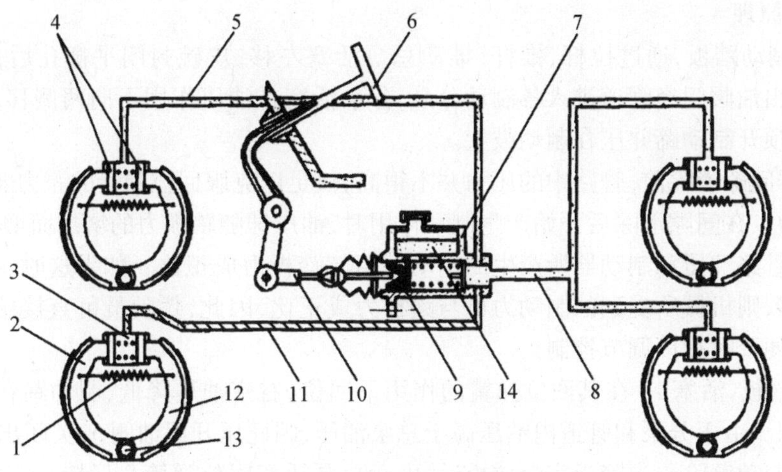

图 7-3-3　液压式制动传动机构

1—回位弹簧;2、12—制动蹄;3—制动分泵;4、9—活塞;5、8、11—油管;6—制动踏板;7—制动总泵;10—推杆;13—支承销;14—贮油室

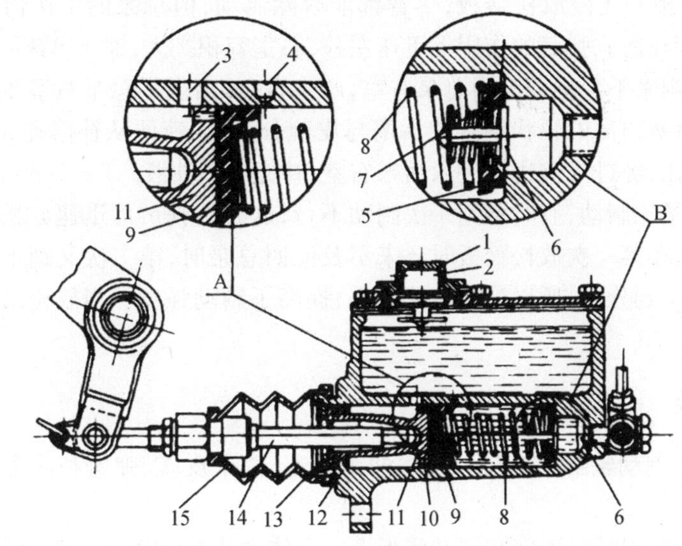

图 7-3-4　制动总泵

1—螺塞;2—通气孔;3—补偿孔;4—平衡孔;5—回油阀;6—出油阀;7—出油阀弹簧;8—活塞回位弹簧;9—橡胶皮碗;10—活塞上小孔;11—活塞;12—橡胶密封圈;13—挡圈;14—推杆;15—橡胶防尘罩

位弹簧大端装着复式阀门,与出油口抵紧。

不制动时,活塞 11 及橡胶皮碗 9 正好位于平衡孔 4 与补偿孔 3 之间,使两孔均保持开放。

推杆 14 以内螺纹与制动踏板拉杆连接,带球头的另一端伸入活塞 11 的凹部。推杆的长度可通过转动六角螺母来调整,在踏板完全放松的情况下,推杆右端与活塞座之间应有 1.5 ~ 2.5 mm的间隙,使皮碗不致影响平衡孔 4 的开放。推杆外面套有橡胶防尘罩 15,以防尘土侵入。

复式阀门由出油阀 6、回油阀 5 及活塞回位弹簧 8 组成。回油阀 5 是一个带有金属托片的橡胶环,它被活塞回位弹簧 8 顶压在活塞缸前部的突缘上。出油阀 6 由阀门体和阀门弹簧组成,阀门体呈 H 形,前圆盘上有 4 个小孔,制动时油液从此处流出。整个出油阀 6 被弹簧压在回油阀 5 上。

(2)工作原理

① 踏下制动踏板,通过拉杆、推杆,推动总泵活塞左移,皮碗封闭平衡孔后,右室油压升高,油液压开出油阀门经管道进入各制动分泵,分泵活塞在油压作用下向两侧移动,克服回位弹簧的张力,顶开制动蹄并压在制动鼓上。

在制动器间隙消除前,管路中的压力并不很高,仅足以克服回位弹簧的张力及油液在管路中的流动阻力。在间隙消除后开始产生制动作用时,油压即随踏板力的增加而增加,直到完全制动。显然,管路油压和制动器所产生的制动力矩与踏板力成正比。如果这时轮胎与地面间的附着力足够,则机械所受到的制动力也与踏板力成正比,因此,驾驶员可直接感觉到机械的制动强度,以便及时加以调节控制。

② 放松踏板,活塞 11 在其回位弹簧的作用下回位,右室油压降低,制动蹄在回位弹簧的作用下被拉回。由于分泵和管道内油压高于总泵油压,因此压开回油阀 5,关闭出油阀 6,制动液流回总泵,制动解除。当踏板完全放松后,由于总泵活塞回位弹簧 8 保持一定的张力,当分泵和管道内的油压降低到不能克服活塞回位弹簧张力时,回油阀 5 关闭,制动液停止流回。这时分泵和管道内的油压略高于大气压,以防止空气侵入,影响制动效果。

③ 迅速放松踏板和缓慢放松踏板,尽管都能解除制动,但总泵的工作情况却有所不同。迅速放松踏板,活塞在回位弹簧的作用下迅速左移,右室容积扩大,油压迅速降低,这时各分泵油液受管道阻力影响来不及立即流回总泵右室,产生真空,出现了总泵右室压力低、左室压力高的情况。于是,活塞顶部的辐状钢片使活塞与皮碗分开,油液便从补偿孔 3、环形油室穿过活塞顶部的 6 个小孔,经过皮碗边缘进入活塞右室,补充右室油液。

在使用中遇到紧急制动,有时感到一次制动不行,这时驾驶员可迅速放松踏板,再迅速踏下,使分泵里的油液在第一次放松踏板时还来不及流回总泵时,第二次又踏下踏板,总泵里得到补充的油液又压送到分泵,所以分泵油液增多,提高了制动强度。当放松踏板后,多余的油从平衡孔 4 进入贮油室。

3.2.2 制动分泵

制动分泵(也称制动轮缸)主要由泵体、两个活塞、两个皮碗、弹簧和两个顶块等组成,如图 7-3-5 所示。

泵体 1 是铸铁件,用螺钉固定在制动底板上。泵体内装有两个活塞 2,并用弹簧 4 将两个皮碗 3 顶压在活塞 2 上,以防止漏油,并使活塞和制动蹄互相靠紧,以使制动灵敏。活塞上插有顶块 5 并与两制动蹄抵紧。泵体上还装有进油接头和放气阀防护螺钉 10。为防止尘土和泥水侵入分泵中,泵体两端装有防尘罩 6。

放气阀防护螺钉 10 用于放出分泵内的空气。螺钉是中空的,尾端有密封锥面,可将放气孔道封闭,与锥面相接的圆柱面上有径向孔和螺钉的轴向孔相通,螺钉头部安装有放气螺塞。需要放气时,连续踩下制动踏板,对分泵内空气加压,然后踩住踏板不放,将放气螺钉拧松一些,空气即可排出。空气排尽后,将放气螺钉拧紧。

由于工程机械各车轮垂直载荷不同,为了充分利用附着力以获得较大的制动力,有些机械各车轮上制动分泵的内径各不相等。

同时,根据油液传递单位压力不变的原理,使分泵缸径大于总泵缸径,这样踩踏板的力虽小,却可得到较大的分泵压力,达到既操纵省力又提高制动效能的目的。

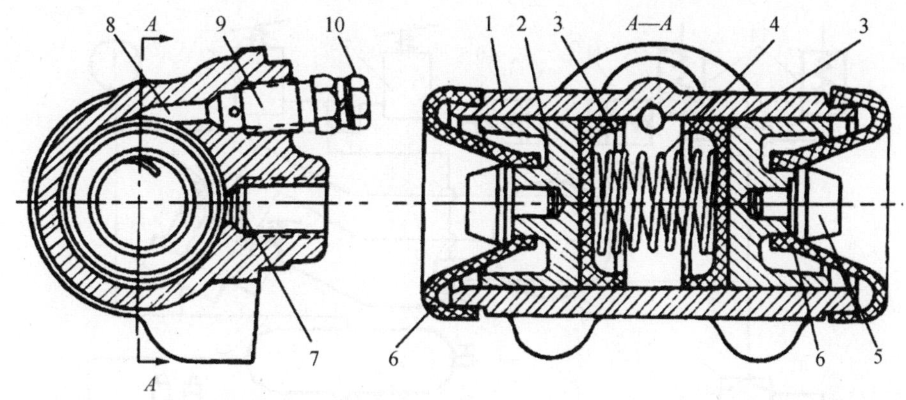

图7-3-5　制动分泵

1—泵体;2—活塞;3—皮碗;4—弹簧;5—顶块;6—防尘罩;7—进油孔;8—放气孔;9—放气阀;10—放气阀防护螺钉

3.2.3　对制动液的要求

液压式制动传动机构的制动液应满足以下要求:

(1)温度在±40℃以内变化时,黏度变化不应太大。

(2)沸点高,以免在使用中可能因温度升高(达100℃)产生汽化,导致在管路中出现气阻现象,使制动效能下降甚至失效。

(3)不腐蚀金属,不使橡胶件膨胀、腐蚀或变形。

(4)具有良好的润滑和稳定性。

现用制动液由润滑剂和溶剂合成,润滑剂用甘油或蓖麻油。因此,制动液按润滑剂的不同可分成两类:

① 以甘油作黏性基的制动液,以酒精和丙酮作溶剂;

② 以蓖麻油作黏性基的制动液,以酒精和乙醚作溶剂。

由于甘油能腐蚀金属,故第二种应用较广。溶剂主要起稀释降低黏度增加流动性的作用,这些溶剂挥发性特别强,要注意密封。

制动液一般不用矿物油石油制品,如锭子油、蜗轮油等,因为矿物油对橡胶件有腐蚀作用。

3.3　气压式制动传动机构

气压式制动传动机构是以压缩空气作为介质,依靠发动机带动压缩机所产生的空气压力作为制动的全部力源,通过驾驶员操纵,使气体压力作用到制动器上产生制动力矩使机械制动。

气压式制动传动机构的优点是工作可靠,操纵轻便、省力,制动效能好,便于挂车的制动操纵。其缺点是辅助设备多,结构复杂,零件的结构尺寸和质量比液压式要大,工作滞后现象严重。

目前不少工程机械的制动传动机构采用气压式[如74式Ⅱ型(W_4-60C型)挖掘机、CL7型铲运机等],下面以74式Ⅱ型(W_4-60C型)挖掘机的车轮制动传动机构为例进行介绍。它主要由空气压缩机、组合式调压阀、贮气筒、脚制动阀、手制动阀、双向逆止阀、快速放气阀和制动气室等组成,如图7-3-6所示。

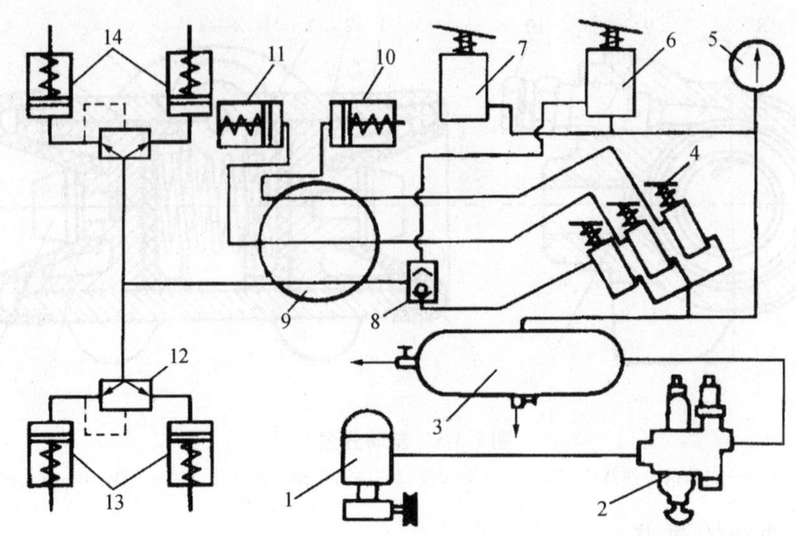

图 7-3-6　74 式Ⅱ型（W_4-60C 型）挖掘机的制动传动机构

1—空气压缩机；2—组合式调压阀；3—贮气筒；4—手制动阀；5—气压表；6—脚制动阀；7—助力器；8—双向逆止阀；9—中央回转接头；10—前桥接通气缸；11—悬挂控制气缸；12—快速放气阀；13—后轮制动气室；14—前轮制动气室

3.3.1　气体传递

由空气压缩机产生的压缩空气，经组合式调压阀进入贮气筒，从贮气筒出来后分成两路：一路到气压表、脚制动阀；另一路到手制动阀。不制动时，气体到此为止。制动时，气体途径分成两路。

（1）踩下制动踏板，脚制动阀接通，气体经双向逆止阀、快速放气阀进入制动气室，使车轮制动。解除制动时，松开制动踏板，脚制动阀关闭从贮气筒来的气路，并将制动管路气体放出，制动气室气体则从快速放气阀放出，使车轮解除制动。

（2）手制动阀向左扳到固定位置，气体经双向逆止阀、快速放气阀进入制动气室，使车轮制动。将手制动阀扳回原位关闭位置，制动气室和管路中的压缩气体便从快速放气阀和手制动阀排气口排出，制动解除。手制动阀用于挖掘机作业时使车轮长时间制动。

3.3.2　各部件结构与工作原理

（1）空气压缩机

空气压缩机装于柴油机正时齿轮箱上面，通过三角皮带由柴油机带动进行工作。其型号为 SKI－82 型风冷直立单缸活塞式，转速为 1 200 r/min，工作压力为 0.88 MPa，排气量 0.1～0.15 m^3/min。

当空气压缩机皮带过松时，应拆开空气压缩机皮带盘，根据皮带的松弛度将皮带盘内的平垫片取出若干放到皮带盘的外面，再装入皮带盘夹紧螺栓，使皮带达到规定松紧度，以 29～39 N的力向下压传动皮带，正常挠度达 15～20 mm。

（2）组合式调压阀

① 功用

a. 分离压缩空气中的油和水分；

b. 过滤压缩空气中的杂质和灰尘；

c. 防止贮气筒内的压缩空气向压缩机方向中倒流；

d. 使贮气筒内的气压保持在0.5～0.65 MPa范围内；

e. 限制系统最高气压不超过0.8 MPa，以保证气压传动机构安全可靠地工作。

② 结构

组合式调压阀安装在空气压缩机和贮气筒之间的管路上。它主要由壳体、油水分离器、过滤器、单向阀、调压阀和安全阀等组成，如图7-3-7所示。

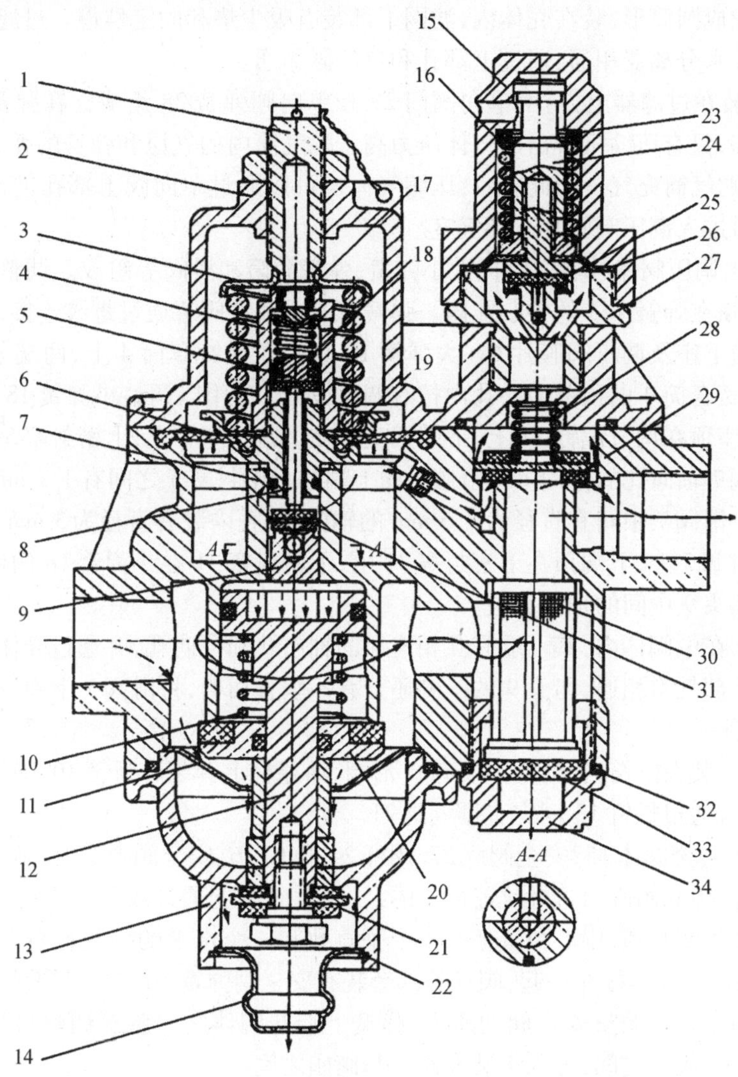

图7-3-7　74式Ⅱ型(W_4-60C型)挖掘机的组合式调压阀

1、17—调整螺钉；2—调压阀体；3、20—弹簧座；4—弹簧套筒；5—上密封塞；6—调压阀膜片；7—滑阀；8—顶针；9—堵头；10—弹簧；11—漏斗；12—排气活塞；13—螺钉；14—防尘罩；15—安全阀体；16—安全阀弹簧；18—小弹簧；19—大弹簧；21—排气阀；22—卡环；23—调整垫片；24—阀杆；25—膜片；26—阀门；27—安全阀座；28—单向阀弹簧；29—单向阀门；30—滤网；31—下密封塞；32—O形圈；33—吸尘垫；34—固定螺母

a. 壳体由上、中、下三部分组成。上壳体包括调压阀体 2 和安全阀座 27;中壳体上制有进气口和出气口,通过管路进气口和压缩机相连,出气口和贮气筒相连;下壳体为油水分离器体。上、中、下壳体分别用螺栓连在一起。

b. 油水分离器由叶片、漏斗 11、分离器壳体组成。5 个弯曲的叶片对正中壳体的进气口处,叶片的下部装有漏斗 11,气体中分离出来的油和水分经过漏斗可以进入分离器壳体内。壳体下部装有防尘罩 14,并用卡环 22 固定。

c. 过滤器装在中壳体的右下方,由滤网 30、吸尘垫 33、固定螺母 34(带 O 形圈 32)组成。滤网由铜丝编织成圆筒形,装在壳体内,滤网下部装有吸尘垫和固定螺母。过滤器通过壳体上的径向圆孔和油水分离器相通,通过上部孔和单向阀相通。

d. 单向阀装在过滤器上方,由单向阀门 29 和单向阀弹簧 28 组成。在弹簧的作用下,阀门处于关闭状态,只有压缩机排出的气体压力高于贮气筒内的气压和弹簧的弹力时,才能顶开单向阀门 29 向贮气筒充气。与此同时,压缩气体也可以通过单向阀上部孔进入安全阀,通过壳体上的斜气道进入调压阀膜片下部气室。

e. 调压阀由调压阀体、调整螺钉、大小弹簧、弹簧套筒和滑阀等组成。调整螺钉 1 拧在调压阀体上,下端顶在弹簧座 3 的中心孔内。弹簧套筒 4 和滑阀 7 通过螺纹连接在一起,其连接处夹装着大弹簧下座及调压阀膜片 6。大弹簧 19 套装在弹簧套筒 4 上,两端分别支承在上、下弹簧座上,弹簧套筒 4 的顶部中心孔内拧有调整螺钉 17,用以调整小弹簧 18 的压力。小弹簧 18 上端通过座顶在调节螺钉 17 上,下端则支承在上密封塞 5 上,上密封塞 5 起小弹簧座和工作时封闭滑阀 7 轴向孔的作用。在滑阀 7 的上端与上密封塞 5 之间有 1.2 mm 的距离,此距离为调压行程。滑阀 7 中间有直径为 3.5 mm 的轴向孔,孔内装有直径为 3 mm 的顶针 8,顶针上端顶在上密封塞 5 上,下端顶在下密封塞 31 上,下密封塞 31 在小弹簧 18 的作用下,通过顶针 8 被压紧在堵头 9 中间的轴向孔上。

堵头 9 黏结在中阀体内,其上端有互相连通的轴向孔和径向孔,并通过壳体上的径向孔与调压阀膜片 6 下部气室相通,堵头 9 的一侧还开有一垂直切槽,将滑阀 7 下部空间与排气活塞 12 上部气室沟通。

排气活塞 12 装在缸筒内,活塞上装有 O 形圈,活塞杆上套装有弹簧 10,弹簧 10 装在缸筒下端,活塞杆下端通过螺钉 13 固定有排气阀 21。

f. 安全阀由安全阀体 15、安全阀座 27、阀杆 24、阀门 26、安全阀弹簧 16、膜片 25 和调整垫片 23 等组成。阀体和阀座通过螺纹连成一体,并通过阀座上的螺纹拧在上壳体上,阀座上有两个斜孔使上下气室相通,中心位置还有一个垂直孔和一个水平的排气孔与大气相通。阀门 26 和阀杆 24 通过螺纹连接在一起,阀杆外部套装有安全阀弹簧 16,在此弹簧的作用下阀门将阀座的中心孔封闭。为调整安全阀的压力,弹簧上端与阀体之间装有调整垫片 23。膜片 25 中部夹装在阀门与阀杆之间,外缘夹装在阀体与阀座之间。

③ 工作原理

从压缩机排出的压缩空气,经气管从中壳体上进气口进入油水分离器,由于 5 个叶片的作用,使气体流动方向突变并形成急剧的漩流。在离心力的作用下,气体中所含较重的杂质和凝聚的小水滴和小油滴被分离出来,沿壁落入下边漏斗 11 底部和排气阀 21 上面,当排气阀打开时,便随压缩气体一起排出。经过油水分离后的气体则沿漏斗上部边缘,经阀体内的径向圆孔进入过滤器,在通过过滤器时,将空气中的尘土和杂质再进一步滤除。当气体通过滤网 30 后其方向改变，进入单向阀门29下部。此时，如果气体压力高于贮气筒内的压力，便克服单向阀弹簧28和气体的压力，将单向阀门29顶开，气体便充入贮气筒。与此同时，气体也进入阀门26、调压阀膜片6下部气室及堵头9中心孔内。

当贮气筒内的气体压力升高到0.65 MPa时，调压阀膜片6在下部气体压力作用下向上拱曲，压缩大弹簧19，带动滑阀7和弹簧套筒4向上移动。当移动距离超过1.2 mm时，滑阀轴向孔被上密封塞5封闭，弹簧套筒内的小弹簧18伸长，使小弹簧通过上密封塞5作用在顶针8及顶针下端下密封塞31上的压力消失。此时，进入堵头9轴向孔的气体压力推动滑阀7向上移动，使堵头的轴向孔与堵头垂直切槽相通，压缩气体便进入排气活塞12上部气室，推动排气活塞12压缩弹簧10向下移动，将排气阀21打开，压缩机过来的压缩气体由此排入大气，单向阀门29迅速关闭，贮气筒压力不再升高，保持在0.65 MPa以下。

当贮气筒内的气压低于0.5 MPa时，调压阀膜片6在大弹簧19的作用下向下移动恢复原位，同时弹簧套筒4和滑阀7也随之向下移动，滑阀轴向孔与上密封塞5脱离接触，小弹簧18被压缩，顶针8将下密封塞31重新压紧在堵头9的轴向孔上，切断进入排气活塞12上部气室的气体通路。排气活塞上部气室内的气体经堵头9垂直切槽、滑阀7轴向孔、弹簧套筒4及调压阀体2上的排气孔排入大气。排气活塞12在其弹簧10的作用下向上移动，将排气阀21关闭，压缩机又继续向贮气筒充气。

上述过程的往复循环，使贮气筒内的气体压力保持在0.5～0.65 MPa的额定范围之内。

调压阀一旦由于某种原因而不能排气时，贮气筒内的气压就会继续升高，当气压超过0.8 MPa时，作用在膜片25下部的气体压力，便克服弹簧的张力，使阀门26向上移动，将排气孔打开，压缩空气由此孔排出阀体外，当贮气筒内的压力低于0.8 MPa时，在弹簧16的作用下，阀门26重新将排气孔关闭。

发动机熄火后，单向阀门29在其弹簧和贮气筒内气体压力的作用下，处于关闭状态，防止贮气筒内的压缩空气向发动机方向倒流。

④ 调整

a. 调压阀的调整

当贮气筒内气压高于0.65 MPa时，调压阀下部的排气阀门还不开启排气，或者当气压低于0.5 MPa时，调压阀下部的排气阀门还不关闭。这两种情况都说明调压阀工作不正常，应进行调整，其方法如下：

拧松调整螺栓固定螺母，顺时针转动调整螺钉1排气压力升高；反之，排气压力则降低。

调整螺栓每次转动量不要太大，并注意观察气压表的读数。

当调整到下部排气阀开始排气时，气压正好在0.65 MPa，排气阀关闭不排气时，气压在0.5～0.55 MPa，则说明调压阀已调好。

调好后将固定螺母拧紧，再反复检查验证。

调压阀除主要调整大弹簧19外，有时调压阀失灵还可能由下列原因引起：排气活塞12上的O形圈安装过紧，使正常的气体压力无法推动活塞移动；调压阀小弹簧18过紧，顶针8不易向上推动，使调整气压偏高，反之，顶针在气压较低的情况下便向上推压上密封塞5，使调压阀体2上的小孔处不断排气，导致系统压力上不去；组合式调压阀内的密封圈和密封垫损坏或阀门关闭不严时均会破坏组合式调压阀的正常工作。如果组合式调压阀工作不正常，经调整无效时，则应拆开仔细检查和排除。

b. 安全阀的调整

将发动机熄火并放掉贮气筒内的压缩气体。

卸下安全阀，如果需要升压时，增加阀体内的调整垫片 23，反之则减少调整垫片，每增减 1 mm的调整垫片，压力约改变 0.037 MPa。

调整垫片装好后，将调压阀调整螺钉 1 顺时针拧紧，使下部排气阀门不能开启。

启动发动机进行检查验证，如不符合要求，应按上述方法重新调整，直到正常为止。

按照调压阀的调整方法将调压阀调整好。

(3)贮气筒

贮气筒为一钢制圆筒，用于贮存空气压缩机送来的压缩气体，当压缩机停止运转时，贮气筒内的压缩气体可供挖掘机连续制动 10 次左右。贮气筒容量为 68 L。贮气筒的一端装有一充气开关，可接上软管给轮胎充气。下方有一放水开关，挖掘机每工作 50 h 后，应放除筒内的污水一次，冬季则应在每天作业完后放水一次。

(4)脚制动阀

① 功用

a. 控制压缩空气进、出制动气室，使制动器制动或解除制动；

b. 使制动气室的气压与踏板的行程保持一定的比例关系。

② 结构

脚制动阀主要由踏板 1、滚轮 2、传动套 3、阀体 8、活塞 6 及阀门 11 等组成(如图 7-3-8 所示)。

踏板通过销轴与上盖板 4 铰接，上盖板通过螺栓与阀体 8 固定在一起，滚轮 2 用销子装在踏板的下方，并与传动套 3 接触。

阀体上有 D、G、P 三个孔。D 为排气孔，与大气相通；G 为出气孔，经气管、双向逆止阀与四个制动气室相通；P 为进气孔，经气管与贮气筒相通。阀体上与出气孔相平行的另一侧安装有制动灯开关。

阀体内装有活塞 6、弹簧及阀门 11。活塞下部装有活塞回位弹簧 12，上部装有平衡弹簧 14，平衡弹簧座由拧在活塞杆上端的定位螺钉 5 和平垫片限位。传动套 3 穿过上盖板 4 压紧在弹簧座 15 上，活塞杆上制有轴向孔和径向孔，并与排气孔相通。活塞杆的下端与阀门 11 配合组成排气阀，阀体 8 上的阀座与阀门 11 配合组成进气阀，阀门下面装有阀门回位弹簧 10。在出气阀体内壁上开有一平衡孔，与活塞下部气室相通。

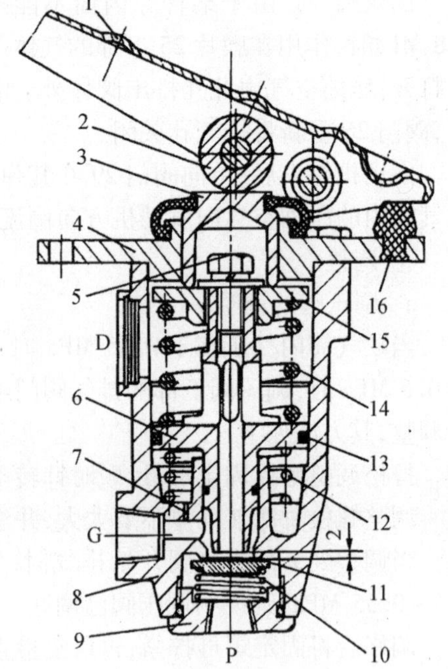

图 7-3-8 脚制动阀

1—踏板；2—滚轮；3—传动套；4—上盖板；5—定位螺钉；6—活塞；7—平衡孔；8—阀体；9—端盖；10—阀门回位弹簧；11—阀门；12—活塞回位弹簧；13—密封圈；14—平衡弹簧；15—弹簧座；16—橡胶垫

制动阀通过上盖板 4 用螺栓固定在驾驶室下部底板制动阀支架上。

③ 工作原理

当踩下踏板 1 时，通过滚轮 2、传动套 3、弹簧座 15 及平衡弹簧 14，推动活塞 6 压缩活塞回位弹簧12下移，当下移到活塞杆的下端面顶住阀门11时，排气阀关闭。再继续下移，阀门回位弹簧10也被压缩，使阀门11离开阀座，进气阀打开。此时，贮气筒来的压缩气体经进气孔、进气阀、活塞杆下端的环形气室、出气孔和气管而进入制动气室，使车轮制动。与此同时，气体经平衡孔7也进入活塞下部气室。

当踏板1踩下一定距离不动时，活塞6下部气室及前、后制动气室中的气压随着充气量的增加而逐步升高，当活塞下室中的气压升高到它对活塞的作用力与活塞回位弹簧12及阀门回位弹簧10的作用力之和，大于平衡弹簧14的张力时，平衡弹簧被压缩。于是活塞上移，阀门11也在其阀门回位弹簧10的作用下，始终压紧在活塞杆下端面上，使阀门和活塞杆同时上移（即排气阀保持关闭），直到进气阀完全关闭为止。这时进排气阀均处于关闭位置，活塞下部气室及制动气室均处于封闭状态，既不与大气相通，也不与贮气筒相通。这时活塞及活塞杆所处的位置，称为平衡位置。此后，只要踏板位置不再改变，则制动气室的气压就保持一稳定值，与此相对应，制动力矩也就保持一定的稳定值。

若驾驶员感到制动力矩不够，可以将踏板再踩下去一定距离，使活塞及活塞杆重新下移，进气阀便又开启，制动气室和活塞下部气室便进一步进气，直到活塞及活塞杆又回到平衡位置时为止。此时，在新的平衡状态下，制动气室所保持的稳定气压值比以前的要高，相应的制动力矩也就比以前的大。

反之，若驾驶员感到制动力作用过于强烈时，可将脚抬起而让踏板向上移动一些，此时，活塞在其回位弹簧和气压的作用下也向上移，将排气阀打开。制动气室和管路中的气体分别经快速放气阀和制动阀上的排气孔排出一部分。制动气室及活塞下部气压随之降低，平衡弹簧伸张，将排气阀重新关闭，活塞及活塞杆又处于平衡位置。此时，因制动气室气压降低，相应的制动力矩要比以前的小。

由此可知，制动时制动踏板踏到任意工作位置，制动阀都能自动达到平衡位置，而使进、排气阀都处于关闭状态。

当完全放松踏板后，活塞在其回位弹簧作用下上移，进气阀关闭，活塞杆下端面离开阀门使排气阀打开。管路中的气体经活塞杆的轴向孔、径向孔和阀体上的排气孔排入大气，车轮制动解除。

不制动时，活塞杆的下端面与阀门之间有2 mm的间隙。

（5）手制动阀

手制动阀（也叫手作业制动阀）用于控制贮气筒的压缩空气进入制动气室，在挖掘机作业时使车轮制动器长时间处于制动状态，以提高作业的稳定性。

① 结构

手制动阀和悬挂闭锁及前桥接通的三阀组装在一起，并且结构完全一样。手制动阀主要由阀体10、阀杆3、弹簧7及手柄1等组成，如图7-3-9所示。

阀体上共有3个孔，左上孔为排气孔，与大气相通；左下孔为进气孔，经气管与贮气筒相通；右边孔为出气孔，经气管与制动气室相通。手柄装在铰支架轴上，下端制为双向凸块。铰支板2一端装在铰支销轴上，其倾斜面与手柄双向凸块接触（手柄在中间位置时）。阀杆3穿过盖板11装入阀体10内，下部有回位弹簧7支承，中间细腰部与阀体形成环形细腰部可始终与3个气孔中的两个相通。在阀体内的进、排气孔处各装有一个支承架4，每个支承架的上、下端各装有垫圈和密封圈。两个支架8装在阀体10内的上下端。托板及上、下盖用螺钉与阀

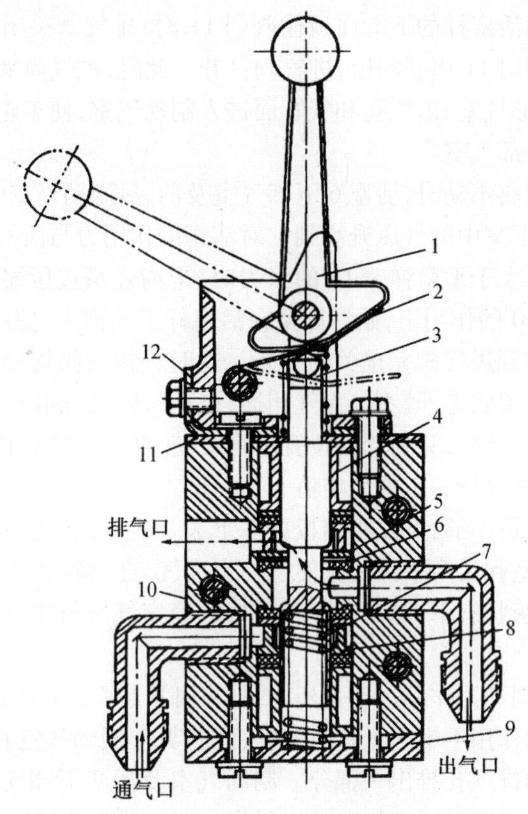

图 7-3-9　手制动阀

1—手柄;2—铰支板;3—阀杆;4—支承架;5—垫圈;6—密封圈;7—弹簧;8—支架;9—底板;10—阀体;11—盖板;12—托架

体连接。

② 工作原理

制动时,手柄扳到左侧位置,手柄下端左凸块通过铰支板 2 下压阀杆 3,由于阀杆的下移,将进气孔打开,排气孔关闭,阀杆细腰部将进气孔与出气孔沟通。此时,贮气筒内的压缩气体经进气孔、环形空间、出气孔、双向逆止阀和快速放气阀进入制动气室,使车轮制动。

解除制动时,手柄扳回原位,手柄下端凸块不顶压阀杆,在弹簧 7 的作用下,阀杆 3 恢复原位,将进气孔关闭,排气孔打开。此时,阀杆的细腰部将出气孔与排气孔沟通,通往制动气室管路中的气体便从排气孔排入大气,制动气室内的气体则由快速放气阀排入大气,车轮制动解除。

(6) 双向逆止阀

双向逆止阀安装在脚制动阀和手制动阀通往制动气室管路的汇合处。其功用是当使用一种制动操纵时(脚制动阀或手制动阀),防止压缩气体从另一个制动阀的排气孔排出。双向逆止阀主要由阀体 6,左、右端盖 1 和 4,铜套 3 和阀芯 2 等组成(如图 7-3-10 所示)。

阀体 6 两端用螺栓固定着左、右端盖 1 和 4,端盖与阀体的接合处装有密封垫 5。两端盖上的孔口经气管分别与脚制动阀和手制动阀相通,阀体上的孔口则经管路与制动气室相通。阀体内装有铜套,阀芯装在铜套内,在气压作用下,阀芯可在铜套内做轴向滑动。

当使用脚制动阀时,压缩气体从右端盖 4 上的孔口进入阀体内,将阀芯推压在左端盖 1

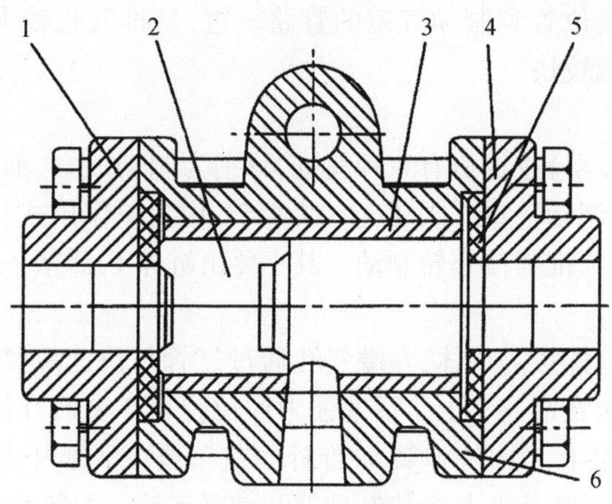

图 7-3-10　双向逆止阀

1—左端盖；2—阀芯；3—铜套；4—右端盖；5—橡胶密封阀；6—阀体

上，使左端盖上孔口关闭，压缩气体只能从阀体上的孔口去制动气室。当使用手制动阀时，阀芯的位置及其工作情况与上述相反。

(7)快速放气阀

快速放气阀(简称快放阀)有两个，安装在靠近制动气室的管路Y路处，其功用是放松制动踏板后，使制动气室的压缩气体由此就近迅速排入大气中，以迅速解除对车轮的制动。快速放气阀主要由阀体2、橡胶膜片3、阀盖1等组成，如图7-3-11所示。

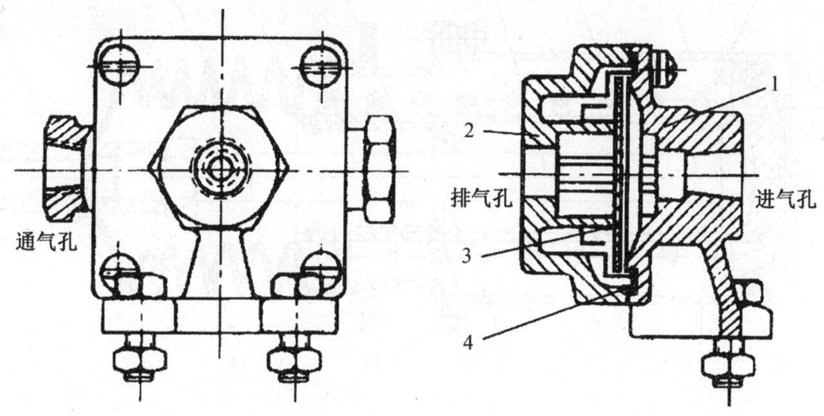

图 7-3-11　快速放气阀

1—阀盖；2—阀体；3—橡胶膜片；4—密封圈

阀体2与阀盖1用螺钉连在一起，橡胶膜片3装于两者之间。阀体上有3个孔，左、右孔为出气孔，通过气管分别与左、右制动气室相通；中间孔为排气孔，排气孔既与左、右两个孔口相通，又与大气相通。阀盖上有一个进气孔，经过气管、双向逆止阀与制动阀相通。

制动时，从制动阀来的压缩空气经进气孔进入橡胶膜片3右方，推膜片紧靠在排气孔上，将排气通路封闭，气体经膜片周围空间进入阀体，从两侧出气孔进入制动气室。

解除制动时，制动阀至快速放气阀管路内的压缩气体先由制动阀排出，作用在膜片右面的压力消失，膜片的左面和右面产生压力差，在压力差的作用下，膜片左面的气压便推膜片向右运动，将排气孔打开，进气孔封闭，于是制动气室内的压缩空气便从排气孔迅速排到大气中。

由于快速放气阀安装位置到制动气室的管路较短，且排气孔较大，因而对气流的阻力较小，故放气迅速，制动解除较快。

(8)制动气室

74式Ⅱ型(W_4-60C型)挖掘机有三种气缸，分别为制动气缸、前桥接通气缸和悬挂控制气缸，其中制动气缸又叫制动气室。制动气室共4个，均为单作用式，分别安装在前后桥壳的前端，用于将气体压力变为推力使车轮制动。其主要由缸体1，活塞9，回位弹簧5、2，推杆4等组成，如图7-3-12所示。

缸体1与端盖用螺钉连接为一体，左端气孔通过气管与快速放气阀连接。活塞与活塞杆焊成一体，橡胶皮碗10装在活塞9上。活塞强力回位弹簧2套装在活塞杆上，其两端装有弹簧座和密封垫。推杆上装有小回位弹簧5，推杆的左端顶在活塞9上，用一个橡胶支承圈11保持其中间位置，右端通过接头8与车轮制动器制动臂连接。为防止尘土进入气室中，壳体右端装有橡胶折叠式防尘套7。

制动时，压缩气体进入气室内，推动活塞右移，推杆便推动制动臂带动凸轮轴及凸轮转动一个角度，使车轮制动。当解除制动时，活塞顶部气压迅速消失，在两弹簧的作用下，活塞和推杆恢复原位，作用在制动臂、凸轮轴及凸轮上的推力消失，车轮制动即被解除。

前桥接通气缸安装在下传动箱的前端车架上。悬挂控制气缸安装在车架中部横梁上，两气缸均为单作用式，其结构相同，分别用于控制前桥接通和悬挂闭锁。

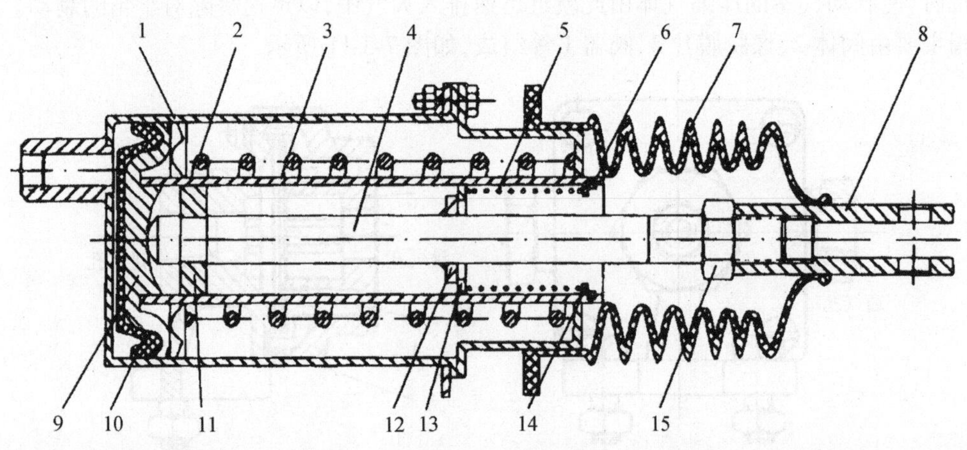

图7-3-12　制动气室

1—缸体；2—强力回位弹簧；3—弹簧套筒；4—推杆；5—小回位弹簧；6—卡簧；7—防尘套；8—接头；9—活塞；10—橡胶皮碗；11—橡胶支承圈；12—挡板；13—内挡圈；14—外挡圈；15—锁紧螺母

当需要前桥接通或悬挂闭锁时，将手制动阀的操纵手柄扳到左边固定位置，气体进入控制气缸，推动活塞移动，在推杆的推动下，前桥即可接通动力，悬挂即可闭锁。将操纵手柄放回原位，气体经手制动阀排出，活塞及推杆在回位弹簧的作用下恢复原来位置，即可切断通往前桥的动力或解除悬挂闭锁口，如图7-3-6所示。

4　任务实施

4.1　准备工作

通过查阅对应的维修手册等相关资料,经过课堂讨论、教师答疑和操作演示,制订修改拆装方案,准备所需仪器、设备和工具。

4.2　操作流程

4.2.1　74 式Ⅱ型(W_4 -60C 型)挖掘机制动系统的拆卸

(1)拆卸空气压缩机:

① 拆除与空气压缩机相连的进、排气管和进、出润滑油管。把空气压缩机与发动机气缸体相连的螺栓拆下,将空气压缩机从发动机上取下。

② 拆下曲轴箱下盖总成,放尽润滑油。

③ 拆下气缸盖,拆下进、排气阀和进气管接头,拆下阀门垫板,取出阀门弹簧、阀片、阀座等。

④ 拆下连杆盖。

⑤ 轻轻敲击曲轴的后端,取下前轴承挡圈,将曲轴从箱中取出,然后将轴承由曲轴上拆下。

⑥ 取下活塞连杆总成:将活塞连杆总成由气缸体内取出,从活塞上取下气环、油环,从活塞销孔中取出锁环、活塞销,取下连杆、铜套。

⑦ 取下缸体等。

(2)拆卸组合式调压阀,如图 7-3-7 所示:

① 拆卸卡环 22,取下防尘罩 14;拆下排气阀门 21 的固定螺栓,取出排气阀门;拆卸下壳体的 4 只连接螺钉 13,依次取出下壳体、套管、漏斗 11、弹簧座 20、弹簧 10、排气活塞 12 及 O 形圈。

② 拆下滤阀 30 下方的螺塞 33 及 O 形圈 31,取出滤网 30、吸尘垫 32。

③ 拆下上中体的 6 只连接螺栓,取下调压大弹簧 19、弹簧座 3、调压阀总成、调节阀门、单向阀门 29 及单向阀弹簧 28 等、从中体上拆卸节流塞(量孔)。

④ 分解安全阀总成,依次取出阀门 26、膜片 25、弹簧、阀杆 24 与调整垫片 23 等。

⑤ 从调压阀总成的中心孔里取出顶针 8,分解调压阀总成,依次取下滑阀 7、调压阀膜片 6、下弹簧座、上密封塞 5、小弹簧 18、弹簧套筒 4 及调整螺钉 17 等。

(3)拆去贮气筒上的安全阀、放水阀、充气开关等。

(4)拆下脚制动阀进行分解,如图 7-3-8 所示:

拆去销轴,取下踏板;拿下防尘罩,拔出杯形顶杆;拆去阀体与上盖的固定螺栓,依次取出挺杆、上弹簧座、平衡弹簧、下弹簧座、活塞总成、阀门总成及进气阀总成,从其上分别拆下密封片、密封圈等。

(5)拆卸手制动阀,如图 7-3-9 所示:

拆下底板,取出弹簧、支承架、密封圈和垫圈等,再从另一端拆下托架及盖板,抽出阀杆,取出支承架、密封圈和垫圈等。

(6)拆卸双向逆止阀,如图7-3-10所示:

拆卸左右端盖螺栓,取下端盖,取出橡胶密封阀及阀芯。

(7)拆卸快速放气阀,如图7-3-11所示:

拆开快放阀体与阀盖的连接螺栓,取出橡胶膜片和密封圈。

(8)拆卸制动气室,如图7-3-12所示:

用专用夹具夹住制动气室,拆卸缸体连接螺栓,然后慢慢松开专用夹具(或以长螺栓逐一替换连接螺栓后再慢慢松开),取出橡胶皮碗、活塞及强力回位弹簧,从另一端取下防尘套,从内腔里拆卸卡环,取出小回位弹簧、内挡圈、推杆及挡板,抽出推杆,取下橡胶支承圈。

注意:因强力回位弹簧压缩力极大,切记不可直接拆卸缸体连接螺栓,否则强力弹簧蹦出会造成人身伤害事故!

4.2.2 零部件检修

4.2.2.1 维护

气压式制动传动装置二级维护时,应进行下列作业:

(1)检查制动控制阀、储气筒、制动气室、管路及接头等部位是否漏气;

(2)制动软管应无老化:气压制动系统各部的连接软管经长期使用后,会因老化变质而漏气。因此,必须每年或每行驶50 000 km更换一次;

(3)制动控制阀进气迅速、排气畅通;

(4)制动气室推杆行程符合规定,例如,解放CA1091汽车前制动器的推杆行程为20~25 mm,最大不得超过30 mm,后轮制动器为25~30 mm,最大不得超过40 mm;东风EQ1090汽车前后轮制动器推杆行程均为20~30 mm,同一车桥相差不得大于5 mm。

4.2.2.2 主要零件的检修

(1)空气压缩机检修

① 检修

由于空气压缩机与调压阀配合工作,实际产生压缩空气并向贮气筒供气的时间,根据行驶条件的不同,占总工作时间的1/10~1/3。卸荷阀、调压阀在出厂时已调好,一般无须自行拆检。必须拆检时,要在专用试验台上进行开、闭压力的检查与调整。

空气压缩机工作时,不应有大量润滑油窜入贮气筒中,经连续工作24 h后,贮气筒中的润滑油达10~15 mL时,应详细检查活塞与活塞环的磨损情况、后盖与油堵的密封情况、回油管是否畅通以及连杆大端与曲轴的轴向间隙等,根据发现的问题进行维修。

空气压缩机的修理,因其结构与发动机曲柄连杆机构相似,可参照发动机曲柄连杆机构的修理技术修理。

② 磨合与性能试验

空气压缩机经修理后,应进行磨合和工作性能的试验。试验可在试验台上进行,空气压缩机的工作性能应符合原厂要求。无试验台时,可装在车上进行充气效率试验。

a. 发动机中速运转,在4 min内储气筒的气压不得低于392 kPa。

b. 储气筒内的气压为590 kPa时,空气压缩机停转3 min,筒内气压降不得大于9.8 kPa。

c. 卸荷阀的工作应正常。解放CA1091型汽车贮气筒的气压升至784~833 kPa,卸荷阀开始工作,空气压缩机停止泵气;当贮气筒内的气压降至 637 ~ 686 kPa 时,空气压缩机应能自动恢复泵气,贮气筒气压应逐渐升高。东风 EQ1090 E 汽车空气压缩机应在贮气筒气压为 687 ~ 726 kPa 时,自动停止泵气;贮气筒气压降至 550 ~ 589 kPa 时,应能自动恢复泵气。

(2)贮气筒与附件的修理

贮气筒应进行耐压试验,在 1 274 ~ 1 470 kPa 水压下,应无明显的变形、局部凸起和渗漏,否则应更换。检修合格后,按规定涂漆。

① 单向阀

单向阀装于各贮气筒的进口处,用于防止压缩空气倒流。如出现贮气筒的压力上升较慢,停车后气压下降较快或空气压缩机的皮带轮经常停转,一般是单向阀阀片发卡、破损或密封不严所致。如发现有此现象发生,可将单向阀解体清洗并检查阀门和阀座的密封性。若有锈蚀或损坏,应换新。

② 安全阀

安全阀装在贮气筒的后端。当调压阀出现故障、空气压缩机不能卸荷时,安全阀用于控制系统的最大压力。解放 CA1091 型汽车安全阀的开启压力为 882 kPa,东风 EQ1090 E 型汽车为 833 kPa。维护时可用肥皂水来检查安全阀的密封性。当排气孔出现气泡时,说明安全阀密封不严。

③ 放水阀

放水阀装于每只贮气筒的最低处,应密封严密。每天停车后,应及时放掉贮气筒各腔的油与水,以免结冰或锈蚀。

(3)制动控制阀

① 串联双腔气制动控制阀

制动控制阀在使用中最为常见的损伤是密封不良、零件运动不灵活或调整不当等。

汽车停驶后,如发现贮气筒气压下降过快,并且能在制动控制阀下方排气口听到漏气的声音,可拆检制动控制阀,检查的重点为上、下阀门与壳体接触的工作面。应清除橡胶件表面的积存物,用砂布轻轻磨去压伤痕迹。还应检查活塞上、下运动是否灵活,有无发卡现象。若活塞松旷,应考虑更换橡胶密封件。若制动阀上部的挺杆运动不灵活,应注意检查橡胶防尘套的密封性。若零件老化和裂纹,使尘土、泥沙进入摩擦表面,将影响制动阀的正常工作。

装配制动控制阀时,密封件和运动表面应涂工业锂基润滑脂。

制动阀中的平衡弹簧总成不得随意拆卸和调整,因为制动过程的随动作用完全取决于平衡弹簧的调整质量。如预紧力过大,制动过于粗暴;如预紧力过小,则气压增长缓慢,制动不灵。只有出现上述不良现象时,才可按修理技术条件的要求进行平衡弹簧的调整。

这种串联双腔制动阀只有一个调整部位,即通过调整拉臂上的调整螺钉来调整上阀门的排气间隙,上活塞总成下端距上阀门之间的间隙应为 1.2 ~ 1.4 mm。此间隙反映到制动踏板,即为制动踏板的自由行程。CA1091 型汽车制动踏板行程为 10 ~ 15 mm。

装配后,应对制动控制阀的性能进行试验。试验时,在制动阀上、下进气口与贮气筒之间各串入一个 1 L 的容器和气压表,并用一个阀门控制气路的通断。首先通入压力为 78 kPa 的压缩空气,待压力表的读数稳定后,将阀门关闭。此时只有串入的小容器中压缩空气与进气腔相通,压力表用来显示进气腔压力的变化。经 5 min 试验后,气压表读数的降低不得大于 24.5 kPa。否则,应检修或更换进气阀。打开阀门,使贮气筒与制动控制阀相通,拉动制动拉臂至极限位置不动,然后关闭阀门,以小容器内的压缩空气检查两出气腔的密封情况,在 5 min 内,气压表读数降低不得大于 49 kPa,否则应检查制动气室、芯管和排气阀是否漏气。

② 并联双腔制动控制阀

大修时,制动控制阀应解体清洗并更换橡胶膜片和各部分橡胶密封圈和阀门,不需更换的零件应清除油污、锈蚀,修整轻微磨损伤痕。装配时,应在各运动表面涂二硫化钼锂基脂。

在清洗过程中,应注意检查前、后两腔的圆柱形阀门。阀门的圆柱形导向表面容易生锈,使运动受阻发卡,必须认真清洁,消除锈迹,以确保阀门上、下运动灵活。阀门上的轴向小孔使阀门上、下连通,起平衡作用。如有堵塞,阀门下方形成真空,解除制动后阀门不能复位,将导致贮气筒压缩空气的泄漏,汽车将失去制动能力。因此,组装前向阀门涂润滑脂时,绝对不能将此小孔堵住。

在制动控制阀装配时,应进行以下调整:

a. 调整排气间隙

在组装前、后两腔柱塞座之前,用深度尺测量芯管至阀座平面之间的距离,前、后两腔的距离应相等,均为 $1.5_{0}^{+0.3}$ mm 。若该间隙不符合要求,用拉臂上的调整螺钉进行调整。螺钉旋入芯管下移,排气间隙变小;反之,排气间隙变大。调整后,锁止调整螺钉。此间隙反映到踏板上,即为制动踏板的自由行程,其标准值为 10 ~ 15 mm。

b. 调整最大制动气压

最大制动气压应为 539 ~ 589 kPa。测量时,储气筒的压力应在 700 ~ 740 kPa,此时制动拉臂应与壳上调整螺钉接触。如果气压较低时,将壳体上的调整螺钉旋出,反复试验无误后,将锁紧螺母锁紧。

c. 调整前、后腔的压力差

测量时,将压力表分别与前、后腔接通,踩下制动踏板至任一位置不动,旋转后腔调整弹簧下的弹簧座。旋入时,可使弹簧弹力增大,从而降低后腔的输出气压,应使后腔的输出气压比前腔低 9.8 ~ 39.3kPa。松开制动踏板,再踩到任一位置,如前后腔的压力差仍为上述数值,说明调整正确,最后将锁紧螺母锁紧。

(4) 制动气室

解放 CA1091 和东风 EQ1090 E 型汽车的制动气室均采用卡箍夹紧的结构。制动气室膜片应无裂纹和老化。当用 1 MPa 的气压做试验时,不得有漏气现象。在同一车桥的左右制动室,不许装用不同厂牌、不同质量的制动膜片。制动膜片必须按使用说明书所要求的周期进行更换,一般的更换周期为 60 000 km。

4.2.3 装配

清洗零件后按相反顺序组装。部分组件可参照任务 4 的装配。

4.2.4 拆装注意事项

(1) 不得用汽油、煤油或其他溶剂清洗制动系统的橡胶件;

(2) 不得使用矿物型的制动液,以免损坏橡胶件。

注意:事项部分可参照任务 4 的拆装注意事项。

4.3　常见故障诊断与排除

4.3.1　制动不灵或失灵

(1)故障现象

机械行驶或作业时,踩下制动踏板制动效能不理想,甚至无制动感。

(2)原因分析

① 空气压缩机因使用过久各部位机件磨损导致工作不良,使其供气能力衰退,使贮气筒内无气压或气压不足,导致制动力减小;空气压缩机皮带过松或折断,使之供气能力下降,甚至不能供气;

② 空气滤清器堵塞造成供气困难;

③ 组合式调压阀调整的压力过低,造成供气系统内气压过低;

④ 冬季供气管路内的积水或油水分离器分离出的水结冰堵塞供气气路而供能不良;

⑤ 制动管路有破裂、管接头松动漏气、控制阀关闭不严、垫片或膜片破裂等,均会造成漏气,当因漏气使系统内气压降至不足以制动时,则制动不良;

⑥ 制动阀平衡弹簧弹力调得过小,使进气阀门过早关闭而切断制动气路,使制动气室内的气体压力不能升高而造成制动力减小;

⑦ 制动阀的活塞密封件磨损,进气阀上方胶垫与芯管密封不良,均会造成漏气而使制动力减小;

⑧ 制动传输管道、制动气室、快速放气阀密封不良,制动时漏气,导致制动不灵;

⑨ 制动凸轮轴因锈蚀而转动困难或转角过大,使其制动力减小;

⑩ 制动器摩擦副的摩擦系数减小,使其制动力减小。

(3)诊断与排除

① 启动发动机使之中速运转数分钟后,观察气压表读数是否符合技术要求。如气压表读数仍然很低,可踩下制动踏板,当放松踏板时放气很强,说明气压表损坏,故障不在制动器;若无放气声或放气声很小,则应检查空压机传动皮带是否折断、松弛或严重打滑,查明原因并对症排除;若空压机传动皮带正常,应拆下空压机出气管检查,若排气很慢或不排气,表明出气管堵塞;若出气管未堵塞,查看出气管接头是否堵塞,进而检查空压机的排气阀是否漏气,弹簧弹力是否过弱或折断,缸盖衬垫是否损坏,活塞环、气缸壁及活塞是否磨损过度等。根据检查的故障原因对空压机进行修理。

② 如气压表读数正常,但发动机熄火后,气压表指针徐徐下降,说明系统有漏气,应检查制动阀、制动管路等是否漏气,查明后予以排除。

③ 启动发动机后气压表指针指示气压上升速度正常,但气压未达到规定值就不再上升,说明组合式调压阀调整压力过低,应重新进行调整。

④ 若气压表读数正常,发动机熄火后气压也能保持正常,但踩下制动踏板后有漏气声。应先检查制动阀,若有漏气声,说明制动阀不良,需拆检制动阀。若制动阀无漏气声,应再检查制动气室或制动软管有无漏气处,根据漏气部位,采取调整或更换元件的方法排除。

⑤ 若每踩一次制动踏板,气压表指针下降值少于规定值,说明制动阀平衡弹簧调整压力过小,应重新调整。

⑥ 若每踩一次制动踏板,气压表指针下降正常,说明制动不良是因制动器的摩擦系数减小,或制动蹄支承销锈蚀,或其他原因造成摩擦阻力过大所致。如果长时间下漫长坡连续使用制动,则说明制动不良是使用不当所致,应让机械适当休息。若涉水、洗车或潮湿后制动不良,说明是制动摩擦系数减小,可以低速行驶并轻踩制动踏板,使制动器摩擦发热蒸发水分即可。若上述现象均不存在,说明制动不良是由于制动蹄摩擦片与制动鼓贴合面不良或摩擦片磨损过度所致,应更换摩擦片或重新靠合制动蹄的贴合面。如果轮式工程机械停放时间过长,重新使用后出现制动失灵,多数是由于制动器锈蚀所致。

⑦ 如果发动机熄火后,气压能保持正常,踩下制动踏板也不漏气,但制动不灵,应检查制动踏板自由行程是否过大,若过大,应调整至标准范围;进而检查各制动气室推杆伸张情况,若伸张行程过大,一般是因为制动鼓与摩擦片间隙过大,应进行调整。

4.3.2 制动跑偏

(1)故障现象

机械制动时自动偏离原来的行驶方向。

(2)原因分析

机械制动时跑偏,主要原因是在同一轴上的左、右车轮的制动效果不相同。按要求,机械车轮制动力的合力作用线应与过质心的纵向中心线重合。如果左、右车轮的制动力不等,则制动合力的作用线偏离纵向中心线,产生一个旋转力矩,使机械制动时跑偏。左、右车轮制动力相差越大,则制动时产生的旋转力矩越大,制动跑偏越严重。导致左、右车轮制动力不相等的主要原因有:

① 左、右车轮制动鼓与制动摩擦片之间的间隙不相等;

② 左、右车轮制动器摩擦片材质不同或接触面积相差悬殊;

③ 某车轮的摩擦片有油污或水;

④ 某车轮制动鼓的圆柱度误差过大;

⑤ 某车轮制动气室推杆弯曲或膜片破裂;

⑥ 左、右车轮制动蹄回位弹簧弹力不相等;

⑦ 左、右车轮轮胎气压不一致;

⑧ 某侧制动软管堵塞、老化;

⑨ 车架、转向系统有故障;

⑩ 制动时,左、右车轮的地面制动力不相等。

(3)诊断与排除

① 通过路试,找出制动效能不良的车轮,一般是机械向右侧偏斜,则左侧车轮制动不良;机械向左侧偏斜,则右侧车轮制动不良。同时查看左、右车轮在地面上的拖印痕迹,拖印短的一边,车轮制动效能不良。

② 找出制动效能不良的车轮后,踩住制动踏板,注意听察该车轮的制动气室、管路或接头是否有漏气声,如制动气室有漏气声,必是膜片破裂;管路或接头松动,也会有漏气现象。若无漏气,应注意观察制动气室推杆的伸张速度是否相等,有无歪斜或卡住情况,如左、右制动气室推杆伸张速度不等,则应检查左、右制动气室工作气压。如果左、右制动气室气压相差过大,应检查气压低的制动软管是否堵塞、老化等,并视情况予以排除。

③ 如左、右制动气室推杆伸张速度相等,可检查制动气室推杆行程是否过大,若过大应调整至符合要求。若推杆行程正常,应检查制动器内是否有油污和泥水以及摩擦片有无松脱的现象,并检查制动鼓与摩擦片之间的间隙是否正常,且左、右两轮应该一致。

④ 若上述检查均正常,应拆检制动鼓是否失圆、摩擦片是否磨损过量、铆钉是否外露等,视检查情况,采取光磨制动鼓、更换摩擦片等方法进行排除。

⑤ 检查左、右车轮轮胎气压是否一致,不符合规范者,按需补气。

4.3.3　制动拖滞

(1)故障现象

机械解除制动后,制动蹄摩擦片与制动鼓仍有摩擦,行驶时总感到有阻力,用手触摸制动器,感到发热。

(2)原因分析

制动器在解除制动状态时制动蹄与制动鼓之间应保持一定的间隙,即为制动间隙。非制动状态时不论什么原因使制动间隙消失,均会引起制动拖滞。制动拖滞分为全部车轮均有拖滞、单轴车轮拖滞和单车轮拖滞:

① 全部车轮均有拖滞,多为制动阀有故障,如制动阀的活塞回位弹簧弹力变弱,不能将制动管道的气路与大气沟通,管道内气体压力不能下降,使制动气室内气压不能消除。还有可能是制动阀的排气阀弹簧折断或制动阀的橡胶阀座变形或脱落等原因导致制动拖滞。

② 单轴车轮拖滞主要受快速放气阀的影响。若快速放气阀的排气口堵塞,解除制动时使单轴两车轮的制动气室内的压缩气体不能放掉,则该轴车轮的制动力不能消除,故出现单轴两车轮制动拖滞。

③ 单个车轮制动拖滞,多数是因为制动器和制动气室的故障。如制动鼓与摩擦片间隙过小,制动蹄支承销处锈蚀卡滞,制动凸轮轴与支架衬套锈蚀卡滞,制动蹄回位弹簧过软或失效,制动气室推杆伸出过长或弯曲变形而卡住,制动气室膜片老化、变形或破损等。

(3)诊断与排除

① 如果机械不能起步,或起步后感到行驶阻力较大,可停车观察各车轮制动气室的推杆,若制动气室的推杆均未收回,即为全部车轮均制动拖滞。应先检查制动踏板自由行程,若无自由行程,应进行调整;若自由行程正常,多为制动阀有故障,应查明原因并予以排除。

② 如果用手触摸同轴上的两车轮制动感到发热,说明是单轴车轮制动拖滞,故障在与此轴有联系的快速放气阀上,应拆检放气阀,查明原因并予以排除。

③ 如果有个别车轮制动鼓发热,或两发热的制动鼓不在同一轴上,即为单车轮拖滞,故障原因在车轮制动器和制动气室上。检查时踩抬制动踏板,观察该车轮制动气室推杆回位情况,若推杆回位缓慢或不回位,可拆下调整臂,再检查推杆回位情况,如仍回位缓慢,则应拆检该制动气室,检测推杆是否弯曲变形或歪斜卡住,或伸出过长,根据情况校正或调整。当拆下调整臂后,制动气室推杆回位正常,则应拆检、清洁、润滑制动器制动凸轮轴和制动蹄轴。

若制动气室推杆回位正常,则应检查该车轮轮毂轴承预紧度及制动间隙。其方法是:将有制动拖滞的车轮支起,若车轮能自由转动,说明车轮轮毂轴承过松,应调整轴承预紧度;如果车轮有摩擦,应将制动间隙调大;若调整后车轮转动仍有摩擦,同时调整制动间隙感到费力,说明是制动器有锈蚀引起制动拖滞。如果调整制动间隙无效,说明是由于该车轮制动器的回位弹簧失效或脱落所致,应查明原因并予以排除。

5 故障排除实例

一台74式Ⅱ型(W_4-60C型)轮胎式挖掘机制动解除滞后,起步时发动机有明显过载现象,该单位修理人员认为是脚制动阀故障,检修脚制动阀后故障依旧。

分析:该机手、脚制动均为气压控制,手制动阀与脚制动阀并联向制动气室供气。如手制动阀复位迟缓或不彻底、快放阀排气迟缓也会造成制动解除滞后。

检查:踩住脚制动踏板,松开后立即可以听到脚制动阀及快放阀的清晰排气声;反复扳动手制动阀手柄,快放阀与手制动阀的排气声却总是滞后1 min左右,表明手制动阀回位迟缓。

处理:拆检手制动阀,发现阀芯被灰尘严重卡滞。清洗后涂抹液压油装复,故障消除。

任务4 检查维修气液总泵

1 任务要求

知识要求：

(1)掌握气液式制动的结构与工作过程。
(2)掌握气液制动系统的调节过程。
(3)掌握气液制动系统的常见故障现象与原因。

能力要求：

(1)掌握气液式制动主要零件的维修技能。
(2)能熟练地调节气液制动系统。
(3)能对气液制动系统的常见故障进行诊断与维修。

2 任务引入

轮式装载机行走中踩下制动踏板后，装载机没有停下，也无减速。分析故障原因：有可能是制动油路有泄漏或者是油液不足等导致制动失灵。这样就需要检查制动系统，维修制动零部件，如气液总泵等。

3 相关理论知识

3.1 气液式制动传动机构概述

气液式制动传动机构在重型工程机械上应用比较广泛，它实际上是在液压式制动传动机构的基础上增加一套气压系统，因此，它综合了气压传动工作可靠、操纵轻便省力和液压传动结构紧凑、制动平顺、润滑良好的优点。

气液式制动传动机构按其气压对液压系统加力部位的不同，分为空气助力式和空气增压式。空气助力式是气压作用于液压系统的总泵，将空气压力转化为液压力，最后作用在制动器上。空气增压式则是使气压作用于液压系统中的总泵与分泵之间的辅助泵，使辅助泵与分泵的液压远高于总泵。

目前工程机械采用空气助力式的较多，如TL－180推土机、ZL40(50)装载机、74式Ⅱ型

(W_4 -60C 型)挖掘机、PY-160 平地机等。下面以轮式推土机脚制动传动机构为例,对其结构和工作原理进行分析。

3.2 组成及气、液路途径

轮式推土机脚制动传动机构主要由空气压缩机、油水分离器、压力调节器、贮气筒、脚制动阀、气压表、制动油箱、气液总泵和制动分泵等组成,如图 7-4-1 所示。

从压缩机出来的压缩空气,经油水分离器、压力调节器进入贮气筒,从贮气筒出来的气体分为两路:一路到挂车制动阀;另一路到脚制动阀和气压表。如果贮气筒内的气压超过0.75~0.8 MPa 时,压力调节器的放气阀打开排气。

当踩下制动踏板时,由贮气筒进入脚制动阀的高压空气便分成两路:一路到挂车制动阀,可用于操纵平板车制动;另一路进入气液总泵,推动气活塞和油活塞移动。由于活塞的移动,使总泵内的制动油液产生压力,并分成三路从总泵流出:一路到前轮制动器制动分泵;一路到后轮制动器制动分泵;另一路去变速操纵阀,使变速箱脱挡。压缩机的润滑油路通过管路和发动机的润滑油路相通,进油管接头处设有量孔,用以限制进入压缩机的机油量。在机械工作中应经常检查油管有无机油通过(可用手摸油管,有油通过则管路发热),以防压缩机因缺油而损坏。

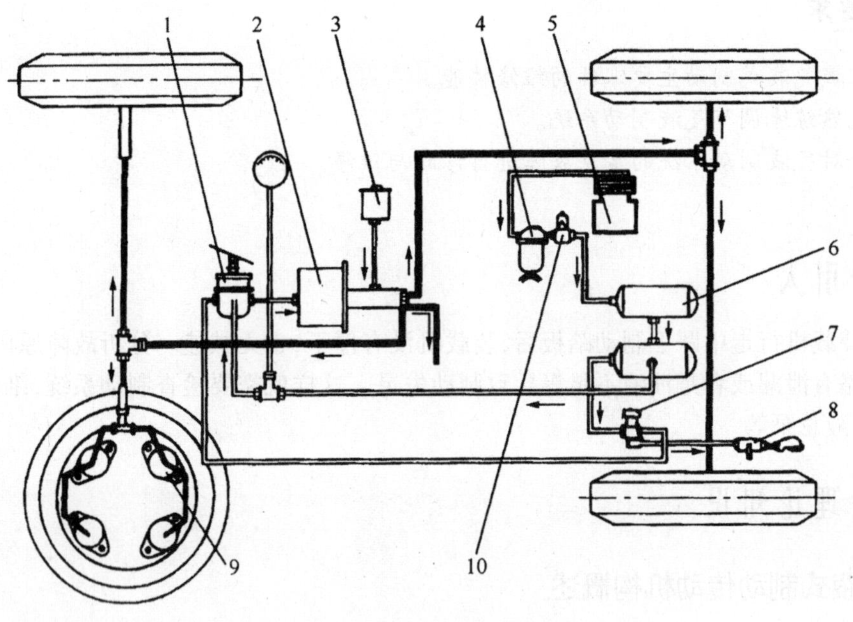

图 7-4-1 轮式推土机脚制动传动机构

1—脚制动阀;2—气液总泵;3—制动油箱;4—油水分离器;5—空气压缩机;6—贮气筒;7—挂车阀;8—挂车气管接头;9—制动分泵;10—压力调节器

3.3 各部件结构及工作原理

3.3.1 油水分离器

油水分离器的作用是过滤压缩空气中的油、水及其他杂质,向轮胎充气和控制气压不超过

0.9 MPa。

(1)结构

油水分离器主要由壳体1、盖、滤芯2、断路阀5和安全阀6等组成,如图7-4-2所示。

壳体和盖通过中央导管用固定螺母连在一起,为防止连接处漏气,其间夹装有密封圈,滤芯装在滤芯筒中,并通过中央导管装在壳体内,在其下部弹簧的作用下,紧抵在盖上。盖上有进气孔和出气孔,进气孔的通路上装有安全阀6,外部经气管与压缩机相通;出气孔的通路上装有断路阀5,外部经气管与压力调节器相通。

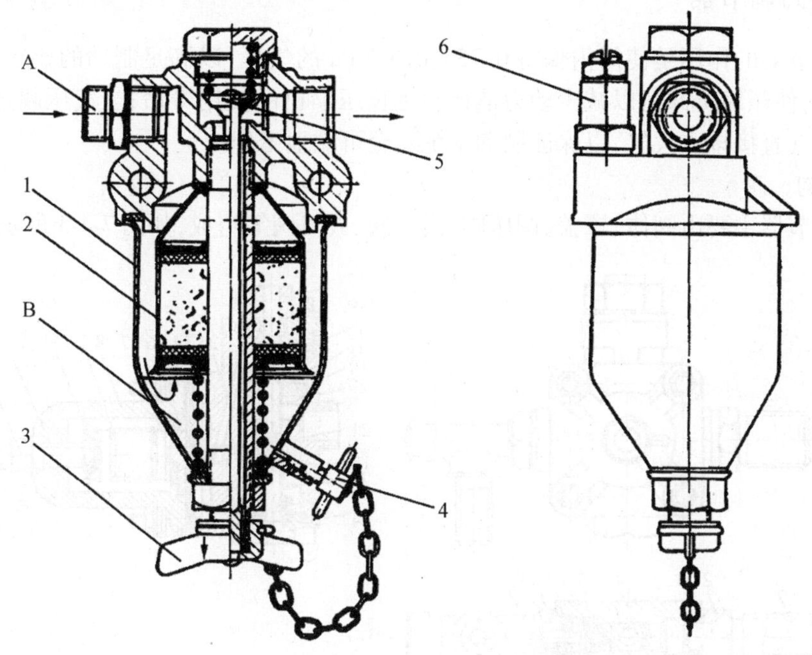

图7-4-2 油水分离器

1—壳体;2—滤芯;3—翼形螺母;4—放油螺塞;5—断路阀;6—安全阀;A—进气口;B—油水分离腔

断路阀阀门与顶杆铆成一体,上面装有弹簧和压紧螺母,顶杆下端穿过导管顶在翼形螺母3上,拧紧翼形螺母,通过顶杆将上部弹簧压缩,使断路阀处于开启位置。

安全阀的钢球在弹簧、调整螺母和固定螺母的作用下紧压在阀座上。

(2)工作原理

来自压缩机的压缩空气从进气孔进入,首先在壳体内进行折转,使混在空气中的水滴和油滴在自重和离心力作用下分离出来,而后流入壳体底部。折转后的空气向上进入滤芯筒内,再经过滤芯2将空气中的油、水及脏物进一步滤除,最后从中央导管上部的径向孔进入管内。由于断路阀5平时总是处于开启位置,故滤去油、水的压缩空气通过断路阀、出气孔而进入压力调节器。

当滤芯堵塞或压力调节器失灵时,油水分离器内的气压升高,当压力超过0.9 MPa时,压缩空气便推开安全阀钢球,从阀体上的排气孔排气。

向轮胎充气时,先拧下翼形螺母,此时,断路阀顶杆失去推力,阀在弹簧的作用下关闭,使贮气筒内的压缩空气不能倒流。从压缩机来的压缩空气则从中央导管的下部通孔及接在通孔上的软管向轮胎充气。

向轮胎充气前或机械作业 30 h 后,应拧下放油塞,排除内部积存的油、水等污物,冬季则应每天清除一次。

(3)安全阀的调整

油水分离器的安全阀在出厂时已调好并加铅封,一般不要随意拆卸调整。如确实需要调整,可拧开固定螺母,顺时针转动调整螺母压力升高,反之则降低压力。但调整时一定要通过气压表来检验。

3.3.2 压力调节器

压力调节器的作用是使筒内保持 0.75 ~ 0.8 MPa 的气压,以满足制动的要求。当气压达到规定值后,使压缩机卸荷以减少动力消耗和延长压缩机的使用寿命;当气压超过规定值时,可将压缩空气直接排入大气,以保证制动系统安全可靠地工作。

(1)结构

压力调节器主要由阀体、罩盖、调压阀、出气阀、放气阀等组成,如图 7-4-3 所示。

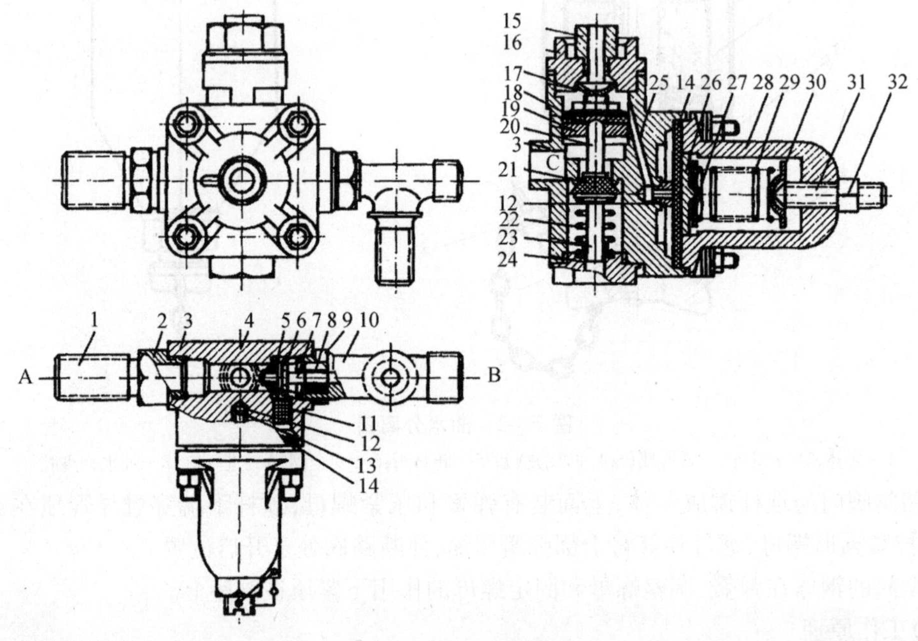

图 7-4-3　压力调节器

1、2、10—气管接头;3—下壳体;4、21—放气阀;5—出气阀;6、22、29—弹簧;7、20、23—阀杆;8—菱形导管;9—螺母;11—滤网;12—通气螺塞;13—通气孔;14—膜片;15—排气螺塞;16—接头;17—弹簧垫;18—活塞皮碗;19—活塞;24—阀座;25—斜气道;26—压板;27、30—弹簧座;28—上壳体;31—调整螺杆;32—固定螺母

阀体上有进气孔 A、出气孔 B 和放气孔 C。阀体与罩盖用螺栓固定在一起,其间夹装有调压阀膜片 14,膜片在弹簧 29 的作用下,紧压在通气螺塞 12 的座上。弹簧 29 一端通过弹簧座 27、压板 26 顶在膜片上,另一端通过弹簧座 30 支承在调压螺杆 31 上。调压阀所控制的气压值,由拧在罩盖上的调整螺杆 31 来调整。

出气阀 5 通过阀杆 7 装在菱形导管 8 内,阀杆 7 上装有回位弹簧 6,在阀的背面有带滤网 11的气道与膜片调压阀气室相通。

放气阀 C 为双向阀杆式,装在进出气道和放气孔之间,阀杆的一端支承在螺塞的导孔内,其上套装有压紧弹簧22,阀的另一端顶压在活塞19上,活塞背面固定有皮碗18,并有斜气道25经通气螺塞12与膜片调压气室相通。带排气小孔的通气螺塞12拧在壳体上。

(2)工作原理

从压缩机出来的压缩空气,经油水分离器自进气孔A进入调节器,迫使出气阀5开启。经出气孔B充入贮气筒,经带有滤网11的通道进入膜片下室。此时,放气阀21在弹簧22和气压作用下保持紧闭。

当贮气筒内气压达到0.75~0.8 MPa时,膜片下方的气体压力克服膜片14上方弹簧29的张力使膜片向上拱曲,由于拱曲膜片离开了通气螺塞12,使进入膜片下方的压缩空气经通气螺塞中心孔,由斜气道25进入驱动19的上腔。由于气压对活塞的作用面积大于放气阀21,所以气压便推动活塞19及阀杆20、压缩弹簧22将放气阀21打开,于是自进气孔A进入的压缩空气便直接从放气孔C排入大气。出气阀5则在气压和弹簧6的作用下关闭,防止贮气筒内的气体倒流。由于放气孔C和大气相通,且孔径较大,气流阻力小,因而,压缩机处于卸荷状态。

当贮气筒内的气压降到低于0.75 MPa时,膜片14在弹簧29的作用下恢复原位,并紧压在通气螺塞12的端面上堵住通气孔。此时,活塞上方的压缩空气从排气螺塞15上的小孔排出,放气阀21在弹簧22和气压的作用下推动活塞19上移回到关闭位置,于是压缩空气又顶开出气阀5充入贮气筒。

排气螺塞15上的小孔必须保持畅通,否则放气阀21将不能关闭。

(3)对压力调节器工作性能的检查

发动机熄火后,将贮气筒内的压缩空气放掉,再启动发动机,并稳定在700~800 r/min,当气压达到0.75~0.8 MPa时,气体应从压力调节器放气孔C排出。放气时,如气压低于0.75 MPa,说明放气压力过低;如气压高于0.8 MPa,则说明放气压力过高。放气压力过高或过低都需要进行调整。拧出调整螺杆31,气压降低;反之则增高。调整时要用精确的压力表进行校正。

3.3.3　贮气筒和制动油箱

(1)贮气筒

贮气筒是一个钢制圆筒,筒内空气贮备量可供在压缩机不工作的情况下制动8~10次。贮气筒下部装有开关,用于放除贮气筒内积存的油水。

(2)制动油箱

制动油箱用塑料制成,安装在驾驶室内右方坐垫底下。油箱内的油面应距箱口15~20 mm。

3.3.4　脚制动阀

脚制动阀用于控制充入气液总泵气室和挂车制动阀气室中的压缩空气量,从而控制气室中的工作气压,并使气室的气压与踏板的行程有一定的比例关系。

3.3.4.1　单腔气制动阀

(1)结构

制动阀主要由阀体、阀盖、阀门、活塞、弹簧及踏板等组成,如图7-4-4所示。

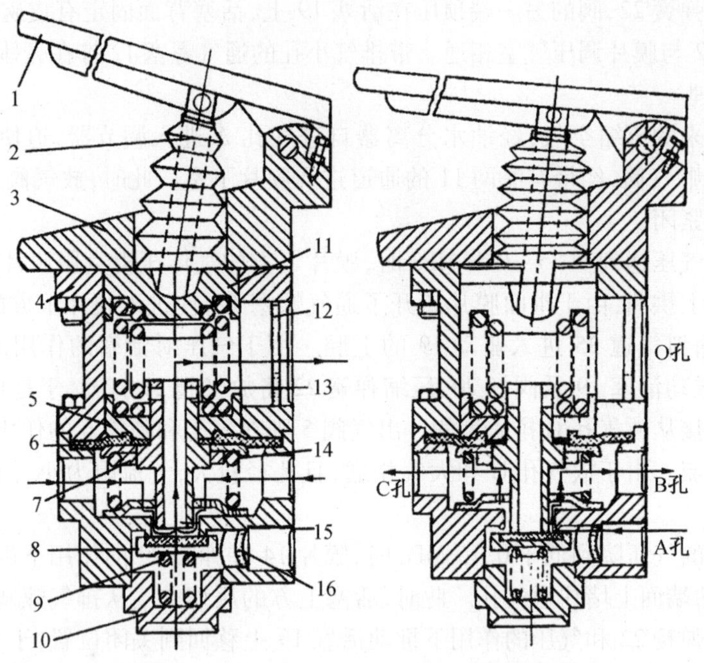

图 7-4-4 脚制动阀

1—踏板;2—推杆;3—阀盖;4—上阀体;5—下活塞;6—鼓膜;7—螺母;8—阀门;9、13、14—弹簧;10—螺塞;11—上活塞;12、16—滤网;15—芯管

阀盖和上、下阀体分别用螺栓连接在一起,并通过螺栓固定在驾驶室底板上。阀盖 3 上有凸耳,通过销和踏板 1 铰接;上阀体 4 上有通大气的 O 孔,孔内装有滤网 12;下阀体上有通贮气筒的 A 孔,孔内也装有滤网 16;两侧有通气液总泵气室和挂车制动阀的 B 孔和 C 孔。

上、下阀体之间夹装有橡胶尼龙鼓膜 6,阀体内装有上活塞 11、推杆 2 和平衡弹簧 13。推杆上端受踏板控制,下端穿过阀盖中心孔,顶在上活塞 11 的凹部,平衡弹簧 13 装在上、下活塞之间,下活塞 5、鼓膜 6、芯管固定在一起。芯管是中空的,下端面与阀门 8 组成排气阀,下阀体上的阀座与阀门 8 又组成进气阀。两个回位弹簧 14、9 分别装在阀门 8 与鼓膜 6、阀门 8 与螺塞 10 之间。

(2)工作原理

当踩下制动踏板时,推杆将上活塞 11 下压,通过平衡弹簧 13,推动下活塞 5、鼓膜 6、芯管下移,推开阀门 8(即排气阀关闭进气阀打开),压缩空气便由 A 孔进入,通过进气阀从 B 孔进入气液总泵气室,起制动作用,与此同时,压缩空气从 C 孔进入挂车制动阀,操纵挂车制动。

当放松制动踏板时,平衡弹簧 13 加在下活塞 5 上的压力消除,借回位弹簧 14 和气压的作用,将下活塞 5 连同芯管向上推,使芯管离开阀门 8,排气阀打开,同时,进气阀在回位弹簧 9 作用下关闭。贮气筒与气液总泵和挂车制动阀的气路切断,气液总泵和挂车阀的压缩空气经原路返回,通过芯管中心孔从 O 孔排入大气,制动解除。

制动踏板的行程与制动力矩成正比,即在逐渐踩下制动踏板时,阀门的开启程度逐渐增大,制动力矩也逐渐增大。当踏板踩下一定距离不动时,由于气液总泵气室中的气压,随充气量的增加而逐渐升高,通过鼓膜、平衡弹簧、活塞及推杆反传到制动踏板上,驾驶员会感到脚上所受的力在逐渐增大。当鼓膜下方的气体压力和回位弹簧张力的合力超过平衡弹簧的张力时，平衡弹簧被进一步压缩，于是鼓膜、下活塞、芯管及阀门一同上移，直到进气阀完全关闭为止。这时，进、排气阀均处于关闭位置，气液总泵气室与挂车制动阀气室处于封闭状态，既不与大气相通，也不与贮气筒相通。鼓膜及芯管这时所处的位置，称为平衡位置。

制动时，踏板踩到任意工作位置固定时，制动阀都能自动达到并保持以进气阀和排气阀二者都关闭为特征的平衡状态。不制动时，芯管的下端面与阀门之间的距离称为排气间隙。间隙太大，将导致踏板制动有效行程过小，太小又将导致制动解除缓慢。正常的间隙为 2 ~ 2.5 mm。

3.3.4.2　双腔气制动阀

为确保行驶安全，现在工程机械与汽车均采用双回路制动系统，当一个回路出现故障时，车辆还可依靠另一个制动回路实施制动，虽然制动力有所降低，但仍能使车辆具有一定的制动能力。

双回路气压制动系统采用的制动阀有串联与并联两种，下面以常林 ZLM30 型装载机为例介绍串联双腔制动阀的结构与工作原理。串联双腔制动阀结构如图 7-4-5 所示。

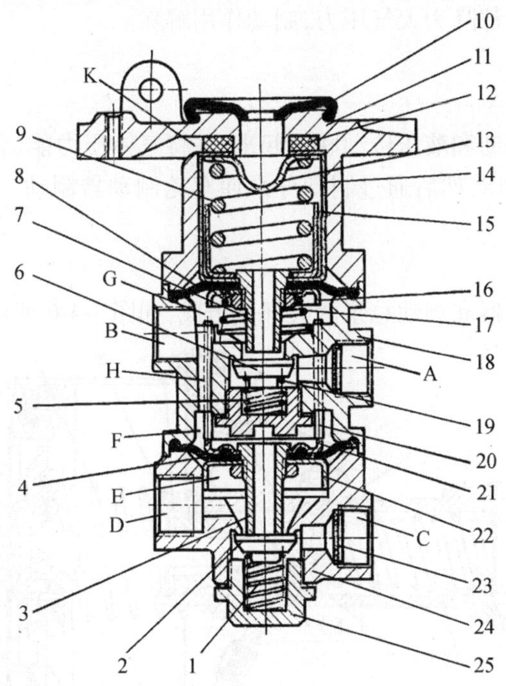

图 7-4-5　常林 ZLM30 型装载机的串联式双腔制动阀

1—下阀门弹簧；2—下阀门；3—下芯管；4—下膜片；5—上阀门弹簧；6—上阀门；7—上芯管；8—上膜片；9—平衡弹簧；10—防尘套；11—上体；12—滤网；13—推杆；14—导向杯；15—弹簧座；16—上膜片夹盘；17—上膜片回位弹簧；18—中体；19—中体螺塞；20—顶杆；21—下膜片夹盘；22—导向杯；23—滤网；24—下体；25—下体螺塞口；A—通后制动储气筒；B—通后桥制动气液总泵；C—通前制动储气筒；D—通前桥制动气液总泵；E—下平衡气室；F—气室；G—上平衡气室；H—气道；K—通大气口

阀体分为上体 11、中体 18 和下体 24 三部分。中体上的通气口 A 和 B 分别通至后桥制动储气筒和后桥制动气液总泵；下体上的通气口 C 和 D 分别通至前桥制动储气筒和前桥制动气液总泵。此外，在上体上端还有被滤网 12 罩着的通大气口 K。中体内有四条垂直孔道，其中气道 H 用以沟通上平衡气室 G 和气室 F。其他三孔道内各装一根顶杆 20，支承在下膜片夹盘

21 的翻边上。踩下制动踏板,通过推杆(图上未示出)和平衡弹簧 9 推压使上膜片 8 和上芯管 7 下移。先是上芯管下端面与上阀门 6 接触(即关闭上排气阀),随后上阀门 6 被推离中体阀座(即上进气阀开启)。后桥制动储气筒的压缩空气便自通气口 A 进入上平衡气室 G,再由此一方面从通气口 B 充入后桥制动气室,另一方面还经气道 H 充入气室 F,推动下膜片 4 和下芯管 3 下移,压下下阀门 2,使下排气阀关闭而下进气阀开启。此时前桥制动储气筒的压缩空气方自通气口 C 经下平衡气室 E 而充入前桥制动气室。当上腔膜片回升到平衡位置时,气室 G 和 F 中气压即保持稳定。下腔也就随之达到平衡。由于下腔是受上腔气压操纵而进入工作的,下腔的气压变化总是落后于上腔,前轮制动比后轮稍晚。

当制动踏板接近于踩到底时,上膜片 8 可以通过其夹盘 16 和三根顶杆 20 直接压下下膜片 4 及下芯管 3,迫使下腔进入工作,并直接借平衡弹簧 9 的压缩变形来使下腔达到平衡状态,即下腔由气压操纵转变为机械操纵。这样就能保证在上腔气路系统失灵时下腔仍能工作。

完全放开制动踏板时,上排气阀首先开启,前桥制动气室、上平衡气室 G 和气室 F 中的气压立即降低,同时下膜片 4 在下平衡气室 E 中高气压作用下也开始上拱,使下排气阀开启。最后所有制动气室中气压都降为大气压力,制动作用解除。

3.3.5 气液总泵

气液总泵是将气压传动和液压传动联系起来,并将气体压力能(低压)转换为液体压力能(高压),一般增压比为 1∶18,然后通过制动分泵使车轮制动器制动。下面以轮式推土机的气液总泵为例进行介绍。

(1)结构

气液总泵主要由加力器和制动总泵两大部分组成,如图 7-4-6 所示。

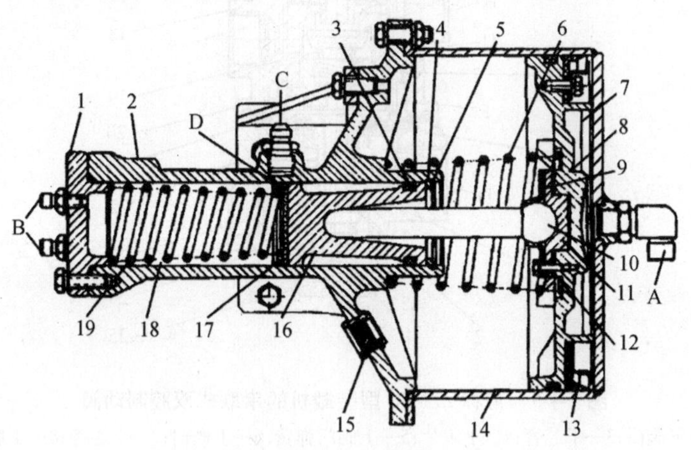

图 7-4-6 气液总泵

1—端盖;2—油压泵体;3—密封环;4—垫圈;5—挡圈;6、19—回位弹簧;7—气室;8—气活塞;9—压盖;10—推杆;11—推杆座;12—调整垫片;13、17—皮碗;14—气压泵体;15—通气塞;16—油活塞;18—油室

① 加力器主要由气压泵体 14、气活塞 8、推杆 10、回位弹簧 6 等组成。气压泵体用螺栓与油压泵体固定在一起,端部有管接头 A,通过气管与脚制动阀相通,后部有带滤网的通气塞,与大气相通。气活塞装在缸体内,其上通过螺钉和压盘固定着橡胶皮碗 13,外圆上装有一道毛毡密封圈。推杆一端的球部装在推杆座 11 和压盖 9 内,在推杆座 11 与气活塞 8、推杆座 11 与

压盖9之间装有调整垫片,另一端顶在油活塞16的凹部。回位弹簧6一端顶在气活塞上,另一端装在油压泵体2的凸出部上。

② 制动总泵主要由油压泵体2、油活塞16、回位弹簧19等组成。泵体与端盖用螺钉固定在一起,端盖上的两个B孔分别与前、后轮的制动分泵和变速操纵阀相通,泵体上的D孔通制动油箱。泵体内装有活塞和回位弹簧,活塞中部较细,使之与泵体形成一环形油室,活塞右端是凹形的,受推杆顶动,其上装有J形橡胶圈,活塞左面装有皮碗和弹簧座,它与端盖之间为油室,油室直径为70 mm。回位弹簧一端顶在弹簧座上,另一端顶在泵体的端盖上。不制动时,活塞左面皮碗应露出D孔,如果位置不当,可由推杆座与气活塞之间的调整垫片来调整。减少垫片离开距离变大,反之则减小。正常情况下以皮碗不挡住D孔又刚好在D孔边缘为好。

(2)工作原理

制动时,压缩空气由脚制动阀通过A孔进入气室,推动气活塞、推杆和油活塞移动,先关闭进油孔D,继续移动将油室的油液从B孔压出,分别送至四个车轮制动器的制动分泵和变速操纵阀,使机械制动,并在制动的同时使变速箱自动脱挡。

当松开制动踏板时,靠两个回位弹簧使活塞恢复原位,气室内的压缩空气从脚制动阀排入大气,分泵的压力油流回总泵油室,车轮制动解除。

3.3.6　制动分泵

制动分泵通过螺钉固定在支承轴座的凸缘盘上,每个车轮制动器上装有4个制动分泵。它主要由泵体、活塞、回位弹簧、挡圈、放气螺钉等组成,如图7-4-7(a)所示。

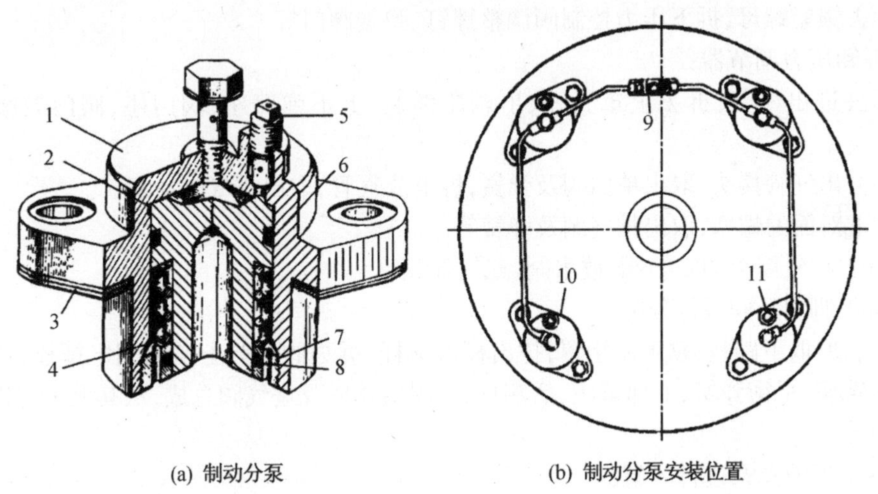

(a) 制动分泵　　(b) 制动分泵安装位置

图7-4-7　制动分泵

1—分泵体;2—活塞;3—调整垫片;4—回位弹簧;5—放气螺钉;6—O形圈;7—螺纹挡圈;8—毡圈;9—油管接头;10—制动分泵;11—放气螺钉

泵体上有油管接头,通过油管与气液总泵相通,在泵体和支承轴座之间装有调整垫片3,以调整制动器的间隙。活塞2装在分泵体1内,其上装有O形圈6,回位弹簧4一端顶在活塞2的凸缘上,另一端通过螺纹挡圈7限位。放气螺钉11拧在分泵体1上,它有左右之分。安装制动器时应使螺钉处于泵体上方,不得倒置,安装位置如图7-4-7(b)所示。

制动时,从气液总泵来的压力油通过油管进入分泵内,推动活塞2移动,使制动器产生制动力矩,此时回位弹簧4被压缩。解除制动时,气液总泵来的压力油压力消失,活塞靠回位弹簧的张力恢复原位,制动解除。

4 任务实施

4.1 准备工作

通过查阅对应的维修手册等相关资料,经过课堂讨论、教师答疑和操作演示,制订修改拆装方案,准备所需仪器、设备和工具。

4.2 操作流程

4.2.1 以轮式推土机为例来拆卸制动系统

(1)拆卸空气压缩机:

根据所配装的发动机(6120Q 或 NT855 等)的不同,先拆下喷油泵,再拆卸空气压缩机,参见任务3的4.2.1中的拆卸空气压缩机部分。

(2)拆卸油水分离器:

① 打开放油螺塞,放出油水分离器中沉积的油水;

② 拆下翼形螺母,拆去锁紧螺母,取下油水分离器罩壳和密封垫圈、弹簧、滤网等,拆去进出气管,取下油水分离器座,拆下上端螺塞,取出弹簧、进气阀等;

③ 拆去锁紧螺母,拆下压力控制阀调整螺钉、弹簧阀门等。

(3)拆卸压力调节器:

① 拆去进出气管,拆去上罩壳,取出调压弹簧、上下弹簧座、阀门座、阀门鼓膜及滤清器等;

② 拆去出气管接头,取出单向阀及弹簧,拆下放气管,取出排气阀活塞;

③ 拧下对面的螺塞,取出排气阀及弹簧等。

(4)拆去贮气筒上的安全阀、放水阀、充气开关等。

(5)拆下脚制动阀进行分解:

拆去销轴,取下踏板;拿下防尘罩,拔出杯形顶杆;拆去阀体与上盖的固定螺栓,依次取出挺杆、上弹簧座、平衡弹簧、下弹簧座、活塞总成、阀门总成及进气阀总成,从其上分别拆下密封片、密封圈等。

(6)拆下气液总泵进行分解:

① 拆去进气管及出油管,放出制动液;

② 拆去制动油箱和通气塞(呼吸器);

③ 拆下气压泵体(气包),拆下密封圈、气压活塞、回位弹簧;

④ 拆下制动总泵泵体,拆下放气螺钉和刹车灯开关,抽出油活塞及推杆座总成和推杆,从油活塞上取下总泵皮碗,拆去卡环,将推杆座总成从油压活塞孔内抽出,从壳体孔中取出J形密封圈。

(7)从前后桥制动盘上拆制动分泵进行分解:

① 拆去进油管,拆去放气螺钉;

② 拆去2只固定螺钉,将制动分泵取下,并拿下调整垫片;

③ 取出螺纹挡圈,用专用工具取出活塞与弹簧,取下O形圈。

4.2.2 零部件检测、修理

4.2.2.1 空气压缩机零件的检验

(1)气缸体的检验:

① 气缸体不得有裂纹,缸壁应无砂眼和划痕,必要时应更换。

② 气缸体椭圆度与圆锥度的检验:椭圆度(活塞行程部位任一截面最大直径与最小直径之差)设计要求不大于0.015 mm,粗糙度不高于Ra 0.8,搪磨后不大于0.02 mm,磨损超过0.10 mm时应搪缸修复。圆锥度(活塞行程部位两端直径之差)设计要求不大于0.05 mm,搪磨后不大于0.02 mm,磨损超过0.20 mm时应搪缸修复。

③ 气缸盖、气缸体接合平面的不平度不大于0.05 mm。

(2)活塞裙部与气缸体间隙的检验:

① 活塞不得有裂纹、严重斑蚀以及不正常的磨损等缺陷;

② 活塞裙部与气缸体的间隙:活塞裙部直径为$\phi60_{-0.06}^{-0.03}$ mm,气缸体缸径为$\phi60_{+0.02}^{+0.05}$ mm,配合间隙为0.05~0.11 mm,大修允许0.05~0.11 mm,超过0.25 mm时应更换。

(3)气环和油环的检验:

① 气环与油环不应有裂纹、巢孔、疏松、斑点、毛刺、凹痕及不正常的磨损、弹性变形等缺陷;

② 气环及油环与环槽的配合间隙超过0.15 mm时应更换,标准间隙为0.035~0.080 mm;

③ 气环及油环的开口间隙标准为0.2~0.4 mm,超过1.2 mm时应更换;

④ 气环及油环的弹力检验:新环均为2.5~4 kg,小于1.5 kg时应更换。

(4)活塞销与活塞配合的检验:

① 活塞销不应有裂纹、烧结、严重锈蚀及异常磨损等缺陷。

② 活塞销与孔的配合间隙超过0.10 m应更换。活塞销与活塞的孔按-0.005~+0.002 mm间隙选配。

(5)活塞销与连杆衬套配合的检验:

① 连杆衬套不得有损坏、烧结及不正常的磨损等缺陷。

② 活塞销与连杆衬套间隙大于0.10 mm应更换。新销与衬套间隙应按0.004~0.010 mm选配。

(6)连杆、连杆盖装合后与曲轴连杆轴颈配合的检验:

① 连杆、连杆盖及曲轴不得有裂纹、变形、烧结及不正常的磨损等缺陷,必要时应更换。

② 连杆、连杆盖装合后与曲轴连杆轴颈配合的径向间隙如超过使用限度时,可利用减少连杆衬垫的方法调整。如调整无效应更换。连杆、连杆盖装合后孔径为$\phi25^{-0.023}$ mm,曲轴连杆轴颈为$\phi25_{-0.023}^{+0.008}$ mm,配合间隙为0.008~0.045 mm,使用限度0.12 mm。

③ 连杆、连杆盖装合后与曲轴连杆轴颈配合的轴向间隙:连杆、连杆盖的宽度为$28_{-0.25}^{+0.10}$ mm,曲轴连杆轴颈的宽度为$28^{+0.10}$ mm,配合间隙为0.10~0.35 mm,超过0.5 mm时应更换。

④ 连杆大小头孔轴心线应在同一平面上,其不平行度应不大于100∶0.04 mm,在与此平面垂直方向的不平行度不大于100∶0.06 mm。

(7)曲轴连杆轴颈的椭圆度与圆锥度磨损超过0.10 mm时应修复或更换。设计允许的椭圆度和圆锥度均不大于0.005 mm,大修允许为0.015 mm。

(8)曲轴前、后端轴承的检验:

① 轴承表面有麻点、裂纹、烧蚀、剥落,保持架有损坏,需更换;

② 轴承应能转动自如,但无明显的轴向与径向间隙;

③ 曲轴轴承与曲轴箱座孔的配合间隙大于0.10 mm时应修复或更换;轴承与轴颈配合间隙不小于0.02 mm时应修复或更换。

(9)阀门弹簧的检验:

① 阀门弹簧有锈蚀、断裂应更换。

② 阀门弹簧残余变形后自由长度小于14 mm时应更换新件。新弹簧自由长度为19 mm,外径为13 mm,钢丝直径为0.6 mm,有效圈数为7圈,总圈数为8 ±0.25圈。

(10)阀座与阀片的检验:

① 阀座与阀片不得有锈蚀、斑痕、裂纹及异常损坏等现象。阀片不得翘曲变形,必要时应更换。

② 阀座与阀片的配合应严密,必要时需研磨,研磨后应用汽油试验,不得有渗漏现象。

4.2.2.2　油水分离器主要零件的检验

(1)滤网必须清洗干净,如变硬、变质必须更换。应达到气体通畅无阻方可装配使用。

(2)进气阀弹簧出现永久性变形或断裂时应更换。其自由长度应为35 ±0.5 mm,压缩至24 ±0.5 mm时压力应为33 kg。

(3)滤网弹簧必须保证牢固支承住滤网及滤网壳体。其自由长度应为71 ±1.5 mm,压缩至35^{+5}_{-3} mm时压力应为4 kg。

(4)压力控制阀门、进气阀以及所有的密封垫,不得有裂纹、老化等损坏现象。

(5)压力控制阀弹簧自由长度为22^{+1} mm,压缩至13 ±1 mm时压力应为3 kg。

4.2.2.3　压力调节器主要零件的检验

(1)检查阀门座与阀门鼓膜的接合面,必须保证良好的密封性,否则应研磨或更换。阀门鼓膜为厚0.13 mm的不锈钢片,中心直径为13 mm,表面粗糙度不高于Ra 0.4的抛光区。

(2)检查单向阀、排气阀的橡胶件,质量不应老化、表面不得有裂纹和较深的永久变形凹陷,与压力调节器壳体的接合处必须有良好的密封性。

(3)排气阀活塞中的皮碗不得有变质与变形现象,装在壳体中必须保证排气阀活塞移动灵活,并具有良好的密封性。

(4)单向阀弹簧、排气阀弹簧、阀门鼓膜弹簧,若产生较大的永久变形或断裂,则需更换。单向阀弹簧自由长度应为37^{+3} mm,压缩至19 ±0.5 mm时压力应为0.11 ±0.005 kg;阀门鼓膜弹簧自由长度应为$42^{+1.5}_{-1.0}$ mm,压缩至38.5 mm时压力应为41.5 kg;排气阀弹簧自由长度应为$30^{+1.5}$ mm,压缩至18 mm时压力应为3.15 kg。

(5)滤清器必须清洁,气体畅通无阻。

4.2.2.4　脚制动阀主要零件的检验

(1)检查阀门橡胶质量不得老化、表面不得有裂纹。阀门与下壳体接触处不得有较深的凹痕和中间凸起等缺陷,应保证良好的密封性,如有损伤应更换。对中间凸起尚未脱胶的阀门可以磨平后使用。

(2)活塞与壳体的配合,经过长期使用会产生磨损失圆。若失圆不很大时,可将活塞在壳体中按原来装配位置相对转动90°继续使用。若失圆较为严重,应予更换。

(3)弹簧不允许产生较大的永久变形与断裂。

4.2.2.5 贮气筒的放水开关、充气开关应转动灵活、孔眼通畅,并在关闭时不得漏气。

4.2.2.6 气液总泵的检验

(1)各橡胶件不得有老化、变形、裂纹、缺损等缺陷。

(2)弹簧不得产生较大的永久变形与断裂。

(3)制动油箱不得有裂纹或螺纹损坏。

(4)放气螺钉必须孔眼通畅、锥面完好。

(5)呼吸器必须通畅。

(6)气缸缸体与活塞的检验:

其圆柱度与圆度误差,一般应不大于0.05 mm。当缸孔产生较大失圆或孔壁产生较深划痕时,应更换缸筒。气缸回位弹簧弹力降低时,可在弹簧下加垫圈,也可用重新热处理的方法恢复弹力。加垫圈不宜过厚,以防影响活塞行程。活塞与推杆间配合松动时,应电镀推杆配合面,以恢复与活塞间的过盈配合,防止漏气。压合后尚应在推杆端部进行敲击铆合,其长度不得超过活塞体。

(7)液压总泵缸孔磨损量直径方向大于0.15 mm或圆度大于0.025 mm以及产生严重划痕时,应按加大修理尺寸法镗磨缸孔,其修理间隙尺寸可按0.25 mm增大,经几次镗磨后,孔径加大到1 mm时,应用镶套法修复。镶套时衬套壁厚可取为3 mm,与缸体间的过盈配合量应为0.04~0.05 mm,加工后缸体与活塞的配合间隙一般应为0.03~0.08 mm,如缸体不修而与活塞间配合间隙增大时,可对活塞外径进行镀铁修复。总泵补偿孔与旁通孔堵塞时,应用钢丝疏通,大修时应注意检查。

4.2.2.7 制动分泵的检验

泵体应无裂纹;弹簧无开裂、歪斜,与新弹簧叠放加压后压缩量须相等;活塞与泵体均无划痕、拉伤;放气螺栓与管接头螺栓的螺纹须完好且六角底面无毛刺;螺纹挡圈完好有效。

4.2.3 装配

(1)清洗零件后按相反顺序组装。

(2)空气压缩机的试验:

在全部气路密封的条件下,当发动机转数为700 r/min,充满两贮气筒的容积约120 L,气压达0.75 MPa时,需要时间约为12 min。

(3)油水分离器的试验与调整:

① 在试验台上试验,进气口开始通气,至气压达0.75 MPa,在此压力范围内,进气口与出气口两处压力始终相等,其余所有部位均不得有漏气现象。

② 旋下翼形螺母后,进气口开始通气,至气压达到0.8 MPa,在此压力范围内,进气口与充气出气口两端压力始终相等,其他部位均不得有漏气现象(包括向压力调节器的出气口)。压力控制阀门处,由开始通气至气压为0.75 MPa范围内不应有漏气现象。当通气压力增至

0.75 ~0.8 MPa 范围时，允许有轻微的漏气（在水内检查每分钟最多不超过 30 个气泡）。

③ 当进气口通入压缩空气，气压大于 0.8 MPa 后，压力控制阀门开启，压缩空气由此排出，调整完毕后将锁紧螺母锁牢。

(4)压力调节器的试验与调整

① 有相对运动的零件处，应涂适量的工业凡士林。

② 在试验台上试验，从进气口开始通气至气压为 0.75 MPa 时，排气口开始向大气排气。当出气口压力降低 0.6 MPa 时，排气口应立即停止排气。放气管在气压小于 0.6 MPa 时不允许漏气，气压大于 0.6 MPa 至排气口开始向大气排气前，允许有轻微的漏气（漏气量用肥皂水检查，必须以形成气泡为准）。除此之外，所有部位不允许有漏气现象。

③ 当出气口端的容器内气压为 0.75 MPa 时，移开进气口使容器内的气压逐渐降至零，在此过程中进气口不允许有漏气现象。

④ 试验完毕后，必须把锁紧螺母锁牢，然后将调整螺钉铅封。

(5)脚制动阀的试验：

① 所有相对运动的零件处应涂适量的工业凡士林。

② 在试验台上试验，由进气口开始通气至气压为 0.75 MPa，在此压力范围内，各处均不得漏气（特别是两出气口）。

③ 在进气口通入 0.75 MPa 的压缩气体时，踩下制动踏板，两出气口应有气体排出，而出气口压力的升高，应与踏板行程成正比，同时其他各处不得有漏气现象。

④ 在进气口气压不小于 0.75 MPa 时，迅速踩下制动踏板到底，则出气口气压与进气口气压应立即相等。在迅速放开踏板后，出气口气压应立即降至零。

(6)气液总泵的试验：

① 用刹车油清洗零件。

② 缸体在 18 MPa 液压下保持 3 min，各部不得渗漏，压力降不大于 0.5 MPa；当制动气压为0.6 MPa时，加力器出口油压应达到 15 MPa。

(7)制动分泵的试验

向制动分泵输入不小于 16 MPa 的制动液，分泵应无任何泄漏；泄压时活塞应回位迅速，不得有拖滞现象。

4.2.4 拆装注意事项

(1)不得用汽油、煤油或其他溶剂清洗制动系统的橡胶件。

(2)不得使用矿物型的制动液，以免损坏橡胶件。

(3)当制动器活塞锈蚀在泵体内时，如无专用工具，轻者可以将泵体在木块上摔打，使活塞掉出；重者可在泵体上对应活塞孔中心处钻孔、攻丝，将细金属棒穿入，用手锤敲出活塞，然后在孔内攻制螺纹，用螺塞、密封垫堵住螺孔。这样便于以后的拆装。

(4)排空气时应先将气液总泵的制动油箱灌满制动液，待气压达 0.75 ~0.8 MPa 后，踏踩制动踏板 2 ~3 次并踩住不动，松开总泵缸体上的放气螺钉，放出含气泡的制动液后再拧紧，同样再踏踩制动踏板 2 ~3 次，松开分泵体上的放气螺钉，放出含气泡的制动液，然后拧紧；反复数次后待放出的油液中不含气泡即可。在放气过程中应及时注意观察制动油箱内的液面高度并及时添加制动液，不能使液面过低，以防重新吸入空气。

4.3 常见故障诊断与排除

4.3.1 制动不灵或失灵

(1)故障现象

轮式工程机械踩下制动踏板后其制动效果不理想或机械无减速感觉。

(2)原因分析

轮式工程机械制动不灵或失灵主要是由制动器的制动摩擦片与制动盘的摩擦力减小或消失,或者摩擦系数减小所导致的,其主要原因有以下几点:

① 空气压缩机因磨损或气门关闭不严,造成能量转换效率降低,输出的气压不足;

② 压力调节器调整压力过低,使空压机输出的气体压力低;

③ 储气筒或所连接的管路漏气,如储气筒进气口单向阀密封不良、制动阀进气门被污物堵塞关闭不严、压力调节器漏气等,造成供给的气体压力下降;

④ 空气滤清器堵塞,造成空压机充气不足而供能不良;

⑤ 油水分离器冬季时被分离出的水冻结,使供能气路堵塞,造成制动力下降;

⑥ 加力器的活塞密封不良而漏气,使作用在活塞上的气体压力减小,液压制动总缸输出的油液压力也减小,导致制动力减小;

⑦ 液压制动总缸内油液不足、皮碗漏油或管路漏油,使制动摩擦衬片压向制动盘的力减小,即制动力减小;

⑧ 制动分泵密封件损坏漏油,使制动力下降;

⑨ 液压制动油路泄漏或系统内有空气时,导致制动不灵;

⑩ 制动器摩擦系数减小,使制动力减小。

(3)诊断与排除

① 检查制动系统供能装置、制动阀和气液总泵故障。其气压部分与气压制动装置基本相同,进行故障诊断与排除时参看任务3的故障诊断与排除部分的内容。

② 如果冷车时制动效果良好,热车时制动效果变差,应检查制动盘温度,如果制动盘有烫手感觉,则可能是制动系统内有油蒸气,应排除制动器内的蒸气或停车冷却。排除液压部分气体的方法是:踩下制动踏板,松开制动分泵上的放气螺塞,将气体排出,若一次排不完,可先将放气螺塞关闭,然后放松制动踏板,再重复以上动作,直至放出的油液无气泡为止。

③ 检查液压制动总缸的油液储存量,如果制动油液短缺,应添加油液。

④ 检查液压制动系统是否有漏油,如有泄漏,应根据油迹查明漏油部位和原因,并予以排除。

⑤ 若制动盘有油污和水分,应查明来源并予以排除。

4.3.2 制动跑偏

(1)故障现象

轮式工程机械制动时偏离原来行驶方向。

(2)原因分析

轮式工程机械的制动器是两侧对称布置的,两侧车轮的制动效能应相同,若两侧车轮制动

效能不同,就会出现制动跑偏,差值越大,制动跑偏现象越严重。造成制动跑偏的主要原因有:

① 某车轮制动管路中进入空气;

② 两侧车轮制动器制动片与制动盘之间的间隙不相等;

③ 两侧车轮制动器摩擦衬片材质不同;

④ 某车轮的摩擦衬片油污或水湿;

⑤ 两侧车轮轮胎气压不一致。

(3)诊断与排除

根据所分析的原因,气压制动部分故障与气压制动装置基本相同,诊断与排除时可参看前述气压制动装置;制动器故障的诊断与排除可参看制动不灵的诊断方法。

4.3.3 制动拖滞

(1)故障现象

轮式工程机械解除制动后,行驶时感到有阻力,用手抚摸制动鼓或制动盘感到发热。

(2)原因分析

全部车轮均有拖滞,多为制动阀故障。单个车轮拖滞,多为制动器及制动管路故障,原因分析可参看气压制动装置相关部分的内容。

(3)诊断与排除

制动阀故障的诊断与排除参看气压制动装置部分的相关内容,制动器及制动管路故障参看“制动不灵或失灵”故障的诊断与排除。

4.3.4 故障排除实例

(1)一台 ZL50 型装载机制动失灵

检查:制动气压正常无漏气现象,制动液充足,制动片磨损未超标。

检测:分别拆卸前、后桥壳处的制动软管,接上三通接头测量制动油压。前桥压力正常而后桥压力严重不足。

分析:后桥制动油压严重不足表明后桥气液总泵失效,但仅凭前桥的制动力也可使装载机具有一定的制动力。现在制动失灵说明前桥制动钳的活塞早已锈死失效,故障发生前一直是靠后桥的制动力进行制动的。

检查:拆检后桥气液总泵,发现油压泵体的弹簧折断并导致皮碗破损;拆检前桥的全部制动钳,其活塞严重锈蚀,均已锈死失去移动能力。

处理:更换后桥气液总泵的油压皮碗及弹簧,更换前桥的制动钳,排尽空气后装载机的制动力恢复正常。

(2)一台 ZLM30 型装载机在陡坡作业时突然制动力下降

检查:气压表显示气压正常,制动时制动阀有严重漏气声,但气压值不下降。

分析:该机采用双腔串联式双回路制动阀,制动踏板未完全踩到底时制动阀下腔是靠上腔气压控制的。当上膜片破裂,制动时后桥储气筒的气体全部泄入大气,制动踏板在未完全踩到底时前桥储气筒的气体无法接通(气压表接在前桥储气筒,所以气压表显示气压正常),导致制动失效。当时地处山区,暂时无配件,又急等生产,须采用应急手段进行抢修。

处理:拆去破损的上膜片,将完好的下膜片装在上腔,使双回路制动阀改成单回路使用,以恢复装载机的制动功能，保证施工任务的完成，同时紧急采购新膜片。

次日完成施工任务后补装新膜片，装载机重新改回双回路的工作状况。

任务5　检查全液压制动系统制动功能

1　任务要求

知识要求：

(1)掌握全液压制动系统的结构与工作过程。

(2)掌握全液压制动系统的调节过程。

(3)掌握全液压制动系统的常见故障现象与原因。

能力要求：

(1)掌握全液压制动系统主要零件的维修技能。

(2)能熟练地调节全液压制动系统。

(3)能对全液压制动系统的常见故障进行诊断与维修。

2　任务引入

一台 ZL50G 型(高配置)装载机启动发动机后,驻车制动无法解除,即驻车制动器释放不开,问题应出在驻车制动油缸上,可能有泄漏,要拆卸此缸进行检查维修。

3　相关理论知识

以 ZL50G 型(高配置)装载机为例来说明全液压制动系统。

3.1　制动原理

全液压双回路湿式制动原理如图 7-5-1 所示。由制动泵(与先导液压系统共用)、制动阀、蓄能器、驻车制动油缸、压力开关及管路组成。制动阀内包含充液阀、双单向阀、行车制动阀、紧急制动电磁阀等四个功能块。当制动系统中蓄能器内油压达到 15 MPa 时,充液阀停止向制动系统供油,转为向液压先导油路供油。当蓄能器内油压低于 12.3 MPa 时,充液阀又转为向制动系统供油。

由制动泵过来的油液经过制动阀内的充液阀,充到行车制动、驻车制动回路中的蓄能器内。其中蓄能器Ⅲ为停车制动回路用,蓄能器Ⅰ、Ⅱ为行车制动回路用。踩下制动踏板,行车制动回路中的蓄能器内储存的高压油经制动阀进入前后桥轮边制动器,制动车轮。放松制动

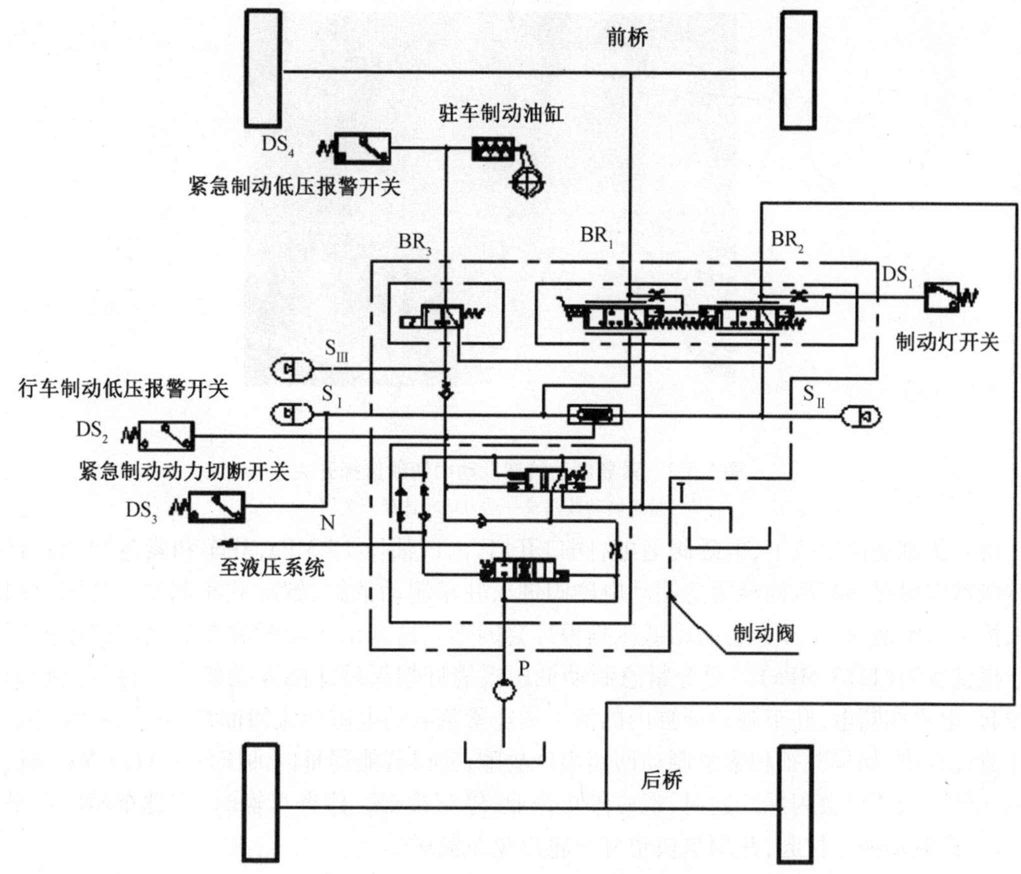

图 7-5-1　全液压制动系统原理图

踏板解除制动后,驱动桥轮边制动器内的液压油经组合制动阀流回油箱。

当行车时变速操纵手柄处于前进或后退Ⅰ、Ⅱ挡位,且动力切断选择开关闭合(即按钮灯亮)时(如图 7-5-2 所示),在脚制动的同时,电控盒向变速操纵阀发出指令,使变速箱挂空挡,切断动力。当行车时变速操纵手柄处于前进或后退Ⅰ、Ⅱ挡位,且动力切断选择开关断开(即按钮灯灭)时,在制动的同时将不切断动力,动力切断选择开关是带自锁功能的开关,上述为动力切断功能(刹车脱挡功能)。

"刹车脱挡功能"只在前进或后退Ⅰ、Ⅱ挡中发生作用。当装载机处于高速挡位时,为保证行车安全,不管动力切断选择开关是闭合或是断开,在制动的同时电控盒均不会发出切断动力的指令,这是由装载机的行驶特性决定的。当行车时变速操纵手柄处于前进或后退Ⅰ、Ⅱ挡位时,不要轻易使动力切断选择开关断开,否则可能会损坏制动器及传动系统。当机器正处在崎岖路段上、下坡作业实施制动时,为保证行车安全,可选择使用此功能。

刚启动装载机的短时间内,行车制动低压报警灯会闪烁,报警蜂鸣器会响。这是由于此时行车制动回路中的蓄能器内油压还低于报警压力(10 MPa),待蓄能器内油压高于报警压力后报警会自动停止。只有当报警停止后,才能将紧急制动按钮按下。在作业过程中,如果系统出现故障,使得行车制动回路中的蓄能器内油压低于 10 MPa 时,行车制动低压报警灯会闪烁,同时报警蜂鸣器会响。这时,就应停止作业,停车检查。检查车辆时,应把车辆停在平地上,并将紧急制动按钮拉起。

图 7-5-2　紧急制动按钮及动力切断选择开关

1—紧急制动按钮;2—动力切断选择开关

将紧急制动按钮按下,电磁阀通电,阀口开启,出口油压 15 MPa,驻车和紧急制动回路中的蓄能器内储存的高压油经紧急制动电磁阀进入驻车制动油缸,解除驻车制动。将紧急制动按钮按下的瞬间,驻车和紧急制动低压报警灯会闪烁。这是由于此时驻车制动回路中油压还低于报警压力(11.7 MPa)。要等紧急制动低压报警灯熄灭后才能开动机子。将紧急制动按钮拉起,电磁阀断电,驻车制动油缸内的液压油经紧急制动电磁阀流回油箱,驻车制动器抱死。在作业过程中,如果驻车和紧急制动回路出现故障,使得蓄能器Ⅲ内油压低于 11.7 MPa 时,紧急制动低压报警灯会闪烁。这时,也应停止作业,停车检查。检查车辆时,应把车辆停在平地上,将紧急制动按钮拉起,并用垫块垫好车轮以免车辆运动。

如果行车制动的低压报警失灵,在系统出现故障,使得行车制动回路中的蓄能器内油压低于 7 MPa 时,系统中的紧急制动动力切断开关会自动切断动力,使变速箱挂空挡。同时,电磁阀断电,驻车制动油缸内的液压油经紧急制动电磁阀流回油箱,驻车制动器抱死,装载机紧急停车。

3.2　制动系统组成

3.2.1　制动泵

制动系统所用的泵型号为 CBGj1016,与先导液压系统共用。

3.2.2　制动阀

3.2.2.1　制动阀原理

制动阀位于驾驶室内的左前部。用左脚控制制动阀踏板。

该制动阀是集成阀,集成了整机制动系统的所有控制阀。其原理图如图 7-5-3 所示,它集成有充液阀、低压报警开关、双单向阀、双路制动阀、制动灯开关、单向阀、紧急制动电磁阀等功能块。

当制动系统中任何一个蓄能器的压力低于 12.3 MPa 时,充液阀的阀芯动作,阀芯位于①和④工作位,充液阀回油口对 T 口关闭,N 口与 P 口部分接通,从制动泵的来油进入 P 口经充

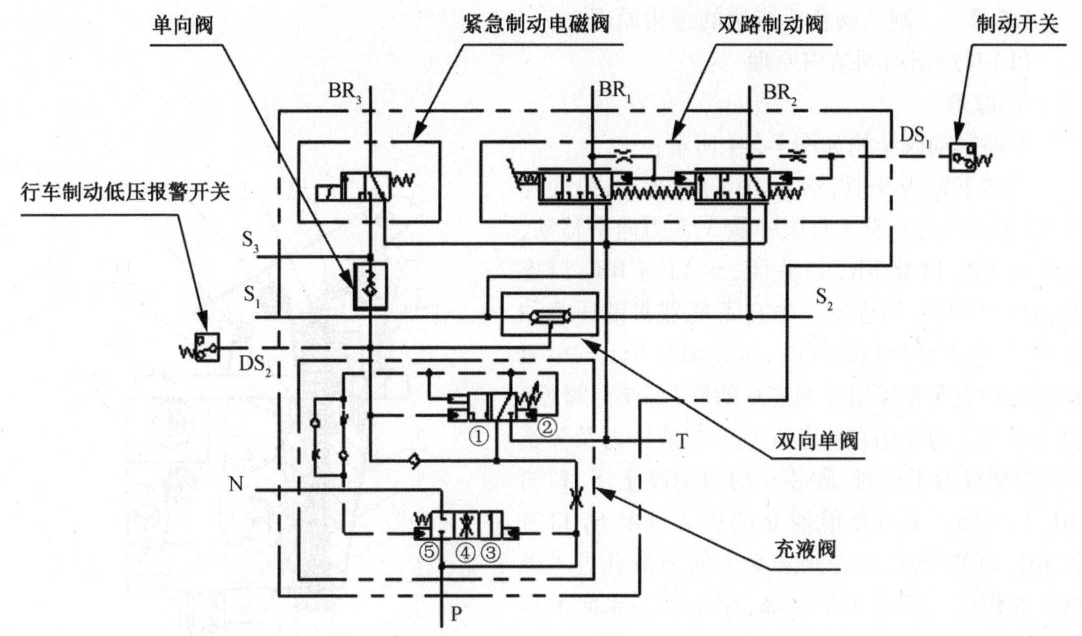

图 7-5-3　制动阀原理图

液阀以 5 L/min 的流量通过单向阀或双单向阀向蓄能器充液，直至所有蓄能器内压力达到 15 MPa时，充液阀的阀芯动作，阀芯位于②和③工作位，充液停止，此时充液阀回油口与 T 口接通，P 口与 N 口全开口接通，制动泵的来油进入 P 口至 N 口给液压系统供油。当制动系统压力（DS_2 口）低于 10 MPa 时，低压报警开关动作，报警蜂鸣器响。

在系统工作的过程中，两个制动回路中只要有一个回路失效（由于泄漏等原因导致该回路建立不起压力），则双单向阀立刻投入工作，自动关闭未失效的制动回路与充液阀的通道，保证未失效的制动回路仍可实施制动功能。此时失效回路则与充液阀相通，导致 DS_2 口压力下降，低压报警开关动作，报警蜂鸣器响，应立即停车检查。因此，双单向阀的作用是保证两个制动回路互不干扰。双路制动阀的输出压力，也就是制动口 BR_1 和 BR_2 的输出压力与踏板力成正比，即踏板力越大，则制动口 BR_1 和 BR_2 的压力越大，但其最大值在出厂前已调定为 6 MPa。

由于阀芯复位弹簧的影响，制动回路工作过程中 BR_2 口的压力比 BR_1 口压力低 0.5 MPa 属于正常。当双路制动阀最初被踩动时，T 口对 BR_1 口和 BR_2 口关闭。继续踏动踏板，S_1 和 S_2 口分别对 BR_1 口和 BR_2 口打开，对整机实施制动。更大的踏板力将使得制动阀 BR_1 口和 BR_2 口的压力增大，直到踏板力与液压反馈力平衡。松开踏板，阀就会回到自由状态，T 口对 BR_1 口和 BR_2 口打开。在踩下踏板对整机实施制动过程中，只要 DS_1 口压力大于 0.5 MPa，则制动灯开关动作，制动灯亮。单向阀是为了保持蓄能器内的压力而设置的。

当紧急制动电磁阀的电磁铁得电时，S_3 口对 BR_3 口打开，T 口对 BR_3 口关闭，停车和紧急制动解除，整机可以运行。当停车或遇到紧急情况而操纵电磁铁失电时，S_3 口对 BR_3 口关闭，T 口对 BR_3 口打开，整机处于制动状态。

3.2.2.2　制动阀各功能块的结构原理

(1)双路制动阀结构原理

① 原理

双路制动阀结构如图7-5-4所示：

当踏下踏板9时，活塞10向下运动，迫使弹簧13驱动阀芯6及4克服弹簧3、5力向下移动，T口对BR_1口及BR_2口关闭，S_1口与BR_1口连通，S_2口与BR_2口连通。来自蓄能器Ⅲ的压力油经S_1口进入BR_1口的同时，也经阀芯6上的节流孔进入弹簧5腔作用在阀芯6的底部，使得阀芯6向上移动。当作用在阀芯6底部的液压力及弹簧5力与踏板力平衡时，阀芯6的运动停止，S_1口对BR_1口关闭。来自蓄能器Ⅱ的压力油经S_2口进入BR_2口的同时，也经阀芯4上的节流孔进入弹簧3腔作用在阀芯4的底部，使得阀芯4向上移动。当作用在阀芯4底部的液压力及弹簧3力与弹簧5腔的液压力及弹簧5力平衡时，阀芯4的运动停止，S_2口对BR_2口关闭。随着踏板力的增加，BR_1口及BR_2口的输出压力也增加。当踏板力消失时，阀芯4及阀芯6在弹簧3力的作用下向上移动，直至回到初始状态，T口对BR_1口及BR_2口打开，S_1口对BR_1口关闭，S_2口对BR_2口关闭。

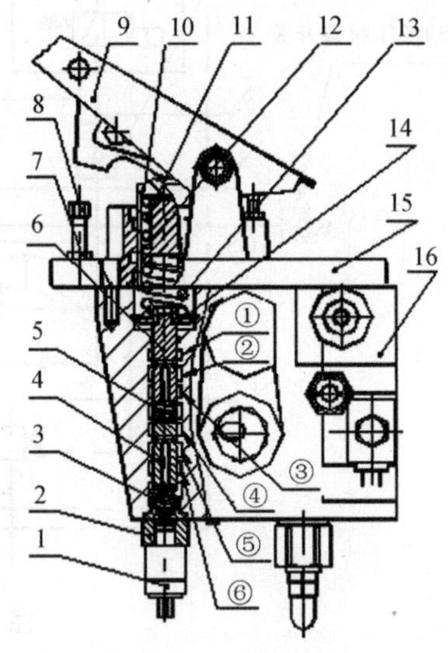

图7-5-4　双路制动阀结构

1—制动灯开关；2—弹簧座；3、5、11、13—弹簧；4、6—阀芯；7—螺母；8—螺栓；9—踏板；10—活塞；12—弹簧座；14—座；15—安装座；16—阀体；①—与T口通；②—BR_1口；③—与S_1口通；④—与T口通；⑤—BR_2口；⑥—与S_2口通

② 制动压力的调整

当BR_1口最大输出压力不符合整机出厂时的设定值(6 MPa)时，可做如下调整：确保制动阀所有外部管路的正确连接→在BR_1口上接1只量程为0～10 MPa的压力表→扭松螺母7→发动车辆→踏动踏板直至压力表的读数为6 MPa→调节螺栓8直至其端部与踏板接触→松开踏板→锁紧螺母7→发动机熄火→拆下压力表→接好BR_1口软管。该压力调整的前提是在蓄能器Ⅰ压力为12.3～15 MPa范围内进行。

(2)双单向阀结构原理

双单向阀的结构如图7-5-5所示：

当蓄能器Ⅰ或蓄能器Ⅱ的压力低于12.3 MPa时，从充液阀S口的压力油进入双单向阀进油口，打开单向阀5或单向阀2对蓄能器Ⅰ或蓄能器Ⅱ进行充液，直至蓄能器Ⅰ和蓄能器Ⅱ的压力达到15 MPa，充液停止，S_1口及S_2口均与双单向阀进油口相通。当S_1口与S_2口压力不相等时，压力大的口对应的单向阀在液压力的作用下关闭。该双单向阀主要是由单向阀5和单向阀2组成，两单向阀之间的关联是通过杆4实现。双单向阀出厂时已装配好，且不可调。

(3)充液阀结构原理

① 原理

充液阀结构如图7-5-6所示，D腔与T口相通。当系统中任何一个蓄能器的压力低于

12.3 MPa时,阀芯12在弹簧18的作用下,向上移动,处于图7-5-5所示位置,T口经D腔对E腔关闭,F腔通过阀套11上的径向孔经阀芯12上的沉割槽与E腔相通。制动泵的来油进入P口作用在阀芯22的上部,且经节流阀21进入B腔,打开单向阀4作用在阀芯9上部的同时,通过阀体2的内部油道进入F腔。由于此时E腔与F腔相通,来自P口的压力油通过阀芯12上的径向孔进入C腔作用在阀芯12及阀芯9的端部。通过内部油道,E腔的压力油被引至G腔,推开阀芯25进入弹簧23腔,作用在阀芯22的下部。在液压力及弹簧23力的作用下,阀芯22克服其上部的液压力向上移动,减小P口对N口的开口,制动泵经由弹簧5腔对蓄能器进行充液。当蓄能器的压力达到15 MPa时,在阀芯12上端部的液压力作用下,阀芯12克服弹簧18力向下移动,直至F腔至E腔的通道被关闭,E腔与D腔通过阀套10上的径向孔经阀芯12上的沉割槽相通,阀芯12停止移动。同时,弹簧23腔的压力油打开阀芯25进入G腔,再通过内部油道,被引至E腔向T口(接油箱)卸压。阀芯22在P口压力的作用下克服弹簧23力向下移动,使得P口与N口全开口接通,充液停止。此时,P口的压力为液压系统组合阀的设定压力。

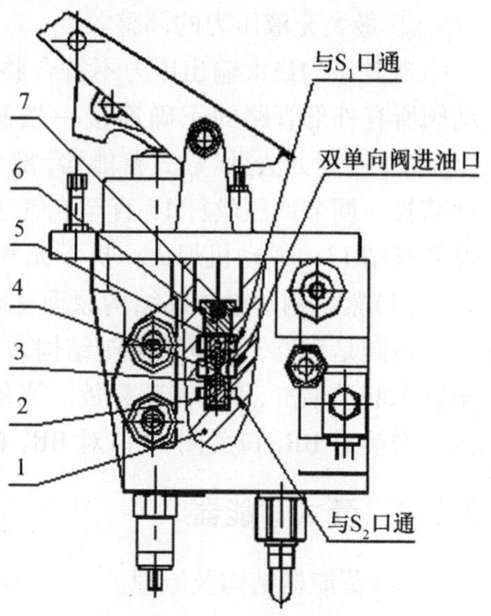

图7-5-5　双单向阀结构

1—阀体;2、5—单向阀;3—阀套;4—杆;6—堵头;7—O形圈

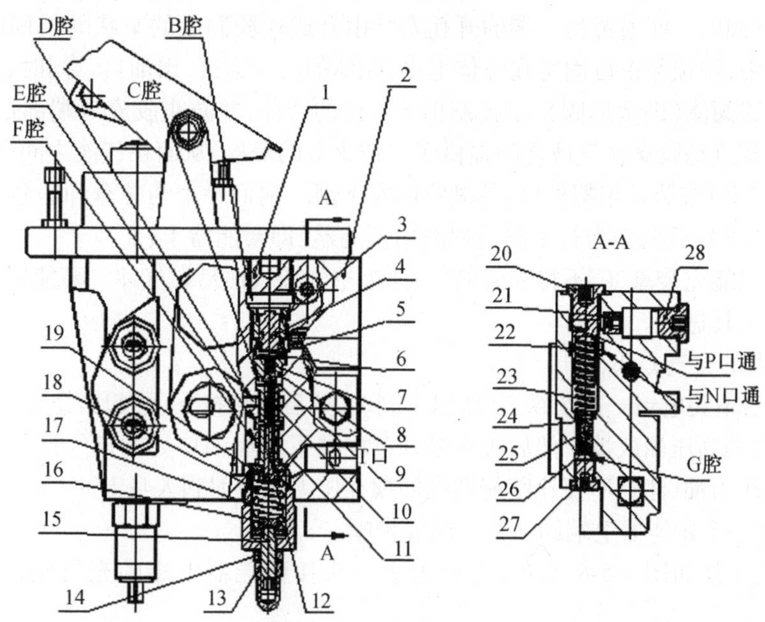

图7-5-6　充液阀结构

1、20、27、28—堵头;2—阀体;3、24、26—阀座;4—单向阀;5、7、18—弹簧;6、16、19—弹簧座;8、10、11—阀套;9、12、22、25—阀芯;13—螺帽;14—螺母;15—调压丝杆;17—座;21—节流阀

② 最大充液压力的调整

当P口的最大输出压力不符合整机出厂时的设定值(15 MPa)时,需做如下调整:确保制动阀所有外部管路的正确连接→按测量蓄能器胶囊气压的方法在蓄能器Ⅱ接好充气工具CQJ-25(使用方法见《囊式蓄能器》部分)→拆下螺帽13→扭松螺母14→启动发动机→反复踏动踏板→调节调压丝杆15直至充气工具的压力表读数为15 MPa→松开踏板→拧紧螺母14→拧紧螺帽13→发动机熄火→拆下充气工具→装好蓄能器保护帽。

(4)紧急制动电磁阀结构原理

该阀是2位3通电磁滑阀结构。当行车时,电磁阀得电,来自蓄能器Ⅲ的压力油经BR_3口至驻车制动油缸,停车制动释放。当停车或遇到紧急情况而操纵电磁铁失电时,来自蓄能器Ⅲ的压力油对BR_3口关闭,T口对BR_3口打开,整机处于制动状态。

3.2.3 囊式蓄能器

(1)蓄能器结构及原理

行车制动、驻车制动回路中的蓄能器均为囊式蓄能器,如图7-5-7所示。囊式蓄能器的作用是储存压力油,以供制动时应用。其作用原理是把压力状态下的液体和一个在其内部预置压力的胶囊共同储存在一个密封的壳体之中,由于其中压力的不同变化,吸收或释放出液体以供制动时应用。制动泵运作时,把受压液体通过充液阀输入蓄能器而储存能量,这时,胶囊中的气体被压缩,从而液体的压力与胶囊的气压相同,使其获得能量储备。胶囊中充入的是惰性气体氮气。

囊式蓄能器的外壳由质地均匀的无缝壳体构成,形如瓶状,两端成球状,壳体的一端有开孔,安装有充气阀门。而通过另一端的开孔安装由合成橡胶制成的梨状的柔韧的胶囊。胶囊安装在蓄能器中,用锁紧螺母固定在壳体上端,壳体的底部为进、出油口。同时,在其底部装置一个弹簧托架式阀体(即菌形阀),以控制出入壳体的液体,并防止胶囊从端部被挤压出壳体。囊式蓄能器的特点是胶囊在气液之间提供了一道永久的隔层,从而在气液之间获得绝对密封。

蓄能器(三个)安装于车架外侧、驾驶室的左下部。前面一个为驻车和紧急制动回路用蓄能器(即蓄能器Ⅲ),后两个为行车制动回路用蓄能器(即蓄能器Ⅰ、Ⅱ)。

蓄能器内只能充装氮气,不得充装氧气、压缩空气或其他易燃气体。蓄能器内氮气的充装要用专用充气工具进行。

(2)蓄能器的充气方法

① 先停机,不关电锁。连续踩20次以上刹车,然后连续按下、拉起紧急制动按钮20次以上,将蓄能器内的高压油放掉。然后缓慢松开蓄能器下端出油口处的排气堵头。这时蓄能器内仍会有残存压力油,注意不要让蓄能器内的残存压力油喷射到人身上。

② 从其中一个蓄能器上端卸下充气阀保护帽。

③ 将充气工具如图7-5-8所示,有压力表一头接蓄能器上端的充气阀,另一头接氮气钢瓶。

④ 打开氮气钢瓶开关,当压力表的压力稳定后,缓慢打开充气工具上的开关,即顶开蓄能器内的充气阀,向里充气。

⑤ 压力可能瞬间达到,应关上氮气钢瓶开关,看压力表稳定后的压力是否达到。若不足,再充。若压力过高,可通过充气工具上的放气堵头放气,把压力降到合适的值。

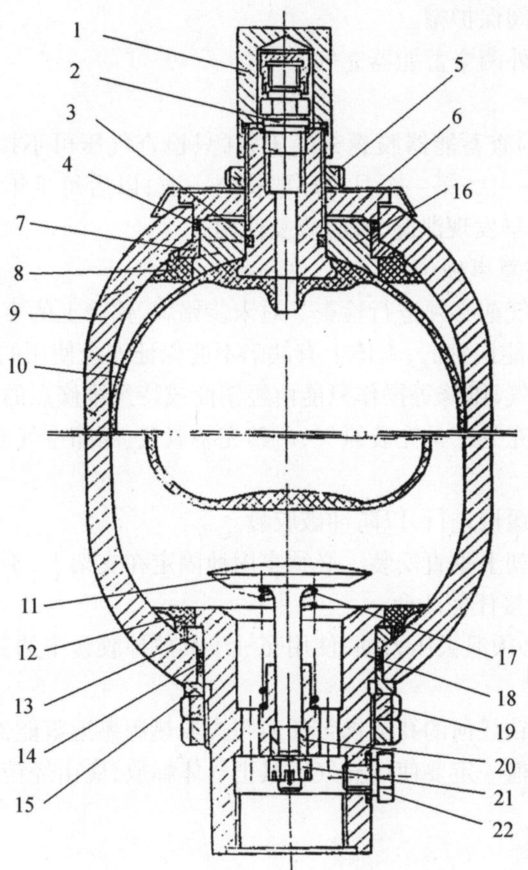

图 7-5-7　囊式蓄能器结构图

1—保护帽;2—充气阀;3、4、14—O 形圈;5、19、21—锁紧螺母;6—压紧螺母;7、13—支承环;8、12—橡胶环;9—壳体;10—胶囊;11—菌形阀;15—压环;16—托环;17—弹簧;18—阀体;20—活塞;22—排气螺塞

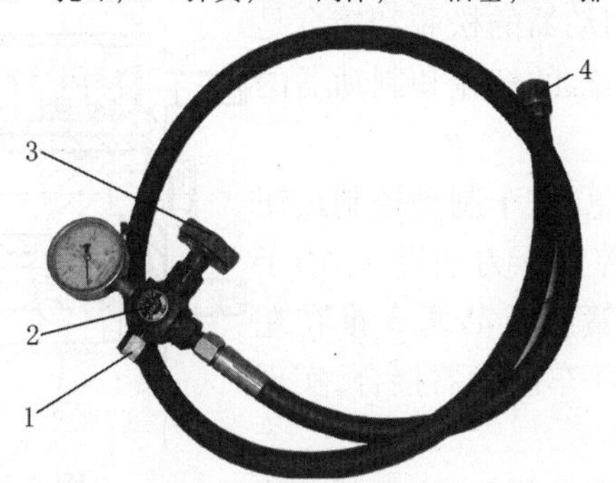

图 7-5-8　蓄能器充气工具

1—接蓄能器充气阀;2—放气堵头;3—开关;4—接氮气钢瓶

⑥ 充到所需压力后,先关氮气钢瓶开关,再关充气工具上的开关。

⑦ 取下充气工具。

⑧ 如果蓄能器漏气(用机油抹在蓄能器头部,有气泡则漏气),用锤子、小螺丝刀向下轻敲一下蓄能器内的充气阀,使其先向下,再迅速回位,使密封面接触完全即可。

⑨ 装上蓄能器充气阀保护帽。

⑩ 按以上步骤向另外两个蓄能器充气。

(3)蓄能器保养

利用充气工具直接检查蓄能器胶囊充气压力(只检查气压可不接氮气钢瓶)。新机子出厂,第一周检查胶囊气压一次;第一个月内还要检查一次;以后每半年检查一次。定期检查可以保持最佳使用状态,及早发现泄漏,及时修复使用。

(4)蓄能器的使用注意事项

① 蓄能器在充装氮气前必须进行检查。对未装铭牌、铭牌上的字样脱落不易识别蓄能器种类、钢印标记不全或不能识别的,壳体上有缺陷不能保证安全使用的,严禁充装气体。

② 对蓄能器进行充气、维修等操作只能由经销商或特约维修点的专业人员进行。

③ 蓄能器只能使用充气工具充装氮气,严禁充装氧气、压缩空气或其他易燃气体,以避免引起爆炸。

④ 在充装氮气时应缓慢进行,以防冲破胶囊。

⑤ 蓄能器应该气阀朝上垂直安装。必须牢固地固定在支架上,不得用焊接方法来固定蓄能器,不能在蓄能器上焊接任何凸台。

⑥ 拆卸蓄能器前,必须泄去压力油;使用充气工具放掉胶囊中的氮气,然后才能拆下各零部件。

⑦ 不能在蓄能器上钻任何的孔或携带任何明火或热源靠近蓄能器。

⑧ 在废弃蓄能器之前一定要使用充气工具把气体释放,应由经销商或特约维修点的专业人员进行处理。

3.2.4 制动油缸

制动油缸安装于变速箱壳体前端左侧。

制动油缸结构如图 7-5-9 所示,其工作压力为 15 MPa。紧急/停车制动时制动器的松脱和接合是通过制动油缸进行的,制动油缸的杆端和制动器的凸轮手柄连接。

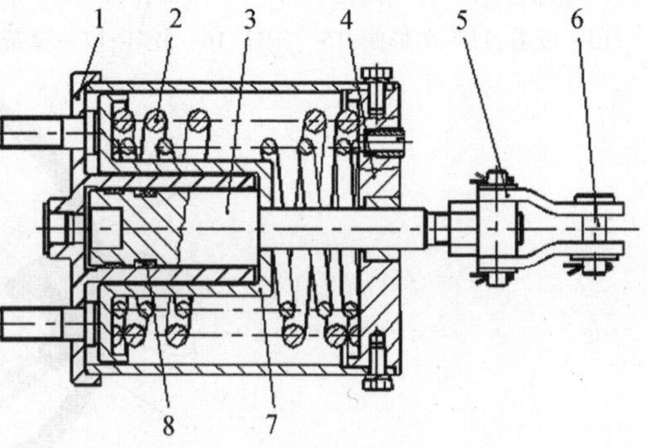

图 7-5-9 制动油缸结构图

1—罐体总成;2—弹簧;3—活塞;4—端盖;5—连接叉;6—销轴;7—弹簧座;8—密封圈

当系统中没有油压或紧急/驻车制动控制按钮拉起时,驻车制动油缸的左腔无压力油进入,由于弹簧 2 的作用力,总是将弹簧座及活塞 3 推在左端,拉动停车制动器拉杆,使停车制动器接合,实现制动。

当系统油压达到工作压力且紧急/停车制动控制按钮按下时,压力油经过电磁阀进入制动油缸的左腔,压缩弹簧 2,将弹簧座及活塞 3 推向右端,推动停车制动器拉杆,使制动器松开,解除制动,这时可以行车。

当行车制动回路中的蓄能器内油压低于 7 MPa 时,系统中的紧急制动动力切断开关动作,使电磁阀断电,驻车制动油缸内的液压油经紧急制动电磁阀流回油箱,由于弹簧 2 的作用力,将弹簧座及活塞 3 推在左端,拉动停车制动器拉杆,使制动器抱死,同时变速箱挂空挡,实现装载机紧急停车。

3.2.5　停车制动器

停车制动器为自动增力，内涨蹄式制动器，通过驻车制动油缸使停车制动器实施制动或释放。停车制动器为ZF4WG200变矩器变速箱总成所附带的元件。它安装在变速箱前输出法兰上。

3.2.6　系统排气

系统进行检修后，管路中会存在气体，影响制动性能。因此在拆检、更换零件后要进行排气工作。在驱动桥左、右轮边制动器上和蓄能器出油口处，都有排气嘴。在这几个地方按如下方法进行排气：

(1)将机器停在平直的路面上。

(2)将变速手柄放在空挡位置上，启动发动机怠速运行，接通停车制动器开关；在行车制动低压报警灯和停车制动低压报警灯熄灭后，将发动机熄火，再将电锁接通。

在前驱动桥左右轮边制动器的排气嘴上套上透明的胶管，管的另一端放入盛油盘中。

(3)两人配合，一人连续数次踏下制动踏板后踩紧，另一人负责松开排气嘴，观察排气情况，直至排出无气泡的液柱为止，拧紧排气嘴。

(4)按同样方法对后桥进行排气。

(5)前后桥进行排气后，连续拔起、按下停车制动器开关3～4次，对停车制动器进行排气。

(6)小心而缓慢地松开蓄能器下部的排气螺塞，直至有油液通过螺纹冒出，同时可能有气泡冒出。到没有气泡冒出时，将螺塞拧紧。

注意：由于轮边制动器和蓄能器内储存着高压油，所以在排气时应特别小心，不可将排气嘴和排气螺塞完全拧开，不可将眼睛及身体对着排气嘴，以免喷射出来的油液造成人身伤害。

4　任务实施

4.1　准备工作

通过查阅对应的维修手册等相关资料，经过课堂讨论、教师答疑和操作演示，制订修改拆装方案，准备所需仪器、设备和工具。

4.2　操作流程

4.2.1　驻车制动油缸拆卸

驻车制动油缸中弹簧的弹力很大，所以驻车制动油缸在装配和拆卸时均需专用工具（如图7-5-10所示），否则在装配及拆卸中容易产生危险。

驻车制动油缸的拆卸方法：

(1)自制如图7-5-10所示压板两块，$L=400$ mm的M14双头螺杆2根。

(2)拆下销轴及连接叉。

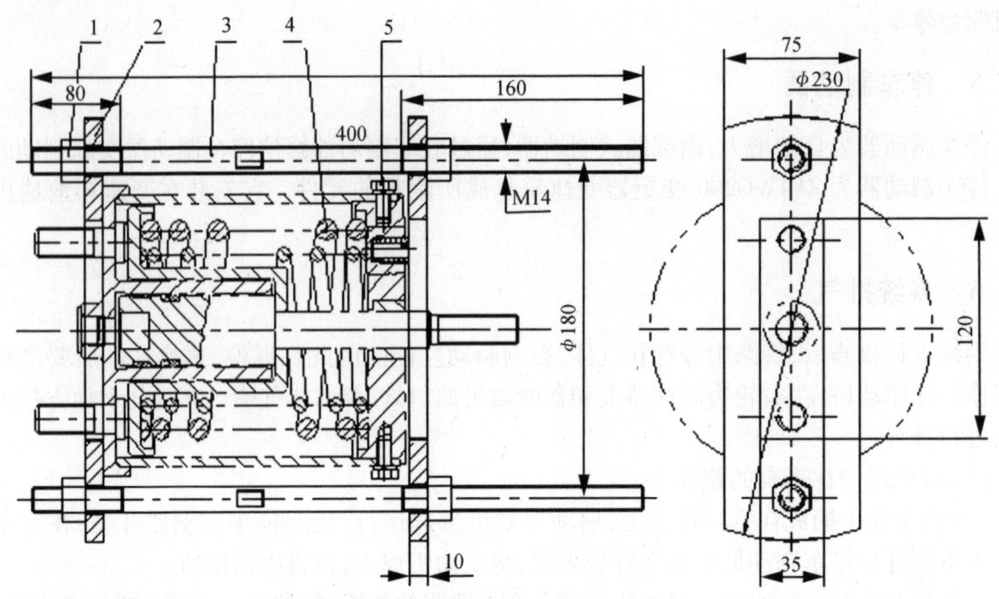

图 7-5-10　制动油缸拆卸工装图

1—螺母;2—压板;3—双头螺杆;4—弹簧;5—螺栓

(3)先将双头螺杆 3 穿过两块压板,螺杆两头各用螺母 1 并紧。

(4)并紧后,用扳手将制动油缸的螺栓 5 全部松开。

(5)螺栓 5 全部卸下后,用扳手缓慢交替旋转右边的两个螺母 1,直至弹簧完全松开。

(6)拆下弹簧及弹簧座。

(7)拆下活塞。

4.2.2　零部件检测、修理

(1)制动泵

① 检测齿轮泵的顶隙、侧隙是否超标,检查齿轮侧面是否磨出沟槽,主动齿轮的轴颈是否被油封磨出沟槽。对于侧隙超标及齿轮侧面磨出沟槽者,可对泵体、侧板、齿轮的端面进行磨削,应在侧板、齿轮磨削完毕后按照侧隙标准确定泵体端面的磨削量,以保证正确的侧隙;顶隙超标者应更换新泵或镶套后按照齿轮组的轮廓重新加工内腔进行修复;轴颈磨出沟槽应刷镀修复。

② 检查轴套是否磨损超标、轴承是否松旷。对于超标的轴套及滚动件松旷的轴承应更换新件;轴承外圈松旷可刷镀修复。

③ 检查密封件是否硬化、破损、失去弹性等,对于具有此类缺陷的密封件及油封应予更换。

(2)制动阀

① 检查各弹簧是否完好,对于开裂、歪斜、弹力下降者应予以更换。

② 检查各阀门、单向阀及阀座的密封状况,对于密封不良者应互相研磨修复或更换。

③ 检查阀芯与阀体的间隙,磨损超标应更换制动阀。

④ 用通电试验的方法检查电磁阀的工作状况,不良者应予以更换。

(3)囊式蓄能器

按照囊式蓄能器的充气方法进行检查时,如有漏气现象应更换新件。

(4)驻车制动油缸

① 检查密封圈是否完好,如有硬化、破损、磨损过度均应更换新件。

② 检查内外弹簧是否有裂纹、歪斜等缺陷,用新旧弹簧叠加后加压对比的方法检查其弹力是否下降。对于开裂、歪斜、弹力下降的弹簧应予更换。

③ 检查罐体是否有裂纹,内腔是否有划痕、拉伤,接口裂纹是否损坏等缺陷。罐体内腔划痕、拉伤较轻者可以用00号砂纸沾机油进行砂磨修复;划痕、拉伤严重、罐体开裂者应更换新件;接口裂纹损坏可用钻孔配攻加大螺纹的方法进行修复。

④ 检查连接叉及其销轴的磨损状况,对于磨损过度的连接叉孔可采用堆焊修补后重新钻孔的方法进行修复;对于磨损过度的销轴应堆焊修补后重新车削或打磨;对于开裂的连接叉,须在裂纹处开坡口进行焊接修复或更换新件。

4.2.3　装配

装配时也要使用如图7-5-10所示的拆卸工装,步骤与拆卸相反。

4.3　常见故障诊断与排除

4.3.1　刹车时制动力不足

(1)制动油路中有气体

排除方法:进行排气,在驱动桥左、右轮边制动器上和蓄能器出油口处都有排气嘴,在这些地方可进行排气。

(2)制动管路中有泄漏

排除方法:检查制动管路及接头是否泄漏。如为接头松动,重新拧紧;若为密封圈损坏,更换密封圈。

(3)制动阀故障

排除方法:检查制动阀。检测制动阀出口的最大制动压力是否为5.3±0.35 MPa。如果压力不正常,调整制动阀压力或更换制动阀。

(4)泵太旧或不起作用

排除方法:检查泵的压力或流量。

(5)充液阀不起作用

排除方法:更换充液阀。

(6)蓄能器损坏

排除方法:检查蓄能器。

(7)轮边制动器摩擦片已到磨损极限

排除方法:更换轮边制动器摩擦片。

4.3.2　挂不上挡

(1)制动管路中有泄漏

排除方法:检查制动管路及接头是否泄漏。如为接头松动,重新拧紧;若为密封圈损坏,更换密封圈。

(2)制动阀故障

排除方法:松开脚制动阀踏板,检测制动阀出口是否仍有压力。如仍有压力,则为制动阀故障,检修或更换制动阀。

(3)泵太旧或不起作用

排除方法:检查泵的压力或流量。

(4)充液阀不起作用

排除方法:更换充液阀。

(5)蓄能器损坏

排除方法:检查蓄能器。

(6)电磁阀或压力开关故障

排除方法:检查电磁阀及压力开关。

4.3.3 停车制动器不能正常松开

(1)停车制动回路泄漏

排除方法:检查制动管路及接头是否泄漏。如为接头松动,重新拧紧;若为密封圈损坏,更换密封圈。

(2)停车制动器故障

排除方法:检查停车制动器。

注意:由于停车制动器里的弹簧力很大,非专业人员请勿自行拆卸!否则会发生危险。如需维修及拆卸应由经销商或特约维修点的专业人员用专用工具进行。

(3)泵太旧或不起作用

排除方法:检查泵的压力或流量。

(4)充液阀不起作用

排除方法:更换充液阀。

(5)蓄能器损坏

排除方法:检查蓄能器。

(6)制动阀故障

排除方法:按下紧急制动电磁阀按钮,检测 BR_3 压力是否大于 12.3 MPa。如 BR_3 压力小于 12.3 MPa,则为制动阀故障,更换制动阀。

(7)驻车制动油缸泄漏

排除方法:更换油缸密封件。

4.3.4 停车制动力不足

(1)制动蹄片上有油

排除方法:清洗干净。

(2)停车制动器弹簧力不足

排除方法:检查停车制动器。

(3)制动鼓与制动蹄片间隙过大

排除方法:按使用要求重新调整制动鼓与制动蹄片间隙。

4.3.5　行车制动低压报警灯或紧急制动低压报警灯亮

(1)才启动发动机的短时间内,制动系统油压不足

排除方法:请稍候,系统油压足够后报警将自动解除。

(2)机械在工作过程中,出现系统故障,油压下降

排除方法:停机检查。

(3)蓄能器胶囊漏气

排除方法:检查蓄能器胶囊气压是否符合,若气压不够,重新充气;若胶囊损坏,更换蓄能器。

4.3.6　充液阀循环充液频率太快

(1)蓄能器胶囊的气压太低

排除方法:检查蓄能器胶囊的气压。

(2)充液阀不起作用

排除方法:更换充液阀。

4.3.7　蓄能器充液失败

(1)油箱中没油或油位太低

排除方法:检查油箱油位。

(2)泵太旧或不起作用

排除方法:检查泵的压力或流量。

(3)蓄能器油管中有空气

排除方法:进行排气。

(4)充液阀不起作用

排除方法:更换充液阀。

4.3.8　蓄能器充液时间太长

(1)泵太旧或不起作用,不能输送全部流量或压力

排除方法:检查泵的压力或流量。

(2)充液阀不起作用

排除方法:更换充液阀。

4.3.9　无点刹(一刹车就急停)

原因:制动阀损坏。

排除方法:检测制动阀出口(BR_1、BR_2)最大压力是否正常。如果出口最大压力远大于5.3 MPa,更换制动阀。

4.3.10　制动灯不亮

(1)制动灯损坏

排除方法:检查制动灯。

(2)制动灯开关损坏

排除方法:检查制动灯开关。

5　故障排除实例

一台 CLG888 型轮式装载机启动后无法行驶,也没有任何报警现象。

检查:拔掉如图 7-5-11 所示的①和②插头,接上①和③(黑色)插头后恢复行驶。

图 7-5-11　备用拖车插头

分析:强制使紧急制动电磁阀得电,蓄能器的高压油进入停车制动器,使停车制动器松开后可以行驶,表明制动阀、停车制动器、蓄能器、紧急制动电磁阀及制动系统压力等均正常,问题出自如图 7-5-12 中的紧急制动控制开关 5 及其线路部分。

检测:短接紧急制动控制开关 5 的进出线,可以听到紧急制动电磁阀的动作声;用万用表测试开关,其电阻无限大,表明该开关的常开触点无法闭合,控制开关已经失效。

处理:更换紧急制动控制开关,故障消除。

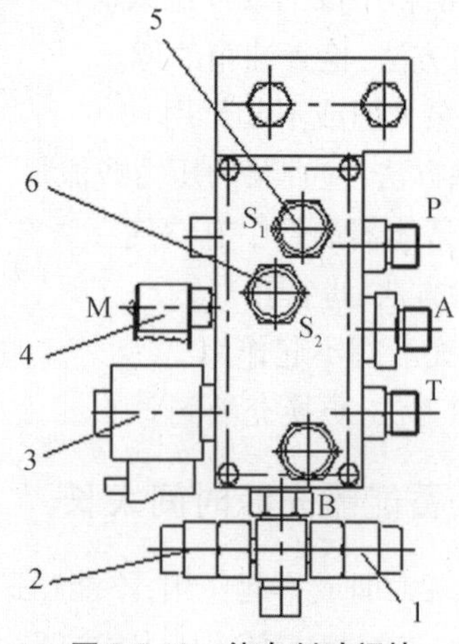

图 7-5-12　停车制动阀块

1—停车制动低压报警开关;2—停车制动动力切断开关;3—紧急制动电磁阀;4—测压接头;5—紧急制动控制开关;6—行车制动低压报警开关

任务6 认知工程机械其他形式制动系统

工程机械制动器中除了蹄鼓式制动器和盘式制动器外,还有一种制动器就是带式制动器。

履带式工程机械广泛采用带式制动器。带式制动器便于布置在转向离合器从动鼓上,可以采用脚踏板单独操纵(停机和转向时),也可以采用转向离合器的操纵杆联动操纵(转向时)。带式制动器结构有单端收紧式、双端收紧式、浮式和单向增力式等4种,主要区别在于制动带端部的固定连接方式不同。国内工程机械主要采用浮式制动器和双端收紧式制动器。

1 带式制动器

带式制动器的制动元件是一条外束于制动鼓的带状结构物,称为制动带。为了保证制动强度和解除制动时带与鼓的分离间隙,制动带一般都是由薄钢板制成的,并在其上铆有摩擦衬片,以增加其摩擦力和耐磨性。由于带式制动器结构简单、布置容易,所以它常用于驻车制动器、履带式机械的转向制动器以及起重机和机械挖掘机上。带式制动器根据给制动带加力的形式不同,可分为单端拉紧式、双端拉紧式和浮动式。

(1)单端拉紧式

单端拉紧式制动器如图7-6-1(a)所示,铆有摩擦衬片的制动带包在制动鼓上,一端为固定端,而另一端为操纵端,后者连接在操纵杆的O_1点;操纵杆以中间为支点O,通过上端的扳动,从而使旋转的制动鼓得以制动。当制动鼓顺时针旋转而制动时,显然右端的固定端为紧边,左端的操纵端为松边;当制动鼓逆时针旋转而制动时,情况恰好相反,固定端成为松边,而操纵端反成为紧边。由此可见,在操纵力相同的条件下,前者较后产生的制动力矩大。东方红70、802DT型推土机就是这种制动器。

(2)双端拉紧式

双端拉紧式如图7-6-1(b)所示,两边都是操纵边,这样,无论制动鼓正转或反转,其制动力矩相等。若假设图中操纵力P、力臂(La)以及其他有关参数与图7-6-1(a)中完全相同时,则其制动力矩总是小于单边拉紧式的任何一种工况。T410、T440型履带式推土机均采用双端收紧式制动器。这种制动器的特点有3点:一是制动时制动带两端同时收紧,制动鼓的旋转方向不影响制动力矩和制动平顺性;二是作用在转向离合器上的径向力较大,轴承易过载,销轴易发生较大弯曲;三是操纵力较大。

(3)浮动式

浮动式如图7-6-1(c)所示,操纵杆连接双臂杠杆,而后者的下端通过两个销子与制动带的两端相连,两个销子又支靠在支架的两个反向凹槽中。当履带式机械前进行驶而制动时,双臂杠杆在操纵杆的作用下以O_1为支点逆时针旋转,右边的销子如图中箭头所示离开凹槽,拉紧制动带而制动。显然,固定端O_1既为双臂杠杆旋转的支点,又为制动带紧边的支承端;如果当机械倒退行驶而制动时,情况恰相反,O_2点为旋转的支点和紧边的支承端,而操纵端的销子

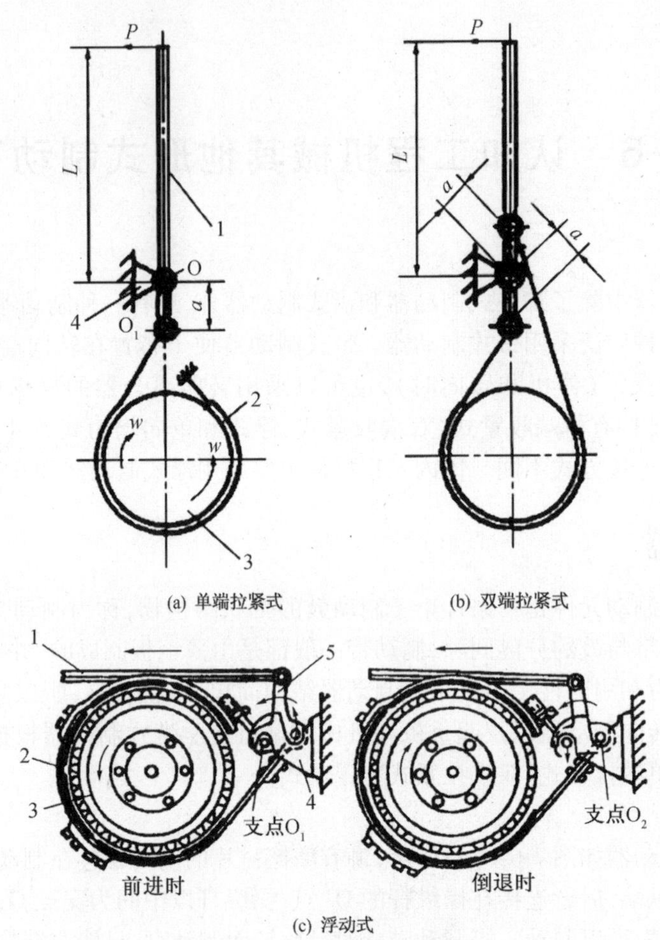

图 7-6-1　带式制动器工作原理图

1—操纵杆；2—制动带；3—制动鼓；4—支架；5—双臂杠杆

如图中箭头所示，拉紧制动带离开凹槽向下运动。这种结构，无论制动鼓正转或反转，固定端总是制动带的紧边，而操纵端也总是制动带的松边。因此，制动力矩大而且相等，所以在100 ~ 320 HP 履带式推土机上得到广泛应用，其所需操纵力仅为双端收紧式的 15% 左右。

2　履带式机械制动器

履带式机械广泛应用带式制动器，这是因为它便于布置在转向离合器的从动鼓上。制动器可以用脚踏板单独操纵，如停车以及转向时；也可以用转向离合器的操纵杆联动操纵，如转向时。

图 7-6-2 所示为 TY220 型推土机的制动器，属湿式、带式、液压助力的浮式制动器。其作用是脱挡后通过抱紧转向离合器外鼓，使最终传动齿轮以及履带驱动轮停止转动，从而实现停车；当行驶中若只分离一侧的转向离合器并实施该侧制动，可使推土机转向。

当推土机需要减速、停车、迅速转向时，驾驶员踩下制动踏板，通过杠杆、摇臂等传动件，使助力阀中的滑阀移动，来自油泵的压力油通过活塞推动摇臂等运动，从而拉紧制动带，制动器产生制动力矩。

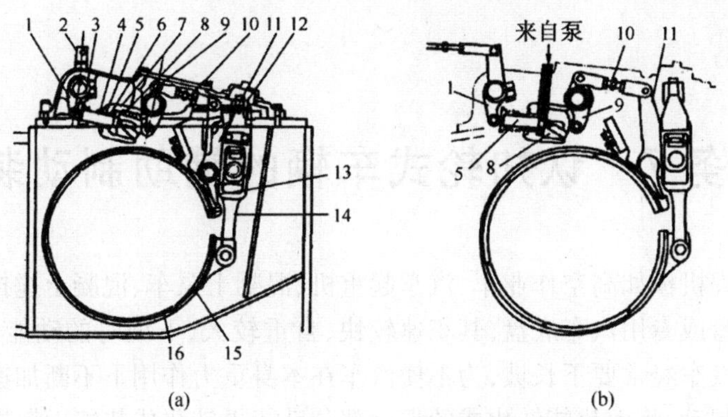

图 7-6-2　TY220 型推土机带式制动器

1、2、9—摇臂；3—弹簧座；4—弹簧；5—滑阀；6—衬套；7—阀体；8—活塞；10—双头螺柱；11—杠杆；12—调整螺栓；13—尾端；14—支持杆；15—制动带；16—衬带

任务7　认知轮式车辆的辅助制动装置

由于某些工程机械如高空作业车、汽车起重机、混凝土泵车、混凝土搅拌车、举高消防车等采用标准汽车底盘或专用汽车底盘,其车速较快、自重较大,下坡时的动能也大。当行驶于矿山或山区公路时汽车经常要下长坡,为不使汽车在本身重力作用下不断加速到危险程度,应当对汽车进行持续制动,将由势能转化成的那一部分动能再转化成热能而散逸,从而使汽车速度稳定在某个安全值。此外,经常在行车密度很高、交通情况复杂的城市街道上行驶的汽车,为避免交通事故,需要进行频繁的、不同强度的制动。在这些情况下,单靠行车制动系统是难以完成这样的制动任务的。因为制动器长时间频繁地工作将使其温度大大增高,以致制动效能衰退甚至完全失效,故在这种行驶条件下运行的汽车,往往有必要增设辅助制动系统。辅助制动系统的作用即是在不使用或少使用行车制动系统的条件下,使车辆速度降低或保持稳定,但不能将车辆紧急制停,这种作用称为缓速作用。辅助制动系统中用以产生制动力矩从而对车辆起缓速作用的部件,称为缓速器。缓速器也属于制动器范畴。目前中、重型汽车上装设有各种不同的辅助制动装置。

辅助制动装置的形式有排气制动、电力减速、液力减速和空气动力减速等装置,其中以排气制动应用最广泛。

(1)发动机缓速

汽车上的辅助制动系统实际上是一种人为操纵的缓速器。缓速器不仅可以用来有效保护行车制动器,而且可用来回收制动能量,例如牵引电动机缓速装置可利用它来发电而回收电能。缓速装置种类很多,产生缓速作用的方法有发动机缓速、牵引电动机缓速、液力缓速、电磁缓速、空气动力缓速等几种,使用最广泛的就是发动机缓速,即平时所说的排气制动,有的车型还兼有排气泄气制动功能。

对行驶中的汽车发动机停止供给燃料,并将变速箱挂入某一前进挡,使汽车得以通过驱动轮和传动系统带动发动机曲轴继续旋转。这样,本来是汽车动力源的发动机就变成消耗汽车动能从而对汽车起缓速作用的空气压缩机。在这种情况下,汽车对发动机输入的动能大部分耗损在发动机的进气、压缩、排气过程中,小部分消耗于对水泵、油泵、空压机、发电机等附件的驱动中。发动机及上述各附件阻碍曲轴旋转的力矩即是制动力矩,通过传动系统放大后传给驱动轮。

为了强化发动机缓速作用,可以采取阻塞进气或排气通道,或改变进、排气门开启关闭时刻等措施,以增加发动机内进气、排气、压缩等方面的功率损失。其中,应用最广的措施是在发动机排气管中设置可以阻塞排气通道的排气节流阀。这种发动机缓速法可称为排气缓速(排气制动),另外还有停止气缸压缩的排气泄气制动装置。

(2)牵引电动机缓速

对于采用车轮电传动系统的汽车,可以对电动驱动轮中的牵引电动机停止供电,使之受驱动轮驱动而成为发电机,将汽车的部分动能转变成电能,再使之通过电阻转变为热能而耗散。

这时电动机对驱动轮的阻力矩即是制动力矩。

(3)液力缓速

液力缓速是利用专设的液力缓速器来产生缓速作用的。液力缓速器中有固定叶轮和旋转叶轮,后者一般由变速箱驱动。固定叶轮通过流动的液体加于旋转叶轮的阻力矩即为制动力矩,将其通过变速箱和驱动桥放大后传到驱动轮。由旋转叶轮输入的汽车动能即通过液力缓速器内的液力阻尼作用转变成热能。

(4)电磁缓速

电磁缓速是利用专设的电磁缓速器来产生缓速作用的。电磁缓速器的主要元件包括由驱动轮通过传动系统带动的盘状金属转子和由若干个固定不动的电磁铁组成的定子。两者端面之间留有不大的间隙(0.5 ~1.5 mm)。当有电流通过定子的励磁线圈时,便产生磁场,对在此磁场中旋转的转子造成阻力矩,即制动力矩。在磁场作用下,在转子中产生的涡电流可将转子及整个汽车的部分动能转换成热能。

(5)空气动力缓速

空气动力缓速是采用使车身的某些活动表面板件伸展,以加大作用于汽车的空气阻力的办法来起缓速作用的。这种方法目前只用于竞赛汽车。

下面主要介绍实用性的发动机缓速式、液力缓速式和电磁缓速式,对于牵引电动机缓速式,因只有矿用重型电动轮自卸汽车上使用,在此仅做部分原理介绍。

1　排气缓速

排气缓速主要用于柴油车,原因是柴油机的压缩比比汽油机的压缩比大,作为空压机,其缓速效果优于汽油机,而且很容易做到在施行排气缓速时先切断燃油供给。对于汽油机,则需要通过较复杂的装置方能做到这一点。

1.1　排气制动系统的组成

如图 7-7-1 所示为排气制动结构原理图,该系统由电磁操纵,主要组成元件有排气阻风门 4、控制阻风门及喷油器的电磁阀 2 和 10、开关 1 和 6 以及相关连接杆件。

当需要用到排气制动时,驾驶员踩下脚控制开关 1,电磁促动器 2 的电磁力克服回位弹簧 3 的作用力而使排气阻风门 4 关闭,同时通过燃油切断开关 6 及电控单元 7 切断电磁阀 10 的电源,使喷油器 11 停止喷油。此时,发动机排气阻力增加,实现排气制动。

(1)黄河 JN1181C13 型汽车排气缓速式辅助制动系统

图 7-7-2 所示为黄河 JN1181C13 型汽车排气缓速式辅助制动系统示意图。其排气节流阀操纵机构是气压式的。图中所示为不施行排气缓速时的状态。排气缓速操纵阀 3 的出气口与进气口隔绝而与大气相通。排气节流阀 16 处于限位块 17 限定的全开位置。需要施行排气缓速时,可使操纵阀 3 转入工作位置。于是,来自前制动储气筒的压缩空气便经操纵阀充入排气缓速操纵气缸 14,推动排气节流阀操纵臂 15 将排气节流阀 16 旋到关闭位置。同时,压缩空气还充入断油操纵气缸 7,推动推杆 9 和摇臂 5,将喷油泵供油量调节拉杆推到停止供油的位置,使发动机熄火。

黄河 JN1181C13 型汽车足踏开关式的排气缓速操纵阀如图 7-7-3 所示。阀体 4 用螺母 9 固定在驾驶室底板上。不工作时,推杆 5 被推杆弹簧 7 拉到为圆锥销 8 所限定的上极限位置。

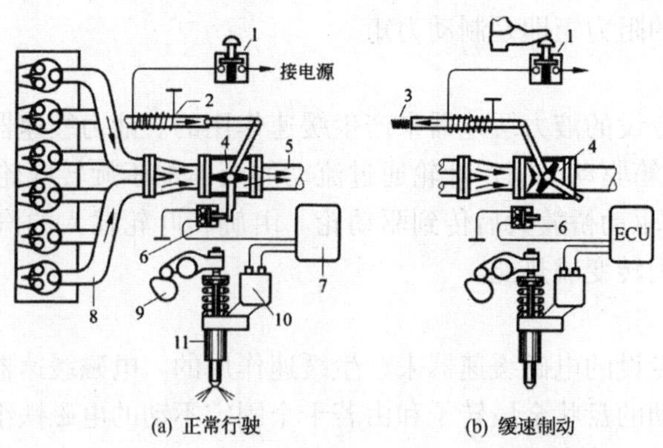

图 7-7-1 发动机排气制动结构原理图

1—脚控制开关；2、10—电磁阀；3—回位弹簧；4—排气阻风门；5—排气下游管；6—燃油切断开关；7—电控单元；8—排气歧管；9—凸轮轴；11—喷油器

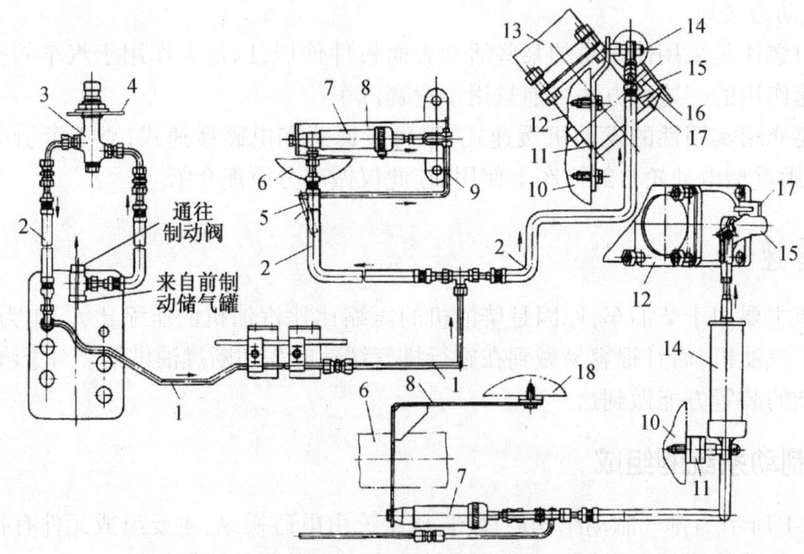

图 7-7-2 黄河 JN1181C13 型汽车排气缓速式辅助制动系统示意图

1—钢管；2—软管；3—排气缓速操纵阀；4—驾驶室底板；5—摇臂；6—喷油泵壳体；7—断油操纵气缸；8、11—支架；9—推杆；10—发动机机体(后端)；12—排气节流阀壳体；13—发动机排气管；14—排气缓速操纵气缸；15—排气节流阀操纵臂；16—排气节流阀；17—限位块；18—发动机机体(右侧)

此时，双球面橡胶阀门 3 被阀门弹簧 2 压靠在阀体的进气阀座上，而推杆 5 下部芯管底端的排气阀座则离开阀门。

踩下推杆到排气阀关闭而进气阀开启时，出气口 B 即与进气口 A 接通，而与排气口 C 隔绝，压缩空气便充入排气缓速操纵气缸。放开操纵阀推杆，排气缓速即解除。

目前国内外不少重型汽车采用了电控气压操纵的排气缓速式辅助制动系统，常见的有五十铃、日产、东风、斯太尔系列等。

(2) 五十铃 TD50A - D 载重车的排气制动系统

如图 7-7-4 所示，电磁阀 6 是一个电控气开关，平时其中的提升式阀门被弹簧推到下极限位置，压靠进气阀座而离开排气阀座，使得排气缓速操纵气室 7 与大气相通而与储气罐 5 隔绝。当有电流通过其中的励磁线圈而产生磁场后，相当于衔铁的阀门即被吸起到上极限位置，

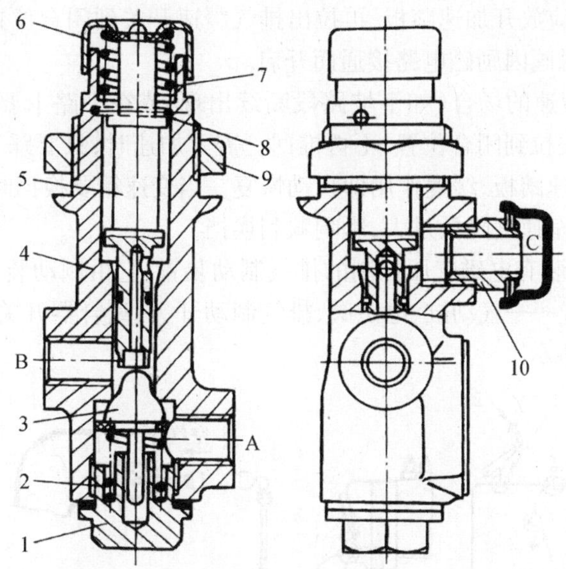

图7-7-3　黄河JN1181C13型汽车排气缓速操纵阀

1—螺塞;2—阀门弹簧;3—阀门;4—阀体;5—推杆;6—推杆弹簧座;7—推杆弹簧;8—圆锥销;9—螺母;10—排气滤清器;A—进气口;B—出气口;C—排气口

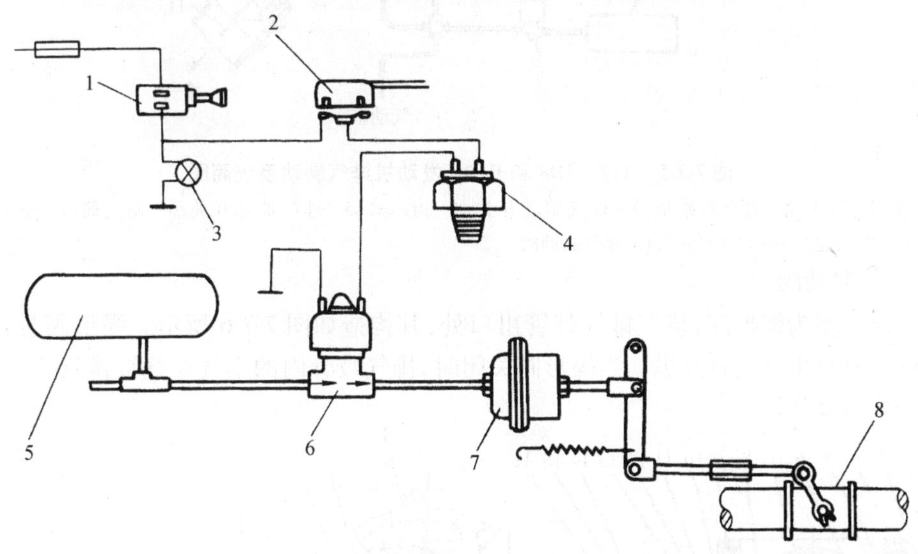

图7-7-4　五十铃TD50A－D型自卸汽车排气缓速式辅助制动系统

1—排气缓速开关;2—加速开关;3—排气缓速指示灯;4—离合器开关;5—储气罐;6—电磁阀;7—排气缓速操纵气室;8—排气节流阀

关闭排气阀而打开进气阀,压缩空气便充入操纵气室7,使排气节流阀8关闭。

电磁阀的励磁电路受到三个串联的电开关控制。这三个开关是手拉的排气缓速开关1、加速开关2和离合器开关4。离合器开关4只有在离合器接合时方闭合。不踩加速踏板时加速开关2始终闭合。在踩下加速踏板过程中,踏板自由行程尚未结束时,加速开关2即应断开。只有在这三个开关均闭合时,电磁阀方开启。汽车正常行驶时,虽然离合器开关是闭合的,但加速开关已断开,故即使误将排气缓速开关拉出到闭合位置,也不能起排气缓速作用。

要施行排气缓速，应放开加速踏板，再拉出排气缓速开关到闭合位置（此时仪表板上的指示灯3点亮），从而电磁阀因励磁电路接通而开启。

在不时需要排气缓速的场合（如下坡路段断续出现，或在平路上要频繁施行低强度制动时），可将排气缓速开关拉到闭合位置，不再推回。需要加速时，只要踩下加速踏板，排气缓速即自动解除；一放开加速踏板，缓速作用即自动恢复。当变速箱要换挡时，踩下离合器踏板，缓速作用即解除，以免汽车速度降低过大，影响顺利换挡。

(3)日产汽车普遍装有电磁气压控制的排气制动装置，它由制动装置——排气制动阀、进气管蝶形阀及控制装置——气动缸、电磁阀、排气制动开关、离合器开关和油门加速开关等两部分组成，如图7-7-5所示。

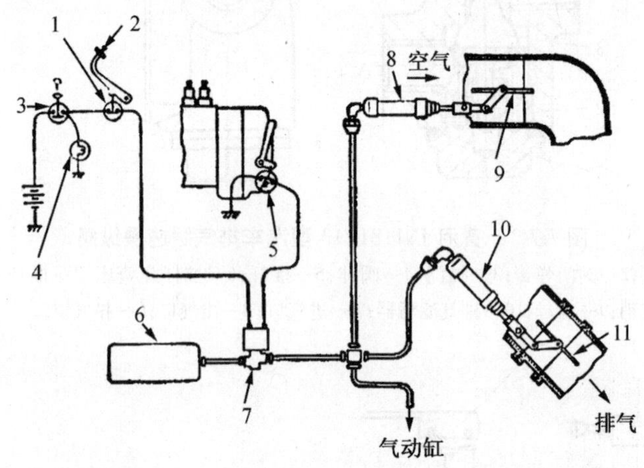

图7-7-5　日产RD8和RD10发动机排气制动系统简图

1—离合器开关；2—离合器踏板；3—排气制动开关；4—指示灯；5—油门加速开关；6—储气筒；7—电磁阀；8、10—气动缸；9—进气蝶形阀；11—排气制动阀

① 排气制动阀

排气制动阀为蝶形阀，装在排气歧管出口处，其构造如图7-7-6所示。蝶形阀装在轴上，轴的一端经杠杆由气动缸操纵。当蝶形阀关闭时，排气歧管内的空气在气缸排气行程时受到压缩而产生制动作用。

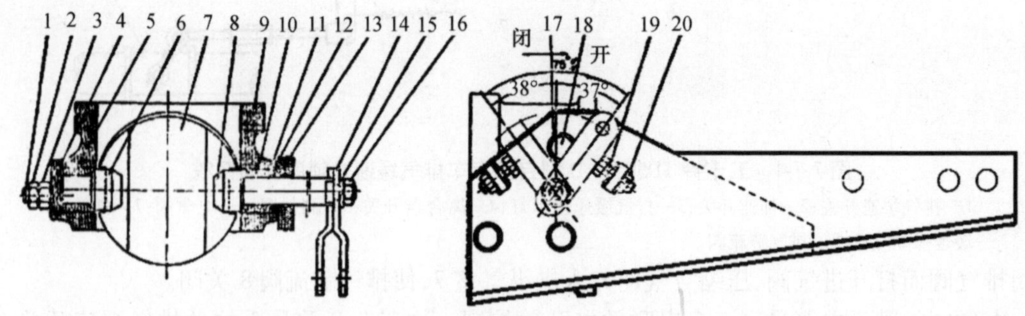

图7-7-6　日产排气制动阀

1—双头螺栓；2—锁紧螺母；3、16、20—螺母；4—盖板；5、10—衬套；6、8—轴；7—蝶形阀；9—阀体；11、12—密封圈；13—止动板；14—杠杆；15、17—弹簧垫圈；18—螺钉；19—止动螺钉

② 进气蝶形阀

进气蝶形阀的构造如图7-7-7所示。它装在进气壳体和进气管之间。蝶形阀用4个螺钉固定在轴18上，由气动缸3操纵。

③ 气动缸

气动缸的构造如图7-7-8所示。气动缸缸径为30 mm，行程为52 mm。当储气筒内压缩空气经电磁阀进入气动缸时，推动活塞移动使蝶形阀关闭，内弹簧使阀关闭时起缓冲作用。当气缸内压缩空气经电磁阀排出时，活塞和活塞杆在弹簧作用下回位，蝶形阀开启。

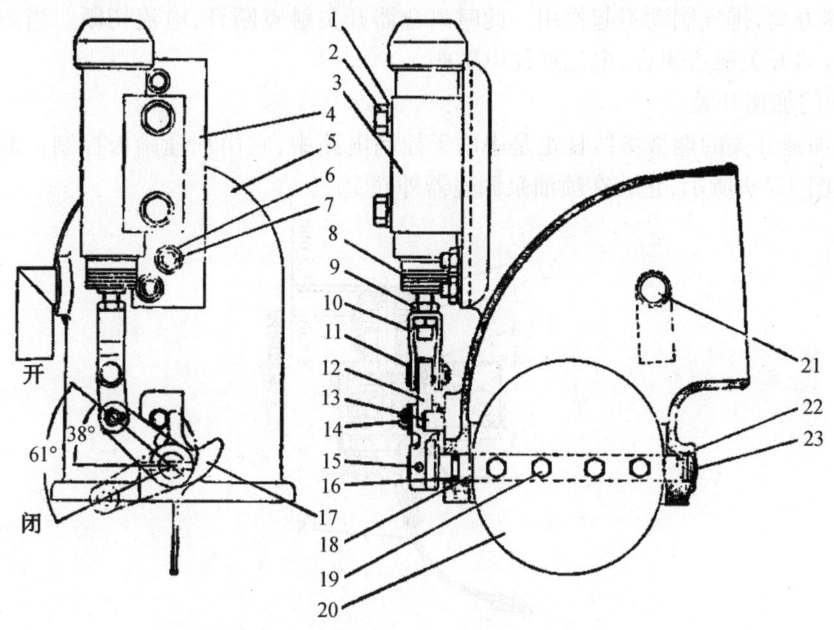

图7-7-7　日产进气蝶形阀

1、6—弹簧垫圈；2—螺钉；3—气动缸；4—支架；5—进气壳体；7、9—螺母；8—保护罩；10—连接叉；11、15—销；12—推杆；13—止动销；14—开口销；16—O形圈；17—杠杆；18—轴；19—螺钉；20—蝶形阀；21—连接管；22—固定销；23—塞盖

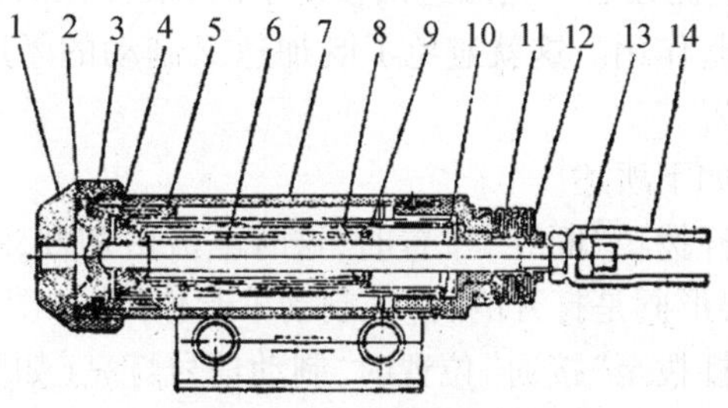

图7-7-8　日产气动缸

1—缸盖；2—衬垫；3—O形圈；4、9—弹簧座；5—活塞；6—活塞杆；7—气缸；8—内弹簧；10—外弹簧；11—保护罩；12—弹簧夹；13—螺母；14—连接叉

④ 电磁阀

电磁阀为常闭式。当电流切断时，在弹簧作用下阀门关闭；当通电时，电磁阀开启，储气筒内压缩空气经电磁阀进入气动缸。

电磁阀应用电压为 24 V,最小操作电压为 20 V,允许最大电流为 1.2 A。

⑤ 排气制动开关

排气制动开关装在转向柱管上,应用电压为 24 V,允许电流为 2 A。把制动开关杠杆拨至“接通”位置,仪表板上排气制动信号灯发亮,电流通往离合器开关、电磁阀及加速开关,排气制动装置起作用。将杠杆拨至“断开”位置时,信号灯灭,排气制动电路断开,不发生作用。

⑥ 离合器开关

离合器开关的两根接线柱串联于控制电路中,它由离合器踏板控制。当踩下离合器踏板时,离合器分离,排气制动不起作用。此时离合器开关触点断开,电流切断。当离合器踏板放松时,离合器开关触点闭合,电流通往电磁阀。

⑦ 油门加速开关

油门加速开关的两根接线柱也是串联于控制电路中,它由加速踏板控制。油门加速开关的构造如图 7-7-9 所示,它装在喷油泵调速器外壳上。

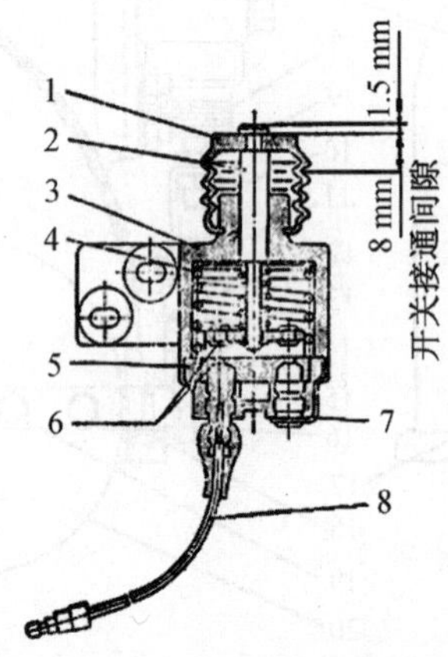

图 7-7-9 东风、日产油门加速开关

1—保护罩;2—推杆;3—壳体;4—弹簧;5—绝缘体;6—触点;7—搭铁线;8—导线

当加速踏板放松时,喷油泵控制杠杆调整螺钉作用于加速开关的推杆,使推杆移动。当移至 1.5 mm 时,触点闭合,电流接通。当加速踏板踩下时,推杆在回位弹簧作用下回位,触点分开,电流切断,排气制动不起作用。这就避免了既加速又制动的矛盾情况发生。因此,加速开关是制动和加速的联锁装置。

排气制动的工作情况如下所述。

当排气制动开关操纵杆拨至“断开”位置时,这时电流被切断,制动信号灯不亮,电路中无电流,排气制动阀和进气蝶形阀是打开的,排气制动不起作用,如图 7-7-10 所示。

当排气制动开关操纵杆拨至“接通”位置时,制动信号灯亮(如图 7-7-11 所示)。如离合器踏板和加速踏板都是放松的话,则控制电路接通,电磁阀通电,阀门开启,储气筒内压缩空气进入气动缸,排气制动阀和进气蝶形阀关闭,排气制动起作用。制动时,由于排气制动阀关闭,废气在排气歧管内受到压缩,管内压力越高,发动机排气制动的效果就越好。当压力升高到足以克服排气阀门弹簧张力时,则排气阀门开启,废气流回气缸,并在气门叠开时,经进气阀门逸至进气歧管,排入大气中。气体经进气阀门排出时会产生噪声,在进气管中装设进气蝶形阀就起减轻噪声的作用。

当排气制动开关操纵杆拨至“接通”位置,但若踩下离合器踏板或加速踏板时,则切断了

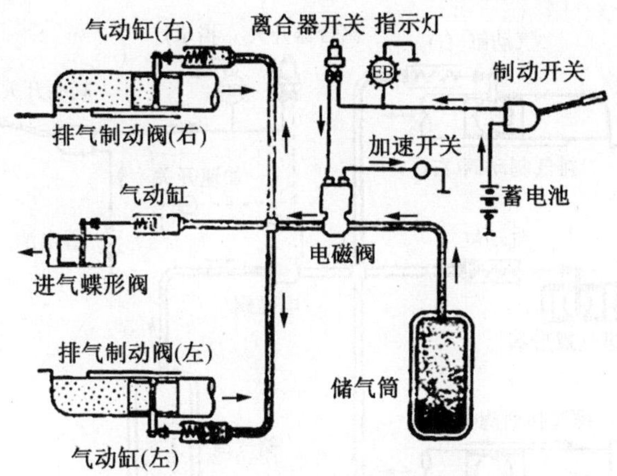

图7-7-10　排气制动不起作用时示意图

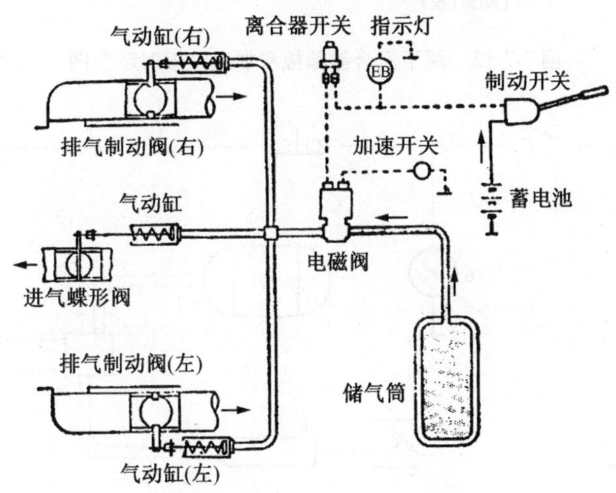

图7-7-11　排气制动起作用时示意图

电磁阀的电流。此时，排气制动是不起作用的。排气制动信号灯虽是亮的，但只是指示排气制动系统处于准备工作状态，一旦放松两个踏板后，排气制动即产生作用(如图7-7-12所示)。

解放、东风、潍柴斯太尔等重卡的排气制动装置除了没有进气蝶形阀外，其余部分和五十铃、日产车型类似，其工作原理如图7-7-13所示。潍柴豪沃国三车型还同时兼有排气泄气制动装置，见后面的图7-7-16。

(4)解放、东风、潍柴斯太尔等重卡的排气制动主要有气路开关电磁阀、排气制动阀和操纵气缸等部分组成。该型排气制动结构简单，维修方便。

① 排气制动装置

排气系统的工作受气路电磁阀控制，而电磁阀的工作受三个串联开关(离合器、加速踏板、排气制动)控制，即只有当三个开关都接通时排气制动才起作用。

驾驶员使用排气制动时，通过操纵排气制动开关使电磁阀向排气制动阀充气，排气制动阀上的蝶形阀开关关闭排气管，增加发动机运转的阻力。

控制电路中设置了加速开关和离合器开关，使驾驶员在踩油门和离合器时能自动解除排气制动。其工作电路如图7-7-14所示，当排气制动开关接通，不踩离合器踏板，也不踩加速踏

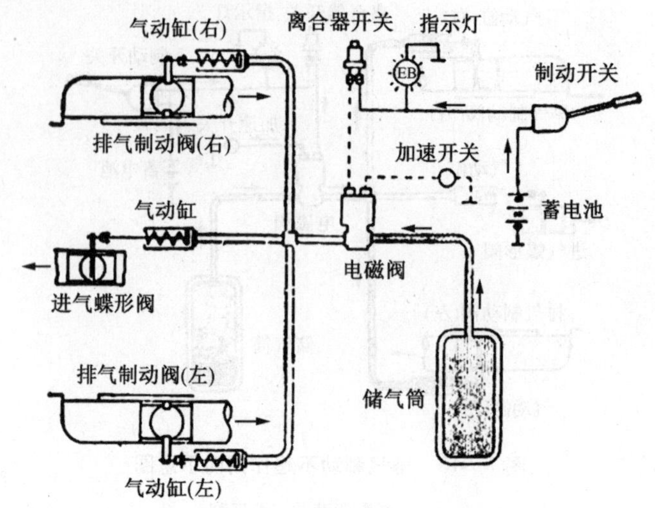

图 7-7-12　踩下离合器踏板和加速踏板时示意图

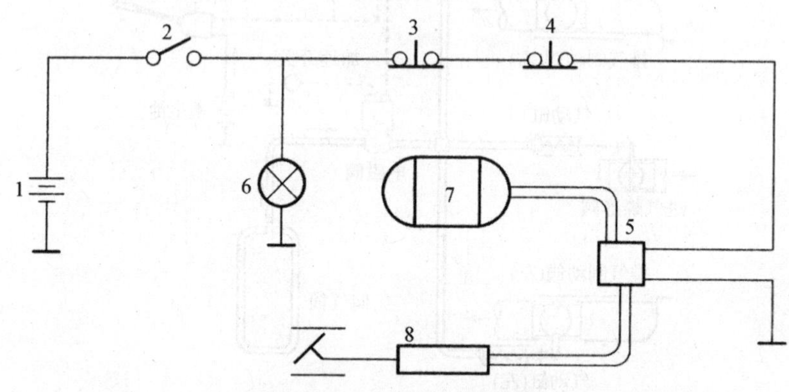

图 7-7-13　排气制动系统原理图

1—电源;2—排气制动开关;3—加速开关;4—离合器开关;5—电磁阀;6—指示灯;7—储气筒;8—排气制动阀

板,此时离合器开关和油门开关以及电磁阀均处于通电状态,排气制动起作用。只要踩下离合器踏板或加速踏板,排气制动就失效。排气制动阀(如图 7-7-15 所示)在维护时应保证阀体与阀门间的间隙调整在 0.4 ~0.6 mm 之间。

② 排气泄气制动装置

潍柴 WD615 国三标准的四气门柴油机可选装美国 Jacobs 公司的排气泄气制动装置,它有助于对车辆的减速和控制,与排气制动同时工作,在柴油机 2 200 r/min 时,可获得不低于 160 kW的制动功率,显著地提高了汽车的制动能力,改善了汽车的安全性。

WD615 国三柴油机的排气泄气制动装置如图 7-7-16 所示。

泄气制动器通过保持排气阀门的开启,在压缩行程时泄漏掉气缸内的压缩混合气体并依靠排气制动器产生的背压来增加进排气功耗,以增进制动功率。这样在膨胀行程时几乎没有能量返回活塞。随着柴油机工作循环的重复,汽车的前进动能被耗散,车速自然就慢下来了。

潍柴 WD615 国三柴油机采用一缸一只泄气制动电磁阀(DC 24 V, 0.78 A)装置,安装在气门罩下。

排气泄气制动电气原理如图 7-7-17 所示。

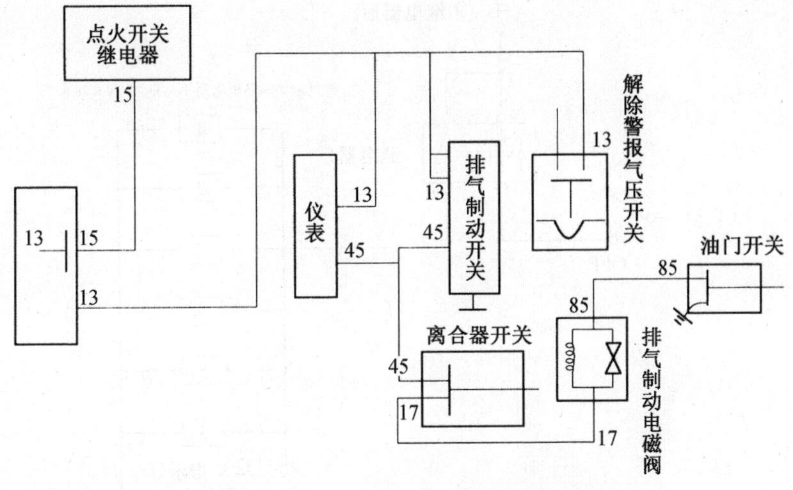

图7-7-14　排气制动电路原理图

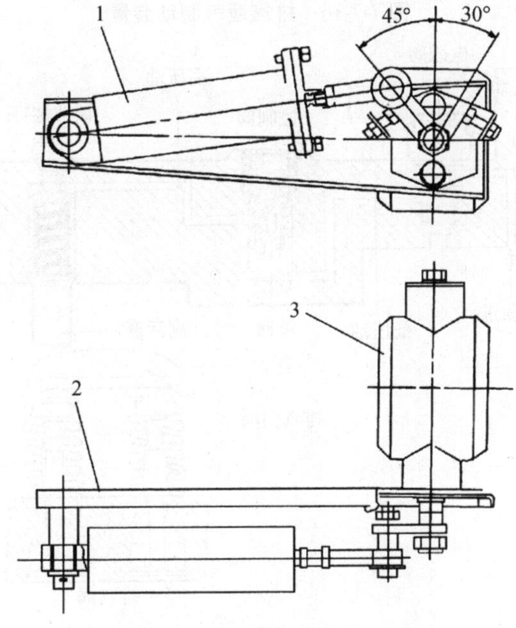

图7-7-15　东风重卡的排气制动阀

1—操纵气缸;2—支承板;3—排气制动阀体

泄气制动器的使用:

将泄气制动器开关打开,松开离合器,松开油门踏板,踩下排气制动开关,排气制动和泄气制动同时开始工作。当你踩下离合器踏板或油门踏板时,泄气制动器就会自动停止工作。当柴油机转速低于1 000 r/min时,泄气制动器也会自动停止工作。另外在不超过柴油机限制转速的前提下,采用变速箱最低挡,可以获得最大减速功率。

使用泄气制动器注意事项:

a. 泄气制动器是一种汽车缓速装置,它不是汽车停车装置,要使汽车完全停下来仍必须使用行车制动系统,即刹车。

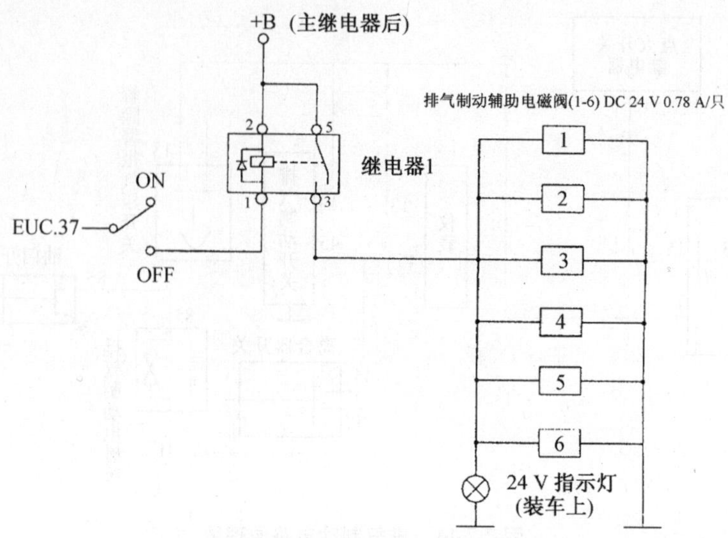

图 7-7-16　排气泄气制动装置

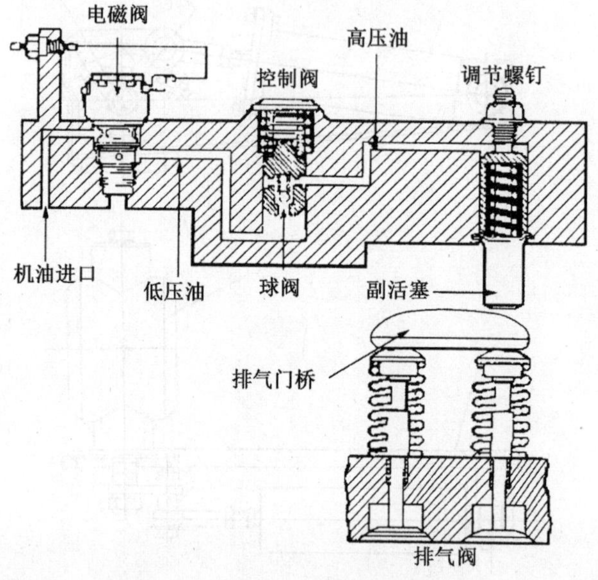

图 7-7-17　排气泄气制动电气原理

b. 在启动泄气制动器之前必须保证使柴油机达到足够的工作温度。

c. 泄气制动器一经启动，严禁换挡时不踩离合器。在潮湿和打滑路面上，当车辆没有带挂车或带空的挂车时，不要采用泄气制动器，特别是对单桥驱动的车辆。

1.2　排气制动系统的使用

使用排气制动系统时须注意：一是排气制动指示灯亮，只表示排气制动开关接通，并不能说明排气制动生效；二是千万不能将 85 号接油门开关的线搭铁，否则排气制动长期工作。

排气制动控制系统故障及原因：当打开排气制动开关时，排气制动不工作，在控制系统方面故障原因可能有：熔丝烧断，组合开关元件有故障，排气制动开关失效，排气制动电磁阀失效，电路插头接触不良或断路，气路阻塞，离合器开关失灵，油门开关失灵或接地线脱落。

1.3　排气制动系统的维护

排气制动是一种辅助制动装置。它利用发动机排气阻力对汽车起减速制动作用。

(1) 当需要时，东风车型应操纵转向柱管上侧的手柄开关，使电路闭合，通过电磁阀使储气筒内的压缩空气进入控制缸，推动气缸内的活塞及推杆，使摇臂转动，于是蝶形阀门随之转动，而关闭发动机排气管，利用发动机的排气阻力作为辅助减速制动器用，使汽车的一部分动能由发动机来吸收掉。

(2) 当排气制动作用时，断油电磁阀使供油泵停止向发动机供油、发动机熄火。在整个排气制动电路中，离合器踏板处有一常闭开关，当使用排气制动时，整个电路是接通的；当踩下离合器踏板时，开关的触点即断开，此时排气制动电路是断开的，不产生排气制动作用，以便于变速箱换挡。当不用排气制动时，将排气制动手柄开关恢复到原来的位置。

(3) 碟形阀门与阀体的径向配合间隙出厂前已调整好，因此不要随意调整。

(4) 当 48 000 km 维护时，应拆检并清洗排气制动阀及控制缸。

2　电涡流缓速器

电涡流缓速器的核心结构由一个定子 2 和两个转子 1 组成，如图 7-7-18 所示。从图中可以看到，在定子 2 上固定有成对的电磁线圈 3。结构上，定子固定不动，转子 1 可相对定子做转动。

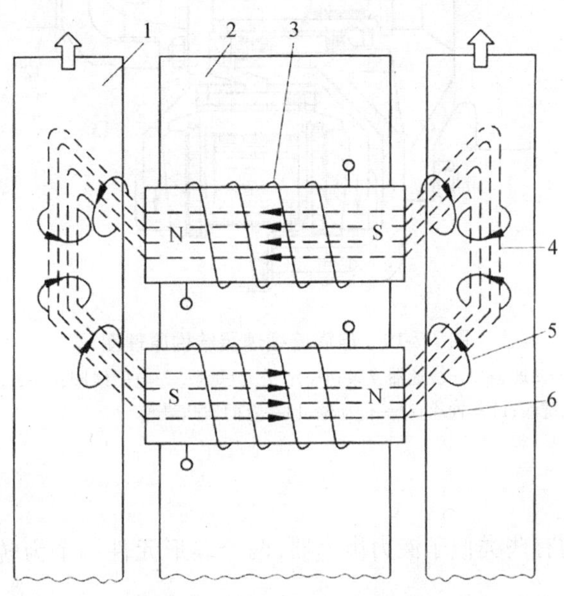

图 7-7-18　电涡流拖动力产生原理

1—转子；2—定子；3—电磁线圈；4—磁场；5—电涡流；6—电涡流拖动力

电涡流缓速器工作原理如下所述。当电磁线圈中有直流电通过后，线圈中会产生磁力线，磁力线穿过定子和转子间的空隙进入作为转子的钢盘，而同邻近的线圈所产生的磁力线闭合在一起。当转子转动时，钢盘各断面要穿过磁力线，结果钢盘上各断面所通过的磁力线不断在变化。

当钢盘某一断面接近电磁极时,磁通变强;离开时,则变弱。截面处磁通的变化就会产生感应电动势,因为钢盘是电导体,感应电动势的出现就会产生感应电流,感应电流在钢盘截面内回转流动,其方向垂直于磁力线,故称为电涡流。电涡流又会产生附加的磁力线,它将阻止转子的运动,而电涡流的流动又会使转子发热,正是利用这一特点做成了电涡流缓速器。

具体电涡流缓速器结构原理图如图 7-7-19 所示。图中,定子通过支承盘固定在变速箱后端壳体上,定子上的电磁线圈两端装有导磁板。定子两侧的转子通过其花键毂连到变速箱输出轴花键上。因此,转子的转速和传动轴的转速是一样的。为了耗散电涡流在转子中产生的热能,转子内部做成有风扇叶似的通风道,可有效通风散热。

电涡流缓速器的工作,由处于方向盘下方的手动杆来控制。该手动杆控制继电器向定子通电即可工作,电源来自于蓄电池。

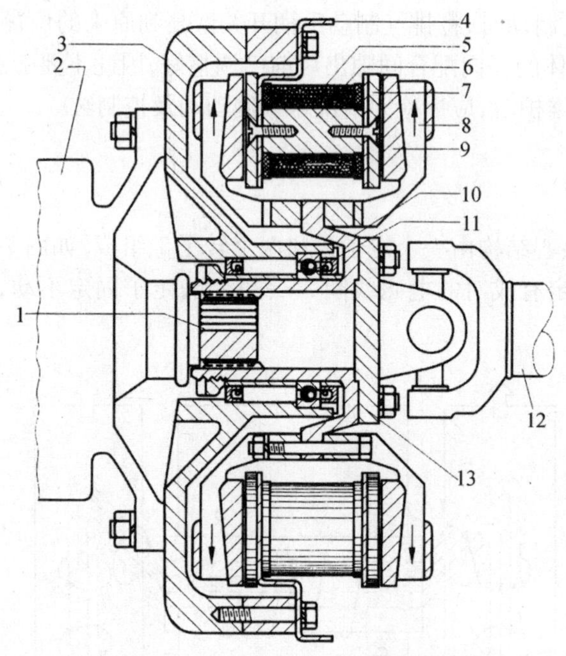

图 7-7-19　电涡流缓速器结构原理图

1—变速箱输出轴花键;2—变速箱;3—缓速器支架;4—定子支承盘;5—电磁线圈;6—铁芯;7—导磁板;8—气流;9—定子圆盘;10—定子花键毂;11—轴承;12—传动轴;13—万向节凸缘盘

3　液力缓速器

液力缓速器的结构有些类似于液力耦合器,两个蝶形元件一个为转子,另一个为定子,它们面对面地放置。

转子和定子内都有许多径向平板叶片形成格栅,它们用来引导液体流动。转子通过其安装法兰上的内花键与变速箱输出轴上的外花键相连,这样,它将和传动轴一同旋转。定子则经过缓速器的外壳和变速箱箱体后端相连而固定不动,其结构如图 7-7-20 所示。

液力缓速器的工作原理如下。当传动轴反向驱动发动机时,由驾驶员通过脚控制阀 8(或操纵杆)使油液注入缓速器内,油液在转子 2 中受离心力影响沿转子叶片径向加速至最外缘处后向定子 1 内喷射。进入定子后的油液逐渐减速重新进入转子，开始新的一轮循环。转子的转动使液体获得动能，但在通过定子时由于液体对定子的冲刷以及在定子内的挠动，油液失去动能变成热能，油液的温度升高，这部分热量通过散热器 12 耗散到大气中去。

液力缓速器不工作时，应放掉缓速器内的油液，转子做空转。转子空转也有一定的空气阻力，为了使这阻力降低至最小，在围绕定子的格栅室内装有扰流销 6。这些平头销钉会干扰转子和定子之间的空气循环流动，从而可较大地减小风阻。

在车速很高的情况下使用液力缓速器，有时会感到其制动力矩太大，需要限制。最简单的办法是利用溢流阀，由它控制油液的压力来限制最大制动力矩。如图 7-7-20 中，溢流阀 10 的上部为加力气缸及活塞 9，活塞下面为预压弹簧。平时，溢流阀在油压作用下位于上部，通缓速器的油道关闭而不能进油，压力油直接通过回油道流回油底壳。

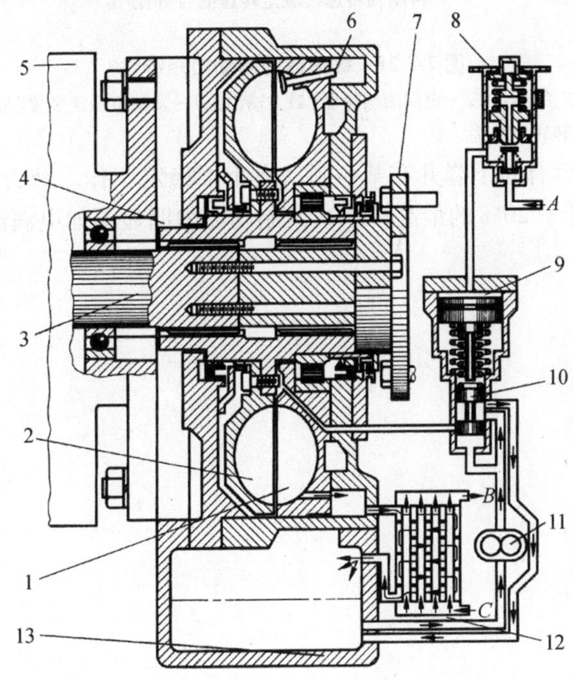

图 7-7-20　液力缓速器原理图

1—定子；2—转子；3—变速箱输出轴；4—花键毂；5—变速箱；6—扰流销；7—输出轴凸缘盘；8—脚控制阀；9—气缸及活塞；10—溢流阀；11—油泵；12—散热器；13—油底壳；A—进气口；B—冷却液出口；C—冷却液入口

当驾驶员踩下脚控制阀 8 时，其下部的进气阀打开，压缩空气由此进入加力气缸的上部气室，推动活塞向下克服弹簧的预紧力，使溢流阀局部关闭了回油通道，进入缓速器的进油道同时局部打开。进、回油通道关闭和开启的程度与加力气缸中的气压大小有关，也就是说，它和驾驶员踩脚控制阀的力量有关。如果油泵输出的油压过高，它也会使滑阀上升，使进入缓速器的油压有所下降。

以上介绍了 3 种缓速器，它们的制动力矩特性并不一样，如图 7-7-21 所示。对于发动机缓速装置的制动力矩，它受变速箱的挡位影响理应有多条曲线，但图中它的曲线已理想化为一条光滑曲线，即它相当于缓速器处于变速箱连续换挡下的最佳状态工作。电涡流及液力缓速器都在变速箱后部，其制动力矩与变速箱挡位无关，故只有一条曲线。

从图 7-7-21 中可以看到，电涡流缓速器的工作转速相当于传动轴最高转速的 10% 时即可

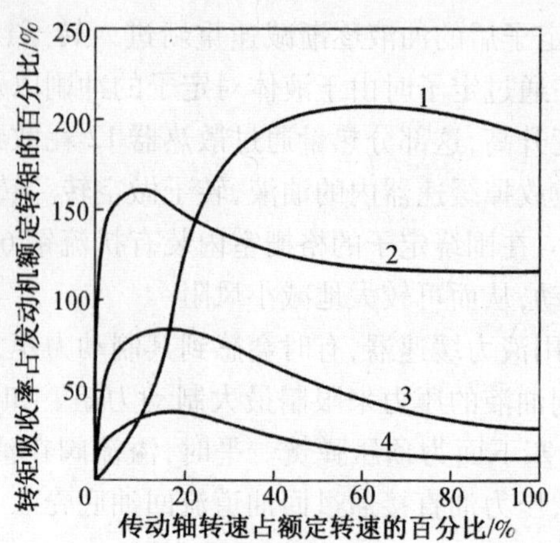

图 7-7-21　缓速器的制动力矩特性

1—液力缓速器(最大输出);2—电涡流缓速器(最大输出);3—发动机缓速装置(最大输出);

4—发动机超速运转转矩损失

达到最大制动力矩,此后有所下降并在某一制动力矩下稳定工作。液力缓速器在高速时的制动力矩大,但低速时(低于20%的最高转速),其制动能力明显不如电涡流缓速器。

附录
习题库

一、填空题

1. 液力变矩器是由________、________、________等组成的。

2. 液力耦合器是由________、________等组成的。

3. 双涡轮变矩器能自动调节输出________和________。

4. 液力变矩器是以油液为传动介质的,能吸收和消除外来________和________,保护了________和________,当________突然增大或不可克服时,发动机也不会熄火。

5. 泵轮是将发动机的________转换为油液的________。

6. 涡轮是将油液的________还原为________。

7. 导轮是将反射力矩叠加到________上,使________大于或小于________,达到变矩的可能。

8. 大超越离合器的功能是自动实现________和________的转换。

9. 变速箱是用来改变机械行驶的________和________,满足机械________和________的需要。

10. 行星轮系主要由________、________、________、________等组成。

11. 正常双变系统(液力变矩器+动力变速箱)用________、________液力油,要是现场没有,可用________(行星轮式)或________(定轴式)汽轮机油代用。

12. 动力变速箱油液过多会导致机械行驶________或变矩器________。

13. 打开动力变速箱底部的放油螺塞,放出少量油液,观察有无金属碎屑或粉末:若银白色的系________,表明________损坏;黄色的系________,表明________损坏;用________可以吸附的灰色金属表明________损坏。

14. 在液力-机械式传动系统中,当外载荷突然增大或不可克服时,由于________的存在,发动机也不会熄火。

15. 当双变系统(液力变矩器+动力变速箱)的回油压力过低时,会造成________现象。

16. 主减速器的功能是________转速、________扭矩、________扭矩的传递方向。

17. 调整推力轴承(圆锥滚子轴承)的轴承预紧度的目的是提高其支承________。

18. 轮边减速器将主减速器传来的动力进一步________速________矩。

19. 齿轮啮合副的更换原则是:________。

20. 轮式驱动桥的主传动装置中，主从动圆锥齿轮副啮合位置的调整口诀是：________、________、________、________。

21. 轮式驱动桥的常见故障有________、________、________。

22. 轮式驱动桥上止退螺栓间隙调整太小会产生________、________的故障。

23. 轮式驱动桥输入法兰没有压紧会产生________、________的故障。

24. 轮式驱动桥止退螺栓的作用是防止盆齿________过大，破坏主从动圆锥齿轮副的________。

25. 工程机械底盘行驶系统的类型分为________式、________式、________式、________式四种。

26. 轮式行驶系接受________传来的发动机的转矩并产生________力。

27. 差速器的功能是可使两侧车轮________旋转，以适应________路面。

28. 普通差速器中行星轮的运动形式有________和________两种，直线行驶的时候它在________，转弯的时候同时伴有________。

29. 驱动桥壳润滑油量不足，可引起________、________的故障。

30. 工程机械底盘行驶系统的类型分为________式、________式、________式、________式四种。

31. 轮式行驶系统接受________传来的发动机的转矩并产生________力。

32. 轮式行驶系统车架因机种的不同，分为________和________两大类。

33. 折腰式车架的前后车架的铰接方式有________式、________式、________式三种形式。

34. 轮式工程机械的车桥根据车桥两端车轮作用的不同，可分为________、________、________、________四种。

35. 所谓的"前轮定位"包括：________、________、________、________。

36. 踩下制动踏板，装载机不能有效地减速或停车，是因为________引起的。

37. 装载机制动钳中的矩形环(圈)的作用为________、________、________。

38. 装载机加力泵中油活塞上的皮碗(Y形橡胶环)的作用为________和________。

39. 工程机械用L型轮胎的花纹沿着行车方向为________或________。

40. 气液制动中的液压系统混入空气，会引起制动________和________。

41. ZL50装载机取消制动后，制动阀的推杆不回位(被卡死)，会造成________。

42. ZL50装载机取消制动后，加力泵的气活塞被卡死不回位，会造成________。

43. 离合器能保证车辆________，暂时切断________，保证换挡________，也可使车辆能________，防止传动系统________，保护________各机件。

44. 离合器要能做到分离时________，接合时________，并具有良好的________。

45. 工程机械中，为便于驾驶员对其他操纵元件的操作，要求离合器既可长时间处于状态，也可处于________状态，所以一般采用________离合器。

46. T120型离合器中的片式弹簧的作用为________、________、________。

47. T120型离合器的小制动器的作用是：当离合器分离时，可迫使________迅速停止转动，保证换挡________。

48. 对于手动变速箱：________可以改变转速比；________可以实现换挡。

49. 手动变速箱的操纵机构的自锁功能是防止________和________。

50. 履带驱动桥是由________、________、________和________组成的。

51. 履带式机械行驶系统包括________、________和________三大部分。

52. "四轮一带"包括________、________、________、________和________。

53. 由于履带式机械的作业环境恶劣,所以要求履带的各零部件应具有足够的________、________和________。

54. 履带是用来将履带式机械的________传给地面,并使机械产生较大的________。

55. 履带式机械的支重轮用来传递机械的________给履带,在机械行驶的过程中,它除了沿履带的轨道滚动外,还要________履带,不让它________滑出;在机械转向时,它又要迫使履带在地面上________。

56. 张紧装置的基本要求是:张紧________,调整履带松紧度________、________、________,并具有一定的________范围,________性能好。

57. 履带张紧度调整机构主要有________调整式和________调整式两种。

58. 手动变速箱操纵机构的联锁功能是:离合器处于________位置时,不能________;而离合器处于________位置时,才能________。

59. 履带式机械的行驶系统的过载缓冲是由张紧机构的________来实现的。

二、判断题

1. 液力变矩器可吸收和消除外来振动和冲击,来保护柴油机和传动系统。( )

2. 大超越离合器就是一低速重载和高速轻载的转换器。( )

3. 变速箱可以改变机械行驶的速度和牵引力,满足机械作业和行驶的需要。( )

4. 行星轮系传递中,固定内齿圈,行星架输出,为同向输出。( )

5. 行星轮系传递中,固定内齿圈,行星架输出,为反向输出。( )

6. 行星轮系传递中,固定行星架,内齿圈输出,为反向输出。( )

7. 行星轮系传递中,固定行星架,内齿圈输出,为同向输出。( )

8. ZL50 装载机可用 30#汽轮机油代替 6#或 8#液力油。( )

9. ZL50 装载机可用 22#汽轮机油代替 6#或 8#液力油。( )

10. ZLM50 装载机可用 30#汽轮机油代替 6#或 8#液力油。( )

11. ZLM50 装载机可用 22#汽轮机油代替 6#或 8#液力油。( )

12. 动力变速箱油面过高,会因齿轮搅动产生大量泡沫,就会有气体产生,使得变矩器产生气蚀。( )

13. 动力变速箱油面过高,会因齿轮搅动产生大量泡沫,就会有气体产生,使得油温过高,导致黏度下降、泄漏增加,造成变矩器效能降低,主、从动片打滑,促使油温更高,使得机械行驶无力。( )

14. ZLM50 双变油路中的可调节流阀的作用是保证变矩器先充满油液。( )

15. 装载机双变系统油路中的蓄能器是为了让装载机起步柔顺、换挡平稳。( )

16. 动力变速箱油液中银白色粉末过多,会出现行驶无力的现象。( )

17. 动力变速箱油液中银白色粉末过多,会出现进油阀压力过低的现象。( )

18. ZLM50 双变油路中可调节流阀的作用是保证蓄能器在第一时间充满油液。( )

19. 动力变速箱油液中银白色粉末过多,某一个挡位会出现行驶无力的现象。( )

20. 动力变速箱油液中银白色粉末过多,所有挡位都会出现行驶无力的现象。( )

21. 动力变速箱油液中黄色粉末过多,所有挡位都会出现行驶无力的现象。( )

22. 动力变速箱油液中黄色粉末过多,某一挡位会出现行驶无力的现象。( )

23. ZL 系列装载机的变速箱的后盖板与轴承间隙过小,会造成二挡行驶无力。( )

24. ZL 系列装载机的变速箱的后盖板与轴承间隙过小,会造成所有挡行驶无力。( )

25. 装载机处于制动状态时,蓄能器的压力油给挡位补充油液。( )

26. 装载机处于制动状态时,蓄能器的压力油也从切断阀回油箱。( )

27. 传动系统为液力传动的机械可从油液中粉末的颜色来判断双变系统的受损零部件。( )

28. ZL50 装载机的变速压力过大,最易造成倒挡行驶无力的故障。( )

29. 差速器的作用是使两侧车轮获得不同的转速,以适应不同路面。( )

30. 轮边减速器的功用是将主减速器传来的动力进一步降低转速。( )

31. 轮边减速器的动力传递中:固定行星架,内齿圈输出。( )

32. 差速器的行星轮自转时,机械是直线行驶。( )

33. 齿轮啮合副的更换原则是哪个坏了换哪个。( )

34. 轮式驱动桥中主减的主、从动圆锥齿轮啮合位置调整口诀是大进从、小出从、顶进主、底出主。( )

35. 车辆的行驶方向是由驱动桥主传动装置的盆齿的旋向决定的。( )

36. 判断前后桥,可以看从动圆锥齿轮的旋向,右旋为前桥,左旋为后桥。( )

37. “十二字”口诀是调整主、从动圆锥齿轮的啮合间隙的。( )

38. 普通差速器可以将从动圆锥齿轮的扭矩完全转移到一侧半轴。( )

39. 差速器的十字轴断裂不影响车辆的直行。( )

40. 驱动桥润滑油量不足,只能引起驱动桥发热。( )

41. 驱动桥半轴轴端与轮边减速器端盖的间隙过小,会使车辆行驶无力。( )

42. 驱动桥润滑油量不足,能引起驱动桥异响和发热。( )

43. 驱动桥输入法兰的压紧螺母没有用规定的力矩拧紧,会引起车辆行驶无力。( )

44. 驱动桥输入法兰的压紧螺母没有用规定的力矩拧紧,会产生的故障是主传动装置异响。( )

45. L 型轮胎安装时需注意:面对行驶方向,花纹呈人字或八字。( )

46. L 型轮胎安装时需注意:沿着行驶方向,花纹呈人字或八字。( )

47. 气液制动中,气压调节组合阀的调压阀损坏,会造成制动系统气压上升缓慢。( )

48. 气液制动中,气压调节组合阀的调压阀损坏,会造成制动系统制动力不足。( )

49. 轮式工程机械中,控制整机行驶方向的只有转向系统。( )

50. 轮式工程机械中,行驶系统配合转向系统控制整机的行驶方向。( )

51. ZL50 装载机取消制动后,加力泵的气活塞不回位(被卡死),会造成挂不上挡。( )

52. ZL50 装载机取消制动后,加力泵的气活塞不回位(被卡死),会造成行驶无力。( )

53. 加力泵中油活塞的中心孔的主要作用是补油。( )

54. 加力泵中油活塞的中心孔的作用是卸荷与补油。( )
55. ZL50 装载机制动系统胶管老化、开裂,会造成制动液消耗过量。( )
56. ZL50 装载机制动系统中胶管老化、开裂,会造成制动力不足。( )
57. ZL50 装载机制动系统中高压胶管老化、开裂,会造成制动液消耗过量。( )
58. ZL50 装载机取消制动后,制动阀的推杆不回位(被卡死),会造成挂不上挡。( )
59. ZL50 装载机取消制动后,制动阀的推杆不回位(被卡死),会造成行驶无力。( )
60. 气液制动系统中混入空气,会引起制动迟缓和制动力不足。( )
61. 气液制动的液压系统中混入空气,会引起制动迟缓和制动力不足。( )
62. 双回路制动阀先制动前轮,后制动后轮。( )
63. 为了整机安全,双回路制动阀要优先制动后桥。( )
64. 制动钳摩擦片磨损严重会造成制动力不足的故障。( )
65. 工程机械要求主离合器操纵省力,维修保养方便。( )
66. 主离合器要求压盘压力和摩擦片的摩擦系数变化小,工作稳定。( )
67. 主离合器要求压盘压力和摩擦片的摩擦系数变化小,工作稳定。( )
68. T120 型离合器的小制动器的作用是延迟换挡时间。( )
69. 手动变速箱的操纵机构的自锁机构是防止变速箱同时换入两个挡位。( )
70. 手动变速箱的操纵机构的互锁机构是防止变速箱同时换入两个挡位。( )
71. 上海 120A 型推土机能用拖拽或顶推的方法启动发动机。( )
72. TY160 型推土机能用拖拽或顶推的方法启动发动机。( )
73. 履带式机械行驶系统包括台车架、行走装置和悬架三大部分。( )
74. 履带式机械的悬架有连接、传力和缓冲的作用。( )
75. 履带式机械导向轮的其中之一的功用就是能起转向作用。( )
76. 履带式机械导向轮既参与履带张紧,也能引导履带正确卷绕,还能起转向作用。( )
77. 履带式机械台车架的断面是箱形框架,此结构可承受巨大冲击载荷。( )
78. 履带是用来将履带式机械的重量传给地面,并使机械产生较大的牵引力。( )
79. T120 推土机挂倒 5 挡时是以 5 挡的速度倒向行驶。( )
80. T120 推土机是从变速箱输出轴轴端取力。( )
81. T120 推土机是从变速箱第一轴的轴端取力。( )
82. T120 推土机主离合器的连接块只能受拉力不能受压力。( )
83. T120 推土机主离合器的连接块的更换原则是要换就全部更换。( )
84. T120 推土机挂前进 1 挡和 5 挡的动力皆经过中间轴传递。( )
85. TY160 推土机传动系统的过载保护由其主离合器的 3 组片簧来完成。( )
86. T120 推土机传动系统的过载保护由其主离合器的 3 组片簧来完成。( )
87. T220 推土机传动系统的过载保护由其液力变矩器来完成。( )
88. TY160 推土机传动系统的过载保护由其液力变矩器来完成。( )

三、单项选择题

1. 下列关于动力变速箱功用的说法错误的是( )。

A. 改变发动机和驱动轮之间的传动比
B. 使机器能倒退行驶,可切断传给行走机构的动力
C. 可吸收和消除外来振动和冲击,以保护发动机
D. 降轴距,即可解决发动机输出和驱动桥输入不同轴问题

2. 下列行星轮系统的输入与输出为同向的正确动力路线为(　　)。
A. 太阳轮→行星轮→行星架→内齿圈
B. 太阳轮→行星轮→内齿圈→行星架
C. 太阳轮→行星轮→内齿圈(固定行星架)
D. 太阳轮→行星轮→行星架(固定内齿圈)

3. 下列行星轮系的输入与输出为反向的正确动力路线为(　　)。
A. 太阳轮→行星轮→行星架→内齿圈
B. 太阳轮→行星轮→内齿圈→行星架
C. 太阳轮→行星轮→内齿圈(固定行星架)
D. 太阳轮→行星轮→行星架(固定内齿圈)

4. 下列关于 ZL50 装载机铲土无力的说法不正确的是(　　)。
A. 变速箱缺油或油过多而产生泡沫、油品变质或用油错误都能引起铲土无力
B. 某挡油路或挡位离合器有泄漏而引起此挡工作时铲土无力
C. 精滤器堵塞或大超越离合器咬死而引起各挡铲土无力
D. 变速压力过大引起所有挡位铲土无力

5. 下列关于 ZL50 装载机和 ZLM50 装载机双变系统说法不正确的是(　　)。
A. 蓄能器的蓄能方式不同
B. 回油阀的位置不同
C. 挡位离合器回油方式不同
D. 挡位离合器的动力传递路线不同

6. 下列不能使变矩器元件产生气蚀的外因是(　　)。
A. 变速箱油液过多
B. 变矩器进口压力过高
C. 变矩器回油压力过低
D. 变速箱油液过少

7. 下列关于轮式驱动桥主传动装置功用说法不正确的是(　　)。
A. 降低转速　　B. 降低扭矩
C. 改变动力传递方向　　D. 两侧车轮可获得不同的转速

8. 轮式驱动桥主传动装置调整项目有:① 主、从动圆锥齿轮啮合位置的调整;② 止退螺栓间隙的调整;③ 主动圆锥齿轮轴承预紧度的调整;④ 主、从动圆锥齿轮啮合间隙的测量;⑤ 差速器行星轮系统间隙的调整;⑥ 从动圆锥齿轮轴承预紧度的调整。其调整顺序正确的是(　　)。
A. ③⑤⑥④①②　　B. ⑤③⑥④①②
C. ⑤③⑥①④②　　D. ⑤⑥③①④②

9. 下列说法不能造成驱动桥异响的是(　　)。

A. 驱动桥内润滑油油量不足
B. 半轴外断面与轮减端盖定位堵间隙过小
C. 圆锥滚子轴承间隙调整不当
D. 齿轮表面损伤

10. 下列说法错误的是(　　)。
A. 驱动桥内润滑油变质可引起驱动桥过热
B. 所有齿轮副啮合间隙过小可引起驱动桥过热
C. 凸缘(输入法兰)未压紧可引起驱动桥过热
D. 止退螺栓调整间隙过小可引起驱动桥过热

11. 下列关于车辆行驶无力的说法错误的是(　　)。
A. 止退螺栓间隙调整过小
B. 轮减行星轮与齿圈的啮合间隙过小
C. 主传动装置的油封太紧
D. 半轴外端面的定位堵丢失

12. 下列不属于制动系统基本要求的是(　　)。
A. 具有足够的制动力矩,工作可靠
B. 制动性能稳定,制动平稳,散热性能好
C. 操作轻便省力,维修方便
D. 与转向系统协调配合工作,控制车辆的行驶方向

13. 下列不属于轮式行驶系统功用的是(　　)。
A. 将发动机发出的动力传递给驱动车轮
B. 承受车辆的总重量,传递并承受路面作用于车轮上的各个方向的反力及转矩
C. 缓冲减振,保证车辆行驶的平顺性
D. 与转向系统协调配合工作,控制车辆的行驶方向

14. 下列不能造成气液制动系统气压上升缓慢的是(　　)。
A. 制动系统管路密封不好,泄露
B. 气压调节组合阀漏气或储气筒排气阀关闭不严
C. 储气罐本身有砂眼、裂纹漏气或装在储气罐上的放水开关、安全阀漏气
D. 制动阀上下阀门关闭不严

15. 下列关于制动气压不足的错误的说法是(　　)。
A. 空气压缩机的进、排气阀关闭不严,能造成制动气压不足
B. 气路密封不好,漏气,能造成制动气压不足
C. 气压调节组合阀漏气,能造成制动气压不足
D. 加力泵油活塞皮碗翻边,能造成制动气压不足
E. 储气罐有砂眼、裂纹,能造成制动气压不足

16. 气液混合制动系统(①储气筒、②加力泵、③组合阀、④制动钳、⑤空压机、⑥制动阀)的正确连接顺序是(　　)。
A. ⑤①③⑥②④　　B. ③⑤①⑥②④
C. ⑤③①⑥②④　　D. ⑤③①②⑥④

17. 下列不能造成制动力不足的组件是(　　)。

A. 空压机　　B. 组合阀

C. 制动阀　　D. 制动钳

E. 加力泵　　F. 轮边减速器

H. 储气筒

18. 下列说法不正确的是(　　)。

A. 加力泵气活塞卡死不回位，制动解除不了

B. 制动钳活塞锈蚀卡死不能回位，制动解除不了

C. 制动阀推杆不回位，制动解除不了

D. 制动阀上下阀门不回位,制动解除不了

19. 加力泵油活塞上的皮碗(Y 形密封圈)损坏会造成(　　)故障。

A. 制动液消耗过量　　B. 制动气压上升缓慢

C. 制动力不足　　D. 制动钳不回位

20. 加力泵油活塞中心孔被堵会造成 (　　)故障。

A. 制动液消耗过量　　B. 制动气压上升缓慢

C. 制动迟缓或制动力不足　　D. 制动钳不回位

21. 下列关于制动液消耗过量的说法错误的是(　　)。

A. 加力泵推杆处密封圈损坏,导致制动液消耗过量

B. 制动钳活塞矩形密封圈磨损外漏,导致制动液消耗过量

C. 油管接头松动或油管老化,导致制动液消耗过量

D. 加力泵气活塞上的密封圈损坏,导致制动液消耗过量

22. 下列不属于主离合器的功用的是(　　)。

A. 保证车辆平稳起步

B. 暂时切断动力传递,保证换挡工作平顺

C. 可使车辆能长时间驻车

D. 防止传动系统过载,保护传动系统各机件

23. 下列不属于 T120 型推土机主离合器中的片式弹簧作用的是(　　)。

A. 参与主从盘间隙的调整

B. 过载保护

C. 压盘的复位

D. 对压盘有压紧的作用

24. 在发动机旋转方向不变的条件下,能使车辆倒向行驶的设备是(　　)。

A. 液力变矩器　　B. 主离合器

C. 变速箱　　D. 驱动桥

25. 下列属于手动变速箱优点的是(　　)。

A. 换挡操作复杂,分散驾驶人员精力,增加行车不安全因素

B. 换挡操作必须切断功率流,增加动载荷,影响传动系统使用寿命

C. 换挡操作最佳时机不易把握,影响汽车的动力性及经济性

D. 换挡操作平稳,乘员乘车的舒适性较好

26. 下列关于动力变速箱的说法错误的是(　　)。

A. 简化操作、减轻驾驶人员的劳动强度,提高了行车安全性

B. 汽车传动部件的冲击载荷大,减少了车辆的使用寿命

C. 实现了负载自动换挡,提高了汽车的动力性能和通过性,减少了误车的可能性

D. 避免了驾驶人员的异常操作,减少了发动机的异常燃烧,降低了尾气排放的污染

27. 下列不属于履带行驶系统的功用的是(　　)。

A. 履带行驶系统是用来支持机体的

B. 履带行驶系统将传动系传到驱动链轮上的驱动力矩转变为驱动力

C. 履带行驶系统是利用履带在地面上所产生的牵引力,使机械进行行驶与作业

D. 履带行驶系统可以实现机械的转向

28. 下列关于导向轮正确描述的是(　　)。

A. 导向轮不仅参与履带张紧,还可以起到转向的作用

B. 导向轮参与履带张紧,它相对于机身还可偏转

C. 导向轮既可以引导履带正确卷绕,也可以相对于机身发生偏转,起到转向作用

D. 导向轮不仅参与履带张紧,还能引导履带正确卷绕,但不能起转向作用

29. 下列关于履带式行驶装置的描述错误的是(　　)。

A. 它的接地面积大,接地比压小

B. 它的抓地能力强

C. 它的机动性能较好

D. 它的通过性能很好

30. 如图所示的橡胶块缓冲式半刚性悬架,关于它的描述错误的是(　　)。

A. 承载能力大

B. 结构简单,寿命长

C. 减振性能好

D. 不需要特殊的维护保养

E. 成本较低

选择题第 30 题图

31. 下列关于履带式机械支重轮的说法不正确的是(　　)。

A. 支重轮用来传递机械的重量给履带

B. 在机械行驶的过程中,支重轮除了沿履带的轨道滚动外,还要夹持履带,不让履带横向滑出

C. 在调整履带张紧度时,支重轮起了导向的作用

D. 在机械转向时,支重轮要迫使履带在地面上横向滑移

32. 下列关于履带式机械托链轮的说法不正确的是(　　)。

A. 托链轮防止履带下垂过多,以减少行驶时的振跳现象

B. 托链轮在履带张紧度调整时起很重要的作用

C. 托链轮可引导履带上部的运动方向,防止履带侧向滑落

D. 托链轮安装在行走装置的台车架上

33. 履带行驶机械中:下列参与了张紧装置调整张紧度的过程的部件是(　　)。

A. 驱动轮　　　　　　　　B. 导向轮
C. 支重轮　　　　　　　　D. 托链轮

四、简答题

1. 写出(或画出)ZL50 装载机双变(液力变矩器 + 动力变速箱)的油路。
2. 写出 ZL50 装载机轻载倒挡时的动力传动路线(从发动机到车轮)。
3. ZL50 装载机是如何取力的?
4. 为什么液力变矩器要设置回油阀(又名出油阀、调节阀)?
5. 液力变矩器的工作轮在何种情况下会产生气蚀?
6. ZL50 装载机的传动系统中的大超越离合器的功用是什么? 工作原理是什么?
7. ZL50 装载机挂一挡前行,急刹车后,一挡离合器处于什么状态? 油路的走向又如何? 松开制动踏板后,车子处于什么状态?
8. 若现场无液力传动油,可用什么牌号的油液来代用? 为什么?
9. 一台装载机的驾驶员反映该机变速箱换过新液压油后开始工作正常,不久就发觉铲土无力,但行驶感觉尚好。你认为此种说法可信吗? 原因何在? 如何处理? (或驾驶员给一台工作正常的装载机的变速箱按照用量换完油液后,就出现了铲土无力的现象,判断一下问题出在哪里? 怎么解决?)
10. 怎样判断变矩器工作性能的好坏?
11. ZL50 装载机变速箱(挡位离合器总成)的装配顺序及要点是什么?
12. 若变速箱油液过多,会产生什么后果? 为什么?
13. ZL50 装载机铲土无力的原因何在? 如何解决?
14. 装载机铲土时发动机运转正常,但车轮不转(铲土无力),有无初步的简便判断方法? 你准备怎样检查?
15. 如何拆装 ZLM50 装载机的前进挡离合器?
16. 如何安装 ZLM30 装载机变矩器的密封环?
17. 如何安装 ZL50 装载机变矩器的导轮座?
18. 有台 ZL50 装载机的变速压力表反映压力低,你准备怎么办?
19. 一台 ZL50 装载机在油门不变、不换挡的情况下驶上陡坡后行驶速度没有变化。请问该机工作是否正常? 为什么?
20. 行星式和定轴式动力换挡变速箱有何区别?
21. ZL50 变速箱大超越离合器的隔离套为什么不能装反? 有何要求?
22. ZL50 变速油压的调整方法及注意事项有哪些?
23. ZL50 变速箱大超越离合器的作用是什么? 如何判定其性能好坏(是否咬死失效)?
24. 液力传动系统使用何种油料? 外观有何明显特征? 说出在某一机型中的保养周期。
25. 在下列 ZLM50 变速阀的剖面图上描出挂前进三挡时的高低压油道。
26. 传动轴装配时的注意事项有哪些?
27. 叙述推土机的转向离合器与制动器在使用过程中的相互关系。
28. 由装载机双变系统引起行驶无力的故障原因是什么?
29. 常林 ZLM 双变油路分析(附图)。

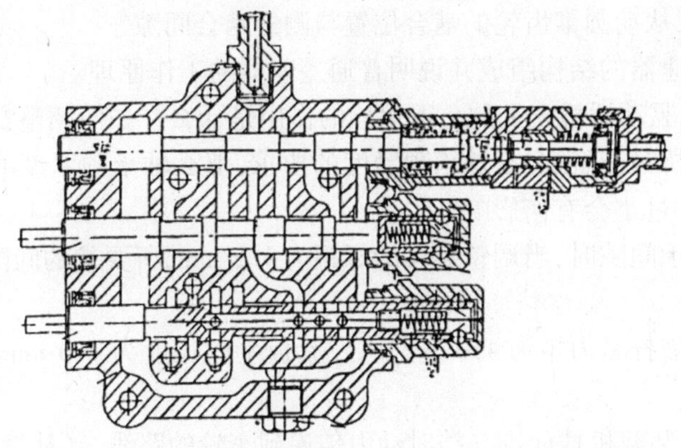

简答题第 25 题图

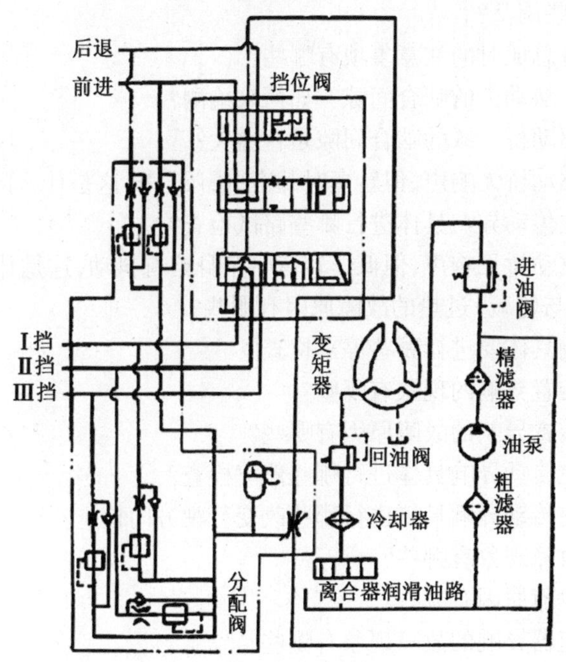

简答题第 29 题图

30. 上图中可调节流阀的作用是什么?

31. 双变系统中的蓄能器的作用是什么?

32. ZL50 与 ZLM50 装载机双变油路有何区别?

33. 为什么行星轮、轴及滚针要单独分组摆放?安装时能否混用?有何要求?

34. 为什么轮减端盖上的定位堵不能丢失?如何调整?

35. 装载机前后桥在外形结构上有什么不同?前后桥可以互换吗?为什么?怎么判断前后桥?

36. 装有推力轴承的部件在安装中的必要步骤是什么?

37. 如何调整差速器半轴齿轮与行星轮的啮合间隙?

38. 如何调整从动圆锥齿轮的轴承预紧度?

39. 怎样调整主、从动圆锥齿轮的啮合位置与测量啮合间隙?

40. 描述普通差速器的结构组成并说明普通差速器的工作原理。

41. ZL50 装载机驱动桥桥壳上的止退螺栓的作用是什么? 如何调整?

42. 在调整驱动桥时,经常会有轴承预紧度的要求,那么轴承预紧度的作用是什么? 为什么要进行调整? 过大过小会有何影响?

43. 调整推力轴承间隙时,当调整螺母的螺距为 1.5 mm,所要求的间隙为 15 丝时,该间隙怎么调?

44. 当某零件所需拧紧力矩为 450 N · m,拧紧扳手的长度为 300 mm,试问最小需要多大的力才能拧紧?

45. 描述 ZLM50 装载机挂前进二挡时动力传递到车轮的路线。(从发动机到车轮)

46. ZL50(ZLM50)装载机的驱动桥主减有哪些调整? [ZL50(ZLM50)装载机的驱动桥的主传动装置按顺序有哪些调整?]

47. 拆分驱动桥主减总成时的注意事项有哪些?

48. 为什么要检测主从动齿的啮合间隙? 如何来检测?

49. 整机怎么判断驱动桥主减的啮合间隙是否增大?

50. 整机直线行驶驱动桥无响声,但转弯时却有“嘎嘎”声,这是什么问题? 为什么?

51. 整机对驱动桥主传动异响具体进行哪些路试检查?

52. 整机直线行驶驱动桥无响声,但低速转弯时车身略有抖动,这是什么问题? 为什么?

53. 驱动桥(主传动与轮减)过热的故障原因有哪些?

54. 轮边减速器异响具体要进行哪些停车检查?

55. 驱动桥主传动装置异响的现象有哪些?

56. 驱动桥主传动装置异响的故障原因有哪些?

57. 整机对驱动桥主传动异响具体进行哪些停车检查?

58. 整机对驱动桥主传动异响具体进行哪些改变行驶方向检查?

59. 驱动桥漏油的故障现象有哪些?

60. 驱动桥漏油的故障原因有哪些?

61. 驱动桥轮边减速器异响的故障现象有哪些?

62. 驱动桥轮边减速器异响的故障原因有哪些?

63. 轮边减速器异响具体要进行哪些路试检查?

64. 说明气液制动系统中气压调节组合阀的工作原理。

65. 说明气液制动系统中气压调节组合阀的几个参数范围及调压过程。

66. 轮式车辆对制动系统有哪些要求?

67. 轮式行驶系统主要有哪些功能?

68. 铰接式车架交接点的结构形式有哪几种?

69. 装载机钳式制动器的制动间隙是如何调整的?

70. 装载机钳式制动器的矩形圈有什么作用?

71. 轮式底盘的车架有哪几种?

72. 工程机械中,牵引型(人字、八字形)轮胎安装时应注意什么?

73. 装载机制动系统由哪几部分组成? 各部分的作用是什么?

74. 说明装载机制动系统中加力泵的工作原理。

75. 检修装载机全液压转向器时将钢球遗失后会产生何种后果?

76. 装载机全液压转向器的弹簧片折断后会出现何种现象?如何处理?

77. 双回路制动阀(与单回路制动阀相比)的最大优点是什么?

78. 说明装载机全液压转向器中位与某一转向的油路。

79. 讲解装载机双回路制动阀的工作原理(制动过程、制动解除后排气过程、判断前后制动气室及原因)。随动是怎么产生的?

80. 装载机制动系统气压上升缓慢的原因及排除方法有哪些?

81. 柴油机停止工作后,装载机制动系统气压下降迅速的原因及排除方法有哪些?

82. 装载机制动系统气压过高的原因及排除方法有哪些?

83. 装载机制动后挂不上挡,装载机无法行走的原因是什么?

84. 装载机行车制动系统制动力不足的原因及排除方法有哪些?

85. 装载机制动液消耗过量的原因和排除方法有哪些?

86. 装载机制动时制动盘处发出尖叫声,并伴有制动器过热现象,这是为什么?怎样排除?

87. 装载机造成制动钳不回位的原因有哪些?怎样排除?

88. 装载机空气加力泵的油活塞上的中心孔的作用是什么?

89. 装载机空气加力泵的油活塞上的Y形密封圈的作用是什么?

90. 装载机钳式制动器的活塞的自动复位和自动调节间隙的作用是怎么实现的(即原理)?

91. 推土机后退时挂五挡,推土机向何方行驶?为什么?此时进退换向挡改挂空挡呢?

92. 手动变速箱的自锁起什么作用?

93. 如何从手动变速箱取力?

94. 移山160推土机的刹车如何调整?

95. 非常合式的干式主离合器在整机上的调整过程是怎样的?

96. 非常合式的干式主离合器的调整要点是什么?

97. 履带垂度对行驶有何影响?移山160推土机如何张紧履带?

98. 非常合式湿式主离合器的调整方法是什么?

99. 非常合式干式主离合器连接块的更换原则是什么?为什么?

100. 主离合器操纵机构与变速机构之间有什么必要的关联?如何连接?

101. 何为"四轮一带"?其作用是什么?

102. 安装大小接盘螺栓连接转向离合器时如何注意安全?

103. 手动变速箱第二轴(从动轴或输出轴)安装要点是什么?

104. 放出履带机械张紧油缸内的黄油时应注意什么?

105. 安装上海120A型推土机支重轮时应注意什么?

106. 履带式车辆是如何转向的?

107. 履带行驶装置的运行原理是什么?

108. 湿地履带与干地履带有何区别?湿地履带板为什么可以在水中行驶作业?

109. 拆装推土机的驱动轮时应注意什么?

110. 安装干式主离合器和变速箱时应注意什么?

111. 发动机配装干式主离合器时应注意什么?

112. 上海 120A 型推土机能否用拖拽或顶推的方法启动发动机?为什么?

113. 主离合器上的弹性连接块的受力情况?为什么?

参考文献

[1] 陈家瑞. 汽车构造. 3 版. 北京:机械工业出版社,2009.
[2] 纪常伟,冯能莲. 汽车构造. 底盘篇. 北京:机械工业出版社,2006.
[3] 唐经世. 工程机械底盘. 北京:人民铁道出版社,1979.
[4] 杨占敏,王智明,张春秋,等. 轮式装载机. 北京:化学工业出版社,2006.
[5] 张庆荣,李太杰. 工程机械修理学. 北京:人民交通出版社,1979.
[6] 汪桂华,王永明,王岩松. 轮式装载机结构原理与维修. 徐州:中国矿业大学出版社,2001.
[7] 西安公路学院筑路机械教研室. 筑路机械. 上册. 北京:人民交通出版社,1955.
[8] 黄声显,吴克棋,王振元. 重型汽车构造与维修. 下册. 北京:人民交通出版社,1992.
[9] 吴际璋,李仁光. 汽车构造. 2 版 . 北京:人民交通出版社,1991.
[10] 徐石安. 汽车构造—底盘工程. 2 版. 北京:清华大学出版社,2011.
[11] 马先启,王秀林,李磊,等. 现代工程机械液压传动系统构造、原理与故障排除(彩图版). 北京:国防工业出版社,2011.
[12] 沈松云. 工程机械底盘构造与维修. 北京:人民交通出版社,2009.
[13] 李文耀. 工程机械底盘构造与维修. 北京:电子工业出版社,2008.
[14] 朱齐平. 进口挖掘机维修手册. 沈阳:辽宁科学技术出版社,2004.
[15] YJ320 YJ320S 型液力变矩器使用说明书. 山东推土机总厂液力变矩器厂.
[16] 汽车拖拉机底盘修理. 中国人民解放军工程兵学校训练部,1976.
[17] 0.6 m^3 液压挖掘机维修改进改装手册. 贵阳矿山机器厂.
[18] PD120 PD140 PD140S 推土机说明书. 上海彭浦机器厂.
[19] ZL40 50 液力变矩器. 杭州前进齿轮箱集团有限公司.
[20] ZL50CX 轮式装载机使用维护说明书. 广西柳工集团有限公司.
[21] ZLM30-5 轮式装载机使用说明书. 常州林业机械厂.